Klassische Mechanik ..

Teilchensysteme
Lagrange-Hamiltonsche Dynamik
Nichtlineare Phänomene

Walter Greiner

Klassische Mechanik II

Teilchensysteme
Lagrange-Hamiltonsche Dynamik
Nichtlineare Phänomene

Verlag
Harri
Deutsch

Prof. Dr. Dr. h. c. mult. Walter Greiner
Frankfurt Institute for Advanced Studies (FIAS)
Johann Wolfgang Goethe-Universität
Ruth-Moufang-Str. 1
60438 Frankfurt am Main

Wissenschaftlicher Verlag Harri Deutsch GmbH
Gräfstraße 47
60486 Frankfurt am Main
verlag@harri-deutsch.de
http://www.harri-deutsch.de

Bibliografische Information der Deutschen Nationalbibliothek

Die Deutsche Nationalbibliothek verzeichnet diese Publikation in der Deutschen Nationalbibliografie; detaillierte bibliografische Daten sind im Internet über http://dnb.d-nb.de abrufbar.

ISBN 978-3-8171-1828-1

8., überarbeitete und erweiterte Auflage 2008

Satz: Satzherstellung Dr. Naake, Brand-Erbisdorf <www.naake-satz.de>
Druck: freiburger graphische betriebe <www.fgb.de>
Printed in Germany

Theoretische Physik

von Prof. Dr. Dr. h. c. mult. Walter Greiner

Seit vielen Jahren zählen die Bände der Reihe *Theoretische Physik* zu den weltweit geschätzten und wegweisenden Lehrbüchern, mit denen Generationen von Studierenden ihre Physikausbildung erfolgreich gestaltet haben. Damit führt Prof. Dr. Dr. h. c. mult. Walter Greiner die Tradition der klassischen Buchreihen von Sommerfeld, von Planck und von Landau und Lifschitz fort, einen zusammenhängenden Blick auf das große Wissenschaftsfeld der Physik zu geben. Englische, französische, japanische und chinesische Ausgaben untermauern die Bedeutung des Werkes *Theoretische Physik*.

Auf über 7 000 Seiten lehrt Walter Greiner, der Herausgeber und Hauptautor, Physik mit einem eigenständigen, didaktisch geschickten Konzept: Vermittlung der theoretischen Grundlagen und deren Anwendung anhand vieler ausführlicher Beispiele und Aufgaben mit ausgearbeiteten Lösungen – insbesondere auch zu aktuellen Themen. Denn nichts ist für den Studierenden von größerer Bedeutung, als im Detail zu erleben, wie die theoretischen Konzepte und Werkzeuge auf konkrete Probleme angewandt werden, die für den arbeitenden Physiker von Interesse sind. Walter Greiner begleitet seine Ausführungen mit einer sorgfältigen Entwicklung der benötigten mathematischen Methoden. Biografische und geschichtliche Notizen schlagen die Brücke zu den Wegbereitern der modernen Physik.

So entstand ein lebendiges Konzept von integrierten Lehr- und Übungsbüchern. Pragmatisch orientiert, aber ohne Abstriche an der theoretischen Grundlegung des Stoffes, gelingt es Walter Greiner, den Lernenden einen schnellen Zugang zum theoretisch-physikalischen Denken zu ebnen und sie für die physikalische Wissenschaft zu begeistern.

Vorwort zur 8. Auflage

Die vorliegende *Klassische Mechanik II* ist aus Vorlesungen hervorgegangen, die sich in vielen Jahren – seit 1965 – als Teil des Studienprogramms der Theoretischen Physik an der Johann Wolfgang Goethe-Universität in Frankfurt am Main bewährt haben. Die Vorlesungen werden dort Studierenden der Physik und Mathematik im zweiten Semester angeboten. Sie behandeln im Anschluß an die Einführung in die Newtonsche Mechanik (im ersten Semester) die fortgeschrittenen Themen der Klassischen Mechanik – Systeme von Teilchen, Dynamik des starren Körpers, Lagrangesche und Hamiltonsche Mechanik sowie eine Einführung in die Theorie der Nichtlinearen Dynamik.

Wir haben versucht, die Darstellung des Stoffes so interessant und verständlich wie möglich zu gestalten. Der Text wird daher mit vielen Beispielen und Übungen ergänzt, die bis ins Detail ausgearbeitet sind. Damit soll das Buch für interessierte Leserinnen und Leser auch zum Selbststudium geeignet sein.

Die Behandlung der Newtonschen Mechanik im ersten Semster bedingt, daß dabei großes Gewicht auf die Behandlung elementarer mathematischer Verfahren aus der Vektoralgebra und -analysis sowie der Theorie der linearen Differentialgleichungen gelegt werden muss. So gesehen ist die *Klassische Mechanik I* (die Newtonschen Mechanik) ein Vorkurs zur Theoretischen Physik.

Dies ändert sich deutlich mit den Themen, die im zweiten Semester – und somit in diesem Buch, der *Klassischen Mechanik II* – diskutiert werden. Der Bereich der Theoretische Mechanik wird ausgedehnt von der elementaren Mechanik der Punktteilchen auf die Behandlung von Systemen von Punktteilchen, auf schwingende Saiten und Membranen, starre Körper, die Theorie des Kreisels und schließlich auf die formal-analytischen Aspekte der Mechanik in den Formulierungen von Lagrange, Hamilton und Jacobi. Vom mathematischen Standpunkt liegt das Neue im Auftreten von partiellen Differentialgleichungen, der Fourierentwicklung und von Eigenwertproblemen. Dieses neue Handwerkszeug wird ausführlich erläutert und an zahlreichen physikalischen Beispielen erprobt. Ferner werden einige aktuelle Entwicklungen zum Hamilton-Formalismus im erweiterten Phasenraum und zu verallgemeinerten kanonischen Transformationen erstmalig in einem Lehrbuch dargestellt.

Während damit der übliche Themenkreis der *Klassischen Mechanik* abgedeckt ist, trägt das umfassende folgende Kapitel den neueren Entwicklungen der Nichtlinearen Dynamik Rechung. Behandelt werden Dynamische Systeme, die Stabiltiät zeitabhängiger Bahnen, Bifurkationen, Lyapunov-Exponenten und Chaos sowie Systeme mit chaotischer Dynamik.

Den Abschluß der Vorlesungen bildet ein knapper Abriß über die Geschichte und Entwicklung der Mechanik.

Dies ist deutlich mehr Stoff, als in einer einsemestrigen Kursvorlesung behandelt werden kann. Wir hoffen jedoch, damit Interesse für die vielfältigen Aspekte der Mechanik zu wecken und Studierende zu ermutigen, sich selbständig mit diesen aktuellen und spannenden Themen zu beschäftigen – die *Klassische Mechanik* ist alles andere als eine verstaubte Wissenschaft. Im Gegenteil: Wie die Beispiele der nichtlinearen Dynamik und der verallgemeinerten kanonischen Transformationen zeigen, gibt es auch in diesem klassischen Teilbereich der Physik noch immer neue Entwicklungen.

Dank zum Zustandekommen dieser achten Auflage schulde ich Herrn Dr. Stefan Scherer, der die technische Überwachung der Drucklegung übernommen hat, und vor allem Herrn Dr. Jürgen Struckmeier, der mir bei der Neugestaltung der Abschnitte über kanonische Transformationen sehr geholfen hat.

Frankfurt am Main, im August 2008 Walter Greiner

Die Mitarbeiter

An den bisherigen Auflagen haben im Laufe der Jahre viele ehemalige Studierende, Doktoranden und Assistenten mitgearbeitet:

7. Auflage (2003)

Dipl.-Phys. S. Scherer,
S. Schwabe

6. Auflage (1998)

Dr. J. Reinhardt (ihm gilt Dank für die Unterstützung bei den Abschnitten zur nichtlinearen Dynamik),
Dipl.-Phys. S. Soff
Dr. E. Stein

sowie

Frau A. Steidl

5. Auflage (1989)

Dr. Martin Greiner,
Dipl.-Phys. R. Heuer,
Dr. G. Plunien,
Dr. M. Rufa

4. Auflage (1985)

Carsten Greiner,
Martin Greiner,
Dr. M. Seiwert

3. Auflage (1982)

Dipl.-Phys. M. Seiwert,
Frau B. Utschig

2. Auflage (1977)

Dr. H. Stock

sowie

Frau M. Knolle, Frau R. Lasarzig, Frau B. Utschig

1. Auflage (1974)

Dr. H. Diehl
Dr. B. Fricke[1)]

mit

H. Angermüller, P. Bergmann, H. Betz, W. Betz, J. Briechle[2)], C. v. Charzewski, J. v. Czarnecki, H. R. Fiedler, W. Grosch, L. Kohaupt[3)], P. Kurowski, H. Leber, H. J. Lustig, A. Mahn, B. Müller[4)], H. Müller, H. Peitz, J. Rafelski[5)], J. Reinhardt, D. Schebesta, H. J. Scheefer, H. Sewerin, M. Soffel[6)], K. Stiebing, J. Wagner

sowie

Frau M. Knolle, Frau R. Lasarzig, G. Terlecki, Frau B. Utschig

---

1) jetzt Professor an der Universität Kassel.

2) Wir gedenken besonders Herrn Jörg Briechle, der am 24.3.1970 bei einem Lawinenunglück gestorben ist.

3) jetzt Professor an der Technischen Fachhochschule Berlin.

4) jetzt Professor an der Duke University, Durham, North Carolina, USA.

5) jetzt Professor an der University of Arizona, Tucson, USA.

6) jetzt Professor an der Technischen Universität Dresden.

Inhaltsverzeichnis

Aufgaben und Beispiele

Historische Notizen

I Newtonsche Mechanik in bewegten Koordinatensystemen

1 Die Newtonschen Gleichungen in einem rotierenden Koordinatensystem

In allen gleichförmig gegeneinander bewegten Systemen (d. h. Inertialsystemen) gelten in der klassischen Mechanik die Newtonschen Gesetze, wenn sie in einem gelten. Dies trifft aber nicht mehr zu, wenn ein System Beschleunigungen unterworfen wird. Die neuen Beziehungen erhält man, indem man die Bewegungsgleichungen in einem festen System aufstellt und in das beschleunigte System transformiert.

Zunächst betrachten wir die *Rotation* eines (x', y', z')-Koordinatensystems um den Ursprung des Inertialsystems (x, y, z), wobei die beiden Koordinatenursprünge zusammenfallen. Hierbei wird das Inertialsystem mit L („Laborsystem") und das rotierende System mit B („bewegtes System") bezeichnet.

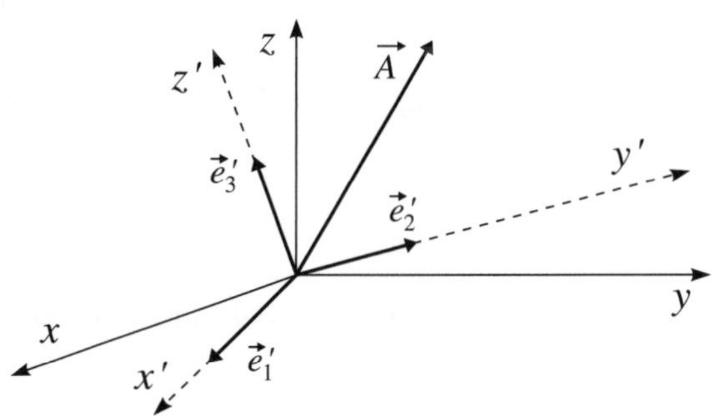

Relative Lage der beiden Koordinatensysteme x, y, z und x', y', z'.

Der Vektor $\vec{A}(t) = A_1'\vec{e}_1' + A_2'\vec{e}_2' + A_3'\vec{e}_3'$ soll sich im gestrichenen System zeitlich ändern; für einen in diesem System ruhenden Beobachter läßt sich das folgendermaßen darstellen:

$$\left.\frac{\mathrm{d}\vec{A}}{\mathrm{d}t}\right|_{\mathrm{B}} = \frac{\mathrm{d}A_1'}{\mathrm{d}t}\vec{e}_1' + \frac{\mathrm{d}A_2'}{\mathrm{d}t}\vec{e}_2' + \frac{\mathrm{d}A_3'}{\mathrm{d}t}\vec{e}_3'.$$

Dabei bedeutet der Index B, daß die Ableitung vom bewegten System aus berechnet wird. Im Inertialsystem (x,y,z) ist $\vec{A}$ ebenfalls zeitabhängig; aufgrund der Rotation des gestrichenen Systems ändern sich hier auch noch die Einheitsvektoren $\vec{e}_1', \vec{e}_2', \vec{e}_3'$

mit der Zeit, d. h., bei der Ableitung des Vektors $\vec{A}$ vom Inertialsystem aus müssen auch noch die Einheitsvektoren differenziert werden:

$$\left.\frac{\mathrm{d}\vec{A}}{\mathrm{d}t}\right|_{\mathrm{L}} = \frac{\mathrm{d}A_1'}{\mathrm{d}t}\vec{e}_1{}' + \frac{\mathrm{d}A_2'}{\mathrm{d}t}\vec{e}_2{}' + \frac{\mathrm{d}A_3'}{\mathrm{d}t}\vec{e}_3{}' + A_1'\dot{\vec{e}}_1{}' + A_2'\dot{\vec{e}}_2{}' + A_3'\dot{\vec{e}}_3{}'$$

$$= \left.\frac{\mathrm{d}\vec{A}}{\mathrm{d}t}\right|_{\mathrm{B}} + A_1'\dot{\vec{e}}_1{}' + A_2'\dot{\vec{e}}_2{}' + A_3'\dot{\vec{e}}_3{}'.$$

Nun gilt allgemein $\frac{\mathrm{d}}{\mathrm{d}t}(\vec{e}_\gamma{}' \cdot \vec{e}_\gamma{}') = \vec{e}_\gamma{}' \cdot \dot{\vec{e}}_\gamma{}' + \dot{\vec{e}}_\gamma{}' \cdot \vec{e}_\gamma{}' = \frac{\mathrm{d}}{\mathrm{d}t}(1) = 0.$

Also ist $\vec{e}_\gamma{}' \cdot \dot{\vec{e}}_\gamma{}' = 0$. Die Ableitung eines Einheitsvektors $\dot{\vec{e}}_\gamma$ steht immer senkrecht auf dem Vektor selbst. Deshalb läßt sich die Ableitung eines Einheitsvektors als Linearkombination der beiden anderen schreiben:

$$\dot{\vec{e}}_1{}' = a_1\vec{e}_2{}' + a_2\vec{e}_3{}',$$
$$\dot{\vec{e}}_2{}' = a_3\vec{e}_1{}' + a_4\vec{e}_3{}',$$
$$\dot{\vec{e}}_3{}' = a_5\vec{e}_1{}' + a_6\vec{e}_2{}'.$$

Von diesen sechs Koeffizienten sind nur drei unabhängig. Um dies zu zeigen, differenzieren wir zunächst $\vec{e}_1{}' \cdot \vec{e}_2{}' = 0$ und erhalten

$$\dot{\vec{e}}_1{}' \cdot \vec{e}_2{}' = -\dot{\vec{e}}_2{}' \cdot \vec{e}_1{}'.$$

Multipliziert man $\dot{\vec{e}}_1{}' = a_1\vec{e}_2{}' + a_2\vec{e}_3{}'$ mit $\vec{e}_2{}'$ und entsprechend $\dot{\vec{e}}_2{}' = a_3\vec{e}_1{}' + a_4\vec{e}_3{}'$ mit $\vec{e}_1{}'$, so erhält man:

$$\vec{e}_2{}' \cdot \dot{\vec{e}}_1{}' = a_1 \qquad \text{und} \qquad \vec{e}_1{}' \cdot \dot{\vec{e}}_2{}' = a_3,$$

damit folgt $a_3 = -a_1$.

Analog ergibt sich auch $a_6 = -a_4$ und $a_5 = -a_2$.

Die Ableitung des Vektors $\vec{A}$ im Intertialsystem läßt sich nun folgendermaßen schreiben:

$$\left.\frac{\mathrm{d}\vec{A}}{\mathrm{d}t}\right|_{\mathrm{L}} = \left.\frac{\mathrm{d}\vec{A}}{\mathrm{d}t}\right|_{\mathrm{B}} + A_1'(a_1\vec{e}_2{}' + a_2\vec{e}_3{}') + A_2'(-a_1\vec{e}_1{}' + a_4\vec{e}_3{}') + A_3'(-a_2\vec{e}_1{}' - a_4\vec{e}_2{}')$$

$$= \left.\frac{\mathrm{d}\vec{A}}{\mathrm{d}t}\right|_{\mathrm{B}} + \vec{e}_1{}'(-a_1A_2' - a_2A_3') + \vec{e}_2{}'(a_1A_1' - a_4A_3') + \vec{e}_3{}'(a_2A_1' + a_4A_2').$$

Aus der Rechenregel für das Kreuzprodukt

$$\vec{C} \times \vec{A} = \begin{vmatrix} \vec{e}_1{}' & \vec{e}_2{}' & \vec{e}_3{}' \\ C_1 & C_2 & C_3 \\ A_1' & A_2' & A_3' \end{vmatrix}$$
$$= \vec{e}_1{}'(C_2A_3' - C_3A_2') - \vec{e}_2{}'(C_1A_3' - C_3A_1') + \vec{e}_3{}'(C_1A_2' - C_2A_1')$$

folgt, wenn man $\vec{C} = (a_4, -a_2, a_1)$ setzt:

$$\left.\frac{\mathrm{d}\vec{A}}{\mathrm{d}t}\right|_{\mathrm{L}} = \left.\frac{\mathrm{d}\vec{A}}{\mathrm{d}t}\right|_{\mathrm{B}} + \vec{C} \times \vec{A}.$$

Es bleibt nun noch zu zeigen, welche physikalische Bedeutung dieser Vektor $\vec{C}$ hat. Dazu betrachten wir den speziellen Fall $\mathrm{d}\vec{A}/\mathrm{d}t|_{\mathrm{B}} = 0$, d. h., die Ableitung des Vektors $\vec{A}$ im bewegten System verschwindet; $\vec{A}$ bewegt sich (rotiert) mit dem bewegten System; er ist darin fest „montiert". φ sei der Winkel zwischen der Rotationsachse (in unserem speziellen Fall die z-Achse) und $\vec{A}$. Die Komponente parallel zur Winkelgeschwindigkeit $\vec{\omega}$ wird durch die Rotation nicht verändert.

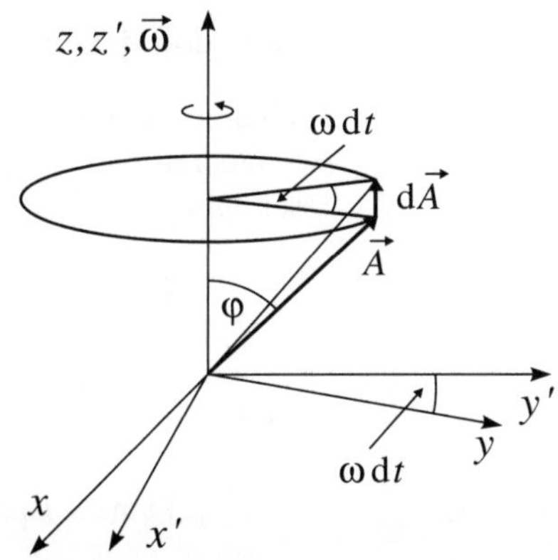

Änderung eines im sich drehenden System fest verankerten, aber beliebigen Vektors $\vec{A}$.

Die Änderung von $\vec{A}$ im Laborsystem ist dann gegeben durch

$$\mathrm{d}A = \omega\, \mathrm{d}t\, A \sin\varphi \quad \text{bzw.} \quad \left.\frac{\mathrm{d}A}{\mathrm{d}t}\right|_{\mathrm{L}} = \omega A \sin\varphi.$$

Dies kann man auch so schreiben:

$$\left.\frac{\mathrm{d}\vec{A}}{\mathrm{d}t}\right|_{\mathrm{L}} = \vec{\omega} \times \vec{A}.$$

Auch die Richtung von $(\vec{\omega} \times \vec{A})\,\mathrm{d}t$ stimmt mit $\mathrm{d}\vec{A}$ (siehe Zeichnung) überein. Da der Vektor $\vec{A}$ beliebig (aber fest) gewählt werden kann, muß der Vektor $\vec{C}$ mit der Winkelgeschwindigkeit $\vec{\omega}$, mit der das System B rotiert, identisch sein. Durch Einsetzen erhalten wir:

$$\left.\frac{\mathrm{d}\vec{A}}{\mathrm{d}t}\right|_{\mathrm{L}} = \left.\frac{\mathrm{d}\vec{A}}{\mathrm{d}t}\right|_{\mathrm{B}} + \vec{\omega} \times \vec{A}. \tag{1.1}$$

Diesen Sachverhalt können wir auch noch folgendermaßen einsehen (vgl. Figur):

Fällt während eines Zeitintervalls $\mathrm{d}t$ die Drehachse des gestrichenen Systems mit einer der Koordinatenachsen des ungestrichenen Systems zusammen, etwa $\vec{\omega} = \dot{\varphi}\vec{e}_3$, so gilt

$$\dot{\vec{e}}'_1 = \dot{\varphi}\vec{e}'_2, \qquad \dot{\vec{e}}'_2 = -\dot{\varphi}\vec{e}'_1,$$

d. h.

$$a_1 = \dot{\varphi}, \quad a_2 = a_4 = 0$$

und damit

$$\vec{C} = \dot{\varphi}\vec{e}'_3 = \vec{\omega}.$$

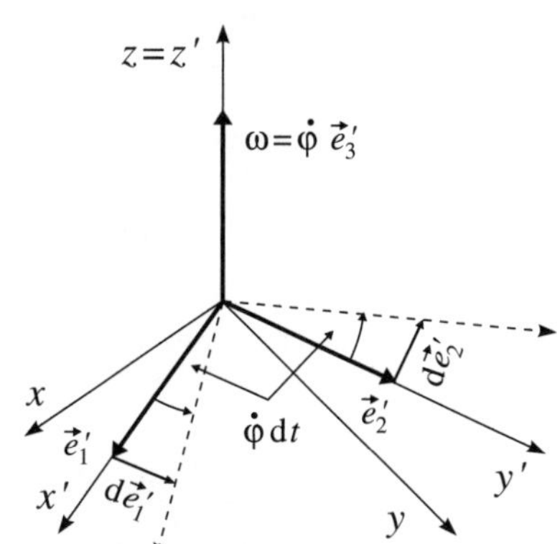

$|\mathrm{d}\vec{e}'_1| = |\mathrm{d}\vec{e}'_2| = \dot{\varphi} \cdot \mathrm{d}t.$

Im allgemeinen Fall $\vec{\omega} = \omega_1\vec{e}_1 + \omega_2\vec{e}_2 + \omega_3\vec{e}_3$ zerlegt man $\vec{\omega} = \sum \vec{\omega}_i$ mit $\vec{\omega}_i = \omega_i\vec{e}_i$ und erhält aufgrund der vorangegangenen Überlegung

$$\vec{C}_i = \vec{\omega}_i, \quad \text{d.h.} \quad \vec{C} = \sum_i \vec{C}_i = \sum_i \vec{\omega}_i = \vec{\omega}.$$

Einführung des Operators $\widehat{D}$

Zur kürzeren Schreibweise des Ausdrucks $(\partial/\partial t)F(x,\ldots,t) = \partial F/\partial t$ führen wir den Operator $\widehat{D} = \partial/\partial t$ ein. Die Unterscheidung zwischen Inertialsystem und beschleunigtem System geschieht durch die Indizes L und B, also:

$$\widehat{D}_{\mathrm{L}} = \left.\frac{\partial}{\partial t}\right|_{\mathrm{L}} \qquad \text{und} \qquad \widehat{D}_{\mathrm{B}} = \left.\frac{\partial}{\partial t}\right|_{\mathrm{B}}.$$

Die Gleichung $\left.\frac{\mathrm{d}\vec{A}}{\mathrm{d}t}\right|_{\mathrm{L}} = \left.\frac{\mathrm{d}\vec{A}}{\mathrm{d}t}\right|_{\mathrm{B}} + \vec{\omega}\times\vec{A}$ vereinfacht sich dann zu

$$\widehat{D}_{\mathrm{L}}\vec{A} = \widehat{D}_{\mathrm{B}}\vec{A} + \vec{\omega}\times\vec{A}.$$

Läßt man den Vektor $\vec{A}$ fort, so spricht man von einer Operatorgleichung

$$\widehat{D}_{\mathrm{L}} = \widehat{D}_{\mathrm{B}} + \vec{\omega}\times,$$

die auf beliebige Vektoren wirken kann.

Winkelgeschwindigkeitsvektor $\vec{\omega}$

▼ Beispiel 1.1

$$\left.\frac{\mathrm{d}\vec{\omega}}{\mathrm{d}t}\right|_{\mathrm{L}} = \left.\frac{\mathrm{d}\vec{\omega}}{\mathrm{d}t}\right|_{\mathrm{B}} + \vec{\omega}\times\vec{\omega}.$$

Da $\vec{\omega}\times\vec{\omega} = 0$, folgt

$$\left.\frac{\mathrm{d}\vec{\omega}}{\mathrm{d}t}\right|_{\mathrm{L}} = \left.\frac{\mathrm{d}\vec{\omega}}{\mathrm{d}t}\right|_{\mathrm{B}}.$$

Diese beiden Ableitungen sind offensichtlich für alle Vektoren gleich, die parallel zur Rotationsachse stehen, da dann das Kreuzprodukt verschwindet.

▲ Beispiel 1.1

Ortsvektor $\vec{r}$

▼ Beispiel 1.2

$$\left.\frac{\mathrm{d}\vec{r}}{\mathrm{d}t}\right|_{\mathrm{L}} = \left.\frac{\mathrm{d}\vec{r}}{\mathrm{d}t}\right|_{\mathrm{B}} + \vec{\omega}\times\vec{r},$$

in Operatorschreibweise:

$$\widehat{D}_{\mathrm{L}}\vec{r} = \widehat{D}_{\mathrm{B}}\vec{r} + \vec{\omega}\times\vec{r},$$

wobei $\left.\frac{\mathrm{d}\vec{r}}{\mathrm{d}t}\right|_{\mathrm{B}}$ als *scheinbare* Geschwindigkeit und $\left.\frac{\mathrm{d}\vec{r}}{\mathrm{d}t}\right|_{\mathrm{B}} + \vec{\omega}\times\vec{r}$ als *wahre* Geschwindigkeit bezeichnet werden. Der Term $\vec{\omega}\times\vec{r}$ heißt *Rotationsgeschwindigkeit.*

▲ Beispiel 1.2

Formulierung der Newtonschen Gleichungen im rotierenden Koordinatensystem

Das Newtonsche Gesetz $m\ddot{\vec{r}} = \vec{F}$ gilt nur im Intertialsystem. In beschleunigten Systemen treten zusätzliche Terme auf. Zuerst betrachten wir wieder eine reine Rotation.

Für die Beschleunigung gilt:

$$\begin{aligned}\ddot{\vec{r}}_{\mathrm{L}} = \frac{\mathrm{d}}{\mathrm{d}t}(\dot{\vec{r}})_{\mathrm{L}} &= \widehat{D}_{\mathrm{L}}(\widehat{D}_{\mathrm{L}}\vec{r}) = (\widehat{D}_{\mathrm{B}} + \vec{\omega}\times)(\widehat{D}_{\mathrm{B}}\vec{r} + \vec{\omega}\times\vec{r}) \\ &= \widehat{D}^2_{\mathrm{B}}\vec{r} + \widehat{D}_{\mathrm{B}}(\vec{\omega}\times\vec{r}) + \vec{\omega}\times\widehat{D}_{\mathrm{B}}\vec{r} + \vec{\omega}\times(\vec{\omega}\times\vec{r}) \\ &= \widehat{D}^2_{\mathrm{B}}\vec{r} + (\widehat{D}_{\mathrm{B}}\vec{\omega})\times\vec{r} + 2\vec{\omega}\times\widehat{D}_{\mathrm{B}}\vec{r} + \vec{\omega}\times(\vec{\omega}\times\vec{r}).\end{aligned}$$

Wir ersetzen den Operator durch den Differentialquotienten:

$$\left.\frac{\mathrm{d}^2\vec{r}}{\mathrm{d}t^2}\right|_{\mathrm{L}} = \left.\frac{\mathrm{d}^2\vec{r}}{\mathrm{d}t^2}\right|_{\mathrm{B}} + \left.\frac{\mathrm{d}\vec{\omega}}{\mathrm{d}t}\right|_{\mathrm{B}}\times\vec{r} + 2\vec{\omega}\times\left.\frac{\mathrm{d}\vec{r}}{\mathrm{d}t}\right|_{\mathrm{B}} + \vec{\omega}\times(\vec{\omega}\times\vec{r}). \tag{1.2}$$

Dabei bezeichnet man die Ausdrücke $\left.\frac{\mathrm{d}\vec{\omega}}{\mathrm{d}t}\right|_{\mathrm{B}}\times\vec{r}$ als *lineare Beschleunigung*, $2\vec{\omega}\times\left.\frac{\mathrm{d}\vec{r}}{\mathrm{d}t}\right|_{\mathrm{B}}$ als *Coriolisbeschleunigung* und $\vec{\omega}\times(\vec{\omega}\times\vec{r})$ als *Zentripetalbeschleunigung*.

Durch Multiplikation mit Masse m folgt die Kraft $\vec{F}$:

$$m\left.\frac{\mathrm{d}^2\vec{r}}{\mathrm{d}t^2}\right|_{\mathrm{B}} + m\left.\frac{\mathrm{d}\vec{\omega}}{\mathrm{d}t}\right|_{\mathrm{B}}\times\vec{r} + 2m\vec{\omega}\times\left.\frac{\mathrm{d}\vec{r}}{\mathrm{d}t}\right|_{\mathrm{B}} + m\vec{\omega}\times(\vec{\omega}\times\vec{r}) = \vec{F}. \tag{1.3}$$

Im rotierenden System möchte man die Grundgleichung der Mechanik auch in der Form Masse $\times$ Beschleunigung $=$ Kraft schreiben, also wie im Inertialsystem. Dazu müssen das zweite, dritte und vierte Glied auf der linken Seite von (1.3) auf die rechte Seite, also zur Kraft $\vec{F}$ geschlagen werden.

Die Grundgleichung der Mechanik im rotierenden Koordinatensystem lautet also, wenn wir den Index B unterdrücken:

$$m\frac{\mathrm{d}^2\vec{r}}{\mathrm{d}t^2} = \vec{F} - m\frac{\mathrm{d}\vec{\omega}}{\mathrm{d}t}\times\vec{r} - 2m\vec{\omega}\times\vec{v} - m\vec{\omega}\times(\vec{\omega}\times\vec{r}). \tag{1.4}$$

Die zusätzlichen Terme auf der rechten Seite von Gleichung (3) sind *Scheinkräfte* dynamischer Art, doch eigentlich von dem Beschleunigungsterm stammend. Für Experimente auf der Erde kann man die Zusatzterme oft vernachlässigen, weil die Winkelgeschwindigkeit der Erde $\omega = 2\pi/T$ ($T = 24$ h) nur $7{,}27\cdot 10^{-5}\ \mathrm{s}^{-1}$ beträgt.

Die Newtonschen Gleichungen in beliebig gegeneinander bewegten Systemen

Jetzt geben wir die Bedingung auf, daß die Ursprünge der beiden Koordinatensysteme zusammenfallen. Die allgemeine Bewegung eines Koordinatensystems setzt sich zusammen aus einer Rotation des Systems und einer Translation des Ursprungs. Gibt $\vec{R}$ den Ursprung des gestrichenen Systems an, so gilt für den Ortsvektor im ungestrichenen System $\vec{r} = \vec{R} + \vec{r}'$.

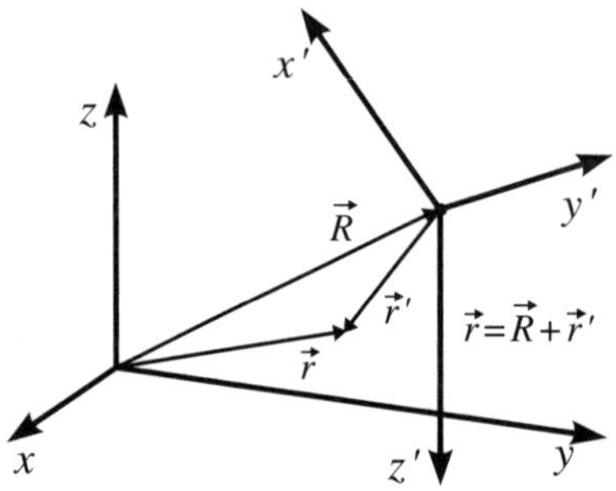

Relative Lage der beiden Koordinatensysteme x, y, z und x', y', z'.

Hierbei gilt für die Geschwindigkeit $\dot{\vec{r}} = \dot{\vec{R}} + \dot{\vec{r}}'$ und im Inertialsystem nach wie vor:

$$m\frac{d^2\vec{r}}{dt^2}\bigg|_L = \vec{F}\bigg|_L = \vec{F}.$$

Durch Einsetzen von $\vec{r}$ und anschließendes Differenzieren ergibt sich

$$m\frac{d^2\vec{r}'}{dt^2}\bigg|_L + m\,\frac{d^2\vec{R}}{dt^2}\bigg|_L = \vec{F}.$$

Der Übergang zum beschleunigten System erfolgt wie vorher (Gleichung (1.4)), nur tritt hier noch das Zusatzglied $m\ddot{\vec{R}}$ auf:

$$m\frac{d^2\vec{r}'}{dt^2}\bigg|_B = \vec{F} - m\frac{d^2\vec{R}}{dt^2}\bigg|_L - m\frac{d\vec{\omega}}{dt}\bigg|_B \times \vec{r}' - 2m\vec{\omega}\times\vec{v}_B - m\vec{\omega}\times(\vec{\omega}\times\vec{r}'). \quad (1.5)$$

2 Der freie Fall auf der rotierenden Erde

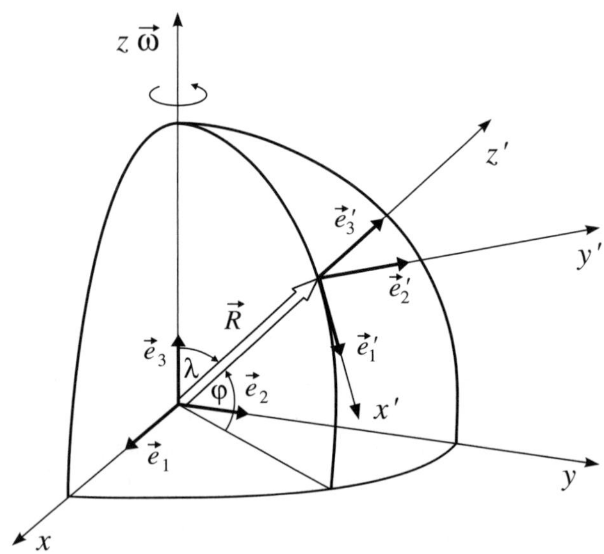

Oktant der Erdkugel: Lage der verschiedenen Koordinatensysteme.

Auf der Erde gilt die bereits abgeleitete Form der Grundgleichung der Mechanik, wenn wir die Rotation um die Sonne vernachlässigen und deshalb ein Koordinatensystem im Erdzentrum als Inertialsystem betrachten.

$$m\ddot{\vec{r}}'\Big|_B = \vec{F} - m\ddot{\vec{R}}\Big|_L - m\dot{\vec{\omega}}\times\vec{r}'\Big|_B - 2m\vec{\omega}\times\dot{\vec{r}}'\Big|_B - m\vec{\omega}\times(\vec{\omega}\times\vec{r}'). \quad (2.1)$$

Die Rotationsgeschwindigkeit $\vec{\omega}$ der Erde um ihre Achse kann als zeitlich konstant angesehen werden; deshalb ist $m\dot{\vec{\omega}} \times \vec{r}' = 0$.

Die Bewegung des Aufpunktes $\vec{R}$, also die Bewegung des Koordinatenursprungs des (x',y',z')-Systems muß noch auf das bewegte System umgerechnet werden; nach (1.2) gilt:

$$\ddot{\vec{R}}\Big|_{\mathrm{L}} = \ddot{\vec{R}}\Big|_{\mathrm{B}} + \dot{\vec{\omega}}\Big|_{\mathrm{B}} \times \vec{R} + 2\vec{\omega} \times \dot{\vec{R}}\Big|_{\mathrm{B}} + \vec{\omega} \times (\vec{\omega} \times \vec{R}).$$

Da $\vec{R}$ vom bewegten System aus eine zeitunabhängige Größe ist und da $\vec{\omega}$ konstant ist, lautet diese Gleichung schließlich

$$\ddot{\vec{R}}\Big|_{\mathrm{L}} = \vec{\omega} \times (\vec{\omega} \times \vec{R}).$$

Das ist die Zentripetalbeschleunigung, die ein sich auf der Erdoberfläche bewegender Körper aufgrund der Erdrotation erfährt. Für die Kraftgleichung (2.1) ergibt sich:

$$m\ddot{\vec{r}}' = \vec{F} - m\vec{\omega} \times (\vec{\omega} \times \vec{R}) - 2m\vec{\omega} \times \dot{\vec{r}}' - m\vec{\omega} \times (\vec{\omega} \times \vec{r}').$$

Beim freien Fall auf der Erde treten demnach im Gegensatz zum Intertialsystem Scheinkräfte auf, die den Körper in x'- und y'-Richtung ablenken.

Die Kraft $\vec{F}$ im Intertialsystem ist, wenn nur die Schwerkraft wirkt, $\vec{F} = -\gamma \dfrac{Mm}{r^3}\vec{r}$. Eingesetzt ergibt sich:

$$m\ddot{\vec{r}}' = -\gamma \frac{Mm}{r^3}\vec{r} - m\vec{\omega} \times (\vec{\omega} \times \vec{R}) - 2m\vec{\omega} \times \dot{\vec{r}}' - m\vec{\omega} \times (\vec{\omega} \times \vec{r}').$$

Wir führen nun den experimentell bestimmten Wert für die Gravitationsbeschleunigung $\vec{g}$ ein:

$$\vec{g} = -\gamma \frac{M}{R^3}\vec{R} - \vec{\omega} \times (\vec{\omega} \times \vec{R}).$$

Hierbei haben wir in der Gravitationsbeschleunigung $-\gamma M\vec{r}/r^3$ den Radius $\vec{r} = \vec{R} + \vec{r}'$ eingesetzt und die Näherung $\vec{r} \approx \vec{R}$ beibehalten. Sie ist in der Nähe der Erdoberfläche recht vernünftig. Der zweite Term ist die von der Erdrotation herrührende Zentrifugalbeschleunigung, die zu einer Verringerung der Schwerebeschleunigung (als Funktion der geographischen Breite) führt. Sie ist in dem experimentellen Wert für $\vec{g}$ enthalten. Damit erhalten wir

$$m\ddot{\vec{r}}' = m\vec{g} - 2m\vec{\omega} \times \dot{\vec{r}}' - m\vec{\omega} \times (\vec{\omega} \times \vec{r}').$$

In der Nähe der Erdoberfläche ($r' \ll R$) kann der letzte Term vernachlässigt werden, weil ω^2 auftritt und $|\omega|$ klein gegen $1/\mathrm{s}$ ist. Damit vereinfacht sich die Gleichung zu:

$$\ddot{\vec{r}}' = \vec{g} - 2(\vec{\omega} \times \dot{\vec{r}}') \quad \text{bzw.} \quad \ddot{\vec{r}}' = -g\vec{e}_3' - 2(\vec{\omega} \times \dot{\vec{r}}'). \tag{2.2}$$

Zur Lösung der Vektorgleichung zerlegt man sie in ihre Komponenten. Zunächst rechnet man zweckmäßigerweise das Kreuzprodukt aus. Aus der Figur auf Seite 6 erhält man, wenn $\vec{e}_1, \vec{e}_2, \vec{e}_3$ die Einheitsvektoren des Inertialsystems und $\vec{e}_1', \vec{e}_2', \vec{e}_3'$ die Einheitsvektoren des bewegten Systems sind, die folgende Beziehung:

$$\begin{aligned}\vec{e}_3 &= (\vec{e}_3 \cdot \vec{e}_1')\vec{e}_1' + (\vec{e}_3 \cdot \vec{e}_2')\vec{e}_2' + (\vec{e}_3 \cdot \vec{e}_3')\vec{e}_3', \\ &= (-\sin\lambda)\vec{e}_1' + 0\,\vec{e}_2' + (\cos\lambda)\vec{e}_3'.\end{aligned}$$

Wegen $\vec{\omega} = \omega\vec{e}_3$ erhält man daraus die Komponentendarstellung von $\vec{\omega}$ im bewegten System:

$$\vec{\omega} = -\omega\sin\lambda\,\vec{e}_1' + \omega\cos\lambda\,\vec{e}_3'.$$

Für das Kreuzprodukt ergibt sich damit

$$\vec{\omega}\times\dot{\vec{r}}' = (-\omega\dot{y}'\cos\lambda)\vec{e}_1' + (\dot{z}'\omega\sin\lambda + \dot{x}'\omega\cos\lambda)\vec{e}_2' - (\omega\dot{y}'\sin\lambda)\vec{e}_3'.$$

Man kann nun die Vektorgleichung (2.2) in die folgenden drei Komponentengleichungen zerlegen:

$$\begin{aligned}\ddot{x}' &= 2\dot{y}'\omega\cos\lambda, \\ \ddot{y}' &= -2\omega(\dot{z}'\sin\lambda + \dot{x}'\cos\lambda), \\ \ddot{z}' &= -g + 2\omega\dot{y}'\sin\lambda.\end{aligned} \tag{2.3}$$

Dies ist ein System von drei gekoppelten Differentialgleichungen mit $\vec{\omega}$ als Kopplungsparameter. Für $\omega = 0$ ergibt sich der freie Fall in einem Inertialsystem. Die Lösung eines solchen Systems ist auch auf analytischem Wege möglich. Es ist jedoch zweckmäßig, an diesem Beispiel verschiedene Näherungsmethoden kennenzulernen. Wir wollen diese zunächst behandeln und daran anschließend dann die exakte analytische Lösung erarbeiten und mit ihr die Näherungen vergleichen.

Zur Näherung bieten sich in diesem Fall die *Störungsrechnung* und die Methode der *sukzessiven Approximation* an. Beide Methoden wollen wir hier zeigen. Die Striche an den Koordinaten werden im folgenden weggelassen.

Methode der Störungsrechnung

Hierbei geht man von einem mathematisch einfacher zu behandelnden System aus und berücksichtigt bei der Rechnung infolge der Störung auftretende Kräfte, die klein gegen die übrigen Kräfte des Systems sind.

Zunächst integrieren wir die Gleichungen (2.3):

$$\begin{aligned}\dot{x} &= 2\omega y\cos\lambda + c_1, \\ \dot{y} &= -2\omega(x\cos\lambda + z\sin\lambda) + c_2, \\ \dot{z} &= -gt + 2\omega y\sin\lambda + c_3.\end{aligned} \tag{2.4}$$

Beim freien Fall auf der Erde wird der Körper aus der Höhe h zur Zeit $t = 0$ losgelassen, d. h., für unser Problem ergeben sich die folgenden Anfangsbedingungen:

$$\begin{aligned}z(0) &= h, & \dot{z}(0) &= 0, \\ y(0) &= 0, & \dot{y}(0) &= 0, \\ x(0) &= 0, & \dot{x}(0) &= 0.\end{aligned}$$

Damit bestimmen wir die Integrationskonstanten:

$$c_1 = 0, \quad c_2 = 2\omega h \sin\lambda\,, \quad c_3 = 0$$

und erhalten

$$\begin{aligned}\dot{x} &= 2\omega y \cos\lambda\,,\\ \dot{y} &= -2\omega(x\cos\lambda + (z-h)\sin\lambda),\\ \dot{z} &= -gt + 2\omega y \sin\lambda\,.\end{aligned} \tag{2.5}$$

Die zu ω proportionalen Glieder sind klein gegenüber dem Glied gt. Sie bilden die Störung. Die Abweichung y vom Ursprung des bewegten Systems ist eine Funktion von ω und t, d. h., es tritt in der ersten Näherung das Glied $y_1(\omega,t) \sim \omega$ auf. Setzen wir dies in die erste Differentialgleichung ein, so erscheint dort ein Ausdruck mit ω^2. Wegen der Konsistenz in ω können wir deshalb alle Glieder mit ω^2 vernachlässigen, d. h., wir erhalten in erster Ordnung in ω:

$$\dot{x}(t) = 0, \qquad \dot{z}(t) = -gt,$$

bzw. integriert mit den Anfangsbedingungen folgt:

$$x(t) = 0, \qquad z(t) = -\frac{g}{2}t^2 + h.$$

Wegen $x(t) = 0$ fällt aus der zweiten Differentialgleichung (2.5) in dieser Näherung das Glied $2\omega x\cos\lambda$ heraus; es bleibt:

$$\dot{y} = -2\omega(z-h)\sin\lambda\,.$$

Einsetzen von z liefert

$$\begin{aligned}\dot{y} &= -2\omega\left(h - \frac{1}{2}gt^2 - h\right)\sin\lambda\\ &= \omega g t^2 \sin\lambda\,,\end{aligned}$$

und mit der Anfangsbedingung integriert folgt

$$y = \frac{\omega g \sin\lambda}{3}t^3.$$

Die Lösungen des Differentialgleichungssystems in der Näherung $\omega^n = 0$ mit $n \geq 2$ (d. h. konsistent bis zu linearen Gliedern in ω), lauten also

$$\begin{aligned}x(t) &= 0,\\ y(t) &= \frac{\omega g \sin\lambda}{3}t^3,\\ z(t) &= h - \frac{g}{2}t^2.\end{aligned}$$

Die Fallzeit T erhält man aus $z(t=T) = 0$,

$$T^2 = \frac{2h}{g}.$$

Damit hat man die *Ostablenkung* ($\vec{e}_2'$ zeigt nach Osten) als Funktion der Fallhöhe:

$$y(t = T) = y(h) = \frac{\omega g \sin\lambda\, 2h}{3g}\sqrt{\frac{2h}{g}} = \frac{2\omega h \sin\lambda}{3}\sqrt{\frac{2h}{g}}.$$

Die Methode der sukzessiven Approximation

Geht man von dem bereits bekannten System (2.5) gekoppelter Differentialgleichungen aus, so lassen sich diese Gleichungen durch Integration in Integralgleichungen überführen:

$$x(t) = 2\omega\cos\lambda \int_0^t y(u)\,\mathrm{d}u + c_1,$$

$$y(t) = 2\omega ht\sin\lambda - 2\omega\cos\lambda \int_0^t x(u)\,\mathrm{d}u - 2\omega\sin\lambda \int_0^t z(u)\,\mathrm{d}u + c_2,$$

$$z(t) = -\frac{1}{2}gt^2 + 2\omega\sin\lambda \int_0^t y(u)\,\mathrm{d}u + c_3.$$

Berücksichtigt man, daß die Anfangsbedingungen

$$x(0) = 0, \qquad \dot{x}(0) = 0,$$
$$y(0) = 0, \qquad \dot{y}(0) = 0,$$
$$z(0) = h, \qquad \dot{z}(0) = 0,$$

erfüllt sein müssen, so ergeben sich die Integrationskonstanten zu

$$c_1 = 0; \qquad c_2 = 0; \qquad c_3 = h.$$

Die Methode der Iteration besteht darin, daß für die unter dem Integralzeichen stehenden Funktionen $x(u), y(u), z(u)$ willkürlich geeignete Anfangsfunktionen eingesetzt werden. Damit werden in erster Näherung $x(t), y(t), z(t)$ bestimmt und zur Ermittlung der zweiten Näherung als $x(u), y(u), z(u)$ rechts wieder eingesetzt usw. Im allgemeinen ergibt sich dann eine *sukzessive Approximation an die exakte Lösung*, wenn $\omega \cdot t = 2\pi t/T$ (wobei $T = 24$ Stunden) klein genug ist.

Setzt man im Beispiel $x(u), y(u), z(u)$ in der nullten Näherung gleich Null, so ergibt sich in der ersten Näherung

$$x^{(1)}(t) = 0,$$
$$y^{(1)}(t) = 2\omega ht\sin\lambda,$$
$$z^{(1)}(t) = h - \frac{g}{2}t^2.$$

Zur Überprüfung der Konsistenz dieser Lösungen bis zu Termen linear in ω genügt die Überprüfung der zweiten Näherung. Bei Konsistenz dürfen in ihr keine Verbesserungen auftreten, die ω linear enthalten:

$$x^{(2)}(t) = 2\omega\cos\lambda \int_0^t y^{(1)}(u)\,\mathrm{d}u = 2\omega\cos\lambda \int_0^t 2\omega h(\sin\lambda)u\,\mathrm{d}u$$
$$= 4\omega^2 h\cos\lambda\,\sin\lambda\,\frac{t^2}{2} = f(\omega^2) \approx 0.$$

Ebenso wie $x^{(1)}(t)$ ist auch $z^{(1)}(t)$ in 1. Ordnung in ω konsistent:

$$z^{(2)}(t) = h - \frac{1}{2}gt^2 + 2\omega\sin\lambda \int_0^t y^{(1)}(u)\,\mathrm{d}u$$
$$= h - \frac{g}{2}t^2 + 2\omega\sin\lambda \int_0^t 2\omega h(\sin\lambda)u\,\mathrm{d}u$$
$$= h - \frac{g}{2}t^2 + i(\omega^2).$$

Dagegen ist $y^{(1)}(t)$ nicht konsistent in ω, denn

$$y^{(2)}(t) = 2\omega ht\sin\lambda - 2\omega\cos\lambda \int_0^t x^{(1)}(u)\,\mathrm{d}u - 2\omega\sin\lambda \int_0^t z^{(1)}(u)\,\mathrm{d}u$$
$$= 2\omega h\sin\lambda\cdot t - 2\omega h\sin\lambda\cdot t + g\omega\sin\lambda\,\frac{t^3}{3}$$
$$= g\omega\sin\lambda\,\frac{t^3}{3} \neq 2\omega h(\sin\lambda)t + k(\omega^2).$$

Wir erkennen, daß hier in diesem zweiten Schritt die Glieder linear in ω noch einmal massiv geändert wurden. Der im ersten Iterationsschritt erhaltene Term $2\omega ht\sin\lambda$ wird ganz weggehoben und schließlich durch $g\omega\sin\lambda\, t^3/3$ ersetzt. Eine Überprüfung von $y^{(3)}(t)$ zeigt, daß $y^{(2)}(t)$ konsistent bis zur 1. Ordnung in ω ist.

Genau wie bei der vorher besprochenen Methode der Störungsrechnung ergibt sich bis zur ersten Ordnung in ω die Lösung

$$x(t) = 0,$$
$$y(t) = \frac{g\omega\sin\lambda}{3}t^3,$$
$$z(t) = h - \frac{g}{2}t^2.$$

Wir haben natürlich längst gemerkt, daß die Methode der sukzessiven Approximation (Iteration) der Störungsrechnung äquivalent ist und im Grunde ihre begrifflich saubere Formulierung darstellt.

Exakte Lösung

Die Bewegungsgleichungen (2.3) können auch exakt gelöst werden. Dabei gehen wir wieder von

$$\ddot{x} = 2\omega\cos\lambda\,\dot{y}, \tag{2.3a}$$
$$\ddot{y} = -2\omega(\sin\lambda\,\dot{z} + \cos\lambda\,\dot{x}), \tag{2.3b}$$
$$\ddot{z} = -g + 2\omega\sin\lambda\,\dot{y}, \tag{2.3c}$$

aus. Integriert man (2.3a)–(2.3c) mit den obigen Anfangsbedingungen, so folgt

$$\dot{x} = 2\omega \cos\lambda\, y, \tag{2.5a}$$

$$\dot{y} = -2\omega(\sin\lambda\, z + \cos\lambda\, x) + 2\omega h \sin\lambda\,, \tag{2.5b}$$

$$\dot{z} = -gt + 2\omega \sin\lambda\, y. \tag{2.5c}$$

Einsetzen von (2.5a) und (2.5c) in (2.3b) ergibt

$$\ddot{y} + 4\omega^2 y = 2\omega g \sin\lambda\, t \equiv ct. \tag{2.6}$$

Die allgemeine Lösung von (2.6) ist gegeben durch die Summe aus der allgemeinen Lösung der homogenen Gleichung und *einer* speziellen Lösung der inhomogenen Gleichung, d. h.

$$y = \frac{c}{4\omega^2}t + A\sin 2\omega t + B\cos 2\omega t.$$

Aus den Anfangsbedingungen zur Zeit $t = 0$: $x = y = 0$, $z = h$, $\dot{x} = \dot{y} = \dot{z} = 0$ folgt $B = 0$ und $2\omega A = -c/4\omega^2$, d. h. $A = -c/8\omega^3$ und somit:

$$y = \frac{c}{4\omega^2}t - \frac{c}{8\omega^3}\sin 2\omega t = \frac{c}{4\omega^2}\left(t - \frac{\sin 2\omega t}{2\omega}\right),$$

d. h.

$$y = \frac{g\sin\lambda}{2\omega}\left(t - \frac{\sin 2\omega t}{2\omega}\right). \tag{2.7}$$

Einsetzen von (2.7) in (2.5a) ergibt

$$\dot{x} = g\sin\lambda\,\cos\lambda\left(t - \frac{\sin 2\omega t}{2\omega}\right).$$

Aus den Anfangsbedingungen folgt

$$x = g\sin\lambda\,\cos\lambda\left(\frac{t^2}{2} - \frac{1-\cos 2\omega t}{4\omega^2}\right). \tag{2.8}$$

Gleichung (2.7) in (2.5c) eingesetzt ergibt

$$\dot{z} = -gt + 2\omega\sin\lambda\left[\frac{g\sin\lambda}{2\omega}\left(t - \frac{\sin 2\omega t}{2\omega}\right)\right],$$

$$\dot{z} = -gt + g\sin^2\lambda\left(t - \frac{\sin 2\omega t}{2\omega}\right),$$

und integriert mit den Anfangsbedingungen:

$$z = -\frac{g}{2}t^2 + g\sin^2\lambda\left(\frac{t^2}{2} - \frac{1-\cos 2\omega t}{4\omega^2}\right) + h. \tag{2.9}$$

Zusammengefaßt ist schließlich

$$\begin{aligned} x &= g\sin\lambda\,\cos\lambda\left(\frac{t^2}{2} - \frac{1-\cos 2\omega t}{4\omega^2}\right), \\ y &= \frac{g\sin\lambda}{2\omega}\left(t - \frac{\sin 2\omega t}{2\omega}\right), \\ z &= h - \frac{g}{2}t^2 + g\sin^2\lambda\left(\frac{t^2}{2} - \frac{1-\cos 2\omega t}{4\omega^2}\right). \end{aligned} \tag{2.10}$$

Da $\omega t = 2\pi \dfrac{\text{Fallzeit}}{1\ \text{Tag}}$, also sehr klein ist ($\omega t \ll 1$), kann man (2.10) entwickeln:

$$\begin{aligned} x &= \frac{gt^2}{6} \sin\lambda \cos\lambda\,(\omega t)^2, \\ y &= \frac{gt^2}{3} \sin\lambda\,(\omega t), \\ z &= h - \frac{gt^2}{2}\left(1 - \frac{\sin^2\lambda}{3}(\omega t^2)\right). \end{aligned} \tag{2.11}$$

Berücksichtigt man nur Glieder erster Ordnung in ωt, so ist $(\omega t)^2 \approx 0$ und (2.11) wird zu:

$$\begin{aligned} x(t) &= 0, \\ y(t) &= \frac{g\omega t^3 \sin\lambda}{3}, \\ z(t) &= h - \frac{g}{2}t^2. \end{aligned} \tag{2.12}$$

Dies ist identisch mit den mit Hilfe der Störungsrechnung gewonnenen Ergebnissen. Gleichung (2.10) ist jedoch *exakt*!

Die Ostablenkung einer fallenden Masse erscheint zunächst paradox, weil sich die Erde doch auch nach Osten dreht. Sie wird aber sofort anschaulich verständlich, wenn man bedenkt, daß die Masse in der Höhe h zur Zeit $t = 0$ im *Inertialsystem* eine größere Geschwindigkeitskomponente ostwärts (aufgrund der Erdrotation) besitzt als ein Beobachter auf der Erdoberfläche. Es ist diese „überschüssige“ Geschwindigkeit gen Osten, die für den Beobachter auf der Erde den Stein nach Osten fallen läßt, und nicht ⊥ nach unten. Beim Wurf nach oben ist es umgekehrt (siehe Aufgabe 2.1).

Ostablenkung eines fallenden Körpers

Beispiel 2.1

Als Beispiel berechnen wir die Ostablenkung eines Körpers, der am Äquator aus einer Höhe von 400 m herunterfällt.

Die Ostablenkung eines aus der Höhe h fallenden Körpers ist gegeben durch

$$y(h) = \frac{2\omega \sin\lambda\, h}{3}\sqrt{\frac{2h}{g}}.$$

Die Höhe $h = 400$ m und die Winkelgeschwindigkeit der Erde $\omega = 7{,}27 \cdot 10^{-5}$ rad · s^{-1} sind bekannt, ebenso die Fallbeschleunigung.

Die Werte in $y(h)$ eingesetzt:

$$y(h) = \frac{2 \cdot 7{,}27 \cdot 400\ \text{rad} \cdot \text{m}}{3 \cdot 10^5\ \text{s}}\sqrt{\frac{2 \cdot 400\ \text{s}^2}{9{,}81}},$$

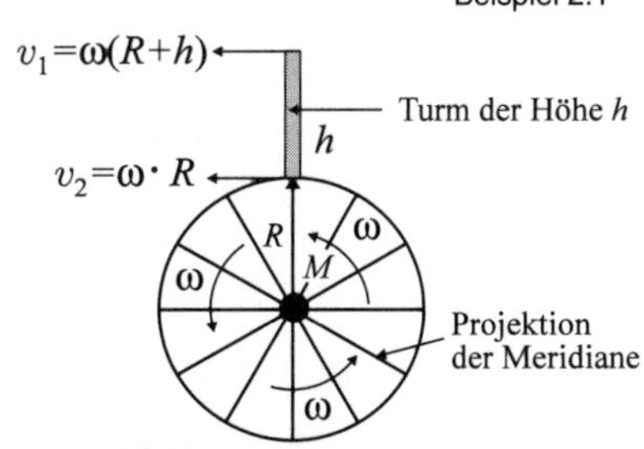

Schnitt durch die Erde am Äquator in Draufsicht (vom Nordpol aus). M ist der Erdmittelpunkt, ω die Winkelgeschwindigkeit.

wobei rad eine dimensionslose Größe ist. Als Ergebnis ergibt sich

$$y(h) = 17{,}6\ \text{cm}.$$

Der Körper wird also um 17,6 cm nach Osten abgelenkt.

▲Beispiel 2.1

Ostablenkung eines geworfenen Körpers

▼Aufgabe 2.1

Ein Gegenstand wird mit der Anfangsgeschwindigkeit v_0 nach oben geworfen. Gesucht ist die Ostablenkung.

Lösung:

Legen wir das Koordinatensystem in den Ausgangspunkt der Bewegung, so lauten die Anfangsbedingungen:

$$\begin{aligned} z(t=0) &= 0, \qquad & \dot{z}(t=0) &= v_0, \\ y(t=0) &= 0, \qquad & \dot{y}(t=0) &= 0, \\ x(t=0) &= 0, \qquad & \dot{x}(t=0) &= 0. \end{aligned}$$

Die Auslenkung nach Osten wird durch y, die nach Süden durch x angegeben, und $z \neq 0$ bedeutet die Höhe h über der Erdoberfläche.

Für die Bewegung in y-Richtung wurde gezeigt (vgl. Gleichung (2.4)):

$$\frac{\mathrm{d}y}{\mathrm{d}t} = -2\omega(x\cos\lambda + z\sin\lambda) + C_2.$$

Wegen ihrer Kleinheit kann die Bewegung des Körpers in x-Richtung vernachlässigt werden, $x \approx 0$. Vernachlässigt man weiter die Wirkung der Ostablenkung auf z, so kommt man gleich zur Gleichung:

$$z = -\frac{g}{2}t^2 + v_0 t,$$

die bereits von der Behandlung des freien Falles ohne Berücksichtigung der Erdrotation bekannt ist. Einsetzen in obige Differentialgleichung ergibt:

$$\begin{aligned} \frac{\mathrm{d}y}{\mathrm{d}t} &= 2\omega\left(\frac{g}{2}t^2 - v_0 t\right)\sin\lambda\,, \\ y(t) &= 2\omega\left(\frac{g}{6}t^3 - \frac{v_0}{2}t^2\right)\sin\lambda\,. \end{aligned}$$

Am Umkehrpunkt (nach der Steigzeit $T = v_0/g$) beträgt die Ablenkung

$$y(T) = -\frac{2}{3}\omega\sin\lambda\,\frac{v_0^3}{g^2}.$$

Sie zeigt, wie erwartet, nach Westen.

▲Aufgabe 2.1

Flußüberhöhung

Aufgabe 2.2

Ein Fluß der Breite D fließt auf der Nordhalbkugel bei der geographischen Breite φ nach Norden mit einer Strömungsgeschwindigkeit v_0.

Wieviel liegt das rechte Flußufer höher als das linke? Rechnen Sie das Zahlenbeispiel $D = 2\,\mathrm{km}$, $v_0 = 5\,\mathrm{km/h}$ und $\varphi = 45°$ durch.

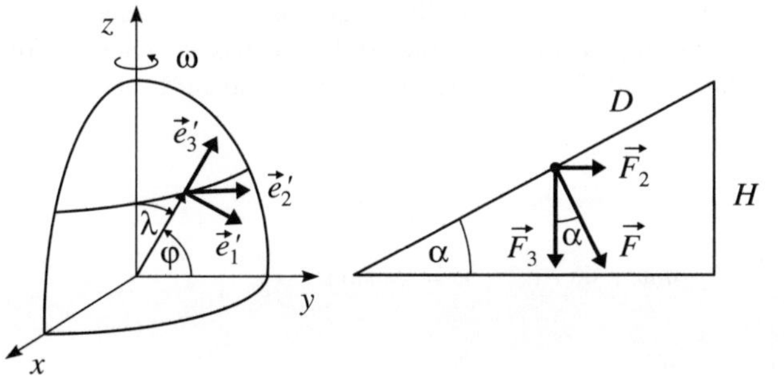

Graphische Darstellung des Flußproblems.

Lösung:

Für die Erde gilt: $m\dfrac{\mathrm{d}^2\vec{r}}{\mathrm{d}t^2} = -mg\vec{e}_3' - 2m\vec{\omega}\times\vec{v}$ mit

$$\vec{\omega} = -\omega\sin\lambda\,\vec{e}_1' + \omega\cos\lambda\,\vec{e}_3'.$$

Die Strömungsgeschwindigkeit ist $\vec{v} = -v_0\vec{e}_1'$ und somit

$$\vec{\omega}\times\vec{v} = -\omega v_0\sin\varphi\vec{e}_2'.$$

Für die Kraft ergibt sich dann

$$m\ddot{\vec{r}} = \vec{F} = -mg\vec{e}_3' + 2m\omega v_0\sin\varphi\vec{e}_2' = F_3\vec{e}_3' + F_2\vec{e}_2'.$$

$\vec{F}$ muß auf der Wasseroberfläche senkrecht stehen (siehe Skizze). Mit dem Betrag der Kraft

$$F = \sqrt{4m^2\omega^2 v_0^2\sin^2\varphi + m^2g^2}$$

kann man nach der Skizze $H = D\sin\alpha$ und $\sin\alpha = F_2/F$ bestimmen. Es folgt somit für die gesuchte Höhe H:

$$H = D\frac{2\omega v_0\sin\varphi}{\sqrt{4\omega^2v_0^2\sin^2\varphi + g^2}} \approx \frac{2D\omega v_0\sin\varphi}{g}.$$

Für das Zahlenbeispiel ergibt sich eine Uferüberhöhung von $H \approx 2{,}9\,\mathrm{cm}$.

Aufgabe 2.2

Differenz der Meerestiefe zwischen Pol und Äquator

Aufgabe 2.3

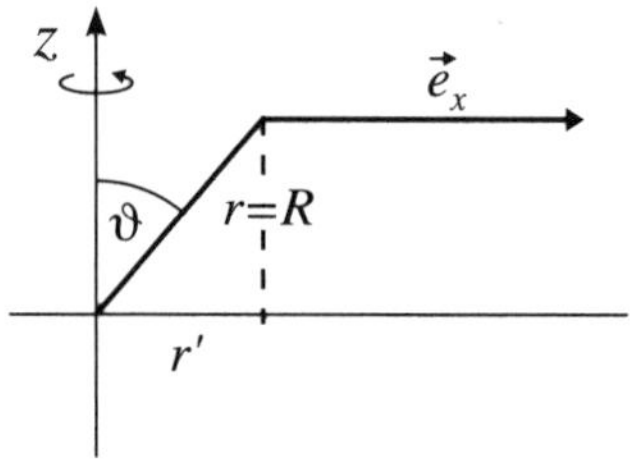

Definition der verwendeten Größen.

Eine gleichförmige sphärische Erde sei mit Wasser bedeckt. Die Oberfläche des Meeres nimmt die Form eines oblaten Sphäroids an, wenn die Erde mit der Winkelgeschwindigkeit ω rotiert.

Finden Sie einen Ausdruck, der die Differenz der Meerestiefe zwischen Pol und Äquator approximativ beschreibt.

Nehmen Sie an, daß die Oberfläche des Meeres eine Fläche konstanter potentieller Energie ist. Vernachlässigen Sie die Korrekturen zum Gravitationspotential aufgrund der Deformation.

Lösung:

$$\vec{F}_{\text{eff}}(r) = -\frac{\gamma m M}{r^2}\vec{e}_r + m\omega^2 r \sin\vartheta\, \vec{e}_x; \quad r' = r\cdot\sin\vartheta,$$

$$\begin{aligned} V|_{r_1}^{r_2} &= -\int_{r_1}^{r_2} \vec{F}_{\text{eff}}(r)\cdot \mathrm{d}\vec{r} \\ &= -\int_{r_1}^{r_2}\left(-\frac{\gamma m M}{r^2}\vec{e}_r + m\omega^2 r\sin\vartheta\,\vec{e}_x\right)\mathrm{d}r\cdot\vec{e}_r \\ &= -\frac{\gamma m M}{r}\Bigg|_{r_1}^{r_2} - \frac{m\omega^2 r^2 \sin^2\vartheta}{2}\Bigg|_{r_1}^{r_2}. \end{aligned}$$

Wir definieren daher

$$V_{\text{eff}}(r) = -\frac{\gamma m M}{r} - \frac{m\omega^2 r^2}{2}\sin^2\vartheta. \tag{1}$$

Sei nun

$$r = R + \Delta r(\vartheta); \qquad \Delta r(\vartheta) \ll R.$$

Das Potential an der Oberfläche der rotierenden Kugel ist laut Aufgabenstellung konstant

$$V(r) = -\frac{\gamma m M}{R} + V_0.$$

Die Oberfläche der Erde ist der Aufgabenstellung nach eine Äquipotentialfläche (Fläche konstanter potentieller Energie). Daraus folgt direkt, daß die Anziehungskraft senkrecht auf diese Fläche wirkt; denn wegen der Konstanz des Potentials entlang der Oberfläche kann keine Kraft in Tangentialrichtung wirken.

$$\begin{aligned} V(r) &= -\frac{\gamma m M}{R}\left(1 - \frac{\Delta r}{R}\right) - \frac{m}{2}\omega^2 R^2\left(1 + 2\frac{\Delta r}{R}\right)\sin^2\vartheta \\ &\stackrel{!}{=} -\frac{\gamma m M}{R} + V_0. \end{aligned}$$

Daraus folgt für V_0:

$$V_0 = \frac{\gamma m M}{R^2}\Delta r - \frac{m}{2}\omega^2 R^2 \sin^2\vartheta - m\omega^2 R \Delta r \sin^2\vartheta.$$

Aufgabe 2.3 ♦

Wie man sich durch Einsetzen der gegebenen Werte überzeugen kann, ist der letzte Term zu vernachlässigen:

$$\frac{\gamma m M}{R^2} \gg m\omega^2 R \sin^2 \vartheta\,.$$

Daraus folgt

$$\frac{\gamma m M}{R^2}\Delta r = V_0 + \frac{m}{2}\omega^2 R^2 \sin^2 \vartheta$$

oder explizit für die Differenz $\Delta r(\vartheta)$

$$\Delta r(\vartheta) = \frac{R^2}{\gamma m M}\left(V_0 + \frac{m}{2}\omega^2 R^2 \sin^2 \vartheta\right). \qquad (2)$$

Die zweite Forderung für die Berechnung der Deformation ist die Erhaltung des Volumens; da $\Delta r \ll R$ angenommen werden kann, können wir diese Forderung als einfaches Oberflächenintegral schreiben

$$\int\limits_{\vartheta=0}^{\pi/2}\int\limits_{\varphi=0}^{2\pi} \mathrm{d}F \cdot \Delta r(\vartheta) = 0, \qquad (3)$$

also aufgrund der Rotationssymmetrie in φ

$$\int\limits_0^{\pi/2}\left(V_0 + \frac{m\omega^2 R^2 \sin^2 \vartheta}{2}\right) 2\pi R \cdot R \sin \vartheta \,\mathrm{d}\vartheta = 0;$$

daraus folgt

$$\int\limits_0^{\pi/2}\left(V_0 \sin \vartheta + \frac{m\omega^2 R^2 \sin^3 \vartheta}{2}\right) \mathrm{d}\vartheta = 0.$$

Mit $\int\limits_0^{\pi/2} \sin \vartheta \,\mathrm{d}\vartheta = 1$ und $\int\limits_0^{\pi/2} \sin^3 \vartheta \,\mathrm{d}\vartheta = \frac{2}{3}$ ergibt sich

$$V_0 + \frac{m}{3}\omega^2 R^2 = 0,$$

$$V_0 = -\frac{m}{3}\omega^2 R^2.$$

Setzen wir dieses Ergebnis in (2) ein, so erhalten wir

$$\Delta r(\vartheta) = \frac{R^4}{\gamma M}\frac{\omega^2}{2}\left(\sin^2 \vartheta - \frac{2}{3}\right).$$

Im letzten Schritt ist $\gamma M/R^2$ durch g zu ersetzen; damit haben wir approximativ einen Ausdruck für die Differenz der Meerestiefe gefunden:

$$\Delta r(\vartheta) = \frac{\omega^2 R^2}{2g}\left(\sin^2 \vartheta - \frac{2}{3}\right). \qquad (4)$$

Setzen wir noch die gegebenen Werte ein:

$$R = 6\,370\,\mathrm{km}, \quad g = 9{,}81\,\frac{\mathrm{m}}{\mathrm{s}^2}, \quad \omega = \frac{2\pi}{T} = 7{,}272\,2 \cdot 10^{-5}\,\frac{1}{\mathrm{s}},$$

so erhalten wir

$$d = \Delta r\left(\frac{\pi}{2}\right) - \Delta r(0) \approx 10{,}94\,\text{km}.$$

Will man den Einfluß der Deformation auf das Gravitationspotential berücksichtigen, benötigt man die sog. Kugelflächenfunktionen. Sie werden in den Vorlesungen zur Klassischen Elektrodynamik ausführlich besprochen.

▲Aufgabe 2.3

3 Das Foucaultsche Pendel

Jean Bernard Léon Foucault (1819–1868) → unten

Foucault gelang 1851 ein einfacher und überzeugender Beweis der Erdrotation: Ein Pendel versucht seine Schwingungsebene beizubehalten, unabhängig von jeder Drehung des Aufhängepunktes. Wird in einem Laboratorium dennoch eine solche Drehung beobachtet, so kann daraus nur die Rotation des Laboratoriums – also die Erdrotation – gefolgert werden.

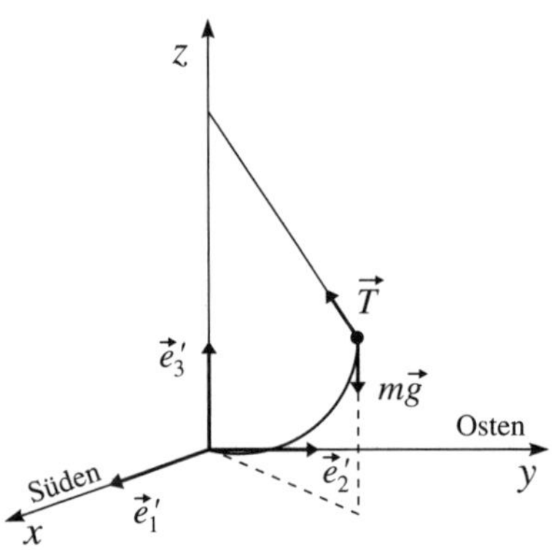

Prinzip des Foucault-Pendels.

Die Skizze zeigt die Anordnung des Pendels und legt zugleich die Achsen des Koordinatensystems fest.

Zuerst leiten wir die Bewegungsgleichung des Foucaultschen Pendels her. Für den Massenpunkt gilt

$$\vec{F} = \vec{T} + m\vec{g}, \tag{3.1}$$

wobei $\vec{T}$ eine zunächst unbekannte Zugkraft im Pendelfaden ist. In der für bewegte Bezugssysteme gültigen Grundgleichung

$$m\ddot{\vec{r}} = \vec{F} - m\frac{\mathrm{d}\vec{\omega}}{\mathrm{d}t} \times \vec{r} - 2m\vec{\omega} \times \vec{v} - m\vec{\omega} \times (\vec{\omega} \times \vec{r}) \tag{3.2}$$

können die linearen Kräfte und die Zentripetalkräfte vernachlässigt werden, da für die Erde $\mathrm{d}\omega/\,\mathrm{d}t = 0$ ist und $t \cdot |\vec{\omega}| \ll 1$, $t^2\omega^2 \approx 0$, ($t \approx$ Schwingungszeit des Pendels) ist. Setzt man Gleichung (3.1) in die vereinfachte Gleichung (3.2) ein, so erhält man

$$m\ddot{\vec{r}} = \vec{T} + m\vec{g} - 2m\vec{\omega} \times \vec{v}. \tag{3.3}$$

JEAN BERNARD LÉON FOUCAULT

Foucault [fuk'o], Jean Bernard Léon, französischer Physiker, geb. in Paris 18.9.1819, gest. ebenda 11.2.1868. Foucault führte 1851 im Panthéon in Paris seinen bekannt gewordenen Pendelversuch zum Nachweis der Achsendrehung der Erde aus. Im gleichen Jahr lieferte er mit einem rotierenden Spiegel den für die Bestätigung der Wellentheorie des Lichtes wichtigen Nachweis, daß sich das Licht in Wasser langsamer als in Luft fortpflanzt. Er untersuchte die von D. F. Arago entdeckten Wirbelströme in Metallen (Foucault-Ströme) und führte gemeinsam mit A. H. L. Fizeau auch Untersuchungen über Licht- und Wärmestrahlen aus.

Wie man an dieser Gleichung noch einmal deutlich sieht, macht sich die Erdrotation für den mitbewegten Beobachter im Auftreten einer Scheinkraft, der Corioliskraft, bemerkbar. Die Corioliskraft führt zur Drehung der Schwingungsebene des Pendels. Aus (3.3) läßt sich die Fadenspannung T bestimmen, wenn man beachtet, daß

$$\begin{aligned}\vec{T} &= (\vec{T}\cdot\vec{e}_1{}')\vec{e}_1{}' + (\vec{T}\cdot\vec{e}_2{}')\vec{e}_2{}' + (\vec{T}\cdot\vec{e}_3)\vec{e}_3{}' = T\frac{\vec{T}}{T}\\ &= T\frac{\{-x,-y,l-z\}}{\sqrt{x^2+y^2+(l-z)^2}} \approx T\frac{\{-x,-y,l-z\}}{l}. \end{aligned} \tag{3.4}$$

Im letzten Schritt wurde eine sehr große Pendellänge l vorausgesetzt, so daß $x/l \ll 1$, $y/l \ll 1$ und $z/l \lll 1$ gilt. Ausführlich lautet (3.4):

$$\vec{T} = T\left(-\frac{x}{l}\vec{e}_1{}' - \frac{y}{l}\vec{e}_2{}' + \frac{l-z}{l}\vec{e}_3{}'\right). \tag{3.5}$$

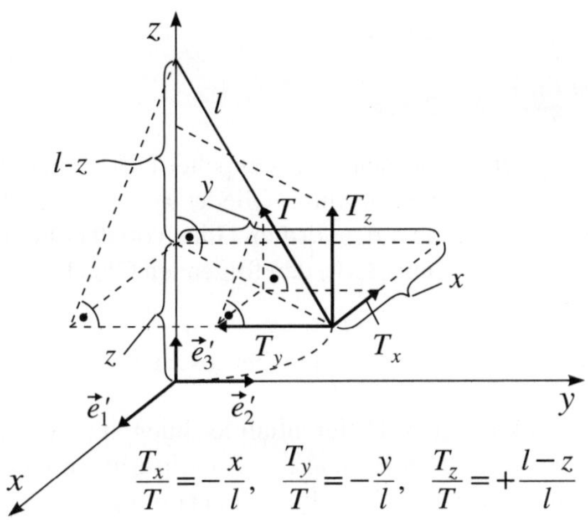

Zur Projektion der Fadenspannung $\vec{T}$ auf die Achsen $\vec{e}_i{}'$.

Bevor man (3.5) in (3.3) einsetzt, empfiehlt es sich, (3.3) in die einzelnen Komponenten zu zerlegen. Dazu muß das Kreuzprodukt $\vec{\omega}\times\vec{v}$ ausgerechnet werden. Es ist

$$\begin{aligned}\vec{\omega}\times\vec{v} &= \begin{vmatrix} \vec{e}_1{}' & \vec{e}_2{}' & \vec{e}_3{}' \\ -\omega\sin\lambda & 0 & \omega\cos\lambda \\ \dot{x} & \dot{y} & \dot{z}\end{vmatrix}\\ &= -\omega\cos\lambda\,\dot{y}\vec{e}_1{}' + \omega(\cos\lambda\,\dot{x} + \sin\lambda\,\dot{z})\vec{e}_2{}' - \omega\sin\lambda\,\dot{y}\vec{e}_3{}'. \end{aligned} \tag{3.6}$$

Setzt man (3.5) und (3.6) in die Gleichung (3.3) ein, so folgt wegen $m\vec{g} = -mg\vec{e}_3{}'$ ein gekoppeltes System von Differentialgleichungen:

$$\begin{aligned} m\ddot{x} &= -\frac{x}{l}T + 2m\omega\cos\lambda\,\dot{y},\\ m\ddot{y} &= -\frac{y}{l}T - 2m\omega(\cos\lambda\,\dot{x} + \sin\lambda\,\dot{z}),\\ m\ddot{z} &= \frac{l-z}{l}T - mg + 2m\omega\sin\lambda\,\dot{y}. \end{aligned} \tag{3.7}$$

Um aus dem System (3.7) die unbekannte Fadenspannung T eliminieren zu können, macht man die schon erwähnten Näherungen:

Der Pendelfaden soll sehr lang sein; das Pendel aber nur mit kleinen Amplituden schwingen. Daraus folgt, daß $x/l \ll 1$, $y/l \ll 1$ und erst recht $z/l \lll 1$, da sich der Massenpunkt nahezu in der x,y-Ebene bewegt. Daher setzt man zur Berechnung der Fadenspannung in guter Näherung

$$\frac{l-z}{l} = 1, \qquad m\ddot{z} = 0, \tag{3.8}$$

und erhält aus der dritten Gleichung (3.7)

$$T = mg - 2m\omega \sin\lambda\, \dot{y}. \tag{3.9}$$

Einsetzen von (3.9) und (3.7) ergibt nach Division durch die Masse m:

$$\begin{aligned} \ddot{x} &= -\frac{g}{l}x + \frac{2\omega \sin\lambda}{l} x\dot{y} + 2\omega \cos\lambda\, \dot{y}, \\ \ddot{y} &= -\frac{g}{l}y + \frac{2\omega \sin\lambda}{l} y\dot{y} - 2\omega \cos\lambda\, \dot{x}. \end{aligned} \tag{3.10}$$

Gleichung (3.10) stellt ein System nichtlinearer, gekoppelter Differentialgleichungen dar; nichtlinear deshalb, weil die gemischten Glieder $x\dot{y}$ und $y\dot{y}$ auftauchen. Da die zweiten Terme in (3.10) gegenüber dem dritten Glied von der Ordnung $x/2$, $y/2 \ll 1$, verschwindend klein sind, kann (3.10) den folgenden Gleichungen (3.11) als gleichwertig angesehen werden:

$$\ddot{x} = -\frac{g}{l}x + 2\omega \cos\lambda\, \dot{y}, \qquad \ddot{y} = -\frac{g}{l}y - 2\omega \cos\lambda\, \dot{x}. \tag{3.11}$$

Diese beiden linearen (aber gekoppelten) Differentialgleichungen beschreiben die Schwingungen eines Pendels unter dem Einfluß der Corioliskraft in guter Näherung. Im folgenden wird ein Lösungsverfahren für (3.11) beschrieben.

Lösung der Differentialgleichungen

Um (3.11) lösen zu können, führt man die Abkürzungen $g/l = k^2$ und $\omega \cos\lambda = \alpha$ ein, multipliziert $\ddot{y}$ mit der imaginären Einheit $\mathrm{i} = \sqrt{-1}$ und erhält:

$$\begin{aligned} \ddot{x} &= -k^2 x - 2\alpha\, \mathrm{i}^2 \dot{y} \\ \mathrm{i}\ddot{y} &= -k^2\, \mathrm{i}y - 2\alpha\, \mathrm{i}\dot{x} \\ \hline \ddot{x} + \mathrm{i}\ddot{y} &= -k^2(x + \mathrm{i}y) - 2\alpha\, \mathrm{i}(\dot{x} + \mathrm{i}\dot{y}) \end{aligned} \tag{3.12}$$

Die Abkürzung $u = x + \mathrm{i}y$ ist naheliegend:

$$\ddot{u} = -k^2 u - 2\alpha\, \mathrm{i}\dot{u} \quad \text{oder} \quad 0 = \ddot{u} + 2\alpha\, \mathrm{i}\dot{u} + k^2 u. \tag{3.13}$$

Die Gleichung (3.13) wird durch den sich bei allen Schwingungsvorgängen bewährenden Ansatz

$$u = C \cdot \mathrm{e}^{\gamma t} \tag{3.14}$$

gelöst, wobei γ durch Einsetzen der Ableitungen in (3.13) zu bestimmen ist:

$$C\gamma^2\,\mathrm{e}^{\gamma t} + 2\alpha\,\mathrm{i}C\gamma\,\mathrm{e}^{\gamma t} + k^2C\,\mathrm{e}^{\gamma t} = 0 \quad \text{oder} \quad \gamma^2 + 2\,\mathrm{i}\alpha\gamma + k^2 = 0. \tag{3.15}$$

Die beiden Lösungen von (3.15) sind

$$\gamma_{1/2} = -\,\mathrm{i}\alpha \pm \mathrm{i}k\sqrt{1+\alpha^2/k^2}. \tag{3.16}$$

Da $\alpha^2 = \omega^2 \cos^2\lambda$ wegen ω^2/k^2 klein gegen 1 ist ($\omega^2/k^2 = T^2_{\mathrm{Pendel}}/T^2_{\mathrm{Erde}} \ll 1$, wobei T_{Pendel} die Schwingungszeit des Pendels und $T_{\mathrm{Erde}} = 1$ Tag ist), folgt weiter

$$\gamma_{1/2} = -\,\mathrm{i}\alpha \pm \mathrm{i}k. \tag{3.17}$$

Die allgemeinste Lösung der Differentialgleichung (3.13) ist die Linearkombination der linear unabhängigen Lösungen

$$u = A\cdot \mathrm{e}^{\gamma_1 t} + B\cdot \mathrm{e}^{\gamma_2 t}, \tag{3.18}$$

wobei A und B durch die Anfangsbedingungen festgelegt werden müssen und selbstverständlich komplex sind, d. h. in einen reellen und in einen imaginären Anteil zerlegt werden können:

$$u = (A_1 + \mathrm{i}A_2)\,\mathrm{e}^{-\,\mathrm{i}(\alpha-k)t} + (B_1 + \mathrm{i}B_2)\,\mathrm{e}^{-\,\mathrm{i}(\alpha+k)t}. \tag{3.19}$$

Die Eulersche Relation $\mathrm{e}^{-\,\mathrm{i}\varphi} = \cos\varphi - \mathrm{i}\sin\varphi$ erlaubt die Aufspaltung von (3.19) in $u = x + \mathrm{i}y$:

$$\begin{aligned} x + \mathrm{i}y = {} & (A_1 + \mathrm{i}A_2)[\cos(\alpha-k)t - \mathrm{i}\sin(\alpha-k)t] \\ & + (B_1 + \mathrm{i}B_2)[\cos(\alpha+k)t - \mathrm{i}\sin(\alpha+k)t], \end{aligned} \tag{3.20}$$

woraus nach Trennung von Real- und Imaginärteil folgt:

$$\begin{aligned} x &= A_1\cos(\alpha-k)t + A_2\sin(\alpha-k)t + B_1\cos(\alpha+k)t + B_2\sin(\alpha+k)t, \\ y &= -A_1\sin(\alpha-k)t + A_2\cos(\alpha-k)t - B_1\sin(\alpha+k)t + B_2\cos(\alpha+k)t. \end{aligned} \tag{3.21}$$

Die Anfangsbedingungen seien:

$$x_0 = 0, \qquad \dot{x}_0 = 0,$$

$$y_0 = L, \qquad \dot{y}_0 = 0,$$

d. h., das Pendel wird um die Strecke L nach Osten ausgelenkt und zur Zeit $t = 0$ ohne Anfangsgeschwindigkeit losgelassen. Setzt man $x_0 = 0$ in (3.21) ein, folgt

$$B_1 = -A_1.$$

Differenziert man (3.21) und setzt $\dot{x}_0 = 0$ ein, so folgt daraus

$$B_2 = A_2\frac{k-\alpha}{k+\alpha}.$$

Wie bereits in (3.16) bemerkt, ist $\alpha \ll k$ und somit $B_2 \approx A_2$. Aus (3.21) erhält man jetzt

$$\begin{aligned} x &= A_1\cos(\alpha-k)t + A_2\sin(\alpha-k)t - A_1\cos(\alpha+k)t + A_2\sin(\alpha+k)t, \\ y &= -A_1\sin(\alpha-k)t + A_2\cos(\alpha-k)t + A_1\sin(\alpha+k)t + A_2\cos(\alpha+k)t. \end{aligned} \tag{3.22}$$

Es sind noch die Anfangsbedingungen für y_0 und $\dot{y}_0$ einzuarbeiten. Aus $\dot{y}_0 = 0$ und (3.22) folgt:

$$-A_1(\alpha - k) + A_1(\alpha + k) = 0 \;\Rightarrow\; A_1 = 0.$$

Aus $y_0 = L$ und der Gleichung (3.22) ergibt sich

$$2A_2 = L \quad\Rightarrow\quad A_2 = \frac{L}{2}.$$

Durch Einsetzen dieser Werte erhält man

$$x = \frac{L}{2}\sin(\alpha - k)t + \frac{L}{2}\sin(\alpha + k)t,$$
$$y = \frac{L}{2}\cos(\alpha - k)t + \frac{L}{2}\cos(\alpha + k)t.$$

Unter Beachtung der trigonometrischen Formeln

$$\sin(\alpha \pm k) = \sin\alpha\cos k \pm \cos\alpha\sin k,$$
$$\cos(\alpha \pm k) = \cos\alpha\cos k \mp \sin\alpha\sin k$$

folgt

$$x = L\sin\alpha t\cos kt, \qquad y = L\cos\alpha t\cos kt.$$

Die beiden Gleichungen lassen sich in einer Vektorgleichung zusammenfassen:

$$\vec{r} = L\cos kt[\sin(\alpha t)\vec{e}_1{}' + \cos(\alpha t)\vec{e}_2{}']. \tag{3.23}$$

Diskussion der gefundenen Lösung

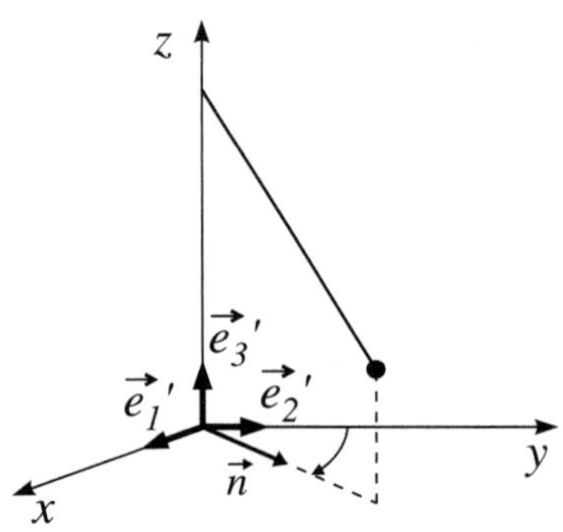

Der Einheitsvektor $\vec{n}(t)$ dreht sich in der x-y-Ebene.

Der erste Faktor in (3.23) beschreibt die Bewegung eines Pendels, das mit der Amplitude L und der Frequenz $k = \sqrt{g/l}$ schwingt. Der zweite Term ist ein Einheitsvektor $\vec{n}$, der mit der Frequenz $\alpha = \omega\cos\lambda$ rotiert und die Drehung der Schwingungsebene beschreibt:

$$\vec{r} \;= L\cos kt\,\vec{n}(t),$$
$$\vec{n}(t) = \sin\alpha t\,\vec{e}_1{}' + \cos\alpha t\,\vec{e}_2{}'.$$

Gleichung (3.23) sagt zudem aus, in welcher Richtung sich die Schwingungsebene dreht. Für die nördliche Halbkugel ist $\cos\lambda > 0$ und nach kurzer Zeit $\sin\alpha t > 0$ und $\cos\alpha t > 0$, d. h., die Schwingungsebene dreht sich im Uhrzeigersinn. Ein Beobachter auf der Südhalbkugel wird für sein Pendel wegen $\cos\lambda < 0$ eine Drehung gegen den Uhrzeiger feststellen.

Am Äquator versagt der Versuch wegen $\cos\lambda = 0$; die Komponente $\omega_x = -\omega\sin\lambda$ ist dort zwar am größten, aber mit dem Foucaultpendel nicht nachweisbar.

Verfolgt man den Weg des Massenpunktes eines Foucaultpendels, so ergeben sich Rosettenbahnen. Hierbei ist interessant, daß der Verlauf der Bahnen wesentlich von den Anfangsbedingungen abhängt (vgl. Figur). Die linke Seite zeigt eine Rosettenbahn für ein Pendel, das beim Maximalausschlag losgelassen wurde; das Pendel rechts wurde aus der Ruhelage herausgestoßen. Auf der Nordhalbkugel drehen sich die Rosettenäste im Uhrzeigersinn; auf der Südhalbkugel entgegengesetzt.

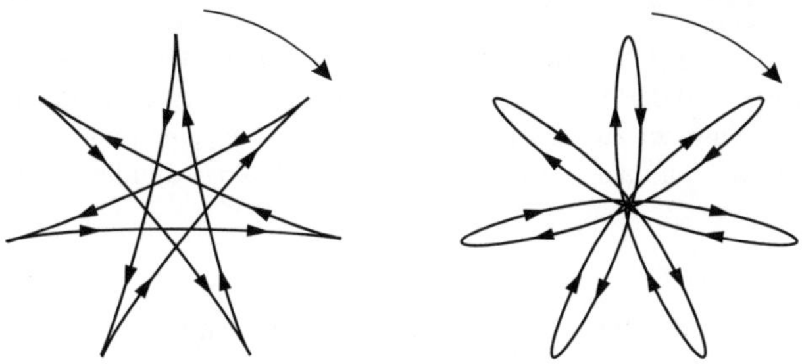

Rosettenbahnen des Foucault-Pendels auf der Nordhalbkugel.

Wegen der Annahme $\alpha \ll k$ in (3.16) beschreibt (3.23) keine der beiden Rosetten genau. In (3.23) schwingt das Pendel immer durch die Ruhelage, obwohl die gleichen Anfangsbedingungen wie in der linken Figur gewählt wurden.

Kette hängt an einem rotierenden Stab

Aufgabe 3.1

Ein vertikaler Stab AB rotiert mit konstanter Winkelgeschwindigkeit ω. Eine leichte, nicht dehnbare Kette der Länge l ist mit einem Ende am Punkt O des Stabes befestigt, während an ihrem anderen Ende die Masse m befestigt ist. Finden Sie die Spannung in der Kette und den Winkel zwischen Kette und Stab im Gleichgewichtszustand.

Lösung:

Auf den Körper wirken drei Kräfte ein, nämlich

1. Die Schwerkraft (Gewicht): $\vec{F}_g = -mg\vec{e}_3$,
2. Die Zentrifugalkraft: $\vec{F}_z = -m\vec{\omega} \times (\vec{\omega} \times \vec{r})$,
3. die Spannkraft der Kette: $\vec{T} = -T \sin\varphi \vec{e}_1 + T \cos\varphi \vec{e}_3$.

Da die Winkelgeschwindigkeit nur eine Komponente in $\vec{e}_3$-Richtung besitzt, $\vec{\omega} = \omega\vec{e}_3$, und

$$\vec{r} = l(\sin\varphi \vec{e}_1 + (1 - \cos\varphi)\vec{e}_3)$$

ist, folgt für die Zentrifugalkraft

$$\vec{F}_z = -m(\vec{\omega} \times (\vec{\omega} \times \vec{r}))$$

der Ausdruck

$$\vec{F}_z = +m\omega^2 l \sin\varphi \, \vec{e}_1 .$$

Wenn sich der Körper im Gleichgewicht befindet, ist die Resultierende der drei Kräfte Null:

$$0 = -mg\vec{e}_3 + m\omega^2 l \sin\varphi \vec{e}_1 - T \sin\varphi \vec{e}_1 + T \cos\varphi \vec{e}_3 .$$

Ordnen wir nach Komponenten, so erhalten wir

$$0 = (m\omega^2 l \sin\varphi - T \sin\varphi)\vec{e}_1 + (T \cos\varphi - mg)\vec{e}_3 .$$

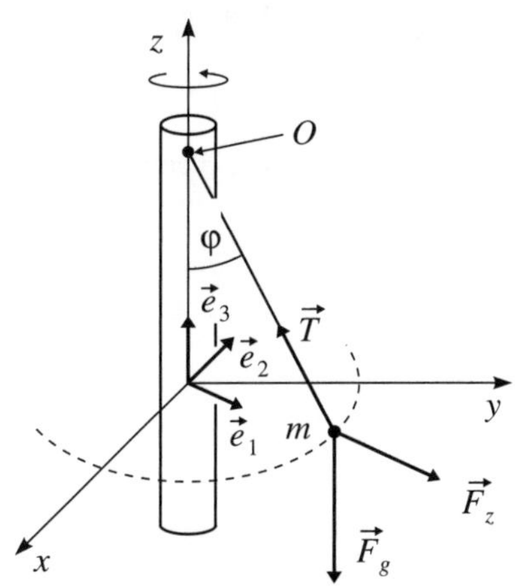

$\vec{e}_1, \vec{e}_2, \vec{e}_3$ sind die Einheitsvektoren eines mit dem Stab drehenden rechtwinkligen Koordinatensystems; $\vec{T}$ die Spannkraft der Kette, $\vec{F}_g$ ist das Gewicht der Masse m; $\vec{F}_z$ sei die Zentrifugalkraft.

Da ein Vektor nur dann verschwindet, wenn jede Komponente Null ist, können wir folgende Komponentengleichungen aufstellen:

$$m\omega^2 l \sin\varphi - T \sin\varphi = 0, \tag{1}$$

$$T\cos\varphi - mg = 0. \tag{2}$$

Eine Lösung von Gleichung (1) ist $\sin\varphi = 0$. Sie stellt einen Zustand labilen Gleichgewichts dar, der vorliegt, wenn der Körper auf der Achse AB rotiert. In diesem Fall verschwindet die zentrifugale Kraftkomponente. Zu einer zweiten Lösung des Systems gelangen wir, wenn wir $\sin\varphi \neq 0$ annehmen. Wir können dann die Gleichung (1) durch $\sin\varphi$ dividieren und erhalten T:

$$T = m\omega^2 l \tag{3}$$

und nach Elimination von T aus (2) den Winkel φ zwischen Kette und Stab:

$$\cos\varphi = \frac{g}{\omega^2 l}.$$

Da die Kette OP mit der Masse m in P den Mantel eines Kegels beschreibt, heißt diese Anordnung Kegelpendel.

▲Aufgabe 3.1

Pendel im fahrenden Zug

▼Aufgabe 3.2

Die Schwingungsdauer eines Pendels der Länge l sei durch T gegeben. Wie wird diese Schwingungsdauer abgeändert, wenn das Pendel an der Decke eines Zuges aufgehängt wird, der mit der Geschwindigkeit v um eine Kurve mit dem Radius R fährt?

a) Vernachlässigen Sie dabei die Corioliskraft. Warum können Sie das machen?
b) Lösen Sie die Bewegungsgleichungen (mit Corioliskraft!) weitgehend exakt (analog Foucaultsches Pendel)

Lösung:

a) Die rücktreibende Kraft lautet

$$F_R = -mg\sin\varphi + \frac{mv^2}{R'}\cos\varphi.$$

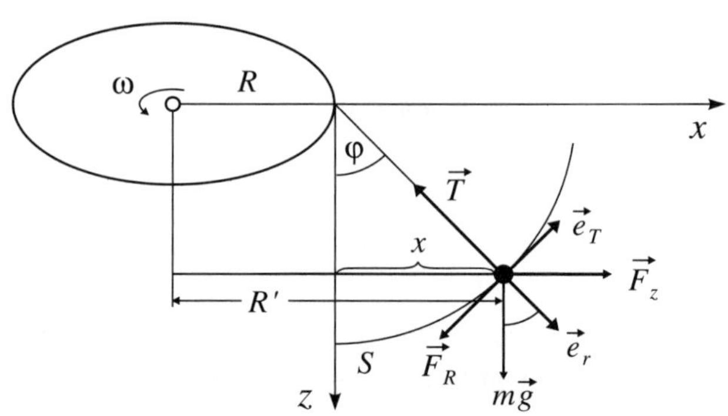

Vereinfachte Darstellung des kurvenfahrenden Zuges und des aufgehängten Pendels.

Es ist $v(x) = \omega(R + x) = \omega(R + l \sin\varphi)$ und $R' = R + x$. Damit folgt

$$F_R = -mg \sin\varphi + m\omega^2(R + l \sin\varphi) \cos\varphi .$$

Die Differentialgleichung für die Bewegung lautet demnach:

$$m\ddot{s} = -mg \sin\varphi + m\omega^2(R + l \sin\varphi) \cos\varphi .$$

Da $s = l\varphi$, $\ddot{s} = l\ddot{\varphi}$, folgt $l\ddot{\varphi} = -g \sin\varphi + \omega^2(R + l \sin\varphi) \cos\varphi$ oder

$$\ddot{\varphi} + \frac{g}{l} \sin\varphi - \omega^2 \left(\frac{R}{l} + \sin\varphi\right) \cos\varphi = 0. \quad (1)$$

Für kleine Auslenkungen ist $\cos\varphi \approx 1$ und $\sin\varphi \approx \varphi$, d. h.

$$\ddot{\varphi} + \frac{g}{l}\varphi - \omega^2 \left(\frac{R}{l} + \varphi\right) = 0$$

oder

$$\ddot{\varphi} + \left(\frac{g}{l} - \omega^2\right) \varphi - \omega^2 \frac{R}{l} = 0. \quad (2)$$

Dabei wurde die Corioliskraft vernachlässigt, weil die Winkelgeschwindigkeit $\dot{\varphi}$ und damit $\dot{x}$ klein gegen die Rotationsgeschwindigkeit $v = \omega(R + x)$ ist, d. h. $\vec{\omega} \times \dot{\vec{x}} \cong 0$. Die Lösung der homogenen Differentialgleichung ist

$$\varphi_h = \sin\left(\sqrt{\frac{g}{l} - \omega^2}\, t\right).$$

Die partikuläre Lösung der inhomogenen Dgl. ist

$$\varphi_i = \frac{\omega^2(R/l)}{(g/l) - \omega^2}.$$

Die allgemeine Lösung von (1) ist daher

$$\varphi = \varphi_h + \varphi_i = \sin\left(\sqrt{\frac{g}{l} - \omega^2}\, t\right) + \frac{\omega^2(R/l)}{(g/l) - \omega^2}.$$

Die Schwingungsdauer ist somit

$$T = \frac{2\pi}{\sqrt{(g/l) - \omega^2}}.$$

Für $\omega = \sqrt{g/l}$ wird die Schwingungsdauer unendlich, weil die Zentrifugalkraft die Schwerkraft überwiegt. Diese Interpretation trifft den Kern der Sache, obwohl die Formel (2) nur für kleine Winkelgeschwindigkeiten gilt: Für große Winkelgeschwindigkeiten darf nämlich die Näherung kleiner Schwingungsamplituden x in Gleichung (1) nicht mehr gemacht werden, weil die Pendelmasse aufgrund der Fliehkraft nach außen, d. h. zu großen x-Werten, gedrückt wird.

b) Die Bewegungsgleichungen lauten

$$m\ddot{\vec{r}} = \vec{F} - m\frac{d\vec{\omega}}{dt} \times \vec{r} - 2m\vec{\omega} \times \vec{v} - m\vec{\omega} \times (\vec{\omega} \times (\vec{r} + \vec{R})).$$

Mit

$$\vec{\omega} = -\omega\vec{e}_z,\ \vec{R} = R\vec{e}_x,\quad -2m\vec{\omega} \times \vec{v} = 2m\omega(-\dot{y},\dot{x},0)$$

♦ Aufgabe 3.2

und

$$-m\vec{\omega}\times(\vec{\omega}\times(\vec{r}+\vec{R})) = m\omega^2(R+x,y,0)$$

ergibt sich daraus:

$$\begin{aligned} m\ddot{x} &= -T_x - 2m\omega\dot{y} + m\omega^2(R+x) &&= -\frac{x}{l}T - 2m\omega\dot{y} + m\omega^2(R+x), \\ m\ddot{y} &= -T_y + 2m\omega\dot{x} + m\omega^2 y &&= -\frac{y}{l}T + 2m\omega\dot{x} + m\omega^2 y, \\ m\ddot{z} &= -T_z + mg &&= -\frac{z}{l}T + mg. \end{aligned} \tag{3}$$

Im folgenden wollen wir annehmen, daß es sich um ein Pendel großer Pendellänge handelt, so daß bei kleinen Ausschlägen ungefähr $z \approx l$ ($\dot{z} = \ddot{z} = 0$) gilt. Damit ergibt sich die Fadenspannung zu $T = mg$.

$$\begin{aligned} \ddot{x} &= \left(\omega^2 - \frac{g}{l}\right)x - 2\omega\dot{y} + \omega^2 R, \\ \ddot{y} &= \left(\omega^2 - \frac{g}{l}\right)y + 2\omega\dot{x}. \end{aligned}$$

Für die Substitution $u = x + \mathrm{i}y$ folgt dann weiter

$$\ddot{u}\left(\omega^2 - \frac{g}{l}\right)u + 2\,\mathrm{i}\omega\dot{u} + \omega^2 R. \tag{4}$$

Für die homogene Lösung der Differentialgleichung (4) erhält man mit dem Ansatz $u_{\text{hom}} = c\,\mathrm{e}^{\gamma t}$ das charakteristische Polynom

$$\gamma^2 - \left(\omega^2 - \frac{g}{l}\right) - 2\,\mathrm{i}\omega\gamma = 0.$$

Damit nimmt die homogene Lösung die Form

$$u_{\text{hom}} = c_1\,\mathrm{e}^{\mathrm{i}(\omega+\sqrt{g/l})t} + c_2\,\mathrm{e}^{\mathrm{i}(\omega-\sqrt{g/l})t}$$

an. Die partikuläre Lösung ergibt sich einfach zu

$$u_{\text{part}} = \frac{\omega^2 R}{(g/l) - \omega^2}.$$

Daraus folgt

$$u = u_{\text{hom}} + u_{\text{part}} = c_1\,\mathrm{e}^{\mathrm{i}(\omega+\sqrt{g/l})t} + c_2\,\mathrm{e}^{\mathrm{i}(\omega-\sqrt{g/l})t} + \frac{\omega^2 R}{(g/l) - \omega^2}. \tag{5a}$$

Mit den Anfangsbedingungen $x(0) = x_0$ und $y(0) = \dot{x}(0) = \dot{y}(0) = 0$ folgt für c_1 und c_2

$$\begin{aligned} c_1 &= \frac{\sqrt{g/l} - \omega}{2\sqrt{g/l}}\left(x_0 + \frac{\omega^2 R}{\omega^2 - g/l}\right), \\ c_2 &= \frac{\sqrt{g/l} + \omega}{2\sqrt{g/l}}\left(x_0 + \frac{\omega^2 R}{\omega^2 - g/l}\right). \end{aligned} \tag{5b}$$

Durch Umschreiben der Lösung (5a) in Real- und Imaginärteil lassen sich die Lösungen für $x(t)$ und $y(t)$ identifizieren.

$$\begin{aligned} x &= c_1\cos\left(\omega + \sqrt{\frac{g}{l}}\right)t + c_2\cos\left(\omega - \sqrt{\frac{g}{l}}\right)t + \frac{\omega^2 R}{g/l - \omega^2} \qquad (6a) \\ &= \sqrt{\frac{l}{g}}\left(x_0 + \frac{\omega^2 R}{\omega^2 - g/l}\right)\left\{\sqrt{\frac{g}{l}}\cos\sqrt{\frac{g}{l}}t\cos\omega t + \omega\sin\sqrt{\frac{g}{l}}t\sin\omega t\right\} + \frac{\omega^2 R}{g/l - \omega^2} \end{aligned}$$

$$= \left(x_0 + \frac{\omega^2 R}{\omega^2 - g/l}\right)\left\{\cos\sqrt{\frac{g}{l}}t\cos\omega t + \omega\sqrt{\frac{l}{g}}\sin\sqrt{\frac{g}{l}}t\sin\omega t\right\} + \frac{\omega^2 R}{g/l - \omega^2},$$

$$y = c_1\sin\left(\omega + \sqrt{\frac{g}{l}}\right)t + c_2\sin\left(\omega - \sqrt{\frac{g}{l}}\right)t \tag{6b}$$

$$= \left(x_0 + \frac{\omega^2 R}{\omega^2 - g/l}\right)\left\{\sin\omega t\cos\sqrt{\frac{g}{l}}t - \omega\sqrt{\frac{l}{g}}\sin\sqrt{\frac{g}{l}}t\cos\omega t\right\}.$$

Wegen $\omega \ll \sqrt{g/l}$ ist $\omega\sqrt{l/g} \ll 1$. Daraus folgt

$$x = x_0\cos\sqrt{\frac{g}{l}}t\cos\omega t,$$

$$y = x_0\cos\sqrt{\frac{g}{l}}t\sin\omega t.$$

Das beschreibt eine Drehung der Pendelebene mit der Frequenz ω (ähnlich wie beim Foucaultschen Pendel).

Die Schwingungsdauer T des Pendels kann man nun aus der folgenden Betrachtung gewinnen:

Für $t = 0$ ist die geschwungene Klammer in (6a) gleich 1; für $t = (\pi/2)\sqrt{l/g} + t'$, wobei $t' \ll (\pi/2)\sqrt{l/g}$ ist, wird die geschwungene Klammer das erste Mal gleich 0, was einem Viertel von T entspricht. Durch Entwickeln der geschwungenen Klammer ergibt sich t' zu

$$t' = \frac{\pi}{2}\left(\frac{l}{g}\right)^{3/2}\omega^2,$$

$$T = 4\left(\frac{\pi}{2}\sqrt{\frac{l}{g}} + \frac{\pi}{2}\left(\frac{l}{g}\right)^{3/2}\omega^2\right)$$

$$= 2\pi\sqrt{\frac{l}{g}}\left(1 + \frac{\omega^2}{g/l}\right).$$

Im Gegensatz dazu ergibt sich aus Teil a)

$$T = \frac{2\pi}{\sqrt{g/l - \omega^2}} = 2\pi\sqrt{\frac{l}{g}}\left(1 + \frac{1}{2}\frac{\omega^2}{g/l}\right),$$

was den Schluß nahelegt, daß die Corioliskraft in dieser Betrachtung von vornherein wohl nicht zu vernachlässigen ist.

Aufgabe 3.2 ▲

Entstehung von Zyklonen

Aufgabe 3.3 ▼

Erklären Sie, nach welchen Himmelsrichtungen auf der nördlichen Halbkugel Winde aus Norden, Osten, Süden und Westen abgelenkt werden. Erklären Sie die Entstehung von Zyklonen.

♦ Aufgabe 3.3

Lösung:

Wir leiten die Bewegungsgleichung für ein Luftquantum P ab, das sich nahe der Erdoberfläche bewegt, wobei wir das X, Y, Z-System als Inertialsystem ansehen – also die Drehung der Erde um die Sonne nicht berücksichtigen. Außerdem nehmen wir an, daß die Luftmasse sich in gleichbleibender Höhe bewegt, also keine Geschwindigkeitskomponente in z-Richtung auftritt ($\dot{z} = 0$). Die Zentrifugalbeschleunigung wird ebenfalls vernachlässigt.

Die Bewegungsgleichung des Teilchens ist unter den oben genannten Voraussetzungen durch die Differentialgleichung

$$\ddot{\vec{r}} = \vec{g} - 2(\vec{\omega} \times \dot{\vec{r}}) = \vec{g} - 2(\vec{\omega}_\perp \times \dot{\vec{r}}) - 2(\vec{\omega}_\parallel \times \dot{\vec{r}})$$

definiert, in der $\vec{\omega} \times \dot{\vec{r}} = (\vec{\omega}_\perp + \vec{\omega}_\parallel) \times \dot{\vec{r}}$ ist. $\vec{\omega}_\parallel$ sei die Komponente von $\vec{\omega}$ in der Tangentialebene im Punkt Q der Erdoberfläche (siehe Figur); sie zeigt in die negative $\vec{e}_1$-Richtung. $\vec{\omega}_\perp$ zeigt in $\vec{e}_3$-Richtung (siehe Figur).

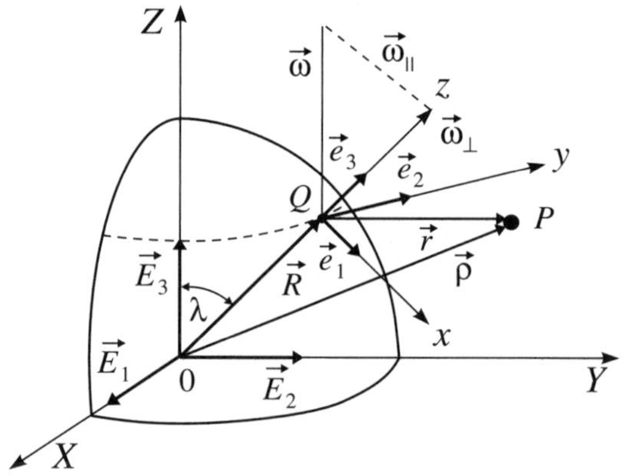

Vektoren und Koordinatensysteme im Bezug zum Luftquantum P und der Erdoberfläche im Punkt Q.

Definition der Koordinaten:

$0 =$ Ursprung des Inertialsystems X, Y, Z; $Q =$ Ursprung des bewegten Systems x, y, z; $P =$ ein Punkt mit der Masse m; $\vec{\rho} =$ Ortsvektor im X, Y, Z-System; $\vec{r} =$ Ortsvektor im x, y, z-System.

Betrachten wir das dominante Glied $-2\vec{\omega}_\perp \times \dot{\vec{r}}$: Eine Luftmenge, die sich in x-Richtung (Süden) bewegt, wird in Richtung der negativen y-Achse beschleunigt und eine Bewegung in y-Richtung hat eine Beschleunigung in x-Richtung zur Folge. Die Ablenkung erfolgt aus der Bewegungsrichtung nach rechts. Ein Wind aus Westen wird demnach nach Süden abgelenkt, Nordwind nach Westen, Ostwind nach Norden und Südwind nach Osten.

Die Kraft $-2m\vec{\omega}_\parallel \times \dot{\vec{r}}$ ist für Nord- bzw. Südwinde exakt Null. Für West- bzw. Ostwinde zeigt sie in $\vec{e}_3$-Richtung bzw. entgegengesetzt. Die Luftmassen werden entsprechend vom Boden weg bzw. auf den Boden zu gedrückt. Diese Kraftkomponente ist jedoch sehr klein gegenüber der Gravitationskraft mg, die auch in die negative $\vec{e}_3$-Richtung zeigt.

Wenn wir ein Luftquantum betrachten, das sich auf der Südhalbkugel bewegt, so ist $\lambda > \pi/2$ und $\cos\lambda$ negativ. Westwind wird hier also nach Norden, Nordwind nach Osten und Südwind nach Westen abgelenkt.

Strömt auf der Nordhalbkugel Luft aus einem Gebiet hohen Drucks in ein Tiefdruckgebiet, so bildet sich eine linksdrehende Zyklone im Tiefdruckgebiet, eine rechtsdrehende Antizyklone im Hochdruckgebiet.

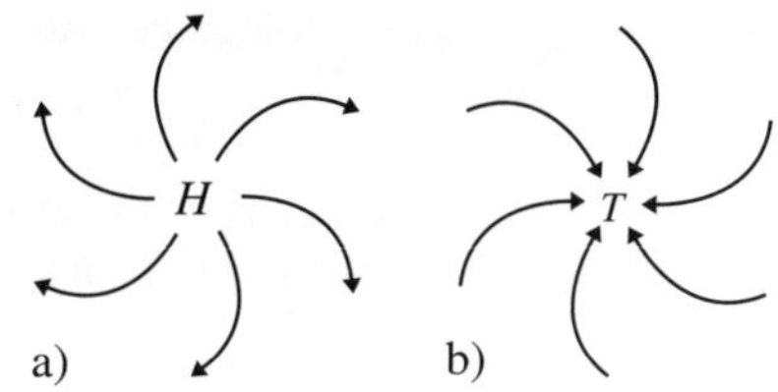

a) Antizyklone; b) Zyklone auf der Nordhalbkugel.

Aufgabe 3.3

Verschiebbare Masse im rotierenden Rohr

Aufgabe 3.4

Eine Masse m wird im Innern eines mit konstanter Winkelgeschwindigkeit ω rotierenden Rohres (Relativbewegung), das unter dem Winkel α gegen die Drehachse geneigt ist, durch einen Faden mit konstanter Geschwindigkeit c nach innen gezogen.

a) Welche Kräfte wirken an der Masse?

b) Welche Arbeit leisten diese Kräfte, während sich die Masse von x_1 nach x_2 bewegt? (Bilden Sie die Energiebilanz!) Zahlenwerte: $m = 5\,\text{kg}$, $\alpha = 45°$, $x_1 = 1\,\text{m}$, $x_2 = 5\,\text{m}$, $\omega = 2\,\text{s}^{-1}$, $c = 5\,\text{m/s}$, $g = 9{,}81\,\text{m/s}^2$.

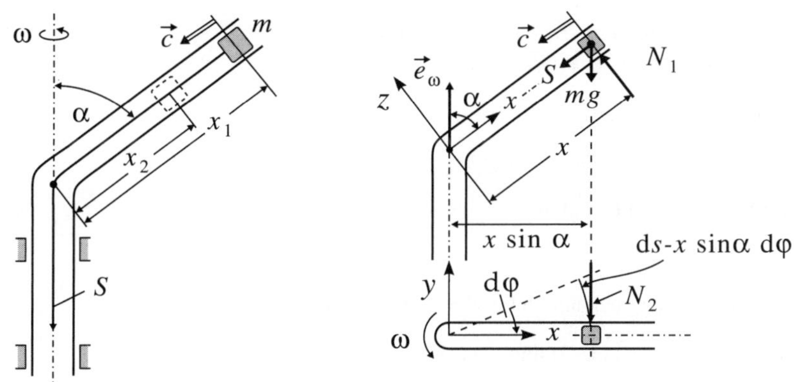

Schematische Darstellung der Drehbewegung und der auf die Masse m wirkenden Kräfte.

Lösung:

a) Die Masse m führt im Rohr eine Relativbewegung mit konstanter Geschwindigkeit $\vec{c} = c(-1, 0, 0)$ aus, so daß sich die resultierende Beschleunigung zusammensetzt aus der Führungsbeschleunigung $\vec{a}_\text{f}$ im Rohr, der Relativbeschleunigung $\vec{a}_\text{r}$ und der Coriolisbeschleunigung $\vec{a}_\text{c}$:

$$\vec{a} = \vec{a}_\text{f} + \vec{a}_\text{r} + \vec{a}_\text{c}.$$

Die Führungsbeschleunigung setzt sich dabei im allgemeinen aus einer Translationsbeschleunigung $\vec{a}_0$ des Fahrzeugs und aus den von einer Rotationsbewegung herrührenden Beschleunigungen $\vec{a}_\text{t}$ (Tangentialbeschleunigung) und $\vec{a}_\text{n}$ (Normalbeschleunigung) zusammen.

♦ Aufgabe 3.4

In der vorliegenden Aufgabe hat man eine Drehung um eine feste Achse

$$\vec{e}_\omega = (\cos\alpha, 0, \sin\alpha)$$

mit konstanter Winkelgeschwindigkeit ω, so daß gilt $\vec{a}_0 = \vec{a}_\mathrm{t} = 0$, und die Führungsbeschleunigung ist damit

$$\vec{a}_\mathrm{f} = \vec{a}_0 + \vec{a}_\mathrm{t} + \vec{a}_\mathrm{n} = \vec{a}_\mathrm{n} = x\sin\alpha\,\omega^2(-\sin\alpha, 0, \cos\alpha),$$

d. h., die Führungsbeschleunigung besteht offensichtlich allein aus der Zentripetalbeschleunigung $\vec{a}_\mathrm{n}$.

Die Relativbeschleunigung $\vec{a}_\mathrm{r} = 0$, da die Relativgeschwindigkeit eine Konstante ist und die Coriolisbeschleunigung $\vec{a}_\mathrm{c}$, definiert als

$$\vec{a}_\mathrm{c} = 2\omega\vec{e}_\omega \times \vec{c},$$

ist damit

$$\vec{a}_\mathrm{c} = -2\omega c\sin\alpha(0{,}1{,}0).$$

Für die Gesamtbeschleunigung $\vec{a}$ gilt somit

$$\vec{a} = \vec{a}_\mathrm{f} + \vec{a}_\mathrm{c} = (-x\omega^2\sin^2\alpha,\ -2\omega c\sin\alpha, x\omega^2\sin\alpha\cos\alpha). \tag{1}$$

$\vec{a}$ ist die Folge der folgenden an der Masse m angreifenden Kräfte (siehe Abbildung):

$$\vec{S} = S(-1,0,0),\quad \vec{G} = mg(-\cos\alpha, 0 - \sin\alpha)$$
$$\vec{N}_1 = N_1(0,0,1),\ \vec{N}_2 = N_2(0,\ -1,0).$$

Die resultierende Gesamtkraft ist somit

$$\vec{F} = (-S - mg\cos\alpha,\ -N_2, N_1 - mg\sin\alpha). \tag{2}$$

Mit der Newtonschen Gleichung

$$\vec{F} = m\cdot\vec{a} \tag{3}$$

kann man dann die unbekannten Größen S, N_1 und N_2 erhalten:

Aus den Gleichungen (1), (2) und (3) folgt

$$\begin{aligned}&(-S - mg\cos\alpha,\ -N_2, N_1 - mg\sin\alpha)\\ &\qquad = m(-x\omega^2\sin^2\alpha,\ -2\omega c\sin\alpha, x\omega^2\sin\alpha\cos\alpha)\end{aligned}$$

$$\begin{aligned}\Rightarrow S\ &= m(x\omega^2\sin^2\alpha - g\cos\alpha)\\ N_1 &= m(x\omega^2\sin\alpha\cos\alpha + g\sin\alpha)\\ N_2 &= 2\omega mc\sin\alpha.\end{aligned}$$

Dabei wird S negativ, sobald $x < (g\cos\alpha)/(\omega^2\sin\alpha)$; d. h., die Masse m müßte im Rohr noch zusätzlich abgebremst werden, wenn eine konstante Geschwindigkeit aufrechterhalten werden soll.

b) Während der Bewegung werden Arbeiten von der Fadenkraft $\vec{S}$, der Gewichtskraft $\vec{G}$ und der Corioliskraft $\vec{N}_2$ geleistet; $\vec{N}_1$ ist die Normalkraft.

Die Arbeit der Fadenkraft ist

$$W_s = \int_{x_1}^{x_2} \mathrm{d}W_s = -\int_{x_1}^{x_2} S(x)\,\mathrm{d}x = \frac{m}{2}\omega^2 \sin^2\alpha(x_1^2 - x_2^2) - mg\cos\alpha(x_1 - x_2). \quad (4)$$

Die Arbeit der Gewichtskraft lautet

$$W_G = \int_{x_1}^{x_2} \mathrm{d}W_G = mg\cos\alpha(x_1 - x_2). \quad (5)$$

Die Arbeit der Corioliskraft, unter Berücksichtigung von $\mathrm{d}x/\mathrm{d}t = -c$, ist

$$\begin{aligned} W_{N_2} &= \int \mathrm{d}W_{N_2} = -\int N_2\,\mathrm{d}s = -\int N_2 x \sin\alpha\,\mathrm{d}\varphi \quad (6)\\ &= -\int_{x_1}^{x_2} N_2 x \sin\alpha \frac{\mathrm{d}\varphi}{\mathrm{d}t}\cdot\frac{\mathrm{d}t}{\mathrm{d}x}\,\mathrm{d}x\\ &= -m\omega^2\sin^2\alpha(x_1^2 - x_2^2). \end{aligned}$$

Einsetzen der in der Aufgabenstellung gegebenen Zahlenwerte ergibt:

$$W_S = (3{,}75 - 17{,}34)\,\mathrm{N}\cdot\mathrm{m} = -13{,}59\,\mathrm{N}\cdot\mathrm{m}$$

$$W_G = 17{,}34\,\mathrm{N}\cdot\mathrm{m} \quad W_{N_2} = 7{,}5\,\mathrm{N}\cdot\mathrm{m}.$$

Zur Kontrolle der Resultate macht man sich den Umstand zunutze, daß die Summe der Arbeiten der äußeren Kräfte gleich der Differenz der kinetischen Energien sein muß (Energiebilanz)

$$\Delta E = W_S + W_{N_2} + W_G,$$

wobei

$$\begin{aligned} \Delta E &= \frac{m}{2}(c^2 + x_2^2\sin^2\alpha\omega^2) - \frac{m}{2}(c^2 + x_1^2\sin^2\alpha\omega^2)\\ &= -\frac{m}{2}\omega^2\sin^2\alpha(x_1^2 - x_2^2) \end{aligned}$$

und nach Gleichungen (4), (5) und (6):

$$\begin{aligned} W_S + W_G + W_{N_2} &= \frac{m}{2}\omega^2\sin^2\alpha(x_1^2 - x_2^2) - mg\cos\alpha(x_1 - x_2)\\ &\quad -m\omega^2\sin^2\alpha(x_1^2 - x_2^2) + mg\cos\alpha(x_1 - x_2)\\ &= \frac{m}{2}\omega^2\sin^2\alpha(x_1^2 - x_2^2). \end{aligned}$$

Aufgabe 3.4 ▲

II Mechanik der Teilchensysteme

Bisher haben wir nur die Mechanik eines Massenpunktes betrachtet. Wir gehen jetzt dazu über, Systeme von Massenpunkten zu beschreiben. Ein Teilchensystem nennen wir *Kontinuum*, wenn es aus einer so großen Anzahl von Massenpunkten besteht, daß eine Beschreibung der individuellen Massenpunkte praktisch nicht durchführbar ist. Im Gegensatz dazu heißt ein Teilchensystem *diskret*, wenn es aus einer überschaubaren Anzahl von Massenpunkten besteht.

Eine Idealisierung eines Körpers (Kontinuum) ist der *starre Körper*. Der Begriff des starren Körpers beinhaltet, daß die Abstände zwischen den einzelnen Punkten des Körpers fest sind, so daß diese Punkte keine Bewegungen gegeneinander ausführen können.

Betrachtet man die Bewegung der Punkte eines Körpers gegeneinander, so spricht man von einem *deformierbaren Medium*.

4 Freiheitsgrade

Die Anzahl der Freiheitsgrade f eines Systems gibt die Zahl der Koordinaten an, die notwendig sind, um die Bewegung der Teilchen des Systems zu beschreiben. Ein im Raum frei beweglicher Massenpunkt hat die drei Freiheitsgrade der Translation: (x, y, z). Sind n Massenpunkte im Raum frei beweglich, so hat dieses System $3n$ Freiheitsgrade:

$$(x_i, y_i, z_i); \qquad i = 1, \ldots, n.$$

Freiheitsgrade eines starren Körpers

Gesucht ist die Anzahl der Freiheitsgrade eines starren Körpers, der sich frei bewegen kann. Um einen starren Körper im Raum beschreiben zu können, muß man von ihm drei nicht kollineare Punkte kennen. Man erhält so neun Koordinaten:

$$\vec{r}_1 = (x_1, y_1, z_1), \quad \vec{r}_2 = (x_2, y_2, z_2), \quad \vec{r}_3 = (x_3, y_3, z_3),$$

die jedoch voneinander abhängig sind. Da es sich nach Voraussetzung um einen starren Körper handelt, sind die Abstände je zweier Punkte konstant. Man erhält

$$\begin{aligned}
(x_1 - x_2)^2 + (y_1 - y_2)^2 + (z_1 - z_2)^2 &= C_1^2 = \text{const},\\
(x_1 - x_3)^2 + (y_1 - y_3)^2 + (z_1 - z_3)^2 &= C_2^2 = \text{const},\\
(x_2 - x_3)^2 + (y_2 - y_3)^2 + (z_2 - z_3)^2 &= C_3^1 = \text{const}.
\end{aligned}$$

Michael Chasles (1793–1880) → unten

Mit Hilfe dieser drei Gleichungen lassen sich drei Koordinaten eliminieren, so daß die verbleibenden sechs Koordinaten die sechs Freiheitsgrade ergeben. Es handelt sich hierbei um die drei *Freiheitsgrade der Translation* und die drei *Freiheitgrade der Rotation*; die Bewegung eines starren Körpers kann man stets als *Translation eines willkürlichen seiner Punkte* relativ zu einem Inertialsystem und *Rotation des Körpers um diesen Punkt* auffassen (Theorem von Chasles). Das ist in nachfolgender Figur veranschaulicht: $\Delta ABC \to \Delta A''B''C''$, und zwar durch Translation in $\Delta A'B'C'$ und durch Rotation um Punkt E' in $\Delta A''B''C''$.

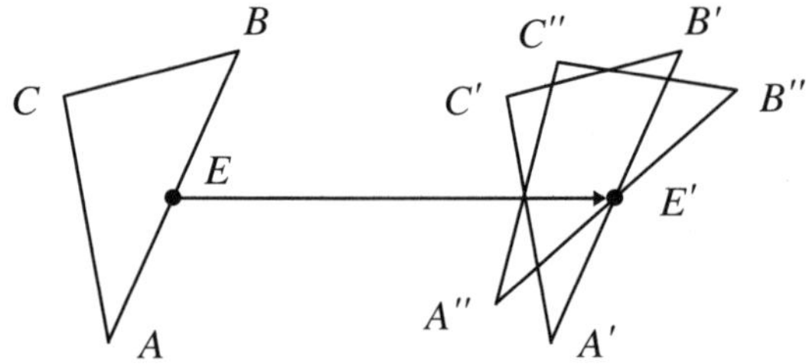

Zum Theorem von Chasles: Der Translationsvektor hängt von der Rotation ab und umgekehrt.

Wir betrachten jetzt den starren Körper, wenn ein Punkt im Raum festgehalten wird. Die Bewegung ist vollständig beschrieben, wenn wir die Koordinaten zweier Punkte

$$\vec{r}_1 = (x_1, y_1, z_1) \qquad \text{und} \qquad \vec{r}_2 = (x_2, y_2, z_2)$$

kennen und den Befestigungspunkt in den Ursprung des Koordinatensystems legen. Da es sich um einen starren Körper handelt, gilt:

$$x_1^2 + y_1^2 + z_1^2 = \text{const}, \qquad x_2^2 + y_2^2 + z_2^2 = \text{const},$$
$$(x_1 - x_2)^2 + (y_1 - y_2)^2 + (z_1 - z_2)^2 = \text{const}.$$

Aus diesen drei Gleichungen lassen sich drei Koordinaten eliminieren, so daß die verbleibenden drei Koordinaten die *drei Freiheitsgrade der Rotation* beschreiben.

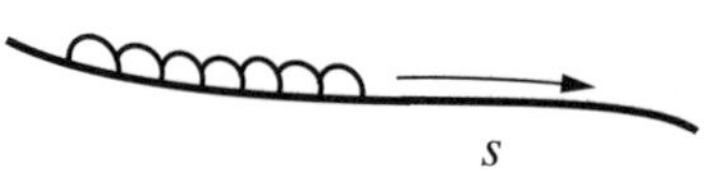

Beispiel zur Parameterform: Raupe kriecht auf Grashalm

Bewegt sich ein Teilchen auf einer vorgegebenen Raumkurve, so ist die Anzahl der Freiheitsgrade $f = 1$. Die Kurve kann in der Parameterform

$$x = x(s), \quad y = y(s), \quad z = z(s)$$

geschrieben werden, d. h., durch Angabe des einen Parameterwertes s ist bei gegebener Kurve die Lage des Teilchens völlig bestimmt.

MICHAEL CHASLES

Chasles, Michael, französischer Mathematiker, geb. in Épernon 15.11.1793, gest. in Paris 18.12.1880, war Bankier in Chartres, 1841–51 Professor an der École Polytechnique, seit 1846 Professor an der Sorbonne in Paris. Chasles ist unabhängig von J. Steiner einer der Begründer der synthetischen Geometrie. Sein „Aperçu historique“ übertraf bei weitem die älteren Darstellungen der Entwicklung der Geometrie und gab der geometrische Forschung seiner Zeit neue Impulse.

Ein deformierbares Medium oder eine Flüssigkeit hat eine unendliche Anzahl von Freiheitsgraden (Beispiele: schwingende Saite, biegbarer Stab, Flüssigkeitstropfen usw.).

5 Der Schwerpunkt

Definition: Ein System bestehe aus n Teilchen mit den Ortsvektoren $\vec{r}_\nu$ und den Massen m_ν für $\nu = (1, \ldots, n)$. Der Schwerpunkt dieses Systems ist definiert als Punkt S mit dem Ortsvektor $\vec{r}_s$:

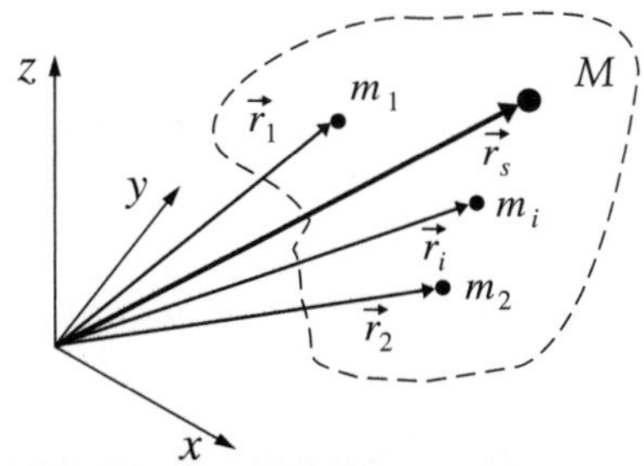

Zur Definition des Schwerpunktes.

$$\vec{r}_s = \frac{m_1\vec{r}_1 + m_2\vec{r}_2 + \cdots + m_n\vec{r}_n}{m_1 + m_2 + \cdots + m_n} = \frac{\sum\limits_{\nu=1}^{n} m_\nu \vec{r}_\nu}{\sum\limits_{\nu=1}^{n} m_\nu},$$

$$\vec{r}_s = \frac{1}{M}\sum_{\nu=1}^{n} m_\nu \vec{r}_\nu,$$

wobei $M = \sum\limits_{\nu=1}^{n} m_\nu$ die Gesamtmasse des Systems und

$$M\vec{r}_s = \sum_{\nu=1}^{n} m_\nu \vec{r}_\nu$$

das Massenmoment ist. Für Systeme mit gleichmäßiger Massenverteilung über ein Volumen V mit der *Massendichte* ϱ geht die Summe $\sum\limits_i m_i\vec{r}_i$ in ein Integral über, und man erhält:

$$\vec{r}_s = \frac{\int\limits_V \vec{r}\varrho(\vec{r})\,\mathrm{d}V}{\int\limits_V \varrho\,\mathrm{d}V}.$$

Die einzelnen Komponenten ergeben sich zu

$$x_s = \frac{\sum\limits_\nu m_\nu x_\nu}{M}, \qquad y_s = \frac{\sum\limits_\nu m_\nu y_\nu}{M}, \qquad z_s = \frac{\sum\limits_\nu m_\nu z_\nu}{M},$$

und bei kontinuierlicher Massenverteilung als

$$x_s = \frac{\int\limits_V \varrho x\,\mathrm{d}V}{M}, \qquad y_s = \frac{\int\limits_V \varrho y\,\mathrm{d}V}{M}, \qquad z_s = \frac{\int\limits_V \varrho z\,\mathrm{d}V}{M},$$

wobei die Gesamtmasse mit

$$M = \sum_\nu m_\nu \qquad \text{bzw.} \qquad M = \int\limits_V \varrho\,\mathrm{d}V$$

gegeben ist. Wir betrachten drei Massensysteme mit den Schwerpunkten $\vec{r}_1, \vec{r}_2, \vec{r}_3$ und ihren Gesamtmassen M_1, M_2, M_3. Das System 1 besteht aus der Masse $M_1 = (m_{11} + m_{12} + m_{13} + \cdots)$ mit den Ortsvektoren $\vec{r}_{11}, \vec{r}_{12}, \vec{r}_{13}, \ldots$, analog die Systeme 2 und 3. Dann ist nach Definition der Schwerpunkt

$$\text{des ersten Systems} \quad \vec{r}_{s1} = \frac{\sum\limits_i m_{1i}\vec{r}_{1i}}{\sum\limits_i m_{1i}},$$

$$\text{des zweiten Systems} \quad \vec{r}_{s2} = \frac{\sum\limits_i m_{2i}\vec{r}_{2i}}{\sum\limits_i m_{2i}},$$

$$\text{des dritten Systems} \quad \vec{r}_{s3} = \frac{\sum\limits_i m_{3i}\vec{r}_{3i}}{\sum\limits_i m_{3i}}.$$

Für den Schwerpunkt des Gesamtsystems gilt aber die gleiche Beziehung:

$$\begin{aligned}\vec{r}_s &= \frac{\sum\limits_i m_{1i}\vec{r}_{1i} + \sum\limits_i m_{2i}\vec{r}_{2i} + \sum\limits_i m_{3i}\vec{r}_{3i}}{\sum\limits_i m_{1i} + \sum\limits_i m_{2i} + \sum\limits_i m_{3i}} \\ &= \frac{M_1\vec{r}_{s1} + M_2\vec{r}_{s2} + M_3\vec{r}_{s3}}{M_1 + M_2 + M_3}.\end{aligned}$$

Für zusammengesetzte Systeme können wir also die Schwerpunkte und Massen der Teilsysteme bestimmen und daraus den Schwerpunkt des gesamten Systems berechnen. Die Rechnung kann dadurch wesentlich erleichtert werden. Diese Tatsache wird auch als *Clustereigenschaft* des Schwerpunktes bezeichnet.

Der lineare Impuls eines Teilchensystems ist die Summe der Impulse der einzelnen Teilchen:

$$\vec{P} = \sum_{\nu=1}^{n} \vec{p}_\nu = \sum_{\nu=1}^{n} m_\nu \dot{\vec{r}}_\nu.$$

Führen wir den Schwerpunkt ein mit $M\vec{r}_s = \sum\limits_i m_i\vec{r}_i$, so zeigt sich, daß $\vec{P} = M\dot{\vec{r}}_s$, d. h., der Gesamtimpuls eines Teilchensystems ist gleich dem Produkt aus der im Schwerpunkt vereinigten Gesamtmasse M mit ihrer Geschwindigkeit $\dot{\vec{r}}_s$. Dies bedeutet, daß wir die Translation eines Körpers durch die Bewegung des Schwerpunktes beschreiben können.

Schwerpunkt eines Systems dreier Massenpunkte

Aufgabe 5.1

Man finde die Koordinaten des Schwerpunktes für ein System von drei Massenpunkten.

$$m_1 = 1\,\text{g}, \quad m_2 = 3\,\text{g}, \quad m_3 = 10\,\text{g},$$

$$\vec{r}_1 = (1, 5, 7)\,\text{cm}, \quad \vec{r}_2 = (-1, 2, 3)\,\text{cm}, \quad \vec{r}_3 = (0, 4, 5)\,\text{cm}.$$

Lösung:

Für den Schwerpunkt ergibt sich

$$\vec{r}_s = \frac{1}{14}(1 - 3, 5 + 3 \cdot 2 + 10 \cdot 4, 7 + 3 \cdot 3 + 10 \cdot 5)\,\mathrm{cm}$$

oder umgerechnet

$$\vec{r}_s = \frac{1}{14}(-2, 51, 66)\,\mathrm{cm}.$$

Aufgabe 5.1

Schwerpunkt einer Pyramide

Aufgabe 5.2

Man finde den Schwerpunkt einer Pyramide mit der Kantenlänge a und homogener Massenverteilung.

Lösung:

Wegen der homogenen Massenverteilung ist die Massendichte $\rho(\vec{r}) = \rho_0 =$const. Die Grundfläche der Pyramide werde durch die Gleichung

$$x + y + z = a$$

dargestellt. Die Koordinatenachsen seien die Kanten und der Ursprung die Spitze. Dann gilt

$$\vec{r}_s = \frac{\int\limits_V \varrho_0 \vec{r}\,\mathrm{d}V}{\int\limits_V \varrho_0\,\mathrm{d}V} = \frac{\int\limits_V \vec{r}\,\mathrm{d}V}{\int\limits_V \mathrm{d}V}, \qquad \mathrm{d}V = \mathrm{d}x\,\mathrm{d}y\,\mathrm{d}z.$$

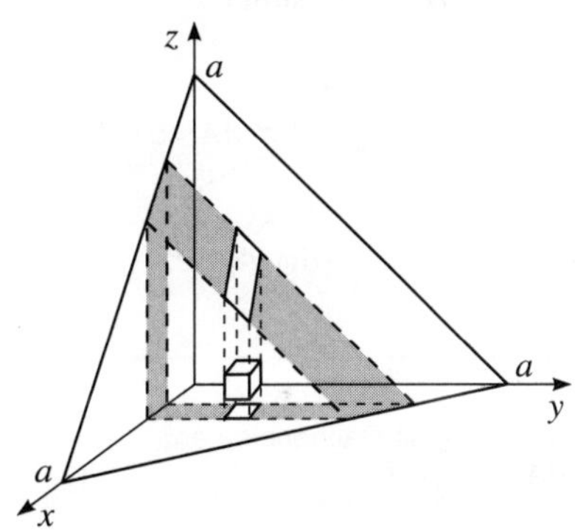

Graphische Verdeutlichung der Integrationsgrenzen.

Die Integrationsgrenzen sind aus der Zeichnung ersichtlich. Es wird integriert

über z längs der Säule von $z = 0$ bis $z = a - x - y$,
über y längs des Prismas von $y = 0$ bis $y = a - x$,
über x längs der Pyramide von $x = 0$ bis $x = a$:

$$\vec{r}_s = \frac{\int\limits_V \vec{r}\,\mathrm{d}V}{\int\limits_V \mathrm{d}V} = \frac{\int\limits_{x=0}^{a}\int\limits_{y=0}^{a-x}\int\limits_{z=0}^{a-x-y} \vec{r}\,\mathrm{d}z\,\mathrm{d}y\,\mathrm{d}x}{\int\limits_{x=0}^{a}\int\limits_{y=0}^{a-x}\int\limits_{z=0}^{a-x-y} \mathrm{d}z\,\mathrm{d}y\,\mathrm{d}x},$$

mit

$$\vec{r} = (x, y, z) \Rightarrow \int\limits_V \vec{r}\,\mathrm{d}V = \int\limits_{x=0}^{a}\int\limits_{y=0}^{a-x} \left(xy, yz, \frac{1}{2}z^2\right)\Bigg|_{z=0}^{z=a-x-y} \mathrm{d}y\,\mathrm{d}x.$$

$$\int\limits_V \vec{r}\,\mathrm{d}V = \int\limits_0^{a}\int\limits_0^{a-x} \left(x(a-x-y), y(a-x-y), \frac{1}{2}(a-x-y)^2\right) \mathrm{d}y\,\mathrm{d}x.$$

Entsprechende Integration über y und x führt auf

$$\int\limits_V \vec{r}\,\mathrm{d}V = \frac{a^4}{24}(1,1,1); \qquad \int\limits_V \mathrm{d}V = V = \frac{a^3}{6}.$$

Der Schwerpunkt liegt somit bei

$$\vec{r}_s = \frac{\int\limits_V \vec{r}\,\mathrm{d}V}{\int\limits_V \mathrm{d}V} = \frac{a}{4}(1,1,1).$$

▲Aufgabe 5.2

Schwerpunkt eines Halbkreises

▼Aufgabe 5.3

Bestimmen Sie den Schwerpunkt einer Halbkreisscheibe vom Radius a. Die Flächendichte sei konstant.

Lösung:

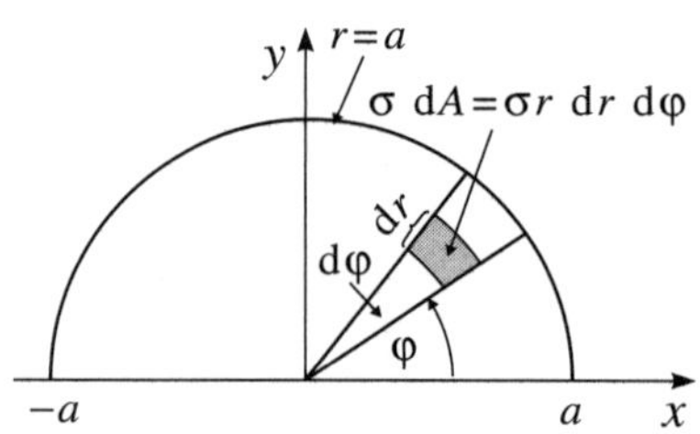

Halbkreis mit Flächenelement $\mathrm{d}A = r\,\mathrm{d}r\,\mathrm{d}\varphi$.

Sei die *Flächendichte* $\sigma =$ const. [1]Seien x_s und y_s die Koordinaten des Schwerpunktes. Wir benutzen zur Berechnung des Schwerpunktes Polarkoordinaten. Die Gleichung des Halbkreises lautet dann:

$$r = a, \qquad 0 \le \varphi \le \pi.$$

Aus Symmetriegründen ist $x_s = 0$, und für y_s gilt

$$y_s = \frac{\int\limits_A \sigma y\,\mathrm{d}A}{\int\limits_A \sigma\,\mathrm{d}A} = \frac{\int\limits_{\varphi=0}^{\pi}\int\limits_{r=0}^{a}(r\sin\varphi)r\,\mathrm{d}r\,\mathrm{d}\varphi}{A}.$$

Die Berechnung des Integrals ergibt

$$y_s = \frac{2a^3/3}{\pi a^2/2} = \frac{4a}{3\pi},$$

d. h., der Schwerpunkt liegt bei $\vec{r}_s = \left(0, \frac{4}{3}\cdot\frac{a}{\pi}\right)$.

▲Aufgabe 5.3

Schwerpunkt eines Kreiskegels

▼Aufgabe 5.4

Bestimmen Sie den Schwerpunkt

a) eines homogenen Kreiskegels mit Basisradius a und Höhe h;
b) eines Kreiskegels wie in a), auf dessen Basis eine Halbkugel des Radius a aufgesetzt ist.

[1] Die Flächendichte ist definiert als $\sigma(\vec{r}) = \lim\limits_{\Delta A\to 0}\frac{\Delta m(x,y,z)}{\Delta A}$.

Lösung:

a) Aus der Symmetrie folgt, daß der Schwerpunkt auf der z-Achse liegt, d. h. $x_s = y_s = 0$.
Für die z-Komponente gilt:

$$z_s = \frac{\int\limits_k z\,\mathrm{d}V}{\int\limits_k \mathrm{d}V} = \frac{\int\limits_k z\,\mathrm{d}V}{(1/3)\pi a^2 h}.$$

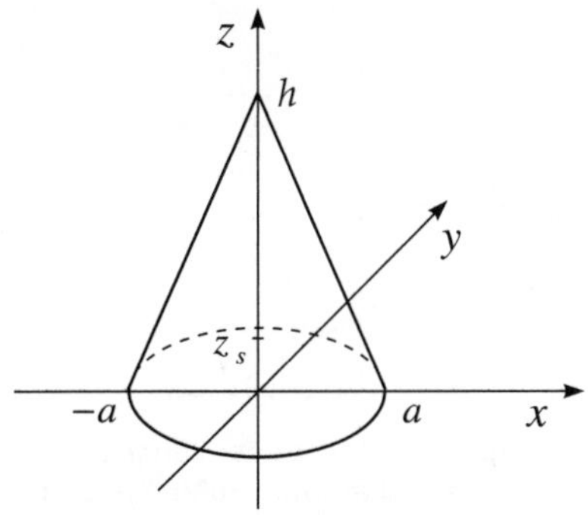

Kreiskegel mit dem Schwerpunkt z_s auf der z-Achse.

Zur Berechnung des Integrals benutzen wir Zylinderkoordinaten:

$$\int\limits_k z\,\mathrm{d}V = \int\limits_{\varphi=0}^{2\pi}\int\limits_{\varrho=0}^{a}\int\limits_{z=0}^{h(1-\rho/a)} z\varrho\,\mathrm{d}\varrho\,\mathrm{d}\varphi\,\mathrm{d}z$$

$$= 2\pi \int\limits_{\varrho=0}^{a} \frac{1}{2}h^2\left(1-\frac{\varrho}{a}\right)^2 \varrho\,\mathrm{d}\varrho$$

$$= \pi h^2 \left[\frac{1}{2}\varrho^2 - \frac{2\varrho^3}{3a} + \frac{\varrho^4}{4a^2}\right]_0^a = \pi\frac{a^2h^2}{12},$$

$$z_s = \frac{\pi h^2 a^2\cdot 3}{12\pi a^2 h} = \frac{1}{4}h.$$

Demnach ist der Schwerpunkt eines Kreiskegels unabhängig vom Radius der Grundfläche.

b) Man hat dann:

$$z_s = \frac{\int\limits_{\text{Kegel}} z\,\mathrm{d}V + \int\limits_{\text{Halbkugel}} z\,\mathrm{d}V}{V_{\text{Kegel}} + V_{\text{Halbkugel}}} = \frac{\frac{1}{12}\pi h^2 a^2 + \int\limits_{\text{Halbkugel}} z\,\mathrm{d}V}{(\pi/3)(h+2a)a^2};$$

$$\int\limits_{\text{Halbkugel}} z\,\mathrm{d}V = \int\limits_{\varphi=0}^{2\pi}\int\limits_{\varrho=0}^{a}\int\limits_{z=-\sqrt{a^2-\varrho^2}}^{0} \varrho z\,\mathrm{d}\varphi\,\mathrm{d}\varrho\,\mathrm{d}z$$

$$= \pi \int\limits_{\varrho=0}^{a} (\varrho^2 - a^2)\varrho\,\mathrm{d}\varrho$$

$$= \pi\left[\frac{\varrho^4}{4} - \frac{a^2\varrho^2}{2}\right]_0^a$$

$$= -\frac{\pi a^4}{4}.$$

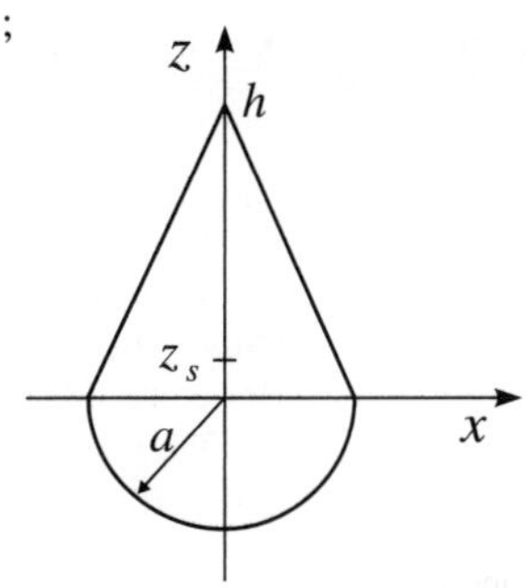

Der Schwerpunkt liegt wiederum aus Symmetriegründen auf der z-Achse.

Der Schwerpunkt ist somit gegeben durch:

$$z_s = \frac{\frac{1}{12}\pi a^2 h^2 - \frac{1}{4}\pi a^4}{\frac{a^2\pi}{3}(h+2a)} = \frac{1}{4}\frac{h^2 - 3a^2}{h+2a};$$

$$y_s = 0; \quad x_s = 0.$$

Aufgabe 5.4 ▲

Momentanzentrum und Polbahn

Aufgabe 5.5

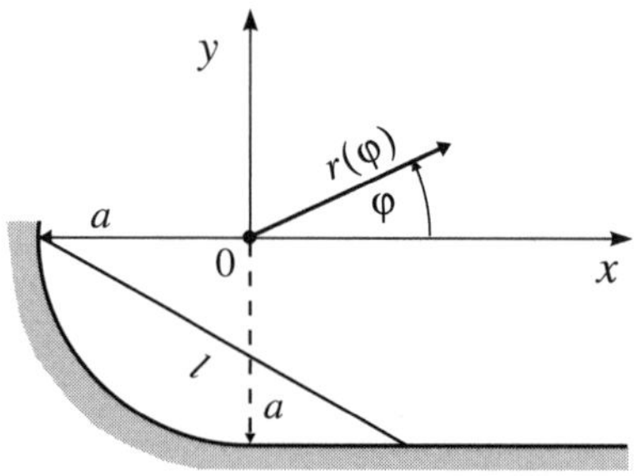

Bewegung des Stabes der Länge l entlang der schattierten Führungskurve.

a) Zeigen Sie: Jede Lageänderung einer starren Scheibe in der Ebene läßt sich als reine Drehung um einen endlich oder unendlich weit entfernten Punkt darstellen.
(Hinweis: Man beachte, daß die Lage der Scheibe schon durch Angabe zweier Punkte A und B festgelegt ist).

b) Durch den Übergang zu „differentiellen" Lageänderungen zeigen Sie: Die ebene Bewegung einer starren Scheibe läßt sich in jedem Augenblick als eine reine Drehung um einen während der Bewegung veränderlichen Punkt, das sogenannte *Momentanzentrum*, beschreiben. Der geometrische Ort dieser Momentanzentren heißt Polbahn oder feste Polkurve.

c) Berechnen Sie die feste Polkurve $r(\varphi)$ für eine an zwei senkrechten Wänden abgleitende Leiter.

d) Berechnen Sie die feste Polkurve $r(\varphi)$ für einen Stab der Länge l, der in der Abbildung dargestellten Führung verschiebbar ist.

Lösung:

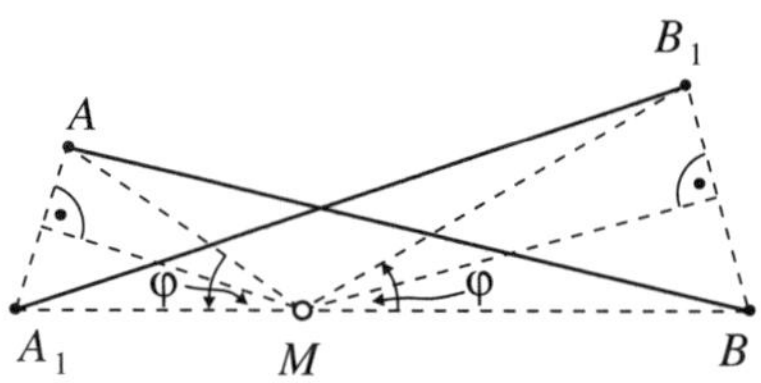

Konstruktion des Drehpunktes M.

a) Zur Beschreibung der Bewegung der Scheibe diene die (beliebige) Gerade AB; sie gehe in die Gerade A_1B_1 über. Der Schnittpunkt M der Mittelsenkrechten auf AA_1 und BB_1 ist der gesuchte Drehpunkt.

Denn: Die Dreiecke ABM und A_1B_1M sind kongruent, so daß die Bewegung auch als Drehung des Dreiecks ABM, zu dem ja auch die Gerade AB gehört, um den Winkel φ in bezug auf M angesehen werden kann.

b) Bei einer unendlich kleinen Drehung um $d\varphi$ gelten dieselben Überlegungen. Hier sind jedoch die einzelnen Drehpunkte veränderlich. Man hat sogenannte *Momentanzentren*. Bei einer differentiellen Drehung um ein Momentanzentrum M fallen für jeden Punkt das Wegelement $d\vec{r}$ sowie die Geschwindigkeit $\vec{v}$ in dieselbe Richtung und stehen auf den Verbindungslinien mit M senkrecht (siehe Abbildung).

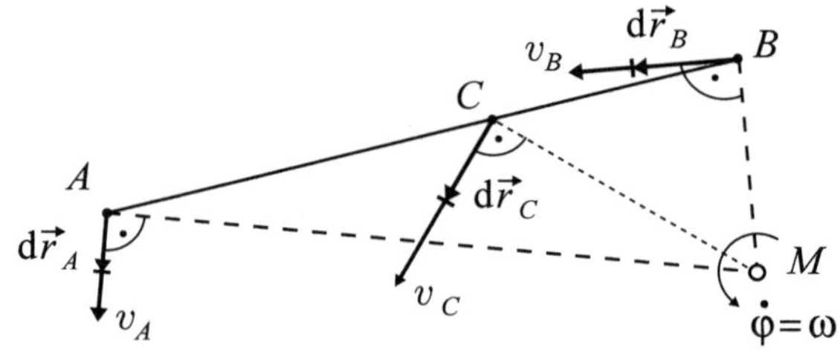

Bewegung um das Momentanzentrum M.

Der geometrische Ort der Momentanzentren heißt Polbahn.

c) Nach b) erhält man die nebenstehende Abbildung.

Die Strecke $l = AB$ bildet eine Diagonale des Vierecks $OBMA$; da die Diagonalen in einem Rechteck gleich sind, muß sich M auf einem Kreis mit dem Radius l bewegen.

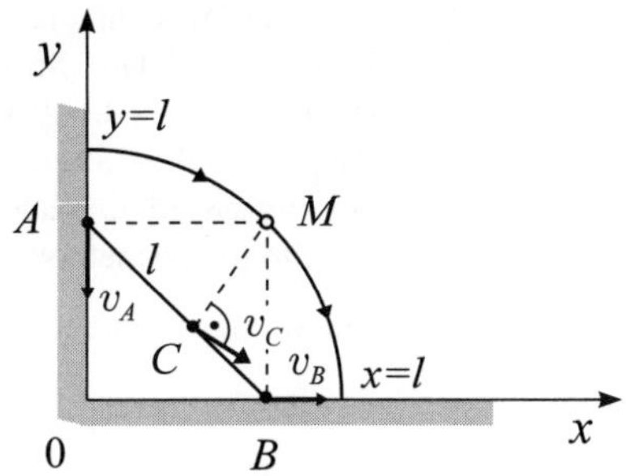

Konstruktion des Momentanzentrums für die rutschende Leiter.

d) Nach Aufgabe b) läßt sich die nebenstehende Figur konstruieren.

Man ersieht daraus:

$$\sin\alpha = \frac{a}{l}(1 - \sin\alpha) \quad \text{und}$$

$$\cos\alpha = \sqrt{1 - \frac{a^2}{l^2}(1 - \sin\varphi)^2},$$

$$\overline{AC} = l\cos\alpha - a\cos\varphi,$$

$$\overline{OM} = \frac{\overline{AC}}{\cos\varphi} = l\frac{\cos\alpha}{\cos\varphi} - a$$

$$= l\sqrt{\frac{1 - (a^2/l^2)(1 - \sin\varphi)^2}{\cos^2\varphi}} - a.$$

Damit lautet die Gleichung der festen Polkurve $r(\varphi)$ in Polarkoordinaten:

$$r = r(\varphi) = \overline{OM}$$

$$= -a + l\sqrt{\frac{1 - (a^2/l^2)(1 - \sin\varphi)^2}{\cos^2\varphi}}.$$

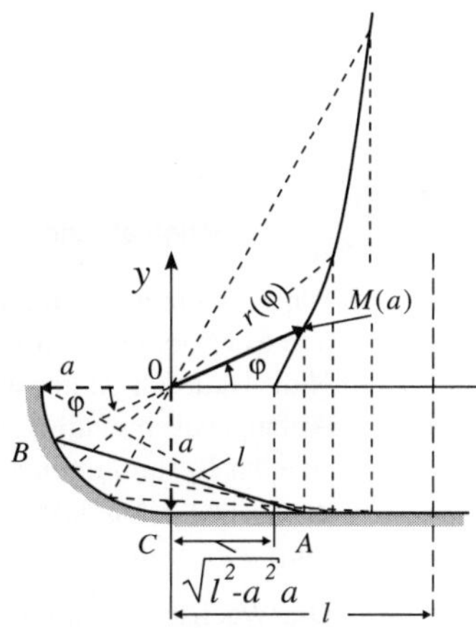

Konstruktion des Momentanzentrums für den gleitenden Stab.

Aufgabe 5.5

Streuung im Zentralfeld

Beispiel 5.1

1. Problemstellung

Das Zweikörperproblem tauchte erstmals in der neueren Physik beim Studium der Planetenbewegung auf. Doch macht die klassische Formulierung des Zweikörperproblems nicht nur Aussagen über den gebundenen Zustand, sondern ebensogut über den ungebundenen Zustand (Streuzustand) eines Systems.

Das Studium der ungebundenen Zustände eines Systems hat in der modernen Physik eminente Bedeutung erlangt. Man erhält Aufschluß über die Wechselwirkung zweier Objekte miteinander, indem man sie aneinander streut und die Bahn der gestreuten Teilchen in Abhängigkeit von der Einschußenergie und den sonstigen Bahnparametern beobachtet. Die

♦ Beispiel 5.1

in dieser Hinsicht studierten Objekte sind in der Regel Moleküle, Atome, Atomkerne und Elementarteilchen. Streuvorgänge in diesen mikroskopischen Bereichen müssen quantenmechanisch beschrieben werden. Man kann aber mit den Mitteln der klassischen Mechanik Aussagen über Streuvorgänge machen, die durch eine quantenmechanische Rechnung bestätigt werden. Zudem kann man auf dem Boden der klassischen Mechanik gut die Beschreibungsmethoden von Streuphänomenen lernen.

Ein Streuexperiment hat den folgenden schematischen Aufbau.

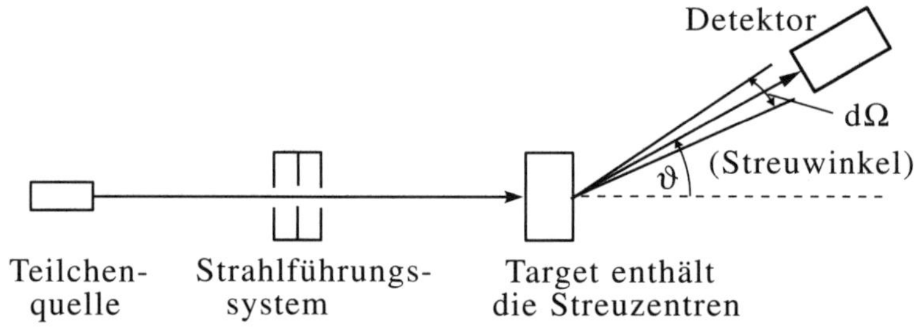

Schematischer Aufbau eines Streuexperiments.

Wir betrachten einen homogenen Strahl einfallender Teilchen (Projektile) derselben Masse und Energie. Die Kraft auf ein Teilchen gehe für große Abstände vom Streuzentrum gegen Null. Dadurch ist gewährleistet, daß die Wechselwirkung einigermaßen lokalisiert ist. Die Anfangsgeschwindigkeit v_0 jedes Projektils bezüglich des Kraftzentrums sei so groß, daß sich das System im ungebundenen Zustand befindet, d. h., für $t \to \infty$ soll auch der Abstand der beiden Streupartner beliebig groß werden. Bei abstoßendem Potential ist dies für jeden Wert von v_0 der Fall; nicht so bei anziehendem Potential.

Die Wechselwirkung eines Projektils mit dem Targetteilchen äußert sich darin, daß nach dem Stoß die Flugrichtung eine andere ist als vor dem Stoß (der Gebrauch der Wörter „vor" und „nach" in diesem Zusammenhang setzt eine quasi endliche Reichweite des Wechselwirkungspotentials voraus).

2. Definition des Wirkungsquerschnittes

Was gemessen wird, sind Zählraten (Zahl der im als klein angenommenen Detektor nachgewiesenen Teilchen/s.). Diese Zählraten werden zum einen von den physikalischen Gegebenheiten wie Art von Projektil und Target, Einschußenergie und Streurichtung und zum anderen von den besonderen experimentellen Umständen wie Detektorgröße, Abstand des Detektors vom Target, Zahl der Streuzentren oder Einfallsintensität abhängen. Um eine von den letzteren unabhängige Größe angeben zu können, definiert man den *differentiellen Wirkungsquerschnitt*

$$\frac{\mathrm{d}\sigma}{\mathrm{d}\Omega}(\vartheta,\varphi) := \frac{(\text{Zahl der nach } \mathrm{d}\Omega \text{ gestreuten Teilchen})/\mathrm{s}}{\mathrm{d}\Omega \cdot n \cdot I}. \tag{1}$$

Hier bedeutet n die Zahl der Streuzentren und I die Strahlintensität, die gegeben ist durch (Zahl der Projektile)/$(\mathrm{s} \cdot \mathrm{m}^2)$. Die Streurichtung wird hier durch ϑ und φ dargestellt. ϑ ist dabei der Winkel zwischen asymptotischer Streu- und Einfallsrichtung; er heißt Streuwinkel. φ ist der Azimutwinkel. $\mathrm{d}\Omega$ bezeichnet das Raumwinkelelement, das der Detektor einnimmt. Da wir angenommen haben, daß der Detektor klein ist, haben wir

$$\mathrm{d}\Omega = \sin\vartheta \;\mathrm{d}\vartheta \;\mathrm{d}\varphi, \tag{2}$$

Beispiel 5.1 ♦

wobei $\mathrm{d}\vartheta$ und $\mathrm{d}\varphi$ die Größe des Detektors angeben. Es ist zu beachten, daß $\frac{\mathrm{d}\sigma}{\mathrm{d}\Omega}(\vartheta,\varphi)$ durch (1) definiert ist und nicht die Ableitung einer Größe σ nach Ω ist. Wie wir sehen, hat $\frac{\mathrm{d}\sigma}{\mathrm{d}\Omega}(\vartheta,\varphi)$ die Dimension einer Fläche. Die gebräuchliche Maßeinheit ist

$$1\,\mathrm{b} = 1\,\mathrm{Barn} = 100(\mathrm{fm})^2 = 10^{-28}\,\mathrm{m}^2. \tag{3}$$

Häufig – wir werden uns auf diesen Fall beschränken – wird der differentielle Wirkungsquerschnitt von dem Azimutwinkel φ unabhängig sein, und man kann definieren:

$$\frac{\mathrm{d}\sigma}{\mathrm{d}\vartheta} := 2\pi \sin\vartheta \frac{\mathrm{d}\sigma}{\mathrm{d}\Omega}(\vartheta,\varphi), \tag{4a}$$

oder in Worten (siehe Abbildung):

$$\frac{\mathrm{d}\sigma}{\mathrm{d}\vartheta}(\vartheta) = \frac{(\text{Zahl der nach } \mathrm{d}\Omega \text{ gestreuten Teilchen})/\mathrm{s}}{\mathrm{d}\vartheta \cdot n \cdot I}. \tag{4b}$$

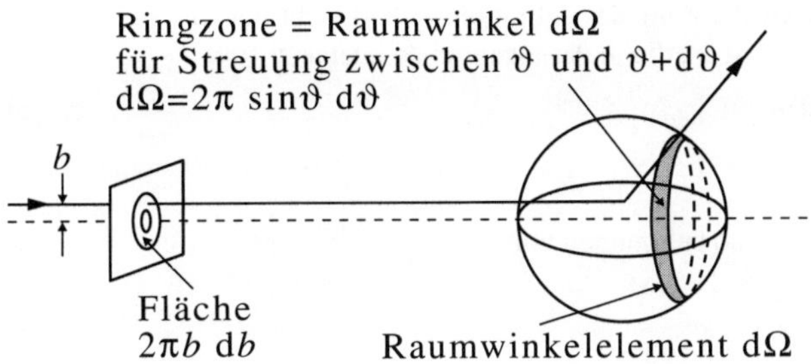

Zur Definition des Wirkungsquerschnittes.

Als letztes führen wir noch den totalen Wirkungsquerschnitt ein, definiert durch

$$\sigma_{\mathrm{tot}} = \int \mathrm{d}\Omega \frac{\mathrm{d}\sigma}{\mathrm{d}\Omega}(\vartheta,\varphi) = \int_0^{2\pi} \mathrm{d}\varphi \int_0^{\pi} \mathrm{d}\vartheta \sin\vartheta \frac{\mathrm{d}\sigma}{\mathrm{d}\Omega} = \int_0^{\pi} \mathrm{d}\vartheta \frac{\mathrm{d}\sigma}{\mathrm{d}\vartheta}(\vartheta). \tag{5a}$$

Er ist nur noch von den beteiligten Teilchenarten und etwa der Einschußenergie abhängig. In Worten ist

$$\sigma_{\mathrm{tot}} = \frac{(\text{Zahl der gestreuten Teilchen})/\mathrm{s}}{n \cdot I}. \tag{5b}$$

Wie auch $\mathrm{d}\sigma/\mathrm{d}\Omega$ hat er die Dimension [Fläche]. Er ist gleich der Größe derjenigen (fiktiven) Fläche eines Streuzentrums, die die Projektile senkrecht durchsetzen müssen, wenn sie überhaupt abgelenkt werden sollen.

3. Einführung des Stoßparameters; sein Zusammenhang mit dem Streuwinkel; Formel für den differentiellen Wirkungsquerschnitt

Es ist klar, daß der Streuwinkel ϑ bei fester Energie nur vom Stoßparameter b abhängen kann, da damit Anfangsort und -geschwindigkeit des Projektils festliegen. Der *Stoßparameter* ist dabei definiert als der senkrechte Abstand der asymptotischen Einfallsrichtung des Projektils von der Anfangsposition des Streuers. Er ist also für $E = \mathrm{const}$

$$\vartheta = \vartheta(b). \tag{6a}$$

♦ Beispiel 5.1

Infolge der Determiniertheit aller Bewegungsabläufe in der klassischen Mechanik ist dieser Zusammenhang eindeutig. (Diese Aussage gilt nicht mehr in der Quantenmechanik.) Also

$$b = b(\vartheta), \tag{6b}$$

was bedeutet, daß man durch die Beobachtung irgendeines Teilchens unter einem bestimmten Streuwinkel ϑ in eindeutiger Weise schließen kann auf den Wert des Stoßparameters b beim Einlaufen dieses Teilchens. Diese Tatsache erlaubt es, die folgende Betrachtung anzustellen. Die Zahl $\mathrm{d}N$ der Projektile, die pro Sekunde bei Werten b' des Stoßparameters mit

$$b \le b' \le b + \mathrm{d}b$$

auf ein Streuzentrum zulaufen, beträgt

$$\mathrm{d}N = I \cdot 2\pi b\,\mathrm{d}b \quad \text{oder} \quad \mathrm{d}N = I \cdot 2\pi b \left|\frac{\mathrm{d}b}{\mathrm{d}\vartheta}\right| \mathrm{d}\vartheta\,.$$

Das Betragszeichen steht, weil die Zahl $\mathrm{d}N$ definitionsgemäß nicht negativ werden kann. Genau diese Zahl von Teilchen ist es, die in das Raumwinkelelement

$$\mathrm{d}R = 2\pi \sin\vartheta\,\mathrm{d}\vartheta$$

gestreut werden.

Wird das nun in (4b) eingesetzt, so bekommen wir

$$\frac{\mathrm{d}\sigma}{\mathrm{d}\vartheta}(\vartheta) = 2\pi b \left|\frac{\mathrm{d}b}{\mathrm{d}\vartheta}\right| \tag{7a}$$

und für den differentiellen Wirkungsquerschnitt

$$\frac{\mathrm{d}\sigma}{\mathrm{d}\Omega}(\vartheta) = \frac{b(\vartheta)}{\sin\vartheta} \left|\frac{\mathrm{d}b}{\mathrm{d}\vartheta}\right|. \tag{7b}$$

Dies ist gerade der gesuchte Zusammenhang. Die Funktion $b(\vartheta)$ ist durch das im speziellen Fall herrschende Kraftgesetz bestimmt. So sieht man ein, daß die Kenntnis des differentiellen Wirkungsquerschnittes Rückschlüsse auf das Wechselwirkungspotential zwischen Projektil und Targetteilchen zuläßt.

Im allgemeinen wird natürlich der Streuwinkel nicht nur vom Stoßparameter, sondern auch von der Einschußenergie abhängen. Infolgedessen wird auch der differentielle Wirkungsquerschnitt energieabhängig. So ist es möglich, bei Beobachtung der gestreuten Teilchen unter festem Streuwinkel den differentiellen Wirkungsquerschnitt in Abhängigkeit von der Energie der Projektile zu messen.

4. Übergang auf das Schwerpunktsystem; Transformation des differentiellen Wirkungsquerschnittes vom Schwerpunkt- auf das Laborsystem

Die Überlegungen des letzten Abschnittes sind zu einem gewissen Grade vom zugrundeliegenden Bezugssystem unabhängig. Gehen wir nämlich vom Laborsystem S zu einem anderen System S' über, das sich mit einer konstanten Geschwindigkeit $\vec{V}$ parallel zur Strahlachse bewegt, so ändert sich zwar der Streuwinkel und auch der differentielle Wirkungsquerschnitt (4b), an der Ableitung des letzten Abschnittes ändert sich aber nichts, so daß also der Zusammenhang (7) weiterhin bestehen bleibt.

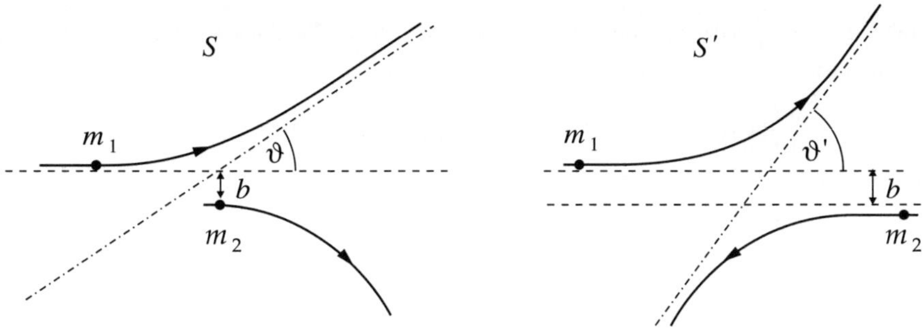

Streuung im Laborsystem (S) und im Schwerpunktsystem (S').

Dies hat insofern praktische Bedeutung, als Wirkungsquerschnitte stets im Laborsystem S, in dem das Target ruht, gemessen werden, sich die Berechnung von $b(\vartheta')$ aber häufig im Schwerpunktsystem S' einfacher gestaltet. Wir werden daher jetzt einen Zusammenhang zwischen diesen beiden Wirkungsquerschnitten ableiten. Im folgenden sollen sich die gestrichenen bzw. ungestrichenen Größen stets auf diese beiden Systeme beziehen.

Zunächst untersuchen wir die Beziehung zwischen den Streuwinkeln ϑ und ϑ'. Dazu sei $\vec{v}_1^f$ und $\vec{v}_1{}'^f$ die asymptotische Endgeschwindigkeit ($f =$ final) des Projektils der Masse m_1 im System S bzw. S' und $\vec{V}$ die Relativgeschwindigkeit der beiden Systeme.

Wie man sofort der Abbildung entnimmt, ist

$$\tan\vartheta = \frac{v_1'^f \sin\vartheta'}{v_1'^f \cos\vartheta' + V} = \frac{\sin\vartheta'}{\cos\vartheta' + V/v_1'^f},$$

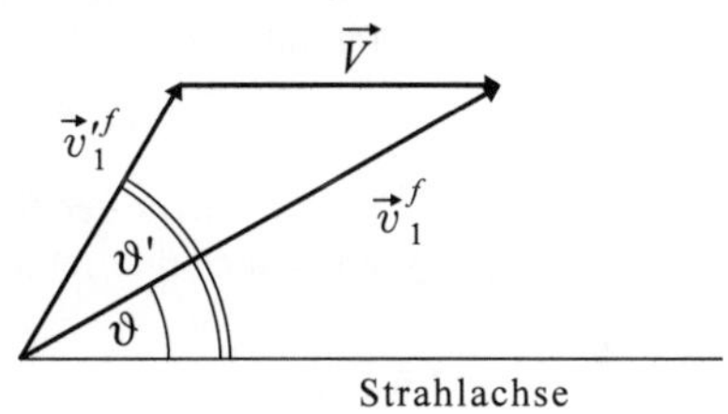

Zur Beziehung der Streuwinkel.

wobei V für den Betrag von $\vec{V}$ steht und analog für $v_1'^f$. Außerdem gilt

$$m_1 v_1^i = (m_1 + m_2)V,$$

wo v_1^i die Anfangsgeschwindigkeit des Projektils im Laborsystem ist ($i =$ initial) und

$$v_1^i = V + v_1'^i.$$

Wegen $m_1 v_1'^i = m_2 v_2'^i$ und $m_1 v_1'^f = m_2 v_2'^f$ ist für elastische Streuung ($E'_{\text{kin}}{}^i = E'_{\text{kin}}{}^f$) $v_1'^i = v_1'^f$ und daher

$$\frac{V}{v_1'^f} = \frac{m_1}{m_2}.$$

Es ist also

$$\tan\vartheta = \frac{\sin\vartheta'}{\cos\vartheta' + m_1/m_2}. \tag{8}$$

Dadurch ist die Funktion $\vartheta'(\vartheta)$ gegeben; wir wollen sie nicht explizit angeben. Wenn ein Projektil in S in den Ring $\mathrm{d}R$ mit dem „Radius“ ϑ und der Breite $\mathrm{d}\vartheta$ gestreut wird (siehe Abbildung ganz oben), so wird es in S' in einen Ring $\mathrm{d}R'$ mit dem „Radius“ $\vartheta'(\vartheta)$ und der

Breite $\mathrm{d}\vartheta' = \frac{\mathrm{d}\vartheta'}{\mathrm{d}\vartheta}\,\mathrm{d}\vartheta$ gestreut. Die Zahl der nach $\mathrm{d}R$ in S und nach $\mathrm{d}R'$ in S' gestreuten Teilchen ist daher gleich groß, und mit Gleichung (4b) gilt

$$\frac{\mathrm{d}\sigma}{\mathrm{d}\vartheta}(\vartheta)\cdot\,\mathrm{d}\vartheta = \frac{\mathrm{d}\sigma'}{\mathrm{d}\vartheta'}(\vartheta')\,\mathrm{d}\,\vartheta' = \frac{\mathrm{d}\sigma'}{\mathrm{d}\vartheta'}(\vartheta')\frac{\mathrm{d}\vartheta'}{\mathrm{d}\vartheta}\,\mathrm{d}\vartheta,$$

also

$$\frac{\mathrm{d}\sigma}{\mathrm{d}\vartheta}(\vartheta) = \frac{\mathrm{d}\sigma'}{\mathrm{d}\vartheta'}(\vartheta')\frac{\mathrm{d}\vartheta'}{\mathrm{d}\vartheta}, \tag{9a}$$

oder

$$\frac{\mathrm{d}\sigma}{\mathrm{d}\Omega}(\vartheta) = \frac{\mathrm{d}\sigma'}{\mathrm{d}\Omega'}(\vartheta')\frac{\sin\vartheta'}{\sin\vartheta}\frac{\mathrm{d}\vartheta'}{\mathrm{d}\vartheta}. \tag{9b}$$

Das ist schon der gesuchte Zusammenhang.

Der Unterschied zwischen den Streuwinkeln bzw. den Wirkungsquerschnitten wird offenbar durch das Massenverhältnis von Projektil- und Targetteilchen bestimmt (siehe Gl. (8)).

▲ Beispiel 5.1

Der Rutherfordsche Streuquerschnitt

▼ Aufgabe 5.6

Ein Teilchen der Masse m bewegt sich aus dem Unendlichen mit Stoßparameter b auf ein Kraftzentrum zu, wobei die Zentralkraft umgekehrt proportional zum Quadrat der Entfernung ist:

$$F = kr^{-2}.$$

a) Berechnen Sie den Streuwinkel in Abhängigkeit von b und Anfangsenergie des Teilchens
b) Wie lauten differentieller und totaler Wirkungsquerschnitt?

Lösung:

a) Aus der Diskussion des Keplerproblems wissen wir, daß das zugrundeliegende Kraftgesetz die Form

$$F = -\frac{k}{r^2} \tag{1}$$

hat. Das Minuszeichen bedeutet, daß die Kraft anziehend ist. Die Bahngleichung lautet (siehe Mechanik I):

$$\frac{1}{r} = \frac{mk}{l^2}\left(1 + \sqrt{1 + \frac{2El^2}{mk^2}}\cos(\theta - \theta')\right) \tag{2}$$

($E =$ Anfangsenergie, $l =$ Drehimpuls, $m =$ Masse des Teilchens, $\theta' =$ Integrationskonstante). Mit der üblichen Abkürzung

$$\varepsilon = \sqrt{1 + \frac{2El^2}{mk^2}} \tag{3}$$

kann man für Gleichung (2) schreiben:

$$\frac{1}{r} = \frac{mk}{l^2}(1 + \varepsilon\cos(\theta - \theta')). \tag{4}$$

Die Bahn wird durch ε charakterisiert:

$$\begin{aligned}
&\varepsilon > 1, \quad E > 0: && \text{Hyperbel,}\\
&\varepsilon = 1, \quad E = 0: && \text{Parabel,}\\
&\varepsilon < 1, \quad E < 0: && \text{Ellipse,}\\
&\varepsilon = 0, \quad E = -\frac{mk^2}{2l^2}: && \text{Kreis.}
\end{aligned} \tag{5}$$

In der vorliegenden Aufgabe lautet das Kraftgesetz:

$$F = \frac{k}{r^2} \tag{6}$$

und ist abstoßend. Um das Problem zu veranschaulichen, betrachten wir die Streuung geladener Teilchen durch ein Coulombfeld (etwa Atomkerne an Atomkernen, Protonen an Kernen oder Elektronen an Elektronen, usw.). Das streuende Kraftzentrum wird durch eine festgehaltene Ladung $-Ze$ erzeugt und wirkt auf das Teilchen mit der Ladung $-Z'e$. Für die Kraft gilt dann

$$F = \frac{ZZ'e^2}{r^2}. \tag{7}$$

Setzen wir nun $k = -ZZ'e^2$, so können wir die Gleichungen für ein anziehendes Potential direkt übernehmen. Die Bahngleichung (4) lautet nun

$$\frac{1}{r} = -\frac{mZZ'e^2}{l^2}(1 + \varepsilon\cos\theta). \tag{8}$$

Die Koordinaten wurden dabei so gedreht, daß $\theta' = 0$ ist. Für ε (Gleichung (3)) folgt

$$\varepsilon = \sqrt{1 + \frac{2El^2}{m(ZZ'e^2)^2}} = \sqrt{1 + \left(\frac{2Eb}{(ZZ'e^2)^2}\right)^2}. \tag{9}$$

Dabei wurde der Zusammenhang

$$l = mbv_\infty = b\sqrt{2mE}, \qquad E = \frac{1}{2}mv_\infty^2 \tag{10}$$

zwischen Drehimpuls (l) und Stoßparameter (b) verwendet.

Da $\varepsilon > 1$, stellt Gleichung (8) eine Hyperbel dar (siehe Gleichung (5)). Wegen des Minuszeichens sind die Werte von θ für die Bahn auf solche Werte beschränkt, für die

$$\cos\theta < -\frac{1}{\varepsilon} \tag{11}$$

gilt (siehe Abbildung 1). Man beachte, daß das Kraftzentrum für abstoßende Kräfte im *äußeren* Brennpunkt liegt (siehe Abbildung 2).

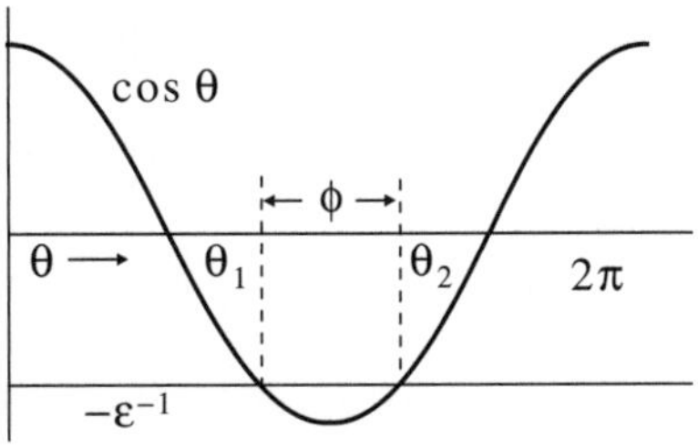

Abbildung 1: Bereich von θ für abstoßende Coulombstreuung.

Die Änderung von θ, die auftritt, wenn das Teilchen aus dem Unendlichen kommt, gestreut wird und wieder nach dem Unendlichen geht, ist gleich dem Winkel ϕ zwischen den Asymptoten, der wiederum Supplement zum Streuwinkel θ ist (siehe Abbildung 2).

♦ Aufgabe 5.6

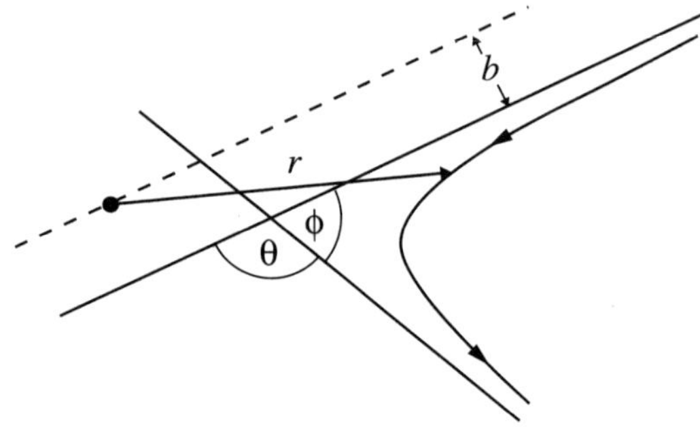

Abbildung 2: Veranschaulichung der Hyperbelbahn eines vom Kraftzentrum abgestoßenen Teilchens. Das Kraftzentrum liegt im äußeren Brennpunkt.

Aus Abbildung 1 und Gleichung (11) folgt

$$\cos\left(\frac{\pi}{2} - \frac{\theta}{2}\right) = \sin\frac{\theta}{2} = \cos\frac{\phi}{2} = \frac{1}{\varepsilon}. \tag{12}$$

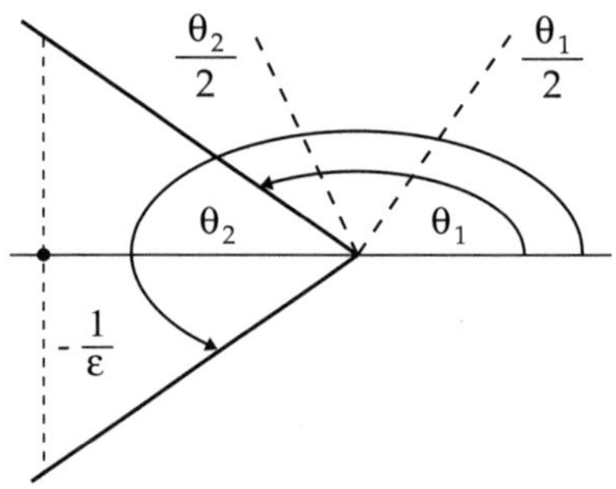

Abbildung 3: Die Grenzwinkel θ_1 und θ_2 haben beide den gleichen Cosinus.

Die Beziehung $\cos(\phi/2) = 1/\varepsilon$ können wir wie folgt beweisen: Die beiden Grenzwinkel θ_1 und θ_2 genügen, jeder einzeln, der Bedingung

$$\begin{aligned} \cos\theta_1 &= -\frac{1}{\varepsilon}, \\ \cos\theta_2 &= -\frac{1}{\varepsilon}. \end{aligned} \tag{13}$$

Daraus folgt (siehe Abbildung 3):

$$\begin{aligned} \sin\theta_1 &= -\sin\theta_2, \\ \cos\frac{\theta_1}{2} &= -\cos\frac{\theta_2}{2}. \end{aligned} \tag{14}$$

Die erste dieser Gleichungen kann umgeschrieben werden zu

$$2\cos\frac{\theta_1}{2}\sin\frac{\theta_1}{2} = \sin\theta_1 = -\sin\theta_2 = -2\cos\frac{\theta_2}{2}\sin\frac{\theta_2}{2}, \tag{15}$$

und daher ist

$$\sin\frac{\theta_1}{2} = \sin\frac{\theta_2}{2}. \tag{16}$$

Gesucht ist $\cos\frac{\phi}{2} = \cos\left(\frac{\theta_2 - \theta_1}{2}\right), \quad \phi = \theta_2 - \theta_1$:

$$\begin{aligned} \cos\frac{\phi}{2} &= \cos\left(\frac{\theta_2}{2} - \frac{\theta_1}{2}\right) = \cos\frac{\theta_2}{2}\cos\frac{\theta_1}{2} + \sin\frac{\theta_2}{2}\sin\frac{\theta_1}{2} \\ &= -\cos^2\left(\frac{\theta_1}{2}\right) + \sin^2\left(\frac{\theta_1}{2}\right). \end{aligned} \tag{17}$$

Aus $\cos\theta_1 = -1/\varepsilon$ folgt dann:

$$-\frac{1}{\varepsilon} = \cos\theta_1 = \cos^2\left(\frac{\theta_1}{2}\right) - \sin^2\left(\frac{\theta_1}{2}\right) \tag{18}$$

$$\Rightarrow \quad \sin^2\left(\frac{\theta_1}{2}\right) = \cos^2\left(\frac{\theta_1}{2}\right) + \frac{1}{\varepsilon}. \tag{19}$$

Einsetzen in Gleichung (17) liefert

$$\cos\frac{\phi}{2} = -\cos^2\left(\frac{\theta_1}{2}\right) + \cos^2\left(\frac{\theta_1}{2}\right) + \frac{1}{\varepsilon} = \frac{1}{\varepsilon}. \tag{20}$$

Damit ergibt sich

$$\begin{aligned} \frac{1}{\sin^2(\theta/2)} &= 1 + \left(\frac{2Eb}{ZZ'e^2}\right)^2 \\ \Leftrightarrow \quad \frac{1}{\sin^2(\theta/2)} - 1 = \frac{1-\sin^2(\theta/2)}{\sin^2(\theta/2)} &= \cot^2\left(\frac{\theta}{2}\right) = \left(\frac{2Eb}{ZZ'e^2}\right)^2 \\ \Rightarrow \quad \frac{\theta}{2} &= \operatorname{arccot}\left(\frac{2Eb}{ZZ'e^2}\right)^2. \end{aligned} \tag{21}$$

b) Aus Gleichung (10) und (12) folgt

$$\begin{aligned} b &= \frac{ZZ'e^2}{2E}\cot\left(\frac{\theta}{2}\right) \\ \Rightarrow \quad \frac{\mathrm{d}b}{\mathrm{d}\theta} &= -\frac{ZZ'e^2}{4E}\frac{1}{\sin^2(\theta/2)}. \end{aligned} \tag{22}$$

Der differentielle Wirkungsquerschnitt als Funktion von θ ist gegeben durch

$$\frac{\mathrm{d}\sigma}{\mathrm{d}\Omega} = -\frac{b}{\sin\theta}\frac{\mathrm{d}b}{\mathrm{d}\theta}. \tag{23}$$

Damit erhält man

$$\begin{aligned} \frac{\mathrm{d}\sigma}{\mathrm{d}\Omega} &= \frac{(ZZ'e^2)^2}{2E\sin\theta\, 2E}\cdot\frac{1}{\sin^2(\theta/2)}\cot\left(\frac{\theta}{2}\right) \\ &= \frac{1}{2}\left(\frac{ZZ'e^2}{2E}\right)^2\frac{\cot(\theta/2)}{\sin\theta\sin^2(\theta/2)}, \end{aligned} \tag{24}$$

und mit der Identität

$$\sin\theta = 2\sin\left(\frac{\theta}{2}\right)\cos\left(\frac{\theta}{2}\right) \tag{25}$$

folgt dann

$$\frac{\mathrm{d}\sigma}{\mathrm{d}\Omega} = \frac{1}{4}\left(\frac{ZZ'e^2}{2E}\right)^2\frac{1}{\sin^4(\theta/2)}. \tag{26}$$

Dies ist die bekannte *Rutherfordsche Streuformel*. Der totale Wirkungsquerschnitt berechnet sich gemäß

$$\sigma_{\text{total}} = \int\frac{\mathrm{d}\sigma}{\mathrm{d}\Omega}(\Omega)\,\mathrm{d}\Omega = 2\pi\int\frac{\mathrm{d}\sigma}{\mathrm{d}\Omega}(\theta)\sin\theta\,\mathrm{d}\theta. \tag{27}$$

Durch Einsetzen von $\frac{\mathrm{d}\sigma}{\mathrm{d}\Omega}(\theta)$ aus Gleichung (26) überzeugt man sich sofort, daß der Ausdruck wegen der starken Singularität bei $\theta = 0$ divergiert. Dies liegt an der Langreichweitigkeit der Coulombkraft. Verwendet man Potentiale, die schneller als $1/r$ abfallen, so verschwindet diese Singularität.

Aufgabe 5.6 ▲

Streuung eines Teilches am sphärischen Potentialtopf

Aufgabe 5.7

Ein Teilchen wird an einem sphärischen Potentialtopf mit Radius a und Tiefe U_0 gestreut:

$$U = 0 \qquad (r > a),$$
$$U = -U_0 \quad (r \leq a).$$

Berechnen Sie den differentiellen und den totalen Wirkungsquerschnitt.

Hinweis: Benutzen Sie das Brechungsgesetz für Teilchen an scharfen Oberflächen, das sich aus folgender Überlegung ergibt:

Die Geschwindigkeit des Teilchens vor der Streuung an einer scharfen Potentialwand sei $v_1 = v_\infty$ und die nach der Streuung v_2. Dann gilt auf Grund der Impulserhaltung senkrecht zum Einfallslot („Transversalimpulserhaltung")

$$v_\infty \sin\alpha = v_2 \sin\beta \tag{1}$$

$$\Rightarrow \quad \frac{\sin\alpha}{\sin\beta} = \frac{v_2}{v_\infty}. \tag{2}$$

Aus dem Energiesatz folgt:

$$E = T + U = \frac{1}{2}mv_\infty^2 + U_1 = \frac{1}{2}mv_2^2 + U_2. \tag{3}$$

Auflösen nach v_2 ergibt

$$v_2 = \sqrt{v_\infty^2 + \frac{2}{m}(U_1 - U_2)} = \sqrt{v_\infty^2 + \frac{2}{m}U_0}. \tag{4}$$

Einsetzen in Gleichung (2) liefert schließlich

$$n = \frac{\sin\alpha}{\sin\beta} = \frac{\sqrt{v_\infty^2 + (2/m)U_0}}{v_\infty} = \sqrt{1 + \frac{2U_0}{mv_\infty^2}}. \tag{5}$$

Lösung:

Die geradlinige Bahn des Teilchens wird beim Eintritt in das Feld und ebenso beim Austritt gebrochen. Es gilt die Beziehung

$$\frac{\sin\alpha}{\sin\beta} = n, \tag{6}$$

wobei nach (5)

$$n = \sqrt{1 + \frac{2U_0}{mv_\infty^2}}.$$

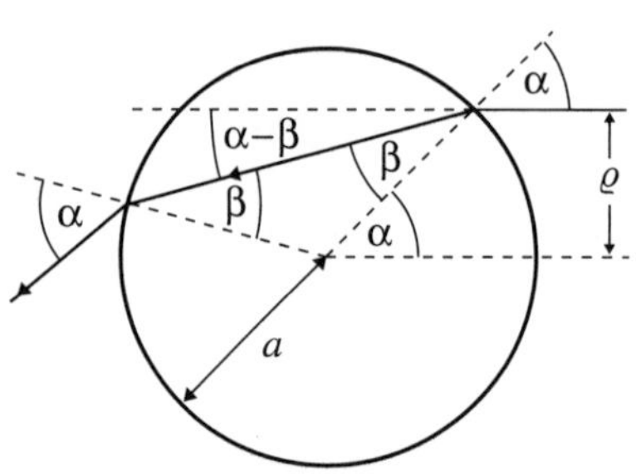

Im Innen- und Außenraum des spärischen Potentialtopfes bewegt sich das Teilchen geradlinig. Beim Durchgang durch die Oberfläche wird es gebrochen.

Der Ablenkwinkel ist (siehe Abbildung)

$$\chi = 2(\alpha - \beta)$$

$$\Rightarrow \quad \frac{\sin\alpha}{\sin\beta} = \frac{\sin(\alpha - \chi/2)}{\sin\alpha}$$

$$= \frac{\sin\alpha\cos(\chi/2) - \cos\alpha\sin(\chi/2)}{\sin\alpha}$$

$$= \cos\frac{\chi}{2} - \cot\alpha\sin\frac{\chi}{2} = \frac{1}{n}. \tag{7}$$

Aus der Abbildung folgt weiter

$$a \sin \alpha = \varrho. \tag{8}$$

Wegen $\sin^2 \alpha + \cos^2 \alpha = 1$ folgt

$$\cos \alpha = \sqrt{1 - \left(\frac{\varrho}{a}\right)^2}. \tag{9}$$

Nun können wir α aus Gleichung (8) eliminieren:

$$\frac{\cos(\chi/2) - 1/n}{\sin(\chi/2)} = \cot \alpha = \frac{\cos \alpha}{\sin \alpha} = \frac{a \cos \alpha}{\varrho} \tag{10}$$

und mit (9) folgt:

$$\begin{aligned}
\varrho &= a \frac{\sqrt{1 - (\varrho/a)^2} \sin(\chi/2)}{(\cos(\chi/2) - 1/n)}, \\
\varrho^2 &= \frac{a^2 \sin^2(\chi/2) - \varrho^2 \sin^2(\chi/2)}{(\cos(\chi/2) - 1/n)^2} \\
&= \frac{a^2 \sin^2(\chi/2)}{(\cos(\chi/2) - 1/n)^2 + \sin^2(\chi/2)} = \frac{a^2 \sin^2(\chi/2)}{1 - (2/n)\cos(\chi/2) + 1/n^2} \\
\Rightarrow \varrho^2 &= a^2 \frac{n^2 \sin^2(\chi/2)}{n^2 - 2n\cos(\chi/2) + 1}.
\end{aligned} \tag{11}$$

Um den Wirkungsquerschnitt zu erhalten, differenzieren wir

$$\varrho = a \frac{n \sin(\chi/2)}{(n^2 - 2n\cos(\chi/2) + 1)^{1/2}} \tag{12}$$

nach χ.

$$\begin{aligned}
\Rightarrow \quad \frac{\mathrm{d}\varrho}{\mathrm{d}\chi} &= \frac{\frac{an}{2}\cos(\chi/2)}{(n^2 - 2n\cos(\chi/2) + 1)^{1/2}} - \frac{1}{2} \frac{an \sin(\chi/2) \cdot n \sin(\chi/2)}{(n^2 - 2n\cos(\chi/2) + 1)^{3/2}} \\
&= \frac{\frac{an}{2}\cos\frac{\chi}{2}\left(n^2 + 1 - 2n\cos\frac{\chi}{2}\right) - \frac{1}{2}an^2 \sin^2\frac{\chi}{2}}{\left(n^2 + 1 - 2n\cos\frac{\chi}{2}\right)^{3/2}} \\
&= \frac{\frac{a}{2}n^3 \cos\frac{\chi}{2} + \frac{an}{2}\cos\frac{\chi}{2} - an^2\cos^2\frac{\chi}{2} - \frac{1}{2}an^2\sin^2\frac{\chi}{2}}{\left(n^2 + 1 - 2n\cos\frac{\chi}{2}\right)^{3/2}} \\
&= \frac{an}{2} \frac{n^2\cos\frac{\chi}{2} + \cos\frac{\chi}{2} - n - n\cos^2\frac{\chi}{2}}{\left(n^2 + 1 - 2n\cos\frac{\chi}{2}\right)^{3/2}} \\
&= \frac{an}{2} \frac{\left(n\cos\frac{\chi}{2} - 1\right)\left(n - \cos\frac{\chi}{2}\right)}{\left(n^2 + 1 - 2n\cos\frac{\chi}{2}\right)^{3/2}}
\end{aligned} \tag{13}$$

♦ Aufgabe 5.7

$$\Rightarrow \quad \sigma(\chi) = \frac{\frac{\mathrm{d}\sigma}{\mathrm{d}\Omega}}{\sin\chi}\left|\frac{\mathrm{d}\varrho}{\mathrm{d}\chi}\right|$$
$$= \frac{a^2n^2}{2}\cdot\frac{\sin(\chi/2)}{\sin\chi}\cdot\frac{|(n\cos(\chi/2)-1)(n-\cos(\chi/2))|}{(n^2+1-2n\cos(\chi/2))^2}$$
$$= \frac{a^2n^2}{4}\cdot\frac{1}{\cos(\chi/2)}\cdot\frac{|(n\cos(\chi/2)-1)(n-\cos(\chi/2))|}{(n^2+1-2n\cos(\chi/2))^2}. \tag{14}$$

Dabei haben wir

$$\sin\chi = 2\cos\frac{\chi}{2}\sin\frac{\chi}{2} \tag{15}$$

ausgenutzt. Der Winkel χ nimmt die Werte von Null (für $\varrho = 0$) bis zum Wert $\chi_{\max}$ (für $\varrho = a$) an, der sich aus der Gleichung

$$\cos\frac{\chi_{\max}}{2} = \frac{1}{n} \tag{16}$$

bestimmt. Der totale Wirkungsquerschnitt, den man durch Integration von $\frac{\mathrm{d}\sigma}{\mathrm{d}\Omega}(\chi)$ über alle Winkel innerhalb des Kegels $\chi < \chi_{\max}$ erhält, ist natürlich gleich dem geometrischen Querschnitt πa^2.

Wir wollen noch zeigen, daß tatsächlich der totale Wirkungsquerschnitt für die Streuung an der sphärischen Potentialmulde gleich dem geometrischen Querschnitt πa^2 ist. Anschaulich ist dies verständlich, da ja für $r > a$ $U = 0$ gilt, also keine Streuung stattfindet.

Wir gehen von Gleichung (14) aus:

$$\frac{\mathrm{d}\sigma}{\mathrm{d}\Omega}(\chi) = \frac{\rho}{\sin\chi}\left|\frac{\mathrm{d}\varrho}{\mathrm{d}\chi}\right|$$
$$= \frac{a^2n^2}{4}\cdot\frac{1}{\cos(\chi/2)}\cdot\frac{[n\cos(\chi/2)-1][n-\cos(\chi/2)]}{[n^2+1-2n\cos(\chi/2)]^2} \tag{17}$$

und integrieren über alle Winkel χ von 0 bis $\chi_{\max}$: ($\mathrm{d}\Omega = 2\pi\sin\chi\,\mathrm{d}\chi$)

$$\sigma_{\mathrm{tot}} = \int\limits_0^{\chi_{\max}} \frac{\mathrm{d}\sigma}{\mathrm{d}\Omega}(\chi)\,\mathrm{d}\Omega$$
$$= \pi a^2\int\limits_0^{\chi_{\max}} n^2\sin\frac{\chi}{2}\,\frac{[n\cos(\chi/2)-1][n-\cos(\chi/2)]}{[n^2+1-2n\cos(\chi/2)]^2}\,\mathrm{d}\chi \tag{18}$$
$$= \pi a^2\int\limits_0^{\chi_{\max}} \frac{n^2}{(1+n^2-2n\cos(\chi/2))^2}\times$$
$$\Bigg\{\underbrace{(n^2+1)\cos\frac{\chi}{2}\sin\frac{\chi}{2}}_{\mathrm{I}} - \underbrace{n\cos^2\frac{\chi}{2}\sin\frac{\chi}{2}}_{\mathrm{II}} - \underbrace{n\sin\frac{\chi}{2}}_{\mathrm{III}}\Bigg\}\,\mathrm{d}\chi. \tag{19}$$

Teil III läßt sich sofort integrieren, I und II formen wir durch partielle Integration um:

$$\begin{aligned}
\sigma_{\text{tot}} = & \left[\pi a^2 \left(n^2+1-2n\cos\frac{\chi}{2}\right)^{-1} n^2\right]\Bigg|_0^{\chi_{\max}} \\
& -\pi a^2 n(n^2+1)\left|\left[\frac{\cos(\chi/2)}{(1+n^2-2n\cos(\chi/2))}\right]\right|_0^{\chi_{\max}} \\
& -\pi a^2 n(n^2+1)\int\limits_0^{\chi_{\max}} \frac{(1/2)\sin(\chi/2)}{(1+n^2-2n\cos(\chi/2))}\,\mathrm{d}\chi \\
& +n^2\pi a^2\left[\frac{\cos^2(\chi/2)}{(1+n^2-2n\cos(\chi/2))}\right]\Bigg|_0^{\chi_{\max}} \\
& -\pi a^2 n^2 \int\limits_0^{\chi_{\max}} \frac{-\cos(\chi/2)\sin(\chi/2)}{(1+n^2-2n\cos(\chi/2))}\,\mathrm{d}\chi . \qquad (20)
\end{aligned}$$

Im letzten Integral machen wir die Substitution

$$y := \cos\frac{\chi}{2} \qquad \mathrm{d}y = -\frac{1}{2}\sin\frac{\chi}{2}\,\mathrm{d}\chi$$

und erhalten:

$$\begin{aligned}
\sigma_{\text{tot}} = \pi a^2 & \Bigg[\left\{\frac{n^2(1+\cos^2(\chi/2)) - n(n^2+1)\cos(\chi/2)}{(1+n^2-2n\cos(\chi/2)}\right\}_0^{\chi_{\max}} \\
& -\frac{n(n^2+1)}{2}\int\limits_0^{\chi_{\max}} \frac{\sin(\chi/2)}{(1+n^2-2n\cos(\chi/2))}\,\mathrm{d}\chi \\
& -2n^2 \int\limits_1^{\cos(\chi_{\max}/2)} \frac{y}{(1+n^2-2ny)}\,\mathrm{d}y\Bigg] \\
= \pi a^2 & \Bigg[\left\{\frac{n^2(1+\cos^2(\chi/2)) - n(n^2+1)\cos(\chi/2)}{(1+n^2-2n\cos(\chi/2))}\right\}\Bigg|_0^{\chi_{\max}} \\
& -\left\{\left(\frac{n^2+1}{2}\right)\ln\left(1+n^2-2n\cos\frac{\chi}{2}\right)\right\}\Bigg|_0^{\chi_{\max}} \\
& +\left\{ny+\left(\frac{n^2+1}{2}\right)\ln(1+n^2-2ny)\right\}\Bigg|_0^{\cos(\chi_{\max}/2)}\Bigg]
\end{aligned}$$

und schließlich mit $\chi_{\max} = 2\arccos(1/n)$:

$$\begin{aligned}
\sigma_{\text{tot}} = & \\
= \pi a^2 & \left\{\underbrace{\frac{n^2(1+1/n^2)-n(n^2+1)(1/n)}{(1+n^2-2)}}_{=0} - \frac{n^2(1+1) - n(n^2+1)\cdot 1}{(1+n^2-2n)} + 1 - n\right\} \\
= \pi a^2 & \left\{\frac{n-2n^2+n^3-n^3+2n^2-n+n^2-2n+1}{(n-1)^2}\right\} = \pi a^2 . \qquad (21)
\end{aligned}$$

Aufgabe 5.7 ▲

Streuung zweier Atome

▼ Aufgabe 5.8

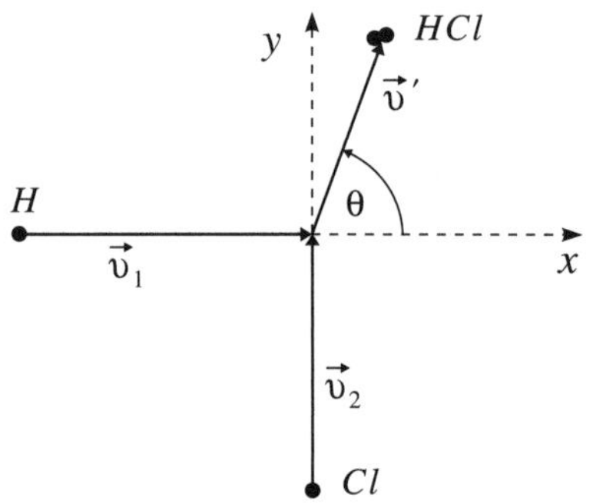

Wasserstoff H (Geschwindigkeit $\vec{v}_1$) reagiert mit Chlor Cl (Geschwindigkeit $\vec{v}_2$) zu Wasserstoffchlorid HCl (Geschwindigkeit $\vec{v}'$).

Ein Wasserstoffatom bewegt sich entlang der x-Achse mit einer Geschwindigkeit $v_{\mathrm{H}} = 1{,}78 \cdot 10^2\ \mathrm{m \cdot s^{-1}}$. Es reagiert mit einem Chloratom, das sich senkrecht zur x-Achse mit $v_{\mathrm{Cl}} = 3{,}2 \cdot 10^1\ \mathrm{m \cdot s^{-1}}$ bewegt.

Berechnen Sie Winkel und Geschwindigkeit des HCl-Moleküls.

Atomgewichte: H = 1,00797, Cl = 35,453.

Lösung:

Wir benutzen die Impulserhaltung. Die Anfangsimpulse sind

$$\begin{aligned} \vec{P}_1 &= m_1 v_1 \vec{e}_x, \qquad m_1 = A_1 \cdot 1\,\mathrm{amu}, \\ \vec{P}_2 &= m_2 v_2 \vec{e}_y, \qquad m_2 = A_2 \cdot 1\,\mathrm{amu}. \end{aligned} \tag{1}$$

Dabei bedeuten A_1,A_2 die Atomgewichte und 1 amu („atomic mass unit") = $1/12\, m\,(^{12}\mathrm{C})$. Es muß nun

$$\vec{P}' = \vec{P} = (m_1 v_1, m_2 v_2) \qquad \text{mit} \qquad \vec{P}' = (m_1 + m_2)\vec{v}' \tag{2}$$

sein; daraus resultiert

$$\vec{v}' = \frac{1}{m_1 + m_2}(m_1 v_1, m_2 v_2) = \frac{m_1 m_2}{m_1 + m_2}\left(\frac{v_1}{m_2}, \frac{v_2}{m_1}\right) = \mu \left(\frac{v_1}{m_2}, \frac{v_2}{m_1}\right). \tag{3}$$

Hierbei ist μ die reduzierte Masse. Sie berechnet sich zu

$$\mu = \frac{m_1 m_2}{m_1 + m_2} = 0{,}9801\,\mathrm{amu}. \tag{4}$$

Damit erhält man

$$\begin{aligned} &\vec{v}' = (4{,}9208,\ 31{,}1154)\ \mathrm{m \cdot s^{-1}}, \\ \Rightarrow\quad &v' = 31{,}502\ \mathrm{m \cdot s^{-1}}. \end{aligned} \tag{5}$$

Der Winkel θ ergibt sich aus $\tan\theta = v'_y/v'_x$ zu $\theta = 81{,}013°$.

▲ Aufgabe 5.8

6 Mechanische Grundgrößen von Massenpunktsystemen

Der lineare Impuls des Vielkörpersystems

Betrachten wir ein System von Massenpunkten, so gilt für die Gesamtkraft auf das ν-te Teilchen

$$\vec{F}_\nu + \sum_\lambda \vec{f}_{\nu\lambda} = \dot{\vec{p}}_\nu. \qquad (6.1)$$

Die Kraft $\vec{f}_{\nu\lambda}$ ist die Kraft des Teilchens λ auf das Teilchen ν; $\vec{F}_\nu$ ist die von außerhalb des Systems auf das Teilchen ν wirkende Kraft; $\sum\limits_\lambda \vec{f}_{\nu\lambda}$ ist die resultierende innere Kraft aller anderen Teilchen auf das Teilchen ν.

Die resultierende Kraft auf das System erhält man durch Summation der Einzelkräfte:

$$\sum_\nu \dot{\vec{p}}_\nu = \sum_\nu \vec{F}_\nu + \sum_\nu \sum_\lambda \vec{f}_{\nu\lambda} = \dot{\vec{P}}.$$

Da Kraft gleich (–)Gegenkraft ist (hier kommt das dritte Newtonsche Axiom zum Tragen), folgt $\vec{f}_{\nu\lambda} + \vec{f}_{\lambda\nu} = 0$, so daß sich die Summanden der obigen Doppelsumme paarweise herausheben. Man erhält somit für die Gesamtkraft, die auf das System wirkt:

$$\dot{\vec{P}} = \vec{F} = \sum_\nu \vec{F}_\nu.$$

Wirkt keine äußere Kraft auf das System, so ist

$$\vec{F} = \dot{\vec{P}} = 0, \quad \text{d. h.} \quad \vec{P} = \text{const.}$$

Der Gesamtimpuls $\vec{P} = \sum\limits_\nu \vec{p}_\nu$ des Teilchensystems bleibt also erhalten, wenn die Summe der äußeren Kräfte, die auf das System einwirken, verschwindet.

Der Drehimpuls des Vielkörpersystems

Beim Drehimpuls liegen ähnliche Verhältnisse vor, wenn man für die inneren Kräfte Zentralkräfte voraussetzt.

Der Drehimpuls des ν-ten Teilchens in bezug auf den Koordinatenursprung lautet

$$\vec{l}_\nu = \vec{r}_\nu \times \vec{p}_\nu.$$

Der Drehimpuls eines Einzelteilchens ist in bezug auf das Zentrum im Koordinatenursprung definiert. Dasselbe gilt für den Gesamtdrehimpuls.

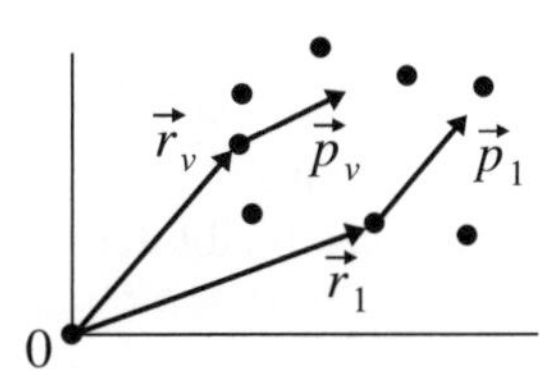

Orts- und Impulsvektoren im Vielteilchensystem.

Der Drehimpuls des Systems ist dann die Summe aller Einzeldrehimpulse

$$\vec{L} = \sum_\nu \vec{l}_\nu.$$

Analog erhält man für das Drehmoment, das auf das ν-te Teilchen wirkt,

$$\vec{d}_\nu = \vec{r}_\nu \times \vec{F}_\nu$$

und für das Gesamtdrehmoment

$$\vec{D} = \sum_\nu \vec{d}_\nu .$$

Die inneren Kräfte $\vec{f}_{\nu\lambda}$ üben kein Drehmoment aus, da wir für sie Zentralkräfte vorausgesetzt haben. Das sehen wir so:

Für die Kraft auf das ν-te Teilchen gilt gemäß (6.1)

$$\vec{F}_\nu + \sum_\lambda \vec{f}_{\nu\lambda} = \frac{\mathrm{d}}{\mathrm{d}t}\vec{p}_\nu .$$

Multiplizieren wir die Gleichung von links vektoriell mit $\vec{r}_\nu$, so erhalten wir

$$\vec{r}_\nu \times \vec{F}_\nu + \sum_\lambda \vec{r}_\nu \times \vec{f}_{\nu\lambda} = \vec{r}_\nu \times \frac{\mathrm{d}}{\mathrm{d}t}\vec{p}_\nu = \frac{\mathrm{d}}{\mathrm{d}t}(\vec{r}_\nu \times \vec{p}_\nu) = \dot{\vec{l}}_\nu .$$

Die Differentiation kann vorgezogen werden, da $\dot{\vec{r}}_\nu \times \vec{p}_\nu = 0$. Summation über ν ergibt:

$$\underbrace{\sum_\nu \vec{r}_\nu \times \vec{F}_\nu}_{\vec{D}} + \underbrace{\sum_\lambda \sum_\nu \vec{r}_\nu \times \vec{f}_{\nu\lambda}}_{0} = \dot{\vec{L}},$$

$$\vec{D} = \dot{\vec{L}} = \sum \dot{\vec{l}}_\nu .$$

Hierbei ist $\sum\limits_\nu \sum\limits_\lambda \vec{r}_\nu \times \vec{f}_{\nu\lambda} = 0$, weil sich die Summanden der Doppelsumme paarweise herausheben. Es gilt beispielsweise:

$$\vec{r}_\nu \times \vec{f}_{\nu\lambda} + \vec{r}_\lambda \times \vec{f}_{\lambda\nu} = (\vec{r}_\nu - \vec{r}_\lambda) \times \vec{f}_{\nu\lambda} ;$$

da bei Zentralkräften $(\vec{r}_\nu - \vec{r}_\lambda)$ parallel zu $\vec{f}_{\nu\lambda}$ ist, verschwindet das Kreuzprodukt.

Man erhält als Gesamtdrehmoment auf ein System die Summe der äußeren Drehmomente

$$\vec{D} = \dot{\vec{L}}.$$

Für $\vec{D} = 0$ folgt $\vec{L} = \text{const}$. Wirken keine äußeren Drehmomente auf ein System, so bleibt der Gesamtdrehimpuls erhalten.

Abplattung einer Galaxie

Beispiel 6.1

Beispiel zur Erhaltung des Drehimpulses eines Vielkörpersysstems: Die Abplattung einer Galaxie.

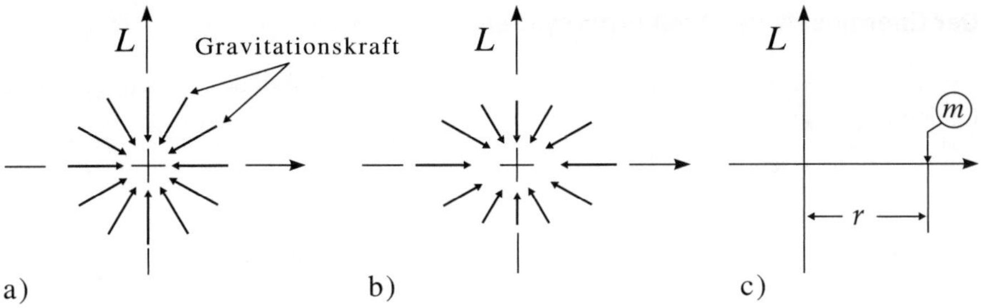

Die Entstehung einer Galaxie aus einer Gaswolke mit Drehimpuls $\vec{L}$.

(a) Das Gas zieht sich aufgrund der wechselseitigen Gravitationsanziehung seiner Konstituenten zusammen. (b) das Gas kontrahiert schneller entlang der Richtung des Drehimpulses $\vec{L}$ als in der Ebene senkrecht zu $\vec{L}$, da der Drehimpuls erhalten bleiben muß. So entsteht die Abplattung. (c) Die Galaxie im Gleichgewicht. In der Ebene senkrecht zu $\vec{L}$ ist die Gravitationskraft im Gleichgewicht mit der aus der Rotationsbewegung stammenden Zentrifugalkraft.

Beispiel 6.1

Drehimpulserhaltung bei Pirouette

Beispiel 6.2

Beispiel zur Drehimpulserhaltung eines Vielkörperproblems: Die Pirouette.

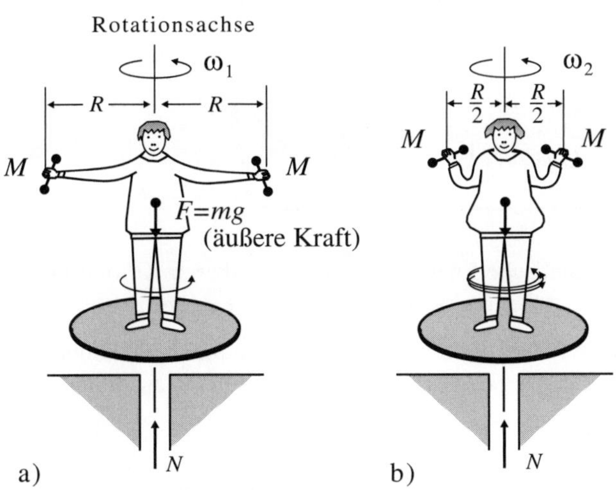

Demonstration der Drehimpulserhaltung in Abwesenheit externer Drehmomente. Eine Person steht auf einer Plattform, die um eine senkrechte Achse rotiert.

(a) Die Person hält zwei Gewichte in ihren Händen und wird in gleichförmige Kreisbewegung mit der Geschwindigkeit ω versetzt. Die Arme sind ausgestreckt, so daß der Drehimpuls groß ist. (b) Wenn die Person ihre Arme an den Körper zieht, nimmt das Trägheitsmoment (vgl. Kapitel 11) ab. Da der Drehimpuls erhalten bleibt, steigt die Winkelgeschwindigkeit ω signifikant an. Eisläufer nutzen diesen Effekt bei der Pirouette aus.

Beispiel 6.2

Der Energiesatz des Vielkörpersystems

Sei $\vec{f}_{\nu\lambda}$ die Kraft des λ-ten Teilchens auf das ν-te Teilchen, dann gilt nach Gleichung (6.1)

$$\vec{F}_\nu + \sum_\lambda \vec{f}_{\nu\lambda} = \frac{\mathrm{d}}{\mathrm{d}t}(m_\nu \dot{\vec{r}}_\nu).$$

Multipliziert man die Gleichung skalar mit $\dot{\vec{r}}_\nu$ unter Beachtung von

$$\dot{\vec{r}}_\nu \cdot \frac{\mathrm{d}}{\mathrm{d}t}(m_\nu \dot{\vec{r}}_\nu) = \frac{\mathrm{d}}{\mathrm{d}t}\left(\frac{1}{2}m_\nu \dot{\vec{r}}_\nu^{\,2}\right),$$

so ergibt sich:

$$\vec{F}_\nu \cdot \dot{\vec{r}}_\nu + \sum_\lambda \vec{f}_{\nu\lambda} \cdot \dot{\vec{r}}_\nu = \frac{\mathrm{d}}{\mathrm{d}t}\left(\frac{1}{2}m_\nu \dot{\vec{r}}_\nu^{\,2}\right).$$

$(1/2)m_\nu \dot{\vec{r}}_\nu^{\,2}$ ist jedoch die kinetische Energie T_ν des ν-ten Teilchens. Durch Summation über ν folgt

$$\sum_\nu \vec{F}_\nu \cdot \dot{\vec{r}}_\nu + \sum_\lambda \sum_\nu \vec{f}_{\nu\lambda} \cdot \dot{\vec{r}}_\nu = \sum_\nu \frac{\mathrm{d}}{\mathrm{d}t}\left(\frac{1}{2}m_\nu \dot{\vec{r}}_\nu^{\,2}\right) = \sum_\nu \dot{T}_\nu = \frac{\mathrm{d}}{\mathrm{d}t}\sum_\nu T_\nu .$$

$\sum_\nu \dot{T}_\nu$ ist nicht anderes als die zeitliche Ableitung der gesamten kinetischen Energie des Systems. Integriert man von t_1 bis t_2 unter Beachtung von

$$\dot{\vec{r}}_\nu \, \mathrm{d}t = \mathrm{d}\vec{r}_\nu ,$$

so folgt:

$$T(t_2) - T(t_1) = \underbrace{\sum_\nu \int_{t_1}^{t_2} \vec{F}_\nu \cdot \mathrm{d}\vec{r}_\nu}_{A_a} + \underbrace{\sum_{\nu\lambda} \int_{t_1}^{t_2} \vec{f}_{\nu\lambda} \cdot \mathrm{d}\vec{r}_\nu}_{A_i} . \tag{6.2}$$

Hierbei ist T die gesamte kinetische Energie, A_a die von äußeren Kräften und A_i die von inneren Kräften in dem Zeitintervall $t_2 - t_1$ geleistete Arbeit.

Wenn wir annehmen, daß die Kräfte aus einem Potential ableitbar sind, können wir die geleistete innere und äußere Arbeit durch Potentialdifferenzen ausdrücken.

Für die äußere Arbeit gilt

$$\begin{aligned} A_a &= \sum_\nu \int \vec{F}_\nu \cdot \mathrm{d}\vec{r}_\nu = -\sum_\nu \int \vec{\nabla}_\nu V^a \cdot \mathrm{d}\vec{r}_\nu = -\sum_\nu \int_{t_1}^{t_2} \mathrm{d}V_\nu^a \\ &= -\sum_\nu \left[V_\nu^a(t_2) - V_\nu^a(t_1)\right], \\ A_a &= V^a(t_1) - V^a(t_2). \end{aligned}$$

V_ν^a ist das Potential des Teilchens ν in einem äußeren Feld. Bei Summation über alle Teilchen ergibt sich das totale äußere Potential $V^a = \sum_\nu V_\nu^a$.

Die zwischen zwei Teilchen ν und λ wirkende Kraft soll eine Zentralkraft sein. Für das „innere" Potential setzen wir

$$V^i_{\lambda\nu}(\vec{r}_{\lambda\nu}) = V^i_{\lambda\nu}(r_{\lambda\nu}) = V^i_{\nu\lambda}(r_{\nu\lambda}).$$

Das gegenseitige Potential hängt nur vom Betrag des Abstandes ab, welcher lautet:

$$r_{\nu\lambda} = |\vec{r}_\nu - \vec{r}_\lambda| = \sqrt{(x_\nu - x_\lambda)^2 + (y_\nu - y_\lambda)^2 + (z_\nu - z_\lambda)^2}.$$

Damit ist das Prinzip von Aktion und Reaktion erfüllt, denn daraus folgt automatisch, daß die Kraft $\vec{f}_{\nu\lambda}$ entgegengesetzt gleich groß der Gegenkraft $\vec{f}_{\lambda\nu}$ ist:

$$\vec{f}_{\nu\lambda} = -\vec{\nabla}_\nu V^i_{\nu\lambda} = +\vec{\nabla}_\lambda V^i_{\nu\lambda} = -\vec{f}_{\lambda\nu}.$$

Der Index ν am Gradienten gibt an, daß die Gradientenbildung nach den Komponenten des Ortsvektors $\vec{r}_\nu$ des Teilchens ν vorgenommen wird. Es ist also

$$\vec{\nabla}_\nu = \left\{\frac{\partial}{\partial x_\nu}, \frac{\partial}{\partial y_\nu}, \frac{\partial}{\partial z_\nu}\right\}, \qquad \vec{\nabla}_\lambda = \left\{\frac{\partial}{\partial x_\lambda}, \frac{\partial}{\partial y_\lambda}, \frac{\partial}{\partial z_\lambda}\right\}.$$

Für die innere Arbeit können wir damit schreiben:

$$\begin{aligned} A_i &= \sum_{\nu,\lambda} \int \vec{f}_{\nu\lambda} \cdot d\vec{r}_\nu = \frac{1}{2}\left(\sum_{\nu,\lambda} \int \vec{f}_{\nu\lambda} \cdot d\vec{r}_\nu + \sum_{\lambda,\nu} \int \vec{f}_{\lambda\nu} \cdot d\vec{r}_\lambda\right) \\ &= \frac{1}{2}\sum_{\nu,\lambda} \int \vec{f}_{\nu\lambda}(d\vec{r}_\nu - d\vec{r}_\lambda). \end{aligned}$$

Wir ersetzen jetzt die Differenz der Ortsvektoren durch den Vektor $\vec{r}_{\nu\lambda} = \vec{r}_\nu - \vec{r}_\lambda$ und führen den Operator $\vec{\nabla}_{\nu\lambda}$ ein, der den Gradienten bezüglich dieser Differenz bildet. Es ergibt sich

$$\begin{aligned} A_i &= -\frac{1}{2}\sum_{\nu,\lambda} \int \vec{\nabla}_{\nu\lambda} V^i_{\nu\lambda} \cdot d\vec{r}_{\nu\lambda} = -\frac{1}{2}\sum_{\nu,\lambda} \int dV^i_{\nu\lambda} \\ &= -\frac{1}{2}\sum_{\nu,\lambda} \left(V^i_{\nu\lambda}(t_2) - V^i_{\nu\lambda}(t_1)\right). \end{aligned}$$

Hierbei bedeutet

$$\vec{\nabla}_{\nu\lambda} = \left\{\frac{\partial}{\partial(x_\nu - x_\lambda)}, \frac{\partial}{\partial(y_\nu - y_\lambda)}, \frac{\partial}{\partial(z_\nu - z_\lambda)}\right\}.$$

Die innere Arbeit ist also die Differenz der inneren potentiellen Energie. Sie ist von Bedeutung bei deformierbaren Medien (Deformationsenergie).

Für starre Körper, bei denen die Differenzbeträge (die Abstände) $|\vec{r}_\nu - \vec{r}_\lambda|$ unveränderlich sind, ist die innere Arbeit Null. Änderungen $d\vec{r}_{\nu\lambda}$ können nur senkrecht zu $\vec{r}_\nu - \vec{r}_\lambda$ und damit senkrecht zur Kraftrichtung erfolgen, d. h., die Skalarprodukte $\vec{f}_{\nu\lambda} \cdot d\vec{r}_{\nu\lambda}$ verschwinden.

Setzen wir für die gesamte potentielle Energie

$$V = \sum_\nu V^a_\nu + \frac{1}{2}\sum_{\nu,\lambda} V^i_{\nu\lambda},$$

bestehend aus der potentiellen Energie der Teilchen im äußeren Feld und der Summe der Wechselwirkungspotentiale, so ergibt sich für Gleichung (6.2):

$$T(t_2) - T(t_1) = V(t_1) - V(t_2)$$

oder

$$V(t_1) + T(t_1) = V(t_2) + T(t_2); \tag{6.3}$$

die Summe von potentieller und kinetischer Energie bleibt für das Gesamtsystem erhalten. Da durch Wechselwirkung der Teilchen Energie übertragen werden kann (z. B. Stöße zwischen Gasmolekülen), muß die Energieerhaltung nicht für das einzelne Teilchen gelten; sehr wohl aber für alle Teilchen zusammen, d. h. für das Gesamtsystem.

Transformation auf Schwerpunktskoordinaten

Bei der Untersuchung der Bewegung von Teilchensystemen sieht man oft von der gemeinsamen Translation des Systems im Raume ab, da nur die Bewegungen der Teilchen relativ zum Schwerpunkt des Systems von Interesse sind. Man transformiert daher die teilchenbeschreibenden Größen in ein System, dessen Ursprung der Schwerpunkt ist.

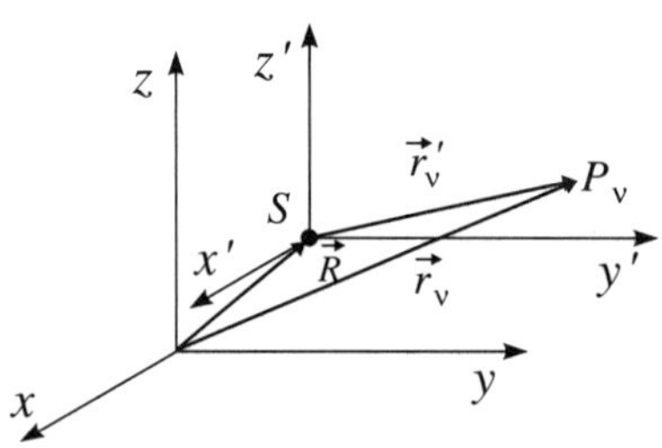

Transformation in den Schwerpunkt S des Systems.

Gemäß der Zeichnung ist der Ursprung des gestrichenen Koordinatensytems der Schwerpunkt; mit Großbuchstaben werden Ort, Geschwindigkeit und Masse $\vec{R}, \vec{V}$ und M des Schwerpunktes angegeben. Es gilt

$$\vec{r}_\nu = \vec{R} + \vec{r}_\nu', \quad \dot{\vec{r}}_\nu = \vec{V} + \vec{v}_\nu' = \dot{\vec{R}} + \dot{\vec{r}}_\nu'.$$

Nach der Definition des Schwerpunktes ist

$$M \cdot \vec{R} = \sum_\nu m_\nu \vec{r}_\nu = \sum_\nu m_\nu (\vec{R} + \vec{r}_\nu'),$$

$$M \cdot \vec{R} = M \cdot \vec{R} + \sum_\nu m_\nu \vec{r}_\nu',$$

wobei $M = \sum_\nu m_\nu$ die gesamte Masse des Systems ist.

Aus der letzten Gleichung folgt

$$\sum_\nu m_\nu \vec{r}_\nu' = 0. \tag{6.4}$$

Die Summe der Massenmomente bezüglich des Schwerpunktes verschwindet demnach. Wirkt eine konstante äußere Kraft wie z. B. die Schwerkraft $\vec{F}_\nu = m_\nu \vec{g}$, dann folgt auch

$$\vec{D} = \sum_\nu \vec{r}_\nu' \times \vec{F}_\nu = \left(\sum_\nu m_\nu \vec{r}_\nu' \right) \times \vec{g} = 0.$$

Ein Körper im Erdfeld ist demnach im Gleichgewicht, wenn er im Schwerpunkt unterstützt wird.

Differenzieren der Gleichung (6.4) nach der Zeit ergibt:

$$\sum_\nu m_\nu \vec{v}'_\nu = 0, \tag{6.5}$$

d. h., im Schwerpunktsystem verschwindet die Summe der Impulse. Diese Aussage wird in der relativistischen Physik oft als Definition des „Center-of-momentum"-Systems verwendet. Dort ist es nämlich nicht möglich, den Begriff des Schwerpunktes, wie wir ihn hier kennengelernt haben, konsistent einzuführen. Lediglich das „Center-of-momentum"-System kann relativistisch konsistent formuliert werden. Es fällt nichtrelativistisch mit dem Schwerpunktsystem zusammen.

Die äquivalente Transformation des Drehimpulses ergibt:

$$\vec{L} = \sum_\nu m_\nu(\vec{r}_\nu \times \vec{v}_\nu) = \sum_\nu m_\nu(\vec{R} + \vec{r}'_\nu) \times (\vec{V} + \vec{v}'_\nu),$$

$$\vec{L} = \sum_\nu m_\nu(\vec{R} + \vec{V}) + \sum_\nu m_\nu(\vec{R} \times \vec{v}'_\nu) + \sum_\nu m_\nu(\vec{r}'_\nu \times \vec{V}) + \sum_\nu m_\nu(\vec{r}'_\nu \times \vec{v}'_\nu).$$

Durch geschicktes Klammern erhält man

$$\vec{L} = M(\vec{R} \times \vec{V}) + \vec{R} \times \left(\sum_\nu m_\nu \vec{v}'_\nu\right) + \left(\sum_\nu m_\nu \vec{r}'_\nu\right) \times \vec{V} + \sum_\nu m_\nu(\vec{r}'_\nu \times \vec{v}'_\nu)$$

und sieht, daß die beiden mittleren Terme wegen der Definition (6.4) der Schwerpunktskoordinaten verschwinden. Somit ist

$$\vec{L} = M(\vec{R} \times \vec{V}) + \sum_\nu m_\nu(\vec{r}'_\nu \times \vec{v}'_\nu) = \vec{L}_s + \sum_\nu \vec{l}'_\nu. \tag{6.6}$$

Der Drehimpuls $\vec{L}$ ist demnach zerlegbar in den Drehimpuls des Schwerpunktes $\vec{L}_s = M\vec{R} \times \vec{V}$ mit der Schwerpunktmasse M (Gesamtmasse) und die Summe der Drehimpulse der einzelnen Teilchen um den Schwerpunkt.

Für das Drehmoment gilt als Ableitung des Drehimpulses das gleiche:

$$\vec{D} = \vec{D}_s + \sum_\nu \vec{d}'_\nu. \tag{6.7}$$

Transformation der kinetischen Energie

Es ist

$$T = \frac{1}{2}\sum_\nu m_\nu \vec{v}^2_\nu = \frac{1}{2}\sum_\nu m_\nu \vec{V}^2 + \vec{V} \cdot \sum_\nu m_\nu \vec{v}'_\nu + \frac{1}{2}\sum_\nu m_\nu {\vec{v}'_\nu}^2.$$

Wegen $\sum m_\nu \vec{v}'_\nu = 0$ verschwindet der mittlere Term wieder, und es folgt

$$T = \frac{1}{2}M\vec{V}^2 + \frac{1}{2}\sum_\nu m_\nu {\vec{v}'_\nu}^2 = T_s + T'. \tag{6.8}$$

Die totale kinetische Energie T setzt sich also zusammen aus der kinetischen Energie eines gedachten Teilchens der Masse M mit dem Ortsvektor $\vec{R}(t)$ (des Schwerpunktes) und der kinetischen Energie der einzelnen Teilchen relativ zum Schwerpunkt. Mischglieder, etwa der Form $\vec{V} \cdot {\vec{v}'_\nu}^2$ kommen nicht vor!

Das ist die bemerkenswerte Eigenschaft der Schwerpunktskoordinaten; darin liegt ihre große Bedeutung begründet.

Die reduzierte Masse

Aufgabe 6.1

Zeigen Sie, daß die kinetische Energie zweier Teilchen mit den Massen m_1,m_2 in die Energie des Schwerpunktes und die kinetische Energie der Relativbewegung aufspaltet.

Lösung:

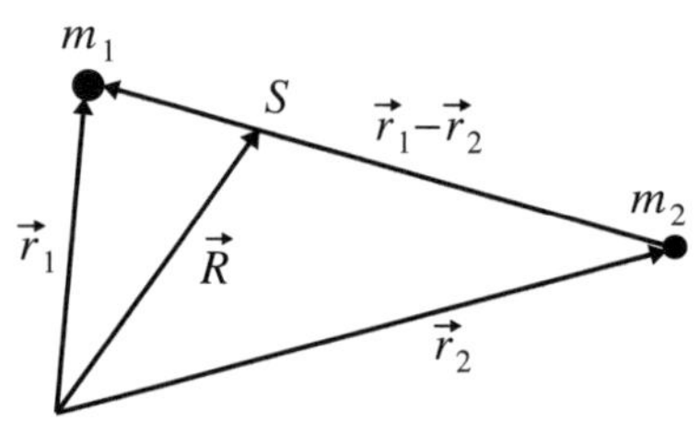

Schwerpunkts- und Relativkoordinaten zweier Massen.

Die gesamte kinetische Energie ist

$$T = \frac{1}{2}m_1\vec{v}_1^2 + \frac{1}{2}m_2\vec{v}_2^{\,2}. \tag{1}$$

Der Schwerpunkt ist definiert durch

$$\vec{R} = \frac{m_1\vec{r}_1 + m_2\vec{r}_2}{m_1 + m_2},$$

die Schwerpunktsgeschwindigkeit ist

$$\dot{\vec{R}} = \frac{1}{m_1 + m_2}(m_1\vec{v}_1 + m_2\vec{v}_2). \tag{2}$$

Die Geschwindigkeit der Relativbewegung bezeichnen wir mit $\vec{v}$, es gilt:

$$\vec{v} = \vec{v}_1 - \vec{v}_2. \tag{3}$$

Wir drücken jetzt die Teilchengeschwindigkeit durch Schwerpunkts- und Relativgeschwindigkeit aus.

Setzen wir $\vec{v}_2$ aus (3) in Gleichung (2) ein, so wird

$$(m_1 + m_2)\dot{\vec{R}} = m_1\vec{v}_1 + m_2\vec{v}_1 - m_2\vec{v}.$$

Daraus folgt

$$\vec{v}_1 = \dot{\vec{R}} + \frac{m_2}{m_1 + m_2}\vec{v}.$$

Analog erhalten wir

$$\vec{v}_2 = \dot{\vec{R}} - \frac{m_1}{m_1 + m_2}\vec{v}.$$

Setzen wir die beiden Teilchengeschwindigkeiten in Gleichung (1) ein, so erhalten wir

$$T = \frac{1}{2}m_1\left(\dot{\vec{R}} + \frac{m_2}{m_1 + m_2}\vec{v}\right)^2 + \frac{1}{2}m_2\left(\dot{\vec{R}} - \frac{m_1}{m_1 + m_2}\vec{v}\right)^2$$

oder

$$T = \frac{1}{2}M\dot{\vec{R}}^2 + \frac{1}{2}\frac{m_1 m_2^2\vec{v}^2}{(m_1 + m_2)^2} + \frac{1}{2}\frac{m_2 m_1^2\vec{v}^2}{(m_1 + m_2)^2},$$

$$T = \frac{1}{2}M\dot{\vec{R}}^2 + \frac{1}{2}\mu v^2.$$

Die gemischten Terme heben sich heraus. Die mit der Schwerpunktsbewegung verbundene Masse ist die Gesamtmasse $M = m_1 + m_2$, die mit der Relativbewegung verbundene Masse ist die reduzierte Masse

$$\mu = \frac{m_1 m_2}{m_1 + m_2}.$$

Die reduzierte Masse wird auch oft in der Form

$$\frac{1}{\mu} = \frac{1}{m_1} + \frac{1}{m_2}$$

geschrieben.

Es ist bemerkenswert, daß die kinetische Energie für zwei Körper in die kinetische Energie des Schwerpunktes und der Relativbewegung zerfällt. Es gibt keine Mischglieder, etwa von der Form $\dot{\vec{R}} \cdot \vec{v}$, was die Lösung des Zweikörperproblems beträchtlich vereinfacht (vgl. nächste Aufgabe).

Aufgabe 6.1

Bewegung zweier Körper unter Einfluß wechselseitiger Gravitation

Aufgabe 6.2

Zwei Körper der Massen m_1 und m_2 bewegen sich relativ zueinander unter dem Einfluß ihrer wechselseitigen Gravitation. Es seien $\vec{r}_1$ und $\vec{r}_2$ ihre Ortsvektoren in einem raumfesten Koordinatenystem und $\vec{r} = \vec{r}_1 - \vec{r}_2$.

Finden Sie die Bewegungsgleichungen für $\vec{r}_1, \vec{r}_2$ und $\vec{r}$ im Schwerpunktsystem. Wie sehen die Bahnkurven im raumfesten System und im Schwerpunktsystem aus?

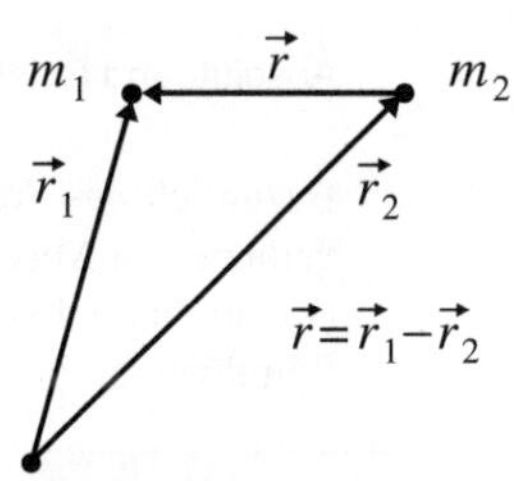

Relativbewegung von m_1 und m_2 im Laborsystem.

Lösung:

Das Newtonsche Gravitationsgesetz liefert unmittelbar

$$\ddot{\vec{r}}_1 = -\frac{Gm_2\vec{r}}{r^3}, \qquad \ddot{\vec{r}}_2 = \frac{Gm_1\vec{r}}{r^3}.$$

Mit der Relativkoordinate $\vec{r} = \vec{r}_1 - \vec{r}_2$ folgt:

$$\ddot{\vec{r}}_1 = -\frac{Gm_2(\vec{r}_1 - \vec{r}_2)}{r^3} \quad \text{und} \quad \ddot{\vec{r}}_2 = \frac{Gm_1(\vec{r}_1 - \vec{r}_2)}{r^3}.$$

Im Schwerpunktsystem gilt: $m_1\vec{r}_1 = -m_2\vec{r}_2$

$$\Rightarrow \quad \ddot{\vec{r}}_1 = \frac{-G(m_1 + m_2)\vec{r}_1}{r^3} \quad \text{und} \quad \ddot{\vec{r}}_2 = \frac{-G(m_1 + m_2)\vec{r}_2}{r^3}.$$

Subtraktion liefert:

$$\ddot{\vec{r}} = \ddot{\vec{r}}_1 - \ddot{\vec{r}}_2 = -\frac{G(m_1 + m_2)\vec{r}}{r^3}.$$

Da

$$r_1 = \frac{m_2}{m_1 + m_2} r \quad \text{und} \quad r_2 = \frac{m_1}{m_1 + m_2} r,$$

folgt

$$\ddot{\vec{r}}_1 = \frac{-Gm_2^3\vec{r}_1}{(m_1 + m_2)^2 r_1^3} \quad \text{und} \quad \ddot{\vec{r}}_2 = \frac{-Gm_1^3\vec{r}_2}{(m_1 + m_2)^2 r_2^3}.$$

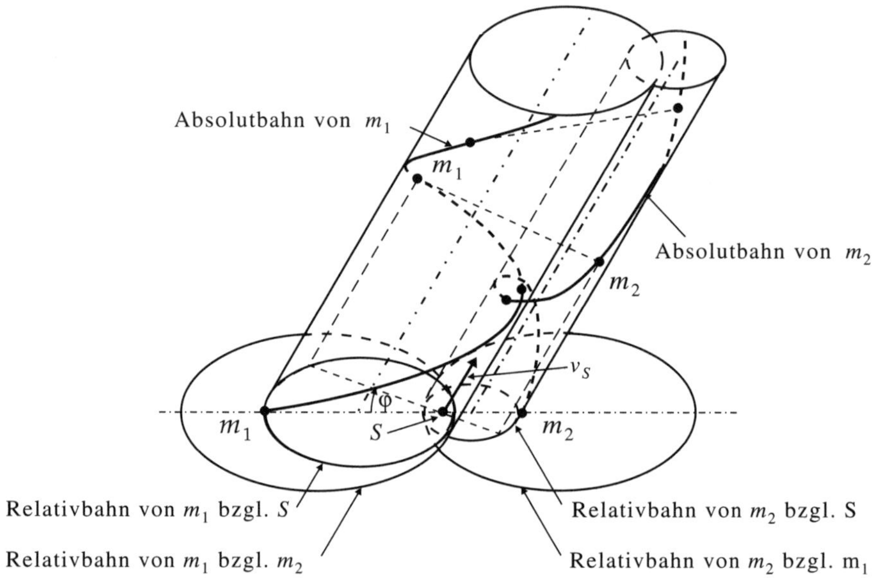

Absolut- und Relativbahn von m_1 und m_2.

Bezüglich des Schwerpunktes gilt also das Newtonsche Gravitationsgesetz, allerdings mit veränderten Massenfaktoren. Das bedeutet: Die Bahnen sind nach wie vor Kegelschnitte (Relativbahn bzgl. S). Durch überlagerte Translation des Schwerpunktes ergeben sich Spiralbahnen im Raum.

▲Aufgabe 6.2

Atwoodsche Fallmaschine

▼Aufgabe 6.3

Zwei Massen ($m_1 = 2$ kg und $m_2 = 4$ kg) sind durch ein masseloses Seil (ohne zu rutschen) über eine reibungsfreie Scheibe der Masse $M = 2$ kg und dem Radius $R = 0{,}4$ m untereinander verbunden (Atwoods Maschine). Berechnen Sie die Beschleunigung der Masse $m_2 = 4$ kg, wenn sich das System unter dem Einfluß der Schwerkraft bewegt.

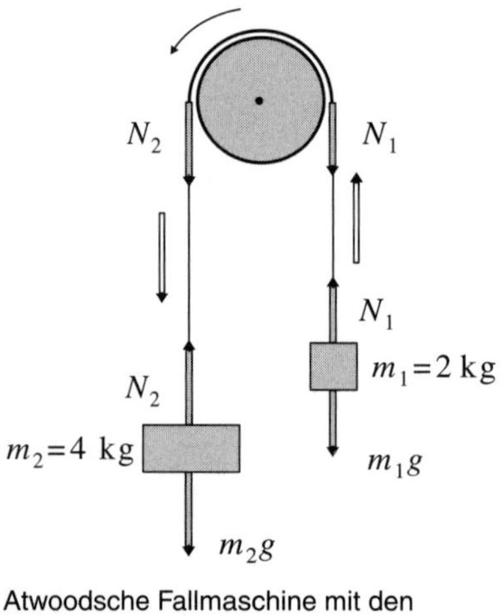

Atwoodsche Fallmaschine mit den Massen m_1 und m_2 sowie den auftretenden Kräften.

Lösung:

Aus den gegebenen Massen $m_1 = 2$ kg, $m_2 = 4$ kg und den Spannungskräften an den Seilenden $\vec{N}_1$ und $\vec{N}_2$ folgt:

$$m_1 a_1 = N_1 - m_1 g, \qquad m_2 a_2 = m_2 g - N_2 \tag{1}$$

und für die Drehmomente, die auf die Scheibe wirken:

$$D_1 + D_2 = -N_1 R + N_2 R = R(N_2 - N_1) = \dot{\omega}\theta_s, \tag{2}$$

da die Scheibe beschleunigt wird. θ_s ist das Trägheitsmoment der Scheibe. Daraus folgt, daß $N_2 \neq N_1$ sein muß, sonst tut sich nichts. Für die Beschleunigungen gilt

$$a = a_1 = a_2 = \dot{\omega}R, \tag{3}$$

weil das Seil straff ist und nicht rutscht, also haftet.

Das Trägheitsmoment der Scheibe $\theta_s = MR^2/2$ (siehe das spätere Beispiel 11.4) eingesetzt in Gleichung (2) und Verwendung von Gleichung (3) ergibt für die Beschleunigung

$$a = \frac{N_1}{m_1} - g = g - \frac{N_2}{m_2} = \dot{\omega}R = \frac{R^2}{MR^2/2}(N_2 - N_1). \tag{4}$$

Einsetzen von Gleichung (1) und Ausführen der algebraischen Schritte liefert

$$a = \frac{2}{M}(N_2 - N_1) = \frac{g(m_2 - m_1) - m_2 a_2 - m_1 a_1}{M/2}$$

und, da $a = a_1 = a_2$,

$$0 = \frac{aM/2 - g(m_2 - m_1) + a(m_2 + m_1)}{M/2} = \frac{a(m_1 + m_2 + M/2) - g(m_2 - m_1)}{M/2}.$$

$$\Rightarrow \qquad a = \frac{g(m_2 - m_1)}{m_1 + m_2 + M/2}.$$

Die Atwoodsche Fallmaschine dient der überschaubaren und leicht kontrollierbaren Demonstration der Fallgesetze. Je nach dem Unterschied der Massen $(m_2 - m_1)$ kann die Beschleunigung a verändert werden.

Aufgabe 6.3 ▲

Unser Sonnensystem in der Milchstraße

Aufgabe 6.4 ▼

Unser Sonnensystem befindet sich rund $r_0 \approx 5 \cdot 10^{20}$ m vom Milchstraßenzentrum entfernt und seine Umlaufgeschwindigkeit bezüglich des galaktischen Zentrums v_0 ist $\approx 3 \cdot 10^5$ m/s. Schematisch ist dies in folgender Abbildung dargestellt.

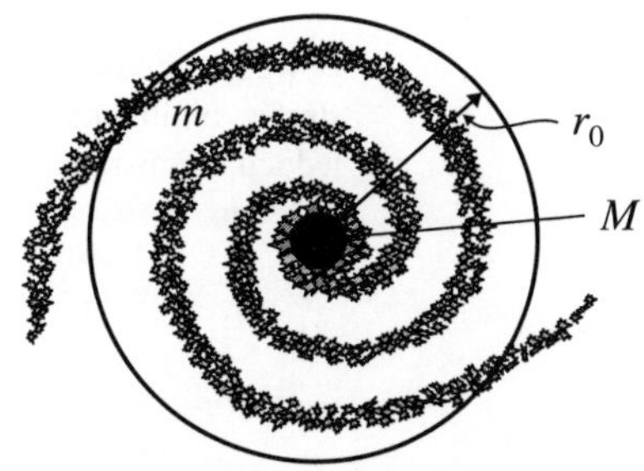

Die Milchstraße als Spiralgalaxie (vereinfacht).

♦ Aufgabe 6.4

a) Bestimmen Sie die Masse M unserer Galaxis.
b) Diskutieren Sie die Hypothese, daß die Bewegung unseres Sonnensystems eine Konsequenz der Kontraktion unserer Milchstraße ist (siehe Abbildung) und verifizieren Sie damit $r_0 = GM/v_0^2$. Dabei ist $G = 6{,}7 \cdot 10^{-11}\ \mathrm{m}^3 \cdot \mathrm{s}^{-2} \cdot \mathrm{kg}^{-1}$ die Gravitationskonstante.

Lösung:

a) Befindet sich ein Massenpunkt auf einer Kreisbahn, ist nach Newton die Kraft pro Einheitsmasse gleich der Beschleunigung. Da sich unsere Sonne (Masse m) an der Peripherie unserer Milchstraße befindet, kann die zum Zentrum gerichtete attraktive Kraft angenähert dargestellt werden durch

$$F = G\frac{mM}{r_0^2}, \tag{1}$$

wobei m die Sonnenmasse, M die Masse der Milchstraße sind. Die Beschleunigung ist zum Zentrum gerichtet

$$a = \frac{v_0^2}{r_0} = \frac{F}{m}, \tag{2}$$

woraus folgt

$$\frac{v_0^2}{r_0} = \frac{GM}{r_0^2} \quad \text{bzw.} \quad r_0 = \frac{GM}{v_0^2}. \tag{3}$$

Mit den Zahlenwerten aus der Aufgabenstellung erhält man aus Gleichung (3) für die Masse unserer Milchstraße

$$M = \frac{r_0 v_0^2}{G} \approx \frac{5 \cdot 10^{20} \cdot 9 \cdot 10^{10}}{6.7 \cdot 10^{-11}}\mathrm{kg} = 6{,}7 \cdot 10^{41}\ \mathrm{kg}.$$

Dies bedeutet, die Masse der Milchstraße ist

$$M \approx 3 \cdot 10^{11} m,$$

wobei m die Sonnenmasse ist.

b) Sind r, v die Anfangswerte für Abstand und Geschwindigkeit unserer Sonne, gilt für die vorhandenen Energien

$$V_{\mathrm{pot}} = -\frac{GMm}{r} \quad \text{und} \quad T_{\mathrm{kin}} = \frac{1}{2}mv^2, \tag{4}$$

wobei M die Masse unserer Milchstraße und G die Gravitationskonstante sind.

Bewegt sich die Sonne nun mit kleiner werdendem Radius um das Zentrum der Milchstraße, bleibt der Drehimpuls um das Zentrum konstant; die Umlaufgeschwindigkeit jedoch wächst an. Somit läßt sich die kinetische Energie T_{kin} als Funktion des Radius angeben

$$T = \frac{1}{2}m\frac{l^2}{m^2r^2} = \frac{1}{2}\frac{l^2}{m}\frac{1}{r^2}, \tag{5}$$

wobei $l = (mr^2)\omega = mvr = \text{const}$ verwendet wurde.

Die Annahme ist nun, daß beim augenblicklichen Abstand r der Anstieg in der kinetischen Energie ΔT_{kin} durch den Abfall in der potentiellen Energie ausgeglichen wird, falls sich r um Δr verkleinert. Differentiation von Gleichung (4) und (5) bezüglich r ergibt:

$$\Delta T_{\text{kin}} = \left(\frac{\mathrm{d}T_{\text{kin}}}{\mathrm{d}r}\right)\Delta r = -\frac{l^2}{m}\frac{1}{r^3}\Delta r, \quad \Delta T_{\text{kin}} > 0, \quad \text{wenn } \Delta r < 0,$$

$$\Delta V_{\text{pot}} = \left(\frac{\mathrm{d}V_{\text{pot}}}{\mathrm{d}r}\right)\Delta r = \frac{GMm}{r^2}\Delta r, \quad \Delta V_{\text{pot}} < 0, \quad \text{wenn } \Delta r < 0.$$

Im Gleichgewicht gilt aber $\Delta T_{\text{kin}} + \Delta V_{\text{pot}} = 0$, und Ersetzen von l durch $l = mv_0 r_0$ ergibt

$$\frac{m^2 v_0^2 r_0^2}{m r_0^3} = G\frac{Mm}{r_0^2} \qquad \text{bzw.} \qquad r_0 v_0^2 = MG. \tag{6}$$

Gleichung (6) aber entspricht wieder genau dem Resultat aus Aufgabe a).

Aufgabe 6.4 ▲

III Schwingende Systeme

7 Schwingungen gekoppelter Massenpunkte

Als erstes und einfachstes System schwingender Massenpunkte betrachten wir die freie Schwingung zweier Massenpunkte, die, wie in der Skizze gezeigt, mit Federn gleicher Federkonstante an zwei Wänden befestigt sind.

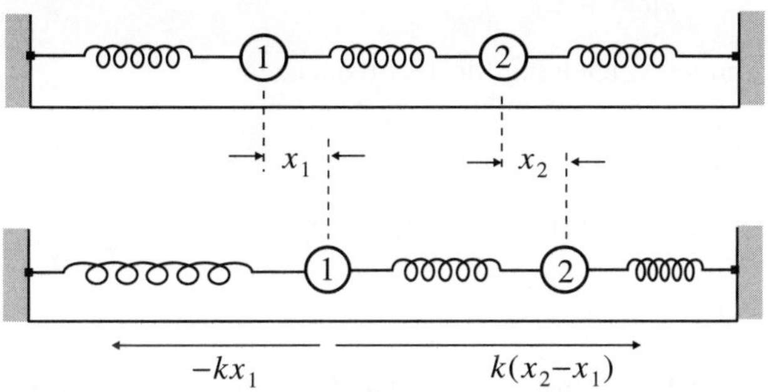

Durch Federn gekoppelte Massenpunkte.

Die beiden Massenpunkte sollen gleiche Masse haben, die Auslenkung aus ihrer Ruhelage bezeichnen wir mit x_1 bzw. x_2. Wir betrachten nur Schwingungen entlang der Verbindungslinie der Massenpunkte.

Bei Auslenkung aus der Ruhelage wirkt auf die Masse 1 die Kraft $-kx_1$ von der an der Wand befestigten Feder und die Kraft $+k(x_2 - x_1)$ durch die die beiden Massenpunkte verbindende Feder. Für den Massenpunkt 1 gilt somit die Bewegungsgleichung:

$$m\ddot{x}_1 = -kx_1 + k(x_2 - x_1). \tag{7.1a}$$

Analog gilt für den Massenpunkt 2:

$$m\ddot{x}_2 = -kx_2 - k(x_2 - x_1). \tag{7.1b}$$

Zuerst wollen wir die möglichen Frequenzen bestimmen, mit denen die beiden Teilchen gemeinsam schwingen können. *Diese für alle Teilchen gleichen, gemeinsamen Frequenzen heißen Eigenfrequenzen.* Die zugehörigen Schwingungszustände heißen Eigen- oder Normalschwingungen. Diese Definitionen verallgemeinern sich entsprechend auf ein N-Teilchensystem. Wir machen dazu den *Ansatz*

$$x_1 = A_1 \cos \omega t, \qquad x_2 = A_2 \cos \omega t, \tag{7.2}$$

d. h., beide Teilchen sollen mit der gleichen Frequenz ω schwingen. Die spezielle Art des Ansatzes, ob Sinus-, Cosinusfunktion oder eine Überlagerung von beiden, ist dabei unwesentlich, wir würden immer die gleiche Bedingungsgleichung für die Frequenz erhalten, wie man sich aus dem Gang der folgenden Rechnung leicht klarmachen kann.

Das Einsetzen des Ansatzes in die Bewegungsgleichungen liefert zwei lineare homogene Gleichungen für die Amplituden:

$$\begin{aligned} A_1(-m\omega^2 + 2k) - A_2 k &= 0, \\ -A_1 k + A_2(-m\omega^2 + 2k) &= 0. \end{aligned} \tag{7.3}$$

Das Gleichungssystem hat nur nichttriviale Lösungen für die Amplituden, wenn die Koeffizientendeterminante D verschwindet

$$D = \begin{vmatrix} -m\omega^2 + 2k & -k \\ -k & -m\omega^2 + 2k \end{vmatrix} = (-m\omega^2 + 2k)^2 - k^2 = 0.$$

Wir erhalten so eine Bestimmungsgleichung für die Frequenzen:

$$\omega^4 - 4\frac{k}{m}\omega^2 + 3\frac{k^2}{m^2} = 0.$$

Die positiven Lösungen der Gleichung sind die Frequenzen

$$\omega_1 = \sqrt{\frac{3k}{m}} \quad \text{und} \quad \omega_2 = \sqrt{\frac{k}{m}}\,.$$

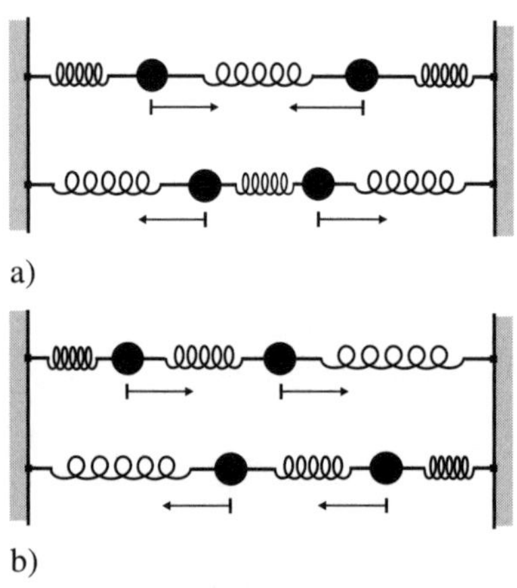

a) ω_1: gegenphasige Schwingung;
b) ω_2: gleichphasige Schwingung;
$\omega_1 > \omega_2$.

Diese Frequenzen nennt man *Eigenfrequenzen* des Systems; die dazugehörigen Schwingungen heißen *Eigenschwingungen* oder *Normalschwingungen.*

Um eine Vorstellung von der Art der Normalschwingungen zu bekommen, setzen wir die Eigenfrequenz in das System (7.3) ein.

Es ergibt sich für die Amplituden:

$$A_1 = -A_2 \qquad \text{für} \quad \omega_1 = \sqrt{\frac{3k}{m}}$$

und

$$A_1 = A_2 \qquad \text{für} \quad \omega_2 = \sqrt{\frac{k}{m}}\,.$$

Die beiden Massenpunkte schwingen mit der niedrigeren Frequenz ω_2 miteinander und mit der höheren Frequenz ω_1 gegeneinander. Die beiden Schwingungsmoden sind noch einmal in der Skizze veranschaulicht.

Die Zahl der Normalschwingungen ist gleich der Anzahl der zur vollständigen Beschreibung des Systems notwendigen Koordinaten (Freiheitsgrade). Das folgt daraus, daß bei N Freiheitsgraden N Gleichungen der Art (7.3) und N Bewegungsgleichungen der Art (7.1) auftreten. Dies führt dann auf eine Determinante N-ten Grades für ω^2 und daher im allgemeinen auf N Normalfrequenzen. Da wir uns in dem Beispiel auf die Schwingungen entlang der x-Achse beschränkt haben, genügen die beiden Koordinaten x_1 und x_2 zur Beschreibung, und wir erhalten die beiden Eigenschwingungen mit den Frequenzen ω_1, ω_2.

Die Normalschwingungen bedeuten in unserem Beispiel gleichphasige oder gegenphasige (= gleichphasig mit unterschiedlichem Amplitudenvorzeichen) Schwingungen der Massenpunkte. Die hier auftretenden gleich großen Amplituden sind auf die Gleichheit der Massen ($m_1 = m_2$) zurückzuführen. Die allgemeine Bewegung der Massenpunkte besteht in einer Überlagerung der Normalschwingungen mit verschiedener Phase und Amplitude.

Die Differentialgleichungen (7.1) sind linear. Die allgemeine Form der Schwingung ist daher die Superposition der Normalschwingungen. Sie lautet:

$$\begin{aligned} x_1(t) &= C_1 \cos(\omega_1 t + \varphi_1) + C_2 \cos(\omega_2 t + \varphi_2), \\ x_2(t) &= -C_1 \cos(\omega_1 t + \varphi_1) + C_2 \cos(\omega_2 + \varphi_2). \end{aligned} \tag{7.4}$$

Hierbei wurde schon das Ergebnis verwendet, daß bei reiner ω_1-Schwingung x_1 und x_2 entgegengesetzt-gleiche und für reine ω_2-Schwingungen gleiche Amplituden haben. So ist sichergestellt, daß die Spezialfälle der reinen Normalschwingungen mit $C_2 = 0, C_1 \neq 0$ und $C_1 = 0, C_2 \neq 0$ im Ansatz (7.4) enthalten sind. Gleichung (7.4) ist der allgemeinste Ansatz, denn er enthält 4 freie Konstanten, so daß beliebige Anfangswerte für $x_1(0), x_2(0), \dot{x}_1(0), \dot{x}_2(0)$ eingearbeitet werden können.

Die Anfangsbedingungen sind zum Beispiel:

$$x_1(0) = 0, \quad x_2(0) = a, \quad \dot{x}_1(0) = \dot{x}_2(0) = 0.$$

Zur Bestimmung der vier freien Konstanten $C_1, C_2, \varphi_1, \varphi_2$ werden die Anfangsbedingungen in die Gleichungen (7.4) und ihre Ableitungen eingesetzt:

$$x_1(0) = C_1 \cos\varphi_1 + C_2 \cos\varphi_2 = 0, \tag{7.5}$$

$$x_2(0) = -C_1 \cos\varphi_1 + C_2 \cos\varphi_2 = a, \tag{7.6}$$

$$\dot{x}_1(0) = -C_1 \omega_1 \sin\varphi_1 - C_2 \omega_2 \sin\varphi_2 = 0, \tag{7.7}$$

$$\dot{x}_2(0) = C_1 \omega_1 \sin\varphi_1 - C_2 \omega_2 \sin\varphi_2 = 0. \tag{7.8}$$

Addition von (7.7) und (7.8) liefert:

$$C_2 \sin\varphi_2 = 0,$$

Subtraktion von (7.7) und (7.8):

$$C_1 \sin\varphi_1 = 0.$$

Aus Addition und Subtraktion von (7.5) und (7.6) folgt:

$$2C_2 \cos\varphi_2 = a \quad \text{und} \quad 2C_1 \cos\varphi_1 = -a.$$

Damit ergibt sich:

$$\varphi_1 = \varphi_2 = 0, \quad C_1 = -\frac{a}{2}, \quad C_2 = \frac{a}{2}.$$

Die Gesamtlösung lautet somit:

$$\begin{aligned} x_1(t) &= \frac{a}{2}(-\cos\omega_1 t + \cos\omega_2 t) \\ &= a\sin\left(\frac{\omega_1-\omega_2}{2}\right)t\,\sin\left(\frac{\omega_1+\omega_2}{2}\right)t, \\ x_2(t) &= \frac{a}{2}(\cos\omega_1 t + \cos\omega_2 t) \\ &= a\cos\left(\frac{\omega_1-\omega_2}{2}\right)t\,\cos\left(\frac{\omega_1+\omega_2}{2}\right)t. \end{aligned}$$

Hier haben wir die Relationen

$$\begin{aligned} \cos A\cos B &= \frac{1}{2}\left[\cos(A+B)+\cos(A-B)\right] \\ \sin A\sin B &= \frac{1}{2}\left[-\cos(A+B)+\cos(A-B)\right] \end{aligned}$$

benutzt.

Wie es sein muß, ist für $t = 0$: $x_1(0) = 0, x_2(0) = a$. Die zweite Masse zupft an der ersten und bringt sie alsbald zum Schwingen. Es entstehen *Schwebungen* (vgl. Beispiel 7.1).

Zwei gleiche Massen, gekoppelt durch zwei gleiche Federn

Aufgabe 7.1

Zwei gleiche Massen bewegen sich reibungsfrei auf einer Platte. Wie in der Skizze angedeutet, sind sie mit zwei Federn untereinander und mit der Wand verbunden. Die beiden Federkonstanten sind gleich, die Bewegung soll auf eine Gerade beschränkt sein (eindimensionale Bewegung).

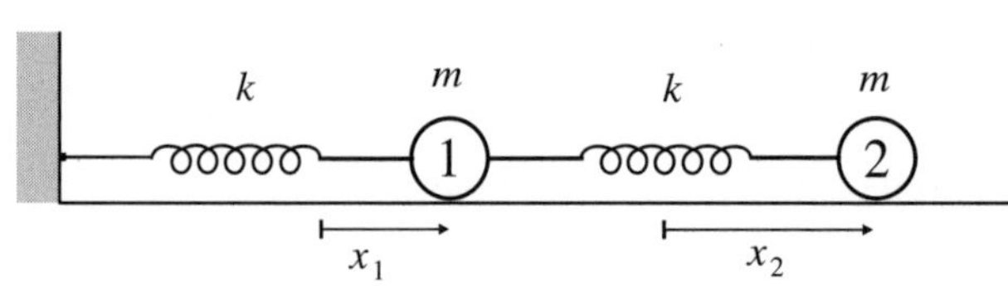

System zweier gekoppelter Massen, verbunden mit einer Wand.

Gesucht werden:

a) die Bewegungsgleichungen,
b) die Normalfrequenzen,
c) die Amplitudenverhältnisse der Normalschwingungen und die allgemeine Lösung.

Lösung:

a) Sind x_1 und x_2 die Auslenkungen aus den Ruhelagen, so lauten die Bewegungsgleichungen:

$$m\ddot{x}_1 = -kx_1 + k(x_2 - x_1), \tag{1}$$

$$m\ddot{x}_2 = -k(x_2 - x_1). \tag{2}$$

b) Zur Bestimmung der Normalfrequenzen machen wir den Ansatz:

$$x_1 = A_1 \cos \omega t, \qquad x_2 = A_2 \cos \omega t$$

und erhalten damit aus (1) und (2) die Gleichungen

$$(2k - m\omega^2)A_1 - kA_2 = 0,$$

$$-kA_1 + (k - m\omega^2)A_2 = 0. \tag{3}$$

Aus der Forderung nach nichttrivialen Lösungen des Gleichungssystems folgt das Verschwinden der Koeffizientendeterminante

$$D = \begin{vmatrix} 2k - m\omega^2 & -k \\ -k & k - m\omega^2 \end{vmatrix} = 0.$$

Damit folgt die Bestimmungsgleichung für die Eigenfrequenzen:

$$\omega^4 - 3\frac{k}{m}\omega^2 + \frac{k^2}{m^2} = 0$$

mit den positiven Lösungen:

$$\omega_1 = \frac{\sqrt{5}+1}{2}\sqrt{\frac{k}{m}} \quad \text{und} \quad \omega_2 = \frac{\sqrt{5}-1}{2}\sqrt{\frac{k}{m}}, \quad \omega_1 > \omega_2.$$

c) Einsetzen der Eigenfrequenzen in (3) zeigt, daß zur höheren Frequenz ω_1 die gegenphasige und zur geringeren Frequenz ω_2 die gleichphasige Normalschwingung gehört:

$$\text{mit} \quad \omega_1^2 = \frac{1}{2}(3+\sqrt{5})\frac{k}{m} \quad \text{folgt aus (3):} \quad A_2 = -\frac{\sqrt{5}-1}{2}A_1,$$

$$\text{mit} \quad \omega_2^2 = \frac{1}{2}(3-\sqrt{5})\frac{k}{m} \quad \text{folgt aus (3):} \quad A_2 = \frac{\sqrt{5}+1}{2}A_1.$$

Da die beiden Massenpunkte unterschiedlich befestigt sind, ergeben sich Amplituden verschiedener Größe.

Die allgemeine Lösung ergibt sich als Überlagerung der Normalschwingungen unter Berücksichtigung der berechneten Amplitudenverhältnisse:

$$x_1(t) = C_1 \cos(\omega_1 t + \varphi_1) + C_2 \cos(\omega_2 t + \varphi_2),$$

$$x_2(t) = -\frac{\sqrt{5}-1}{2}C_1 \cos(\omega_1 t + \varphi_1) + \frac{\sqrt{5}+1}{2}C_2 \cos(\omega_2 t + \varphi_2).$$

Die vier freien Konstanten werden im konkreten Fall aus den Anfangsbedingungen bestimmt.

Aufgabe 7.1 ▲

Gekoppelte Pendel

Beispiel 7.1

Zwei Pendel von gleicher Masse und Länge sind über eine Spiralfeder miteinander gekoppelt. Sie sollen in einer Ebene schwingen. Die Kopplung soll schwach sein (d. h., die beiden Eigenschwingungen sind nicht sehr verschieden). Gesucht ist die Bewegung für kleine Amplituden.

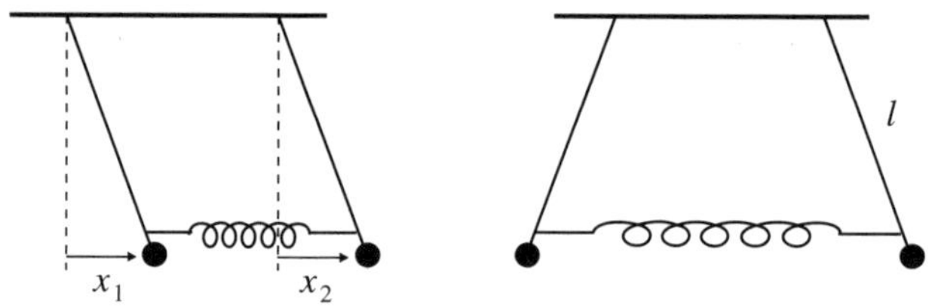

Verschiedene Schwingungsmöglichkeiten der gekoppelten Pendel.

Lösung:

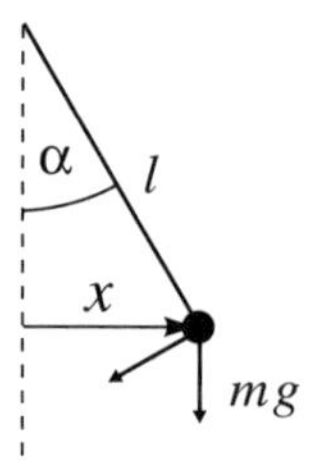

Einfaches, freies Pendel.

Die Anfangsbedingungen sind:

$$x_1(0) = 0, \quad x_2(0) = A, \quad \dot{x}_1(0) = \dot{x}_2(0) = 0.$$

Wir gehen von der Schwingungsgleichung des einfachen Pendels aus:

$$ml\ddot{\alpha} = -mg\sin\alpha.$$

Für kleine Amplituden setzen wir $\sin\alpha = \alpha = x/l$ und erhalten

$$m\ddot{x} = -m\frac{g}{l}x.$$

Bei den gekoppelten Pendeln kommt noch die von der Feder ausgeübte Kraft $\mp k(x_1 - x_2)$ hinzu; das ergibt die Gleichungen:

$$\ddot{x}_1 = -\frac{g}{l}x_1 - \frac{k}{m}(x_1 - x_2),$$

$$\ddot{x}_2 = -\frac{g}{l}x_2 + \frac{k}{m}(x_1 - x_2). \quad (1)$$

Dieses gekoppelte System von Differentialgleichungen können wir einfach entkoppeln durch die Einführung der Koordinaten

$$u_1 = x_1 - x_2 \quad \text{und} \quad u_2 = x_1 + x_2.$$

Subtraktion bzw. Addition der Gleichungen (1) ergeben:

$$\ddot{u}_1 = -\frac{g}{l}u_1 - 2\frac{k}{m}u_1 = -\left(\frac{g}{l} + 2\frac{k}{m}\right)u_1,$$

$$\ddot{u}_2 = -\frac{g}{l}u_2.$$

Diese beiden Gleichungen sind sofort zu lösen:

$$u_1 = A_1\cos\omega_1 t + B_1\sin\omega_1 t,$$

$$u_2 = A_2\cos\omega_2 t + B_2\sin\omega_2 t, \quad (2)$$

wobei $\omega_1 = \sqrt{g/l + 2(k/m)}$, $\omega_2 = \sqrt{g/l}$ die Eigenfrequenzen der beiden Schwingungen sind. Die Koordinaten u_1, u_2 nennt man *Normalkoordinaten.*

Die Einführung von Normalkoordinaten wird oft verwendet, um ein gekoppeltes Differentialgleichungssystem zu entkoppeln. Die Koordinate $u_1 = x_1 - x_2$ beschreibt die gegenphasige und $u_2 = x_1 + x_2$ die gleichphasige Normalschwingung. Die gleichphasige Normalschwingung verläuft so, als ob keine Kopplung vorhanden wäre.

Der Einfachheit halber arbeiten wir die Anfangsbedingungen in das System (2) ein. Für die Normalkoordinaten gilt dann

$$u_1(0) = -A, \quad u_2(0) = A, \quad \dot{u}_1(0) = \dot{u}_2(0) = 0.$$

Einsetzen in (2) ergibt:

$$A_1 = -A, \quad A_2 = A, \quad B_1 = B_2 = 0$$

und somit

$$u_1 = -A\cos\omega_1 t, \qquad u_2 = A\cos\omega_2 t.$$

Gehen wir zurück auf die Koordinaten x_1 und x_2:

$$x_1 = \frac{1}{2}(u_1 + u_2) = \frac{A}{2}(-\cos\omega_1 t + \cos\omega_2 t),$$

$$x_2 = \frac{1}{2}(u_2 - u_1) = \frac{A}{2}(\cos\omega_1 t + \cos\omega_2 t).$$

Mit einer Umformung der Winkelfunktionen folgt:

$$x_1 = A\sin\frac{\omega_1 - \omega_2}{2}t\,\sin\frac{\omega_1 + \omega_2}{2}t$$

$$x_2 = A\cos\frac{\omega_1 - \omega_2}{2}t\,\cos\frac{\omega_1 + \omega_2}{2}t.$$

Wir haben vorausgesetzt, daß die Kopplung der beiden Pendel gering ist, d. h.

$$\omega_2 = \sqrt{\frac{g}{l}} \approx \omega_1 = \sqrt{\frac{g}{l} + 2\frac{k}{m}},$$

so daß die Frequenz $\omega_1 - \omega_2$ klein ist. Die Schwingungen $x_1(t)$ und $x_2(t)$ können dann so aufgefaßt werden, daß der Amplitudenfaktor des (mit der Frequenz $\omega_1 + \omega_2$ schwingenden) Pendels mit der Frequenz $\omega_1 - \omega_2$ langsam moduliert wird. Diesen Vorgang nennt man *Schwebung.* In der Skizze ist dieser Vorgang noch einmal veranschaulicht. Mit der Frequenz der Amplitudenmodulation $\omega_1 - \omega_2$ tauschen die beiden Pendel ihre Energie aus. Wenn das eine Pendel seine maximale Amplitude (Energie) besitzt, steht das andere still. Dieser vollständige Energieübertrag tritt nur bei völlig gleichen Pendeln auf. Sind die beiden Pendel etwas verschieden in Masse oder Länge, so wird die Energieübertragung unvollständig; die Pendel verändern ihre Amplitude, ohne jedoch zum Stillstand zu kommen.

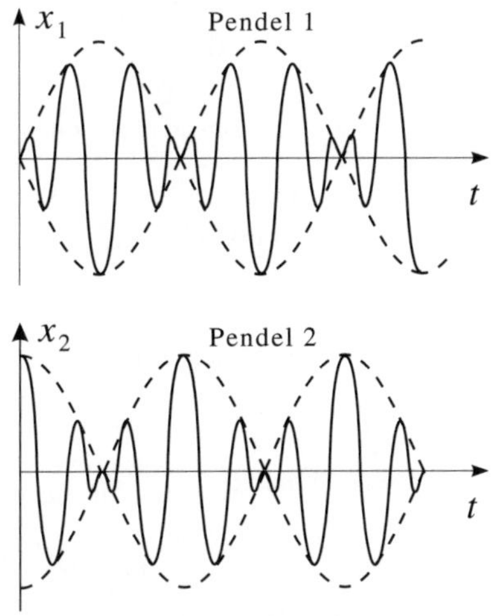

Amplituden zweier identischer Pendel.

Beispiel 7.1

Die schwingende Kette[1)]

Als ein weiteres schwingendes Massensystem soll die schwingende Kette betrachtet werden. Die „Kette“ ist ein masseloser Faden, der mit N Massenpunkten besetzt ist. Die Massenpunkte haben alle die Masse m und sitzen in gleichen Abständen a auf dem Faden. Die Punkte 0 und $N+1$ an den Enden des Fadens sind fest eingespannt und nehmen nicht an der Schwingung teil. Die Auslenkung aus der Ruhelage in y-Richtung sei relativ klein, so daß die geringfügige Auslenkung in x-Richtung vernachlässigbar ist. Die gesamte Fadenspannung T kommt nur von dem Einspannen der Endpunkte und ist über den ganzen Faden konstant.

Greift man das ν-te Teilchen heraus, so rühren die Kräfte, die auf dieses Teilchen wirken, von der Auslenkung des $(\nu-1)$-ten und des $(\nu+1)$-ten Teilchens her. Die rücktreibenden Kräfte berechnen sich gemäß der Zeichnung zu

$$\vec{F}_{\nu-1} = -(T \cdot \sin\alpha)\vec{e}_2,$$
$$\vec{F}_{\nu+1} = -(T \cdot \sin\beta)\vec{e}_2.$$

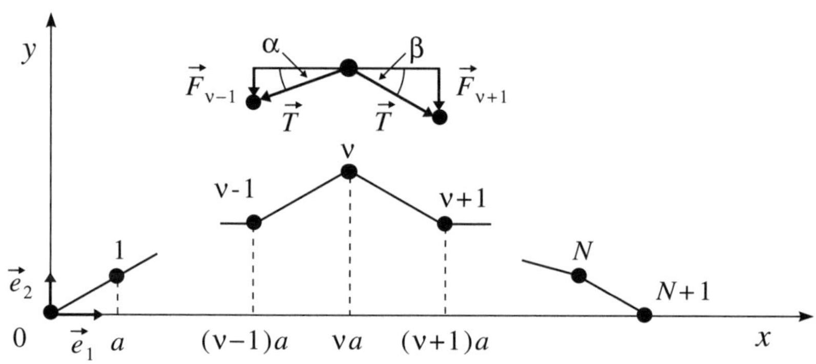

Die ausgelenkte Kette und die Kräfte auf das ν-te Glied.

Da nach Voraussetzung die Auslenkung in y-Richtung klein ist, sind α und β kleine Winkel, so daß in guter Näherung gilt:

$$\sin\alpha = \tan\alpha \qquad \text{und} \qquad \sin\beta = \tan\beta\,.$$

Aus der Skizze ergibt sich, daß

$$\tan\alpha = \frac{y_\nu - y_{\nu-1}}{a} \qquad \text{und} \qquad \tan\beta = \frac{y_\nu - y_{\nu+1}}{a}\,.$$

Damit folgt für die Kräfte

$$\vec{F}_{\nu-1} = -T\left(\frac{y_\nu - y_{\nu-1}}{a}\right)\vec{e}_2, \qquad \vec{F}_{\nu+1} = -T\left(\frac{y_\nu - y_{\nu+1}}{a}\right)\vec{e}_2.$$

[1)] Es wird angeraten, vor dem Studium dieses Abschnittes das Kapitel 8 (Die schwingende Saite) durchzuarbeiten. Die hier auftretenden neuen Begriffe sind dann leichter verständlich und die mathematischen Ansätze werden in ihrer physikalischen Motivation durchschaubarer.

Die gesamte rücktreibende Kraft ist die Summe $\vec{F}_{\nu-1}+\vec{F}_{\nu+1}$, d. h., wir erhalten die Bewegungsgleichung für das Teilchen:

$$m\frac{\mathrm{d}^2y_\nu}{\mathrm{d}t^2}\vec{e}_2 = -T\left(\frac{y_\nu - y_{\nu-1}}{a}\right)\vec{e}_2 - T\left(\frac{y_\nu - y_{\nu+1}}{a}\right)\vec{e}_2$$

oder

$$\frac{\mathrm{d}^2y_\nu}{\mathrm{d}t^2} = \frac{T}{ma}(y_{\nu-1} - 2y_\nu + y_{\nu+1}). \tag{7.9}$$

Da der Index ν von $\nu = 1$ bis $\nu = N$ läuft, erhält man ein System von N gekoppelten Differentialgleichungen. Berücksichtigt man nun, daß die Endpunkte eingespannt sind, indem man für die Indizes $\nu = 0$ und $\nu = N+1$ setzt:

$$y_0 = 0 \qquad \text{und} \qquad y_{N+1} = 0 \qquad \text{(Randbedingung)},$$

so erhält man aus der Differentialgleichung (9) mit den Indizes $\nu = 1$ und $\nu = N$ die Differentialgleichung für das erste und letzte schwingungsfähige Teilchen:

$$\begin{aligned} m\frac{\mathrm{d}^2y_1}{\mathrm{d}t^2} &= \frac{T}{a}(-2y_1 + y_2),\\ m\frac{\mathrm{d}^2y_N}{\mathrm{d}t^2} &= \frac{T}{a}(y_{N-1} - 2y_N). \end{aligned} \tag{7.10}$$

Es werden jetzt die Eigenfrequenzen des Teilchensystems gesucht, d. h. die Frequenzen, mit denen alle Teilchen gemeinsam schwingen. Um eine Bestimmungsgleichung für die Eigenfrequenz ω_n zu erhalten, gehen wir mit dem Ansatz

$$y_\nu = A_\nu \cos \omega t \tag{7.11}$$

in Gleichung (7.9) hinein. Es ergibt sich

$$-m\omega^2 \cdot A_\nu \cdot \cos \omega t = \frac{T}{a}(A_{\nu-1} - 2A_\nu + A_{\nu+1})\cos \omega t$$

bzw. nach Umformen:

$$-A_{\nu-1} + \left(2 - \frac{ma\omega^2}{T}\right)A_\nu - A_{\nu+1} = 0, \quad \nu = 2,\ldots,N-1. \tag{7.12a}$$

Ebenso bekommen wir durch Einsetzen von (7.11) in (7.10) die Gleichungen für das erste und letzte schwingende Teilchen:

$$\begin{aligned} \left(2 - \frac{ma\omega^2}{T}\right)A_1 - A_2 \qquad &= 0,\\ -A_{N-1} + \left(2 - \frac{ma\omega^2}{T}\right)A_N &= 0. \end{aligned} \tag{7.12b}$$

Mit der Abkürzung

$$\frac{2T - ma\omega^2}{T} = c \tag{7.13}$$

können die Gleichungen (7.12a) und (7.12b) folgendermaßen umgeschrieben werden:

$$\begin{array}{lr} cA_1 - A_2 & = 0, \\ -A_1 + cA_2 - A_3 & = 0, \\ \quad - A_2 + cA_3 - A_4 & = 0, \\ \vdots & \vdots \\ & - A_{N-1} + cA_N = 0 \end{array}$$

Es handelt sich um ein System von homogenen, linearen Gleichungen für die A_ν. Für jede nichttriviale Lösung des Gleichungssystems [1] muß die Koeffizientendeterminante den Wert Null besitzen. Diese Determinante hat die Form:

$$D_N = \begin{vmatrix} c & -1 & 0 & 0 & 0 \cdots & 0 & 0 & 0 \\ -1 & c & -1 & 0 & 0 \cdots & 0 & 0 & 0 \\ 0 & -1 & c & -1 & 0 \cdots & 0 & 0 & 0 \\ \vdots & \vdots & \vdots & \vdots & \vdots \ddots & \vdots & \vdots & \vdots \\ 0 & 0 & 0 & 0 & 0 \cdots & -1 & c & -1 \\ 0 & 0 & 0 & 0 & 0 \cdots & 0 & -1 & c \end{vmatrix}.$$

Sie besitzt N Zeilen und N Spalten. Die Eigenfrequenzen erhalten wir als Lösung der Gleichung

$$D_N = 0.$$

Entwickeln wir nun D_N nach der ersten Zeile, so erhalten wir:

$$D_N = c \cdot \begin{vmatrix} c & -1 & 0 \cdots & 0 & 0 & 0 \\ -1 & c & -1 \cdots & 0 & 0 & 0 \\ 0 & -1 & c \cdots & 0 & 0 & 0 \\ 0 & 0 & -1 \cdots & 0 & 0 & 0 \\ \vdots & \vdots & \vdots \ddots & \vdots & \vdots & \vdots \\ 0 & 0 & 0 \cdots & -1 & 0 & 0 \\ 0 & 0 & 0 \cdots & c & -1 & 0 \\ 0 & 0 & 0 \cdots & -1 & c & -1 \\ 0 & 0 & 0 \cdots & 0 & -1 & c \end{vmatrix} + \begin{vmatrix} -1 & -1 & 0 & 0 \cdots & 0 & 0 \\ 0 & c & -1 & 0 \cdots & 0 & 0 \\ 0 & -1 & -c & -1 \cdots & 0 & 0 \\ 0 & 0 & -1 & c \cdots & 0 & 0 \\ \vdots & \vdots & \vdots & \vdots \ddots & \vdots & \vdots \\ 0 & 0 & 0 & 0 \cdots & -1 & 0 \\ 0 & 0 & 0 & 0 \cdots & c & -1 \\ 0 & 0 & 0 & 0 \cdots & -1 & c \end{vmatrix}$$

Die linke Determinante hat genau die gleiche Form wie D_N, ist aber um eine Ordnung niedriger ($N - 1$ Zeilen, $N - 1$ Spalten). Sie wäre die Koeffizientendeterminante für ein gleichartiges System mit einem Massenpunkt weniger, also D_{N-1}. Die rechte Determinante entwickeln wir noch einmal, und zwar nach der ersten Spalte und erhalten daraus:

$$D_N = cD_{N-1} + (-1) \cdot \begin{vmatrix} c & -1 & 0 \cdots & 0 & 0 \\ -1 & c & -1 \cdots & 0 & 0 \\ 0 & -1 & c \cdots & 0 & 0 \\ \vdots & \vdots & \vdots \ddots & \vdots & \vdots \\ 0 & 0 & 0 \cdots & -1 & 0 \\ 0 & 0 & 0 \cdots & c & -1 \\ 0 & 0 & 0 \cdots & -1 & c \end{vmatrix}.$$

---

[1] (nicht alle $A_\nu = 0$)

Die letzte Determinante ist aber genau D_{N-2}. Demnach gilt die Determinantenrekursionsgleichung:

$$D_N = cD_{N-1} - D_{N-2}, \qquad \text{falls } N \geq 2, \tag{7.14}$$

Ferner ist

$$D_1 = |c| = c \qquad \text{und} \qquad D_2 = \begin{vmatrix} c & -1 \\ -1 & c \end{vmatrix} = c^2 - 1. \tag{7.15}$$

Setzt man in (7.14) $N = 2$, so erkennen wir, daß (7.13) in Verbindung mit (7.15) nur erfüllt wird, wenn wir formal

$$D_0 = 1 \tag{7.15a}$$

setzen.

Unser Problem ist nun die Lösung der Determinantengleichung (7.14). Wir machen den Ansatz:

$$D_N = p^N,$$

wobei die Konstante p bestimmt werden muß. Einsetzen in (7.14) liefert:

$$p^N = cp^{N-1} - p^{N-2},$$

bzw. nach Division durch p^{N-2},

$$p^2 - cp + 1 = 0 \qquad \text{oder} \qquad p = \frac{c \pm \sqrt{c^2 - 4}}{2}.$$

Die mathematische Möglichkeit $p^{N-2} = 0$, die zu $p \equiv 0$ führt, erfüllt die Randbedingung $D_0 = 1$ nicht und entfällt daher. Substituieren wir $c = 2\cos\Theta$, so bekommen wir für p:

$$p = \cos\Theta \pm \sqrt{\cos^2\Theta - 1} = \cos\Theta \pm \mathrm{i}\sin\Theta = \mathrm{e}^{\pm\mathrm{i}\Theta}.$$

Die Lösungen der Gleichung (7.14) sind dann

$$D_N = p^N = (\mathrm{e}^{\mathrm{i}\Theta})^N = \mathrm{e}^{\mathrm{i}N\Theta} = \cos N\Theta + \mathrm{i}\sin N\Theta$$

und

$$D_N = (\mathrm{e}^{-\mathrm{i}\Theta})^N = \mathrm{e}^{-\mathrm{i}N\Theta} = \cos N\Theta - \mathrm{i}\sin N\Theta.$$

Wegen der Homogenität und Linearität des Gleichungssystems (7.14) ergibt sich als allgemeine Lösung eine Linearkombination von $\cos N\Theta$ und $\sin N\Theta$

$$D_N = G\cos N\Theta + H\sin N\Theta. \tag{7.16}$$

Da $D_0 = 1$ und $D_1 = c = 2\cos\Theta$ (s. o.), bestimmen sich G und H zu:

$$G = 1, \qquad H = \cot\Theta,$$

so daß

$$D_N = \cos N\Theta + \frac{\sin N\Theta\cos\Theta}{\sin\Theta} = \frac{\sin(N+1)\Theta}{\sin\Theta}$$

ist, weil $\sin\Theta\cos N\Theta + \sin N\Theta\cos\Theta = \sin(N+1)\Theta$.

Für jede nichttriviale Lösung des Gleichungssystems muß $D_N = 0$ gelten, d. h., D_N muß für alle N verschwinden; es folgt

$$\sin((N+1)\Theta) = 0,$$

bzw.

$$\Theta = \Theta_n = \frac{n\pi}{N+1}, \qquad n = 1, \ldots, N. \tag{7.17}$$

$n = 0$ scheidet aus, weil es auf die Lösung $\Theta_0 = 0$ und damit auf $D_N = N + 1 \neq 0$ und damit auf keine Lösung der Gleichung $D_N = 0$ führt. Daher folgt für c gemäß (7.13):

$$c = 2 - \frac{\omega^2 ma}{T} = 2\cos\frac{n\pi}{N+1},$$

und ω berechnet sich aus

$$\omega^2 = \omega_{(n)}^2 = \frac{2T}{ma}\left(1 - \cos\frac{n\pi}{N+1}\right) \tag{7.18a}$$

zu

$$\omega_{(n)} = \sqrt{\frac{2T}{ma}}\sqrt{1 - \cos\frac{n\pi}{N+1}}. \tag{7.18b}$$

Dies sind die *Eigenfrequenzen des Systems*; die Grundfrequenz ergibt sich für $n = 1$ als die niedrigste Eigenfrequenz. Es gibt genau N Eigenfrequenzen, wie man aus (7.17) erkennt: Für $n \geq N + 1$ setzen wir $n = (N + 1) + \tau$ und finden

$$\Theta_n = \pi + \frac{\tau\pi}{N+1}.$$

Noch einfacher läßt sich das aus $D_N = 0$ erschließen, was eine Gleichung N-ten Grades für c darstellt. Sie hat N Lösungen und daher mit (7.13) auch N Eigenfrequenzen.

Setzt man in Gleichung (7.12a) und (7.12b) für ω bzw. c den oben gefundenen Ausdruck ein, so erhält man für die Amplituden der Normalschwingung:

$$-A_{\nu-1}^{(n)} + 2A_\nu^{(n)}\cos\frac{n\pi}{N+1} - A_{\nu+1}^{(n)} = 0 \tag{7.19}$$

$$\left.\begin{aligned} 2A_1^{(n)}\cos\frac{n\pi}{N+1} &= A_2^{(n)}, \\ 2A_N^{(n)}\cos\frac{n\pi}{N+1} &= A_{N-1}^{(n)} \end{aligned}\right. \tag{7.19a}$$

wobei die A_ν von n abhängen ($A_\nu = A_\nu^{(n)}$). *Das Gleichungssystem (7.19) für die A_ν ist dasselbe wie für die Determinanten D_N (Gleichung (7.14)) mit demselben Koeffizienten $c = 2\cos n\pi/(N+1) = 2\cos\Theta_n$.* Lediglich die Randbedingungen (7.19a) korrespondieren nicht mit den jeweiligen für die D_N (siehe Gleichung (7.15) und (7.15a)). Die allgemeine Lösung für die A_ν erhält man daher entsprechend zu Gleichung (7.16) mit zunächst beliebigen Koeffizienten $E^{(n)}$ als:

$$A_\nu^{(n)} = E_1^{(n)}\cos\nu\Theta_n + E_2^{(n)}\sin\nu\Theta_n,$$

oder ausführlich

$$A_\nu^{(n)} = E_1^{(n)}\cos\frac{n\pi\nu}{N+1} + E_2^{(n)}\sin\frac{n\pi\nu}{N+1}. \tag{7.20}$$

Da die Punkte $\nu = 0$ und $\nu = N + 1$ fest eingespannt sind, gilt für alle Eigenschwingungen n: $y_0 = y_{N+1} = 0$, bzw.

$$A_0^{(n)} = A_{N+1}^{(n)} = 0 \qquad \text{(Randbedingung).}$$

Damit bekommt man für $\nu = 0$ in (7.20):

$$E_1^{(n)} = 0, \qquad \text{d. h.} \quad A_\nu^{(n)} = E_2^{(n)} \sin \frac{n\pi\nu}{N+1}.$$

In Gleichung (7.11) eingesetzt ergibt das

$$y_\nu^{(n)} = E_2^{(n)} \sin \frac{n\pi\nu}{N+1} \cos \omega_{(n)} t. \tag{7.21}$$

Setzt man an Stelle von Gleichung (7.11) $y_\nu = B_\nu \sin \omega t$ in Gleichung (7.9) ein, so bestimmt man B_ν nach dem gleichen Verfahren wie A_ν und erhält

$$B_\nu^{(n)} = E_4^{(n)} \sin \frac{n\pi\nu}{N+1}, \quad (E_3^{(n)} = 0),$$

so daß die Lösungen für die y_ν lauten:

$$y_\nu^{(n)} = E_2^{(n)} \sin \frac{n\pi\nu}{N+1} \cos \omega_{(n)} t \tag{7.21a}$$

und

$$y_\nu^{(n)} = E_4^{(n)} \sin \frac{n\pi\nu}{N+1} \sin \omega_{(n)} t\,. \tag{7.21b}$$

Die Summe dieser Einzellösungen ergibt die allgemeine Lösung für die Auslenkung y_ν des ν-ten Massenpunktes, die also lautet:

$$\begin{aligned} y_\nu &= \sum_{n=1}^{N} \sin \frac{n\pi\nu}{N+1} \left(E_4^{(n)} \sin \omega_{(n)} t + E_2^{(n)} \cos \omega_{(n)} t \right) \\ &= \sum_{n=1}^{N} \sin \frac{n\pi\nu}{N+1} (a_n \sin \omega_{(n)} t + b_n \cos \omega_{(n)} t), \end{aligned} \tag{7.22}$$

wobei die Konstanten $E_2^{(n)}$ und $E_4^{(n)}$ in b_n bzw. a_n umbenannt wurden. Sie werden aus den Anfangsbedingungen bestimmt.

Aus dem Grenzübergang für $N \to \infty$ und $a \to 0$ muß sich die Gleichung der schwingenden Saite ergeben (kontinuierliche Massenverteilung):

$$\begin{aligned} \sin \frac{n\pi\nu}{N+1} &= \sin \frac{n\pi a\nu}{(N+1)a} \qquad (x_\nu = a\nu \text{ nimmt nur diskrete Werte an}) \\ &= \sin \frac{\pi n(a\nu)}{l+a} \qquad (l = Na \text{ ist die Länge der Saite}) \end{aligned}$$

$$\lim_{\substack{N\to\infty \\ a\to 0}} \left(\sin \frac{\pi n x}{l+a} \right) = \sin \frac{\pi n x}{l} \qquad (x \text{ kontinuierlich}).$$

Aus $\omega_{(n)}^2$ wird (Entwicklung des Kosinus in (7.18a) in eine Taylorreihe):

$$\omega_{(n)}^2 = \frac{2T}{ma} \left(1 - 1 + \frac{1}{2} \left(\frac{n\pi}{N+1} \right)^2 - \cdots \right) \approx \frac{T(n\pi)^2}{(m/a)(N+1)^2 a^2}$$

und mit $\sigma = m/a$ = Massenbelegung der Saite

$$\lim_{\substack{N\to\infty \\ a\to 0}} \left(\frac{T(n\pi)^2}{\sigma(N+1)^2 a^2} \right) = \frac{T(n\pi)^2}{\sigma l^2},$$

d. h.

$$\omega_{(n)} = \sqrt{\frac{T}{\sigma}} \frac{n\pi}{l}.$$

Damit hat man als Grenzfall

$$y_n(x) = \sin\left(\frac{n\pi x}{l}\right) \left[a_n \sin\left(\sqrt{\frac{T}{\sigma}} \cdot \frac{n\pi}{l} t \right) + b_n \cos\left(\sqrt{\frac{T}{\sigma}} \frac{n\pi}{l} t \right) \right]. \quad (7.23)$$

Dies ist die Gleichung für die n-te Eigenschwingung der schwingenden Saite (mit l als Saitenlänge). Sie wird im nächsten Kapitel noch einmal auf andere Weise abgeleitet und ausführlicher diskutiert.

Eigenfrequenzen der schwingenden Kette

Aufgabe 7.2

Bei der Lösung der Determinantengleichung (7.14) haben wir mit der Vereinbarung $c = 2\cos\Theta$ eine mathematische Einschränkung für c vollzogen.

Zeigen Sie, daß für die Fälle

a) $|c| = 2$
b) $c < -2$

die Eigenwertgleichung $D_N = 0$ nicht zu erfüllen ist. Klären Sie, daß damit die spezielle Wahl der Konstanten c gerechtfertigt ist.

Lösung:

a) $$D_n = cD_{n-1} - D_{n-2}, \qquad D_1 = c = \pm 2, \quad D_0 = 1. \quad (1)$$

Wir behaupten und zeigen durch Induktion:

$$|D_n| \geq |D_{n-1}|. \quad (2)$$

Induktionsanfang: $n = 2$, $|D_0| = 1$, $|D_1| = 2$, $|D_2| = 3$.

Induktionsschluß von $n-1, n-2$ auf n:

$$\begin{aligned} |D_n|^2 &= 4|D_{n-1}|^2 \pm 4|D_{n-1}||D_{n-2}| + |D_{n-2}|^2 \\ &\geq 4|D_{n-1}|^2 + |D_{n-2}|^2 - 4|D_{n-1}||D_{n-2}| \\ \Rightarrow \qquad |D_n|^2 - |D_{n-1}|^2 &\geq 3|D_{n-1}|^2 + |D_{n-2}|^2 - 4|D_{n-1}||D_{n-2}|. \end{aligned}$$

Nach Induktionsvoraussetzung ist

$$|D_{n-1}| = |D_{n-2}| + \epsilon \quad \text{mit} \quad \epsilon \geq 0.$$

Damit folgt

$$\begin{aligned} |D_n|^2 - |D_{n-1}|^2 &\geq 4|D_{n-2}|^2 + 6\epsilon|D_{n-2}| + 3\epsilon^2 - 4\epsilon|D_{n-2}| - 4|D_{n-2}|^2 \\ &\geq 2\epsilon|D_{n-2}| \\ &\geq 0 \end{aligned}$$

$$\Rightarrow \quad |D_n| \geq |D_{n-1}|. \tag{3}$$

Da nun $|D_n|$ in n monoton wächst und $|D_1| = 2 > 0$, ist auch $|D_N| > 0$. Daher kann $D_N = 0$ nicht erfüllt werden.

$\omega = 0$ und $\omega = \sqrt{2T/ma}$ sind keine Eigenfrequenzen der schwingenden Kette.

b) Ebenfalls erhalten wir durch Einsetzen des Ansatzes $D_n = Ap^n$, $p \neq 0$, die Lösung der Rekursionsformel $D_n = cD_{n-1} - D_{n-2}$, $D_1 = c$, $D_0 = 1$:

$$\left.\begin{aligned} p_1 &= \frac{1}{2}\left(c + (c^2-4)^{1/2}\right) < 0 \\ p_2 &= \frac{1}{2}\left(c - (c^2-4)^{1/2}\right) < 0 \end{aligned}\right\} \quad 0 > p_1 > p_2. \tag{4}$$

Die allgemeine Lösung zur Einarbeitung der Randbedingungen $D_0 = 1, D_1 = c$ lautet

$$D_n = A_1 p_1^n + A_2 p_2^n. \tag{5}$$

Mit $D_0 = 1, D_1 = c$ folgt

$$A_1 + A_2 = 1.$$

$$\frac{A_1}{2}\left(c + (c^2-4)^{1/2}\right) + \frac{A_2}{2}\left(c - (c^2-4)^{1/2}\right) = c$$

$$A_1 = \frac{c + (c^2-4)^{1/2}}{2(c^2-4)^{1/2}},$$

$$\Leftrightarrow \tag{6}$$

$$A_2 = \frac{-c + (c^2-4)^{1/2}}{2(c^2-4)^{1/2}}.$$

Damit wird

$$\begin{aligned} D_n &= \frac{1}{2}\frac{c + (c^2-4)^{1/2}}{(c^2-4)^{1/2}} p_1^n + \frac{1}{2}\frac{(c^2-4)^{1/2} - c}{(c^2-4)^{1/2}} p_2^n \\ &= \frac{1}{(c^2-4)^{1/2}}\left(p_1^{n+1} - p_2^{n+1}\right). \end{aligned} \tag{7}$$

Zur Bestimmung der physikalisch möglichen Schwingungsmoden hatten wir $D_N = 0$ gefordert:

$$D_N = 0 \quad \Rightarrow \quad \left(\frac{p_2}{p_1}\right)^{N+1} = 1. \tag{8}$$

Nun ist aber $0 > p_1 > p_2$, also $(p_2/p_1)^{N+1} > 1$.

Für den Fall $c < -2$ existieren also auch keine Eigenfrequenzen.

Diese zusätzlichen Untersuchungen lassen sich folgendermaßen zusammenfassen:
Die möglichen Eigenfrequenzen der schwingenden Kette liegen zwischen 0 und $\sqrt{2T/ma}$:

$$0 < |\omega| < \sqrt{\frac{2T}{ma}}. \tag{9}$$

Aufgabe 7.2 ▲

Schwingung zweier gekoppelter Massenpunkte, zweidimensional

Aufgabe 7.3

Zwei Massenpunkte (gleiche Masse m) liegen auf einer reibungsfreien horizontalen Ebene und sind untereinander und mit zwei festen Punkten A und B mittels Federn (Federspannung T, Länge l) befestigt.

a) Stellen Sie die Bewegungsgleichung auf.
b) Finden Sie die Normalschwingungen und -frequenzen und beschreiben Sie die Bewegungen.

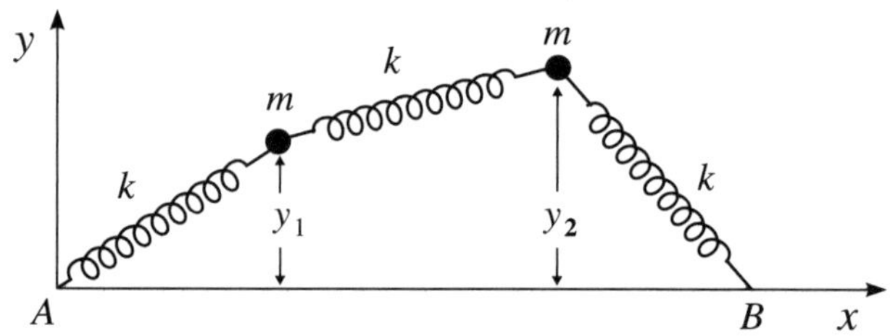

Gekoppelte Massenpunkte in zwei Dimensionen.

Lösung:

a) Für die schwingende Kette mit n Massenpunkten, die alle den Abstand l haben, wurden die Bewegungsgleichungen

$$\frac{d^2 y_N}{dt^2} = \frac{T}{ml}(y_{N-1} - 2y_N + y_{N+1}), \quad (N = 1, \ldots, n)$$

aufgestellt. Für den ersten und zweiten Massenpunkt folgt

$$\ddot{y}_1 = k(y_0 - 2y_1 + y_2) = k(y_2 - 2y_1),$$
$$\ddot{y}_2 = k(y_1 - 2y_2 + y_3) = k(y_1 - 2y_2) \tag{1}$$

mit $k = T/ml$; die Kette ist an den Punkten A und B eingespannt, d. h. $y_0 = y_3 = 0$.

b) Lösungsansatz: $y_1 = A_1 \cos \omega t, y_2 = A_2 \cos \omega t$ (ω = Eigenfrequenz). Einsetzen in (1) ergibt

$$(2k - \omega^2)A_1 - kA_2 = 0,$$
$$(2k - \omega^2)A_2 - kA_1 = 0. \tag{2}$$

Um die nichttriviale Lösung zu erhalten, muß die Koeffizientendeterminante verschwinden, d. h.

$$D = \begin{vmatrix} 2k - \omega^2 & -k \\ -k & 2k - \omega^2 \end{vmatrix} = 0$$

d. h. $\omega^4 + 3k^2 - 4k\omega^2 = 0$, woraus $\omega_1^2 = 3k$, $\omega_2^2 = k$ folgt.

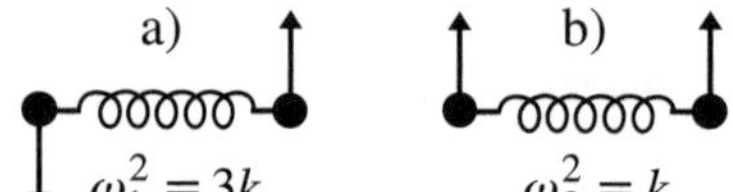

a) gegenphasige Schwingung;
b) gleichphasige Schwingung.

Einsetzen in (2) ergibt: $A_1 = A_2$ für ω_2 und $A_1 = -A_2$ für ω_1.

Das ist eine gegenphasige und eine gleichphasige Schwingung. Man erkennt, daß die mit höherer Frequenz gegenphasig ist und einen „Knoten", die mit niedriger Frequenz gleichphasig ist und einen „Schwingungsbauch" besitzt.

Aufgabe 7.3

Drei Massen auf einer Saite

Aufgabe 7.4

Auf einer an den Endpunkten befestigten Saite sind äquidistant drei Massenpunkte befestigt.

a) Bestimmen Sie Eigenfrequenzen dieses Systems, wenn die Spannung T der Saite als konstant angesehen werden kann (das gilt für kleine Auslenkungen).
b) Diskutieren Sie die Eigenschwingungen des Systems.
Hinweis: Beachten Sie die späteren Aufgaben 8.1 und 8.2.

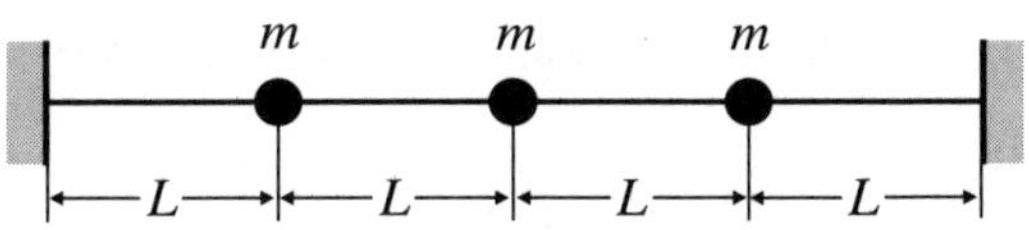

System von drei Massenpunkten auf einer befestigten Saite.

Lösung:

a) Für die Bewegungsgleichungen des Systems erhält man sofort

$$\begin{aligned} m\ddot{x}_1 + \left(\frac{2T}{L}\right)x_1 - \left(\frac{T}{L}\right)x_2 &= 0, \\ m\ddot{x}_2 + \left(\frac{2T}{L}\right)x_2 - \left(\frac{T}{L}\right)x_3 - \left(\frac{T}{L}\right)x_1 &= 0, \\ m\ddot{x}_3 + \left(\frac{2T}{L}\right)x_3 - \left(\frac{T}{L}\right)x_2 &= 0. \end{aligned} \tag{1}$$

Unter der Annahme periodischer Oszillationen, d. h. Lösungsansätzen der Form

$$\begin{aligned} x_1 &= A\sin(\omega t + \psi) \qquad & \ddot{x}_1 &= -\omega^2 A\sin(\omega t + \psi), \\ x_2 &= B\sin(\omega t + \psi) \qquad & \ddot{x}_2 &= -\omega^2 B\sin(\omega t + \psi), \\ x_3 &= C\sin(\omega t + \psi) \qquad & \ddot{x}_3 &= -\omega^2 C\sin(\omega t + \psi), \end{aligned}$$

erhält man nach Einsetzen in Gleichung (1)

$$\begin{aligned} \left(\frac{2T}{L} - \omega^2 m\right)A - \left(\frac{T}{L}\right)B \quad &= 0, \\ -\left(\frac{T}{L}\right)A + \left(\frac{2T}{L} - \omega^2 m\right)B - \left(\frac{T}{L}\right)C &= 0, \\ -\left(\frac{T}{L}\right)B + \left(\frac{2T}{L} - \omega^2 m\right)C &= 0. \end{aligned} \tag{2}$$

Analog Aufgabe 8.2 erhält man die Bestimmungsgleichung für die Frequenzen des Systems aus der Entwicklung der Koeffizientendeterminante zu:

$$\left(\frac{Lm}{T}\right)^3 \omega^6 - 6\left(\frac{Lm}{T}\right)^2 \omega^4 + \frac{10Lm}{T}\omega^2 - 4 = 0,$$

bzw.

$$\left(\frac{Lm}{T}\right)^3 \Omega^3 - 6\left(\frac{Lm}{T}\right)^2 \Omega^2 + \frac{10Lm}{T}\Omega - 4 = 0 \tag{3}$$

◆ Aufgabe 7.4

mit $\Omega \widehat{=} \omega^2$. Diese kubische Gleichung mit den Koeffizienten

$$a = \left(\frac{Lm}{T}\right)^3, \quad b = -6\left(\frac{Lm}{T}\right)^2, \quad c = \frac{10Lm}{T}, \quad d = -4$$

läßt sich nach der Cardanischen Methode lösen.

Mit den Substitutionen

$$y = \Omega + \frac{b}{3a}, \quad 3p = -\frac{1}{3}\frac{b^2}{a^2} + \frac{c}{a} = -2\frac{T^2}{L^2m^2}, \quad 2q = \frac{2}{27}\frac{b^3}{a^3} - \frac{1}{3}\frac{bc}{a^2} + \frac{d}{a} = 0$$

folgt: $q^2 + p^3 < 0$, d. h., es gibt drei reelle Lösungen, die sich unter Verwendung der Hilfsgrößen

$$\cos\varphi = -\frac{q}{\sqrt{-p^3}} = 0, \quad y_1 = -2\sqrt{-p}\cos\left(\frac{\varphi}{3} - \frac{\pi}{3}\right) = -\sqrt{2}\frac{T}{Lm},$$

$$y_2 = -2\sqrt{-p}\cos\left(\frac{\varphi}{3} + \frac{\pi}{3}\right) = 0,$$

$$y_3 = 2\sqrt{-p}\cos\frac{\varphi}{3} = \sqrt{2}\frac{T}{Lm}$$

berechnen lassen zu:

$$\omega_1 = \sqrt{0.6\frac{T}{Lm}}, \quad \omega_2 = \sqrt{\frac{2T}{Lm}}, \quad \omega_3 = \sqrt{3.4\frac{T}{Lm}}.$$

b) Aus der ersten und dritten Gleichung von (2) erhält man für die Amplitudenverhältnisse

$$\frac{B}{A} = \frac{B}{C} = 2 - \frac{mL\omega^2}{T} \tag{4}$$

Diskussion der Moden:

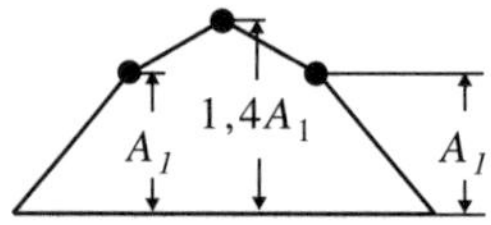

Gleiche Richtung, verschiedene Amplituden.

1. $\omega = \omega_1 = (0{,}6T/Lm)^{1/2}$ eingesetzt in (4) $\Rightarrow B_1/A_1 = B_1/C_1 = 1{,}4$ bzw. $B_1 = 1{,}4A_1 = 1{,}4C_1$.

   Alle drei Massen werden in dieselbe Richtung ausgelenkt, wobei die 1. und 3. Masse die gleiche Amplitude haben und die 2. Masse eine größere Amplitude besitzt.

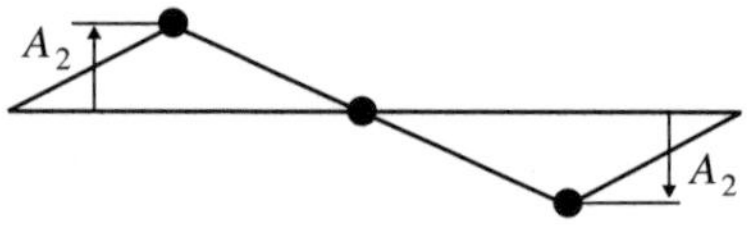

Verschiedene Richtungen, gleiche Amplituden.

2. $\omega = \omega_2 = (2T/Lm)^{1/2}$ eingesetzt in (4) $\Rightarrow B_2/A_2 = B_2/C_2 = 0$ bzw. $A_2 = -C_2$ aus der 2. Gleichung von (2). Die mittlere Masse ruht, während die 1. und 3. Masse in entgegengesetzter Richtung mit gleicher Amplitude ausgelenkt werden.

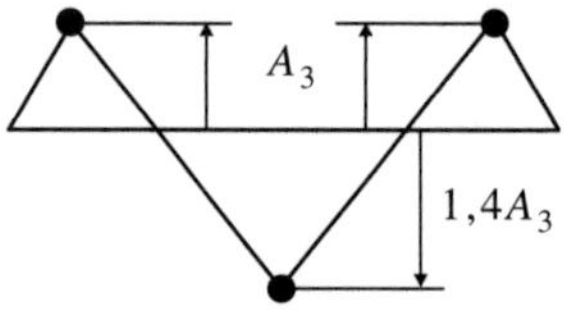

Verschiedene Richtungen, verschiedene Amplituden.

3. $\omega = \omega_3 = (3{,}4T/Lm)^{1/2}$ eingesetzt in (4) $\Rightarrow B_3/A_3 = B_3/C_3 = -1{,}4$, d. h., $A_3 = C_3 = -1{,}4B_3$. Die erste und letzte Masse sind in die gleiche Richtung ausgelenkt, während die mittlere mit unterschiedlicher Amplitude in entgegengesetzter Richtung schwingt.

Das hier diskutierte System besitzt drei Schwingungsmoden, mit 0, 1 und 2 Knoten. Beim Übergang zu einem System mit n Massenpunkten erhöht sich auch die Anzahl der Moden sowie die Zahl möglicher Knoten $(n-1)$. Ein System mit $n \to \infty$ nennt man dann eine „schwingende Saite".

Ein Vergleich der Figuren zeigt deutlich die Approximation des Systems der schwingenden Saite durch das System der drei Massenpunkte.

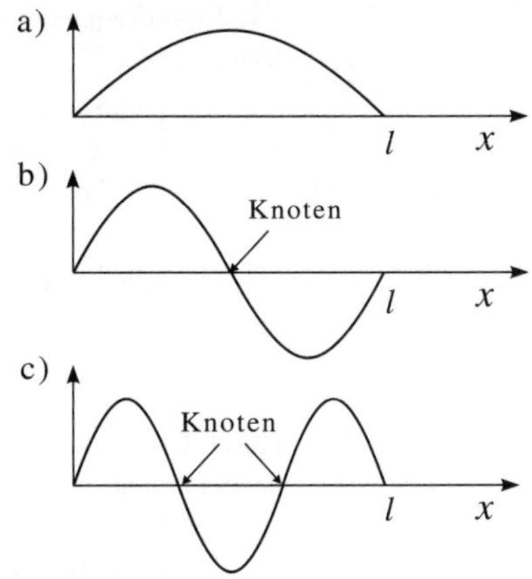

Schwingungsmoden der „schwingenden Saite" als Grenzfall für $n \to \infty$ Massenpunkte.

Aufgabe 7.4

Eigenschwingungen eines dreiatomigen Moleküls

Aufgabe 7.5

Diskutieren Sie die Eigenschwingungen eines dreiatomigen Moleküls. Im Gleichgewichtszustand des Moleküls haben die beiden Atome der Masse m den gleichen Abstand zum Atom der Masse M. Der Einfachheit halber betrachte man nur Schwingungen längs der Molekülachse, die die drei Atome verbindet, wobei das wirklich komplizierte zwischenatomare Potential durch zwei Federn (Federkonstante k) angenähert wird.

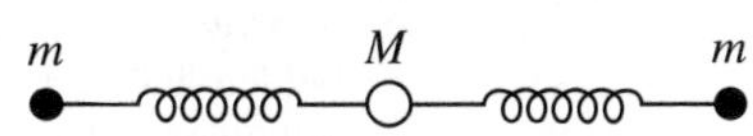

Modell eines dreiatomigen Moleküls als System von drei gekoppelten Massen.

a) Stellen Sie die Bewegungsgleichung auf.
b) Berechnen Sie die Eigenfrequenzen und diskutieren Sie die Eigenschwingungen des Systems.

Lösung:

a) Seien x_1, x_2, x_3 die Auslenkungen der Atome aus den Gleichgewichtslagen zur Zeit t, so folgt aus den Newtonschen Gleichungen sowie dem Hookeschen Gesetz:

$$\begin{aligned} m\ddot{x}_1 &= -k(x_1 - x_2), \\ M\ddot{x}_2 &= -k(x_2 - x_3) - k(x_2 - x_1) \\ &= k(x_3 + x_1 - 2x_2), \\ m\ddot{x}_3 &= -k(x_3 - x_2). \end{aligned} \quad (1)$$

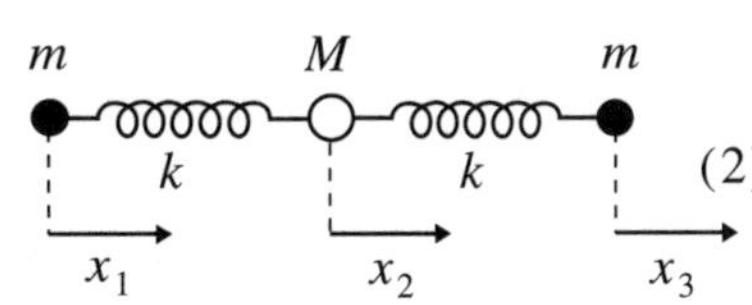

Auslenkung der Massen um x_1, x_2 und x_3.

b) Setzt man den Lösungsansatz $x_1 = a_1 \cos \omega t, x_2 = a_2 \cos \omega t$ und $x_3 = a_3 \cos \omega t$ in die Gleichung (1) ein, so erhält man

$$\begin{aligned} (m\omega^2 - k)a_1 + \quad ka_2 \quad &= 0, \\ ka_1 + (M\omega^2 - 2k)a_2 + \quad ka_3 &= 0, \\ ka_2 + (m\omega^2 - k)a_3 &= 0. \end{aligned} \quad (2)$$

Die Eigenfrequenzen dieses Systems erhält man durch Nullsetzen der Koeffizientendeterminante

$$\begin{vmatrix} m\omega^2 - k & k & 0 \\ k & M\omega^2 - 2k & k \\ 0 & k & m\omega^2 - k \end{vmatrix} = 0 \tag{3}$$

zu:

$$(m\omega^2 - k)[\omega^4 mM - \omega^2(kM + 2km)] = 0, \tag{4}$$

bzw.

$$\omega^2(m\omega^2 - k)[\omega^2 mM - k(M + 2m)] = 0.$$

Durch Faktorisieren von Gleichung (4) nach ω erhält man für die Eigenschwingungen des Systems:

$$\omega_1 = 0, \quad \omega_2 = \sqrt{\frac{k}{m}}, \quad \omega_3 = \sqrt{\frac{k}{m}\left(1 + \frac{2m}{M}\right)}.$$

Diskussion der Schwingungsmoden:

1. $\omega = \omega_1 = 0$ in (2) eingesetzt ergibt: $a_1 = a_2 = a_3$. Der Eigenfrequenz $\omega_1 = 0$ entspricht keine Schwingungsbewegung, sondern nur eine gleichförmige Translationsbewegung des Moleküls als Ganzes: •⟶ ∘⟶ •⟶.
2. $\omega = \omega_2 = (k/m)^{1/2}$ in (2) eingesetzt: $a_1 = -a_3, a_2 = 0$; d. h., das Zentralatom ruht, während die Außenatome gegeneinander schwingen: ⟵• ∘ •⟶.
3. $\omega = \omega_3 = \{k/m(1 + 2m/M)\}^{1/2}$ in (2) $\Rightarrow$ $a_1 = a_3, a_2 = -(2m/M)a_1$, d. h., die beiden äußeren Atome schwingen in Phase, während das Zentralatom gegenphasig mit einer anderen Amplitude schwingt: •⟶ ⟵∘ •⟶.

▲Aufgabe 7.5

8 Die schwingende Saite

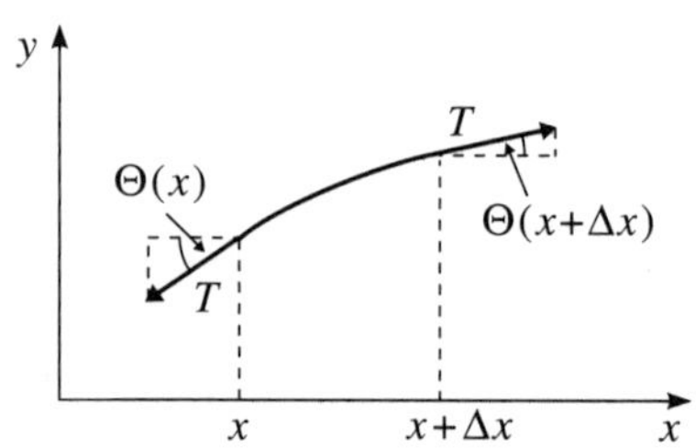

Zum Verständnis der Saitenspannung T.

Eine Saite der Länge l wird an beiden Enden eingespannt. Dadurch treten Kräfte T auf, die zeitlich konstant und ortsunabhängig sind. Die Spannung der Saite wirkt bei einer Auslenkung aus der Ruhelage rücktreibend. Ein Saitenelement Δs erfährt an der Stelle x die Kraft

$$F_y(x) = -T \sin \Theta(x)$$

in y-Richtung. An der Stelle $x + \Delta x$ wirkt in y-Richtung die Kraft

$$F_y(x + \Delta x) = T \sin \Theta(x + \Delta x).$$

In y-Richtung wirkt auf das Saitenelement Δs die Gesamtkraft

$$F_y = T \sin \Theta(x + \Delta x) - T \sin \Theta(x). \tag{8.1}$$

Dementsprechend wirkt auf das Saitenelement Δs in x-Richtung die Kraft

$$F_x = T \cos \Theta(x + \Delta x) - T \cos \Theta(x).$$

Es wird in erster Näherung angenommen, daß die Auslenkung in x-Richtung Null sei. Eine Auslenkung der Saite in y-Richtung hat nur eine sehr kleine Bewegung in x-Richtung zur Folge. Diese Auslenkung ist in bezug auf die Auslenkung in y-Richtung vernachlässigbar klein, d. h.

$$F_x = 0.$$

Da wir die Auslenkung in x-Richtung vernachlässigen, ist die einzige Beschleunigungskomponente des Saitenelements durch $\partial^2 y/\partial t^2$ gegeben. Die Masse des Elements beträgt $m = \sigma\Delta s$, wobei σ die Liniendichte darstellt. Damit und mit Gleichung (8.1) ergibt sich die Bewegungsgleichung:

$$F_y = \sigma\Delta s\frac{\partial^2 y}{\partial t^2} = T\sin\Theta(x+\Delta x) - T\sin\Theta(x). \tag{8.2}$$

Beide Seiten werden durch Δx dividiert:

$$\frac{\sigma\Delta s\,\mathrm{d}^2 y}{\Delta x\,\mathrm{d}t^2} = \frac{T\sin\Theta(x+\Delta x) - T\sin\Theta(x)}{\Delta x}. \tag{8.3}$$

Setzen wir in die linke Seite der Gleichung (8.3) für

$$\Delta s = \sqrt{\Delta x^2 + \Delta y^2}$$

ein, so ist

$$\frac{\sigma\sqrt{\Delta x^2+\Delta y^2}}{\Delta x}\frac{\partial^2 y}{\partial t^2} = \sigma\sqrt{1+\left(\frac{\Delta y}{\Delta x}\right)^2}\frac{\partial^2 y}{\partial t^2},$$

$$= \frac{T\sin\Theta(x+\Delta x) - T\sin\Theta(x)}{\Delta x}. \tag{8.4}$$

Bildet man auf beiden Seiten der Gleichung (8.4) den Grenzwert für $\Delta x, \Delta y \to 0$, so ergibt sich

$$\sigma\sqrt{1+\left(\frac{\partial y}{\partial x}\right)^2}\frac{\partial^2 y}{\partial t^2} = T\frac{\partial}{\partial x}(\sin\Theta). \tag{8.5}$$

Für $\sin\Theta$ gilt die Beziehung $\sin\Theta = \tan\Theta/\sqrt{1+\tan^2\Theta}$.

Da $\tan\Theta = \partial y/\partial x$ (Steigung der Kurve) ist, folgt

$$\sin\Theta = \frac{\partial y/\partial x}{\sqrt{1+(\partial y/\partial x)^2}}. \tag{8.6}$$

Mit der Beziehung (8.6) kann die Gleichung (8.5) folgendermaßen umgeformt werden:

$$\sigma\sqrt{1+\left(\frac{\partial y}{\partial x}\right)^2}\frac{\partial^2 y}{\partial t^2} = T\frac{\partial}{\partial x}\left(\frac{\partial y/\partial x}{\sqrt{1+(\partial y/\partial x)^2}}\right). \tag{8.7}$$

Um die Gleichung zu vereinfachen, betrachten wir wieder nur kleine Auslenkungen der Saite in y-Richtung. Damit ist dann $\partial y/\partial x \ll 1$, und auch $(\partial y/\partial x)^2$ kann vernachlässigt werden.

Somit erhalten wir

$$\sigma \frac{\partial^2 y}{\partial t^2} = T \frac{\partial}{\partial x}\left(\frac{\partial y}{\partial x}\right) \tag{8.8}$$

oder

$$\sigma \frac{\partial^2 y}{\partial t^2} = T \frac{\partial^2 y}{\partial x^2}. \tag{8.9}$$

Wir setzen $c^2 = T/\sigma$ (c hat die Dimension einer Geschwindigkeit).

Die gesuchte Differentialgleichung (auch *Wellengleichung* genannt) lautet dann

$$\frac{\partial^2 y}{\partial t^2} = c^2 \frac{\partial^2 y}{\partial x^2} \quad \text{oder} \quad \left(\frac{\partial^2}{\partial x^2} - \frac{1}{c^2}\frac{\partial^2}{\partial t^2}\right) y(x,t) = 0. \tag{8.10}$$

Lösung der Wellengleichung

Die Lösung der Wellengleichung (8.10) erfolgt unter der Vorgabe von bestimmten Randbedingungen und Anfangsbedingungen. Die *Randbedingungen* geben an, daß die Saite an den Enden $x = 0$ und $x = l$ fest eingespannt ist, d. h.

$$y(0,t) = 0, \qquad y(l,t) = 0. \qquad \text{(Randbedingungen)}$$

Die *Anfangsbedingungen* geben den Zustand der Saite zum Zeitpunkt $t = 0$ (Anfangsanregung) an.

Die Anregung erfolgt durch eine Auslenkung der Form $f(x)$:

$$y(x,0) = f(x), \qquad \text{(1. Anfangsbedingung)}$$

und die Geschwindigkeit der Saite sei gleich Null:

$$\left.\frac{\partial}{\partial t} y(x,t)\right|_{t=0} = 0. \qquad \text{(2. Anfangsbedingung)}$$

Zur Lösung der partiellen Differentialgleichung (DGL) machen wir den Produktansatz $y(x,t) = X(x) \cdot T(t)$. Ein solcher Ansatz liegt nahe, weil wir Eigenschwingungen suchen wollen. Diese sind ja so definiert, daß alle Massenpunkte (also die Saitenelemente an beliebiger Stelle x) mit derselben Frequenz schwingen. Mit dem Ansatz $y(x,t) = X(x) \cdot T(t)$ wird gerade das zeitliche Verhalten von dem räumlichen entkoppelt. Wir wollen also versuchen, die partielle Differentialgleichung in eine Funktion des Ortes $X(x)$ und eine der Zeit $T(t)$ aufzuspalten. Einsetzen von $y(x,t) = X(x) \cdot T(t)$ in die Differentialgleichung (8.10) ergibt:

$$X(x)\ddot{T}(t) = c^2 X''(x) T(t),$$

wobei $\partial^2 T/\partial t^2 = \ddot{T}$ und $\partial^2 X/\partial x^2 = X''$ ist. Die obige Gleichung kann in

$$\frac{\ddot{T}(t)}{T(t)} = c^2 \frac{X''(x)}{X(x)}$$

umgeschrieben werden.

Da die eine Seite nur von x abhängig ist, die andere von t abhängt, während x und t voneinander unabhängig sind, ist nur eine Lösung möglich: beide Seiten sind konstant. Die Konstante wird mit $-\omega^2$ bezeichnet.

$$\frac{\ddot{T}}{T} = -\omega^2 \qquad \text{oder} \qquad \ddot{T} + \omega^2 T = 0,$$

bzw. (8.11)

$$\frac{X''}{X} = -\frac{\omega^2}{c^2} \qquad \text{oder} \qquad X'' + \frac{\omega^2}{c^2}X = 0.$$

Die Lösungen der Differentialgleichungen (ungedämpfte harmonische Schwingungen) haben die Form:

$$T(t) = A\sin\omega t + B\cos\omega t,$$
$$X(x) = C\sin\frac{\omega}{c}x + D\cos\frac{\omega}{c}x.$$

Die allgemeine Lösung lautet dann

$$y(x,t) = (A\sin\omega t + B\cos\omega t)\cdot\left(C\sin\frac{\omega}{c}x + D\cos\frac{\omega}{c}x\right). \tag{8.12}$$

Die Konstanten A, B, C und D werden aus den Rand- und Anfangsbedingungen bestimmt.

Aus den Randbedingungen folgt für (8.12):

$$y(0,t) = 0 = D(A\sin\omega t + B\cos\omega t).$$

Da der Klammerausdruck von Null verschieden ist, muß $D = 0$ sein. Dann vereinfacht sich (8.12) zu

$$y(x,t) = C\sin\frac{\omega}{c}x(A\sin\omega t + B\cos\omega t).$$

Mit der zweiten Randbedingung bekommen wir

$$y(l,t) = 0 = C\sin\frac{\omega}{c}l(A\sin\omega t + B\cos\omega t)$$
$$\Rightarrow \quad 0 = C\sin\frac{\omega}{c}l.$$

Diese Gleichung wird erfüllt, wenn entweder gilt:

a) $C = 0$, was bedeutet, daß die gesamte Saite nicht ausgelenkt ist,

oder

b) $\sin\frac{\omega}{c}l = 0$. Der Sinus ist Null, falls $\frac{\omega}{c}l = n\pi$, d. h. wenn $\omega = \omega_n = \frac{n\pi c}{l}$, wobei $n = 1, 2, 3, \ldots$ ($n = 0$ würde Fall a) ergeben).

Aus den Randbedingungen erhalten wir somit die *Eigenfrequenzen* $\omega_n = n\pi c/l$ *der Saite*. Da die Saite ein kontinuierliches System ist, ergeben sich *unendlich viele*

Eigenfrequenzen. Die Lösung zu einer Eigenfrequenz, die Normalschwingung, wurde mit dem Index n versehen. Die Gleichung (8.11) wird zu

$$y_n(x,t) = C \cdot \sin\frac{n\pi}{l}x\left(A_n \sin\frac{n\pi c}{l}t + B_n \cos\frac{n\pi c}{l}t\right),$$

$$y_n(x,t) = \sin\frac{n\pi}{l}x\left(a_n \sin\frac{n\pi c}{l}t + b_n \cos\frac{n\pi c}{l}t\right),$$

wobei $C \cdot A_n = a_n$ und $C \cdot B_n = b_n$ gesetzt wurde.

Aus den Anfangsbedingungen ergibt sich

$$\frac{\partial}{\partial t}y_n(x,t)\bigg|_{t=0} = 0 = \frac{n\pi c}{l}\sin\frac{n\pi}{l}x\left(a_n \cos\frac{n\pi c}{l}t - b_n \sin\frac{n\pi c}{l}t\right)\bigg|_{t=0}.$$

Dann ist

$$a_n \cdot \frac{n\pi c}{l} \cdot \sin\frac{n\pi}{l}x = 0$$

für alle x nur erfüllt, wenn $a_n = 0$ ist.

Die Lösung der Differentialgleichung lautet also

$$y_n(x,t) = b_n \cdot \sin\frac{n\pi}{l}x \cos\frac{n\pi c}{l}t. \tag{8.13}$$

Der Parameter n beschreibt die Anregungszustände eines Systems, in diesem Fall die der schwingenden Saite.

Einen solchen diskreten Parameter n nennt man in der Quanten-Physik eine Quantenzahl.

Zwischenbemerkung: Hätten wir in Gleichung (8.11) die Separationskonstante negativ gewählt, also $+\omega^2$ an Stelle von $-\omega^2$, so wären wir zur Lösung

$$y(x,t) = (A\,e^{\omega t} + B\,e^{-\omega t})\left(C\,e^{\frac{\omega}{c}x} + D\,e^{-\frac{\omega}{c}x}\right)$$

gelangt. Die Randbedingungen $y(0,t) = y(l,t) = 0$ hätten zu den Bedingungen

$$C + D = 0; \qquad C\,e^{\frac{\omega}{c}l} + D\,e^{-\frac{\omega}{c}l} = 0$$

mit den Lösungen $C = D = 0$ geführt. Die Saite wäre immer in Ruhe geblieben. Das wollen wir aber nicht.

Da die eindimensionale Wellengleichung eine lineare Differentialgleichung ist, kann man die allgemeinste Lösung nach dem Superpositionsprinzip durch Überlagerung (Addition) der speziellen Lösungen erhalten:

$$y(x,t) = \sum_{n=1}^{\infty} b_n \sin\frac{n\pi x}{l}\cos\frac{n\pi c}{l}t = \sum_{n=1}^{\infty} b_n \sin k_n x \cos\omega_n t.$$

Die Koeffizienten b_n lassen sich mit Hilfe der Überlegungen zur Fourierreihe (vgl. nächstes Kapitel) aus der vorgegebenen Anfangskurve berechnen:

$$y(x,0) \equiv f(x) = \sum_{n=1}^{\infty} b_n \sin\frac{n\pi x}{l}.$$

Die Bestimmung der Fourierkoeffizienten b_n wird im nächsten Kapitel gezeigt. Es ergibt sich dann folgende allgemeine Lösung der Differentialgleichung:

$$y(x,t) = \sum_{n=1}^{\infty} \left(\frac{2}{l} \int_0^l f(x') \sin \frac{n\pi x'}{l} \, dx' \right) \sin \frac{n\pi x}{l} \cos \frac{n\pi ct}{l}. \qquad (8.14)$$

Normalschwingungen

Normalschwingungen werden durch die folgende Gleichung beschrieben:

$$y_n(x,t) = C_n \sin(k_n x) \cos(\omega_n t). \qquad (8.15)$$

Zu einer festen Zeit t hängt der räumliche Verlauf (Ortsabhängigkeit) der Normalschwingung vom Ausdruck $\sin(n\pi x/l)$ ab (für $n > 1$ hat $\sin(n\pi x/l)$ genau $n - 1$ Nullstellen). Alle Massenpunkte (Position x) schwingen mit derselben Frequenz ω_n. An einer bestimmten Stelle x wird die Zeitabhängigkeit der Normalschwingung durch den Ausdruck $\cos(n\pi c/l)t$ wiedergegeben. Die *Wellenzahl* k_n wird definiert als

$$k_n \equiv \frac{\omega_n}{c} = \frac{n\pi}{l} = \frac{2\pi}{\lambda_n}, \qquad (8.16)$$

wobei $\lambda_n = 2l/n$ die *Wellenlänge* ist.

Die *Kreisfrequenz* ist wie folgt definiert:

$$\omega_n \equiv \frac{n\pi c}{l} = 2\pi \nu_n, \qquad (8.17)$$

$$\nu_n = \frac{1}{T_n}.$$

T_n ist die Schwingungsdauer der n-ten Eigenschwingung.

Lösen wir die Gleichung (8.17) nach ν_n auf, so erhalten wir für die *Frequenz*

$$\nu_n = \frac{nc}{2l}, \qquad (8.18)$$

d. h., die Frequenzen werden mit wachsendem Index n größer. Nach Definition ist

$$c = \sqrt{\frac{T}{\sigma}}; \qquad (8.19)$$

c kann als *„Schall"-Geschwindigkeit* in der Saite gedeutet werden, wie wir weiter unten gleich sehen werden. T ist die in der Saite herrschende Spannung, σ die Massendichte. Aus den Gleichungen (8.18) und (8.19) folgt

$$\nu_n = \frac{n}{2l} \sqrt{\frac{T}{\sigma}}, \qquad (8.20)$$

d. h., die Frequenz ist um so kleiner, je länger und je dicker eine Saite ist. Die Frequenz wächst mit der Fadenspannung T. Dies stimmt vollkommen mit der Erfahrung überein, daß lange, dicke Saiten tiefer klingen als kurze dünne. Beim

Erhöhen der Saitenspannung steigt die Frequenz. Diese Eigenschaft wird beim Stimmen einer Geige ausgenutzt.

Multiplizieren wir die Wellenlänge mit der Frequenz, so ergibt sich eine Konstante c, die die Dimension einer Geschwindigkeit hat:

$$\lambda_n \nu_n = \frac{2l}{n}\frac{nc}{2l} = c \qquad \text{(Dispersionsgesetz).} \tag{8.21}$$

c ist die Geschwindigkeit (Phasengeschwindigkeit), mit der sich die Welle in einem Medium ausbreitet. Das sehen wir so: Wird eine anfängliche Störung $y(x, 0) = f(x)$, wie etwa in der nächsten Figur, vorgegeben, so ist auch $f(x - ct)$ eine Lösung der Wellengleichung (8.10), weil mit $z = x - ct$

$$\frac{\partial f}{\partial t} = \frac{\partial f}{\partial z}\frac{\partial z}{\partial t} = -c\frac{\partial f}{\partial z} \qquad \frac{\partial^2 f}{\partial t^2} = -c\frac{\partial^2 f}{\partial z^2}\frac{\partial z}{\partial t} = c^2\frac{\partial^2 f}{\partial z^2}$$

und

$$\frac{\partial f}{\partial x} = \frac{\partial f}{\partial z}, \quad \frac{\partial^2 f}{\partial x^2} = \frac{\partial^2 f}{\partial z^2}$$

folgt. Damit ergibt sich

$$\frac{1}{c^2}\frac{\partial^2}{\partial t^2} f(x - ct) = \frac{c^2}{c^2}\frac{\partial^2 f}{\partial z^2} = \frac{\partial^2 f}{\partial z^2} = \frac{\partial^2 f(x - ct)}{\partial x^2}.$$

$f(x - ct)$ erfüllt also die Wellengleichung (8.10).

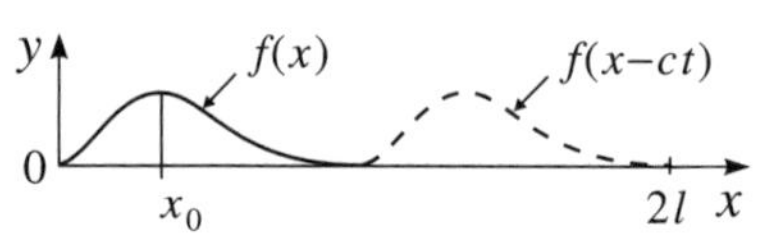

Die Ausbreitung einer Störung $f(x)$ entlang einer langen Saite. Nach der Zeit t ist die Störung um ct fortgewandert; sie wird dann durch $f(x - ct)$ beschrieben.

Das Maximum der Störung $f(x)$ liege bei x_0. Nach der Zeit t liegt es bei

$$x - ct = x_0.$$

Es wandert also mit der Geschwindigkeit

$$\frac{\mathrm{d}x}{\mathrm{d}t} = c$$

auf der Saite entlang, und zwar nach rechts (positive x-Richtung). Wir können sagen: Die Störung $f(x)$ breitet sich mit der Geschwindigkeit

$$\frac{\mathrm{d}x}{\mathrm{d}t} = c \tag{8.22}$$

auf der Saite aus. Die Ausbreitungsgeschwindigkeit kleiner Störungen nennen wir Schallgeschwindigkeit. Man kann sich ähnlich wie oben leicht überlegen, daß auch $f(x + ct)$ eine Lösung der Wellengleichung darstellt und eine nach links (negative x-Richtung) laufende Störung repräsentiert. Es handelt sich hierbei um *laufende* Wellen, während wir es bei der fest eingespannten Saite mit *stehenden* Wellen zu tun haben.

Wird eine Saite mit einer beliebigen Normalfrequenz angeregt, so gibt es Stellen der Saite, die sich zu jeder Zeit in Ruhe befinden (*Knoten*).

Man kann Wellenlänge, Anzahl der Knoten und das Aussehen einiger Normalschwingungen in Abhängigkeit vom Index n darstellen (siehe die folgende Tabelle und Figur).

n	Wellenlänge	Anzahl der Knoten	Figur
1	$2l$	0	a)
2	l	1	b)
3	$\frac{2}{3}l$	2	c)
$\vdots$	$\vdots$	$\vdots$	
n	$\frac{2}{n}l$	$n-1$	

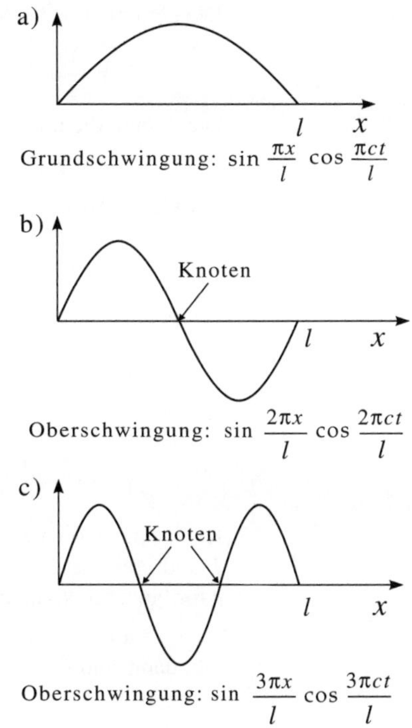

Veranschaulichung der niedrigsten Normalschwingungen einer Saite.

Kinetische und potentielle Energie der schwingenden Saite

Aufgabe 8.1

Betrachten Sie eine Saite der Dichte σ, die zwischen zwei Punkten eingespannt ist und die zu kleinen Schwingungen angeregt wird.

a) Berechnen Sie allgemein die kinetische und potentielle Energie der Saite.
b) Berechnen Sie speziell für Wellen der Form

$$y = C\cos\left(\frac{\omega(x-ct)}{c}\right)$$

und $T_0 = 500$ N, $C = 0{,}01$ m, $\lambda = 0{,}1$ m die kinetische und potentielle Energie.

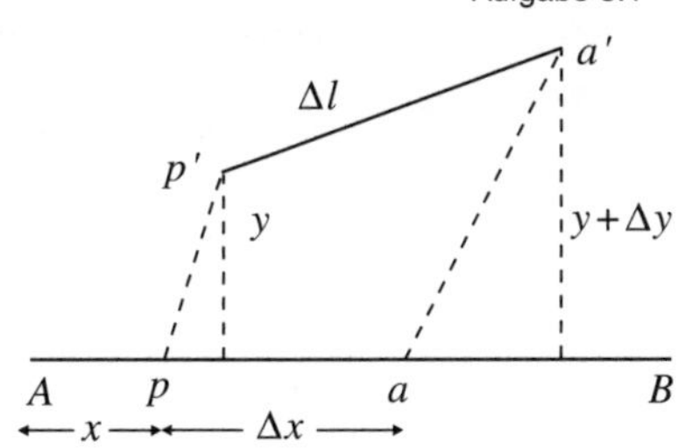

Auslenkung und Verzerrung (Dehnung/Stauchung) des Saitenstückes Δx.

Lösung:

a) Der Teil $\overline{PQ}$ der Saite hat die Masse $\sigma\Delta x$ und die Geschwindigkeit $\partial y/\partial t$. Seine kinetische Energie ist dann:

$$\Delta T = \frac{1}{2}\sigma\Delta x\left(\frac{\partial y}{\partial t}\right)^2 . \qquad (1)$$

Die gesamte kinetische Energie der Saite zwischen $x = a$ und b ist:

$$T = \frac{1}{2}\sigma \int_a^b \left(\frac{\partial y}{\partial t}\right)^2 \mathrm{d}x. \tag{2}$$

Die Arbeit, die nötig ist, um die Saite von Δx nach Δl auszudehnen, ist

$$\mathrm{d}P = T_0(\Delta l - \Delta x), \qquad \frac{\Delta l}{\Delta x} \approx 1. \tag{3}$$

Für kleine Auslenkungen gilt:

$$\Delta l = (\Delta x^2 + \Delta y^2)^{1/2} = \Delta x \left[1 + \left(\frac{\partial y}{\partial x}\right)^2\right]^{1/2} \approx \Delta x \left[1 + \frac{1}{2}\left(\frac{\partial y}{\partial x}\right)^2\right]. \tag{4}$$

Die potentielle Energie für den Bereich $x = a$ bis $x = b$ ist dann:

$$P = \frac{1}{2}T_0 \int_a^b \left(\frac{\partial y}{\partial x}\right)^2 \mathrm{d}x. \tag{5}$$

Für eine Welle $y = F(x - ct)$, die in einer Richtung fortschreitet, gilt:

$$T = P = \frac{1}{2}T_0 \int_a^b \left[F'(x - ct)\right]^2 \mathrm{d}x, \quad c^2 = \frac{T_0}{\sigma}. \tag{6}$$

Kinetische und potentielle Energie sind also gleich. Wenn a, b feste Punkte sind, variiert T und P mit der Zeit. Erlauben wir aber, daß sich a und b mit der Schallgeschwindigkeit c fortbewegen können, so daß

$$a = A + ct \qquad \text{und} \qquad b = B + ct \tag{7}$$

gilt, dann sind P und T konstant:

$$T = P = \frac{1}{2}T_0 \int_A^B (F'(x))^2 \,\mathrm{d}x. \tag{8}$$

b)

$$\frac{\partial y}{\partial t} = C \sin\left(\frac{\omega}{c}x - \omega t\right)\omega \tag{9}$$

$$\Rightarrow \quad \left(\frac{\partial y}{\partial t}\right)^2 = C^2 \sin^2\left(\frac{\omega}{c}x - \omega t\right)\omega^2$$

Einsetzen in Gleichung (2) liefert ($a = 0$, $b = \lambda$):

$$T = \frac{1}{2}\frac{T_0}{c^2}C^2\omega^2 \int_0^\lambda \sin^2\left(\frac{\omega}{c}x - \omega t\right) \mathrm{d}x = \frac{1}{2}\frac{T_0}{c^2}C^2\omega^2 \cdot I. \tag{10}$$

Mit der Substitution $z = (\omega/c)x - \omega t$ folgt für das Integral I:

$$I = \frac{c}{\omega} \int_{-\omega t}^{(\omega/c)\lambda - \omega t} \sin^2 z \,\mathrm{d}z = \frac{c}{\omega} \int_0^{(\omega/c)\lambda} \sin^2 z \,\mathrm{d}z = \frac{c}{\omega} \int_0^{2\pi} \sin^2 z \,\mathrm{d}z \tag{11}$$

$$= \frac{c}{\omega}\left[\frac{1}{2}z - \frac{1}{4}\sin(2z)\right]_0^{2\pi} = \frac{c}{\omega}\pi$$

$$\Rightarrow \quad T = \frac{1}{2}\frac{T_0}{c^2}C^2\omega^2\frac{c}{\omega}\pi = \frac{\pi^2 C^2 T_0}{\lambda}, \quad \lambda = 2\pi\frac{c}{\omega}. \tag{12}$$

Für die potentielle Energie erhält man natürlich den gleichen Ausdruck. Einsetzen der Zahlenwerte liefert:

$$T = P = (0{,}01)^2 \cdot \pi^2 \frac{500\,\mathrm{N}}{0{,}1\,\mathrm{m}}\mathrm{m}^2 \approx 5\,\mathrm{Nm}.$$

▲Aufgabe 8.1

Drei ungleiche Massen äquidistant auf Saite

Aufgabe 8.2

Berechnen Sie die Eigenfrequenzen des in der Abbildung dargestellten Systems dreier ungleicher Massen, die äquidistant an einer eingespannten Saite befestigt sind.

(Hinweis: Für kleine Auslenkungen soll sich die Spannung T der Saite nicht ändern!)

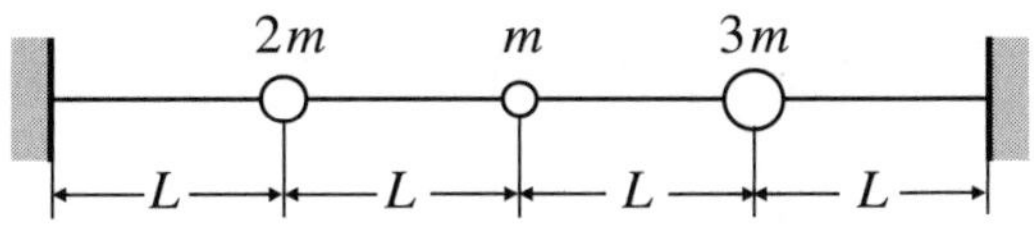

Drei ungleiche Massen auf einer eingespannten Saite.

Lösung:

Aus obenstehender Abbildung entnehmen wir für die Bewegungsgleichungen:

$$
\begin{aligned}
2m\ddot{x}_1 &= T\left[\frac{(x_2-x_1)}{L}\right] - T\left[\frac{x_1}{L}\right],\\
m\ddot{x}_2 &= -T\left[\frac{(x_2-x_1)}{L}\right] - T\left[\frac{(x_2-x_3)}{L}\right],\\
3m\ddot{x}_3 &= T\left[\frac{(x_2-x_3)}{L}\right] - T\left[\frac{x_3}{L}\right].
\end{aligned}
\tag{1}
$$

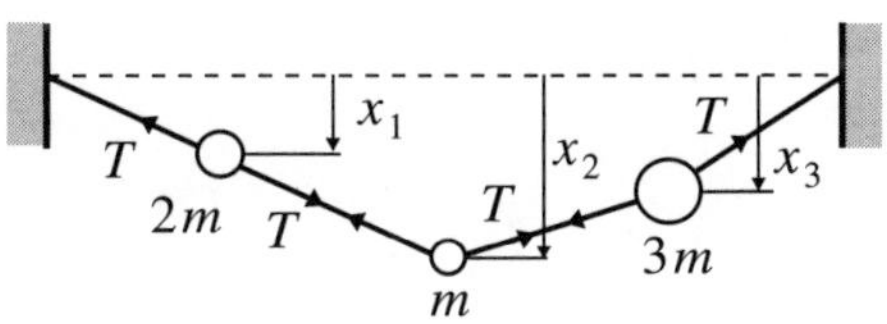

Auslenkungen x_1, x_2, x_3.

Wir suchen die Eigenschwingungen. Alle Massenpunkte müssen dann mit derselben Frequenz schwingen. Deshalb machen wir die Lösungsansätze

$$
\begin{aligned}
x_1 &= A\sin(\omega t+\psi), & \ddot{x}_1 &= -\omega^2 A\sin(\omega t+\psi),\\
x_2 &= B\sin(\omega t+\psi), & \ddot{x}_2 &= -\omega^2 B\sin(\omega t+\psi),\\
x_3 &= C\sin(\omega t+\psi), & \ddot{x}_3 &= -\omega^2 C\sin(\omega t+\psi).
\end{aligned}
$$

Damit erhält man nach Einsetzen in Gleichung (1):

$$
\begin{aligned}
\left(\frac{2T}{L}-2m\omega^2\right)A - \left(\frac{T}{L}\right)B \qquad\qquad &= 0\\
-\left(\frac{T}{L}\right)A + \left(\frac{2T}{L}-m\omega^2\right)B - \left(\frac{T}{L}\right)C &= 0\\
-\left(\frac{T}{L}\right)B + \left(\frac{2T}{L}-3m\omega^2\right)C \qquad\qquad &= 0.
\end{aligned}
\tag{2}
$$

Zur Ermittlung der Eigenfrequenzen des Systems, d. h. zur Lösung von Gleichung (2), muß die Koeffizientendeterminante verschwinden:

♦ Aufgabe 8.2

$$\begin{vmatrix} \left(2\frac{T}{L} - 2m\omega^2\right) & -\frac{T}{L} & 0 \\ -\frac{T}{L} & \left(2\frac{T}{L} - m\omega^2\right) & -\frac{T}{L} \\ 0 & -\frac{T}{L} & \left(2\frac{T}{L} - 3m\omega^2\right) \end{vmatrix} = 0.$$

Entwicklung der Determinante führt zu:

$$0 = 6m^3\omega^6 - \left(\frac{22Tm^2}{L}\right)\omega^4 + \left(\frac{19T^2m}{L^2}\right)\omega^2 - \left(\frac{4T^3}{L^3}\right),$$

bzw.

$$0 = 6m^3\Omega^3 + \left(\frac{-22Tm^2}{L}\right)\Omega^2 + \left(\frac{19T^2m}{L^2}\right)\Omega + \left(\frac{-4T^3}{L^3}\right), \tag{3}$$

wobei $\Omega = \omega^2$ substituiert wurde. Diese führt auf die kubische Gleichung

$$a\Omega^3 + b\Omega^2 + c\Omega + d = 0,$$

wobei

$$a = 6m^3, \quad b = \frac{-22Tm^2}{L}, \quad c = \frac{19T^2m}{L^2}, \quad \text{und} \quad d = \frac{-4T^3}{L^3}.$$

Sie läßt sich überführen in die Darstellung (Reduktion der kubischen Gleichung)

$$y^3 + 3py + 2q = 0, \tag{4}$$

wobei

$$y = \Omega + \frac{b}{3a} = \Omega - \frac{11}{9}\frac{T}{Lm}$$

und

$$3p = -\frac{1}{3}\frac{b^2}{a^2} + \frac{c}{a}, \qquad \text{sowie} \qquad 2q = \frac{2}{27}\frac{b^3}{a^3} - \frac{1}{3}\frac{bc}{a^2} + \frac{d}{a}.$$

Einsetzen führt auf

$$3p = -\frac{71}{54}\frac{T^2}{L^2m^2}, \qquad 2q = -\frac{653}{1458}\frac{T^3}{L^3m^3}.$$

Daraus folgt:

$$q^2 + p^3 < 0,$$

d. h., es existieren 3 reelle Lösungen der kubischen Gleichung (4).

Für den Fall $q^2 + p^3 \leq 0$ lassen sich die Lösungen y_1, y_2, y_3 unter Verwendung von tabellierten Hilfsgrößen berechnen (vgl. Beispiel 8.1). Eine direkte Anwendung der Cardanischen Formel würde zu komplexen Ausdrücken für die reellen Lösungswurzeln führen, so daß die oben angegebene Methode bequem ist.

Nach Einsetzen erhält man in unserem Fall für die Hilfsgrößen

$$\cos\varphi = \frac{-q}{\sqrt{-p^3}}, \qquad y_1 = 2\sqrt{-p}\cos\frac{\varphi}{3},$$

$$y_2 = -2\sqrt{-p}\cos\left(\frac{\varphi}{3} + \frac{\pi}{3}\right),$$

$$y_3 = -2\sqrt{-p}\cos\left(\frac{\varphi}{3} - \frac{\pi}{3}\right),$$

und für die Eigenfrequenzen des Systems schließlich:

$$\omega_1 = 0{,}563\sqrt{\frac{T}{Lm}}, \qquad \omega_2 = 0{,}916\sqrt{\frac{T}{Lm}}, \qquad \omega_3 = 1{,}585\sqrt{\frac{T}{Lm}}.$$

Aufgabe 8.2

Kompliziert gekoppeltes Schwingungssystem

Aufgabe 8.3

Bestimmen Sie die Eigenfrequenzen des in der Abbildung dargestellten Systems dreier gleicher Massen, die zwischen Federn mit der Federkonstante k aufgehängt sind.

Hinweis: Beachten Sie das Lösungsverfahren der vorherigen Aufgabe 8.2 und die mathematische Ergänzung Beispiel 8.1.

Lösung:

Aus der Figur entnehmen wir für die Bewegungsgleichungen

$$\begin{aligned} m\ddot{x}_1 &= -kx_1 - k(x_1 - x_2) - k(x_1 - x_3), \\ m\ddot{x}_2 &= -kx_2 - k(x_2 - x_1) - k(x_2 - x_3), \\ m\ddot{x}_3 &= -kx_3 - k(x_3 - x_1) - k(x_3 - x_2), \end{aligned} \tag{1}$$

bzw.

$$\begin{aligned} m\ddot{x}_1 + 3kx_1 - kx_2 - kx_3 &= 0, \\ m\ddot{x}_2 + 3kx_2 - kx_3 - kx_1 &= 0, \\ m\ddot{x}_3 + 3kx_3 - kx_1 - kx_2 &= 0. \end{aligned} \tag{2}$$

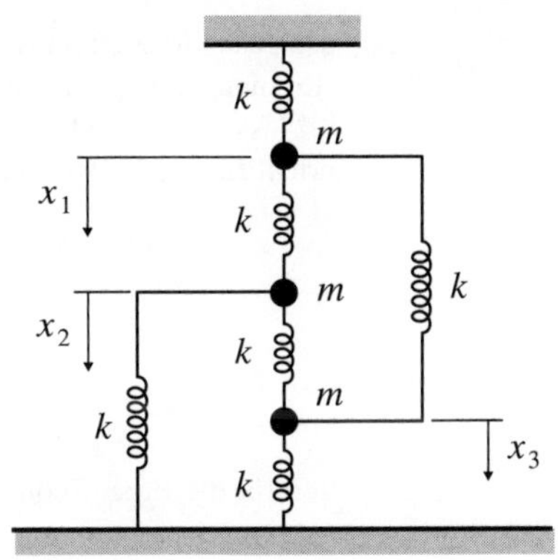

Schwingende gekoppelte Massen.

Wir suchen die Eigenschwingungen. Alle Massenpunkte müssen mit derselben Frequenz schwingen. Daher machen wir den Ansatz:

$$\begin{aligned} x_1 &= A\cos(\omega t + \psi), & \ddot{x}_1 &= -\omega^2 A\cos(\omega t + \psi), \\ x_2 &= B\cos(\omega t + \psi), & \ddot{x}_2 &= -\omega^2 B\cos(\omega t + \psi), \\ x_3 &= C\cos(\omega t + \psi), & \ddot{x}_3 &= -\omega^2 C\cos(\omega t + \psi), \end{aligned}$$

und wir erhalten nach Einsetzen in Gleichung (2):

$$\begin{aligned} (3k - m\omega^2)A - kB - kC &= 0, \\ -kA + (3k - m\omega^2)B - kC &= 0, \\ -kA - kB + (3k - m\omega^2)C &= 0. \end{aligned} \tag{3}$$

Damit eine nichttriviale Lösung von Gleichung (3) existiert, muß die Koeffizientendeterminante verschwinden:

$$\begin{vmatrix} (3k - m\omega^2) & -k & -k \\ -k & (3k - m\omega^2) & -k \\ -k & -k & (3k - m\omega^2) \end{vmatrix} = 0.$$

Entwicklung der Determinante führt auf

$$0 = \omega^6 - \frac{9k}{m}\omega^4 + \frac{24k^2}{m^2}\omega^2 - \frac{16k^3}{m^3},$$

bzw.

$$0 = \Omega^3 - \frac{9k}{m}\Omega^2 + \frac{24k^2}{m^2}\Omega - \frac{16k^3}{m^3},$$

wobei $\Omega = \omega^2$ substituiert wurde (vgl. Aufgabe 8.2). Die allgemeine kubische Gleichung $a\Omega^3 + b\Omega^2 + c\Omega + d = 0$ (in unserem Fall ist $a = 1, b = -9k/m,\ c = 24k^2/m^2, d = -16k^3/m^3$) kann nach Beispiel 8.1 reduziert werden auf

$$y^3 + 3py + 2q = 0,$$

wobei

$$y = \Omega + \frac{b}{3a}, \qquad 3p = -\frac{1}{3}\frac{b^2}{a^2} + \frac{c}{a}, \qquad 2q = \frac{2}{27}\frac{b^3}{a^3} - \frac{1}{3}\frac{bc}{a^2} + \frac{d}{a}.$$

Einsetzen führt zu:

$$3p = -3\frac{k^2}{m^2}, \qquad 2q = 2\frac{k^3}{m^3} \qquad \Rightarrow \quad q^2 + p^3 = 0,$$

d. h., es existieren 3 Lösungen (die reellen Wurzeln), von denen zwei untereinander übereinstimmen. Das hier zu behandelnde schwingende System ist damit *entartet*. Analog Aufgabe 8.2 lassen sich die Lösungen unter Verwendung tabellierter Hilfsgrößen berechnen, und man erhält für die Hilfsgrößen:

$$\cos\varphi = \frac{-q}{\sqrt{-p^3}}, \qquad y_1 = 2\sqrt{-p}\cos\frac{\varphi}{3},$$

$$y_2 = -2\sqrt{-p}\cos\left(\frac{\varphi}{3} + \frac{\pi}{3}\right),$$

$$y_3 = -2\sqrt{-p}\cos\left(\frac{\varphi}{3} - \frac{\pi}{3}\right),$$

und für die Eigenfrequenzen des Systems nach Einsetzen:

$$\omega_3 = \sqrt{\frac{k}{m}}, \qquad \omega_1 = \omega_2 = 2\sqrt{\frac{k}{m}}.$$

▲ Aufgabe 8.3

Mathematische Ergänzung zur Vertiefung: Die Cardanische Formel

▼ Beispiel 8.1

Immer wieder begegnen wir in der theoretischen Physik der Aufgabe, eine kubische Gleichung zu lösen. Das haben wir gerade in den Aufgaben 8.2 und 8.3 gesehen. Wir wollen uns über dieses Problem jetzt allgemein Klarheit verschaffen. [1)]

Reduktion der allgemeinen kubischen Gleichung

Soll die allgemeine kubische Gleichung

$$x^3 + ax^2 + bx + c = 0, \tag{1}$$

in der die Koeffizienten a, b und c ungleich Null sind, aufgelöst werden, so ist es zuvor notwendig, das quadratische Glied der Gleichung zu beseitigen, d. h. die Gleichung zu

---

[1)] Wir folgen den Ausführungen von E. v. Hanxleben und R. Hentze, Lehrbuch der Mathematik, Friedrich Vieweg & Sohn 1952, Braunschweig-Berlin-Stuttgart

Beispiel 8.1 ♦

reduzieren. Ersetzt man die Unbekannte x durch $y + \lambda$, wo y und λ neue, unbekannte Größen sind, so geht Gleichung (1) über in

$$(y^3 + 3y^2\lambda + 3y\lambda^2 + \lambda^3) + (ay^2 + 2ay\lambda + a\lambda^2) + (by + b\lambda) + c = 0,$$
$$y^3 + (3\lambda + a)y^2 + (3\lambda^2 + 2a\lambda + b)y + (\lambda^3 + a\lambda^2 + b\lambda + c) = 0. \quad (2)$$

Da wir eine Unbekannte x durch zwei Unbekannte y und λ ersetzt haben, so können wir über eine der beiden Unbekannten frei verfügen. Diese benutzen wir dazu, um das quadratische Glied der Gleichung verschwinden zu lassen. Wir erreichen dies dadurch, daß wir den Faktor von y^2, das ist $3\lambda + a$, gleich Null, d. h. $\lambda = -a/3$ setzen.

Durch Einsetzen dieses Wertes geht Gleichung (2) über in:

$$y^3 + \left(-\frac{a^2}{3} + b\right) y + \left(\frac{2a^3}{27} - \frac{ab}{3} + c\right) = 0. \quad (3)$$

Setzen wir die durch die bekannten Koeffizienten a, b und c der kubischen Gleichung bestimmten Ausdrücke

$$-\frac{a^2}{3} + b = p \qquad \text{und} \qquad \frac{2a^3}{27} - \frac{ab}{3} + c = q, \quad (4)$$

so nimmt die kubische Gleichung die Form an

$$y^3 + py + q = 0 \qquad \text{(reduzierte kubische Gleichung).} \quad (5)$$

Ergebnis: Um die in der Normalform gegebene kubische Gleichung zu reduzieren, setzt man $x = y - a/3$. Aus Gleichung (1) folgt dann Gleichung (5).

Beispiel: $x^3 - 9x^2 + 33x - 65 = 0.$

1. Lösung: Setzen Sie $x = y - (-3) = y + 3$.

$$(y + 3)^3 - 9(y + 3)^2 + 33(y + 3) - 65 = 0$$
$$(y^3 + 9y^2 + 27y + 27) - 9(y^2 + 6y + 9) + 33(y + 3) - 65 = 0$$
$$y^3 + 6y - 20 = 0.$$

2. Lösung: Setzen Sie die aus Gleichung (4) errechneten Werte in Gleichung (5) ein.

Sonderfall: Fehlt in der allgemeinen kubischen Gleichung das lineare Glied ($b = 0$), ist also die kubische Gleichung in der Form:

$$x^3 + ax^2 + c = 0 \quad (6)$$

gegeben, so läßt sich die Reduktion auch durch Einsetzen von

$$x = \frac{c}{y} \quad (7)$$

durchführen.

Aus den Gleichungen (6) und (7) ergibt sich die reduzierte Gleichung:

$$\frac{c^3}{y^3} + a\frac{c^2}{y^2} + c = 0 \qquad \text{bzw.} \qquad y^3 + acy + c^2 = 0. \quad (8)$$

♦ Beispiel 8.1

Lösung der reduzierten kubischen Gleichung

Setzt man in der reduzierten kubischen Gleichung

$$y^3 + py + q = 0,$$

$$y = u + v, \tag{9}$$

so erhält man:

$$u^3 + 3u^2v + 3uv^2 + v^3 + p(u+v) + q = 0,$$

$$(u^3 + v^3 + q) + 3uv(u+v) + p(u+v) = 0,$$

$$(u^3 + v^3 + q) + (3uv + p)(u+v) = 0. \tag{10}$$

Da über eine der Unbekannten u bzw. v frei verfügt werden kann (Begründung?), wählen wir diese zweckmäßig so, daß der Koeffizient von $(u+v)$ gleich Null wird.

Wir setzen also

$$3uv + p = 0, \qquad \text{d. h.} \qquad uv = -\frac{p}{3}. \tag{11}$$

Dann vereinfacht sich Gleichung (10) zu:

$$u^3 + v^3 + q = 0 \qquad \text{oder} \qquad u^3 + v^3 = -q. \tag{12}$$

Durch die Gleichung (11) und (12) sind u und v bestimmt. Die Größen u und v lassen sich nicht mehr beliebig wählen. Erhebt man Gleichung (2) in die zweite, Gleichung (11) in die dritte Potenz, so erhält man

$$u^6 + 2u^3v^3 + v^6 = q^2,$$

$$4u^3v^3 = -4\left(\frac{p}{3}\right)^3.$$

Die Subtraktion der beiden Gleichungen ergibt

$$(u^3 - v^3)^2 = q^2 + 4\left(\frac{p}{3}\right)^3,$$

$$u^3 - v^3 = \pm\sqrt{q^2 + 4\left(\frac{p}{3}\right)^3}. \tag{13}$$

Durch Addition bzw. Subtraktion der Gleichungen (12) und (13) erhält man:

$$u^3 = \frac{1}{2}\left[-q \pm \sqrt{q^2 + 4\left(\frac{p}{3}\right)^3}\right] \quad \text{und} \quad v^3 = \frac{1}{2}\left[-q \mp \sqrt{q^2 + 4\left(\frac{p}{3}\right)^3}\right],$$

$$u = \sqrt[3]{-\frac{q}{2} \pm \sqrt{\left(\frac{q}{2}\right)^2 + \left(\frac{p}{3}\right)^3}} \quad \text{und} \quad v = \sqrt[3]{-\frac{q}{2} \mp \sqrt{\left(\frac{q}{2}\right)^2 + \left(\frac{p}{3}\right)^3}}. \tag{14}$$

Setzt man

$$\sqrt[3]{-\frac{q}{2} + \sqrt{\left(\frac{q}{2}\right)^2 + \left(\frac{p}{3}\right)^3}} = m \quad \text{und} \quad \sqrt[3]{-\frac{q}{2} - \sqrt{\left(\frac{q}{2}\right)^2 + \left(\frac{p}{3}\right)^3}} = n,$$

so erhält man

$$u_1 = m, \quad u_2 = m\epsilon_2, \quad u_3 = m\epsilon_3,$$

$$v_1 = n, \quad v_2 = n\epsilon_2, \quad v_3 = n\epsilon_3.$$

Beispiel 8.1 ♦

Hierbei sind ϵ_i die Einheitswurzeln der kubischen Gleichung $x^3 = 1$, die, wie man sofort sieht,

$$\epsilon_1 = 1, \qquad \epsilon_2 = -\frac{1}{2} + \mathrm{i}\frac{\sqrt{3}}{2}, \qquad \epsilon = -\frac{1}{2} - \mathrm{i}\frac{\sqrt{3}}{2}$$

lauten.

Da nun $y = u + v$ ist, können eigentlich neun Werte für y gebildet werden (warum?). Weil aber die Größen u und v die Bestimmungsgleichung (11) befriedigen sollen, so beschränkt sich die Anzahl der zwischen u und v möglichen Verbindungen auf drei, nämlich:

$$y_1 = u_1 + v_1, \qquad y_2 = u_2 + v_3, \qquad y_3 = u_3 + v_2,$$

also

$$\begin{aligned} y_1 &= m + n = \sqrt[3]{-\frac{q}{2} + \sqrt{\left(\frac{q}{2}\right)^2 + \left(\frac{p}{3}\right)^3}} + \sqrt[3]{-\frac{q}{2} - \sqrt{\left(\frac{q}{2}\right)^2 + \left(\frac{p}{3}\right)^3}}, \\ y_2 &= m\epsilon_2 + n\epsilon_3 = -\frac{m+n}{2} + \frac{m-n}{2}\mathrm{i}\sqrt{3}, \\ y_3 &= m\epsilon_3 + n\epsilon_2 = -\frac{m+n}{2} - \frac{m-n}{2}\mathrm{i}\sqrt{3}. \end{aligned} \tag{15}$$

Die reelle Wurzel der kubischen Gleichung, d. h. die Wurzel

$$y_1 = \sqrt[3]{-\frac{q}{2} + \sqrt{\left(\frac{q}{2}\right)^2 + \left(\frac{p}{3}\right)^3}} + \sqrt[3]{-\frac{q}{2} - \sqrt{\left(\frac{q}{2}\right)^2 + \left(\frac{p}{3}\right)^3}}$$

ist unter dem Namen „*Cardanische Formel*“ bekannt. Sie wurde benannt nach dem Italiener *Hieronimo Cardano*, dem fälschlicherweise die Entdeckung dieser Lösungsformel zugeschrieben wurde. In Wahrheit stammt die Formel von dem Bologneser Mathematikprofessor *Scipione del Ferro*, dem das Auffinden dieses genialen Lösungsweges vorbehalten blieb.

H. Cardano (1501–1576) → unten
Scipion Ferro (1465–1526) → S. 104

HIERONIMO CARDANO

Cardano, Hieronimo, italienischer Physiker, Mathematiker und Astrologe, geb. 24. Sept. 1501 in Pavia, gest. 20. Sept. 1576 in Rom. Cardano war der uneheliche Sohn Fazio (Bonifacius) Cardanos, eines Freundes Leonardo da Vincis. Er studierte an den Universitäten von Pavia und Padua und erlangte 1526 den medizinischen Abschluß. 1532 zog er nach Mailand, wo er in großer Armut lebte, bis er einen Lehrauftrag im Fach Mathematik erhielt. 1539 arbeitete er an einer Hochschule für Physik, deren Direktor er kurze Zeit später wurde. 1543 nahm er eine Professorenstelle im Fach Medizin in Pavia an.
Als Mathematiker war Cardano die hervorstechendste Persönlichkeit seiner Zeit. 1539 veröffentlichte er zwei Bücher über arithmetische Methoden. Zu dieser Zeit wurde die Entdeckung einer Lösungsmethode der kubischen Gleichung bekannt, Nicolo Tartaglia, ein venezianischer Mathematiker, war in ihrem Besitz. Cardano versuchte vergeblich, eine Abdruckgenehmigung von ihm zu erhalten, aber Tartaglia überließ ihm die Methode nach dem Versprechen, diese geheimzuhalten. 1545 erschien Cardanos Buch „Artis magnae sive de regulis algebraicis“, eines der Eckpfeiler der Geschichte der Algebra. Das Buch enthielt neben vielen anderen neuen Fakten auch die Methode der Lösung kubischer Gleichungen. Die Veröffentlichung zog einen schweren Streit mit Tartaglia nach sich.

♦ Beispiel 8.1

Beispiel: $y^3 - 15y - 126 = 0.$

Hier ist:

$$p = -15;\ q = -126;$$
$$\frac{p}{3} = -5;\ \frac{q}{2} = -63.$$

Durch Einsetzen in die Cardanische Formel erhält man:

$$\begin{aligned} y_1 &= \sqrt[3]{63 + \sqrt{63^2 - 5^3}} && + \sqrt[3]{63 - \sqrt{63^2 - 5^3}} \\ &= \sqrt[3]{63 + \sqrt{3844}} && + \sqrt[3]{63 - \sqrt{3844}} \\ &= \sqrt[3]{63 + 62} && + \sqrt[3]{63 - 62} \\ &= \sqrt[3]{125} && + \sqrt[3]{1} \quad (= m + n) \\ &= 6, \end{aligned}$$

$$y_2 = -\frac{5+1}{2} + \frac{5-1}{2}\,\mathrm{i}\sqrt{3} = -3 + 2\,\mathrm{i}\sqrt{3},$$

$$y_3 = -\frac{5+1}{2} - \frac{5-1}{2}\,\mathrm{i}\sqrt{3} = -3 - 2\,\mathrm{i}\sqrt{3}.$$

Überprüfen Sie die Gültigkeit der Wurzeln durch Einsetzen!

Erörterung der Cardanischen Formel

Die in der Cardanischen Formel auftretende Quadratwurzel gibt nur dann einen reellen Wert, wenn der Radikand $(q/2)^2 + (p/3)^3 \geq 0$ ist. Ist der Radikand negativ, so ergeben die drei Werte für y komplexe Zahlen. Wir betrachten die möglichen Fälle:

		$\sqrt{\left(\frac{q}{2}\right)^2 + \left(\frac{p}{3}\right)^3}$	Form der Wurzeln
1.	$p > 0$	reell	ein reeller Wert, zwei konjugiert komplexe Werte
2.	$p < 0$, und zwar:		
a)	$\left\lvert\left(\frac{p}{3}\right)^3\right\rvert < \left(\frac{q}{2}\right)^2$	reell	wie in 1.
b)	$\left\lvert\left(\frac{p}{3}\right)^3\right\rvert = \left(\frac{q}{2}\right)^2$	$= 0$	drei reelle Werte, davon eine Doppelwurzel
c)	$\left\lvert\left(\frac{p}{3}\right)^3\right\rvert > \left(\frac{q}{2}\right)^2$	imaginär	alle drei Wurzeln der Form nach imaginär

SCIPION FERRO

Ferro, Scipion del, geb. 1465(?), gest. 1526 Bologna(?). Von seinem Leben weiß man nur, daß er von 1496 bis 1526 an der Universität Bologna lehrte. Um 1500 entdeckte er die Methode der Auflösung der Gleichung dritten Grades, veröffentlichte sie jedoch nicht. Neu fand die Lösung 1535 Tartaglia.

Beispiel 8.1 ♦

Der Fall 2c) erregte schon das besondere Interesse der Mathematiker des Mittelalters.

Da jede kubische Gleichung mindestens eine reelle Wurzel besitzt, sie aber diese mit Hilfe der Cardanischen Formel nicht zu finden vermochten, so nannten sie diesen Fall den „casus irreducibilis“ [1)]. Der erste, dem die Lösung dieses zunächst als unlösbar angesehenen Falles gelang, war der französische Staatsmann und Mathematiker Vieta. Er zeigte unter Zuhilfenahme der Trigonometrie, daß auch dieser Fall lösbar ist und daß gerade in diesem Fall die Lösung der Gleichung drei reelle Wurzeln liefert.

François Vieta (1540–1603) → unten

Trigonometrische Lösung des irreduziblen Falles

Man geht, da in diesem Fall p negativ ist, von der reduzierten kubischen Gleichung

$$y^3 - py + q = 0 \tag{16}$$

aus, wobei nunmehr p als absolute Zahlengröße festzuhalten ist. Nach trigonometrischen Formeln ist

$$\begin{aligned}\cos 3\alpha &= \cos(2\alpha + \alpha) = \cos 2\alpha \cos\alpha - \sin 2\alpha \sin\alpha \\ &= (\cos^2\alpha - \sin^2\alpha)\cos\alpha - 2\sin^2\alpha\cos\alpha \\ &= \cos^3\alpha - \sin^2\alpha\cos\alpha - 2\sin^2\alpha\cos\alpha \\ &= \cos^3\alpha - (1-\cos^2\alpha)\cos\alpha - 2(1-\cos^2\alpha)\cos\alpha \\ &= \cos^3\alpha - \cos\alpha + \cos^3\alpha - 2\cos\alpha + 2\cos^3\alpha \\ &= 4\cos^3\alpha - 3\cos\alpha,\end{aligned}$$

also

$$\cos^3\alpha - \frac{3}{4}\cos\alpha - \frac{1}{4}\cos 3\alpha = 0. \tag{17}$$

Betrachtet man $\cos\alpha$ als Unbekannte, so stimmt Gleichung (17) der Form nach mit der gegebenen Gleichung (16) überein. Da sich aber der Zahlenwert des Kosinus nur zwischen den Grenzen -1 und $+1$ bewegt, während y, je nach den Werten von p und q, beliebige Zahlenwerte annehmen kann, darf man so nicht ohne weiters $\cos\alpha = y$ setzen. Multipliziert man aber Gleichung (17) mit einem zunächst unbestimmten positiven Faktor ϱ^3, so erhält man

$$\varrho^3\cos^3\alpha - \frac{3}{4}\varrho^2\cdot\varrho\cos\alpha - \frac{1}{4}\varrho^3\cos 3\alpha = 0. \tag{18}$$

Setzt man jetzt $\varrho\cdot\cos\alpha = y$, $p = (3/4)\varrho^2$ und $q = -(1/4)\varrho^3\cos 3\alpha$, so geht Gleichung (18) in (16) über.

---

1) casus irreducibilis (lat.) = der nicht zurückführbare Fall.

François Vieta

Vieta, François, französischer Mathematiker, geb. Fontenay-le-Comte 1540, gest. Paris 13.12.1603, Advokat und Parlamentsrat in der Bretagne. Er erwarb sich in der Gleichungslehre und Algebra größte Verdienste durch die Einführung und systematische Verwendung von Buchstabenbezeichnungen. Für das rechtwinklige sphärische Dreieck stellte er die meist nach Neper benannten Regeln auf und wies in seinem Canon mathematicus, einer Tafel der Winkelfunktionen (1571), nachdrücklich auf die Vorzüge der dezimalen Schreibweise hin.

◆ Beispiel 8.1

Hieraus ergibt sich

$$\varrho = 2 \cdot \sqrt{\frac{p}{3}} \tag{19}$$

und

$$\cos 3\alpha = -\frac{4q}{\varrho^3} = \frac{-4q}{8 \cdot (p/3)\sqrt{p/3}} = -\frac{q/2}{\sqrt{(p/3)^3}}. \tag{20}$$

Gleichung (20) ist, da der Kosinus eine periodische Funktion ist, vieldeutig. Es ist:

$$3\alpha = \varphi + k \cdot 360^\circ, \qquad \text{wobei} \quad k = 0, 1, 2, 3, \ldots \quad \text{ist.} \tag{21}$$

Daraus folgt für α:

$$\alpha_1 = \frac{\varphi}{3}, \qquad \alpha_2 = \frac{\varphi}{3} + 120^\circ, \qquad \alpha_3 = \frac{\varphi}{3} + 240^\circ.$$

Vergleichen Sie diese Überlegung mit dem Kreisteilungsproblem! Welche Werte ergeben sich für α, wenn $k = 3, 4, \ldots$ ist?

Für y erhält man:

$$y_1 = 2\sqrt{\frac{p}{3}} \cos\frac{\varphi}{3},$$

$$y_2 = 2\sqrt{\frac{p}{3}} \cos\left(\frac{\varphi}{3} + 120^\circ\right),$$

$$y_3 = 2\sqrt{\frac{p}{3}} \cos\left(\frac{\varphi}{3} + 240^\circ\right).$$

Nun ist

$$\cos\left(\frac{\varphi}{3} + 120^\circ\right) = -\cos\left(60^\circ - \frac{\varphi}{3}\right)$$

und

$$\cos\left(\frac{\varphi}{3} + 240^\circ\right) = -\cos\left(60^\circ + \frac{\varphi}{3}\right),$$

so daß sich als Wurzeln der kubischen Gleichungen ergeben:

$$y_1 = 2\sqrt{\frac{p}{3}} \cos\frac{\varphi}{3},$$

$$y_2 = -2\sqrt{\frac{p}{3}} \cos\left(60^\circ - \frac{\varphi}{3}\right), \tag{22}$$

$$y_3 = -2\sqrt{\frac{p}{3}} \cos\left(60^\circ + \frac{\varphi}{3}\right).$$

Anmerkung: Man kann die Formeln des casus irreducibilis auch mit Hilfe des Moivreschen Lehrsatzes ableiten.

Beispiel: Berechnen Sie die Wurzeln der Gleichung

$$y^3 - 981y - 11\,340 = 0.$$

Lösung: Da $p < 0$ und

$$\left|\left(\frac{p}{3}\right)^3\right| = 327^3, \qquad \log\left|\left(\frac{p}{3}\right)^3\right| = 3 \cdot \log 327 = 7{,}5436$$

$$\left(\frac{q}{2}\right)^2 = 5670^2, \qquad \log\left(\frac{q}{2}\right)^2 = 2 \cdot \log 5670 = 7{,}5072$$

ist, so folgt aus dem Vergleich der Logarithmen, daß $|(p/3)^3| > (q/2)^2$ ist. Die Bedingung des casus irreducibilis ist also erfüllt.

Nach Gleichung (20) ist

$$\cos 3\alpha = +\frac{5670}{\sqrt{327^3}},$$

$$\log\cos 3\alpha = 3{,}7536 - 3{,}7718 = 9{,}9818 - 10,$$

$$\varphi = 3\alpha \approx 16°30', \qquad \text{also} \qquad \frac{\varphi}{3} = \alpha = 5°30'.$$

Aus Gleichung (22) ergibt sich $y_1 = 36$, $y_2 = -21$, $y_3 = -15$.

Überprüfen Sie die Wurzelwerte durch Einsetzen!

Beispiel 8.1 ▲

9 Fourierreihen

Beim Problem der schwingenden Saite wurde beim Einarbeiten der Anfangsbedingungen eine trigonometrische Reihe einer vorgegebenen Funktion $f(x)$ gleichgesetzt. Die Entwicklungskoeffizienten der Reihe waren zu bestimmen. Zur Lösung des Problems müßte die Funktion $f(x)$ ebenfalls durch eine trigonometrische Reihe dargestellt werden. Diese trigonometrischen Reihen heißen Fourierreihen. Die Bedingungen, unter denen es möglich ist, eine Funktion in eine Fourierreihe zu entwickeln, sind in den folgenden Punkten zusammengefaßt:

J. B. J. Fourier (1768–1830) → unten

1. $f(x)$ ist im Intervall $a \leq x < a + 2l$ definiert;
2. $f(x)$ und $f'(x)$ sind stückweise stetig auf $a \leq x < a + 2l$;
3. $f(x)$ besitzt eine endliche Anzahl von Unstetigkeiten, die endliche Sprungstellen sind;
4. $f(x)$ hat die Periode $2l$, d. h. $f(x + 2l) = f(x)$.

JEAN BAPTISTE JOSEPH FOURIER

Fourier, Jean Baptiste Joseph, geb. 21.3.1768 Auxerre als Sohn eines Schneiders, gest. 16.5.1830 Paris. Fourier besuchte die heimatliche École Militaire; wegen seiner Herkunft wurde ihm aber der Eintritt in eine Offizierslaufbahn verweigert. Fourier entschloß sich, dem geistlichen Stand beizutreten, legte jedoch kein Gelübde ab, da die Revolution von 1789 ausbrach. Fourier widmete sich erst einer Lehrtätigkeit in Auxerre, griff jedoch bald in die Politik ein und wurde mehrfach verhaftet. 1795 wurde er zum Studium nach Paris an die École Normale geschickt, wurde bald Mitglied des Lehrkörpers der neugegründeten École Polytechnique und 1798 Direktor des Institut d'Egypte in Kairo.

Diese Bedingungen (Dirichlet-Bedingungen) sind hinreichend, um $f(x)$ in einer Fourierreihe darzustellen:

$$f(x) = \frac{a_0}{2} + \sum_{n=1}^{\infty} \left(a_n \cos \frac{n\pi x}{l} + b_n \sin \frac{n\pi x}{l} \right). \tag{9.1}$$

Die Fourierkoeffizienten a_n, b_n und a_0 werden folgendermaßen bestimmt:

$$\begin{aligned} a_n &= \frac{1}{l} \int_a^{a+2l} f(x) \cos \frac{n\pi x}{l} \, \mathrm{d}x, \\ b_n &= \frac{1}{l} \int_a^{a+2l} f(x) \sin \frac{n\pi x}{l} \, \mathrm{d}x, \\ a_0 &= \frac{1}{l} \int_a^{a+2l} f(x) \, \mathrm{d}x. \end{aligned} \tag{9.2}$$

Zum Beweis dieser Formeln benötigt man die sogenannten Orthogonalitätsrelationen der trigonometrischen Funktionen:

$$\begin{aligned} &\int_0^{2l} \cos \frac{n\pi x}{l} \cos \frac{m\pi x}{l} \, \mathrm{d}x = l \, \delta_{nm}, \\ &\int_0^{2l} \sin \frac{n\pi x}{l} \sin \frac{m\pi x}{l} \, \mathrm{d}x = l \, \delta_{nm}, \\ &\int_0^{2l} \sin \frac{n\pi x}{l} \cos \frac{m\pi x}{l} \, \mathrm{d}x = 0. \end{aligned} \tag{9.3}$$

JEAN BAPTISTE JOSEPH FOURIER (Fortsetzung)

Erst 1801 kehrte er nach Paris zurück und wurde von Napoleon zum Präfekten des Departements Isère ernannt. Während seiner Amtstätigkeit von 1802 bis 1815 veranlaßte er die Trockenlegung der malariaverseuchten Sümpfe von Bourgoin. Nach dem Sturz Napoleons wurde Fourier von den Bourbonen aller seiner Ämter enthoben; 1817 mußte jedoch der König der Wahl Fouriers in die Akademie der Wissenschaften zustimmen, deren ständiger Sekretär Fourier 1822 wurde. Fouriers bedeutendste mathematische Leistung ist seine Behandlung des Funktionsbegriffs. Das Problem der schwingenden Saite, das schon D'Alembert, Euler und Lagrange bearbeitet hatten, war 1755 durch D. Bernoulli durch eine trigonometrische Reihe gelöst worden. Die sich anschließende Frage, ob eine „beliebige" Funktion durch eine solche Reihe dargestellt werden kann, wurde 1807/12 von Fourier bejaht. Die Frage nach den Bedingungen für diese Darstellbarkeit konnte erst sein Freund Dirichlet beantworten. Bekannt wurde Fourier vor allem durch seine „Théorie analytique de la chaleur" (1822), die vorwiegend der Diskussion der Gleichung der Wärmefortpflanzung mit Hilfe von Fourierreihen gewidmet ist. Das Werk bildet den Ausgangspunkt der Bearbeitung partieller Differentialgleichungen mit Randbedingungen durch trigonometrische Reihen. Bedeutende Beiträge lieferte Fourier auch zur Theorie der Gleichungslösung und zur Wahrscheinlichkeitsrechnung.

Die erste Relation läßt sich mit Hilfe des Theorems

$$\cos A \cos B = \frac{1}{2}\Big(\cos(A+B) + \cos(A-B)\Big)$$

beweisen:

$$\int_0^{2l} \cos\frac{n\pi x}{l}\cos\frac{m\pi x}{l} = \frac{1}{2}\int_0^{2l}\left(\cos\frac{(n+m)\pi x}{l} + \cos\frac{(n-m)\pi x}{l}\right)\mathrm{d}x = 0,$$

falls $n \neq m$. Das Integral der Kosinusfunktion über eine ganze Periode verschwindet. Für $n = m$ ist

$$\int_0^{2l} \cos\frac{n\pi x}{l}\cos\frac{m\pi x}{l}\,\mathrm{d}x = \frac{1}{2}\int_0^{2l}\left(1 + \cos\frac{2n\pi x}{l}\right)\mathrm{d}x = l.$$

Die anderen Relationen können analog bewiesen werden.

Mit Hilfe der Orthogonalitätsrelationen kann man die Formel (9.2) zur Berechnung der Fourierkoeffizienten beweisen.

Zur Bestimmung der a_n multipliziert man die Gleichung

$$f(x) = \frac{a_0}{2} + \sum_{n=1}^{\infty} a_n \cos\frac{n\pi x}{l} + \sum_{n=1}^{\infty} b_n \sin\frac{n\pi x}{l}$$

mit $\cos(m\pi x/l)$ und integriert dann über das Intervall 0 bis $2l$:

$$\begin{aligned}\int_0^{2l} f(x)\cos\frac{m\pi x}{l}\,\mathrm{d}x &= \frac{a_0}{2}\int_0^{2l}\cos\frac{m\pi x}{l}\,\mathrm{d}x + \sum_{n=1}^{\infty} a_n \int_0^{2l}\cos\frac{n\pi x}{l}\cos\frac{m\pi x}{l}\,\mathrm{d}x \\ &\quad + \sum_{n=1}^{\infty} b_n \int_0^{2l}\sin\frac{n\pi x}{l}\cos\frac{m\pi x}{l}\,\mathrm{d}x \\ &= \sum_{n=1}^{\infty} a_n l \delta_{nm} = l a_m\end{aligned}$$

und deshalb

$$a_m = \frac{1}{l}\int_0^{2l} f(x)\cos\frac{m\pi x}{l}\,\mathrm{d}x, \tag{9.4}$$

wie es die Gleichungen (9.2) angeben.

Die analoge Relation für die b_m läßt sich durch Multiplikation der Ausgangsgleichung mit $\sin(m\pi x/l)$ und Integration von 0 bis $2l$ bestätigen; ähnliches gilt für die Bestimmungen von a_0.

Funktionen, für die gilt

$$f(x) = f(-x)$$

heißen *gerade Funktionen*, solche mit der Eigenschaft

$$f(x) = -f(-x)$$

heißen *ungerade Funktionen*. So ist z. B. $f(x) = \cos x$ eine gerade und $f(x) = \sin x$ eine ungerade Funktion. Der Anteil von (9.1)

$$\frac{a_0}{2} + \sum_{n=1}^{\infty} a_n \cos \frac{n\pi x}{l}$$

ist offensichtlich gerade, während

$$\sum_{n=1}^{\infty} b_n \sin \frac{n\pi x}{l}$$

den ungeraden Anteil der Reihenentwicklung (9.1) darstellt.

Deshalb sind für gerade Funktionen alle $b_n = 0$, für ungerade Funktionen a_0 und alle a_n gleich Null.

Jede Funktion $f(x)$ läßt sich in einen geraden und einen ungeraden Anteil aufspalten. So ist $(f(x) + f(-x))/2$ der gerade und $(f(x) - f(-x))/2$ der ungerade Anteil von $f(x) = [(f(x) + f(-x))/2 + (f(x) - f(-x))/2]$.

Anfangsbedingungen für schwingende Saite

Beispiel 9.1

Einarbeitung der Anfangsbedingungen für die schwingende Saite mit Hilfe der Fourier-Entwicklung

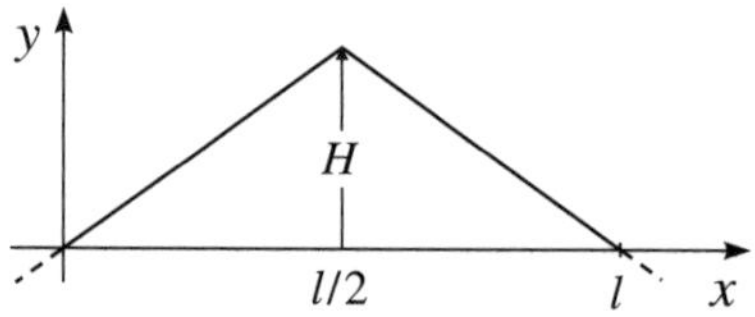

Eingespannte Saite, ausgelenkt um die Strecke H.

Eine Saite ist an beiden Enden eingespannt. In der Mitte wird sie um die Strecke H aus der Gleichgewichtslage ausgelenkt und losgelassen. Aus der Zeichnung erkennen wir, daß die Anfangsauslenkung durch

$$y(x,0) = f(x) = \begin{cases} 2\dfrac{Hx}{l} & 0 \le x \le \dfrac{l}{2} \\ \dfrac{2H(l-x)}{l} & \dfrac{l}{2} \le x \le l \end{cases}$$

gegeben ist. Daraus erhalten wir, wenn wir $f(x)$ als ungerade Funktion annehmen (gestrichelte Linie):

$$\begin{aligned} b_n &= \frac{2}{l} \int_0^l f(x) \sin \frac{n\pi x}{l} \, \mathrm{d}x \\ &= \frac{2}{l} \left(\int_0^{l/2} \frac{2Hx}{l} \sin \frac{n\pi x}{l} \, \mathrm{d}x + \int_{l/2}^{l} \frac{2H}{l} (l-x) \sin \frac{n\pi x}{l} \, \mathrm{d}x \right) . \end{aligned}$$

$$\begin{aligned}
\int_0^{l/2} \frac{2Hx}{l}\sin\frac{n\pi x}{l}\,\mathrm{d}x &= \frac{2H}{l}\left[-x\frac{l}{n\pi}\cos\frac{n\pi x}{l}+\frac{l^2}{n^2\pi^2}\sin\frac{n\pi x}{l}\right]_0^{l/2}\\
&= \frac{2lH}{n^2\pi^2}\sin\frac{n\pi}{2}-\frac{Hl}{n\pi}\cos\frac{n\pi}{2}.\\
\int_{l/2}^{l} \frac{2H}{l}(l-x)\sin\frac{n\pi x}{l}\,\mathrm{d}x &= \frac{2H}{l}\left(\int_{l/2}^{l} l\sin\frac{n\pi x}{l}\,\mathrm{d}x-\int_{l/2}^{l} x\sin\frac{n\pi x}{l}\,\mathrm{d}x\right)\\
&= \frac{2H}{l}\left[-\frac{l^2}{n\pi}\cos\frac{n\pi x}{l}+\frac{xl}{n\pi}\cos\frac{n\pi x}{l}-\frac{l^2}{n^2\pi^2}\sin\frac{n\pi x}{l}\right]_{l/2}^{l}\\
&= \frac{2lH}{n^2\pi^2}\sin\frac{n\pi}{2}+\frac{lH}{n\pi}\cos\frac{n\pi}{2}.\\
b_n &= \frac{2}{l}\left(\frac{2lH}{n^2\pi^2}\sin\frac{n\pi}{2}+\frac{2lH}{n^2\pi^2}\sin\frac{n\pi}{2}\right)\\
&= \frac{8H}{n^2\pi^2}\sin\frac{n\pi}{2}.
\end{aligned}$$

Setzen wir die Lösung des Fourierkoeffizienten b_n in die allgemeine Lösung der Differentialgleichung (8.14) ein, so erhalten wir die Gleichung, die die Schwingungen einer Saite beschreibt:

$$\begin{aligned}
y(x,t) &= \sum_{n=1}^{\infty}\left(\frac{8H}{n^2\pi^2}\sin\frac{n\pi}{2}\right)\sin\frac{n\pi x}{l}\cos\frac{n\pi ct}{l}\\
&= \frac{8H}{\pi^2}\left(\frac{1}{1^2}\sin\frac{\pi x}{l}\cos\frac{\pi ct}{l}-\frac{1}{3^2}\sin\frac{3\pi x}{l}\cos\frac{3\pi ct}{l}\right.\\
&\quad\left.+\frac{1}{5^2}\sin\frac{5\pi x}{l}\cos\frac{5\pi ct}{l}-\dots\right).
\end{aligned}$$

Durch das Anzupfen der Saite in der Mitte wird also im wesentlichen die Grundschwingung (niedrigste Eigenschwingung) $\sin(\pi x/l)\cos(\pi ct/l)$ angeregt. Einige Oberschwingungen sind mit geringer Amplitude beigemischt. Offensichtlich entspricht die Anfangsauslenkung weitgehend der Grundschwingung. Will man Oberschwingungen rein anregen, so muß die Anfangsauslenkung entsprechend der gewünschten Oberschwingung gewählt werden (vgl. Figuren nach Gleichung (8.22)).

Beispiel 9.1 ▲

Fourierreihe der Sägezahnfunktion

▼ Aufgabe 9.1

Finden Sie die Fourierreihen der Funktion

$$f(x)=4x,\quad 0\le x\le 10,\qquad \text{Periode:}\qquad 2l=10,\quad l=5.$$

Lösung:

Die Fourierkoeffizienten ergeben sich zu

$$a_0=\frac{1}{5}\int_0^{10}4x\,\mathrm{d}x=\frac{2}{5}\,x^2\Big|_0^{10}=40,$$

$$a_n = \frac{1}{5}\int_0^{10} 4x\cos\frac{n\pi x}{5}\,\mathrm{d}x = \frac{4x}{n\pi}\cos\frac{n\pi x}{5}\Big|_0^{10} - \frac{4}{n\pi}\int_0^{10}\sin\frac{n\pi x}{5}\,\mathrm{d}x$$
$$= 0 + \frac{20}{n^2\pi^2}\cos\frac{n\pi x}{5}\Big|_0^{10} = 0,$$
$$b_n = \frac{4}{5}\int_0^{10} x\sin\frac{n\pi x}{5}\,\mathrm{d}x = -\frac{4x}{n\pi}\cos\frac{n\pi x}{5}\Big|_0^{10} + \frac{4}{n\pi}\int_0^{10}\cos\frac{n\pi x}{5}\,\mathrm{d}x$$
$$= -\frac{40}{n\pi} + \frac{20}{n^2\pi^2}\sin\frac{n\pi x}{5}\Big|_0^{10} = -\frac{40}{n\pi}.$$

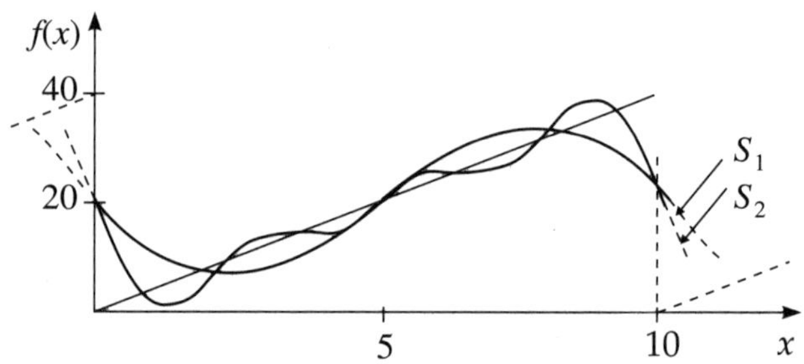

Konvergenz von Fourierreihen.

Damit lautet die Fourierreihe

$$f(x) = 20 - \frac{40}{\pi}\sum_{n=1}^{\infty}\frac{1}{n}\sin\frac{n\pi x}{5}.$$

Die ersten Teilsummen S_n dieser Reihe sind in der Figur eingezeichnet. Der Vergleich mit der Ausgangskurve $f(x)$ gibt einen Eindruck von der Konvergenz dieser Fourierreihe.

▲ Aufgabe 9.1

Schwingende Saite bei vorgegebener Geschwindigkeitsverteilung

▼ Aufgabe 9.2

Finden Sie die transversale Auslenkung einer vibrierenden Saite der Länge l mit fixierten Endpunkten, wenn die Saite anfänglich in ihrer Ruhelage ist und ihr eine Geschwindigkeitsverteilung $g(x)$ gegeben wird.

Lösung:

Gesucht ist die Lösung des Randwertproblems

$$\frac{\partial^2 y}{\partial t^2} = c^2\frac{\partial^2 y}{\partial x^2}, \tag{1}$$

wobei $y = y(x,t)$ ist, mit

$$y(0,t) = 0, \qquad y(l,t) = 0,$$
$$y(x,0) = 0, \qquad \frac{\partial}{\partial t}y(x,t)\Big|_{t=0} = g(x). \tag{2}$$

Es wird der Separationsansatz $y = X(x)\cdot T(t)$ gemacht. Setzt man diesen in (1) ein, so erhält man:

$$X\cdot\ddot{T} = c^2X''T \quad \text{oder} \quad \frac{X''}{X}(x) = \frac{\ddot{T}}{c^2T}(t). \tag{3}$$

Da die linke Seite der Gleichung (3) nur von x, die rechte Seite nur von t abhängt und x und t voneinander unabhängig sind, wird die Gleichung nur erfüllt, wenn beide Seiten konstant sind. Die Konstante wird $-\lambda^2$ genannt.

$$\frac{X''}{X} = -\lambda^2 \quad \text{und} \quad \frac{\ddot{T}}{c^2 T} = -\lambda^2,$$

oder umgeformt

$$X'' + \lambda^2 X = 0 \quad \text{und} \quad \ddot{T} + \lambda^2 c^2 T = 0. \tag{4}$$

Diese beiden Gleichungen haben die Lösungen

$$X = A_1 \cos \lambda x + B_1 \sin \lambda x, \qquad T = A_2 \cos \lambda ct + B_2 \sin \lambda ct.$$

Da $y = X \cdot T$, gilt

$$y(x,t) = (A_1 \cos \lambda x + B_1 \sin \lambda x)(A_2 \cos \lambda ct + B_2 \sin \lambda ct). \tag{5}$$

Aus der Bedingung $y(0,t) = 0$ folgt, daß $A_1(A_2 \cos \lambda ct + B_2 \sin \lambda ct) = 0$. Diese Bedingung wird durch $A_1 = 0$ erfüllt. Dann ist

$$y(x,t) = B_1 \sin \lambda x(A_2 \cos \lambda ct + B_2 \sin \lambda ct).$$

Nun wird

$$B_1 A_2 = a, \qquad B_1 B_2 = b$$

gesetzt, und es folgt

$$y(x,t) = \sin \lambda x(a \cos \lambda ct + b \sin \lambda ct). \tag{6}$$

Aus der Bedingung $y(l,t) = 0$ folgt, daß $\sin \lambda l = 0$ ist. Dies ist der Fall, wenn

$$\lambda l = n\pi \qquad \text{oder} \qquad \lambda = \frac{n\pi}{l} \tag{7}$$

ist. Dabei ist $n = 1, 2, 3, \ldots$. Der zunächst möglich erscheinende Wert $n = 0$ führt auf $y(x,t) \equiv 0$ und muß ausgeschlossen werden. Die Beziehung (7) wird in (6) eingesetzt. Die Normalschwingung wird mit dem Index n versehen:

$$y_n(x,t) = \sin \frac{n\pi x}{l} \left(a_n \cos \frac{n\pi ct}{l} + b_n \sin \frac{n\pi ct}{l} \right). \tag{8}$$

Wegen $y(x,0) = 0$ sind alle $a_n = 0$, und es gilt

$$y_n(x,t) = b_n \sin \frac{n\pi x}{l} \sin \frac{n\pi ct}{l}. \tag{9}$$

Durch Differentiation von (9) erhalten wir

$$\frac{\partial y_n}{\partial t} = b_n \frac{n\pi c}{l} \sin \frac{n\pi x}{l} \cos \frac{n\pi ct}{l}. \tag{10}$$

Für lineare Differentialgleichungen gilt das Superpositionsprinzip, so daß für die gesamte Lösung gilt:

$$\frac{\partial y}{\partial t} = \sum_{n=1}^{\infty} \frac{n\pi c b_n}{l} \sin \frac{n\pi x}{l} \cos \frac{n\pi ct}{l}. \tag{11}$$

Wegen

$$\left. \frac{\partial}{\partial t} y(x,t) \right|_{t=0} = g(x),$$

folgt

$$g(x) = \sum_{n=1}^{\infty} \frac{n\pi c b_n}{l} \sin \frac{n\pi x}{l}. \tag{12}$$

Die Fourierkoeffizienten ergeben sich dann durch

$$\frac{n\pi c b_n}{l} = \frac{2}{l} \int_0^l g(x) \sin \frac{n\pi x}{l}\, \mathrm{d}x, \qquad \text{oder} \tag{13}$$

$$b_n = \frac{2}{n\pi c} \int_0^l g(x) \sin \frac{n\pi x}{l}\, \mathrm{d}x. \tag{14}$$

Durch Einsetzen von (14) in (9) erhalten wir die endgültige Lösung für $y(x,t)$:

$$y(x,t) = \sum_{n=1}^{\infty} \left(\frac{2}{n\pi c} \int_0^l g(x') \sin \frac{n\pi x'}{l}\, \mathrm{d}x' \right) \sin \frac{n\pi x}{l} \sin \frac{n\pi ct}{l}. \tag{15}$$

▲ Aufgabe 9.2

Fourierreihe bei Stufenfunktion

▼ Aufgabe 9.3

Gegeben sei die Funktion

$$f(x) = \begin{cases} 0, & \text{für } -5 \le x \le 0, \\ 3, & \text{für } 0 \le x \le 5 \end{cases} \qquad \text{Periode: } 2l = 10$$

a) Skizzieren Sie die Funktion.
b) Bestimmen Sie ihre Fourierreihe.

Lösung:

a)
$$f(x) = \begin{cases} 0, & \text{für } -5 \le x \le 0, \\ 3, & \text{für } 0 \le x \le 5 \end{cases} \qquad \text{Periode: } 2l = 10$$

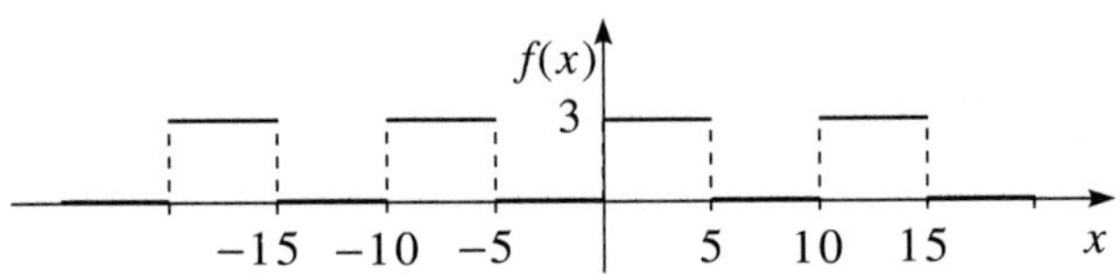

Die Stufenfunktion mit der Periode 10.

b) Periode $2l = 10$ und $l = 5$. Wir wählen das Intervall a bis $a + 2l$ als -5 bis 5, d. h. $a = -5$.

$$a_n = \frac{1}{l} \int_a^{a+2l} f(x) \cos \frac{n\pi x}{l}\, \mathrm{d}x = \frac{1}{5} \int_{-5}^{5} f(x) \cos \frac{n\pi x}{l}\, \mathrm{d}x$$

$$= \frac{1}{5} \left\{ \int_{-5}^{0} (0) \cos \frac{n\pi x}{5}\, \mathrm{d}x + \int_0^5 3 \cos \frac{n\pi x}{5}\, \mathrm{d}x \right\} = \frac{3}{5} \int_0^5 \cos \frac{n\pi x}{5}\, \mathrm{d}x$$

$$= \frac{3}{5} \left\{ \frac{5}{n\pi} \sin \frac{n\pi x}{5} \right\} \Bigg|_0^5 = 0 \quad \text{für} \quad n \neq 0.$$

Für $n = 0$ ist $a_n = a_0 = (3/5)\int\limits_0^5 \cos(0\pi x/5)\,\mathrm{d}x = (3/5)\int\limits_0^5 \mathrm{d}x = 3.$

Weiterhin ist

$$\begin{aligned} b_n &= \frac{1}{l}\int\limits_a^{a+2l} f(x)\sin\frac{n\pi x}{l}\,\mathrm{d}x = \frac{1}{5}\int\limits_{-5}^{5} f(x)\sin\frac{n\pi x}{l}\,\mathrm{d}x \\ &= \frac{1}{5}\left\{\int\limits_{-5}^{0}(0)\sin\frac{n\pi x}{5}\,\mathrm{d}x + \int\limits_0^5 3\sin\frac{n\pi x}{5}\,\mathrm{d}x\right\} = \frac{3}{5}\int\limits_0^5 \sin\frac{n\pi x}{5}\,\mathrm{d}x \\ &= \frac{3}{5}\left(-\frac{5}{n\pi}\cos\frac{n\pi x}{5}\right)\Bigg|_0^5 = \frac{3}{n\pi}(1-\cos n\pi). \end{aligned}$$

Damit ist

$$f(x) = \frac{3}{2} + \sum_{n=1}^{\infty}\frac{3}{n\pi}(1-\cos n\pi)\sin\left(\frac{n\pi x}{5}\right)$$

d. h.

$$f(x) = \frac{3}{2} + \frac{6}{\pi}\left(\sin\frac{\pi x}{5} + \frac{1}{3}\sin\frac{3\pi x}{5} + \frac{1}{5}\sin\frac{5\pi x}{5} + \cdots\right).$$

Aufgabe 9.3

Eindeutigkeit des Tautochronenproblems

Aufgabe 9.4

Auf welcher Trajektorie muß sich die Masse eines mathematischen Pendels bewegen, damit die Schwingungsdauer des Pendels vom Auschlag unabhängig wird?

Lösung:

Wie schon früher (Bd. 1 der Vorlesungen, Aufgabe 24.4), betrachten wir nebenstehende Figur:

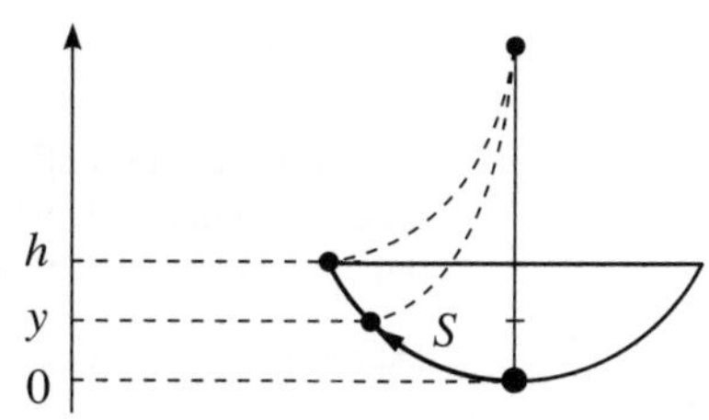

Konstruktion der Tautochrone.

Aus dem Energiesatz folgt

$$\frac{m}{2}\dot{s}^2(y) + gmy = mgh \qquad (1)$$

bzw.

$$\dot{s}(y) = \sqrt{2g(h-y)}. \qquad (2)$$

Durch Trennen der Variablen kann man daraus die Schwingungsdauer berechnen:

$$\frac{1}{4}T = \int\limits_0^{T/4}\mathrm{d}t = \int\limits_0^{s(h)}\frac{\mathrm{d}s}{\sqrt{2g(h-y)}} = \int\limits_0^h \frac{(\mathrm{d}s/\,\mathrm{d}y)\,\mathrm{d}y}{\sqrt{2g(h-y)}}. \qquad (3)$$

Indem wir auf die Variable $u = y/h$ umsteigen, wird aus (3)

$$\frac{T}{4} = \int\limits_0^1 \frac{(\mathrm{d}s/\,\mathrm{d}y)\sqrt{h}\,\mathrm{d}u}{\sqrt{2g(1-u)}}. \qquad (4)$$

♦ Aufgabe 9.4

Wir verlangen nun, daß T von der maximalen Höhe h unabhängig sein soll:

$$\frac{\mathrm{d}T}{\mathrm{d}h} = 0 \quad \text{für alle } h. \tag{5}$$

Damit erhalten wir aus (4) ($s' \equiv \mathrm{d}s/\,\mathrm{d}y$):

$$\frac{\mathrm{d}}{\mathrm{d}h}\int_0^1 \frac{s'\sqrt{h}\,\mathrm{d}u}{\sqrt{2g(1-u)}} = \int_0^1 \frac{\mathrm{d}u}{\sqrt{2g(1-u)}}\left(\frac{1}{2}h^{-1/2}s' + \sqrt{h}\frac{\mathrm{d}s'}{\mathrm{d}h}\right) \tag{6}$$
$$= 0 \quad (\text{für alle } h).$$

Mit der Bedingung, daß wir die dimensionslose Variable $u = y/h$ konstant halten, können wir die Ableitung nach h in eine Ableitung nach y umschreiben:

$$\frac{\mathrm{d}s'}{\mathrm{d}h} = \frac{u\,\mathrm{d}s'}{\mathrm{d}(uh)} = u\frac{\mathrm{d}s'}{\mathrm{d}y} = us'' \tag{7}$$

und können somit (6) umformen zu

$$\int_0^1 \frac{\mathrm{d}u}{\sqrt{8g(1-u)}}(s' + 2ys'')\frac{1}{\sqrt{h}} = 0 \quad (\text{für alle } h). \tag{8}$$

Eine beliebige periodische Funktion $f(u)$ mit $\int_0^1 f(u)\,\mathrm{d}u = 0$ kann man allgemein in eine Fourierreihe entwickeln:

$$f(u) = \sum_{m=1}^{\infty}\left[a_m \sin(2\pi mu) + b_m \cos(2\pi mu)\right]. \tag{9}$$

Deshalb folgt aus (8)

$$s'' + \frac{1}{2y}s' = \frac{\sqrt{8gh(1-u)}}{2y}\sum_{m=1}^{\infty}\Big(a_m \sin(2\pi mu) + b_m \cos(2\pi mu)\Big)$$
$$= \frac{\sqrt{8gh(h-y)}}{2y}\sum_{m=1}^{\infty}\left(a_m \sin\left(2\pi m\frac{y}{h}\right) + b_m \cos\left(2\pi m\frac{y}{h}\right)\right). \tag{10}$$

Dies soll jedoch für alle Werte von h gelten. Die linke Seite von (10) enthält h nicht; deshalb muß die rechte Seite von h unabhängig sein. Das gilt nur für $a_m = b_m = 0$ (für alle m), wie nun bewiesen werden soll.

Damit die rechte Seite von (10) von h unabhängig wird, muß gelten

$$\sum_{m=1}^{\infty}\left[a_m \sin\left(2\pi m\frac{y}{h}\right) + b_m \cos\left(2\pi m\frac{y}{h}\right)\right] = \frac{\mathrm{const}(y/h)h^{1/2}}{\sqrt{8g(1-y/h)}} \tag{11}$$

bzw.

$$\sum_{m=1}^{\infty}\left[a_m \sin(2\pi mu) + b_m \cos(2\pi mu)\right] = \frac{u}{\sqrt{1-u}}\frac{h^{1/2}}{\sqrt{8g}}C. \tag{12}$$

Indem wir (12) von 0 bis 1 integrieren, erhalten wir

$$0 = \frac{h^{1/2}}{\sqrt{8g}}C\int_0^1 \frac{u}{\sqrt{1-u}}\,\mathrm{d}u = \frac{4}{3}\frac{h^{1/2}}{\sqrt{8g}}C, \tag{13}$$

also $C = 0$. (Dies drückt die Tatsache aus, daß sich $u/\sqrt{1-u}$ nicht in eine Fourierreihe gemäß (12) entwickeln läßt).

Setzen wir dieses Ergebnis $C = 0$ wieder in (11) ein, so haben wir gleich $a_m = b_m = 0$, $\forall m$, und somit aus (10)

$$s'' + \frac{s'}{2y} = 0. \tag{14}$$

Daraus erhält man sofort durch einmaliges Integrieren

$$\frac{s''}{s'} = -\frac{1}{2y} \quad \Rightarrow \quad s' \equiv \frac{\mathrm{d}s}{\mathrm{d}y} = \tilde{C}\mathrm{e}^{-(1/2)\ln y} = \frac{\tilde{C}}{\sqrt{y}}. \tag{15}$$

Üblicherweise bezeichnet man die Konstante mit

$$\tilde{C} = \sqrt{\frac{l}{2}}, \tag{16}$$

so daß wir

$$\frac{\mathrm{d}s}{\mathrm{d}y} = \sqrt{\frac{l}{2}}\frac{1}{\sqrt{y}} \tag{17}$$

zu lösen haben. Dies ist die Differentialgleichung für eine Zykloide (siehe Aufgabe 24.4, Bd. 1).

Aufgabe 9.4 ▲

10 Die schwingende Membran

Mit der schwingenden Membran wollen wir ein zweidimensionales schwingendes System betrachten. Wir werden sehen, daß wir in vielem eine einfache Übertragung der Methoden vornehmen können, die wir bei der schwingenden Saite benutzt haben.

Die Membran ist eine Haut ohne Eigenelastizität. Das Einspannen der Membran am Rande führt zu einer Spannkraft, die bei einer Auslenkung der Membran rücktreibend wirkt.

Die Spannung tangentiell in der Membran sei örtlich und zeitlich konstant. Wir betrachten nur Schwingungen von so kleiner Amplitude, daß Auslenkungen in der Membranebene vernachlässigbar sind.

Herleitung der Differentialgleichung

Wir führen folgende Bezeichnungen ein: σ ist die Flächendichte der Membran, die Spannung der Membran ist T (Kraft pro Längenelement). Das Koordinatensystem legen wir so, daß die Membran in der (x, y)-Ebene liegt. Die dazu senkrechten Auslenkungen bezeichnen wir mit $u = u(x, y, t)$.

Um die Bewegungsgleichung aufzustellen, denken wir uns einen Schnitt der Länge Δx durch die Membran parallel zur x-Achse und einen Schnitt Δy parallel zur y-Achse. Die Kraft, die an dem Membranelement $\Delta x \Delta y$ in x-Richtung wirkt, ist das Produkt aus der Spannung und der Länge des Schnittes: $F_x = T\Delta y$. Analog gilt für die y-Komponente: $F_y = T\Delta x$.

An dem Flächenelement $\Delta x \Delta y$ greift die Summe der beiden Kräfte an. Bei einer Auslenkung wirkt die u-Komponente dieser Summe auf die Membran.

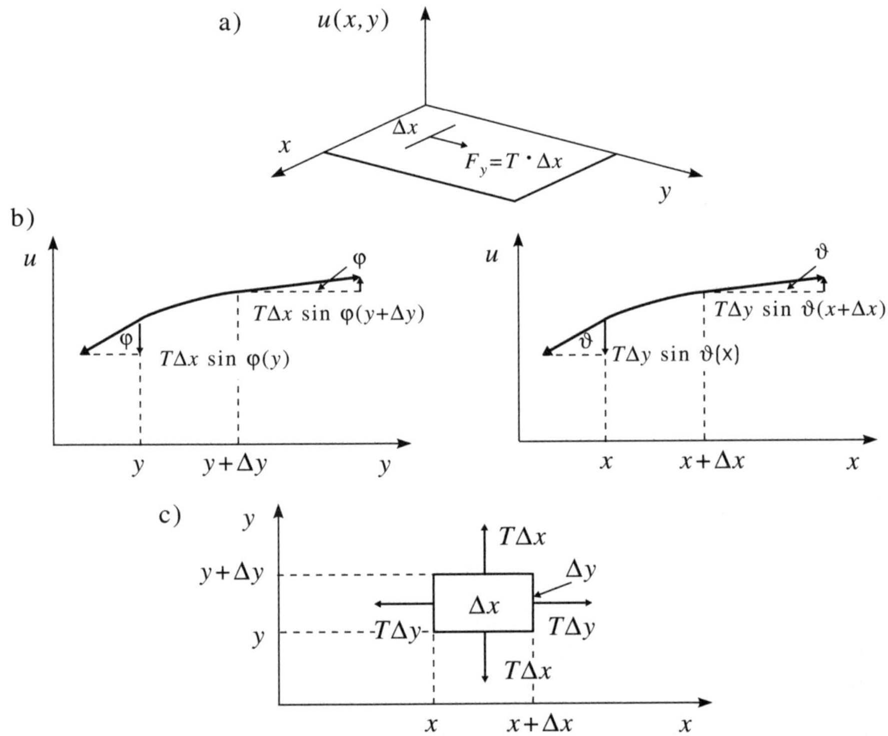

Die schwingende Membran;
a) in Perspektive, b) verschiedene Schnitte durch dieselbe, c) in Draufsicht.

Aus der Skizze lesen wir ab:

$$\begin{aligned} F_u = {} & T\Delta x[\sin\varphi(y+\Delta y) - \sin\varphi(y)] \\ & + T\Delta y[\sin\vartheta(x+\Delta x) - \sin\vartheta(x)]. \end{aligned} \tag{10.1}$$

Da wir uns auf kleine Auslenkungen und Winkel beschränken, kann der Sinus durch den Tangens ersetzt werden. Für den Tangens setzen wir dann den Differentialquotienten ein, z. B.

$$\tan\varphi(x,y+\Delta y) = \frac{\partial u}{\partial y}(x,y+\Delta y),$$

d. h. die partielle Ableitung nach y an der Stelle $y + \Delta y$.

Dann geht Gleichung (10.1) in die folgende Form über:

$$F_u = T\Delta x\left(\frac{\partial u}{\partial y}(x,y+\Delta y) - \frac{\partial u}{\partial y}(x,y)\right) + T\Delta y\left(\frac{\partial u}{\partial x}(x+\Delta x) - \frac{\partial u}{\partial x}(x,y)\right).$$

Ziehen wir das Produkt $T\Delta x\Delta y$ heraus, so folgt:

$$F_u = T\Delta x\Delta y\left(\frac{\frac{\partial u}{\partial y}(x,y+\Delta y) - \frac{\partial u}{\partial y}(x,y)}{\Delta y} + \frac{\frac{\partial u}{\partial x}(x+\Delta x,y) - \frac{\partial u}{\partial x}(x,y)}{\Delta x}\right).$$

Wir ersetzen die Fläche $\Delta x\Delta y$ unseres Membranelementes durch $\Delta m/\sigma$, wobei Δm seine Masse und $\sigma = \Delta m/\Delta x\Delta y$ die Massendichte pro Fläche ist. Wenn wir jetzt zu Differentialen übergehen, $\Delta x,\Delta y \to 0$, so ergibt sich

$$\lim_{\Delta x\to 0}\frac{\frac{\partial u}{\partial x}(x+\Delta x,y) - \frac{\partial u}{\partial x}(x,y)}{\Delta x} = \frac{\partial^2 u}{\partial x^2}(x,y)$$

oder

$$F_u = T\frac{\Delta m}{\sigma}\left(\frac{\partial^2 u}{\partial x^2} + \frac{\partial^2 u}{\partial y^2}\right).$$

Mit dieser Kraft erhalten wir die Bewegungsgleichung

$$\Delta m\frac{\partial^2 u}{\partial t^2} = T\frac{\Delta m}{\sigma}\left(\frac{\partial^2 u}{\partial x^2} + \frac{\partial^2 u}{\partial y^2}\right).$$

Mit der Abkürzung $T/\sigma = c^2$ und dem Laplaceoperator ergibt sich:

$$\Delta u - \frac{1}{c^2}\frac{\partial^2 u}{\partial t^2} = 0. \tag{10.2}$$

Diese Form der Wellengleichung ist von der Dimension des schwingenden Mediums unabhängig. Setzen wir z. B. den dreidimensionalen Laplaceoperator ein und setzen $u = u(x,y,z,t)$, so gilt Gleichung (10.2) auch für Schallschwingungen (u gibt dann die Dichteänderung der Luft an). c ist – wie bei der schwingenden Saite – die Ausbreitungsgeschwindigkeit von kleinen Störungen (Schallgeschwindigkeit).

Lösung der Differentialgleichung: Rechteckige Membran

Die zweidimensionale Wellengleichung (10.2) soll nun am Beispiel der *rechteckigen Membran* gelöst werden.

Vorgegeben werden die *Randbedingungen*, die bedeuten, daß die Membran dort nicht schwingen kann: $u(0,y,t) = u(a,y,t) = u(x,0,t) = u(x,b,t) = 0$.

Zur Lösung machen wir wieder den Produktansatz

$$u(x,y,t) = V(x,y)\cdot Z(t),$$

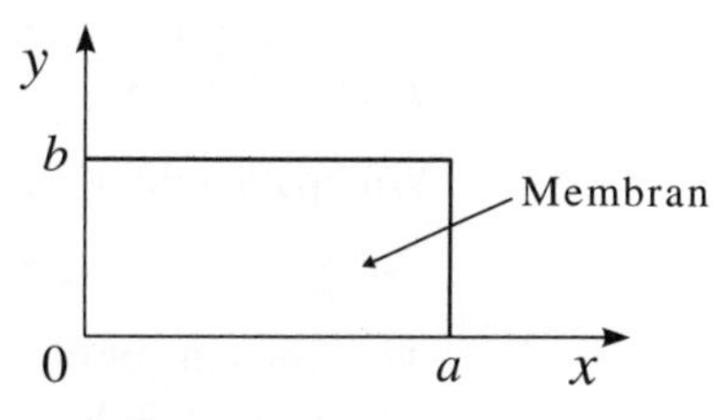

Veranschaulichung einer rechteckigen Membran.

mit dem wir zuerst einmal die Ortsvariablen von der Zeit trennen. Normalschwingungen sind von diesem Typ. Alle Punkte x, y (Massenpunkte) haben dann dasselbe zeitliche Verhalten. Das ist typisch für Eigenschwingungen. Durch Einsetzen in die Wellengleichung erhalten wir nach Variablen geordnet:

$$\frac{\ddot{Z}(t)}{Z(t)} = c^2 \frac{\Delta V(x,y)}{V(x,y)}.$$

Hier liegt die Identität einer Funktion *nur* des Ortes mit einer Funktion, die *nur* von der Zeit abhängt, vor. Diese Identität ist nur dann immer gültig, wenn beide Funktionen Konstanten sind, also in bezug auf Ort und Zeit unveränderlich sind. Die Konstante, der diese Funktionen gleich sind, bezeichnen wir mit $-\omega^2$, den Quotienten ω^2/c^2 mit k^2.

Es gilt dann:

$$\frac{\ddot{Z}}{Z} = -\omega^2, \tag{10.3}$$

$$\frac{\Delta V(x,y)}{V(x,y)} = -k^2, \qquad k^2 = \frac{\omega^2}{c^2}. \tag{10.4}$$

Die allgemeine Lösung von (10.3) können wir sofort angeben:

$$Z(t) = A\sin(\omega t + \delta).$$

Hätten wir eine positive Separationskonstante, d. h. $+\omega^2$ in Gleichung (10.3) gewählt, wäre die Lösung $Z(t) = \mathrm{e}^{\pm\omega t}$ gewesen. Das heißt, sie wäre mit der Zeit entweder explodiert ($\mathrm{e}^{+\omega t}$) oder abgeklungen ($\mathrm{e}^{-\omega t}$). Die negative Separationskonstante in Gleichung (10.3) sichert offensichtlich harmonische Lösungen.

Um die beiden Ortsvariablen zu trennen, machen wir den weiteren Separationsansatz:

$$V(x,y) = X(x) \cdot Y(y).$$

Eingesetzt in (10.4) erhalten wir

$$Y\frac{\partial^2 X}{\partial x^2} + X\frac{\partial^2 Y}{\partial y^2} + k^2 XY = 0.$$

Daraus folgt nach Division mit $X(x)Y(y)$

$$\frac{1}{X(x)}\frac{\partial^2 X(x)}{\partial x^2} + \frac{1}{Y(y)}\frac{\partial^2 Y(y)}{\partial y^2} + k^2 = 0, \qquad k^2 = \frac{\omega^2}{c^2}.$$

Auch hier gilt wieder: Eine Funktion von x ist nur dann einer Funktion von y gleich, wenn beide Konstanten sind.

Wir spalten die Konstante k^2 auf in

$$k^2 = k_x^2 + k_y^2$$

und erhalten somit

$$\frac{1}{X}\frac{\partial^2 X}{\partial x^2} = -k_x^2, \qquad \frac{1}{Y}\frac{\partial^2 Y}{\partial y^2} = -k_y^2.$$

Es gilt also:

$$\frac{\partial^2 X}{\partial x^2} + k_x^2 X = 0, \qquad \text{Lösung: } X(x) = A_1 \sin(k_x x + \delta_1),$$

$$\frac{\partial^2 Y}{\partial y^2} + k_y^2 Y = 0, \qquad \text{Lösung: } Y(y) = A_2 \sin(k_y y + \delta_2).$$ [1)]

Durch Multiplikation der Teillösungen und Zusammenfassen der Konstanten ergibt sich die vollständige Lösung der zweidimensionalen Wellengleichung:

$$u(x, y, t) = B \sin(k_x x + \delta_1) \sin(k_y y + \delta_2) \sin(\omega t + \delta).$$

Einarbeitung der Randbedingungen

Mit den vorgegebenen Randbedingungen für u erhalten wir:

$$u(0, y, t) = B \sin \delta_1 \sin(k_y y + \delta_2) \sin(\omega t + \delta) = 0,$$

$$u(x, 0, t) = B \sin(k_x x + \delta_1) \sin \delta_2 \sin(\omega t + \delta) = 0.$$

Beide Gleichungen sind nur dann für alle Werte der Variablen x, y, t erfüllt, wenn gilt:

$$\sin \delta_1 = \sin \delta_2 = 0,$$

was z. B. für $\delta_1 = \delta_2 = 0$ richtig ist.

Daraus ergibt sich für die anderen Randbedingungen:

$$u(a, y, t) = B \sin(k_x a) \sin(k_y y) \sin(\omega t + \delta) = 0,$$

$$u(x, b, t) = B \sin(k_x x) \sin(k_y b) \sin(\omega t + \delta) = 0.$$

Aus gleichen Überlegungen wie oben folgt

$$\sin(k_x a) = \sin(k_y b) = 0,$$

woraus resultiert:

$$k_x a = n_x \pi, \quad k_y b = n_y \pi, \quad \text{mit} \quad n_x, n_y = 1, 2, \ldots .$$

Die Werte $n_x = n_y = 0$ müssen ausgeschlossen werden, weil sie – wie bei der schwingenden Saite – $u(x, y, t) = 0$ liefern.

Es gilt nun

$$k^2 = k_x^2 + k_y^2 = n_x^2 \left(\frac{\pi}{a}\right)^2 + n_y^2 \left(\frac{\pi}{b}\right)^2$$

und wegen $\omega = k \cdot c$ folgt für die Eigenfrequenz

$$\omega_{n_x n_y} = c\pi \sqrt{\frac{n_x^2}{a^2} + \frac{n_y^2}{b^2}}.$$

---

1) Eine der beiden Separationskonstanten k_x^2 bzw. k_y^2 könnte im Prinzip negativ gewählt werden derart, daß z. B. $k_x^2 - k_y^2 = k^2$. In diesem Fall erhielten wir $Y = A\,e^{k_y \cdot y} + B\,e^{-k_y \cdot y}$, und die Randbedingungen $u(x, 0, t) = u(x, b, t) = 0$ ließen sich nur mit $A = B = 0$ erfüllen.

Eigenfrequenzen

Demnach betragen die Eigenfrequenzen der rechteckigen Membran

$$\omega_{n_x n_y} = c\pi\sqrt{\frac{n_x^2}{a^2} + \frac{n_y^2}{b^2}},$$

wobei die tiefste Frequenz der *Grundton* ist:

$$\omega_{11} = c\pi\sqrt{\frac{1}{a^2} + \frac{1}{b^2}}.$$

Bei der Saite gilt $\omega_n = n\omega_1$, die Obertöne sind ganzzahlige Vielfache der Grundfrequenz. Dies gilt im zweidimensionalen Fall nicht mehr. Im Gegensatz zum *harmonischen Frequenzspektrum* ($\omega_n = n\omega_1$) der Saite hat die Membran ein *anharmonisches Spektrum* ($\omega_{n_x n_y} \neq n\omega_{11}$).

Entartung

Nehmen im Spezialfall der quadratischen Membran die Seiten gleiche Länge an, gilt also $a = b$, so folgt daraus:

$$\omega_{n_x n_y} = \frac{\sqrt{n_x^2 + n_y^2}}{\sqrt{2}}\omega_{11}, \qquad \omega_{11} = \frac{c\pi\sqrt{2}}{a}.$$

$n_y \backslash n_x$	1	2	3	4
1	1,00	1,58	2,24	2,92
2	1,58	2,00	2,55	3,16
3	2,24	2,55	3,00	3,54
4	2,92	3,16	3,54	4,00

Das Verhältnis $\dfrac{\omega_{n_x n_y}}{\omega_{11}}$ als Funktion von n_x und n_y

Die Tabelle der Verhältnisse $\omega_{n_x n_y}/\omega_{11}$ für einige Werte der „Quantenzahlen" n_x,n_y einer quadratischen Membran zeigt, daß es für verschiedene Paare von „Quantenzahlen" dieselben Eigenwerte gibt, daß also verschiedene Eigenschwingungen mit derselben Frequenz möglich sind. *Solche Zustände nennt man entartet.* Bei der quadratischen Membran, die ja symmetrisch ist in bezug auf die Bedeutung der x- bzw. y-Koordinate, sind alle zur Hauptdiagonalen der Tabelle symmetrisch angeordneten Zustände $n_x n_y$ entartet.

Die Entartung wird sofort aufgehoben, wenn $a \neq b$. Ganz allgemein gilt, daß *Entartungen nur in Systemen mit bestimmten Symmetrien zu finden sind.*

Weiter erkennen wir, daß die quadratische Membran einen Anteil harmonischer Oberschwingungen enthält (Diagonalelemente der Tabelle).

Knotenlinien

An den Stellen, an denen der ortsabhängige Teil der Wellenbewegung Null wird, befindet sich bei der Saite ein Knoten, bei der Membran entsprechend eine *Knotenlinie*.

Der ortsabhängige Teil lautet:

$$\sin\frac{n_x \pi x}{a}\sin\frac{n_y \pi y}{b}.$$

Für $n_x = 2$ und $n_y = 1$ gilt also z. B.

$$\sin\frac{2\pi x}{a}\sin\frac{\pi y}{b} = 0$$

als Bedingung für eine Knotenlinie.

Außer auf den Rändern ist diese Bedingung noch für die Gerade $x = a/2$ erfüllt, die eine Knotenlinie für $(n_x, n_y) = (2, 1)$ darstellt. Im allgemeinen sind Knotenlinien also alle Geraden der Form:

$$x = \frac{ma}{n_x};\ y = \frac{nb}{n_y}\ (m = 1, 2, \ldots,), m < n_x;\ (n = 1, 2, \ldots,), n < n_y.$$

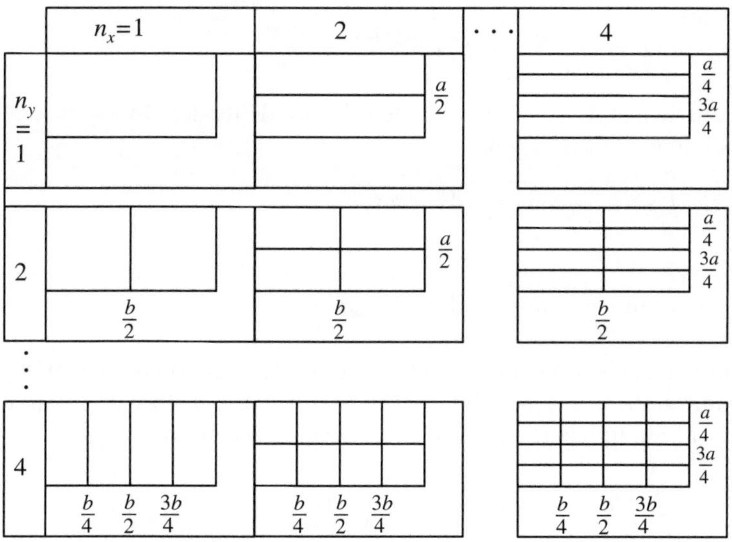

Tabelle von Knotenlinien einiger Eigenschwingungen.

Allgemeine Lösung (Einarbeitung der Anfangsbedingungen)

Die allgemeine Lösung der Wellengleichung für die rechteckige Membran ergibt sich, da es sich um eine lineare Differentialgleichung handelt, als Summe der speziellen Lösungen (Superpositionsprinzip):

$$u(x, y, t) = \sum_{n_x=1}^{\infty}\sum_{n_y=1}^{\infty} c_{n_x n_y}\sin\frac{n_x \pi x}{a}\sin\frac{n_y \pi y}{b}\sin(\omega_{n_x n_y} t + \varphi_{n_x n_y}).$$

Wir können nun die $c_{n_x n_y}$ und die $\varphi_{n_x n_y}$ aus den Anfangsbedingungen bestimmen. Sie lauten:

$$u(x,y,t=0) = u_0(x,y),$$
$$\dot{u}(x,y,t=0) = v_0(x,y).$$

Für $t = 0$ lauten die allgemeine Lösung und ihre zeitliche Ableitung:

$$u_0(x,y) = \sum_{n_x,\,n_y=1}^{\infty} c_{n_x n_y} \sin \varphi_{n_x n_y} \cdot \sin \frac{n_x \pi x}{a} \cdot \sin \frac{n_y \pi y}{b},$$

$$v_0(x,y) = \sum_{n_x,\,n_y=1}^{\infty} \omega_{n_x n_y} c_{n_x n_y} \cos \varphi_{n_x n_y} \cdot \sin \frac{n_x \pi x}{a} \cdot \sin \frac{n_y \pi y}{b}.$$

Wir definieren die Konstanten um:

$$A_{n_x n_y} = c_{n_x n_y} \sin \varphi_{n_x n_y}, \tag{10.5}$$

$$B_{n_x n_y} = \omega_{n_x n_y} c_{n_x n_y} \cos \varphi_{n_x n_y}. \tag{10.6}$$

Dann gehen obige Gleichungen über in

$$u_0(x,y) = \sum_{n_x,\,n_y=1}^{\infty} A_{n_x n_y} \sin \frac{n_x \pi x}{a} \sin \frac{n_y \pi y}{b}, \tag{10.7}$$

$$v_0(x,y) = \sum_{n_x,\,n_y=1}^{\infty} B_{n_x n_y} \sin \frac{n_x \pi x}{a} \sin \frac{n_y \pi y}{b}. \tag{10.8}$$

Die Koeffizienten $A_{n_x n_y}$ und $B_{n_x n_y}$ lassen sich mit Hilfe der Orthogonalitätsrelationen bestimmen. Diese lauten:

$$\begin{aligned} \int_{-a}^{a} \sin \frac{\bar{n}_x \pi x}{a} \sin \frac{n_x \pi x}{a} \, \mathrm{d}x &= a \delta_{\bar{n}_x n_x}, \\ \int_{-b}^{b} \sin \frac{\bar{n}_y \pi y}{b} \sin \frac{n_y \pi y}{b} \, \mathrm{d}y &= b \delta_{\bar{n}_y n_y}. \end{aligned} \tag{10.9}$$

Wir denken uns (10.7) über die Ränder hinweg ungerade fortgesetzt, multiplizieren (10.7) mit $\sin(\bar{n}_x \pi x/a)$ und integrieren von $-a$ bis a über x. Dann wird mit $\sin(\bar{n}_y \pi y/b)$ multipliziert und über y von $-b$ bis b integriert:

$$\begin{aligned} &\int_{-a}^{a} \int_{-b}^{b} u_0(x,y) \sin \frac{\bar{n}_x \pi x}{a} \sin \frac{\bar{n}_y \pi y}{b} \, \mathrm{d}x \, \mathrm{d}y \\ &\quad = 4 \int_{0}^{a} \int_{0}^{b} u_0(x,y) \sin \frac{\bar{n}_x \pi x}{a} \sin \frac{\bar{n}_y \pi y}{b} \, \mathrm{d}x \, \mathrm{d}y \\ &\quad = \sum_{n_x,n_y}^{\infty} A_{n_x n_y} \int_{-a}^{a} \sin \frac{n_x \pi x}{a} \sin \frac{\bar{n}_x \pi x}{a} \, \mathrm{d}x \int_{-b}^{b} \sin \frac{\bar{n}_y \pi y}{b} \sin \frac{n_y \pi y}{b} \, \mathrm{d}y \\ &\quad = \sum_{n_x,n_y}^{\infty} A_{n_x n_y} \delta_{\bar{n}_x n_x} a \delta_{\bar{n}_y n_y} b = ab A_{\bar{n}_x \bar{n}_y}. \end{aligned}$$

Ähnlich verfahren wir mit Gleichung (10.8), um die Koeffizienten $B_{n_x n_y}$ zu bestimmen. Demnach ergibt sich:

$$\begin{aligned} A_{n_x n_y} &= \frac{4}{ab} \int_0^a \int_0^b u_0(x,y) \sin \frac{n_x \pi x}{a} \sin \frac{n_y \pi y}{b} \, dx \, dy, \\ B_{n_x n_y} &= \frac{4}{ab} \int_0^a \int_0^b v_0(x,y) \sin \frac{n_x \pi x}{a} \sin \frac{n_y \pi y}{b} \, dx \, dy. \end{aligned} \tag{10.10}$$

Aus (10.5) und (10.6) lassen sich jetzt unter Kenntnis der $A_{n_x n_y}$, $B_{n_x n_y}$ die $c_{n_x n_y}$ und $\varphi_{n_x n_y}$ berechnen.

Überlagerung von Knotenlinienbildern

Bei entarteten Schwingungen der Membran können auch Knotenlinien auftreten, die durch Überlagerung der Knotenlinienbilder der *entarteten* Normalschwingungen entstehen.

Wir betrachten als Beispiel die Ortsabhängigkeit der entarteten Normalschwingungen der quadratischen Membran

$$\begin{aligned} u_{12} &= \sin \frac{\pi x}{a} \sin \frac{2\pi y}{a} \sin \omega_{12} t \quad \text{und} \\ u_{21} &= \sin \frac{2\pi x}{a} \sin \frac{\pi y}{a} \sin \omega_{21} t. \end{aligned} \tag{10.11}$$

Für die Überlagerung der beiden Normalschwingungen schreiben wir

$$u = u_{12} + C u_{21}.$$

Die Konstante C gibt die spezielle Art der Überlagerung an. Die Gleichung der Knotenlinie erhalten wir aus $u = 0$. Der gemeinsame Zahlenfaktor $\sin \omega_{12} t = \sin \omega_{21} t$ faktorisiert offensichtlich ab. Für den speziellen Fall $C = \pm 1$ ergibt sich dann:

$$\sin \frac{\pi x}{a} \sin \frac{2\pi y}{a} \pm \sin \frac{2\pi x}{a} \sin \frac{\pi y}{a} = 0$$

oder umgeformt

$$\sin \frac{\pi x}{a} \sin \frac{\pi y}{a} \left(\cos \frac{\pi y}{a} \pm \cos \frac{\pi x}{a} \right) = 0. \tag{10.12}$$

Setzen wir die Klammer Null, so folgen die Gleichungen der beiden Knotenlinien:

$$\begin{aligned} y &= x \quad &\text{für} \quad C &= -1 \quad \text{und} \\ y &= a - x \quad &\text{für} \quad C &= +1. \end{aligned}$$

In der Skizze sind die Knotenlinien veranschaulicht.

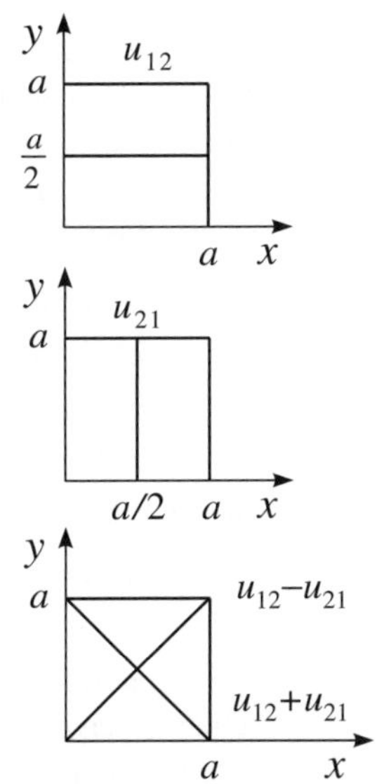

Knotenlinien für entartete Eigenschwingungen.

Wir lernen daraus, daß durch Überlagerung geeigneter Normalschwingungen neue Schwingungen mit neuartigen Knotenlinien konstruiert werden können. Man kann solche speziellen Superpositionen von Normalschwingungen anregen, indem man z. B. Drähte entlang der Knotenlinien (Bild auf vorheriger Seite) spannt, so daß die Trommel entlang dieser Linien beim Schlagen in Ruhe bleibt.

Die kreisförmige Membran

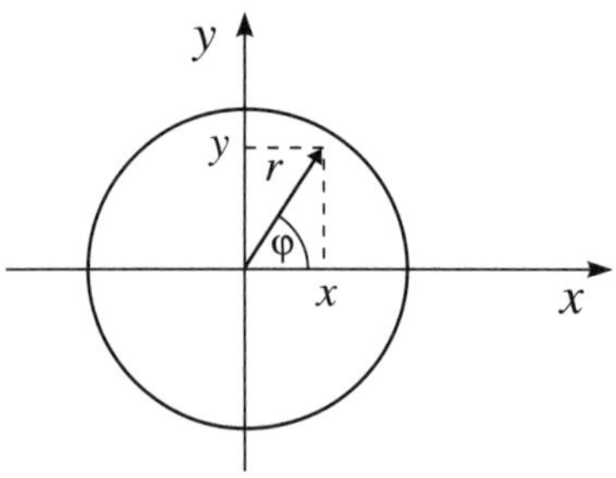

Kreisförmige Membran (Trommel).

Im Fall der kreisförmigen Membran geht man günstiger von der Darstellung in kartesischen Koordinaten über zu der in Polarkoordinaten, d. h. von $u = f(x, y, t)$ zu $u = \psi(r,\varphi,t)$.

Für diese Umrechnung gilt:

$$x = r\cos\varphi, \qquad y = r\sin\varphi,$$
$$\tan\varphi = \frac{y}{x}, \qquad r = \sqrt{x^2+y^2}. \tag{10.13}$$

Für die Umrechnung des Laplaceoperators brauchen wir die Ableitungen:

$$\frac{\partial r}{\partial x} = \frac{x}{r} = \cos\varphi, \qquad \frac{\partial r}{\partial y} = \frac{y}{r} = \sin\varphi. \tag{10.14}$$

Durch Differentiation des Tangens erhalten wir

$$\frac{\partial \tan\varphi}{\partial x} = \frac{\partial \tan\varphi}{\partial\varphi}\frac{\partial\varphi}{\partial x} = \frac{1}{\cos^2\varphi}\cdot\frac{\partial\varphi}{\partial x} = -\frac{y}{x^2}. \tag{10.15}$$

Wenn wir für x und y ihre Polardarstellung einsetzen, folgt $\partial\varphi/\partial x = -(\sin\varphi)/r$. Entsprechende Differentiation von $\tan\varphi$ nach y liefert $\partial\varphi/\partial y = (\cos\varphi)/r$. Um die zweidimensionale Schwingungsgleichung in Polarkoordinaten zu erhalten, rechnen wir zunächst den Laplaceoperator $\Delta(x, y)$ auf Polarkoordinaten $\Delta(r,\varphi)$ um. Dabei fassen wir die Differentialquotienten als Operatoren auf.

Wir führen die Berechnung für die x-Komponente vor, die Umrechnung der y-Komponente erfolgt analog. Nach der Kettenregel gilt:

$$\frac{\partial}{\partial x} = \frac{\partial}{\partial r}\frac{\partial r}{\partial x} + \frac{\partial}{\partial\varphi}\frac{\partial\varphi}{\partial x}. \tag{10.16}$$

Nach Einsetzen der oben gefundenen Ergebnisse folgt

$$\frac{\partial}{\partial x} = \cos\varphi\frac{\partial}{\partial r} - \frac{\sin\varphi}{r}\cdot\frac{\partial}{\partial\varphi}. \tag{10.17}$$

Wir quadrieren dieses Ergebnis unter Berücksichtigung, daß die Summanden als Operatoren aufeinander wirken. (Das Quadrat eines Operators bedeutet zweimalige Anwendung.)

$$\frac{\partial^2}{\partial x^2} = \left(\cos\varphi\frac{\partial}{\partial r} - \sin\varphi\frac{1}{r}\cdot\frac{\partial}{\partial\varphi}\right)\left(\cos\varphi\frac{\partial}{\partial r} - \sin\varphi\frac{1}{r}\cdot\frac{\partial}{\partial\varphi}\right). \tag{10.18}$$

Durch Ausmultiplizieren ergeben sich zunächst die vier Terme:

$$\frac{\partial^2}{\partial x^2} = \left(\cos\varphi\frac{\partial}{\partial r}\cdot\cos\varphi\frac{\partial}{\partial r}\right) + \left(\frac{\sin\varphi}{r}\frac{\partial}{\partial\varphi}\cdot\frac{\sin\varphi}{r}\frac{\partial}{\partial\varphi}\right)$$
$$-\left(\cos\varphi\frac{\partial}{\partial r}\cdot\frac{\sin\varphi}{r}\frac{\partial}{\partial\varphi}\right) - \left(\frac{\sin\varphi}{r}\frac{\partial}{\partial\varphi}\cdot\cos\varphi\frac{\partial}{\partial\varphi}\right). \tag{10.19}$$

Wir behandeln nun die einzelnen Terme nach der Produktregel:

$$\cos\varphi\left(\frac{\partial}{\partial r}\cdot\cos\varphi\frac{\partial}{\partial r}\right) = \cos^2\varphi\frac{\partial^2}{\partial r^2},$$
$$\frac{\sin\varphi}{r}\left(\frac{\partial}{\partial\varphi}\cdot\frac{\sin\varphi}{r}\frac{\partial}{\partial\varphi}\right) = \frac{\sin\varphi\cos\varphi}{r^2}\frac{\partial}{\partial\varphi} + \frac{\sin^2\varphi}{r^2}\frac{\partial^2}{\partial\varphi^2},$$
$$\cos\varphi\left(\frac{\partial}{\partial r}\cdot\frac{\sin\varphi}{r}\frac{\partial}{\partial\varphi}\right) = -\frac{\cos\varphi\sin\varphi}{r^2}\frac{\partial}{\partial\varphi} + \frac{\cos\varphi\sin\varphi}{r}\frac{\partial}{\partial r}\frac{\partial}{\partial\varphi},$$
$$\frac{\sin\varphi}{r}\left(\frac{\partial}{\partial\varphi}\cdot\cos\varphi\frac{\partial}{\partial r}\right) = -\frac{\sin^2\varphi}{r}\frac{\partial}{\partial r} + \frac{\sin\varphi\cos\varphi}{r}\frac{\partial}{\partial\varphi}\frac{\partial}{\partial r}.$$

Daraus erhält man

$$\frac{\partial^2}{\partial x^2} = \cos^2\varphi\frac{\partial^2}{\partial r^2} + \frac{\sin^2\varphi}{r^2}\left(r\frac{\partial}{\partial r} + \frac{\partial^2}{\partial\varphi^2}\right)$$
$$+\frac{2\sin\varphi\cos\varphi}{r^2}\left(\frac{\partial}{\partial\varphi} - r\frac{\partial}{\partial\varphi}\frac{\partial}{\partial r}\right).$$

Analog zu oben ergibt sich für die y-Komponente

$$\frac{\partial^2}{\partial y^2} = \sin^2\varphi\frac{\partial^2}{\partial r^2} + \frac{\cos^2\varphi}{r^2}\left(r\frac{\partial}{\partial r} + \frac{\partial^2}{\partial\varphi^2}\right)$$
$$-\frac{2\sin\varphi\cos\varphi}{r^2}\left(\frac{\partial}{\partial\varphi} - r\frac{\partial}{\partial\varphi}\frac{\partial}{\partial r}\right).$$

Durch Addition beider Ausdrücke erhalten wir den Laplaceoperator in Polarkoordinaten:

$$\frac{\partial^2}{\partial x^2} + \frac{\partial^2}{\partial y^2} = \Delta = \frac{\partial^2}{\partial r^2} + \frac{1}{r}\frac{\partial}{\partial r} + \frac{1}{r^2}\frac{\partial^2}{\partial\varphi^2}. \tag{10.20}$$

Die Schwingungsgleichung nimmt dann folgende Form an:

$$\frac{\partial^2 u(r,\varphi,t)}{\partial r^2} + \frac{1}{r}\frac{\partial u(r,\varphi,t)}{\partial r} + \frac{1}{r^2}\frac{\partial^2 u(r,\varphi,t)}{\partial\varphi^2} = \frac{1}{c^2}\frac{\partial^2 u(r,\varphi,t)}{\partial t^2}. \tag{10.21}$$

Die Lösung der Bewegungsgleichung erfolgt wieder durch Trennung der Variablen. Wir machen einen Produktansatz zur Trennung von Orts- und Zeitfunktionen.

$$u(r,\varphi,t) = V(r,\varphi)\cdot Z(t). \tag{10.22}$$

Durch Einsetzen in die Wellengleichung erhalten wir

$$Z(t)\left(\frac{\partial^2 V}{\partial r^2} + \frac{1}{r}\frac{\partial V}{\partial r} + \frac{1}{r^2}\frac{\partial^2 V}{\partial\varphi^2}\right) = \frac{1}{c^2}V\frac{\partial^2 Z}{\partial t^2}. \tag{10.23}$$

Wir dividieren beide Seiten durch $V(r,\varphi)\cdot Z(t)$:

$$\frac{\dfrac{\partial^2 V}{\partial r^2}+\dfrac{1}{r}\cdot\dfrac{\partial V}{\partial r}+\dfrac{1}{r^2}\cdot\dfrac{\partial^2 V}{\partial \varphi^2}}{V(r,\varphi)}=\frac{1}{c^2}\cdot\frac{\ddot{Z}(t)}{Z(t)}. \tag{10.24}$$

Als Separationskonstante wählen wir

$$\frac{1}{c^2}\cdot\frac{\ddot{T}}{T}=-k^2 \tag{10.25}$$

und führen noch die Kreisfrequenz ω ein durch

$$\omega = ck. \tag{10.26}$$

Daraus ergibt sich

$$\ddot{Z}+\omega^2 Z=0 \tag{10.27}$$

mit der Lösung

$$Z(t)=C\sin(\omega t+\delta). \tag{10.28}$$

Durch Einsetzen der Konstanten $-k^2$ erhält die Bewegungsgleichung folgendes Aussehen:

$$\frac{\partial^2 V}{\partial r^2}+\frac{1}{r}\cdot\frac{\partial V}{\partial r}+\frac{1}{r^2}\cdot\frac{\partial^2 V}{\partial \varphi^2}+k^2 V=0. \tag{10.29}$$

Mit einem zweiten Produktansatz trennen wir Radius- und Winkelfunktionen:

$$V(r,\varphi)=R(r)\cdot\phi(\varphi). \tag{10.30}$$

Damit erhalten wir:

$$\frac{\dfrac{d^2R}{dr^2}+\dfrac{1}{r}\cdot\dfrac{dR}{dr}}{R(r)}+\frac{\dfrac{1}{r^2}\cdot\dfrac{d^2\phi}{d\varphi^2}}{\phi(\varphi)}+k^2=0. \tag{10.31}$$

Wir trennen die Variablen durch Multiplizieren mit r^2:

$$\frac{r^2(d^2R/dr^2)+r(dR/dr)}{R(r)}+k^2r^2+\frac{d^2\phi/d\varphi^2}{\phi(\varphi)}=0. \tag{10.32}$$

Auch hier gilt, daß die Gleichung nur dann immer gültig ist, wenn beide Funktionen Konstanten sind; wir wählen also:

$$\frac{1}{\phi}\frac{d^2\phi}{d\varphi^2}=-\sigma, \tag{10.33}$$

woraus man als Lösung für $\phi(\varphi)$ erhält:

$$\begin{aligned}\phi(\varphi)&=A\,e^{i\sqrt{\sigma}\varphi}+B\,e^{-i\sqrt{\sigma}\varphi}\\&=C\sin(m\varphi+\delta)\qquad\text{mit}\quad m=\pm\sqrt{\sigma},\quad m=0,1,2,3,\ldots\,.\end{aligned} \tag{10.34}$$

m darf nur ganzzahlige Werte annehmen, um die Periodizität der Lösung zu erreichen. Beim Winkel $2\pi+\varphi$ muß die Lösung die gleiche sein wie beim Winkel

φ. Dieser Sachverhalt wird oft mit dem Schlagwort *„periodische Randbedingung“* beschrieben.

Nun können wir ohne Einschränkung des Problems nur positive m zulassen, da durch negative m lediglich der Drehsinn des Winkels umgekehrt wird.

Dadurch erhält die Bewegungsgleichung für die Radialfunktion R folgendes Aussehen:

$$r^2 \frac{\mathrm{d}^2 R}{\mathrm{d}r^2} + r \frac{\mathrm{d}R}{\mathrm{d}r} + k^2 r^2 R - \sigma R = 0$$

oder

$$\frac{\mathrm{d}^2 R}{\mathrm{d}r^2} + \frac{1}{r} \frac{\mathrm{d}R}{\mathrm{d}r} + \left(k^2 - \frac{m^2}{r^2}\right) R = 0. \tag{10.35}$$

Wir substituieren $z = kr$, $\mathrm{d}r = \mathrm{d}z/k$. Dann erhalten wir

$$k^2 \frac{\mathrm{d}^2 R}{\mathrm{d}z^2} + \frac{k^2}{z} \frac{\mathrm{d}R}{\mathrm{d}z} + \left(k^2 - \frac{m^2 k^2}{z^2}\right) R = 0,$$

$$\frac{\mathrm{d}^2 R}{\mathrm{d}z^2} + \frac{1}{z} \frac{\mathrm{d}R}{\mathrm{d}z} + \left(1 - \frac{m^2}{z^2}\right) R = 0. \tag{10.36}$$

In dieser Form heißt die Gleichung *Besselsche Differentialgleichung*. Diese Differentialgleichung und ihre Lösungen erscheinen in vielen Problemen der mathematischen Physik.

Lösung der Besselschen Differentialgleichung

F. W. Bessel (1784–1846) → unten

Die Auflösung der Differentialgleichung

$$\frac{\mathrm{d}^2 g(z)}{\mathrm{d}z^2} + \frac{1}{z} \frac{\mathrm{d}g(z)}{\mathrm{d}z} + \left(1 - \frac{m^2}{z^2}\right) g(z) = 0 \tag{10.37}$$

gelingt nicht mit Hilfe von Integration. Auch Ansätze mit elementaren Funktionen führen nicht zum Ziel. Wir versuchen es daher mit der allgemeinsten Potenzreihenentwicklung:

$$g(z) = z^\mu \left(\sum_{n=0}^{\infty} a_n z^n \right). \tag{10.38}$$

Die Abspaltung eines Potenzfaktors ist nicht notwendig, wird sich aber als sehr zweckmäßig erweisen.

FRIEDRICH WILHELM BESSEL

Bessel, Friedrich Wilhelm, geb 22.7.1784 Minden, gest. 17.3.1846 Königsberg (Kaliningrad). Bessel war erst Handelslehrling in Bremen, bis 1809 Gehilfe an der Sternwarte in Lilienthal und danach Professor der Astronomie in Königsberg und Direktor der dortigen Sternwarte. 1838 gelang ihm die Bestimmung der jährlichen Parallaxe des Sterns 61 Cygni und somit die erste Messung der Entfernung eines Fixsterns. Als Mathematiker trat Bessel besonders hervor durch Untersuchungen über Differentialgleichungen und Besselsche Funktionen.

Da im Mittelpunkt der Membran die Schwingung immer endlich bleibt, darf $g(z)$ bei $z = 0$ keine Singularität aufweisen. Da aber für $z \to 0$

$$g(z) \approx a_0 z^\mu \tag{10.39}$$

ist, muß aus diesen physikalischen Gründen $\mu \geq 0$ sein. Um eine weitergehende Aussage zu erhalten, betrachten wir für zunächst beliebige μ das asymptotische Verhalten der Besselschen Differentialgleichung für $z \to 0$.

Wir können dann wie schon oben

$$g(z) \approx a_0 z^\mu \tag{10.40}$$

setzen und erhalten durch Einsetzen:

$$\begin{aligned}\mu(\mu-1)z^{\mu-2} + \mu z^{\mu-2} + z^\mu - m^2 z^{\mu-2} &= (\mu(\mu-1) + \mu + z^2 - m^2)z^{\mu-2} \\ &\approx (\mu^2 - m^2)z^{\mu-2} = 0,\end{aligned} \tag{10.41}$$

da für $z \to 0$ auch $z^2 \to 0$ gilt.

Wir haben also die Bedingung

$$\mu^2 - m^2 = 0. \tag{10.42}$$

Aus den oben genannten Gründen, die rein physikalischer Natur sind, ergibt sich daraus

$$\mu = m, \qquad m \in \mathbf{N}_0. \tag{10.43}$$

Die Konstante m selbst aber ist ganzzahlig. Dazu erinnern wir uns an die Winkelabhängigkeit der Gesamtlösung, nämlich

$$f(\varphi) = \sin(m\varphi + \delta). \tag{10.44}$$

Da wir bei einem vollen Umlauf wieder an dieselbe Stelle der Membran zurückkommen, muß die Lösungsfunktion die Periode 2π besitzen. Dies ist aber nur dann der Fall, wenn m eine ganze Zahl ist!

Wir wollen jetzt versuchen, die Koeffizienten unseres Ansatzes

$$g_m(z) = z^m(a_0 + a_1 z + a_2 z^2 \ldots), \quad m = 0, 1, 2, \ldots, \tag{10.45}$$

zu bestimmen. Dazu setzen wir den Ansatz in die Besselsche Differentialgleichung ein, die einzelnen Terme dieser Gleichungen haben dann die folgende Gestalt:

$$\begin{aligned}\frac{\mathrm{d}^2 g}{\mathrm{d}z^2} &= z^{m-2}(a_0 m(m-1) + a_1(m+1)mz + a_2(m+2)(m+1)z^2 \\ &\quad + a_3(m+3)(m+2)z^3 + \cdots), \\ \frac{1}{z}\frac{\mathrm{d}g}{\mathrm{d}z} &= z^{m-2}(a_0 m + a_1(m+1)z + a_2(m+2)z^2 + a_3(m+3)z^3 + \cdots), \\ g(z) &= z^{m-2}(a_0 z^2 + a_1 z^3 + \cdots), \\ -\frac{m^2}{z^2} g(z) &= z^{m-2}(-a_0 m^2 - a_1 m^2 z - a_2 m^2 z^2 - a_3 m^2 z^3 - \cdots).\end{aligned}$$

Die Summe der Koeffizienten zu jeder Potenz von z muß verschwinden, d. h. $a_0(m(m-1)+m-m^2)=0$. Da die Klammer verschwindet, kann a_0 beliebig sein.

Für a_1 ergibt sich

$$\begin{aligned} a_1(m(m+1)+(m+1)-m^2) &= 0, \\ a_1(2m+1) &= 0, \qquad \text{d. h.} \quad a_1 = 0. \end{aligned} \tag{10.46}$$

Aus dem Koeffizienten von z^m folgt

$$a_2((m+2)(m+1)+(m+2)-m^2)+a_0=0$$

oder

$$a_2(4m+4)=-a_0. \tag{10.47}$$

Weiter erhalten wir

$$\begin{aligned} a_3((m+3)(m+2)+(m+3)-m^2)+a_1 &= 0, \\ a_3(6m+9) &= -a_1, \quad \text{d. h.} \\ a_3 &= 0. \end{aligned} \tag{10.48}$$

Allgemein ergibt sich die Bedingungsgleichung

$$\begin{aligned} &a_{p+2}((m+p+2)(m+p+1)+(m+p+2)-m^2)+a_p=0, \\ &a_{p+2}((m+p+2)^2-m^2)=-a_p, \\ &a_{p+2}=\frac{-a_p}{(m+p+2)^2-m^2}=\frac{-a_p}{(p+2)(2m+p+2)}. \end{aligned} \tag{10.49}$$

Diese Beziehung (Rekursionsformel) gibt uns die Möglichkeit, den Koeffizienten a_{p+2} aus dem vorhergehenden a_p zu bestimmen. Wegen $a_1=0$ folgt, daß alle a_{2n-1} verschwinden, d. h., in der Reihenentwicklung der Lösungsfunktion tauchen nur gerade Exponenten auf. Für diese erhält man mit $a_0 \neq 0$:

$$a_{2n}=\frac{-a_{2n-2}}{2n(2m+2n)}=\frac{-a_{2n-2}}{2n2(m+n)}. \tag{10.50}$$

In einem nächsten Schritt ersetzen wir a_{2n-2} durch a_{2n-4} und erhalten

$$\begin{aligned} a_{2n} &= \frac{+a_{2n-4}}{2n(2n-2)(2m+2n)(2m+2n-2)} \\ &= \frac{a_{2n-4}}{2^2 n(n-1)2^2(m+n)(m+n-1)}. \end{aligned} \tag{10.51}$$

Fahren wir fort, so können wir a_{2n} auf a_0 zurückführen. Es ergibt sich:

$$\begin{aligned} a_{2n} &= \frac{(-1)^n a_0}{2^n n(n-1)\cdots 1\cdot 2^n(m+n)(m+n-1)\cdots(m+1)} \\ &= \frac{(-1)^n a_0}{2^{2n} n!(m+n)!/m!}. \end{aligned} \tag{10.52}$$

Damit erhalten wir folgende Lösungsfunktionen:

$$g_m(z)=a_0 z^m m! \sum_{n=0}^{\infty} \frac{(-1)^n}{n!(m+n)!}\frac{z^{2n}}{2^{2n}}. \tag{10.53}$$

Wählen wir hier speziell $a_0 \cdot m! = 2^{-m}$, so erhalten wir die *Besselfunktionen:*

$$J_m(z) = \left(\frac{z}{2}\right)^m \sum_{n=0}^{\infty} \frac{(-1)^n}{n!(m+n)!} \left(\frac{z}{2}\right)^{2n} = \sum_{n=0}^{\infty} \frac{(-1)^n}{n!(m+n)!} \left(\frac{z}{2}\right)^{2n+m}. \qquad (10.54)$$

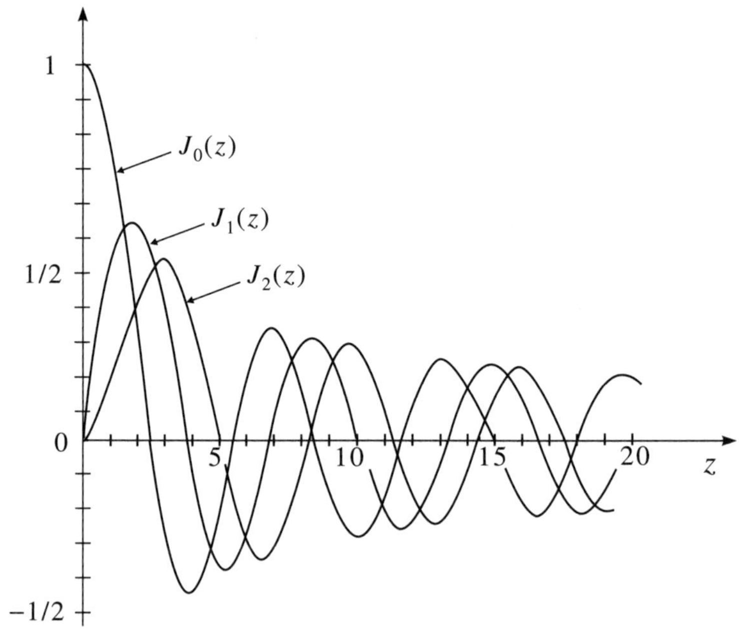

Graphische Darstellung der niedrigsten Besselfunktionen.

Der Verlauf der ersten Besselfunktionen ist in der Figur gegeben. Wir sehen, daß für große Argumente die Besselfunktionen einen ähnlichen Verlauf wie die trigonometrischen Funktionen Sinus oder Kosinus nehmen.

Nun können wir sofort die Lösungen unserer Differentialgleichung hinschreiben:

$$V_m(r, \varphi) = c_m J_m(kr) \sin(m\varphi + \delta_m). \qquad (10.55)$$

Die Membran kann an ihrem Rand $r = a$ nicht schwingen, d. h., die Randbedingung lautet

$$V(a, \varphi) = 0 \qquad \text{für alle} \quad \varphi.$$

Daraus erhalten wir die Bedingung

$$J_m(k \cdot a) = 0,$$

aus der sich die Eigenfrequenzen bestimmen lassen. Dazu müssen wir die Nullstellen der Besselfunktion finden:

$$J_0(z) = 1 - \frac{z^2}{4} + \frac{z^4}{64} - + \cdots = 0,$$

$$J_1(z) = \frac{z}{2} - \frac{z^3}{16} + \frac{z^5}{384} - + \cdots = 0, \quad \text{usw.} \qquad (10.56)$$

Diese Nullstellen lassen sich – außer den trivialen für $z = 0$ – im allgemeinen nicht exakt bestimmen; sie müssen mit numerischen Methoden ermittelt werden. Bezeichnen wir die n-te Nullstelle der Funktion $J_m(z)$ mit $z_n^{(m)}$, so ergibt sich folgende Tabelle für die Werte der ersten $z_n^{(m)}$:

n \ m	0	1	2	3	4	5
1	2,41	3,83	5,14	6,38	7,59	8,77
2	5,52	7,02	8,42	9,76	11,06	12,34
3	8,65	10,17	11,62	13,02	14,37	15,70
4	11,79	13,32	14,80	16,22	17,62	18,98
5	14,93	16,47	17,96	19,41	20,83	22,22
6	18,07	19,62	21,12	22,51	24,02	25,43
7	21,21	22,76	24,27	25,75	27,20	28,63
8	24,35	25,90	27,42	28,91	30,37	31,81
9	27,49	29,05	30,57	32,07	33,51	34,99

Tabelle 1: Nullstellen der Besselfunktionen

Brauchbare Näherungslösungen lassen sich auch erhalten, indem man die Asymptotik der Besselfunktionen für $z \to \infty$ betrachtet. Dann ist nämlich

$$J_m(z) \to \sqrt{\frac{2}{mz}} \cos\left(z - \frac{m\pi}{2} - \frac{\pi}{4}\right). \tag{10.57}$$

Auf einen Beweis verzichten wir hier. Ein Blick auf den Kurvenverlauf der Besselfunktionen zeigt die enge Analogie mit der Kosinusfunktion für große Argumente.

Hieraus lassen sich Nullstellen gewinnen:

$$\begin{aligned} &\cos\left(\bar{z}_n^{(m)} - \frac{m\pi}{2} - \frac{\pi}{4}\right) = 0 \\ \Rightarrow \quad &\bar{z}_n^{(m)} - \frac{m\pi}{2} - \frac{\pi}{4} = n\pi - \frac{\pi}{2}, \\ &\qquad \bar{z}_n^{(m)} = n\pi + \frac{m\pi}{2} - \frac{\pi}{4} = (4n + 2m - 1)\frac{\pi}{4}. \end{aligned} \tag{10.58}$$

Ein Vergleich dieser Werte mit den exakten aus Tabelle 1 zeigt, daß man besonders für n groß gegen m gute Werte als Näherung erhält:

	$m = 0$		$m = 5$	
	$z_n^{(0)}$	$\bar{z}_n^{(0)}$	$z_n^{(5)}$	$\bar{z}_n^{(5)}$
$n = 1$	2,41	2,36	8,77	10,21
$n = 2$	5,52	5,49	12,34	13,35
...	...	...	...	...
$n = 9$	27,49	27,49	34,99	35,34

Tabelle 2: Vergleich der exakten Nullstellen der Besselfunktionen mit den aus der asymptotischen Näherung gewonnenen

Mit den exakten Lösungen $z_n^{(m)}$ ergibt sich die Randbedingung

$$k_n^{(m)} \cdot a = z_n^{(m)} \qquad k_n^{(m)} = \frac{1}{a} \cdot z_n^{(m)}.$$

Für die Eigenfrequenzen finden wir

$$\omega_n^{(m)} = k_n^{(m)} \cdot c = \frac{c}{a} \cdot z_n^{(m)} = \omega_0 \cdot z_n^{(m)}. \tag{10.59}$$

Tabelle 1 gibt also gleichzeitig die Werte für das Verhältnis $\omega_n^{(m)}/\omega_0$ an. Tragen wir alle diese Eigenfrequenzen auf einem Strahl auf, so ergibt sich das folgende Bild.

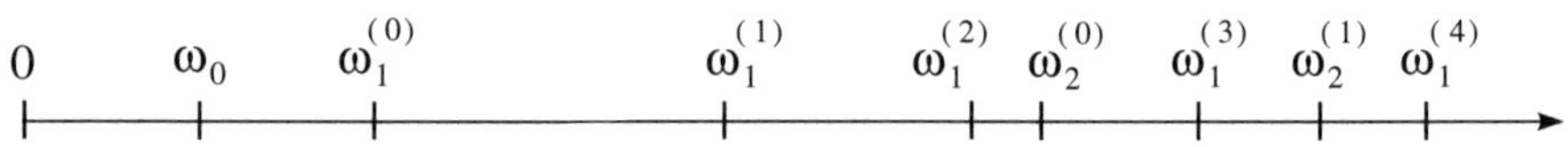

Lineare Darstellung der Eigenfrequenzen der runden Membran.

Die Abstände zwischen den einzelnen Eigenfrequenzen sind völlig regellos. Wir haben es also mit extrem anharmonischen Oberschwingungen zu tun. Dies ist auch der Grund, warum sich Trommeln nur schlecht als Musikinstrumente eignen!

Die allgemeine Lösung der Schwingungsgleichung ist die Überlagerung der Normalschwingungen und lautet nun:

$$u(r, \varphi, t) = \sum_{m,n} c_n^{(m)} J_m(k_n^{(m)} r) \cdot \sin(m\varphi + \delta_m) \cdot \sin(\omega_n^{(m)} t + \delta_n^{(m)}). \tag{10.60}$$

Die $c_n^{(m)}$ lassen sich dabei in Analogie zur Fourier-Analyse so finden, daß sich $u(r, \varphi, t)$ jeder vorgegebenen Anfangsbedingung $u(r,\varphi,0)$ oder $\dot{u}(r, \varphi, 0)$ anpassen läßt.

Schließlich wollen wir uns noch einen Überblick über die Knotenlinien der schwingenden Membran verschaffen. In diesen Linien muß

$$u_{m,n}(r, \varphi) = c_n^{(m)} J_m(k_n^{(m)} r) \cdot \sin(m\varphi + \delta_m) = 0 \tag{10.61}$$

sein. Dann erhalten wir Knotenlinien, wenn entweder gilt:

$$J_m(k_n^{(m)} r) = 0; \tag{10.62}$$

das ist der Fall für

$$r = \frac{z_i^{(m)}}{k_n^{(m)}}, \qquad i = 1, 2, \ldots, n-1, \tag{10.63}$$

oder wenn gilt

$$\sin(m\varphi + \delta_m) = 0, \tag{10.64}$$

also für Winkel

$$\varphi = \frac{\nu\pi - \delta_m}{m}, \qquad \nu = 1,2,\ldots,m. \tag{10.65}$$

Für die ersten Knotenlinien erhalten wir die folgenden Bilder (mit $\delta_m = 0$).

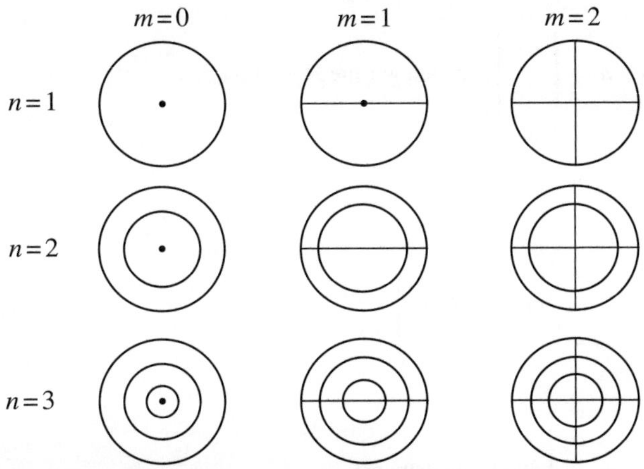

Knotenlinien der kreisförmigen Membran.

Die longitudinale Kette – Die Poincarésche Wiederkehrzeit

Beispiel 10.1

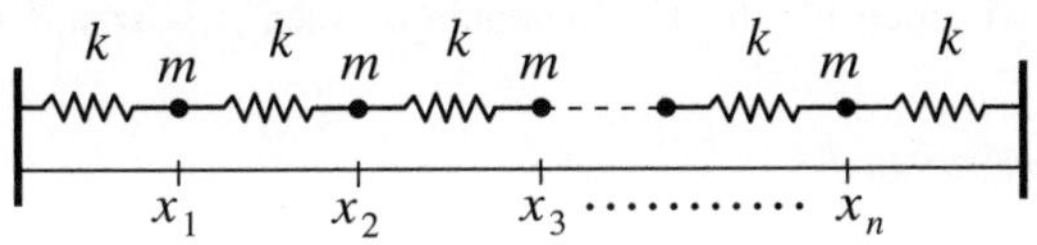

System von schwingenden Massen.

Die Bewegungsgleichungen für ein System mit n schwingenden Massenpunkten, welche durch $n+1$ Federn gleicher Federkonstanten k verbunden sind, lauten:

$$\begin{aligned}
m\ddot{x}_1 &= -kx_1 + k(x_2 - x_1) \\
m\ddot{x}_2 &= -k(x_2 - x_1) + k(x_3 - x_2) \\
m\ddot{x}_3 &= -k(x_3 - x_2) + k(x_4 - x_3) \\
&\vdots \\
m\ddot{x}_{n-1} &= -k(x_{n-1} - x_{n-2}) + k(x_n - x_{n-1}) \\
m\ddot{x}_n &= -k(x_n - x_{n-1}) - kx_n .
\end{aligned} \tag{1}$$

Das kann mit $\vec{r} = \begin{pmatrix} x_1 \\ x_2 \\ \vdots \\ x_n \end{pmatrix}$ kurz und bündig

$$m\ddot{\vec{r}} = \hat{C}k\vec{r} \tag{2}$$

geschrieben werden, wobei

$$\hat{C} = \begin{pmatrix} -2 & 1 & & & & \\ 1 & -2 & 1 & & & \\ & 1 & -2 & 1 & & \\ & & & \ddots & & \\ & & & 1 & -2 & 1 \\ & & & & 1 & -2 \end{pmatrix} \quad \text{und } \vec{r} = \begin{pmatrix} x_1 \\ x_2 \\ \vdots \\ x_n \end{pmatrix} . \tag{3}$$

♦ Beispiel 10.1

Mit dem Ansatz $\vec{r} = \vec{a}\cos\omega t$, $\vec{a} = \begin{pmatrix} a_1 \\ a_2 \\ \vdots \\ a_n \end{pmatrix}$, suchen wir die Normalmoden:

$$\underbrace{(k\hat{C} + m\omega^2\hat{E}_n)}_{=\hat{\mathbf{D}}_n(\omega)}\vec{a}\cos\omega t = 0,$$

$$\hat{\mathbf{D}}_n(\omega) = \begin{pmatrix} m\omega^2 - 2k & k & & \\ k & m\omega^2 - 2k & k & \\ & & \ddots & \end{pmatrix}. \tag{4}$$

Hier bedeutet $\hat{E}_n = \begin{pmatrix} 1 & 0 & \cdots & 0 \\ 0 & 1 & \cdots & 0 \\ \vdots & \vdots & & \vdots \\ 0 & 0 & \cdots & 1 \end{pmatrix}$ die Einheitsmatrix.

Bei nichttrivialen Lösungen für $\vec{a}$ verschwindet die Determinante $D_n(\omega)$ der Matrix $\hat{\mathbf{D}}_n(\omega)$. Weiterhin machen wir auch für die Koeffizienten $\vec{a}$ einen Ansatz mit zu bestimmender Phase δ und γ.

$$\vec{a} = \big(a_j = \sin(j\gamma - \delta),\ j = 1, 2, \ldots, n\big). \tag{5}$$

Die Auswertung der j-ten Zeile ergibt:

$$\begin{aligned} &ka_{j-1} + (m\omega^2 - 2k)a_j + ka_{j+1} &&= 0, \\ &k\sin((j-1)\gamma - \delta) + (m\omega^2 - 2k)\sin(j\gamma - \delta) + k\sin((j+1)\gamma - \delta) &&= 0, \\ \Rightarrow\quad &k\cos\gamma + (m\omega^2 - 2k) + k\cos\gamma &&= 0, \\ \Leftrightarrow\quad &\omega^2 = 2\frac{k}{m}(1 - \cos\gamma), \quad \omega = 2\sqrt{\frac{k}{m}}\sin\frac{\gamma}{2}. \end{aligned} \tag{6}$$

Wir wissen, daß das charakteristische Polynom n Nullstellen hat:

$$\omega_i = 2\sqrt{\frac{k}{m}}\sin\frac{\gamma_i}{2}, \qquad i = 1, 2, \ldots, n. \tag{7}$$

Die Randbedingungen $a_0 = a_{n+1} = 0$ müssen erfüllt werden. Die erste fordert, daß

$$\sin\delta = 0, \quad \text{also} \quad \delta = l\pi,\ l \in \mathbf{Z} \quad \text{und daher o.B.d.A.}\ \ l = 0. \tag{8}$$

Weiterhin folgt aus der zweiten Randbedingung

$$\sin((n+1)\gamma_i) = 0 \quad \Rightarrow \quad \gamma_i = \frac{i\pi}{n+1}, \quad \text{für alle} \quad i \in \{1, \ldots, n\}. \tag{9}$$

Fassen wir das Ergebnis für die i-ten Eigenmoden zusammen:

$$\vec{r}_i(t) = \left(\sin\left(j\frac{i\pi}{n+1}\right)\cdot\cos\omega_i t, \qquad j = 1, 2, \ldots, n\right) \tag{10}$$

mit

$$\omega_i = 2\sqrt{\frac{k}{m}}\sin\frac{i\pi}{2n+2}. \tag{11}$$

Beispiel 10.1 ♦

Die allgemeine Lösung von (1) ist eine Superposition der verschiedenen Eigenmoden, also ein Vektor $\vec{r}(t)$ mit den Komponenten $x_j(t)$:

$$x_j(t) = \sum_{i=1}^{n} (c_i \cdot \cos \omega_i t + b_i \cdot \sin \omega_i t) \cdot \sin\left(j \cdot \frac{i\pi}{n+1}\right), \tag{12}$$

für $j = 1, 2, \ldots, n$.

Die Koeffizienten $\sin\left(j\frac{i\pi}{n+1}\right)$ sind gemäß (5), (8) und (11) die Komponenten des Eigenvektors zur i-ten Mode, und da $\hat{\mathbf{D}}_n(\omega)$ symmetrisch ist, stellen letztere eine orthogonale Basis im $\mathbb{R}^n$ dar.

$$\sum_{j=1}^{n} \sin\left(l\frac{i\pi}{n+1}\right) \sin\left(j\frac{l\pi}{n+1}\right) = \frac{n+1}{2}\delta_{il}. \tag{13}$$

Diese Beziehung rechnen wir in der folgenden Aufgabe 10.1 explizit nach. Wir definieren die *orthonormalen Eigenmoden* $\vec{a}_i$:

$$\vec{a}_i = \sqrt{\frac{2}{n+1}} \left\{\sin\left(j\frac{i\pi}{n+1}\right), \qquad j = 1, 2, \ldots, n, \right\}, \tag{14}$$

oder ausführlich

$$\vec{a}_i = \sqrt{\frac{2}{n+1}} \left\{\sin\frac{\pi i}{n+1}, \sin\frac{2\pi i}{n+1}, \ldots, \sin\frac{n\pi i}{n+1}\right\}.$$

Die allgemeine Lösung kann dann

$$\vec{r}(t) = \sum_{i=1}^{n} (c_i \cos \omega_i t + b_i \sin \omega_i t)\vec{a}_i \tag{15}$$

geschrieben werden. Es erhebt sich nun die folgende interessante Frage: Sei das System aus n Massenpunkten (Freiheitsgraden) zur Zeit t_0 bei $\vec{r}(t_0) = \vec{r}_0$ mit der Geschwindigkeit $\dot{\vec{r}}(t_0) = \dot{\vec{r}}_0$. Das System bewegt sich aus dieser Konfiguration fort, doch kann es nach einer gewissen Zeit τ der Ausgangskonfiguration wieder nahe kommen; ja möglicherweise gar in genau die Anfangskonfiguration zurückkehren. Wir nennen diese Zeit τ die *Poincarésche Wiederkehrzeit*. Zur Frage der Poincaréschen Wiederkehrzeit schaut man sich die Differenz des aktuellen zeitabhängigen Zustandsvektors im Phasenraum $(\vec{r}(t), \dot{\vec{r}}(t))$ zum Startvektor $(\vec{r}_0, \dot{\vec{r}}|_{t=0})$ an:

J.-H. Poincaré (1854–1912) → S. 421

$$\varepsilon(t) =: \sqrt{||\vec{r}(t) - \vec{r}_0||^2 + ||\dot{\vec{r}}(t) - \dot{\vec{r}}_0||^2_\Omega}. \tag{16}$$

Mit dem Index Ω am 2. Skalarprodukt für die Geschwindigkeiten ist eine diagonale Gewichtsmatrix Ω angedeutet, die man zweckmäßigerweise in diese Norm miteinbezieht:

$$\Omega = \begin{pmatrix} \frac{1}{\omega_1^2} & & & \\ & \frac{1}{\omega_2^2} & & \\ & & \ddots & \\ & & & \frac{1}{\omega_n^2} \end{pmatrix}; \tag{17}$$

ω_i sind die Eigenfrequenzen. Auf diese Weise werden die durch die Differentiation von $\vec{r}$ in (15) erhaltenen Faktoren ω_i herausdividiert. So wird sicher gestellt, daß beide Terme unter

♦ Beispiel 10.1

der Wurzel in (16) dieselbe Dimension besitzen. O.B.d.A. formulieren wir mit (15) folgende Anfangswertaufgabe:

$$\vec{r}(0) = \vec{r}_0 = \sum_{i=1}^{n} c_i \vec{a}_i ,$$

$$\dot{\vec{r}}(0) = \dot{\vec{r}}_0 = 0 = \sum_{i=1}^{n} b_i \vec{a}_i \omega_i \qquad \Rightarrow \qquad b_i = 0 \quad \text{für alle} \quad i.$$

Für diese Wahl sieht der Abstand $\varepsilon(t)$ im Phasenraum, gegeben durch Gleichung (16), wie folgt aus:

$$\varepsilon(t) = \sqrt{\vec{r}_0 \cdot \vec{r}_0 - 2\vec{r}_0 \cdot \sum_i c_i \cos \omega_i t \vec{a}_i + \sum_i c_i^2 \cos^2 \omega_i t + \sum_i c_i^2 \sin^2 \omega_i t} \,. \tag{18}$$

Wegen $\vec{r}_0 = \sum_i c_i \vec{a}_i$ wird daraus

$$\begin{aligned} \varepsilon(t) &= \sqrt{\sum_{i=1}^{n} c_i^2 (1 - 2\cos \omega_i t + \underbrace{\cos^2 \omega_i t + \sin^2 \omega_i t}_{=1})} \\ &= 2\sqrt{\sum_{i=1}^{n} c_i^2 \sin^2 \frac{\omega_i t}{2}} \,. \end{aligned} \tag{19}$$

Der Abstand $\varepsilon(t)$ im Phasenraum verschwindet für $t \neq 0$ genau dann, wenn $\sin^2 \omega_i t/2 = 0$. Damit muß weiter gelten $\omega_i t/2 = i\pi \quad \forall i \in\mid \mathbb{N}$. Daraus folgt, daß $\varepsilon(t)$ nach $t = 0$ nur dann wieder verschwindet, wenn die Eigenfrequenzen ω_i in einem rationalen Verhältnis zueinander stehen, d. h. $\omega_i/\omega_j = i/j \quad \forall i, j \in\mid \mathbb{N}$.

Im allgemeinen Fall ist $\varepsilon(t)$ nur *bedingt-periodisch*. Dieser Begriff wird weiter unten präziser erklärt. Zunächst betrachten wir den rein periodischen Fall. Die Periode wird dann durch die niedrigste unter den bei einem rationalen Verhältnis stehenden Frequenzen

$$\omega_i = 2\sqrt{\frac{k}{m}} \sin \frac{i\pi}{2n+2} \tag{20}$$

bestimmt. Nennen wir sie $\tilde{\omega} = q \cdot \omega_1$ ($q \in \mathbf{Z}_+$)

$$\tilde{\omega} = 2q\sqrt{\frac{k}{m}} \sin \frac{\pi}{2n+2} \approx 2q\sqrt{\frac{k}{m}} \frac{\pi}{2n+2} . \tag{21}$$

Die letzte Näherung gilt für $n \gg 1$ (viele Massenpunkte). Dieser Frequenz entspricht die Zeit

$$\tau = \frac{2\pi}{q\omega_1} = 2\sqrt{\frac{k}{m}} \cdot \frac{n+1}{q} . \tag{22}$$

Es ist die *Poincarésche Wiederkehrzeit*, denn nach dieser Zeit wird $\varepsilon(t)$ wieder Null, d. h., die Ausgangskonfiguration im Phasenraum wird nach der Zeit τ wieder angenommen. Für sehr viele Massenpunkte ($n \to \infty$) strebt

$$\tau \to \infty \qquad \text{für} \qquad n \to \infty . \tag{23}$$

Das ist ein wichtiges und physikalisch plausibles Ergebnis: Nachdem eine Ausgangskonfiguration präpariert wurde, entwickelt sich das System im Laufe der Zeit von dieser fort. Irgendwann, eben nach der Poincaréschen Wiederkehrzeit, kommt der Bewegungszustand des Systems in den Ausgangszustand zurück (oder im allgemeinen Fall diesem sehr nahe). Im Fall so vieler Freiheitsgrade läuft aber das System „auf und davon" und die Wiederkehrzeit wird ∞ groß. Wird z. B. eine der n über Federn gekoppelten Massen, z. B. die erste, angestoßen (das entspricht der Vorgabe von $\vec{r}_0$ und $\dot{\vec{r}}_0$), so wird sich die Energie dieser Bewegung mehr und mehr auf die anderen Massen verteilen. Nach der Poincaré-Zeit τ wird aber die erste Masse alle Energie wieder zurückerhalten haben. Lediglich im Fall ∞ vieler gekoppelter Massen wird das nicht mehr eintreten, weil $\tau \longrightarrow \infty$. Das ist für das statistische Verhalten von Teilchensystemen von großer Bedeutung.

Zur Ergänzung: Periodische Systeme mit mehreren Freiheitsgraden – Bedingt periodische Systeme

Unter einem periodischen System mit mehreren Freiheitsgraden wollen wir ein System verstehen, für welches entsprechend Gleichung (18) die zur Beschreibung herangezogenen orthogonalen Koordinaten periodische Funktionen sind:

$$\vec{r}_i = \vec{a}_i \cos \omega_i t. \qquad (24)$$

Die Größen $\tau_i = 2\pi/\omega_i$ sind die zu den Koordinaten x_i gehörigen Periodendauern. In Analogie zu (12) bzw. (15) entwickeln wir den allgemeinen Konfigurationsvektor $\vec{r}(t)$ in eine Fourier-Reihe

$$\vec{r}(t) = \sum_i (c_i \cos \omega_i t + b_i \sin \omega_i t)\vec{a}_i. \qquad (25)$$

Hinsichtlich der Zeit t stellt nun die Fourier-Reihe (25) im allgemeinen keine periodische Funktion mehr dar, obwohl jeder einzelne Term periodisch ist. Nur für solche Freiheitsgrade, deren zugehörige Frequenzen $\omega_1, \omega_2, \ldots$ in einem rationalen Zahlenverhältnis zueinander stehen, ist die Periodizität gesichert. Deshalb spricht man bei Systemen mit mehreren Freiheitsgraden von *bedingt-periodischen Systemen.*

Die Anzahl der Frequenzen, die in einem rationalen Zahlenverhältnis zueinander stehen, bestimmt den *Entartungsgrad des Systems.* Bestehen keine solchen Relationen, so ist das System *nicht entartet.* Sind alle Frequenzen miteinander rational verknüpft, so heißt das System *völlig entartet.* In diesem Fall haben wir es mit einer *periodischen Zeitfunktion* zu tun.

Das früher behandelte Kepler-Problem ist ein Beispiel für ein System mit 2 Freiheitsgraden (r, φ), das entartet ist, also nur eine Frequenz aufweist. Durch Anbringung einer Störung, z. B. eines quadrupolartigen Potentials mit der typischen $1/r^3$-Abhängigkeit, läßt sich die Entartung aufheben, wodurch eine Art Rosettenbewegung entsteht.

Als Beispiel für eine bedingt-periodische Bewegung führen wir den anisotropischen linearen harmonischen Oszillator an, bei dem es sich um einen Massenpunkt handelt, dessen Federkonstanten in den verschiedenen kartesischen Richtungen verschieden sind. Die Bahnkurve des Massenpunktes ist eine *Lissajous-Figur*, die sich nicht schließt und im Laufe der Zeit den durch die Amplituden gegebenen Quader dicht überdeckt. Erst im Falle der Entartung kommt es zu Periodizitäten der Bewegung.

Wir haben bei der Diskussion der Poincaréschen Wiederkehrzeit eine periodische Bewegung angenommen. Im Fall einer bedingt periodischen Bewegung liegen die Verhältnisse – wie nicht anders zu erwarten – ganz analog. Dort ist es nur so, daß nach der Poincaréschen Wiederkehrzeit τ die Konfigurationsvektoren $\vec{r}(t), \dot{\vec{r}}(t)$ der Ausgangskonfiguration $\vec{r}_0, \dot{\vec{r}}_0$ sehr nahe kommen. Die Ausgangskonfiguration wird also nicht mehr angenommen, aber nach der Zeit τ „fast“ wieder erreicht. Wir verweisen zur weiteren Diskussion auf die Literatur.

Beispiel 10.1 ▲

Orthogonalität der Eigenmoden

Aufgabe 10.1

Zeigen Sie die Orthogonalitätsbeziehung für die Eigenmoden

$$\sum_{i=1}^{n} \sin\left(j\frac{i\pi}{n+1}\right) \sin\left(j\frac{l\pi}{n+1}\right) = \left(\frac{n+1}{2}\right)\delta_{il}, \tag{1}$$

die in Gleichung (13) des letzten Beispiels explizit benutzt wird.

Lösung:

Der Nachweis für die Orthogonalität der Eigenvektoren:

$$\begin{aligned} d_{il} &= \sum_{j=1}^{n} \sin\left(i\frac{\pi}{n+1}j\right) \sin\left(l\frac{\pi}{n+1}j\right) \\ &= \frac{1}{2}\sum_{j=1}^{n}\left\{\cos\frac{(k-l)\pi}{n+1}j - \cos\frac{(k+l)\pi}{n+1}\right\}. \end{aligned}$$

Vor den weiteren Ausführungen ist es nützlich, die Summe der folgenden Reihe zu berechnen:

$$\sum_{k=1}^{n} \cos kx = \frac{\sin(xn/2)\cos x(n+1)/2}{\sin x/2} = \frac{\cos(xn/2)\sin x(n+1)/2}{\sin x/2} - 1. \tag{2}$$

Man kommt leicht auf dieses Ergebnis, wenn man den Kosinus mit Hilfe von Exponentialfunktionen schreibt und dann die Summe als geometrische Reihe auswertet.

Der Fall $k = l$ ergibt

$$\begin{aligned} d_{kk} &= \frac{1}{2}\left(n - \sum_{j=1}^{n}\cos\frac{2k\pi}{n+1}j\right) = \frac{1}{2}\left(n+1-\frac{\cos\dfrac{kn\pi}{n+1}\sin k\pi}{\sin\dfrac{k\pi}{n+1}}\right) \\ &= \frac{1}{2}(n+1), \end{aligned} \tag{3}$$

weil $\sin k\pi = 0$ ist, für alle k.

Im Fall $k \neq l$ werten wir die Summen in beiden Alternativen, angeboten in (2), aus:

$$d_{kl} = \frac{1}{2}\left\{\frac{\cos\dfrac{(k-l)\pi n}{(n+1)2}\sin\dfrac{(k-l)\pi}{2}}{\sin\dfrac{(k-l)\pi}{2(n+1)}} - \frac{\cos\dfrac{(k+l)\pi n}{(n+1)2}\sin\dfrac{(k+l)\pi}{2}}{\sin\dfrac{(k+l)\pi}{2(n+1)}}\right\}, \tag{4}$$

$$d_{kl} = \frac{1}{2}\left\{\frac{\sin\dfrac{(k-l)\pi n}{(n+1)2}\cos\dfrac{(k-l)\pi}{2}}{\sin\dfrac{(k-l)\pi}{2(n+1)}} - \frac{\sin\dfrac{(k+l)\pi n}{2(n+1)}\cos\dfrac{(k+l)\pi}{2}}{\sin\dfrac{(k+l)\pi}{2(n+1)}}\right\}. \tag{5}$$

Das Verschwinden von $d_{kl}(k \neq l)$ sieht man für gerade $k-l$ und damit auch $k+l$, unmittelbar in (4) ein, und für $k-l$ und $k+l$ ungerade ist es in (5) zu sehen.

Aufgabe 10.1

Zur Ergänzung: Alles schon mal dagewesen – ein physikalisches Theorem?

Gegen Ende des 19. Jahrhunderts griffen zahlreiche Physiker in eine Diskussion ein, die sich mit der Hypothese beschäftigte, daß sich der Lauf der Welt in ewigen Kreisen wiederholt. Hauptsächlich wurde dieses Interesse durch die Arbeiten von Henri Poincaré (1854–1912) angeregt. Auch einen Philosophen wie Friedrich Nietzsche (1844–1900) verführte dieses Theorem zu einem kurzen Gastspiel in der Physik. Die ersten noch ungereimten Gedankenspielereien und Spekulationen, die in diese Richtung gingen, kamen aus noch fast unwissenschaftlich zu nennenden Versuchen, das Phänomen Wärme zu erklären. Francis Bacon (1561–1626), der Baron Verulam, hatte schon die Wärme als eine Form der Bewegung erkannt, aber keine quantitative Theorie aufbauen können, mangels systematischer Untersuchungen hatte er die Wärmeentwicklung in Misthaufen in seine Betrachtung einbezogen. Das Thema zog immer mehr Akteure aus den Bereichen der Physik, Metaphysik, Philosophie, Politik und Theologie in seinen Bann. Aus Poincarés Arbeiten in dieser Zeit wollen wir hier zwei Zitate wiedergeben. Henri Poincaré schreibt im Jahre 1893 in der „Revue für Metaphysik und Moral“:

„Jedermann kennt die mechanistische Weltauffassung, die so viele gute Leute verführt hat, und die verschiedenen Formen, in denen sie auftritt. Einige stellen sich die materielle Welt als aus Atomen zusammengesetzt vor, die sich aufgrund ihrer Trägheit auf Geraden bewegen und ihre Geschwindigkeit nur ändern, wenn zwei Atome zusammenstoßen. Andere nehmen an, daß die Atome eine Anziehung oder Abstoßung aufeinander ausüben, die von ihrem Abstand abhängt. Die folgenden Überlegungen werden für beide Standpunkte zutreffen.

Es würde vielleicht angebracht sein, hier die metaphysischen Schwierigkeiten zu diskutieren, mit denen diese Auffassungen zu tun haben, ich besitze aber dazu nicht die erforderliche Sachkenntnis. Ich will mich daher hier mit den Hindernissen befassen, denen die Mechanisten begegnet sind, als sie ihr System mit den experimentellen Tatsachen in Einklang bringen wollten, und mit den Anstrengungen, die sie unternommen haben, um diese Hindernisse zu überwinden oder sie zu umgehen.

Nach der mechanistischen Hypothese müssen alle Erscheinungen umkehrbar sein; die Sterne beispielsweise könnten ihre Bahnen auch im umgekehrten Sinne durchlaufen, ohne die Newtonschen Gesetze zu verletzen. Reversibilität ist eine Folge aller mechanistischen Hypothesen.“

„Ein leicht zu beweisender Satz sagt uns, daß eine beschränkte Welt, die nur von den Gesetzen der Mechanik beherrscht wird, immer wieder durch einen Zustand gehen wird, der sehr nahe bei ihrem Anfangszustand liegt. Andererseits strebt das Weltall den angenommenen experimentellen Gesetzen infolge einem gewissen Endzustand zu, von dem es nie abgehen wird. In diesem Endzustand, der eine Art von Tod darstellt, werden alle Körper bei derselben Temperatur in Ruhe sein.“

Die so hervorgerufenen Zweifel, die die sich entwickelnde Theorie der Wärme auf Grund einer nicht reversiblen Bewegung atomistischer Teilchen begleiteten, sind bis heute noch nicht klar beseitigt worden.

Ein klassisches Anschauungsbeispiel zum Poincaréschen „Wiederkehreinwand" ist der zuerst abgeteilte Behälter, gefüllt in der einen Hälfte mit Gas, in dem sich nach dem Herausnehmen der Trennwand das Gas gleichmäßig verteilt. So teilt uns die Erfahrung auf jeden Fall diesen physikalischen Ablauf mit, und eine Umkehrung dieses „irreversiblen Vorganges" beobachtet man in der Praxis nie. Poincaré dachte aber gar nicht an eine Umkehrung, sondern an den Zufall, der die Teilchen aus der Hälfte heraus führte. Dieser sollte sie nach „angemessener" Zeit auch wieder zurückführen in diese Ausgangshälfte.

E. Fermi (geb. 1954) → unten
J. Pasta (1918–1984) → unten
S. M. Ulam (1909–1984) → unten

1955 beschäftigten sich Enrico Fermi, John Pasta und Ulam mit einem Problem, das unserem Beispiel 10.1 gleicht bis auf die zusätzliche Mitnahme eines nichtlinearen Kopplungsterms. Ihr Interesse konzentrierte sich darauf, mit Hilfe der

Enrico Fermi

Fermi, Enrico, italienischer Physiker, geb. 29.9.1901 in Rom, gest. 28.11.1954 in Chicago. – Nach seinem Studium in Pisa und Forschungsaufenthalten in Göttingen, Leiden und Rom wurde Fermi 1925 Professor in Rom, wo er eine Arbeitsgruppe aufbaute, aus der führende experimentelle wie theoretische Untersuchungen zur Kernphysik hervorgingen. 1938 erhielt Fermi den Nobelpreis für Physik für seine Arbeiten zu radioaktiven Elementen, die er durch Neutronenbeschuss erzeugte, und zu Kernreaktionen mit langsamen Neutronen. Im selben Jahr verlies er Italien, arbeitete an der Columbia University in New York und wurde schließlich Professor in Chicago. Während des Krieges war er maßgeblich am Manhattan Project zur Entwicklung der Atombombe beteiligt, insbesondere beim Aufbau des ersten Kernreaktors. Neben seinen experimentellen Arbeiten leistete Fermi auch wichtige theoretische Beiträge, insbesondere zur statistischen Mechanik, zur allgemeinen Relativitätstheorie und zur Theorie der schwachen Wechselwirkung.

John Pasta

Pasta, John, amerikanischer Physiker und Computerwissenschaftler, geb. 1918 in New York, gest. 1984 in Chicago. – Nach verschiedenen Tätigkeiten, unter anderem als Polizist und beim Militär, promovierte Pasta 1951 in theoretischer Physik und ging danach zum Los Alamos National Laboratory, wo er in der Gruppe von Nicholas Metropolis am Aufbau des Computers MANIAC I mitarbeitete. Später wurde er der Fachmann für Computer der Atomic Energy Commission und 1964 Professor für Computerwissenschaften an der University of Illinois in Urbana-Champaign.

Stanislaw Marcin Ulam

Ulam, Stanislaw Marcin, polnischer Mathematiker, geb. 13.4.1909 in Lemberg (heute Lviv, Ukraine), gest. 13.5.1984 in Santa Fé, New Mexico, USA. – Ulam hat bei Stefan Banach Mathematik studiert und vor allem zu Maßtheorie, Topologie und Ergodentheorie geforscht. 1938 kam er als Harvard Junior Fellow in die USA und später auf Vermittlung von John von Neumann zum Manhatten Project. Dort entwickelten beide das Monte-Carlo-Verfahren zur Lösung numerischer Probleme mit Hilfe von Zufallszahlen. Auf Ulam geht das Konstruktionsprinzip der ersten Wasserstoffbombe zurück.

ersten Computer solche wiederkehrende Abläufe zu finden, wie wir sie bei unserem rein linearen Problem suchten. Zu ihrer Überraschung fanden sie ein fast perfektes Sichwiedereinfinden der Anfangsbedingungen nach unterschiedlich großer Zahl von Oszillationen. Die Untersuchungen und Betrachtungen solcher Eigenschaften von nichtlinearen Wellengleichungen dauern bis heute an und haben Eingang bis in die Elementarteilchentheorie gefunden (Solitonen).

IV Mechanik der starren Körper

11 Rotation um eine feste Achse

Wie wir bereits in Kapitel 4 gesehen haben, hat ein starrer Körper sechs Freiheitsgrade; drei der Translation und drei der Rotation. Die allgemeinste Bewegung eines starren Körpers läßt sich in die Translation eines Körperpunktes und die Rotation um eine Achse durch diesen Punkt zerlegen (Satz von Chasles). Im allgemeinen Fall wird die Rotationsachse natürlich auch ihre Richtung verändern. Hier wird auch die Bedeutung der sechs Freiheitsgrade noch einmal klar: Die drei Translationsfreiheitsgrade geben die Koordinaten des einen Körperpunktes an, zwei der Rotationsfreiheitsgrade bestimmen die Richtung der Rotationsachse und der dritte den Drehwinkel um diese Achse.

Wird ein Punkt des starren Körpers festgehalten, so entspricht jede Auslenkung einer Drehung des Körpers um eine Achse durch diesen Fixpunkt (Satz von Euler). Es gibt also eine Achse (durch den Fixpunkt) derart, daß das Ergebnis mehrerer hintereinander durchgeführter Drehungen durch eine *einzige* Drehung um diese Achse ersetzt werden kann.

Bei einem ausgedehnten Körper ist das Verschwinden der Summe aller angreifenden Kräfte als Gleichgewichtsbedingung nicht mehr ausreichend.

Zwei entgegengesetzt gerichtete, gleiche Kräfte $-\vec{F}$ und $\vec{F}$, die an zwei Punkten eines Körpers mit dem Abstandsvektor $\vec{l}$ angreifen, bezeichnet man als ein *Kräftepaar*. Ein Kräftepaar bewirkt unabhängig vom Bezugspunkt das Drehmoment

$$\vec{D} = \vec{l} \times \vec{F}.$$

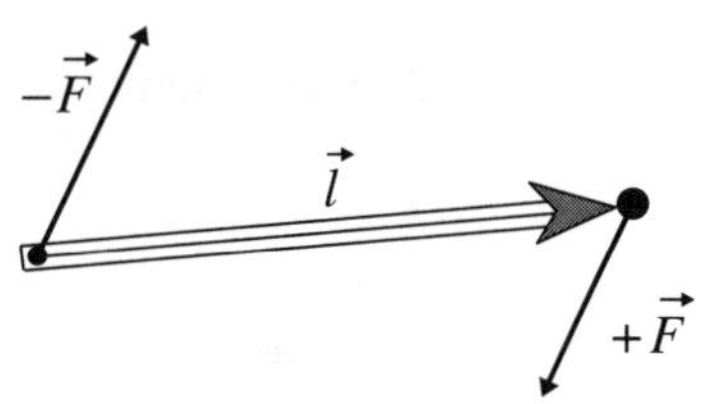

Ein Kräftepaar bewirkt ein Drehmoment.

Während das Drehmoment auf einen Massenpunkt immer auf einen festen Punkt bezogen ist, ist das Drehmoment des Kräftepaares völlig frei und im Raum verschiebbar.

Die an einem starren Körper angreifenden Kräfte können immer durch eine an einem beliebigen Punkt angreifende Gesamtkraft und ein Kräftepaar ersetzt werden. Dies läßt sich leicht am Beispiel einer Kraft zeigen.

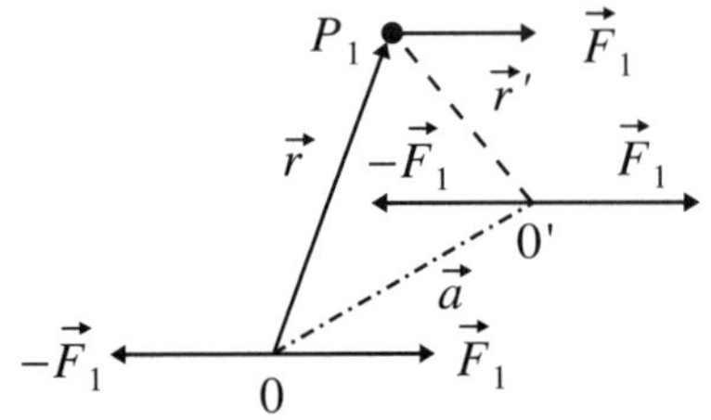

Die Kräfte am starren Körper sind einer Gesamtkraft und einem Kräftepaar äquivalent.

Im Punkt P_1 greift die Kraft $\vec{F}_1$ an. Wir ändern nichts, wenn wir in O' die Kräfte $-\vec{F}_1$ und $\vec{F}_1$ wirken lassen. Die in P_1 angreifende Kraft $\vec{F}_1$ und die in O' angreifende Kraft $-\vec{F}_1$ werden zum Kräftepaar zusammengefaßt, übrig bleibt die Kraft $\vec{F}_1$ in O'.

Greifen mehrere Kräfte an, so fassen wir sie zur Resultierenden zusammen:

$$\vec{F} = \sum_i \vec{F}_i.$$

Das Drehmoment ist dann gegeben durch $\vec{D} = \sum_i \vec{r}_i^{\,\prime} \times \vec{F}_i$.

Ein ausgedehnter Körper ist genau dann im Gleichgewicht, wenn Gesamtkraft und Gesamtdrehmoment verschwinden:

$$\sum_i \vec{F}_i = 0 \qquad \text{und} \qquad \sum_i \vec{r}_i^{\,\prime} \times \vec{F}_i = 0$$

(Gleichgewichtsbedingung im Punkt O').

Bei der Berechnung der Gleichgewichtsbedingung ist der Punkt, von dem die Vektoren $\vec{r}_i$ ausgehen (Bezugspunkt der Momente), beliebig. In der Tat folgt für den Punkt O (siehe Figur)

$$\sum_i \vec{F}_i = 0$$

und

$$\sum_i \vec{r}_i \times \vec{F}_i = \sum_i (\vec{a} + \vec{r}_i^{\,\prime}) \times \vec{F}_i = \vec{a} \times \sum_i \vec{F}_i + \sum_i \vec{r}_i^{\,\prime} \times \vec{F}_i = 0,$$

also auch wieder die Bedingung, daß die Summe aller Kräfte und die aller Drehmomente verschwinden müssen.

Das Trägheitsmoment (elementare Betrachtung)

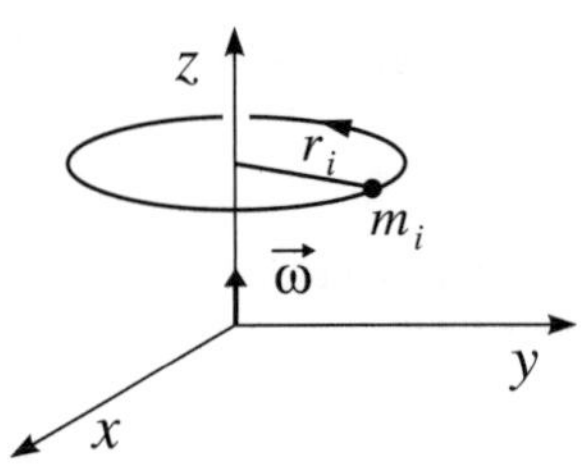

Rotation um die feste z–Achse mit der Winkelgeschwindigkeit $\vec{\omega}$.

Ein starrer Körper dreht sich um eine räumlich fixierte Rotationachse z. Ersetzen wir in der kinetischen Energie die Geschwindigkeit durch die Winkelgeschwindigkeit $v_i = \omega \cdot r_i$, so ergibt sich:

$$T = \sum_i \frac{1}{2} m_i v_i^2 = \frac{1}{2}\omega^2 \sum_i m_i r_i^2 = \frac{1}{2}\Theta\,\omega^2.$$

Analog folgt für den Drehimpuls in z-Richtung:

$$L_z = \sum_i m_i r_i v_i = \omega \sum_i m_i r_i^2 = \Theta\,\omega.$$

Hierbei ist r_i der Abstand des i-ten Massenelements von der z-Achse.

Die in beiden Beziehungen auftretende Summe bezeichnet man als das *Trägheitsmoment* bezüglich der Rotationsachse. Es ist

$$\Theta = \sum_i m_i r_i^2 .$$

Zur Berechnung der Trägheitsmomente ausgedehnter kontinuierlicher Systeme gehen wir von der Summe zum Integral über, d. h.

$$\Theta = \int\limits_{\text{Körper}} r^2 \, \mathrm{d}m = \int\limits_{\text{Körper}} r^2 \varrho \, \mathrm{d}V,$$

wenn ϱ die Dichte angibt.

Bei einem räumlich ausgedehnten, nicht axialsymmetrischen starren Körper, der um die z-Achse rotiert, können auch Komponenten des Drehimpulses senkrecht zur z-Achse auftreten:

$$\begin{aligned} \vec{L} &= \sum_\nu m_\nu \vec{r}_\nu \times \vec{v}_\nu = \sum_\nu m_\nu \vec{r}_\nu \times (\omega \times \vec{r}_\nu) \\ &= \sum_\nu m_\nu \omega (x_\nu, y_\nu, z_\nu) \times (-y_\nu, x_\nu, 0) \\ &= \omega \sum_\nu (-x_\nu z_\nu, -y_\nu z_\nu, x_\nu^2 + y_\nu^2) m_\nu . \end{aligned}$$

Da der Körper so gelagert ist, daß die Drehachse konstant festgehalten wird, treten in den Lagern Drehmomente (Lagermomente) $\vec{D} = \dot{\vec{L}}$ auf. Sie können durch „Auswuchten“ zum Verschwinden gebracht werden. Beim „Auswuchten“ werden zusätzliche Massen so angebracht, daß die *Deviationsmomente*

$$-\sum_\nu x_\nu z_\nu m_\nu \qquad \text{bzw.} \qquad -\sum_\nu y_\nu z_\nu m_\nu$$

verschwinden.

Trägheitsmoment eines homogenen Kreiszylinders

Beispiel 11.1

Wir bestimmen das Trägheitsmoment eines homogenen Kreiszylinders der Dichte ϱ um seine Symmetrieachse. Dem Problem angepaßt, benutzen wir Zylinderkoordinaten. Das Volumenelement ist dann $\mathrm{d}V = r \, \mathrm{d}r \, \mathrm{d}\varphi \, \mathrm{d}z$ und $\mathrm{d}m = \varrho \, \mathrm{d}V$. Das Trägheitsmoment um die z-Achse lautet dann

$$\Theta = \int\limits_{\text{Zylinder}} r^2 \, \mathrm{d}m = \varrho \int\limits_0^{2\pi} \mathrm{d}\varphi \int\limits_0^h \mathrm{d}z \int\limits_0^R r^3 \, \mathrm{d}r;$$

die Integration über Winkel und z-Koordinate ergibt

$$\Theta = 2\pi h \varrho \int\limits_0^R r^3 \, \mathrm{d}r.$$

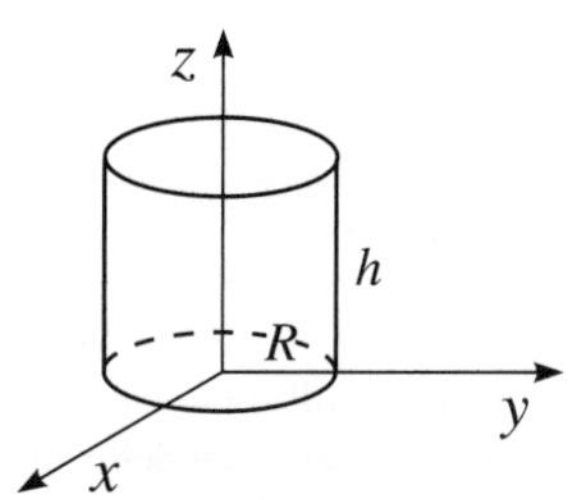

Ein homogener Zylinder rotiert um seine Achse.

Integration über den Radius bringt:

$$\Theta = \frac{\pi}{2} h \varrho R^4 = \varrho \pi R^2 h \frac{R^2}{2} = \frac{1}{2} M R^2.$$

▲ Beispiel 11.1

Jacob Steiner (1796–1863) → unten

Satz von Steiner

Ist das Trägheitsmoment Θ_s für eine Achse durch den Schwerpunkt S eines starren Körpers bekannt, dann erhält man das Trägheitsmoment Θ für eine beliebige *parallele* Achse mit dem Abstand b vom Schwerpunkt durch die Beziehung

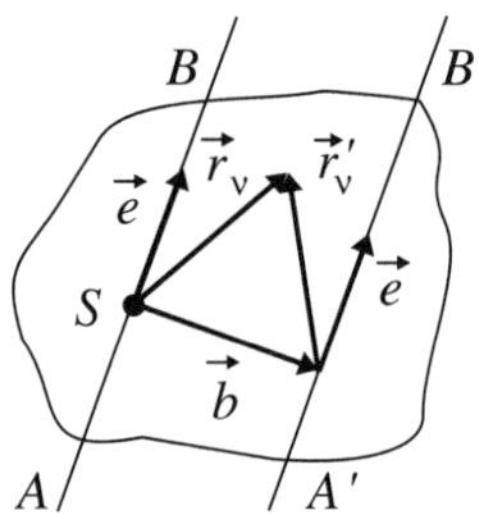

Zum Steinerschen Satz.

$$\Theta = \Theta_s + M b^2.$$

Ist AB die Achse durch den Schwerpunkt und $A'B'$ die dazu parallele mit dem Einheitsvektor $\vec{e}$ entlang der Achse, so läßt sich das folgendermaßen zeigen:

$$\Theta_{AB} = \sum_\nu m_\nu (\vec{r}_\nu \times \vec{e})^2, \qquad \Theta_{A'B'} = \sum_\nu m_\nu (\vec{r}'_\nu \times \vec{e})^2.$$

Der Zusammenhang zwischen $\vec{r}_\nu$ und $\vec{r}'_\nu$ ist durch die Skizze gegeben. Offensichtlich ist $\vec{r}'_\nu = -\vec{b} + \vec{r}_\nu$ und daher

$$\begin{aligned}\Theta_{A'B'} &= \sum_\nu m_\nu ((-\vec{b} + \vec{r}_\nu) \times \vec{e})^2 \\ &= \sum_\nu m_\nu [(-\vec{b} \times \vec{e}) + (\vec{r}_\nu \times \vec{e})]^2 \\ &= \sum_\nu m_\nu (-\vec{b} \times \vec{e})^2 + 2 \sum_\nu m_\nu (-\vec{b} \times \vec{e}) \cdot (\vec{r}_\nu \times \vec{e}) + \sum_\nu m_\nu (\vec{r}_\nu \times \vec{e})^2 \\ &= M b^2 + \Theta_{AB}.\end{aligned}$$

Der mittlere Term verschwindet, weil

$$2(-\vec{b} \times \vec{e}) \cdot \left(\sum_\nu m_\nu \vec{r}_\nu \right) \times \vec{e} = 0,$$

denn S ist der Schwerpunkt und daher $\sum_\nu m_\nu \vec{r}_\nu = 0$.

JACOB STEINER

Steiner, Jacob, geb. 18.3.1796 Utzenstorf, gest. 1.4.1863 Bern. – Steiner war Sohn eines Bauern und wuchs ohne Schulbildung auf. Erst durch Pestalozzi in Yverdon wurde ihm erstes Wissen vermittelt. Steiner studierte anschließend in Heidelberg, war dann als Lehrer der Mathematik in Berlin tätig, ehe er 1834 außerordentl. Professor an der dortigen Universität wurde. – Steiner gilt als der Neubegründer der synthetischen Geometrie, die er systematisch aufbaute. Er befaßte sich mit geometrischen Konstruktionen und isoperimetrischen Problemen. Eine Eigentümlichkeit seines Werkes ist das fast vollständige Vermeiden von analytischen und algebraischen Methoden bei geometrischen Untersuchungen.

Sind bei einer *ebenen* Massenverteilung in der x-y-Ebene die Trägheitsmomente Θ_{xx}, Θ_{yy} in bezug auf die x- bzw. y-Achse bekannt, so gilt für das Trägheitsmoment Θ_{zz} bezüglich der z-Achse

$$\Theta_{zz} = \Theta_{xx} + \Theta_{yy}.$$

Ist nämlich $r_\nu = \sqrt{x_\nu^2 + y_\nu^2}$ der Abstand des Massenelementes von der z-Achse, so gilt

$$\Theta_{zz} = \sum_\nu m_\nu r_\nu^2 = \sum_\nu m_\nu x_\nu^2 + \sum_\nu m_\nu y_\nu^2,$$

d. h.

$$\Theta_{zz} = \Theta_{yy} + \Theta_{xx}.$$

Trägheitsmoment einer dünnen rechteckigen Scheibe

Beispiel 11.2

Wir betrachten das Trägheitsmoment einer dünnen rechteckigen Scheibe der Dichte ϱ. Für die Berechnung des Trägheitsmomentes um die x-Achse nehmen wir als Massenelement $\mathrm{d}m = \varrho a\,\mathrm{d}y$. Es ergibt sich dann:

$$\Theta_{xx} = \int_0^b y^2 a\varrho\,\mathrm{d}y = a\varrho\frac{b^3}{3} = \frac{1}{3}Mb^2.$$

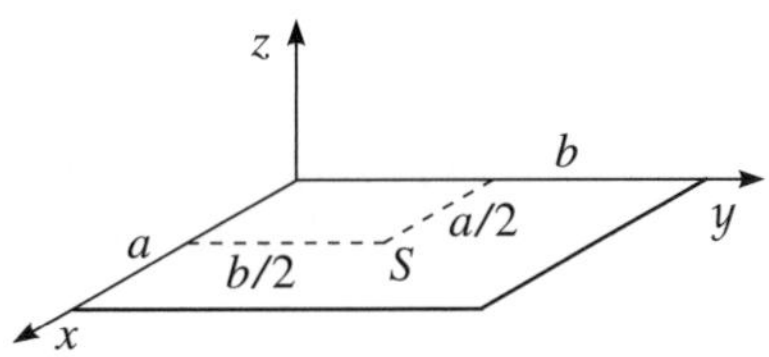

Eine rechteckige, ebene Massenverteilung.

Das Moment um die y-Achse folgt analog

$$\Theta_{yy} = \frac{1}{3}Ma^2.$$

Aus $\Theta_{zz} = \Theta_{xx} + \Theta_{yy}$ erhalten wir dann

$$\Theta_{zz} = \frac{1}{3}M(a^2 + b^2).$$

Das Trägheitsmoment um eine senkrechte Achse durch den Schwerpunkt bekommen wir nach dem Satz von Steiner aus dem Trägheitsmoment um die z-Achse:

$$\Theta_{zz} = \Theta_s + M\left(\sqrt{\left(\frac{a}{2}\right)^2 + \left(\frac{b}{2}\right)^2}\right)^2 = \Theta_s + M\frac{a^2+b^2}{4},$$

$$\Theta_s = \Theta_{zz} - \frac{M}{4}(a^2 + b^2) = M(a^2 + b^2)\left(\frac{1}{3} - \frac{1}{4}\right),$$

$$\Theta_s = \frac{M}{12}(a^2 + b^2).$$

Beispiel 11.2

Das physikalische Pendel

Ein beliebiger starrer Körper mit dem Schwerpunkt S ist an einer Achse durch den Punkt P drehbar aufgehängt. Der Abstandsvektor $\overrightarrow{PS}$ ist $\vec{r}$. Weiterhin soll Θ_0

das Trägheitsmoment des Körpers um eine horizontale Achse durch P und M die Gesamtmasse sein. Wird der Körper nun im Gravitationsfeld aus seiner Ruhelage ausgelenkt, so führt er Pendelbewegungen aus.

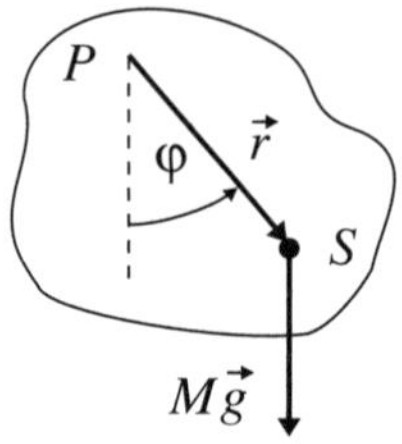

Ein Körper der Masse M ist im Punkt P aufgehängt.

Bei einer Auslenkung wirkt das Drehmoment

$$\vec{D} = \sum_{\nu} \vec{r}_\nu \times m_\nu \vec{g} = \sum_{\nu} m_\nu \vec{r}_\nu \times \vec{g} = M\vec{r} \times \vec{g} = -aMg \sin\varphi \vec{k},$$

wobei $\vec{k}$ ein Einheitsvektor ist, der in der Figur aus dem Blatt herauszeigt und $|\vec{r}| = a$. Die Winkelgeschwindigkeit ist dann

$$\vec{\omega} = +\vec{k}\frac{d\varphi}{dt}.$$

Aus der Beziehung $\vec{D} = \dot{\vec{L}} = \Theta_0 \dot{\vec{\omega}}$ erhalten wir damit

$$-aMg \sin\varphi = \Theta_0 \frac{d^2\varphi}{dt^2} \qquad \text{oder} \qquad \frac{d^2\varphi}{dt^2} + \frac{aMg}{\Theta_0} \sin\varphi = 0.$$

Für kleine Auslenkungen ersetzen wir $\sin\varphi$ durch φ; mit der Abkürzung $\Omega = \sqrt{aMg/\Theta_0}$ ergibt sich dann die Differentialgleichung

$$\frac{d^2\varphi}{dt^2} + \Omega^2 \varphi = 0$$

mit der Lösung

$$\varphi = A \sin(\Omega t + \delta).$$

So erhält man auch die Schwingungsdauer des physikalischen Pendels:

$$T = \frac{2\pi}{\Omega} = 2\pi \sqrt{\frac{\Theta_0}{Mag}}.$$

Da für das Fadenpendel (mathematisches Pendel) $T = 2\pi\sqrt{l/g}$ gilt, folgt, daß die beiden Schwingungsdauern gleich sind, wenn das Fadenpendel die Länge $l = \Theta_0/Ma$ hat.

Ersetzen wir das Trägheitsmoment Θ_0 durch das Trägheitsmoment Θ_s um den Schwerpunkt, so gilt nach dem Satz von Steiner:

$$T = T(a) = 2\pi \sqrt{\frac{\Theta_s + Ma^2}{Mag}} = 2\pi \sqrt{\frac{\Theta_s}{Mag} + \frac{a}{g}}\,.$$

Hieraus folgt, daß die Schwingungsdauer minimal wird, wenn die Schwingungsachse den Abstand $a = \sqrt{\Theta_s/M}$ vom Schwerpunkt hat. Aus dieser Beziehung läßt sich experimentell das Trägheitsmoment Θ_s bestimmen.

Trägheitsmoment einer Kugel

Aufgabe 11.1

Gesucht ist das Trägheitsmoment einer Kugel um eine Achse durch ihren Mittelpunkt. Der Radius der Kugel ist a, die homogene Dichte ist ϱ.

Lösung:

Wir benutzen Zylinderkoordinaten (r, φ, z). Die z-Achse ist die Rotationsachse. Dann gilt für das entsprechende Trägheitsmoment

$$\Theta = \varrho \int_{\text{Kugel}} r^2 \, \mathrm{d}V.$$

Der Mittelpunkt der Kugel liegt bei $z = 0$. Die Gleichung der Kugeloberfläche lautet dann

$$x^2 + y^2 + z^2 = a^2 \qquad \text{oder} \qquad r^2 + z^2 = a^2.$$

Schreiben wir die Integrationsgrenze aus:

$$\Theta = \varrho \int_0^{2\pi} \mathrm{d}\varphi \int_{-a}^{a} \mathrm{d}z \int_0^{\sqrt{a^2-z^2}} r^3 \, \mathrm{d}r \qquad \text{oder}$$

$$\Theta = 2\pi\varrho \int_{-a}^{a} \left[\frac{1}{4} r^4\right]_0^{\sqrt{a^2-z^2}} \mathrm{d}z = \frac{\pi}{2} \varrho \int_{-a}^{a} (a^2 - z^2)^2 \, \mathrm{d}z.$$

Die Integration über z ergibt

$$\Theta = \pi a^5 \varrho \frac{8}{15} = \frac{4}{3} \pi a^3 \varrho \frac{2}{5} a^2.$$

Da die Gesamtmasse der Kugel durch $M = (4/3)\pi a^3 \varrho$ gegeben ist, folgt

$$\Theta = \frac{2}{5} M a^2.$$

Aufgabe 11.1

Trägheitsmoment eines Würfels

Aufgabe 11.2

Berechnen Sie das Trägheitsmoment eines homogenen mit Masse erfüllten Würfels um eine seiner Kanten.

Lösung:

Sei ϱ die Dichte, s die Kantenlänge des Würfels. Dann ergibt sich ein Massenelement zu

$$\mathrm{d}m = \varrho \, \mathrm{d}V = \varrho \, \mathrm{d}x \, \mathrm{d}y \, \mathrm{d}z.$$

Das Trägheitsmoment um AB berechnet sich nun zu:

$$\Theta_{AB} = \varrho \int_0^s \int_0^s \int_0^s (x^2 + y^2) \, \mathrm{d}x \, \mathrm{d}y \, \mathrm{d}z = \frac{2}{3} \varrho s^5 = \frac{2}{3} M s^2.$$

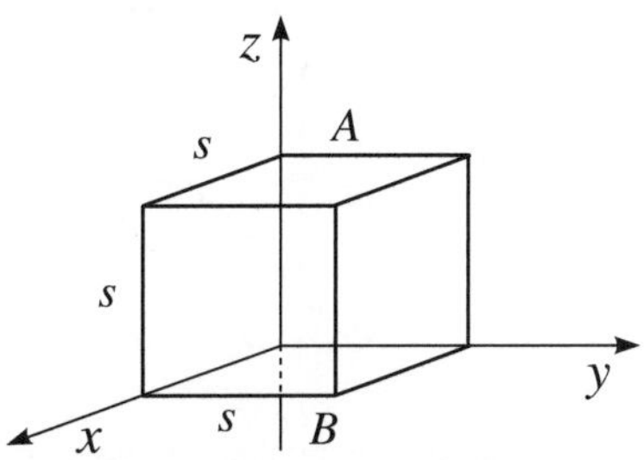

Zur Berechnung des Trägheitsmoments eines Würfels.

Aufgabe 11.2

Schwingungen eines aufgehängten Würfels

Aufgabe 11.3

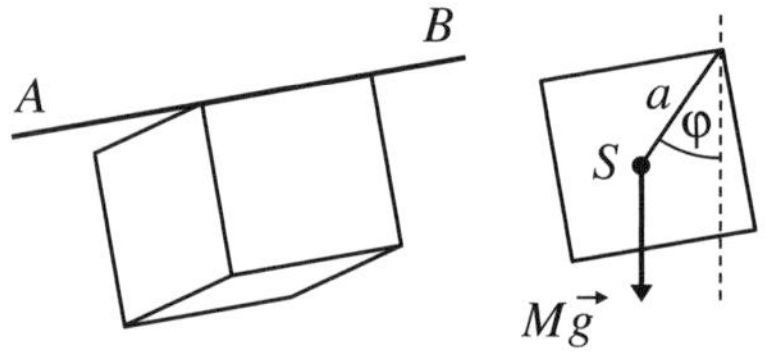

Veranschaulichung der Drehachsen des aufgehängten Würfels.

Ein Würfel der Kantenlänge s und der Masse M hängt vertikal von einer seiner Kanten herab. Finden Sie die Periode für kleine Schwingungen um die Gleichgewichtslage. Wie groß ist die Länge des äquivalenten Fadenpendels?

Lösung:

Das Trägheitsmoment des Würfels um AB war

$$\Theta_{AB} = \frac{2}{3}Ms^2.$$

Der Schwerpunkt liegt in der Mitte des Würfels, d. h., es gilt für den Abstand a des Schwerpunktes S von der Achse AB:

$$a = \frac{1}{2}s\sqrt{2}.$$

Die Bewegungsgleichung des physikalischen Pendels war nun für kleine Ausschlagwinkel:

$$\ddot{\varphi} + \frac{Mga}{\Theta_{AB}}\varphi = 0$$

mit der Kreisfrequenz

$$\omega = \sqrt{\frac{Mga}{\Theta_{AB}}}$$

und der Schwingungsdauer

$$T = \frac{2\pi}{\omega} = 2\pi\sqrt{\frac{\Theta_{AB}}{Mga}} = 2\pi\sqrt{\frac{2Ms^2\cdot 2}{3Mgs\sqrt{2}}} = 2\pi\sqrt[4]{2}\sqrt{\frac{2s}{3g}}.$$

Die Länge des äquivalenten Fadenpendels berechnet sich durch:

$$T = T' = 2\pi\sqrt{\frac{l}{g}},$$

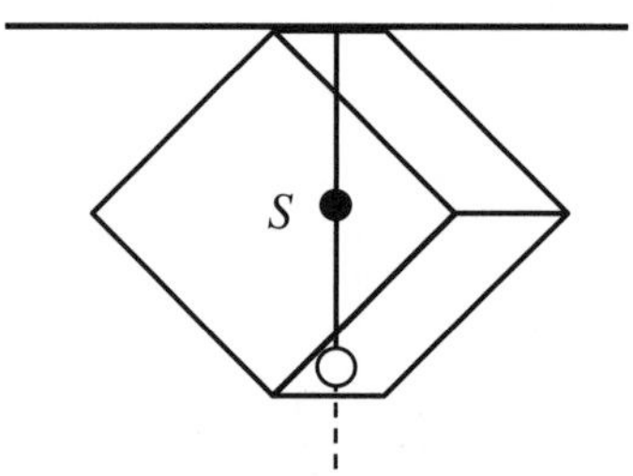

Physikalisches Pendel und reduzierte Pendellänge.

womit gerade die Äquivalenz der Pendel definiert wird. Durch Einsetzen von T ergibt sich

$$2\pi\sqrt[4]{2}\sqrt{\frac{2}{3}\frac{s}{g}} = 2\pi\sqrt{\frac{l}{g}}$$

oder aufgelöst

$$l = \frac{2}{3}\sqrt{2}s.$$

Diese äquivalente Länge des Fadenpendels heißt auch reduzierte Pendellänge.

Aufgabe 11.3

Abrollen eines Zylinders; Rollenpendel

Beispiel 11.3

Wir betrachten einen Zylinder, der mit waagrecht gelegener Achse auf einer schiefen Ebene abrollen kann. Das System hat einen Freiheitsgrad, so daß wir mit einer Energiebetrachtung auskommen. Die Geschwindigkeit jedes Punktes des Zylinders denken wir uns zusammengesetzt aus der Geschwindigkeit $\vec{v}_1$ infolge der fortschreitenden Bewegung und der Geschwindigkeit $\vec{v}_{2\nu}$ infolge der Drehbewegung. Für die Bewegungsenergie gilt dann:

$$\sum \frac{m_\nu}{2}\vec{v}_\nu^{\,2} = \frac{1}{2}\vec{v}_1^{\,2}\sum m_\nu + \sum \frac{m_\nu}{2}\vec{v}_{2\nu}^{\,2} + \vec{v}_1 \cdot \sum m_\nu \vec{v}_{2\nu}. \tag{1}$$

Bei symmetrischer Massenverteilung fällt das letzte Glied weg, und wir haben

$$T = \frac{M}{2}\vec{v}_1^{\,2} + \frac{\Theta}{2}\dot{\varphi}^2, \tag{2}$$

die Bewegungsenergie ist additiv aus Translations- und Rotationsenergie zusammengesetzt. Da die Zwangskräfte keinen Beitrag zur Energie geben, gilt für den Zylinder (mit symmetrischer Massenverteilung) auf der schiefen Ebene:

$$\frac{M}{2}\dot{s}^2 + \frac{\Theta}{2}\dot{\varphi}^2 - Mgs\sin\alpha = E. \tag{3}$$

(s mißt den längs der schiefen Ebene zurückgelegten Weg). „Abrollen" ohne Gleiten bedeutet, daß die Achse sich immer ebensoviel weiterbewegt, als der Drehbewegung des Zylindermantels entspricht:

$$\dot{s} = R\dot{\varphi},$$

wobei R der Zylinderradius ist. Wir erhalten also die Gleichung

$$\frac{1}{2}\left(M + \frac{\Theta}{R^2}\right)\dot{s}^2 - Mgs\sin\alpha = E,$$

$$\ddot{s} = \frac{1}{1 + \Theta/MR^2} g\sin\alpha. \tag{4}$$

Die Beschleunigung des abrollenden Zylinders ist gegenüber einem abgleitenden Massenpunkt verringert.

Ist die Gesamtmasse des Zylinders (genähert) auf der Achse vereinigt, so ist

$$\frac{\Theta}{MR^2} = 0, \qquad \ddot{s} = g\sin\alpha,$$

und die Beschleunigung ist dieselbe wie beim gleitenden Massenpunkt. Beim homogenen Zylinder ist

$$\frac{\Theta}{MR^2} = \frac{1}{2}, \qquad \ddot{s} = \frac{2}{3}g\sin\alpha.$$

Beim Hohlzylinder, der alle Masse auf der Mantelfläche hat, ist

$$\frac{\Theta}{MR^2} = 1, \qquad \ddot{s} = \frac{1}{2}g\sin\alpha;$$

die Beschleunigung ist nur noch halb so groß wie beim gleitenden Massenpunkt. Setzen wir auf den Zylinder eine Kreisscheibe gleicher Achse, die über die Unterlage hinausgreift (wie ein Radkranz über die Schiene), so kann $\Theta/MR^2 > 1$ sein, die Beschleunigung also noch geringer.

♦ Beispiel 11.3

Die Betrachtung der Kräftebilanz hilft uns dieses Problem noch einmal aus einem anderen Blickwinkel zu beleuchten.

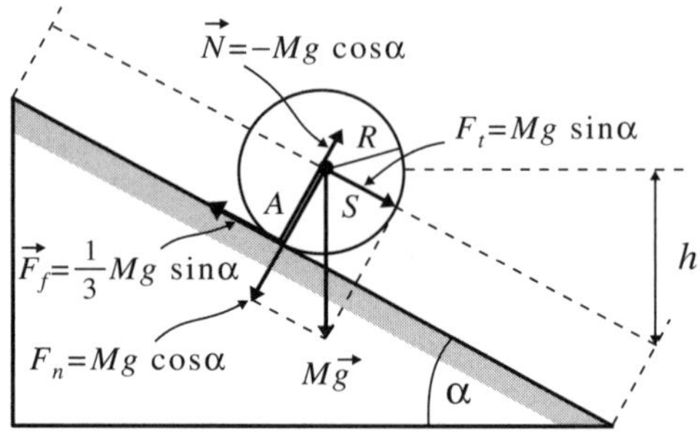

Rollender Zylinder auf schiefer Ebene.

Im Punkt S wirkt die Schwerkraft und übt ein Drehmoment bezüglich des Punktes A (vgl. Abbildung) aus

$$D_A = |\vec{D}_A| = R \cdot Mg\sin\alpha, \tag{5}$$

während die Zwangskräfte kein Drehmoment bewirken. Die Winkelbeschleunigung am Punkt A ist somit

$$\ddot{\varphi} = \dot{\omega} = \frac{D_A}{\Theta_A} = \frac{RMg\sin\alpha}{(3/2)MR^2} = \frac{2}{3}\frac{g}{R}\sin\alpha. \tag{6}$$

Das Trägheitsmoment Θ_A eines Vollzylinders erhält man leicht mit Hilfe des Steinerschen Satzes. Da das Trägheitsmoment bzgl. des Schwerpunkts $\Theta_s = MR^2/2$ ist, folgt sofort

$$\Theta_A = \Theta_s + MR^2 = \frac{3}{2}MR^2.$$

Wenn der Zylinder rollt, ohne zu gleiten, erhält man für die Linearbeschleunigung des Schwerpunkts

$$|a_s| = |\dot{\vec{\omega}} \times \vec{r}_A| = \dot{\omega}R = \frac{2}{3}g\sin\alpha. \tag{7}$$

Der Zylinder hat dabei nur $2/3$ der Beschleunigung, die er hätte, wenn er gleiten würde.

Man erhält Gleichung (8) aus einfachen Überlegungen:

Da die instantane Geschwindigkeit des Kontaktpunktes A Null ist, kann man A als instantan ruhend ansehen. Das heißt aber, daß der starre Körper instantan eine Rotation an dem Berührungspunkt A ausführt, mit einer Winkelgeschwindigkeit ω. Die Geschwindigkeit eines beliebigen Punktes des Körpers ist dann aber gegeben durch (siehe Abbildung)

$$\vec{v} = \vec{\omega} \times \vec{r}_A.$$

Neben der Schwerkraft wirkt noch die Reaktionskraft $\vec{N}$ – zum Ausgleich der Normalkomponente von $M\vec{g}$ –

$$|\vec{N}| = |Mg\cos\alpha|, \tag{8}$$

und die Reibungskraft F_f. Die letztere berechnet sich aus der Bilanz

$$Mg\sin\alpha + F_f = Ma_s \tag{9}$$

Beispiel 11.3 ♦

und mit Gleichung (7):

$$-F_f = Mg\sin\alpha - \frac{2}{3}Mg\sin\alpha = \frac{1}{3}Mg\sin\alpha. \tag{10}$$

Die Reibungskraft ist damit entgegengesetzt gerichtet zur Bewegungsrichtung. Die Bedingung für eine Rollbewegung des Zylinders ist

$$|F_f| \le \mu N, \tag{11}$$

wobei μ der Reibungskoeffizient ist.

Es gilt also, da

$$N = Mg\cos\alpha \qquad \text{und} \qquad |F_f| = \frac{1}{3}Mg\sin\alpha$$

$$|F_f| \le \mu Mg\cos\alpha \qquad \text{bzw.} \qquad \frac{1}{3}Mg\sin\alpha \le \mu Mg\cos\alpha. \tag{12}$$

Das bedeutet: Nur solange $\tan\alpha \le 3\mu$ gibt es eine Rollbewegung.

Einen Zylinder mit unsymmetrischer Massenverteilung, der unter dem Einfluß der Schwere auf waagrechter Unterlage rollend schwingen kann, nennen wir ein *Rollpendel*. Er stellt ein System mit einem Freiheitsgrad dar; die Stellung des Rollpendels kann durch den Drehwinkel φ oder die Koordinate x der Zylinderachse (senkrecht zu ihr gemessen, vgl. Figur) angegeben werden. „Abrollen“ bedeutet, daß

$$\dot{x} = R\dot{\varphi} \tag{13}$$

ist.

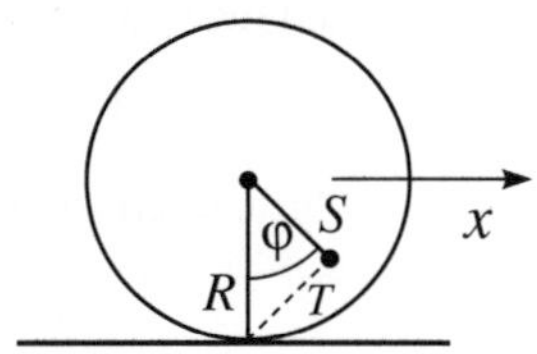

Rollenpendel.

Da nur ein Freiheitsgrad vorliegt, kommen wir mit dem Energiesatz aus. Die Bewegung ist aus einer fortschreitenden und einer Drehbewegung zusammengesetzt. Bei Anwendung von (1) haben wir die unsymmetrische Massenverteilung zu beachten. Der Ausdruck $\sum m_\nu \vec{v}_{2\nu}$ kann als von der Drehbewegung herrührender Impuls nämlich berechnet werden, indem man die Gesamtmasse M im um s von der Achse entfernten Schwerpunkt vereinigt denkt: $|s\dot{\varphi}|$ ist dann die Geschwindigkeit $|\vec{v}_{2\nu}|$ dieser Masse bei der Drehbewegung und $\pi - \varphi$ der Winkel zwischen $\vec{v}_1$ und $\vec{v}_{2\nu}$. Nach (1) ist dann

$$T = \frac{M}{2}\dot{x}^2 + \frac{\Theta}{2}\dot{\varphi}^2 - \dot{x}\cdot Ms\dot{\varphi}\cos\varphi,$$

wo Θ das Trägheitsmoment um die Zylinderachse ist, und mit der Rollbedingung (13) folgt:

$$T = \frac{1}{2}(MR^2 + \Theta - 2MRs\cos\varphi)\dot{\varphi}^2. \tag{14}$$

Diesen Ausdruck können wir auch noch anders auffassen: Ist Θ_s das Trägheitsmoment um eine durch den Schwerpunkt gehende, zur Zylinderachse parallele Gerade, so ist nach dem Steinerschen Satz

$$\Theta = \Theta_s + Ms^2.$$

Die Gleichung (14) geht also in

$$T = \frac{1}{2}[M(R^2 + s^2 - 2Rs\cos\varphi) + \Theta_s]\dot{\varphi}^2$$

oder

$$T = \frac{1}{2}(Mr^2 + \Theta_s)\dot{\varphi}^2$$

über, wo r der Abstand des Schwerpunktes von der Berührungsgeraden des Zylinders mit der Unterlage ist. Nach dem Steinerschen Satz ist

$$\Theta_u = Mr^2 + \Theta_s$$

das Trägheitsmoment um die mit der Zeit wechselnde Unterstützungsgerade, und es bekommt (14) die Form:

$$T = \frac{\Theta_u}{2}\dot{\varphi}^2.$$

Kürzen wir jetzt (14) ab durch

$$T = \frac{1}{2}(B - 2MRs\cos\varphi)\dot{\varphi}^2$$

und fügen wir die potentielle Energie

$$U = Mgs(1 - \cos\varphi)$$

hinzu, so erhalten wir den Energiesatz:

$$\frac{1}{2}(B - 2MRs\cos\varphi)\dot{\varphi}^2 + Mgs(1 - \cos\varphi) = E. \tag{15}$$

Die Gleichung ist von der des physikalischen Pendels (vgl. Abschnitt über physikalisches Pendel) verschieden. Für kleine Winkel φ erhalten wir

$$\Theta_u\dot{\varphi}^2 + Mgs\varphi^2 = Mgs\alpha^2, \tag{16}$$

wobei wir die willkürliche Konstante E durch die willkürliche Konstante α ersetzt haben. Die Gleichung (16) wird gelöst durch

$$\varphi = \alpha\cos(\omega t + \delta) \tag{17}$$

mit

$$\omega^2 = \frac{Mgs}{\Theta_u} = \frac{Mgs}{MR^2 + \Theta - 2MRs}. \tag{18}$$

Im Grenzfall der symmetrischen Massenverteilung ($s = 0$) wird $\omega = 0$. Rückt der Schwerpunkt auf die Zylinderfläche ($s \to R$), so wird

$$\omega^2 = \frac{MgR}{\Theta_s}.$$

Ist dabei die Masse auf einen engeren Bereich begrenzt, so wird ω sehr groß. Denken wir uns durch eine geeignete Vorrichtung einen Teil der Masse außerhalb des rollenden Zylinders angebracht (vgl. Figur) und s groß gegen R, so geht die Schwingung in die eines physikalischen Pendels über.

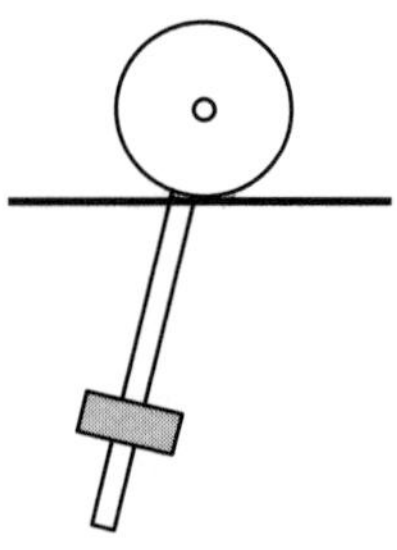

Übergang vom Rollpendel zum physikalischen Pendel.

▲ Beispiel 11.3

Trägheitsmomente einiger starrer Körper um ausgewählte Achsen

Beispiel 11.4 ▼

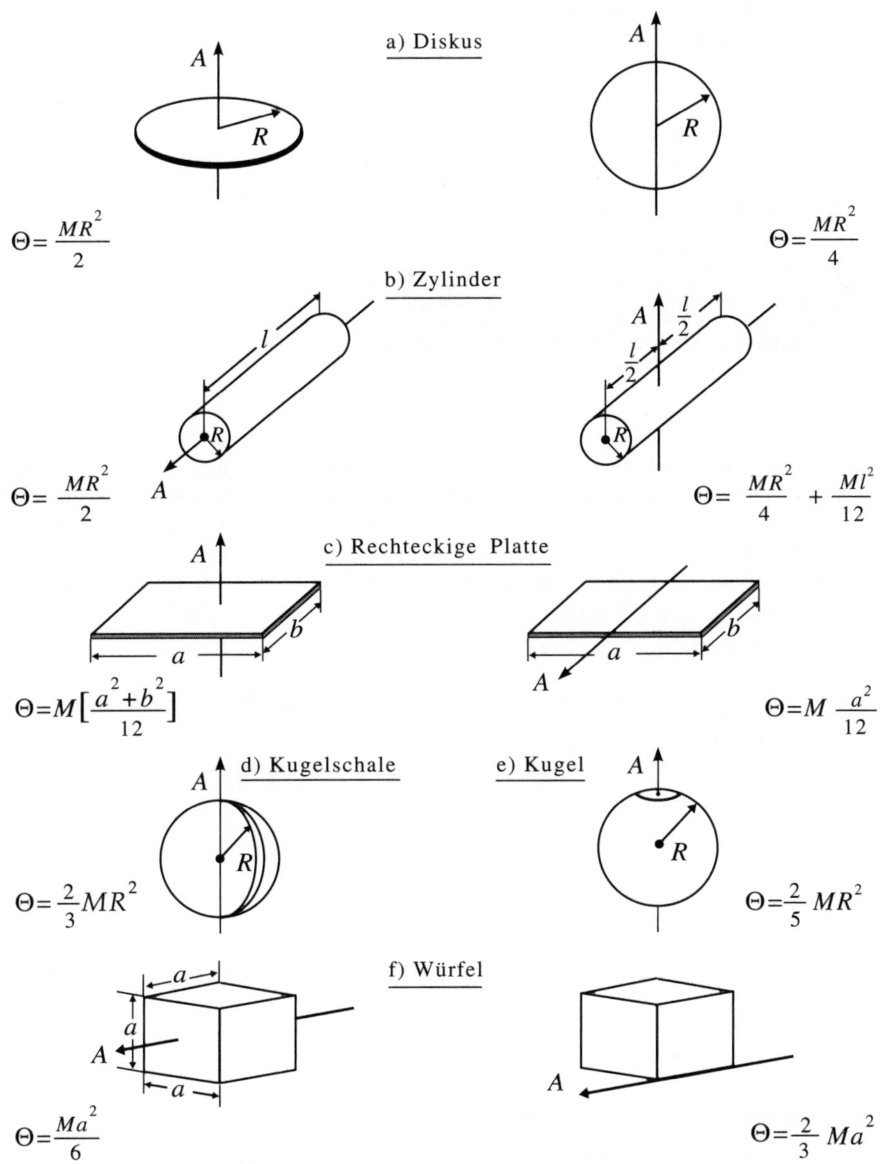

Beispiel 11.4 ▲

Würfel kippt über Tischkante

Aufgabe 11.4

Ein Würfel mit der Seitenlänge $2a$ und der Masse M rutscht mit konstanter Geschwindigkeit v_0 auf einer reibungsfreien Platte. Am Ende der Fläche stößt er an ein Hindernis und kippt über die Kante (siehe Figur). Bestimmen Sie die Minimalgeschwindigkeit v_0, bei der der Würfel noch von der Platte fällt!

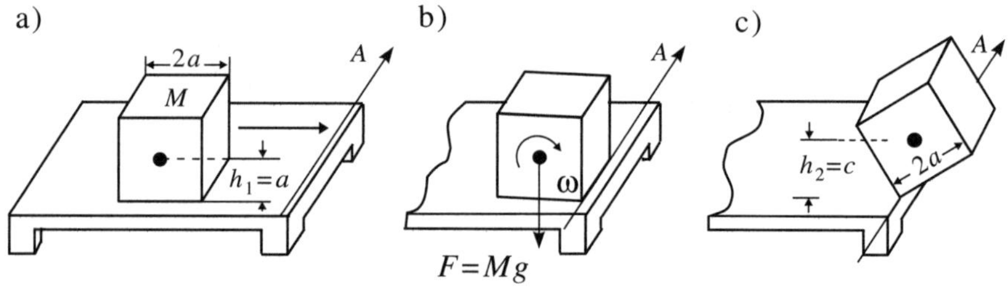

Veranschaulichung des über die Kante kippenden Würfels.

Lösung:

Zu bestimmen ist die Geschwindigkeit v_0, die den Würfel in die Lage versetzt, über seine Kante zu kippen, wie es in Figur c) dargestellt ist. Wenn er an das Hindernis am Plattenrand anstößt, wird er in Rotation um die Achse A versetzt. Zum Zeitpunkt der Kollision wirken alle äußeren Kräfte entlang dieser Achse, und der Drehimpuls des Würfels bleibt erhalten. Vor dem Stoß an das Hindernis hat der Würfel aufgrund der Translationsbewegung den Drehimpuls

$$L = |\vec{r} \times \vec{p}| = p \cdot a = M v_0 a. \tag{1}$$

Direkt nach der Kollision erscheint der Drehimpuls als Rotationsbewegung des Würfels

$$L = \Theta_A \omega_0 = M v_0 a$$

bzw.

$$\omega_0 = \frac{M v_0 a}{\Theta_A}. \tag{2}$$

Wenn der Würfel abzuheben beginnt, bewirkt die Gravitationskraft ein Drehmoment um die Achse A, die dem Prozeß des Abhebens wieder entgegenwirkt.

Für die kinetische Energie des Würfels direkt nach dem Stoß ergibt sich – bei gegebenen ω_0:

$$T_0 = \frac{1}{2} \Theta_A \omega_0^2 = \frac{1}{2} \cdot \frac{M^2 v_0^2 a^2}{\Theta_A}. \tag{3}$$

Die potentielle Energiedifferenz zwischen Position a und Position c ist dabei

$$\Delta V = M(h_2 - h_1)g = M(\sqrt{2}a - a)g = Mag(\sqrt{2} - 1), \tag{4}$$

und aus dem Energieerhaltungssatz folgt direkt

$$Mag(\sqrt{2} - 1) = \frac{1}{2} \cdot \frac{M^2 v_0^2 a^2}{\Theta_A}. \tag{5}$$

Das Trägheitsmoment des Würfels Θ_A berechnet sich leicht zu

$$\Theta_A = \varrho \int_V r^2 \,\mathrm{d}V = \varrho \int_0^{2a}\int_0^{2a}\int_0^{2a} (x^2 + y^2)\,\mathrm{d}x\,\mathrm{d}y\,\mathrm{d}z = \frac{8}{3} Ma^2. \tag{6}$$

Aus Gleichung (5) folgt dann

$$ag(\sqrt{2} - 1) = \frac{1}{2} \frac{Ma^2}{(8/3)Ma^2} v_0^2$$

und daraus

$$v_0 = \sqrt{ag\frac{16}{3}(\sqrt{2} - 1)}. \tag{7}$$

Das ist das korrekte Resultat. Wir betonen das, weil man leicht durch folgende *falsche Überlegung* zu einem anderen Ergebnis kommen könnte: Die kinetische Energie ist $(1/2)Mv_0^2$, und daher folgt aus der Energieerhaltung zusammen mit (4)

$$\frac{1}{2} Mv_0^2 = Mag(\sqrt{2} - 1).$$

Dies führt auf

$$v_0 = \sqrt{2ag(\sqrt{2} - 1)}, \tag{8}$$

also einen um den Faktor $\sqrt{3/8}$ kleineren Wert gegenüber dem richtigen Resultat (7). Das Ergebnis (8) ist falsch, weil der Würfel beim Stoß aufgrund seiner Inelastizität einen Teil seiner kinetischen Energie verliert. Das richtige Ergebnis (7) basiert auf der Erhaltung des Drehimpulses, die „stärker" ist als die Erhaltung der Energie.

Aufgabe 11.4 ▲

Hockeypuck trifft Stab

Aufgabe 11.5 ▼

Ein dünner Stab der Länge l und der Masse M liegt auf einer reibungsfreien Platte (die x-y-Ebene in der Abbildung). Ein Hockeypuck der Masse m und der Geschwindigkeit v stößt den Stab elastisch unter 90° im Abstand d vom Schwerpunkt. Nach dem Stoß sei der Puck in Ruhe.

a) Bestimmen Sie die Bewegung des Stabes.
b) Berechnen Sie das Verhältnis m/M unter Berücksichtigung der Tatsache, daß der Puck ruht.

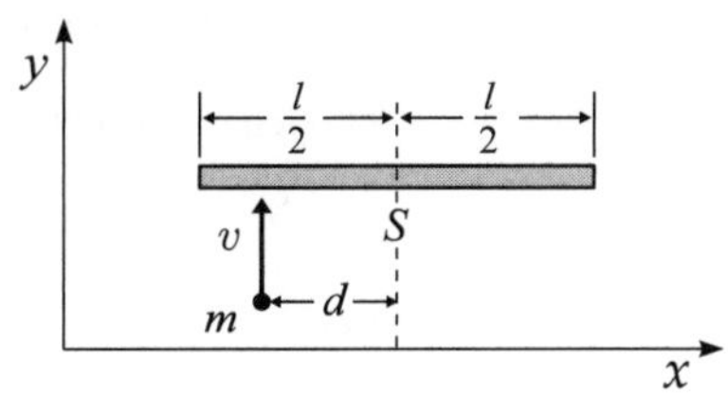

Ein Hockeypuck trifft Stab auf reibungfreier Platte.

Lösung:

a) Da der Stoß elastisch ist, gilt Impuls- und Energieerhaltung, wobei sich die Impulserhaltung auf linearen und Drehimpuls bezieht. Durch den Stoß mit dem Puck wird dem Stab eine Translationsbewegung und eine Rotationsbewegung erteilt werden. Aus der Erhaltung des linearen Impulses folgt dann sofort

$$P_s = Mv_s = mv \tag{1}$$

♦ Aufgabe 11.5

und für die Geschwindigkeit des Schwerpunktes

$$v_s = \frac{mv}{M}. \tag{2}$$

In gleicher Weise folgt aus der Erhaltung des Drehimpulses

$$L_s = \Theta_s \omega = mvd = D \tag{3}$$

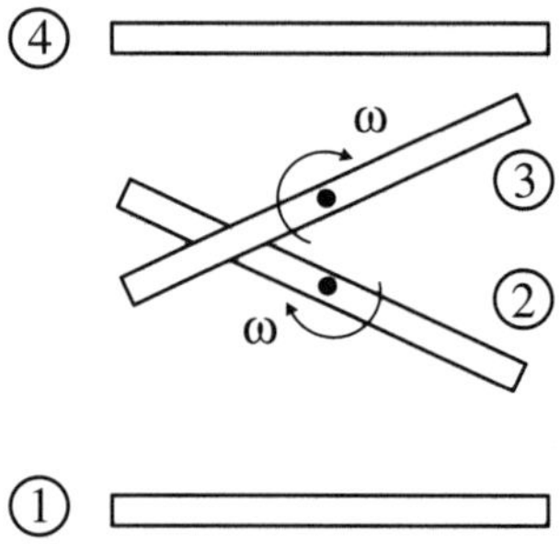

Veranschaulichung der Bewegung des Stabes.

und für die Winkelgeschwindigkeit des Stabes bzgl. des Schwerpunkts

$$\omega = \frac{mvd}{Ml^2/12}, \tag{4}$$

wobei

$$\Theta_s = \int_0^{l/2} \varrho r^2 \, \mathrm{d}V = \frac{1}{12} M l^2.$$

Der Schwerpunkt des Stabes bewegt sich also gleichförmig mit v_s entlang der y-Achse, während der Stab mit der Winkelgeschwindigkeit ω um den Schwerpunkt rotiert. Die Figur veranschaulicht einige Stadien der Bewegung.

b) Mit Hilfe des Energieerhaltungssatzes läßt sich die kinetische Energie des Stabes bestimmen.

Vor dem Stoß ist die kinetische Energie des Pucks

$$T = \frac{1}{2} m v^2, \tag{5}$$

während die kinetische Energie nach dem Stoß sich aus zwei Anteilen zusammensetzt:

$$T_t = \frac{1}{2} M v_s^2 \qquad \text{„Translationsenergie des Schwerpunkts“}$$

und

$$T_r = \frac{1}{2} \Theta_s \omega^2 \qquad \text{„Rotationsenergie um den Schwerpunkt“.}$$

Da sich die potentielle Energie nicht ändert, folgt sofort

$$T = \frac{1}{2} m v^2 = T_t + T_r = \frac{1}{2}(M v_s^2 + \Theta_s \omega^2)$$

bzw.

$$m v^2 = M v_s^2 + \frac{M l^2}{12} \omega^2. \tag{6}$$

Gleichungen (2) und (4) eingesetzt in Gleichung (6) ergibt schließlich:

$$m v^2 = \frac{m^2 v^2}{M} + \frac{m^2 v^2 d^2 (12)^2}{M^2 l^4} \cdot \frac{M l^2}{12},$$

$$1 = \frac{m}{M} + 12 \frac{m}{M} \cdot \frac{d^2}{l^2}$$

bzw.

$$\frac{m}{M} = \frac{1}{1 + 12(d/l)^2}$$

für das Massenverhältnis. Stößt der Puck den Stab im Schwerpunkt, $d = 0$, tritt keine Rotation auf. Um den Stoß elastisch zu bewirken, muß hierbei jedoch gelten $m = M$.

Stößt der Puck den Stab im Punkt $d = l/2$, ist der Stoß nur dann elastisch, wenn $M = 4m$. In diesem Fall ist die Rotationsgeschwindigkeit $\omega = 6mv/Ml = 6v_s/l$.

Aufgabe 11.5

Queue stößt Billardkugel

Aufgabe 11.6

Eine Billardkugel der Masse M und Radius R wird von einem Queue gestoßen, so daß der Schwerpunkt der Kugel die Geschwindigkeit v_0 erhält. Ebenso geht die Richtung des Impulses durch den Schwerpunkt. Der Reibungskoeffizient zwischen Tisch und Kugel ist μ. Wie weit bewegt sich die Kugel, bis die anfängliche Gleitbewegung in eine reine Rollbewegung übergeht?

Lösung:

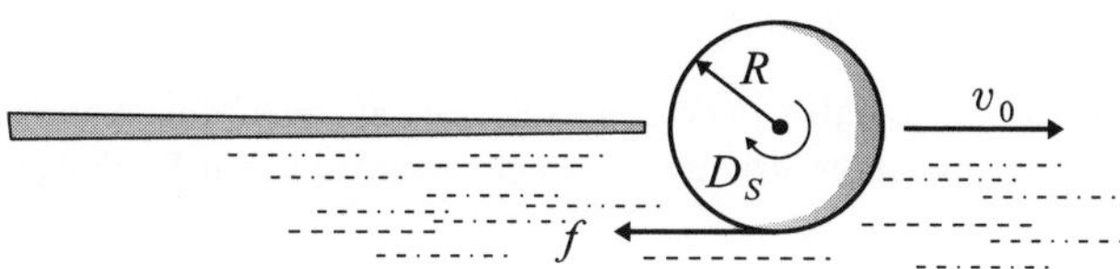

Ein Queue stößt Billardkugel.

Da die Impulsrichtung durch den Schwerpunkt geht, ist der Drehimpuls bezüglich des Schwerpunktes zur Zeit $t = 0$ Null. Die Reibungskraft $\vec{f}$ ist der Bewegungsrichtung entgegengerichtet (siehe Abbildung) und bewirkt ein Drehmoment um den Schwerpunkt

$$D_s = f \cdot R = \mu MgR. \tag{1}$$

Daraus folgt eine Winkelbeschleunigung für den Ball, so daß

$$\dot{\omega} = \frac{\mu MgR}{\Theta_s} = \frac{\mu MgR}{(2/5)MR^2} = \frac{5}{2} \cdot \frac{\mu g}{R}. \tag{2}$$

Zusätzlich bewirkt die Reibungskraft eine Abbremsung des Schwerpunkts, d. h.

$$Ma_s = -f \qquad \text{bzw.} \qquad a_s = -\frac{f}{M} = -\frac{\mu gM}{M}. \tag{3}$$

a_s ist die Schwerpunktsbeschleunigung.

Für die Rotationsgeschwindigkeit der Kugel erhält man aus Gleichung (2) – nach Ausführung der Integration –

$$\omega = \int_0^t \dot{\omega}\, \mathrm{d}t = \frac{5}{2} \cdot \frac{\mu g}{R} t. \tag{4}$$

Die lineare Geschwindigkeit des Schwerpunkts folgt aus Gleichung (3) – ebenfalls nach Integration – zu

$$v_s = \int a_s\, \mathrm{d}t = v_0 - \mu g t. \tag{5}$$

Die Billardkugel beginnt genau dann zu rollen, wenn $v_s = \omega R$, bzw.

$$\frac{5}{2}\mu \frac{g}{R} t R = v_0 - g\mu t \tag{6}$$

oder genau dann, wenn:

$$v_0 = \frac{7}{2}\mu g t \qquad \text{und} \qquad t = \frac{2}{7}\frac{v_0}{\mu g}. \tag{7}$$

Den bis zum Rollbeginn zurückgelegten Weg erhält man durch Integration von Gleichung (5) zu

$$s = \int_0^t v_s \,\mathrm{d}t = v_0 t - \frac{\mu g t^2}{2} \tag{8}$$

und mit t aus Gleichung (7) schließlich zu:

$$s = \frac{2}{7} \cdot \frac{v_0^2}{\mu g} - \frac{v_0^2}{2\mu g}\left(\frac{2}{7}\right)^2 = \frac{12}{49} \cdot \frac{v_0^2}{\mu g}. \tag{9}$$

Wird die Kugel beispielsweise im Abstand h über dem Schwerpunkt getroffen, kommt zusätzlich zur linearen Bewegung noch eine Rotationsbewegung hinzu, deren Winkelgeschwindigkeit ist:

$$\omega = \frac{M v_0 h}{\Theta} = \frac{5}{2}\frac{v_0 h}{R^2}. \tag{10}$$

Das heißt, wenn $h = (2/5)R$, setzt sofort die Rollbewegung der Kugel ein. Für $h < (2/5)R$ wird $\omega < v_0/R$ und für $h > (2/5)R$ entsprechend $\omega > v_0/R$, wobei im zweiten Fall die Reibungskraft vorwärts zeigt.

Nachfolgende Abbildung zeigt die Änderung von v_s und ωR als Funktion der Zeit für $h = 0$. Wenn $v_s = \omega R$, setzt die Rollbewegung ein, die Reibung verschwindet, und ab da bleiben v_s und ω konstant.

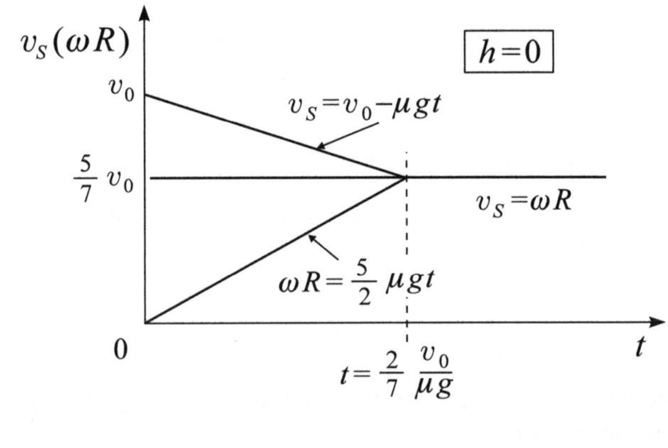

Änderung von v_s und ωR als Funktion der Zeit.

▲Aufgabe 11.6

Zwangskräfte eines rotierenden Stabes

Aufgabe 11.7

Ein Stab der Länge $2l$ und der Masse M ist im Punkt A befestigt, so daß er nur in der senkrechten Ebene rotieren kann (Abbildung). Im Schwerpunkt greift die äußere Kraft $\vec{F}$ an. Berechnen Sie die Reaktionskraft $\vec{F}_r$ im Befestigungspunkt A!

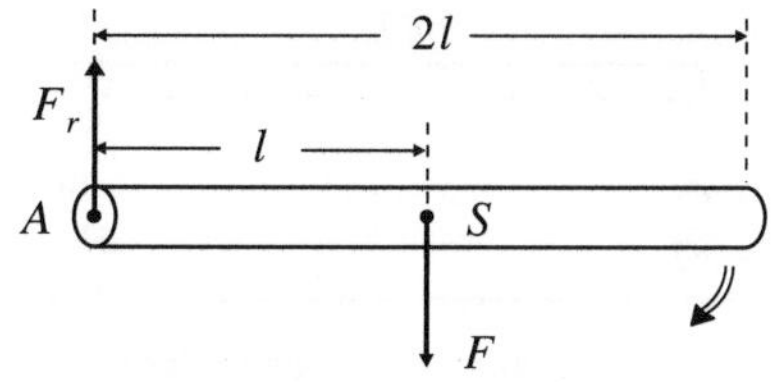

Der Stab rotiert um den Punkt A.

Lösung:

Zur Bestimmung von $\vec{F}_r$ berechnet man das durch $\vec{F}_r$ bewirkte Drehmoment D_A bezüglich des Schwerpunkts des Stabes.

Für das Drehmoment bezüglich des Fixpunktes A erhält man

$$D_A = -Fl = \Theta_A \dot{\omega}, \tag{1}$$

weil die Zwangskräfte nicht zu D_A beitragen. Die Winkelbeschleunigung des Stabes $\dot{\omega}$ folgt dann aus (1):

$$\dot{\omega} = \frac{D_A}{\Theta_A} = -\frac{Fl}{\Theta_A}, \tag{2}$$

wobei Θ_A das Trägheitsmoment des Stabes bezüglich A ist.

Da man das Trägheitsmoment Θ_s bezüglich des Schwerpunkts S leicht berechnen kann zu

$$\Theta_s = \int_{-l}^{l} \varrho r^2 \, \mathrm{d}V = \frac{1}{3} M l^2, \tag{3}$$

erhält man mittels des Satzes von Steiner für Θ_A sofort

$$\Theta_A = \Theta_s + Ml^2 = \frac{1}{3} Ml^2 + Ml^2 = \frac{4}{3} Ml^2. \tag{4}$$

Gleichung (4) eingesetzt in Gleichung (2) führt auf

$$\dot{\omega} = -\frac{Fl}{\Theta_A} = -\frac{3}{4}\frac{F}{Ml}. \tag{5}$$

Da Gleichung (5) richtig sein muß, unabhängig vom Punkt, von dem aus man das Drehmoment berechnet, kann man aus der Kenntnis des Drehmomentes bezüglich des Schwerpunkts S

$$D_s = -F_r l \tag{6}$$

und damit der Winkelbeschleunigung

$$\dot{\omega} = \frac{D_s}{\Theta_s} = -\frac{3F_r l}{Ml^2} = -\frac{3F_r}{Ml} \tag{7}$$

die Reaktionskraft F_r aus einem Vergleich der Gleichungen (5) und (7) berechnen:

$$-\frac{3}{4}\frac{F}{Ml} = -\frac{3F_r}{Ml} \quad \Rightarrow \quad F_r = \frac{1}{4}F.$$

Aufgabe 11.7

Stab schwingt auf Federn

Aufgabe 11.8

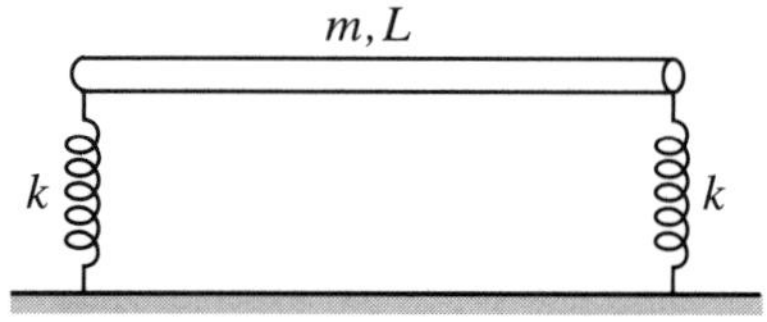

Balken wird von zwei gleichen Federn unterstützt.

a) Bestimmen Sie das Trägheitsmoment eines dünnen homogenen Stabes der Länge L bezüglich einer zum Stab senkrechten Achse.

b) Ein homogener Stab der Länge L und der Masse m wird an seinen Enden von identischen Federn (Federkonstante k) unterstützt. Der Stab wird am einen Ende um eine kleine Auslenkung a bewegt und losgelassen.

Lösen Sie die Bewegungsgleichung und bestimmen Sie die Normalfrequenzen und -schwingungen. Skizzieren Sie die Normalschwingungen.

Lösung:

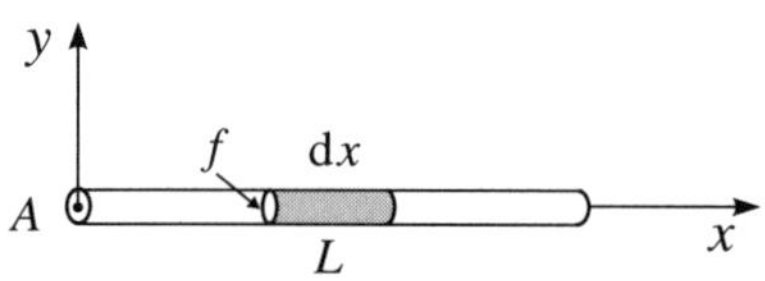

Veranschaulichung des Elementarvolumens dV.

a) Zerlegt man den Stab in kleine Segmente der Länge dx mit dem Querschnitt f, ergeben sich Elementarvolumina $dV = f\,dx$. Sei ϱ die konstante Dichte des Stabes, dann ist

$$\Theta_A = \int_0^L \varrho x^2 (f\,dx) = \varrho f \int_0^L x^2\,dx = \frac{1}{3}\varrho f L^3.$$

Da $m = \varrho f L$ die Gesamtmasse des Stabes ist, folgt

$$\Theta_A = \frac{1}{3} m L^2.$$

Das Trägheitsmoment um eine Achse durch den Schwerpunkt berechnet sich nach dem Satz von Steiner zu

$$\Theta_A = \Theta_s + m\left(\frac{L}{2}\right)^2 \quad \Rightarrow \quad \Theta_s = \frac{1}{12} m L^2.$$

b

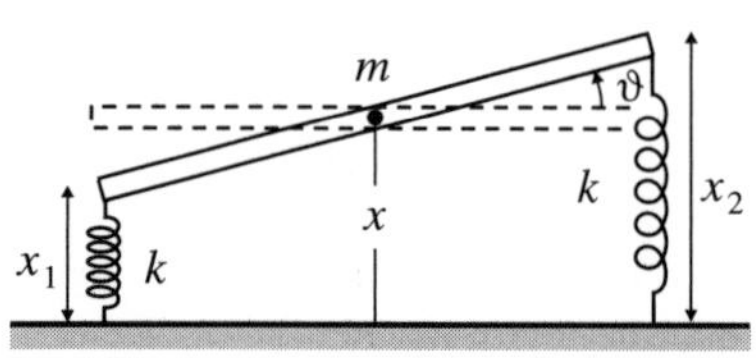

Schwingung der Feder-Balken-Konstruktion.

Sei b die Länge der Feder vor der Bewegung (an sich ist b nicht die natürliche Länge der Feder wegen der Existenz des Gravitationsfeldes) und x_1,x_2,x seien die Längen der ersten und zweiten Feder sowie die Höhe des Schwerpunkts des Stabes zur Zeit t. Da der Stab starr ist, gilt $x_1 + x_2 = 2x$. Das 2. Newtonsche Gesetz führt zu

$$m\ddot{x} = -k(x_1 - b) - k(x_2 - b)$$

oder

$$m\ddot{x} = -k(x_1 + x_2) + 2kb.$$

Wegen der Zwangsbedingung folgt dann

$$m\ddot{x} = -2kx + 2kb \quad \Rightarrow \quad \ddot{x} = -\frac{2k}{m}(x - b). \tag{1}$$

Wir nehmen an, daß nur kleine Auslenkungen ausgeführt werden, $\sin\vartheta \approx \vartheta$. Dann ist:

$$x_2 = x + \frac{L}{2}\vartheta, \qquad x_1 = x - \frac{L}{2}\vartheta.$$

Das Drehmoment ergibt sich zu

$$\Theta\ddot{\vartheta} = -\frac{k}{2}L(x_2 - x_1) = -\frac{1}{2}kL^2\vartheta, \qquad \text{da} \quad x_2 - x_1 = L\vartheta.$$

Aus a) $\Theta = (1/12)mL^2$ folgern wir

$$\ddot{\vartheta} = -\frac{6k}{m}\vartheta. \tag{2}$$

Die Lösungen von (1) und (2) sind

$$x = A\cos(\omega_1 t + B) + b$$

und

$$\vartheta = C\cos(\omega_2 t + D)$$

mit

$$\omega_1 = \sqrt{\frac{2k}{m}} \quad \text{und} \quad \omega_2 = \sqrt{\frac{6k}{m}}.$$

Die Anfangsbedingungen zur Zeit $t = 0$ sind

$$x = b - \frac{a}{2}, \qquad \vartheta = \frac{a}{L}, \qquad \dot{x} = 0, \qquad \dot{\vartheta} = 0.$$

Damit folgt:

$$\begin{aligned} B &= D = 0, \\ A &= -\frac{a}{2}, \\ C &= \frac{a}{L}, \end{aligned} \qquad \begin{cases} b - \frac{a}{2} &= A\cos(B) + b, \\ 0 &= -A\omega_1\sin(B), \\ \frac{a}{L} &= C\cos(D), \\ 0 &= -C\omega_2\sin(D), \end{cases}$$

und damit

$$x = b - \frac{a}{2}\cos\sqrt{\frac{2k}{m}}t, \qquad \vartheta = \frac{a}{L}\cos\sqrt{\frac{6k}{m}}t.$$

Die Normalmoden sind:

$$X_1 = x_1 + x_2 = 2b - a\cos\sqrt{\frac{2k}{m}}t,$$

$$X_2 = x_1 - x_2 = -a\cos\sqrt{\frac{6k}{m}}t.$$

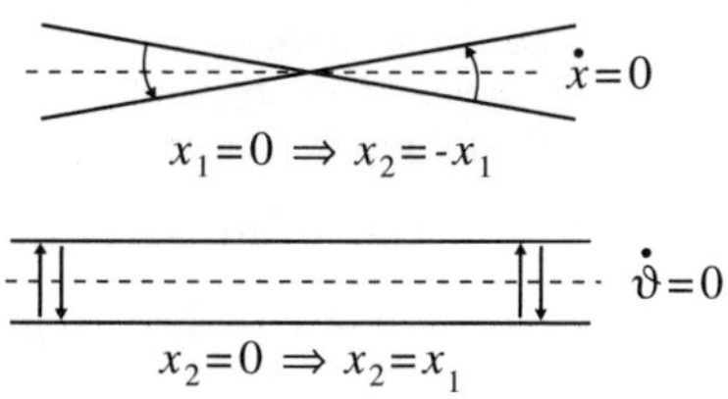

Veranschaulichung der Normalschwingungen.

Aufgabe 11.8 ▲

12 Rotation um einen Punkt

Die allgemeine Bewegung eines starren Körpers kann beschrieben werden als eine Translation und eine Rotation um einen Punkt des Körpers. Das ist gerade der Inhalt des Theorems von Chasles, welches wir eingangs des 4. Kapitels besprachen. Wird der Ursprung des körperfesten Koordinatensystems in den Schwerpunkt des Körpers gelegt, so läßt sich in allen praktischen Fällen eine Trennung der

Schwerpunktsbewegung und der Rotationsbewegung erreichen (vgl. Kapitel 6, Gleichungen (6.4)–(6.8)).

Aus diesem Grund ist die Rotation eines starren Körpers um einen festen Punkt von besonderer Bedeutung.

Der Trägheitstensor

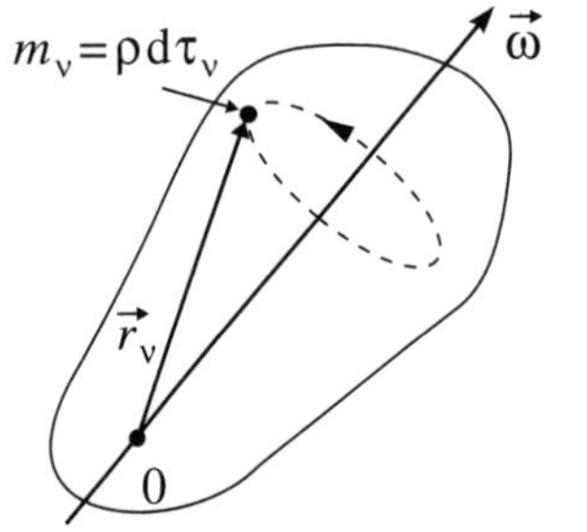

Ein starrer Körper rotiert mit $\vec{\omega}$ um den Fixpunkt 0.

Betrachten wir zuerst den Drehimpuls eines starren Körpers, der mit der Winkelgeschwindigkeit $\vec{\omega}$ um den Fixpunkt 0 rotiert (siehe Figur).

$$\vec{L} = \sum_\nu m_\nu(\vec{r}_\nu \times \vec{v}_\nu) = \sum_\nu m_\nu(\vec{r}_\nu \times (\vec{\omega} \times \vec{r}_\nu))$$
$$= \sum_\nu m_\nu(\vec{\omega} r_\nu^2 - \vec{r}_\nu(\vec{r}_\nu \cdot \vec{\omega}));$$

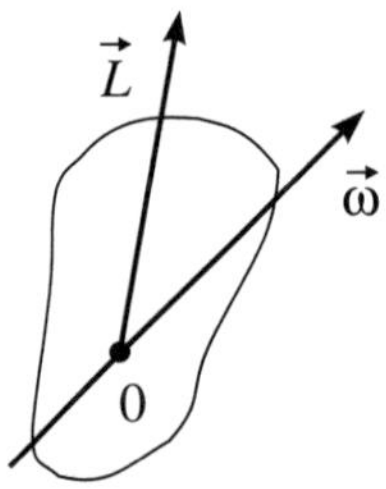

Der Drehimpuls ist im allgemeinen nicht parallel zur Winkelgeschwindigkeit $\vec{\omega}$.

letzteres gilt nach der Entwicklungsregel. Wir zerlegen $\vec{r}_\nu$ und $\vec{\omega}$ in Komponenten und setzen ein

$$\vec{L} = \sum_\nu m_\nu((x_\nu^2 + y_\nu^2 + z_\nu^2)(\omega_x, \omega_y, \omega_z)$$
$$-(x_\nu\omega_x + y_\nu\omega_y + z_\nu\omega_z)(x_\nu, y_\nu, z_\nu)).$$

Durch Ordnen nach Komponenten folgt

$$\vec{L} = \sum_\nu m_\nu \Big(\big((x_\nu^2 + y_\nu^2 + z_\nu^2)\omega_x - x_\nu^2\omega_x - x_\nu y_\nu\omega_y - x_\nu z_\nu\omega_z\big)\vec{e}_x$$
$$+\big((x_\nu^2 + y_\nu^2 + z_\nu^2)\omega_y - y_\nu^2\omega_y - x_\nu y_\nu\omega_x - z_\nu y_\nu\omega_z\big)\vec{e}_y$$
$$+\big((x_\nu^2 + y_\nu^2 + z_\nu^2)\omega_z - z_\nu^2\omega_z - x_\nu z_\nu\omega_x - y_\nu z_\nu\omega_y\big)\vec{e}_z\Big).$$

Die Komponenten des Drehimpulses ergeben sich also zu

$$L_x = \Big(\sum_\nu m_\nu(y_\nu^2 + z_\nu^2)\Big)\omega_x + \Big(-\sum_\nu m_\nu x_\nu y_\nu\Big)\omega_y + \Big(-\sum_\nu m_\nu x_\nu z_\nu\Big)\omega_z,$$
$$L_y = \Big(-\sum_\nu m_\nu x_\nu y_\nu\Big)\omega_x + \Big(\sum_\nu m_\nu(x_\nu^2 + z_\nu^2)\Big)\omega_y + \Big(-\sum_\nu m_\nu y_\nu z_\nu\Big)\omega_z,$$
$$L_z = \Big(-\sum_\nu m_\nu x_\nu z_\nu\Big)\omega_x + \Big(-\sum_\nu m_\nu y_\nu z_\nu\Big)\omega_y + \Big(\sum_\nu m_\nu(x_\nu^2 + y_\nu^2)\Big)\omega_z.$$

Für die einzelnen Summen führt man Abkürzungen ein und schreibt

$$L_x = \Theta_{xx}\omega_x + \Theta_{xy}\omega_y + \Theta_{xz}\omega_z,$$
$$L_y = \Theta_{yx}\omega_x + \Theta_{yy}\omega_y + \Theta_{yz}\omega_z,$$
$$L_z = \Theta_{zx}\omega_x + \Theta_{zy}\omega_y + \Theta_{zz}\omega_z,$$

oder

$$L_\mu = \sum_\nu \Theta_{\mu\nu}\omega_\nu,$$

bzw. vektoriell (Matrixschreibweise) geschrieben:

$$\vec{L} = \widehat{\Theta} \cdot \vec{\omega}.$$

Die Größen $\Theta_{\mu\nu}$ sind die Elemente des *Trägheitstensors* $\widehat{\Theta}$, der sich als 3×3-Matrix schreiben läßt:

$$\widehat{\Theta} = \begin{pmatrix} \Theta_{xx} & \Theta_{xy} & \Theta_{xz} \\ \Theta_{yx} & \Theta_{yy} & \Theta_{yz} \\ \Theta_{zx} & \Theta_{zy} & \Theta_{zz} \end{pmatrix}.$$

Die Elemente in der Hauptdiagonalen bezeichnet man als *Trägheitsmomente*, die übrigen als *Deviationsmomente*. Die Matrix ist *symmetrisch*, d. h., es gilt $\Theta_{\nu\mu} = \Theta_{\mu\nu}$.

Der Trägheitstensor besitzt also 6 voneinander unabhängige Komponenten. Ist die Masse kontinuierlich verteilt, so geht man von der Summation bei der Berechnung der Matrixelemente zur Integration über. So ist z. B.

$$\Theta_{xy} = -\int_V \varrho(\vec{r})xy\,\mathrm{d}V,$$

$$\Theta_{xx} = \int_V \varrho(\vec{r})(y^2 + z^2)\,\mathrm{d}V,$$

wenn $\varrho(\vec{r})$ die ortsabhängige Dichte ist.

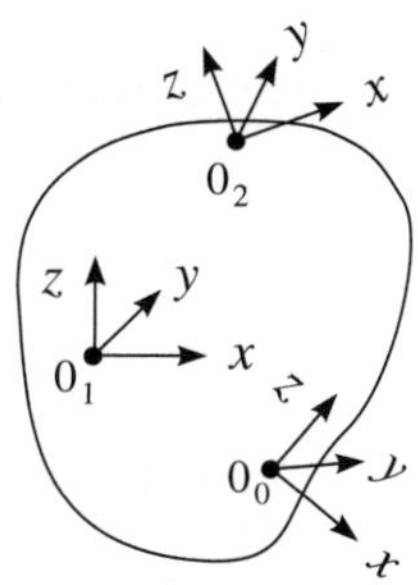

Mögliche Rotationspunkte und Koordinatensysteme des starren Körpers.

In jedem Punkt $0_0, 0_1, 0_2, \ldots$ ist der Trägheitstensor $\Theta_{\mu\nu}$ verschieden. In einem festen Punkt 0 hängt $\Theta_{\mu\nu}$ außerdem vom Koordinatensystem ab.

Wie aus ihrer Definition hervorgeht, sind die $\Theta_{\mu\nu}$ Konstanten, wenn ein *körperfestes* Koordinatensystem gewählt wird. Der Trägheitstensor ist jedoch von der Lage des Koordinatensystems relativ zum Körper abhängig und wird sich bei der Verschiebung des Ursprungs oder einer Änderung der Orientierung der Achsen verändern. Unter *dem* Trägheitstensor versteht man gewöhnlich den Tensor in einem Koordinatensystem, das seinen Ursprung im Schwerpunkt (Schwerpunktsystem) hat. Die entsprechenden Hauptträgheitsmomente (siehe etwas später) sind entsprechend *die* Trägheitsmomente.

Kinetische Energie eines rotierenden starren Körpers

Ganz allgemein ist die kinetische Energie eines Systems von Massenpunkten

$$T = \frac{1}{2}\sum_\nu m_\nu v_\nu^2.$$

Wir zerlegen die Bewegung des starren Körpers in die Translation eines Punktes und die Rotation um diesen Punkt, so gilt $\vec{v}_\nu = \vec{V} + \vec{\omega}\times\vec{r}_\nu$, und wir erhalten:

$$\begin{aligned} T &= \frac{1}{2}\sum_\nu m_\nu(\vec{V} + \vec{\omega}\times\vec{r}_\nu)^2 \\ &= \frac{1}{2}MV^2 + \vec{V}\cdot\left(\vec{\omega}\times\sum_\nu m_\nu\vec{r}_\nu\right) + \frac{1}{2}\sum_\nu m_\nu(\vec{\omega}\times\vec{r}_\nu)^2. \end{aligned}$$

Bei dem ersten und dem letzten Term handelt es sich um reine Translations- bzw. Rotationsenergie. Der gemischte Term kann auf zwei verschiedene Arten zum Verschwinden gebracht werden.

Ist ein Punkt festgehalten und legen wir in ihn den Ursprung des körpereigenen Koordinatensystems, so ist $\vec{V} = 0$. Anderenfalls wird der Ursprung in den Schwerpunkt gelegt, so daß

$$\sum_\nu m_\nu\vec{r}_\nu = 0.$$

Der Drehpunkt ist in diesem Fall der Schwerpunkt. Wir betrachten nun die reine Rotationsenergie

$$\begin{aligned} T &= \frac{1}{2}\sum_\nu m_\nu(\vec{\omega}\times\vec{r}_\nu)\cdot(\vec{\omega}\times\vec{r}_\nu) = \frac{1}{2}\sum_\nu m_\nu\vec{\omega}\cdot(\vec{r}_\nu\times(\vec{\omega}\times\vec{r}_\nu)) \\ &= \frac{1}{2}\vec{\omega}\cdot\sum_\nu m_\nu(\vec{r}_\nu\times\vec{v}_\nu) = \frac{1}{2}\vec{\omega}\cdot\sum_\nu\vec{r}_\nu\times\vec{p}_\nu = \frac{1}{2}\vec{\omega}\cdot\sum_\nu\vec{l}_\nu. \end{aligned}$$

Also ist

$$T = \frac{1}{2}\vec{\omega}\cdot\vec{L}.$$

Wir können den Drehimpuls $L_\mu = \sum_\nu \Theta_{\mu\nu}\omega_\nu \quad (\mu,\nu = 1,2,3)$ substituieren:

$$T = \frac{1}{2}\vec{\omega}\cdot\vec{L} = \frac{1}{2}\sum_\mu\omega_\mu\sum_\nu\Theta_{\mu\nu}\omega_\nu = \frac{1}{2}\sum_{\mu,\nu}\Theta_{\mu\nu}\omega_\mu\omega_\nu. \tag{12.1a}$$

Ausgeschrieben lautet die Summe wegen $\Theta_{\mu\nu} = \Theta_{\nu\mu}$:

$$\begin{aligned} T = \frac{1}{2}(&\Theta_{xx}\omega_x^2 + \Theta_{yy}\omega_y^2 + \Theta_{zz}\omega_z^2 + 2\Theta_{xy}\omega_x\omega_y \\ &+2\Theta_{xz}\omega_x\omega_z + 2\Theta_{yz}\omega_y\omega_z). \end{aligned} \tag{12.1b}$$

Benutzt man die Tensorschreibweise, so lautet die Rotationsenergie

$$T = \frac{1}{2}\vec{\omega}^{\mathrm{T}}\cdot\widehat{\Theta}\cdot\vec{\omega}. \tag{12.1c}$$

Der Vektor $\vec{\omega}$ muß rechts des Tensors $\widehat{\Theta}$ als Spaltenvektor und links als Zeilenvektor angegeben werden:

$$T = \frac{1}{2}(\omega_x, \omega_y, \omega_z)\widehat{\Theta}\begin{pmatrix}\omega_x\\ \omega_y\\ \omega_z\end{pmatrix}. \tag{12.1d}$$

Die Hauptträgheitsachsen

Die Elemente des Trägheitstensors hängen von der Lage des Ursprungs und der Orientierung des (körperfesten) Koordinatensystems ab. Es ist nun möglich, bei festem Ursprung das Koordinatensystem so zu orientieren, daß die Deviationsmomente verschwinden. Ein solches spezielles Koordinatensystem nennen wir *Hauptachsensystem*. Der Trägheitstensor besitzt dann bezüglich dieses Achsensystems Diagonalform:

$$\widehat{\Theta} = \begin{pmatrix}\Theta_1 & 0 & 0\\ 0 & \Theta_2 & 0\\ 0 & 0 & \Theta_3\end{pmatrix} \qquad \text{oder} \qquad \Theta_{\mu\nu} = \Theta_\mu \delta_{\mu\nu}. \tag{12.2}$$

Für Drehimpulse und Rotationsenergie gelten im *Hauptachsensystem* die besonders einfachen Beziehungen (ω_ν sind die Komponenten der Winkelgeschwindigkeit $\vec{\omega}$, bezogen auf die Hauptachsen):

$$L_\mu = \sum_\nu \Theta_{\mu\nu}\omega_\nu = \sum_\nu \Theta_\mu \delta_{\mu\nu}\omega_\nu = \Theta_\mu \omega_\mu, \tag{12.3}$$

$$T = \frac{1}{2}\vec{\omega}\cdot\vec{L} = \frac{1}{2}\sum_\mu \omega_\mu L_\mu = \frac{1}{2}\sum_\mu \Theta_\mu \omega_\mu^2, \tag{12.3a}$$

oder ausgeschrieben

$$T = \frac{1}{2}(\Theta_1\omega_1^2 + \Theta_2\omega_2^2 + \Theta_3\omega_3^2). \tag{12.3b}$$

Im allgemeinen sind wegen der tensoriellen Beziehung $\vec{L} = \widehat{\Theta}\vec{\omega}$ Drehimpuls und Winkelgeschwindigkeit verschieden gerichtet.

Rotiert der Körper um eine der Hauptträgheitsachsen, z. B. um die μ-te Achse, $\vec{\omega} = \omega\vec{e}_\mu$, so sind nach (12.3) Drehimpuls $\vec{L}$ und Winkelgeschwindigkeit $\vec{\omega}$ gleichgerichtet. Der Vektor $\vec{\omega}$ hat dann nur eine Komponente, z. B. $\vec{\omega} = (0, \omega_2, 0)$, falls die Rotation um die zweite Hauptachse stattfindet. Dasselbe gilt dann auch für den Drehimpuls: $\vec{L} = (0, L_2, 0)$. Diese Eigenschaft der Parallelität von Drehimpuls und Winkelgeschwindigkeit ermöglicht es, die Hauptachsen zu bestimmen. Wir fragen uns nämlich, *wie wir $\vec{\omega} = \{\omega_1, \omega_2, \omega_3\}$ wählen müssen (um welche Achse der Körper rotieren muß), damit Drehimpuls $\vec{L} = \widehat{\Theta}\vec{\omega}$ und Winkelgeschwindigkeit einander parallel sind, also $\vec{L} = \Theta\vec{\omega}$ wird, wobei Θ ein Skalar ist.*

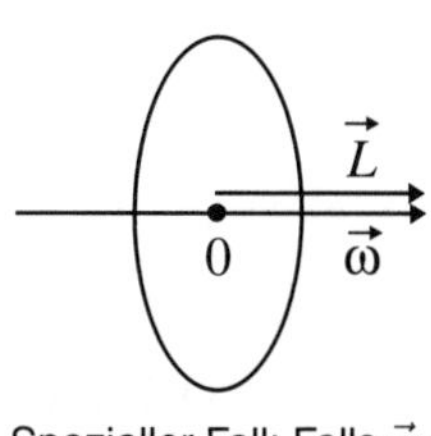

Spezieller Fall: Falls $\vec{\omega}$ parallel zu einer Hauptachse, dann ist $\vec{L}$ parallel zu $\vec{\omega}$.

Die aus der Verknüpfung der Beziehungen $\vec{L} = \widehat{\Theta}\vec{\omega}$ ($\widehat{\Theta}$ ist ein Tensor) und $\vec{L} = \Theta\vec{\omega}$ (Θ ist ein Skalar) entstehende Gleichung

$$\vec{L} = \widehat{\Theta} \cdot \vec{\omega} = \Theta\vec{\omega} \tag{12.4}$$

ist eine Eigenwertgleichung.

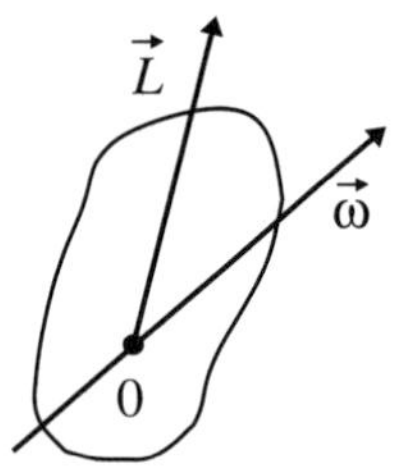

Allgemeiner Fall: Der Drehimpuls $\vec{L}$ ist nicht parallel zur Drehgeschwindigkeit $\vec{\omega}$.

In dieser Gleichung sind der Skalar Θ und die zugehörigen Komponenten $\omega_x, \omega_y, \omega_z$, d. h. die Drehachse, unbekannt. Sie sagt physikalisch aus, daß Drehimpuls $\vec{L}$ und Drehgeschwindigkeit $\vec{\omega}$ einander parallel sind. Das ist für bestimmte Richtungen $\vec{\omega}$ der Fall, die – wie schon gesagt – bestimmt werden müssen.

Alle Θ, die Gleichung (12.4) erfüllen, nennt man *Eigenwerte* des Tensors $\widehat{\Theta}$, die entsprechenden $\vec{\omega} \neq 0$ sind *Eigenvektoren.*

Gleichung (12.4) ist eine verkürzte Schreibweise für das Gleichungssystem:

$$\begin{aligned} \Theta_{xx}\omega_x + \Theta_{xy}\omega_y + \Theta_{xz}\omega_z &= \Theta\,\omega_z, \\ \Theta_{yx}\omega_x + \Theta_{yy}\omega_y + \Theta_{yz}\omega_z &= \Theta\,\omega_y, \\ \Theta_{zx}\omega_x + \Theta_{zy}\omega_y + \Theta_{zz}\omega_z &= \Theta\,\omega_z, \end{aligned} \tag{12.5}$$

oder

$$\begin{aligned} (\Theta_{xx} - \Theta)\omega_x + \Theta_{xy}\omega_y + \Theta_{xz}\omega_z &= 0, \\ \Theta_{yx}\omega_x + (\Theta_{yy} - \Theta)\omega_y + \Theta_{yz}\omega_z &= 0, \\ \Theta_{zx}\omega_x + \Theta_{zy}\omega_y + (\Theta_{zz} - \Theta)\omega_z &= 0. \end{aligned} \tag{12.6}$$

Dieses System homogener linearer Gleichungen besitzt nichttriviale Lösungen, wenn seine Koeffizientendeterminante verschwindet:

$$\begin{vmatrix} \Theta_{xx} - \Theta & \Theta_{xy} & \Theta_{xz} \\ \Theta_{yx} & \Theta_{yy} - \Theta & \Theta_{yz} \\ \Theta_{zx} & \Theta_{zy} & \Theta_{zz} - \Theta \end{vmatrix} = 0. \tag{12.7}$$

Die Entwicklung der Determinante führt auf eine Gleichung dritten Grades in Θ, die *charakteristische Gleichung*. Ihre drei Wurzeln sind die gesuchten Hauptträgheitsmomente (Eigenwerte) Θ_1, Θ_2 und Θ_3.

Durch Einsetzen von z. B. Θ_i in das Gleichungssystem (12.4) läßt sich das Verhältnis $\omega_x^{(i)} : \omega_y^{(i)} : \omega_z^{(i)}$ der Komponenten des Vektors $\vec{\omega}^{(i)}$ berechnen. Dadurch ist die Richtung der i-ten Hauptachse bestimmt.

Da sich für *jede mögliche* Lage des körperfesten Koordinatensystems ein Trägheitstensor finden läßt, existiert auch in jedem Punkt des Körpers ein Hauptachsensystem. Die Richtungen dieser Achsen werden jedoch gewöhnlich nicht übereinstimmen.

Existenz und Orthogonalität der Hauptachsen

Prinzipiell wäre es möglich, daß die kubische Gleichung (12.7) zwei komplexe Lösungen besitzt. Wir haben daher zu beweisen, daß tatsächlich allgemein ein System reeller, orthogonaler Hauptachsen existiert.

Um eine abgekürzte Summationsschreibweise verwenden zu können, numerieren wir die Koordinaten ($x = 1, y = 2, z = 3$) und bezeichnen sie mit lateinischen Buchstaben. Griechische Buchstaben sind Indizes für die drei verschiedenen *Eigenwerte*. Wir multiplizieren die Eigenwertgleichung (4) für Θ_λ mit dem Komplexkonjugierten von $\omega_i^{(\mu)}$ und summieren über i.

Die Gleichung selbst lautet für die Komponente i:

$$\sum_k \Theta_{ik}\omega_k^{(\lambda)} = L_i^{(\lambda)} = \Theta_\lambda\,\omega_i^{(\lambda)}. \tag{12.8}$$

Daraus ergibt sich:

$$\sum_{i,k} \Theta_{ik}\omega_k^{(\lambda)}\omega_i^{(\mu)*} = \Theta_\lambda \sum_i \omega_i^{(\lambda)}\omega_i^{(\mu)*} = \Theta_\lambda\,\vec{\omega}^{(\lambda)}\cdot\vec{\omega}^{(\mu)*}. \tag{12.9}$$

Ebenso bilden wir das Komplexkonjugierte der (12.8) entsprechenden Gleichung für Θ_μ, multiplizieren mit $\omega_k^{(\lambda)}$ und summieren über k:

$$\sum_i \Theta_{ki}\omega_i^{(\mu)} = \Theta_\mu\,\omega_k^{(\mu)}, \qquad \sum_i \Theta_{ki}^*\omega_i^{(\mu)*} = \Theta_\mu^*\omega_k^{(\mu)*}, \tag{12.10}$$

$$\sum_{i,k} \Theta_{ki}^*\omega_i^{(\mu)*}\omega_k^{(\lambda)} = \Theta_\mu^* \sum_k \omega_k^{(\mu)*}\omega_k^{(\lambda)} = \Theta_\mu^*\vec{\omega}^{(\mu)*}\cdot\vec{\omega}^{(\lambda)}. \tag{12.11}$$

Nun benutzen wir die Eigenschaft des Trägheitstensors, *reell und symmetrisch* zu sein. Es gilt $\Theta_{ik} = \Theta_{ki} = \Theta_{ki}^*$, und die linken Seiten der Gleichungen (12.9) und (12.11) sind einander gleich. Wir subtrahieren Gleichung (12.11) von Gleichung (12.9):

$$(\Theta_\lambda - \Theta_\mu^*)\vec{\omega}^{(\lambda)}\cdot\vec{\omega}^{(\mu)*} = 0. \tag{12.12}$$

Diese Gleichung erlaubt zwei Schlüsse:

1. Setzt man $\lambda = \mu$, dann folgt für die Eigenwerte aus

   $$(\Theta_\lambda - \Theta_\lambda^*)\vec{\omega}^{(\lambda)}\cdot\vec{\omega}^{(\lambda)*} = 0 \tag{12.13}$$

   die Beziehung $\Theta_\lambda = \Theta_\lambda^*$, denn das Skalarprodukt zweier komplex konjugierter Größen ist positiv definit.

   Damit ist bewiesen, daß Θ_λ reell ist. Jeder beliebige Körper besitzt also immer drei reelle Hauptträgheitsmomente und daher auch drei reelle Hauptachsen $\vec{\omega}^{(\lambda)}$. Das ist natürlich von vornherein physikalisch klar, weil ja die Hauptträgheitsmomente nichts weiter als die Trägheitsmomente um die Hauptachsen sind und daher immer reell sind.

2. Jetzt betrachten wir den Fall $\lambda \neq \mu$:

   Da alle Θ_ν und damit auch alle ω_ν reell sind, lautet (12.12):

   $$(\Theta_\lambda - \Theta_\mu)\vec{\omega}^{(\lambda)} \cdot \vec{\omega}^{(\mu)} = 0. \tag{12.14}$$

   a) Ist $\Theta_\lambda \neq \Theta_\mu$, so folgt $\vec{\omega}^{(\lambda)} \cdot \vec{\omega}^{(\mu)} = 0$, also sind $\vec{\omega}^{(\lambda)}$ und $\vec{\omega}^{(\mu)}$ *orthogonal.*

   b) Gilt z. B. $\Theta_1 = \Theta_2 = \Theta$, sind also zwei der drei Eigenwerte gleich, so sind mit $\vec{\omega}^{(1)}$ und $\vec{\omega}^{(2)}$ auch alle Linearkombinationen dieser beiden Vektoren Eigenvektoren:

   $$\widehat{\Theta} \cdot \vec{\omega}^{(1)} = \Theta\vec{\omega}^{(1)}, \quad \widehat{\Theta} \cdot \vec{\omega}^{(2)} = \Theta\vec{\omega}^{(2)}$$

   $$\Rightarrow \qquad \widehat{\Theta} \cdot (\alpha\vec{\omega}^{(1)} + \beta\vec{\omega}^{(2)}) = \Theta(\alpha\vec{\omega}^{(1)} + \beta\vec{\omega}^{(2)}).$$

   Wir können daher willkürlich zwei orthogonale Vektoren aus der so aufgespannten Ebene herausgreifen und als Hauptachsenrichtungen betrachten. Die dritte Hauptachse ist durch (12.14) senkrecht zu den beiden anderen festgelegt. Wenn zwei Hauptträgheitsmomente in bezug auf den Schwerpunkt als Drehpunkt gleich sind, sprechen wir vom *symmetrischen Kreisel.*

   c) Wenn alle drei Trägheitsmomente gleich sind ($\Theta_1 = \Theta_2 = \Theta_3$), dann ist jeder beliebige orthogonale Achsensatz ein Hauptachsensystem. Wir sprechen, falls dies in bezug auf den Schwerpunkt gilt, vom *Kugelkreisel.*

Besitzt ein Körper Rotations*symmetrie* um eine Achse, so tritt Fall b) ein, und die Rotationsachse ist Hauptachse. Auch bei anderen Arten von Symmetrie fallen Symmetrieachse und Hauptachse zusammen.

Trägheitstensor eines massebelegten Quadrats

Beispiel 12.1

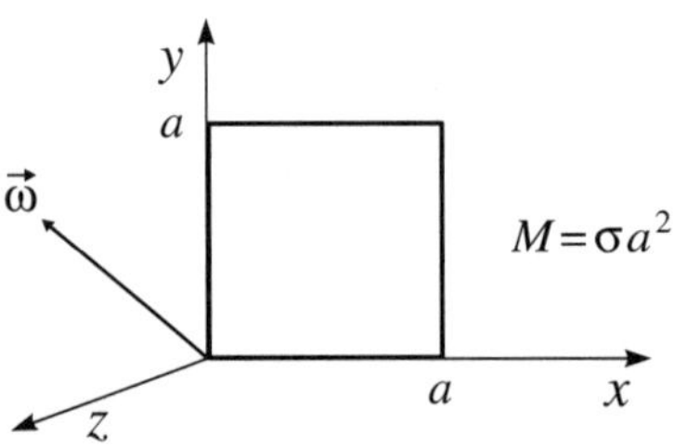

Die Winkelgeschwindigkeit $\vec{\omega}$ ist beliebig; sie geht jedoch durch den Koordinatenursprung.

Wir berechnen Trägheitstensor und Hauptträgheitsachsen eines massebelegten Quadrats für einen Eckpunkt des Quadrats. Wie die Skizze zeigt, legen wir das Quadrat in die x-y-Ebene des Koordinatensystems.

Die Komponenten des Trägheitstensors erhalten wir mit $z = 0$ durch Integration über die Fläche:

$$\Theta_{xx} = \sigma \int_{y=0}^{a}\int_{x=0}^{a} y^2\,\mathrm{d}x\,\mathrm{d}y = \frac{1}{3}Ma^2,$$

$$\Theta_{yy} = \sigma \int_{y=0}^{a}\int_{x=0}^{a} x^2\,\mathrm{d}x\,\mathrm{d}y = \frac{1}{3}Ma^2,$$

$$\Theta_{zz} = \sigma \int_{y=0}^{a}\int_{x=0}^{a} (x^2+y^2)\,\mathrm{d}x\,\mathrm{d}y = \frac{2}{3}Ma^2.$$

Ebenso

$$\Theta_{xy} = \Theta_{yx} = -\sigma \int_{y=0}^{a}\int_{x=0}^{a} xy\,\mathrm{d}x\,\mathrm{d}y = -\frac{1}{4}Ma^2.$$

Die übrigen Deviationsmomente enthalten den Faktor z im Integranden und verschwinden daher:

$$\Theta_{yz} = \Theta_{zy} = \Theta_{xz} = \Theta_{zx} = 0.$$

Die Platte hat damit in dem gewählten Koordinatensystem folgenden Trägheitstensor:

$$\widehat{\Theta} = \begin{pmatrix} \frac{1}{3}Ma^2 & -\frac{1}{4}Ma^2 & 0 \\ -\frac{1}{4}Ma^2 & \frac{1}{3}Ma^2 & 0 \\ 0 & 0 & \frac{2}{3}Ma^2 \end{pmatrix}.$$

Jetzt berechnen wir die Hauptachsenrichtungen.

In Übereinstimmung mit dem beschriebenen Verfahren bestimmen wir zuerst die Eigenwerte des Trägheitstensors. Wir führen die Abkürzung $\Theta_0 = Ma^2$ ein. Damit erhalten wir die Determinante:

$$\begin{vmatrix} \frac{1}{3}\Theta_0 - \Theta & -\frac{1}{4}\Theta_0 & 0 \\ -\frac{1}{4}\Theta_0 & \frac{1}{3}\Theta_0 - \Theta & 0 \\ 0 & 0 & \frac{2}{3}\Theta_0 - \Theta \end{vmatrix} = 0$$

oder

$$\left(\Theta^2 - \frac{2}{3}\Theta_0\Theta + \frac{7}{144}\Theta_0^2\right)\left(\frac{2}{3}\Theta_0 - \Theta\right) = 0.$$

Die Wurzeln dieser charakteristischen Gleichung

$$\Theta_1 = \frac{1}{12}\Theta_0, \qquad \Theta_2 = \frac{7}{12}\Theta_0, \qquad \Theta_3 = \frac{2}{3}\Theta_0$$

sind die Hauptträgheitsmomente in bezug auf den Ursprung des Koordinatensystems.

Für das Hauptträgheitsmoment Θ_ν ergibt sich die Achsenrichtung $\vec{\omega}^{(\nu)}$ aus der Eigenwertgleichung $\widehat{\Theta}\vec{\omega}^{(\nu)} = \Theta_\nu\vec{\omega}^{(\nu)}$.

Ausgeschrieben für $\nu = 1$:

$$\begin{pmatrix} \frac{1}{3}\Theta_0 & -\frac{1}{4}\Theta_0 & 0 \\ -\frac{1}{4}\Theta_0 & \frac{1}{3}\Theta_0 & 0 \\ 0 & 0 & \frac{2}{3}\Theta_0 \end{pmatrix} \begin{pmatrix} \omega_x^{(1)} \\ \omega_y^{(1)} \\ \omega_z^{(1)} \end{pmatrix} = \frac{1}{12}\Theta_0 \begin{pmatrix} \omega_x^{(1)} \\ \omega_y^{(1)} \\ \omega_z^{(1)} \end{pmatrix}.$$

Durch Ausmultiplizieren erhalten wir eine Vektorgleichung; aufgeteilt in die drei Komponenten ergeben sich die drei Gleichungen:

$$\begin{aligned} \frac{1}{3}\Theta_0\omega_x^{(1)} - \frac{1}{4}\Theta_0\omega_y^{(1)} &= \frac{1}{12}\Theta_0\omega_x^{(1)}, \\ -\frac{1}{4}\Theta_0\omega_x^{(1)} + \frac{1}{3}\Theta_0\omega_y^{(1)} &= \frac{1}{12}\Theta_0\omega_y^{(1)}, \\ \frac{2}{3}\Theta_0\omega_z^{(1)} &= \frac{1}{12}\Theta_0\omega_z^{(1)}. \end{aligned}$$

Daraus folgt dann

$$\omega_y^{(1)} = \omega_x^{(1)}, \qquad \omega_z^{(1)} = 0$$

und somit die *Richtung* der ersten Hauptachse:

$$\vec{e}\,'_1 = \frac{\vec{\omega}^{(1)}}{|\omega^{(1)}|} = \frac{1}{\sqrt{2}} \begin{pmatrix} 1 \\ 1 \\ 0 \end{pmatrix}.$$

Analog erhalten wir für die beiden anderen Richtungen:

$$\vec{e}\,'_2 = \frac{\vec{\omega}^{(2)}}{|\omega^{(2)}|} = \frac{1}{\sqrt{2}} \begin{pmatrix} -1 \\ 1 \\ 0 \end{pmatrix} \quad \text{und} \quad \vec{e}\,'_3 = \frac{\vec{\omega}^{(3)}}{|\omega^{(3)}|} = \begin{pmatrix} 0 \\ 0 \\ 1 \end{pmatrix}.$$

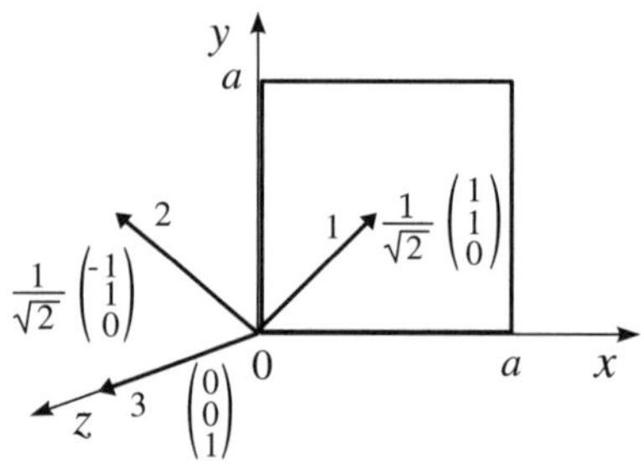

Veranschaulichung der Hauptachsen bei Rotationen um den Punkt 0.

Man sieht sofort, daß die Hauptachsen orthogonal zueinander sind, wie es nach der allgemeinen Theorie sein muß. Bei der Rotation um den Punkt 0 um eine der Hauptachsen ist zwar der Drehimpuls $\vec{L} \uparrow\uparrow$ zu $\vec{\omega}$, aber im allgemeinen bewegt sich dabei auch der Schwerpunkt. Eine solche Bewegung kann nur unter dem Einfluß einer Kraft erzwungen werden. Sie ist also nicht frei. Kräftefreie Rotationen (kurz freie Rotation genannt) erfolgen nur um den Schwerpunkt. Die Hauptachsen- bzw. Hauptträgheitsmomente um den Schwerpunkt sind die Hauptträgheitsmomente bzw. Hauptachsen des Körpers. In unserem Beispiel ist jede Achse durch den Schwerpunkt, die in der x-y-Achse liegt, eine Hauptachse (symmetrischer Kreisel). Insbesonders stimmen zwei dieser Richtungen der Hauptachsen mit denen im Punkt 0 überein.

▲ Beispiel 12.1

Transformation des Trägheitstensors

Wir untersuchen, wie sich die Elemente des Tensors $\widehat{\Theta}$ bei Drehung des Koordinatensystems verhalten. Die Transformation eines Vektors bei Drehung des Koordinatensystems wird beschrieben durch (vgl. Bd. 1 der Vorlesungen, Kap. 30)

$$\vec{x}\,' = \widehat{A}\vec{x}$$

oder

$$x'_i = \sum_j a_{ij} x_j, \tag{12.15}$$

bzw. für die Basisvektoren

$$\vec{e}\,'_i = \sum_j a_{ij} \vec{e}_j, \tag{12.15a}$$

wobei die Komponenten a_{ij} der Drehmatrix $\widehat{A}$ die Richtungskosinus zwischen gedrehten und alten Achsen sind. Die Umkehrung dieser Transformation lautet

$$\vec{x} = \widehat{A}^{-1}\vec{x}\,' \qquad \text{oder} \qquad x_i = \sum_j a_{ji} x'_j. \tag{12.16}$$

Die inverse Drehmatrix $(a^{-1})_{ij} = (a_{ji})$ wird einfach durch Vertauschung von Zeilen und Spalten (Transposition) gefunden, weil die Drehung eine orthogonale Transformation ist, bei der gilt:

$$\sum_j a_{ij}a_{kj} = \delta_{ik} \qquad \text{bzw.} \qquad \sum_i a_{ij}a_{ik} = \delta_{jk}. \tag{12.17}$$

Wir fordern für den Trägheitstensor, daß eine Vektorgleichung der Form

$$L_k = \sum_l \Theta_{kl}\omega_l \tag{12.18}$$

auch im gedrehten System besteht:

$$L'_i = \sum_j \Theta'_{ij}\omega'_j. \tag{12.19}$$

Damit können wir das Transformationsverhalten des Tensors aus dem Verhalten der Vektoren bestimmen. Für die Vektoren $\vec{L}$ und $\vec{\omega}$ gilt die Transformationsgleichung (12.16). Ersetzen wir L_k und ω_l in Gleichung (12.18) durch die gestrichenen Größen, so ergibt sich:

$$\sum_l \Theta_{kl}\left(\sum_j a_{jl}\omega'_j\right) = \sum_j a_{jk}L'_j.$$

Multiplikation mit a_{ik} und Summation über k liefert:

$$\sum_j\left(\sum_{k,l} a_{ik}a_{jl}\Theta_{kl}\right)\omega'_j = \sum_j\left(\sum_k a_{jk}a_{ik}\right)L'_j = \sum_i \delta_{ij}L'_j = L'_i. \tag{12.20}$$

Für die Komponenten von $\widehat{\Theta}'$ folgt durch Vergleich mit (12.19)

$$\Theta'_{ij} = \sum_{k,l} a_{ik}a_{jl}\Theta_{kl}. \tag{12.21}$$

Diese Transformationsbeziehung ist der Grund für die Bezeichnung von $\widehat{\Theta}$ als „Tensor". Allgemein definiert man als *Tensor m-ter Stufe* jede Größe, die sich bei orthogonalen Transformationen entsprechend der sinngemäß erweiterten Gleichung (12.21) (Summation über m Indizes) verhält, also z. B. ein Tensor dritter Stufe

$$A'_{ijk} = \sum_{i',j',k'} a_{ii'}a_{jj'}a_{kk'}A_{i'j'k'}. \tag{12.22}$$

$\widehat{\Theta}$ ist ein Tensor 2-ter Stufe, ein Vektor kann wegen (12.15) als Tensor 1-ter Stufe betrachtet werden, ein Skalar entsprechend als Tensor 0-ter Stufe. Man kann sich das Transfomationsgesetz eines Tensors leicht merken: Jede Komponente des Tensors transformiert sich wie ein Vektor (siehe (12.15)).

Für den Trägheitstensor läßt sich (12.21) übersichtlicher in Matrizenschreibweise darstellen:

$$\widehat{\Theta}' = \widehat{A}\widehat{\Theta}\widehat{A}^{-1}. \tag{12.21a}$$

Das ist eine *Ähnlichkeitstransformation*.

Die Matrizen $\widehat{A}$ ($\widehat{A}^{-1}$) reduzieren sich auf Zeilenvektoren (Spaltenvektoren), wenn wir nur das Trägheitsmoment Θ'_{ii} um eine gegebene Achse $\vec{e}'_i$ aus dem Trägheitstensor $\widehat{\Theta}$ im Koordinatensystem $\vec{e}_k$ bestimmen wollen. Das gesuchte Trägheitsmoment ist Θ'_{ii} und nach (12.21)

$$\Theta'_{ii} = \sum_{j,l} a_{ij} a_{il} \Theta_{jl}.$$

Nun ist nach (12.15a) $\vec{e}'_i = \{a_{i1}, a_{i2}, a_{i3}\}$ der Vektor $\vec{e}'_i$ in der Basis $\vec{e}_j$. Daher kann man offensichtlich das Trägheitsmoment um die Drehachse $\vec{e}'_i = \vec{n} = (n_1, n_2, n_3)$ schreiben:

$$\begin{aligned}\Theta'_{\vec{n}} &= \sum_{j,l} a_{ij} \Theta_{jl} a_{il} = \sum_{j,l} a_{ij} \Theta_{jl} (a^{\mathrm{T}})_{li} = \sum_{j,l} n_j \Theta_{jl} n_l \\ &= (n_1, n_2, n_3) \widehat{\Theta} \begin{pmatrix} n_1 \\ n_2 \\ n_3 \end{pmatrix} = \vec{n}^{\mathrm{T}} \cdot \widehat{\Theta} \cdot \vec{n} \\ &= \sum_{i,j} \Theta_{ij} n_i n_j .\end{aligned} \tag{12.23}$$

Diese Beziehung werden wir im Anschluß an die spätere Gleichung (12.30) noch anschaulicher ableiten. Sie erlaubt das Trägheitsmoment um eine beliebige Drehachse $\vec{n}$ schnell auszurechnen.

Der Trägheitstensor im Hauptachsensystem

Werden die drei Hauptachsenrichtungen $\vec{e}'_i = \vec{\omega}^{(i)}$ als Koordinatenachsen gewählt, so ist

$$\vec{e}'_i = \omega_1^{(i)} \vec{e}_1 + \omega_2^{(i)} \vec{e}_2 + \omega_3^{(i)} \vec{e}_3 = \sum_j \omega_j^{(i)} \vec{e}_j .$$

Ein Vergleich mit Gleichung (12.15a) zeigt, daß in diesem Fall

$$a_{ij} = \omega_j^{(i)}$$

ist. Daher lautet der Trägheitstensor im Hauptachsensystem gemäß Gleichung (12.21)

$$\Theta'_{ij} = \sum_{k,l} a_{ik} a_{jl} \Theta_{kl} = \sum_{k,l} \omega_k^{(i)} \omega_l^{(j)} \Theta_{kl} = \sum_k \omega_k^{(i)} \left(\sum_l \Theta_{kl} \omega_l^{(j)} \right). \tag{12.24}$$

Da $\vec{\omega}^{(i)}$ Eigenvektor der Matrix $\widehat{\Theta}$ mit dem Eigenwert Θ_j ist, gilt gemäß (12.4)

$$\widehat{\Theta} \vec{\omega}^{(j)} = \Theta_j \vec{\omega}^{(j)} \tag{12.25}$$

oder ausführlich

$$\sum_l \Theta_{kl} \omega_l^{(j)} = \Theta_j \omega_k^{(j)} .$$

Daher geht Gleichung (12.24) über in

$$\begin{aligned}\Theta'_{ij} &= \sum_k \omega_k^{(i)} \Theta_j \omega_k^{(j)} = \Theta_j \sum_k \omega_k^{(i)} \omega_k^{(j)} = \Theta_j \vec{\omega}^{(i)} \cdot \vec{\omega}^{(j)} \\ &= \Theta_j \delta_{ij} .\end{aligned} \tag{12.26}$$

Dabei haben wir die Orthonormalität (12.14) der Hauptachsenvektoren $\vec{\omega}^{(i)}$ benutzt. Die $\vec{\omega}^{(i)}$ wurden als normiert angenommen, was wegen der Linearität der Eigenwertgleichung (12.25) in $\vec{\omega}$ ohne weiteres möglich ist. Gleichung (12.26) drückt die interessante und wichtige Tatsache aus, daß der Trägheitstensor in seiner Eigendarstellung (d. h. im Koordinatensystem mit den Hauptachsen $\vec{\omega}^{(i)}$ als Koordinatenachsen) diagonal ist, und zwar genau von der Form (12.2). Dies war zwar zu erwarten. Es ist aber befriedigend zu sehen, wie alles konsistent zusammenpaßt.

Das Trägheitsellipsoid

Wir geben eine Rotationsachse durch den Einheitsvektor $\vec{n}$ mit den Richtungskosinus $\vec{n} = (\cos\alpha, \cos\beta, \cos\gamma)$ vor. Das Trägheitsmoment Θ um diese Achse ergibt sich dann gemäß (12.23)

$$\begin{aligned} \Theta &= \Theta_{\vec{n}} \\ &= (\cos\alpha,\ \cos\beta,\ \cos\gamma) \begin{pmatrix} \Theta_{xx} & \Theta_{xy} & \Theta_{xz} \\ \Theta_{xy} & \Theta_{yy} & \Theta_{yz} \\ \Theta_{xz} & \Theta_{yz} & \Theta_{zz} \end{pmatrix} \begin{pmatrix} \cos\alpha \\ \cos\beta \\ \cos\gamma \end{pmatrix} . \end{aligned}$$

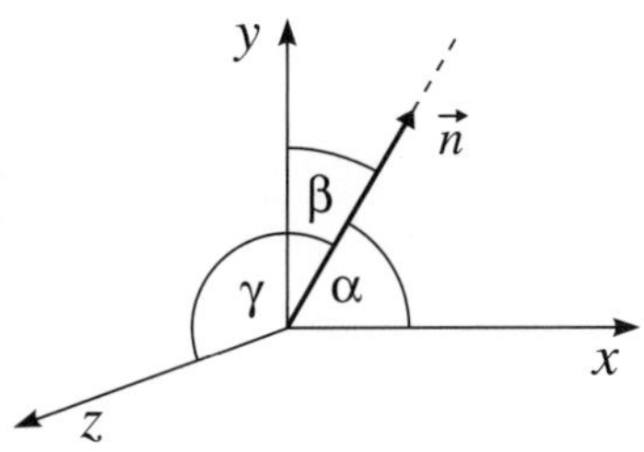

$\vec{n}$ charakterisiert die Rotationsachse.

Ausmultipliziert erhalten wir

$$\begin{aligned} \Theta_{\vec{n}} = {} & \Theta_{xx}\cos^2\alpha + \Theta_{yy}\cos^2\beta + \Theta_{zz}\cos^2\gamma \\ & + 2\Theta_{xy}\cos\alpha\cos\beta + 2\Theta_{xz}\cos\alpha\cos\gamma + 2\Theta_{yz}\cos\beta\cos\gamma . \end{aligned} \tag{12.27}$$

Definieren wir einen Vektor $\vec{\varrho}_{\vec{n}} = \vec{n}/\sqrt{\Theta_{\vec{n}}}$, so können wir die Gleichung umformen zu

$$\Theta_{xx}\varrho_x^2 + \Theta_{yy}\varrho_y^2 + \Theta_{zz}\varrho_z^2 + 2\Theta_{xy}\varrho_x\varrho_y + 2\Theta_{xz}\varrho_x\varrho_z + 2\Theta_{yz}\varrho_y\varrho_z = 1. \tag{12.28}$$

Diese Gleichung stellt in den Koordinaten $(\varrho_x, \varrho_y, \varrho_z)$ ein Ellipsoid, das sogenannte *Trägheitsellipsoid* dar.

Der Abstand ϱ vom Drehpunkt 0 in Richtung $\vec{n}$ zum Trägheitsellipsoid ist gleich $\varrho = 1/\sqrt{\Theta}$. Das erlaubt, das Trägheitsmoment sofort anzugeben, falls das Trägheitsellipsoid bekannt ist. Jedes Ellipsoid kann nun durch eine Drehung des Koordinatensystems in seine Normalform überführt werden, d. h., die gemischten Glieder können zum Verschwinden gebracht werden. Wir erhalten dann die folgende Form des Trägheitsellipsoids

$$\Theta_1\varrho_1^2 + \Theta_2\varrho_2^2 + \Theta_3\varrho_3^2 = 1. \tag{12.29}$$

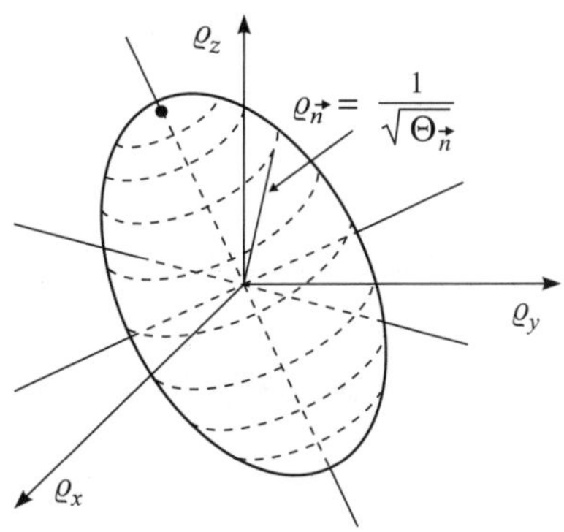

Veranschaulichung des Trägheitsellipsoids.

Diese Transformation des Trägheitsellipsoids entspricht offensichtlich der Hauptachsentransformation des Trägheitstensors. Ein Vergleich von (12.28) und (12.29) mit (12.1b) und (12.3a) macht das deutlich. Die Hauptträgheitsmomente sind durch die Quadrate der reziproken Achsenlängen des Ellipsoids gegeben. Bei zwei gleichen Hauptträgheitsmomenten ist das Trägheitsellipsoid ein Rotationsellipsoid, bei drei gleichen eine Kugel.

Zum Trägheitsellipsoid gibt es auch einen physikalischen Zugang, den wir jetzt vorstellen: Sei $\vec{n} = \{\cos\alpha, \cos\beta, \cos\gamma\}$ ein Einheitsvektor in Richtung der Winkelgeschwindigkeit $\vec{\omega}$, so daß

$$\vec{\omega} = \omega\vec{n} = \omega\{\cos\alpha, \cos\beta, \cos\gamma\} = \omega\{n_1, n_2, n_3\} = \{\omega_1, \omega_2, \omega_3\}.$$

Dann erhalten wir für die kinetische Rotationsenergie nach (12.1)

$$\begin{aligned} T_{\text{rot}} &= \frac{1}{2}\sum_{ik} \Theta_{ik}\omega_i\omega_k \\ &= \frac{1}{2}\omega^2(\Theta_{11}\cos^2\alpha + \Theta_{22}\cos^2\beta + \Theta_{33}\cos^2\gamma \\ &\quad +2\Theta_{12}\cos\alpha\cos\beta + 2\Theta_{13}\cos\alpha\cos\gamma + 2\Theta_{23}\cos\beta\cos\gamma) \\ &= \frac{1}{2}\Theta_{\vec{n}}\omega^2. \end{aligned}$$

Dabei bezeichnet $\Theta_{\vec{n}}$ das Trägheitsmoment um die Achse $\vec{n}$. Demnach ist das Trägheitsmoment um eine Achse der Richtung $\vec{n}$ gegeben durch

$$\begin{aligned} \Theta_{\vec{n}} &= \Theta_{11}\cos^2\alpha + \Theta_{22}\cos^2\beta + \Theta_{33}\cos^2\gamma \\ &\quad +2\Theta_{12}\cos\alpha\cos\beta + 2\Theta_{13}\cos\alpha\cos\gamma + 2\Theta_{23}\cos\beta\cos\gamma. \end{aligned}$$

Das stimmt mit dem uns schon bekannten Resultat (12.27) überein. Mit den Koordinaten $\vec{\varrho} = \vec{n}/\sqrt{\Theta_{\vec{n}}} = (\varrho_1, \varrho_2, \varrho_3)$ erhalten wir somit das Trägheitsellipsoid

$$\Theta_{11}\varrho_1^2 + \Theta_{22}\varrho_2^2 + \Theta_{33}\varrho_3^2 + 2\Theta_{12}\varrho_1\varrho_2 + 2\Theta_{13}\varrho_1\varrho_3 + 2\Theta_{23}\varrho_2\varrho_3 = 1. \quad (12.30)$$

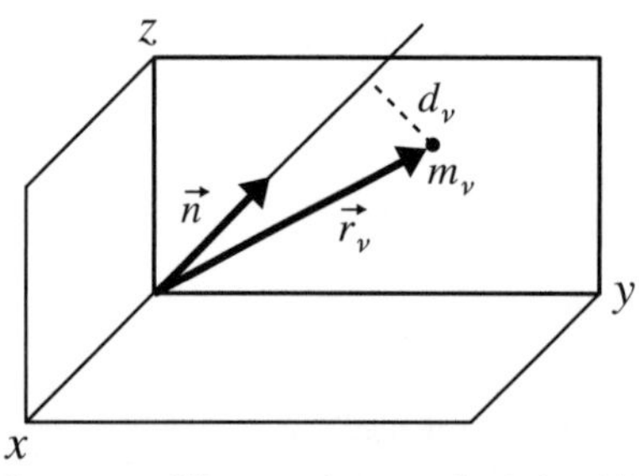

Der starre Körper rotiert um die Achse $\vec{n}$. d_ν ist der Abstand der Masse m_ν von der Rotationsachse.

Der Radius des Ellipsoids in der Richtung $\vec{n}$ ist $\varrho_{\vec{n}} = 1/\sqrt{\Theta_{\vec{n}}}$.

Schließlich gibt es noch einen 3. Zugang zum Trägheitsellipsoid: Entsprechend der Figur ist das Trägheitsmoment um die Achse $\vec{n}$ durch

$$\Theta_{\vec{n}} = \sum_\nu m_\nu d_\nu^2 = \sum_\nu m_\nu |\vec{r}_\nu \times \vec{n}|^2 \quad (12.31)$$

gegeben.

Wir rechnen nach:

$$\begin{aligned}\vec{r}_\nu \times \vec{n} &= \begin{vmatrix} \vec{e}_1 & \vec{e}_2 & \vec{e}_3 \\ x_\nu & y_\nu & z_\nu \\ \cos\alpha & \cos\beta & \cos\gamma \end{vmatrix} \\ &= (y_\nu \cos\gamma - z_\nu \cos\beta)\vec{e}_1 + (z_\nu \cos\alpha - x_\nu \cos\gamma)\vec{e}_2 \\ &\quad +(x_\nu \cos\beta - y_\nu \cos\alpha)\vec{e}_3\end{aligned}$$

und

$$\begin{aligned}d_\nu^2 &= |\vec{r}_\nu \times \vec{n}|^2 \\ &= (y_\nu \cos\gamma - z_\nu \cos\beta)^2 + (z_\nu \cos\alpha - x_\nu \cos\gamma)^2 + (x_\nu \cos\beta - y_\nu \cos\alpha)^2 \\ &= (y_\nu^2 + z_\nu^2)\cos^2\alpha + (x_\nu^2 + z_\nu^2)\cos^2\beta + (x_\nu^2 + y_\nu^2)\cos^2\gamma \\ &\quad -2x_\nu y_\nu \cos\alpha\cos\beta - 2x_\nu z_\nu \cos\alpha\cos\gamma - 2y_\nu z_\nu \cos\beta\cos\gamma. \qquad (12.32)\end{aligned}$$

Das in Gleichung (12.31) eingesetzt, ergibt sofort

$$\Theta_{\vec{n}} = \sum_{i,j} \Theta_{ij} n_i n_j, \qquad (12.33)$$

wieder das bekannte Trägheitsellipsoid.

Man mache sich an dieser Stelle ganz klar, daß das Trägheitsellipsoid bei gegebenem Trägheitstensor Θ_{ik} sofort gemäß Gleichung (28) hingeschrieben und gezeichnet werden kann. Zur Einübung dieser Methode zur Bestimmung von Trägheitsmomenten in beliebiger Richtung verweisen wir auf die Aufgabe 12.2.

Transformation des Trägheitstensors eines massebelegten Quadrats

Beispiel 12.2

Der Trägheitstensor des massebelegten Quadrats in der x-y-Ebene lautete (vgl. Beispiel 12.1)

$$\widehat{\Theta} = \begin{pmatrix} \frac{1}{3}\Theta_0 & -\frac{1}{4}\Theta_0 & 0 \\ -\frac{1}{4}\Theta_0 & \frac{1}{3}\Theta_0 & 0 \\ 0 & 0 & \frac{2}{3}\Theta_0 \end{pmatrix}.$$

Die Drehung des Koordinatensystems um $\varphi = \pi/4$ um die z-Achse muß $\widehat{\Theta}'$ auf Diagonalform bringen, weil die Winkelhalbierenden der x-y-Ebene wie gezeigt (vgl. Beispiel 12.1) Hauptachsen sind. Die entsprechende Drehmatrix lautet

$$\widehat{A} = \begin{pmatrix} \cos\varphi & \sin\varphi & 0 \\ -\sin\varphi & \cos\varphi & 0 \\ 0 & 0 & 1 \end{pmatrix} = \begin{pmatrix} \frac{\sqrt{2}}{2} & \frac{\sqrt{2}}{2} & 0 \\ -\frac{\sqrt{2}}{2} & \frac{\sqrt{2}}{2} & 0 \\ 0 & 0 & 1 \end{pmatrix}.$$

Offensichtlich gilt

$$\widehat{A}^{-1} = \widehat{A}^{\mathrm{T}}.$$

Die Ausführung der Matrizenmultiplikation ergibt in Übereinstimmung mit dem früheren Ergebnis

$$\widehat{\Theta}' = \widehat{A}\widehat{\Theta}\widehat{A}^{-1} = \begin{pmatrix} \frac{1}{12}\Theta_0 & 0 & 0 \\ 0 & \frac{7}{12}\Theta_0 & 0 \\ 0 & 0 & \frac{2}{3}\Theta_0 \end{pmatrix}.$$

▲Beispiel 12.2

Rollender Kreiskegel

▼Aufgabe 12.1

Man bestimme die kinetische Energie eines homogenen Kreiskegels (Dichte ϱ, Masse m, Höhe h, Öffnungswinkel 2α),

a) der auf einer Ebene rollt,
b) dessen Basiskreis auf einer Ebene rollt, während seine Längsachse parallel zur Ebene verläuft und der Scheitel in einem Punkt fixiert ist.

Lösung:

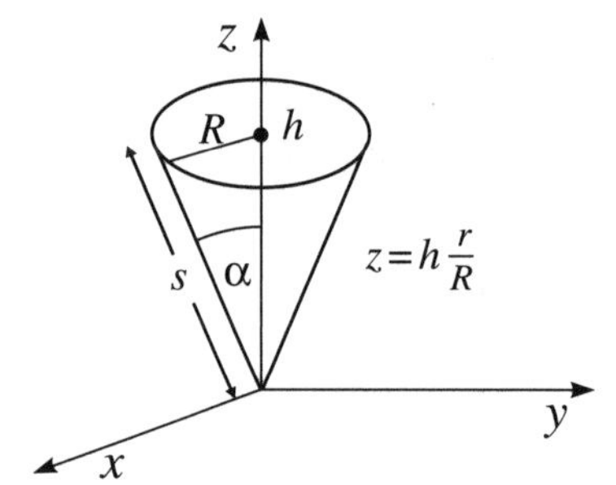

Aus der Figur ist ersichtlich: $m = (1/3)\pi h R^2 \varrho$; $R = h \tan\alpha$; $s = R/\sin\alpha$.

Zur Berechnung des Trägheitstensors legen wir das Koordinatensystem so, daß die Längsachse mit der z-Achse zusammenfällt.

Offensichtlich ist

$$\begin{aligned}\Theta_{xx} &= \varrho \int_V (y^2+z^2)\,\mathrm{d}V \\ &= \varrho \int\int\int (r^2\sin^2\varphi + z^2) r\,\mathrm{d}z\,\mathrm{d}r\,\mathrm{d}\varphi \\ &= \varrho \int_0^{2\pi} \mathrm{d}\varphi \int_0^R r\,\mathrm{d}r \int_{h(r/R)}^{h} (r^2\sin^2\varphi + z^2)\,\mathrm{d}z \\ &= \varrho \frac{\pi}{20} h R^2 (R^2 + 4h^2),\end{aligned}$$

$$\Theta_{xx} = \frac{3}{20} m h^2 (\tan^2\alpha + 4). \qquad (1)$$

Aus Symmetriegründen muß gelten:

$$\Theta_{yy} = \Theta_{xx}.$$

Ebenso gilt

$$\begin{aligned}\Theta_{zz} &= \varrho \int_V (x^2+y^2)\,\mathrm{d}V = \varrho \int\int\int r^3\,\mathrm{d}z\,\mathrm{d}r\,\mathrm{d}\varphi \\ &= \varrho \int_0^{2\pi} \mathrm{d}\varphi \int_0^R r^3\,\mathrm{d}r \int_{h(r/R)}^{h} \mathrm{d}z = \frac{\pi}{10}\varrho h R^4,\end{aligned}$$

$$\Theta_{zz} = \frac{3}{10} m h^2 \tan^2\alpha. \qquad (2)$$

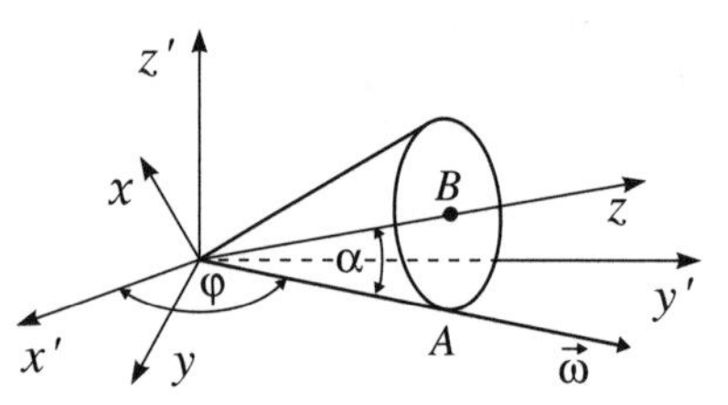

Der rollende Kegel.

Da die Integrale über φ von $xy = r^2 \cos\varphi \sin\varphi$, $xz = rz\cos\varphi$, $yz = rz\sin\varphi$ mit den Grenzen 0 und 2π verschwinden, folgt $\Theta_{xy} = \Theta_{xz} = \Theta_{yz} = 0$. Das gewählte System ist ein Hauptachsensystem. Wir setzen also $\Theta_1 = \Theta_{xx} = \Theta_2, \Theta_3 = \Theta_{zz}$.

a) Die kinetische Energie lautet in der Hauptachsendarstellung

$$T = \frac{1}{2}\Theta_1\omega_1^2 + \frac{1}{2}\Theta_2\omega_2^2 + \frac{1}{2}\Theta_3\omega_3^2. \tag{3}$$

Da wir die Hauptträgheitsachsen und -momente bereits kennen, müssen wir nur noch die Bewegung des Kegels durch die entsprechenden Winkelgeschwindigkeiten darstellen. Die momentane Drehung des Kegels findet mit der Winkelgeschwindigkeit $\vec{\omega}$ um eine Auflagelinie statt. Wir können $\vec{\omega}$ durch $\dot{\varphi}$ ausdrücken, wenn wir die Geschwindigkeit des Punktes B betrachten. Es gilt einerseits $v_B = \dot{\varphi}h\cos\alpha$ und andererseits $v_B = \omega \cdot R\cos\alpha$. Daraus ergibt sich

$$\omega = \dot{\varphi}\frac{h}{R}. \tag{4}$$

φ ist hierbei der Polarwinkel der Figurenachse (oder, was dasselbe ist, der Berührungsgeraden) in der x'-y'-Ebene; $\dot{\varphi}$ die entsprechende Winkelgeschwindigkeit.

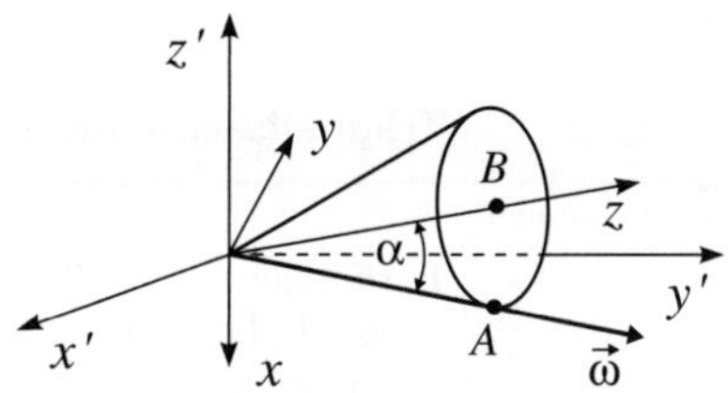

x'-y'-z' bezeichnet das Laborsystem; x-y-z das Hauptachsensystem.

Eine Zerlegung von $\vec{\omega}$ in das Hauptachsensystem, wobei $\vec{\omega}$ in der x-z-Ebene liegt, führt auf $\omega_2 = 0$ und

$$\omega_3 = \omega\cos\alpha \qquad \text{und} \qquad \omega_1 = \sin\alpha. \tag{5}$$

Für die kinetische Energie erhalten wir somit aus (3):

$$\begin{aligned} T &= \frac{1}{2}\Theta_1\omega_1^2 + \frac{1}{2}\Theta_2\omega_2^2 + \frac{1}{2}\Theta_3\omega_3^2 \\ &= \frac{1}{2}\frac{3}{20}mh^2(\tan^2\alpha + 4)\omega_1^2 + \frac{1}{2}\frac{3}{10}mh^2\tan^2\alpha^2 \\ &= \frac{3}{40}mh^2\omega^2\sin^2\alpha(\tan^2\alpha + 4) + \frac{3}{20}mh^2\omega^2\sin^2\alpha \\ &= \frac{3}{40}mh^2\omega^2\left(\frac{\sin^4\alpha}{\cos^2\alpha} + 6\sin^2\alpha\right). \end{aligned} \tag{6}$$

Ersetzen wir ω durch (4) und verwenden $R/h = \tan\alpha = \sin\alpha/\cos\alpha$, folgt:

$$\begin{aligned} T &= \frac{3}{40}mh^2\dot{\varphi}^2\frac{h^2}{R^2}\left(\frac{R^2}{h^2}\sin^2\alpha + 6\cos^2\alpha\frac{R^2}{h^2}\right) \\ &= \frac{3}{40}mh^2\dot{\varphi}^2(1 + 5\cos^2\alpha). \end{aligned} \tag{7}$$

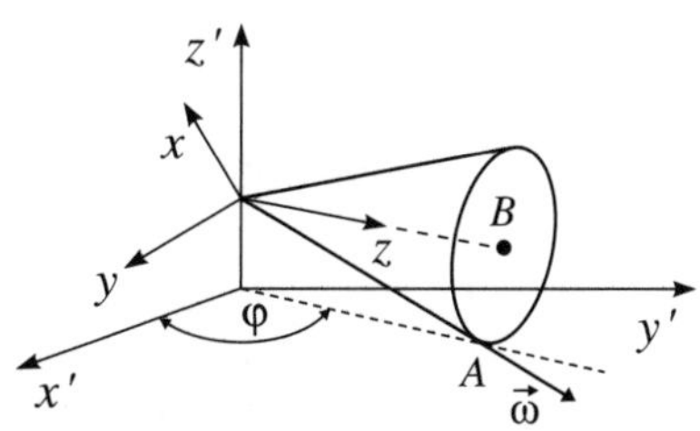

Der auf seiner Basiskante rollende Kegel.

b) Die momentane Drehachse $\vec{\omega}$ ist wieder die Verbindungslinie zwischen festgehaltener Spitze und Auflagepunkt. Die Beziehung zwischen ω und $\dot{\varphi}$ erhalten wir ebenfalls aus der Betrachtung der Geschwindigkeit des Punktes A.

Es gilt: $v_A = h \cdot \dot{\varphi} = \omega R \cos\alpha$, woraus folgt: $\omega = \dot{\varphi}/\sin\alpha$. Aus der Projektion von $\vec{\omega}$ auf die Hauptachsen ergibt sich:

$$\omega_1 = \omega \sin\alpha = \dot{\varphi},$$
$$\omega_2 = 0,$$
$$\omega_3 = \omega \cos\alpha = \dot{\varphi}\frac{h}{R}. \tag{8}$$

Somit folgt für die kinetische Energie aus (3):

$$T = \frac{1}{2}\frac{3}{20}mh^2(\tan^2\alpha + 4)\omega_1^2 + \frac{1}{2}\frac{3}{10}mh^2\tan^2\alpha\,\omega_3^2$$
$$= \frac{3}{40}mh^2\dot{\varphi}^2\left(\frac{R^2}{h^2} + 4 + 2\frac{R^2}{h^2}\cdot\frac{h^2}{R^2}\right) = \frac{3}{40}mh^2\dot{\varphi}^2\left(6 + \frac{R^2}{h^2}\right). \tag{9}$$

▲ Aufgabe 12.1

Trägheitsellipsoid einer quadratischen Scheibe

▼ Aufgabe 12.2

Bestimmen Sie das Trägheitsellipsoid für die in Aufgabe 12.1 beschriebene Rotation einer quadratischen Scheibe um den Nullpunkt. Was sind die Trägheitsmomente der Scheibe bei Rotation um a) die x-Achse, b) die y-Achse, c) die z-Achse, d) die drei Hauptachsen, e) die Achse $\{\cos 45°, \cos 45°, \cos 45°\}$.

Lösung:

Das Trägheitsellipsoid lautet

$$\frac{\Theta_0}{3}\varrho_x^2 - \frac{\Theta_0}{2}\varrho_x\varrho_y + \frac{\Theta_0}{3}\varrho_y^2 + \frac{2\Theta_0}{3}\varrho_z^2 = 1. \tag{1}$$

a) Bei Rotation um die x-Achse ist $\vec{n} = \{1, 0, 0\}$, also $\vec{\varrho} = \{1/\sqrt{\Theta_x}, 0, 0\}$. In (1) eingesetzt ergibt das

$$\frac{\Theta_0}{3}\cdot\frac{1}{\Theta_x} = 1 \qquad \Rightarrow \qquad \Theta_x = \frac{\Theta_0}{3},$$

wie erwartet.

b) Hier ist $\vec{n} = \{0, 1, 0\}$, und es folgt ähnlich wie bei a)

$$\Theta_y = \frac{\Theta_0}{3}.$$

c) Hier ist $\vec{n} = \{0, 0, 1\}$, und es folgt ähnlich wie bei a)

$$\Theta_z = \frac{2}{3}\Theta_0.$$

d) Die 3. Hauptachse ist identisch mit der z-Achse und durch c) erledigt. Die ersten beiden Hauptachsen sind durch

$$\vec{n}_1 = \left\{\frac{1}{\sqrt{2}}, \frac{1}{\sqrt{2}}, 0\right\} \qquad \text{bzw.} \quad \vec{n}_2 = \left\{-\frac{1}{\sqrt{2}}, \frac{1}{\sqrt{2}}, 0\right\}$$

gegeben. Daher sind

$$\vec{\varrho}_1 = \frac{\vec{n}}{\sqrt{\Theta_1}} = \left\{\frac{1}{\sqrt{2\Theta_1}}, \frac{1}{\sqrt{2\Theta_1}}, 0\right\}$$

bzw.

$$\vec{\varrho}_2 = \frac{\vec{n}_2}{\sqrt{\Theta_2}} = \left\{ -\frac{1}{\sqrt{2\Theta_2}}, \frac{1}{\sqrt{2\Theta_2}}, 0 \right\}.$$

Das in (1) eingesetzt ergibt

$$\frac{\Theta_0}{3} \cdot \frac{1}{2\Theta_1} - \frac{\Theta_0}{2} \cdot \frac{1}{2\Theta_1} + \frac{\Theta_0}{3} \cdot \frac{1}{2\Theta_1} + 0 = 1 \qquad \Rightarrow \qquad \Theta_1 = \frac{\Theta_0}{12},$$

bzw.

$$\frac{\Theta_0}{3} \cdot \frac{1}{2\Theta_2} + \frac{\Theta_0}{2} \cdot \frac{1}{2\Theta_2} + \frac{\Theta_0}{3} \cdot \frac{1}{2\Theta_2} + 0 = 1 \qquad \Rightarrow \qquad \Theta_2 = \frac{7}{12}\Theta_0.$$

Die sind die Hauptträgheitsmomente, wie zu erwarten war.

e) In diesem Fall ist $\vec{n}$ proportional zu $\{\cos 45°, \cos 45°, \cos 45°\}$. Also

$$\vec{n} = \left\{ \frac{1}{\sqrt{3}}, \frac{1}{\sqrt{3}}, \frac{1}{\sqrt{3}} \right\}$$

und daher

$$\vec{\varrho} = \frac{\vec{n}}{\sqrt{\Theta}} = \left\{ \frac{1}{\sqrt{3\Theta}}, \frac{1}{\sqrt{3\Theta}}, \frac{1}{\sqrt{3\Theta}} \right\}.$$

In (1) eingesetzt ergibt das

$$\frac{\Theta_0}{3} \cdot \frac{1}{3\Theta} - \frac{\Theta_0}{2} \cdot \frac{1}{3\Theta} + \frac{\Theta_0}{3} \cdot \frac{1}{3\Theta} + \frac{2}{3}\Theta_0 \frac{1}{3\Theta} = 1,$$

woraus

$$\Theta = \frac{10}{36}\Theta_0$$

folgt. Diese Aufgabe demonstriert die einfache Handhabung und Nützlichkeit des Trägheitsellipsoides.

Aufgabe 12.2

Symmetrieachse als Hauptachse

Aufgabe 12.3

Man zeige, daß eine n-fache Drehsymmetrieachse zugleich Hauptträgheitsachse ist und daß im Falle $n \geq 3$ die beiden anderen Hauptachsen in der Ebene senkrecht zur ersten frei gewählt werden können.

Lösung:

Besitzt ein Körper eine n-zählige Symmetrieachse, so muß der Trägheitstensor in zwei um $\varphi = 2\pi/n$ gegeneinander gedrehten Koordinatensystemen gleich sein:

$$\widehat{\Theta} = \widehat{\Theta}' = \widehat{A}\,\widehat{\Theta}\widehat{A}^{-1}.$$

Wählen wir die z-Achse als Drehachse, so lautet die Drehmatrix

$$\widehat{A} = \begin{pmatrix} \cos\varphi & \sin\varphi & 0 \\ -\sin\varphi & \cos\varphi & 0 \\ 0 & 0 & 1 \end{pmatrix}.$$

Multiplizieren wir die Matrizen aus, so folgen die Komponenten Θ'_{ij} des neuen Trägheitstensors, die mit Θ_{ij} übereinstimmen sollen.

$$\begin{aligned}
\Theta'_{11} &= \Theta_{11} = \Theta_{11}\cos^2\varphi + \Theta_{22}\sin^2\varphi + 2\Theta_{12}\sin\varphi\cos\varphi,\\
\Theta'_{22} &= \Theta_{22} = \Theta_{11}\sin^2\varphi + \Theta_{22}\cos^2\varphi - 2\Theta_{12}\sin\varphi\cos\varphi,\\
\Theta'_{12} &= \Theta_{12} = -\Theta_{11}\cos\varphi\sin\varphi + \Theta_{22}\cos\varphi\sin\varphi + \Theta_{12}(1-2\sin^2\varphi),\\
\Theta'_{13} &= \Theta_{13} = +\Theta_{13}\cos\varphi + \Theta_{23}\sin\varphi,\\
\Theta'_{23} &= \Theta_{23} = -\Theta_{13}\sin\varphi + \Theta_{23}\cos\varphi.
\end{aligned}$$

Die Determinante des Systems der beiden letzten Gleichungen

$$\begin{vmatrix} \cos\varphi - 1 & \sin\varphi \\ -\sin\varphi & \cos\varphi - 1 \end{vmatrix} = 2(1-\cos\varphi)$$

verschwindet nur für $\varphi = 0, 2\pi, \ldots$ Wenn also Symmetrie vorliegt ($n \geq 2$), dann muß gelten $\Theta_{13} = \Theta_{23} = 0$, d. h., die z-Achse muß eine Hauptachse sein.

Von den drei übrigen Gleichungen sind zwei identisch, und es bleibt das Gleichungssystem

$$\begin{aligned}
(\Theta_{22} - \Theta_{11})\sin^2\varphi + 2\Theta_{12}\sin\varphi\cos\varphi &= 0,\\
(\Theta_{22} - \Theta_{11})\cos\varphi\sin\varphi - 2\Theta_{12}\sin^2\varphi &= 0.
\end{aligned}$$

Die Koeffizientendeterminante hat den Wert

$$D = -2\sin^4\varphi - 2\sin^2\varphi\cos^2\varphi = -2\sin^2\varphi.$$

Es gilt $D = 0$ für $\varphi = 0, \pi, 2\pi, \ldots$ Also ist $\Theta_{11} = \Theta_{22}$ und $\Theta_{12} = 0$, wenn $n > 2$. Ist die Drehsymmetrieachse z mindestens dreizählig, dann besitzt der Trägheitstensor für jedes orthogonale Achsenpaar in der x-y-Ebene Diagonalform.

▲ Aufgabe 12.3

Trägheitstensor und Trägheitsellipsoid eines Systems dreier Massen

▼ Aufgabe 12.4

Ein starrer Körper besteht aus drei Massenpunkten, die durch starre, masselose Stäbe mit der z-Achse verbunden sind (siehe Abbildung).

a) Bestimmen Sie die Elemente des Trägheitstensors relativ zum x-y-z-System.
b) Berechnen Sie das Trägheitsellipsoid bzgl. des Ursprungs 0 sowie das Trägheitsmoment des Gesamtkörpers bezüglich der Achse $0a$.

Lösung:

a) Die Elemente des Trägheitstensors relativ zum x-y-z-System lauten:

$$\begin{aligned}
\Theta_{xx} &= \sum_i m_i(y_i^2 + z_i^2)\\
&= m_1(y_1^2 + z_1^2) + m_2(y_2^2 + z_2^2) + m_3(y_3^2 + z_3^3),
\end{aligned}$$

und nach Einsetzen der Zahlenwerte aus der Abbildung ergibt sich:

$$\begin{aligned}
\Theta_{xx} &= 100(144 + 25) + 200(64 + 225) + 150(144 + 196)\,\mathrm{g\,cm^2}\\
&= 125.7\,\mathrm{kg\,cm^2}.
\end{aligned}$$

Aufgabe 12.4 ♦

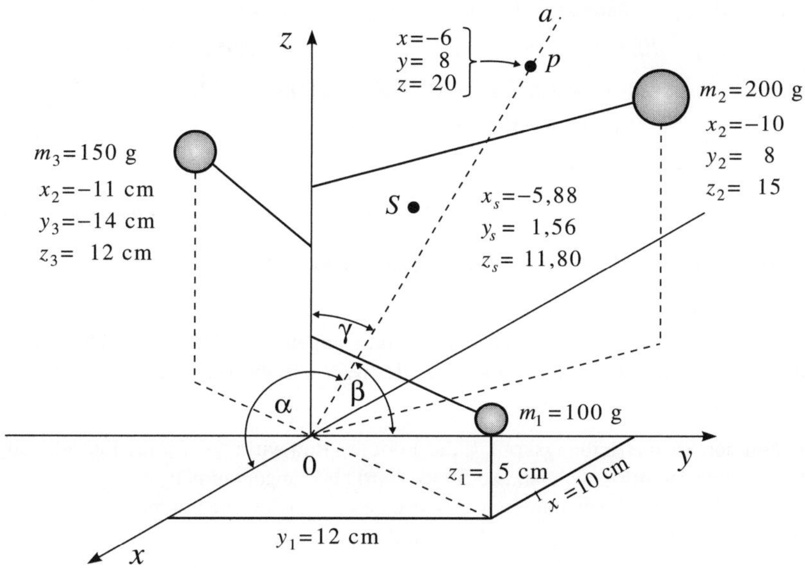

Veranschaulichung dieses aus drei Massenpunkten bestehenden starren Körpers.

In gleicher Weise erhält man für

$$\Theta_{yy} = 117.5\,\text{kg}\,\text{cm}^2 \qquad \text{und} \qquad \Theta_{zz} = 104.75\,\text{kg}\,\text{cm}^2.$$

Für die Deviationsmomente des Trägheitstensors folgt:

$$\begin{aligned}\Theta_{xy} &= -\sum_i m_i(x_i y_i)\\ &= -100(12\cdot 10) + 200(10\cdot 8) - 150(11\cdot 14)\,\text{g}\,\text{cm}^2 = -19.1\,\text{kg}\,\text{cm}^2,\end{aligned}$$

und in gleicher Weise

$$\Theta_{xz} = 44.8\,\text{kg}\,\text{cm}^2 \qquad \text{und} \qquad \Theta_{yz} = -4.8\,\text{kg}\,\text{cm}^2.$$

b) Aus a) erhält man nun sofort für das Trägheitsellipsoid bezüglich des Ursprungs 0 (siehe Gleichung (12.27) im Text)

$$\begin{aligned}\Theta &= \Theta_{xx}\cos^2\alpha + \Theta_{yy}\cos^2\beta + \Theta_{zz}\cos^2\gamma\\ &\quad +2\Theta_{xy}\cos\alpha\cos\beta + 2\Theta_{xz}\cos\alpha\cos\gamma + 2\Theta_{yz}\cos\beta\cos\gamma. \qquad (1)\end{aligned}$$

Zur Berechnung des Trägheitsmoments Θ_{0a} berechnet man sich aus den in der Abbildung gegebenen Koordinaten die Richtungskosinusse

$$\cos\alpha = \frac{-6}{\sqrt{6^2+8^2+20^2}} = -0.268,$$

$$\cos\beta = \frac{8}{\sqrt{6^2+8^2+20^2}} = 0.358$$

und

$$\cos\gamma = \frac{20}{\sqrt{6^2+8^2+20^2}} = 0.895.$$

Eingesetzt in Gleichung (1) folgt für das Trägheitsmoment

$$\begin{aligned}\Theta_{0a} &= (0.268)^2 \cdot 125.7 + (0.358)^2 \cdot 117.25 + (0.895)^2 \cdot 104.75 \\ &\quad -2(0.268)(0.358) \cdot 19.1 + 2(0.268)(0.895) \cdot 44.8 \\ &\quad -2(0.358)(0.895) \cdot 4.800\,\mathrm{kg\,cm^2} \\ &= 128.87\,\mathrm{kg\,cm^2}.\end{aligned}$$

▲Aufgabe 12.4

Reibungskräfte und Beschleunigung eines Autos

▼Aufgabe 12.5

Ein Auto der Masse M wird durch einen Motor angetrieben, der das Drehmoment $2D$ auf die Radachse ausübt. Der Radius der Räder ist R und ihr Trägheitsmoment $\Theta = mR^2$ (m: reduzierte Masse der Räder).

a) Bestimmen Sie die Reibungskraft $\vec{f}$, die auf jedes Rad wirkt und für die Beschleunigung des Wagens verantwortlich ist. Die Straße wird eben angenommen.
b) Berechnen Sie die Beschleunigung des Wagens, wenn das Drehmoment $2D = 10^3$ J, $M = 2 \cdot 10^3$ kg, $R = 0{,}5$ m und $m = 12{,}5$ kg.

Lösung:

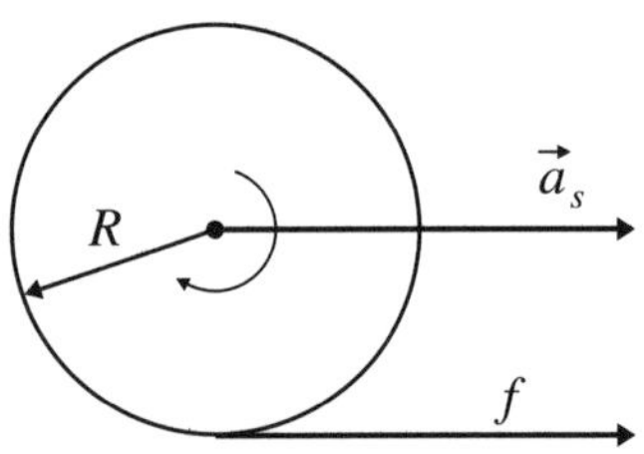

Illustration von Rad, Beschleunigung $\vec{a}_s$ und Reibungskraft $\vec{f}$.

a) Die Abbildung zeigt eines der Räder und die darauf wirkende Kraft $\vec{f}$. Da die Linearbeschleunigung des Radzentrums dieselbe ist wie diejenige des Autoschwerpunktes $\vec{a}_s$, gilt

$$M\vec{a}_s = 2\vec{f} - \vec{F} \tag{1}$$

Der Faktor 2 berücksichtigt, daß ein Auto i. allg. von zwei Rädern angetrieben wird. $\vec{F}$ ist eine mögliche äußere Kraft, die die Bewegung behindert (Luftwiderstand), und $\vec{a}_s$ ist die Beschleunigung des Autos. Für das Drehmoment bezüglich der Achse erhält man

$$4\Theta\,\dot{\omega} = 2(D - fR)\,, \tag{2}$$

wobei Θ das Trägheitsmoment jedes der *vier* Räder ist, D das beschleunigende Drehmoment und $-fR$ das Drehmoment, das durch die Reibungskraft auf jedes Rad ausgeübt wird. Das Trägheitsmoment ist $\Theta = mR^2$ und – falls das Auto nicht rutscht – gilt

$$\dot{\omega}R = a_s\,, \tag{3}$$

und mit Gleichung (2) sowie Gleichung (1) folgt sofort

$$\dot{\omega}R = a_s = \frac{1}{2}\left(\frac{DR - fR^2}{mR^2}\right) = \frac{2f - F}{M}\,. \tag{4}$$

Aufgelöst nach f führt (4) schließlich für die Reibungskraft zu

$$f = \frac{1}{2}\frac{(2D/R)M + 4mF}{M + 4m} \tag{5}$$

und bei Vernachlässigung der rücktreibenden Kraft F ($F = 0$) schließlich zu

$$f = \frac{D/R}{1 + (4m/M)}\,. \tag{6}$$

b) Ersetzt man in Gleichung (2) f durch Gleichung (6) und löst nach a_s ($F = 0$) auf, erhält man mit den Werten der Aufgabenstellung die Beschleunigung des Wagens

$$a_s = \frac{2D/R}{M + 4m} = \frac{10^3/0{,}5}{2 \cdot 10^3 + 4 \cdot 12{,}4} = \frac{10^3}{1025} \approx 1\,\frac{\mathrm{m}}{\mathrm{s}^2}.$$

Die Reibungskraft f ergibt sich mit den Zahlenwerten aus b) zu

$$f \approx \frac{D}{R} = 1000\ \mathrm{N}.$$

Aufgabe 12.5 ▲

13 Kreiseltheorie

Der freie Kreisel

Einen starren, rotierenden Körper bezeichnen wir als Kreisel. Ein Kreisel heißt symmetrisch, wenn zwei seiner Hauptträgheitsmomente gleich sind. Ist z. B. $\Theta_1 = \Theta_2$, so unterscheiden wir weiter:

a) $\Theta_3 > \Theta_1$ oblater Kreisel oder abgeplatteter Kreisel, z. B. eine Scheibe,
b) $\Theta_3 < \Theta_1$ prolater Kreisel oder Zigarrenkreisel, z. B. ein (länglicher) Zylinder,
c) $\Theta_3 = \Theta_1$ Kugelkreisel, z. B. ein Würfel.

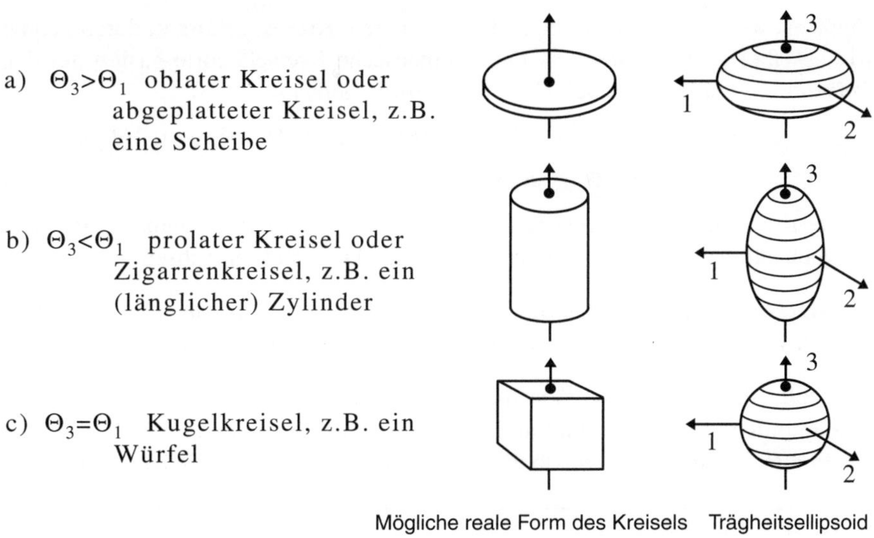

Die dritte Hauptträgheitsachse, die sich auf Θ_3 bezieht, wird als *Figurenachse* bezeichnet. Sie kennzeichnet die Lage des Kreisels im Raum. Bei Rotationskörpern fällt sie mit deren Symmetrieachse zusammen; der Schwerpunkt eines Rotationskörpers liegt daher immer auf der Figurenachse.

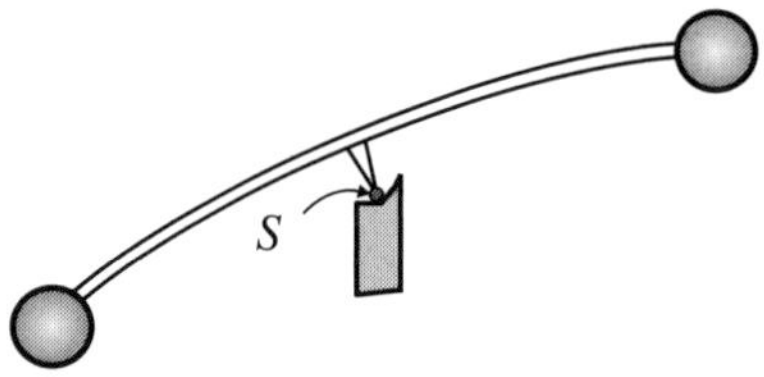

Modell eines im Schwerpunkt S unterstützten freien Kreisels. Die Konstruktion ist so, daß S gleichzeitig Stützpunkt ist

Weiterhin müssen wir den *freien Kreisel* vom *schweren Kreisel* unterscheiden. Beim freien Kreisel macht man die Annahme, daß auf den Körper keine äußeren Kräfte einwirken, daß also das Drehmoment bezüglich des festgehaltenen Punktes verschwindet. Auf den schweren Kreisel wirken Kräfte ein, so z. B. die Schwerkraft. Es sind aber auch andere Kräfte denkbar (Zentrifugalkräfte, Reibungskräfte etc.). Zur experimentellen Verwirklichung eines freien Kreisels brauchen wir nur irgendeinen Körper im Schwerpunkt zu unterstützen. Der Körper befindet sich dann in einem indifferenten Gleichgewicht, und es wirkt kein Drehmoment auf ihn ein.

Zur theoretischen Beschreibung des Kreisels gehen wir von den Grundgleichungen aus:

$$\vec{L} = \widehat{\Theta} \cdot \vec{\omega} = \overrightarrow{\text{const}} \,, \qquad \text{(Erhaltung des Drehimpulses)} \tag{13.1}$$

$$T = \frac{1}{2}\vec{\omega} \cdot \vec{L} = \text{const.} \qquad \text{(Erhaltung der kinetischen Energie)} \tag{13.2}$$

Drehimpuls $\vec{L}$ und kinetische Energie T sind beim kräftefreien Kreisel zeitlich konstant. Das ist der Inhalt dieser beiden Gleichungen.

Geometrische Kreiseltheorie

Louis Poinsot (1777–1859) → unten

Zunächst wollen wir die Gesetze, denen der freie Kreisel gehorcht, durch geometrische Überlegungen ableiten. Die geometrische Kreiseltheorie basiert auf dem *Poinsotschen Ellipsoid* (auch *Energie-Ellipsoid* genannt):

$$\begin{aligned} \Theta_{xx}\omega_x^2 + \Theta_{yy}\omega_y^2 + \Theta_{zz}\omega_z^2 + 2\Theta_{xy}\omega_x\omega_y + 2\Theta_{xz}\omega_x\omega_z + 2\Theta_{yz}\omega_y\omega_z \\ = 2T = \text{const.} \end{aligned} \tag{13.3}$$

Dieses Ellipsoid im ω-Raum erhält man sofort aus (13.2). Es ist dem gewöhnlichen Trägheitsellipsoid ähnlich und hat die gleichen körperfesten Achsen.

Wir werden in den folgenden Betrachtungen die Eigenschaft von (13.3) ausnutzen, daß der Endpunkt des Vektors $\vec{\omega}$ gerade auf der Oberfläche des Ellipsoids liegt.

Nun folgt die Poinsotsche Konstruktion der Bewegung des freien Kreisels. Der Drehimpulsvektor ist konstant und legt im Raum eine Richtung fest. Die durch $\vec{L}$ bestimmte Gerade heißt deshalb die *invariable Gerade*. Weiterhin ist die kinetische

---

LOUIS POINSOT

Poinsot, Louis, französischer Mathematiker und Physiker, geb. Paris 3.1.1777, gest. ebd. 5.12.1859, Professor in Paris, führte in seinen „Eléments de statique" (Paris 1804) den Begriff des Kräftepaares in die Mechanik ein, mit dem er dann die Kreiselbewegung darstellte. Unter Poinsot-Bewegung wird die Bewegung eines kräftefreien Kreisels verstanden.

Energie konstant, also $2T = \vec{\omega} \cdot \vec{L} = \text{const}$; aus der Definition des Skalarproduktes folgt sofort

$$\omega \cdot \cos(\vec{\omega}, \vec{L}) = \text{const}. \tag{13.4}$$

Mit anderen Worten: Die Projektion von $\vec{\omega}$ auf $\vec{L}$ ist konstant. Sieht man jetzt $\vec{\omega}$ als den Ortsvektor für Punkte im Raum an, so wird durch die Parameterdarstellung $\vec{\omega}(t)$ eine Ebene gegeben, die man als *invariable Ebene* bezeichnet. Die invariable Gerade steht dann senkrecht auf der invariablen Ebene.

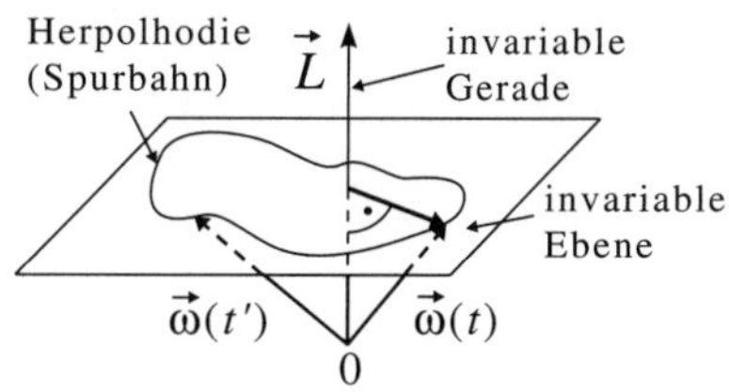

Invariable Gerade und invariable Ebene.

Man hat jetzt die Möglichkeit, die Bewegung des Kreisels durch das Abrollen des Poinsot-Ellipsoids auf der invariablen Ebene zu beschreiben. Dies ist zulässig, da der Endpunkt von $\vec{\omega}$, wie aus Gleichung (13.3) ersichtlich, auf der Oberfläche des Ellipsoids liegt und sich in der invariablen Ebene bewegt. Die invariable Ebene ist gleichzeitig Tangentialebene des Poinsot-Ellipsoids, weil es nur einen gemeinsamen Vektor $\vec{\omega}$ gibt, so daß Ellipsoid und Ebene einen Punkt gemeinsam haben. Um dies zu beweisen, zeigen wir, daß im Punkt $\vec{\omega}$ der Gradient des Ellipsoids parallel zu $\vec{L}$ gerichtet ist. Aus der Vektoranalysis ist uns bekannt, daß der Gradient einer Fläche senkrecht auf dieser Fläche steht. Die Ellipsoid-Oberfläche F wird durch (13.3) beschrieben.

Wegen [1)]

$$\vec{\nabla}_\omega F = \left(\frac{\partial F}{\partial \omega_x}, \frac{\partial F}{\partial \omega_y}, \frac{\partial F}{\partial \omega_z}\right)$$

erhalten wir

$$\frac{1}{2}\vec{\nabla}_\omega F = \begin{pmatrix} \Theta_{xx}\omega_x + \Theta_{xy}\omega_y + \Theta_{xz}\omega_z \\ \Theta_{xy}\omega_x + \Theta_{yy}\omega_y + \Theta_{yz}\omega_z \\ \Theta_{xz}\omega_x + \Theta_{yz}\omega_y + \Theta_{zz}\omega_z \end{pmatrix} = \widehat{\Theta}\vec{\omega} = \vec{L},$$

d. h., $\text{grad}_\omega F$ ist parallel zu $\vec{L}$ oder $F \perp \vec{L}$; somit ist die Tangentenfläche von F im Punkt $\vec{\omega}$ parallel zur invariablen Ebene.

Weil der Mittelpunkt des Ellipsoids einen konstanten Abstand von der invariablen Ebene hat (siehe Gleichung (13.4)), kann man die Bewegung des Kreisels wie folgt beschreiben: Das körperfeste Poinsot-Ellipsoid rollt ohne zu gleiten auf der invariablen Ebene, wobei der Mittelpunkt des Ellipsoids fest ist. Die momentane Größe der Winkelgeschwindigkeit ist dabei durch den Abstand Mittelpunkt – Berührungspunkt des Ellipsoids gegeben.

[1)] Da die Fläche (13.3) im $\vec{\omega}$-Raum definiert ist, meinen wir mit dem Gradienten den $\vec{\omega}$-Gradienten, d. h. $\vec{\nabla}_\omega = \{\partial/\partial\omega_x, \partial/\partial\omega_y, \partial/\partial\omega_z\}$.

Daß das Ellipsoid rollt und nicht gleitet, folgt aus der Tatsache, daß alle Punkte längs der $\vec{\omega}$-Achse momentan in Ruhe sind; also ist auch der Berührungspunkt momentan in Ruhe. Abrollen ohne Gleiten heißt, daß die vom Laborsystem und die vom körperfesten System aus gemessene Änderung des Drehvektors $\vec{\omega}$ gleich ist. In der Tat gilt

$$\left.\frac{\mathrm{d}\vec{\omega}}{\mathrm{d}t}\right|_L = \left.\frac{\mathrm{d}\vec{\omega}}{\mathrm{d}t}\right|_K + \vec{\omega}\times\vec{\omega}, \quad \text{d. h.} \quad \left.\frac{\mathrm{d}\vec{\omega}}{\mathrm{d}t}\right|_L = \left.\frac{\mathrm{d}\vec{\omega}}{\mathrm{d}t}\right|_K .$$

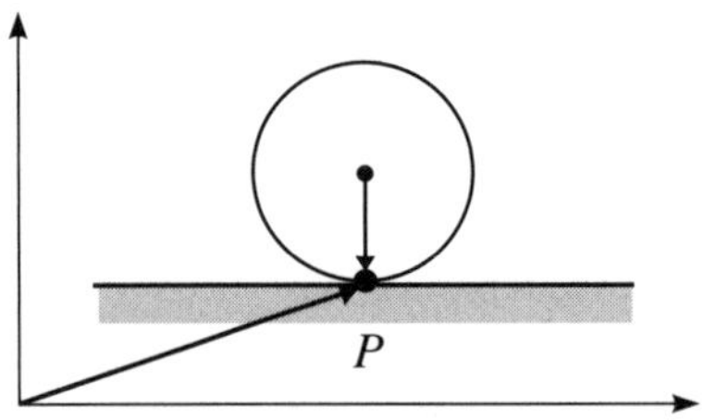

Zur Bedingung Rollen: Wenn die Verschiebung $\mathrm{d}\vec{r} = \vec{v}\,\mathrm{d}t$ und damit die Geschwindigkeit im Laborsystem und im körperfesten System gleich sind, gibt es keinen Schlupf. Dann rollt der Körper.

Zum Unterschied zwischen Gleiten und Rollen: Wenn ein Rad auf einer Ebene rollt, ist die Änderungsgeschwindigkeit des Berührungspunktes P im körperfesten und im Laborsystem gleich. Gleitet das Rad, so ist der Berührungspunkt im körperfesten System fest; im Laborsystem ändert sich seine Lage aber laufend.

Die Bahn, die $\vec{\omega}$ auf der invariablen Ebene beschreibt, wird als *Herpolhodie* oder als *Spurbahn* bezeichnet; die entsprechende Kurve auf dem Ellipsoid als *Polhodie* oder *Polbahn*. Dazu die folgende Skizze:

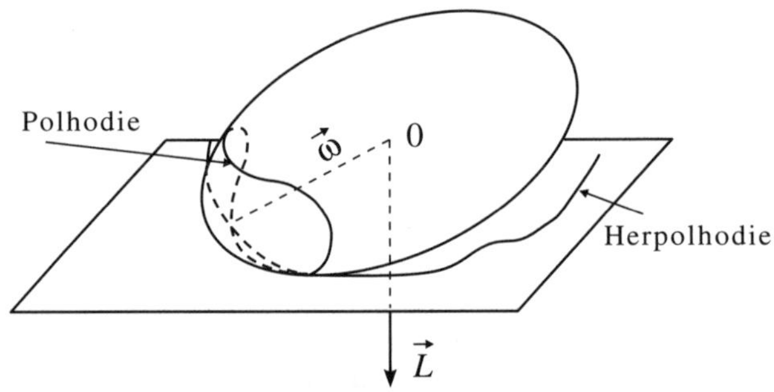

Das Poinsot-Ellipsoid rollt auf der invariablen Ebene.

Im allgemeinen sind die Polhodie und die Herpolhodie verwickelt, nicht geschlossene Kurven. Für den Spezialfall eines symmetrischen Kreisels wird jedoch das Poinsot-Ellipsoid ein Rotationsellipsoid, beim Abrollen des Rotationsellipsoids entstehen Kreise. Dabei nimmt $\vec{\omega}$ einen konstanten Betrag an, ändert aber ständig die Richtung, d. h., $\vec{\omega}$ rotiert auf einem Kegel um die Drehimpulsachse. Dieser Kegel wird als *Herpolhodie*- oder *Spurkegel* bezeichnet. Bei einem symmetrischen Kreisel ist es sinnvoll, die Symmetrieachse (Figurenachse) als dritte Achse zur Beschreibung der Bewegung zu benutzen. Die Figurenachse, die mit dem Ellipsoid fest verbunden ist, rotiert wie $\vec{\omega}$ um $\vec{L}$. Der dabei entstehende Kegel wird als *Nutationskegel* bezeichnet. Die Bewegung der Figurenachse des Kreisels im Raum wird *Nutation* genannt. (Die Bezeichnung „Präzession“, die z. B. in der amerikanischen Literatur üblich ist, ist wenig sinnvoll, da als Präzession auch eine völlig anders entstehende Bewegung des schweren Kreisels bezeichnet wird.)

Ein Beobachter, der sich im Kreiselsystem befindet und die Figurenachse als fest ansieht, wird feststellen, daß $\vec{\omega}$ und $\vec{L}$ um die Achse rotieren; für den Kegel, der durch die Rotation von $\vec{\omega}$ entsteht, führt man die Bezeichnung *Polhodie-* oder *Polkegel* ein. Die genaue Lage der Achsen und Kegel hängt wesentlich von der Form des Rotationsellipsoides ab. Das zeigen die beiden folgenden Skizzen für die Lage der Achsen. Dabei ist darauf zu achten, daß ein großes Hauptträgheitsmoment Θ_3 einem kleinen Radius des Poinsot-Ellipsoids, nämlich $\sqrt{2T/\Theta_3}$, entspricht. Entsprechend haben die anderen Achsen des Poinsot-Ellipsoids die Längen $\sqrt{2T/\Theta_1}$ bzw. $\sqrt{2T/\Theta_2}$.

Man sieht das sofort aus der Hauptachsenform des Poinsotschen Ellipsoids (13.3):

$$\frac{\omega_1^2}{1/\Theta_1} + \frac{\omega_2^2}{1/\Theta_2} + \frac{\omega_3^2}{1/\Theta_3} = 2T = \text{const.}$$

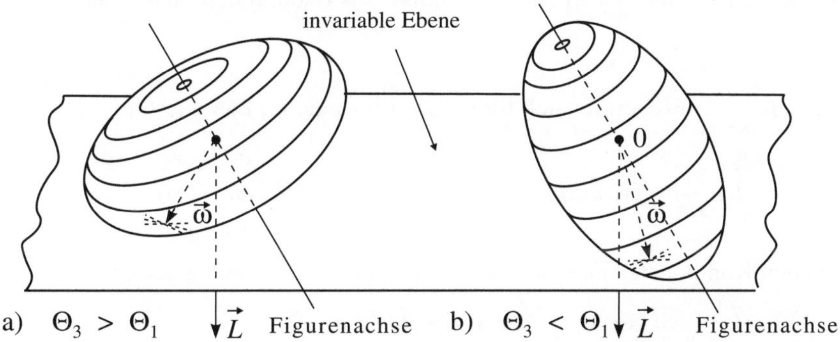

a) oblater symmetrischer Kreisel, $\Theta_3 > \Theta_1$; b) prolater symmetrischer Kreisel, $\Theta_3 < \Theta_1$.

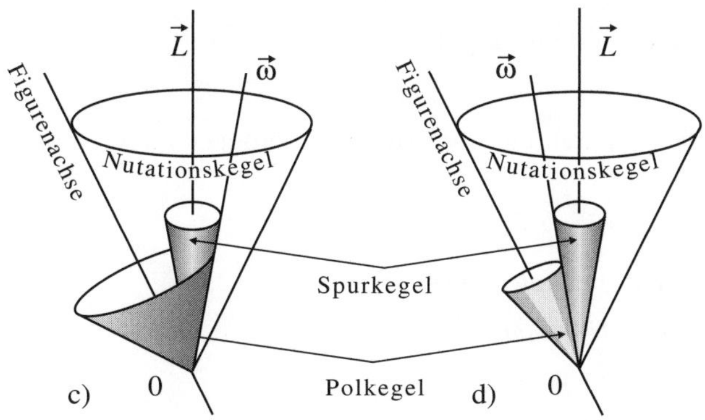

c) Oblater symmetrischer Kreisel. Der Polkegel rollt am Spurkegel innen ab. d) Prolater symmetrischer Kreisel. Der Polkegel rollt am Spurkegel außen ab.

Figur a) zeigt das Ellipsoid eines abgeplatteten (oblaten) Kreisels; in Figur b) ist ein länglicher (prolater) Kreisel dargestellt. Im ersten Fall liegen die Achsen in der Reihenfolge $\vec{\omega} - \vec{L}$ – Figurenachse; im zweiten Fall $\vec{L} - \vec{\omega}$ – Figurenachse.

Entsprechend liegen auch die Kegel, die wir oben eingeführt haben. Figur c) zeigt den Fall eines oblaten Kreisels und Figur d) den eines prolaten Kreisels. Beim Betrachten der Kegel fällt auf, daß die drei Achsen in einer Ebene liegen.

Analytische Theorie des freien Kreisels

Wir betrachten die Bewegung der Vektoren von Drehimpuls und Winkelgeschwindigkeit von einem Koordinatensystem aus, das im Kreisel fest verankert ist und sich mitbewegt. Für die Winkelgeschwindigkeit gilt dann:

$$\vec{\omega} = \omega_1 \vec{e}_1 + \omega_2 \vec{e}_2 + \omega_3 \vec{e}_3,$$

wobei $\vec{e}_1$,$\vec{e}_2$ und $\vec{e}_3$ *körperfeste Hauptachsen* des Kreisels sind. Nun untersuchen wir den Drehimpuls des Kreisels nicht mehr innerhalb des bewegten Koordinatensystems, d. h. innerhalb des Kreiselsystems, das ja mit $\vec{\omega}$ im Laborsystem rotiert, sondern transformieren unter Verwendung unserer bereits über bewegte Koordinatensysteme erworbenen Kenntnisse ins Laborsystem, und erhalten

$$\dot{\vec{L}}\Big|_{\text{Lab}} = \dot{\vec{L}}\Big|_{\text{Kreisel}} + \vec{\omega} \times \vec{L}.$$

Wegen $\dot{\vec{L}}\Big|_{\text{Kr.}} = \widehat{\Theta}\dot{\vec{\omega}}$ ergibt sich für die Komponente im Laborsystem:

$$\dot{\vec{L}}\Big|_{\text{Lab.}} = \Theta_1 \dot{\omega}_1 \vec{e}_1 + \Theta_2 \dot{\omega}_2 \vec{e}_2 + \Theta_3 \dot{\omega}_3 \vec{e}_3 + \begin{vmatrix} \vec{e}_1 & \vec{e}_2 & \vec{e}_3 \\ \omega_1 & \omega_2 & \omega_3 \\ \Theta_1 \omega_1 & \Theta_2 \omega_2 & \Theta_3 \omega_3 \end{vmatrix}.$$

Nach den Komponeten $\vec{e}_1$,$\vec{e}_2$ und $\vec{e}_3$ aufgelöst und zusammengefaßt, lautet das:

$$\begin{aligned} \dot{\vec{L}}\Big|_{\text{Lab.}} &= (\Theta_1 \dot{\omega}_1 + \Theta_3 \omega_2 \omega_3 - \Theta_2 \omega_2 \omega_3)\vec{e}_1 \\ &\quad + (\Theta_2 \dot{\omega}_2 + \Theta_1 \omega_1 \omega_3 - \Theta_3 \omega_1 \omega_3)\vec{e}_2 \\ &\quad + (\Theta_3 \dot{\omega}_3 + \Theta_2 \omega_1 \omega_2 - \Theta_1 \omega_1 \omega_2)\vec{e}_3. \end{aligned}$$

Da das Laborsystem ein Inertialsystem ist, gilt dort die Beziehung

$$\dot{\vec{L}} = \vec{D}.$$

Das Drehmoment wird wieder durch die körperfesten Koordinaten ausgedrückt, und wir erhalten

$$\dot{\vec{L}}\Big|_{\text{Lab.}} = D_1 \vec{e}_1 + D_2 \vec{e}_2 + D_3 \vec{e}_3.$$

Somit ergeben sich die *Eulerschen Gleichungen*:

$$\begin{aligned} D_1 &= \Theta_1 \dot{\omega}_1 + (\Theta_3 - \Theta_2)\omega_2 \omega_3, \\ D_2 &= \Theta_2 \dot{\omega}_2 + (\Theta_1 - \Theta_3)\omega_1 \omega_3, \\ D_3 &= \Theta_3 \dot{\omega}_3 + (\Theta_2 - \Theta_1)\omega_1 \omega_2. \end{aligned} \tag{13.5}$$

Diese drei gekoppelten Differentialgleichungen für $\omega_1(t)$, $\omega_2(t)$ und $\omega_3(t)$ sind nicht linear. Das läßt vermuten, daß im allgemeinen die Lösungen $\omega_i(t)$ recht komplizierte Funktionen der Zeit sind. Lediglich im Fall der freien Bewegung ($\vec{D} = 0$) läßt sich eine einfach überschaubare Lösung erreichen, die wir jetzt besprechen. Später wenden wir uns dann dem schweren Kreisel zu, für welchen $\vec{D} \neq 0$ gilt.

Wir legen das körperfeste Koordinatensystem so, daß die $\vec{e}_3$-Achse der Figurenachse entspricht. Da wir uns bei der analytischen Betrachtung der Kreiseltheorie auf einen freien symmetrischen Kreisel beschränken wollen, der symmetrisch zur Figurenachse sein soll, gelten folgende Bedingungen:

$$\dot{\vec{L}}\Big|_{\text{Lab.}} = \vec{D} = 0, \qquad \text{d. h.} \quad D_1 = D_2 = D_3 = 0, \quad \text{und} \quad \Theta_1 = \Theta_2.$$

Wir zeigen, daß $\vec{e}_3$, $\vec{\omega}$ und $\vec{L}$ für einen symmetrischen Kreisel in einer Ebene liegen. Dazu ist das Spatprodukt der drei Vektoren zu bilden, das verschwinden muß:

$$\begin{aligned}\vec{e}_3 \cdot (\vec{\omega} \times \vec{L}) = \vec{e}_3 \cdot \begin{vmatrix} \vec{e}_1 & \vec{e}_2 & \vec{e}_3 \\ \omega_1 & \omega_2 & \omega_3 \\ \Theta_1\omega_1 & \Theta_2\omega_2 & \Theta_3\omega_3 \end{vmatrix} \\ = (\Theta_2 - \Theta_1)\omega_1\omega_2 = 0,\end{aligned}$$

weil $\Theta_1 = \Theta_2$.

Mit den Bedingungen für den freien symmetrischen Kreisel lauten die Eulerschen Gleichungen

$$\begin{aligned}\Theta_3\dot{\omega}_3 &= 0 \qquad \Rightarrow \qquad \omega_3 = \text{const},\\ \Theta_1\dot{\omega}_1 + (\Theta_3 - \Theta_1)\omega_2\omega_3 &= 0,\\ \Theta_1\dot{\omega}_2 + (\Theta_1 - \Theta_3)\omega_1\omega_3 &= 0.\end{aligned}$$

Die Komponente von $\vec{\omega}$ in Richtung der Figurenachse ist also konstant; um dies bei der weiteren Rechnung zu verdeutlichen, setzen wir

$$\omega_3 = u.$$

Zur Lösung der beiden Differentialgleichungen differenzieren wir die zweite Gleichung nach der Zeit:

$$\Theta_1\ddot{\omega}_1 + (\Theta_3 - \Theta_1)u\dot{\omega}_2 = 0, \qquad \Theta_1\dot{\omega}_2 + (\Theta_1 - \Theta_3)u\omega_1 = 0.$$

Durch Auflösen der letzten Gleichung nach $\dot{\omega}_2$ und Einsetzen in die erste erhalten wir

$$\ddot{\omega}_1 + \frac{(\Theta_3 - \Theta_1)^2}{\Theta_1^2}u^2\omega_1 = 0.$$

Diese Form der Differentialgleichung ist uns jedoch schon bekannt, denn setzt man für

$$\frac{|\Theta_3 - \Theta_1|}{\Theta_1}u = k,$$

so ist $\ddot{\omega}_1 + k^2\omega_1 = 0$ genau die Differentialgleichung des harmonischen Oszillators, die durch

$$\omega_1 = B\sin kt + C\cos kt$$

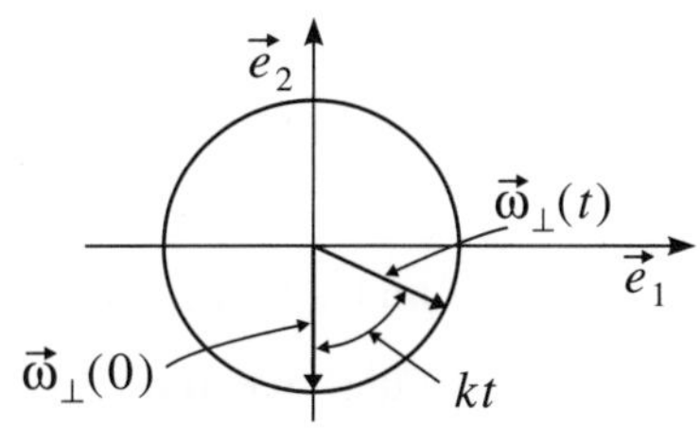

Die Bewegung von $\vec{\omega}(t)$ in der $\vec{e}_1$-$\vec{e}_2$-Ebene.

gelöst wird. Unter Berücksichtigung der Anfangsbedingung $\omega_1(t=0)=0$ folgt $\omega_1 = B\sin kt$ bzw. aus der zweiten Gleichung $\omega_2 = -B\cos kt$.

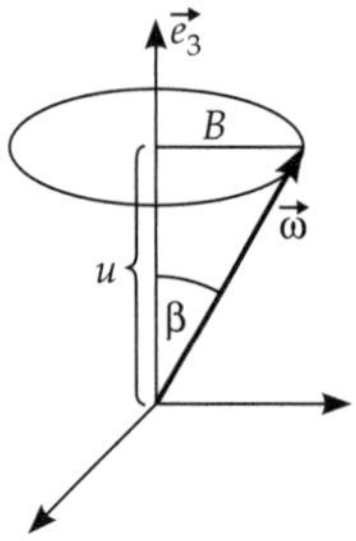

Die Winkelgeschwindigkeit $\vec{\omega}$ rotiert um die Figurenachse $\vec{e}_3$.

Das Ergebnis besagt, daß vom Kreiselsystem aus gesehen, $\vec{\omega}$ einen Kreis um die Figurenachse beschreibt:

$$\vec{\omega} = B(\sin kt\,\vec{e}_1 - \cos kt\,\vec{e}_2) + u\vec{e}_3.$$

Die Drehfrequenz ist dabei durch k gegeben; für $k > 0$ erfolgt die Rotation im mathematisch positiven Drehsinn. Der bei der Rotation entstehende Kegel wird wieder *Polkegel* genannt. Das ist in der folgenden Figur verdeutlicht.

Offensichtlich ist $\tan\beta = B/u = const$. Der Drehimpuls, der durch $\vec{L} = \widehat{\Theta}\cdot\vec{\omega}$ gegeben ist, erfährt ebenfalls eine zeitliche Änderung.

$$\vec{L} = \Theta_1 B\sin kt\,\vec{e}_1 - \Theta_1 B\cos kt\,\vec{e}_2 + \Theta_3 u\vec{e}_3,$$

d. h., die $\vec{L}$-Achse rotiert mit der gleichen Frequenz k, aber mit anderer Amplitude um die Figurenachse (Nutation). Dies ist kein Widerspruch zur Aussage $|\vec{L}|_{\text{Lab.}} =$ const, da wir den Drehimpuls vom Kreiselsystem aus messen.

Schließlich lassen sich die Winkel zwischen den drei Achsen bestimmen. Wir setzen

$$\measuredangle(\vec{e}_3,\vec{L}) = \alpha, \qquad \measuredangle(\vec{e}_3,\vec{\omega}) = \beta,$$

und multiplizieren $\vec{e}_3$ und $\vec{L}$ skalar; dies ergibt

$$\vec{e}_3\cdot\vec{L} = L\cos\alpha = \sqrt{(\Theta_1 B)^2 + (\Theta_3 u)^2}\cos\alpha$$

bzw.

$$\vec{e}_3\cdot\vec{L} = \vec{e}_3\cdot(\Theta_1\omega_1\vec{e}_1 + \Theta_2\omega_2\vec{e}_2 + \Theta_3\omega_3\vec{e}_3) = \Theta_3\omega_3 = \Theta_3 u.$$

Durch Gleichsetzen beider Gleichungen folgt

$$\cos\alpha = \frac{\Theta_3 u}{\sqrt{(\Theta_1 B)^2 + (\Theta_3 u)^2}} = \frac{1}{\sqrt{(\Theta_1 B/\Theta_3 u)^2 + 1}}$$

oder

$$\cos\alpha\sqrt{\left(\frac{\Theta_1 B}{\Theta_3 u}\right)^2 + 1} = 1.$$

Nach Koeffizientenvergleich mit der trigonometrischen Formel

$$\cos x\sqrt{\tan^2 x + 1} = 1$$

finden wir, daß $\tan\alpha = \Theta_1 B/\Theta_3 u =$const.

Führt man die gleiche Rechnung für $\vec{e}_3\cdot\vec{\omega}$ durch, so ergibt sich β zu

$$\tan\beta = \frac{B}{u} = \text{const.}$$

Der Vergleich der letzten beiden Ergebnisse zeigt die Abhängigkeit der Lage der Achsen von Θ_1 und Θ_3: Es ist

$$\tan\alpha/\tan\beta = \Theta_1/\Theta_3,$$

woraus folgt:

1) $\Theta_1 > \Theta_3$ (prolater Kreisel)
   $\Rightarrow \alpha > \beta$ für $\alpha,\beta < \pi/2$,
   Reihenfolge der Achsen:
   $\vec{e}_3 - \vec{\omega} - \vec{L}$;
2) $\Theta_1 < \Theta_3$ (oblater Kreisel)
   $\Rightarrow \alpha < \beta$ für $\alpha,\beta < \pi/2$,
   Reihenfolge der Achsen:
   $\vec{e}_3 - \vec{L} - \vec{\omega}$;
3) $\Theta_1 = \Theta_3$ (Kugelkreisel)
   $\Rightarrow \alpha = \beta$ für $\alpha,\beta < \pi$;
   $\vec{\omega}$ liegt auf der $\vec{L}$-Achse. Da die $\vec{e}_3$-Achse bei einem Kugelkreisel willkürlich gewählt werden kann, ist es keine Beschränkung der Allgemeinheit, wenn wir $\alpha = \beta = 0$ setzen.

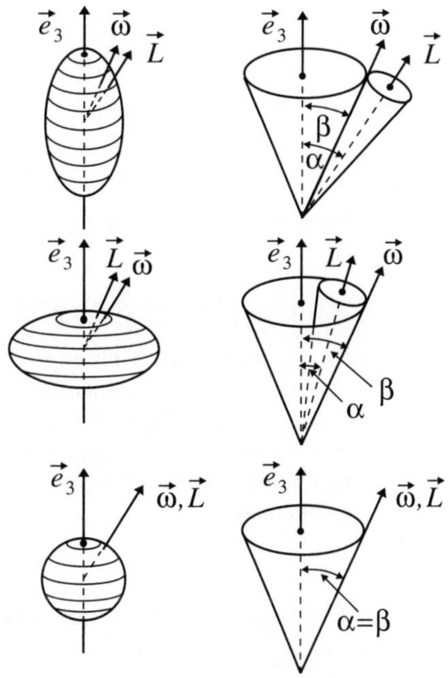

Zu 3) ist anzumerken, daß für den Kugelkreisel $k = u(\Theta_3 - \Theta_1)/\Theta_1 = 0$ gilt wegen $\Theta_1 = \Theta_3$. Im Falle des Kugelkreisels, wie oben schon ausgeführt, können wir die Figurenachse (d. h. $\vec{e}_3$-Achse) beliebig legen, z. B. auch in die $\vec{L}$- bzw. $\vec{\omega}$-Achse. Das Ergebnis $\alpha = \beta$ hätten wir auch aus

$$\vec{\omega} \times \vec{L} = \vec{\omega} \times \Theta_1 \vec{\omega} = 0 \qquad \text{wegen} \quad \widehat{\Theta} = \begin{pmatrix} \Theta_1 & 0 & 0 \\ 0 & \Theta_1 & 0 \\ 0 & 0 & \Theta_1 \end{pmatrix}$$

ableiten können.

Nutation der Erde

Beispiel 13.1

Die Erde ist kein Kugelkreisel, sondern ein abgeplattetes Rotationsellipsoid. Die Halbachsen sind

$$a = b = 6378\,\text{km (Äquator) und } c = 6357\,\text{km}.$$

Wenn Drehimpulsachse und Figurenachse nicht zusammenfallen, führt die Figurenachse Nutationen um die Drehimpulsachse aus. Die Winkelgeschwindigkeit der Nutationen beträgt

$$k = \frac{\Theta_3 - \Theta_1}{\Theta_1}\,\omega_3.$$

Die Achse 3 ist die Hauptträgheitsachse (Polachse). Betrachten wir die Erde als homogenes Ellipsoid der Masse M, so erhalten wir die beiden Trägheitsmomente:

$$\Theta_1 = \Theta_2 = \frac{M}{5}(b^2 + c^2), \qquad \Theta_3 = \frac{M}{5}(a^2 + b^2).$$

Damit ergibt sich

$$k = \frac{a^2 - c^2}{b^2 + c^2}\omega_3.$$

Da sich die Halbachsen nur wenig unterscheiden, setzen wir $a = b \approx c$, also

$$k = \frac{(a-c)(a+c)}{b^2 + c^2}\omega_3 \approx \frac{a-c}{a}\omega_3.$$

Die Rotationsgeschwindigkeit der Erde ist $\omega_3 = 2\pi/\text{Tag}$. Damit erhalten wir für die Periode der Nutation

$$T = \frac{2\pi}{k} = 304 \text{ Tage}.$$

S. C. Chandler (1846–1913) → unten

Die Figurenachse der Erde (geometrischer Nordpol) und die Drehachse $\vec{\omega}$ der Erde (kinematischer Nordpol) drehen sich umeinander. Die gemessene Periode (sog. *Chandlersche Periode*) ist 433 Tage. Die Abweichung ist wesentlich darin begründet, daß die Erde kein starrer Körper ist. Die Amplitude dieser Nutation liegt bei $\pm 0{,}2''$. Der kinematische Nordpol läuft auf einer spiralförmigen Bahn innerhalb eines Kreises von 10 m Radius im Sinne der Erddrehung.

▲ Beispiel 13.1

Trägheitsellipsoid eines regelmäßigen Polyeders

▼ Beispiel 13.2

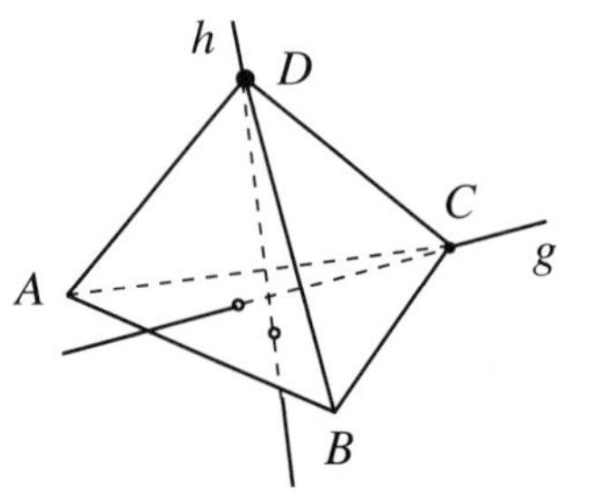

Regulärer Tetraeder; g und h sind Geraden (Achsen), die als Lot von C bzw. D auf die jeweils gegenüberliegenden Flächen erhalten werden.

Das Trägheitsellipsoid jedes regelmäßigen Polyeders ist eine Kugel, was wir am Beispiel des Tetraeders zeigen wollen; die Argumentation für Oktaeder, Dodekaeder und Ikosaeder läuft analog. Angenommen, es gäbe eine Hauptträgheitsachse, deren Moment sich von den anderen beiden Hauptträgheitsachsen unterscheidet. Bei einer Drehung von 120° um die Achse g (Lot von Punkt C auf gegenüberliegende Fläche, siehe Abbildung), muß diese Trägheitsachse in sich selbst übergehen, da ja der Tetraeder in sich selbst überführt wird. Man macht sich aber leicht klar, daß nur die Achse g selbst diese Eigenschaft hat und somit die ausgezeichnete Trägheitsachse sein muß. Da aber auch h eine Symmetrieachse ist, müßte auch eine Drehung von 120° um h die Trägheitsachse g in sich selbst überführen, was aber nicht der Fall ist.

SETH CARLO CHANDLER

Chandler, Seth Carlo, amerikanischer Liebhaber-Astronom, geb. Boston 17.9.1846, gest. Wellesley Hills (Mass.) 31.12.1913, fand die nach ihm benannte Chandlersche Periode von 14 Monaten in den Polhöhenschwankungen, beobachtete veränderliche Sterne und gab lange Zeit die Zeitschrift „Astronomical Journal“ heraus.

Die Annahme der Existenz einer ausgezeichneten Trägheitsachse führt auf einen Widerspruch, das Trägheitsellipsoid eines Tetraeders muß also eine Kugel sein.

Am Beispiel der Rotation des Tetraeders um seinen Schwerpunkt läßt sich eine noch einfachere Beweisführung für die Tatsache, daß alle regelmäßigen Polyeder bei Rotation um ihren Schwerpunkt Kugelkreisel sind, vorführen:

Vom Schwerpunkt aus gesehen sind die Trägheitsmomente um die 4 Achsen Schwerpunkt-Ecke des Tetraeders alle gleich. Also sind im Trägheitsellipsoid die entsprechenden Achsen gleich lang. Demnach kann das Trägheitellipsoid nur eine Kugel sein.

Der Tetraeder ist also in bezug auf seinen Schwerpunkt ein Kugelkreisel.

Beispiel 13.2

Rotierendes Ellipsoid

Aufgabe 13.1

Ein homogenes dreiachsiges Ellipsoid mit den Trägheitsmomenten Θ_1, Θ_2, Θ_3 rotiert mit der Winkelgeschwindigkeit $\dot{\varphi}$ um die Hauptträgheitsachse 3. Die Achse 3 rotiert mit $\dot{\vartheta}$ um die Achse $\overline{AB}$. Die Achse $\overline{AB}$ geht durch den Schwerpunkt und steht senkrecht auf 3. Gesucht ist die kinetische Energie.

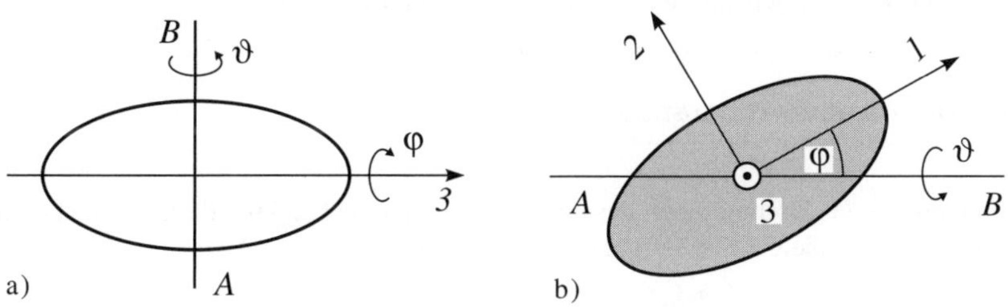

Homogenes, dreiachsiges Ellipsoid: a) Seitenansicht, b) Draufsicht.

Lösung:

Wir zerlegen die Winkelgeschwindigkeit $\vec{\omega}$ in ihre Komponenten bezüglich der Hauptträgheitsachsen:

$$\vec{\omega} = (\omega_1, \omega_2, \omega_3), \quad \text{wobei} \quad \omega_1 = \dot{\vartheta}\cos\varphi, \quad \omega_2 = -\dot{\vartheta}\sin\varphi, \quad \omega_3 = \dot{\varphi}.$$

Die kinetische Energie ist dann

$$T = \frac{1}{2}\sum_i \Theta_i \omega_i^2 = \frac{1}{2}(\Theta_1\cos^2\varphi + \Theta_2\sin^2\varphi)\dot{\vartheta}^2 + \frac{1}{2}\dot{\varphi}^2.$$

Das Ellipsoid soll jetzt symmetrisch sein, $\Theta_1 = \Theta_2$, die Achse $\overline{AB}$ ist gegenüber der Achse 3 um den Winkel α geneigt. Für die gesamte Winkelgeschwindigkeit gilt

$$\vec{\omega} = \dot{\varphi}\vec{e}_3 + \dot{\vartheta}\vec{e}_{AB}.$$

Den Einheitsvektor $\vec{e}_{AB}$ in Richtung der Achse $\overline{AB}$ zerlegen wir nach den Hauptachsen

$$\vec{e}_{AB} = \vec{e}_3 \cdot \cos\alpha + (\cos\varphi\vec{e}_1 - \sin\varphi\vec{e}_2)\sin\alpha.$$

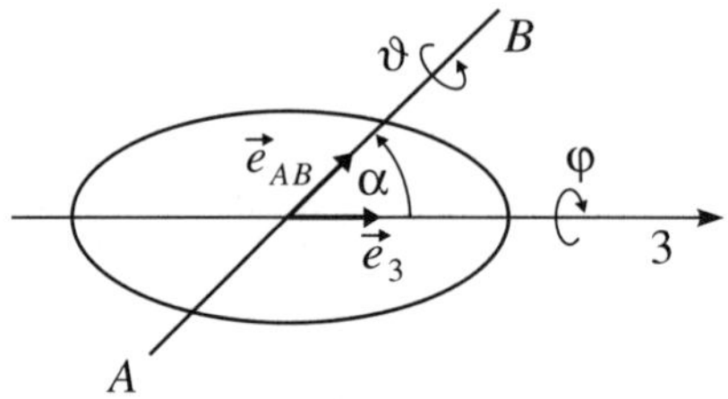

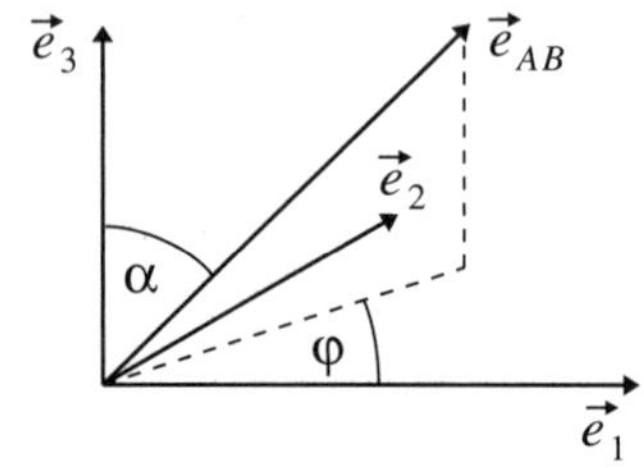

Veranschaulichung der gegenüber der 3-Achse um α geneigten Achse $\overline{AB}$ (Lage der Achsen perspektivisch).

Für die Komponenten von $\vec{\omega}$ nach den Hauptachsenrichtungen ergibt sich somit:

$$\omega_1 = \sin\alpha\cos\varphi\,\dot{\vartheta},$$

$$\omega_2 = -\sin\alpha\sin\varphi\,\dot{\vartheta},$$

$$\omega_3 = \dot{\varphi} + \cos\alpha\,\dot{\vartheta}.$$

Die kinetische Energie lautet demnach

$$T = \frac{1}{2}\Theta_1 \sin^2\alpha\,\dot{\vartheta}^2 + \frac{1}{2}\Theta_3(\dot{\varphi} + \dot{\vartheta}\cos\alpha)^2.$$

Für $\alpha = 90°$ erhalten wir für den ersten Fall ein Rotationsellipsoid.

▲ Aufgabe 13.1

Drehmoment einer rotierenden Platte

▼ Aufgabe 13.2

Bestimmen Sie das Drehmoment, das nötig ist, um eine rechteckige Platte (Seiten a und b) mit konstanter Winkelgeschwindigkeit ω um eine Diagonale zu rotieren.

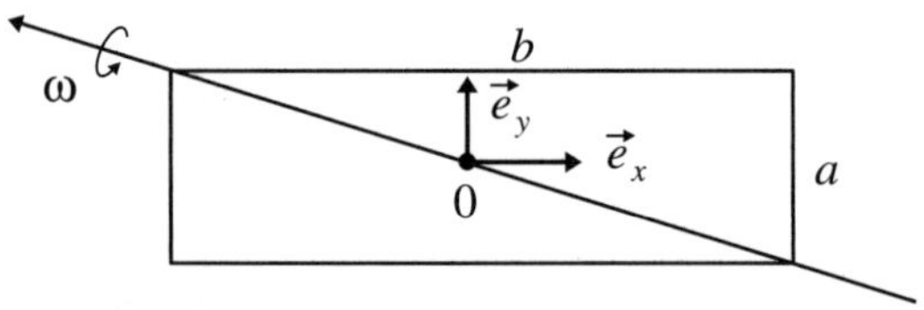

Die rechteckige Platte soll um die Diagonalachse rotieren.

Lösung:

Die Hauptträgheitsmomente des Rechtecks sind bereits aus Beispiel 11.4 bekannt:

$$I_1 = \frac{1}{12}Ma^2 \qquad I_2 = \frac{1}{12}Mb^2 \qquad I_3 = \frac{1}{12}M(a^2 + b^2). \tag{1}$$

Die Winkelgeschwindigkeit ist:

$$\vec{\omega} = (\vec{\omega}\cdot\vec{e}_x)\vec{e}_x + (\vec{\omega}\cdot\vec{e}_y)\vec{e}_y,$$

d. h.

$$\vec{\omega} = -\frac{\omega b}{\sqrt{a^2+b^2}}\vec{e}_x + \frac{\omega a}{\sqrt{a^2+b^2}}\vec{e}_y$$

$$\Rightarrow \quad \omega_1 = \frac{-\omega b}{\sqrt{a^2+b^2}}, \quad \omega_2 = \frac{+\omega a}{\sqrt{a^2+b^2}}, \quad \omega_3 = 0. \tag{2}$$

Einsetzen von (1) und (2) in die Eulerschen Gleichungen liefert:

$$I_1\dot{\omega}_1 + (I_3 - I_2)\omega_2\omega_3 = D_1,$$
$$I_2\dot{\omega}_2 + (I_1 - I_3)\omega_3\omega_1 = D_2,$$
$$I_3\dot{\omega}_3 + (I_2 - I_1)\omega_2\omega_1 = D_3,$$

und weiter $D_1 = 0, D_2 = 0$, sowie

$$D_3 = \frac{-M(b^2 - a^2)ab\omega^2}{12(a^2 + b^2)}.$$

Das Drehmoment ist demnach:

$$\vec{D} = \frac{-M(b^2 - a^2)ab\omega^2}{12(a^2 + b^2)}\vec{e}_z.$$

Für $a = b$ (Quadrat) ist $\vec{D} = 0$!

Aufgabe 13.2

Drehung eines oszillierenden Neutronensterns

Aufgabe 13.3

Die Oberfläche eines Neutronensterns (Kugel) vibriert langsam, so daß die Hauptträgheitsmomente harmonische Funktionen der Zeit sind:

$$I_{zz} = \frac{2}{5}mr^2(1 + \varepsilon\cos\omega t),$$

$$I_{xx} = I_{yy} = \frac{2}{5}mr^2\left(1 - \varepsilon\frac{\cos\omega t}{2}\right); \quad \varepsilon \ll 1.$$

Gleichzeitig rotiert der Stern mit der Winkelgeschwindigkeit $\Omega(t)$.

a) Zeigen Sie, daß die z-Komponente von Ω nahezu konstant bleibt!
b) Zeigen Sie, daß $\Omega(t)$ um die z-Achse nutiert, und bestimmen Sie die Nutationsfrequenz, wenn $\Omega_z \gg \omega$.

Lösung:

a) Wird der gesamte Drehimpuls in einem Inertialsystem angegeben, so gilt:

$$\left(\frac{d\vec{L}}{dt}\right)_{\text{inertial}} = 0.$$

Die Hauptträgheitsmomente sind jedoch in einem körperfesten System gegeben, das selbst mit der Winkelgeschwindigkeit $\vec{\Omega}$ in bezug auf das Inertialsystem rotiert. Es gilt

$$\left(\frac{d\vec{L}}{dt}\right)_{\text{inertial}} = \left(\frac{d\vec{L}}{dt}\right)_k + \vec{\Omega}\times\vec{L} = 0.$$

Man erhält daher im körperfesten System (Eulersche Gleichungen):

$$\frac{d}{dt}(I_{zz}\Omega_z) = 0, \tag{1}$$

$$\frac{d}{dt}(I_{xx}\Omega_x) + \frac{3}{2}I_0\Omega_y\Omega_z\varepsilon\cos\omega t = 0, \tag{2}$$

$$\frac{d}{dt}(I_{yy}\Omega_y) - \frac{3}{2}I_0\Omega_x\Omega_z\varepsilon\cos\omega t = 0, \tag{3}$$

wobei $I_0 = (2/5)mr^2$ das Trägheitsmoment der Kugel ist. (1) hat die Lösung

$$\Omega_z = \frac{\Omega_{0z}}{1 + \varepsilon \cos \omega t},$$

wobei Ω_{0z} aus den Anfangsbedingungen folgt; dies bedeutet, daß Ω_z nur sehr schwach zeitabhängig ist.

b) Wir nehmen an, daß $\omega \ll \Omega_z$, d. h.

$$\frac{\mathrm{d}I_{xx}}{\mathrm{d}t} \approx 0 \qquad \text{und} \qquad \frac{\mathrm{d}I_{yy}}{\mathrm{d}t} \approx 0.$$

Damit folgt:

$$I_{xx}\dot{\Omega}_x + \frac{3}{2} I_0 \Omega_z \varepsilon \cos \omega t \Omega_y = 0, \qquad I_{yy}\dot{\Omega}_y - \frac{3}{2} I_0 \Omega_z \varepsilon \cos \omega t \Omega_x = 0. \tag{4}$$

Nochmaliges Differenzieren und Einsetzen von (1) bis (3) ergibt

$$\begin{aligned} I_{xx}\ddot{\Omega}_x + \frac{1}{I_{yy}} \left(\frac{3}{2} I_0 \Omega_z \varepsilon \cos \omega t \right)^2 \Omega_x = 0, \\ I_{yy}\ddot{\Omega}_y + \frac{1}{I_{xx}} \left(\frac{3}{2} I_0 \Omega_z \varepsilon \cos \omega t \right)^2 \Omega_y = 0. \end{aligned} \tag{5}$$

Wenn

$$I_{xx} = I_{yy} \approx I_0 \qquad \Rightarrow$$

$$\ddot{\Omega}_x + \left(\frac{3}{2} \varepsilon \Omega_z \cos \omega t \right)^2 \Omega_x = 0, \quad \ddot{\Omega}_y + \left(\frac{3}{2} \varepsilon \Omega_z \cos \omega t \right)^2 \Omega_y = 0.$$

Da $\omega \ll \Omega_z$ (wir nehmen weiterhin an, daß $\omega \ll \varepsilon \Omega_z$) $\qquad \Rightarrow$

$$\omega_n = \frac{3}{2} \varepsilon \Omega_z \cos \omega t \qquad \text{(Nutationsfrequenz)}$$

d. h., Ω_x und Ω_y nutieren mit ω_n.

▲ Aufgabe 13.3

Lagerkräfte einer rotierenden Kreisscheibe

▼ Aufgabe 13.4

Eine homogene Kreisscheibe (Masse M, Radius R) dreht sich mit konstanter Winkelgeschwindigkeit ω um eine durch den Mittelpunkt laufende, körperfeste Achse. Die Achse bildet mit der Flächennormalen den Winkel α und ist auf beiden Seiten des Scheibenmittelpunktes im Abstand d gelagert.

Bestimmen Sie die in den Lagern auftretenden Kräfte.

Lösung:

Die Eulerschen Gleichungen lauten

$$I_1\dot{\omega}_1 - \omega_2\omega_3(I_2 - I_3) = D_1, \qquad (1)$$

$$I_2\dot{\omega}_2 - \omega_1\omega_3(I_3 - I_1) = D_2, \qquad (2)$$

$$I_3\dot{\omega}_3 - \omega_1\omega_2(I_1 - I_2) = D_3, \qquad (3)$$

wobei $\vec{D} = \{D_1, D_2, D_3\}$ das Drehmoment im körperfesten System bedeutet. Das körperfeste Koordinatensystem legen wir nun so, daß $\vec{n} = \vec{e}_3$ ist und $\vec{e}_1$ in der von $\vec{n}, \vec{\omega}$ aufgespannten Ebene liegt. Für das Hauptträgheitsmoment I_1 gilt

$$I_1 = \sigma\int_0^{2\pi}\int_0^R y^2 r\,\mathrm{d}r\,\mathrm{d}\varphi = \sigma\int_0^{2\pi}\int_0^R r^3\sin^2\varphi\,\mathrm{d}r\,\mathrm{d}\varphi$$

$$= \frac{1}{4}\sigma R^4\int_0^{2\pi}\sin^2\varphi\,\mathrm{d}\varphi$$

$$= \frac{1}{4}\sigma R^4\pi = \frac{1}{4}\left(\frac{M}{\pi R^2}\right)R^4\pi = \frac{1}{4}MR^2, \qquad (4)$$

da die Flächendichte σ durch $\sigma = M/F = M/\pi R^2$ gegeben ist. Und analog für I_2 und I_3:

$$I_1 = I_2 = \frac{1}{2}I_3 = \frac{1}{4}MR^2. \qquad (5)$$

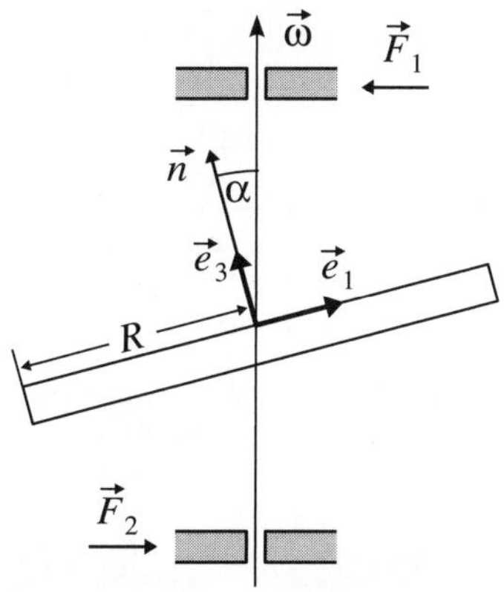

Zur Geometrie und Lagerung der rotierenden Kreisscheibe.

Die Komponenten des Vektors der Winkelgeschwindigkeit sind durch

$$\vec{\omega} = \{\omega_1 = \omega\sin\alpha, \omega_2 = 0, \omega_3 = \omega\cos\alpha\} \qquad (6)$$

gegeben. Einsetzen von (5), (6) in (1) bis (3) ergibt wegen $\dot{\vec{\omega}} = \vec{0}$:

$$D_1 = D_3 = 0 \qquad \text{und} \qquad D_2 = -\omega^2\sin\alpha\cos\alpha\frac{1}{4}MR^2. \qquad (7)$$

Wegen $\vec{D} = \vec{r}\times\vec{F}$ treten in den Lagern gleich große entgegengerichtete Kräfte der Stärke

$$|\vec{F}| = \frac{|\vec{D}_2|}{2d} = MR^2\omega^2\frac{1}{4d}\left(\frac{1}{4}\sin 2\alpha\right) = MR^2\omega^2\frac{\sin 2\alpha}{16d} \qquad (8)$$

auf (siehe Skizze).

Aufgabe 13.4

Drehmoment auf eine elliptische Scheibe

Aufgabe 13.5

Welches Drehmoment ist erforderlich, um eine elliptische Scheibe mit den Halbachsen a und b um die Drehachse $0A$ mit konstanter Winkelgeschwindigkeit ω_0 zu drehen? Die Drehachse soll mit der großen Halbachse a den Winkel α bilden.

♦ Aufgabe 13.5

Lösung:

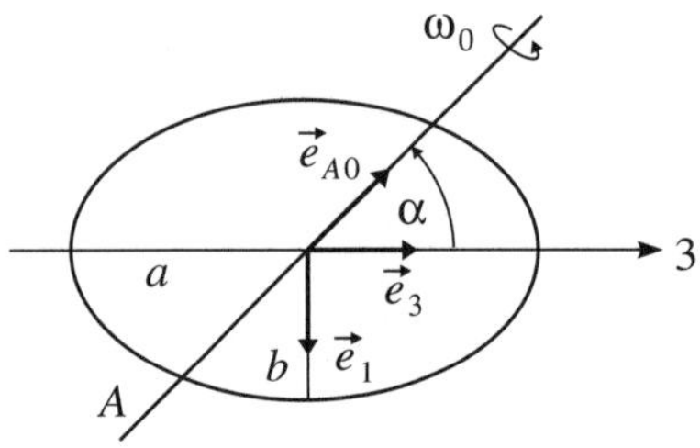

Elliptische Scheibe mit Drehachse 0A im Winkel ω zur großen Halbachse.

Wir legen die $\vec{e}_1$-Achse senkrecht zur Zeichenebene, $\vec{e}_2$ in Richtung der kleinen Halbachse b und $\vec{e}_3$ in Richtung der großen Halbachsen.

Die Hauptträgheitsmomente sind dann ($M = \sigma\pi ab$, $\mathrm{d}M = \sigma\,\mathrm{d}A$):

$$I_2 = \sigma \int\limits_{-a}^{+a} \int\limits_{-\varphi(z)}^{\varphi(z)} z^2 \,\mathrm{d}z\,\mathrm{d}y \qquad \text{mit} \quad \varphi(z) = b\sqrt{1-\frac{z^2}{a^2}}$$

aus der Ellipsengleichung $z^2/a^2 + y^2/b^2 = 1$.

$$\begin{aligned}
I_2 &= \sigma \int\limits_{-a}^{+a} z^2 y \Big|_{-b\sqrt{1-z^2/a^2}}^{b\sqrt{1-z^2/a^2}} \mathrm{d}z = 2\sigma b \int\limits_{-a}^{+a} z^2 \sqrt{1-\frac{z^2}{a^2}}\,\mathrm{d}z \\
&= 2\sigma \frac{b}{a} \left\{ \frac{z}{8}(2z^2 - a^2)\sqrt{a^2 - z^2} + \frac{a^4}{8} \arcsin \frac{z}{|a|} \right\} \Bigg|_{-a}^{+a} \\
&= \frac{1}{4}\sigma b a^3 \pi = \frac{1}{4} M a^2,
\end{aligned} \tag{1}$$

entsprechend

$$I_3 = \sigma \int\limits_{-b}^{+b} \int\limits_{-\overline{\varphi}(y)}^{\overline{\varphi}(y)} y^2 \,\mathrm{d}y\,\mathrm{d}z \quad \text{mit} \quad \overline{\varphi}(y) = a\sqrt{1-\frac{y^2}{b^2}}$$

$$\Rightarrow \quad I_3 = \frac{1}{4} M b^2. \tag{2}$$

I_1 können wir sogleich hinschreiben (wegen $I_1 = I_2 + I_3$ für dünne Platten):

$$I_1 = \frac{1}{4} M (a^2 + b^2). \tag{3}$$

Für $\vec{\omega}$ erhalten wir

$$\vec{\omega} = 0 \cdot \vec{e}_1 - \omega_0 \sin\alpha \cdot \vec{e}_2 + \omega_0 \cos\alpha \cdot \vec{e}_3.$$

Wir setzen in die Eulerschen Kreiselgleichungen ein:

$$\begin{aligned}
D_1 &= I_1 \dot{\omega}_1 + (I_3 - I_2)\omega_2\omega_3 \\
&= -\frac{1}{4} M (b^2 - a^2) \sin\alpha \cos\alpha \cdot \omega_0^2 \\
D_2 &= I_2 \dot{\omega}_2 + (I_1 - I_3)\omega_1\omega_3 = 0 \\
D_3 &= I_3 \dot{\omega}_3 + (I_2 - I_1)\omega_1\omega_2 = 0.
\end{aligned} \tag{4}$$

Damit erhalten wir für das benötigte Drehmoment $\vec{D}$:

$$\vec{D} = -\omega_0^2 \cdot \frac{M}{8} (b^2 - a^2) \sin 2\alpha \cdot \vec{e}_1. \tag{5}$$

Offensichtlich gilt:

- für $\alpha = 0, \pi/2, \pi, \ldots$ verschwindet das Drehmoment, weil Drehung um eine Hauptträgheitsachse vorliegt,

- für $b^2 = a^2$, also dem Fall der Kreisscheibe, verschwindet das Drehmoment für alle Winkel α.

Wir wollen diese letzten Schlußfolgerungen noch einmal bedenken: Gegeben sei eine elliptische Scheibe mit Halbachsen a und b.

Für $\alpha = 0°, 180°$ bzw. für $\alpha = 90°, 270°$ fällt die Drehachse mit einer der Hauptträgheitsachsen in Richtung der Halbachsen zusammen. In diesem Fall ist die Drehimpulsrichtung identisch mit der momentanen Drehachse. Wegen $\omega_0 = \text{const}$ ist auch $\vec{L} = \text{const}$ und daher das resultierende Drehmoment Null. Das folgt auch durch Einsetzen in die Eulerschen Kreiselgleichungen: $\dot{\omega} = (0, 0, 0)$, $\omega = (0, 0, \omega_0)$ bzw. $\omega = (0, \omega_0, 0)$

$$\Rightarrow \quad \begin{aligned} D_1 &= I_1\dot{\omega}_1 + (I_3 - I_2)\omega_2\omega_3 = 0, \\ D_2 &= I_2\dot{\omega}_2 + (I_1 - I_3)\omega_1\omega_3 = 0, \\ D_3 &= I_3\dot{\omega}_3 + (I_2 - I_1)\omega_1\omega_2 = 0. \end{aligned} \tag{6}$$

Aufgabe 13.5 ▲

Der schwere symmetrische Kreisel – Elementare Betrachtungen

Wir betrachten jetzt die Bewegung des Kreisels bei Einwirkung der Schwerkraft. Wenn der Unterstützungspunkt O des Kreisels nicht mit dem Schwerpunkt S zusammenfällt, übt die Schwerkraft ein Drehmoment aus. Zur Unterscheidung von dem sich frei bewegenden Kreisel nennt man den Kreisel dann *„schweren Kreisel". Zunächst beschränken wir uns auf den symmetrischen Kreisel, der mit der Winkelgeschwindigkeit $\vec{\omega}$ um seine Figurenachse rotiert.* Das raumfeste Koordinatensystem legen wir mit dem Ursprung in den Unterstützungspunkt O, die negative z-Achse zeigt in Richtung der Schwerkraft. Sei der Abstand $\overrightarrow{OS} = \vec{l}$, dann übt die Schwerkraft auf den Kreisel der Masse m ein Drehmoment $\vec{D} = \vec{l} \times m\vec{g}$ aus. Der Drehimpulsvektor ist also zeitlich nicht konstant:

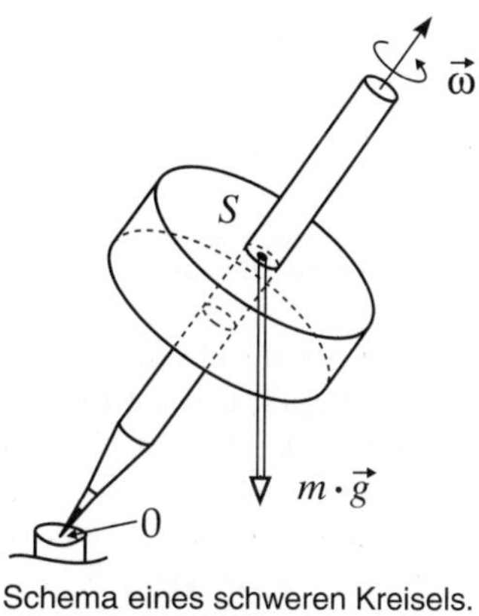

Schema eines schweren Kreisels. Der Schwerpunkt S und der Unterstützungspunkt O sind eingezeichnet.

$$\dot{\vec{L}} = \vec{D} \qquad \text{oder} \qquad d\vec{L} = \vec{D} \cdot dt.$$

Diese differentielle Form der Bewegungsgleichungen drückt aus, daß das Drehmoment eine Veränderung $d\vec{L}$ des Drehimpulses bewirkt, die dem Drehmoment $\vec{D}$ parallel ist.

Sommerfeld und Klein nannten das in ihrem Buch über die „Theorie des Kreisels" – philosophierend – *„Die Tendenz zum gleichsinnigen Parallelismus".*

A. Sommerfeld (1868–1951) → S. 204
F. Klein (1849–1925) → S. 204

Die z-Komponente des Drehimpulses bleibt allerdings erhalten. Das ergibt sich aus folgender Überlegung:

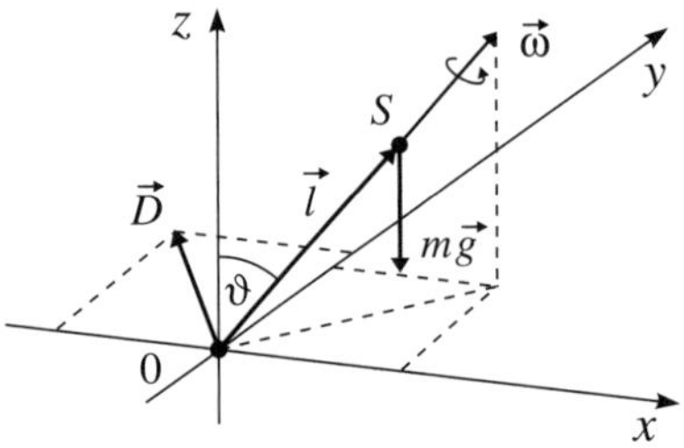

Die Lage des schweren Kreisels im Koordinatensystem.

Wegen $\vec{g} = -g\vec{e}_z$ folgt $\vec{D} = mg\vec{e}_z \times \vec{l}$, d. h., das Drehmoment hat keine Komponente in z-Richtung, also ist L_z konstant. Das Drehmoment $\vec{D}$ bewirkt daher eine Bewegung des Drehimpulsvektors $\vec{L}$ auf einem Kegel um die z-Achse; diese Bewegung des schweren Kreisels wird *Präzession* genannt. Die Präzessionsfrequenz des Kreisels ist dabei aus Symmetriegründen konstant; ebenfalls konstant ist die Lage der Drehmoment- und Drehimpulsvektoren zueinander.

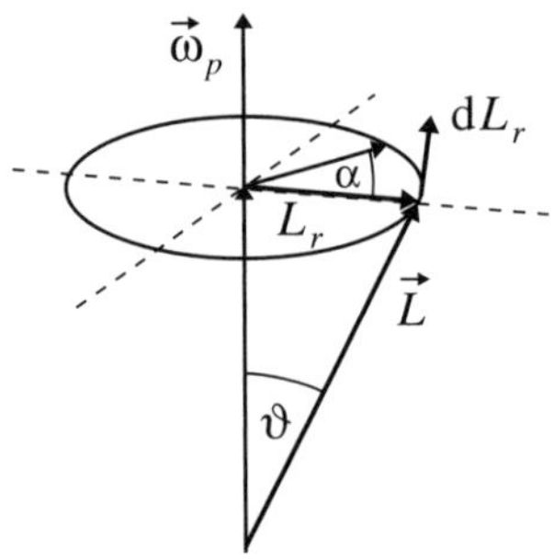

Zur Berechnung der Präzessionsfrequenz ω_p.

Wir berechnen nun die *Präzessionsfrequenz*. Dazu gehen wir aus von der Radialkomponente L_r des Drehimpulses:

$$L_r = L \sin\vartheta .$$

Der von L_r in der Zeit dt überstrichene Winkel ist:

$$d\alpha = \frac{dL_r}{L_r} = \frac{dL}{L_r} = \frac{D\,dt}{L\sin\vartheta} .$$

Für die *Präzessionsfrequenz* $\omega_p = d\alpha/\,dt$ folgt also

$$\omega_p = \frac{D}{L\sin\vartheta} = \frac{mgl}{L}$$

ARNOLD SOMMERFELD

Sommerfeld, Arnold, Physiker, geb. Königsberg 5.12.1868, gest. München 26.4.1951, seit 1897 Professor in Clausthal-Zellerfeld und seit 1900 in Aachen, bemühte sich Sommerfeld erfolgreich um eine mathematische Durchdringung der Technik. 1906 wurde Sommerfeld Professor für theoretische Physik in München, wo er als glänzender akademischer Lehrer Generationen von Physikern heranbildete (u. a. P. Debye, P. P. Ewald, W. Heisenberg, W. Pauli, H. A. Bethe). Er erweiterte die Bohrschen Gedanken 1915 zur „Bohr-Sommerfeldschen Atomtheorie“ und entdeckte einen Großteil der Gesetze für die Zahl, Wellenlänge und Intensität der Spektrallinien. Sein Werk „Atombau und Spektrallinien“ (1: 1919, 2: 1929) galt für Jahrzehnte als Standardwerk der Atomphysik. Weitere Werke: Vorlesungen über theoretische Physik, 6 Bde (1942–1962).

FELIX KLEIN

Klein, Felix, geb. 25.4.1849 Düsseldorf, gest. 22.6.1925 Göttingen. Klein studierte 1865/70 in Bonn. Während eines Studienaufenthaltes 1870 in Paris wurde er mit der sich stürmisch entwickelnden Gruppentheorie bekannt. Seit 1871 war Klein als Privatdozent in Göttingen tätig, 1872 als Professor in Erlangen, 1875 München, 1880 in Leipzig und 1886 in Göttingen. Er lieferte grundlegende Arbeiten zur Funktionentheorie, Geometrie und Algebra. Besonders die Gruppentheorie und ihre Anwendung fanden dabei sein Interesse. 1872 veröffentlichte er das Erlanger Programm. Im höheren Lebensalter wandte sich Klein auch pädagogischen und historischen Fragen in stärkerem Maße zu.

bzw. in vektorieller Schreibweise:

$$\vec{\omega}_p \times \vec{L} = \vec{D}.$$

Die Präzessionsfrequenz ist damit unabhängig von der Neigung ϑ des Kreisels, sofern $\vartheta \neq 0$ vorausgesetzt wird. Im allgemeinen Fall wird die Präzession von Nutationsbewegungen überlagert, so daß die Spitze der Figurenachse F keinen Kreis mehr, sondern eine weitaus kompliziertere Bahnkurve um die z-Achse beschreibt. Der Winkel ϑ bewegt sich dann zwischen zwei Extremwerten

$$\vartheta_0 - \Delta\vartheta \leq \vartheta \leq \vartheta_0 + \Delta\vartheta \qquad \text{(vgl. Figur).}$$

Wäre $\vec{D} = 0$, so gäbe es nur die Nutation der Figurenachse F um die dann invariable Gerade $\vec{L}$. Bei $\vec{D} \neq 0$ dominiert die Präzession von $\vec{L}$ um die z-Achse. Die Nutation ist dieser Präzession überlagert.

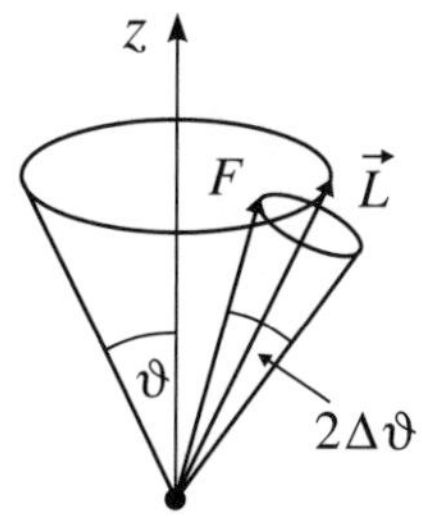

Im allgemeinen ist der Präzession eine Nutation überlagert.

Da in diesem hier betrachteten speziellen Fall (siehe Figur auf S. 203) die Vektoren von Drehimpuls und Winkelgeschwindigkeit mit der Figurenachse des Kreisels zusammenfallen, können wir für den Drehimpuls schreiben:

$$\vec{L} = \Theta_3 \vec{\omega},$$

wobei Θ_3 das Trägheitsmoment um die Figurenachse ist. Für das Drehmoment gilt dann die Beziehung:

$$\vec{D} = \Theta_3 \vec{\omega}_p \times \vec{\omega}.$$

Das umgekehrte dieses Moments $\vec{D}' = -\vec{D} = \Theta_3 \vec{\omega} \times \vec{\omega}_p$ heißt *Kreiselmoment.* Es ist jenes Drehmoment, das der Kreisel auf seine Führung ausübt, wenn er mit der Winkelgeschwindigkeit $\vec{\omega}_p$ geschwenkt wird. Dieses Kreiselmoment – manchmal auch *Deviationswiderstand* genannt – kann bei schnellaufendem Kreisel und plötzlicher Drehung seiner Drehachse sehr große Werte annehmen. Wir spüren es z. B., wenn wir die Achse eines in unserer Hand gehaltenen schnell rotierenden Schwungrades (z. B. Rad eines Fahrrads) plötzlich drehen. Von einem mit der Winkelgeschwindigkeit $\vec{\omega}_p$ rotierenden Bezugssystem aus betrachtet ist das Kreiselmoment, wie sich beweisen läßt, identisch mit dem Moment der Corioliskräfte.

Auch die Erde beschreibt unter dem Einfluß der Gravitation von Sonne und Mond eine Präzessionsbewegung.

Die Erde ist ein Kreisel mit völlig freier Drehachse, aber sie ist nicht kräftefrei. Infolge ihrer Abplattung und der Schiefe der Ekliptik erzeugt die Anziehung durch Sonne und Mond ein Drehmoment. Wir denken uns die Erde als eine ideale Kugel mit einem darauf liegenden Wulst, der am Äquator am stärksten ist, und betrachten zunächst nur die Wirkung der Sonne. Im Erdmittelpunkt (Schwerpunkt) ist die Anziehung den vom Erdumlauf um die Sonne herrührenden Zentrifugalkräften genau entgegengesetzt gleich. Den Wulst teilen wir in seine der Sonne zu- und von ihr abgewandten Hälfte. Auf der ersteren ist die Sonnenanziehung des kleineren

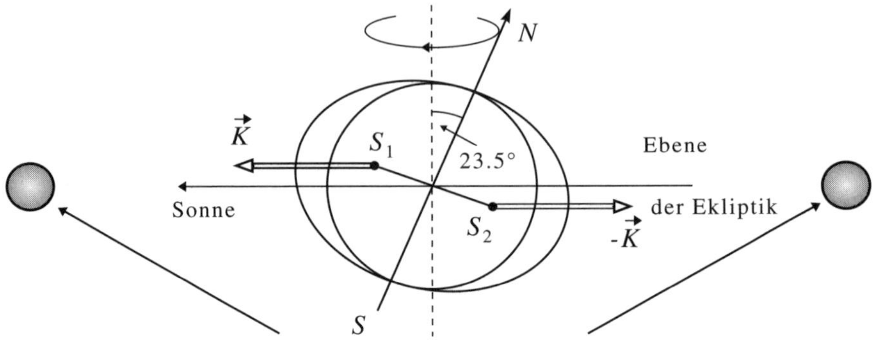

Massenring durch die – von der Erde aus gesehen – umlaufende Sonne verursacht (vgl. Diskussion in Bd. 1, Kapitel 28).

Abstandes wegen größer als im Erdmittelpunkt, die Zentrifugalkraft aber aus dem gleichen Grunde kleiner, und im Schwerpunkt S_1 der Wulsthälfte resultiert eine auf die Sonne gerichtete Kraft $\vec{K}$. Auf der von der Sonne abgewandten Seite ist es umgekehrt. Hier überwiegt die Zentrifugalkraft die Sonnenanziehung, und es resultiert hier im Wulstschwerpunkt S_2 eine von der Sonne weg gerichtete Kraft $-\vec{K}$, die wegen der Schiefe der Ekliptik mit der ersteren ein Kräftepaar bildet, das die Erdachse und die zum Erdbahnradius senkrechte, in der Bahnebene liegende Achse zu drehen sucht. Daraus folgt die Präzessionsbewegung um die zur Erdbahn senkrechte Achse. Im gleichen Sinne wirkt der Mond, und zwar noch stärker als die Sonne infolge seines geringen Abstandes. Die Erdachse läuft in 25 800 Jahren („Platonisches Jahr") einmal auf einem Kegelmantel um, dessen Öffnungswinkel gleich der doppelten Schiefe der Ekliptik ist, also 47° beträgt, verändert daher im Laufe der Jahrtausende ihre Richtung. Diese Präzessionsbewegung ist von den in Beispiel 13.1 besprochenen Nutationen der Erde (Chandlersche Nutationen) zu unterscheiden. Letztere sind der Präzessionsbewegung überlagert.

Die vielleicht wichtigste praktische Anwendung des Kreisels finden wir im *Kreiselkompaß*, dessen Idee auf Foucault zurückgeht (1852). Der Kreiselkompaß besteht im Prinzip aus einem schnell rotierenden, semikardanisch aufgehängten Kreisel, dessen Drehachse durch die Aufhängung in der Horizontalebene gehalten wird.

Die Erde ist kein Inertialsystem, sondern rotiert mit der Winkelgeschwindigkeit $\vec{\omega}_E$. Da der Kreisel seine Drehimpulsrichtung beibehalten will, wird er gezwungen, mit $\vec{\omega}_E$ zu präzessieren. Es resultiert daher ein Kreiselmoment $\vec{D}'$:

$$\vec{D}' = \Theta_3 \vec{\omega}_K \times \vec{\omega}_E ,$$

wobei wir

$$\vec{\omega}_E = \omega_E \sin\varphi \vec{e}_z + \omega_E \cos\varphi \vec{e}_N \equiv \vec{\omega}_{E_Z} + \vec{\omega}_{E_N}$$

mit φ als geographischer Breite setzen. $\vec{e}_N$ ist ein entlang des Meridians zeigender Einheitsvektor. Damit erhält man also bei Aufspaltung von $\vec{\omega}_E$:

$$\vec{D}' = \Theta_3(\vec{\omega}_K \times \vec{\omega}_{E_Z} + \vec{\omega}_K \times \vec{\omega}_{E_N}).$$

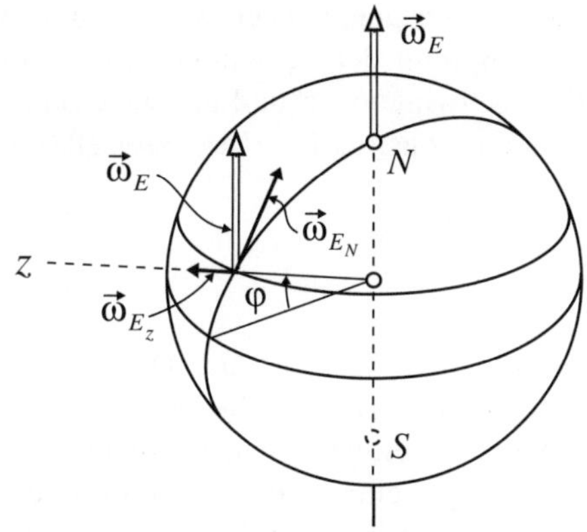

Zerlegung der Winkelgeschwindigkeit $\vec{\omega}_E$ in eine Vertikal- und eine Horizontalkomponente.

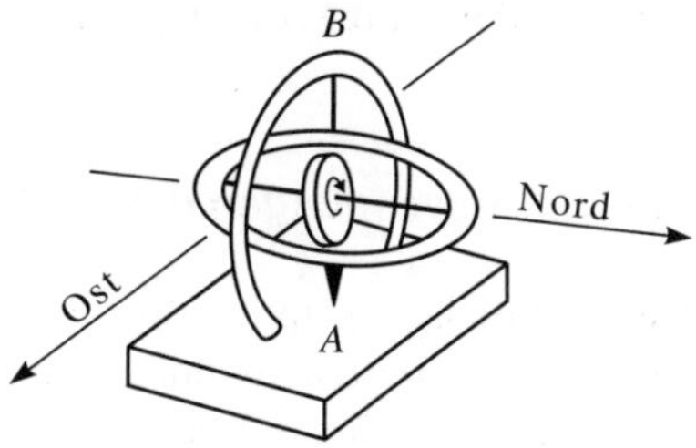

Semikardanische Aufhängung: Dieser Kreisel kann sich um die *AB*-Achse frei drehen.

Der erste Term wird vom Lager des Kreisels kompensiert. Dieser Teil des Kreiselmoments versucht die *AB*-Achse (vgl. die Figur zur semikardanischen Aufhängung) zu drehen. Der zweite Term bewirkt eine Drehung des Kreisels um die z-Achse. Mit der Zerlegung von $\vec{\omega}_K$ ergibt sich das zur Wirkung kommende Drehmoment:

$$\vec{D}' = \Theta_3 \omega_K \sin\alpha\, \omega_E \cos\varphi \vec{e}_z .$$

Es tritt also ein Drehmoment auf, das den Kreisel immer in Richtung des Meridians ($\alpha = 0$) einzustellen versucht.

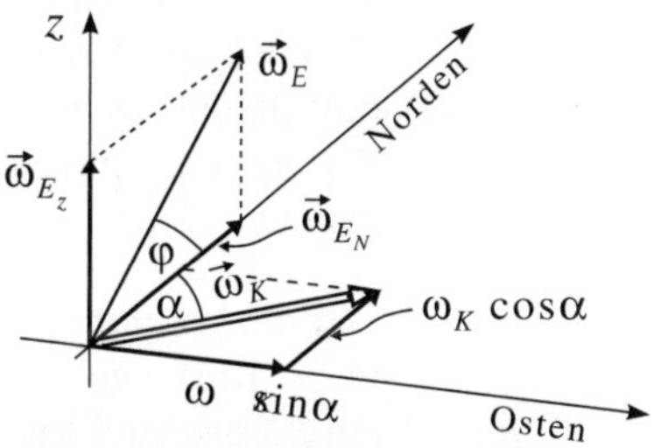

Zerlegung der Winkelgeschwindigkeit der Erde ($\vec{\omega}_E$) und des Kreisels ($\vec{\omega}_K$).

Ist die Aufhängung des Kreisels gedämpft, so stellt er sich in *N*-*S*-Richtung ein, sofern er sich nicht an einem der beiden Pole ($\varphi \pm 90°$) befindet. Im anderen Fall führt er gedämpfte Pendelschwingungen um die *N*-*S*-Richtung aus.

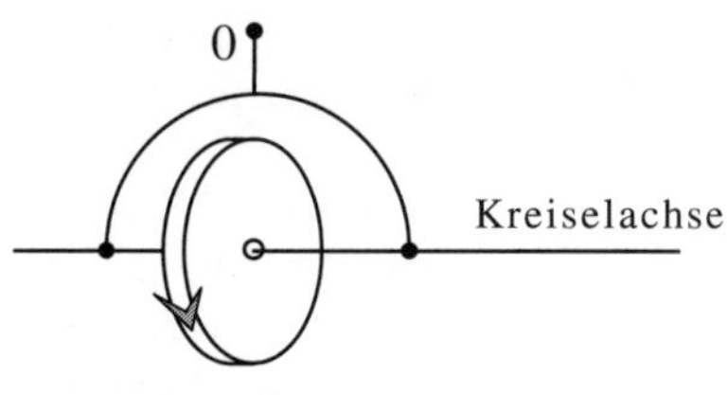

Prinzip des Gyroskops.

Man kann daher den Kreisel als Richtungsanzeigegerät benutzen, solange man sich nicht in unmittelbarer Polnähe befindet.

Während die Foucaultschen Versuche mit einem „Gyroskop" nur zu Andeutungen des beschriebenen Effektes führten, gelang es Anschütz-Kaempfe, den ersten brauchbaren Kreiselkompaß zu konstruieren (1908). Der Kreiselkörper – ein Drehstrommotor – hängt zur Herabsetzung der Reibung an einem Schwimmer, der in einem Kessel mit Quecksilber schwimmt. Die Kreiselachse wird dadurch horizontal gehalten, daß der Schwerpunkt des Kreisels tiefer als der (dem Aufhängepunkt entsprechende) Auftriebsmittelpunkt liegt. Bei dieser Anordnung schwingt die Kreiselachse unter dem Einfluß des Momentes nicht nur in der horizontalen, sondern auch in der vertikalen Ebene um die Nord-Süd-Richtung.

Durch eine geeignete Dämpfung der letzteren dieser gekoppelten Schwingungen läßt sich auch die zur Einstellung nötige Dämpfung der Schwingungen in der Horizontalebene erreichen. Die durch Schiffsschwingungen und andere Gründe auftretenden Mißweisungen konnten bei neuerer Konstruktion (Mehrkreiselkompaß) beseitigt bzw. rechnerisch berücksichtigt werden.

Weitere Anwendungen des Kreisels

Zur Stabilisierung freier Bewegungen von Körpern, wie z. B. eines Diskus oder Geschosses, erteilt man ihnen eine rasche Eigendrehung (Drall). Die Diskusscheibe erhält dadurch ihre schräge Stellung annähernd unverändert bei, erhält infolgedessen ähnlich wie die Tragfläche eines Flugzeuges einen Auftrieb und erreicht eine viel größere Wurfweite, als das ohne Drehung der Fall wäre. Ein um seine Längsachse rotierendes Langgeschoß erfährt durch den Luftwiderstand ein Drehmoment, das das Geschoß um eine zur Flugrichtung senkrechte Schwerpunktachse zu drehen sucht. Das Geschoß reagiert darauf mit einer Art Präzessionsbewegung, die wegen des variablen Luftwiderstandes sehr verwickelt ist. Die Pendelungen der Geschoßspitze erfolgen in der Nähe der Bahntangente, aber – bei einem Geschoß mit „Rechtsdrall" – rechts von der Schußebene. Das Geschoß schlägt daher am Ziel mit der Spitze auf, beim Abschuß ist aber eine Rechtsabweichung in Kauf zu nehmen.

Die bei geführten Kreiseln auftretenden Kreiselmomente suchen z. B. bei einem in die Kurve gehenden Fahrzeug die Achse des Radsatzes aufzurichten, wodurch ein Zusatzdruck auf das äußere Rad und eine Entlastung des inneren entsteht. Die gleiche Kreiselwirkung führt zur Erhöhung des Mahldrucks bei den Kollermühlen und findet außerdem Anwendung beim Wendezeiger für Flugzeuge. Wenn das Flugzeug eine Kurve beschreibt, müssen die Kreiselwirkungen beim Propeller berücksichtigt werden.

Der Kreisel kann auch zur Stabilisierung von Systemen (Fahrzeugen) dienen, die an sich labil sind, wie z. B. die Einschienenbahn, oder aber zur Verringerung der Schwingungen eines an sich stabilen Systems, wofür der *Schlicksche Schiffskreisel* ein Beispiel bietet. Beim letzteren ist ein von einem Elektromotor angetriebener schwerer Kreisel mit lotrechter Achse in einen Rahmen gesetzt, der um die querschiff liegende waagerechte Achse drehbar ist. Bei Schiffsschwingungen um die Längsachse – diese „Rollschwingungen" sollen abgeschwächt werden – führt der Kreisel wegen der Präzession um die querschiff liegende Achse Schwingungen aus, so daß Schiffs- und Kreiselschwingungen Koppelschwingungen darstellen. Die Kreiselschwingungen werden mit einer Bremse geeignet gedämpft, die dabei verzehrte Energie wird infolge der Kopplung den Schiffsschwingungen entzogen, sie werden erheblich kleiner. Allgemein ist, wie man aus dem obigen Beispiel erkennt, bei der Stabilisierung durch einen Kreisel wesentlich, daß seine Drehachse nicht relativ zum Körper festgehalten wird, sondern daß alle drei Freiheitsgrade der Rotation zur Verfügung stehen. Aus diesem Grunde könnte ein Fahrrad bei festgestelltem Vorderrad im Laufe nicht stabil sein. Übrigens beruht auch das Freihändigfahren mit dem Fahrrad zum Teil auf den Kreiselgesetzen.

Eine indirekte Stabilisierung verwirklichen die Geradlaufapparate für Torpedos. Bei Ablenkung aus der Schußrichtung betätigt der Kreisel ein Relais, das für die Nachstellung des entsprechenden Steuerruders sorgt.

Ein wichtiges Problem ist es, eine horizontale Fläche so zu stabilisieren, daß sie auch auf einem bewegten Schiff oder Flugzeug stets horizontal bleibt. Diesen sogenannten künstlichen Horizont (auch Kreiselhorizont, Fliegerhorizont) könnte man nach *Schuler* durch ein Schwerependel mit der Schwingungsdauer von 84 Minuten (Pendellänge = Erdradius) verwirklichen, da ein solches Pendel auch beim bewegten Aufhängepunkt stets zum Erdmittelpunkt zeigte. Mit kardanisch aufgehängten Kreiseln („Kreiselpendel", Schwerpunkt unter dem Drehpunkt) konnten gut brauchbare künstliche Horizonte hergestellt werden.

Zum Schluß bemerken wir, daß ein gewöhnlicher Spielkreisel, der sich mit seiner tatsächlich abgerundeten Spitze auf einer horizontalen Ebene bewegt und somit fünf Freiheitsgrade besitzt, der Kreiseldefinition nicht genügt, da bei seiner Bewegung im allgemeinen kein Punkt festbleibt bzw. Translations- und Drehbewegung dynamisch nicht voneinander zu trennen sind. Die Beobachtung, daß sich ein Spielkreisel mit anfangs schief stehender Achse bei genügend schneller Drehung aufrichtet – was auch z. B. bei einem gekochten Ei der Fall ist –, kann durch ein von der Reibung herrührendes Drehmoment erklärt werden.

Gyrokompaß

Aufgabe 13.6

Ein einfacher Gyrokompaß besteht aus einem Gyroskop, das um seine Achse mit der Winkelgeschwindigkeit ω rotiert. Das Trägheitsmoment um diese Achse sei C, das Trägheitsmoment um eine dazu senkrechte Achse sei A. Die Aufhängung des Gyroskops schwimmt auf Quecksilber, so daß das einzige wirkende Drehmoment die Achse des Gyroskops zwingt, in der horizontalen Ebene zu bleiben. Das Gyroskop wird an den Äquator gebracht. Die Winkelgeschwindigkeit der Erde sei Ω. Wie verhält sich das Gyroskop?

Lösung:

Da die Erde mit der Winkelgeschwindigkeit $\vec{\Omega}$ rotiert, genügt der Drehimpuls im Erdsystem

$$\frac{\mathrm{d}\vec{L}}{\mathrm{d}t} = \vec{D} - \vec{\Omega} \times \vec{L},$$

wobei $\vec{D}$ das gesamte Drehmoment ist. Am Äquator zeigt $\vec{\Omega}$ in Richtung der y-Achse, und die z-Achse steht senkrecht darauf.

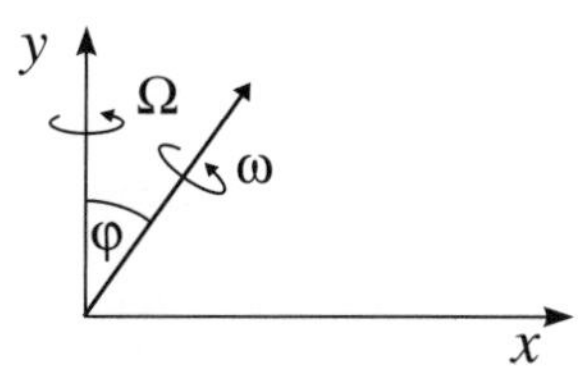

$\vec{\Omega}$ ist die Winkelgeschwindigkeit der Erde, $\vec{\omega}$ die des Gyroskops.

Die Komponenten des Drehimpulses sind:

$$L_x = C\omega \sin\varphi,$$
$$L_y = C\omega \cos\varphi, \qquad \frac{\omega}{\Omega} \ll 1$$
$$L_z = A\dot{\varphi}.$$

Nehmen wir an, daß φ klein ist, folgt

$$L_x \approx C\omega\varphi,$$
$$L_y \approx C\omega \qquad \frac{\omega}{\Omega} \ll 1,$$
$$L_z \approx -A\dot{\varphi}.$$

Da es in der x-y-Ebene keine Kräfte gibt, ist $D_z = 0$. Daher ist die Gleichung für L_z:

$$A\ddot{\varphi} = -C\omega\Omega\,\varphi$$

oder

$$\ddot{\varphi} + \frac{C}{A}\omega\Omega\,\varphi = 0; \qquad \text{d. h.} \quad \ddot{\varphi} + \omega_r^2\varphi = 0, \quad \omega_r^2 = \frac{C}{A}\omega\Omega.$$

φ oszilliert mit der Frequenz:

$$\omega_r = \left(\frac{C}{A}\omega\Omega\right)^{1/2}$$

in Nord-Süd-Richtung!

▲ Aufgabe 13.6

Gezeitenkräfte: Mond- und Sonnenfinsternisse – Der Saroszyklus[1)]

▼ Aufgabe 13.7

Bereits die alten chinesischen Hofastronomen waren imstande, Mond- und Sonnenfinsternisse mit großer Zuverlässigkeit vorauszusagen. Daß es solche Finsternisse überhaupt nur gelegentlich gibt, während wir sonst Voll- bzw. Neumond haben, liegt daran, daß die Bahnebene des Systems Erde-Mond gegen die Ekliptik, d. h. die Bahnebene des gemeinsamen Schwerpunkts um die Sonne, geneigt ist.

Diese Neigung beträgt etwa 5,15°, liegt aber nicht fest im Raum, sondern präzediert aufgrund der durch die Sonne ausgeübten Gezeitenkräfte. Dies führt zum sogenannten Saroszyklus, der für die Vorhersage von Finsternissen von großer Bedeutung ist.

Betrachten Sie das System Erde-Mond als einen hantelförmigen Kreisel, der um seinen Schwerpunkt S_p rotiert und dessen Schwerpunkt auf einer Kreisbahn die Sonne umläuft. Die Gravitationskraft zwischen Erde und Mond hält gerade der aus der Eigenrotation des Systems resultierenden Zentrifugalkraft die Waage und legt so die angenähert starre

[1)] Die Namensgebung geht auf die *Chaldäer*, einem babylonischen Volksstamm, zurück. Vermutlich wurden von Thales babylonische Tabellen zur Vorhersage der Sonnenfinsternis im Jahre 585 v.Chr. benutzt. Das naturwissenschaftliche Wissen der Babylonier war sehr hoch entwickelt. Sie besaßen Tabellen für Quadratwurzeln und Potenzen, gaben die Zahl π mit $3\ 1/8$ an und waren in der Lage, quadratische Gleichungen zu lösen. Die Einteilung des Himmelskreises in 12 Tierkreiszeichen und die 360°-Teilung des Kreises sind noch heute gebräuchliche Überlieferungen babylonischer Nomenklatur.

Aufgabe 13.7 ♦

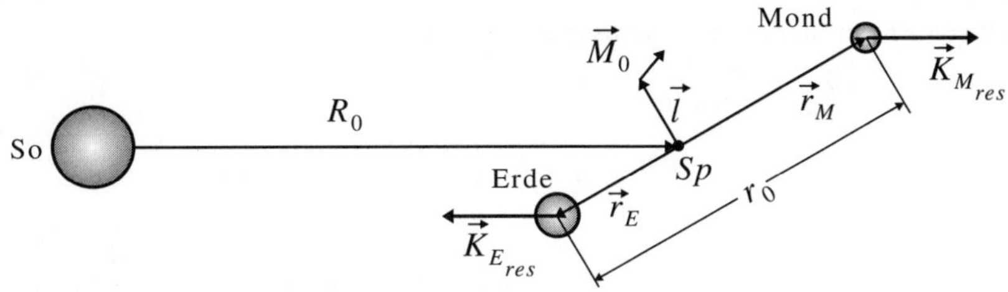

Erde und Mond als Hantelmodell auf einer Kreisbahn um die Sonne.

Hantellänge r_0 fest. Die Gravitation der Sonne und die Zentrifugalkraft des Umlaufs um die Sonne kompensieren sich jedoch nicht für jeden Körper einzeln, sondern führen zu resultierenden Gezeitenkräften. Diese Kräfte erzeugen ein Drehmoment $\vec{M}_0$ auf den Kreisel. Berechnen Sie $\vec{M}_0$ für die gezeichnete Position, wo es gerade seinen maximalen Wert hat. Machen Sie sich anschaulich klar, daß M_0 im Mittel über Monat und Jahr ein Viertel dieses Wertes hat und berechnen Sie daraus die Präzessionsperiode T_p. Können Sie Argumente finden, warum der tatsächliche Saroszyklus mit 18,3 Jahren merklich länger ist?

Hinweis: Die einzigen Daten, die Sie für die Rechnung benötigen, sind die Abstände r_0, die Jahreslänge und die Länge des Siderischen Monats.

Lösung:

R_0 ist definiert als der Vektor, der vom Schwerpunkt der Sonne zum Schwerpunkt des Systems Erde-Mond führt. Dabei liegt der Koordinatenursprung des Systems im Schwerpunkt der Sonne.

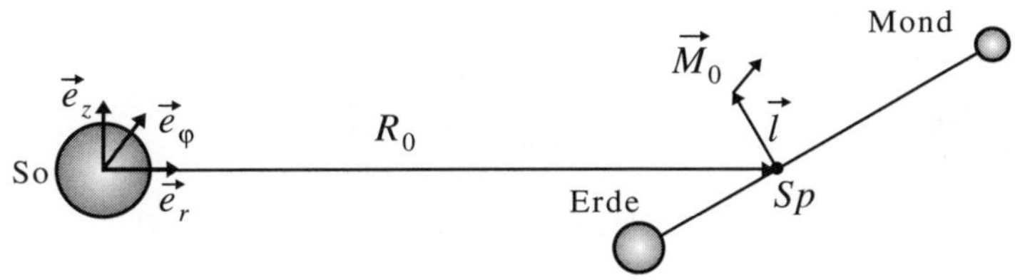

Zur Veranschaulichung der gewählten Einheitsvektoren.

Sei $\vec{R}$ in Zylinderkoordinaten gegeben

$$\begin{aligned}\vec{R} &= \vec{R}_0 + \Delta\vec{R} \\ &= R_0\vec{e}_r + \Delta R_r\vec{e}_r + \Delta R_\varphi\vec{e}_\varphi + \Delta R_z\vec{e}_z\end{aligned}$$

mit

$$|\Delta\vec{R}| \ll |\vec{R}_0|,$$

so folgt daraus

$$|\vec{R}| \approx R_0\left(1 + \frac{2\Delta R_r}{R_0}\right)^{1/2}.$$

♦ Aufgabe 13.7

Damit können wir für die Gravitationskraft schreiben:

$$\begin{aligned}\vec{F}_{\mathrm{Gr}}(\vec{R}) &= -\frac{\gamma m M}{|\vec{R}|^3}\vec{R}\\ &\approx -\frac{\gamma m M}{R_0^3}\left(1-\frac{3\Delta R_r}{R_0}\right)(R_0\vec{e}_r+\Delta R_r\vec{e}_r+\Delta R_\varphi\vec{e}_\varphi+\Delta R_z\vec{e}_z)\\ &\approx \vec{e}_r\left(-\frac{\gamma m M}{R_0^3}(R_0-2\Delta R_r)\right)+\vec{e}_\varphi\left(-\frac{\gamma m M}{R_0^3}\Delta R_\varphi\right)+\vec{e}_z\left(-\frac{\gamma m M}{R_0^3}\Delta R_z\right). \quad (1)\end{aligned}$$

Dabei haben die beiden Massen m und M noch keine spezielle Bedeutung. Betrachten wir nun die Bewegung Erde-Mond als Zweikörperproblem mit einer von außen wirkenden Kraft:

$$\vec{R}_{\mathrm{Sp}} := \vec{R}_0 = \frac{m_E\vec{R}_E + m_M\cdot\vec{R}_M}{m_E+m_M}, \qquad \text{(Sp bedeutet Schwerpunkt).}$$

$$\vec{V}_{\mathrm{Sp}} = \frac{m_E\vec{V}_E + m_M\vec{V}_M}{m_E+m_M},$$

$$\begin{aligned}\vec{B}_{\mathrm{Sp}} &= \frac{m_E\vec{B}_E + m_M\vec{B}_M}{m_E+m_M},\\ &= \frac{\vec{F}_{E\mathrm{So}}+\vec{F}_{EM}+\vec{F}_{ME}+\vec{F}_{M\mathrm{So}}}{m_E+m_M}, \qquad \text{(So bedeutet Sonne).}\end{aligned}$$

Nun ist gemäß (1)

$$\begin{aligned}\Delta\vec{R}_E &= \vec{r}_E\\ \Delta\vec{R}_M &= \vec{r}_M\\ m_E\vec{r}_E &= -m_M\vec{r}_M;\end{aligned}$$

weiter folgt aus Gleichung (1)

$$\begin{aligned}\vec{B}_{\mathrm{Sp}} &= \frac{1}{m_E+m_M}\left(-\gamma\frac{(m_E+m_M)M_{\mathrm{So}}}{R_0^2}\cdot\vec{e}_r\right)\\ &= -\frac{\gamma M_{\mathrm{Sp}}}{R_0^2}\cdot\vec{e}_r = -\omega_{\mathrm{Sp}}^2R_0\cdot\vec{e}_r. \quad \text{(Kreisbeschleunigung)} \qquad (1a)\end{aligned}$$

Das letzte Gleichheitszeichen folgt aus der Gleichgewichtsbedingung für den Schwerpunkt. So muß gelten, daß der Betrag der Gravitationsbeschleunigung gleich dem Betrag der Kreisbeschleunigung ist.

Daraus folgt, daß der Schwerpunkt Sp sich mit der Frequenz ω_{Sp} im Abstand R_0 um die Sonne dreht.

Weiterhin kennen wir folgende Werte

$$T_{\mathrm{Sp}} = \frac{2\pi}{\omega_{\mathrm{Sp}}} = 365\,\text{Tage}; \qquad R_0 = 149{,}6\cdot 10^6\,\text{km}. \qquad (2)$$

Nun interessieren wir uns aber vor allem für die Bewegung Erde-Mond. Dazu betrachten wir den Relativabstand $\vec{r}_{\mathrm{rel}}$ zwischen Erde und Mond.

$$\vec{r}_{\mathrm{rel}} = \vec{R}_E - \vec{R}_M, \qquad |\vec{r}_{\mathrm{rel}}| = r_0,$$

$$\vec{P}_{\text{rel}} = \mu(\vec{V}_E - \vec{V}_M) \qquad \text{mit} \quad \mu = \frac{m_E \cdot m_M}{m_E + m_M},$$

$$\frac{\mathrm{d}\vec{P}_{\text{rel}}}{\mathrm{d}t} = \mu(\vec{B}_E - \vec{B}_M) = \mu\left(\frac{\vec{F}_{ESo}}{m_E} + \frac{\vec{F}_{EM}}{m_E} - \frac{\vec{F}_{ME}}{m_M} - \frac{\vec{F}_{MSo}}{m_M}\right),$$

$$\vec{F}_{EM} = -\gamma\frac{m_E m_M}{r_0^3}\vec{r}_{\text{rel}} = -m\omega_M^2\vec{r}_{\text{rel}}.$$

Das letzte Gleichheitszeichen gilt, wie schon bei der Schwerpunktsbeschleunigung, wegen der Gleichgewichtsbedingung.

Der Relativabstand beschreibt also ebenfalls einen Kreis mit der siderischen Umlaufszeit des Mondes im Abstand r_0. Es ergibt sich

$$T_M = \frac{2\pi}{\omega_M} = 27\,\text{Tage} + 8\,\text{Stunden},$$

$$r_0 = r_E + r_M = 0{,}384 \cdot 10^6\,\text{km}. \tag{3}$$

Man erhält also insgesamt folgende überlagerte Bewegung:

$$\left.\begin{aligned} \vec{R}_E &= \vec{R}_0 + \frac{m_M}{m_M + m_E}\vec{r}_{rel} \\ \vec{R}_M &= \vec{R}_0 - \frac{m_E}{m_M + m_E}\vec{r}_{\text{rel}} \end{aligned}\right\} \quad \text{Epizyklenbewegung.} \tag{4}$$

Der Drehimpuls bezüglich des Schwerpunktes Sp ist gegeben durch:

$$\begin{aligned} \vec{L}_0 &= \vec{r}_E \times m_E(\vec{V}_E - \vec{V}_{\text{SP}}) + \vec{r}_M \times m_M(\vec{V}_M - \vec{V}_{\text{Sp}}) \\ &= m_E\frac{m_M}{m_E + m_M}\vec{r}_{\text{rel}} \times \left(\frac{m_M}{m_E + m_M}\right)\vec{v}_{\text{rel}} \\ &\quad + m_M\frac{m_E}{m_E + m_M}\vec{r}_{\text{rel}} \times \left(\frac{m_E}{m_E + m_M}\right)\vec{v}_{\text{rel}} \\ &= \frac{m_E m_M}{m_E + m_M}\vec{r}_{\text{rel}} \times \vec{v}_{\text{rel}} \\ &= \mu \cdot \vec{r}_{\text{rel}} \times \vec{v}_{\text{rel}} \\ &\approx \frac{m_E m_M}{m_E + m_M}\omega_M \cdot r_0^2 \cdot \vec{l}_{EM}, \end{aligned} \tag{5}$$

wobei $\vec{l}_{EM}$ einen Normalenvektor zu der Bahnebene Erde-Mond darstellt. Beziehung (5) gilt nicht genau, da die Bewegung Erde-Mond nicht vollkommen kreisförmig ist, aber als solche durch einen Kreis gut approximiert werden kann.

Das Koordinatensystem im Schwerpunkt ist dabei genauso ausgerichtet wie im Ursprung. Der Gesamtdrehimpuls bezüglich der Sonne errechnet sich zu

$$\begin{aligned} \vec{L}_{\text{Ges}} &= m_E\vec{R}_E \times \vec{V}_E + m_M \cdot \vec{R}_M \times \vec{V}_M \\ &= m_E\left(\vec{R}_0 + \frac{m_M}{m_M + m_E}\vec{r}_E\right) \times \left(\vec{V}_{\text{Sp}} + \frac{m_M}{m_M + m_E}\vec{v}_{\text{rel}}\right) \\ &\quad + m_M\left(\vec{R}_0 - \frac{m_E}{m_M + m_E}\vec{r}_{\text{rel}}\right) \times \left(\vec{V}_{\text{Sp}} - \frac{m_E}{m_M + m_E}\vec{v}_{\text{rel}}\right) \end{aligned}$$

♦ Aufgabe 13.7

$$\begin{aligned}\vec{L}_{\text{Ges}} &= (m_E + m_M)\vec{R}_0 \times \vec{V}_{\text{Sp}} + \mu \cdot \vec{r}_{\text{rel}} \times \vec{v}_{\text{rel}} \\ &= (m_E + m_M)\omega_{\text{Sp}} \cdot R_0^2 \cdot \vec{l}_{SoSp} + \vec{L}_0 \\ &= \vec{L}_{\text{Sp}} + \vec{L}_0. \end{aligned} \tag{6}$$

Parallel zu Gleichung (5) gilt auch hier, daß $\vec{l}_{SoSp}$ einen Normalenvektor zu der Bahnebene Sonne-Schwerpunkt darstellt.

$$\frac{\mathrm{d}\vec{L}_{\text{Ges}}}{\mathrm{d}t} = \left(\vec{R}_E \times \vec{F}_{ESo} + \vec{R}_M \times \vec{F}_{MSo} + \left(\vec{R}_E - \vec{R}_M\right) \times \vec{F}_{EM}\right) = 0;$$

das heißt

$$\dot{\vec{L}}_{Sp} = -\dot{\vec{L}}_o. \tag{7}$$

Betrachten wir nun das resultierende Drehmoment $\vec{M}_0$ in bezug auf den Schwerpunkt Sp:

$$\begin{aligned}\vec{M}_0 &= \vec{r}_E \times (\vec{F}_{ESo} + \vec{F}_{EM} - m_E\vec{B}_{Sp}) + \vec{r}_M \times (\vec{F}_{MSo} + \vec{F}_{ME} - m_M\vec{B}_{Sp}) \\ &= \vec{r}_E \times \vec{F}_{ESo} + \vec{r}_M \times \vec{F}_{MSo}.\end{aligned}$$

Die jeweils zweiten Glieder fallen weg, weil Kraft und Weg dieselbe Richtung haben. Die beiden 3. Glieder heben sich wegen

$$\vec{r}_E m_E = -\vec{r}_M m_M$$

weg. Setzt man nun $\vec{r}_{\text{rel}}$ ein, so folgt daraus:

$$\vec{M}_0 = \frac{m_M}{m_E + m_M}\vec{r}_{\text{rel}} \times \vec{F}_{ESo} - \frac{m_E}{m_E + m_M}\vec{r}_{\text{rel}} \times \vec{F}_{MSo}.$$

Benutzt man nun noch Gleichung (1) für die beiden Kraftvektoren $\vec{F}_{ESo}$ und $\vec{F}_{MSo}$, so erhält man durch Vereinfachen $\vec{M}_0$ bzgl. Zylinderkoordinaten:

$$\vec{M}_0 = \frac{3\gamma m_E M}{R_0^3}(\Delta R_{rE}(\vec{r}_{\text{rel}} \times \vec{e}_r)). \tag{8}$$

Dabei wurden $\Delta R_{\varphi E}$ und ΔR_{zE} laut Aufgabenstellung gleich Null gesetzt. Um das Problem nicht unnötig zu komplizieren, legen wir das Koordinatensystem in den Schwerpunkt und damit auch das im Ursprung gerade so, daß der Drehimpuls im Mittel in der x-z-Ebene liegt. Diese Vorgehensweise ist dadurch gerechtfertigt, daß die zu errechnende Präzessionsfrequenz deutlich kleiner als ω_{Sp} ist. Bei einem Umlauf um die Sonne hat sich der Drehimpuls nur geringfügig geändert (um etwa 20°), so daß die Ekliptik des Systems Erde-Mond sich nur wenig gedreht hat.

Ansatz:

$$\vec{r}'_{\text{rel}} = r_0 \begin{pmatrix} \cos\beta \\ \sin\beta \\ 0 \end{pmatrix}, \qquad \text{wobei} \quad \beta \sim \omega_M t.$$

Im ungestrichenen System hat der Vektor die Komponenten:

$$\vec{r}_{\text{rel}} = \begin{pmatrix} \cos\alpha & 0 & -\sin\alpha \\ 0 & 1 & 0 \\ \sin\alpha & 0 & \cos\alpha \end{pmatrix} \quad \vec{r}'_{\text{rel}} = r_0 \begin{pmatrix} \cos\alpha\cos\beta \\ \sin\beta \\ \sin\alpha\sin\beta \end{pmatrix}.$$

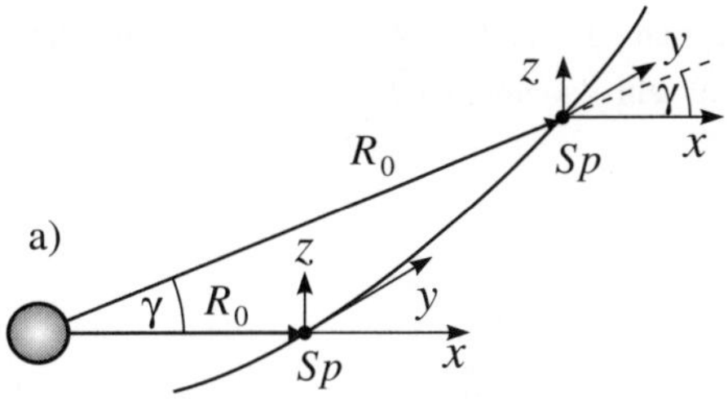

Durch den Winkel γ wird die Schwerpunktsbewegung um die Sonne parametrisiert.

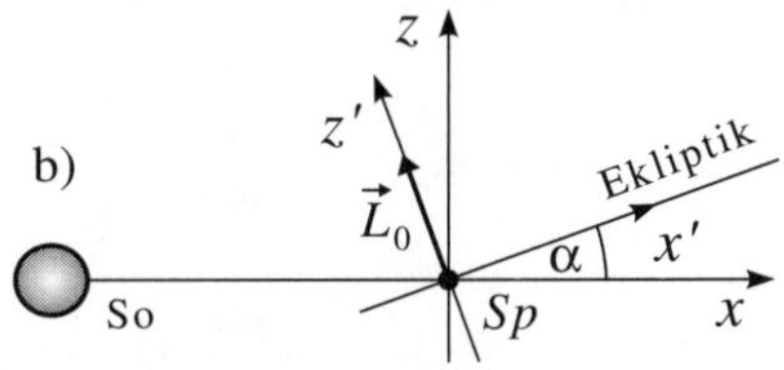

Die Ebene der Ekliptik ist um α gegenüber der Ebene geneigt, die durch die Schwerpunktbewegung um die Sonne aufgespannt wird.

Ansatz:

$$\vec{e}_r = \begin{pmatrix} \cos(\gamma + \varphi_0) \\ \sin(\gamma + \varphi_0) \\ 0 \end{pmatrix}, \qquad \text{wobei} \quad \gamma \sim \omega_{Sp} t.$$

Benutzt man nun noch die Beziehung

$$\Delta R_{rE} = \frac{m_M}{m_E + m_M} (\vec{r}_{\text{rel}} \cdot \vec{e}_r),$$

so erhält man unter Verwendung der beiden Ansätze folgende Neufassung der Gleichung (8):

$$\vec{M}_0 = \frac{3\gamma m_E M}{R_0^3} r_0^2 \frac{m_M}{m_E + m_M} \vec{v}$$

mit

$$\vec{v} = \begin{pmatrix} -\sin\alpha\cos\alpha\cos^2\beta\,\sin(\gamma+\varphi_0)\cos(\gamma+\varphi_0) - \sin\alpha\cos\beta\,\sin\beta\,\sin^2(\gamma+\varphi_0) \\ \sin\alpha\cos\alpha\cos^2\beta\,\cos^2(\gamma+\varphi_0) + \sin\alpha\cos\beta\,\sin\beta\,\sin(\gamma+\varphi_0)\cos(\gamma+\varphi_0) \\ \cos^2\alpha\cos^2\beta \cdot \sin(\gamma+\varphi_0)\cos(\gamma+\varphi_0) - \sin\beta\,\cos\beta\,\cos\alpha\cos^2(\gamma+\varphi_0) \\ +\cos\alpha\cos\beta \cdot \sin\beta\,\sin^2(\gamma+\varphi_0) - \sin^2\beta\,\sin(\gamma+\varphi_0)\cos(\gamma+\varphi_0) \end{pmatrix}.$$

Diesen langwierigen Ausdruck kann man noch wesentlich vereinfachen, und zwar wieder unter der Annahme, daß $\omega_P \gg \omega_{Sp}$. Das bedeutet, daß sich der Drehimpuls $\vec{L}_0$ bei einem Umlauf um die Sonne nur wenig ändert.

Betrachten wir dazu erst β. Die Umlaufdauer des Mondes um die Erde beträgt in etwa 28 Tage. Das Moment $\vec{M}_0$ ändert mit laufendem β seine Richtung, für den „trägen" Drehimpuls ist aber nur das mittlere Moment $\vec{e}_x \vec{M}_0 \beta$ von Interesse, das man durch Mitteln über eine volle Periode von β erhält. Der Momentenstoß (Analogon zum Kraftstoß) von $\vec{M}_0$ und $\vec{e}_x \vec{M}_0 \beta$ ist dann wegen der Linearität $\beta = \omega_M t$ gleich groß.

$$\vec{e}_x \vec{M}_0 \beta = \frac{3\gamma M \mu}{R_0^3} r_0^2 \begin{pmatrix} -\sin\alpha\cos\alpha \frac{1}{2} \sin(\gamma+\varphi_0)\cos(\gamma+\varphi_0) \\ \sin\alpha\cos\alpha \frac{1}{2} \cos^2(\gamma+\varphi_0) \\ \cos^2\alpha \frac{1}{2} \sin(\gamma+\varphi_0)\cos(\gamma+\varphi_0) - \frac{1}{2}\sin(\gamma+\varphi_0)\cos(\gamma+\varphi_0) \end{pmatrix}.$$

♦ Aufgabe 13.7

Dieselbe Überlegung können wir auch für den sich „drehenden" Winkel $\gamma \sim \omega_{Sp}t$ machen, da wir ja annehmen, daß $\omega_p \gg \omega_{Sp}$ ist. Wir mitteln also über $\vec{e}_x\vec{M}_0\beta$:

$$\vec{e}_x\vec{e}_x\vec{M}_0\beta\,\gamma = \frac{3\gamma M\mu}{R_0^3} r_0^2 \begin{pmatrix} 0 \\ \frac{1}{4}\sin\alpha\cos\alpha \\ 0 \end{pmatrix}$$

$$= \frac{3\gamma M\mu}{R_0^3} r_0^2 \cdot \frac{1}{4}\sin\alpha\cos\alpha \cdot \vec{e}_y := \vec{e}_x\vec{M}_0. \tag{9}$$

Von dem langen Ausdruck ist nicht mehr viel übrig geblieben, das resultierende, einwirkende Moment $\vec{e}_x\vec{M}_0$ steht genau senkrecht auf $\vec{L}_0$ (vgl. Skizze) und zeigt in y-Richtung. Ist nun der Drehimpuls (langsam) gewandert, so denken wir uns den gewanderten Drehimpuls entsprechend in ein ebenso festes Koordinatensystem eingebettet und erhalten dort gemäß (9) dasselbe Ergebnis. $\vec{e}_x\vec{M}_0$ ist konstant und steht immer senkrecht auf $\vec{L}_0$. Es bewirkt daher eine Präzession.

Doch zuvor wollen wir uns die auf recht mathematische Weise gewonnene Gleichung (9) anschaulich verdeutlichen:

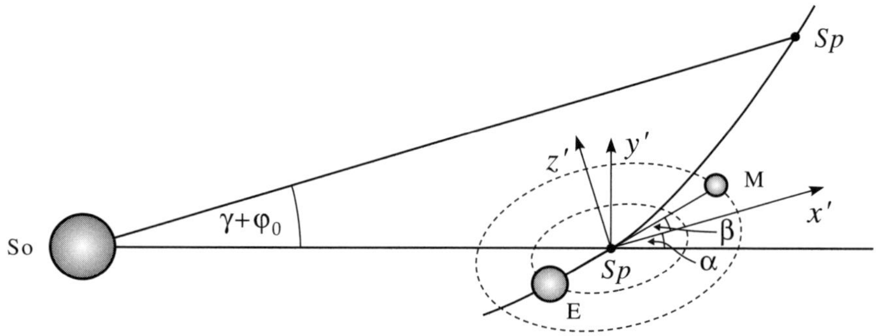

Die Bedeutung der Winkel α,β,γ auf einen Blick. β beschreibt die Drehung der Achse Mond-Erde im gestrichenen Koordinatensystem.

In dieser Situation erhalten wir ein maximales Moment. Das Moment $\vec{M}(\beta)$ weist nun für alle möglichen β in y'-Richtung. Für $\beta = 90°$ oder $\beta = 270°$ verschwindet der Vektor $\vec{M}$. Im Mittel erhalten wir also

$$\vec{e}_x\vec{M}(\beta) = 2\vec{e}_x\vec{M}_0.$$

Aus dieser Skizze kann man erkennen, daß es bezüglich $(\gamma + \varphi_0)$ auch zwei „maximale" Lagen gibt. Dazwischen muß $\vec{e}_x\vec{M}(\beta)$ sogar verschwinden. Insgesamt erhält man also

$$\vec{e}_x\vec{e}_x\vec{M}(\beta,\gamma)\beta\,\gamma = \vec{e}_x\vec{M}_0.$$

Damit ist das Ergebnis (9) auch anschaulich verstanden.

Mit Gleichung (5) haben wir in unserem definierten Koordinatensystem:

$$\vec{L}_0 = \mu \cdot \omega_M \cdot r_0^2 \begin{pmatrix} -\sin\alpha \\ 0 \\ \cos\alpha \end{pmatrix}.$$

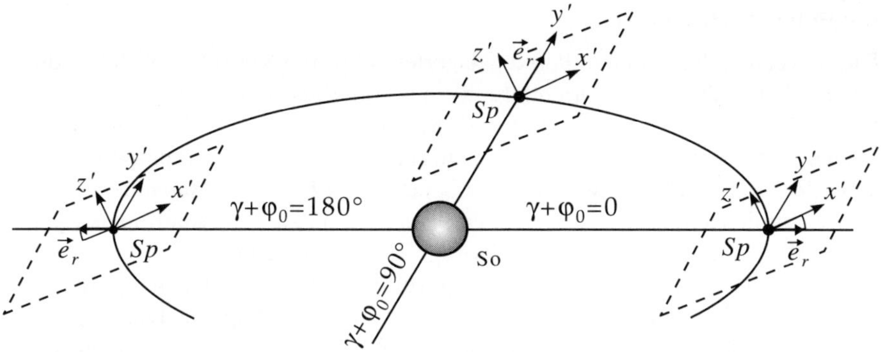

Die Lage von $\vec{e}_r$ in Abhängigkeit von $\gamma + \varphi_0$. Das gemittelte Moment $\vec{e}_x \vec{M}\beta$ zeigt immer in y'-Richtung.

Der Drehimpuls $\vec{L}_0$ führt nun eine Präzession aus.

$$\begin{aligned}\omega_p &= \frac{M_{So}}{L \cdot \sin\alpha} = \frac{\vec{e}_x \vec{M}_0}{L_0 \cdot \sin\alpha} \\ &= \frac{3}{4} \cdot \frac{\gamma M_{So} \mu r_0^2 \sin\alpha \cos\alpha}{R_0^3 \mu\, \omega_M r_0^2 \sin\alpha} = \frac{3}{4} \frac{\gamma M_{So}}{R_0^3} \cos\alpha \cdot \frac{1}{\omega_M}. \end{aligned} \tag{10}$$

Nun ist am Anfang (1a) gezeigt worden, daß gilt:

$$\frac{\gamma M_{So}}{R_0^2} = \omega_{Sp}^2 R_0 \qquad \Rightarrow \qquad \frac{\gamma M_{So}}{R_0^3} = \omega_{Sp}^2 = \left(\frac{2\pi}{T_{Sp}}\right)^2,$$

und mit

$$\omega_M = \frac{2\pi}{T_M}$$

erhält man

$$\omega_p = \frac{3}{4} \cos\alpha \left(\frac{4\pi^2}{T_{Sp}^2}\right) \cdot \frac{T_M}{2\pi} = \frac{3}{2} \cos\alpha \frac{T_M}{T_{Sp}^2}, \tag{11}$$

bzw. für T_p

$$T_p = \frac{2\pi}{\omega_p} = \frac{4}{3} \cdot \frac{1}{\cos\alpha} \cdot \frac{T_{Sp}^2}{T_M} \tag{12}$$

mit $T_{Sp} \approx 365{,}25$ Tagen, $T_M \approx 27{,}3$ Tagen und $\alpha \approx 5{,}5°$ erhält man

$$T_p \approx 17{,}9 \text{ Jahre}. \tag{13}$$

Daß der tatsächliche Saroszyklus um etwa 2 % größer ist, liegt zum einen an der Näherung beim Mittel über γ (der Drehimpuls wandert schon etwas), eventuell aber auch an der Ellipsenbahn des Mondes um die Erde.

Auf jeden Fall ist das Ergebnis doch relativ gut hinsichtlich der gemachten Näherungen.

Aus (7) folgt noch

$$\dot{\vec{L}}_{Sp} = -\dot{\vec{L}}_0,$$

also der „große" Drehimpulsvektor $\vec{L}_{Sp}$ durchläuft einen entgegesetzten Präzessionskegel.

Aufgabe 13.7 ▲

Die Eulerschen Winkel

Die Bewegung des in einem Punkt gelagerten schweren Kreisels läßt sich dadurch beschreiben, daß man die Orientierung eines körperfesten Koordinatensystems (x', y', z') gegenüber einem raumfesten System (x, y, z) angibt. Die beiden Koordinatensysteme liegen mit ihrem gemeinsamen Ursprung im Fixpunkt des Kreisels. Um die Beziehung zwischen den beiden Koordinatensystemen herzustellen, werden üblicherweise die *Eulerschen Winkel* benutzt. Das Koordinatensystem (x', y', z') geht durch drei aufeinanderfolgende Drehungen um bestimmte Achsen aus dem System (x, y, z) hervor. Die jeweiligen Drehwinkel heißen Eulersche Winkel. Die Reihenfolge der Drehungen ist dabei wichtig, da Drehungen um endliche Winkel nicht kommutativ sind. In der folgenden Skizze sehen wir sofort, daß die Vertauschung der Reihenfolge zweier Drehungen um verschiedene Achsen zu einem unterschiedlichen Ergebnis führt.

L. Euler (1707–1783) → unten

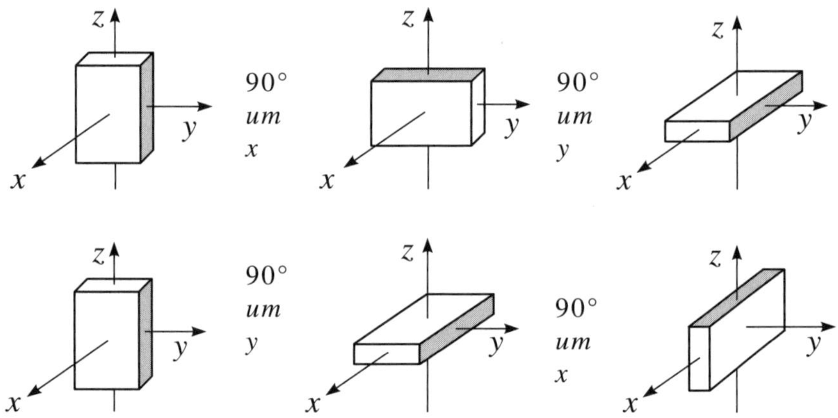

Demonstration der Nicht-Kommutativität endlicher Drehungen.

Eine Drehung von 90° um die x-Achse, gefolgt von einer 90°-Drehung um die y-Achse (obere Figur) führt zu einem anderen Ergebnis, wenn erst um die y-Achse und dann um die x-Achse (untere Figur) gedreht wird (Nichtkommutativität endlicher Drehungen).

LEONHARD EULER

Euler, Leonhard, schweizer Mathematiker, geb. 15.4.1707 in Basel, gest. 18.9.1783 in Sankt Petersburg, Russland. – Euler, Sohn eines Pfarrers, studierte Mathematik bei Johann Bernoulli in Basel und erhielt 1727 einen Ruf als Professor für Physik und Mathematik an die Universität Sankt Petersburg. Mit einer langen Unterbrechung zwischen 1741 und 1766 als Mitglied der Berliner Akademie der Wissenschaften verbrachte er den Rest seines Lebens in Petersburg. Euler schrieb über 800 wissenschaftliche Publikationen zu nahezu allen Gebieten der Mathematik, vor allem zu Differential- und Integralrechnung, Variationsrechnung und zur Theorie der komplexen Funktionen. Wichtige Beiträge lieferte er zur Zahlentheorie, und mit der Lösung des Königsberger Brückenproblems begründete er die Graphentheorie. In der Physik beschäftigte sich Euler hauptsächlich mit Hydrodynamik, Elastizitätstheorie und der Theorie des Kreisels.

Die Eulerschen Winkel sind so definiert, daß die *erste Drehung um die z-Achse um den Winkel* α erfolgt. Die x- und die y-Achse gehen über in die X- und Y-Achse. Die Z-Achse ist mit der z-Achse identisch. Das so definierte X-Y-Z-System ist ein *erstes Zwischensystem*, das wir lediglich benutzen, um die Rechnung klar und übersichtlich zu gestalten. Für die Einheitsvektoren gilt dann:

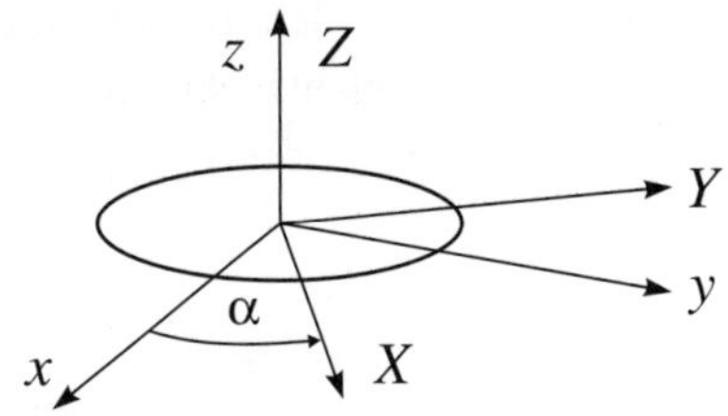

Illustration des ersten Eulerschen Winkels.

$$\begin{aligned}\vec{i} &= (\vec{i}\cdot\vec{I})\vec{I} + (\vec{i}\cdot\vec{J})\vec{J} + (\vec{i}\cdot\vec{K})\vec{K} = \cos\alpha\vec{I} - \sin\alpha\vec{J},\\ \vec{j} &= (\vec{j}\cdot\vec{I})\vec{I} + (\vec{j}\cdot\vec{J})\vec{J} + (\vec{j}\cdot\vec{K})\vec{K} = \sin\alpha\vec{I} + \cos\alpha\vec{J},\\ \vec{k} &= (\vec{k}\cdot\vec{I})\vec{I} + (\vec{k}\cdot\vec{J})\vec{J} + (\vec{k}\cdot\vec{K})\vec{K} = \vec{K}.\end{aligned} \tag{13.6a}$$

$\vec{i}, \vec{j}, \vec{k}$ sind die Einheitsvektoren entlang der Achsen des raumfesten Systems; $\vec{I}, \vec{J}, \vec{K}$ diejenigen entlang der Achsen des ersten Zwischensystems.

Die zweite Drehung erfolgt um die (neue) X-Achse durch den Winkel β; die Y- und Z-Achse gehen über in die Y'- und in die Z'-Achse. Die X'-Achse ist mit der X-Achse identisch. Das so festgelegte X'-Y'-Z'-System ist ein *zweites Zwischensystem*. Wie das erste Zwischensystem dient es der mathematischen Klarheit und Übersicht. Eine analoge Rechnung liefert für die Einheitsvektoren:

$$\begin{aligned}\vec{I} &= \vec{I}',\\ \vec{J} &= \cos\beta\vec{J}' - \sin\beta\vec{K}',\\ \vec{K} &= \sin\beta\vec{J}' + \cos\beta\vec{K}'.\end{aligned} \tag{13.6b}$$

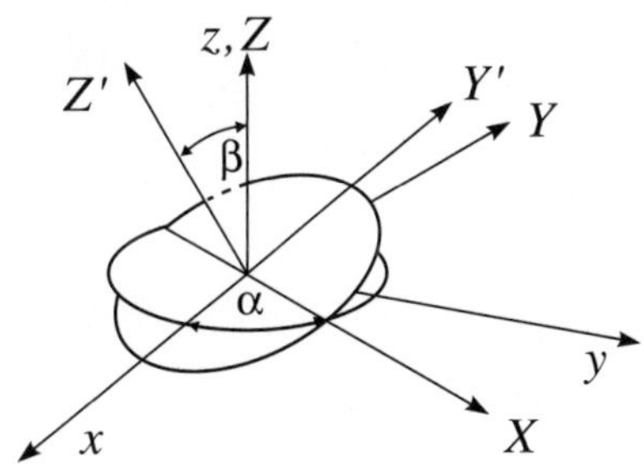

Illustration der ersten beiden Eulerschen Winkel.

Hier bezeichnen $\vec{I}', \vec{J}', \vec{K}'$ die Einheitsvektoren entlang der Achsen des zweiten Zwischensystems.

Die dritte Drehung erfolgt um die Z'-Achse um den Winkel γ; dann gehen die X'- und die Y'-Achse in die x'- und die y'-Achse über. Die z'-Achse ist mit der Z'-Achse identisch. Das so konstruierte x'-y'-z'-System ist das gesuchte körperfeste Koordinatensystem. Für die Einheitsvektoren erhält man:

$$\begin{aligned}\vec{I}' &= \cos\gamma\vec{i}' - \sin\gamma\vec{j}',\\ \vec{J}' &= \sin\gamma\vec{i}' + \cos\gamma\vec{j}'\\ \vec{K}' &= \vec{k}'.\end{aligned} \tag{13.6c}$$

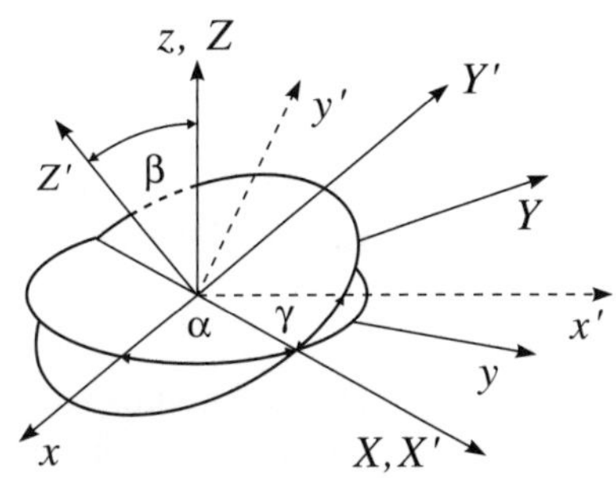

Illustration aller drei Eulerschen Winkel.

Die $\vec{i}', \vec{j}', \vec{k}'$ sind die Einheitsvektoren entlang der Achsen des körperfesten Koordinatensystems.

Mit den Beziehungen zwischen den Einheitsvektoren bestimmen wir nun die Einheitsvektoren $\vec{i}, \vec{j}, \vec{k}$ als Funktionen von $\vec{i}', \vec{j}', \vec{k}'$. Dazu setzen wir ein:

$$
\begin{aligned}
\vec{i} &= \cos\alpha \vec{I} - \sin\alpha \vec{J} \\
&= \cos\alpha \vec{I}' - \sin\alpha \cos\beta \vec{J}' + \sin\alpha \sin\beta \vec{K}' \\
&= \cos\alpha \cos\gamma \vec{i}' - \cos\alpha \sin\gamma \vec{j}' - \sin\alpha \cos\beta \sin\gamma \vec{i}' \\
&\quad - \sin\alpha \cos\beta \cos\gamma \vec{j}' + \sin\alpha \sin\beta \vec{k}' \\
&= (\cos\alpha \cos\gamma - \sin\alpha \cos\beta \sin\gamma)\vec{i}' \\
&\quad +(-\cos\alpha \sin\gamma - \sin\alpha \cos\beta \cos\gamma)\vec{j}' + \sin\alpha \sin\beta \vec{k}' .
\end{aligned}
\tag{13.6d}
$$

Analoge Rechnung liefert:

$$
\begin{aligned}
\vec{j} &= (\sin\alpha \cos\gamma + \cos\alpha \cos\beta \sin\gamma)\vec{i}' \\
&\quad +(-\sin\alpha \sin\gamma + \cos\alpha \cos\beta \cos\gamma)\vec{j}' - \cos\alpha \sin\beta \vec{k}' , \\
\vec{k} &= \sin\beta \sin\gamma \vec{i}' + \sin\beta \cos\gamma \vec{j}' + \cos\beta \vec{k}' .
\end{aligned}
\tag{13.6e}
$$

Die Drehungen können auch jeweils durch die entsprechenden Drehmatrizen ausgedrückt werden. Für die erste Drehung ergibt sich

$$\vec{r} = \widehat{A}\vec{R},$$

wobei

$$\widehat{A} = \begin{pmatrix} \cos\alpha & -\sin\alpha & 0 \\ \sin\alpha & \cos\alpha & 0 \\ 0 & 0 & 1 \end{pmatrix} \quad \text{und} \quad \vec{R} = \begin{pmatrix} X \\ Y \\ Z \end{pmatrix}$$

sind.

Die Matrizen für die Drehungen um die Winkel β und γ lauten entsprechend

$$\widehat{B} = \begin{pmatrix} 1 & 0 & 0 \\ 0 & \cos\beta & -\sin\beta \\ 0 & \sin\beta & \cos\beta \end{pmatrix},$$

$$\widehat{C} = \begin{pmatrix} \cos\gamma & -\sin\gamma & 0 \\ \sin\gamma & \cos\gamma & 0 \\ 0 & 0 & 1 \end{pmatrix}.$$

Die Matrix der gesamten Drehung $\widehat{D}$ ist das Produkt der drei Matrizen $\widehat{D} = \widehat{A}\widehat{B}\widehat{C}$. Damit folgt

$$\vec{r} = \widehat{D}\vec{r}' \qquad \text{oder} \qquad \vec{r}' = \widehat{D}^{-1}\vec{r} = \widetilde{\widehat{D}}\vec{r}.$$

Da die Drehmatrizen orthogonal sind, ist die reziproke Matrix gleich der transponierten. Es läßt sich durch Berechnen des Matrizenprodukts leicht zeigen, daß die Matrix $\widehat{D}$ mit den für die Einheitsvektoren hergeleiteten Beziehungen übereinstimmt. Das stimmt mit unseren allgemeinen Überlegungen aus Kapitel 30 des 1. Bandes der Vorlesungen über Theoretische Physik überein.

Zunächst berechnen wir die Winkelgeschwindigkeit $\vec{\omega}$ des Kreisels als Funktion der Eulerschen Winkel. Geben $(\vec{i}, \vec{j}, \vec{k})$ das Laborsystem und $(\vec{i}', \vec{j}', \vec{k}')$ ein körperfestes Hauptachsensystem an, dann gilt für die Winkelgeschwindigkeit

$$\vec{\omega} = \omega_\alpha \vec{k} + \omega_\beta \vec{I} + \omega_\gamma \vec{K}' = \dot{\alpha}\vec{k} + \dot{\beta}\vec{I} + \dot{\gamma}\vec{K}',$$

wobei wir voraussetzen, daß $\vec{k}$, $\vec{I}$ und $\vec{K}'$ nicht in einer Ebene liegen. Wir verwenden die hergeleiteten Beziehungen zwischen den Einheitsvektoren und erhalten:

$$\begin{aligned}\vec{\omega} &= \dot{\alpha}\sin\beta\sin\gamma\vec{i}' + \dot{\alpha}\sin\beta\cos\gamma\vec{j}' + \dot{\alpha}\cos\beta\vec{k}' \\ &\quad + \dot{\beta}\cos\gamma\vec{i}' - \dot{\beta}\sin\gamma\vec{j}' + \dot{\gamma}\vec{k}' \\ \vec{\omega} &= (\dot{\alpha}\sin\beta\sin\gamma + \dot{\beta}\cos\gamma)\vec{i}' + (\dot{\alpha}\sin\beta\cos\gamma - \dot{\beta}\sin\gamma)\vec{j}' \\ &\quad + (\dot{\alpha}\cos\beta + \dot{\gamma})\vec{k}'.\end{aligned}$$

Setzen wir

$$\vec{\omega} = \omega_{x'}\vec{i}' + \omega_{y'}\vec{j}' + \omega_{z'}\vec{k}', \tag{13.7}$$

so folgt für die Komponenten der Winkelgeschwindigkeit in bezug auf das körperfeste Koordinatensystem:

$$\begin{aligned}\omega_{x'} &\equiv \omega_1 = \dot{\alpha}\sin\beta\sin\gamma + \dot{\beta}\cos\gamma, \\ \omega_{y'} &\equiv \omega_2 = \dot{\alpha}\sin\beta\cos\gamma - \dot{\beta}\sin\gamma, \\ \omega_{z'} &\equiv \omega_3 = \dot{\alpha}\cos\beta + \dot{\gamma}.\end{aligned} \tag{13.8}$$

Für die kinetische Energie T des Kreisels gilt dann:

$$\begin{aligned}T &= \frac{1}{2}(\Theta_1\omega_1^2 + \Theta_2\omega_2^2 + \Theta_3\omega_3^2) \\ &= \frac{1}{2}\Theta_1(\dot{\alpha}\sin\beta\sin\gamma + \dot{\beta}\cos\gamma)^2 \\ &\quad + \frac{1}{2}\Theta_2(\dot{\alpha}\sin\beta\cos\gamma - \dot{\beta}\sin\gamma)^2 \\ &\quad + \frac{1}{2}\Theta_3(\dot{\alpha}\cos\beta + \dot{\gamma})^2.\end{aligned} \tag{13.9}$$

Ist $\Theta_1 = \Theta_2$, handelt es sich also um einen symmetrischen Kreisel, so vereinfacht sich der obige Ausdruck:

$$T = \frac{1}{2}\Theta_1(\dot{\alpha}^2\sin^2\beta + \dot{\beta}^2) + \frac{1}{2}\Theta_3(\dot{\alpha}\cos\beta + \dot{\gamma})^2. \tag{13.10}$$

Die Bewegung des schweren symmetrischen Kreisels

Für den Spezialfall des schweren symmetrischen Kreisels wollen wir, ausgehend von den Eulerschen Gleichungen, die expliziten Bewegungsgleichungen und die Konstanten der Bewegung bestimmen.

Zur Vereinfachung benutzen wir jetzt, daß für den symmetrischen Kreisel die beiden Hauptachsenrichtungen $\vec{e}_{x'}$, $\vec{e}_{y'}$ in einer Ebene senkrecht zu $\vec{e}_{z'}$ beliebig gewählt werden können. Die Einheitsvektoren entlang der x', y', z'-Achsen (die bisher mit $\vec{i}', \vec{j}', \vec{k}'$ bezeichnet wurden) werden jetzt $\vec{e}_{x'}$, $\vec{e}_{y'}$, $\vec{e}_{z'}$ genannt. Das machen wir deshalb, weil das $\vec{e}_{x'}, \vec{e}_{y'}, \vec{e}_{z'}$-System nur zum Teil körperfest ist im Gegensatz zum $\vec{i}', \vec{j}', \vec{k}'$-System, welches fest im Körper verankert ist. *Wir wählen nämlich ein Koordinatensystem, in dem der Winkel γ immer verschwindet. Dieses System ist dann nicht mehr körperfest* (es rotiert nicht mit dem Kreisel um die $\vec{e}_{z'}$-Achse). Die Achsen $\vec{e}_{z'}, \vec{e}_z, \vec{e}_{y'}$ liegen dann in einer Ebene, ebenso die $\vec{e}_x, \vec{e}_{x'}, \vec{e}_y$. Dies ist anschaulich in der nachfolgenden Figur verdeutlicht.

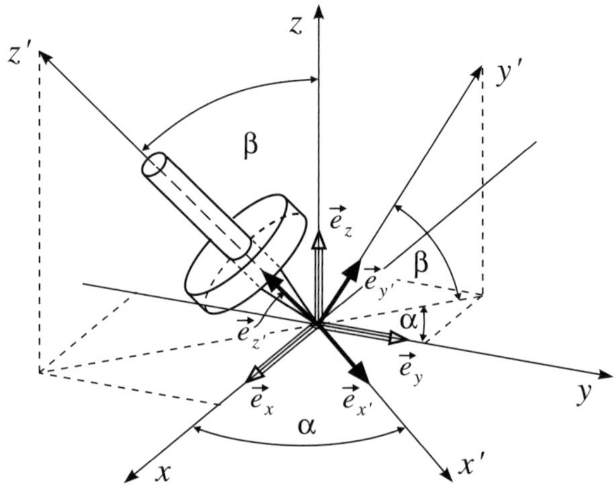

Schwerer Kreisel in verschiedenen Koordinatensystemen.

Analytisch folgt das aus der Tatsache, daß

$$\begin{aligned}
\vec{e}_{x'} &= \vec{I}' = \vec{I} = \cos\alpha\vec{i} + \sin\alpha\vec{j} = \cos\alpha\vec{e}_x + \sin\alpha\vec{e}_y,\\
\vec{e}_{y'} &= \vec{J}' = \cos\beta\vec{J} + \sin\beta\vec{K} = \cos\beta(-\sin\alpha\vec{i} + \cos\alpha\vec{j}) + \sin\beta\vec{K}\\
&= -\sin\alpha\cos\beta\vec{e}_x + \cos\alpha\cos\beta\vec{e}_y + \sin\beta\vec{e}_z, \qquad (13.11)\\
\vec{e}_{z'} &= \vec{K}' = (-\sin\beta)\vec{J} + \cos\beta\vec{K} = -\sin\beta(-\sin\alpha\vec{i} + \cos\alpha\vec{j}) + \cos\beta\vec{K}\\
&= \sin\alpha\sin\beta\vec{e}_x - \cos\alpha\sin\beta\vec{e}_y + \cos\beta\,\vec{e}_z.
\end{aligned}$$

Wir haben dabei die Relationen (13.6a), (13.6b) umgekehrt. Mit Hilfe der Ausdrücke für $\vec{e}'_x, \vec{e}'_y, \vec{e}'_z$ lassen sich nun leicht die Spatprodukte $\vec{e}'_z\cdot(\vec{e}_z\times\vec{e}'_y)$ und $\vec{e}_x\cdot(\vec{e}'_x\times\vec{e}_y)$ nachrechnen, z. B.

$$\vec{e}_x \cdot (\vec{e}'_x \times \vec{e}_y) = \det\begin{pmatrix} 1 & 0 & 0 \\ \cos\alpha & \sin\alpha & 0 \\ 0 & 1 & 0 \end{pmatrix} = 0.$$

Ähnlich zeigt man das Verschwinden des anderen Spatproduktes und bestätigt somit, daß die betreffenden Vektoren in einer Ebene liegen.

Das Koordinatensystem folgt also der *Präzession* (mit $\dot{\alpha}$) und der *Nutation* (mit $\dot{\beta}$) des Kreisels, aber nicht seiner Eigenrotation. Um einzusehen, daß $\dot{\beta}$ die Nutation beschreibt, bemerken wir, daß eine Nutationsbewegung der Figurenachse der Präzession überlagert ist (vgl. die Diskussion im Abschnitt „Elementare Betrachtungen über den schweren Kreisel“). Das äußert sich für β in einer Auf- und

Abbewegung (Schwingung) um einen festen Wert β_0 (siehe Figuren auf der Seite 228).

Für die Winkelgeschwindigkeiten (13.7) des $\vec{e}_{x'}, \vec{e}_{y'}, \vec{e}_{z'}$-Systems (welches nur z. T. körperfest ist) gegenüber dem Laborsystem $\vec{e}_x, \vec{e}_y, \vec{e}_z$ ergibt sich in diesem System ($\gamma = 0$) einfach:

$$\begin{aligned} \omega_1 &= \omega_{x'} = \dot{\beta}\,, \\ \omega_2 &= \omega_{y'} = \dot{\alpha}\sin\beta\,, \\ \omega_3 &= \omega_{z'} = \dot{\alpha}\cos\beta\,, \end{aligned} \tag{13.11a}$$

oder

$$\vec{\omega} = \dot{\beta}\vec{e}_{x'} + \dot{\alpha}\sin\beta\,\vec{e}_{y'} + \dot{\alpha}\cos\beta\,\vec{e}_{z'}. \tag{13.11b}$$

Die Winkelgeschwindigkeit des Kreisels dagegen ist

$$\begin{aligned} \vec{\omega}_K &= \omega_{x'}\vec{e}_{x'} + \omega_{y'}\vec{e}_{y'} + (\omega_{z'} + \omega_0)\vec{e}_{z'} \\ &= \dot{\beta}\vec{e}_{x'} + \dot{\alpha}\sin\beta\,\vec{e}_{y'} + (\dot{\alpha}\cos\beta + \omega_0)\vec{e}_{z'}. \end{aligned} \tag{13.12}$$

Hier ist ω_0 die zusätzliche Winkelgeschwindigkeit des Kreisels gegenüber dem $\vec{e}_{x'}$, $\vec{e}_{y'}$, $\vec{e}_{z'}$-System. Die Winkelgeschwindigkeit $\omega_0(t)$ hängt im allgemeinen von der Zeit ab. Wir müssen auch bei der Berechnung des Drehimpulses aufpassen, weil in diesem besonderen $\vec{e}_{x'}$, $\vec{e}_{y'}$, $\vec{e}_{z'}$-System der starre Körper noch mit der Winkelgeschwindigkeit $\omega_0\vec{e}_{z'}$ rotiert. Diese zusätzliche Rotation können wir *„Spin"* nennen. Sie stammt von der besonderen Wahl unseres (nicht exakt körperfesten) Systems $\vec{e}_{x'}$, $\vec{e}_{y'}$, $\vec{e}_{z'}$ her.

Der Drehimpuls ist dann

$$\begin{aligned} \vec{L} = \widehat{\Theta}\,\vec{\omega}_k &= \Theta_1\omega_1\vec{e}_{x'} + \Theta_2\omega_2\vec{e}_{y'} + \Theta_3(\omega_3 + \omega_0)\vec{e}_{z'} \\ &= \Theta_1\dot{\beta}\vec{e}_{x'} + \Theta_2\dot{\alpha}\sin\beta\,\vec{e}_{y'} + \Theta_3(\dot{\alpha}\cos\beta + \omega_0)\vec{e}_{z'} \\ &= \{L_{x'}, L_{y'}, L_{z'}\} \end{aligned} \tag{13.13}$$

und die *Eulerschen Gleichungen* lauten:

$$\left.\dot{\vec{L}}\right|_{\mathrm{Lab}} = \left.\dot{\vec{L}}\right|_{\vec{e}'} + \vec{\omega}\times\vec{L} = \vec{D}. \tag{13.14}$$

Hier ist zu beachten, daß in $\vec{L}$ die Spinrotation ω_0 vorkommt, nicht aber in $\vec{\omega}$!

Das Drehmoment um den Ursprung des raumfesten Systems ist:

$$\vec{D} = (l\cdot\vec{e}_{z'})\times(-mg\vec{e}_z) = mgl\sin\beta\,\vec{e}_{x'},$$

weil $\vec{e}_z' \times \vec{e}_z = -\sin\beta\,\vec{e}_x'$ ist, wie man leicht aus den Gleichungen (13.11) sieht. Setzen wir das in die Eulerschen Gleichungen (13.5) bzw. (13.14) ein und beachten $\Theta_1 = \Theta_2$, so ergibt sich:

$$\begin{aligned} mgl\sin\beta &= \Theta_1\ddot{\beta} + (\Theta_3 - \Theta_1)\dot{\alpha}^2\sin\beta\cos\beta + \Theta_3\omega_0\dot{\alpha}\sin\beta\,, \\ 0 &= \Theta_1(\ddot{\alpha}\sin\beta + \dot{\alpha}\dot{\beta}\cos\beta) \\ &\quad + (\Theta_1 - \Theta_3)\dot{\alpha}\dot{\beta}\cos\beta - \Theta_3\omega_0\dot{\beta}\,, \\ 0 &= \Theta_3(\ddot{\alpha}\cos\beta - \dot{\alpha}\dot{\beta}\sin\beta + \dot{\omega}_0). \end{aligned} \tag{13.15}$$

Aus diesem Gleichungssystem können $\alpha(t)$, $\beta(t)$ und $\omega_0(t)$ ermittelt werden. Die dritte Gleichung liefert wegen $\Theta_3 \neq 0$:

$$\ddot{\alpha}\cos\beta - \dot{\alpha}\dot{\beta}\sin\beta + \dot{\omega}_0 = \frac{\mathrm{d}}{\mathrm{d}t}(\dot{\alpha}\cos\beta + \omega_0) = 0 \tag{13.15a}$$

oder

$$\dot{\alpha}\cos\beta + \omega_0 = A = \text{const}, \tag{13.15b}$$

d. h., die Drehimpulskomponente $L_{z'} = \Theta_3 A$ (siehe (13.13)!) um die Figurenachse ist konstant.

Wir setzen deshalb $\dot{\alpha}\cos\beta + \omega_0 = A$, berechnen daraus ω_0 und setzen dies in die ersten beiden Gleichungen ein. Daraus erhalten wir zwei gekoppelte Differentialgleichungen für Präzession (α) und Nutation (β):

$$mgl\sin\beta = \Theta_1\ddot{\beta} - \Theta_1\dot{\alpha}^2\sin\beta\cos\beta + \Theta_3 A\sin\beta\cdot\dot{\alpha}, \tag{13.16a}$$

$$0 = \Theta_1(\ddot{\alpha}\sin\beta + 2\dot{\alpha}\dot{\beta}\cos\beta) - \Theta_3 A\dot{\beta}. \tag{13.16b}$$

Zunächst untersuchen wir dieses System für den Fall, daß der Kreisel keine Nutation ausführt. Dann ist $\ddot{\beta} = \dot{\beta} = 0$ und $\beta > 0$. Setzen wir dies ein, so folgt

$$mgl = -\Theta_1\dot{\alpha}^2\cos\beta + \Theta_3 A\dot{\alpha}, \qquad \ddot{\alpha} = 0. \tag{13.17}$$

Die zweite Gleichung bedeutet, daß die *Präzession stationär ist.*

Aus der ersten Gleichung bestimmen wir die Präzessionsgeschwindigkeit $\dot{\alpha}$:

$$\dot{\alpha} = \frac{\Theta_3 A}{2\Theta_1\cos\beta}\left(1 \pm \sqrt{1 - \frac{4mgl\,\Theta_1\cos\beta}{\Theta_3^2 A^2}}\right). \tag{13.18}$$

Für einen schnell um die $\vec{e}_{z'}$-Achse rotierenden Kreisel wird A sehr groß und der unter der Wurzel stehende Bruch sehr klein. Wir brechen die Entwicklung der Wurzel nach dem zweiten Glied ab und haben als Lösungen in 1. Ordnung für $\dot{\alpha}_{\text{klein}}$:

$$\dot{\alpha}_{\text{klein}} = \frac{mgl}{\Theta_3 A}, \tag{13.19a}$$

in 0. Ordnung für $\dot{\alpha}_{\text{groß}}$:

$$\dot{\alpha}_{\text{groß}} = \frac{\Theta_3}{\Theta_1\cos\beta}A. \tag{13.19b}$$

Eine stationäre Präzession ohne Nutation (reguläre Präzession) stellt sich nur ein, wenn der schwere symmetrische Kreisel eine bestimmte Präzessionsgeschwindigkeit ($\dot{\alpha}_{\text{klein}}$ oder $\dot{\alpha}_{\text{groß}}$) durch einen Stoß erhält. Im allgemeinenen Fall ist die Präzession immer mit einer Nutation verbunden. Auch wird der schwere Kreisel seine Bewegung immer mit einer Auslenkung in Richtung der Schwerkraft, also mit einer Nutation beginnen. Wir bemerken noch, daß $\dot{\alpha}_{\text{klein}}$ mit unserer im Abschnitt über „Elementare Betrachtungen zum schweren Kreisel“ gewonnenen Präzessionsfrequenz

$$\omega_p = \frac{mgl}{L} = \frac{mgl}{\Theta_3\omega_0} \approx \frac{mgl}{\Theta_3 A}$$

übereinstimmt.

Bevor wir die allgemeine Bewegung des Kreisels weiter diskutieren, bestimmen wir noch zusätzliche Konstanten der Bewegung. Wir haben schon gesehen, daß aus der letzten Gleichung des Systems (13.15) folgt:

$$\dot{\alpha} \cos \beta + \omega_0 = A = \text{const}, \tag{13.15b}$$

somit ist auch der entsprechende Anteil der kinetischen Energie

$$T_3 = \frac{1}{2}\Theta_3(\dot{\alpha} \cos \beta + \omega_0)^2 = \frac{1}{2}\Theta_3 A^2 = \text{const}. \tag{13.20}$$

Multiplizieren wir die erste der Eulerschen Gleichungen (13.15) mit $\dot{\beta}$ und die zweite mit $\dot{\alpha} \sin \beta$, so ergibt sich nach Addition das vollständige Differential

$$mgl \sin \beta \cdot \dot{\beta} = \Theta_1 \ddot{\beta}\dot{\beta} + \Theta_1(\ddot{\alpha}\dot{\alpha} \sin^2 \beta + \dot{\alpha}^2 \dot{\beta} \sin \beta \cos \beta)$$

oder

$$\frac{\mathrm{d}}{\mathrm{d}t}(-mgl \cos \beta) = \frac{\mathrm{d}}{\mathrm{d}t}\left(\frac{1}{2}\Theta_1 \dot{\beta}^2 + \frac{1}{2}\Theta_1 \dot{\alpha}^2 \sin^2 \beta\right). \tag{13.21}$$

Das bedeutet, daß die Energie (genauer: die Summe aus den kinetischen Anteilen $T_1 + T_2$ plus potentieller Energie)

$$E' = \frac{1}{2}\Theta_1(\dot{\beta}^2 + \dot{\alpha}^2 \sin^2 \beta) + mgl \cos \beta \tag{13.22}$$

auch eine Konstante der Bewegung ist. Das muß natürlich so sein, weil ja die gesamte Energie des Kreisels konstant sein muß.

Die Gesamtenergie des Kreisels ist dann

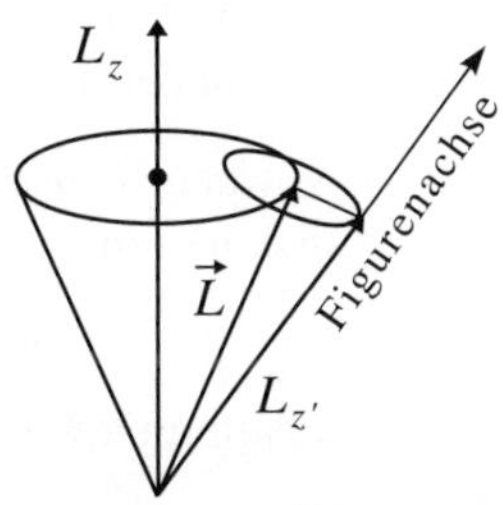

Präzession und Nutation des Drehimpulses. Die Figurenachse zeigt in Richtung von $L_{z'}$.

$$\begin{aligned} E &= T_3 + E' \\ &= \frac{1}{2}\Theta_1(\dot{\beta}^2 + \dot{\alpha}^2 \sin^2 \beta) + \frac{1}{2}\Theta_3(\dot{\alpha} \cos \beta + \omega_0)^2 + mgl \cos \beta . \end{aligned} \tag{13.23}$$

Der letzte Term beschreibt offensichtlich die potentielle Energie des Kreisels im Schwerefeld. Der Energiesatz (13.23) muß natürlich generell gelten. Wir hätten ihn also gleich aufschreiben können und uns seine Ableitung (13.21) aus den Eulerschen Gleichungen ersparen können. Dennoch ist es interessant zu sehen, wie auch die Bewegungsgleichungen zum Ziel führen.

In der zweiten Eulerschen Gleichung (13.16b) setzen wir

$$L_{z'} = \Theta_3 A = \text{const} \tag{13.24}$$

ein und multiplizieren mit $\sin \beta$. Das ergibt

$$\Theta_1(\ddot{\alpha} \sin^2 \beta + 2\dot{\alpha}\dot{\beta} \sin \beta \cos \beta) - L_{z'} \sin \beta \cdot \dot{\beta} = 0. \tag{13.25}$$

Da $L_{z'}$ konstant ist, ist dies ein vollständiges Differential, und es folgt

$$\Theta_1(\dot{\alpha} \sin^2 \beta) + L_{z'} \cos \beta = \text{const}. \tag{13.26}$$

Diese Konstante ist die z-Komponente des Drehimpulses im raumfesten System. Wir sehen dies sofort, wenn wir den Drehimpuls

$$\vec{L} = \Theta_1(\omega_{x'}\vec{e}_{x'} + \omega_{y'}\vec{e}_{y'}) + \vec{L}_{z'}\vec{e}_{z'} \tag{13.27}$$

mit $\vec{e}_z$ multiplizieren. Aus den Gleichungen (13.11) bzw. aus der Figur am Anfang dieses Abschnittes ergibt sich, daß

$$\vec{e}_{x'} \cdot \vec{e}_z = 0, \qquad \vec{e}_{y'} \cdot \vec{e}_z = \sin\beta, \qquad \vec{e}_{z'} \cdot \vec{e}_z = \cos\beta. \tag{13.28}$$

Beachten wir, daß $\omega_{y'} = \dot{\alpha}\sin\beta$, so folgt:

$$\vec{L} \cdot \vec{e}_z = L_z = \Theta_1\dot{\alpha}\sin^2\beta + L_{z'}\cos\beta = \text{const.} \tag{13.29}$$

Die beiden Drehimpulskomponenten L_z und $L_{z'}$ sind konstant, weil das Moment der Schwerkraft nur in $\vec{e}_{x'}$-Richtung wirkt, also senkrecht sowohl zur z- als auch zur z'-Achse. Die Bedingungen $L_z = \text{const}$ und $L_{z'} = \text{const}'$ lassen sich dadurch verwirklichen, daß $\vec{L}$ um die z-Achse präzessiert und zusätzlich die z'-Achse um die $\vec{L}$-Achse umläuft. Letzteres ist die *Nutation*. Das bedeutet offensichtlich, daß der Drehimpuls $\vec{L}$ um die Laborachse $\vec{e}_z$ präzessiert und gleichzeitig die Figurenachse $\vec{e}_{z'}$ um den Drehimpuls $\vec{L}$ nutiert.

Mit den Konstanten der Bewegung wollen wir jetzt die Kreiselbewegung weiter diskutieren. Aus Gl. (13.29) für die Drehimpulskomponente L_z im Laborsystem

$$\Theta_1\dot{\alpha}\sin^2\beta + L_{z'}\cos\beta = L_z \tag{13.30}$$

bestimmen wir $\dot{\alpha}$:

$$\dot{\alpha} = \frac{L_z - L_{z'}\cos\beta}{\Theta_1\sin^2\beta}, \tag{13.31}$$

und setzen dies in Gleichung (13.23) ein:

$$\frac{1}{2}\Theta_1\dot{\beta}^2 + \frac{(L_z - L_{z'}\cos\beta)^2}{2\Theta_1\sin^2\beta} + T_3 + mgl\cos\beta = E.$$

Da $L_z, L_{z'}, T_3$ und E Konstanten der Bewegung sind, ist das eine Differentialgleichung für die Nutation $\beta(t)$. Wir substituieren nun

$$u = \cos\beta, \tag{13.32}$$

dann ist $\dot{u} = -\sin\beta \cdot \dot{\beta}$ und $\sin^2\beta = 1 - u^2$. Damit ergibt sich:

$$\frac{1}{2}\Theta_1\frac{\dot{u}^2}{1-u^2} + \frac{(L_z - L_{z'}u)^2}{2\Theta_1(1-u^2)} + mglu = E - T_3 \tag{13.33}$$

bzw.

$$\dot{u}^2 + \frac{(L_z - L_{z'}u)^2}{\Theta_1^2} + \frac{2mglu(1-u^2)}{\Theta_1} = \frac{2(1-u^2)}{\Theta_1}(E - T_3). \tag{13.34}$$

Diese Differentialgleichung können wir mit den Abkürzungen

$$\varepsilon = 2\frac{E - T_3}{\Theta_1}, \qquad \xi = \frac{2mgl}{\Theta_1}, \qquad \gamma = \frac{L_z}{\Theta_1}, \qquad \delta = \frac{L_{z'}}{\Theta_1}, \tag{13.35}$$

auch so schreiben:

$$\dot{u}^2 = (\varepsilon - \xi u)(1 - u^2) - (\gamma - \delta u)^2. \tag{13.36}$$

Sie ist nicht elementar lösbar. Wir geben deshalb die graphische Darstellung des Kurvenverlaufs. Dabei setzen wir im folgenden als Abkürzung $\dot{u}^2 = f(u)$. Für große u ist u^3 der führende Term, d. h., die Kurve schmiegt sich an $f(u) = \xi u^3$ an. Für $f(1)$ bzw. $f(-1)$ ergibt sich:

$$f(1) = -(\gamma - \delta)^2 \leq 0, \qquad f(-1) = -(\gamma + \delta)^2 < 0. \tag{13.37}$$

Daraus erhalten wir die folgende graphische Darstellung.

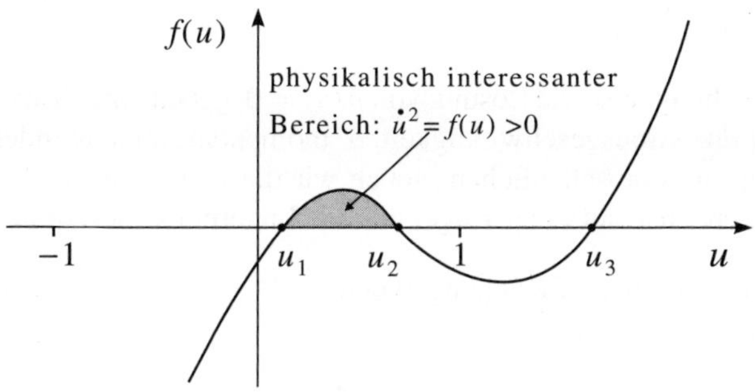

Qualitativer Verlauf der Funktion $f(u)$.

Im allgemeinen hat die Funktion $f(u)$ drei Nullstellen. Wegen ihres asymptotischen Verhaltens für große, positive u und wegen $f(1) < 0$ gilt für die eine Nullstelle $u_3 > 1$.

Nun muß für die Bewegung des Kreisels $\dot{u}^2 \geq 0$ sein. Da $0 \leq \beta \leq \pi/2$, ergibt sich $0 \leq u \leq 1$. Damit sich der Kreisel im physikalisch relevanten Bereich $0 \leq u \leq 1$ überhaupt bewegt, muß in diesem Bereich in einem gewissen Intervall $\dot{u}^2 = f(u) > 0$ sein. Es müssen also *aus physikalischen Gründen zwei physikalisch interessante Nullstellen* u_1, u_2 *zwischen Null und Eins existieren.* Im allgemeinen Fall liegen deshalb zwei korrespondierende Winkel β_1 und β_2 mit

$$\cos\beta_1 = u_1 \qquad \text{und} \qquad \cos\beta_2 = u_2 \tag{13.38}$$

vor.

In Spezialfällen kann dabei gelten 1. $u_1 = u_2$ und 2. $u_1 = u_2 = 1$. Wir betrachten zunächst diese Spezialfälle:

1. $u_1 = u_2 \neq 1$:

Die Spitze der Figurenachse läuft auf einem Kreis um (man spricht in diesem Fall von *„stationärer Präzession“*), dabei tritt keine Nutationsbewegung auf (der Winkel β hat einen festen Wert). Die Präzessionsgeschwindigkeit lautet nach (13.31):

$$\dot{\alpha} = \frac{\gamma - \delta u}{1 - u^2} \tag{13.39}$$

und ist konstant.

2. $u_1 = u_2 = 1$:

In diesem Fall steht die Figurenachse senkrecht nach oben, der Kreisel vollführt keine Nutations- und keine Präzessionsbewegung (*schlafender Kreisel*). Es ist offensichtlich ein Spezialfall der stationären Präzession (vgl. Aufgabe 13.6).

Im allgemeinen Fall ($u_1 \neq u_2$) ist der Präzessionsbewegung eine Nutation des Kreisels zwischen den Winkeln β_1 und β_2 überlagert. Für die Präzessionsgeschwindigkeit gilt nach dem Drehimpulssatz (13.30), (13.31):

$$\dot{\alpha} = \frac{L_z - L_{z'} \cos\beta}{\Theta_1 \sin^2\beta} = \frac{\gamma - \delta u}{1 - u^2}. \tag{13.40}$$

Die Nullstellen dieser Gleichung, also die Lösung von $\dot{\alpha}(u) = 0$, geben jene Winkel β an, bei welchen die Präzessionsgeschwindigkeit $\dot{\alpha}$ momentan verschwindet. Um die Kreiselbewegung zu veranschaulichen, geben wir die Kurve an, die der Durchstoßpunkt der Figurenachse auf einer Kugel um den Lagerpunkt beschreibt.

Wir erhalten daraus drei verschiedene Bewegungstypen:

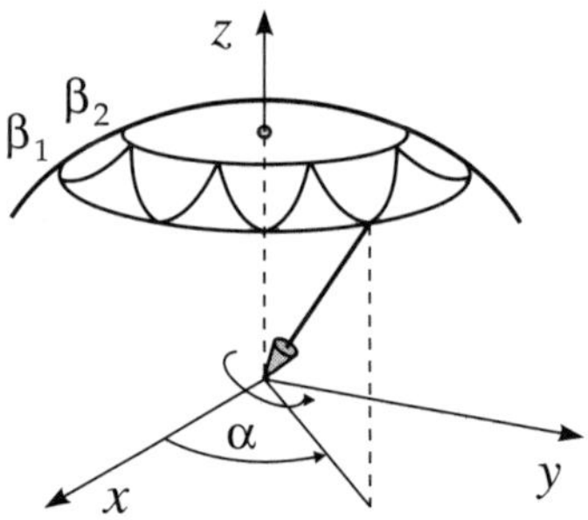

$\gamma/\delta = u_2$: Die Präzessionsgeschwindigkeit wird bei β_2 gerade Null, daher die Spitzen.

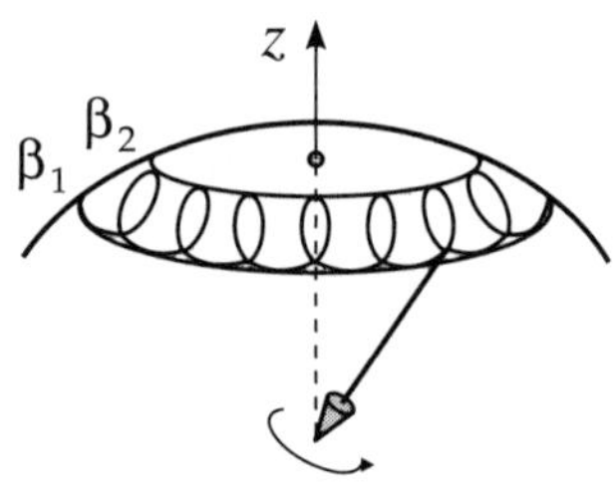

$u_1 < \gamma/\delta < u_2$: Die oberen Spitzen bei β_2 haben sich zu Schleifen erweitert. Die Präzessionsgeschwindigkeit wird zwischen β_2 und β_1 Null.

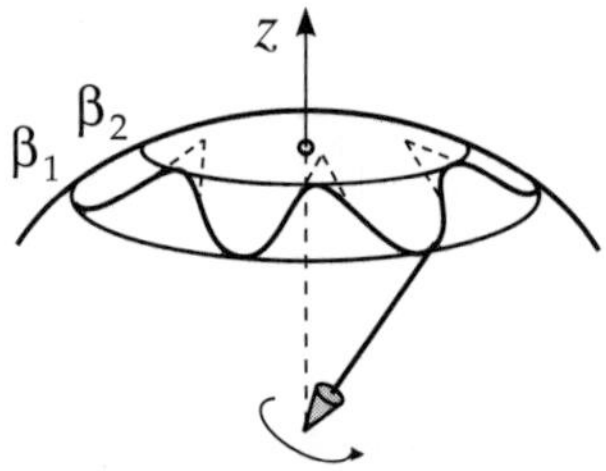

$\gamma/\delta > u_2$: Die Präzessionsgeschwindigkeit würde jenseits von β_2 (siehe Andeutung in Figur) Null werden. Es kann nicht zum Ausbilden der Spitze wie im ersten Fall kommen.

Der schlafende Kreisel

Beispiel 13.3

Beim sogenannten „schlafenden Kreisel" steht, wie wir schon sagten, die Figurenachse senkrecht, so daß weder Nutation noch Präzession stattfindet. Für diesen Spezialfall muß gelten, daß $\beta = 0$ und $\dot{\beta} = 0$.

Aus der Energieerhaltung finden wir:

$$\frac{1}{2}\Theta_1(\dot\beta^2 + \dot\alpha^2 \sin^2\beta) + \frac{1}{2}\Theta_3 A^2 + mgl\cos\beta = E \tag{1}$$

und wegen

$$\beta = 0, \qquad \dot\beta = 0$$

folgt

$$\Theta_3 A^2 = 2(E - mgl). \tag{2}$$

Die Konstanz der z-Komponente des Drehimpulses liefert

$$\Theta_1 \dot\alpha \sin^2\beta + \Theta_3 A\cos\beta = \text{const} = K, \tag{3}$$

woraus folgt ($A = \omega_3 + \omega_0 = \text{const}$):

$$\Theta_3 A = K. \tag{4}$$

Die Abkürzungen ε,ξ,γ und δ aus der Differentialgleichung für die Nutationsbewegung in $u = \cos\beta$ ergeben sich zu:

$$\begin{aligned}
\varepsilon &= \frac{2(E - (1/2)\Theta_3 A^2)}{\Theta_1} = \frac{2mgl}{\Theta_1},\\
\xi &= \frac{2mgl}{\Theta_1},\\
\gamma &= \frac{K}{\Theta_1} = \frac{\Theta_3 A}{\Theta_1},\\
\delta &= \frac{\Theta_3 A}{\Theta_1}
\end{aligned} \tag{5}$$

$$\Rightarrow \quad \varepsilon = \xi \qquad \text{und} \qquad \gamma = \delta.$$

Setzen wir dies in die aus der Vorlesung bekannte Differentialgleichung (13.13) für u ein, so ergibt sich:

$$\dot u^2 = f(u) = \varepsilon(1-u)(1-u)(1+u) - \gamma^2(1-u)^2 \tag{6}$$

$$\Rightarrow \quad f(u) = (1-u)^2[\varepsilon(1+u) - \gamma^2]. \tag{7}$$

Gleichung (7) hat eine zweifache Nullstelle, die wir $u_2 = u_3 = 1$ oder $u_1 = u_2 = 1$ nennen (vgl. Figuren), die dritte Nullstelle liegt bei:

$$\bar u = \frac{\gamma^2}{\varepsilon} - 1 = \frac{\Theta_3^2 A^2}{\Theta_1 2mgl} - 1. \tag{8}$$

Demnach hat $f(u)$ einen der beiden Verläufe:

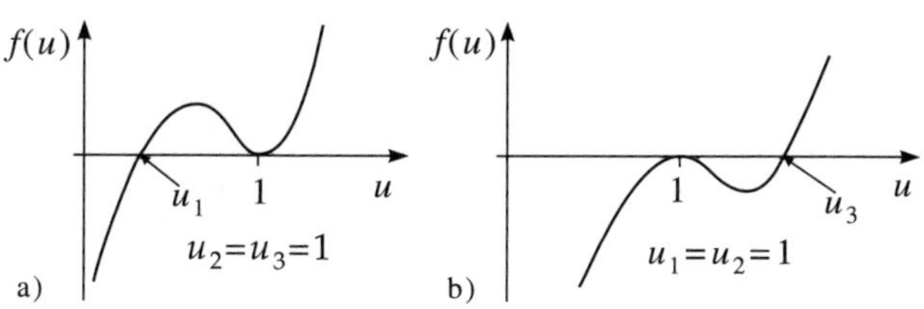

Qualitativer Verlauf von $f(u)$ für a) $u_2 = u_3 = 1$, b) $u_1 = u_2 = 1$.

Für a) verschwindet zwar $\dot{\beta}$, da $f(u)$ eine Nullstelle hat, demnach kann $\beta = \text{const} \neq 0$ sein, also der Fall stationärer Präzession vorliegen. Da wir für den „schlafenden Kreisel" jedoch auch $\beta = 0$ fordern, bleibt nur Figur b) übrig, wo kein $\beta \neq 0$ als Lösung existiert ($u_1 \geq 1$).

Demnach erhalten wir aus (8) als Bedingungsgleichungen für den „schlafenden Kreisel":

$$\frac{\Theta_3^2 A^2}{\Theta_1 2mgl} - 1 \geq 1 \quad \Leftrightarrow \quad A^2 \geq \frac{4mgl\Theta_1}{\Theta_3^2}. \tag{9}$$

Gleichung (9) wird nur in der Anfangsphase der Kreiselbewegung erfüllt sein. Aufgrund von Reibungswiderständen verringert sich $A^2 = (\omega_3 + \omega_0)^2$, so daß

$$A^2 < \frac{4mgl\Theta_1}{\Theta_3^2}$$

wird und somit Präzession mit überlagerter Nutation auftritt. Weiterer Energieverlust läßt den Kreisel unvermeidlicherweise umkippen.

▲ Beispiel 13.3

Der schwere symmetrische Kreisel

▼ Beispiel 13.4

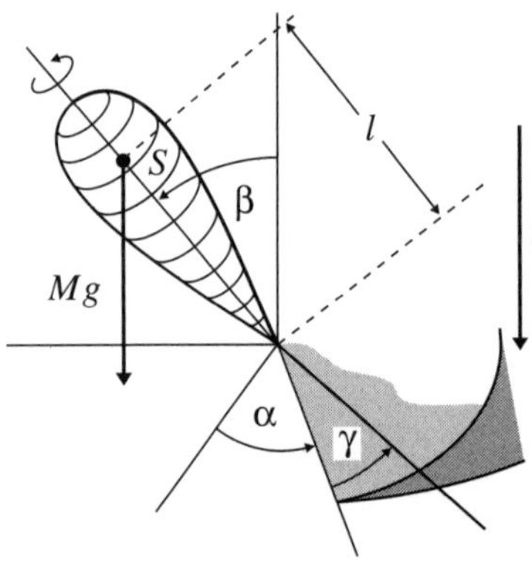

Der schwere symmetrische Kreisel mit den Eulerwinkeln.

1. Stellen Sie die Gesamtenergie des Kreisels als Funktion der Eulerwinkel dar.
2. Bestimmen Sie die Konstanten der Bewegung und benutzen Sie diese, um die Eulerwinkel α und γ aus dem Energiesatz zu eliminieren. Schlagen Sie Lösungsmöglichkeiten für die so erhaltene eindimensionale Differentialgleichung vor:
$$E = \frac{1}{2}\Theta_1 \dot{\beta}(t)^2 + V_{\text{eff}}(\beta). \tag{1}$$
3. Diskutieren Sie das effektive Potential $V_{\text{eff}}(\beta)$, und lösen Sie die Differentialgleichung des schweren Kreisels für infinitesimale Auslenkungen aus der stabilen Lage im Minimum des Potentials.
$$\beta(t) = \beta_0 + \eta(t).$$

Wir betrachten den an einem festen Punkt festgehaltenen symmetrischen Kreisel im Gravitationsfeld.

Der Energiesatz lautet:

$$E = T + V, \tag{1a}$$

wobei

$$T = \frac{1}{2}\sum_i \Theta_i \omega_i^2 \qquad \text{und} \qquad V = M \cdot g \cdot h. \tag{2}$$

M ist die Masse des Kreisels und $h = l\cos\beta$ der Abstand des Schwerpunktes zur Auflageebene.

Um die Winkelgeschwindigkeit $\vec{\omega} = (\omega_{x'}, \omega_{y'}, \omega_{z'})$ durch die Eulerwinkel und deren zeitlichen Ableitungen auszudrücken, beachten wir, daß $\dot{\alpha}, \dot{\beta}, \dot{\gamma}$ selbst Drehgeschwindigkeiten sind, aus denen sich die Drehgeschwindigkeit des Körpers als Vektorsumme ergibt:

$$\vec{\omega} = \vec{\omega}_\alpha + \vec{\omega}_\beta + \vec{\omega}_\gamma = \dot{\alpha}\vec{e}_\alpha + \dot{\beta}\vec{e}_\beta + \dot{\gamma}\vec{e}_\gamma . \tag{3}$$

Die Vektoren $\vec{e}_\alpha, \vec{e}_\beta, \vec{e}_\gamma$ ergeben sich aus der Definition der Eulerwinkel.

γ: Rotation um die neue (körperfeste) z'-Achse:

$$\vec{e}_\gamma = \vec{e}_{z'} = (0,0,1). \tag{4a}$$

α: Rotation um die raumfeste z-Achse:

$$\vec{e}_\alpha = \vec{e}_z = (\sin\beta\,\sin\gamma, \sin\beta\,\cos\gamma, \cos\beta). \tag{4b}$$

β: Rotation um die Knotenlinie, x-Achse:

$$\vec{e}_\beta = \vec{e}_x = (\cos\gamma, -\sin\gamma, 0). \tag{4c}$$

Im körperfesten Koordinatensystem erhält man so für die Komponenten der Drehgeschwindigkeit:

$$\begin{aligned} \omega_{x'} &= \omega_1 = \dot{\alpha}\sin\beta\,\sin\gamma + \dot{\beta}\cos\gamma, \\ \omega_{y'} &= \omega_2 = \dot{\alpha}\sin\beta\,\cos\gamma - \dot{\beta}\sin\gamma, \\ \omega_{z'} &= \omega_3 = \dot{\alpha}\cos\beta + \dot{\gamma}. \end{aligned} \tag{5}$$

Setzen wir dies in (2) ein und benutzen $\Theta_1 = \Theta_2$, so erhalten wir für die kinetische Energie

$$T = \frac{1}{2}\Theta_1(\dot{\alpha}^2\sin^2\beta + \dot{\beta}^2) + \frac{1}{2}\Theta_3(\dot{\alpha}\cos\beta + \dot{\gamma})^2 . \tag{6}$$

Da die Schwerkraft nur in z-Richtung wirkt, wirkt das Drehmoment nur entlang der Knotenlinie $\vec{e}_\beta$.

$$\begin{aligned} \vec{D} = \vec{r}\times\vec{F} &= -Mgl\vec{e}_{z'}\times\vec{e}_z \\ &= -Mgl\sin\beta\,\vec{e}_\beta . \end{aligned}$$

Damit erfahren die Drehimpulskomponenten in der $\vec{e}_z, \vec{e}_{z'}$-Ebene keine Änderung.

L_z und $L_{z'}$ sind Konstanten der Bewegung:

$$\begin{aligned} L_{z'} &= \Theta_3\omega_3 = \Theta_3(\dot{\alpha}\cos\beta + \dot{\gamma}) = \text{const}, \\ L_z &= \vec{L}\cdot\vec{e}_z = \text{const}. \end{aligned} \tag{7}$$

Das Skalarprodukt führen wir in den körperfesten Koordinaten aus.

$$\begin{aligned} L_z &= \vec{L}\cdot\vec{e}_z \\ &= \Theta_1(\dot{\alpha}\sin\beta\,\sin\gamma + \dot{\beta}\cos\gamma)(\sin\gamma\sin\beta) \\ &\quad + \Theta_1(\dot{\alpha}\sin\beta\,\cos\gamma - \dot{\beta}\sin\gamma)(\cos\gamma\sin\beta) \\ &\quad + \Theta_3(\dot{\alpha}\cos\beta + \dot{\gamma})(\cos\beta) \\ &= \Theta_1(\dot{\alpha}\sin^2\beta) + \Theta_3\cos\beta(\dot{\alpha}\cos\beta + \dot{\gamma}). \end{aligned} \tag{8}$$

Dabei machten wir Gebrauch von (5). Die Gleichungen (7) und (8) lassen sich invertieren, d. h. nach $\dot{\gamma}$ bzw. $\dot{\alpha}$ auflösen.

$$\dot{\alpha} = \frac{L_z - L_{z'}\cos\beta}{\Theta_1\sin^2\beta} \tag{9}$$

$$\dot{\gamma} = L_{z'}\left(\frac{1}{\Theta_3} + \frac{\cot^2\beta}{\Theta_1}\right) - \frac{L_z}{\Theta_1}\frac{\cos\beta}{\sin^2\beta} . \tag{10}$$

♦ Beispiel 13.4

Wir setzen die so erhaltenen Beziehungen (9), (10) in den Ausdruck für die kinetische Energie (6) ein und erhalten:

$$\begin{aligned}
E &= \frac{1}{2}\Theta_1\dot{\beta}^2 + \frac{\Theta_1}{2}\left(\frac{L_z - L_{z'}\cos\beta}{\Theta_1 \sin^2\beta}\right)^2 \sin^2\beta \\
&\quad + \frac{1}{2}\Theta_3(\dot{\alpha}^2\cos^2\beta + \dot{\gamma}^2 + 2\dot{\alpha}\dot{\gamma}\cos\beta) + Mgl\cos\beta \\
&= \frac{1}{2}\Theta_1\dot{\beta}^2 + \frac{1}{2\Theta_1}\frac{(L_z - L_{z'}\cos\beta)^2}{\sin^2\beta} + \frac{1}{2}\frac{L_{z'}}{\Theta_3} + Mgl\cos\beta \\
&= \frac{1}{2}\Theta_1\dot{\beta}^2 + V_{\text{eff}}(\beta).
\end{aligned} \tag{11}$$

Wir benutzten die Konstanz von L_z und $L_{z'}$, um die beiden Eulerwinkel α und γ zu eliminieren. Damit hat sich das Problem entscheidend vereinfacht. Aus dem Energiesatz (11) können wir nun prinzipell $\beta(t)$ bestimmen und erhalten dann über (9) und (10) $\alpha(t)$ und $\gamma(t)$.

Um weiterzukommen, bieten sich nun verschiedene Möglichkeiten an:

a) Aufstellung der Bewegungsgleichung für $\beta(t)$:

$$\frac{\mathrm{d}E}{\mathrm{d}t} = 0 = \Theta_1\dot{\beta}\ddot{\beta} + \frac{\partial V_{\text{eff}}(\beta)}{\partial\beta}\dot{\beta}. \tag{12}$$

Somit ergibt sich aus der Energieerhaltung die Bewegungsgleichung:

$$\Theta_1\ddot{\beta} = -\frac{\partial}{\partial\beta}V_{\text{eff}}(\beta) \tag{13}$$

$$\begin{aligned}
&= \frac{1}{\Theta_1}(L_z - L_{z'}\cos\beta)^2\frac{\cos\beta}{\sin^3\beta} - \frac{L_{z'}}{\Theta_1\sin\beta}(L_z - L_{z'}\cos\beta) + Mgl\sin\beta \\
&= \frac{\cos\beta}{\Theta_1\sin^3\beta}(L_z^2 - 2L_zL_{z'}\cos\beta + L_{z'}^2) - \frac{L_zL_{z'}}{\Theta_1\sin\beta} + Mgl\sin\beta.
\end{aligned} \tag{14}$$

Dies ist eine eindimensionale Differentialgleichung für β, wenn auch hochgradig nichtlinear. Bei gegebener Lösung $\beta(t)$ läßt sich $\alpha(t)$ und $\gamma(t)$ durch Integration aus (9) und (10) erhalten.

b) Eine andere prinzipielle Möglichkeit besteht darin, die Differentialgleichung (11) durch Variablentrennung und Integration zu lösen.

$$\frac{\mathrm{d}\beta}{\mathrm{d}t} = \sqrt{\frac{2}{\Theta_1}(E - V_{\text{eff}}(\beta))}$$

$$t - t_0 = \int_{\beta_0}^{\beta} \mathrm{d}\beta' \frac{1}{\sqrt{2/\Theta_1(E - V_{\text{eff}}(\beta'))}}. \tag{15}$$

Damit läßt sich die Zeitabhängigkeit von β mittels Integration bestimmen.

Da a) und b) gleichermaßen kompliziert sind, beschränken wir uns auf eine Diskussion des effektiven Potentials, um das Wesentliche der Kreiselbewegung zu verstehen.

Diskussion des effektiven Potentials

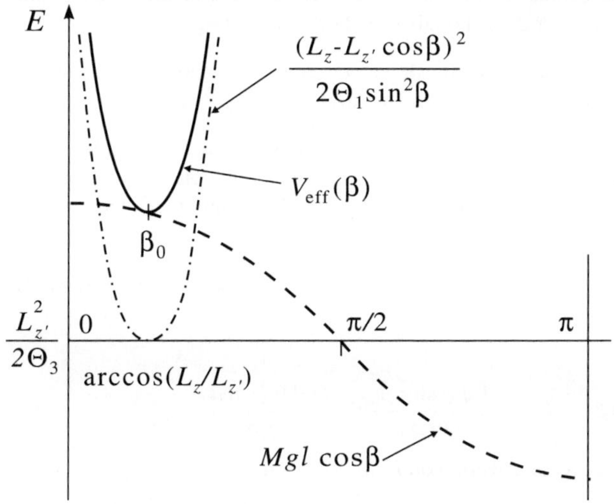

Effektives Potential $V_{\text{eff}}(\beta)$ und die drei Teilbeträge.

$$V_{\text{eff}} = \frac{1}{2\Theta_1}\frac{(L_z - L_{z'}\cos\beta)^2}{\sin^2\beta} + \frac{1}{2}\frac{L_{z'}}{\Theta_3} + Mgl\cos\beta\,. \tag{16}$$

Das effektive Potential setzt sich aus drei Termen zusammen, die wir im folgenden einzeln diskutieren.

Spinterm

$$\frac{1}{2}\frac{L_{z'}}{\Theta_3}\,. \tag{17}$$

Der zweite Term ist konstant und rührt von der Energie der Eigenrotation des Kreisels um seine Figurenachse her. Er bewirkt eine Verschiebung des Nullpunktes der Energieskala und ist unabhängig von β.

Drehimpulsbarriere

$$\frac{1}{2\Theta_1}\frac{(L_z - L_{z'}\cos\beta)^2}{\sin^2\beta}\,. \tag{18}$$

Der erste Term ist in Analogie zum $l^2/2mr^2$ Drehimpulsterm zu verstehen, wie er im effektiven Potential bei der Behandlung des Zentralkraftproblems auftrat. Er ist positiv und verschwindet für $L_z/L_{z'} = \cos\beta$. β ist nur dann ein physikalisch sinnvoller Winkel, wenn $L_z < L_{z'}$ ist. Dies ist für einen Kreisel mit schneller Eigenrotation im allgemeinen der Fall. Für $\beta = 0$, $\beta = \pi$ divergiert der erste Term aufgrund des Faktors $\sin^2\beta$ im Nenner. Konsequenterweise hat der Term dann ein Minimum, welches bei $\beta = \arccos(L_z/L_{z'}) < \pi/2$ liegt. Für $\beta \to 0$ und $\beta \to \pi$ steigt das Potential steil an.

Gravitationsterm

$$Mgl\cos\beta\,. \tag{19}$$

♦ Beispiel 13.4

Der letzte Beitrag wird vom Gravitationspotential hervorgerufen, ist antisymmetrisch um den Mittelpunkt $\pi/2$ und verschiebt das Minimum des effektiven Potentials zur rechten Seite von $\arccos(L_z/L_{z'})$, ohne aber dessen qualitative Form zu ändern.

Bei gegebener Energie E $(> L_z/2\Theta_3)$ ist die Bewegung auf die Region $E > V_{\text{eff}}(\beta)$ mit Umkehrpunkten $\beta_\pm$ beschränkt, wobei diese Punkte durch $E = V_{\text{eff}}(\beta_\pm)$ definiert sind.

Um die Bewegung genauer zu analysieren, bestimmen wir die stationäre Lösung, für welche $\beta = \beta_0 = \text{const}$ gilt. Sie liegt genau im Minimum des effektiven Potentials, so daß die Umkehrpunkte $\beta_\pm$ zusammenfallen und $E = V_{\text{eff}}(\beta_0)$. β_0 bestimmt man dann aus der Minimumseigenschaft:

$$\left(\frac{\partial V_{\text{eff}}}{\partial \beta}\right)_{\beta=\beta_0} = 0. \tag{20}$$

Damit ergibt sich aus (14)

$$L_z^2 - 2L_zL_{z'}\cos\beta_0 + L_{z'}^2 = \frac{L_zL_{z'}\sin^2\beta_0}{\cos\beta_0} - \frac{\Theta_1 Mgl\sin\beta_0}{\cos\beta_0}. \tag{21}$$

Diese Gleichung legt β_0 für gegebene Werte von L_z und $L_{z'}$ fest.

Die Gleichungen (9), (10) implizieren für $\dot\alpha$ bzw. $\dot\gamma$ konstante Werte $\dot\alpha_0$ und $\dot\gamma_0$, so daß im dynamischen Gleichgewicht der Kreisel bei festem Winkel β_0 eine konstante Drehung um die eigene Achse $\gamma(t) = \dot\gamma_0 t$ sowie eine Präzessionsbewegung $\alpha(t) = \dot\alpha_0 t$ bei konstanter Präzessionsfrequenz $\dot\alpha_0$ ausführt.

Kleine Oszillationen um die dynamische Gleichgewichtslage

Um die Bewegung in der Umgebung von β_0 zu untersuchen, betrachten wir kleine Auslenkungen aus dieser, und statt Gleichung (14) explizit zu lösen, schreiben wir:

$$\beta(t) = \beta_0 + \eta(t) \tag{22}$$

mit einer infinitesimalen Auslenkung $\eta(t)$. Wir entwickeln das Potential in eine Taylorreihe

$$V_{\text{eff}}(\beta) = V_{\text{eff}}(\beta_0) + \eta\left(\frac{\partial V_{\text{eff}}}{\partial\beta}\right)_{\beta=\beta_0} + \frac{1}{2}\eta^2\left(\frac{\partial^2 V_{\text{eff}}}{\partial t^2}\right)_{\beta=\beta_0} + \cdots \tag{23}$$

Der lineare Term verschwindet nach Konstruktion, und der quadratische Term folgt durch Differentiation der negativen rechten Seite von Gleichung (14).

$$\begin{aligned}\frac{\partial^2 V_{\text{eff}}}{\partial\beta^2} &= -Mgl\cos\beta - \frac{3L_zL_{z'}\cos\beta}{\Theta_1\sin^2\beta}\\ &\quad +(L_z^2 - 2L_zL_{z'}\cos\beta + L_{z'}^2)\frac{3-2\sin^2\beta}{\Theta_1\sin^4\beta}.\end{aligned} \tag{24}$$

Setzen wir für den letzten Term noch Gleichung (21) ein, so ergibt sich:

$$\left.\frac{\partial^2 V_{\text{eff}}}{\partial\beta^2}\right|_{\beta=\beta_0} = \frac{L_zL_{z'} - \Theta_1 Mgl(4-3\sin^2\beta_0)}{\Theta_1\cos\beta_0}. \tag{25}$$

Für die totale Energie erhält man dann in gleicher Weise:

$$E = \frac{1}{2}\Theta_1\dot\eta^2 + \frac{1}{2}\eta^2\left.\left(\frac{\partial^2 V_{\text{eff}}}{\partial\beta^2}\right)\right|_{\beta=\beta_0} + V_{\text{eff}}(\beta_0). \tag{26}$$

Differentiation nach der Zeit führt schließlich auf die Differentialgleichung des harmonischen Oszillators:

$$\ddot{\eta} + \Omega^2 \eta = 0 \tag{27}$$

mit

$$\Omega^2 = \frac{1}{\Theta_1}\left(\frac{\partial^2 V_{\text{eff}}}{\partial \beta^2}\right)_{\beta=\beta_0} = \frac{L_z L_{z'} - \Theta_1 M g l (4 - 3\sin^2\beta_0)}{\Theta_1^2 \cos\beta_0}. \tag{28}$$

Die zugehörige Bewegung

$$\beta(t) = \beta_0 + \eta_0 \cos(\Omega t + \Phi_0) \tag{29}$$

ist stabil wenn $\Omega^2 > 0$. Offensichtlich muß das Produkt $L_z L_{z'}$ hinreichend groß sein, um stabile Schwingungen zu gewährleisten.

Präzession und Nutation

Wir setzen die explizite Lösung von (27) in (9) und (10) ein und entwickeln in $\eta(t)$:

$$\begin{aligned}\dot{\alpha}(t) &\approx \frac{L_z - L_{z'}\cos\beta_0}{\Theta_1 \sin^2\beta_0} + \eta(t)\frac{\partial}{\partial\beta}\left(\frac{L_z - L_{z'}\cos\beta}{\Theta_1\sin^2\beta}\right)_{\beta=\beta_0} + \cdots \\ &\equiv \dot{\alpha}_0 + \eta(t)\dot{\alpha}_1\end{aligned} \tag{30}$$

$$\dot{\gamma}(t) \simeq \dot{\gamma}_0 + \eta(t)\dot{\gamma}_1, \tag{31}$$

wobei $\dot{\alpha}_0, \dot{\alpha}_1, \dot{\gamma}_0, \dot{\gamma}_1$ Konstanten sind, die von $L_z, L_{z'}$ und E (über β_0) abhängen.

Zur qualitativen Betrachtung der Überlagerung von Nutation ($\beta(t)$) und Präzession ($\alpha(t)$) gehen wir von Gleichung (30) aus.

$$\begin{aligned}\dot{\alpha}(t) &\simeq \dot{\alpha}_0 + \eta_0\dot{\alpha}_1\cos(\Omega t + \varphi_0) \\ &= \dot{\alpha}_1\eta_0\left(\frac{\dot{\alpha}_0}{\dot{\alpha}_1\eta_0} + \cos(\Omega t + \varphi_0)\right).\end{aligned} \tag{32}$$

Für $\dot{\alpha}_0/\dot{\alpha}_1\eta_0 > 1$ bleibt $\dot{\alpha}$ stets größer Null: Teilbild (a) in der Figur.

Für $\dot{\alpha}_0/\dot{\alpha}_1\eta_0 = 1$ kann die Präzessionsfrequenz Null werden: Teilbild (b) der Figur.

Für $\dot{\alpha}_0/\dot{\alpha}_1\eta_0 < 1$ ergibt sich streckenweise eine rückläufige Bewegung: Teilbild (c) der Figur.

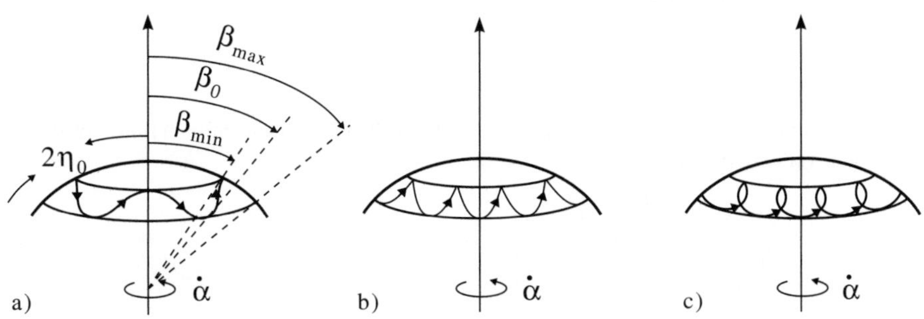

Verschiedene Fälle der Überlagerung von Nutation und Präzession.

Beispiel 13.4

Stabile und instabile Rotationen des asymmetrischen Kreisels

Aufgabe 13.8

Stabile und instabile Rotationen des asymmetrischen Kreisels.

Benutzen Sie die Eulerschen Gleichungen, um zu zeigen, daß für einen asymmetrischen Kreisel die Rotationen um die Achse des größten bzw. kleinsten Trägheitsmoment stabil sind, die Rotation um die Achse des mittleren Trägheitsmoments hingegen instabil ist.

Lösung:

Wir gehen von den Eulerschen Gleichungen für den freien Kreisel aus:

$$\dot{\omega}_1 = \frac{\Theta_2 - \Theta_3}{\Theta_1}\omega_2\omega_3 \tag{1}$$

$$\dot{\omega}_2 = \frac{\Theta_3 - \Theta_1}{\Theta_2}\omega_1\omega_3 \tag{2}$$

$$\dot{\omega}_3 = \frac{\Theta_1 - \Theta_2}{\Theta_3}\omega_1\omega_2 \tag{3}$$

Der Kreisel rotiere um die körperfeste z-Achse, so daß $\omega_3 = \omega_0 = \text{const.}$ und $\omega_1 = \omega_2 = 0$.

Um die Stabilität der Rotation um diese Hauptachse zu untersuchen, lenken wir die Drehachse ein wenig aus, so daß neue Komponenten $\delta\omega_1, \delta\omega_2$ und ein zusätzliches $\delta\omega_3$ entstehen.

Für $\delta\dot{\omega}_3$ erhalten wir aus der Eulerschen Gleichung

$$\delta\dot{\omega}_3 = \frac{\Theta_1 - \Theta_2}{\Theta_3}\delta\omega_1\delta\omega_2 \simeq 0. \tag{4}$$

Vernachlässigen wir quadratisch kleine Glieder, können wir $\omega_3 = \omega_0$ setzen. Aus den beiden anderen Eulerschen Gleichungen erhält man dann:

$$\delta\dot{\omega}_1 + \frac{\Theta_3 - \Theta_2}{\Theta_1}\delta\omega_2\omega_0 = 0, \tag{5}$$

$$\delta\dot{\omega}_2 + \frac{\Theta_1 - \Theta_3}{\Theta_2}\delta\omega_1\omega_0 = 0. \tag{6}$$

Um dieses gekoppelte System zu lösen, machen wir den Ansatz:

$$\begin{aligned}\delta\omega_1 &= A\,\mathrm{e}^{\lambda t},\\ \delta\omega_2 &= B\,\mathrm{e}^{\lambda t}.\end{aligned} \tag{7}$$

Dies führt auf ein lineares Gleichungssystem in A und B, dessen Determinate für nichttriviale Lösungen verschwinden muß:

$$\begin{vmatrix} \lambda & \dfrac{\Theta_3 - \Theta_2}{\Theta_1}\omega_0 \\ \dfrac{\Theta_1 - \Theta_3}{\Theta_2}\omega_0 & \lambda \end{vmatrix} = 0. \tag{8}$$

Daraus ergibt sich die charakteristische Gleichung:

$$\lambda^2 = \omega_0^2 \frac{(\Theta_3 - \Theta_2)(\Theta_1 - \Theta_3)}{\Theta_1\Theta_2}. \tag{9}$$

Für Rotation um die Achse des kleinsten Trägheitsmoments $\Theta_3 < \Theta_1, \Theta_2$, als auch für die Rotation um die Achse des größten Trägheitsmoments $\Theta_3 > \Theta_1, \Theta_2$ führt Gleichung (9) auf rein imaginäres λ:

$$\lambda^2 < 0, \tag{10}$$

und somit auf oszillierende Lösungen für $\delta\omega_1$ bzw. $\delta\omega_2$. Die Rotation um die Achse des größten bzw. des kleinsten Trägheitsmoments ist somit stabil.

Die Rotation um die Achse des mittleren Trägheitsmoments:

$$\Theta_1 > \Theta_3 > \Theta_2 \qquad \text{bzw.} \qquad \Theta_2 > \Theta_3 > \Theta_1 \tag{11}$$

führt auf reelles λ und somit auf eine zeitliche Entwicklung von $\delta\omega_1$ bzw. $\delta\omega_2$ gemäß:

$$\delta\omega_{1/2} = C_{1/2}\cosh\lambda t + D_{1/2}\sinh\lambda t. \tag{12}$$

Die Drehachse entfernt sich exponentiell von der Ausgangslage. Die Rotation um die Achse des mittleren Trägheitsmoments ist nicht stabil!

Aufgabe 13.8 ▲

V Lagrange-Gleichungen

14 Generalisierte Koordinaten

Die Bewegung der in der Mechanik betrachteten Körper erfolgt in vielen Fällen nicht frei, sondern ist gewissen Zwangsbedingungen unterworfen. Die Zwangsbedingungen können verschiedene Formen annehmen. So kann ein Massenpunkt auf einer Raumkurve oder einer Fläche festgehalten werden. Beim starren Körper geben die Zwangsbedingungen an, daß die Abstände zwischen den einzelnen Punkten konstant sind. Betrachten wir Gasmoleküle in einem Gefäß, so geben die Zwangsbedingungen an, daß die Moleküle nicht die Gefäßwand durchdringen können. Da die Zwangsbedingungen für die Lösung eines mechanischen Problems wichtig sind, nimmt man eine Klassifizierung mechanischer Systeme nach der Art der Zwangsbedingungen vor.

Wir bezeichnen ein System als *holonom*, wenn die Zwangsbedingungen durch Gleichungen der Form

$$f_k(\vec{r}_1,\vec{r}_2,\ldots,t) = 0, \qquad k = 1,2,\ldots,s \tag{14.1}$$

dargestellt werden können. Diese Form der Zwangsbedingungen ist von Bedeutung, weil sie benutzt werden kann, um abhängige Koordinaten zu eliminieren. Für ein Pendel der Länge l lautet die Gleichung (14.1) $x^2 + y^2 - l^2 = 0$, wenn wir das Koordinatensystem in den Aufhängepunkt legen. Mit dieser Gleichung kann die Koordinate x und y ausgedrückt werden.

Ein weiteres einfaches Beispiel für holonome Zwangsbedingungen haben wir schon beim starren Körper kennengelernt, nämlich die Konstanz der Abstände zwischen zwei Punkten: $(\vec{r}_i - \vec{r}_j)^2 - C_{ij}^2 = 0$. Dort dienten diese Zwangsbedingungen dazu, die $3N$ Freiheitsgrade eines Systems von N Massenpunkten auf die sechs Freiheitsgrade des starren Körpers zu reduzieren.

Alle Zwangsbedingungen, die nicht in der Form (14.1) dargestellt werden können, heißen *nichtholonom*. Dies sind Bedingungen, die nicht in einer geschlossenen Form oder durch Ungleichungen beschrieben werden. Ein Beispiel hierfür sind in einer Kugel vom Radius R eingeschlossene Gasmoleküle. Ihre Koordinaten müssen den Bedingungen $r_i \leq R$ genügen.

Eine weitere Unterscheidung der Zwangsbedingungen wird nach ihrer Zeitabhängigkeit vorgenommen. Ist die Zwangsbedingung eine explizite Funktion der Zeit, so heißt sie *rheonom*, tritt die Zeit nicht explizit auf, nennen wir die Zwangsbedingung *skleronom*. Eine rheonome Zwangsbedingung liegt vor, wenn sich ein Massenpunkt auf einer bewegten Raumkurve bewegt oder Gasmoleküle in einer Kugel mit zeitlich veränderlichem Radius eingeschlossen sind.

In gewissen Fällen können die Zwangsbedingungen auch in differentieller Form gegeben sein, zum Beispiel, wenn eine Bedingung für Geschwindigkeiten vorliegt, wie beim Abrollen eines Rades. Die Zwangsbedingungen haben dann die Form

$$\sum_k^N a_k(x_1, x_2, \ldots, x_N)\,\mathrm{d}x_k = 0, \tag{14.2}$$

wobei die x_k für die verschiedenen Koordinaten stehen und die a_k Funktionen dieser Koordinaten sind. Wir müssen nun zwei Fälle unterscheiden.

Wenn die Gleichung (14.2) das vollständige Differential einer Funktion U darstellt, können wir sie sofort integrieren und erhalten eine Gleichung von der Form der Gleichung (14.1). In diesem Fall sind die Zwangsbedingungen holonom. Ist Gleichung (14.2) kein vollständiges Differential, so kann sie erst integriert werden, wenn das vollständige Problem schon gelöst ist. Die Gleichung (14.2) eignet sich dann nicht, um abhängige Koordinaten zu eliminieren, sie ist nichtholonom.

Aus der Forderung, daß Gleichung (14.2) ein vollständiges Differential sein soll, können wir ein Kriterium für die Holonomität differentieller Zwangsbedingungen angeben. Es muß dann gelten

$$\sum_k a_k\,\mathrm{d}x_k = \mathrm{d}U \qquad \text{mit} \qquad a_k = \frac{\partial U}{\partial x_k}.$$

Daraus folgt, daß

$$\frac{\partial a_k}{\partial x_i} = \frac{\partial^2 U}{\partial x_i \partial x_k} = \frac{\partial a_i}{\partial x_k}.$$

Die Gleichung (14.2) stellt also eine holonome Zwangsbedingung dar, wenn zwischen den Koeffizienten die *Integrabilitätsbedingungen*

$$\frac{\partial a_k}{\partial x_i} = \frac{\partial a_i}{\partial x_k}$$

gelten. Diese bedeuten nichts weiter, als daß der „Vektor" $\vec{a} = \{a_1, a_2, \ldots, a_N\}$ rotationsfrei (wirbelfrei) sein muß. Im Band 1 der Vorlesungen, Kapitel 13 (siehe besonders Beispiel 13.1) haben wir dies für den 3 dimensionalen Fall ausführlich besprochen. Im N-dimensionalen Raum ist es genauso.

Zur Klassifizierung eines mechanischen Systems geben wir noch zusätzlich an, ob es sich um ein konservatives System handelt oder nicht.

Kleine Kugel rollt auf großer Kugel

Beispiel 14.1

Eine Kugel rollt im Schwerefeld reibungslos vom oberen Pol einer größeren Kugel. Das System ist konservativ. Da mit dem Ablösen der Kugel die Zwangsbedingungen sich völlig ändern und sich nicht in der geschlossenen Form der Gleichung (14.1) darstellen lassen, ist das System nichtholonom. Weil die Zeit nicht explizit auftritt, ist das System skleronom.

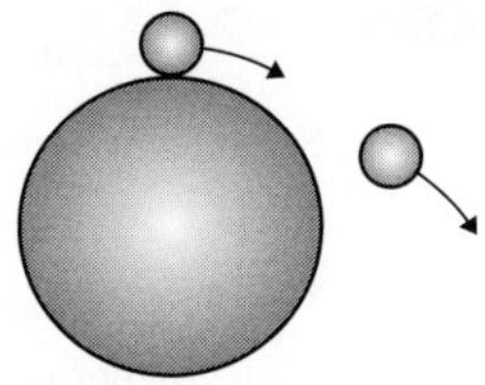

Kleine Kugel rollt auf großer Kugel.

Beispiel 14.1

Ein Körper rutscht auf schiefer Ebene

Beispiel 14.2

Ein Körper rutscht mit Reibung auf einer schiefen Ebene herunter. Der Neigungswinkel der Ebene ist zeitlich veränderlich. Zwischen den Koordinaten und dem Neigungswinkel besteht die Beziehung

$$\frac{y}{x} - \tan \omega t = 0.$$

Die Zeit tritt also explizit in der Zwangsbedingung auf. Das System ist holonom und rheonom. Da Reibung vorliegt, ist es außerdem nicht konservativ.

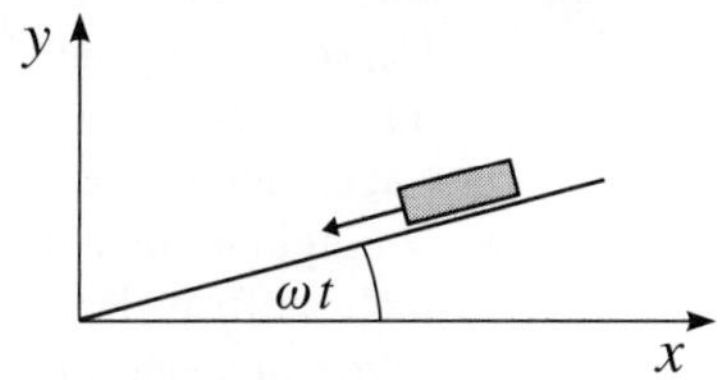

Ein Körper rutscht eine schiefe Ebene herunter.

Beispiel 14.2

Rad rollt auf Ebene

Beispiel 14.3

Als ein Beispiel für differentielle Zwangsbedingungen betrachten wir ein Rad, das (ohne zu rutschen) auf einer Ebene rollt. Das Rad kann nicht umfallen. Der Radius des Rades ist a.

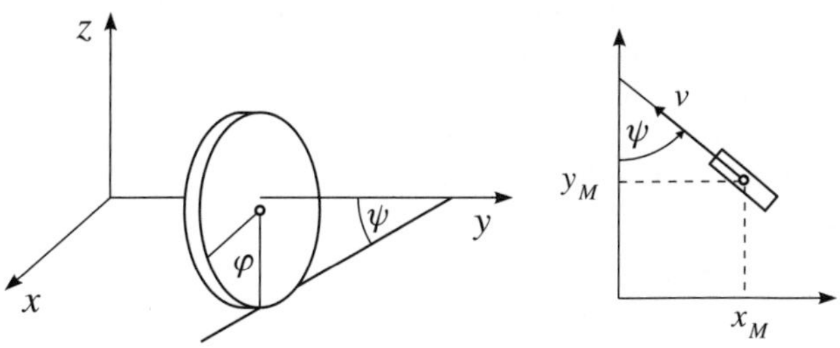

Ein Rad rollt auf einer Ebene (zwei Ansichten).

Zur Berechnung benutzen wir die Koordinaten x_M, y_M des Mittelpunktes, den Winkel φ, der die Drehung angibt, und den Winkel ψ, der die Orientierung der Radebene zur y-Achse angibt.

Zwischen der Geschwindigkeit v des Radmittelpunktes und der Drehgeschwindigkeit besteht die Beziehung (Rollbedingung):

$$v = a\dot{\varphi}.$$

Die Komponenten der Geschwindigkeit sind

$$\dot{x}_M = -v \sin\psi,$$
$$\dot{y}_M = v \cos\psi.$$

Setzen wir v ein, so erhalten wir

$$dx_M + a \sin\psi \cdot d\varphi = 0,$$
$$dy_M - a \cos\psi \cdot d\varphi = 0,$$

also Zwangsbedingungen der Art von Gleichung (14.2).

Da der Winkel ψ erst nach Lösung des Problems bekannt ist, sind die Gleichungen nicht integrabel. Das Problem ist also nichtholonom, skleronom und konservativ.

▲ Beispiel 14.3

Bewegt sich ein Körper auf einer durch Zwangsbedingungen vorgegebenen (oder eingeschränkten) Bahn, so treten Zwangskräfte auf, die ihn auf dieser Bahn halten. Derartige Zwangskräfte sind Auflagekräfte, Lagerkräfte(-momente), Fadenspannungen usw. Falls man sich nicht speziell für die Belastung eines Fadens oder Lagers interessiert, versucht man die Aufgabe so zu formulieren, daß die Zwangsbedingung (und damit die Zwangskraft) in den zu lösenden Gleichungen nicht mehr auftritt. Bei den bisher behandelten Problemen haben wir dieses Verfahren schon unausgesprochen praktiziert. Ein einfaches Beispiel ist das ebene Pendel. Statt der Formulierung in kartesischen Koordinaten, bei der die Zwangsbedingung $x^2 + y^2 = l^2$ explizit berücksichtigt werden muß, benutzen wir Polarkoordinaten (r, φ).

Die Konstanz der Pendellänge bedeutet, daß die r-Koordinate konstant bleibt und wir die Bewegung des Pendels mit der Winkelkoordinate allein vollständig beschreiben können. Dieses Vorgehen, die Transformation auf dem Problem angepaßte Koordinaten, wollen wir jetzt etwas allgemeiner fassen.

Betrachten wir ein System von n Massenpunkten, so wird es durch $3n$ Koordinaten $\vec{r}_1, \vec{r}_2, \ldots, \vec{r}_n$ beschrieben. Die Zahl der Freiheitsgrade ist ebenfalls $3n$. Liegen s *Zwangsbedingungen* vor, so wird die Zahl der Freiheitsgrade auf $3n - s$ eingeschränkt. In dem Satz von ursprünglich $3n$ unabhängigen Koordinaten sind jetzt s abhängige Koordinaten enthalten. Nun wird die Bedeutung der holonomen Zwangsbedingungen klar. Werden nämlich die Zwangsbedingungen durch Gleichungen der Form (14.1) ausgedrückt, so lassen sich die abhängigen Koordinaten eliminieren. Wir können auf $3n - s$ Koordinaten $q_1, q_2, \ldots, q_{3n-s}$ transformieren, die die Zwangsbedingungen implizit enthalten und voneinander unabhängig sind. Die alten Koordinaten $\vec{r}_i$ werden durch die neuen Koordinaten q_j mittels Gleichungen der Form

$$\begin{aligned} \vec{r}_1 &= \vec{r}_1(q_1, q_2, \ldots, q_{3n-s}, t), \\ \vec{r}_2 &= \vec{r}_2(q_1, q_2, \ldots, q_{3n-s}, t), \\ &\vdots \\ \vec{r}_n &= \vec{r}_n(q_1, q_2, \ldots, q_{3n-s}, t) \end{aligned} \tag{14.3}$$

ausgedrückt. Diese Koordinaten q_i, die jetzt als frei betrachtet werden können, heißen *generalisierte* (oder verallgemeinerte) *Koordinaten.* In den meisten praktischen Fällen, die wir betrachten, wird die Wahl der generalisierten Koordinaten schon durch die Problemstellung nahegelegt, und die Transformationsgleichungen (14.3) müssen nicht explizit aufgestellt werden. Die Benutzung von generalisierten Koordinaten ist auch bei Problemen ohne Zwangsbedingungen nützlich. So läßt sich ein Zentralkraftproblem einfacher und vollständig durch die Koordinaten (r, ϑ, φ) statt durch (x, y, z) beschreiben.

Als generalisierte Koordinaten dienen in der Regel Längen und Winkel. Wie wir später sehen werden, können aber auch Impulse und Energien usw. als generalisierte Koordinaten verwendet werden.

Generalisierte Koordinaten

Beispiel 14.4

Eine Ellipse sei in der x-y-Ebene gegeben. Ein Teilchen, das sich auf der Ellipse bewegt, hat die Koordinaten (x, y).

Die kartesischen Koordinaten lassen sich durch den Parameter φ ausdrücken:

$$y = b \sin\varphi, \qquad x = a \cos\varphi.$$

Es ist also möglich, die Bewegung des Teilchens vollständig durch den Winkel φ (die generalisierte Koordinate φ) zu beschreiben.

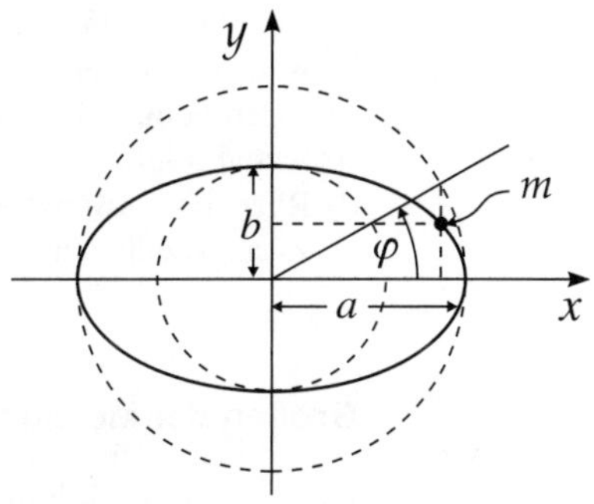

Ellipse: $y = b \sin\varphi, x = a \cos\varphi$.

Beispiel 14.4

Zylinder rollt auf schiefer Ebene

Beispiel 14.5

Die Position eines Zylinders auf einer schiefen Ebene ist durch den Abstand l vom Nullpunkt zum Massenschwerpunkt und den Winkel φ der Rotation des Zylinders um seine Achse vollständig gegeben.

Rutscht der Zylinder auf der Ebene, so sind beide generalisierten Koordinaten von Bedeutung.

Wenn der Zylinder nicht rutscht, ist l über eine Rollbedingung von φ abhängig; dann ist nur eine der beiden generalisierten Koordinaten zur vollständigen Beschreibung der Bewegung des Zylinders notwendig.

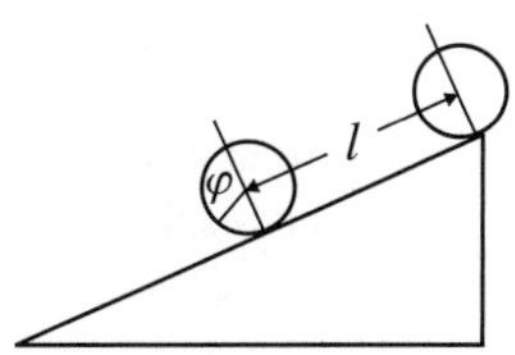

Zylinder rollt auf schiefer Ebene.

Beispiel 14.5

Klassifizierung der Zwangsbedingungen

Aufgabe 14.1

Klassifizieren Sie die folgenden Systeme nach den Gesichtspunkten: skleronom oder rheonom, holonom oder nichtholonom, konservativ oder nichtkonservativ:

a) eine Kugel, die auf einer festen Kugel reibungsfrei hinunterrollt;
b) ein Zylinder, der eine rauhe, schiefe Ebene (Neigungswinkel α) herabrollt;
c) ein Teilchen, das auf der rauhen Innenfläche eines Rotationsparaboloides hinuntergleitet;
d) ein Teilchen, das sich längs eines sehr langen Stabes reibungslos bewegt. Der Stab rotiert mit der Winkelgeschwindigkeit ω in der vertikalen Ebene um eine horizontale Achse.

Lösung:

a) Skleronom, da die Zwangsbedingung keine explizite Zeitfunktion ist. Nichtholonom, da die rollende Kugel die feste Kugel verläßt. Konservativ, da die Schwerkraft aus einem Potential hergeleitet werden kann.
b) Skleronom, holonom, nichtkonservativ: Die Gleichung der Zwangsbedingung stellt entweder eine Linie oder Fläche dar. Weil die Oberfläche rauh ist, gibt es Reibung. Daher ist dieses System nichtkonservativ.
c) Skleronom, holonom, aber nichtkonservativ, da die Reibungskraft nicht aus einem Potential folgt!
d) Rheonom: Zwangsbedingung ist explizite Zeitfunktion. Holonom: Die Gleichung der Zwangsbedingung ist eine Gerade, die die Zeit explizit enthält; konservativ.

Aufgabe 14.1

Größen der Mechanik in generalisierten Koordinaten

Die Geschwindigkeit des i-ten Massenpunktes läßt sich entsprechend der Tranformationsgleichung

$$\vec{r}_i = \vec{r}_i(q_1, \ldots, q_v, t)$$

als

$$\dot{\vec{r}}_i = \frac{\partial \vec{r}_i}{\partial q_1}\frac{\mathrm{d}q_1}{\mathrm{d}t} + \cdots + \frac{\partial \vec{r}_i}{\partial q_v}\frac{\mathrm{d}q_v}{\mathrm{d}t} + \frac{\partial \vec{r}_i}{\partial t}$$

darstellen.

Im skleronomen Fall fällt der letzte Summand weg. In anderer Form können wir auch schreiben:

$$\dot{\vec{r}}_i = \sum_{\alpha}^{f} \frac{\partial \vec{r}_i}{\partial q_\alpha}\dot{q}_\alpha + \frac{\partial \vec{r}_i}{\partial t}, \qquad \text{wobei} \qquad \dot{q}_\alpha = \frac{\mathrm{d}q_\alpha}{\mathrm{d}t} \tag{14.4}$$

ist und $\dot{q}_\alpha$ als *generalisierte Geschwindigkeit* bezeichnet wird. Wir beschränken uns im folgenden auf die x-Komponente. Auch betrachten wir nur den skleronomen Fall und schreiben für die x-Komponente von Gleichung (14.4):

$$\dot{x}_i = \sum_{\alpha} \frac{\partial x_i}{\partial q_\alpha}\dot{q}_\alpha. \tag{14.5}$$

Differenzieren wir (14.5) noch einmal nach der Zeit, so erhalten wir für die kartesischen Komponenten der Beschleunigung:

$$\ddot{x}_i = \sum_\alpha \frac{\mathrm{d}}{\mathrm{d}t}\left(\frac{\partial x_i}{\partial q_\alpha}\right)\dot{q}_\alpha + \frac{\partial x_i}{\partial q_\alpha}\ddot{q}_\alpha.$$

Die totale Ableitung im ersten Term schreiben wir wie üblich

$$\frac{\mathrm{d}}{\mathrm{d}t}\left(\frac{\partial x_i}{\partial q_\alpha}\right) = \sum_\beta \frac{\partial^2 x_i}{\partial q_\beta \partial q_\alpha}\dot{q}_\beta.$$

Der griechische Index, über den jetzt zusätzlich zu summieren ist, wird hier mit dem Buchstaben β bezeichnet, um eine Verwechslung mit dem Summationsindex α zu vermeiden. Somit gilt:

$$\ddot{x}_i = \sum_{\alpha,\beta} \frac{\partial^2 x_i}{\partial q_\beta \partial q_\alpha}\dot{q}_\beta\dot{q}_\alpha + \sum_\alpha \frac{\partial x_i}{\partial q_\alpha}\ddot{q}_\alpha.$$

Der erste Term enthält eine doppelte Summation über α und β.

Ein System habe die generalisierten Koordinaten $q_1, \ldots, q_f$, die nun einen Zuwachs von $\mathrm{d}q_1, \ldots, \mathrm{d}q_f$ erfahren sollen. Wir wollen die dabei geleistete Arbeit bestimmen. Für eine infinitesimale Verschiebung des i-ten Teilchens gilt:

$$\mathrm{d}\vec{r}_i = \sum_{\alpha=1}^{f} \frac{\partial \vec{r}_i}{\partial q_\alpha}\,\mathrm{d}q_\alpha. \tag{14.6}$$

Daraus erhalten wir die verrichtete Arbeit als

$$\mathrm{d}W = \sum_{i=1}^{n} \vec{F}_i \cdot \mathrm{d}\vec{r}_i = \sum_{i=1}^{n}\left(\sum_{\alpha=1}^{f} \vec{F}_i \cdot \frac{\partial \vec{r}_i}{\partial q_\alpha}\right)\mathrm{d}q_\alpha = \sum_\alpha Q_\alpha\,\mathrm{d}q_\alpha,$$

wobei

$$Q_\alpha = \sum_i \vec{F}_i \cdot \frac{\partial \vec{r}_i}{\partial q_\alpha} \tag{14.7}$$

ist.

Wir nennen Q_α die *verallgemeinerte* (generalisierte) *Kraft.* Da die generalisierte Koordinate nicht die Dimension einer Länge zu haben braucht, muß Q_α nicht die Dimension einer Kraft haben. Das Produkt $Q_\alpha q_\alpha$ hat allerdings immer die Dimension einer Arbeit.

In konservativen Systemen, wenn also W nicht von der Zeit abhängt, hat man

$$\mathrm{d}W = \sum_\alpha \frac{\partial W}{\partial q_\alpha}\,\mathrm{d}q_\alpha \qquad \text{und} \qquad \mathrm{d}W = \sum_\alpha Q_\alpha\,\mathrm{d}q_\alpha.$$

Dann muß gelten:

$$\mathrm{d}W - \mathrm{d}W = 0 = \sum_\alpha \left(Q_\alpha - \frac{\partial W}{\partial q_\alpha}\right)\mathrm{d}q_\alpha = 0.$$

Da die q_α generalisierte Koordinaten sind, sind sie voneinander unabhängig, und daher folgt nun, daß der Ausdruck $(Q_\alpha - \partial W/\partial q_\alpha) = 0$ sein muß, um die Gleichung

$$\sum_\alpha \left(Q_\alpha - \frac{\partial W}{\partial q_\alpha} \right) \mathrm{d}q_\alpha = 0$$

zu erfüllen.

Dies ist aber nur der Fall, wenn

$$Q_\alpha = \frac{\partial W}{\partial q_\alpha}$$

ist. Die Komponenten der verallgemeinerten Kraft ergeben sich also als Ableitung der Arbeit nach der betreffenden verallgemeinerten Koordinate.

15 D'Alembertsches Prinzip und Herleitung der Lagrange-Gleichungen

Virtuelle Verrückungen

D'Alembert (1717–1783) → unten

Unter einer virtuellen Verrückung $\delta\vec{r}$ verstehen wir eine mit den Zwangsbedingungen vereinbare infinitesimale Auslenkung des Systems. Im Gegensatz zu einer reellen infinitesimalen Auslenkung $\mathrm{d}\vec{r}$ sollen sich bei einer virtuellen Verrückung die Kräfte und Zwangskräfte, denen das System unterliegt, nicht ändern. Eine virtuelle Verrückung wird mit dem Symbol δ gekennzeichnet, eine reelle mit d. Mathematisch gehen wir mit dem Element δ wie mit einem Differential um, z. B. ist

$$\delta \sin x = \frac{\delta \sin x}{\delta x} \delta x = (\cos x)\delta x \qquad \text{usw.}$$

Wir betrachten ein System von Massenpunkten im Gleichgewicht. Dann verschwindet die Gesamtkraft $\vec{F}_i$ auf jeden einzelnen Massenpunkt; also $\vec{F}_i = 0$. Als *virtuelle* Arbeit bezeichnen wir das Produkt aus Kraft und virtueller Verrückung $\vec{F}_i \cdot \delta\vec{r}_i$. Da die Kraft im Gleichgewicht für jeden einzelnen Massenpunkt ver-

---

JEAN LE ROND D'ALEMBERT

D'Alembert, Jean le Rond, geb. 16. oder 17.11.1717 in Paris als Sohn eines Generals, gest. 29.10.1783 Paris. – D'Alembert wurde von der Mutter ausgesetzt, bei der Kirche Jean le Rond gefunden und von der Familie eines Glasers aufgezogen. Später, durch Zuwendungen unterstützt, wurde er seinem Stande gemäß erzogen. Er studierte am Collège des Quatre Nations und wurde 1741 Mitglied der Académie des sciences. – In der Mechanik ist das D'Alembertsche Prinzip nach ihm benannt, außerdem arbeitete er über die Theorie der analytischen Funktionen (1746), über partielle Differentialgleichungen (1747) und über Grundlagen der Algebra. D'Alembert ist der Verfasser der mathematischen Artikel der Encyclopédie.

schwindet, ist auch die Summe über die an den einzelnen Massenpunkten geleistete virtuelle Arbeit gleich Null:

$$\sum_i \vec{F}_i \cdot \delta\vec{r}_i = 0. \tag{15.1}$$

Die Kraft $\vec{F}_i$ wird jetzt aufgeteilt in Zwangskraft $\vec{F}_i^z$ und die einwirkende (angewandte) Kraft $\vec{F}_i^a$:

$$\sum_i (\vec{F}_i^a + \vec{F}_i^z) \cdot \delta\vec{r}_i = 0. \tag{15.2}$$

Wir beschränken uns jetzt auf solche Systeme, in denen die von den Zwangskräften verrichtete Arbeit verschwindet. In vielen Fällen (ausgenommen z. B. solche mit Reibung) steht die Zwangskraft senkrecht auf der Bewegungsrichtung, und das Produkt $\vec{F}^z \cdot \delta\vec{r}$ verschwindet. Ist ein Massenpunkt zum Beispiel gezwungen, sich auf einer vorgegebenen Raumkurve zu bewegen, so ist seine Bewegungsrichtung immer tangential zur Kurve, die Zwangskraft normal. Es gibt aber auch Beispiele dafür, daß die einzelnen Zwangskräfte zwar Arbeit verrichten, jedoch die Summe der Arbeiten aller Zwangskräfte verschwindet; also:

$$\sum_i \vec{F}_i^z \cdot \delta\vec{r}_i = 0.$$

Die Fadenspannungen zweier über einer Rolle hängenden Massen liefern einen solchen Fall. Wir verweisen dazu auf Beispiel 15.1. Dies ist die eigentliche, richtige Erkenntnis, die im D'Alembertschen Prinzip steckt: Die Zwangskräfte leisten *insgesamt* keine Arbeit. Es ist also immer

$$\sum_i \vec{F}_i^z \cdot \delta\vec{r}_i = 0.$$

Das ist schlechtweg *das* Charakteristikum der Zwangskräfte. Man kann zwar diese Voraussetzung, wie wir es gerade am Beispiel der Fadenspannungen zwischen zwei Massen gesehen haben, auf das Newtonsche Axiom „Aktion gleich Reaktion" zurückführen; sie folgt aber im allgemeinen nicht aus den Newtonschen Axiomen allein. Die Annahme, daß die *gesamte virtuelle Arbeit der Zwangskräfte verschwindet,* kann zunächst als neues Postulat angesehen werden. Sie berücksichtigt Situationen nicht frei beweglicher Massenpunkte und kann, wie wir gleich sehen werden (siehe Gleichung (15.5)), durch die auf das System wirkenden eingeprägten Kräfte ausgedrückt werden. Dadurch fällt die Zwangslage aus Gleichung (15.2) heraus, und es gilt

$$\sum_i \vec{F}_i^a \cdot \delta\vec{r}_i = 0. \tag{15.3}$$

Während in Gleichung (15.1) jeder Summand für sich Null ist, verschwindet jetzt nur die Summe als Ganzes. Die Aussage von Gleichung (15.3) wird als *Prinzip der virtuellen Arbeit* bezeichnet und gibt an, daß ein System nur dann im Gleichgewicht ist, wenn die gesamte virtuelle Arbeit der *angewandten* (äußeren) Kräfte verschwindet. Im nächsten Kapitel (Gleichungen (15.8) und (15.9)) wird das Prinzip der virtuellen Arbeit (die *gesamte* virtuelle Arbeit verschwindet) aus dem Lagrange-Formalismus heraus begründet.

Die Wirkung der Zwangskräfte läßt sich für holonome Zwangsbedingungen durch die folgenden Überlegungen verdeutlichen: Betrachten wir die i-te Zwangsbedingung in der Form

$$g_i(\vec{r}_1,\vec{r}_2,\ldots,\vec{r}_N,t)=0,$$

dann muß die Änderung von g_i bezüglich einer Änderung des Ortsvektors $\vec{r}_j$ ein Maß für die Zwangskraft $\vec{F}^z_{ji}$ auf das j-te Teilchen auf Grund der Zwangsbedingung $g_i(\vec{r}_1,\vec{r}_2,\ldots,\vec{r}_N,t)=0$ sein. Wir können also schreiben

$$\vec{F}^z_{ji}=\lambda_i\frac{\partial g_i(\vec{r}_1,\vec{r}_2,\ldots,\vec{r}_N,t)}{\partial\vec{r}_j}=\lambda_i\vec{\nabla}_j g_i(\vec{r}_1,\ldots,t).$$

Hierbei ist λ_i ein unbekannter Faktor, weil ja die Zwangsbedingungen $g_i(\vec{r}_1,\vec{r}_2,\ldots,\vec{r}_N,t)=0$ bis auf einen nichtverschwindenden Faktor bekannt sind. Die gesamte Zwangskraft auf das j-te Teilchen ist dann die Summe über alle von den einzelnen k Zwangsbedingungen herrührenden Zwangskräfte, also

$$\vec{F}^z_j=\sum_{i=1}^{k}\vec{F}^z_{ji}=\sum_{i=1}^{k}\lambda_i\frac{\partial g_i(\vec{r}_1,\ldots,\vec{r}_N,t)}{\partial\vec{r}_j}.$$

Die von allen Zwangskräften geleistete virtuelle Arbeit ist dann

$$\begin{aligned}\delta W&=\sum_{j=1}^{N}\vec{F}^z_j\cdot\delta\vec{r}_j=\sum_{i=1}^{k}\sum_{j=1}^{N}\lambda_i\frac{\partial g_i}{\partial\vec{r}_j}(\vec{r}_1,\ldots,\vec{r}_N,t)\cdot\delta\vec{r}_j\\&=\sum_{i=1}^{k}\lambda_i\delta g_i(\vec{r}_1,\ldots,\vec{r}_N,t),\end{aligned}$$

wobei

$$\delta g_i(\vec{r}_1,\ldots,\vec{r}_N,t)=\sum_{j=1}^{N}\frac{\partial g_i}{\partial\vec{r}_j}\cdot\delta\vec{r}_j$$

ist. Das ist gerade die Änderung von g_i auf Grund der virtuellen Verrückungen $\delta\vec{r}_j$. Die virtuellen Verrückungen $\delta\vec{r}_j$ sollen mit den Zwangsbedingungen nach Voraussetzung verträglich sein. Das bedeutet

$$g_i(\vec{r}_1+\delta\vec{r}_1,\vec{r}_2+\delta\vec{r}_2,\ldots,\vec{r}_N+\delta\vec{r}_N,t)=0$$

oder

$$\begin{aligned}&g_i(\vec{r}_1,\vec{r}_2,\ldots,\vec{r}_N,t)+\sum_j\frac{\partial g_i}{\partial\vec{r}_j}\cdot\delta\vec{r}_j\\&\quad=g_i(\vec{r}_1,\vec{r}_2,\ldots,\vec{r}_N,t)+\delta g_i(\vec{r}_1,\vec{r}_2,\ldots,\vec{r}_N,t)=0.\end{aligned}$$

Weil $g_i(\vec{r}_1,\vec{r}_2,\ldots,\vec{r}_N,t)=0$, muß gerade

$$\delta g_i(\vec{r}_1,\ldots,\vec{r}_N,t)=0$$

sein. Daraus folgt sofort

$$\vec{F}_i^z \cdot \delta\vec{r}_i = 0 \tag{15.4a}$$

und daher auch

$$\delta W = \sum_{j=1}^{N} \vec{F}_j^z \cdot \delta\vec{r}_j = 0. \tag{15.4b}$$

Für holonome Zwangsbedingungen stehen demnach die Zwangskräfte senkrecht auf den mit den Zwangsbedingungen verträglichen Verrückungen, und die virtuelle Arbeit der *einzelnen* Zwangskräfte verschwindet. Im Kapitel 16, Gleichungen (15.8) und (15.9), werden wir von einem sehr allgemeinen Standpunkt aus verstehen, daß im allgemeinen Fall (also den Fall nichtholonomer Zwangsbedingungen einschließend) die Summe der virtuellen Arbeit aller Zwangskräfte verschwinden muß. Demnach gilt immer $\sum_i \vec{F}_i^z \cdot \delta\vec{r}_i = 0$, während $\vec{F}_i^z \cdot \delta\vec{r}_i = 0$ nur in speziellen (holonomen) Fällen gilt.

Mit dem Prinzip der virtuellen Arbeit können zunächst nur Probleme der Statik behandelt werden. Indem d'Alembert die Trägheitskraft nach dem Newtonschen Axiom

$$\vec{F}_i = \dot{\vec{p}}_i \tag{15.5}$$

einführte, gelang es ihm, das Prinzip der virtuellen Arbeit auch auf Aufgabenstellungen der Dynamik anzuwenden. Wir verfahren analog zur Herleitung des Prinzips der virtuellen Arbeit. Wegen Gleichung (15.4) verschwindet in der Summe

$$\sum_i (\vec{F}_i - \dot{\vec{p}}_i) \cdot \delta\vec{r}_i = 0 \tag{15.6a}$$

jeder einzelne Summand. Wenn wir die Gesamtkraft $\vec{F}_i$ wieder in angewandte Kraft $\vec{F}_i^a$ und Zwangskraft $\vec{F}_i^z$ aufteilen, so folgt mit der gleichen Beschränkung wie oben die Gleichung

$$\sum_i (\vec{F}_i^a - \dot{\vec{p}}_i) \cdot \delta\vec{r}_i = 0, \tag{15.6b}$$

bei der die einzelnen Summanden von Null verschieden sein können; nur die Summe in (15.6b) verschwindet. Diese Gleichung drückt das *D'Alembertsche Prinzip* aus.

Zwei Massen an konzentrischen Rollen

Beispiel 15.1

An zwei konzentrisch befestigten Rollen mit den Radien R_1 und R_2 hängen zwei Massen m_1 und m_2. Die Masse der Rollen ist zu vernachlässigen. Mit dem Prinzip der virtuellen Arbeit soll die Gleichgewichtsbedingung bestimmt werden.

Für das vorliegende konservative System (in dem keine Reibung auftritt) verschwindet die von den Zwangskräften insgesamt verrichtete Arbeit, d. h.

$$\sum_i \vec{F}_i^z \cdot \delta\vec{r}_i = 0.$$

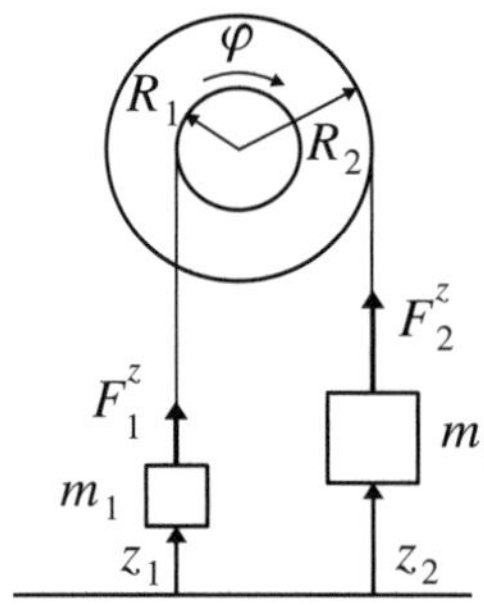

Zwei Massen an konzentrischen Rollen. Die Fadenspannungen $\vec{F}_1^z$ und $\vec{F}_2^z$ sind gleichgerichtet, haben aber verschiedenen Betrag.

Im vorliegenden Beispiel werden die Zwangskräfte durch die Fadenspannungen F_1^z und F_2^z realisiert.

Das Verschwinden von $\sum_i \vec{F}_i^z \cdot \delta\vec{r}_i$ *im Gleichgewichtsfall* ist gleichbedeutend mit der Gleichheit der durch die Fadenspannungen F_1^z, F_2^z bezüglich der Radien R_1, R_2 ausgeübten *Drehmomente*:

$$D_1 = R_1 F_1^z = D_2 = R_2 F_2^z.$$

Mit Hilfe der Zwangsbedingung folgt nämlich mit $\delta z_1 = R_1 \delta\varphi$, $\delta z_2 = -R_2 \delta\varphi$:

$$F_1^z \delta z_1 + F_2^z \delta z_2 = (F_1^z R_1 - F_2^z R_2)\delta\varphi$$
$$= (D_1 - D_2)\delta\varphi = 0.$$

Im Falle gleicher Radien ($R_1 = R_2$) sind die Fadenspannungen gleich.

Aus

$$\sum_i \vec{F}_i^a \cdot \delta\vec{r}_i = 0$$

folgt

$$m_1 g \delta z_1 + m_2 g \delta z_2 = 0.$$

Die Verrückungen sind über die Zwangsbedingung miteinander verknüpft; es gilt

$$\delta z_1 = R_1 \delta\varphi, \qquad \delta z_2 = -R_2 \delta\varphi.$$

Somit ergibt sich

$$(m_1 R_1 - m_2 R_2)\delta\varphi = 0$$

oder

$$m_1 R_1 = m_2 R_2$$

als Gleichgewichtsbedingung.

▲ Beispiel 15.1

Zwei durch Seil verbundene Massen auf schiefer Ebene

▼ Beispiel 15.2

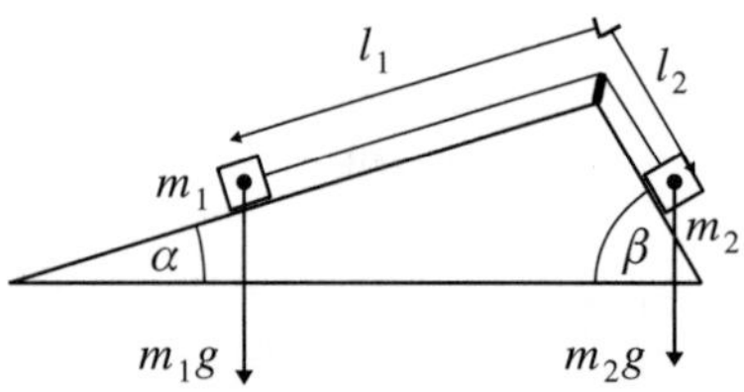

Zwei durch Seil verbundene Massen auf schiefer Ebene.

In der Anordnung, die die Skizze zeigt, bewegen sich zwei durch ein Seil verbundene Massen reibungslos. Mit dem D'Alembertschen Prinzip soll die Bewegungsgleichung gefunden werden. Für die zwei Massen lautet das D'Alembertsche Prinzip:

$$(\vec{F}_1^a - \dot{\vec{p}}_1) \cdot \delta\vec{l}_1 + (\vec{F}_2^a - \dot{\vec{p}}_2) \cdot \delta\vec{l}_2 = 0. \tag{1}$$

Die Länge des Seils ist konstant (Zwangsbedingung):

$$l_1 + l_2 = l.$$

Daraus folgt

$$\delta l_1 = -\delta l_2 \qquad \text{und} \qquad \ddot{l}_1 = -\ddot{l}_2.$$

Die Trägheitskräfte sind:

$$\dot{\vec{p}}_1 = m_1 \ddot{\vec{l}}_1 \qquad \text{und} \qquad \dot{\vec{p}}_2 = m_2 \ddot{\vec{l}}_2.$$

Setzen wir alles in Gleichung (1) ein und berücksichtigen, daß die Beschleunigungen parallel zu den Verrückungen sind, so folgt

$$\begin{aligned}(m_1 g \sin\alpha - m_1 \ddot{l}_1)\delta l_1 + (m_2 g \sin\beta - m_2 \ddot{l}_2)\delta l_2 &= 0,\\ (m_1 g \sin\alpha - m_1 \ddot{l}_1 - m_2 g \sin\beta - m_2 \ddot{l}_2)\delta l_1 &= 0,\end{aligned}$$

oder

$$\ddot{l}_1 = \frac{m_1 \sin\alpha - m_2 \sin\beta}{m_1 + m_2} g.$$

Beispiel 15.2

Gleichgewichtsbedingung einer Klappbrücke

Beispiel 15.3

Finden Sie mit Hilfe des D'Alembertschen Prinzips die Gleichgewichtsbedingung für

a) einen Hebel der Länge l_1, auf dem im Abstand l_2 vom Aufliegepunkt eine Masse m liegt und an dessen Ende eine Kraft F_1 senkrecht nach oben angreift;
b) die Klappbrücke der Abbildung, auf der die Kräfte G und Q wirken.

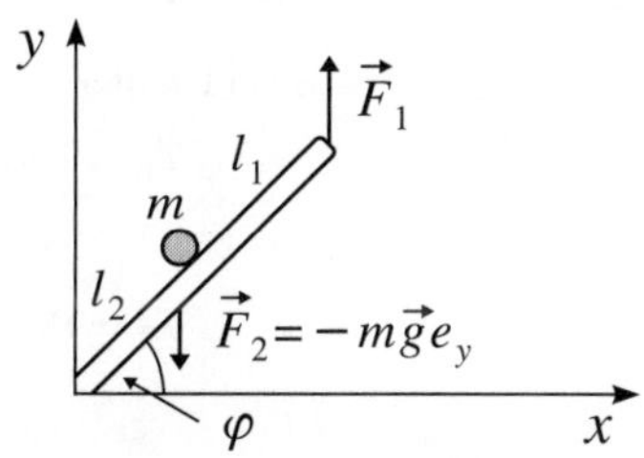

Hebel mit Masse m und Kraft $\vec{F}_1$.

Lösung:

a) Das D'Alembertsche Prinzip liefert:

$$\sum_\nu \vec{F}_\nu \cdot \delta\vec{r}_\nu = 0.$$

Es sind

$$\vec{F}_1 = F_1 \vec{e}_y, \qquad \vec{F}_2 = -mg\vec{e}_y$$

und

$$\begin{aligned}\vec{r}_1 &= l_1 \cos\varphi \vec{e}_x + l_1 \sin\varphi \vec{e}_y,\\ \vec{r}_2 &= l_2 \cos\varphi \vec{e}_x + l_2 \sin\varphi \vec{e}_y = \frac{l_2}{l_1}\vec{r}_1.\end{aligned}$$

Weiterhin gilt:

$$\delta\vec{r}_1 = (-l_1 \sin\varphi \vec{e}_x + l_1 \cos\varphi \vec{e}_y)\delta\varphi \qquad \text{und} \qquad \delta\vec{r}_2 = \frac{l_2}{l_1}\vec{r}_1.$$

Damit folgt

$$\sum_{\nu=1}^{2} \vec{F}_\nu \cdot \delta\vec{r}_\nu = (F_1 l_1 \cos\varphi - mgl_2 \cos\varphi)\delta\varphi = 0$$

d. h., die Gleichgewichtsbedingung lautet:

$$F_1 = \frac{l_2}{l_1} mg \qquad \left(\text{für} \quad \varphi \neq \frac{\pi}{2}, \frac{3\pi}{2}, \dots\right).$$

b)

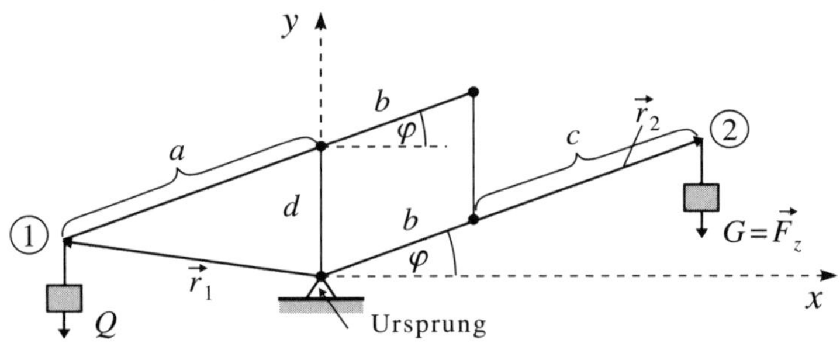

Geometrie der in der Aufgabe beschriebenen Klappbrücke.

Die Kräfte in den Punkten 1 und 2 sind

$$\vec{F}_2 = -G\vec{e}_y, \qquad \vec{F}_1 = -Q\vec{e}_y.$$

Es sind weiter

$$\vec{r}_1 = -a\cos\varphi\vec{e}_x + (d - a\sin\varphi)\vec{e}_y$$

und

$$\vec{r}_2 = (b+c)\cos\varphi\vec{e}_x + (b+c)\sin\varphi\vec{e}_y,$$

d. h.

$$\delta\vec{r}_1 = (a\sin\varphi\vec{e}_x - a\cos\varphi\vec{e}_y)\delta\varphi$$

und

$$\delta\vec{r}_2 = (-(b+c)\sin\varphi\vec{e}_x + (b+c)\cos\varphi\vec{e}_y)\delta\varphi.$$

Das D'Alembertsche Prinzip lautet:

$$\begin{aligned} 0 = \sum_{\nu=1}^{2} \vec{F}_\nu \cdot \delta\vec{r}_\nu &= (Qa\cos\varphi - G(b+c)\cos\varphi)\delta\varphi \\ &= [Qa - G(b+c)]\cos\varphi\, \mathrm{d}\varphi. \end{aligned}$$

Die Gleichgewichtsbedingung

$$Q = G\frac{b+c}{a}$$

ist also vom Winkel φ unabhängig!

▲Beispiel 15.3

Wie auch die beiden Beispiele 15.1 und 15.2 zeigen, liegt der Nachteil des Prinzips der virtuellen Verrückungen darin, daß immer noch über die Zwangsbedingungen abhängige Verrückungen eliminiert werden müssen, bevor eine Bewegungsgleichung gewonnen werden kann. Wir führen deshalb generalisierte Koordinaten q_i

ein. Wenn wir in Gleichung (15.6a) die $\delta\vec{r}_i$ auf δq_i transformieren, können die Koeffizienten der δq_i sofort Null gesetzt werden.

Ausgehend von Gleichung (15.6a) führen wir in der ersten Summe entsprechend Gleichungen (15.6) und (15.7), Kapitel 14, die verallgemeinerten Kräfte ein:

$$\sum_{i=1}^{n} \vec{F}_i \cdot \delta\vec{r}_i = \sum_{i=1}^{n} \vec{F}_i \cdot \sum_{\alpha=1}^{f} \frac{\partial\vec{r}_i}{\partial q_\alpha}\delta q_\alpha = \sum_{\alpha=1}^{f} Q_\alpha \delta q_\alpha . \tag{15.7}$$

Wir wenden uns nun dem anderen Term in Gleichung (15.6) zu:

$$\sum_i \dot{\vec{p}}_i \cdot \delta\vec{r}_i = \sum_i m_i \ddot{\vec{r}}_i \cdot \delta\vec{r}_i .$$

Drücken wir $\delta\vec{r}_i$ entsprechend (14.6) durch die δq_i aus, so erhalten wir

$$\sum_i \dot{\vec{p}}_i \cdot \delta\vec{r}_i = \sum_{i,\nu} m_i \ddot{\vec{r}}_i \cdot \frac{\partial\vec{r}_i}{\partial q_\nu}\delta q_\nu . \tag{15.8}$$

Durch Addition und gleichzeitige Subtraktion desselben Terms formen wir die rechte Seite der Gleichung um:

$$\begin{aligned}\sum_i m_i \ddot{\vec{r}}_i \cdot \frac{\partial\vec{r}_i}{\partial q_\nu} &= \sum_i \left(\frac{\mathrm{d}}{\mathrm{d}t}(m_i\dot{\vec{r}}_i) \cdot \frac{\partial\vec{r}_i}{\partial q_\nu}\right) + \sum_i \left(m_i\dot{\vec{r}}_i \cdot \frac{\mathrm{d}}{\mathrm{d}t}\left(\frac{\partial\vec{r}_i}{\partial q_\nu}\right)\right) \\ &\quad - \sum_i \left(m_i\dot{\vec{r}}_i \cdot \frac{\mathrm{d}}{\mathrm{d}t}\left(\frac{\partial\vec{r}_i}{\partial q_\nu}\right)\right) \\ &= \sum_i \left(\frac{\mathrm{d}}{\mathrm{d}t}\left(m_i\dot{\vec{r}}_i \cdot \frac{\partial\vec{r}_i}{\partial q_\nu}\right) - m_i\dot{\vec{r}}_i \frac{\mathrm{d}}{\mathrm{d}t}\left(\frac{\partial\vec{r}_i}{\partial q_\nu}\right)\right). \end{aligned} \tag{15.9}$$

Um den Ausdruck für die kinetische Energie herzuleiten, vertauschen wir im letzten Term von Gleichung (15.9) die Reihenfolge der Differentiation bezüglich t und q_ν:

$$\frac{\mathrm{d}}{\mathrm{d}t}\left(\frac{\partial\vec{r}_i}{\partial q_\nu}\right) = \frac{\partial}{\partial q_\nu}\left(\frac{\mathrm{d}}{\mathrm{d}t}\vec{r}_i\right) = \frac{\partial}{\partial q_\nu}\vec{v}_i . \tag{15.10}$$

Einsetzen in Gleichung (15.9) ergibt:

$$\sum_i \left(m_i \ddot{\vec{r}}_i \cdot \frac{\partial\vec{r}_i}{\partial q_\nu}\right) = \sum_i \left(\frac{\mathrm{d}}{\mathrm{d}t}\left(m_i\dot{\vec{r}}_i \cdot \frac{\partial\vec{r}_i}{\partial q_\nu}\right) - m_i\vec{v}_i \cdot \frac{\partial}{\partial q_\nu}\vec{v}_i\right). \tag{15.11}$$

Den Ausdruck $\partial\vec{r}_i/\partial q_\nu$ im ersten Term der rechten Seite von Gleichung (15.11) können wir umformen, indem wir Gleichung (14.4) partiell nach $\dot{q}_\nu$ ableiten:

$$\frac{\partial\vec{v}_i}{\partial\dot{q}_\nu} = \frac{\partial\vec{r}_i}{\partial q_\nu},$$

da $(\partial/\partial\dot{q}_\nu)(\partial\vec{r}_i/\partial t) = 0$ ist und aus der Summe nur der Faktor bei $\dot{q}_\nu$ übrig bleibt. Setzen wir diese Beziehung in (15.11) ein, so erhalten wir:

$$\begin{aligned}\sum_i \left(m_i \ddot{\vec{r}}_i \cdot \frac{\partial \vec{r}_i}{\partial q_\nu} \right) &= \sum_i \left(\frac{\mathrm{d}}{\mathrm{d}t} \left(m_i \vec{v}_i \cdot \frac{\partial \vec{v}_i}{\partial \dot{q}_\nu} \right) \right) - \sum_i \left(m_i \vec{v}_i \cdot \frac{\partial \vec{v}_i}{\partial q_\nu} \right) \\ &= \frac{\mathrm{d}}{\mathrm{d}t} \left(\frac{\partial}{\partial \dot{q}_\nu} \left(\sum_i \frac{1}{2} m_i \vec{v}_i^2 \right) \right) - \frac{\partial}{\partial q_\nu} \left(\sum_i \frac{1}{2} m_i \vec{v}_i^2 \right).\end{aligned}$$

Hierbei ist $\sum_i (1/2) m_i \vec{v}_i^2$ die kinetische Energie T:

$$\sum_i \left(m_i \ddot{\vec{r}}_i \cdot \frac{\partial \vec{r}_i}{\partial q_\nu} \right) = \frac{\mathrm{d}}{\mathrm{d}t} \left(\frac{\partial T}{\partial \dot{q}_\nu} \right) - \frac{\partial T}{\partial q_\nu}.$$

Einsetzen in Gleichung (15.8) liefert:

$$\sum_i \dot{\vec{p}}_i \cdot \delta \vec{r}_i = \sum_\nu \left(\frac{\mathrm{d}}{\mathrm{d}t} \left(\frac{\partial T}{\partial \dot{q}_\nu} \right) - \frac{\partial T}{\partial q_\nu} \right) \delta q_\nu. \tag{15.12}$$

Mit den Gleichungen (15.7) und (15.12) können wir das D'Alembertsche Prinzip durch generalisierte Koordinaten ausdrücken. Einsetzen von

$$\sum_i \vec{F}_i \cdot \delta \vec{r}_i = \sum_\nu Q_\nu \delta q_\nu \qquad \text{(vgl. (15.7))}$$

in die Gleichung (15.6) liefert:

$$\sum_\nu \left(\frac{\mathrm{d}}{\mathrm{d}t} \left(\frac{\partial T}{\partial \dot{q}_\nu} \right) - \frac{\partial T}{\partial q_\nu} - Q_\nu \right) \delta q_\nu = 0. \tag{15.13}$$

Die q_ν sind generalisierte Koordinaten; somit sind die q_ν und die dazugehörigen δq_ν voneinander unabhängig. Deshalb ist Gleichung (15.13) nur erfüllt, wenn die einzelnen Koeffizienten verschwinden, d. h., für jede Koordinate q_ν gilt:

$$\frac{\mathrm{d}}{\mathrm{d}t} \left(\frac{\partial T}{\partial \dot{q}_\nu} \right) - \frac{\partial T}{\partial q_\nu} - Q_\nu = 0, \qquad \nu = 1, \ldots, f. \tag{15.14}$$

Als weitere Vereinfachung nehmen wir an, daß alle Kräfte $\vec{F}_i$ aus einem Potential V herleitbar sind (konservatives Kraftfeld):

$$\vec{F}_i = -\mathrm{grad}_i(V) = -\vec{\nabla}_i(V).$$

In diesem Fall können die generalisierten Kräfte Q_ν als

$$Q_\nu = \sum_i \vec{F}_i \cdot \frac{\partial \vec{r}_i}{\partial q_\nu} = -\sum_i \vec{\nabla}_i V \cdot \frac{\partial \vec{r}_i}{\partial q_\nu} = -\frac{\partial V}{\partial q_\nu}$$

geschrieben werden, da

$$\begin{aligned}&\sum_i \left(\frac{\partial V}{\partial x_i} \vec{e}_x + \frac{\partial V}{\partial y_i} \vec{e}_y + \frac{\partial V}{\partial z_i} \vec{e}_z \right) \cdot \left(\frac{\partial x_i}{\partial q_\nu} \vec{e}_x + \frac{\partial y_i}{\partial q_\nu} \vec{e}_y + \frac{\partial z_i}{\partial q_\nu} \vec{e}_z \right) \\ &= \sum_i \left(\frac{\partial V}{\partial x_i} \frac{\partial x_i}{\partial q_\nu} + \frac{\partial V}{\partial y_i} \frac{\partial y_i}{\partial q_\nu} + \frac{\partial V}{\partial z_i} \frac{\partial z_i}{\partial q_\nu} \right) \\ &= \frac{\partial V}{\partial q_\nu}\end{aligned}$$

ist. Setzen wir $Q_\nu = -\partial V/\partial q_\nu$ in Gleichung (15.14) ein, so erhalten wir

$$\frac{\mathrm{d}}{\mathrm{d}t}\left(\frac{\partial T}{\partial \dot{q}_\nu}\right) - \frac{\partial T}{\partial q_\nu} + \frac{\partial V}{\partial q_\nu} = 0$$

bzw.

$$\frac{\mathrm{d}}{\mathrm{d}t}\left(\frac{\partial T}{\partial \dot{q}_\nu}\right) - \frac{\partial (T-V)}{\partial q_\nu} = 0.$$

Im allgemeinen ist V unabhängig von der generalisierten Geschwindigkeit (siehe dazu aber Kapitel 17), d. h., V ist nur eine Funktion des Ortes:

$$\frac{\partial V}{\partial \dot{q}_\nu} = 0.$$

Daher können wir auch schreiben:

$$\frac{\mathrm{d}}{\mathrm{d}t}\frac{\partial}{\partial \dot{q}_\nu}(T-V) - \frac{\partial}{\partial q_\nu}(T-V) = 0 \tag{15.15}$$

oder, indem wir eine neue Funktion, die *Lagrangefunktion*

J. L. Lagrange (1736–1813) → unten

$$L = T - V \tag{15.16}$$

definieren:

$$\frac{\mathrm{d}}{\mathrm{d}t}\frac{\partial L}{\partial \dot{q}_\nu} - \frac{\partial L}{\partial q_\nu} = 0, \qquad \nu = 1, \ldots, f. \tag{15.17}$$

Diese Gleichungen werden als *Lagrangegleichungen*, $\partial L/\partial \dot{q}_\nu$ als *generalisierte Impulse* und $\partial L/\partial q_\nu$ als die Komponenten der *generalisierten Kraft* bezeichnet.

In der Newtonschen Formulierung der Mechanik werden die Bewegungsgleichungen direkt aufgestellt. Die Kräfte stehen dabei im Vordergrund; sie müssen für ein konkretes Problem bestimmt (überlegt) und in die dynamischen Grundgleichungen

$$\dot{\vec{p}}_i = \vec{F}_i, \qquad i = 1, \ldots, N$$

eingesetzt werden. In der Lagrangeschen Formulierung ist die Lagrange-Funktion die zentrale Größe, und in L gehen sowohl die kinetische Energie T und die potentielle Energie V ein. Letztere enthalten implizit die Kräfte. Nachdem L

JOSEPH LOUIS LAGRANGE

Lagrange, Joseph Louis, geb. 25.1.1736 Turin, gest. 10.4.1813 Paris. – Lagrange stammt aus einer französisch-italienischen Familie und wurde schon 1755 Professor in Turin. Im Jahre 1766 ging er als Direktor der mathematisch-physikalischen Klasse der Akademie nach Berlin. 1786, nach dem Tode von Friedrich II., wandte er sich nach Paris, unterstützte dort die Reform des Maßsystems wesentlich und war Professor an verschiedenen Hochschulen. – Sein sehr umfangreiches Werk enthält eine neue Begründung der Variationsrechnung (1760) und ihre Anwendung auf die Dynamik, Beiträge zum Dreikörperproblem (1772), die Anwendung der Theorie der Kettenbrüche auf die Auflösung von Gleichungen (1767), zahlentheoretische Probleme und eine nichtgelungene Reduzierung der Infinitesimalrechnung auf die Algebra. Mit seiner „Mécanique analytique“ (1788) wurde Lagrange zum Begründer der analytischen Mechanik.

ermittelt ist, können die Lagrangeschen Gleichungen aufgestellt und gelöst werden. Beide Methoden sind – wie man durch die schrittweise Umkehrung der von (15.6a) nach (15.17) führenden Schritte sieht – einander äquivalent.

Zwei durch Stange verbundene Klötze

Beispiel 15.4

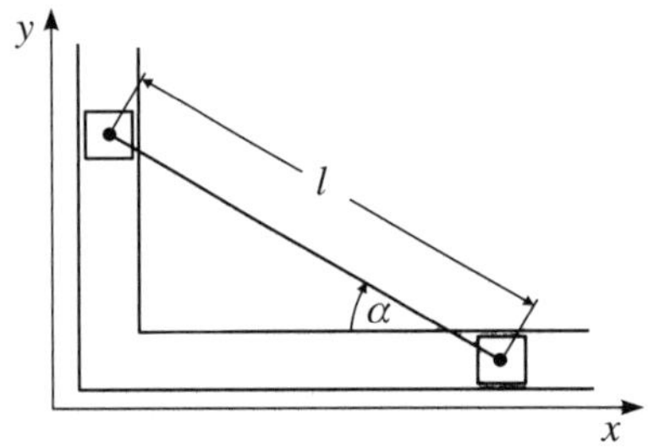

Zwei Klötze sind durch eine Stange verbunden.

Zwei Klötze gleicher Masse, die durch eine starre Stange der Länge l verbunden sind, bewegen sich reibungsfrei entlang eines vorgegebenen Weges (vgl. Zeichnung). Die Erdanziehung wirkt in Richtung der negativen y-Achse. Die generalisierte Koordinate ist der Winkel α (entsprechend dem einen Freiheitsgrad des Systems).

Für die Relativabstände x und y der beiden Klötze gilt:

$$x = l\cos\alpha, \qquad y = l\sin\alpha.$$

Es handelt sich um eine holonome, skleronome Zwangsbedingung. Wir wollen die Lagrangefunktion

$$L = T - V$$

bestimmen. Die kinetische Energie des Systems ist

$$T = \frac{1}{2}m(\dot{x}^2 + \dot{y}^2).$$

Dazu bilden wir $\dot{x}$ und $\dot{y}$:

$$\dot{x} = -l(\sin\alpha)\dot{\alpha}, \qquad \dot{y} = l(\cos\alpha)\dot{\alpha}.$$

Damit bekommen wir für T:

$$T = \frac{1}{2}m\left(l^2(\sin^2\alpha)\dot{\alpha}^2 + l^2(\cos^2\alpha)\dot{\alpha}^2\right) = \frac{1}{2}ml^2\dot{\alpha}^2.$$

Für das Potential gilt (konservatives System):

$$V = mgy = mgl\sin\alpha.$$

Die Lagrangefunktion lautet demnach

$$L = T - V = \frac{1}{2}ml^2\dot{\alpha}^2 - mgl\sin\alpha.$$

Wir setzen L in die Lagrangegleichung (15.15) ein:

$$\frac{\mathrm{d}}{\mathrm{d}t}\frac{\partial L}{\partial\dot{\alpha}} - \frac{\partial L}{\partial\alpha} = \frac{\mathrm{d}}{\mathrm{d}t}(ml^2\dot{\alpha}) + mgl\cos\alpha = 0$$

bzw.

$$ml^2\ddot{\alpha} + mgl\cos\alpha = 0, \qquad \ddot{\alpha} + \frac{g}{l}\cos\alpha = 0.$$

Multiplizieren mit $\dot{\alpha}$ ergibt

$$\ddot{\alpha}\dot{\alpha} + \frac{g}{l}\dot{\alpha}\cos\alpha = 0.$$

Diese Gleichung können wir direkt integrieren und erhalten

$$\frac{1}{2}\dot{\alpha}^2 + \frac{g}{l}\sin\alpha = \text{const} = c$$

bzw.

$$\dot{\alpha} = \sqrt{2\left(c - \frac{g}{l}\sin\alpha\right)}.$$

Trennen wir die Variablen α und t, so ergibt sich die Gleichung

$$\mathrm{d}t = \frac{\mathrm{d}\alpha}{\sqrt{2(c-(g/l)\sin\alpha)}}, \qquad t - t_0 = \int\limits_{\alpha_0}^{\alpha} \frac{\mathrm{d}\alpha}{\sqrt{2(c-(g/l)\sin\alpha}}.$$

Die Konstanten c und t_0 werden aus den vorgegebenen Anfangsbedingungen bestimmt.

Beispiel 15.4 ▲

Ignorable Koordinate

Beispiel 15.5 ▼

An dem folgenden Beispiel zum Lagrange-Formalismus soll der Begriff der *„ignorablen" Koordinate* erläutert werden. Es sei die nachstehend gezeichnete Anordnung gegeben:

Zwei Massen m und M sind durch einen Faden mit der konstanten Gesamtlänge $l = r + s$ verbunden, wobei die Fadenmasse vernachlässigbar klein gegen $m + M$ ist. Die Masse m kann an dem Faden (mit der varierenden Teillänge r) auf der Ebene rotieren. Der Faden führt von m durch ein Loch in der Ebene zu M, wobei die Masse M an dem straff gespannten Faden (mit der ebenfalls veränderlichen Teillänge $s = l - r$) hängt. Diese Anordnung kann je nach den Werten, die $\omega = \dot{\varphi}$ bei der Rotation von m auf der Ebene annimmt, nach oben oder nach unten rutschen. Dabei soll sich die Masse M nur in der Richtung der z-Achse bewegen können. Die Zwangsbedingungen, die das vorgegebene System charakterisieren, sind holonom und skleronom. Weiterhin liegen bei dieser Anordnung zwei Freiheitgrade vor. Dem entsprechen zwei generalisierte Koordinaten φ und s, die den Bewegungszustand dieses konservativen Systems eindeutig beschreiben.

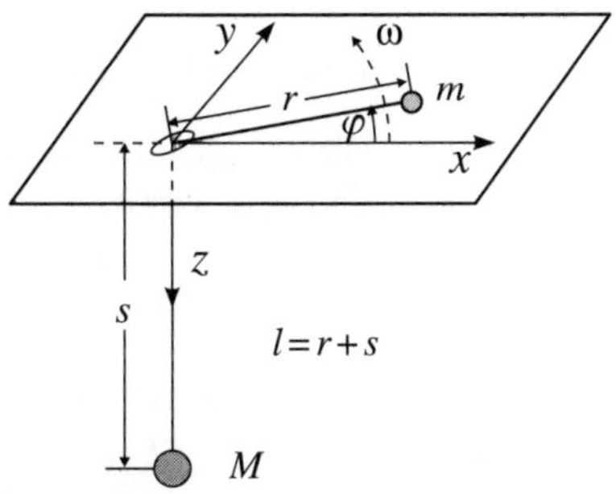

Die zwei Massen m und M hängen über einen Faden zusammen.

Es gilt:

$$x = r\cos\varphi = (l-s)\cos\varphi,$$
$$y = r\sin\varphi = (l-s)\sin\varphi.$$

Für die kinetische Energie T des Systems bekommen wir

$$T = \frac{1}{2}m\left(\frac{\mathrm{d}}{\mathrm{d}t}(l-s)\right)^2 + \frac{1}{2}(l-s)^2 m\dot{\varphi}^2 + \frac{1}{2}M\dot{s}^2$$
$$= \frac{1}{2}(m+M)\dot{s}^2 + \frac{1}{2}(l-s)^2 m\dot{\varphi}^2.$$

Das Potential V lautet:

$$V = -Mgs.$$

Als Lagrangefunktion L erhalten wir

$$L = T - V = \frac{1}{2}(m+M)\dot{s}^2 + \frac{1}{2}(l-s)^2 m\dot{\varphi}^2 + Mgs.$$

♦ Beispiel 15.5

Die Lagrangefunktion hängt von der Koordinate φ nicht ab. Eine solche Variable heißt *zyklisch* oder *ignorabel*.

Wir bilden nun

$$\frac{\mathrm{d}}{\mathrm{d}t}\frac{\partial L}{\partial \dot{s}} = (m+M)\ddot{s}, \qquad \frac{\partial L}{\partial s} = -(l-s)m\dot{\varphi}^2 + Mg,$$

$$\frac{\mathrm{d}}{\mathrm{d}t}\frac{\partial L}{\partial \dot{\varphi}} = \frac{\mathrm{d}}{\mathrm{d}t}((l-s)^2 m\dot{\varphi}), \qquad \frac{\partial L}{\partial \varphi} = 0.$$

Wie schon gesagt, wegen $\partial L/\partial\varphi = 0$ bezeichnet man in der Literatur φ als *ignorable* oder *zyklische Koordinate*. Die Lagrangegleichung für φ reduziert sich damit auf:

$$\frac{\mathrm{d}}{\mathrm{d}t}\frac{\partial L}{\partial \dot{\varphi}} = \frac{\mathrm{d}}{\mathrm{d}t}((l-s)^2 m\dot{\varphi}) = 0$$

bzw.

$$(l-s)^2\dot{\varphi}m = \widetilde{L} = \text{const.}$$

Hierbei ist $\widetilde{L}$ der Drehimpuls der rotierenden Masse m.

Dieses erste Integral der Bewegung ist der Drehimpulssatz. Allgemein gesagt, reduziert sich die Lagrangesche Bewegungsgleichung

$$\frac{\mathrm{d}}{\mathrm{d}t}\frac{\partial L}{\partial \dot{q}_j} - \frac{\partial L}{\partial q_j} = 0$$

für eine ignorable (zyklische) Variable auf:

$$\frac{\mathrm{d}}{\mathrm{d}t}\frac{\partial L}{\partial \dot{q}_j} = 0 \qquad \text{oder} \qquad \frac{\mathrm{d}p_j}{\mathrm{d}t} = 0.$$

Hier ist $p_j = \partial L/\partial \dot{q}_j$ der generalisierte Impuls. Dieser, zur zyklischen Koordinate gehörige generalisierte Impuls ist also zeitlich konstant. Demnach gilt der allgemeine Erhaltungssatz:

Der zu einer zyklischen Koordinate gehörige generalisierte Impuls bleibt erhalten.

Die Lagrangegleichung für s lautet

$$(m+M)\ddot{s} + (l-s)m\dot{\varphi}^2 - Mg = 0$$

bzw. nach Multiplikation mit $\dot{s}$:

$$(m+M)\dot{s}\ddot{s} + \frac{\widetilde{L}^2\dot{s}}{(l-s)^3 m} - Mg\dot{s} = 0, \qquad \text{mit} \quad \widetilde{L} = (l-s)^2 m\dot{\varphi}.$$

Die letzte Gleichung können wir sofort integrieren, und wir erhalten als zweites Integral der Bewegung:

$$\frac{1}{2}(m+M)\dot{s}^2 + \frac{\widetilde{L}^2}{2(l-s)^2 m} - Mgs = \text{const} = T + V = E;$$

d. h., es handelt sich um die Erhaltung der Gesamtenergie des Systems. Das vorliegende System befindet sich im Gleichgewichtszustand (Gravitationskraft = Zentrifugalkraft) für verschwindende Beschleunigung, $\mathrm{d}^2 s/\mathrm{d}t = 0$:

$$0 = \ddot{s} = \frac{1}{m+M}\left[Mg - (l-s)m\left(\frac{\widetilde{L}}{(l-s)^2 m}\right)^2\right]$$
$$= \frac{1}{m+M}\left[Mg - \frac{\widetilde{L}^2}{(l-s)^3 m}\right].$$

Das Ergebnis liefert unmittelbar die Aussage, daß s konstant sein muß. Für einen festen Abstand s_0 tritt daher Gleichgewicht für einen bestimmten Drehimpuls $\widetilde{L} = \widetilde{L}_0$ auf, der einer bestimmten Winkelgeschwindigkeit $\omega = \dot{\varphi}$ entspricht:

$$\widetilde{L}_0 = \sqrt{Mmg(l-s_0)^3}.$$

Für $\widetilde{L} > \widetilde{L}_0$ rutscht die ganze Anordnung nach oben, für $\widetilde{L} < \widetilde{L}_0$ rutscht der Faden mit den beiden Massen m und M nach unten, für $\widetilde{L} = \widetilde{L}_0$ ist das System im Gleichgewicht. Für den Spezialfall $\widetilde{L} = 0$ (d. h. $\dot{\varphi} = 0$, keine Rotation auf der Ebene), handelt es sich einfach um den verzögerten freien Fall der Masse M.

Beispiel 15.5 ▲

Kugel am rotierenden Rohr

Beispiel 15.6 ▼

Als weiteres Beispiel zum Lagrangeformalismus soll ein Problem mit einer holonomen, rheonomen Zwangsbedingung diskutiert werden. Eine Kugel befindet sich in einem Rohr, das in der x-y-Ebene mit der konstanten Winkelgeschwindigkeit ω um die z-Achse rotiert.

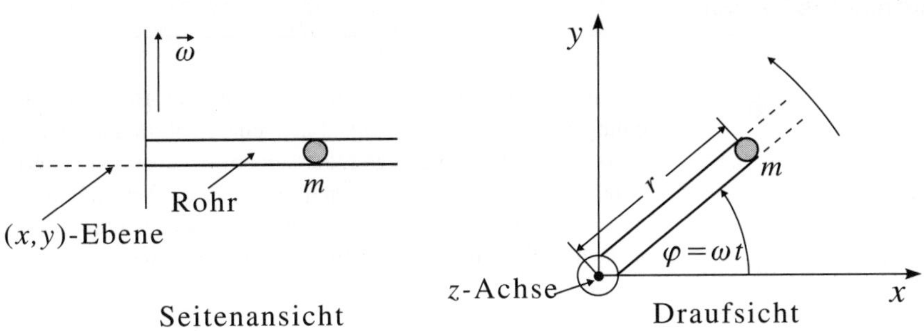

Eine Kugel im rotierenden Rohr.

Diese Anordnung besitzt einen Freiheitsgrad. Dementsprechend ist auch nur eine generalisierte Koordinate zur vollständigen Beschreibung des Bewegungszustandes des Systems erforderlich, nämlich der radiale Abstand r der Kugel vom Rotationszentrum.

Es gilt:

$$x = r\cos\omega t,$$
$$y = r\sin\omega t.$$

Dann lautet die Lagrangefunktion $L = T - V$:

$$L = \frac{1}{2}m(\dot{x}^2 + \dot{y}^2) = \frac{1}{2}m(\dot{r}^2 + \omega^2 r^2),$$

wenn wir beachten, daß bei dieser Anordnung das Potential $V = 0$ ist.

Wir bilden nun

$$\frac{\mathrm{d}}{\mathrm{d}t} \cdot \frac{\partial L}{\partial \dot{r}} = m\ddot{r}, \qquad \frac{\partial L}{\partial r} = m\omega^2 r.$$

Damit ergibt sich als Lagrangegleichung

$$m\ddot{r} - m\omega^2 r = 0,$$

bzw.

$$\ddot{r} - \omega^2 r = 0.$$

Diese Differentialgleichung, die bis auf das Minuszeichen der des ungedämpften harmonischen Oszillators entspricht, besitzt eine allgemeine Lösung vom Typ

$$r(t) = A\,\mathrm{e}^{\omega t} + B\,\mathrm{e}^{-\omega t}.$$

Für wachsende Zeit t wird auch dieser Ausdruck für $r(t)$ immer größer, d. h.

$$\lim_{t \to \infty} r(t) = \infty \qquad \text{für} \quad A > 0.$$

Physikalisch gesehen bedeutet das, daß die Kugel infolge der Zentrifugalkraft, die durch die Rotation der Anordnung entsteht, immer weiter nach außen geschleudert wird.

Die Energie der Kugel nimmt zu. Dies liegt daran, daß die Zwangskraft an der Kugel eine Arbeit verrichtet. Die Zwangskraft steht zwar senkrecht auf der Rohrwand, aber nicht senkrecht auf der Bahnkurve der Kugel, folglich verschwindet das Produkt $\vec{F}^z \cdot \delta\vec{s}$ nicht.

▲ Beispiel 15.6

Aufrechtes Pendel

▼ Aufgabe 15.1

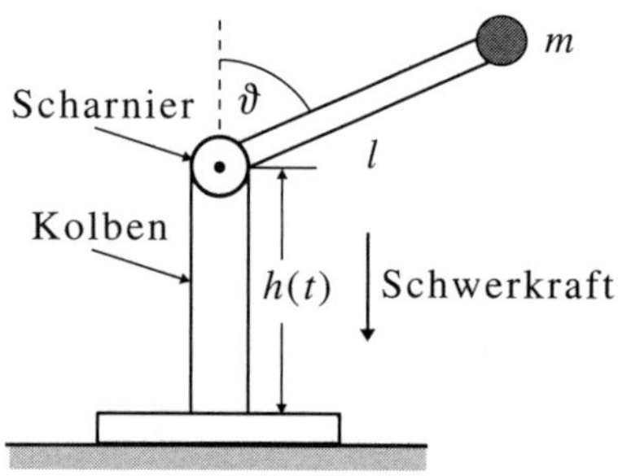

Die Masse m sitzt am Stabende; das andere Stabende ist mit oszillierendem Scharnier verbunden.

Bestimmen Sie die Lagrangefunktion und die Bewegungsgleichung des folgenden Systems: Sei m eine Punktmasse auf einem masselosen Stab der Länge l, der seinerseits an einem Scharnier befestigt ist. Das Scharnier oszilliert in vertikaler Richtung mit $h(t) = h_0 \cos \omega t$. Der einzige Freiheitsgrad ist der Winkel ϑ, der zwischen Stab und der Vertikalen gemessen wird (aufrechtes Pendel).

Lösung:

Die Lage der Punktmasse m ist (x, y):

$$x = l \sin\vartheta, \qquad y = h(t) + l\cos\vartheta = h_0 \cos\omega t + l\cos\vartheta.$$

Die Differentiation dieser Gleichungen ergibt:

$$\dot{x} = \dot{\vartheta} l \cos\vartheta, \qquad \dot{y} = -(\omega h_0 \sin\omega t + \dot{\vartheta} l \sin\vartheta).$$

Damit wird die kinetische Energie T:

$$\begin{aligned} T &= \frac{1}{2}m(\dot{x}^2 + \dot{y}^2) \\ &= \frac{1}{2}m(\dot{\vartheta}^2 l^2 + \omega^2 h_0^2 \sin^2 \omega t + 2\omega h_0 \dot{\vartheta} l \sin \vartheta \sin \omega t), \end{aligned}$$

und die potentielle Energie lautet

$$V = mgy = mg(h_0 \cos \omega t + l \cos \vartheta).$$

Damit wird die Lagrangefunktion:

$$\begin{aligned} L &= T - V \\ &= \frac{m}{2}\left[\dot{\vartheta}^2 l^2 + \omega^2 h_0^2 \sin^2 \omega t + 2\omega h_0 \dot{\vartheta} \sin \vartheta \sin \omega t - 2g(h_0 \cos \omega t + l \cos \vartheta)\right]. \end{aligned}$$

Die Lagrangegleichung lautet

$$\frac{\mathrm{d}}{\mathrm{d}t}\left(\frac{\partial L}{\partial \dot{\vartheta}}\right) - \frac{\partial L}{\partial \vartheta} = 0,$$

$$\frac{\partial L}{\partial \dot{\vartheta}} = ml^2 \dot{\vartheta} + m\omega h_0 l \sin \vartheta \sin \omega t,$$

$$\frac{\partial L}{\partial \vartheta} = m\omega h_0 \dot{\vartheta} l \cos \vartheta \sin \omega t + mgl \sin \vartheta,$$

$$\frac{\mathrm{d}}{\mathrm{d}t}\frac{\partial L}{\partial \dot{\vartheta}} = ml^2 \ddot{\vartheta} + m\omega h_0 l \dot{\vartheta} \cos \vartheta \sin \omega t + m\omega^2 h_0 l \sin \vartheta \cos \omega t,$$

$$l^2 \ddot{\vartheta} + \omega h_0 l \dot{\vartheta} \cos \vartheta \sin \omega t + \omega^2 h_0 l \sin \vartheta \cos \omega t - \omega h_0 l \dot{\vartheta} \cos \vartheta \sin \omega t - gl \sin \vartheta = 0$$

oder

$$l\ddot{\vartheta} + \omega^2 h_0 \sin \vartheta \cos \omega t - g \sin \vartheta = 0.$$

Substitution $\vartheta' = \vartheta - \pi \Rightarrow \sin \vartheta = -\sin \vartheta'$; für kleine Auslenkungen ist $-\sin \vartheta' \approx -\vartheta'$, d. h.

$$l\ddot{\vartheta}' + (g - \omega^2 h_0 \cos \omega t)\vartheta' = 0.$$

Dies ist die gesuchte Bewegungsgleichung. Ruht der Kolben, d. h. $h(t) = h_0 = 0$, so erhalten wir

$$\ddot{\vartheta}' + \frac{g}{l}\vartheta' = 0.$$

Dies ist die Bewegungsgleichung des gewöhnlichen Pendels!

Aufgabe 15.1 ▲

Lage des stabilen Gleichgewichts beim aufrechten Pendel

Aufgabe 15.2 ▼

Bestimmen Sie die Lage des stabilen Gleichgewichts des Pendels aus Aufgabe 15.1, wenn das Scharnier mit der Frequenz $\omega \gg \sqrt{g/l}$ oszilliert.

Lösung:

Wir formen zuerst die Lagrangefunktion des Pendels aus Aufgabe 15.1 etwas um:

♦ Aufgabe 15.2

Die Terme

$$\frac{m\omega^2}{2}h_0^2\sin^2\omega t \qquad \text{und} \qquad -mgh_0\cos\omega t$$

lassen sich als totale Differentiale nach der Zeit schreiben:

$$\frac{m\omega^2}{2}h_0^2\sin^2\omega t = \frac{\mathrm{d}}{\mathrm{d}t}\left(-\frac{1}{4}m\omega h_0^2\sin\omega t\cos\omega t\right) + C,$$

$$-mgh_0\cos\omega t = \frac{\mathrm{d}}{\mathrm{d}t}\left(-\frac{mgh_0}{\omega}\sin\omega t\right).$$

Wir können diese Terme weglassen, da Lagrangefunktionen, die sich nur um eine totale Ableitung nach der Zeit unterscheiden, gemäß dem Hamiltonschen Prinzip $\delta\int_{t_1}^{t_2} L\,\mathrm{d}t = 0$ äquivalent sind. Also:

$$\begin{aligned} L &= \frac{m}{2}\big[\dot{\vartheta}^2 l^2 + \omega^2 h_0^2\sin^2\omega t \\ &\qquad + 2\omega h_0\dot{\vartheta} l\sin\vartheta\sin\omega t - 2g(h_0\cos\omega t + l\cos\vartheta)\big] \\ &= \frac{m}{2}\big[\dot{\vartheta}^2 l^2 + 2\omega h_0\dot{\vartheta} l\sin\vartheta\sin\omega t - 2gl\cos\omega t\big]. \end{aligned} \tag{1}$$

Eine weitere Umformung liefert

$$m\omega h_0\dot{\vartheta} l\sin\vartheta\sin\omega t = -\frac{\mathrm{d}}{\mathrm{d}t}(m\omega h_0 l\cos\vartheta\sin\omega t) + m\omega^2 h_0 l\cos\vartheta\cos\omega t,$$

so daß schließlich die Lagrangefunktion

$$L = \frac{m}{2}[\dot{\vartheta}^2 l^2 + 2\omega^2 h_0 l\cos\vartheta\cos\omega t - 2gl\cos\vartheta] \tag{2}$$

lautet. Daraus bekommt man natürlich die schon bekannte Bewegungsgleichung wie in Aufgabe 15.1.

Wir betrachten ϑ als generalisierte Koordinate mit dem dazugehörigen Massenkoeffizienten ml^2, dann lautet die Bewegungsgleichung

$$\begin{aligned} ml^2\ddot{\vartheta} &= mgl\sin\vartheta - m\omega^2 h_0 l\sin\vartheta\cos\omega t \\ &= -\frac{\mathrm{d}u}{\mathrm{d}\vartheta} + f \end{aligned} \tag{2a}$$

mit $u = mgl\cos\vartheta$ und $f = -m\omega^2 h_0 l\sin\vartheta\cos\omega t$. Die Zusatzkraft f rührt von der Bewegung des Scharniers her. Für sehr schnelle Oszillationen des Scharniers nehmen wir an, daß sich der Bewegung des Pendels im Potential u rasche Oszillationen ξ überlagern:

$$\vartheta(t) = \widetilde{\vartheta}(t) + \xi(t).$$

Der Mittelwert der Oszillationen über eine Periode $2\pi/\omega$, ist Null, während $\widetilde{\vartheta}$ sich nur langsam ändert, also

$$\widetilde{\vartheta}(t) = \frac{\omega}{2\pi}\int_0^{2\pi/\omega}\vartheta(t)\,\mathrm{d}t = \widetilde{\vartheta}(t). \tag{3}$$

Gleichung (2a) kann dann mit (3) geschrieben werden:

$$ml^2\ddot{\widetilde{\vartheta}}(t) + ml^2\ddot{\xi}(t) = -\frac{\mathrm{d}u}{\mathrm{d}\vartheta} + f(\vartheta).$$

Eine Entwicklung bis zur ersten Ordnung in ξ ergibt wegen
$f(\vartheta) = f(\widetilde{\vartheta} + \xi) = f(\widetilde{\vartheta}) + \xi\, \mathrm{d}f/\,\mathrm{d}\vartheta$:

$$ml^2\ddot{\widetilde{\vartheta}} + ml^2\ddot{\xi} = -\frac{\mathrm{d}U}{\mathrm{d}\widetilde{\vartheta}} - \xi\,\frac{\mathrm{d}^2U}{\mathrm{d}\widetilde{\vartheta}^2} + f(\widetilde{\vartheta}) + \xi\,\frac{\mathrm{d}f}{\mathrm{d}\widetilde{\vartheta}}. \tag{4}$$

Die dominierenden Terme für die Oszillationen sind $ml^2\ddot{\xi}$ und $f(\widetilde{\vartheta})$:

$$ml^2\ddot{\xi} = f(\widetilde{\vartheta})$$
$$\Rightarrow \quad \ddot{\xi} = -\frac{\omega^2 h_0}{l}\sin\widetilde{\vartheta}\cos\omega t$$

und daraus

$$\xi = \frac{h_0}{l}\sin\widetilde{\vartheta}\cos\omega t = -\frac{f}{m\omega^2 l^2}. \tag{5}$$

Wir wollen jetzt ein durch die Oszillationen erzeugtes *effektives Potential* berechnen und mitteln dazu (4) über eine Periode $2\pi/\omega$ (die Mittelwerte über ξ und f sind Null):

$$ml^2\ddot{\widetilde{\vartheta}} = -\frac{\mathrm{d}U}{\mathrm{d}\widetilde{\vartheta}} + \overline{\xi\,\frac{\mathrm{d}f}{\mathrm{d}\widetilde{\vartheta}}} = -\frac{\mathrm{d}U}{\mathrm{d}\widetilde{\vartheta}} - \frac{1}{m\omega^2 l^2}\overline{f\,\frac{\mathrm{d}f}{\mathrm{d}\widetilde{\vartheta}}}.$$

Das können wir schreiben als:

$$ml^2\ddot{\widetilde{\vartheta}} = -\frac{\mathrm{d}U_{\mathrm{eff}}}{\mathrm{d}\widetilde{\vartheta}} \qquad \text{mit} \quad U_{\mathrm{eff}} = U + \frac{1}{2m\omega^2 l^2}\overline{f^2}. \tag{6}$$

Wegen $\overline{\cos^2\omega t} = 1/2$ erhalten wir

$$U_{\mathrm{eff}} = U + \frac{m\omega^2 h_0^2}{4}\sin^2\vartheta$$
$$= mgl\cos\vartheta + \frac{m\omega^2 h_0^2}{4}\sin^2\vartheta. \tag{7}$$

Die Minima von U_{eff} ergeben die stabilen Gleichgewichtslagen:

$$\frac{\mathrm{d}U_{\mathrm{eff}}}{\mathrm{d}\vartheta} = -mgl\sin\vartheta + \frac{m\omega^2 h_0^2}{4}\sin\vartheta\cos\vartheta \stackrel{!}{=} 0$$
$$\Rightarrow \quad \sin\vartheta = 0 \qquad \text{oder} \qquad \cos\vartheta = \frac{2gl}{\omega^2 h_0^2}. \tag{8}$$

Daraus folgt, daß für beliebiges ω die Lage senkrecht nach unten ($\vartheta = \pi$; $\vartheta = 0$ scheidet wegen $U_{\mathrm{eff}}(\vartheta = 0) = mgl$ aus) stabil ist. Zusätzliche stabile Gleichgewichtslagen ergeben sich für $\omega^2 > 2gl/h_0^2$ mit dem oben angegebenen Winkel.

Aufgabe 15.2

Schwingungsfrequenzen eines dreiatomigen, symmetrischen Moleküls

Aufgabe 15.3

Bestimmen Sie die Schwingungsfrequenzen eines linearen dreiatomigen, symmetrischen Moleküls *ABA*.

Es wird angenommen, daß die potentielle Energie des Moleküls nur von den Abständen $A - B$ und $B - A$ und vom Winkel *ABA* abhängt.

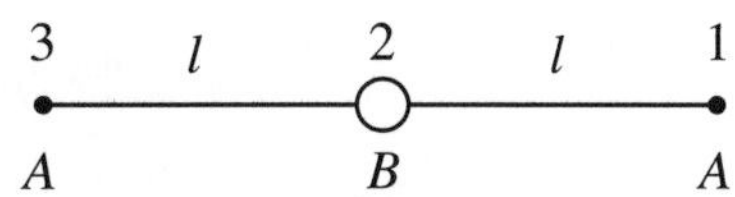

Lineares, dreiatomiges, symmetrisches Molekül.

♦ Aufgabe 15.3

Man schreibe dazu die Lagrangefunktion des Moleküls in geeigneten Koordinaten (Normalkoordinaten) auf, in denen die Lagrangefunktion die Gestalt hat:

$$L = \sum_\alpha \frac{m_\alpha}{2}(\dot{\Theta}_\alpha^2 - \omega_\alpha^2 \Theta_\alpha^2).$$

Die ω_α sind dann die gesuchten Schwingungsfrequenzen der Normalmoden. Findet man die Normalkoordinaten des Systems nicht, so kann man so vorgehen: Hat ein System s Freiheitsgrade und vollführt es keine Schwingungen, so lautet die Lagrangefunktion allgemein:

$$L = \frac{1}{2}\sum_{i,k}(m_{ik}\dot{x}_i\dot{x}_k - k_{ik}x_i x_k).$$

Die Eigenfrequenzen des Systems sind dann durch die sogenannte charakteristische Gleichung

$$\det|k_{ik} - \omega^2 m_{ik}| = 0$$

bestimmt.

Lösung:

Wir beschreiben die Geometrie des Moleküls in der (x,y)-Ebene. Die Auslenkung des Atoms α aus der Ruhelage $\vec{r}_{\alpha 0}$ heiße $\vec{x}_\alpha = (x_\alpha, y_\alpha)$, d. h. $\vec{r}_\alpha = \vec{r}_{\alpha 0} + \vec{x}_\alpha$. Die Kräfte, welche die Atome zusammenhalten, mögen in erster Näherung linear mit der Auslenkung aus der Ruhelage gehen, d. h.

$$L = \frac{m_A}{2}(\dot{x}_1^2 + \dot{x}_3^2) + \frac{m_B}{2}\dot{x}_2^2 - \frac{K_L}{2}[(x_1 - x_2)^2 + (x_3 - x_2)^2],$$

wenn wir Longitudinalschwingungen betrachten. Für diese läßt sich die Schwerpunktserhaltung so schreiben:

$$m_A(x_1 + x_3)m_B x_2 = 0, \qquad \left[\sum_\alpha m_\alpha \vec{r}_\alpha = \sum_\alpha m_\alpha \vec{r}_{\alpha 0}\right],$$

und wir können x_2 aus L eliminieren:

$$L = \frac{m_A}{2}(\dot{x}_1^2 + \dot{x}_3^2) + \frac{m_A^2}{2m_B}(\dot{x}_1 + \dot{x}_3)^2$$
$$-\frac{K_L}{2}\left[x_1^2 + x_3^2 + 2\frac{m_A}{m_B}(x_1 + x_3)^2 + \frac{2m_A^2}{m_B^2}(x_1 + x_3)^2\right].$$

Es kann also wegen der Schwerpunktserhaltung nur zwei Normalkoordinaten für die Longitudinalbewegung geben.

Sei $\Theta_1 = x_1 + x_3, \Theta_2 = x_1 - x_3$. Dann läßt sich L schreiben als

$$L = \frac{m_A}{4}\dot{\Theta}_2^2 + \frac{m_A\mu}{4m_B}\dot{\Theta}_1^2 - \frac{K_L}{4}\Theta_2^2 - \frac{K_L\mu}{4m_B^2}\Theta_1^2, \qquad \mu \equiv 2m_A + m_B,$$

d. h., Θ_1 und Θ_2 sind die beiden Normalkoordinaten der Longitudinalschwingung (μ ist die Gesamtmasse des Moleküls).

Aufgabe 15.3 ♦

Für

a) $x_1 = x_3$ verschwindet Θ_2, d. h., Θ_1 beschreibt gerade solche antisymmetrische Longitudinalschwingungen der in der Figur dargestellten Form.

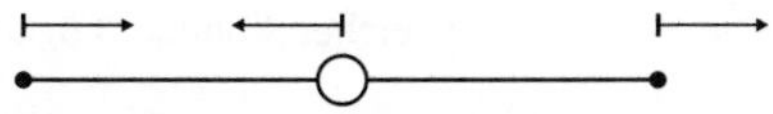

Antisymmetrische Schwingung.

b) $x_1 = -x_3$ verschwindet Θ_1, d. h., Θ_2 beschreibt symmetrische Longitudinalschwingungen.

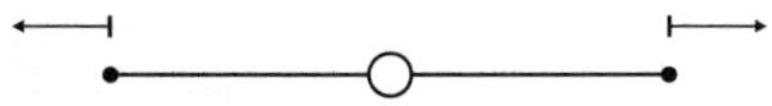

Symmetrische Schwingung.

Ein Vergleich zwischen kinetischer und potentieller Energie ergibt die Normalfrequenzen

$$\omega_a = \sqrt{\frac{K_L \mu}{m_A m_B}}, \qquad \text{antisymmetrische Schwingung,}$$

$$\omega_s = \sqrt{\frac{K_L}{m_A}}, \qquad \text{symmetrische Schwingung.}$$

Für Transversalschwingungen der Form

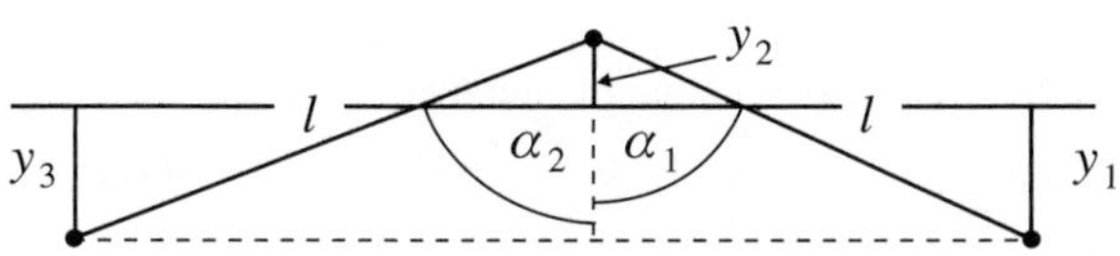

Koordinaten einer Transversalschwingung.

setzen wir

$$L = \frac{m_A}{2}(\dot{y}_1^2 + \dot{y}_3^2) + \frac{m_B}{2}\dot{y}_2^2 - \frac{K_T}{2}(l\delta)^2,$$

wobei δ die Abweichung des Winkels $\measuredangle(ABA)$ von π ist. Für kleine Werte von δ können wir setzen:

$$\begin{aligned}\delta &= \left(\frac{\pi}{2} - \alpha_1\right) + \left(\frac{\pi}{2} - \alpha_2\right)\\ &= \sin\left(\frac{\pi}{2} - \alpha_1\right) + \sin\left(\frac{\pi}{2} - \alpha_2\right)\\ &= \cos\alpha_1 + \cos\alpha_2\\ &= \frac{y_2 - y_1}{l} + \frac{y_2 - y_3}{l}.\end{aligned}$$

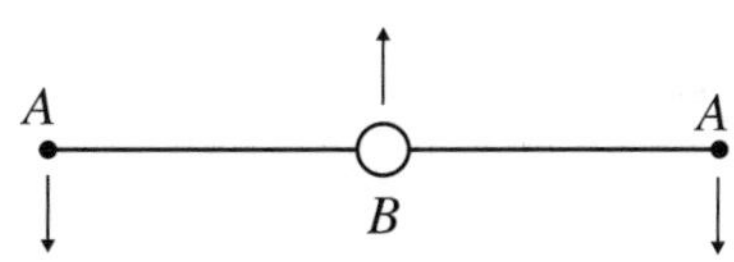

Transversalschwingung.

Wir benutzen die Schwerpunktserhaltung und den Drehimpulserhaltungssatz, um y_2 und y_3 aus L zu eliminieren.

$$m_A(y_1 + y_3) + m_B y_2 = 0, \qquad \text{(Schwerpunktserhaltung).}$$

Um die Rotation des Moleküls auszuschließen, muß der Gesamtdrehimpuls verschwinden:

$$D = \sum_\alpha m_\alpha [\vec{r}_\alpha \times \vec{v}_\alpha] \simeq \sum_\alpha m_\alpha [\vec{r}_{\alpha 0} \times \dot{\vec{x}}_\alpha] = \frac{\mathrm{d}}{\mathrm{d}t} \sum_\alpha m_\alpha [\vec{r}_{\alpha 0} \times \vec{x}_\alpha],$$

was wir durch

$$\sum_\alpha m_\alpha [\vec{r}_{\alpha 0} \times \vec{x}_\alpha] = 0$$

erreichen können. Für unseren Fall folgt also: $y_1 = y_3$. Damit erhält man:

$$(l\dot{\delta})^2 = \frac{4\mu^2\dot{y}_1^2}{m_\beta^2} \qquad \text{und} \qquad L = \frac{m_A m_B}{4\mu} l^2 \dot{\delta}^2 - \frac{K_T l^2}{2}\delta^2,$$

woraus sich die Eigenfrequenz der Transvesalschwingung zu

$$\omega_T = \sqrt{\frac{2K_T\mu}{m_A m_B}}$$

ergibt.

▲Aufgabe 15.3

Normalfrequenzen eines Dreieckmoleküls

▼Aufgabe 15.4

Die Normalfrequenzen eines symmetrischen Moleküls *ABA* von dreieckiger Form sollen berechnet werden:

Lösung:

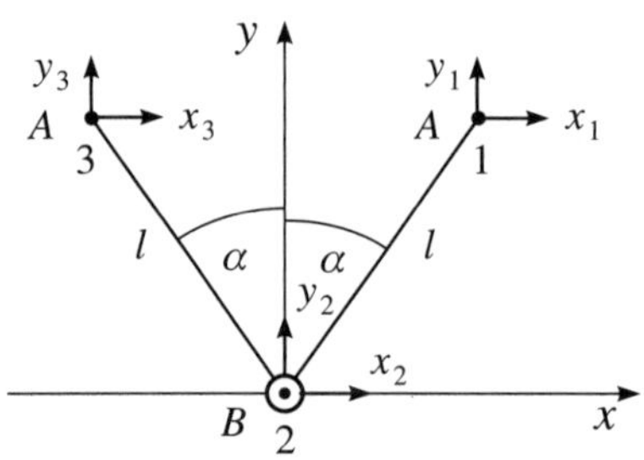

Dreieckiges Molekül.

Die Schwerpunktserhaltung lautet hier

$$m_A(x_1 + x_3) + m_B x_2 = 0, \qquad m_A(y_1 + y_3) + m_B y_2 = 0.$$

Drehimpulserhaltung: Wir setzen uns in die Ruhelage von Atom *B*, und wegen $m_1 = m_3 = m_A$ folgt:

$$\vec{r}_{10} \times \vec{x}_1 + \vec{r}_{30} \times \vec{x}_3 = 0.$$

Nun ist

$$\vec{r}_{10} \times \vec{x}_1 = |\vec{r}_{10}|(-x_1 \cos\alpha + y_1 \sin\alpha)\vec{e},$$
$$\vec{r}_{30} \times \vec{x}_3 = |\vec{r}_{30}|(-x_3 \cos\alpha - y_3 \sin\alpha)\vec{e},$$

und wegen $|\vec{r}_{10}| = |\vec{r}_{30}|$ folgt der Drehimpulserhaltungssatz:

$$\sin\alpha(y_1 - y_3) = \cos\alpha(x_1 + x_3) \qquad \text{bzw.}$$
$$y_1 - y_3 = \cot\alpha(x_1 + x_3).$$

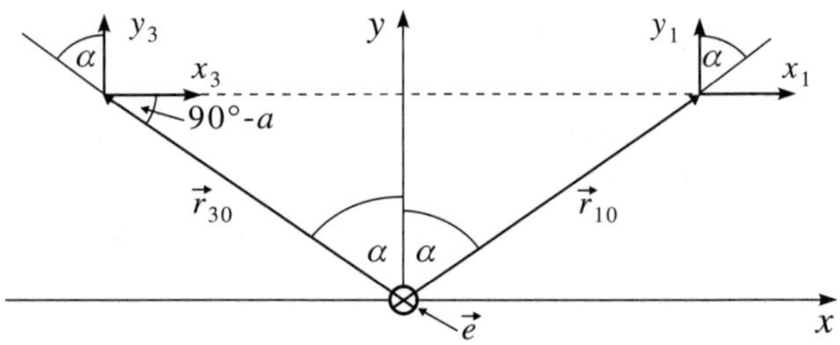

Veranschaulichung der verschiedenen Koordinaten.

Die Änderungen δl_1 und δl_2 der Abstände $A - B$ und $B - A$ ergeben sich durch Projektion der Vektoren $\vec{x}_1 - \vec{x}_2$ und $\vec{x}_3 - \vec{x}_2$ auf die Richtungen der Linien *AB* und *BA* zu

$$\delta l_1 = (x_1 - x_2)\sin\alpha + (y_1 - y_2)\cos\alpha$$
$$\delta l_2 = -(x_3 - x_2)\sin\alpha + (y_3 - y_2)\cos\alpha.$$

Die Änderung des Winkels $2\alpha = \measuredangle(ABA)$ ergibt sich durch die Projektion der Vektoren $\vec{x}_1 - \vec{x}_2$ und $\vec{x}_3 - \vec{x}_2$ auf die Richtungen, die senkrecht auf den Strecken AB und BA stehen, zu

$$\delta = \frac{1}{l}\left[(x_1 - x_2)\cos\alpha - (y_1 - y_2)\sin\alpha\right] + \frac{1}{l}\left[-(x_3 - x_2)\cos\alpha - (y_3 - y_2)\sin\alpha\right].$$

Die Lagrangefunktion des Moleküls schreiben wir als

$$L = \frac{m_A}{2}(\dot{\vec{x}}_1^2 + \dot{\vec{x}}_3^2) + \frac{m_B}{2}\dot{\vec{x}}_2^2 - \frac{K_1}{2}\left[(\delta l_1)^2 + (\delta l_2)^2\right] - \frac{K_2}{2}(l\delta)^2.$$

Hierbei ist $(K_1/2)[(\delta l_1)^2 + (\delta l_2)^2]$ die potentielle Energie der Drehung und $K_2(l\delta)^2/2$ die potentielle Energie der Biegung des Moleküls. Als neue Koordinaten wählen wir

$$Q_\alpha = x_1 + x_3, \qquad q_{s1} = x_1 - x_3, \qquad q_{s2} = y_1 + y_3,$$

und haben dann

$$x_1 = \frac{1}{2}(Q_\alpha + q_{s1}), \qquad x_2 = -\frac{m_A}{m_B}Q_\alpha,\; x_3 = \frac{1}{2}(Q_\alpha - q_{s1}),$$

$$y_1 = \frac{1}{2}(q_{s2} + Q_\alpha\cot\alpha), \qquad y_2 = -\frac{m_A}{m_B}q_{s2},\; y_3 = \frac{1}{2}(q_{s2} - Q_\alpha\cot\alpha).$$

Wegen $y_1 - y_3 = Q_\alpha\cot\alpha$ folgt für L:

$$\begin{aligned} L = {} & \frac{m_A}{4}\left(\frac{2m_A}{m_B} + \frac{1}{\sin^2\alpha}\right)\dot{Q}_\alpha^2 + \frac{m_A}{4}\dot{q}_{s1}^2 + \frac{m_A\mu}{4m_B}\dot{q}_{s2}^2 \\ & -Q_\alpha^2\frac{K_1}{4}\left(\frac{2m_A}{m_B} + \frac{1}{\sin^2\alpha}\right)\left(1 + \frac{2m_A}{m_B}\sin^2\alpha\right) \\ & -\frac{q_{s1}^2}{4}(K_1\sin^2\alpha + 2K_2\cos^2\alpha) - q_{s2}^2\frac{\mu^2}{4m_B^2}(K_1\cos^2\alpha + 2K_2\sin^2\alpha) \\ & +q_{s1}q_{s2}\frac{\mu}{2m_B}(2K_2 - K_1)\sin\alpha\cos\alpha. \end{aligned}$$

Man sieht, daß Q_α Normalkoordinate ist, mit der Schwingungsfrequenz

$$\omega_\alpha^2 = \frac{K_1}{m_A}\left(1 + \frac{2m_A}{m_B}\sin^2\alpha\right).$$

Reine Q_α-Schwingungen treten auf für $x_1 = x_3$, $y_1 = -y_3$, d. h., Q_α beschreibt antisymmetrische Schwingungen bezüglich der y-Achse:

a) 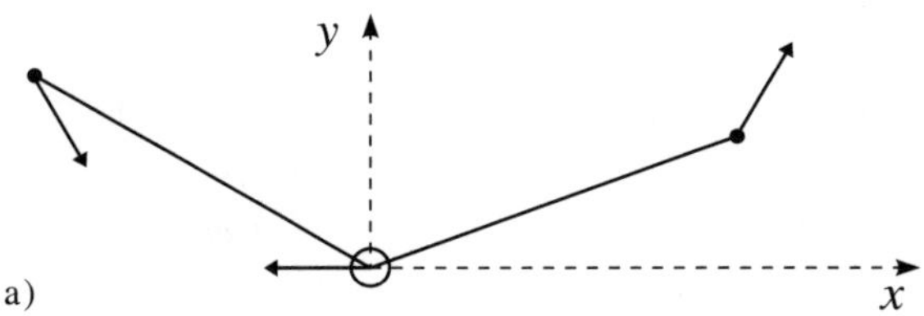

Antisymmetrische (zur y-Achse) Schwingung.

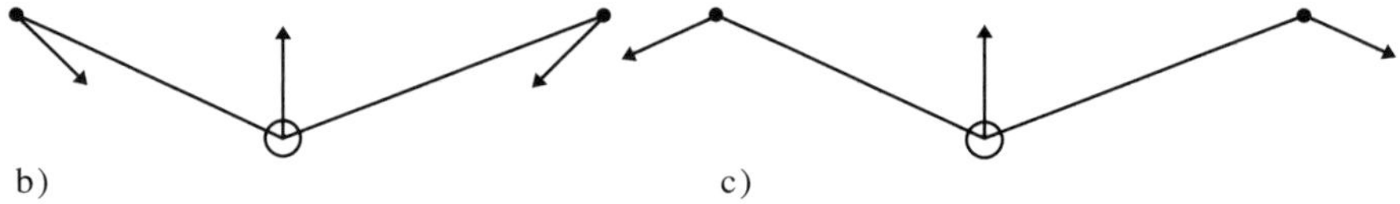

Symmetrische (zur y-Achse) Schwingung.

Die Eigenfrequenzen ω_{s1} und ω_{s2} der Normalschwingungen für q_{s1} und q_{s2} muß man der charakteristischen Gleichung

$$\omega^4 - \omega^2 \left[\frac{K_1}{m_A} \left(1 + \frac{2m_A}{m_B} \cos^2 \alpha \right) + \frac{2K_2}{m_A} \left(1 + \frac{2m_A}{m_B} \sin^2 \alpha \right) \right] + \frac{2\mu K_1 K_2}{m_B m_A^2} = 0$$

entnehmen. Den Koordinaten q_{s1} und q_{s2} entsprechen Schwingungen, welche symmetrisch zur y-Achse sind:

$$(x_1 = -x_3, \qquad Q_\alpha = 0 \qquad \Rightarrow \qquad y_1 = y_3).$$

▲ Aufgabe 15.4

Normalfrequenzen eines nichtsymmetrischen, linearen Moleküls

▼ Aufgabe 15.5

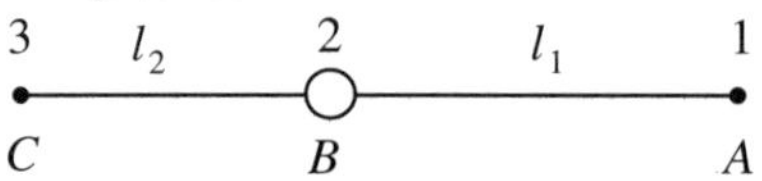

Lineares, nichtsymmetrisches Molekül.

Man berechne die Normalfrequenzen für ein lineares, nichtsymmetrisches Molekül der in der Figur dargestellten Form.

Lösung:

Schwerpunktserhaltung und Drehimpulserhaltung lauten jetzt:

$$m_A x_1 + m_B x_2 + m_C x_3 = 0 \qquad x\text{-Schwerpunkt},$$
$$m_A y_1 + m_B y_2 + m_C y_3 = 0, \qquad y\text{-Schwerpunkt},$$
$$m_A l_1 y_1 = m_C l_2 y_3, \qquad \text{Drehimpulserhaltung}.$$

Für die potentielle Energie der Biegung schreiben wir

$$V = \frac{K_2}{2}(l\delta)^2, \qquad (2l = l_1 + l_2),$$

für diejenige der Drehung

$$V = \frac{K_2}{2}(x_1 - x_2)^2 + \frac{K_1'}{2}(x_2 - x_3)^2.$$

Analoge Rechnung wie in Aufgabe 15.9 liefert nach endlicher Rechenzeit:

$$\omega_T^2 = \frac{K_2 l^2}{l_1^2 l_2^2} \left(\frac{l_1^2}{m_C} + \frac{l_2^2}{m_A} + \frac{4l^2}{m_B} \right)$$

für die Frequenz der transversalen Schwingung und ferner die in ω^2 quadratische Gleichung

$$\omega^4 - \omega^2 \left[K_1 \left(\frac{1}{m_A} + \frac{1}{m_B} \right) + K_1' \left(\frac{1}{m_B} + \frac{1}{m_C} \right) \right] + \frac{\mu K_1 K_1'}{m_A m_B m_C} = 0$$

für die Frequenzen $\omega_{L_1}, \omega_{L_2}$ der beiden Longitudinalschwingungen.

▲ Aufgabe 15.5

Doppelpendel

Aufgabe 15.6

Bestimmen Sie

a) die generalisierten Koordinaten des Doppelpendels;
b) die Lagrangefunktion des Systems;
c) die Bewegungsgleichungen;
d) für $m_1 = m_2 = m$ und $l_1 = l_2 = l$;
e) wie d) für kleine Auslenkungen;
f) für den Fall e) die Normalschwingungen und -frequenzen.

Lösung:

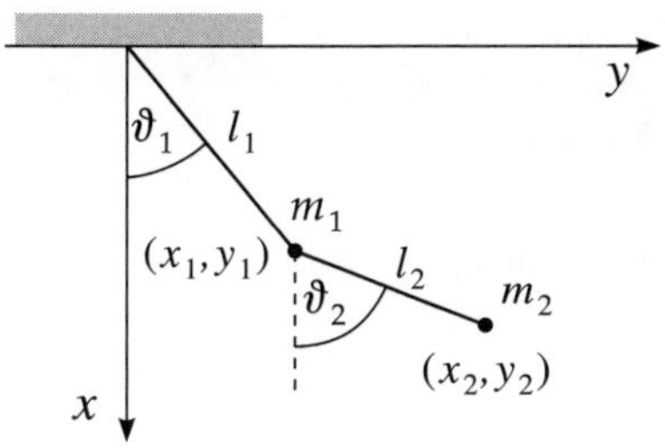

Koordinaten des Doppelpendels.

a) Die geeigneten generalisierten Koordinaten sind die beiden Winkel ϑ_1 und ϑ_2, die mit den kartesischen Koordinaten durch

$$\begin{aligned} x_1 &= l_1 \cos \vartheta_1, \\ y_1 &= l_1 \sin \vartheta_1, \\ x_2 &= l_1 \cos \vartheta_1 + l_2 \cos \vartheta_2, \\ y_2 &= l_1 \sin \vartheta_1 + l_2 \sin \vartheta_2 \end{aligned} \tag{1}$$

verknüpft sind.

b) Aus (1) folgt durch Differentiation:

$$\dot{x}_1 = -l_1 \dot{\vartheta}_1 \sin \vartheta_1, \qquad \dot{y}_1 = l_1 \dot{\vartheta}_1 \cos \vartheta_1,$$

$$\dot{x}_2 = -l_1 \dot{\vartheta}_1 \sin \vartheta_1 - l_2 \dot{\vartheta}_2 \sin \vartheta_2 \; \dot{y}_2 = l_1 \dot{\vartheta}_1 \cos \vartheta_1 + l_2 \dot{\vartheta}_2 \cos \vartheta_2$$

Die kinetische Energie des Systems ist:

$$\begin{aligned} T &= \frac{1}{2} m_1 (\dot{x}_1^2 + \dot{y}_1^2) + \frac{1}{2} m_2 (\dot{x}_2^2 + \dot{y}_2^2) \\ &= \frac{1}{2} m_1 l_1^2 \dot{\vartheta}_1^2 + \frac{1}{2} m_2 (l_1^2 \dot{\vartheta}_1^2 + l_2^2 \dot{\vartheta}_2^2 + 2 l_1 l_2 \dot{\vartheta}_1 \dot{\vartheta}_2 \cos(\vartheta_1 - \vartheta_2)). \end{aligned}$$

(Additionstheorem!)

Um die potentielle Energie zu bestimmen, nehmen wir als Bezugshöhe eine Ebene im Abstand $l_1 + l_2$ unterhalb des Aufhängungspunktes:

$$V = m_1 g [l_1 + l_2 - l_1 \cos \vartheta_1] + m_2 g [l_1 + l_2 - (l_1 \cos \vartheta_1 + l_2 \cos \vartheta_2)].$$

♦ Aufgabe 15.6

Damit wird die Lagrangefunktion:

$$\begin{aligned} L &= T - V \\ &= \frac{1}{2}m_1 l_1^2 \dot{\vartheta}_1^2 + \frac{1}{2}m_2\left[l_1^2\dot{\vartheta}_1^2 + l_2^2\dot{\vartheta}_2^2 + 2l_1 l_2 \dot{\vartheta}_1\dot{\vartheta}_2\cos(\vartheta_1-\vartheta_2)\right] \\ &\quad -m_1 g[l_1+l_2-l_1\cos\vartheta_1] - m_2 g[l_1+l_2-(l_1\cos\vartheta_1+l_2\cos\vartheta_2)]. \end{aligned} \tag{2}$$

c) Die Lagrange-Gleichungen, die mit ϑ_1 und ϑ_2 verknüpft sind, lauten:

$$\frac{\mathrm{d}}{\mathrm{d}t}\left(\frac{\partial L}{\partial\dot{\vartheta}_1}\right) - \frac{\partial L}{\partial\vartheta_1} = 0, \qquad \frac{\mathrm{d}}{\mathrm{d}t}\left(\frac{\partial L}{\partial\dot{\vartheta}_2}\right) - \frac{\partial L}{\partial\vartheta_2} = 0.$$

Es sind:

$$\begin{aligned} \frac{\partial L}{\partial\vartheta_1} &= -m_2 l_1 l_2\dot{\vartheta}_1\dot{\vartheta}_2\sin(\vartheta_1-\vartheta_2) - m_1 g l_1\sin\vartheta_1 - m_2 g l_1\sin\vartheta_1, \\ \frac{\partial L}{\partial\dot{\vartheta}_1} &= m_1 l_1^2\dot{\vartheta}_1 + m_2 l_1^2\dot{\vartheta}_1 + m_2 l_1 l_2\dot{\vartheta}_2\cos(\vartheta_1-\vartheta_2), \\ \frac{\partial L}{\partial\vartheta_2} &= m_2 l_1 l_2\dot{\vartheta}_1\dot{\vartheta}_2\sin(\vartheta_1-\vartheta_2) - m_2 g l_2\sin\vartheta_2, \\ \frac{\partial L}{\partial\dot{\vartheta}_2} &= m_2 l_2^2\dot{\vartheta}_2 + m_2 l_1 l_2\dot{\vartheta}_1\cos(\vartheta_1-\vartheta_2). \end{aligned}$$

Damit lauten die Lagrange-Gleichungen:

$$\begin{aligned} & m_1 l_1^2\ddot{\vartheta}_1 + m_2 l_1^2\ddot{\vartheta}_1 + m_2 l_1 l_2\ddot{\vartheta}_2\cos(\vartheta_1-\vartheta_2) - m_2 l_1 l_2\dot{\vartheta}_2(\dot{\vartheta}_1-\dot{\vartheta}_2)\sin(\vartheta_1-\vartheta_2) \\ &\quad = -m_2 l_1 l_2\dot{\vartheta}_1\dot{\vartheta}_2\sin(\vartheta_1-\vartheta_2) - m_1 g l_1\sin\vartheta_1 - m_2 g l_1\sin\vartheta_1 \end{aligned}$$

und

$$\begin{aligned} & m_2 l_2^2\ddot{\vartheta}_2 + m_2 l_1 l_2\ddot{\vartheta}_1\cos(\vartheta_1-\vartheta_2) - m_2 l_1 l_2\dot{\vartheta}_1(\dot{\vartheta}_1-\dot{\vartheta}_2)\sin(\vartheta_1-\vartheta_2) \\ &\quad = m_2 l_1 l_2\dot{\vartheta}_1\dot{\vartheta}_2\sin(\vartheta_1-\vartheta_2) - m_2 g l_2\sin\vartheta_2 \end{aligned}$$

oder

$$\begin{aligned} & (m_1+m_2)l_1^2\ddot{\vartheta}_1 + m_2 l_1 l_2\ddot{\vartheta}_2\cos(\vartheta_1-\vartheta_2) + m_2 l_1 l_2\dot{\vartheta}_2^2\sin(\vartheta_1-\vartheta_2) \\ &\quad = -(m_1+m_2)g l_1\sin\vartheta_1 \end{aligned} \tag{3}$$

und

$$\begin{aligned} & m_2 l_2^2\ddot{\vartheta}_2 + m_2 l_1 l_2\ddot{\vartheta}_1\cos(\vartheta_1-\vartheta_2) - m_2 l_1 l_2\dot{\vartheta}_1^2\sin(\vartheta_1-\vartheta_2) \\ &\quad = -m_2 g l_2\sin\vartheta_2. \end{aligned}$$

Dies sind die gesuchten Bewegungsgleichungen.

d) Für den Fall

$$m_1 = m_2 = m \qquad \text{und} \qquad l_1 = l_2 = l$$

reduzieren sich die Gleichungen (3) auf:

$$\begin{aligned} 2l\ddot{\vartheta}_1 + l\ddot{\vartheta}_2\cos(\vartheta_1-\vartheta_2) + l\dot{\vartheta}_2^2\sin(\vartheta_1-\vartheta_2) &= -2g\sin\vartheta_1, \\ l\ddot{\vartheta}_1\cos(\vartheta_1-\vartheta_2) + l\ddot{\vartheta}_2 - l\dot{\vartheta}_1^2\sin(\vartheta_1-\vartheta_2) &= -g\sin\vartheta_2. \end{aligned} \tag{4}$$

e) Sind zudem die Oszillationen klein, so sind $\sin\vartheta = \vartheta, \cos\vartheta = 1$ und Terme $\alpha\dot{\vartheta}^2$ vernachlässigbar, woraus folgt

$$2l\ddot{\vartheta}_1 + l\ddot{\vartheta}_2 = -2g\vartheta_1, \qquad l\ddot{\vartheta}_1 + l\ddot{\vartheta}_2 = -g\vartheta_2. \tag{5}$$

f) Mit dem Lösungsansatz

$$\vartheta_1 = A_1\,\mathrm{e}^{i\omega t}, \qquad \vartheta_2 = A_2\,\mathrm{e}^{i\omega t}$$

gilt dann

$$2(g - l\omega^2)A_1 - l\omega^2 A_2 = 0, \qquad -l\omega^2 A_1 + (g - l\omega^2)A_2 = 0. \tag{6}$$

Damit A_1 und A_2 nicht gleichzeitig Null sind, muß die Koeffizientendeterminante verschwinden:

$$\begin{vmatrix} 2(g - l\omega^2) & -l\omega^2 \\ -l\omega^2 & g - l\omega^2 \end{vmatrix} = 0$$

und damit

$$l^2\omega^4 - 4lg\omega^2 + 2g^2 = 0$$

mit den Lösungen

$$\omega^2 = \frac{4lg \pm \sqrt{16l^2g^2 - 8l^2g^2}}{2l^2} = (2 \pm \sqrt{2})\frac{g}{l},$$

d. h.

$$\omega_1^2 = (2 + \sqrt{2})\frac{g}{l}, \qquad \omega_2^2 = (2 - \sqrt{2})\frac{g}{l}. \tag{7}$$

Setzt man (7) in (6) ein, so folgt für

ω_1^2: $A_2 = -\sqrt{2}A_1$, d. h., die Pendel schwingen entgegengesetzt,

ω_2^2: $A_2 = \sqrt{2}A_1$, d. h., die Pendel schwingen in gleicher Richtung.

Aufgabe 15.6

Massenpunkt auf Zykloidenbahn

Aufgabe 15.7

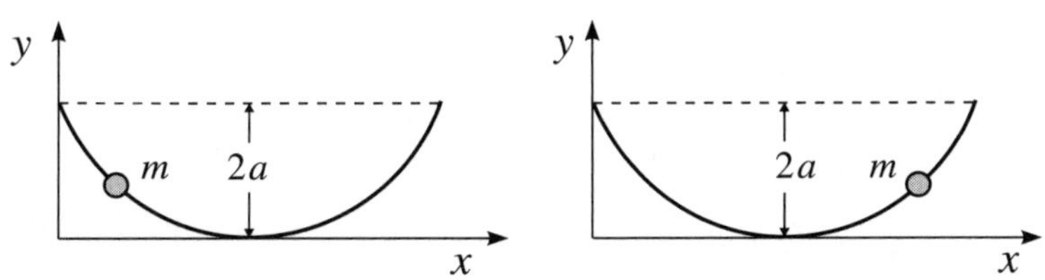

Massenpunkt gleitet auf Zykloide.

Ein Massenpunkt gleitet reibungsfrei auf einer Zykloide, die durch $x = a(\vartheta - \sin\vartheta)$ und $y = a(1 + \cos\vartheta)$ (mit $0 \le \vartheta \le 2\pi$) gegeben ist. Bestimmen Sie

a) die Lagrangefunktion,
b) die Bewegungsgleichung.
c) Lösen Sie die Bewegungsgleichung.

♦ Aufgabe 15.7

Lösung:

Die Darstellung der Zykloide lautet:

$$x = a(\vartheta - \sin\vartheta), \qquad y = a(1 + \cos\vartheta),$$

wobei $0 \leq \vartheta \leq 2\pi$. Die kinetische Energie ist

$$T = \frac{1}{2}m(\dot{x}^2 + \dot{y}^2) = \frac{1}{2}ma^2\{[(1 - \cos\vartheta)\dot{\vartheta}]^2 + [-\sin\vartheta\,\dot{\vartheta}]^2\}$$

und die potentielle Energie ist

$$V = mgy = mga(1 + \cos\vartheta).$$

Die Lagrangefunktion lautet:

$$L = T - V = ma^2(1 - \cos\vartheta)\dot{\vartheta}^2 - mga(1 + \cos\vartheta).$$

Die Bewegungsgleichung heißt dann

$$\frac{\mathrm{d}}{\mathrm{d}t}\left(\frac{\partial L}{\partial\dot{\vartheta}}\right) - \frac{\partial L}{\partial\vartheta} = 0,$$

d. h.

$$\frac{\mathrm{d}}{\mathrm{d}t}[2ma^2(1 - \cos\vartheta)\dot{\vartheta}] - [ma^2\sin\vartheta\,\dot{\vartheta}^2 + mga\sin\vartheta] = 0$$

oder

$$\frac{\mathrm{d}}{\mathrm{d}t}[(1 - \cos\vartheta)\dot{\vartheta}] - \frac{1}{2}\sin\vartheta\,\dot{\vartheta}^2 - \frac{g}{2a}\sin\vartheta = 0,$$

d. h.

$$(1 - \cos\vartheta)\ddot{\vartheta} + \frac{1}{2}\sin\vartheta\,\dot{\vartheta}^2 - \frac{g}{2a}\sin\vartheta = 0. \tag{1}$$

Setzen wir $u = \cos(\vartheta/2)$, so gilt

$$\frac{\mathrm{d}u}{\mathrm{d}t} = -\frac{1}{2}\sin\left(\frac{\vartheta}{2}\right)\dot{\vartheta}$$

und

$$\frac{\mathrm{d}^2u}{\mathrm{d}t^2} = -\frac{1}{2}\sin\left(\frac{\vartheta}{2}\right)\ddot{\vartheta} - \frac{1}{4}\cos\left(\frac{\vartheta}{2}\right)\dot{\vartheta}^2.$$

Da $\cot(\vartheta/2) = \sin\vartheta/(1 - \cos\vartheta)$, können wir (1) schreiben als

$$\ddot{\vartheta} + \frac{1}{2}\cot\left(\frac{\vartheta}{2}\right)\dot{\vartheta}^2 - \frac{g}{2a}\cot\left(\frac{\vartheta}{2}\right) = 0$$

und damit

$$\frac{\mathrm{d}^2u}{\mathrm{d}t^2} + \frac{g}{4a}u = 0. \tag{2}$$

Die Lösung dieser Differentialgleichung ist

$$u = \cos\left(\frac{\vartheta}{2}\right) = C_1\cos\sqrt{\frac{g}{4a}}t + C_2\sin\sqrt{\frac{g}{4a}}t.$$

Die Bewegung verläuft so wie die Schwingung eines gewöhnlichen Pendels mit der Länge $l = 4a$. Man spricht daher vom „Zykloidenpendel“.

Aufgabe 15.7

Das Fadenpendel

Aufgabe 15.8

Eine Masse m ist an einer Feder der Federkonstanten k im Schwerefeld aufgehängt. Zusätzlich zur longitudinalen Federschwingung führt die Feder eine ebene Pendelbewegung aus. Stellen Sie die Lagrangefunktion auf, leiten Sie die Bewegungsgleichungen her und interpretieren Sie die auftretenden Terme.

Lösung:

Zur Lösung des Problems führen wir ebene Polarkoordinaten ein und benutzen den Radius r und den Polarwinkel φ als generalisierte Koordinaten.

$$y = r\cos\varphi \qquad \dot{y} = \dot{r}\cos\varphi + r\dot{\varphi}\sin\varphi$$
$$x = r\sin\varphi \qquad \dot{x} = \dot{r}\sin\varphi - r\dot{\varphi}\cos\varphi. \tag{1}$$

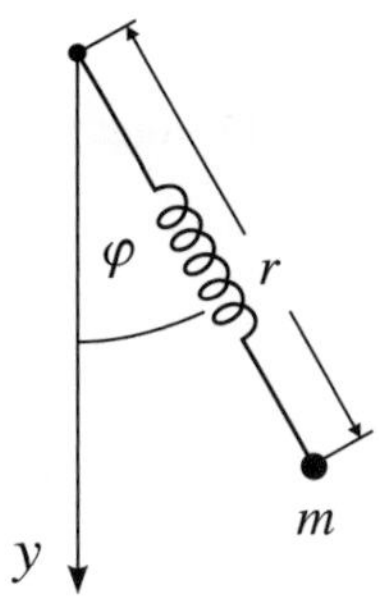

Fadenpendel.

Die kinetische Energie ist gegeben durch

$$T = \frac{1}{2}m(\dot{x}^2 + \dot{y}^2) = \frac{1}{2}m(\dot{r}^2 + r^2\dot{\varphi}^2). \tag{2}$$

Bezeichnen wir die Länge der Feder in ihrer Ruhelage, d. h. ohne die durch die Masse m bewirkte Auslenkung, mit r_0, so lautet die potentielle Energie:

$$V = -mgy + \frac{k}{2}(r - r_0)^2 = -mgr\cos\varphi + \frac{k}{2}(r - r_0)^2. \tag{3}$$

Die Lagrangefunktion ist dann

$$L = T - V = \frac{1}{2}m(\dot{r}^2 + r^2\dot{\varphi}^2) + mgr\cos\varphi - \frac{k}{2}(r - r_0)^2. \tag{4}$$

Über die Lagrangegleichungen erhält man sofort die Bewegungsgleichungen des Systems:

$$\frac{\mathrm{d}}{\mathrm{d}t}(mr^2\dot{\varphi}) = -mgr\sin\varphi. \tag{5}$$

Dies ist nichts anderes als der Drehimpulssatz, bezogen auf den Koordinatenursprung. Berücksichtigen wir die Zeitabhängigkeit von r, so folgt:

$$mr\ddot{\varphi} = -mg\sin\varphi - 2m\dot{r}\dot{\varphi}. \tag{6}$$

Der letzte Term auf der rechten Seite ist die durch die zeitliche Änderung der Pendellänge r hervorgerufene Corioliskraft.

Für die Koordinate r erhält man:

$$m\ddot{r} = mr\dot{\varphi}^2 + mg\cos\varphi - k(r - r_0). \tag{7}$$

Der erste Term auf der rechten Seite ist die Radialbeschleunigung, der zweite Term folgt aus der Radialkomponente der Gewichtskraft und der letzte Term stellt das Hookesche Gesetz dar. Für kleine Auslenkungen φ ergibt sich die Bewegung als Überlagerung von harmonischen Schwingungen in der r-φ-Ebene.

Aufgabe 15.8

Gekoppelte Massenpunkte auf einem Kreis

Aufgabe 15.9

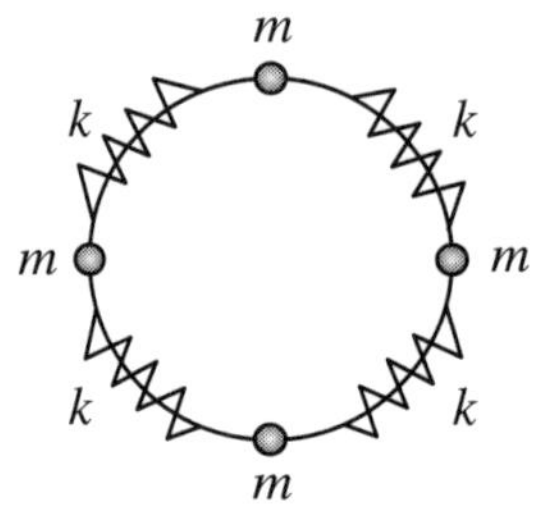

Gekoppelte Massenpunkte auf einem Kreis.

Vier Massenpunkte der Masse m bewegen sich auf einem Kreis mit Radius R. Jeder Massenpunkt ist mit den beiden jeweils benachbarten über eine Feder der Federkonstanten k verbunden. Stellen Sie die Lagrangefunktion des Systems auf und leiten Sie die Bewegungsgleichungen des Systems her. Bestimmen Sie die Eigenfrequenzen des Systems und diskutieren Sie die zugehörigen Eigenschwingungen.

Lösung:

Die kinetische Energie des Systems ist gegeben durch

$$T = \frac{1}{2} m \sum_{\nu=1}^{4} \dot{s}_\nu^2 . \tag{1}$$

Für kleine Auslenkungen aus der Gleichgewichtslage lautet das Potential:

$$V = \frac{1}{2} k \sum_{\nu=1}^{4} (s_{\nu+1} - s_\nu)^2 \qquad s_{4+1} = s_1 . \tag{2}$$

Wir setzen $s_\nu = R\varphi_\nu$ und benutzen die Winkel φ_ν als generalisierte Koordinaten. Somit folgt für die Lagrangefunktion

$$L = T - V = \frac{1}{2} mR^2 \sum_{\nu=1}^{4} \dot{\varphi}_\nu^2 - \frac{1}{2} kR^2 \sum_{\nu=1}^{4} (\varphi_{\nu+1} - \varphi_\nu)^2 . \tag{3}$$

Aus den Lagrangegleichungen

$$\frac{\mathrm{d}}{\mathrm{d}t} \frac{\partial L}{\partial \dot{\varphi}_\nu} = \frac{\partial L}{\partial \varphi_\nu} \tag{4}$$

ergeben sich die Bewegungsgleichungen:

$$\begin{aligned} \frac{\mathrm{d}}{\mathrm{d}t} \frac{\partial L}{\partial \dot{\varphi}_\nu} &= mR\ddot{\varphi}_\nu \\ &= -\frac{1}{2} kR^2 [2(\varphi_\nu - \varphi_{\nu+1}) + 2(\varphi_\nu - \varphi_{\nu-1})] = \frac{\partial L}{\partial \varphi_\nu} . \end{aligned} \tag{5}$$

Für den Fall von vier Massenpunkten gilt dann:

$$\begin{aligned} \ddot{\varphi}_1 &= \frac{k}{m}(\varphi_2 - 2\varphi_1 + \varphi_4) \\ \ddot{\varphi}_2 &= \frac{k}{m}(\varphi_3 - 2\varphi_2 + \varphi_1) \\ \ddot{\varphi}_3 &= \frac{k}{m}(\varphi_4 - 2\varphi_3 + \varphi_2) \\ \ddot{\varphi}_4 &= \frac{k}{m}(\varphi_1 - 2\varphi_4 + \varphi_3) . \end{aligned} \tag{6}$$

Mit dem Lösungsansatz $\varphi_\nu = A_\nu \cos \omega t, \ddot{\varphi}_\nu = -A_\nu \omega^2 \cos \omega t$ wird man auf das folgende lineare Gleichungssystem geführt:

$$\begin{pmatrix} 2\frac{k}{m}-\omega^2 & -\frac{k}{m} & 0 & -\frac{k}{m} \\ -\frac{k}{m} & 2\frac{k}{m}-\omega^2 & -\frac{k}{m} & 0 \\ 0 & -\frac{k}{m} & 2\frac{k}{m}-\omega^2 & -\frac{k}{m} \\ -\frac{k}{m} & 0 & -\frac{k}{m} & 2\frac{k}{m}-\omega^2 \end{pmatrix} \begin{pmatrix} A_1 \\ A_2 \\ A_3 \\ A_4 \end{pmatrix} = 0. \tag{7}$$

Für die nichttrivialen Lösungen muß die Determinante der Koeffizientenmatrix verschwinden. Aus dieser Bedingung erhält man die Bestimmungsgleichung für die Eigenfrequenzen:

$$\left(2\frac{k}{m}-\omega^2\right)^2 \left(4\frac{k}{m}-\omega^2\right)(-\omega^2) = 0. \tag{8}$$

Für die Frequenzen folgt somit

$$\omega_1^2 = 0, \qquad \omega_2^2 = 4\frac{k}{m}, \qquad \omega_3^2 = \omega_4^2 = 2\frac{k}{m}. \tag{9}$$

Zur Berechnung der zugehörigen Eigenschwingungen setzt man diese Frequenzen in das Gleichungssystem (7) ein.

1. $\omega_1^2 = 0$: $A_1 = A_2 = A_3 = A_4$
   Das System schwingt nicht, sondern führt eine gleichförmige Rotation aus (Abbildung 1a).
2. $\omega_2^2 = 4k/m$: $A_1 = A_3 = -A_2 = -A_4$
   Zwei benachbarte Massenpunkte führen eine gegenphasige Schwingung aus (Abbildung 1b).

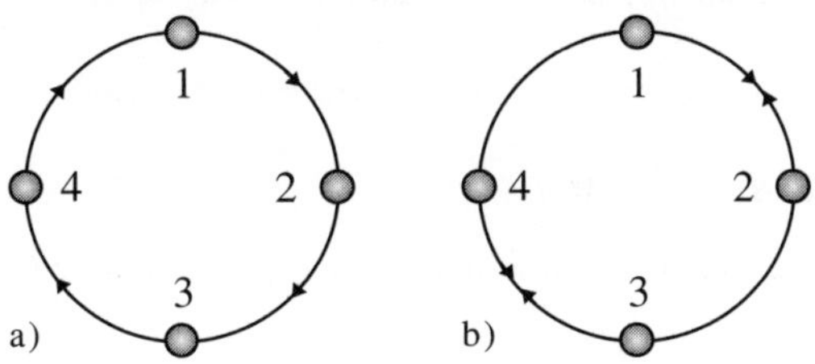

Abbildung 1: Gleichförmige Rotation und gegenphasige Schwingung.

3. $\omega_3^2 = \omega_4^2 = 2k/m$: $A_1 = A_2 = -A_3 = -A_4$ oder $A_1 = A_4 = -A_2 = -A_3$
   Zwei benachbarte Massenpunkte schwingen gleichphasig (Abbildung 2a, b).

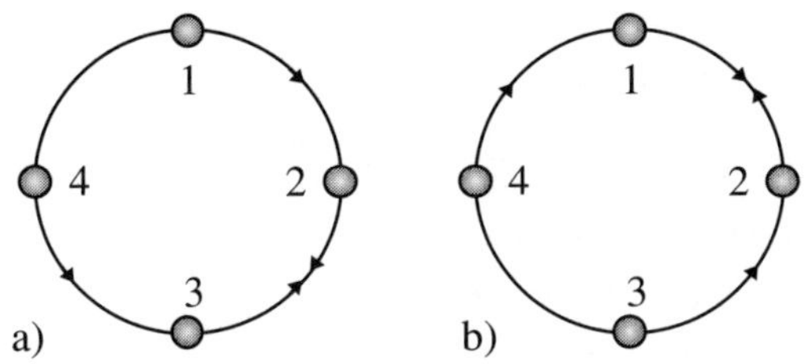

Abbildung 2: Gleichphasige Schwingung.

Aufgabe 15.9

Lagrangefunktion des asymmetrischen Kreisels

Aufgabe 15.10

Stellen Sie die Lagrangefunktion des schweren asymmetrischen Kreisels auf. Benutzen Sie als generalisierte Koordinaten die Eulerwinkel und bestimmen Sie die dazugehörigen generalisierten Impulse. Welche Koordinate ist zyklisch?

Welche weitere zyklische Koordinate tritt beim symmetrischen Kreisel auf?

Lösung:

Die kinetische Energie der Bewegung ist im Hauptachsensystem gegeben durch:

$$T = \frac{1}{2}\Theta_1\omega_1^2 + \frac{1}{2}\Theta_2\omega_2^2 + \frac{1}{2}\Theta_3\omega_3^2.$$

Die potentielle Energie ist:

$$V = mgh = mgl\cos\beta\,.$$

Als generalisierte Koordinaten benutzen wir die Eulerwinkel (α, β, γ), durch die ausgedrückt die Winkelgeschwindigkeiten lauten (siehe Aufgabe 13.5):

$$\omega_1 = \dot\alpha\sin\beta\,\sin\gamma + \dot\beta\cos\gamma,$$
$$\omega_2 = \dot\alpha\sin\beta\,\cos\gamma - \dot\beta\sin\gamma,$$
$$\omega_3 = \dot\alpha\cos\beta\, + \dot\gamma.$$

Wir setzen das in die Lagrangefunktion $L = T - V$ ein und erhalten:

$$\begin{aligned} L = {} & \frac{1}{2}\Theta_1(\dot\alpha^2\sin^2\beta\,\sin^2\gamma + \dot\beta^2\cos^2\gamma + 2\dot\alpha\dot\beta\,\sin\beta\,\sin\gamma\cos\beta) \\ & +\frac{1}{2}\Theta_2(\dot\alpha^2\sin^2\beta\,\cos^2\gamma + \dot\beta^2\sin^2\gamma - 2\dot\alpha\dot\beta\,\sin\beta\,\sin\gamma\cos\beta) \\ & +\frac{1}{2}\Theta_3(\dot\alpha\cos\beta\, + \dot\gamma)^2 - Mgl\cos\beta\,. \end{aligned}$$

Die Eulerwinkel genügen als generalisierte Koordinaten den Euler-Lagrange Gleichungen

$$\frac{\mathrm{d}}{\mathrm{d}t}\frac{\partial L}{\partial\dot\alpha} = \frac{\partial L}{\partial\alpha}$$

mit den analogen Gleichungen für β und γ. Die Lagrangefunktion hängt nicht vom Winkel α ab, so daß diese Koordinate zyklisch ist und der zugehörige generalisierte Impuls erhalten bleibt.

Wir bestimmen die generalisierten Impulse:

$$\begin{aligned} p_\alpha &= \frac{\partial L}{\partial\dot\alpha} = \Theta_1\omega_1\frac{\partial\omega_1}{\partial\dot\alpha} + \Theta_2\omega_2\frac{\partial\omega_2}{\partial\dot\alpha} + \Theta_3\omega_3\frac{\partial\omega_3}{\partial\dot\alpha} \\ &= \Theta_1(\dot\alpha\sin\beta\,\sin\gamma + \dot\beta\cos\gamma)\sin\beta\,\sin\gamma \\ &\quad +\Theta_2(\dot\alpha\sin\beta\,\cos\gamma - \dot\beta\sin\gamma)\sin\beta\,\cos\gamma \\ &\quad +\Theta_3(\dot\alpha\cos\beta\, + \dot\gamma)\cos\beta \\ &= \dot\alpha\sin^2\beta\,(\Theta_1\sin^2\gamma + \Theta_2\cos^2\gamma) + (\Theta_1 - \Theta_2)\dot\beta\cos\gamma\sin\beta\,\sin\gamma \\ &\quad +\Theta_3(\dot\alpha\cos\beta\, + \dot\gamma)\cos\beta\,. \end{aligned}$$

In analoger Weise erhält man

$$p_\beta = \frac{\partial L}{\partial \dot\beta} = \Theta_1 \dot\beta \cos^2\gamma + \Theta_2 \dot\beta \sin^2\gamma$$
$$+(\Theta_1 - \Theta_2)\dot\alpha \cos\gamma \sin\beta \sin\gamma + \Theta_3(\dot\alpha\cos\beta + \dot\gamma)$$
$$p_\gamma = \frac{\partial L}{\partial \dot\gamma} = \Theta_3(\dot\alpha\cos\beta + \dot\gamma).$$

Für den symmetrischen Kreisel gilt $\Theta_1 = \Theta_2$, so daß sich die Lagrangefunktion beträchtlich vereinfacht:

$$L = \frac{1}{2}\Theta_1(\dot\alpha \sin^2\beta + \dot\beta^2) + \frac{1}{2}\Theta_3(\dot\alpha\cos\beta + \dot\gamma)^2 - Mgl\cos\beta\,.$$

Die Lagrangefunktion des symmetrischen Kreisels hängt nun nicht mehr vom Winkel γ ab, so daß neben α auch γ zyklisch wird. So bleibt zusätzlich noch der Impuls p_γ erhalten.

Die generalisierten Impulse lauten dann:

$$p_\alpha = \dot\alpha \sin^2\beta\,\Theta_1 + \Theta_3(\dot\alpha\cos\beta + \dot\gamma)\cos\beta = \text{const.}$$
$$p_\beta = \dot\beta\,\Theta_1 + \Theta_3(\dot\alpha\cos\beta + \dot\gamma)$$
$$p_\gamma = \Theta_3(\dot\alpha\cos\beta + \dot\gamma) = \text{const.}$$

Die verallgemeinerten Impulse haben als Projektion des Gesamtdrehimpulses auf die zum jeweiligen Eulerwinkel gehörige Drehachse direkte physikalische Bedeutung.

p_α ist die Projektion des Gesamtdrehimpulses auf die raumfeste z-Achse (siehe Aufgabe 13.8):

$$p_\alpha = \vec{L}\cdot\vec{e}_\alpha = \vec{L}\cdot\vec{e}_z.$$

Diese Projektion ist für den asymmetrischen und den symmetrischen Kreisel eine Erhaltungsgröße. Da die Gravitationskraft nur in z-Richtung wirkt, erfolgt keine Drehimpulsänderung in dieser Richtung.

p_β ist die Projektion des Gesamtdrehimpulses auf die Knotenlinie, die Achse, um welche die zweite Eulersche Drehung ausgeführt wird:

$$p_\beta = \vec{L}\cdot\vec{e}_\beta = \vec{L}\cdot\vec{e}_x.$$

Dieser Impuls ist keine Erhaltungsgröße.

p_γ läßt sich als die Projektion des Gesamtdrehimpulses auf die körperfeste $\vec{e}_{z'}$-Achse interpretieren:

$$p_\gamma = \vec{L}\cdot\vec{e}_\gamma = \vec{L}\cdot\vec{e}_{z'}.$$

Für den symmetrischen Kreisel ist die körperfeste z'-Achse eine Symmetrieachse, und die Drehimpulsprojektion $\vec{L}\cdot\vec{e}_{z'}$ bleibt erhalten.

Aufgabe 15.10 ▲

16 Die Lagrange-Gleichung für nichtholonome Zwangsbedingungen

Bei Systemen mit holonomen Zwangsbedingungen können die abhängigen Koordinaten durch Einführung von generalisierten Koordinaten eliminiert werden. Wenn die Zwangsbedingungen nichtholonom sind, gelingt dies nicht. Es gibt nun kein allgemeines Verfahren, nichtholonome Probleme zu behandeln. Lediglich bei jenen speziellen, nichtholonomen Zwangsbedingungen, die in differentieller Form angegeben werden können, ist es möglich, die abhängigen Gleichungen nach der Methode der *Lagrange-Multiplikatoren* zu eliminieren. Wir betrachten also ein System, bei dem die Zwangsbedingungen in der Form

$$\sum_{\nu=1}^{n} a_{l\nu}\,\mathrm{d}q_\nu + a_{lt}\,\mathrm{d}t = 0 \tag{16.1}$$

($\nu = 1, 2, \ldots, n =$ Zahl der Koordinaten; $n > s; l = 1, 2, \ldots, s =$ Zahl der Zwangsbedingungen) vorliegen.

Die weiteren Betrachtungen sind nun unabhängig davon, ob die Gleichungen (16.1) integrabel sind oder nicht, d. h., sie gelten sowohl für holonome als auch für nichtholonome Zwangsbedingungen.

Demnach kann die im folgenden hergeleitete *Methode der Lagrange-Multiplikatoren* auch für holonome Zwangsbedingungen verwendet werden, wenn es unbequem ist, alle q_ν auf unabhängige Koordinaten zu reduzieren oder wenn man die Zwangskräfte zu erhalten wünscht. Gleichung (16.1) ist nicht der allgemeinste Typ einer nichtholonomen Zwangsbedingung, z. B. werden Zwangsbedingungen in der Form von Ungleichungen nicht erfaßt.

Bei unseren Betrachtungen gehen wir wieder – wie schon bei der Herleitung der Lagrange-Gleichungen – von dem D'Alembertschen Prinzip aus. Es lautet gemäß (15.12) in generalisierten Koordinaten

$$\sum_{\nu=1}^{n} \left(\frac{\mathrm{d}}{\mathrm{d}t}\frac{\partial T}{\partial \dot{q}_\nu} - \frac{\partial T}{\partial q_\nu} - Q_\nu \right) \delta q_\nu = 0. \tag{16.2}$$

Diese Gleichung gilt für Zwangsbedingungen jeder Art.

Die q_ν sollen jetzt voneinander abhängig sein. Daher sind die virtuellen Verrückungen δq_ν nicht wie früher (vgl. (15.12)) frei wählbar. Um die Zahl der virtuellen Verrückungen auf die der unabhängigen Verrückungen zu reduzieren, führen wir die zunächst frei wählbaren *Lagrange-Multiplikatoren* λ_l ein. Die Lagrange-Multiplikatoren λ_l mit $l = 1, 2, \ldots, s$ sind im allgemeinen Fall Funktionen der Zeit und der q_ν und der $\dot{q}_\nu$. Virtuelle Verrückungen δq_ν werden zur festen Zeit, d. h. mit $\delta t = 0$ durchgeführt. Damit geht (16.1) in

$$\sum_{\nu=1}^{n} a_{l\nu}\delta q_\nu = 0, \qquad l = 1, \ldots, s$$

über. Man nennt dies auch die *instantanen* (zu einer festen Zeit gehörigen) Nebenbedingungen. Daraus wiederum ergibt sich

$$\sum_{l=1}^{s} \lambda_l \sum_{\nu=1}^{n} a_{l\nu} \delta q_\nu = 0$$

bzw.

$$\sum_{\nu=1}^{n} \left(\sum_{l=1}^{s} \lambda_l a_{l\nu} \right) \delta q_\nu = 0. \tag{16.3}$$

Gleichung (16.3) wird von (16.2) subtrahiert:

$$\sum_{\nu=1}^{n} \left(\frac{\mathrm{d}}{\mathrm{d}t} \frac{\partial T}{\partial \dot{q}_\nu} - \frac{\partial T}{\partial q_\nu} - Q_\nu - \sum_{l=1}^{s} \lambda_l a_{l\nu} \right) \delta q_\nu = 0, \tag{16.4}$$

für $\nu = 1, \ldots, s, \ldots, n$.

In diesen Gleichungen kommen insgesamt n der Variablen q_ν vor; davon sind s abhängige q_ν, die über die Zwangsbedingungen mit den unabhängigen verbunden sind, und $n - s$ unabhängige q_ν. Wir setzen fest: Für die abhängigen q_ν soll der Index ν von $\nu = 1$ bis $\nu = s$ laufen, für die unabhängigen q_ν von $\nu = s + 1$ bis $\nu = n$. Die Koeffizienten der δq_ν in Gleichung (16.4) sind über die s Lagrange-Multiplikatoren λ_l, $(l = 1, \ldots, s)$ soweit zu unserer Verfügung, wie es die s Gleichungen für die Zwangsbedingungen zulassen. Da die λ_l frei wählbar waren, können wir sie so bestimmen, daß

$$\sum_{l=1}^{s} \lambda_l a_{l\nu} = \frac{\mathrm{d}}{\mathrm{d}t} \frac{\partial T}{\partial \dot{q}_\nu} - \frac{\partial T}{\partial q_\nu} - Q_\nu, \qquad (\nu = 1, \ldots, s),$$

wird, d. h., die ersten s Koeffizienten in (16.4), die den abhängigen q_ν entsprechen, werden Null gesetzt:

$$\frac{\mathrm{d}}{\mathrm{d}t} \frac{\partial T}{\partial \dot{q}_\nu} - \frac{\partial T}{\partial q_\nu} - Q_\nu - \sum_{l} \lambda_l a_{l\nu} = 0, \qquad \text{für} \quad \nu = 1, \ldots, s.$$

Von den Gleichungen (16.4) verbleibt dann:

$$\sum_{\nu=s+1}^{n} \left(\frac{\mathrm{d}}{\mathrm{d}t} \frac{\partial T}{\partial \dot{q}_\nu} - \frac{\partial T}{\partial q_\nu} - Q_\nu - \sum_{l} \lambda_l a_{l\nu} \right) \delta q_\nu = 0.$$

Diese δq_ν (für $\nu = s + 1, \ldots, n$) sind keinen Zwangsbedingungen mehr unterworfen; das bedeutet, daß diese δq_ν voneinander unabhängig sind. Dann müssen, wie schon bei der Herleitung der Lagrangegleichung für holonome Systeme, die Koeffizienten der δq_ν $(\nu = s + 1, \ldots, n)$ verschwinden, also gleich Null sein.

Zusammen mit den s Gleichungen für die abhängigen q_ν führt dies zu insgesamt n Gleichungen:

$$\frac{\mathrm{d}}{\mathrm{d}t} \frac{\partial T}{\partial \dot{q}_\nu} - \frac{\partial T}{\partial q_\nu} - Q_\nu - \sum_{l=1}^{s} \lambda_l a_{l\nu} = 0, \tag{16.5}$$

für $\nu = 1, \ldots, s, s + 1, \ldots, n$.

Für konservative Systeme sind die Q_ν aus einem Potential herleitbar:

$$Q_\nu = -\frac{\partial V}{\partial q_\nu}.$$

Analog zur Herleitung der Lagrangegleichung bei holonomen Systemen können wir mit der Lagrangefunktion $L = T - V$ die Gleichung (16.5) wie folgt umformulieren:

$$\frac{\mathrm{d}}{\mathrm{d}t}\frac{\partial L}{\partial \dot{q}_\nu} - \frac{\partial L}{\partial q_\nu} - \sum_{l=1}^{s} \lambda_l a_{l\nu} = 0, \qquad \nu = 1, \ldots, n. \tag{16.6}$$

Diese n Gleichungen enthalten $n + s$ Unbekannte, nämlich die n Koordinaten q_ν und die s Lagrange-Multiplikatoren λ_l. Die zusätzlich benötigten Gleichungen sind gerade die s Zwangsbedingungen (Gleichung (16.1)), die die q_ν verknüpfen; allerdings sind sie jetzt als Differentialgleichungen aufzufassen:

$$\sum_\nu a_{l\nu}\dot{q}_\nu + a_{lt} = 0, \qquad l = 1, 2, \ldots, s.$$

Damit haben wir zusammen $n+s$ Gleichungen für $n+s$ Unbekannte. Dabei erhalten wir nicht nur die q_ν, die wir finden wollten, sondern auch die s Größen λ_l.

Um die physikalische Bedeutung der λ_l zu erkennen, nehmen wir an, daß die Zwangsbedingungen des Systems beseitigt werden, daß aber an ihrer Stelle äußere Kräfte Q_ν^* so angewendet werden, daß die Bewegung des Systems nicht verändert wird. Die Bewegungsgleichungen würden dann ebenfalls die gleichen bleiben. Diese zusätzlich wirkenden Kräfte müssen gleich den Zwangskräften sein, denn sie sind Kräfte, die so auf das System wirken, daß die Zwangsbedingungen erfüllt werden. Mit Rücksicht auf diese Kräfte Q_ν^* lauten die Bewegungsgleichungen:

$$\frac{\mathrm{d}}{\mathrm{d}t}\frac{\partial L}{\partial \dot{q}_\nu} - \frac{\partial L}{\partial q_\nu} = Q_\nu^*, \tag{16.7}$$

wobei die Q_ν^* zusätzlich zu den Q_ν auftreten. Gleichungen (16.6) und (16.7) müssen identisch sein. Daraus folgt

$$Q_\nu^* = \sum_l \lambda_l a_{l\nu}; \tag{16.8}$$

d. h., die Lagrangemultiplikatoren λ_l bestimmen die *generalisierten Zwangskräfte* Q_ν^*; sie werden nicht eliminiert, sondern sie sind Teile der Lösung des Problems [1].

Die Beziehung (16.3) geht damit in

$$\sum_\nu Q_\nu^* \delta q_\nu = 0 \tag{16.9}$$

über und impliziert, daß die insgesamt von allen Zwangskräften geleistete virtuelle Arbeit verschwindet. Wir können dies als den allgemeinen Beweis für die im Kapitel 15, Gleichung (16.3) eingeführte These, daß Zwangskräfte keine Arbeit leisten, ansehen.

[1] Vergleichen Sie auch mit dem in Kapitel 17 zu diesem Thema Gesagten.

Zylinder rollt auf schiefer Ebene herunter

Beispiel 16.1

Als ein Beispiel für die Methode der Lagrange-Multiplikatoren betrachten wir einen Vollzylinder, der ohne Schlupf eine schiefe Ebene mit der Höhe h und dem Neigungswinkel α hinabrollt. Zwar ist diese Rollbedingung eine holonome Zwangsbedingung, doch ist dies für die Demonstration der Methode unwesentlich.

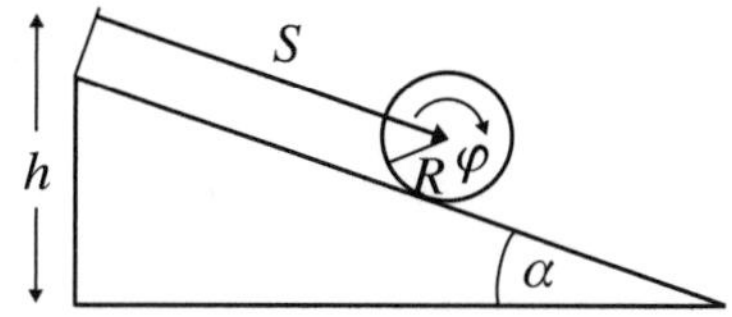

Zylinder rollt ohne Schlupf auf schiefer Ebene.

Die beiden generalisierten Koordinaten sind s, φ, und die Zwangsbedingung lautet

$$R\dot{\varphi} = \dot{s} \qquad \text{oder} \qquad R\,\mathrm{d}\varphi - \mathrm{d}s = 0.$$

Natürlich lassen sich diese Gleichungen sofort integrieren, und mit $R\varphi = s + \text{const}$ haben wir holonome Zwangsbedingungen vor uns. Wir bleiben aber bei der differentiellen Form derselben und demonstrieren das Lagrangesche Multiplikatorverfahren. Auf diese Weise erhalten wir sogar die Zwangskräfte.

Die Koeffizienten, die in der Zwangsbedingung auftreten, lauten

$$a_s = -1, \qquad a_\varphi = R,$$

wie wir durch Koeffizientenvergleich mit der folgenden Gleichung (1) sehen werden:

$$\sum_\nu a_{l\nu}\delta q_\nu = 0,$$

mit $l = 1$ als Zahl der Zwangsbedingungen und $\delta t = 0$. Die kinetische Energie T kann dargestellt werden als Summe der kinetischen Energie der Bewegung des Massenzentrums und der kinetischen Energie der Bewegung um das Massenzentrum:

$$T = \frac{1}{2}m\dot{s}^2 + \frac{1}{2}\Theta\dot{\varphi}^2 = \frac{m}{2}\left(\dot{s}^2 + \frac{R^2}{2}\dot{\varphi}^2\right),$$

mit dem Massenträgheitsmoment des Vollzylinders

$$\Theta_{\text{Vollzyl.}} = \frac{1}{2}mR^2.$$

Die potentielle Energie V ist:

$$V = mgh - mgs\sin\alpha.$$

Die Lagrange-Funktion lautet:

$$L = T - V = \frac{m}{2}\left(\dot{s}^2 + \frac{R^2}{2}\dot{\varphi}^2\right) - mg(h - s\sin\alpha).$$

Zu beachten ist, daß diese Lagrange-Funktion jetzt nicht direkt entsprechend Gleichung (15.16) zur Herleitung der Bewegungsgleichung benutzt werden kann. Dies liegt daran, daß die beiden Koordinaten s und φ nicht unabhängig voneinander sind. So ist φ *keine* ignorable Koordinate, obwohl es nicht explizit in der Lagrange-Funktion auftritt.

Da nur eine Zwangsbedingung vorliegt, wird nur ein Lagrange-Multiplikator λ benötigt. Mit den Koeffizienten

$$a_s = -1, \qquad a_\varphi = R$$

bekommen wir für die Lagrangegleichungen

$$m\ddot{s} - mg\sin\alpha + \lambda = 0, \tag{1}$$

$$\frac{m}{2}R^2\ddot{\varphi} - \lambda R \qquad = 0, \tag{2}$$

die zusammen mit der Zwangsbedingung

$$R\dot{\varphi} = \dot{s} \tag{3}$$

drei Gleichungen für drei Unbekannte φ, s, λ bilden. Differenzieren wir (3) nach der Zeit, so haben wir

$$R\ddot{\varphi} = \ddot{s}.$$

Daraus folgt in Verbindung mit (2):

$$m\ddot{s} = 2\lambda\,.$$

Damit geht Gleichung (1) über in

$$mg\sin\alpha = 3\lambda\,.$$

Aus dieser Gleichung bekommen wir für den Lagrange-Multiplikator:

$$\lambda = \frac{1}{3}mg\sin\alpha.$$

Die generalisierten Zwangskräfte lauten:

$$a_s\lambda = -\frac{1}{3}mg\sin\alpha, \qquad a_\varphi\lambda = \frac{1}{3}Rmg\sin\alpha.$$

Dabei ist $a_s\lambda$ die von der Reibung hervorgerufene Zwangskraft; $a_\varphi\lambda$ ist das von dieser Kraft bewirkte Drehmoment, das den Zylinder zum Rollen bringt. Man mache sich klar, daß die Nebenbedingung *„Rollen“* eine besondere Zwangskraft (Reibungskraft) erfordert. Wir haben diese hier ausgerechnet. Weiterhin ist zu bemerken, daß die Schwerkraft genau um den Betrag der Zwangskraft $a_s\lambda$ verringert wird.

Setzen wir den Lagrange-Multiplikator λ in Gleichung (1) ein, so erhalten wir die Differentialgleichung für s:

$$\ddot{s} = \frac{2}{3}g\sin\alpha.$$

Die Differentialgleichung für φ ergibt sich daraus, indem wir

$$R\ddot{\varphi} = \ddot{s}$$

einsetzen.

$$\ddot{\varphi} = \frac{2}{3}\frac{g}{R}\sin\alpha.$$

An diesem Beispiel haben wir gesehen, daß sich bei Verwendung der Lagrange-Multiplikator-Methode nicht nur die gesuchten Bewegungsgleichungen ergeben, sondern auch die ansonsten im Lagrangeformalismus nicht auftretenden Zwangskräfte.

▲Beispiel 16.1

Teilchen bewegt sich im Paraboloid

Aufgabe 16.1

Ein Teilchen der Masse m bewegt sich reibungsfrei unter dem Einfluß der Schwerkraft auf der Innenfläche eines Paraboloids, das durch

$$x^2 + y^2 = ax$$

gegeben ist.

a) Bestimmen Sie die Lagrangefunktion und die Bewegungsgleichung.
b) Zeigen Sie, daß sich das Teilchen auf einem horizontalen Kreis in der Ebene $z = h$ bewegt, vorausgesetzt, ihm wird eine Anfangswinkelgeschwindigkeit verliehen. Bestimmen Sie diese Winkelgeschwindigkeit.
c) Zeigen Sie, daß das Teilchen um die Kreisbahn oszilliert, wenn es nur schwach ausgelenkt wird. Bestimmen Sie die Oszillationsfrequenz.

Lösung:

a) Die geeigneten Koordinaten sind die Zylinderkoordinaten r, φ, z. Die kinetische Energie in Zylinderkoordinaten lautet

$$T = \frac{1}{2}m(\dot{r}^2 + r^2\dot{\varphi}^2 + \dot{z}^2).$$

Damit ist die Lagrangefunktion:

$$L = \frac{1}{2}m(\dot{r}^2 + r^2\dot{\varphi}^2 + \dot{z}^2) - mgz. \tag{1}$$

Die Zwangsbedingung ist $x^2 + y^2 = ax$. Da $x^2 + y^2 = r^2 \Rightarrow r^2 - az = 0$ oder in differentieller Form: $2r\delta r - a\delta z = 0$.

Nennen wir $r = q_1, \varphi = q_2, z = q_3$, so folgt aus

$$\sum_\alpha A_\alpha q_\alpha = 0,$$

daß $A_1 = 2r, A_2 = 0, A_3 = -a$ sind.

Die Lagrange-Gleichungen lauten:

$$\frac{\mathrm{d}}{\mathrm{d}t}\left(\frac{\partial L}{\partial \dot{q}_\alpha}\right) - \frac{\partial L}{\partial q_\alpha} = \lambda_1 A_\alpha, \qquad \alpha = 1, 2, 3,$$

d. h.

$$\frac{\mathrm{d}}{\mathrm{d}t}\left(\frac{\partial L}{\partial \dot{r}}\right) - \frac{\partial L}{\partial r} = 2\lambda_1 r,$$

$$\frac{\mathrm{d}}{\mathrm{d}t}\left(\frac{\partial L}{\partial \dot{\varphi}}\right) - \frac{\partial L}{\partial \varphi} = 0$$

und

$$\frac{\mathrm{d}}{\mathrm{d}t}\left(\frac{\partial L}{\partial \dot{z}}\right) - \frac{\partial L}{\partial z} = -\lambda_1 a. \tag{2}$$

Mit (1) folgt

$$m(\ddot{r} - r\dot{\varphi}^2) = 2\lambda_1 r, \quad m\frac{\mathrm{d}}{\mathrm{d}t}(r^2\dot{\varphi}), \quad m\ddot{z} = -mg - \lambda_1 a \tag{3}$$

♦ Aufgabe 16.1

sowie die Zwangsbedingung $2r\dot{r} - a\dot{z} = 0$. Aus diesem System lassen sich r, φ, z, λ_1 bestimmen.

b) Der Radius des Kreises, der durch Schnitt der Ebene $z = h$ mit dem Paraboloid entsteht, ist $r^2 = az$,

$$r_0 = \sqrt{ah}.$$

Aus $m\ddot{z} = -mg - \lambda_1 a$ folgt mit $z = h$,

$$\lambda_1 = -\frac{mg}{a}.$$

Aus $m(\ddot{r} - r\dot{\varphi}^2) = 2\lambda_1 r$ folgt mit $\dot{\varphi} = \omega, r = r_0$

$$m(-r_0\omega^2) = 2\left(-\frac{mg}{a}\right) r_0 \qquad \text{oder} \qquad \omega^2 = \frac{2g}{a},$$

d. h.,

$$\omega = \sqrt{\frac{2g}{a}}$$

ist die gesuchte Anfangswinkelgeschwindigkeit.

c) Aus $m\dfrac{\mathrm{d}}{\mathrm{d}t}(r^2\dot{\varphi}) = 0$ folgt $r^2\dot{\varphi} = \text{const} = A$.

Wir nehmen an, daß das Teilchen die Anfangswinkelgeschwindigkeit ω hat, d. h.

$$A = ah\omega \qquad \text{und damit} \qquad \dot{\varphi} = \frac{ah\omega}{r^2}.$$

Da das Teilchen nur wenig um $z = h$ oszilliert, verwenden wir $\lambda_1 = -mg/a$, was für $z = h$ gültig ist, und erhalten:

$$m(\ddot{r} - r\dot{\varphi}^2) = -\frac{2mg}{a} r \qquad \Rightarrow \qquad \ddot{r} - a^2h^2\frac{\omega^2}{r^3} = -\frac{2gr}{a}.$$

Da die Oszillation klein ist, folgt $r = r_0 + u$, d. h.

$$\ddot{u} - \frac{a^2h^2\omega^2}{(r_0 + u)^3} = -\frac{2g}{a}(r_0 + u). \tag{4}$$

Es ist

$$\frac{1}{(r_0 + u)^3} = \frac{1}{r_0^3(1 + u/r_0)^3} = \frac{1}{r_0^3}\left(1 + \frac{u}{r_0}\right)^{-3} \approx \left(1 - \frac{3u}{r_0}\right)\frac{1}{r_0^3},$$

da $u/r_0 \ll 1$ (Potenzreihenentwicklung)!

Damit ergibt sich aus (4) mit $r_0 = \sqrt{ah}$, $\omega = \sqrt{2g/a}$ die Differentialgleichung

$$\ddot{u} + \frac{8g}{a}u = 0 \tag{5}$$

mit der Lösung

$$u = \varepsilon_1 \cos\sqrt{\frac{8g}{a}}t + \varepsilon_2 \sin\sqrt{\frac{8g}{a}}t$$

und somit

$$r = r_0 + u = \sqrt{ah} + \varepsilon_1 \cos\sqrt{\frac{8g}{a}}t + \varepsilon_2 \sin\sqrt{\frac{8g}{a}}t,$$

d. h., r oszilliert mit $\omega^2 = 8g/a$ um den Gleichgewichtswert $r_0 = \sqrt{ah}$. Die Oszillationsdauer ist:

$$T_0 = \pi\sqrt{\frac{a}{2g}},$$

während die Umlaufdauer

$$T_u = 2\pi\sqrt{\frac{a}{2g}} = 2T_0$$

ist.

Aufgabe 16.1

Drei Massen – durch Stangen gekoppelt – gleiten im Kreisreifen

Aufgabe 16.2

Drei Massenpunkte m_1, m_2, m_3 sind an den Enden von zwei masselosen Stangen befestigt und gleiten reibungsfrei in einem Kreisreifen vom Radius R, der vertikal im Schwerefeld der Erde steht.

Stellen Sie mit Hilfe der Technik der Lagrange-Multiplikatoren die Bewegungsgleichungen auf und ermitteln Sie die Gleichgewichtslage.

Wie groß ist die Frequenz kleiner Schwingungen um die Gleichgewichtslage?

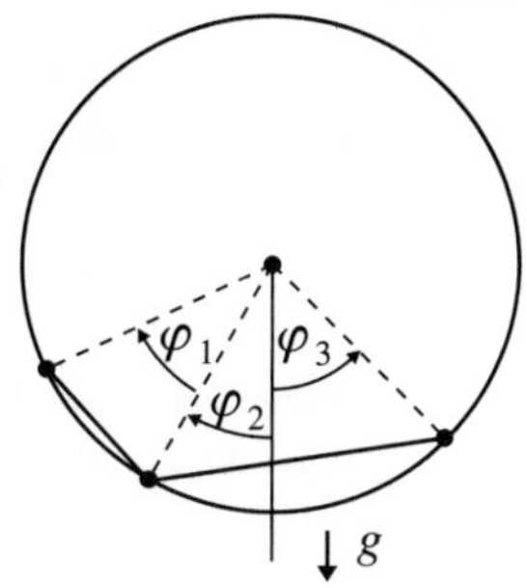

Drei starr gekoppelte Massen im Kreisreifen.

Lösung:

Als generalisierte Koordinaten verwenden wir die Winkel φ_1, φ_2 und φ_3. Die Winkel sind nicht unabhängig voneinander, sondern aufgrund der starren Stangen, die die Massenpunkte verbinden, über die Zwangsbedingungen

$$\begin{aligned} \varphi_3 - \varphi_2 &= \alpha = \text{const.} \\ \varphi_2 - \varphi_1 &= \beta = \text{const.} \end{aligned} \tag{1}$$

verknüpft. In differentieller Form, $\sum_\nu a_{l\nu}\delta q_\nu = 0$, lauten sie

$$\begin{aligned} \delta\varphi_3 - \delta\varphi_2 &= 0 \\ \delta\varphi_2 - \delta\varphi_1 &= 0. \end{aligned} \tag{2}$$

Die Lagrangefunktion des Systems läßt sich in diesen Koordinaten sofort angeben:

$$\begin{aligned} L &= \sum_\nu T_\nu - V_\nu \\ &= \frac{1}{2}\sum_\nu m_\nu R^2\dot{\varphi}^2 - \sum_\nu m_\nu gR(1 - \cos\varphi_\nu). \end{aligned} \tag{3}$$

Die Euler-Lagrangegleichungen, verallgemeinert auf nicht integrable Zwangsbedingungen, d. h. Zwangsbedingungen, die *nur* in der Form (2) vorliegen, formulieren sich mittels der Lagrange-Multiplikatoren λ_l (Gleichung (16.6)):

$$\frac{\mathrm{d}}{\mathrm{d}t}\frac{\partial L}{\partial\dot{\varphi}_\nu} - \frac{\partial L}{\partial\varphi_\nu} = \sum_{l=1}^{s}\lambda_l a_{l\nu}. \tag{4}$$

Die Zahl der Zwangsbedingungen ist im hier betrachteten Fall $s = 2$. Wir erhalten damit die drei Bewegungsgleichungen:

$$m_\nu R^2 \ddot{\varphi}_\nu + m_\nu g R \sin\varphi_\nu = \lambda_1 a_{1\nu} + \lambda_2 a_{2\nu} \qquad \nu = 1, 2, 3. \tag{5}$$

Aus (2) erhält man durch Vergleich die Koeffizienten $a_{l\nu}$:

$$\begin{array}{lll} a_{11} = 0 & a_{12} = -1 & a_{13} = 1 \\ a_{21} = -1 & a_{22} = 1 & a_{23} = 0. \end{array} \tag{6}$$

Wegen (1) gilt außerdem

$$\ddot{\varphi}_3 = \ddot{\varphi}_2 = \ddot{\varphi}_1 . \tag{7}$$

Setzen wir das in (5) ein, so folgt

$$\frac{g}{R}\sin\varphi_1 + \frac{\lambda_2}{m_1 R^2} = \frac{g}{R}\sin\varphi_2 + \frac{\lambda_1}{m_2 R^2} - \frac{\lambda_2}{m_2 R^2} = \frac{g}{R}\sin\varphi_3 - \frac{\lambda_1}{m_3 R^2} . \tag{8}$$

Auflösen nach λ_1 bzw. λ_2 führt auf:

$$\begin{aligned} \frac{\lambda_1}{R^2} &= m_3 \frac{\omega_0^2}{M}[m_1(\sin\varphi_3 - \sin\varphi_1) + m_2(\sin\varphi_3 - \sin\varphi_2)] \\ \frac{\lambda_2}{R^2} &= m_1 \frac{\omega_0^2}{M}[m_2(\sin\varphi_2 - \sin\varphi_1) + m_3(\sin\varphi_3 - \sin\varphi_1)]. \end{aligned} \tag{9}$$

Dabei haben wir $M = m_1 + m_2 + m_3$ und $\omega_0^2 = g/R$ gesetzt. Die Winkel φ_3 und φ_2 können über die Zwangsbedingung (1) durch φ_1 ausgedrückt werden, so daß eine Differentialgleichung in der Variablen φ_1 das ganze System beschreibt. So folgt denn aus (5) und (9):

$$\begin{aligned} \ddot{\varphi}_1 &= -\frac{\omega_0^2}{M}[m_1 \sin\varphi_1 + m_2 \sin\varphi_2 + m_3 \sin\varphi_3] \\ &= -\frac{\omega_0^2}{M}[m_1 \sin\varphi_1 + m_2 \sin(\varphi_1 + \beta) + m_3 \sin(\varphi_1 + \alpha + \beta)]. \end{aligned} \tag{10}$$

Die Gleichgewichtslage liegt am Punkt verschwindender Beschleunigung $\ddot{\varphi}_1 = 0$:

$$\begin{aligned} &m_1 \sin\varphi_1 + m_2(\sin\varphi_1 \cos\beta + \cos\varphi_1 \sin\beta) \\ &+ m_3[\sin\varphi_1 \cos(\alpha + \beta) + \cos\varphi_1 \sin(\alpha + \beta)] = 0. \end{aligned} \tag{11}$$

Auflösen nach φ_1 liefert:

$$\varphi_1|_{\ddot{\varphi}_1 = 0} = \varphi_1^0 = \arctan\left(-\frac{m_2 \sin\beta + m_3 \sin(\alpha + \beta)}{m_1 + m_2 \cos\beta + m_3 \cos(\alpha + \beta)}\right) . \tag{12}$$

Wir betrachten nun kleine Schwingungen ϑ um die durch (12) bestimmte Gleichgewichtslage:

$$\varphi_1 = \varphi_1^0 + \vartheta \qquad \text{mit} \qquad |\vartheta| \ll 1. \tag{13}$$

Mit Hilfe des Additionstheorems $\sin(\Theta + \vartheta) \simeq \sin\Theta + \vartheta\cos\Theta$ und $\ddot{\varphi}_1 = \ddot{\vartheta}$ erhält man aus (10) die gesuchte Frequenz:

$$\begin{aligned} \ddot{\vartheta} &= -\frac{\omega_0^2}{M}[m_1 \cos\varphi_1^0 + m_2 \cos(\varphi_1^0 + \alpha) + m_3 \cos(\varphi_1^0 + \alpha + \beta)]\vartheta \\ \ddot{\vartheta} &\equiv -\Omega^2 \vartheta . \end{aligned} \tag{14}$$

Diese Differentialgleichung beschreibt für kleine Auslenkungen die Schwingungen eines physikalischen Pendels und geht für $\alpha = \beta = 0$ und damit $\varphi_1^0 = 0$ in die Gleichung des mathematischen Pendels über.

▲Aufgabe 16.2

17 Spezielle Probleme (Zur Vertiefung)

Geschwindigkeitsabhängige Potentiale

Bisher haben wir konservative Kräfte $\vec{F}$ dadurch definiert, daß sie aus einem Potential $V(\vec{r})$ durch Gradientenbildung ableitbar sind, d. h.

$$\vec{F}(\vec{r},t) = -\vec{\nabla}V(\vec{r},t). \tag{17.1}$$

Dabei ist das Potential $V(\vec{r},t)$ eine Funktion des Ortes und im allgemeinen auch der Zeit. Das ist solange möglich, wie die Kräfte nicht geschwindigkeits- oder beschleunigungsabhängig sind. Es gibt jedoch solche Fälle: So ist z. B. die *Lorentz-Kraft*, die auf ein geladenes Teilchen im elektromagnetischen Feld wirkt, geschwindigkeitsabhängig:

$$\vec{F}^{(a)} = e\left(\vec{E} + \frac{\vec{v}}{c} \times \vec{B}\right). \tag{17.2}$$

Hier ist e die Ladung des Teilchens und $\vec{E}$ und $\vec{B}$ sind die elektrische bzw. magnetische Feldstärke. $\vec{F}^{(a)}$ deutet an, daß dies eine äußere Kraft sein soll.

Wenn äußere Kräfte von der Geschwindigkeit oder Beschleunigung abhängen, werden wir sie auch dann *konservativ* nennen, falls sie sich durch ein Potential V, das von den verallgemeinerten Koordinaten q_j, den verallgemeinerten Geschwindigkeiten $\dot{q}_j$ und der Zeit t abhängt, ausdrücken lassen gemäß

$$Q_j = -\frac{\partial V}{\partial q_j} + \frac{\mathrm{d}}{\mathrm{d}t}\frac{\partial V}{\partial \dot{q}_j} \tag{17.3}$$

mit $V = V(q_j, \dot{q}_j, t)$.

In manchen Fällen kann eine solche Darstellung auch für die gewöhnlichen Koordinaten $\vec{r}_i$ und die Geschwindigkeit $\vec{v}_i$ möglich sein. Dann lautet die zu (17.3) analoge Relation für $V = V(\vec{r}_i, \vec{v}_i, t)$

$$\vec{F}_i = -\vec{\nabla}_i V + \frac{\mathrm{d}}{\mathrm{d}t}\vec{\nabla}_{\vec{v}_i} V = -\frac{\partial V}{\partial \vec{r}_i} + \frac{\mathrm{d}}{\mathrm{d}t}\frac{\partial V}{\partial \vec{v}_i}.$$

Hier bedeutet

$$\vec{\nabla}_{\vec{v}_i} = \left\{\frac{\partial}{\partial v_{ix}}, \frac{\partial}{\partial v_{iy}}, \frac{\partial}{\partial v_{iz}}\right\}$$

den Gradientenvektor in bezug auf die Komponenten der Geschwindigkeit des i-ten Teilchens.

Das *geschwindigkeitsabhängige Potential*

$$V = V(q_j, \dot{q}_j, t) \tag{17.4}$$

heißt manchmal auch *verallgemeinertes Potential*. Wir wissen aus (15.13), daß zwischen der kinetischen Energie T und den verallgemeinerten Kräften Q_j die Relationen

$$\frac{\mathrm{d}}{\mathrm{d}t}\frac{\partial T}{\partial \dot{q}_j} - \frac{\partial T}{\partial q_j} = Q_j \tag{17.5}$$

bestehen. Verwenden wir nun Gleichung (17.3), so erhalten wir

$$\frac{\mathrm{d}}{\mathrm{d}t}\frac{\partial T}{\partial \dot{q}_j} - \frac{\partial T}{\partial q_j} = -\frac{\partial V}{\partial q_j} + \frac{\mathrm{d}}{\mathrm{d}t}\frac{\partial V}{\partial \dot{q}_j}$$

oder

$$\frac{\mathrm{d}}{\mathrm{d}t}\frac{\partial L}{\partial \dot{q}_j} - \frac{\partial L}{\partial q_j} = 0,$$

wenn wir die *verallgemeinerte Lagrange-Funktion* L durch

$$L = T - V$$

mit dem *verallgemeinerten Potential* $V(q_j, \dot{q}_j, t)$ definieren.

Manchmal ist es wünschenswert, statt eines Satzes verallgemeinerter Koordinaten q_j einen anderen Satz $\widetilde{q}_j$ zu verwenden.

Wir wollen nun zeigen, daß dieses Potential auch in den neuen Koordinaten $\widetilde{q}_j$ und den zugehörigen Geschwindigkeiten $\dot{\widetilde{q}}_j$ ein verallgemeinertes Potential darstellt; diese Eigenschaft ist somit unabhängig von den gewählten spezifischen Koordinaten.

Analog zu Gleichung (14.7) besteht zwischen den zu $\widetilde{q}_j, \dot{\widetilde{q}}_j$ gehörenden verallgemeinerten Kräften $\widetilde{Q}_j$ und den Q_j aus (17.3) die Beziehung

$$\widetilde{Q}_j = \sum_{\nu=1}^{3N} Q_\nu \frac{\partial q_\nu}{\partial \widetilde{q}_\nu}. \tag{17.6}$$

Zu zeigen ist, daß

$$\widetilde{Q}_j = -\frac{\partial V}{\partial \widetilde{q}_j} + \frac{\mathrm{d}}{\mathrm{d}t}\left(\frac{\partial V}{\partial \dot{\widetilde{q}}_j}\right). \tag{17.7}$$

Zum Beweis benötigen wir die Beziehung

$$\frac{\partial \dot{q}_k}{\partial \dot{\widetilde{q}}_j} = \frac{\partial q_k}{\partial \widetilde{q}_j}, \tag{17.8}$$

die sich unmittelbar aus

$$\dot{q}_k = \frac{\mathrm{d}}{\mathrm{d}t}(q_k) = \sum_{j=1}^{3N} \frac{\partial q_k}{\partial \widetilde{q}_j}\dot{\widetilde{q}}_j + \frac{\partial q_k}{\partial t}$$

ergibt. Es ist

$$\frac{\partial V}{\partial \widetilde{q}_j} = \sum_{\nu=1}^{3N} \frac{\partial V}{\partial q_\nu}\frac{\partial q_\nu}{\partial \widetilde{q}_j} + \sum_{\nu=1}^{3N} \frac{\partial V}{\partial \dot{q}_\nu}\frac{\partial \dot{q}_\nu}{\partial \widetilde{q}_j} + \frac{\partial V}{\partial t}\underbrace{\frac{\partial t}{\partial \widetilde{q}_j}}_{=0}$$

$$= \sum_{\nu=1}^{3N} \frac{\partial V}{\partial q_\nu}\frac{\partial q_\nu}{\partial \widetilde{q}_j} + \sum_{\nu=1}^{3N} \frac{\partial V}{\partial \dot{q}_\nu}\left(\frac{\partial}{\partial \widetilde{q}_j}\left(\sum_{\alpha=1}^{3N} \frac{\partial q_\nu}{\partial \widetilde{q}_\alpha}\dot{\widetilde{q}}_\alpha + \frac{\partial}{\partial t}q_\nu\right)\right). \tag{17.9}$$

Aufgrund von

$$Q_\nu = -\frac{\partial V}{\partial q_\nu} + \frac{\mathrm{d}}{\mathrm{d}t}\left(\frac{\partial V}{\partial \dot{q}_\nu}\right)$$

schreiben wir die verallgemeinerte Kraft $\widetilde{Q}_j$ (17.6) zu

$$\begin{aligned}\widetilde{Q}_j &= -\sum_{\nu=1}^{3N} \frac{\partial V}{\partial q_\nu}\frac{\partial q_\nu}{\partial \widetilde{q}_j} + \sum_{\nu=1}^{3N} \frac{\mathrm{d}}{\mathrm{d}t}\left(\frac{\partial V}{\partial \dot{q}_\nu}\right)\frac{\partial q_\nu}{\partial \widetilde{q}_j} \\ &= -\sum_{\nu=1}^{3N} \frac{\partial V}{\partial q_\nu}\frac{\partial q_\nu}{\partial \widetilde{q}_j} + \sum_{\nu=1}^{3N} \frac{\mathrm{d}}{\mathrm{d}t}\left(\frac{\partial V}{\partial \dot{q}_\nu}\frac{\partial q_\nu}{\partial \widetilde{q}_j}\right) - \sum_{\nu=1}^{3N} \frac{\partial V}{\partial \dot{q}_\nu}\frac{\mathrm{d}}{\mathrm{d}t}\left(\frac{\partial q_\nu}{\partial \widetilde{q}_j}\right).\end{aligned}$$

Setzen wir diesen Ausdruck in Gleichung (17.9) ein, so erhalten wir

$$\begin{aligned}\widetilde{Q}_j = &-\frac{\partial V}{\partial \widetilde{q}_j} + \sum_{\nu=1}^{3N} \frac{\partial V}{\partial \dot{q}_\nu}\left(\frac{\partial}{\partial \widetilde{q}_j}\left(\sum_{\alpha=1}^{3N}\frac{\partial q_\nu}{\partial \widetilde{q}_\alpha}\dot{\widetilde{q}}_\alpha + \frac{\partial}{\partial t}q_\nu\right)\right) \\ &+ \sum_{\nu=1}^{3N} \frac{\mathrm{d}}{\mathrm{d}t}\left(\frac{\partial V}{\partial \dot{q}_\nu}\frac{\partial q_\nu}{\partial \widetilde{q}_j}\right) - \sum_{\nu=1}^{3N} \frac{\partial V}{\partial \dot{q}_\nu}\frac{\mathrm{d}}{\mathrm{d}t}\left(\frac{\partial q_\nu}{\partial \widetilde{q}_j}\right).\end{aligned}$$

Der dritte Term resultiert mit (17.8) in

$$\sum_{\nu=1}^{3N} \frac{\mathrm{d}}{\mathrm{d}t}\left(\frac{\partial V}{\partial \dot{q}_\nu}\frac{\partial \dot{q}_\nu}{\partial \dot{\widetilde{q}}_j}\right) = \frac{\mathrm{d}}{\mathrm{d}t}\left(\frac{\partial V}{\partial \dot{\widetilde{q}}_j}\right).$$

Damit wird $\widetilde{Q}_j$ zu

$$\begin{aligned}\widetilde{Q}_j = &-\frac{\partial V}{\partial \widetilde{q}_j} + \frac{\mathrm{d}}{\mathrm{d}t}\left(\frac{\partial V}{\partial \dot{\widetilde{q}}_j}\right) \\ &+ \sum_{\nu=1}^{3N} \frac{\partial V}{\partial \dot{q}_\nu}\left(\frac{\partial}{\partial \widetilde{q}_\nu}\left(\sum_{\alpha=1}^{3N}\frac{\partial q_\nu}{\partial \widetilde{q}_\alpha}\dot{\widetilde{q}}_\alpha + \frac{\partial}{\partial t}q_\nu\right)\right) \\ &- \sum_{\nu=1}^{3N} \frac{\partial V}{\partial \dot{q}_\nu}\left(\sum_{\alpha=1}^{3N}\frac{\partial}{\partial \widetilde{q}_\alpha}\left(\frac{\partial q_\nu}{\partial \widetilde{q}_j}\right)\dot{\widetilde{q}}_\alpha + \frac{\partial}{\partial t}\frac{\partial q_\nu}{\partial \widetilde{q}_j}\right).\end{aligned}$$

Da $\dot{\widetilde{q}}_\alpha$ nicht von $\widetilde{q}_j$ abhängt, heben sich die zwei letzten Terme gegeneinander auf, und wir erhalten die Gültigkeit von (17.7). Somit ist gezeigt, daß

$$V(q_j, \dot{q}_j, t) = V(q_j(\widetilde{q}_j, t), \dot{q}_j(\dot{\widetilde{q}}_j, t), t) \equiv V(\widetilde{q}_j, \dot{\widetilde{q}}_j, t)$$

auch ein verallgemeinertes Potential in den neuen Koordinaten $\widetilde{q}_j$ darstellt.

Geladenes Teilchen im elektromagnetischen Feld

Beispiel 17.1

In der Elektrodynamik werden wir zeigen, daß wir die elektrische Feldstärke $\vec{E}$ und die magnetische Feldstärke $\vec{B}$ aus dem *skalaren Potential* $\Phi(\vec{r}, t)$ und dem *Vektorpotential* $\vec{A}(\vec{r}, t)$ ableiten können, nämlich

$$\vec{E} = -\vec{\nabla}\Phi - \frac{1}{c}\frac{\partial \vec{A}}{\partial t}, \qquad \vec{B} = \vec{\nabla}\times\vec{A}. \tag{1}$$

Mit anderen Worten: An Stelle von $\vec{E}, \vec{B}$ kann man die elektromagnetischen Erscheinungen durch $\Phi, \vec{A}$ beschreiben. Wir zeigen jetzt, daß die Lorentzkraft (2) durch das geschwindigkeitsabhängige Potential

$$V = e\Phi - \frac{e}{c}\vec{A} \cdot \vec{v} \tag{2}$$

im Rahmen des Lagrange-Formalismus beschrieben werden kann. Die Lagrange-Funktion ist dann

$$L = T - V = \frac{1}{2}m\vec{v}^2 - e\Phi + \frac{e}{c}\vec{A} \cdot \vec{v}. \tag{3}$$

Wir beschränken uns auf die Lagrange-Gleichung für die x-Komponente

$$\frac{\mathrm{d}}{\mathrm{d}t}\frac{\partial L}{\partial v_x} - \frac{\partial L}{\partial x} = 0. \tag{4}$$

Die anderen Komponenten folgen entsprechend. Wir berechnen

$$\frac{\partial L}{\partial x} = -e\frac{\partial \Phi}{\partial x} + \frac{e}{c}\frac{\partial \vec{A}}{\partial x} \cdot \vec{v}, \qquad \frac{\partial L}{\partial v_x} = mv_x + \frac{e}{c}A_x,$$

und weiter gemäß (4)

$$\frac{\mathrm{d}}{\mathrm{d}t}mv_x = -e\frac{\partial \Phi}{\partial x} + \frac{e}{c}\frac{\partial \vec{A}}{\partial x} \cdot \vec{v} - \frac{e}{c}\frac{\mathrm{d}A_x}{\mathrm{d}t}. \tag{5}$$

Für den letzten Term erhalten wir

$$\begin{aligned} \frac{\mathrm{d}A_x}{\mathrm{d}t} &= \frac{\partial A_x}{\partial t} + \frac{\partial A_x}{\partial x}\frac{\mathrm{d}x}{\mathrm{d}t} + \frac{\partial A_x}{\partial y}\frac{\mathrm{d}y}{\mathrm{d}t} + \frac{\partial A_x}{\partial z}\frac{\mathrm{d}z}{\mathrm{d}t} \\ &= \frac{\partial A_x}{\partial t} + \frac{\partial A_x}{\partial x}v_x + \frac{\partial A_x}{\partial y}v_y + \frac{\partial A_x}{\partial z}v_z \end{aligned} \tag{6}$$

und für den mittleren Term

$$\frac{\partial \vec{A}}{\partial x} \cdot \vec{v} = \frac{\partial A_x}{\partial x}v_x + \frac{\partial A_y}{\partial x}v_y + \frac{\partial A_z}{\partial x}v_z. \tag{7}$$

(6) und (7) werden nun in (5) eingesetzt und ergeben

$$\begin{aligned} \frac{\mathrm{d}mv_x}{\mathrm{d}t} &= e\left(-\frac{\partial \Phi}{\partial x} - \frac{1}{c}\frac{\partial A_x}{\partial t}\right) + \frac{e}{c}\left(\frac{\partial A_y}{\partial x} - \frac{\partial A_x}{\partial y}\right)v_y - \frac{e}{c}\left(\frac{\partial A_x}{\partial z} - \frac{\partial A_z}{\partial x}\right)v_z \\ &= eE_x + \frac{e}{c}(B_x v_y - B_y v_z) \\ &= e\left(\vec{E} + \frac{1}{c}\vec{v} \times \vec{B}\right)_x . \end{aligned}$$

Entsprechendes erhalten wir für die y- und z-Komponenten, so daß wir insgesamt

$$\frac{\mathrm{d}}{\mathrm{d}t}(m\vec{v}) = \left(\vec{E} + \frac{1}{c}\vec{v} \times \vec{B}\right), \tag{8}$$

d. h. die Newtonsche Bewegungsgleichung mit der Lorentzkraft erhalten.

▲Beispiel 17.1

Nichtkonservative Kräfte und Dissipationsfunktion (Reibungsfunktion)

Unsere Diskussion hat sich bisher auf konservative Kräfte beschränkt. Wir betrachten jetzt Systeme mit konservativen und nichtkonservativen Kräften. Solche Systeme sind vor allem solche mit Reibung. Sie spielen sowohl in der klassischen Physik als auch in letzter Zeit in der Schwerionenphysik eine große Rolle. Wenn zwei Atomkerne miteinander kollidieren, werden viele innere Freiheitsgrade angeregt; man kann sagen: Die Kerne werden aufgeheizt. Es geht Energie aus der Relativbewegung verloren. Das ist ein Zeichen für Reibungskräfte, die pauschal für den Energieverlust verantwortlich gemacht werden.

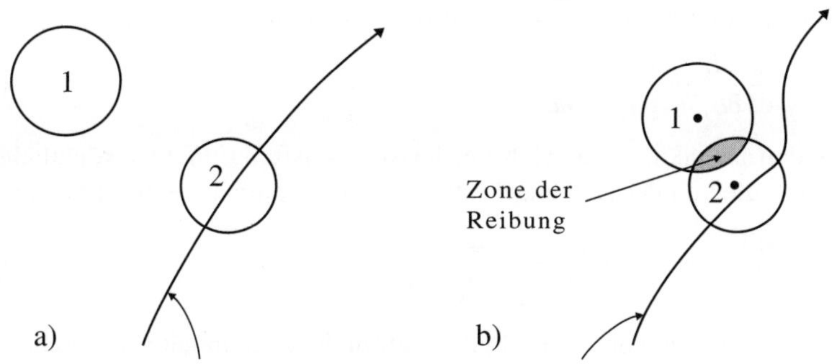

a) Bahn des Kerns 2 im Coulombfeld des Kerns 1
b) Bahn des Kerns 2 im Coulombplus-Kernfeld des Kerns 1.

Wir beginnen unsere Diskussion nichtkonservativer (z. B. Reibungs-)Kräfte mit den Lagrange-Gleichungen in der Form

$$\frac{\mathrm{d}}{\mathrm{d}t}\frac{\partial T}{\partial \dot{q}_j} - \frac{\partial T}{\partial q_j} = Q_j, \qquad j = 1, 2, \ldots, n \tag{17.10}$$

und spalten die verallgemeinerten Kräfte Q_j in einen konservativen $Q_j^{(k)}$ und einen nichtkonservativen $Q_j^{(r)}$ (r für Reibung) Anteil auf

$$Q_j = Q_j^{(k)} + Q_j^{(r)}. \tag{17.11}$$

Da $Q_j^{(k)}$ definitionsgemäß aus einem Potential gemäß (17.3) ableitbar ist, können wir $L = T - V$ einführen und (17.10) in die Form

$$\frac{\mathrm{d}}{\mathrm{d}t}\frac{\partial L}{\partial \dot{q}_j} - \frac{\partial L}{\partial q_j} = Q_l^{(r)}, \qquad j = 1, 2, \ldots, n \tag{17.12}$$

bringen. Falls die nichtkonservativen Kräfte Reibungskräfte sind, erscheinen hier rechts nur noch diese Reibungskräfte $Q_j^{(r)}$. Wir machen für sie den Ansatz

$$Q_j^{(r)} = -\sum_{k=1}^{n} f_{jk}\dot{q}_k, \tag{17.13}$$

wobei die f_{jk} die *Reibungskoeffizienten* sind. Falls der *Reibungstensor* f_{jk} symmetrisch ist, d. h. $f_{jk} = f_{kj}$, dann können die Reibungskräfte $Q_j^{(r)}$ durch partielle Ableitung nach den verallgemeinerten Geschwindigkeiten $\dot{q}_j$ aus der Funktion

$$D = \frac{1}{2} \sum_{k,l=1}^{n} f_{kl} \dot{q}_k \dot{q}_l \tag{17.14}$$

gemäß

$$Q_j^{(r)} = -\frac{\partial D}{\partial \dot{q}_j}$$

erhalten werden. D heißt *Dissipationsfunktion* (Reibungsfunktion). Die Lagrange-Gleichungen (17.12) können nun geschrieben werden:

$$\frac{\mathrm{d}}{\mathrm{d}t} \frac{\partial L}{\partial \dot{q}_j} + \frac{\partial D}{\partial \dot{q}_j} - \frac{\partial L}{\partial q_j} = 0. \tag{17.15}$$

Um uns den physikalischen Sinn der Dissipationsfunktion zu verdeutlichen, berechnen wir die von der Reibungskraft $Q_j^{(r)}$ pro Zeiteinheit geleistete Arbeit

$$\frac{\mathrm{d}W^{(r)}}{\mathrm{d}t} = \sum_j Q_j^{(r)} \dot{q}_j = -\sum_{j,k} f_{jk} \dot{q}_j \dot{q}_k = -2D, \tag{17.16}$$

d. h., die Energie, die von der Reibungskraft in der Zeiteinheit verbraucht wird, ist gleich der doppelten Dissipationsfunktion:

$$\frac{\mathrm{d}E}{\mathrm{d}t} = \frac{\mathrm{d}}{\mathrm{d}t}(T + V) = -2D. \tag{17.17}$$

Dies kann man auch direkt aus den Lagrange-Gleichungen ableiten:

$$\frac{\mathrm{d}}{\mathrm{d}t}(T + V) = \sum_i \frac{\partial T}{\partial q_i} \dot{q}_i + \sum_i \frac{\partial T}{\partial \dot{q}_i} \ddot{q}_i + \frac{\mathrm{d}}{\mathrm{d}t} V. \tag{17.18}$$

Mit (17.15) findet man

$$\begin{aligned} \sum_i \frac{\partial T}{\partial \dot{q}_i} \ddot{q}_i &= \frac{\mathrm{d}}{\mathrm{d}t} \left(\sum_i \frac{\partial T}{\partial \dot{q}_i} \dot{q}_i \right) - \sum_i \dot{q}_i \frac{\mathrm{d}}{\mathrm{d}t} \left(\frac{\partial T}{\partial \dot{q}_i} \right) \\ &= \frac{\mathrm{d}}{\mathrm{d}t}(2T) + \sum_i \dot{q}_i \frac{\partial D}{\partial \dot{q}_i} - \sum_i \frac{\partial T}{\partial q_i} \dot{q}_i + \sum_i \frac{\partial V}{\partial q_i} \dot{q}_i \\ &= \frac{\mathrm{d}}{\mathrm{d}t}(2T) + 2D - \sum_i \frac{\partial T}{\partial q_i} \dot{q}_i + \frac{\mathrm{d}}{\mathrm{d}t} V. \end{aligned} \tag{17.19}$$

Setzt man das in (17.18) ein, so erhalten wir

$$\frac{\mathrm{d}(T + V)}{\mathrm{d}t} = \frac{\mathrm{d}(2T + 2V)}{\mathrm{d}t} + 2D$$

oder

$$\frac{\mathrm{d}E}{\mathrm{d}t} = -2D,$$

d. h. das Resultat (17.17).

Bewegung eines Projektils an der Luft

Beispiel 17.2

Auf das Teilchen sollen die konservative Gravitationskraft mit dem Potential

$$V = mgz$$

und der nichtkonservative Reibungswiderstand der Luft wirken. Der Luftwiderstand hängt von der Projektilgeschwindigkeit ab. Wir nehmen an, daß die Reibungskraft der Geschwindigkeit proportional sei. Sie ist dann aus der *Dissipationsfunktion*

$$D = \frac{1}{2}\alpha(\dot{x}^2 + \dot{y}^2 + \dot{z}^2)$$

ableitbar, und die Lagrange-Gleichungen folgen mit $L = (1/2)m(\dot{x}^2 + \dot{y}^2 + \dot{z}^2) - mgz$ gemäß (17.15) als

$$m\ddot{x} + \alpha\dot{x} = 0, \qquad m\ddot{y} + \alpha\dot{y} = 0, \qquad m\ddot{z} + \alpha\dot{z} + mg = 0.$$

Diese Bewegungsgleichungen sind uns aus Mechanik I (Kapitel 20) bekannt.

Beispiel 17.2

Gekoppelte gedämpfte Federn – das Dämpfen unerwünschter Schwingungen

Aufgabe 17.1

Eine Masse m_2 hänge an einer Feder der Federkonstante D_2 in einem Schwerefeld der Beschleunigung g. Die Feder ist an einer Masse m_1 befestigt, die ihrerseits an einer Feder der Federkonstante D_1 hängt. Der Aufhängungspunkt dieser Feder führe schließlich harmonische, vertikale Schwingungen mit der Amplitude A und der Kreisfrequenz Ω aus.

$$x_A(t) = A\cos(\Omega t).$$

Alle Massen führen lediglich vertikale Schwingungen aus. Außer den Federkräften wirken durch die Luft erzeugte Reibungskräfte:

$$R_{1,2} = -c_{1,2}\dot{x}_{1,2}.$$

Zeigen Sie, daß die Masse m_1 nach Beendigung der Einschwingung nahezu in Ruhe bleibt, wenn

$$\Omega = \sqrt{\frac{D_2}{m_2}}$$

gilt und c_2 sehr klein ist. Erklären Sie diesen Effekt, der technisch genutzt wird um Schwingungen zu schlucken.

Hinweis: Wegen der Geschwindigkeiten $\dot{x}_{1,2}$ in den Differentialgleichungen ist es sinnvoll, nicht mit harmonischen Ansätzen zu arbeiten, sondern mit komplexen Exponentialfunktionen. Dabei muß auch die Schwingung des Aufhängepunktes A komplex angesetzt werden:

$$x_A(t) = A\,\mathrm{e}^{\mathrm{i}\Omega t} = A(\cos\Omega t + \mathrm{i}\sin\Omega t).$$

Am Ende der Rechnung werden die imaginären Anteile in allen Gleichungen einfach gestrichen.

♦ Aufgabe 17.1

Lösung:

Für $A = 0$ kommen beide Massen nach einiger Zeit zur Ruhe. Im folgenden werden die Auslenkungen aus den beiden Ruhelagen x_1, x_2 bezeichnet. Die Lagrangefunktion ergibt sich in dem zu untersuchenden Spezialfall zu:

$$L = \frac{m_1}{2}\dot{x}_i^2 + \frac{m_2}{2}\dot{x} - - - 2^2 - \frac{D_1}{2}\left(x_1 - A\,\mathrm{e}^{\mathrm{i}\sqrt{D_2/m_2 t}}\right)^2 - \frac{D_2}{2}(x_2 - x_1)^2.$$

Die Dissipationsfunktion berechnet sich zu:

$$P = \sum_{i=1}^{N} \int_0^{v_i} h_i(\hat{v}_i)\,\mathrm{d}\hat{v}_i = \frac{1}{2}(c_1\dot{x}_1^2 + c_2\dot{x}_2^2),$$

wobei die allgemeinste bei der Definition der Dissipationsfunktion angenommene Form der Reibungskräfte die folgende ist:

$$\vec{R}_i = -h_i(v_i)\frac{\vec{v}_i}{v_i}.$$

Daraus ergeben sich aus den für dissipative Effekte verallgemeinerten Euler-Lagrange-Gleichungen:

$$\frac{\mathrm{d}}{\mathrm{d}t}\frac{\partial L}{\partial \dot{q}_j} - \frac{\partial L}{\partial q_j} + \frac{\partial P}{\partial \dot{q}_j} = 0$$

die Differentialgleichungen:

$$\ddot{x}_1 + \frac{c_1}{m_1}\dot{x}_1 + \frac{D_1}{m_1}\left(x_1 - A\,\mathrm{e}^{\mathrm{i}\sqrt{D_2/m_2 t}}\right) + \frac{D_2}{m_1}(x_1 - x_2) = 0$$

und

$$\ddot{x}_2 + \frac{c_2}{m_2}\dot{x}_2 + \frac{D_2}{m_2}(x_2 - x_1) = 0.$$

Die allgemeine Lösung dieser linearen inhomogenen Differentialgleichungen setzt sich aus der allgemeinen der homogenen Differentialgleichungen und einer speziellen Lösung der inhomogenen Differentialgleichungen zusammen. Eine spezielle Lösung der inhomogenen Differentialgleichung gewinnen wir durch den komplexen Ansatz:

$$x_{1,2} = a_{1,2}\,\mathrm{e}^{\mathrm{i}\sqrt{D_2/m_2 t} - \alpha_{1,2}}$$

mit den reellen Amplituden $a_{1,2}$. Durch Einsetzen folgt:

$$\left(-\frac{D_2}{m_2} + \mathrm{i}\frac{c_1}{m_1}\sqrt{\frac{D_2}{m_2}} + \frac{D_1 + D_2}{m_1}\right) a_1\,\mathrm{e}^{-\mathrm{i}\alpha_1} - \frac{D_1}{m_1}A - \frac{D_2}{m_1}a_2\,\mathrm{e}^{\mathrm{i}\alpha_2} = 0$$

und

$$\mathrm{i}\frac{c_2}{m_2}\sqrt{\frac{D_2}{m_2}}a_2\,\mathrm{e}^{-\mathrm{i}\alpha_2} - \frac{D_2}{m_2}a_1\,\mathrm{e}^{-\mathrm{i}\alpha_1} = 0.$$

Die letzte Gleichung wird genau dann erfüllt, wenn beide Größen denselben Betrag und dieselbe Phase haben:

$$a_1 = \frac{c_2 a_2}{\sqrt{m_2 D_2}}$$

und

$$\alpha_2 = \alpha_1 + \frac{\pi}{2}.$$

Einsetzen dieser Ergebnisse in die erste der obigen Gleichungen ergibt:

$$\left[-\frac{D_2}{m_2}+\frac{D_1+D_2}{m_1}+\mathrm{i}\sqrt{\frac{D_2}{m_2}}\left(\frac{c_1}{m_1}+\frac{D_2}{m_1}\cdot\frac{m_2}{c_2}\right)\right]\frac{c_2a_2}{\sqrt{D_2m_2}}=\frac{D_1}{m_1}A\,\mathrm{e}^{\mathrm{i}\alpha_1}.$$

Daraus folgt:

$$a_2=\frac{D_1\sqrt{D_2m_2}A}{c_2m_1\sqrt{\left(\frac{D_1+D_2}{m_1}-\frac{D_2}{m_2}\right)^2+\frac{D_2}{m_2}\left(\frac{c_1}{m_1}+\frac{D_2}{m_1}\cdot\frac{m_2}{c_2}\right)^2}}$$

und

$$\tan\alpha_1=\frac{\sqrt{\frac{D_2}{m_2}}\left(\frac{c_1}{m_1}+\frac{D_2}{m_1}\cdot\frac{m_2}{c_2}\right)}{\frac{D_1+D_2}{m_1}-\frac{D_2}{m_2}}.$$

a_1 erwieß sich als proportional zu c_2. Für sehr kleine c_2 ist die Tilgung besonders wirksam:

$$a_1\cong 0,\qquad a_2\cong\frac{D_1}{D_2}A$$

$$\alpha_1\cong\frac{\pi}{2},\qquad \alpha_2\cong\pi.$$

Die Masse m_1 ist nahezu in Ruhe. m_2 schwingt in Gegenphase zur Erregung, so daß sich die beiden auf m_1 wirkenden Federkräfte gegenseitig kompensieren.

Aufgabe 17.1 ▲

Nichtholonome Systeme und Lagrange-Multiplikatoren

Wir haben früher schon holonome und nicht holonome Systeme besprochen. Eine kurze Wiederholung erscheint angemessen: Für *holonome* Systeme können die Nebenbedingungen in der geschlossenen Form

$$g_i(\vec{r}_\nu,t)=0,\qquad i=1,2,\ldots,s,\quad \nu=1,2,\ldots,N \tag{17.20}$$

ausgedrückt werden. N = Anzahl der Teilchen. Man kann daher s Koordinaten eliminieren und die $\vec{r}_\nu$ als Funktionen von $n=3N-s$ unabhängigen verallgemeinerten Koordinaten q_i ausdrücken. Für *nichtholonome Systeme* ist das nicht möglich, weil die Nebenbedingungen in differentieller Form

$$\sum_{l=1}^{N}\vec{g}_{il}(\vec{r}_\nu,t)\cdot\mathrm{d}\vec{r}_l+g_{it}(\vec{r}_\nu,t)\,\mathrm{d}t=0,\qquad i=1,2,\ldots,s \tag{17.21}$$

vorliegen. Da diese Gleichungen nicht integrierbar sein sollen, können aus ihnen in der Form (17.21) keine s abhängigen Koordinaten eliminiert werden. Deshalb drückt man einfach die $\vec{r}_i$ als Funktionen von $3N$ verallgemeinerten Koordinaten q_i aus. Die q_i sind natürlich nicht alle unabhängig und Nebenbedingungen unterworfen, die sich aus (17.21) durch Umschreiben auf die q_i ergeben:

$$\sum_{l=1}^{3N}a_{il}(q,t)\,\mathrm{d}q_l+a_{it}(q,t)\,\mathrm{d}t=0,\qquad i=1,2,\ldots,s. \tag{17.22}$$

Bei virtuellen Verrückungen δq_l, d. h. $\delta t = 0$, wird aus diesen Nebenbedingungen

$$\sum_{l=1}^{3N} a_{il}(q,t)\delta q_l = 0, \qquad i = 1, 2, \ldots, s. \tag{17.23}$$

In dieser Form können die Nebenbedingungen mit den Lagrange-Gleichungen in derselben Form, nämlich

$$\sum_{j=1}^{3N} \left(Q_j^{(r)} + \frac{\partial L}{\partial q_j} - \frac{\mathrm{d}}{\mathrm{d}t}\frac{\partial L}{\partial \dot{q}_j} \right) \delta q_j = 0 \tag{17.24}$$

kombiniert werden. Die konservativen Kräfte wurden in der Lagrange-Funktion L berücksichtigt. In (17.24) sind wegen der Bedingungen (17.23) nicht alle δq_i unabhängig. Um das zu berücksichtigen, wird in (17.23) mit den – im Augenblick noch unbekannten – Faktoren λ_i multipliziert und über i summiert

$$\sum_{i=1}^{s} \sum_{l=1}^{3N} \lambda_i a_{il}(q,t)\delta q_l = 0. \tag{17.25}$$

Die Addition von (17.24) und (17.25) ergibt dann

$$\sum_{j=1}^{3N} \left(Q_j^{(r)} + \frac{\partial L}{\partial q_j} - \frac{\mathrm{d}}{\mathrm{d}t}\frac{\partial L}{\partial \dot{q}_j} + \sum_{i=1}^{s} \lambda_i a_{ij}(q,t) \right) \delta q_j = 0. \tag{17.26}$$

Die Faktoren λ_i heißen *Lagrange-Multiplikatoren*. Sie können in (17.26) willkürlich gewählt werden. Von den $3N$ Größen δq_j können jedoch nur $3N - s$ willkürlich gewählt werden, weil die s Nebenbedingungen (17.23) noch erfüllt werden müssen. Wir numerieren die δq_j so, daß die ersten s von ihnen gerade die nicht frei wählbaren sind; die letzten $(3N - s)$ der δq_j sind dann frei wählbar.

Nun nützen wir die freie Wahl der s Lagrange-Parameter λ_i aus, die wir so bestimmen, daß die Koeffizienten der ersten s Variationen δq_j in (17.26) verschwinden. Das führt offensichtlich auf die s Gleichungen

$$Q_j^{(r)} + \frac{\partial L}{\partial q_j} - \frac{\mathrm{d}}{\mathrm{d}t}\frac{\partial L}{\partial \dot{q}_j} + \sum_{i=1}^{s} \lambda_i a_{ij}(q,t) = 0, \quad j = 1, 2, \ldots, s \tag{17.27}$$

und die Gleichung (17.26) reduziert sich auf

$$\sum_{j=s+1}^{3N} \left(Q_j^{(r)} + \frac{\partial L}{\partial q_j} - \frac{\mathrm{d}}{\mathrm{d}t}\frac{\partial L}{\partial \dot{q}_j} + \sum_{i=1}^{s} \lambda_i a_{ij}(q,t) \right) \delta q_j = 0. \tag{17.28}$$

In dieser Gleichung (17.28) sind nun aber die δq_j alle willkürlich wählbar. Deshalb muß der Ausdruck in der runden Klammer für jedes einzelne j verschwinden, d. h., es folgt

$$\begin{gathered} Q_j^{(r)} + \frac{\partial L}{\partial q_j} - \frac{\mathrm{d}}{\mathrm{d}t}\frac{\partial L}{\partial \dot{q}_j} + \sum_{i=1}^{s} \lambda_i a_{ij}(q,t) = 0, \\ j = s+1, s+2, \ldots, 3N. \end{gathered} \tag{17.29}$$

Nun sehen wir, daß die beiden Sätze von Gleichung (17.27) und (17.29) in der Form gleich sind und einfach zusammengefaßt werden können zu

$$\frac{\partial L}{\partial q_j} - \frac{\mathrm{d}}{\mathrm{d}t}\frac{\partial L}{\partial \dot{q}_j} + Q_j^{(r)} + \sum_{i=1}^{s} \lambda_i a_{ij}(q,t) = 0, \quad j = 1, 2, \ldots, 3N. \tag{17.30}$$

Das sind $3N$ Gleichungen, die zusammen mit den s Nebenbedingungen in der Form

$$\sum_{l=1}^{3N} a_{il}(q,t)\dot{q}_l + a_{it}(q,t) = 0, \qquad i = 1, 2, \ldots, s, \tag{17.31}$$

die $3N + s$ Unbekannten, nämlich $3N$ Koordinaten q_j und s Lagrange-Multiplikatoren λ_i, bestimmen. Die Gesamtzahl der zu bestimmenden Größen (q_j, λ_l) ist also $3N + s$. Das ist auch die Zahl der Gleichungen (17.30) und (17.31), die diese Größen bestimmen.

Wir können die Bedeutung der Lagrange-Multiplikatoren noch etwas genauer verstehen, wenn wir den letzten Term in (17.30) als zusätzliche Kraft $Q_j^{(z)}$ deuten, nämlich

$$Q_j^{(z)} = \sum_{i=1}^{s} \lambda_i a_{ij}(q,t). \tag{17.32}$$

Diese Kräfte $Q_j^{(z)}$ sind *Zwangskräfte*, die dadurch auftreten, daß die Bewegung des Systems durch Nebenbedingungen eingeschränkt ist. In der Tat, wenn die Nebenbedingungen verschwinden ($a_{ij} = 0$), sind auch die Zwangskräfte $Q_j^{(z)} = 0$. Die frühere Gleichung (17.25) kann jetzt so geschrieben

$$\sum_{i=1}^{3N} Q_i^{(z)} \delta q_i = 0 \tag{17.33}$$

und als das *Verschwinden der virtuellen Arbeit der Zwangskräfte* gedeutet werden.

Es ist klar, daß die hier für nichtholonome Systeme entwickelte Methode der Lagrange-Multiplikatoren auch für holonome Systeme angewandt werden kann. Die holonomen Zwangsbedingungen (17.20)

$$g_i(\vec{r}_\nu, t) = 0, \qquad i = 1, 2, \ldots, s, \quad \nu = 1, 2, \ldots, N,$$

können nämlich sofort in differentieller Form notiert werden:

$$\sum_{l=1}^{N} \frac{\partial g_i}{\partial \vec{r}_l} \cdot \mathrm{d}\vec{r}_l + \frac{\partial g_i}{\partial t}\,\mathrm{d}t = 0, \qquad i = 1, 2, \ldots, s. \tag{17.34}$$

Das ist genau die Form (17.21) für nichtholonome Systeme. Von hier ab kann nun das Verfahren mit den Lagrange-Multiplikatoren wie erläutert ablaufen. Wir erhalten dann $(3N + s)$ gekoppelte Gleichungen, während die frühere Lösungsmethode für holonome Systeme (die auf der Elimination von s Koordinaten aus (17.20) beruht) nur auf $(3N - s)$ gekoppelte Gleichungen führt. Durch die zusätzlichen $2s$ Gleichungen ist das Verfahren jetzt viel komplizierter geworden. Jedoch hat auch diese Komplikation einen großen Vorteil: Wir können jetzt nämlich (durch Lösung der $3N + s$ Gleichungen) ohne Schwierigkeiten die Zwangskräfte $Q_j^{(z)}$ gemäß (17.32) bestimmen.

Kreisscheibe rollt auf Ebene

Aufgabe 17.2

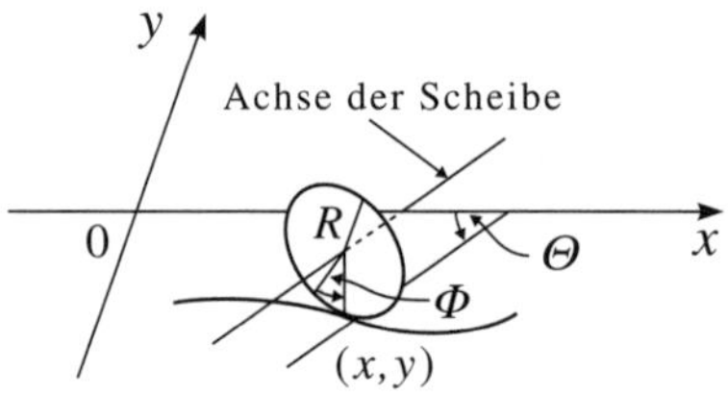

Kreisscheibe rollt auf x-y-Ebene.

Bestimmen Sie die Bewegungsgleichungen und Zwangskräfte einer Kreisscheibe der Masse M und des Radius R, die *ohne zu schlüpfen* auf der x-y-Ebene rollt (vgl. Figur). Die Scheibe soll immer senkrecht auf der x-y-Ebene stehen.

Lösung:

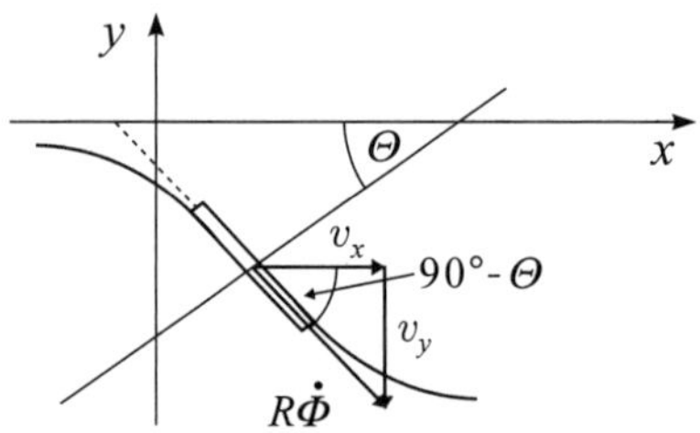

Projektion auf die x-y-Ebene.

Zur Lösung überlegen wir zunächst, wie wir die Nebenbedingungen „ohne zu schlüpfen" zusammen mit „immer senkrecht auf x-y-Ebene stehen" mathematisch fassen. Das bedeutet nämlich, daß der Mittelpunkt der Scheibe genau über dem Berührungspunkt (x, y) liegt (Senkrechtstehen der Scheibe) und die Bogengeschwindigkeit $R\dot{\Phi}$ (Φ ist der Rotationswinkel der Scheibe um ihre Achse) des Scheibenrandes gleich der Geschwindigkeit des Berührungspunktes in der x-y-Ebene ist. Das letztere bedeutet genau, daß es keinen Schlupf gibt. Führen wir nun den Winkel Θ zwischen Scheiben-Achse und x-Achse ein (vgl. Figur), so lautet die „Ohne-Schlupf-Bedingung" mathematisch

$$\dot{x} = R\dot{\Phi}\sin\Theta, \qquad \dot{y} = -R\dot{\Phi}\cos\Theta. \tag{1}$$

Anders geschrieben lauten diese differentiellen Nebenbedingungen

$$\begin{aligned} \mathrm{d}x - R\sin\Theta\,\mathrm{d}\Phi &= 0, \\ \mathrm{d}y + R\cos\Theta\,\mathrm{d}\Phi &= 0. \end{aligned} \tag{2}$$

In der Form (17.22) lauten diese also

$$\begin{aligned} a_{11}\,\mathrm{d}x + a_{12}\,\mathrm{d}y + a_{13}\,\mathrm{d}\Phi + a_{14}\,\mathrm{d}\Theta &= 0, \\ a_{21}\,\mathrm{d}x + a_{22}\,\mathrm{d}y + a_{23}\,\mathrm{d}\Phi + a_{24}\,\mathrm{d}\Theta &= 0, \end{aligned}$$

wobei

$$\begin{aligned} &a_{11} = 1,\ a_{12} = 0,\ a_{13} = -R\sin\Theta,\ a_{14} = 0, \\ &a_{21} = 0,\ a_{22} = 1,\ a_{23} = R\cos\Theta,\quad a_{24} = 0 \end{aligned}$$

ist. Damit sind die Zwangskräfte gemäß Gleichung (17.32):

$$\begin{aligned} Q_x^{(z)} &= \lambda_1, \\ Q_y^{(z)} &= \lambda_2, \\ Q_\Phi^{(z)} &= -\lambda_1 R\sin\Theta + \lambda_2 R\cos\Theta, \\ Q_\Theta^{(z)} &= 0. \end{aligned} \tag{3}$$

Die kinetische Energie der Scheibe ist

$$T = \frac{1}{2} I_1 \dot{\Phi}^2 + \frac{1}{2} I_2 \dot{\Theta}^2 + \frac{1}{2} M\dot{x}^2 + \frac{1}{2} M\dot{y}^2, \tag{4}$$

wobei I_1 das Trägheitsmoment der Scheibe um die Achse senkrecht zur Scheibe durch den Mittelpunkt und I_2 dasjenige um die Achse durch den Mittelpunkt und den Berührungspunkt (x, y) ist.

Die Lagrange-Gleichungen (17.30) lauten jetzt explizit

$$\begin{aligned} M\ddot{x} &= Q_x + \lambda_1, \\ M\ddot{y} &= Q_y + \lambda_2, \\ I_1 \ddot{\Phi} &= Q_\Phi - \lambda_1 R \sin\Theta + \lambda_2 R \cos\Theta, \\ I_2 \ddot{\Theta} &= Q_\Theta . \end{aligned} \tag{5}$$

$Q_x, Q_y, Q_\phi, Q_\Theta$ sind eventuell vorhandene äußere Kräfte. Wir studieren den Fall ohne solche und setzen diese daher $= 0$. Das führt die Gleichungen (5) über in

$$\begin{aligned} M\ddot{x} &= \lambda_1, \\ M\ddot{y} &= \lambda_2, \\ I_1 \ddot{\Phi} &= -\lambda_1 R \sin\Theta + \lambda_2 R \cos\Theta, \\ I_2 \ddot{\Theta} &= 0, \end{aligned} \tag{6}$$

die durch die Gleichungen (1) gemäß (17.31) ersetzt werden müssen:

$$\begin{aligned} \dot{x} &= R\dot{\Phi} \sin\Theta \\ \dot{y} &= -R\dot{\Phi} \cos\Theta . \end{aligned} \tag{7}$$

Die letzte Gleichung (6) kann sofort integriert werden und führt auf

$$\Theta = \omega t + \Theta_0 .$$

Setzt man dies in (7) ein, so kann man $\ddot{x}$ und $\ddot{y}$ berechnen, was über die ersten beiden Gleichungen (6) λ_1 und λ_2 bestimmt:

$$\begin{aligned} \lambda_1 &= M\ddot{x} = M(R\ddot{\Phi} \sin(\omega t + \Theta_0) + \omega R\dot{\Phi} \cos(\omega t + \Theta_0)), \\ \lambda_2 &= M\ddot{y} = -M(R\ddot{\Phi} \cos(\omega t + \Theta_0) - \omega R\dot{\Phi} \sin(\omega t + \Theta_0)). \end{aligned} \tag{8}$$

Das wiederum wird jetzt in die dritte Gleichung (6) eingesetzt, die dann lautet

$$\begin{aligned} I_1 \ddot{\Phi} &= -MR(R\ddot{\Phi} \sin(\omega t + \Theta_0) + \omega R\dot{\Phi} \cos(\omega t + \Theta_0)) \sin\omega t \\ &\quad -MR(R\ddot{\Phi} \cos(\omega t + \Theta_0) - \omega R\dot{\Phi} \sin(\omega t + \Theta_0)) \cos\omega t \\ &= -MR^2 \ddot{\Phi}, \end{aligned}$$

d. h.

$$(I_1 + MR^2)\ddot{\Phi} = 0.$$

Daraus folgt $\ddot{\Phi} = 0$ und daher $\dot{\Phi} = \text{const}$. Damit können wir nun die Zwangskräfte (3) explizit notieren:

$$\begin{aligned} Q_x^{(z)} &= M\omega R\dot{\Phi} \cos(\omega t + \Theta_0) \\ Q_y^{(z)} &= M\omega R\dot{\Phi} \sin(\omega t + \Theta_0) \\ Q_\Phi^{(z)} &= 0, \qquad Q_\Theta^{(z)} = 0. \end{aligned} \tag{9}$$

Diese Zwangskräfte müssen wirken, damit die Scheibe senkrecht auf der x-y-Ebene bleibt. Wenn die Scheibe geradeaus rollt ($\omega = 0$), verschwinden die Zwangskräfte. Das ist anschaulich klar.

▲ Aufgabe 17.2

Der Fliehkraftregler

▼ Aufgabe 17.3

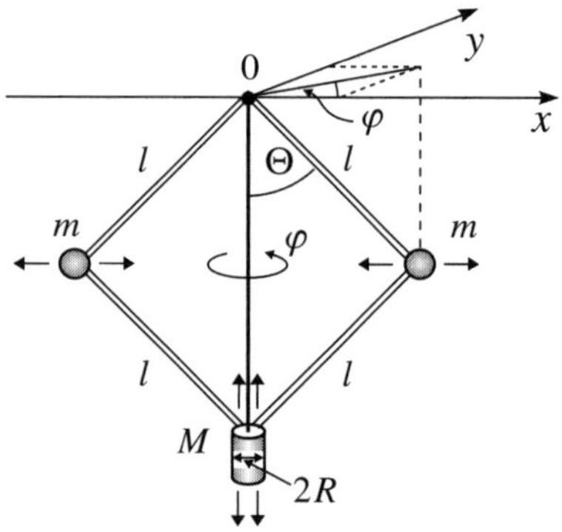

Fliehkraftregler.

Überlegen Sie die Freiheitsgrade und bestimmen Sie über die Lagrange-Funktion die Bewegungsgleichungen des in der Figur abgebildeten Fliehkraftreglers.

Lösung:

Das System besitzt zwei Freiheitsgrade, welche durch die Winkel θ und φ beschrieben werden können. Die Bewegung von m,M ist über die Zwangsbedingungen eingeschränkt, die hier durch die vier starren Stäbe und die Drehachse repräsentiert werden. θ und φ bieten sich daher als generalisierte Koordinaten an.

Wir bestimmen zunächst die kinetische Energie. Das Trägheitsmoment des Zylinders ist

$$\Theta_{ZZ} = \frac{1}{2} M R^2$$

und damit

$$T_{\text{Rot}} = \frac{1}{2}\left(\frac{1}{2} M R^2 + 2ml^2 \sin^2\theta\right)\dot{\varphi}^2 . \tag{1}$$

Die kinetische Energie aufgrund der Bewegung in der x-y-Ebene ergibt sich zu

$$T_{\text{Ebene}} = 2\frac{m}{2} v_m^2 + \frac{1}{2} M v_M^2 \tag{2}$$

$$v_m = l\dot{\theta}, \qquad v_M = \frac{\mathrm{d}}{\mathrm{d}t}(-2l\cos\theta) = \dot{\theta} 2l \sin\theta . \tag{3}$$

Es folgt damit

$$T_{\text{Ebene}} = (m + 2M\sin^2\theta) l^2 \dot{\theta}^2 . \tag{4}$$

Mit der potentiellen Energie $V = -2gl/(m+M)\cos\theta$ können wir die Lagrange-Funktion aufschreiben:

$$\begin{aligned} L &= T_{\text{Rot}} + T_{\text{Ebene}} - V \\ &= \frac{1}{2}(\Theta_{ZZ} + 2ml^2\sin^2\theta)\dot{\varphi}^2 + (m + 2M\sin^2\theta) l^2\dot{\theta}^2 + 2gl(m+M)\cos\theta . \end{aligned} \tag{5}$$

Die Lagange-Gleichungen

$$\frac{\mathrm{d}}{\mathrm{d}t}\frac{\partial L}{\partial \dot{q}_\nu} - \frac{\partial L}{\partial q_\nu} = 0$$

liefern uns sofort die Bewegungsgleichungen:

$$\frac{\partial L}{\partial \varphi} = 0,$$

$$\frac{\partial L}{\partial \dot{\varphi}} = (\Theta_{ZZ} + 2ml^2 \sin^2\theta)\dot{\varphi} \tag{6}$$

$$\frac{\partial L}{\partial \theta} = 2ml^2 \sin\theta\cos\theta\,\dot{\varphi}^2 + 4M\sin\theta\cos\theta\, l^2\dot{\theta}^2 - 2gl(m+M)\sin\theta$$

$$\frac{\partial L}{\partial \dot{\theta}} = 2(m + 2M\sin^2\theta)l^2\dot{\theta}. \tag{7}$$

Aus Gleichung (6) erhalten wir:

$$\frac{\mathrm{d}}{\mathrm{d}t}\left(\frac{\partial L}{\partial \dot{\varphi}}\right) = \frac{\mathrm{d}}{\mathrm{d}t}[(\Theta_{ZZ} + 2ml^2\sin^2\theta)\dot{\varphi}] = 0. \tag{8}$$

Für die Lagrange-Gleichung in θ benötigen wir:

$$\frac{\mathrm{d}}{\mathrm{d}t}\left(\frac{\partial L}{\partial \dot{\theta}}\right) = (2m + 4M\sin^2\theta)l^2\ddot{\theta} + 8M\sin\theta\cos\theta\, l^2\dot{\theta}^2.$$

Es folgt

$$\begin{aligned}&(2m + 4M\sin^2\theta)l^2\ddot{\theta} + 4Ml^2\dot{\theta}^2\sin\theta\cos\theta\\ &-2ml^2\dot{\varphi}^2\sin\theta\cos\theta + 2gl(m+M)\sin\theta = 0,\end{aligned} \tag{9}$$

so daß wir folgende Bewegungsgleichungen erhalten:

$$(2m + 4M\sin^2\theta)l^2\ddot{\theta} + 2l^2(2M\dot{\theta}^2 - m\dot{\varphi}^2)\sin\theta\cos\theta + 2gl(m+M)\sin\theta = 0,$$

$$\frac{\mathrm{d}}{\mathrm{d}t}\left[\left(\frac{1}{2}MR^2 + 2ml^2\sin^2\theta\right)\dot{\varphi}\right] = 0$$

$$\Leftrightarrow \qquad \dot{\varphi} = \frac{C}{(1/2)MR^2 + 2ml^2\sin^2\theta}. \tag{10}$$

Aus diesen Bewegungsgleichungen wird der Vorteil des Lagrange-Formalismus deutlich, denn die Berücksichtigung der komplizierten Zwangskräfte in der Newtonschen Formulierung hätte deutlich mehr Mühe bereitet.

Das Prinzip des Fliehkraftreglers findet z. B. Anwendung in Kraftfahrzeugen. Die Verteiler-Antriebswelle ist fest mit der Trägerplatte eines Fliehkraftreglers verbunden, welche sich unter der Unterbrecherplatte befindet. Bei höheren Drehzahlen drücken die Fliehgewichte auf ihrer Trägerplatte gegen einen „Mitnehmer", wodurch die in die Antriebswelle eingesteckte Verteilerwelle über einen Nocken zusätzlich in ihre Drehrichtung bewegt wird. Dieser Mechanismus bewirkt eine bei höheren Geschwindigkeiten erforderliche Frühzündung. Bei neueren Motoren mit „Transistorzündung" entfällt dieser Mechanismus.

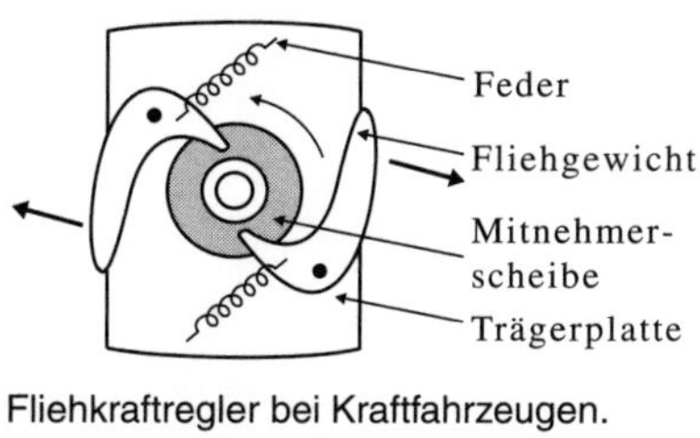

Fliehkraftregler bei Kraftfahrzeugen.

Aufgabe 17.3 ▲

VI Die Hamiltonsche Theorie

18 Die Hamiltonschen Gleichungen

Die Variablen der Lagrange-Funktion sind die *generalisierten Koordinaten* q_α und die zugehörigen *generalisierten Geschwindigkeiten* $\dot{q}_\alpha$.

In der Hamiltonschen Theorie werden als unabhängige Variablen die generalisierten Koordinaten und die zugehörigen Impulse verwendet. Die Ortskoordinaten und die „Impulskoordinaten" spielen in dieser Theorie eine völlig gleichberechtigte Rolle. Die Hamiltonsche Theorie bringt wesentliche Einsichten in die formale Struktur der Mechanik und ist von grundlegender Bedeutung für den Übergang von der klassischen Mechanik zur Quantenmechanik.

Sir W. R. Hamilton (1805–1865) → unten

Wir suchen jetzt einen Übergang von der Lagrange-Funktion $L(q_i, \dot{q}_i, t)$ zur Hamilton-Funktion $H(q_i, p_i, t)$ und erinnern uns, daß die *generalisierten Impulse* durch

$$p_i = \frac{\partial L}{\partial \dot{q}_i}$$

gegeben sind. Gesucht ist nun eine Transformation

$$L(q_i, \dot{q}_i, t) \quad \Longrightarrow \quad H\left(q_i, \frac{\partial L}{\partial \dot{q}_i}, t\right) = H(q_i, p_i, t). \tag{18.1}$$

Die Frage ist jetzt: Wie soll H konstruiert werden? Das Rezept ist einfach und wird in der nachfolgenden Gleichung (18.2) formuliert.

Der mathematische Hintergrund einer solchen Transformation (*Legendre-Transformation*) läßt sich leicht an einem zweidimensionalen Beispiel zeigen. Man geht von der Funktion $f(x, y)$ zur Funktion $g(x, u) = g(x, \partial f/\partial y)$ über:

A. M. Legendre (1752–1833) → S. 304

$$f(x, y) \quad \Longrightarrow \quad g(x, u) \quad \text{mit} \quad u = \frac{\partial f}{\partial y},$$

SIR WILLIAM ROWAN HAMILTON

Hamilton, Sir William Rowan, geb. 4.8.1805 Dublin, gest. 2.9.1865 Dunsik. – Hamilton studierte seit 1824 in Dublin und wurde 1827, noch vor Abschluß seiner Studien, Professor der Astronomie und königlicher Astronom von Irland. – Hamilton lieferte wichtige Arbeiten zur Algebra und ist Entdecker des Quaternionenkalküls. Außerordentlich bedeutend sind seine Beiträge zur geometrischen Optik und zur klassischen Mechanik, z. B. die kanonischen Gleichungen und das Hamilton-Prinzip.

wobei $g(x, u)$ durch

$$g(x, u) = uy - f(x, y)$$

definiert wird.

Wenn wir das totale Differential bilden, sehen wir, daß die so gebildete Funktion g nicht mehr y als unabhängige Variable enthält:

$$\begin{aligned} \mathrm{d}g &= y\,\mathrm{d}u + u\,\mathrm{d}y - \mathrm{d}f \\ &= y\,\mathrm{d}u + u\,\mathrm{d}y - \frac{\partial f}{\partial x}\,\mathrm{d}x - \frac{\partial f}{\partial y}\,\mathrm{d}y \\ &= y\,\mathrm{d}u - \frac{\partial f}{\partial y}\,\mathrm{d}x, \end{aligned}$$

wobei jetzt $y = \partial g/\partial u$ und $\partial g/\partial x = -\partial f/\partial x$.

Entsprechend diesem kurzen Einschub erfolgt jetzt die Konstruktion der Hamilton-Funktion aus der Lagrange-Funktion. Wir schreiben für die *Hamilton-Funktion*

$$H(q_i, p_i, t) = \sum_i p_i \dot{q}_i - L(q_i, \dot{q}_i, t). \tag{18.2}$$

Gesucht werden jene Bewegungsgleichungen, die den auf der Lagrange-Funktion L basierenden Lagrange-Gleichungen äquivalent sind, aber auf der Hamilton-Funktion H basieren. Dazu bilden wir das totale Differential:

$$\mathrm{d}H = \sum p_i\,\mathrm{d}\dot{q}_i + \sum \dot{q}_i\,\mathrm{d}p_i - \mathrm{d}L. \tag{18.3}$$

Das totale Differential der Lagrange-Funktion lautet

$$\mathrm{d}L = \sum \frac{\partial L}{\partial q_i}\,\mathrm{d}q_i + \sum \frac{\partial L}{\partial \dot{q}_i}\,\mathrm{d}\dot{q}_i + \frac{\partial L}{\partial t}\,\mathrm{d}t. \tag{18.4}$$

Jetzt benutzen wir die Definition des generalisierten Impulses, $p_i = \partial L/\partial \dot{q}_i$, und die Lagrange-Gleichung in der Form

$$\frac{\mathrm{d}}{\mathrm{d}t} p_i - \frac{\partial L}{\partial q_i} = 0.$$

ADRIEN MARIE LEGENDRE

Legendre, Adrien Marie, geb. 18.9.1752 und gest. 10.1.1833 Paris. – Legendre hat einen großen Anteil an der Begründung und Entwicklung der Zahlentheorie und der Geodäsie. Wesentliche Ergebnisse fand er auch zu elliptischen Integralen, über Grundlagen und Methoden der euklidischen Geometrie, über Variationsrechnung und theoretische Astronomie; z. B. wendete er als erster die Methode der kleinsten Quadrate an und berechnete umfangreiche Tafelwerke. Legendre befaßte sich mit vielen Problemen, die auch Gauß interessierten, erreichte jedoch nie dessen Vollkommenheit. Seit 1775 war Legendre als Professor an verschiedenen Pariser Hochschulen tätig und veröffentlichte ausgezeichnete Lehrbücher, die einen lang anhaltenden Einfluß ausübten.

Beides in Gleichung (18.4) eingesetzt, ergibt:

$$\mathrm{d}L = \sum \dot{p}_i \,\mathrm{d}q_i + \sum p_i \,\mathrm{d}\dot{q}_i + \frac{\partial L}{\partial t}\,\mathrm{d}t .$$

Setzen wir $\mathrm{d}L$ in Gleichung (18.3) ein, so folgt:

$$\mathrm{d}H = \sum p_i \,\mathrm{d}\dot{q}_i + \sum \dot{q}_i \,\mathrm{d}p_i - \sum \dot{p}_i \,\mathrm{d}q_i - \sum p_i \,\mathrm{d}\dot{q}_i - \frac{\partial L}{\partial t}\,\mathrm{d}t .$$

Da sich der erste und der vierte Term gegenseitig wegheben, verbleibt

$$\mathrm{d}H = \sum_i \dot{q}_i \,\mathrm{d}p_i - \sum_i \dot{p}_i \,\mathrm{d}q_i - \frac{\partial L}{\partial t}\,\mathrm{d}t .$$

Demnach hängt H nur von p_i, q_i und t ab, also $H = H(q_i, p_i, t)$, und es gilt:

$$\mathrm{d}H = \sum \frac{\partial H}{\partial q_i}\,\mathrm{d}q_i + \sum \frac{\partial H}{\partial p_i}\,\mathrm{d}p_i + \frac{\partial H}{\partial t}\,\mathrm{d}t = \sum \dot{q}_i \,\mathrm{d}p_i - \sum \dot{p}_i \,\mathrm{d}q_i - \frac{\partial L}{\partial t}\,\mathrm{d}t .$$

Daraus folgen sofort die *Hamiltonschen Gleichungen*:

$$\dot{q}_i = \frac{\partial H}{\partial p_i}, \qquad \dot{p}_i = -\frac{\partial H}{\partial q_i}, \qquad \frac{\partial H}{\partial t} = -\frac{\partial L}{\partial t} . \tag{18.5}$$

Sie sind jetzt die grundlegenden Bewegungsgleichungen in dieser Formulierung der Mechanik. Die Hamilton-Funktion H spielt hier die zentrale Rolle, ähnlich wie es in der Lagrangeschen Formulierung der Mechanik die Lagrange-Funktion L gewesen war. Diese Hamilton-Funktion H wird gemäß Gleichung (18.2) konstruiert; allerdings mit der Maßgabe, daß alle Geschwindigkeiten $\dot{q}_i$ mittels der Gleichung (18.1) durch die generalisierten Impulse p_i und die generalisierten Koordinaten q_i ausgedrückt werden. Mit anderen Worten: Die Gleichungen (18.1) für die Definition der verallgemeinerten Impulse

$$p_i = \frac{\partial L(q_i, \dot{q}_i, t)}{\partial \dot{q}_i}$$

werden nach den verallgemeinerten Geschwindigkeiten $\dot{q}_i$ aufgelöst, so daß

$$\dot{q}_i = \dot{q}_i(q_i, p_i)$$

wird. Diese so erhaltenen $\dot{q}_i$ werden in die Definition von H (siehe Gleichung (18.2)) eingesetzt, so daß die Hamilton-Funktion H schließlich nur von q_i, p_i und der Zeit t abhängt, also $H = H(q_i, p_i, t)$. Von da ab werden dann die Hamiltonschen Gleichungen (18.5) aufgestellt und gelöst.

Die Lagrange-Gleichungen liefern für die Ortskoordinaten einen Satz von n Differentialgleichungen zweiter Ordnung in der Zeit. Aus dem Hamiltonschen Formalismus folgen für Impuls- und Ortskoordinaten $2n$ gekoppelte Differntialgleichungen erster Ordnung. In beiden Fällen ergeben sich beim Lösen $2n$ Integrationskonstanten.

Die Hamilton-Gleichungen (18.5) erlauben unmittelbar einige interessante Schlußfolgerungen: Hängt die Hamilton-Funktion nicht explizit von einer Koordinate ab, z. B. q_i, dann verschwindet die zeitliche Änderung des zugehörigen Impulses. In der Tat gilt dann

$$\frac{\partial H}{\partial q_i} = 0 \quad \Longrightarrow \quad p_i = \text{const.}$$

Falls die Hamilton-Funktion (die Lagrange-Funktion) nicht explizit zeitabhängig ist, ist H eine Konstante der Bewegung, denn

$$\frac{\mathrm{d}H}{\mathrm{d}t} = \sum \frac{\partial H}{\partial q_i}\dot{q}_i + \sum \frac{\partial H}{\partial p_i}\dot{p}_i + \frac{\partial H}{\partial t},$$

und mit den Gleichungen (18.5) folgt daraus

$$\frac{\mathrm{d}H}{\mathrm{d}t} = \frac{\partial H}{\partial t}.$$

Nun ist klar, daß mit $\partial H/\partial t = 0$ (weil H nicht explizit zeitabhängig sein soll) dann $\mathrm{d}H/\,\mathrm{d}t = 0$, also $H = \text{const}$ folgt.

Was bedeutet nun die Hamilton-Funktion eigentlich; wie kann man sie physikalisch deuten? Um das zu sehen, betrachten wir einen Spezialfall:

Für ein System mit holonomem, skleronomen Zwangsbedingungen und konservativen inneren Kräften stellt die Hamilton-Funktion H die Energie des Systems dar.

Wir machen uns das jetzt klar. Betrachten wir zunächst die kinetische Energie:

$$T = \frac{1}{2}\sum_\nu m_\nu \dot{\vec{r}}_\nu^{\,2}, \qquad \nu = 1, 2, \ldots, N \qquad (N\colon \text{ Zahl der Teilchen}).$$

Wenn die Zwangsbedingungen holonom und nicht zeitabhängig sind, existieren Transformationsgleichungen $\vec{r}_\nu = \vec{r}_\nu(q_i)$ und damit

$$\dot{\vec{r}}_\nu = \sum_i \frac{\partial \vec{r}_\nu}{\partial q_i}\dot{q}_i.$$

Eingesetzt in die kinetische Energie ergibt das:

$$\begin{aligned} T &= \sum_\nu m_\nu \sum_{i,k} \left(\frac{\partial \vec{r}_\nu}{\partial q_i}\dot{q}_i\right) \cdot \left(\frac{\partial \vec{r}_\nu}{\partial q_k}\dot{q}_k\right) \\ &= \sum_{i,k} \left(\frac{1}{2}\sum_\nu \frac{\partial \vec{r}_\nu}{\partial q_i} \cdot \frac{\partial \vec{r}_\nu}{\partial q_k}\right) \dot{q}_i\dot{q}_k \\ &= \sum_{i,k} a_{ik}\dot{q}_i\dot{q}_k. \end{aligned}$$

Die kinetische Energie ist also eine *homogene quadratische Funktion* der generalisierten Geschwindigkeiten. Die darin auftetenden *Massenkoeffizienten*

$$a_{ik} = \frac{1}{2} \sum_{\nu} m_\nu \frac{\partial \vec{r}_\nu}{\partial q_i} \cdot \frac{\partial \vec{r}_\nu}{\partial q_k}$$

sind symmetrisch, d. h. $a_{ik} = a_{ki}$.

Nun läßt sich der Satz von Euler über homogene Funktionen anwenden. Ist f eine homogene Funktion vom Grade n, falls also gilt:

$$f(\lambda x_1, \lambda x_2, \ldots, \lambda x_k) = \lambda^n f(x_1, x_2, \ldots, x_k),$$

dann gilt ebenso

$$\sum_{i=1}^{k} x_i \frac{\partial f}{\partial x_i} = nf.$$

Dies läßt sich zeigen, indem wir die Ableitung der oberen Gleichung nach λ bilden, also

$$\frac{\partial f}{\partial(\lambda x_1)} x_1 + \cdots + \frac{\partial f}{\partial(\lambda x_k)} x_k = n\lambda^{n-1} f.$$

Setzen wir $\lambda = 1$, so folgt die Behauptung. Angewandt auf die kinetische Energie ($n = 2$) besagt der Satz von Euler:

$$\sum \frac{\partial T}{\partial \dot{q}_i} \cdot \dot{q}_i = 2T. \tag{18.6}$$

Da konservative Kräfte vorausgesetzt werden, existiert ein geschwindigkeitsunabhängiges Potential $V(q_i)$, so daß gilt:

$$\frac{\partial L}{\partial \dot{q}_i} = \frac{\partial T}{\partial \dot{q}_i} = p_i$$

und damit

$$H = \sum p_i \dot{q}_i - L = \sum \frac{\partial T}{\partial \dot{q}_i} \dot{q}_i - L.$$

Verwenden wir die Beziehung (18.6) und die Definition der Lagrange-Funktion, so folgt:

$$H = 2T - (T - V) = T + V = E.$$

Die Hamilton-Funktion stellt also unter den gebenen Bedingungen die Gesamtenergie dar; die durch die Lagrange-Funktion repräsentierte Energie $T - V$ wird manchmal als die „*freie Energie*" bezeichnet.

Es ist zu beachten, daß H die etwaige Arbeit der Zwangskräfte nicht berücksichtigt.

Die Hamiltonsche Formulierung der Mechanik geht über die Lagrangesche aus den Newtonschen Gleichungen hervor. Das haben wir ja gerade bei der Ableitung der Gleichungen (18.5) gesehen, wobei wir die Lagrange-Gleichungen explizit benutzten. Die letzteren sind jedoch der Newtonschen Formulierung der Mechanik äquivalent (vgl. D'Alembertsches Prinzip ff.). Umgekehrt lassen sich aus den Hamilton-Gleichungen leicht die Newtonschen Gleichungen ableiten und so die Äquivalenz beider Formulierungen zeigen. Es genügt, ein einzelnes Teilchen in einem konservativen Kraftfeld zu betrachten und die kartesischen als generalisierte Koordinaten zu verwenden. Dann gilt:

$$p_i = m\dot{x}_i, \qquad H = \frac{1}{2}\sum_i m\dot{x}_i^2 + V(x_i), \qquad (i = 1, 2, 3),$$

oder

$$H = \frac{1}{2}\sum_i \frac{p_i^2}{m} + V(q_i).$$

Daraus folgen die Hamilton-Gleichungen ($q_i = x_i$):

$$\dot{q}_i = \frac{\partial H}{\partial p_i} = \frac{p_i}{m} \qquad \text{und} \qquad \dot{p}_i = -\frac{\partial H}{\partial q_i} = -\frac{\partial V}{\partial q_i},$$

oder vektoriell:

$$\dot{\vec{p}} = -\operatorname{grad} V.$$

Das sind die Newtonschen Bewegungsgleichungen.

Zentralbewegung

Beispiel 18.1

Ein Teilchen vollführe eine ebene Bewegung unter dem Einfluß eines Potentials, welches nur vom Abstand vom Koordinatenursprung abhängig ist. Es ist naheliegend, ebene Polarkoordinaten (r, φ) als generalisierte Koordinaten zu verwenden.

$$L = T - V = \frac{1}{2}mv^2 - V = \frac{1}{2}m(\dot{r}^2 + r^2\dot{\varphi}^2) - V(r).$$

Mit $p_\alpha = \partial L/\partial \dot{q}_\alpha$ erhält man die Impulse

$$p_r = \frac{\partial L}{\partial \dot{r}} = m\dot{r} \qquad \text{oder} \qquad \dot{r} = \frac{p_r}{m},$$

$$p_\varphi = \frac{\partial L}{\partial \dot{\varphi}} = mr^2\dot{\varphi} \qquad \text{oder} \qquad \dot{\varphi} = \frac{p_\varphi}{mr^2}.$$

Damit heißt die Hamilton-Funktion:

$$H = p_r\dot{r} + p_\varphi\dot{\varphi} - L = \frac{p_r^2}{2m} + \frac{p_\varphi^2}{2mr^2} + V(r).$$

Die Hamilton-Gleichungen liefern dann:

$$\dot{r} = \frac{\partial H}{\partial p_r} = \frac{p_r}{m}, \qquad \dot{\varphi} = \frac{\partial H}{\partial p_\varphi} = \frac{p_\varphi}{mr^2}$$

und

$$\dot{p}_r = -\frac{\partial H}{\partial r} = \frac{p_\varphi^2}{mr^3} - \frac{\partial V}{\partial r}, \qquad \dot{p}_\varphi = -\frac{\partial H}{\partial \varphi} = 0.$$

φ ist eine zyklische Koordinate, daraus folgt die Erhaltung des Drehimpulses im Zentralpotential.

Beispiel 18.1

Das Pendel in der Newtonschen, Lagrangesche und Hamiltonschen Theorie

Beispiel 18.2

Die Bewegungsgleichung des Pendels soll im Rahmen der Newtonschen, Lagrangeschen und Hamiltonschen Theorie abgeleitet werden.

Newtonsche Theorie:

Wir gehen aus vom Newtonschen Axiom

$$\dot{\vec{p}} = \vec{K}.$$

Die Bogenlänge der Auslenkung bezeichnen wir mit s, den Tangentialeinheitsvektor mit $\vec{T}$. Dann gilt (siehe Figur)

$$\vec{K} = -mg \sin \Theta \vec{T}$$

und somit

$$m\ddot{s}\vec{T} = -mg \sin \Theta \vec{T}.$$

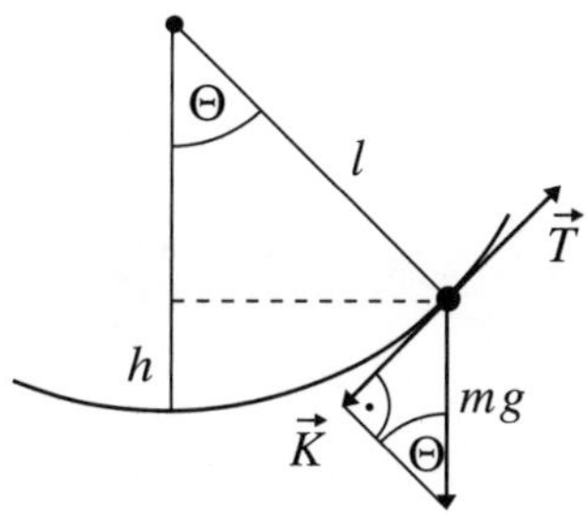

Zur Pendelbewegung.

Mit $s = l\Theta$ folgt $\ddot{s} = l\ddot{\Theta}$. Als Bewegungsgleichung bekommen wir daher

$$\ddot{\Theta} + \frac{g}{l} \sin \Theta = 0.$$

Für kleine Auslenkungen ($\sin \Theta \sim \Theta + \ldots$) ergibt sich

$$\ddot{\Theta} + \frac{g}{l} \Theta = 0.$$

Diese Differentialgleichung hat als allgemeine Lösung

$$\Theta = A \cos \sqrt{\frac{g}{l}} t + B \sin \sqrt{\frac{g}{l}} t,$$

wobei die Konstanten A und B aus den Anfangsbedingungen bestimmt werden.

Lagrangesche Theorie:

$$T = \frac{1}{2} m v^2 = \frac{1}{2} m (l\dot{\Theta})^2 = \frac{1}{2} m l^2 \dot{\Theta}^2$$
$$V = mgh = mg(l - l \cos \Theta) = mgl(1 - \cos \Theta).$$

Somit lautet die Lagrange-Funktion für dieses konservative System

$$L = T - V = \frac{1}{2} m l^2 \dot{\Theta}^2 - mgl(1 - \cos \Theta).$$

Nun verwenden wir die Lagrange-Gleichung

$$\frac{\mathrm{d}}{\mathrm{d}t} \left(\frac{\partial L}{\partial \dot{\Theta}} \right) - \frac{\partial L}{\partial \Theta} = 0.$$

Mit

$$\frac{\partial L}{\partial \Theta} = -mgl \sin \Theta \qquad \text{und} \qquad \frac{\partial L}{\partial \dot{\Theta}} = m l^2 \dot{\Theta}$$

folgt somit

$$m l^2 \ddot{\Theta} + mgl \sin \Theta = 0 \qquad \text{oder} \qquad \ddot{\Theta} + \frac{g}{l} \sin \Theta = 0.$$

Hamiltonsche Theorie:

Unter Verwendung des generalisierten Impulses

$$p_\Theta = \frac{\partial L}{\partial \dot{\Theta}} = ml^2 \dot{\Theta}$$

läßt sich die kinetische Energie schreiben als

$$T = \frac{1}{2} \frac{p_\Theta^2}{ml^2}.$$

Da die Gesamtenergie des Systems konstant ist, lautet die Hamilton-Funktion

$$H = T + V = \frac{1}{2} \frac{p_\Theta^2}{ml^2} + mgl(1 - \cos\Theta).$$

Die Hamiltonschen Gleichungen liefern

$$\dot{p}_\Theta = -\frac{\partial H}{\partial \Theta} = -mgl \sin\Theta \qquad \text{und} \qquad \dot{\Theta} = \frac{\partial H}{\partial p_\Theta} = \frac{p_\Theta}{ml^2}.$$

Aus der letzten Gleichung folgt

$$p_\Theta = ml^2 \dot{\Theta}.$$

Differentiation ergibt

$$\dot{p}_\Theta = ml^2 \ddot{\Theta}$$

Vergleichen wir dies mit dem obigen Ausdruck für $\dot{p}_\Theta$, so erhalten wir abschließend wieder

$$\ddot{\Theta} + \frac{g}{l} \sin\Theta = 0.$$

▲ Beispiel 18.2

Hamilton-Funktion und kanonische Bewegungsgleichungen

▼ Aufgabe 18.1

Ein Massenpunkt m bewege sich in einem zylindersymmetrischen Potential $V(\varrho, z)$. Man bestimme die Hamilton-Funktion und die kanonischen Bewegungsgleichungen bezüglich eines Koordinatensystems, das mit konstanter Winkelgeschwindigkeit ω um die Symmetrieachse rotiert,

a) in kartesischen Koordinaten,
b) in Zylinderkoordinaten.

Lösung:

a) Zwischen den Koordinaten des Inertialsystems (x, y, z) und denen des rotierenden Bezugssystems (x', y', z') gilt der Zusammenhang

$$\begin{aligned} x &= \cos(\omega t)x' - \sin(\omega t)y', \\ y &= \sin(\omega t)x' + \cos(\omega t)y', \\ z &= z'. \end{aligned} \tag{1}$$

Die Ableitung der Koordinaten ergibt:

$$\begin{aligned} \dot{x} &= \cos(\omega t)\dot{x}' - \sin(\omega t)\dot{y}' - \omega(\sin(\omega t)x' + \cos(\omega t)y'), \\ \dot{y} &= \sin(\omega t)\dot{x}' + \cos(\omega t)\dot{y}' + \omega(\cos(\omega t)x' - \sin(\omega t)y'), \\ \dot{z} &= \dot{z}'. \end{aligned} \tag{2}$$

Die Lagrange-Funktion hat im gestrichenen Koordinatensystem die Form

$$\begin{aligned} L = &\frac{1}{2}m[\dot{x}'^2 + \dot{y}'^2 + \dot{z}'^2 + \omega^2(x'^2 + y'^2) + 2\omega(\dot{y}'x' - \dot{x}'y')] \\ &-V(x', y', z'). \end{aligned} \tag{3}$$

Aus (3) berechnen wir die generalisierten Impulse zu:

$$p'_x = \frac{\partial L}{\partial \dot{x}'} = m(\dot{x}' - \omega y'), \quad p'_y = \frac{\partial L}{\partial \dot{y}'} = m(\dot{y}' + \omega x'), \quad p'_z = \frac{\partial L}{\partial \dot{z}} = m\dot{z}'. \tag{4}$$

Nun lösen wir (4) nach den Geschwindigkeitskomponenten $\dot{x}'$,$\dot{y}'$,$\dot{z}'$ auf:

$$\dot{x}' = \frac{p'_x}{m} + \omega y', \quad \dot{y}' = \frac{p'_y}{m} - \omega x', \quad \dot{z}' = \frac{p'_z}{m} \tag{5}$$

und berechnen die Hamilton-Funktion gemäß

$$H = \sum_i \dot{q}_i p_i - L. \tag{6}$$

Das ergibt:

$$\begin{aligned} H &= m(\dot{x}'^2 - \omega\dot{x}'y') + m(\dot{y}'^2 + \omega\dot{y}'x') + m\dot{z}'^2 - L \\ &= \frac{1}{2}\Big[2\dot{x}'^2 - 2\omega\dot{x}'y' + 2\dot{y}'^2 + 2\omega\dot{y}'x' + 2\dot{z}'^2 \\ &\qquad -(\dot{x}'^2 + \dot{y}'^2 + \dot{z}'^2 + \omega^2(x'^2 + y'^2) + 2\omega(\dot{y}'x' - \dot{x}'y'))\Big] + V \\ &= \frac{1}{2}m\left[\dot{x}'^2 + \dot{y}'^2 + \dot{z}'^2 - \omega^2(x'^2 + y'^2)\right] + V \\ &= \frac{1}{2}m\Bigg[\frac{p_x'^2}{m^2} + 2\frac{\omega}{m}y'p'_x + \omega^2 y'^2 + \frac{p_y'^2}{m^2} - 2\frac{\omega}{m}x'p'_y + \omega^2 x'^2 \\ &\qquad + \frac{p_z'^2}{m^2} - \omega^2 x'^2 - \omega^2 y'^2\Bigg] + V \\ &= \frac{1}{2m}[p_x'^2 + p_y'^2 + p_z'^2] - \omega[x'p'_y - y'p'_x] + V\left(\sqrt{x'^2 + y'^2}, z'\right). \end{aligned} \tag{7}$$

H ist explizit zeitunabhängig und damit eine Konstante der Bewegung. Die kanonischen Bewegungsgleichungen lauten:

$$\dot{x}' = \frac{\partial H}{\partial p'_x} = \frac{1}{m}p'_x + \omega y', \qquad \dot{y}' = \frac{1}{m}p'_y - \omega x' \qquad \dot{z}' = \frac{1}{m}p'_z, \tag{8}$$

$$\dot{p}'_x = -\frac{\partial H}{\partial x'} = \omega p'_y - \frac{\partial V}{\partial x'}, \qquad \dot{p}'_y = -\omega p'_x - \frac{\partial V}{\partial y'}, \qquad \dot{p}'_z = -\frac{\partial V}{\partial z'}. \tag{9}$$

b) Für den Übergang nach Zylinderkoordinaten differenzieren wir die Transformationsgleichungen

$$x' = \varrho' \cos\varphi', \qquad y' = \varrho' \sin\varphi' \tag{10}$$

♦ Aufgabe 18.1

nach der Zeit:

$$\begin{aligned} \dot{x}' &= \dot{\varrho}' \cos\varphi' - \varrho'\dot{\varphi}' \sin\varphi', \\ \dot{y}' &= \dot{\varrho}' \sin\varphi' + \varrho'\dot{\varphi}' \cos\varphi'. \end{aligned} \tag{11}$$

Aus (3) und (11) berechnen wir die generalisierten Impulse:

$$\begin{aligned} p'_\varrho &= \frac{\partial L}{\partial \dot{\varrho}'} = \frac{\partial L}{\partial \dot{x}'}\frac{\partial \dot{x}'}{\partial \dot{\varrho}'} + \frac{\partial L}{\partial \dot{y}'}\frac{\partial \dot{y}'}{\partial \dot{\varrho}'} \\ &= p'_x \cos\varphi' + p'_y \sin\varphi', \end{aligned} \tag{12}$$

$$\begin{aligned} p'_\varphi &= \frac{\partial L}{\partial \dot{\varphi}'} = \frac{\partial L}{\partial \dot{x}'}\frac{\partial \dot{x}'}{\partial \dot{\varphi}'} + \frac{\partial L}{\partial \dot{y}'}\frac{\partial \dot{y}'}{\partial \dot{\varphi}'} \\ &= -p'_x\varrho' \sin\varphi' + p'_y\varrho' \cos\varphi'. \end{aligned} \tag{13}$$

Nun lösen wir nach p'_x und p'_y auf. Aus (12) folgt:

$$p'_x = \frac{p'_\varrho - p'_y \sin\varphi'}{\cos\varphi'} \tag{14}$$

und aus (13) (mit (14)):

$$\begin{aligned} p'_y &= \frac{p'_\varphi \cos\varphi' + (p'_\varrho - p'_y \sin\varphi')\varrho' \sin\varphi'}{\varrho' \cos^2\varphi'} \\ \Rightarrow \quad \frac{p'_y(\varrho' \cos^2\varphi' + \varrho' \sin^2\varphi')}{\varrho' \cos^2\varphi'} &= \frac{p'_\varphi \cos\varphi' + p'_\varrho \varrho \sin\varphi'}{\varrho' \cos^2\varphi'} \\ \Rightarrow \quad p'_y &= \frac{1}{\varrho'} p'_\varphi \cos\varphi' + p'_\varrho \sin\varphi.' \end{aligned} \tag{15}$$

Analog erhalten wir:

$$p'_x = p'_\varrho \cos\varphi' - \frac{1}{\varrho'} p'_\varphi \sin\varphi'. \tag{16}$$

Nun setzen wir (15) und (16) in (7) ein und erhalten:

$$\begin{aligned} H = &\left[p'^{\,2}_\varrho \cos^2\varphi' - \frac{2}{\varrho} p'_\varrho \cos\varphi' p'_\varphi \sin\varphi' + \frac{1}{\varrho'^2} \sin^2\varphi' p'^{\,2}_\varphi \right. \\ &\left. + p'^{\,2}_\varrho \sin^2\varphi' + \frac{2}{\varrho} p'_\varrho \sin\varphi' p'_\varphi \cos\varphi' + \frac{1}{\varrho'^2} p'^{\,2}_\varphi \cos^2\varphi' \right] \cdot \frac{1}{2m} \\ &- \omega(x'p'_y - y'p'_x) + V(\varrho', z') \\ = &\frac{1}{2m}\left[p'^{\,2}_\varrho + \frac{1}{\varrho'^2} p'^{\,2}_\varphi + p'^2_z\right] \\ &- \omega\left[\varrho' \cos\varphi' p'_\varrho \sin\varphi' + \varrho' \cos\varphi' \frac{1}{\varrho'} p'_\varphi \cos\varphi' \right. \\ &\left. - \varrho' \sin\varphi' p'_\varrho \cos\varphi' + \varrho' \sin\varphi' \frac{1}{\varrho'} p'_\varphi \sin\varphi' \right] + V(\varrho', z') \\ = &\frac{1}{2m}\left[p'^{\,2}_\varrho + \frac{1}{\varrho'^2} p'^{\,2}_\varphi + p'^2_z\right] - \omega p'_\varphi + V(\varrho', z). \end{aligned} \tag{17}$$

Ein Vergleich von (7) und (17) zeigt, daß die Hamilton-Funktion besonders einfach wird, wenn man sie in den Koordinaten darstellt, die der Symmetrie des Problems angepaßt sind. Gleichung (17) entnimmt man, daß H unabhängig vom Winkel φ' ist (φ' ist zyklische Koordinate), so daß der Drehimpuls p'_φ eine Konstante der Bewegung ist.

Die kanonischen Bewegungsgleichungen lauten

$$\dot{\varrho}' = \frac{1}{m}p'_\varrho, \qquad \dot{\varphi}' = \frac{1}{m\varrho'^2}p'_\varphi - \omega, \qquad \dot{z}' = \frac{1}{m}p'_z,$$
$$\dot{p}'_\varrho = \frac{1}{m\varrho'^3}p'^2_\varphi - \frac{\partial V}{\partial \varrho'}, \qquad \dot{p}'_\varphi = 0, \qquad \dot{p}'_z = -\frac{\partial V}{\partial z'}. \tag{18}$$

Aufgabe 18.1

Das Hamiltonsche Prinzip

Die Gesetze der Mechanik lassen sich auf zwei Arten durch Variationsprinzipien, die vom Koordinatensystem unabhängig sind, ausdrücken. Dies sind einmal die *Differentialprinzipien.* Hier wird ein beliebig gewählter momentaner Zustand des Systems mit (virtuellen) infinitesimalen Nachbarzuständen verglichen. Ein Beispiel dafür ist das D'Alembertsche Prinzip. Eine andere Möglichkeit besteht in der Variation eines endlichen Bahnelements des Systems. Derartige Prinzipien nennen wir *Integralprinzipien.* Unter „Bahn" wird hierbei nicht die Bahn eines Systempunktes im dreidimensionalen Ortsraum verstanden, sondern die Bahn in einem vieldimensionalen Raum, in dem die Bewegung des gesamten Systems vollständig festgelegt ist. Bei f Freiheitsgraden des Systems ist dieser Raum f-dimensional. In allen Integralprinzipien hat die zu variierende Größe die Dimension einer Wirkung (= Energie · Zeit); deshalb werden sie auch als *Prinzip der kleinsten Wirkung* bezeichnet. Als ein Beispiel wollen wir hier das *Hamiltonsche Prinzip* betrachten. Das Hamiltonsche Prinzip fordert, daß sich ein System so bewegt, daß das zeitliche Integral über die Lagrange-Funktion einen Extremalwert annimmt:

$$I = \int_{t_1}^{t_2} L\,\mathrm{d}t$$

soll ein Extremum haben, was wir auch so ausdrücken können:

$$\delta \int_{t_1}^{t_2} L\,\mathrm{d}t = 0. \tag{18.7}$$

Aus der Anwendung dieses Prinzips läßt sich die Bahngleichung des Systems ermitteln.

Bevor wir nun Gleichung (18.7) weiter betrachten, wollen wir kurz allgemein auf das Variationsproblem eingehen.

Beispiel einer Variationsaufgabe

Aufgabe 18.2

Als Beispiel, wie eine mittels Koordinaten gegebene Beschreibung ersetzt werden kann durch eine von Koordinaten unabhängige, kann die Festlegung einer Geraden in der Ebene

♦ Aufgabe 18.2

betrachtet werden. Die Gerade ist eindeutig bestimmt, wenn zwei ihrer Punkte vorgegeben sind, und sie kann beschrieben werden durch eine lineare Gleichung zwischen den Koordinaten x und y. Sie kann auch beschrieben werden durch die Differentialgleichung

$$\frac{\mathrm{d}^2 y}{\mathrm{d}x^2} = 0 \tag{1}$$

mit der weiteren Vorschrift, daß die Werte der gesuchten Funktion $y(x)$ für $x = x_1$ und $x = x_2$ gegebene Zahlen sind. Das sind Beschreibungen unter Benutzung von rechtwinkligen Koordinaten. Die Gerade kann aber auch als kürzeste Verbindung zweier Punkte beschrieben werden, also durch

$$\int \mathrm{d}s = \text{Minimum.} \tag{2}$$

Die beiden gegebenen Punkte denke man sich durch alle möglichen Kurven verbunden und unter diesen Kurven diejenige ausgesucht, für die das angegebene Integral den kleinsten Wert hat. Diese Beschreibung der Geraden ist von der Wahl besonderer Koordinaten unabhängig.

Als Vorbereitung für das folgende zeigen wir, wie das Aufsuchen der kürzesten Verbindung zweier Punkte der Ebene auf die Gleichung (1) mathematisch zurückgeführt werden kann. Nach Einführung rechtwinkliger Koordinaten x und y ist die Aufgabe die, eine Funktion $y(x)$ zu suchen, für die $y(x_1)$ und $y(x_2)$ gegebene Werte haben und für die das Integral

$$I = \int_{x_1}^{x_2} \sqrt{1 + y'(x)^2}\, \mathrm{d}x \tag{3}$$

einen kleinsten Wert annimmt. Nicht jede sprachlich so ähnlich klingende Aufgabe braucht eine Lösung zu haben. So könnte man die Aufgabe (2) oder (3) stellen und dabei nicht nur Anfangs- und Endpunkt der Kurve vorgeben, sondern auch die Richtung, mit der die Kurve in den Anfangs- und Endpunkt hineinläuft. Man sieht leicht, daß es unter diesen Bedingungen keine kürzeste Verbindung gibt, wenn die beiden vorgegebenen Richtungen nicht zufällig in die gerade Verbindung fallen.

Die Aufgabe (3) hat eine gewisse Ähnlichkeit mit dem Aufsuchen des Minimums einer gegebenen Funktion $f(x)$. Da betrachtet man eine kleine Änderung von x und bildet

$$\mathrm{d}f(x) = f'(x)\, \mathrm{d}x.$$

Wenn $f'(x) \neq 0$ ist, so kann $f(x)$ zu- oder abnehmen bei kleinen Veränderungen von x, bei x liegt also kein Minimum. Notwendige Bedingung für ein Minimum ist demnach $f'(x) = 0$. Diese Bedingung ist nicht hinreichend; sie tritt ebenso bei einem Maximum auf.

Bei der Aufgabe (3) haben wir nun nicht eine Veränderliche abzuändern, sondern eine Funktion $y(x)$. Wir ersetzen $y(x)$ durch eine der gesuchten Funktion $y_0(x)$ „benachbarte" Funktion $y_0(x) + \varepsilon\eta(x)$, wo wir die Zahl ε nachher beliebig klein (dem Betrag nach) annehmen wollen. Es muß $\eta(x_1) = \eta(x_2) = 0$ sein. y' wird dann ersetzt durch $y_0' + \varepsilon\eta'$, und statt des Integranden $\sqrt{1 + y'^2}$ erhalten wir die Taylorsche Reihenentwicklung nach Potenzen von ε:

$$\sqrt{1 + (y_0' + \varepsilon\eta')^2} = \sqrt{1 + y_0'^2} + \varepsilon \frac{y_0'}{\sqrt{1 + y_0'^2}} \eta' + \varepsilon^2(\ldots),$$

wo das durch $\varepsilon^2(\ldots)$ angedeutete Glied für hinreichend kleines $|\varepsilon|$ vernachlässigt werden kann. Es gilt daher

$$I(\varepsilon) = \int_{x_1}^{x_2} \sqrt{1 + (y_0' + \varepsilon\eta')^2}\, \mathrm{d}x \approx \int_{x_1}^{x_2} \sqrt{1 + y_0'^2}\, \mathrm{d}x + \varepsilon \int_{x_1}^{x_2} \frac{y_0'}{\sqrt{1 + y_0'^2}} \eta'\, \mathrm{d}x$$

und soll für $\varepsilon = 0$ ein Minimum werden. Wenn das Integral im zweiten Glied nicht verschwindet, so kann durch Abänderung der Funktion $y_0(x)$ das Integral

$$\int_{x_1}^{x_2} \sqrt{1 + y_0'^2}\, \mathrm{d}x$$

zu- und abnehmen, je nach dem Vorzeichen von ε. $y_0(x)$ schafft also nicht ein Minimum dieses Integrals. Für dieses besteht vielmehr die notwendige Bedingung

$$\int_{x_1}^{x_2} \frac{y_0'}{\sqrt{1 + y_0'^2}} \eta'\, \mathrm{d}x = 0 \tag{4}$$

für jede Funktion $\eta(x)$, die bei x_1 und x_2 verschwindet. Um die weitgehende Willkür der Funktion $\eta(x)$ ausnützen zu können, formen wir (4) durch Teilintegration um:

$$\left[\frac{y'}{\sqrt{1 + y_0'^2}} \eta\right]_{x_1}^{x_2} - \int_{x_1}^{x_2} \eta \frac{\mathrm{d}}{\mathrm{d}x} \frac{y_0'}{\sqrt{1 + y_0'^2}}\, \mathrm{d}x = 0.$$

Wegen $\eta(x_1) = \eta(x_2) = 0$ fällt das erste Glied weg. Das zweite Glied

$$\int_{x_1}^{x_2} \eta \cdot \frac{\mathrm{d}}{\mathrm{d}x} \frac{y_0'}{\sqrt{1 + y_0'^2}}\, \mathrm{d}x \tag{5}$$

wird dann und nur dann für alle zugelassenen Funktionen $\eta(x)$ gleich null, wenn überall zwischen x_1 und x_2

$$\frac{\mathrm{d}}{\mathrm{d}x} \frac{y_0'}{\sqrt{1 + y_0'^2}} = 0 \tag{6}$$

ist. Wäre diese Gleichung nicht überall erfüllt, so könnten wir $\eta(x)$ immer da positiv wählen, wo

$$\frac{\mathrm{d}}{\mathrm{d}x} \frac{y_0'}{\sqrt{1 + y_0'^2}}$$

positiv ist, und negativ, wo dieser Ausdruck negativ ist, und so einen Widerspruch herstellen. Wir können auch so schließen: Wäre (6) irgendwo nicht erfüllt, so wähle man $\eta(x)$ überall null bis auf eine gewisse Nachbarschaft dieser Stelle; dies führt aber dazu, daß das Integral (5) nicht null wird. Die Größe η' in (4) könnten wir nicht so wählen; also für (4) den entspechenden Schluß nicht ziehen.

Aus (6) folgt nun $y_0' =$ const oder $y_0'' = 0$, also die frühere Beschreibung (1). Unsere Rechnung hat also die Forderung, daß ein bestimmtes Integral durch eine Funktion zum Minimum gemacht wird, durch eine Differentialgleichung für diese Funktion ersetzt.

Die Gleichung (6) läßt noch eine andere Deutung zu. Es ist

$$\frac{\mathrm{d}}{\mathrm{d}x}\frac{y'}{\sqrt{1+y'^2}} = \frac{y''}{(\sqrt{1+y'^2})^3}.$$

Wie in der Theorie der Kurven gezeigt wird, ist dies ein Ausdruck für die Krümmung einer Kurve. Gleichung (6) besagt also, daß die gesuchte Kurve überall die Krümmung 0 hat.

Was wir eben behandelt haben, war eine einfache Aufgabe der „Variationsrechnung". Aufgaben vom Typ (2) oder (3) heißen Variationsaufgaben. In den Aufgaben 18.3 und 18.4 werden wir weitere, weniger triviale Variationsaufgaben kennen lernen.

▲Aufgabe 18.2

Allgemeines über Variationsprinzipien

Gegeben sei die integrierbare Funktion $F = F(y(x), y'(x))$; wir suchen eine Funktion $y = y(x)$, so daß das Integral

$$I = \int_{x_1}^{x_2} F(y(x), y'(x))\,\mathrm{d}x$$

einen Extremwert annimmt.

Dieses Problem wird in eine elementare Extremwertaufgabe übergeführt, indem wir die Gesamtheit aller physikalisch sinnvollen Wege durch eine Parameterdarstellung erfassen:

$$y(x, \varepsilon) = y_0(x) + \varepsilon\eta(x),$$

wobei ε einen für jede Bahn konstanten Parameter bedeuten soll, $\eta(x)$ ist eine beliebige differenzierbare Funktion, die an den Endpunkten verschwindet:

$$\eta(x_1) = \eta(x_2) = 0.$$

Die gesuchte Kurve wird durch $y_0(x) = y(x, 0)$ gegeben.

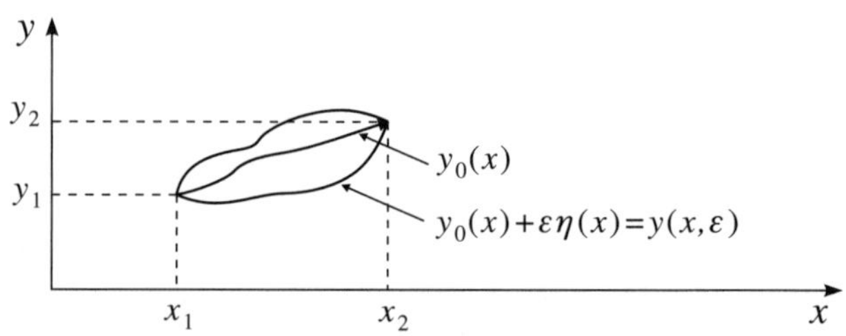

Mögliche Bahnen von x_1, y_1 nach x_2, y_2.

Dann ist die Bedingung für einen Extremwert des Integrals I:

$$\left.\frac{\mathrm{d}I}{\mathrm{d}\varepsilon}\right|_{\varepsilon=0} = 0.$$

Die Differentiation unter dem Integralzeichen (zulässig, wenn F stetig differenzierbar in ε) ergibt:

$$\frac{dI}{d\varepsilon} = \int_{x_1}^{x_2} \left(\frac{\partial F}{\partial y}\frac{\partial y}{\partial \varepsilon} + \frac{\partial F}{\partial y'}\frac{\partial y'}{\partial \varepsilon} \right) dx = \int_{x_1}^{x_2} \left(\frac{\partial F}{\partial y}\eta + \frac{\partial F}{\partial y'}\eta' \right) dx.$$

Der zweite Integrand läßt sich partiell integrieren:

$$\int_{x_1}^{x_2} \frac{\partial F}{\partial y'}\frac{\partial \eta}{\partial x}\, dx = \left[\frac{\partial F}{\partial y'}\eta\right]_{x_1}^{x_2} - \int_{x_1}^{x_2} \left(\frac{d}{dx}\frac{\partial F}{\partial y'} \right) \eta\, dx.$$

Da die Endpunkte fest sein sollen, verschwindet der ausintegrierte Term und die Extremalbedingung lautet:

$$\int_{x_1}^{x_2} \left(\frac{\partial F}{\partial y} - \frac{d}{dx}\frac{\partial F}{\partial y'} \right) \eta\, dx = 0.$$

Da $\eta(x)$ eine beliebige Funktion sein kann, ist diese Gleichung allgemein nur dann erfüllt, wenn

$$\frac{d}{dx}\frac{\partial F(y(x),y'(x))}{\partial y'} - \frac{\partial F(y(x),y'(x))}{\partial y} = 0 \tag{18.8}$$

gilt.

Diese Beziehung (18.8) heißt *Euler-Lagrange-Gleichung*, welche also eine notwendige Bedingung für einen Extremwert des Integrals I darstellt.

Die Lösung der Euler-Lagrange-Gleichung, einer Differentialgleichung 2. Ordnung, ergibt zusammen mit den Randbedingungen den gesuchten Weg. Um die Schreibweise zu vereinfachen, definieren wir die *Variation einer Funktion* $y(x, \varepsilon)$ als Differenz zwischen $y(x, \varepsilon)$ und $y(x, 0)$

$$\delta y = y(x,\varepsilon) - y(x, 0) = \left.\frac{\partial y}{\partial \varepsilon}\right|_{\varepsilon=0} \cdot \varepsilon$$

für sehr kleine ε. Damit läßt sich die Variationsaufgabe formulieren als

$$\delta \int_{x_1}^{x_2} F(y(x), y'(x))\, dx = 0.$$

Dabei können in F auch Zwangsbedingungen mittels Lagrange-Multiplikatoren einbezogen werden (vgl. Kapitel 16).

Kettenlinie

Aufgabe 18.3

Dies ist ein Beispiel, bei dem eine Zwangsbedingung vorliegt. Eine Kette von konstanter Dichte σ (Masse pro Längeneinheit: $\sigma = dm/\,ds$) und der Länge l hängt im Schwerefeld zwischen zwei Punkten $P_1(x_1, y_1)$ und $P_2(x_2, y_2)$. Gesucht ist die Form der Kurve unter der Annahme, daß die gesamte Energie der Kette – das ist in unserem statischen Fall die potentielle Energie der Kette – minimal wird.

♦ Aufgabe 18.3

Lösung:

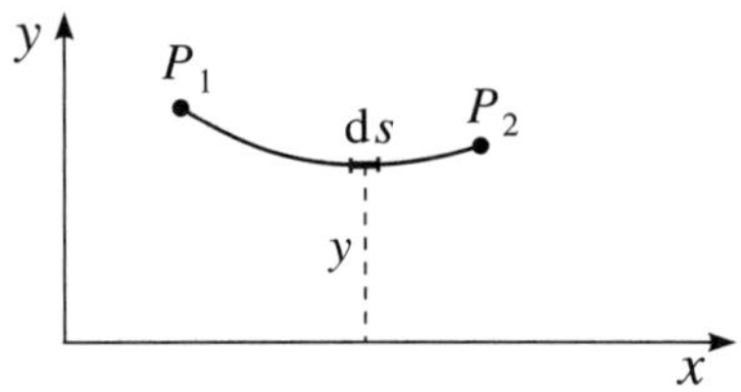

Kette hängt im Schwerefeld.

Die potentielle Energie eines Kettenelementes ist

$$dV = g\sigma y\, ds.$$

Die gesamte potentielle Energie ist dann

$$V = g\sigma \int_{x_1}^{x_2} y\, ds,$$

wobei das Linienelement gegeben ist durch

$$ds = \sqrt{1 + y'^2}\, dx, \qquad y' = \frac{dy}{dx}.$$

Die Zwangsbedingung der vorgegebenen Länge l stellt sich dar als

$$0 = \int_{x_1}^{x_2} ds - l = \int_{x_1}^{x_2} \sqrt{1 + y'^2}\, dx - l.$$

Mit dem Lagrange-Multiplikator λ lautet die Variationsaufgabe

$$g\sigma\delta \int_{x_1}^{x_2} y\sqrt{1 + y'^2}\, dx - \lambda\, \delta \left(\int_{x_1}^{x_2} \sqrt{1 + y'^2}\, dx - l \right) = 0.$$

Da $\delta l = 0$ ist, können wir mit der Funktion

$$F(y,y') = (y - \mu)\sqrt{1 + y'^2}$$

in die Eulersche Gleichung (18.8) eingehen, wobei $\mu = \lambda / g\sigma$ gewählt wurde. Aus

$$\frac{\partial F}{\partial y} - \frac{d}{dx}\frac{\partial F}{\partial y'} = 0$$

folgt

$$(y - \mu)y'' - y'^2 - 1 = 0.$$

Die letzte Gleichung schreiben wir um. Mit

$$y'' = \frac{dy'}{dx} = \frac{dy'}{dy}\frac{dy}{dx} = y'\frac{dy'}{dy}$$

erhalten wir:

$$(y - \mu)y'\frac{dy'}{dy} = y'^2 + 1, \qquad \frac{dy}{y - \mu} = \frac{y'\, dy'}{1 + y'^2}.$$

Die Integration liefert

$$\ln(y - \mu) + \ln C_1 = \frac{1}{2}\ln(1 + y'^2)$$

oder

$$C_1(y - \mu) = \sqrt{1 + y'^2}.$$

Daraus folgt

$$\int \frac{dy}{\sqrt{C_1^2(y - \mu)^2 - 1}} = \int dx.$$

Zur Integration der linken Seite substituieren wir $\cosh v = C_1(y - v)$, da $\cosh^2 v - 1 = \sinh^2 v$ ist. Es gilt dann

$$dy = \frac{1}{C_1} \sinh v \, dv$$

und somit folgt

$$\frac{1}{C_1} \int dv = \int dx.$$

Die Integration ergibt

$$v = C_1(x + C_2)$$

oder

$$y = \frac{1}{C_1} \cosh(C_1(x + C_2)) + \mu .$$

Die Lösung ist also die Kettenlinie. Die Konstanten geben die Koordinaten des tiefsten Punktes $(x_0, y_0) = (-C_2, (1/C_1) + \mu)$ an. Sie werden durch die gegebene Länge l der Kette und die Aufhängepunkte P_1 und P_2 bestimmt.

Aufgabe 18.3

Brachystochrone – Konstruktion einer Notrutsche

Aufgabe 18.4

An Bord eines Flugzeuges ist nach der Landung ein Feuer ausgebrochen. Die Passagiere müssen über eine Notrutsche aussteigen, auf der sie reibungslos herabgleiten. Bestimmen Sie mit Hilfe der Variationsrechnung, welche Form die Rutsche haben muß, um das Flugzeug möglichst schnell zu evakuieren (Höhe der Luke y_0; Abstand zum Fußpunkt x_0). Wie groß ist die Zeit des Gleitens im Vergleich zum unsanften freien Fall, wenn man annimmt $x_0 = (\pi/2)y_0$?

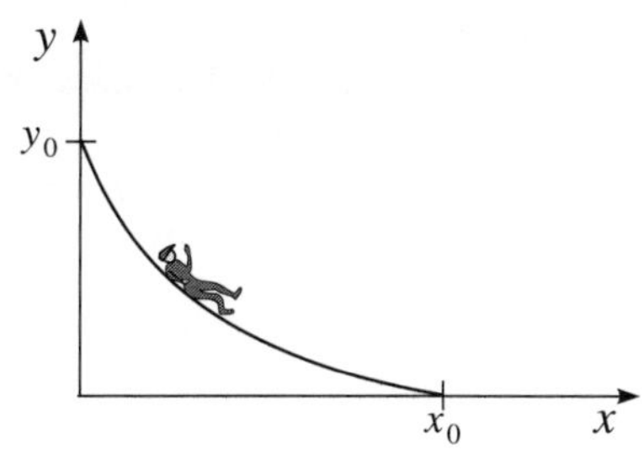

Passagier gleitet auf Rutsche.

Hinweis: Verwenden Sie die Substitution

$$y' = \frac{dy}{dx} = -\cot \frac{\Theta}{2}!$$

Bemerkung: Diese Problemstellung ist unter dem Namen „Brachystochrone“ bekannt.

Lösung:

Das Problem geht zurück auf die Gebr. Bernoulli (Brachystochrone, 1696).

♦ Aufgabe 18.4

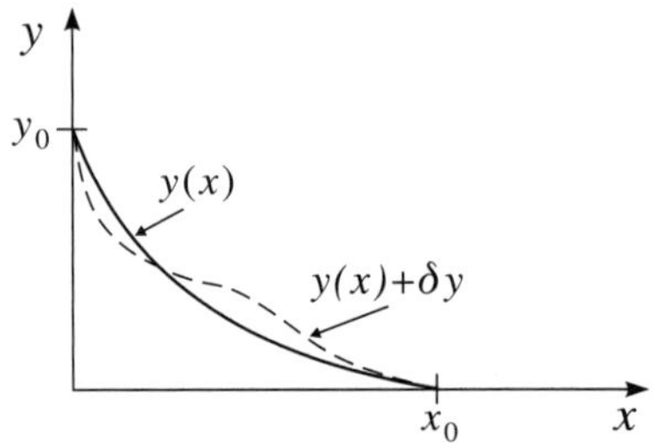

Veranschaulichung verschiedener Rutschbahnen.

Energieerhaltung liefert:

$$mgy_0 = \frac{1}{2}mv^2 + mgy,$$

$$g(y_0 - y) = \frac{1}{2}\left[\left(\frac{\mathrm{d}x}{\mathrm{d}t}\right)^2 + \left(\frac{\mathrm{d}y}{\mathrm{d}t}\right)^2\right],$$

$$(\mathrm{d}t)^2 = \frac{(\mathrm{d}x)^2 + (\mathrm{d}y)^2}{2g(y_0 - y)}.$$

Die Gesamtzeit T ist dann:

$$T = \int_0^T \mathrm{d}t = \int_0^{x_0} \sqrt{\frac{1 + (\mathrm{d}y/\mathrm{d}x)^2}{2g(y_0 - y)}}\,\mathrm{d}x. \tag{1}$$

Um die minimale Zeit zu erhalten, muß ein Variationsproblem der Gestalt

$$\delta \int_{x_1}^{x_2} F(x, y, y')\,\mathrm{d}x = 0, \qquad \begin{array}{l} y(x_1) = y_0, \\ y(x_2) = 0, \end{array}$$

gelöst werden. Wegen

$$0 = \int_{x_1}^{x_2} \left(\frac{\partial F}{\partial y}\delta y + \frac{\partial F}{\partial y'}\delta y'\right)\mathrm{d}x = \int_{x_1}^{x_2}\left(\frac{\partial F}{\partial y} - \frac{\mathrm{d}}{\mathrm{d}x}\cdot\frac{\partial F}{\partial y'}\right)\delta y\,\mathrm{d}x$$

lautet die Euler-Lagrange-Gleichung

$$\frac{\mathrm{d}}{\mathrm{d}x}\frac{\partial F}{\partial y'} - \frac{\partial F}{\partial y} = 0 \tag{2}$$

oder

$$y''\frac{\partial^2}{\partial y'^2}F + y'\frac{\partial^2}{\partial y\partial y'}F + \frac{\partial^2}{\partial x\partial y'}F - \frac{\partial F}{\partial y} = 0. \tag{2a}$$

Wenn das Funktional F von x unabhängig ist, läßt sich (2a) direkt integrieren. Man findet nämlich

$$\begin{aligned}\frac{\mathrm{d}}{\mathrm{d}x}\left(y'\frac{\partial F}{\partial y'} - F\right) &= y'\frac{\mathrm{d}}{\mathrm{d}x}\frac{\partial F}{\partial y'} + y''\frac{\partial F}{\partial y'} - \frac{\mathrm{d}F}{\mathrm{d}x} \\ &= y'\frac{\mathrm{d}}{\mathrm{d}x}\frac{\partial F}{\partial y'} + \left(y''\frac{\partial F}{\partial y'} - y''\frac{\partial F}{\partial y'}\right) - y'\frac{\partial F}{\partial y} - \underbrace{\frac{\partial F}{\partial x}}_{=0} \\ &= y'\left(\frac{\mathrm{d}}{\mathrm{d}x}\frac{\partial F}{\partial y'} - \frac{\partial F}{\partial y}\right) = 0,\end{aligned}$$

also

$$y'\frac{\partial F}{\partial y'} - F = \mathrm{const} \equiv \frac{1}{c}. \tag{3}$$

In unserem Fall (1) ist

$$F = \sqrt{\frac{1 + y'^2}{2g(y_0 - y)}}.$$

Dann lautet (3)

$$y' = \frac{1}{\sqrt{2g(y_0 - y)}} \cdot \frac{y'}{\sqrt{1+y'^2}} - \frac{\sqrt{1+y'^2}}{\sqrt{2g(y_0-y)}} = \frac{1}{c},$$

$$\frac{1}{2g(y_0 - y)(1 + y'^2)} = \frac{1}{c^2}. \tag{3a}$$

Die Transformation $y' = -\cot^2(\Theta/2)$ liefert

$$\frac{c^2}{2g(y_0 - y)} = 1 + y'^2 = 1 + \cot^2\frac{\Theta}{2} = \frac{1}{\sin^2(\Theta/2)},$$

also

$$y = y_0 - \frac{c^2}{4g}(1 - \cos\Theta).$$

Eine Gleichung für $x(\Theta)$ findet man durch Integration, nämlich

$$-\cot\frac{\Theta}{2} = \frac{\mathrm{d}y}{\mathrm{d}x} = -\frac{c^2}{2g}\sin\frac{\Theta}{2}\cos\frac{\Theta}{2}\frac{\mathrm{d}\Theta}{\mathrm{d}x}$$

$$\Rightarrow \qquad x = \int_0^x \mathrm{d}x' = \frac{c^2}{2g}\int_0^\Theta \sin^2\frac{\Theta'}{2}\,\mathrm{d}\Theta' = \frac{c^2}{2g}\left|\left(\frac{1}{2}\Theta' - \frac{1}{2}\sin\Theta'\right)\right|_0^\Theta$$

$$x = \frac{c^2}{4g}(\Theta - \sin\Theta), \qquad y = y_0 - \frac{c^2}{4g}(1 - \cos\Theta). \tag{4}$$

Das ist gerade die Parameterdarstellung einer *Zykloide*.

Der maximale Wert von Θ wird durch x_0 und y_0 bestimmt, nämlich

$$\frac{x_0}{y_0} = \frac{\Theta_0 - \sin\Theta_0}{1 - \cos\Theta_0}. \tag{5}$$

Die transzendente Gleichung (5) kann im allgemeinen nur numerisch gelöst werden. Spezialfälle:

$\Theta_0 = 0$	π	2π
$x_0/y_0 = 0$	$\pi/2$	∞

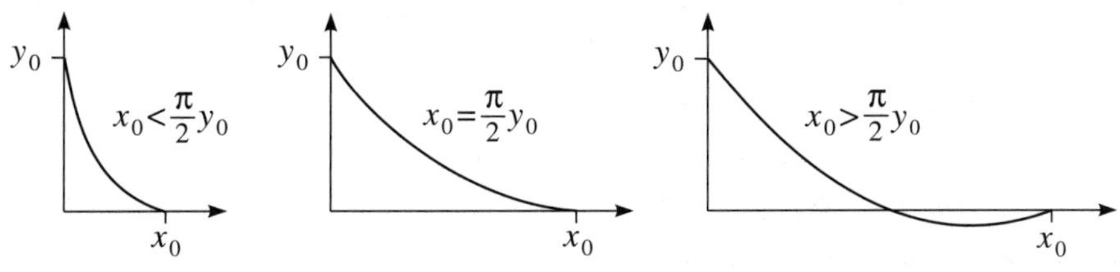

Mögliche Lösungstypen.

Berechnung der Gleitzeit nach (1) und (3a):

$$T = \int_0^{x_0} \sqrt{\frac{1 + y'^2}{2g(y_0 - y)}}\,\mathrm{d}x = \int_{y_0}^0 \sqrt{\frac{(\mathrm{d}x/\mathrm{d}y)^2 + 1}{2g(y_0 - y)}}\,\mathrm{d}y$$

$$T = \int_0^{y_0} \sqrt{\frac{c^2}{2g(y_0 - y)(c^2 - 2g(y_0 - y))}}\, \mathrm{d}y$$

$$= \frac{c}{2g} 2 \arctan \sqrt{\frac{c^2 - 2g(y_0 - y)}{2g(y_0 - y)}} \Bigg|_0^{y_0}$$

$$= \frac{c}{g} \left(\frac{\pi}{2} - \arctan \sqrt{\frac{c^2 - 2gy_0}{2gy_0}} \right),$$

$$= \frac{c}{g} \operatorname{arccot} \sqrt{\frac{c^2 - 2gy_0}{2gy_0}}.$$

Das Integral findet man in Tabellen, z. B. in Bronstein [1)], Nr 146.

$$x_0 = \frac{\pi}{2} y_0 \quad \Longrightarrow \quad \Theta_0 = \pi \quad \Longrightarrow \quad c = \sqrt{2gy_0} \quad \Longrightarrow \quad T = \sqrt{\frac{2y_0}{g}} \frac{\pi}{2}.$$

Im Vergleich dazu ist die Zeit des freien Falls

$$T' = \sqrt{\frac{2y_0}{g}}.$$

▲ Aufgabe 18.4

Wie wir schon an Gleichung (18.7) sehen, wird beim Hamilton-Prinzip die Zeit nicht variiert. Das System durchläuft einen Bahnpunkt und den dazugehörigen variierten Bahnpunkt zur gleichen Zeit. Es gilt also

$$\delta t = 0.$$

Ausgehend von dem Integral

$$\delta I = \delta \int_{t_1}^{t_2} L(q_\alpha(t), \dot{q}_\alpha(t), t)\, \mathrm{d}t = 0, \qquad \alpha = 1, 2, \ldots, f, \tag{18.9}$$

wobei f die Anzahl der Freiheitsgrade ist, führen wir die Variation entsprechend dem oben beschriebenen Verfahren durch und zeigen, daß aus dem Hamiltonschen Prinzip die Lagrange-Gleichungen hergeleitet werden können. Die Variation einer Bahnkurve $q_\alpha(t)$ beschreiben wir durch

$$q_\alpha(t) \longrightarrow q_\alpha(t) + \delta q_\alpha(t),$$

wobei die δq_α an den Endpunkten verschwinden,

$$\delta q_\alpha(t_1) = \delta q_\alpha(t_2) = 0.$$

Da die Zeit nicht variiert wird, folgt

$$\delta \int_{t_1}^{t_2} L\, \mathrm{d}t = \int_{t_1}^{t_2} \delta L\, \mathrm{d}t = \int_{t_1}^{t_2} \left(\sum_\alpha \frac{\partial L}{\partial q_\alpha} \delta q_\alpha + \sum_\alpha \frac{\partial L}{\partial \dot{q}_\alpha} \delta \dot{q}_\alpha \right) \mathrm{d}t. \tag{18.9a}$$

1) Bronstein, Semendjajew, Musiol, Mühlig: Taschenbuch der Mathematik. – Frankfurt am Main: Verlag Harri Deutsch, 2002

Wegen

$$\begin{aligned}\frac{\mathrm{d}}{\mathrm{d}t}\delta q_\alpha &= \frac{\mathrm{d}}{\mathrm{d}t}(q_\alpha(t,\varepsilon) - q_\alpha(t,0))\\ &= \frac{\mathrm{d}}{\mathrm{d}t}(q_\alpha(t,\varepsilon)) - \frac{\mathrm{d}}{\mathrm{d}t}(q_\alpha(t,0))\\ &= \delta\frac{\mathrm{d}}{\mathrm{d}t}q_\alpha(t) = \delta\dot q_\alpha(t) \qquad (18.10)\end{aligned}$$

liefert die partielle Integration des zweiten Summanden

$$\begin{aligned}\int_{t_1}^{t_2}\frac{\partial L}{\partial\dot q_\alpha}\delta\dot q_\alpha\,\mathrm{d}t &= \int_{t_1}^{t_2}\frac{\partial L}{\partial\dot q_\alpha}\cdot\frac{\mathrm{d}}{\mathrm{d}t}\delta q_\alpha\,\mathrm{d}t\\ &= \left[\frac{\partial L}{\partial\dot q_\alpha}\delta q_\alpha\right]_{t_1}^{t_2} - \int_{t_1}^{t_2}\left(\frac{\mathrm{d}}{\mathrm{d}t}\frac{\partial L}{\partial\dot q_\alpha}\right)\delta q_\alpha\,\mathrm{d}t. \qquad (18.11)\end{aligned}$$

Da δq_α an den Endpunkten (Integralgrenzen) verschwindet, erhalten wir für die Variation des Integrals

$$\delta I = \int_{t_1}^{t_2}\left[\sum_\alpha\left(\frac{\partial L}{\partial q_\alpha} - \frac{\mathrm{d}}{\mathrm{d}t}\frac{\partial L}{\partial\dot q_\alpha}\right)\delta q_\alpha\right]\mathrm{d}t = 0. \qquad (18.12)$$

Bei holonomen Zwangsbedingungen denken wir uns die abhängigen Freiheitsgrade eliminiert. Die unabhängigen Koordinaten seien die q_α. Daher sind die δq_α voneinander unabhängig, und das Integral verschwindet nur dann, wenn der Koeffizient eines jeden δq_α verschwindet. Das bedeutet, daß die Lagrange-Gleichungen

$$\frac{\mathrm{d}}{\mathrm{d}t}\frac{\partial L}{\partial\dot q_\alpha} - \frac{\partial L}{\partial q_\alpha} = 0 \qquad (18.13)$$

gelten.

Ganz entsprechend lassen sich die Hamilton-Gleichungen gewinnen, indem L durch $\sum_\alpha p_\alpha\dot q_\alpha - H$ ersetzt wird und die Variationen δp_α und δq_α als unabhängig betrachtet werden. Das wird in Aufgabe 18.5 nachgerechnet.

Um die Äquivalenz des Hamilton-Prinzips mit den bisher untersuchten Darstellungen der Mechanik zu zeigen, soll noch seine Ableitung aus den Newtonschen Gleichungen vorgeführt werden.

Betrachtet wird ein Teilchen in kartesischen Koordinaten. Zwischen den Lagen $\vec r(t_1)$ und $\vec r(t_2)$ beschreibt es eine gewisse Bahn $\vec r = \vec r(t)$. Nun wird die Bahn durch eine mit der Zwangsbedingung verträgliche virtuelle Verrückung $\delta\vec r$ variiert:

$$\vec r(t) \longrightarrow \vec r(t) + \delta\vec r(t), \qquad \delta\vec r(t_1) = \delta\vec r(t_2) = 0.$$

Eine Variation der Zeit erfolgt nicht. Die für die virtuelle Verrückung erforderliche Arbeit beträgt

$$\delta A = \vec F\cdot\delta\vec r = \vec F^{\,a}\cdot\delta\vec r,$$

wenn $\vec{F}^a$ die äußere Kraft ist und die Zwangskraft keine Arbeit leistet. Ist $\vec{F}^a$ konservativ, dann gilt

$$\vec{F}^a \cdot \delta\vec{r} = -\delta V$$

und nach Newton

$$-\delta V = m\ddot{\vec{r}} \cdot \delta\vec{r}.$$

Die rechte Seite läßt sich umformen (der Operator $(\mathrm{d}/\mathrm{d}t)\delta\vec{r} = \delta\dot{\vec{r}}$ wird entsprechend (18.10) behandelt). Wir überlegen zunächst

$$\frac{\mathrm{d}}{\mathrm{d}t}(\dot{\vec{r}} \cdot \delta\vec{r}) = \dot{\vec{r}} \cdot \frac{\mathrm{d}}{\mathrm{d}t}\delta\vec{r} + \ddot{\vec{r}} \cdot \delta\vec{r} = \dot{\vec{r}} \cdot \delta\dot{\vec{r}} + \ddot{\vec{r}} \cdot \delta\vec{r} = \delta\left(\frac{1}{2}\dot{\vec{r}}^2\right) + \ddot{\vec{r}} \cdot \delta\vec{r}.$$

Multiplikation mit der Masse m und Einsetzen in die vorletzte Gleichung ergibt

$$-\delta V = m\ddot{\vec{r}} \cdot \delta\vec{r} = m\frac{\mathrm{d}}{\mathrm{d}t}(\dot{\vec{r}} \cdot \delta\vec{r}) - \delta\left(\frac{1}{2}m\dot{\vec{r}}^2\right) = m\frac{\mathrm{d}}{\mathrm{d}t}(\dot{\vec{r}} \cdot \delta\vec{r}) - \delta T$$

und damit

$$\delta(T - V) = \delta L = m\frac{\mathrm{d}}{\mathrm{d}t}(\dot{\vec{r}} \cdot \delta\vec{r}).$$

Integrieren wir nach der Zeit, so folgt:

$$\delta\int_{t_1}^{t_2} L\,\mathrm{d}t = m\left[\dot{\vec{r}} \cdot \delta\vec{r}\right]_{t_1}^{t_2} = 0.$$

Damit ist das Hamilton-Prinzip für ein einzelnes Teilchen aus den Newtonschen Gleichungen hergeleitet. Dieses Ergebnis läßt sich ohne weiteres auf Teilchensysteme erweitern. Letzteres können wir auch folgendermaßen ganz generell einsehen: Wenn für ein Teilchensystem die Lagrange-Gleichungen (18.13) (die äquivalent der Newtonschen Mechanik sind) gelten, dann folgt (18.12) und wegen (18.11) daraus wiederum (18.9a) bzw. (18.9): Vorausgesetzt, daß $\delta q_\alpha(t_1) = \delta q_\alpha(t_2) = 0$. Also sind die Lagrange-Gleichungen äquivalent dem Hamiltonschen Prinzip.

Herleitung der Hamiltonschen Gleichungen

Aufgabe 18.5

Leiten Sie aus dem Hamiltonschen Prinzip die Hamiltonschen Gleichungen ab.

Lösung:

Das Hamiltonsche Prinzip lautet

$$\delta\int_{t_1}^{t_2} L\,\mathrm{d}t = 0, \tag{1}$$

wobei die Lagrange-Funktion L jetzt durch die Hamilton-Funktion H ausgedrückt wird, also

$$L = \sum_\alpha p_\alpha\dot{q}_\alpha - H(p_\alpha, q_\alpha, t). \tag{2}$$

Damit wird aus (1):

$$\int_{t_1}^{t_2} \delta L \, dt = \int_{t_1}^{t_2} \sum_\alpha \left[\delta p_\alpha \dot{q}_\alpha + p_\alpha \delta \dot{q}_\alpha - \frac{\partial H}{\partial p_\alpha} \delta p_\alpha - \frac{\partial H}{\partial q_\alpha} \delta q_\alpha \right] dt. \tag{3}$$

Der zweite Term rechts kann durch partielle Integration umgeformt werden,

$$\int_{t_1}^{t_2} p_\alpha \delta \dot{q}_\alpha \, dt = \int_{t_1}^{t_2} p_\alpha \frac{d}{dt} \delta q_\alpha \, dt = p_\alpha \delta q_\alpha \Big|_{t_1}^{t_2} - \int_{t_1}^{t_2} \dot{p}_\alpha \delta q_\alpha \, dt. \tag{4}$$

Der erste Term verschwindet, weil die Variationen an den Endpunkten $\delta q_\alpha(t_1) = \delta q_\alpha(t_2) = 0$ verschwinden. Also wird aus (3):

$$0 = \int_{t_1}^{t_2} \delta L \, dt = \int_{t_1}^{t_2} \sum_\alpha \left\{ \left[\dot{q}_\alpha - \frac{\partial H}{\partial p_\alpha} \right] \delta p_\alpha + \left[-\dot{p}_\alpha - \frac{\partial H}{\partial q_\alpha} \right] \delta q_\alpha \right\} dt. \tag{5}$$

Die Variationen δp_α und δq_α sind unabhängig voneinander, weil entlang einer Bahn im Phasenraum Nachbarbahnen verschiedene Koordinaten oder (und) verschiedene Impulse haben können. Also folgt aus (5)

$$\dot{q}_\alpha = \frac{\partial H}{\partial p_\alpha}, \qquad \dot{p}_\alpha = -\frac{\partial H}{\partial q_\alpha}, \tag{6}$$

was zu zeigen war.

Aufgabe 18.5

Phasenraum und Liouvillescher Satz

Im Hamiltonschen Formalismus wird der Bewegungszustand eines mechanischen Systems mit f Freiheitsgraden zu einem bestimmten Zeitpunkt t durch Angabe der f generalisierten Koordinaten und f Impulse $q_1, \ldots, q_f; p_1, \ldots, p_f$ vollständig charakterisiert.

Diese q_i und p_i lassen sich als Koordinaten eines $2f$-dimensionalen kartesischen Raumes auffassen, des *Phasenraumes*. Der f-dimensionale Unterraum der Koordinaten q_i ist der *Konfigurationsraum*, der f-dimensionale Unterraum der Impulse p_i heißt *Impulsraum*. Mit dem Ablauf der Bewegung des Systems beschreibt der repräsentative Punkt eine Linie, die *Phasenbahn*. Wenn die Hamilton-Funktion bekannt ist, dann läßt sich aus den Koordinaten eines Punktes die gesamte Phasenbahn eindeutig vorausberechnen. Darum gehört zu jedem Punkt nur eine Bahn, und zwei verschiedene Bahnen können sich nicht schneiden. Eine Bahn im Phasenraum ist in Parameterdarstellung durch $q_k(t)$, $p_k(t)$ $(k = 1, \ldots, f)$ gegeben. Wegen der Eindeutigkeit der Lösungen der Hamilton-Gleichungen entwickelt sich das System aus verschiedenen Randbedingungen auf verschiedenen Bahnen. Bei konservativen Systemen ist der Punkt durch die Bedingung $H(q, p) = E = \text{const}$ an eine $(2f-1)$-dimensionale Hyperfläche des Phasenraumes gebunden.

Phasendiagramm eines ebenen Pendels

Beispiel 18.3

Für das ebene Pendel (Masse m, Länge l) gilt, wenn der Winkel φ als generalisierte Koordinate gewählt wird:

$$p_\varphi = ml^2\dot{\varphi},$$

die Hamilton-Funktion, die die Gesamtenergie darstellt, lautet

$$H = \frac{1}{2}m(l\dot{\varphi})^2 - mgl\cos\varphi = \frac{p_\varphi^2}{2ml^2} - mgl\cos\varphi = E.$$

Der Nullpunkt des Potentials wurde in den Aufhängepunkt des Pendels gelegt. Daraus folgt die Gleichung für die Phasenbahn $p_\varphi = p_\varphi(\varphi)$

$$p_\varphi = \pm\sqrt{2ml^2(E + mgl\cos\varphi)}.$$

Es ergibt sich also eine Kurvenschar, deren Parameter die Energie E ist.

Bei Energien $E < mgl$ ergeben sich geschlossene (ellipsenähnliche) Kurven als Phasenbahnen, das Pendel schwingt hin und her (Vibration). Sobald die Gesamtenergie E den Wert mgl übersteigt, besitzt das Pendel im obersten Punkt $\varphi = \pm\pi$ noch kinetische Energie und schwingt ohne Richtungsumkehr weiter (Rotation).

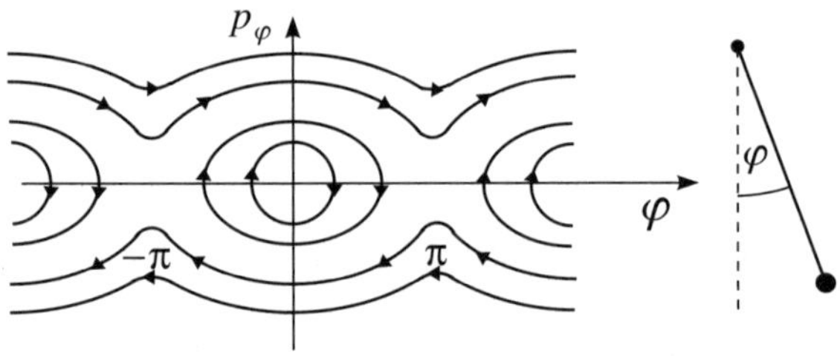

Phasenraum und Phasendiagramm des eindimensionalen Pendels.

Beispiel 18.3

Nun betrachten wir eine große Anzahl N von unabhängigen Punkten, die, abgesehen von den Anfangsbedingungen, mechanisch identisch sind, die also die gleiche Hamilton-Funktion besitzen. Konkret können wir uns Teilchen im Strahl eines Beschleunigers als Beispiel vorstellen. Wenn alle Punkte zur Zeit t_1 in einem $2f$-dimensionalen Gebiet G_1 des Phasenraums mit dem Volumen

$$\Delta V = \Delta q_1 \cdots \Delta q_f \cdot \Delta p_1 \cdots \Delta p_f$$

verteilt sind, kann man die Dichte

$$\varrho = \frac{\Delta N}{\Delta V}$$

definieren.

Mit dem Ablauf der Bewegung transformiert sich G_1 entsprechend den Hamilton-Gleichungen in das Gebiet G_2.

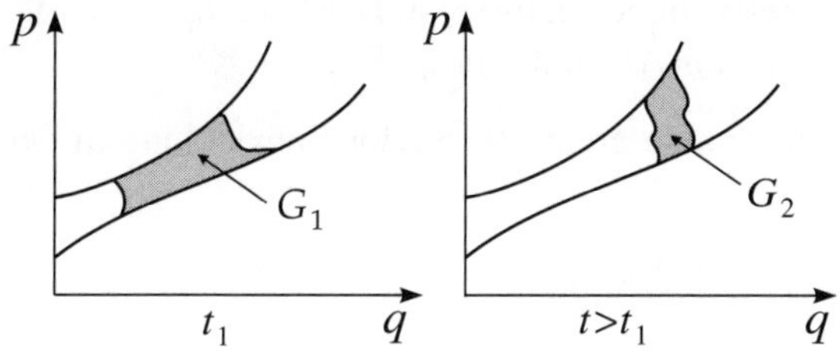

Entwicklung eines Gebietes im Phasenraum (schematisch).

Die Aussage des *Satzes von Liouville* ist nun:

Joseph Liouville (1809–1882) → unten

Das Volumen irgendeines beliebigen Gebietes des Phasenraumes bleibt erhalten, wenn sich die Punkte seiner Begrenzung entsprechend den kanonischen Gleichungen bewegen.

Oder anders ausgedrückt, wenn ein Grenzübergang durchgeführt wird:

Die Dichte der Punkte im Phasenraum in der Umgebung eines mitbewegten Punktes ist konstant.

Zum Beweis betrachten wir die Bewegung von Systempunkten durch ein Volumenelement des Phasenraumes. Es werden zunächst die Komponenten des Teilchenflusses in q_k- und p_k-Richtung betrachtet.

Die Projektion des $2f$-dimensionalen Volumenelementes $\mathrm{d}V$ auf die q_k-p_k-Ebene ist die Fläche $ABCD$.

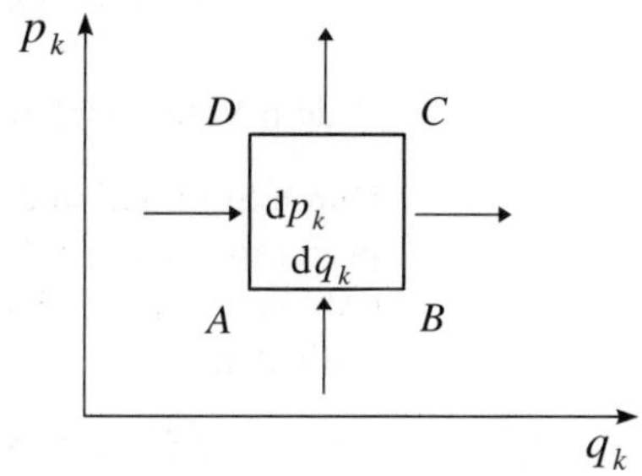

Veranschaulichung der Projektion des Volumenelements in die q_k-p_k-Ebene.

Die Anzahl der Punkte, die *pro Zeiteinheit* durch die „Seitenfläche" eintreten, deren Projektion auf die q_k-p_k-Ebene AD ist, beträgt

$$\varrho \dot{q}_k \, \mathrm{d}p_k \cdot \mathrm{d}V_k ,$$

wobei

$$\mathrm{d}V_k = \prod_{\substack{\alpha=1 \\ \alpha \neq k}}^{f} \mathrm{d}q_\alpha \, \mathrm{d}p_\alpha$$

JOSEPH LIOUVILLE

Liouville, Joseph, geb. 24.3.1809 St. Omer, gest. 8.9.1882 Paris. – Liouville war Professor der Mathematik und Mechanik in Paris, an der Ecole Polytechnique, am Collège de France und an der Sorbonne. Er war Mitglied des Längenbüros und vieler gelehrter Gesellschaften und galt von 1840 bis 1870 als der führende Mathematiker Frankreichs. – Er arbeitete über statistische Mechanik, Randwertprobleme, Differentialgeometrie und spezielle Funktionen. Große Bedeutung hatte sein konstruktiver Beweis für die Existenz transzendenter Zahlen und 1844 der Beweis, daß e und e^2 nicht Wurzeln einer quadratischen Gleichung mit rationalen Koeffizienten sein können.

das $(2f-2)$-dimensionale Restvolumenelement ist. Hierin ist $\mathrm{d}p_k \cdot \mathrm{d}V_k$ die Größe der Seitenfläche mit der Projektion AD in der p_k-q_k-Ebene.

Für die bei BC austretenden Punkte ergibt die Taylor-Entwicklung in der ersten Richtung

$$\left(\varrho\dot{q}_k + \frac{\partial}{\partial q_k}(\varrho\dot{q}_k)\,\mathrm{d}q_k\right)\mathrm{d}p_k \cdot \mathrm{d}V_k. \tag{18.14}$$

Ganz analog gilt für den Fluß in p_k-Richtung:

$$\begin{aligned}&\text{Eintritt durch} \quad AB \quad && \varrho\dot{p}_k\,\mathrm{d}q_k \cdot \mathrm{d}V_k,\\ &\text{Austritt durch} \quad CD \quad && \left(\varrho\dot{p}_k + \frac{\partial}{\partial q_k}(\varrho\dot{p}_k)\,\mathrm{d}p_k\right)\mathrm{d}q_k \cdot \mathrm{d}V_k.\end{aligned} \tag{18.15}$$

Von den Fluß-Komponenten in p_k- und q_k-Richtung bleibt damit *pro Zeiteinheit* die Anzahl von Systempunkten

$$-\left(\frac{\partial}{\partial q_k}(\varrho\dot{q}_k) + \frac{\partial}{\partial p_k}(\varrho\dot{p}_k)\right)\mathrm{d}V \tag{18.16}$$

in dem Volumenelement stecken.

Durch Summation über alle $k = 1, \ldots, f$ erhält man die Anzahl aller Punkte, die insgesamt steckenbleiben. Diese Größe entspricht gerade der zeitlichen Änderung (Ableitung nach der Zeit) der Dichte, multipliziert mit $\mathrm{d}V$, also können wir schließen:

$$\frac{\partial\varrho}{\partial t} = -\sum_{k=1}^{f}\left(\frac{\partial}{\partial q_k}(\varrho\dot{q}_k) + \frac{\partial}{\partial p_k}(\varrho\dot{p}_k)\right). \tag{18.17}$$

Es handelt sich hier um eine *Kontinuitätsgleichung* von der Form

$$\operatorname{div}(\varrho\dot{\vec{r}}) + \frac{\partial\varrho}{\partial t} = 0.$$

Dabei ist die Divergenz im $2f$-dimensionalen Phasenraum gemeint:

$$\vec{\nabla} = \sum_{k=1}^{f}\frac{\partial}{\partial q_k} + \sum_{k=1}^{f}\frac{\partial}{\partial p_k}.$$

Solche Kontinuitätsgleichungen treten in der Strömungsphysik (Hydrodynamik, Elektrodynamik, Quantenmechanik) häufig auf. Sie drücken immer einen Erhaltungssatz aus.

Die Anwendung der Produktregel in (18.17) ergibt

$$\sum_{k=1}^{f}\left(\frac{\partial\varrho}{\partial q_k}\dot{q}_k + \varrho\frac{\partial\dot{q}_k}{\partial q_k} + \frac{\partial\varrho}{\partial p_k}\dot{p}_k + \varrho\frac{\partial\dot{p}_k}{\partial p_k}\right) + \frac{\partial\varrho}{\partial t} = 0. \tag{18.18}$$

Aus den Hamilton-Gleichungen folgt

$$\frac{\partial\dot{q}_k}{\partial q_k} = \frac{\partial^2 H}{\partial q_k \partial p_k} \qquad \text{und} \qquad \frac{\partial\dot{p}_k}{\partial p_k} = -\frac{\partial^2 H}{\partial q_k \partial p_k}.$$

Wenn die zweiten partiellen Ableitungen von H stetig sind, gilt deshalb

$$\frac{\partial \dot{q}_k}{\partial q_k} + \frac{\partial \dot{p}_k}{\partial p_k} = 0,$$

und damit ergibt sich

$$\sum_{k=1}^{f} \left(\frac{\partial \varrho}{\partial q_k} \dot{q}_k + \frac{\partial \varrho}{\partial p_k} \dot{p}_k \right) + \frac{\partial \varrho}{\partial t} = 0. \qquad (18.19)$$

Das ist aber gleich der totalen Ableitung der Dichte nach der Zeit,

$$\frac{\mathrm{d}}{\mathrm{d}t} \varrho = 0, \qquad (18.20)$$

also ist $\varrho = \text{const}$.

Phasenraumdichte für Teilchen im Gravitationsfeld

Beispiel 18.4

Das System besteht aus Teilchen der Masse m im konstanten Gravitationsfeld. Für die Energie gilt

$$H = E = \frac{p^2}{2m} - mgq.$$

Die Gesamtenergie eines Teilchens bleibt konstant.

Die Phasenbahnen $p(q)$ sind dann die Parabeln

$$p = \sqrt{2m(E + mgq)}$$

mit der Energie als Parameter. Wir betrachten eine Anzahl von Teilchen, deren Impulse zur Zeit $t = 0$ in den Grenzen $p_1 \leq p \leq p_2$ und deren Energien zwischen $E_1 \leq E \leq E_2$ liegen. Sie überdecken die Fläche F im Phasenraum. Zu einem späteren Zeitpunkt t nehmen die Punkte die Fläche F' ein. Sie besitzen dann den Impuls

$$p' = p + mgt,$$

so daß F' die durch $p_1 + mgt \leq p' \leq p_2 + mgt$ begrenzte Fläche zwischen den Parabeln ist, siehe Figur. Mit

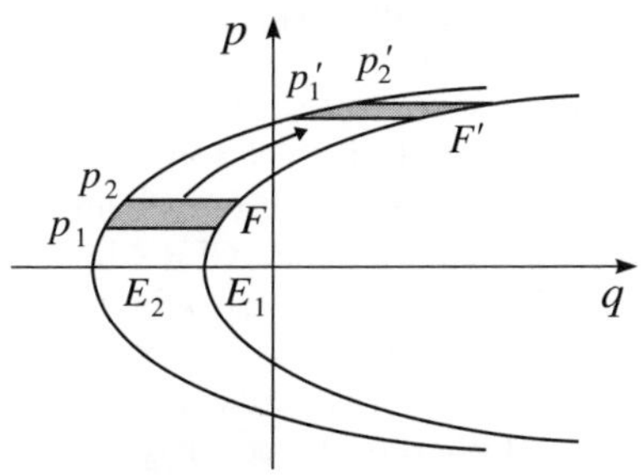

Zum Liouvilleschen Satz: Veranschaulichung des Phasenraumes für Teilchen im Schwerefeld.

$$q = \frac{(p^2/2m) - E}{mg}$$

errechnet sich die Größe der Flächen zu

$$F = \int_{p_1}^{p_2} \mathrm{d}p \int_{(1/mg)((p^2/2m)-E_2)}^{(1/mg)((p^2/2m)-E_1)} \mathrm{d}q$$

$$= \frac{E_2 - E_1}{mg} \int_{p_1}^{p_2} \mathrm{d}p = \frac{E_2 - E_1}{mg}(p_2 - p_1)$$

und analog

$$F' = \frac{E_2 - E_1}{mg}(p'_2 - p'_1)$$

$$= \frac{E_2 - E_1}{mg}(p_2 - p_1).$$

Dies ist gerade die Aussage des Liouvilleschen Satzes: $F = F'$ bedeutet, daß die Dichte der Systempunkte im Phasenraum konstant bleibt.

Die große Bedeutung des Satzes von Liouville liegt auf dem Gebiet der statistischen Mechanik, wo mangels genauer Kenntnis des Systems Gesamtheiten betrachtet werden.

Eine spezielle Anwendung ist die Fokussierung von Teilchenströmen in Beschleunigern, wo eine große Anzahl von Teilchen den gleichen Bedingungen unterworfen wird. Hier muß eine Verringerung des Strahlquerschnitts zu einer unerwünschten Verbreiterung der Impulsverteilung führen.

▲ Beispiel 18.4

Das Prinzip der stochastischen Kühlung[1)]

Eine wesentliche Aussage des Liouvilleschen Satzes besteht darin, daß sich der von einem Ensemble von Teilchen eingenommene Phasenraum bei Abwesenheit von Reibung wie eine inkompressible Flüssigkeit verhält.

Simon van der Meer (geb. 1925) → unten

Wir werden im folgenden zeigen, daß das Prinzip der stochastischen Kühlung zu einem (scheinbaren) Widerspruch zu dem Liouvilleschen Satz führt. Dazu ist es erforderlich, auf das von van der Meer entwickelte Verfahren der stochastischen Kühlung von Antiprotonen näher einzugehen, dessen erfolgreiche Anwendung erst den Nachweis der aus der Theorie der Schwachen Wechselwirkung vorhergesagten *intermediären Vektorbosonen* (IVB) W^+, W^- und Z^0 ermöglichte.

[1)] Die Anregung zu diesem Kapitel kam aus einem Vortrag von Herrn Prof. Herminghaus (Mainz), den er anläßlich des 60. Geburtstages von Herrn Prof. P. Junior 1988 in Frankfurt hielt. Ich danke Herrn Kollegen Herminghaus für die Überlassung seines Manuskriptes, das mir bei der Abfassung dieses Abschnittes sehr nützlich war.

SIMON VAN DER MEER

Simon van der Meer, geb. 24.11.1925 in Den Haag/NL. Nobelpreis für Physik 1984. Er studierte an der Technischen Hochschule Delft Maschinenbau und Elektrotechnik, legte als Ingenieur das Diplomexamen ab und arbeitete zunächst im Philips-Zentrallaboratorium in Eindhoven. 1956 erhielt er beim Europäischen Kernforschungszentrum CERN in Genf eine Stelle als Entwicklungsingenieur. Hier sollte er schon bald durch fachliche Kompetenz, Einfallsreichtum und auch mit seiner theoretischen Begabung hervortreten. Er wurde zum „Senior Engineer" in leitender Position ernannt. Inzwischen hatte der italienische Physiker Carlo Rubbia als wissenschaftlicher Mitarbeiter am CERN die Idee entwickelt, mit dem soeben fertiggestellten Super-Hochenergiebeschleuniger „SPS" 450 GeV-Protonen auf ihre künstlich erzeugten „Antiteilchen" – Antiprotonen – zu schießen. Das Projekt wurde in Form eines Kollider-Systems verwirklicht; es gelang damit erstmals, die bis dahin nur hypothetischen intermediären W- und Z-Bosonen zu erzeugen und nachzuweisen. Van der Meer lieferte dazu als „echter Tüftler" eine geniale Erfindung, die stochastische Kühlung des Teilchenstromes, die es ermöglichte, Antiprotonen in genügender Zahl zu sammeln und für die Experimente zu speichern. Bereits ein Jahr nach ihrem großen Erfolg, der die Voraussagen der Theorie in glänzender Weise bestätigte, wurde van der Meer gemeinsam mit Rubbia „für entscheidende Verdienste um die Entdeckung der Feldquanten der schwachen Wechselwirkung" mit dem Nobelpreis der Physik ausgezeichnet.

Die Z^0-Teilchen zum Beispiel sollten nach Aussagen der Theorie wie folgt zerfallen können[2].

$$\text{IVB} \quad Z^0 \longrightarrow \quad \text{Lepton} + \text{Antilepton} \tag{18.21}$$

$$\text{IVB} \quad Z^0 \longrightarrow \quad \text{Quark} + \text{Antiquark} \tag{18.22}$$

Zum experimentellen Nachweis der IVB machte man sich die inverse Reaktion (18.22) zunutze, indem man im Proton Synchrotron (PS) des CERN hochenergetische Strahlen von Antiprotonen auf Protonen schoß. Da die Protonen nur aus drei Quarks (q) und die Antiprotonen aus drei Antiquarks ($\overline{q}$) aufgebaut sind, treten bei den heftigen Kollisionen viele Quark-Antiquarkpaare auf, deren Reaktionen zur Erzeugung der intermediären Vektorbosonen führen können (siehe Abbildung S. 331). Um eine hohe Ereignisrate zu erzielen, die sich gemäß

$$\text{Ereignisrate} = \text{Wirkungsquerschnitt} \cdot \text{Luminosität} \tag{18.23}$$

berechnet, ist neben einem großen Wirkungsquerschnitt auch eine große Luminosität des Strahls erforderlich. Nun ist

$$\text{Luminosität} \sim \frac{N_p \cdot N_{\overline{p}}}{q}. \tag{18.24}$$

Darin bezeichnet N_p bzw. $N_{\overline{p}}$ die Anzahl der in dem Strahl enthaltenen Protonen (p) bzw. Antiprotonen ($\overline{p}$) und q den Strahlquerschnitt. Je größer also die Anzahl der Teilchen und je kleiner der Strahlquerschnitt, desto größer ist die Ereignisrate zur Erzeugung eines intermediären Vektorbosons. Siehe dazu auch Abbildung S. 332.

Ein wirksamer *Kühlungsmechanismus* der Antiprotonenstrahlen ist daher erforderlich. Jedes Teilchen des Strahls bewegt sich durch die Einwirkung von Magnetfeldern in horizontalen und vertikalen *Schwingungen um eine geschlossene Sollbahn*.

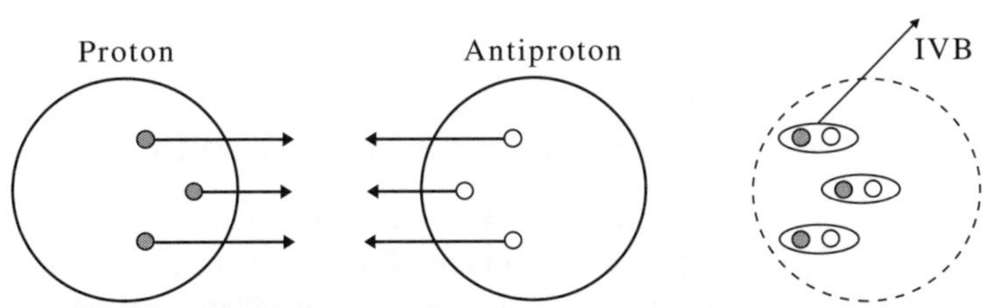

Abbildung 1: Schematische Darstellung einer Protonen-Antiprotonen Kollision. Es entstehen dabei Quark-Antiquarkpaare, deren Reaktionen zur Erzeugung intermediärer Vektorbosonen führen können. (• = Quark, ○ = Antiquark).

[2] Im Band 8 der Vorlesungen über Theoretische Physik, Eichtheorie der schwachen Wechselwirkung, werden Erzeugung und Zerfall der intermediären Vektorbosonen ausführlich besprochen.

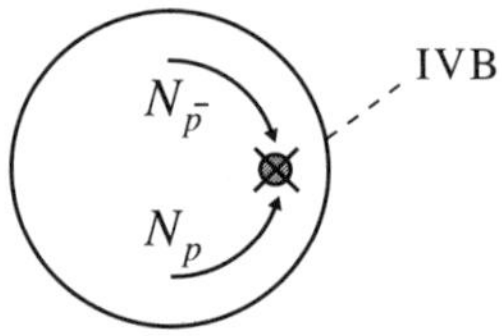

Abbildung 2: Erst durch die Kollision hochenergetischer und intensiver Protonen- und Antiprotonenstrahlen konnten im CERN erstmals intermediäre Vektorbosonen nachgewiesen werden. ($N_{\bar{p}}$ = Anzahl der Antiprotonen im Strahl, N_p = Anzahl der Protonen).

Man spricht in diesem Zusammenhang von *Kühlung*, wenn die Schwingungsamplituden der Teilchen und damit der Strahlquerschnitt verringert, bzw. die Impulsverteilung der Teilchen um ihren Mittelwert reduziert wird. Dies ist in Abbildung 3 verdeutlicht. Bereits bewährte Kühlungsverfahren sind die Elektronenkühlung, die Kühlung durch Synchrotronstrahlung und die *stochastische Kühlung*, auf die wir nun näher eingehen.

Die Bewegung jedes Teilchens im Strahl wird durch einen Punkt in einem sechsdimensionalen Phasenraum beschrieben, dessen Koordinaten die drei Orts- und Impulskoordinaten sind. Dieser Phasenraumpunkt ist von leerem Raum umgeben. Durch geeignete Deformation des Phasenraumelements kann das Teilchen in Richtung des Schwerpunktes verschoben werden. Das ist das *Prinzip der stochastischen Kühlung*.

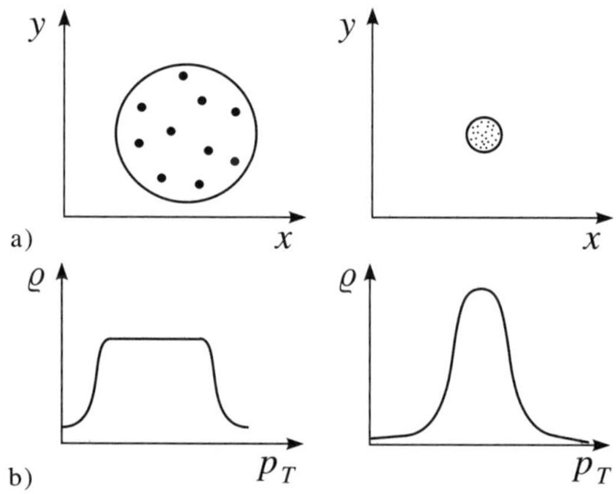

Abbildung 3: Ein Strahl vor und nach der Kühlung. a) im Ortsraum; b) im Impulsraum. Aufgetragen ist in b) im wesentlichen die Teilchendichte als Funktion des transversalen Impulses.

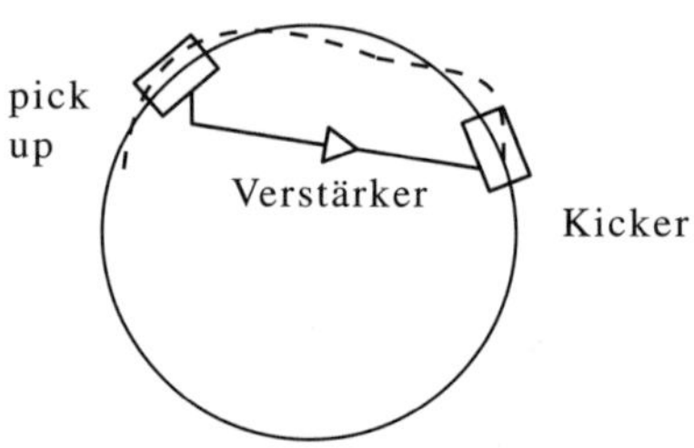

Abbildung 4: Das Kühlsystem bestehend aus „Pick up", Verstärker und „Kicker".

Der experimentelle Aufbau zur Kühlung von Antiprotonenstrahlen ist in Abbildung 4 skizziert.

Eine Sonde (Pick up) mißt im Idealfall die Lage oder den Impuls eines Teilchens. Dieses winzige Signal wird verstärkt und auf den „Kicker" gegeben, der den transversalen oder longitudinalen Impuls korrigiert und somit kühlt. Die Kühlung kann man somit als einen Einteilcheneffekt interpretieren, da sich jedes Teilchen durch Aussenden eines Signals kühlt, das es selbst erzeugt hat (kohärenter Effekt).

Wesentliche Voraussetzung ist dabei, daß Teilchen und Signal zur gleichen Zeit am Kicker ankommen. Aufgrund des begrenzten Auflösungsvermögens der Sonde gelangen im Realfall neben dem erwünschten Signal auch störende Signale anderer Teilchen zum Kicker. Dieses Rauschen führt zu einer Aufheizung der Teilchen (inkohärenter Effekt) und wirkt dem Kühleffekt entgegen. Dieses Wechselspiel zwischen Kühl- und Aufheizmechanismus wird in Aufgabe 18.10 diskutiert. Der Kühleffekt ist der Verstärkung direkt proportional, während die Aufheizung dem Quadrat der Verstärkung proportional ist. Nur in dem schraffierten Bereich wird das Teilchen gekühlt. Es wird deutlich, daß es eine optimale Verstärkung gibt, bei der der Kühleffekt maximal wird. Je größer also die Intensität der Strahlen, desto größer das Rauschen und der Aufheizeffekt und desto geringer wird der Faktor der optimalen Verstärkung. Die Erzeugung eines intensiven Strahls aus Antiprotonen wird daher am CERN in Etappen durchgeführt und kann mehrere Stunden dauern. Das Prinzip ist in Abbildung 5 illustriert.

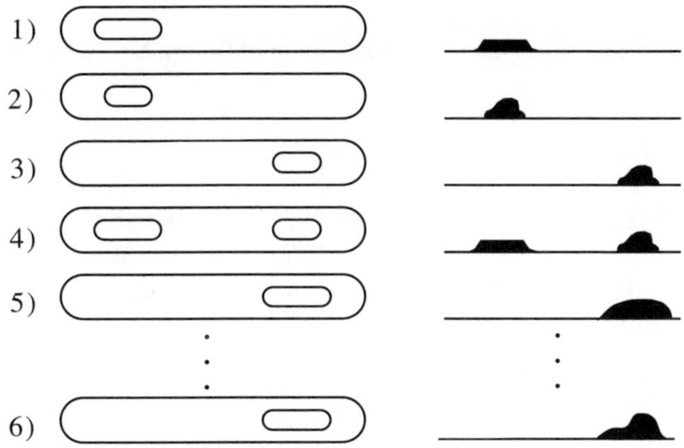

Abbildung 5: Querschnitt durch die Vakuumkammer mit Strahlen in den verschiedenen Stadien des Anhäufungsvorganges. Die zugehörige Dichteverteilung über dem Impuls ist rechts gezeigt.

Zunächst wird ein Antiprotonenimpuls niedriger Intensität am linken Rand der Vakuumkammer eingeschossen (1). Die zugehörige Dichteverteilung im Impuls ist jeweils der rechten Skizze zu entnehmen. Durch Kühlen wird der Strahl (2) und dessen Impulsbreite komprimiert. Durch Anlegen einer Hochfrequenzspannung wird der Puls auf die rechte Seite der Kammer geschoben und Platz für einen weiteren Antiprotonenpuls geschaffen (3), der in (4) in die Kammer geschossen wird. Nach Kühlung wird auch dieser auf den bereits „deponierten“ Puls geschoben (5). Dieser Vorgang wird alle 2–3 Sekunden über einige Stunden wiederholt. Dadurch wird die longitudinale Phasenraumdichte durch Anhäufung von immer mehr Teilchen in dieselbe Impulsspanne erhöht (6). Am Ende ist die sechsdimensionale Phasenraumdichte des Stapels um einen Faktor $3 \cdot 10^8$ höher, als die des einzelnen Pulses. Der so erzeugte intensive Antiprotonenstrahl kann nun weiter beschleunigt werden und mit einem Protonenstrahl zur Kollision gebracht werden. Schon ein Jahr nach dem dadurch ermöglichten Nachweis der intermediären Vektorbosonen wurden S. van der Meer und C. Rubbia aufgrund ihrer Verdienste mit dem Nobelpreis für Physik ausgezeichnet.

Carlo Rubbia (geb. 1934) → S. 334

Nun kommen wir auf den eingangs erwähnten scheinbaren Widerspruch zwischen den Aussagen des Liouvilleschen Satzes und dem funktionierenden Verfahren der stochastischen Kühlung zurück. Während bei Gültigkeit des Liouvilleschen Satzes nur ein einziger Puls in einem Ring untergebracht werden könnte, erlaubt die stochastische Kühlung im Laufe eines Tages etwa 36 000 Pulse anzuhäufen. Die endgültige Phasenraumdichte ist um einen Faktor $3 \cdot 10^8$ höher als die eines einzelnen Pulses.

Stochastische Kühlung und Liouvillescher Satz handeln nun aber von verschiedenen Dingen. Erstere geht von einem Ensemble endlich vieler *diskreter* Teilchen aus, während der Liouvillesche Satz ein Phasenraumkontinuum voraussetzt (siehe div $\vec{v}$!). Ein diskretes Ensemble stellt somit nur eine modellmäßige *Näherung* dieser Voraussetzung dar, die um so besser ist, je dichter das Phasenraumvolumen besetzt ist.

Dies wird aber anhand der Kühlungsrate (sie wird in nachfolgender Aufgabe berechnet) deutlich:

$$\frac{1}{\tau} = \frac{W}{N}(2g - g^2). \tag{18.25}$$

Darin bezeichnet N die Anzahl der Teilchen im Strahl, W die Bandbreite des Systems und g einen Gewinnfaktor, der in Aufgabe 18.10 definiert wird. Wesentlich ist jedoch die Abhängigkeit der Kühlrate von der inversen Teilchenzahl, $1/N$, des Strahls. Im Grenzfall

$$\lim_{N \to \infty} \frac{1}{\tau} = 0$$

ist keine Kühlung mehr möglich, wie wir es erwarten würden.

Es sei noch bemerkt, daß die gleiche Einschränkung in der Anwendung des Liouvilleschen Satzes auch grundsätzlich in der Thermodynamik gilt (siehe Band

---

CARLO RUBBIA

Rubbia, Carlo, geb. 31.3.1934 in Goriza. Seine Ausbildung als Physiker erhielt er in Pisa an der Scuola Normale, einer altehrwürdigen Hochschule. Hier promovierte er 1958, arbeitete dann jeweils für ein Jahr als Forschungsstipendiat an der New Yorker Columbia-Universität und als Assistenzprofessor in Rom, 1960 kam er als Hochenergiephysiker zum CERN nach Genf. Seit 1972 hat er auch eine Professur an der Harvard-Universität in Cambridge (USA). Rubbia ließ sich in Genf von der Theorie der vereinheitlichten Schwachen und Elektromagnetischen Wechselwirkung anregen, die von A. Salam, S. Glashow und S. Weinberg entwickelt worden war (Physik-Nobelpreis 1979).
Schon 1976 hatte Rubbia dem CERN vorgeschlagen, den neuen 450 GeV-SPS Beschleuniger für den Zweck der Protonen-Antiprotonen Stoß-Experimente umzubauen. Damit erhielten die Forscher Kollisionsenergien von 540 GeV, die zur Erzeugung der (bis dahin nur vermuteten) W- und Z-Bosonen ausreichten. Maßgebend für den Erfolg des Projektes war nicht nur Rubbia, sondern auch S. van der Meer, der entscheidend zur Gewinnung scharf gebündelter Antiprotonen-Pulsströme beitrug. Beide erhielten 1984 den Nobelpreis für Physik.

9 dieser Vorlesungsreihe), allerdings ist die Näherung um 12 Größenordnungen ($10^{12} \to 10^{24}$) besser erfüllt!

Viel wichtiger ist jedoch, daß der Liouvillesche Satz unter der Voraussetzung gilt, daß die Teilchen den Hamiltonschen Gleichungen, mit einer gegebenen Hamilton-Funktion H, genügen. In diesem Sinne muß das System von Teilchen abgeschlossen sein. Genau das wird aber durch das Ablesen der Teilchenposition (Ort, Impuls-Pick up) und die entsprechende Korrektur (Kicker, siehe Abbildung 4) verletzt. Das ist ein gezielter Eingriff von außen, der nicht durch eine Hamilton-Funktion beschreibbar ist. Daher braucht der Liouvillesche Satz nicht zu gelten; ja er darf gar nicht gelten!

Kühlung eines Teilchenstrahls

Aufgabe 18.6

a) Berechnen Sie für einen Strahl aus N Teilchen die Kühlrate pro Sekunde.
b) Wann tritt maximale Kühlung ein?
c) Berechnen Sie die Kühlzeit für einen Strahl aus $N = 10^{12}$ Teilchen. Die Bandbreite des Systems sei $W = 500\,\text{MHz}$ und $g = 1$.

Lösung:

a) Zunächst betrachten wir den Fall, daß Pick up und Kicker so schnell sind, daß sie jedes Teilchen einzeln erfassen (siehe Abbildung 7). Die Auslenkung dieses Teilchens von der Strahlachse sei x_k. Nach dem Durchlaufen von $\lambda/4$ (λ ist die Wellenlänge der x-Schwingung) wird der Abstand im Kicker elektromagnetisch korrigiert. Die Korrektur sei

$$\Delta x_k = g x_k. \tag{1}$$

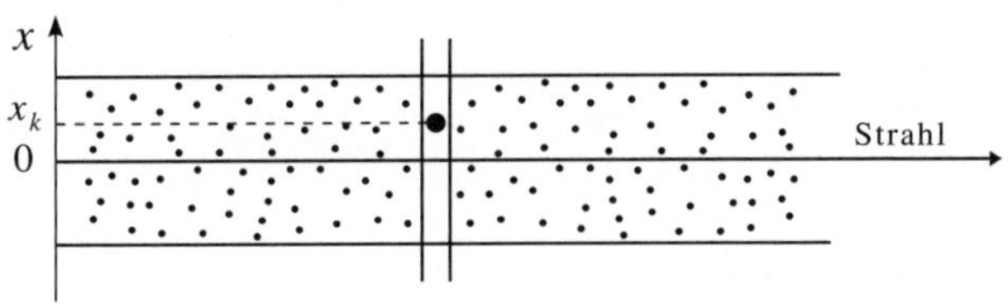

Abbildung 7: Im Idealfall wird von dem Pick-up *ein* Teilchen erfaßt.

Der korrigierte Abstand x_k des Teilchens von der Strahlachse ist somit durch

$$x'_k = x_k - \Delta x_k = (1-g)x_k \tag{2}$$

gegeben (Abbildung 8). Mit $g = 1$ wäre ideale Kühlung erreicht. Im Realfall tritt im Pick-up allerdings ein Rauschen auf, das von weiteren $N_s - 1$ Teilchen herrührt, die im Zeitintervall T_s den Pick-up passieren (vgl. Abbildung 9). Der Pick-up mißt also nicht nur die Ortsauslenkung x_k des k-ten Teilchens von der Strahlachse ($x = 0$), sondern auch die der zusätzlichen $N_s - 1$ um das k-te Teilchen befindlichen Teilchen. Die registrierte Ortsauslenkung ist also der *Mittelwert* aller N_s erfaßten Teilchen (des k-ten und der $N_s - 1$ um das k-te Teilchen befindlichen):

$$\vec{e}_x x_k = \frac{1}{N_s}\sum_{j=1}^{N_s} x_j. \tag{3}$$

♦ Aufgabe 18.6

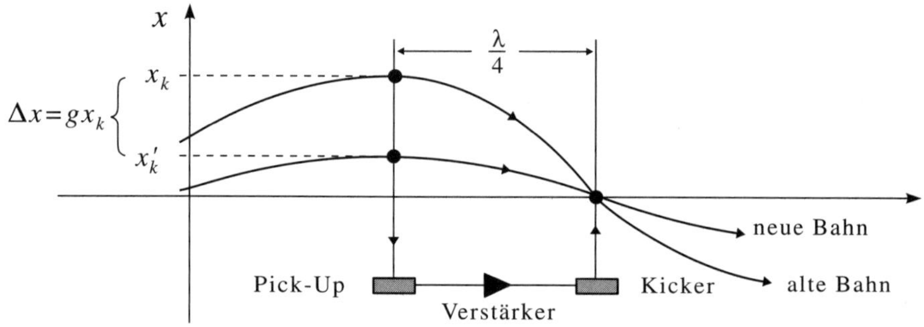

Abbildung 8: Ein Einzelteilchen wird vom „Pick-up" erfaßt und dessen Impuls nach einer $\lambda/4$ Wellenlänge am „Kicker" korrigiert. Die neue Bahn führt nach einem Umlauf zur korrigierten Ortsauslenkung x'_k.

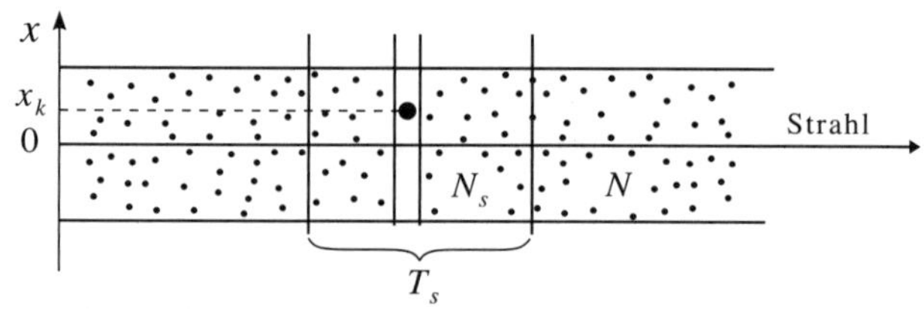

Abbildung 9: Im Realfall werden vom Pick-up mehrere (N_s) Teilchen erfaßt, die zu einem Rauschen führen.

Der Übersichtlichkeit halber wollen wir in der Summe auf der rechten Seite das k-te Teilchen kennzeichnen, z. B. sei die Numerierung so gewählt, daß $j = 1$ gerade das betrachtete k-te Teilchen bezeichne. Außerdem soll klar sein, daß die übrigen $N_s - 1$ Teilchen sich in der Nähe des k-ten Teilchens befinden, wenn sie den Pick-up passieren. Wir schreiben also den Index k an die jeweilige Ortsauslenkung x_j dazu:

$$\vec{e}_x x_k = \frac{1}{N_s}\left\{x_{1,k} + \sum_{j=2}^{N_s} x_{j,k}\right\}, \tag{4}$$

wobei $x_{1,k} \equiv x_k$ und $x_{j,k} \neq x_k$ für $2 \leq j \leq N_s$.

Die Korrektur für das k-te Teilchen schreibt sich nun

$$x'_k = x_k - g\vec{e}_x x_k. \tag{5}$$

Dies bedeutet, daß *nicht* „gekickt" wird, wenn sich die Probe von N_s Teilchen im *Mittel* schon auf der Strahlachse befindet:

$$x'_k = x_k, \qquad \text{falls} \qquad \vec{e}_x x_k = 0. \tag{6}$$

Oder, mit anderen Worten, der Kicker wird nicht betätigt, falls sich der *Schwerpunkt*

$$S_k = \frac{1}{mN_s}\sum_{j=1}^{N_s} m x_{j,k} = \frac{1}{N_s}\sum_{j=1}^{N_s} x_{j,k} \equiv \vec{e}_x x_k \tag{7}$$

der im Pick-up befindlichen Probe schon auf der Strahlachse befindet (die Teilchen haben alle die gleiche Masse m).

Bei realen Messungen im Pick up wird dies natürlich i. allg. nicht erfüllt sein, die Wahrscheinlichkeit, daß der Schwerpunkt der N_s statistisch im Strahl verteilten Teilchen gerade mit der Strahlachse zusammenfällt, ist äußerst gering. Im Realfall wird daher stets „gekickt".

Wir sind nun daran interessiert, wie sich der *Mittelwert* der Ortsauslenkung *aller* N im Strahl befindlichen Teilchen durch den Mechanismus der stochastischen Kühlung verändern wird.

Dieser Mittelwert ist

$$E(x_k) = \frac{1}{N}\sum_{k=1}^{N} x_k \tag{8}$$

und wird zur Unterscheidung von dem in Gleichung (3) definierten Mittelwert bezüglich der Probe von N_s Teilchen, $\vec{e}_x x_k$, mit $E(x_k)$ („Erwartungswert") bezeichnet. Es ist aber klar, daß der Mittelwert der Orte *aller* Teilchen gerade die *Strahlachse* definiert. Da wir die Strahlachse in den Ursprung des Koordinatensystems legen, $x = 0$, muß also gelten, daß der Mittelwert der *Ortsauslenkung aller* Teilchen von der Strahlachse gerade verschwindet:

$$E(x_k) \equiv 0. \tag{9}$$

Das gilt zu allen Zeiten, unabhängig vom Mechanismus der stochastischen Kühlung. Der Mittelwert $E(x_k)$ ist also keine geeignete Größe, die Wirkungsweise der stochastischen Kühlung zu untersuchen. Es ist anschaulich klar, daß die *mittlere quadratische* Ortsauslenkung $E(x_k^2)$ dazu viel geeigneter ist. Wir wollen also die *Änderung* von $E(x_k^2)$ durch den stochastischen Kühlmechanismus studieren. Zunächst betrachten wir die mittlere quadratische Ortsauslenkung x_k^2 für das k-te Teilchen und quadrieren dazu Gleichung (5):

$$x_k'^2 = x_k^2 - 2g x_k \vec{e}_x x_k + g^2 \vec{e}_x x_k^2. \tag{10}$$

Die Änderung von x_k^2 beim einmaligen Durchlaufen des Kickers ist also durch

$$\Delta(x_k^2) := x_k'^2 - x_k^2 = -2g x_k \vec{e}_x x_k + g^2 \vec{e}_x x_k^2 \tag{11}$$

gegeben. Da pro Umlauf einmal gekickt wird, ist dies gleichzeitig die Änderung von x_k^2 *pro Umlauf*. Im Mittel über alle Teilchen erhält man

$$\begin{aligned} E(\Delta(x_k^2)) &\equiv E(x_k'^2 - x_k^2) = E(x_k'^2) - E(x_k^2) \\ &\equiv \Delta(E(x_k^2)) = -2gE(x_k \vec{e}_x x_k) + g^2 E(\vec{e}_x x_k{}^2). \end{aligned} \tag{12}$$

Das zweite Gleichheitszeichen in der ersten Zeile folgt aufgrund der Additivität des Erwartungswertes $E(.)$, vgl. Gleichung (8).

Um die Änderung des Erwartungswertes der mittleren quadratischen Ortsauslenkung pro Umlauf, $\Delta(E(x_k^2))$, zu berechnen, müssen die Erwartungswerte $E(x_k \vec{e}_x x_k)$, $E(\vec{e}_x x_k{}^2)$ durch $E(x_k^2)$ ausgedrückt werden. Man erhält dann $\Delta(E(x_k^2))$ als Funktion von $E(x_k^2)$ bzw. eine Differentialgleichung für $E(x_k^2)$, deren Lösung die Berechnung der gewünschten Größen erlaubt.

Zur Auswertung von $E(x_k \vec{e}_x x_k)$ schreiben wir mit Gleichung (4)

$$\begin{aligned} E(x_k \vec{e}_x x_k) &= \frac{1}{N}\sum_{k=1}^{N} x_k \frac{1}{N_s}\left\{x_{1,k} + \sum_{j=2}^{N_s} x_{j,k}\right\} \\ &= \frac{1}{N_s}\left\{\frac{1}{N}\sum_{k=1}^{N} x_k^2 + \frac{1}{N}\sum_{k=1}^{N}\sum_{j=2}^{N_s} x_{1,k}x_{j,k}\right\} \end{aligned} \tag{13}$$

♦ Aufgabe 18.6

Im ersten Term haben wir $x_{1,k} \equiv x_k$ und im zweiten $x_k \equiv x_{1,k}$ benutzt.

Wir überlegen nun, daß zwei *unterschiedliche* Teilchen im Strahl *nicht* korreliert sein können (die Teilchen sollen statistisch im Strahl verteilt sein!). Das heißt, auch wenn sie sich in *derselben* Probe von N_s Teilchen um das k-te Teilchen befinden, muß für ihre Ortsauslenkungen $x_{i,k}$ und $x_{j,k}$, $i \neq j$, im Mittel gelten:

$$E(x_{i,k}x_{j,k}) = \frac{1}{N}\sum_{k=1}^{N} x_{i,k}x_{j,k} = 0, \quad \text{für } i \neq j. \tag{14}$$

Falls also $i = 1$ und $2 \leq j \leq N_s$ ist, so gilt

$$E(x_{1,k}x_{j,k}) = \frac{1}{N}\sum_{k=1}^{N} x_{1,k}x_{j,k} \equiv 0. \tag{15}$$

Dies benutzen wir jetzt im zweiten Term von Gleichung (13), der damit verschwindet. Der erste kann mit der Definition von $E(.)$ sofort umgeschrieben werden, und wir erhalten

$$E(x_k\vec{e}_x x_k) = \frac{1}{N_s}E(x_k^2). \tag{16}$$

Ferner gilt

$$\begin{aligned} E(\vec{e}_x {x_k}^2) &= \frac{1}{N}\sum_{k=1}^{N}\frac{1}{N_s^2}\sum_{i,\,j=1}^{N_s} x_{i,k}x_{j,k} \\ &= \frac{1}{N}\sum_{k=1}^{N}\frac{1}{N_s^2}\left\{\sum_{i=1}^{N_s} x_{i,k}^2 + \sum_{\substack{i,\,j=1\\ i\neq j}}^{N_s} x_{i,k}x_{j,k}\right\}. \end{aligned} \tag{17}$$

Im zweiten Term benutzen wir Gleichung (14), der daraufhin wieder verschwindet. Im ersten Term mitteln wir zunächst mit Hilfe der Summe über alle Teilchen,

$$\frac{1}{N}\sum_{k=1}^{N}\frac{1}{N_s^2}\sum_{i=1}^{N_s} x_{i,k}^2 = \frac{1}{N_s^2}\sum_{i=1}^{N_s} E(x_{i,k}^2). \tag{18}$$

Die mittlere quadratische Ortsauslenkung $E(x_{i,k}^2)$ kann aber nicht davon abhängen, um welches Teilchen i der Probe der N_s Teilchen es sich handelt, $E(x_{i,k}^2) \equiv E(x_k^2)$. Die Summe über i liefert also nur den zusätzlichen Faktor N_s, und wir erhalten

$$E(\vec{e}_x {x_k}^2) \equiv \frac{1}{N_s}E(x_k^2). \tag{19}$$

Gleichung (12) schreibt sich also mit (16) und (19)

$$\Delta(E(x_k^2)) = -\frac{2g - g^2}{N_s}E(x_k^2) \tag{20}$$

für die Änderung der mittleren quadratischen Ortsauslenkung pro Umlauf. Pro „differentiellen Umlauf" $\mathrm{d}n$ erhalten wir die „differentielle" Änderung $\mathrm{d}E(x_k^2)$ zu

$$\frac{\mathrm{d}E(x_k^2)}{\mathrm{d}n} = -\frac{2g - g^2}{N_s}E(x_k^2). \tag{21}$$

Diese Differentialgleichung wird von der Funktion

$$E(x_k^2) = C\mathrm{e}^{-n\frac{2g-g^2}{N_s}} \tag{22}$$

gelöst. Für die *Wurzel der mittleren quadratischen Ortsauslenkung* $x_{rms} := \sqrt{E(x_k^2)}$ („*rms*" steht für „**r**oot **m**ean **s**quare")

erhalten wir

$$x_{rms} = \sqrt{C}\,\mathrm{e}^{-n\frac{2g-g^2}{2N_s}}. \tag{23}$$

x_{rms} ist auf den e-ten Teil seines ursprünglichen Wertes nach

$$n_0 = \frac{2N_s}{2g-g^2} \tag{24}$$

Umläufen abgesunken. Da jeder Umlauf die Zeitdauer T in Anspruch nimmt, dauert es also die Zeit

$$\tau = n_0 T = \frac{2N_s T}{2g-g^2}, \tag{25}$$

bis x_{rms} auf den e-ten Teil seines ursprünglichen Wertes abgesunken ist. Da von N Teilchen, die in der Zeit T umlaufen, N_s Teilchen in der Zeit T_s erfaßt werden, gilt bei gleichmäßiger Strahldichte:

$$N_s = N\frac{T_s}{T} \tag{26}$$

und damit

$$\tau = \frac{2NT_s}{2g-g^2}. \tag{27}$$

Mit der Bandbreite $W = 1/2T_s$ (Nyquist-Theorem, siehe dazu z. B. W. Martiensen, Einführung in die Physik 4) oder

$$T_s = \frac{1}{2\omega} \tag{28}$$

folgt schließlich für die *Kühlrate*

$$\frac{1}{\tau} = \frac{W}{N}(2g-g^2). \tag{29}$$

b) Aus der Diskussion von Gleichung (29) folgt sofort, daß die Kühlrate für $g = 1$ maximiert ist. Für $g > 2$ werden die Teilchen aufgeheizt.

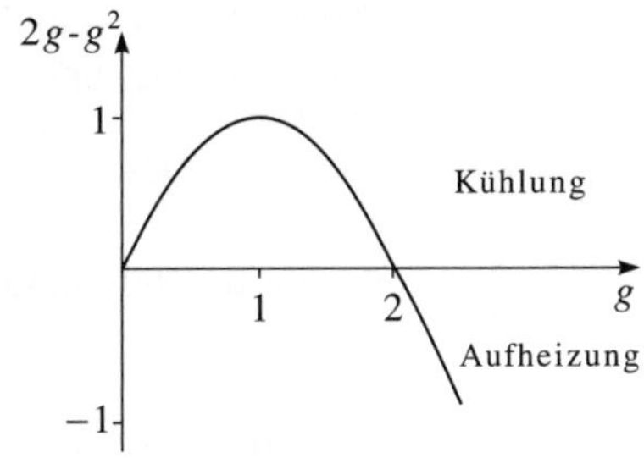

Verlauf der Kühlrate.

c) Mit den in der Aufgabe angegebenen Zahlenwerten folgt für die Kühlrate

$$\frac{1}{\tau} = \frac{500\,\mathrm{MHz}}{10^{12}}\cdot 1 = 5\cdot 10^{-4}\frac{1}{\mathrm{s}}, \tag{30}$$

und damit

$$\tau = 2\cdot 10^3\,\mathrm{s} \approx \frac{1}{2}h. \tag{31}$$

Aufgabe 18.6

19 Kanonische Transformationen

Ist eine Hamilton-Funktion $H = H(q_i, p_i, t)$ gegeben, so erhalten wir die Bewegung des Systems durch Integration der Hamilton-Gleichungen:

$$\dot{p}_i = -\frac{\partial H}{\partial q_i} \qquad \text{und} \qquad \dot{q}_i = \frac{\partial H}{\partial p_i}. \tag{19.1}$$

Für den Fall einer zyklischen Koordinate gilt, wie wir wissen,

$$\frac{\partial H}{\partial q_i} = 0, \qquad \text{d. h.} \qquad \dot{p}_i = 0.$$

Der entsprechende Impuls ist also konstant: $p_i = \beta_i = \text{const.}$

Es hängt im allgemeinen von den gewählten Koordinaten ab, in denen wir ein Problem beschreiben, ob zyklische Koordinaten in H enthalten sind. Dieses sehen wir sofort an folgendem Beispiel: Wird die Kreisbewegung in einem Zentralfeld in kartesischen Koordinaten beschrieben, dann ist keine Koordinate zyklisch. Benutzen wir jedoch Polarkoordinaten (ϱ, φ), so ist die Winkelkoordinate zyklisch (Drehimpulserhaltung).

Ein mechanisches Problem würde sich also sehr vereinfachen, wenn wir eine Koordinatentransformation von dem Satz p_i, q_i auf einen neuen Satz von Koordinaten P_i, Q_i mit

$$Q_i = Q_i(p_i, q_i, t), \qquad P_i = P_i(p_i, q_i, t) \tag{19.2}$$

finden könnten, bei dem sämtliche Koordinaten Q_i für das Problem zyklisch wären. Dann sind alle Impulse konstant, $P_i = \beta_i$, und die neue Hamilton-Funktion $\mathcal{H}$ ist nur noch eine Funktion der konstanten Impulse P_i, also $\mathcal{H} = \mathcal{H}(P_i)$. Es gilt dann

$$\dot{Q}_i = \frac{\partial \mathcal{H}(P_i)}{\partial P_i} = \omega_i = \text{const}, \qquad \dot{P}_i = -\frac{\partial \mathcal{H}(P_i)}{\partial Q_i} = 0,$$

woraus durch Integration nach der Zeit folgt:

$$Q_i = \omega_i t + \omega_0, \qquad P_i = \beta_i = \text{const.}$$

Wir haben hier vorausgesetzt, daß für die neuen Koordinaten (P_i, Q_i) wieder die Hamiltonschen (kanonischen) Gleichungen gelten mit einer neuen Hamilton-Funktion $\mathcal{H}(P_i, Q_i, t)$. Das ist eine essentielle Forderung an eine Koordinatentransformation der Form (19.2), damit diese *kanonisch* wird.

So wie p_i der kanonische Impuls zu q_i ($p_i = \partial L/\partial \dot{q}_i$) ist, soll P_i der kanonische Impuls zu Q_i sein. Ein Paar (q_i, p_i) heißt *kanonisch konjugiert*, wenn die Hamiltonschen Gleichungen für q_i und p_i gelten. Die Transformation von einem Paar kanonisch konjugierter Koordinaten auf ein anderes heißt *kanonische Transformation*. Es gilt dann

$$\dot{Q}_i = \frac{\partial \mathcal{H}}{\partial P_i}, \qquad \dot{P}_i = -\frac{\partial \mathcal{H}}{\partial Q_i}. \tag{19.3}$$

Daß wir darauf hinaus sind, alle Q_i zyklisch zu machen, sei vorläufig noch nicht verlangt. Diesen Fall betrachten wir später (Kapitel 20).

In den neuen Koordinaten muß natürlich auch das Hamilton-Prinzip erfüllt sein. Es gilt also sowohl

$$\delta \int L(q_i, \dot{q}_i, t)\,\mathrm{d}t = 0$$

als auch

$$\delta \int \mathcal{L}(Q_i, \dot{Q}_i, t)\,\mathrm{d}t = 0.$$

Somit verschwindet auch die Differenz

$$\delta \int (L - \mathcal{L})\,\mathrm{d}t = 0.$$

Umgekehrt folgt aus dieser Gleichung

$$\delta \int \mathcal{L}\,\mathrm{d}t = \delta \int L\,\mathrm{d}t = 0, \tag{19.4}$$

wobei nach Voraussetzung $\delta \int L\,\mathrm{d}t = 0$ ist.

Wir schließen nun weiter: Die Gleichung $\delta \int (L - \mathcal{L})\,\mathrm{d}t = 0$ wird dann erfüllt, wenn sich die alte und die neue Lagrange-Funktion nur um ein totales Differential unterscheiden:

$$L - \mathcal{L} = \frac{\mathrm{d}F}{\mathrm{d}t}, \qquad \text{wegen} \qquad \delta \int_1^2 \frac{\mathrm{d}F}{\mathrm{d}t}\,\mathrm{d}t = \delta(F(2) - F(1)) = 0,$$

denn die Variation einer Konstanten ist Null. Hierbei vermittelt – wie wir sehen werden – die Funktion F die Transformation (p_i, q_i) nach (P_i, Q_i). F wird deshalb auch *Erzeugende* genannt.

Im allgemeinen Fall wird F eine Funktion der alten sowie der neuen Koordinaten sein; mit der Zeit t enthält sie $4n + 1$ Koordinaten:

$$F = F(p_i, q_i, P_i, Q_i, t).$$

Da aber gleichzeitig $2n$ Transformationsgleichungen

$$Q_i = Q_i(p_i, q_i, t), \qquad P_i = P_i(p_i, q_i, t) \tag{19.5}$$

bestehen, *enthält F also nur $2n + 1$ unabhängige Variable.* In F müssen sowohl Koordinaten aus dem alten Koordinatensatz p_i (oder q_i) und dem neuen P_i (oder Q_i) enthalten sein, um eine Beziehung zwischen den Systemen herstellen zu können. Es bieten sich also *vier Möglichkeiten einer Erzeugenden* an:

$$\begin{aligned} F_1 &= F(q_i, Q_i, t), \qquad & F_2 &= F(q_i, P_i, t), \\ F_3 &= F(p_i, Q_i, t), \qquad & F_4 &= F(p_i, P_i\, t). \end{aligned} \tag{19.6}$$

Jede dieser Funktionen hat $2n + 1$ unabhängige Variablen. Man wird die Abhängigkeit je nach Problem zweckmäßig auszuwählen haben. Zunächst ist noch nicht klar ersichtlich, wie diese erzeugenden Funktionen F_i Transformationen der Form (19.5) implizieren. Wir wollen dies erläutern und als Beispiel F_1 betrachten.

Wegen

$$L = \mathcal{L} + \frac{\mathrm{d}F}{\mathrm{d}t} \qquad \text{und} \qquad L = \sum p_i \dot{q}_i - H \tag{19.7}$$

gilt:

$$\sum p_i \dot{q}_i - H = \sum P_i \dot{Q}_i - \mathcal{H} + \frac{\mathrm{d}F}{\mathrm{d}t}. \tag{19.8}$$

Benutzen wir $F_1 = F(q_i, Q_i, t)$, so folgt daraus für die totale Ableitung von F_1

$$\frac{\mathrm{d}F_1}{\mathrm{d}t} = \sum \frac{\partial F_1}{\partial q_i}\dot{q}_i + \sum \frac{\partial F_1}{\partial Q_i}\dot{Q}_i + \frac{\partial F_1}{\partial t}. \tag{19.9}$$

Wir setzen das Ergebnis in Gleichung (19.8) ein. Das ergibt

$$\sum p_i \dot{q}_i - \sum P_i \dot{Q}_i - H + \mathcal{H} = \sum \frac{\partial F_1}{\partial q_i}\dot{q}_i + \sum \frac{\partial F_1}{\partial Q_i}\dot{Q}_i + \frac{\partial F_1}{\partial t}.$$

Durch Koeffizientenvergleich erhalten wir

$$\begin{aligned} p_i &= \frac{\partial F_1}{\partial q_i}(q_j, Q_j, t), \\ P_i &= -\frac{\partial F_1}{\partial Q_i}(q_j, Q_j, t), \\ \mathcal{H} &= H + \frac{\partial F_1}{\partial t}(q_j, Q_j, t). \end{aligned} \tag{19.10}$$

Da es für das nächste Kapitel wichtig sein wird, leiten wir gleich die Transformationsgleichungen für eine Erzeugende vom Typ F_2 ab:

$$F_2 = F_2(q_i, P_i, t).$$

Zur Herleitung wollen wir einen Koeffizientenvergleich wie bei F_1 verwenden; deshalb fordern wir, F_2 setze sich folgendermaßen zusammen:

$$F_2(q_i, P_i, t) = \sum_i P_i Q_i + F_1(q_i, Q_i, t), \tag{19.11}$$

womit wir das Problem analog zu F_1 betrachten können. Das ist zunächst nicht ohne weiteres offensichtlich, wird aber im folgenden klar werden. Die Q_i denken wir uns über die zweite der Gleichungen (19.10), also über

$$P_i = -\frac{\partial F_1(q_j, Q_j, t)}{\partial Q_i}$$

durch P_i und q_i ausgedrückt. Es gilt nach Gleichung (19.8):

$$\begin{aligned} \sum_i p_i \dot{q}_i - H &= \sum_i P_i \dot{Q}_i - \mathcal{H} + \frac{\mathrm{d}}{\mathrm{d}t} F_1 \\ &= \sum_i P_i \dot{Q}_i - \mathcal{H} + \frac{\mathrm{d}}{\mathrm{d}t}\left(F_2(q_i, P_i, t) - \sum_i P_i Q_i\right). \end{aligned}$$

Daraus folgt:

$$\begin{aligned}\sum_i p_i\dot{q}_i - \sum_i P_i\dot{Q}_i - H + \mathcal{H} &= \frac{\mathrm{d}}{\mathrm{d}t}\left(F_2(q_i,P_i,t) - \sum_i P_iQ_i\right)\\ &= \sum_i \frac{\partial F_2}{\partial q_i}\dot{q}_i + \sum_i \frac{\partial F_2}{\partial P_i}\dot{P}_i + \frac{\partial F_2}{\partial t}\\ &\quad - \sum_i \dot{P}_iQ_i - \sum_i P_i\dot{Q}_i\\ \sum_i p_i\dot{q}_i + \sum_i \dot{P}_iQ_i - H + \mathcal{H} &= \sum_i \frac{\partial F_2}{\partial q_i}\dot{q}_i + \sum_i \frac{\partial F_2}{\partial P_i}\dot{P}_i + \frac{\partial F_2}{\partial t}.\end{aligned}$$

Der Koeffizientenvergleich ergibt nun die Gleichungen:

$$\begin{aligned} p_i &= \frac{\partial F_2(q_j,P_j,t)}{\partial q_i}, \qquad Q_i = \frac{\partial F_2(q_j,P_j,t)}{\partial P_i},\\ \mathcal{H}(P_i,Q_i,t) &= H(p_i,q_i,t) + \frac{\partial F_2(q_i,P_i,t)}{\partial t}. \end{aligned} \tag{19.12}$$

Die ersten beiden Beziehungen erlauben die Bestimmung der Transformationsgleichungen $Q_i = Q_i(p_i,q_i,t)$, $P_i = P_i(p_i,q_i,t)$ und ihre Umkehrungen $q_i = q_i(Q_i,P_i,t)$, $p_i = p_i(Q_i,P_i,t)$, die, in die Gleichung (19.12) rechts eingesetzt, die neue Hamilton-Funktion $\mathcal{H} = \mathcal{H}(P_i,Q_i,t)$ liefern. Die Transformationsgleichungen für die anderen Typen der Erzeugenden ergeben sich analog durch Wahl einer geeigneten Summe, mit deren Hilfe man auf die beiden ersten Probleme zurückgreift. Aus den Gleichungen (19.10) bzw. (19.12) erhalten wir nun die Abhängigkeit der neuen Koordinaten (P_i, Q_i) von den alten (p_i, q_i) und umgekehrt. Für den Fall F_1 folgen nämlich aus

$$p_i = \frac{\partial F_1(q_j,Q_j,t)}{\partial q_i}$$

die Gleichungen $p_i = p_i(q_j,Q_j)$, die nach den Q_i aufgelöst werden können:

$$Q_i = Q_i(p_j,q_j).$$

Das Einsetzen in die Gleichungen

$$P_i = -\frac{\partial F_1(q_j,Q_j,t)}{\partial Q_i}$$

gibt dann die Möglichkeit, die

$$P_i = P_i(p_j,q_j)$$

zu berechnen. Wir verstehen jetzt den Namen *„Erzeugende Funktion“* für F: Über Gleichungen vom Typ (19.10) oder (19.12) bestimmt die Funktion F die kanonische Transformation

$$Q_i = Q_i(p_j,q_j,t), \qquad P_i = P_i(p_j,q_j,t).$$

Durch weitere Legendre-Transformationen können wir analog zu (19.11) die Erzeugenden $F_3(p_j, Q_j, t)$ und $F_4(p_j, P_j, t)$ einführen. Mit der Legendre-Transformation

$$F_3(p_j, Q_j, t) = F_1(q_j, Q_j, t) - \sum_i q_i p_i \tag{19.13}$$

erhalten wir in gleicher Weise die kanonischen Transformationsregeln

$$q_i = -\frac{\partial F_3(p_j, Q_j, t)}{\partial p_i}, \quad P_i = -\frac{\partial F_3(p_j, Q_j, t)}{\partial Q_i}, \quad \mathcal{H} = H + \frac{\partial F_3(p_j, Q_j, t)}{\partial t}.$$

Mit

$$F_4(p_j, P_j, t) = F_3(p_j, Q_j, t) + \sum_i Q_i P_i \tag{19.14}$$

ergeben sich analog die Regeln

$$q_i = -\frac{\partial F_4(p_j, P_j, t)}{\partial p_i}, \quad Q_i = \frac{\partial F_4(p_j, P_j, t)}{\partial P_i}, \quad \mathcal{H} = H + \frac{\partial F_4(p_j, P_j, t)}{\partial t}.$$

Über die Berechnung der zweiten Ableitungen der Erzeugenden $F_{1,2,3,4}$ ergeben sich dann die folgenden Beziehungen zwischen alten und neuen Koordinaten unter einer *kanonischen* Transformation

$$\begin{aligned}
\frac{\partial Q_i}{\partial q_k} &= \frac{\partial^2 F_2}{\partial q_k \partial P_i} = \frac{\partial p_k}{\partial P_i}, & \frac{\partial Q_i}{\partial p_k} &= \frac{\partial^2 F_4}{\partial p_k \partial P_i} = -\frac{\partial q_k}{\partial P_i}, \\
\frac{\partial P_i}{\partial q_k} &= -\frac{\partial^2 F_1}{\partial q_k \partial Q_i} = -\frac{\partial p_k}{\partial Q_i}, & \frac{\partial P_i}{\partial p_k} &= -\frac{\partial^2 F_3}{\partial p_k \partial Q_i} = \frac{\partial q_k}{\partial Q_i}.
\end{aligned} \tag{19.15}$$

Genau durch diese wechselseitigen Beziehungen zwischen alten und neuen Koordinaten unterscheidet sich eine *kanonische* von einer *allgemeinen* Koordinatentransformation (19.2), bei der die Gln. (19.15) nicht gelten müssen.

Es sei noch bemerkt, daß die Hamilton-Funktionen $H(q_j, p_j, t)$ und $\mathcal{H}(Q_j, P_j, t)$ nicht nur als alternative Beschreibungen *eines* Systems in verschiedenen Koordinatendarstellungen aufgefaßt werden können. Eine weitere Bedeutung erhalten die kanonischen Transformationen für den Fall, daß H und $\mathcal{H}$ *unterschiedliche* physikalische Systeme beschreiben, deren Korrelation durch die kanonische Transformation definiert wird. Auf diese Weise ist es bisweilen möglich, die Lösung der Bewegungsgleichung eines *gegebenen* Systems zu bestimmen, indem wir sie als *kanonisch transformierte Lösung* eines anderen, leichter zu lösenden oder bereits gelösten Systems, darstellen. In den Beispielen 19.4 und 21.6 werden wir den *gedämpften*, sowie den *zeitabhängigen* harmonischen Oszillator jeweils in den *gewöhnlichen* harmonischen Oszillator von Beispiel 19.3 kanonisch transformieren, und somit ebenfalls lösen.

Beispiel einer kanonischen Transformation

Beispiel 19.1

Die Erzeugende sei gegeben durch:

$$F_1(q_j, Q_j) = \sum_i q_i Q_i.$$

Dann folgen nach den Gleichungen (19.10) als Transformationsregeln für dieses F_1:

$$p_i = \frac{\partial F_1}{\partial q_i} = Q_i, \qquad P_i = -\frac{\partial F_1}{\partial Q_i} = -q_i, \qquad \mathcal{H}(P_j, Q_j) = H(q_j, p_j).$$

Das Beispiel zeigt, daß beim Hamilton-Formalismus Impuls- und Ortskoordinate völlig gleichwertige Rollen spielen.

Beispiel 19.1

Punkttransformationen

Beispiel 19.2

Eine kanonische Transformation des Typs F_2 kann die Form besitzen

$$F_2(q_j, P_j, t) = \sum_i P_i f_i(q_j, t),$$

mit beliebigen Funktionen $f_i(q_j, t)$. Die Transformationsregeln (19.12) lautet dann für dieses F_2:

$$Q_i = f_i(q_j, t), \qquad p_i = \sum_k P_k \frac{\partial f_k}{\partial q_i}, \qquad \mathcal{H}(Q_j, P_j, t) = H(q_j, p_j, t) + \sum_i P_i \frac{\partial f_i}{\partial t}.$$

Die neuen „Orts"-Koordinaten Q_i gehen also aus der Gesamtheit der alten q_j hervor, ohne Beteiligung der Impulse. Transformationen dieses Typs werden auch als *Punkttransformationen* bezeichnet; sie sind offenbar immer kanonisch.

Der Spezialfall $f_i(q_j, t) = q_i$ definiert dann die *identische* Transformation

$$Q_i = q_i, \qquad p_i = \sum_k P_k \delta_{ki} = P_i, \qquad \mathcal{H}(Q_j, P_j, t) = H(q_j, p_j, t).$$

Beispiel 19.2

Der harmonische Oszillator

Beispiel 19.3

Die kinetische Energie $T(p)$ und die potentielle Energie $V(q)$ eines Systems sei gegeben durch:

$$T(p) = \frac{p^2}{2m}, \qquad V(q) = \frac{1}{2}kq^2 = \frac{1}{2}m\omega^2 q^2, \qquad \omega^2 = \frac{k}{m}, \quad m, k, \omega = \text{const.},$$

wobei m die Masse des Teilchens bezeichnet, k die charakteristische Konstante des Oszillators, sowie ω dessen charakteristische Frequenz. Die Hamilton-Funktion dieses Systems ist dann:

$$H(q, p) = \frac{p^2}{2m} + \frac{1}{2}m\omega^2 q^2. \tag{1}$$

Die kanonischen Gleichungen und die Bewegungsgleichung ergeben sich zu:

$$\dot{q}(t) = \frac{\partial H}{\partial p} = \frac{p(t)}{m}, \qquad -\dot{p}(t) = \frac{\partial H}{\partial q} = q(t)\, m\omega^2, \qquad \ddot{q} + \omega^2 q = 0. \tag{2}$$

Anstatt diese Bewegungsgleichung nun direkt zu integrieren, wählen wir als Lösungsmethode den „Umweg" über eine kanonische Transformation. Als anzustrebende transformierte

♦ Beispiel 19.3

Hamilton-Funktion $\mathcal{H}$, deren kanonische Gleichungen *leichter* zu lösen sind als die Gln. (2), legen wir fest:

$$\mathcal{H}(P) = \omega P. \tag{3}$$

Eine einfache Transformation $(H;\, q, p) \mapsto (\mathcal{H};\, P, Q)$, die diese Abbildung darstellt, ist offensichtlich

$$q = \sqrt{\frac{2P}{m\omega}}\,\sin Q, \qquad p = \sqrt{2m\omega P}\,\cos Q, \qquad \mathcal{H} = H. \tag{4}$$

Wir sehen, daß der neue Impuls P die Dimension einer *Wirkung* besitzt, während die neue Ortskoordinate Q die dimensionslose Bedeutung eines *Winkels* hat. Um nun zu prüfen ob diese Transformation *kanonisch* ist, d. h., ob die Hamilton-Funktion (3) in anderen Koordinaten dasselbe physikalische System beschreibt wie (1), müssen wir eine Erzeugende finden, aus der sich die Regeln (4) ableiten lassen. Wir versuchen es mit einer Erzeugenden der Form $F_1(q, Q, t)$. Hierzu bringen wir die Transformationsregeln (4) zunächst in diejenige funktionale Form, die der Erzeugenden entspricht, d. h. für die Erzeugende $F_1(q, Q, t)$ in die Form $p = p(q, Q, t)$ und $P = P(q, Q, t)$:

$$p = m\omega q\,\cot Q, \qquad P = \frac{1}{2} m\omega q^2 \frac{1}{\sin^2 Q}, \qquad \mathcal{H} = H. \tag{5}$$

Für diese speziellen Transformationsregeln müssen wir nun gemäß den allgemeinen Regeln (19.10) eine Funktion $F_1(q, Q, t)$ finden, so daß

$$\frac{\partial F_1}{\partial q} = m\omega q\,\cot Q, \qquad \frac{\partial F_1}{\partial Q} = -\frac{1}{2} m\omega q^2 \frac{1}{\sin^2 Q}, \qquad \frac{\partial F_1}{\partial t} = 0.$$

Eine solche Funktion ist offenbar gegeben durch

$$F_1(q, Q) = \frac{1}{2} m\omega\, q^2 \cot Q.$$

Unser Transformationsansatz (4) definiert also in der Tat eine *kanonische* Transformation. Wir können dies auch daran erkennen, daß die Regeln (5) die entsprechende Symmetriebedingung aus den Gln. (19.15) erfüllt

$$\frac{\partial P}{\partial q} = \frac{m\omega q}{\sin^2 Q} = -\frac{\partial p}{\partial Q}.$$

Erst durch den Nachweis der „Kanonizität“ der Transformation (4) ist gewährleistet, daß das transformierte System (3) wieder ein Hamilton-System darstellt, welches physikalisch äquivalent zu unserem ursprünglichen System (1) ist. Die kanonischen Gleichungen des transformierten Systems (3)

$$\dot{Q}(t) = \frac{\partial \mathcal{H}}{\partial P} = \omega, \qquad \dot{P}(t) = -\frac{\partial \mathcal{H}}{\partial Q} = 0$$

beschreiben somit dasselbe physikalische System wie die kanonischen Gleichungen (2) der ursprünglichen Hamilton-Funktion (1). Da $\mathcal{H}$ nicht von Q abhängt, finden wir, daß die neue kanonische Ortskoordinate Q nunmehr eine *zyklische* Koordinate ist, und der hierzu konjugierte kanonische Impuls P somit eine Erhaltungsgröße sein muß. Die kanonischen Gleichungen für $\dot{Q}(t)$ und $\dot{P}(t)$ können direkt integriert werden:

$$Q(t) = \omega t + Q(0), \qquad P(t) = P(0).$$

Das System ist hiermit auf einfachste Weise vollständig gelöst. Durch Einsetzen der Lösungen $Q(t)$ und $P(t)$ in die Transformationsregeln (4) erhalten wir die Lösungen in den ursprünglichen Koordinaten $q(t)$ und $p(t)$:

$$q(t) = \sqrt{\frac{2P(0)}{m\omega}}\,\sin(\omega t + Q(0)), \qquad p(t) = \sqrt{2m\omega P(0)}\,\cos(\omega t + Q(0)).$$

Die trigonometrischen Funktionen können wir noch mit Hilfe der Additionstheoreme zerlegen und die entstehenden Terme $\sin Q(0)$ und $\cos Q(0)$ gemäß den Gln. (4) durch die Anfangsbedingungen $q(0)$ und $p(0)$ des ursprünglichen Systems ausdrücken:

$$q(t) = q(0)\cos\omega t + \frac{p(0)}{m\omega}\sin\omega t, \qquad p(t) = -q(0)\,m\omega\sin\omega t + p(0)\cos\omega t.$$

Wie erwartet erhalten wir die Lösung des harmonischen Oszillators in der Form, wie wir sie auch durch direkte Integration der kanonischen Gleichungen (2) erhalten hätten.

An dieser Stelle wird man *zu Recht* einwenden, daß der Aufwand zur Lösung der kanonischen Gleichungen (2) mit der Methode der kanonischen Transformation *größer* ist, als der Aufwand einer direkten Lösung – daß man also buchstäblich mit *Kanonen auf Spatzen* geschossen hat. Dies ist aber nur der Einfachheit des gewählten Beispiels geschuldet – an ihm sollte nur das *Prinzip* der Lösungsmethode durch kanonische Transformation erläutert werden. Schon beim nächsten Beispiel 19.4 sind die Verhältnissen anders: die Methode der kanonischen Transformation des gegebenen Systems auf ein einfacheres System verringert insgesamt den Aufwand zur Lösung der Bewegungsgleichung. Der Grund hierfür ist, daß ein Teil des Aufwands zur Lösung des gegebenen Problems in die Aufgabe verschoben wird, die geeignete *Erzeugende* zu finden. Hat man einmal diese Erzeugende gefunden, so kann der Aufwand der kanonischen Vor- und Rücktransformation der Variablen, sowie die Lösung des transformierten Systems durchaus geringer sein, als eine direkte Lösung. Besonders deutlich wird dies im Beispiel 21.6, in welchem der *zeitabhängige* gedämpfte harmonische Oszillator behandelt werden wird. In diesem Fall wäre es nämlich sehr aufwendig, die Bewegungsgleichung auf analytische Weise direkt zu integrieren, während die Lösung durch kanonische Transformation keine großen Schwierigkeiten bereitet.

Beispiel 19.3 ▲

Der gedämpfte harmonische Oszillator

Beispiel 19.4 ▼

Die Hamilton-Funktion des gedämpften harmonischen Oszillators ist explizit zeitabhängig:

$$H(q,p,t) = \frac{p^2}{2m}\,e^{-2\gamma t} + \frac{1}{2}m\omega^2\,e^{2\gamma t}q^2, \tag{1}$$

mit den Abkürzungen $2\gamma = \beta/m$ und $\omega^2 = k/m$. Hierin stehen wie bisher m für die Masse des bewegten Objekts, β für den Reibungskoeffizienten und k für die Federkonstante. Die kanonischen Gleichungen sind dann:

$$\dot{q}(t) = \frac{\partial H}{\partial p} = \frac{p(t)}{m}\,e^{-2\gamma t}, \qquad -\dot{p}(t) = \frac{\partial H}{\partial q} = q(t)\,m\omega^2\,e^{2\gamma t}.$$

Aus der linken Gleichung ersehen wir, daß der *kanonische Impuls* $p(t)$ für $\gamma \neq 0$ nicht mehr mit dem *kinetischen Impuls* $p_{\text{kin}}(t) = m\dot{q}(t)$ übereinstimmt:

$$p(t) = m\dot{q}(t)\,e^{2\gamma t} = p_{\text{kin}}(t)\,e^{2\gamma t}.$$

♦ Beispiel 19.4

Wir können die beiden Gleichungen erster Ordnung auch zu einer Gleichung zweiter Ordnung für $q(t)$ zusammenfassen und erhalten so die Bewegungsgleichung des gedämpften harmonischen Oszillators in der gewohnten Form

$$\ddot{q} + 2\gamma\dot{q} + \omega^2 q = 0. \tag{2}$$

Anstatt diese Gleichung nun durch einen geeigneten Ansatz *direkt* zu lösen (siehe hierzu Kap. 23 des Bandes „Klassische Mechanik I"), werden wir nun die Hamilton-Funktion (1) durch eine kanonische Transformation zunächst in die eines *ungedämpften* harmonischen Oszillators überführen. Die Lösung der kanonischen Gleichungen der *transformierten Hamilton-Funktion* ist dann einfacher als die direkte Lösung der ursprünglichen. Im vorliegenden Fall legen wir als Erzeugende F_2 fest:

$$F_2(q,P,t) = e^{\gamma t}\, qP - \frac{1}{2} m\gamma\, e^{2\gamma t} q^2 .$$

Die hieraus nach den Gln. (19.12) folgenden Transformationsregeln sind dann:

$$\begin{aligned}
p &= \frac{\partial F_2}{\partial q} &&= e^{\gamma t} P - m\gamma\, e^{2\gamma t} q \\
Q &= \frac{\partial F_2}{\partial P} &&= e^{\gamma t} q \\
\mathcal{H} - H &= \frac{\partial F_2}{\partial t} &&= \gamma e^{\gamma t} qP - m\gamma^2 e^{2\gamma t} q^2 = \gamma QP - m\gamma^2 Q^2 .
\end{aligned}$$

Da die neue Ortskoordinate Q nur von der alten Ortskoordinate q abhängt, handelt es sich hier – nach der in Beispiel 19.2 eingeführten Bezeichnung – um eine *Punkttransformation*. Darüberhinaus ist der Zusammenhang der Koordinaten offensichtlich *linear*. Auflösen dieser Transformationsregeln nach den alten Koordinaten ergibt in Matrix-Schreibweise:

$$\begin{pmatrix} q \\ p \end{pmatrix} = \begin{pmatrix} e^{-\gamma t} & 0 \\ -m\gamma e^{\gamma t} & e^{\gamma t} \end{pmatrix} \begin{pmatrix} Q \\ P \end{pmatrix} . \tag{3}$$

Nach der Regel für die Transformation der Hamilton-Funktion von Gln. (19.12) können wir nun die neue Hamilton-Funktion $\mathcal{H}(Q,P,t)$ aufstellen, indem wir die alte Hamilton-Funktion $H(q,p,t)$ gemäß den Transformationsregeln (3) in den neuen Koordinaten Q,P ausdrücken und $\partial F_2/\partial t$ hinzuaddieren:

$$\begin{aligned}
\mathcal{H} &= \frac{1}{2} m^{-1} e^{-2\gamma t} \left(-m\gamma\, e^{\gamma t} Q + e^{\gamma t} P\right)^2 + \frac{1}{2} m\omega^2 e^{2\gamma t} e^{-2\gamma t} Q^2 + \gamma QP - m\gamma^2 Q^2 \\
&= \frac{1}{2} m^{-1} (P - m\gamma Q)^2 + \frac{1}{2} m\omega^2 Q^2 + \gamma QP - m\gamma^2 Q^2 .
\end{aligned}$$

Die transformierte Hamilton-Funktion $\mathcal{H}$ ergibt sich somit als die nicht mehr explizit zeitabhängige Funktion

$$\mathcal{H}(Q,P) = \frac{P^2}{2m} + \frac{1}{2} m\tilde{\omega}^2 Q^2 , \qquad \tilde{\omega}^2 = \omega^2 - \gamma^2 .$$

Dies ist aber nichts anderes als die Hamilton-Funktion eines *ungedämpften* harmonischen Oszillators mit der Kreisfrequenz $\tilde{\omega} = \sqrt{\omega^2 - \gamma^2}$. Dessen Lösung ist aus Beispiel 19.3 schon bekannt:

$$\begin{pmatrix} Q(t) \\ P(t) \end{pmatrix} = \begin{pmatrix} \cos\tilde{\omega}t & m^{-1}\tilde{\omega}^{-1} \sin\tilde{\omega}t \\ -m\tilde{\omega} \sin\tilde{\omega}t & \cos\tilde{\omega}t \end{pmatrix} \begin{pmatrix} Q(0) \\ P(0) \end{pmatrix} . \tag{4}$$

Die Lösungsfunktionen $q(t)$ und $p(t)$ des *gedämpften* harmonischen Oszillators folgt somit als das *Produkt* der Lösung (4) mit der Transformation (3)

$$\begin{pmatrix} q(t) \\ p(t) \end{pmatrix} = \begin{pmatrix} e^{-\gamma t} & 0 \\ -m\gamma e^{\gamma t} & e^{\gamma t} \end{pmatrix} \begin{pmatrix} \cos\tilde{\omega}t & m^{-1}\tilde{\omega}^{-1}\sin\tilde{\omega}t \\ -m\tilde{\omega}\sin\tilde{\omega}t & \cos\tilde{\omega}t \end{pmatrix} \begin{pmatrix} 1 & 0 \\ m\gamma & 1 \end{pmatrix} \begin{pmatrix} q(0) \\ p(0) \end{pmatrix}.$$

Auf der rechten Seite haben wir zudem die Anfangsbedingungen $Q(0), P(0)$ des transformierten Systems durch die des ursprünglichen $q(0), p(0)$ ausgedrückt. Gemäß der zu (3) inversen Transformation für den Zeitpunkt $t = 0$ folgt nämlich $Q(0) = q(0)$ und $P(0) = m\gamma q(0) + p(0)$. Alle drei Matrizen haben offensichtlich die Determinante Eins. Die zusammengesetzte lineare Abbildung $(q(0), p(0)) \mapsto (q(t), p(t))$ ist somit flächentreu, in Übereinstimmung mit der Forderung des Liouvilleschen Satzes.

In dieser Form sehen wir deutlich, daß die Lösungmethode mittels kanonischer Transformation aus den am Ende von Beispiel 19.3 skizzierten *drei* Schritten besteht. Wir können die Lösung des gedämpften harmonischen Oszillators (2) durch Ausmultiplizieren der den drei Schritten zugeordneten Matrizen zusammenfassen:

$$\begin{pmatrix} q(t) \\ p(t) \end{pmatrix} = R(t) \begin{pmatrix} q(0) \\ p(0) \end{pmatrix},$$

mit

$$R(t) = \begin{pmatrix} e^{-\gamma t}\left[\cos\tilde{\omega}t + \gamma\tilde{\omega}^{-1}\sin\tilde{\omega}t\right] & e^{-\gamma t}m^{-1}\tilde{\omega}^{-1}\sin\tilde{\omega}t \\ -e^{\gamma t}m\,\omega^2\tilde{\omega}^{-1}\sin\tilde{\omega}t & e^{\gamma t}\left[\cos\tilde{\omega}t - \gamma\tilde{\omega}^{-1}\sin\tilde{\omega}t\right] \end{pmatrix},$$

$$\tilde{\omega}^2 = \omega^2 - \gamma^2.$$

Wir haben somit ein Beispiel dafür vorliegen, daß die Lösung der Bewegungsgleichung eines gegebenen Systems erleichtert werden kann, indem wir sie als kanonisch transformierte Lösung eines anderen, leichter zu lösenden Systems, darstellen. Voraussetzung hierfür ist aber, daß wir bereits eine *geeignete Erzeugende* gefunden haben.

Beispiel 19.4 ▲

Infinitesimaler Zeitschritt

▼ Beispiel 19.5

Wir betrachten die spezielle kanonische Transformation, die durch die Erzeugende

$$F_2(q_j, P_j, t) = \sum_i q_i P_i + H(q_j, p_j, t)\,\delta t \tag{1}$$

definiert wird, wobei H für eine beliebige Hamilton-Funktion steht, und δt für ein infinitesimales Intervall entlang der Zeitachse. Die allgemeinen Transformationsregeln für Erzeugende des Typs F_2 von Gl. (19.12) werden nun auf (1) angewendet:

$$p_i = \frac{\partial F_2}{\partial q_i} = P_i + \frac{\partial H}{\partial q_i}\delta t = P_i - \frac{\mathrm{d}p_i}{\mathrm{d}t}\delta t,$$

$$Q_i = \frac{\partial F_2}{\partial P_i} = q_i + \frac{\partial H}{\partial P_i}\delta t \overset{\text{1. Ordn. in } \delta t}{=} q_i + \frac{\partial H}{\partial p_i}\delta t = q_i + \frac{\mathrm{d}q_i}{\mathrm{d}t}\delta t,$$

$$\mathcal{H} = H + \frac{\partial F_2}{\partial t} = H + \frac{\partial H}{\partial t}\delta t = H + \frac{\mathrm{d}H}{\mathrm{d}t}\delta t.$$

Im jeweils letzten Schritt dieser drei Gleichungen wurden die kanonischen Gleichungen (19.1) eingesetzt. Nach den transformierten Größen aufgelöst heißt das:

$$\begin{aligned} P_i &= p_i + \dot{p}_i\,\delta t, \\ Q_i &= q_i + \dot{q}_i\,\delta t, \\ \mathcal{H} &= H + \dot{H}\,\delta t. \end{aligned}$$

Wir sehen somit, daß die durch die Hamilton-Funktion H bestimmte Erzeugende (1) genau diejenige kanonische Transformation definiert, die das gegebene System um einen infinitesimalen Zeitschritt δt vorantreibt. Da wir eine kanonische Transformation dieser Art natürlich beliebig oft hintereinander ausführen dürfen, können wir schließen, daß auch die Transformation über *endliche* Zeitschritte eine *kanonische* ist. Wir erhalten somit das wichtige Ergebnis, daß die *zeitliche Entwicklung* eines Hamilton-Systems seinerseits eine kanonische Transformation darstellt. Wie oben festgestellt, sind kanonische Transformationen genau dadurch ausgezeichnet, daß sie Hamilton-Systeme in Hamilton-Systeme überführen. Somit ist gewährleistet, daß jedes Hamilton-System im Verlauf seiner zeitlichen Entwicklung ein Hamilton-System bleibt.

▲ Beispiel 19.5

Die allgemeinste Form des Liouvilleschen Satzes

▼ Beispiel 19.6

Auf Grundlage der kanonischen Transformationstheorie kann der Liouvillesche Satz folgendermaßen formuliert werden: die Volumenform $\mathrm{d}V = \mathrm{d}q_1 \ldots \mathrm{d}q_n\, \mathrm{d}p_1 \ldots \mathrm{d}p_n$ eines Hamilton-Systems mit n Freiheitsgraden ist invariant gegenüber kanonischen Transformationen, d. h.

$$\mathrm{d}Q_1 \ldots \mathrm{d}Q_n\, \mathrm{d}P_1 \ldots \mathrm{d}P_n \overset{\text{kan. Transf.}}{=} \mathrm{d}q_1 \ldots \mathrm{d}q_n\, \mathrm{d}p_1 \ldots \mathrm{d}p_n .$$

Für *allgemeine* Koordinatentransformationen bestimmt sich die Transformation der Volumenform $\mathrm{d}V$ bekanntermaßen durch die zugehörige *Funktionaldeterminante* D:

$$\begin{aligned} \mathrm{d}Q_1 \ldots \mathrm{d}Q_n\, \mathrm{d}P_1 \ldots \mathrm{d}P_n &= D\, \mathrm{d}q_1 \ldots \mathrm{d}q_n\, \mathrm{d}p_1 \ldots \mathrm{d}p_n, \\ D &= \frac{\partial(Q_1, \ldots, Q_n, P_1, \ldots, P_n)}{\partial(q_1, \ldots, q_n, p_1, \ldots, p_n)}. \end{aligned}$$

Der Liouvillesche Satz stellt somit fest, daß die Funktionaldeterminante D für den Fall einer *kanonischen* Transformation immer den Wert Eins besitzt. Der Übersichtlichkeit wegen beweisen wir den Liouvilleschen Satz zunächst für den Fall $n = 1$. Als Funktionaldeterminante D eines Systems mit einem Freiheitsgrad haben wir beim Übergang von alten zu neuen Koordinaten $Q = Q(q, p)$, $P = P(q, p)$:

$$D = \frac{\partial(Q, P)}{\partial(q, p)} = \frac{\partial Q}{\partial q}\frac{\partial P}{\partial p} - \frac{\partial Q}{\partial p}\frac{\partial P}{\partial q}.$$

Gemäß dem allgemeinen Satz für die partiellen Ableitungen der *Umkehrfunktionen* $q = q(Q, P)$, $p = p(Q, P)$ gilt die spezielle Regel

$$\frac{\partial p}{\partial P} = \frac{1}{D}\frac{\partial Q}{\partial q},$$

so daß die Funktionaldeterminante D der Koordinatentransformation ausgedrückt werden kann als

$$D = \frac{\partial Q}{\partial q}\left[\frac{\partial p}{\partial P}\right]^{-1}. \tag{1}$$

Ist unsere Transformation nun *kanonisch*, so können die Transformationsregeln gemäß (19.12) aus einer Erzeugenden $F_2(q, P, t)$ abgeleitet werden:

$$Q = \frac{\partial F_2}{\partial P}, \qquad p = \frac{\partial F_2}{\partial q}.$$

Somit gilt für die Funktionaldeterminante D, wenn wir Q und p einsetzen:

$$D = \frac{\partial^2 F_2}{\partial q \partial P}\left[\frac{\partial^2 F_2}{\partial P \partial q}\right]^{-1} = 1,$$

aufgrund der Vertauschbarkeit der partiellen Ableitungen.

Der Beweis für den allgemeinen Fall eines Systems mit n Freiheitsgraden läuft analog. Die oben definierte Funktionaldeterminante D ist die einer quadratischen Matrix mit *gerader Anzahl* von Zeilen (Spalten). Ist die Transformation durch $Q_i = Q_i(q_j, p_j)$ für Orte und die *inverse* Form für die Impulse $p_i = p_i(Q_j, P_j)$ definiert, so hat die Funktionaldeterminante D die Darstellung

$$D = \frac{\partial(Q_1, \ldots, Q_n)}{\partial(q_1, \ldots, q_n)}\left[\frac{\partial(p_1, \ldots, p_n)}{\partial(P_1, \ldots, P_n)}\right]^{-1}, \tag{2}$$

in Verallgemeinerung der Beziehung (1). Folgen die Transformationsregeln gemäß (19.12) aus einer Erzeugenden $F_2(q_j, P_j, t)$, so ist die Transformation kanonisch. Einsetzen von Q_i und p_i ergibt dann:

$$D = \left|\left(\frac{\partial^2 F_2}{\partial q_j \partial P_i}\right)\right|\left|\left(\frac{\partial^2 F_2}{\partial P_j \partial q_i}\right)\right|^{-1} = 1,$$

aufgrund der Vertauschbarkeit der partiellen Ableitungen und der Tatsache, daß zueinander transponierte Matrizen die gleiche Determinante besitzen. Wir bemerken noch, daß die hier jeweils verwendete Erzeugende F_2 keineswegs ausgezeichnet ist. Die Funktionaldeterminante D hat die zu (2) äquivalenten Darstellungen

$$\begin{aligned}
D &= (-1)^n \frac{\partial(P_1, \ldots, P_n)}{\partial(q_1, \ldots, q_n)}\left[\frac{\partial(p_1, \ldots, p_n)}{\partial(Q_1, \ldots, Q_n)}\right]^{-1} \\
&= \frac{\partial(P_1, \ldots, P_n)}{\partial(p_1, \ldots, p_n)}\left[\frac{\partial(q_1, \ldots, q_n)}{\partial(Q_1, \ldots, Q_n)}\right]^{-1} \\
&= (-1)^n \frac{\partial(Q_1, \ldots, Q_n)}{\partial(p_1, \ldots, p_n)}\left[\frac{\partial(q_1, \ldots, q_n)}{\partial(P_1, \ldots, P_n)}\right]^{-1},
\end{aligned}$$

wenn die Transformation durch die gemischten Darstellungen $P_i = P_i(q_j, p_j)$, $p_i = p_i(Q_j, P_j)$ bzw. $P_i = P_i(q_j, p_j)$, $q_i = q_i(Q_j, P_j)$ oder $Q_i = Q_i(q_j, p_j)$, $q_i = q_i(Q_j, P_j)$ definiert ist. Das Ergebnis $D = 1$ für eine kanonische Transformation erhält man dann in gleicher Weise durch Einsetzen der aus den Erzeugenden F_1, F_3, bzw. F_4 folgenden Transformationsregeln.

Nach dem Ergebnis des Beispiels 19.5 kann auch die zeitliche Entwicklung eines Hamilton-Systems als eine kanonische Transformation aufgefaßt werden. Zusammengenommen ergibt dies die spezielle Aussage des Liouvilleschen Satzes aus Kap. 18, daß die Volumenform dV eines Hamilton-Systems im Verlauf seiner zeitlichen Entwicklung invariant bleibt.

Beispiel 19.6 ▲

Die kanonische Invarianz der Poisson-Klammern

Beispiel 19.7

S. D. Poisson (1781–1840) → unten

Für ein Hamilton-System $H(q_j, p_j, t)$ von n Freiheitsgraden und für zwei differenzierbare Funktionen $F(q_j, p_j, t)$ und $G(q_j, p_j, t)$ der kanonischen Variablen und der Zeit t, ist die *Poisson-Klammer* von F und G wie folgt definiert:

$$[F, G] = \sum_{i=1}^{n} \left(\frac{\partial F}{\partial q_i} \frac{\partial G}{\partial p_i} - \frac{\partial F}{\partial p_i} \frac{\partial G}{\partial q_i} \right). \tag{1}$$

Einen wichtigen Sonderfall erhält man, indem die Poisson-Klammern der kanonischen Variablen q_i und p_i gebildet werden. Da diese Variablen nach Voraussetzung unabhängig voneinander sind, ergibt sich sofort

$$[q_i, q_j] = 0, \qquad [p_i, p_j] = 0, \qquad [q_i, p_j] = \delta_{ij}. \tag{2}$$

Wir wollen uns zunächst davon überzeugen, daß die gleichen Regeln auch für kanonisch transformierte Koordinaten Q_i und P_i gelten, die *fundamentalen* Poisson-Klammern (2) somit kanonisch invariant sind. Unter Verwendung der Beziehungen (19.15) erhalten wir:

$$\begin{aligned}
[Q_i, Q_j] &= \sum_{k=1}^{n} \left[\frac{\partial Q_i}{\partial q_k} \frac{\partial Q_j}{\partial p_k} - \frac{\partial Q_i}{\partial p_k} \frac{\partial Q_j}{\partial q_k} \right] = \sum_{k=1}^{n} \left[\frac{\partial p_k}{\partial P_i} \frac{\partial Q_j}{\partial p_k} + \frac{\partial q_k}{\partial P_i} \frac{\partial Q_j}{\partial q_k} \right] \\
&= \frac{\partial Q_j}{\partial P_i} = 0, \\
[P_i, P_j] &= \sum_{k=1}^{n} \left[\frac{\partial P_i}{\partial q_k} \frac{\partial P_j}{\partial p_k} - \frac{\partial P_i}{\partial p_k} \frac{\partial P_j}{\partial q_k} \right] = \sum_{k=1}^{n} \left[-\frac{\partial p_k}{\partial Q_i} \frac{\partial P_j}{\partial p_k} - \frac{\partial q_k}{\partial Q_i} \frac{\partial P_j}{\partial q_k} \right] \\
&= -\frac{\partial P_j}{\partial Q_i} = 0, \\
[Q_i, P_j] &= \sum_{k=1}^{n} \left[\frac{\partial Q_i}{\partial q_k} \frac{\partial P_j}{\partial p_k} - \frac{\partial Q_i}{\partial p_k} \frac{\partial P_j}{\partial q_k} \right] = \sum_{k=1}^{n} \left[\frac{\partial p_k}{\partial P_i} \frac{\partial P_j}{\partial p_k} + \frac{\partial q_k}{\partial P_i} \frac{\partial P_j}{\partial q_k} \right] \\
&= \frac{\partial P_j}{\partial P_i} = \delta_{ij}.
\end{aligned} \tag{3}$$

Siméon Denis Poisson

Poisson, Siméon Denis, französischer Mathematiker und Physiker, geb. 21.6.1781 in Pithiviers, Frankreich, gest. 25.4.1840 in Paris (Frankreich). – Poisson stammte aus einfachen Verhältnissen – sein Vater war Soldat –, doch wurde seine ungewöhnliche Begabung von seiner Familie und seinen Lehrern früh gefördert, so daß er 1798 ein Studium an der École Polytechnique in Paris aufnehmen konnte. Dort erkannten Laplace und Lagrange rasch seine mathematischen Fähigkeiten. Poisson wurde Assistenzprofessor und 1806 Professor an der École Polytechnique, wo er sich mit viel Energie der Lehre und der Verbesserung der Ausbildung der Studenten widmete.

In seiner Forschung beschäftigte sich Poisson zunächst mit der Theorie gewöhnlicher und partieller Differentialgleichungen, die er auf eine Vielzahl physikalischer Probleme anwendete. So entwickelte er die Himmelsmechanik von Laplace und Lagrange weiter und befasste sich mit Fragen der Schallausbreitung, der Elastizität und Elektrostatik. Später wendete er sich der Wahrscheinlichkeitsrechnung zu und erkannte das „Gesetz der großen Zahl“ als grundlegendes Konzept.

Nach ihm benannte Ideen wie die Poissonsche Gleichung der Potentialtheorie, die Poisson-Klammer, die Poissonsche Zahl der Elastizitätstheorie oder die Poisson-Verteilung der Statistik zeugen von seinem Wirken.

Wir sind nun in der Lage zu zeigen, daß auch die Poisson-Klammer zweier beliebiger Funktionen $F(q_j, p_j, t)$ und $G(q_j, p_j, t)$ kanonisch invariant ist. Da die Zeit t beiden Systemen gemeinsam ist und somit nicht transformiert wird, können wir uns auf geschachtelte Abbildung

$$\begin{aligned} F(q_j, p_j) &= F\big(q_j(Q_k, P_k), p_j(Q_k, P_k)\big), \\ G(q_j, p_j) &= G\big(q_j(Q_k, P_k), p_j(Q_k, P_k)\big) \end{aligned}$$

beschränken. Nach der Kettenregel folgt somit:

$$\begin{aligned} [F,G]_{q,p} = \sum_k \sum_i \sum_j \Bigg\{ &\left(\frac{\partial F}{\partial Q_i} \frac{\partial Q_i}{\partial q_k} + \frac{\partial F}{\partial P_i} \frac{\partial P_i}{\partial q_k} \right) \left(\frac{\partial G}{\partial Q_j} \frac{\partial Q_j}{\partial p_k} + \frac{\partial G}{\partial P_j} \frac{\partial P_j}{\partial p_k} \right) \\ &- \left(\frac{\partial F}{\partial Q_i} \frac{\partial Q_i}{\partial p_k} + \frac{\partial F}{\partial P_i} \frac{\partial P_i}{\partial p_k} \right) \left(\frac{\partial G}{\partial Q_j} \frac{\partial Q_j}{\partial q_k} + \frac{\partial G}{\partial P_j} \frac{\partial P_j}{\partial q_k} \right) \Bigg\} . \end{aligned}$$

Ausmultiplizieren und Zusammenfassen zu Poisson-Klammern der Koordinaten Q_i, P_j ergibt den äquivalenten Ausdruck:

$$\begin{aligned} [F, G]_{q,p} = \sum_i \sum_j \Bigg\{ &\frac{\partial F}{\partial Q_i} \frac{\partial G}{\partial Q_j} [Q_i, Q_j] + \frac{\partial F}{\partial P_i} \frac{\partial G}{\partial P_j} [P_i, P_j] \\ &+ \frac{\partial F}{\partial Q_i} \frac{\partial G}{\partial P_j} [Q_i, P_j] - \frac{\partial F}{\partial P_i} \frac{\partial G}{\partial Q_j} [Q_j, P_i] \Bigg\} . \end{aligned} \qquad (4)$$

Gleichung (4) gilt noch allgemein für beliebige, umkehrbare Koordinatentransformationen. Ist die Transformation aber kanonisch, so gelten zusätzlich die Gleichungen (3) für die fundamentalen Poisson-Klammern. Hiermit vereinfacht sich Gl. (4) zu

$$[F, G]_{q,p} = \sum_i \sum_j \left(\frac{\partial F}{\partial Q_i} \frac{\partial G}{\partial P_j} - \frac{\partial F}{\partial P_i} \frac{\partial G}{\partial Q_j} \right) \delta_{ij} = [F, G]_{Q,P} .$$

Die Poisson-Klammer $[F, G]$ ist somit lediglich durch die Funktionen F und G bestimmt – sofern die zugrundeliegenden Koordinatensysteme durch eine kanonische Transformation auseinander hervorgehen.

Wir werden in Aufgabe 20.6 auf Seite 383 noch einmal auf die Poisson-Klammern zurückkommen.

Beispiel 19.7 ▲

Der Poissonsche Satz

Beispiel 19.8 ▼

Eine wichtige Eigenschaft der Poisson-Klammer (1) ist, daß wir mit ihrer Hilfe aus zwei gegebenen Invarianten I_1, I_2 eines Hamilton-Systems eine weitere Invariante I_3 konstruieren können. Um dies zu zeigen, beweisen wir zunächst die folgende allgemeine Regel für die totale Zeitableitung der Poisson-Klammer

$$\frac{\mathrm{d}}{\mathrm{d}t} [F, G] = \left[\frac{\mathrm{d}F}{\mathrm{d}t}, G \right] + \left[F, \frac{\mathrm{d}G}{\mathrm{d}t} \right] .$$

Der Beweis kann durch direkte Berechnung der Zeitableitung der Definitionsgleichung (1) erfolgen:

$$\begin{aligned}\frac{\mathrm{d}}{\mathrm{d}t}[F,G] &= \sum_{i=1}^{n}\left[\frac{\partial F}{\partial q_i}\frac{\mathrm{d}}{\mathrm{d}t}\left(\frac{\partial G}{\partial p_i}\right)+\frac{\partial G}{\partial p_i}\frac{\mathrm{d}}{\mathrm{d}t}\left(\frac{\partial F}{\partial q_i}\right)\right.\\ &\qquad\left.-\frac{\partial F}{\partial p_i}\frac{\mathrm{d}}{\mathrm{d}t}\left(\frac{\partial G}{\partial q_i}\right)-\frac{\partial G}{\partial q_i}\frac{\mathrm{d}}{\mathrm{d}t}\left(\frac{\partial F}{\partial p_i}\right)\right]\\ &= \sum_{i=1}^{n}\sum_{j=1}^{n}\left[\frac{\partial F}{\partial q_i}\frac{\partial}{\partial p_i}\left(\frac{\partial G}{\partial q_j}\frac{\mathrm{d}q_j}{\mathrm{d}t}+\frac{\partial G}{\partial p_j}\frac{\mathrm{d}p_j}{\mathrm{d}t}+\frac{\partial G}{\partial t}\right)\right.\\ &\qquad-\frac{\partial G}{\partial q_i}\frac{\partial}{\partial p_i}\left(\frac{\partial F}{\partial q_j}\frac{\mathrm{d}q_j}{\mathrm{d}t}+\frac{\partial F}{\partial p_j}\frac{\mathrm{d}p_j}{\mathrm{d}t}+\frac{\partial F}{\partial t}\right)\\ &\qquad+\frac{\partial G}{\partial p_i}\frac{\partial}{\partial q_i}\left(\frac{\partial F}{\partial q_j}\frac{\mathrm{d}q_j}{\mathrm{d}t}+\frac{\partial F}{\partial p_j}\frac{\mathrm{d}p_j}{\mathrm{d}t}+\frac{\partial F}{\partial t}\right)\\ &\qquad\left.-\frac{\partial F}{\partial p_i}\frac{\partial}{\partial q_i}\left(\frac{\partial G}{\partial q_j}\frac{\mathrm{d}q_j}{\mathrm{d}t}+\frac{\partial G}{\partial p_j}\frac{\mathrm{d}p_j}{\mathrm{d}t}+\frac{\partial G}{\partial t}\right)\right]\\ &= \sum_{i=1}^{n}\left[\frac{\partial F}{\partial q_i}\frac{\partial}{\partial p_i}\left(\frac{\mathrm{d}G}{\mathrm{d}t}\right)-\frac{\partial G}{\partial q_i}\frac{\partial}{\partial p_i}\left(\frac{\mathrm{d}F}{\mathrm{d}t}\right)\right.\\ &\qquad\left.+\frac{\partial G}{\partial p_i}\frac{\partial}{\partial q_i}\left(\frac{\mathrm{d}F}{\mathrm{d}t}\right)-\frac{\partial F}{\partial p_i}\frac{\partial}{\partial q_i}\left(\frac{\mathrm{d}G}{\mathrm{d}t}\right)\right]\\ &= \left[F,\frac{\mathrm{d}G}{\mathrm{d}t}\right]+\left[\frac{\mathrm{d}F}{\mathrm{d}t},G\right].\end{aligned}$$

Sind nun sowohl $I_1 \equiv F$ als auch $I_2 \equiv G$ Invarianten der Bewegung, d. h., gilt $\mathrm{d}F/\,\mathrm{d}t \equiv 0$ und $\mathrm{d}G/\,\mathrm{d}t \equiv 0$, so folgt

$$\frac{\mathrm{d}}{\mathrm{d}t}[F,G] \equiv 0. \qquad (1)$$

Mit $I_3 \equiv [F,G]$ haben wir dann eine weitere Invariante des Systems gefunden.

Es sei noch bemerkt, daß der Poissonsche Satz in der Form von Gl. (1) nur für Invarianten F und G gilt, deren totale Zeitableitungen *identisch* verschwindenden. Im Falle, daß $\mathrm{d}F/\,\mathrm{d}t = 0$ und $\mathrm{d}G/\,\mathrm{d}t = 0$ *implizite Funktionen* darstellen, kann *nicht* geschlossen werden, daß dann auch $[\,\mathrm{d}F/\,\mathrm{d}t, G]$ und $[F,\,\mathrm{d}G/\,\mathrm{d}t]$ verschwinden. Die Bildung der Poisson-Klammer ist eben keine algebraische, sondern eine analytische Operation. In diesem Fall benötigen wir die stärkere Forderung, daß auch die partiellen Ableitungen von $\mathrm{d}F/\,\mathrm{d}t$ und $\mathrm{d}G/\,\mathrm{d}t$ nach den q_i und den p_i sämtlich verschwinden:

$$\frac{\partial}{\partial q_i}\left(\frac{\mathrm{d}F}{\mathrm{d}t}\right)=0,\quad \frac{\partial}{\partial p_i}\left(\frac{\mathrm{d}F}{\mathrm{d}t}\right)=0 \qquad\Longrightarrow\qquad \left[\frac{\mathrm{d}F}{\mathrm{d}t},G\right]=0.$$

▲ Beispiel 19.8

Invarianten des ebenen Kepler-Systems

▼ Beispiel 19.9

Die Hamilton-Funktion für ein ebenes, zeitunabhängiges Kepler-System ist gegeben durch

$$H(q_j,p_j)=\frac{1}{2}\left(p_1^2+p_1^2\right)-\frac{\mu}{r},\qquad r=\sqrt{q_1^2+q_1^2},\qquad \mu=G(m_1+m_2).$$

Beispiel 19.9 ♦

Hierin bezeichnet G die Gravitationskonstante und m_1, m_2 die Massen der beteiligten Körper. Als kanonische Gleichungen erhalten wir

$$\dot{q}_i = \frac{\partial H}{\partial p_i} = p_i, \qquad \dot{p}_i = -\frac{\partial H}{\partial q_i} = -\mu \frac{q_i}{r^3}.$$

Wie wir bereits wissen, ist der Drehimpuls $D = q_1 p_2 - q_2 p_1$ eine Invariante dieses Zentralkraftsystems. Wir bestätigen dies durch Berechnung der Zeitableitung von D und Einsetzen der kanonischen Gleichungen

$$\begin{aligned} \frac{\mathrm{d}D}{\mathrm{d}t} &= q_1 \dot{p}_2 + \dot{q}_1 p_2 - q_2 \dot{p}_1 - \dot{q}_2 p_1 \\ &= -\frac{\mu}{r^3} q_1 q_2 + p_1 p_2 + \frac{\mu}{r^3} q_2 q_1 - p_2 p_1 \\ &\equiv 0. \end{aligned}$$

Eine weitere bekannte Invariante dieses Systems wird definiert durch

$$R_1 = q_1 p_2^2 - q_2 p_1 p_2 - \mu \frac{q_1}{r}.$$

CARL DAVID TOLMÉ RUNGE

Runge, Carl David Tolmé, deutscher Mathematiker und Physiker, geb. 30.8.1856 in Bremen, gest. 3.1.1927 in Göttingen. – Runge stammte aus einer Kaufmannsfamilie und wuchs in Havanna und Bremen auf. Er nahm ein Studium der Literatur in München auf, wechselte aber rasch das Fach zu Mathematik und Physik. In München lernte er Max Planck kennen, mit dem ihn eine lebenslange Freundschaft verband. Sein Studium schloss er mit einer Dissertation zur Differentialgeometrie bei Weierstrass ab. 1886 wurde er Professor der Mathematik in Hannover, und 1904 wechselte er nach Göttingen.
Runge forschte zur numerischen Lösung von Gleichungen – das Runge-Kutta-Verfahren zur numerischen Integration von Differentialgleichungen trägt seinen Namen – und wandte sich in Hannover Fragen der Spektroskopie zu. Hierzu führte er selbst Experimente durch. Er trug wesentlich zum Verständnis der Spektralserien einer Vielzahl von Atomen bei und wendete seine Ergebnisse auf das neue Gebiet der Analyse von Sternspektren an.
In einem Lehrbuch der Vektoranalyis beschrieb Runge eine auf Gibbs zurückgehende Herleitung einer bereits wesentlich länger bekannten Erhaltungsgröße des Kepler-Problems. Auf diese Darstellung bezog sich kurz darauf Wilhelm Lenz in einer frühen quantenmechanischen Behandlung des Wasserstoffatoms, und die entsprechende Erhaltungsgröße ist heute als Runge-Lenz-Vektor bekannt.

WILHELM LENZ

Lenz, Wilhelm, deutscher Physiker, geb. 8.2.1888 in Frankfurt am Main, gest. 30.4.1957 in Hamburg. – Lenz besuchte – wie kurz vor ihm Otto Hahn – die Klinger-Oberrealschule in Frankfurt am Main und studierte ab 1906 Mathematik und Physik in Göttingen. Er promovierte 1911 bei Arnold Sommerfeld in München und wurde Sommerfelds Assistent. 1921 wurde er Professor für theoretische Physik in Hamburg. Dort zählten Pascual Jordan, Wolfgang Pauli und Hans Jensen, der 1963 für die Entwicklung des Schalenmodells der Atomkerne mit dem Physik-Nobelpreis ausgezeichnet wurde, zu seinen Studenten und Assistenten.
Lenz Arbeiten zur frühen Quantenmechanik wasserstoffartiger Atome machte den dabei wichtigen Runge-Lenz-Vektor populär, der aber bereits lange vorher bekannt war. Ein einfaches Modell zur Beschreibung ferromagnetischer Substanzen, das Lenz entwickelte und einem seiner Studenten als Dissertationsthema vorschlug, ist heute unter dem Namen des Studenten bekannt: das Ising-Modell.

Wir überzeugen uns hiervon wieder durch direkte Berechnung

$$\begin{aligned}\frac{\mathrm{d}R_1}{\mathrm{d}t} &= \dot{q}_1 p_2^2 + 2q_1 p_2 \dot{p}_2 - \dot{q}_2 p_1 p_2 - q_2 \dot{p}_1 p_2 - q_2 p_1 \dot{p}_2 \\ &\quad -\mu \frac{\dot{q}_1}{r} + \mu \frac{q_1}{r^3}(q_1\dot{q}_1 + q_2\dot{q}_2) \\ &= p_1 p_2^2 - 2\frac{\mu}{r^3} q_1 q_2 p_2 - p_1 p_2^2 + \frac{\mu}{r^3} q_1 q_2 p_2 + \frac{\mu}{r^3} q_2^2 p_1 \\ &\quad - \frac{\mu}{r^3} p_1(q_1^2 + q_2^2) + \frac{\mu}{r^3} q_1(q_1 p_1 + q_2 p_2) \\ &\equiv 0.\end{aligned}$$

Nach dem Poissonschen Satz ist dann auch $R_2 = [D, R_1]$ eine Invariante:

$$\begin{aligned}R_2 \overset{\text{Def}}{=} [D,R_1] &= \frac{\partial D}{\partial q_1}\frac{\partial R_1}{\partial p_1} - \frac{\partial D}{\partial p_1}\frac{\partial R_1}{\partial q_1} + \frac{\partial D}{\partial q_2}\frac{\partial R_1}{\partial p_2} - \frac{\partial D}{\partial p_2}\frac{\partial R_1}{\partial q_2} \\ &= -q_2 p_2^2 + q_2\left(p_2^2 - \frac{\mu}{r} + \mu\frac{q_1^2}{r^3}\right) \\ &\quad - p_1(2q_1 p_2 - q_2 p_1) + q_1\left(p_1 p_2 - \frac{\mu}{r^3} q_1 q_2\right) \\ &= q_2 p_1^2 - q_1 p_1 p_2 - \mu \frac{q_2}{r},\end{aligned}$$

C. D. T. Runge (1856–1927) → S. 355
W. Lenz (1888–1957) → S. 355

was durch direkte Berechnung von $\mathrm{d}R_2/\,\mathrm{d}t$ wieder leicht zu bestätigen ist. Die Invarianten R_1 und R_2 bilden die Komponenten des Runge-Lenz-Vektors.

▲ Beispiel 19.9

20 Hamilton-Jacobi-Theorie

Im vorigen Kapitel versuchten wir, eine Transformation auf Koordinatenpaare $(q_i, p_i = \beta_i)$ durchzuführen, bei denen die kanonischen Impulse konstant waren. Wir gehen jetzt einen Schritt weiter und suchen eine kanonische Transformation auf Koordinaten $P_i = p_{i0}$ und $Q_i = q_{i0}$, die alle konstant sind und durch die Anfangsbedingungen gegeben werden. Haben wir solche Koordinaten gefunden, so sind die Transformationsgleichungen die Lösungen des Systems in den normalen Ortskoordinaten:

$$q_i = q_i(q_{i0}, p_{i0}, t), \qquad p_i = p_i(q_{i0}, p_{i0}, t).$$

Für die Koordinaten (P_i, Q_i) gelten die Hamiltonschen Gleichungen mit der Hamilton-Funktion $\mathcal{H}(Q_i, P_i, t)$. Da die Zeitableitungen nach Definition verschwinden, gilt:

$$\dot{P}_i = 0 = -\frac{\partial \mathcal{H}}{\partial Q_i}; \qquad \dot{Q}_i = 0 = \frac{\partial \mathcal{H}}{\partial P_i}. \tag{20.1}$$

Diese Bedingungen werden sicherlich von der Funktion $\mathcal{H} \equiv 0$ erfüllt. Um die Koordinatentransformation durchführen zu können, benötigen wir eine erzeugende Funktion. Aus historischen Gründen – Jacobi wählte denselben Weg – nehmen wir von den vier möglichen Typen den Typ $F_2 \equiv S(q_i, P_i, t)$, der im vorangehenden

Kapitel 19 bereits behandelt worden ist. Er ist allgemein unter dem Namen *Hamiltonsche Wirkungsfunktion* bekannt. Es gelten dann die Gleichungen (19.12).

Wir fordern nun, daß die neue Hamilton-Funktion identisch verschwinden soll, dann gilt:

$$\frac{\partial S}{\partial t} + H\left(q_1, \ldots, q_n;\ p_1 = \frac{\partial S}{\partial q_1}, \ldots, p_n = \frac{\partial S}{\partial q_n};\ t\right) = 0. \tag{20.2}$$

Schreiben wir diese Gleichung mit den Argumenten auf, so erhalten wir:

$$\frac{\partial S(q_i, P_i = \beta_i, t)}{\partial t} + H\left(q_1, \ldots, q_n;\ \frac{\partial S}{\partial q_1}, \ldots, \frac{\partial S}{\partial q_n};\ t\right) = 0. \tag{20.3}$$

C. G. J. Jacobi (1804–1851) → unten

Dies ist die *Hamilton-Jacobische-Differentialgleichung*. In ihr bedeuten die P_i Konstanten, die, wie oben bereits gesagt, durch die Anfangsbedingungen p_{i0} festgelegt sind. Mit Hilfe dieser Differentialgleichung kann S bestimmt werden. Wir stellen fest, daß es sich bei dieser Differentialgleichung um eine *nichtlineare partielle Differentialgleichung erster Ordnung* mit $n+1$ Variablen q_i, t handelt. Sie ist nichtlinear, weil H von den Impulsen, die als Ableitungen der Wirkungsfunktion nach den Ortskoordinaten eingehen, quadratisch abhängt. Es treten nur erste Ableitungen nach den q_i und der Zeit auf.

Um die Wirkungsfunktion S zu erhalten, müssen wir nun die Differentialgleichung $n+1$ mal integrieren (jede Ableitung $\partial S/\partial q_i$, $\partial S/\partial t$ erfordert eine Integration) und erhalten somit $n+1$ Integrationskonstanten. Da aber S in der Differentialgleichung nur als Ableitung vorkommt, ist S nur bis auf eine Konstante a, d. h. $S = S' + a$, bestimmt. Das heißt, daß eine der $n+1$ Integrationskonstanten eine zu S additive Konstante sein muß. Sie ist aber für die Transformation nicht wichtig. Wir erhalten also als Lösungsfunktion

$$S = S(q_1, \ldots, q_n;\ \beta_1, \ldots, \beta_n;\ t),$$

wobei die β_i Integrationskonstanten sind. Ein Vergleich mit Gleichung (19.12) führt zu den Forderungen

$$P_i = \beta_i; \qquad Q_i = \frac{\partial S}{\partial P_i} = \frac{\partial S(q_1, \ldots, q_n;\ \beta_1, \ldots, \beta_n;\ t)}{\partial \beta_i} = \alpha_i. \tag{20.4}$$

Die β_i, α_i sind dabei aus den Anfangsbedingungen zu finden.

CARL GUSTAV JACOB JACOBI

Jacobi, Carl Gustav Jacob, geb. 18.12.1804 Potsdam als Sohn eines Bankiers, gest. 18.2.1851 Berlin. – Jacobi wurde nach dem Studium 1824 Privatdozent in Berlin und war 1827/42 als Professor in Königsberg (Kaliningrad) tätig. Nach einer ausgedehnten Italienreise, die seine angegriffene Gesundheit wieder herstellen sollte, lebte Jacobi als Akademiker in Berlin. – Jacobi ist bekannt geworden durch sein Werk „Fundamenta nova theoria functiorum ellipticarum“ (1829). Im Jahre 1832 fand Jacobi, daß hyperelliptische Funktionen durch Funktionen mehrerer Veränderlicher umgekehrt werden können. Grundlegende Beiträge lieferte Jacobi auch zur Algebra, zur Eliminationstheorie und zur Theorie partieller Differentialgleichungen, z. B. in seinen „Vorlesungen über Dynamik“ (1842/43), die 1866 veröffentlicht wurden.

Die ursprünglichen Koordinaten ergeben sich folgendermaßen aus den Transformationsgleichungen (19.12): Aus

$$\alpha_i = \frac{\partial S(q_j, \beta_j, t)}{\partial \beta_i}$$

folgen die Ortskoordinaten

$$q_i = q_i(\alpha_j, \beta_j, t).$$

Einsetzen in

$$p_i = \frac{\partial S(q_j, P_j, t)}{\partial q_i} = p_i(q_i, \beta_i, t)$$

liefert uns schließlich auch

$$p_i = p_i(\alpha_i, \beta_i, t).$$

Damit sind $q_i(\alpha_j, \beta_j, t)$ und $p_i(\alpha_j, \beta_j, t)$ als Funktion der Zeit und der Integrationskonstanten α_j, β_j bekannt. Das bedeutet schlicht die vollständige Lösung des durch die Hamilton-Funktion $H(q_i, p_i, t)$ charakterisierten Vielkörperproblems.

Wir können die Zeitabhängigkeit in S abspalten. Wenn H keine explizite Funktion der Zeit ist, stellt H die Gesamtenergie des Systems dar:

$$-\frac{\partial S}{\partial t} = H = E. \tag{20.5}$$

Daraus folgt, daß S darstellbar ist als

$$S(q_i, P_i, t) = S_0(q_i, P_i) - Et.$$

Um die Bedeutung von S zu erklären, leiten wir S total nach der Zeit ab:

$$\frac{\mathrm{d}S}{\mathrm{d}t} = \sum \frac{\partial S}{\partial q_i}\dot{q}_i + \sum \frac{\partial S}{\partial P_i}\dot{P}_i + \frac{\partial S}{\partial t}.$$

Da aber $\dot{P}_i = 0$ gilt, folgt

$$\frac{\mathrm{d}S(q_i, P_i = \beta_i, t)}{\mathrm{d}t} = \sum \frac{\partial S}{\partial q_i}\dot{q}_i + \frac{\partial S}{\partial t}.$$

Wegen

$$\frac{\partial S(q_j, P_j = \beta_j, t)}{\partial q_i} = p_i \qquad \text{und} \qquad \frac{\partial S}{\partial t} = -H$$

folgt dann weiter:

$$\frac{\mathrm{d}S(q_i, P_i(p_\alpha, q_\alpha), t)}{\mathrm{d}t} = \sum p_i\dot{q}_i - H(q_i, p_i, t) = L(q_i, p_i, t). \tag{20.6}$$

Hierbei unterliegen H und L keinen Beschränkungen; sie können insbesondere zeitabhängig sein. Dies bedeutet, daß S durch das Zeitintegral über die Lagrange-Funktion gegeben ist:

$$S = \int L\,\mathrm{d}t + \text{const.} \tag{20.7}$$

Da dieses Integral physikalisch eine Wirkung (Energie · Zeit) darstellt, ist die Bezeichnung *Wirkungsfunktion* für S naheliegend. Die Wirkungsfunktion unterscheidet sich von dem Zeitintegral über die Lagrange-Funktion höchstens um eine additive Konstante. Diese letzte Beziehung kann allerdings für eine praktische Rechnung nicht verwendet werden, denn wenn man das Problem noch nicht gelöst hat, kennt man L als Funktion der Zeit noch nicht. Außerdem hängt $L(q_i, p_i, t)$ in Gleichung (20.6) von den ursprünglichen Koordinaten q_i, p_i ab, während die S-Funktion in den Koordinaten $q_i, P_i(q_\alpha, p_\alpha)$ benötigt wird.

Gleichung (20.7) ist uns nicht unbekannt: Die Wirkungsfunktion S tauchte bei der Formulierung des Hamiltonschen Prinzips (18.7) bereits auf. Durch dieses Prinzip hat sie allgemeine Bedeutung erlangt.

Bevor wir unsere Betrachtungen noch weiter fortführen, wollen wir zunächst an einem Beispiel die Hamilton-Jacobi-Methode erläutern.

Beispiel zur Hamilton-Jacobi-Differentialgleichung

Beispiel 20.1

Wir gehen wieder vom harmonischen Oszillator aus, für den die Hamilton-Funktion gilt:

$$H = \frac{p^2}{2m} + \frac{k}{2}q^2 .$$

Die Hamiltonsche Wirkungsfunktion hat dann die Form (vgl. Gleichung (19.12) und Gleichung (20.3))

$$S = S(q, P, t) \qquad \text{und} \qquad p = \frac{\partial S}{\partial q} .$$

Daraus erhalten wir die Hamilton-Jacobi-Differentialgleichung:

$$\frac{\partial S}{\partial t} + \frac{1}{2m}\left(\frac{\partial S}{\partial q}\right)^2 + \frac{k}{2}q^2 = 0 .$$

Zur Lösung machen wir einen Separationsansatz in eine Orts- und eine Zeitvariable. Ein Produktansatz würde hier nicht zum Ziel führen, weil die Differentialgleichung nicht linear ist. Daher setzen wir eine Summe an:

$$S = S_1(t) + S_2(q) .$$

Für die partiellen Ableitungen gilt dann

$$\frac{\partial S}{\partial q} = \frac{\mathrm{d}S_2(q)}{\mathrm{d}q} ; \qquad \frac{\partial S}{\partial t} = \frac{\mathrm{d}S_1(t)}{\mathrm{d}t} .$$

Daraus folgt

$$-\dot{S}_1(t) = \frac{1}{2m}\left(\frac{\mathrm{d}S_2(q)}{\mathrm{d}q}\right)^2 + \frac{k}{2}q^2 = \beta ,$$

wobei β die Separationskonstante ist. (Die linke Seite hängt nur von der Zeit t, die rechte nur von der Koordinate q ab: Also können beide Seiten nur dann gleich sein, wenn sie gleich einer gemeinsamen Konstanten β sind.) Dann gilt für die zeitabhängige Funktion:

$$\dot{S}_1(t) = -\beta ,$$

woraus folgt:

$$S_1(t) = -\beta t.$$

Für den ortsabhängigen Teil bleibt die folgende Gleichung übrig:

$$\frac{1}{2m}\left(\frac{\mathrm{d}S_2(q)}{\mathrm{d}q}\right)^2 + \frac{k}{2}q^2 = \beta, \qquad \frac{\mathrm{d}S_2}{\mathrm{d}q} = \sqrt{2m\beta - mkq^2}.$$

Als Summe der beiden Anteile erhalten wir dann für S:

$$S(q,\beta,t) = \sqrt{mk}\int\sqrt{\frac{2\beta}{k} - q^2}\,\mathrm{d}q - \beta t.$$

Es gilt dann für die Konstante $Q \equiv \alpha$:

$$\alpha = Q = \frac{\partial S}{\partial \beta} = \frac{\sqrt{mk}}{k}\int\left(\frac{2\beta}{k} - q^2\right)^{-1/2}\mathrm{d}q - t.$$

Das Integral läßt sich leicht ausführen, und es folgt

$$Q + t = \sqrt{\frac{m}{k}}\arcsin\sqrt{\frac{k}{2\beta}}q.$$

Mit der üblichen Abkürzung $\omega^2 = k/m$ ergibt sich die Gleichung

$$q = \sqrt{\frac{2\beta}{k}}\sin\omega(t+Q) = \sqrt{\frac{2\beta}{k}}\sin(\omega t + \alpha).$$

Ein Vergleich mit der bekannten Bewegungsgleichung des harmonischen Oszillators zeigt, daß β der Gesamtenergie E entspricht und Q einer Anfangszeit t_0. Energie und Zeit sind folglich *kanonisch konjugierte Variablen.* Sowohl die Energie als auch die Zeit t_0 (die einer Anfangsphase entspricht) werden durch die Anfangsbedingungen gegeben.

▲ Beispiel 20.1

Die Separation der Hamilton-Jacobi-Gleichung stellt einen allgemeinen (oft den einzig praktikablen) Weg zur Lösung dar. Ist die Hamilton-Funktion nicht explizit zeitabhängig, so gilt

$$\frac{\mathrm{d}S}{\mathrm{d}t} + H\left(q_1,\ldots,q_n;\ \frac{\partial S}{\partial q_1},\ldots,\frac{\partial S}{\partial q_n}\right) = 0, \tag{20.8}$$

und wir können sofort die Zeit abseparieren. Wir setzen für S eine Lösung der Form

$$S = S_0(q_i, P_i) - \beta t$$

an. Die Konstante β ist dann gleich H und stellt normalerweise die Energie dar. Nach dieser Separation bleibt die Gleichung

$$H\left(q_1,\ldots,q_n;\ \frac{\partial S_0}{\partial q_1},\ldots,\frac{\partial S_0}{\partial q_n}\right) = E \tag{20.9}$$

zurück. Um eine Separation der Ortsvariablen zu erreichen, machen wir den Ansatz

$$\begin{aligned} S_0(q_1,\ldots,q_n;\ P_1,\ldots,P_n) &= \sum_i S_i(q_i,P_i) \\ &= S_1(q_1,P_1) + \cdots + S_n(q_n,P_n). \end{aligned} \tag{20.10}$$

Dies bedeutet, daß die Hamiltonsche Wirkungsfunktion in eine Summe von Teilfunktionen S_i zerfällt, die jeweils nur von *einem* Paar Variablen abhängen. Die Hamilton-Funktion wird dann

$$H\left(q_1, \ldots, q_n; \frac{\mathrm{d}S_1}{\mathrm{d}q_1}, \ldots, \frac{\mathrm{d}S_n}{\mathrm{d}q_n}\right) = E. \tag{20.11}$$

Damit diese Differentialgleichung auch in n Differentialgleichungen für die $S_i(q_i, P_i)$ separiert, muß H bestimmte Bedingungen erfüllen. Ist z. B. H von der Form

$$H(q_1, \ldots, q_n, p_1, \ldots, p_n) = H_1(q_1, p_1) + \cdots + H_n(q_n, p_n), \tag{20.12}$$

so ist die Separation gewiß möglich. Eine Hamilton-Funktion von dieser Form beschreibt ein System unabhängiger Freiheitsgrade, d. h., es gibt in (20.12) *keine* Wechselwirkungsglieder von z. B. der Form $H(q_i, p_i, q_j, p_j)$, die eine Wechselwirkung zwischen dem i-ten und dem j-ten Freiheitsgrad beschreiben.

Mit Gleichung (20.12) lautet dann Gleichung (20.11):

$$H_1\left(q_1, \frac{\partial S_1}{\partial q_1}\right) + \cdots + H_n\left(q_n, \frac{\partial S_n}{\partial q_n}\right) = E. \tag{20.13}$$

Diese Gleichung kann befriedigt werden, indem man jedes Glied H_i für sich einer Konstanten β_i gleichsetzt, also

$$H_1\left(q_1, \frac{\partial S_1}{\partial q_1}\right) = \beta_1, \ldots, \qquad H_n\left(q_n, \frac{\partial S_n}{\partial q_n}\right) = \beta_n, \tag{20.14}$$

wobei

$$\beta_1 + \beta_2 + \cdots + \beta_n = E \tag{20.15}$$

ist. Es gibt also insgesamt n Integrationskonstanten β_i.

Da in der Hamilton-Funktion im Anteil der kinetischen Energie der Impuls $p_i = \mathrm{d}S_i/\mathrm{d}q_i$ quadratisch vorkommt, sind diese Differentialgleichungen von erster Ordnung und zweiten Grades. Als Lösungen erhalten wir dann die n Wirkungsfunktionen

$$S_i = S_i(q_i, \beta_i), \tag{20.16}$$

die außer von den Separationskonstanten β_i nur von der Koordinate q_i abhängen. Daraus folgt gemäß (19.12) sofort der zu q_i kanonische Impuls $p_i = \mathrm{d}S_i/\mathrm{d}q_i$. Wesentlich ist hierbei (siehe (20.12)), daß das Koordinatenpaar (q_i, p_i) nicht mit anderen Koordinaten $(q_k, p_k,\ i \neq k)$ gekoppelt ist, sondern daß die Bewegung in diesen Koordinaten völlig unabhängig von den anderen betrachtet werden kann.

Wir beschränken uns jetzt auf *periodische Bewegungen* und definieren das *Phasenintegral*

$$J_i = \oint p_i \, \mathrm{d}q_i, \tag{20.17}$$

das jeweils über einen vollen Umlauf einer Rotation oder Schwingung zu nehmen ist. Das Phasenintegral hat die Dimension einer Wirkung (oder eines Drehimpulses). Es wird deshalb auch als *Wirkungsvariable* bezeichnet. Ersetzen wir den Impuls durch die Wirkungsfunktion

$$J_i = \oint \frac{\mathrm{d}S_i}{\mathrm{d}q_i}\,\mathrm{d}q_i, \tag{20.18}$$

so sehen wir aus Gleichung (20.16), daß J_i nur von den Konstanten β_i abhängt, weil q_i ja nur Integrationsvariable ist. Wir können deshalb von den Konstanten β_i auf die ebenfalls konstanten J_i übergehen und diese als neue kanonische Impulse verwenden. Es wird also die Transformation

$$J_i = J_i(\beta_i) \longrightarrow \beta_i = \beta_i(J_i)$$

durchgeführt. Auch die Gesamtenergie E, die ja der Hamilton-Funktion entspricht, kann gemäß (20.15) auf die J_i umgerechnet werden:

$$H = E = \sum_{i=1}^{n} \beta_i(J_i). \tag{20.19}$$

Die Hamilton-Funktion ist somit nur eine Funktion der Wirkungsvariablen, die die Rolle der Impulse spielen. Die dazugehörigen konjugierten Koordinaten sind alle zyklisch. Die zu den J_i gehörigen konjugierten Koordinaten werden *Winkelvariable* genannt und mit φ_i bezeichnet. Die erzeugende Funktion $S_i(q_i, \beta_k)$ geht mit $\beta_k(J_k)$ in $S(q_i, J_i)$ über. Die J_i sind die neuen Impulse. Daher ist (19.4) anwendbar, und es folgt für die zugehörigen neuen Koordinaten

$$\varphi_j = \frac{\partial S(q_i, J_i)}{\partial J_j}.$$

Durch die Transformation auf die Wirkungsvariablen und Winkelvariablen haben wir also eine kanonische Transformation, vermittelt durch die erzeugende Funktion

$$S_i(q_i, \beta_i) \longrightarrow S_i(\varphi_i, J_i), \tag{20.20}$$

durchgeführt. Diese Transformation von einem Satz konstanter Impulse auf einen anderen bringt im Grunde keine neuen Einsichten. Die Bedeutung für periodische Vorgänge liegt in der Winkelvariablen φ_i. Da wir nur kanonische Transformationen durchgeführt haben, gilt

$$\dot{\varphi}_i = \frac{\partial H}{\partial J_i} = \nu_i(J_i) = \text{const.} \tag{20.21}$$

Es läßt sich zeigen, daß ν_i die Frequenz der periodischen Bewegung in der Koordinate φ_i ist. Diese Beziehung bietet somit den Vorteil, daß die Frequenzen, die oft von hauptsächlichem Interesse sind, bestimmt werden können, ohne daß das gesamte Problem gelöst werden muß. Wir zeigen dies kurz am folgenden Beispiel.

Winkelvariable

Beispiel 20.2

Wir betrachten wieder den harmonischen Oszillator. Der Ausdruck für die Gesamtenergie

$$E = \frac{p^2}{2m} + \frac{kq^2}{2}$$

wird umgeformt, so daß wir die Darstellung einer Ellipse im Phasenraum erhalten:

$$\frac{p^2}{2mE} + \frac{q^2}{2E/k} = 1.$$

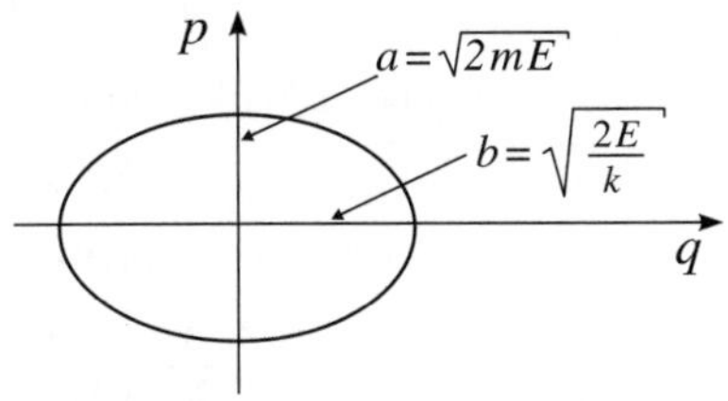

Veranschaulichung der Ellipsen im Phasenraum.

Das Phasenintegral ist nun die Fläche, die von der Ellipse im Phasenraum eingeschlossen wird:

$$J = \oint p\,\mathrm{d}q = \pi ab.$$

Die beiden Halbachsen der Ellipse sind

$$a = \sqrt{2mE} \qquad \text{und} \qquad b = \sqrt{\frac{2E}{k}}.$$

Wir erhalten somit

$$J = 2\pi E\sqrt{\frac{m}{k}} \qquad \text{oder} \qquad E = H = \frac{J}{2\pi}\sqrt{\frac{k}{m}}.$$

Die Frequenz ergibt sich daraus zu

$$\nu = \frac{\mathrm{d}H}{\mathrm{d}J} = \frac{1}{2\pi}\sqrt{\frac{k}{m}}.$$

Beispiel 20.2

Lösung des Keplerproblems mit der Hamilton-Jacobi-Methode

Aufgabe 20.1

Verwenden Sie die Hamilton-Jacobi-Methode zur Lösung des Kepler-Problems in einem Zentralkraftfeld der Form:

$$V(r) = -\frac{K}{r}$$

Lösung:

Als generalisierte Koordinaten verwenden wir ebene Polarkoordinaten (r, Θ). Die Hamilton-Funktion lautet:

$$H = \frac{1}{2m}\left(p_r^2 + \frac{p_\Theta^2}{r^2}\right) - \frac{K}{r}. \tag{1}$$

H ist zyklisch in Θ und somit $p_\Theta = \text{const} = l$. Die p_i lassen sich durch die Hamiltonsche Wirkungsfunktion S ausdrücken:

$$p_i = \frac{\partial S}{\partial q_i} \quad \Longrightarrow \quad p_r = \frac{\partial S}{\partial r}, \qquad p_\Theta = \frac{\partial S}{\partial \Theta} = \text{const} = \beta_2.$$

♦ Aufgabe 20.1

Damit erhalten wir die Hamilton-Jacobi-Differentialgleichung

$$\frac{\partial S}{\partial t} + \frac{1}{2m}\left\{\left(\frac{\partial S}{\partial r}\right)^2 + \frac{1}{r^2}\left(\frac{\partial S}{\partial \Theta}\right)^2\right\} - \frac{K}{r} = 0. \tag{2}$$

Für die Wirkungsfunktion machen wir einen Separationsansatz

$$S = S_1(r) + S_2(\Theta) + S_3(t), \tag{3}$$

den wir in (2) einsetzen:

$$\frac{1}{2m}\left\{\left(\frac{\partial S_1(r)}{\partial r}\right)^2 + \frac{1}{r^2}\left(\frac{\partial S(_2(\Theta)}{\partial \Theta}\right)^2\right\} - \frac{K}{r} = -\frac{\partial S_3(t)}{\partial t}. \tag{4}$$

Gleichung (4) kann nur erfüllt sein, wenn beide Seiten konstant sind. Die Konstante ist die Gesamtenergie des Systems, da

$$-\frac{\partial S}{\partial t} = H = E \quad \Longrightarrow \quad -\frac{\partial S_3}{\partial t} = \text{const} = \beta_3 = E. \tag{5}$$

Zur Erinnerung:

$$P_i = \beta_i, \qquad Q_i = \frac{\partial S}{\partial P_i} = \frac{\partial S}{\partial \beta_i} = \alpha_i,$$

wobei α_i,β_i Konstanten sind, die aus den Anfangsbedingungen folgen.

Wir setzen (5) in Gleichung (4) ein und lösen nach $\partial S_2/\partial\Theta$ auf:

$$\left(\frac{\partial S_2}{\partial \Theta}\right)^2 = r^2\left\{2m\beta_3 + \frac{2mK}{r} - \left(\frac{\partial S_1}{\partial r}\right)^2\right\}. \tag{6}$$

Das gleiche Argument, das uns auf Gleichung (5) führte, liefert nun

$$\frac{\partial S_2}{\partial \Theta} = \frac{\mathrm{d}S_2(\Theta)}{\mathrm{d}\Theta} = \text{const} = \beta_2 \tag{7}$$

und damit

$$\frac{\partial S_1}{\partial r} = \frac{\mathrm{d}S_1(r)}{\mathrm{d}r} = \sqrt{2m\beta_3 + \frac{2mK}{r} - \frac{\beta_2^2}{r^2}}. \tag{8}$$

Die Hamiltonsche Wirkungsfunktion läßt sich nun hinschreiben:

$$S = \int \sqrt{2m\beta_3 + \frac{2mK}{r} - \frac{\beta_2^2}{r^2}}\,\mathrm{d}r + \beta_2\Theta - \beta_3 t. \tag{9}$$

Wir setzen nun β_2 und β_3 als neue Impulse P_Θ und P_r an. Die zu den P_i konjugierten Q_i sind ebenfalls konstant.

$$Q_r = \frac{\partial S}{\partial \beta_3} = \frac{\partial}{\partial \beta_3}\int \sqrt{2m\beta_3 + \frac{2mK}{r} - \frac{\beta_2^2}{r^2}}\,\mathrm{d}r - t = \alpha_3, \tag{10}$$

$$Q_\Theta = \frac{\partial S}{\partial \beta_2} = \frac{\partial}{\partial \beta_2}\int \sqrt{2m\beta_3 + \frac{2mK}{r} - \frac{\beta_2^2}{r^2}}\,\mathrm{d}r + \Theta = \alpha_2. \tag{11}$$

Identifizieren wir α_2 mit Θ', das aus den Anfangsbedingungen folgt, so erhalten wir

$$\int \frac{\beta_2\,\mathrm{d}r}{r^2\sqrt{2m\beta_3 + 2mK/r - \beta_2^2/r^2}} = \Theta - \Theta'. \tag{12}$$

Einsetzen der Konstanten und Substitution $u \equiv 1/r$ führt auf

$$-\int \frac{\mathrm{d}u}{\sqrt{(2mE)/l^2) + (2mKu/l^2) - u^2}} = \Theta - \Theta' . \tag{13}$$

Dieses Integral der Form

$$\int \frac{\mathrm{d}x}{\sqrt{ax^2 + bx + c}} = \cdots$$

läßt sich geschlossen angeben (siehe z. B. Bronstein [1]), Integral 241) mit

$$\begin{aligned}
\Delta &= 4ac - b^2 = -4\frac{2mE}{l^2} - \frac{4m^2K^2}{l^4} < 0, \\
\Theta &= \Theta' + \arcsin\left(\frac{-2u + (2mK/l^2)}{\sqrt{(4m/l^2)(2E + (mK^2/l^2))}}\right) \\
&= \Theta' - \arcsin\left(\frac{(l^2u/mK) - 1}{\sqrt{1 + (2El^2/mK^2)}}\right) && (14) \\
\Leftrightarrow \quad r &= \frac{l^2}{mK}\frac{1}{(1 + \sqrt{1 + (2El^2/mK^2)}\cos(\Theta - \Theta' + \pi/2))} . && (15)
\end{aligned}$$

Dies ist die aus Mechanik I bekannte Lösung des Kepler-Problems. Die Bahntypen ergaben sich aus der Diskussion der Kegelschnitte in der Darstellung $r = p/(1 + \varepsilon \cos\varphi)$:

$\varepsilon = 1 \mathrel{\widehat{=}} E = 0$: Parabeln;

$\varepsilon < 1 \mathrel{\widehat{=}} E < 0$: Ellipsen;

$\varepsilon > 1 \mathrel{\widehat{=}} E > 0$: Hyperbeln.

Vergleichen Sie dazu Mechanik I, Kapitel 26.

Die Gleichung (10) könnte man weiter bearbeiten, indem man die Differentiation in das Integral hineinzieht und die entstehende Gleichung so umformt, daß der Ort r eine Funktion der Zeit wird. Wir ersparen uns das hier.

Aufgabe 20.1

Aufstellung der Hamilton-Jacobi-Differentialgleichung für die Bewegung eines Teilchens im azimutalsymmetrischen Potential

Aufgabe 20.2

Ein Teilchen mit der Masse m bewege sich in einem Kraftfeld, das in sphärischen Koordinaten die Form $V = -K\cos\Theta/r^2$ hat. Schreiben Sie die Hamilton-Jacobi-Differentialgleichung für die Bewegung des Teilchens auf!

Lösung:

Wir benötigen zunächst den Hamilton-Operator als Funktion der konjugierten Impulse in sphärischen Koordinaten. Dazu notieren wir zunächst die kinetische Energie T in sphärischen Koordinaten:

$$\dot{\vec{r}} = \dot{r}\vec{e}_r + r\dot{\Theta}\vec{e}_\Theta + r\sin\Theta\,\dot{\varphi}\vec{e}_\varphi \tag{1}$$

[1]) Bronstein, Semendjajew, Musiol, Mühlig: Taschenbuch der Mathematik. – Frankfurt am Main: Verlag Harri Deutsch, 2002

$$\Longrightarrow \quad T = \frac{1}{2} m \dot{\vec{r}} \cdot \dot{\vec{r}} = \frac{1}{2} m (\dot{r}^2 + r^2 \dot{\Theta}^2 + r^2 \sin^2 \Theta \dot{\varphi}^2). \tag{2}$$

Die Lagrange-Funktion lautet dann

$$L = T - V = \frac{1}{2} m (\dot{r}^2 + r^2 \dot{\Theta}^2 + r^2 \sin^2 \dot{\varphi}^2) - V(r, \Theta, \varphi). \tag{3}$$

Wir nehmen nun an, daß $V(r, \Theta, \varphi)$ geschwindigkeitsunabhängig ist (was ja in der Tat der Fall ist) und bilden die kanonisch konjugierten Impulse:

$$p_r = \frac{\partial L}{\partial \dot{r}} = m\dot{r}, \quad p_\Theta = \frac{\partial L}{\partial \dot{\Theta}} = mr^2 \dot{\Theta}, \quad p_\varphi = \frac{\partial L}{\partial \dot{\varphi}} = mr^2 \sin^2 \Theta \, \dot{\varphi}. \tag{4}$$

Daraus ergeben sich:

$$\dot{r} = \frac{p_r}{m}, \qquad \dot{\Theta} = \frac{p_\Theta}{mr^2}, \qquad \dot{\varphi} = \frac{p_\varphi}{mr^2 \sin^2 \Theta}.$$

Damit läßt sich H in der gewünschten Form angeben:

$$\begin{aligned} H &= \sum_\alpha p_\alpha \dot{q}_\alpha - L \\ &= p_r \dot{r} + p_\Theta \dot{\Theta} + p_\varphi \dot{\varphi} - \frac{1}{2} m \left(\frac{p_r^2}{m^2} + \frac{p_\Theta^2}{r^2 m^2} + \frac{p_\varphi^2}{m^2 r^2 \sin^2 \Theta} \right) + V(r, \Theta, \varphi) \\ &= \frac{p_r^2}{2m} + \frac{p_\Theta^2}{2mr^2} + \frac{p_\varphi^2}{2mr^2 \sin^2 \Theta} + V(r, \Theta, \varphi), \end{aligned} \tag{5}$$

bzw. für das hier konkret vorliegende Potential (siehe Aufgabenstellung):

$$H = \frac{p_r^2}{2m} + \frac{p_\Theta^2}{2mr^2} + \frac{p_\varphi^2}{2mr^2 \sin^2 \Theta} - \frac{K \cos \Theta}{r^2}. \tag{6}$$

Die p_i als Funktion der Hamiltonschen Wirkungsvariablen lauten:

$$p_r = \frac{\partial S}{\partial r}, \qquad p_\Theta = \frac{\partial S}{\partial \Theta}, \qquad p_\varphi = \frac{\partial S}{\partial \varphi}. \tag{7}$$

Daher hat die Hamilton-Jacobi-Gleichung die Form:

$$\frac{\partial S}{\partial t} + \frac{1}{2m} \left\{ \left(\frac{\partial S}{\partial r} \right)^2 + \frac{1}{r^2} \left(\frac{\partial S}{\partial \Theta} \right)^2 + \frac{1}{r^2 \sin^2 \Theta} \left(\frac{\partial S}{\partial \varphi} \right)^2 \right\} - \frac{K \cos \Theta}{r^2} = 0. \tag{8}$$

▲ Aufgabe 20.2

Lösung der Hamilton-Jacobi-Differentialgleichung aus Aufgabe 20.2

▼ Aufgabe 20.3

a) Finden Sie die vollständige Lösung der Hamilton-Jacobi-Differentialgleichung aus der vorherigen Aufgabe 20.2 und
b) skizzieren Sie, wie die Bewegung des Teilchens bestimmt werden kann.

Lösung:

a) Das Vorgehen ist ganz analog wie in Aufgabe 20.1. Als Separationsansatz für S wählen wir:

$$S = S_1(r) + S_2(\Theta) + S_3(\varphi) - Et \tag{1}$$

und setzen dies in Gleichung (8) aus Aufgabe 20.2 ein:

$$\frac{1}{2m}\left(\frac{\partial S_1}{\partial r}\right)^2+\frac{1}{2mr^2}\left(\frac{\partial S_2}{\partial \Theta}\right)^2+\frac{1}{2mr^2\sin^2\Theta}\left(\frac{\partial S_3}{\partial \varphi}\right)^2-\frac{K\cos\Theta}{r^2}=E \tag{2a}$$

$\Leftrightarrow$

$$r^2\left(\frac{\partial S_1(r)}{\partial r}\right)^2-2mEr^2=-\left(\frac{\partial S_2(\Theta)}{\partial \Theta}\right)^2-\frac{1}{\sin^2\Theta}\left(\frac{\partial S_3(\varphi}{\partial \varphi}\right)^2 +2mK\cos\Theta\,. \tag{2b}$$

Gleichung (2b) kann nur erfüllt sein, wenn beide Seiten konstant sind:

$$r^2\left(\frac{\partial S_1(r)}{\partial r}\right)^2-2mEr^2=\text{const}=\beta_1, \tag{3}$$

$$-\left(\frac{\partial S_2(\Theta)}{\partial \Theta}\right)^2-\frac{1}{\sin^2\Theta}\left(\frac{\partial S_3(\varphi)}{\partial \varphi}\right)^2+2mK\cos\Theta=\beta_1. \tag{4}$$

Um Θ von φ zu separieren, multiplizieren wir (4) mit $\sin^2\Theta$:

$$\left(\frac{\partial S_3(\varphi)}{\partial \varphi}\right)^2=2mK\cos\Theta\sin^2\Theta-\beta_1\sin^2\Theta-\left(\frac{\partial S_2(\Theta)}{\partial \Theta}\right)^2\sin^2\Theta. \tag{5}$$

Die Separationskonstante nennen wir β_3, denn

$$\frac{\partial S}{\partial \varphi}=p_\varphi \qquad \text{und somit} \qquad \left(\frac{\partial S_3(\varphi)}{\partial \varphi}\right)^2=\beta_3^2=p_\varphi^2. \tag{6}$$

Damit folgt:

$$2mK\cos\Theta\sin^2\Theta-\beta_1\sin^2\Theta-\sin^2\Theta\left(\frac{\partial S_2}{\partial \Theta}\right)^2=p_\varphi. \tag{7}$$

Die Integration der Gleichungen (3), (6) und (7) liefert:

$$\begin{aligned}
S_1&=\int\sqrt{2mE+\frac{\beta_1}{r^2}}\,\mathrm{d}r+c_1,\\
S_2&=\int\sqrt{2mK\cos\Theta-\beta_1-\frac{p_\varphi^2}{\sin^2\Theta}}\,\mathrm{d}\Theta+c_2,\\
S_3&=\varphi p_\varphi+c_3.
\end{aligned} \tag{8}$$

Die vollständige Lösung der Hamilton-Jacobi-Differentialgleichung ergibt sich aus (9) und dem Ansatz (1) für S:

$$S=\int\sqrt{2mE+\frac{\beta_1}{r^2}}\,\mathrm{d}r+\int\sqrt{2mK\cos\Theta-\beta_1-\frac{p_\varphi^2}{\sin^2\Theta}}\,\mathrm{d}\Theta+\varphi p_\varphi-Et+C. \tag{9}$$

b) Die expliziten Gleichungen für die Bewegung des Teilchens ergeben sich aus der Forderung

$$Q_i=\frac{\partial S}{\partial P_i} \quad \Leftrightarrow \quad \alpha_i=\frac{\partial S}{\partial \beta_i},$$

da Q_i, P_i Konstanten sind, die mit α_i, β_i bezeichnet werden und somit

$$\frac{\partial S}{\partial \beta_1}=\alpha_1, \qquad \frac{\partial S}{\partial E}=\alpha_2, \qquad \frac{\partial S}{\partial p_\varphi}=\alpha_3. \tag{10}$$

Die α_i folgen aus den Anfangsbedingungen; so ist z. B.

$$\frac{\partial S}{\partial E} = \int \frac{m}{\sqrt{2mE + \beta_1/r^2}}\,\mathrm{d}r - t = \alpha_2, \tag{11}$$

$$\begin{aligned}
\int \frac{m}{\sqrt{2mE + \beta_1/r^2}}\,\mathrm{d}r &= \sqrt{\frac{m}{2E}} \int \frac{r}{\sqrt{r^2 + \beta_1/2mE}}\,\mathrm{d}r \\
&= \sqrt{\frac{mr^2}{2E} + \frac{\beta_1}{4E^2}} + c \\
\Longrightarrow \quad \alpha_2 + t &= \sqrt{\frac{mr^2}{2E} + \frac{\beta_1}{4E^2}} + c, \qquad (12)\\
r(t=0) = r_0 \quad \Longrightarrow \quad & \alpha_2 - c = \sqrt{\frac{mr_0^2}{2E} + \frac{\beta_1}{4E^2}}
\end{aligned}$$

und als Lösung für t:

$$t = \sqrt{\frac{mr^2}{2E} + \frac{\beta_1}{4E^2}} - \sqrt{\frac{mr_0^2}{2E} + \frac{\beta_1}{4E^2}}. \tag{13}$$

Analog geht man für $\partial S/\partial \beta_1$ und $\partial S/\partial p_\varphi$ vor, wobei die Ausführung der elliptischen Integrale allerdings numerische Methoden erfordert.

Kommen wir noch einmal zurück auf unsere Diskussion im Anschluß an Gleichungen (20.8) und (20.9). Wenn die Hamiltonsche Funktion nicht explizit von der Zeit abhängt, wie dies bei konservativen skleronomen Systemen der Fall ist, so läßt sich die Hamilton-Jacobi-Differentialgleichung in eine einfachere Gestalt bringen, da S nur linear von t abhängen darf. Wir transformieren daher auf

$$S = S_0 - Et,$$

wobei $S_0 = S_0(q-1, \ldots, q_n, \beta_1, \ldots, \beta_n)$. Man erhält damit die sogenannte *verkürzte* Hamilton-Jacobi-Gleichung:

$$H\left(q_1, \ldots, q_n, \frac{\partial S_0}{\partial q_1}, \ldots, \frac{\partial S_0}{\partial q_n}\right) = E.$$

Die Lösung dieser Differentialgleichung liefert beliebige Konstanten, wovon eine – z. B. β_1 – additiv ist ($S_0 + c$ löst ebenfalls die obige Hamilton-Jacobi-Gleichung) und weggelassen werden kann. Allerdings kommt in der verkürzten Hamilton-Jacobi-Gleichung nun die Gesamtenergie vor, so daß S_0 auch von E abhängen wird und deshalb in

$$S_0 = S_0(q_1, \ldots, q_n, E, \beta_2, \ldots, \beta_n)$$

β_1 durch E ersetzt wird. Wir drücken dies auch so aus: Wie die ursprüngliche Hamilton-Jacobi-Gleichung hat auch die verkürzte Form n Integrationskonstanten, wovon eine die Gesamtenergie E ist.

▲Aufgabe 20.3

Aufstellung der Hamilton-Jacobi-Differentialgleichung für schrägen Wurf

Aufgabe 20.4

Verwenden Sie zur Aufstellung der Bewegungsgleichungen für den schrägen Wurf die verkürzte Hamilton-Jacobi-Differentialgleichung.

Lösung:

Die Koordinaten der Wurfebene seien x (Abzisse) und y (Ordinate), die wir auch als generalisierte Koordinaten verwenden.

$$H = T + V = \frac{m}{2}(\dot{x}^2 + \dot{y}^2) + mgy \tag{1}$$

$$p_x = \frac{\partial H}{\partial \dot{x}} = m\dot{x}, \qquad p_y = \frac{\partial H}{\partial \dot{y}} = m\dot{y}. \tag{2}$$

Der zur zyklischen Koordinate $x(\partial H/\partial x = 0)$ konjugierte Impuls $p_x = m\dot{x}$ ist eine Erhaltungsgröße. Wir rechnen (1) um in

$$H(x,y,p_x,p_y) = \frac{1}{2m}(p_x^2 + p_y^2) + mgy. \tag{3}$$

Da H nicht explizit von der Zeit abhängt und das System konservativ ist, läßt sich die verkürzte Hamilton-Jacobi-Differentialgleichung anwenden

$$\frac{1}{2m}\left[\left(\frac{\partial S_0}{\partial x}\right)^2 + \left(\frac{\partial S_0}{\partial y}\right)^2\right] + mgy = E. \tag{4}$$

Mit dem Separationsansatz $S_0 = S_1(x) + S_2(y)$ gehen wir in Gleichung (4) ein und erhalten

$$\frac{1}{2m}\left[\left(\frac{\partial S_1(x)}{\partial x}\right)^2 + \left(\frac{\partial S_2(y)}{\partial y}\right)^2\right] + mgy = E \tag{5}$$

oder

$$\left(\frac{\partial S_1(x)}{\partial x}\right)^2 = 2mE - 2m^2gy - \left(\frac{\partial S_2(y)}{\partial y}\right)^2. \tag{6}$$

Dies ist nur dann erfüllt, wenn beide Seiten der Gleichung konstant sind, weil ja x und y unabhängige Koordinaten sind.

$$\left(\frac{\partial S_1(x)}{\partial x}\right)^2 \beta_2, \qquad \left(\frac{\partial S_2(y)}{\partial y}\right)^2 = (2mE - \beta_2) - 2m^2gy. \tag{7}$$

Die Integration liefert die Lösungen

$$S_1(x) = \sqrt{\beta_2}x + c_1, \tag{8}$$

$$S_2(y) = -\frac{1}{3m^2g}[(2mE - \beta_2) - 2m^2gy]^{3/2} + c_2. \tag{9}$$

Die vollständige Lösung der verkürzten Hamilton-Jacobi-Differentialgleichung hat die Form:

$$S_0(x,y,E,\beta_2) = \sqrt{\beta_2}x - \frac{1}{3m^2g}[(2mE - \beta_2) - 2m^2gy]^{3/2} + c, \tag{10}$$

$$\frac{\partial S_0}{\partial E} = t + \alpha_1, \qquad \frac{\partial S_0}{\partial \beta_2} = \alpha_2,$$

wobei die erste Relation wegen

$$\alpha_1 = \frac{\partial S_1}{\partial E} = \frac{\partial S_0}{\partial E} - t$$

gilt. Aus ihr erhalten wir $y = y(t)$ als

$$-\frac{1}{mg}[(2mE - \beta_2) - 2m^2 gy]^{1/2} = t + \alpha_1 \tag{11}$$

$$\Leftrightarrow \quad 2mE - \beta_2 - 2m^2 gy = m^2 g^2 (t + \alpha_1)^2$$

$$\Leftrightarrow \quad y = -\frac{1}{2} g(t + \alpha_1)^2 + \frac{2mE - \beta_2}{2m^2 g}$$

$$\Leftrightarrow \quad y = -\frac{1}{2} gt^2 + c_1 t + c_2. \tag{12}$$

Hierbei haben wir im letzten Schritt die Konstanten umbenannt.

Analoges Vorgehen mit $\partial S/\partial\beta_2 = \alpha_2$ liefert

$$y = -c_1 x^2 + c_2 x + c_3, \tag{13}$$

also die bekannte Wurfparabel. Für den Fall des schrägen Wurfs mag die Hamilton-Jacobi-Gleichung zur Aufstellung der Bewegungsgleichungen etwas schwerfällig erscheinen. Ein gewisser Vorteil der Methode zeigt sich in komplizierten Problemen, wie z. B. dem Kepler-Problem in Aufgabe 20.1.

▲ Aufgabe 20.4

Zur anschaulichen Deutung der Wirkungsfunktion *S*

In den vorangegangenen Aufgaben hat sich die Hamilton-Jacobi-Differentialgleichung zur Aufstellung der Bewegungsgleichungen insbesondere bei komplizierten mechanischen Problemen bewährt. Es bleibt die Frage: Welche anschauliche Bedeutung hat die Wirkungsfunktion S? Wir betrachten hierzu die Bewegung eines einzelnen Massenpunktes in einem zeitunabhängigen Potential und schreiben

$$S = S_0(q_i, P_i) - Et,$$

wobei, wie schon angedeutet, $S_0(q_i, P_i)$ ein räumliches Feld beschreibt, das zeitunabhängig ist. Für die Impulskomponenten gilt mit der Identifikation $q_1 = x$, $q_2 = y$, $q_3 = z$ und $p_1 = p_x$, $p_2 = p_y$, $p_3 = p_z$ gemäß (19.4):

$$p_x = \frac{\partial S}{\partial x} = \frac{\partial S_0}{\partial x}, \qquad p_y = \frac{\partial S}{\partial y} = \frac{\partial S_0}{\partial y}, \qquad p_z = \frac{\partial S}{\partial z} = \frac{\partial S_0}{\partial z}.$$

Als Vektorgleichung geschrieben:

$$\vec{p} = \mathrm{grad} S = \vec{\nabla} S_0.$$

Da grad S stets senkrecht auf den Äquipotentialflächen von S steht, erkennen wir, daß bei einer Darstellung des S-Feldes durch $S = \mathrm{const}$ die Bahnkurven durch orthogonale Trajektorien durch diese Flächenschar repräsentiert werden. Demnach gehören zu einem gegebenen Feld S alle Bewegungen, deren Bahnkurven senkrecht auf den Äquipotentialflächen von S ($S = \mathrm{const}$) stehen und ferner entlang jeder

Bahnkurve alle Bewegungen, die zu einem beliebigen Zeitpunkt beginnen (vgl. Figur).

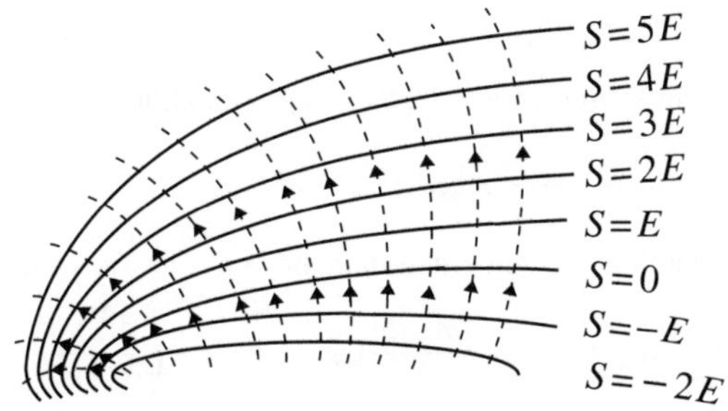

S = const;
ven punktiert.

Das zeitliche Verhalten des S-Feldes erkennt man aus der Darstellung $S = S_0 - Et$. Für $t = 0$ sind die Flächen $S(q_i, P_i) = 0$ und $S_0(q_i, P_i) = 0$ identisch. Für $t = 1$ fällt die Fläche $S = 0$ auf die Fläche $S_0 = E$, $S = E$ auf $S_0 = 2E$ usw. Dies bedeutet anschaulich, daß Flächen konstanter S-Werte über Flächen konstanter S_0-Werte hinwegwandern, also Flächen von konstantem S durch den Raum wandern. Die formale Bedeutung von S ergibt sich aus dem Wirkungs-Integral. Es ist nämlich

$$\int L\,\mathrm{d}t = \int (p_x\,\mathrm{d}x + p_y\,\mathrm{d}y + p_z\,\mathrm{d}z - H\,\mathrm{d}t)$$

$$\int_{t_1}^{t_2} L\,\mathrm{d}t = \int_{t_1}^{t_2} \left(\frac{\partial S}{\partial x}\,\mathrm{d}x + \frac{\partial S}{\partial y}\,\mathrm{d}y + \frac{\partial S}{\partial z}\,\mathrm{d}z + \frac{\partial S}{\partial t}\,\mathrm{d}t \right) = S_2 - S_1 .$$

Daher stellt S eine Wirkung (Energie mal Zeit) dar. Sie ist das zeitliche Integral über die Lagrange-Funktion. Das Hamiltonsche Prinzip $\delta \int L\,\mathrm{d}t = 0$ sagt daher aus, daß eine Bewegung unter der Randbedingung minimaler Wirkung abläuft.

Veranschaulichung der Wirkungswellen

Beispiel 20.3

Zur Veranschaulichung der Wirkungswellen betrachten wir die Wurf- oder Fallbewegung im Gravitationsfeld der Erde, deren Bewegungsgleichung uns vertraut ist. In Analogie zur Aufgabe 20.4 ergibt sich folgende Hamilton-Jacobi-Differentialgleichung:

$$\frac{1}{2m} \left\{ \left(\frac{\partial S}{\partial x} \right)^2 + \left(\frac{\partial S}{\partial y} \right)^2 + \left(\frac{\partial S}{\partial z} \right)^2 \right\} + mgz + \frac{\partial S}{\partial t} = 0. \qquad (1)$$

Mit dem Separationsansatz $S = S_x(x) + S_y(y) + S_z(z) - Et$ erhalten wir

$$S_x = x\beta_x, \qquad S_y = y\beta_y,$$

bis auf additive Konstanten, sowie

$$\frac{1}{2m} \left(\frac{\partial S_z}{\partial z} \right)^2 + mgz = E - \frac{\beta_x^2 + \beta_y^2}{2m} = \beta_z. \qquad (2)$$

♦ Beispiel 20.3

Die Größen β_x und β_y sind natürlich wie auch β_z Separationskonstanten. Integration über z liefert bis auf eine Konstante

$$S_z = -\frac{2}{3g}\sqrt{\frac{2}{m}}(\beta_z - mgz)^{3/2}. \tag{3}$$

Die Konstante β_z schreiben wir als $\beta_z = mgz_0$ und können damit die Gesamtenergie als

$$E = \frac{p_x^2 + p_y^2}{2m} + mgz_0 \tag{4}$$

ausdrücken. Durch Einsetzen erhält man die Wirkungsfunktion

$$S = x\beta_x + y\beta_y - \frac{2m\sqrt{2g}}{3}(z_0 - z)^{3/2} - \left(\frac{\beta_x^2 + \beta_y^2}{2m} + mgz_0\right)t \tag{5}$$

und nach dem bekannten Schema die Bewegungsgleichungen:

$$\begin{aligned} Q_x &= \alpha_x = \frac{\partial S}{\partial \beta_x} = x - \frac{\beta_x}{m}t, \\ Q_y &= \alpha_y = \frac{\partial S}{\partial \beta_y} = y - \frac{\beta_y}{m}t, \\ Q_z &= \alpha_z = \frac{\partial S}{\partial z_0} = -m\sqrt{2g}(z_0 - z)^{1/2} - mgt. \end{aligned} \tag{6}$$

Unter den möglichen Bewegungen, die ein Körper im Gravitationsfeld ausführen kann, greifen wir das Bündel mit $\beta_x = 0, \beta_y = 0, z_0 = 0$ heraus. Aus Gleichung (5) erhalten wir für die Flächen mit $S_0 = \text{const}$:

$$\text{const} = -\frac{2m\sqrt{2g}}{3}(-z)^{3/2}.$$

Dies sind Ebenen parallel zur x-y-Ebene.

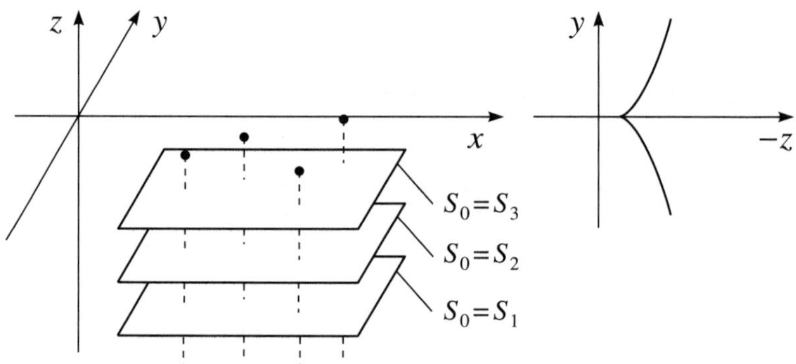

Ebenen für verschiedene S_0 und Bahnkurven.

Die möglichen Bahnkurven sind als vertikale Geraden im obigen Bild gestrichelt. Da die Wirkungsfunktion nur für $z \leq 0$ reell ist, sind nur Wurfbedingungen möglich, die bis zur Ebene $z = 0$ aufsteigen und dann wieder umkehren. In diesem Beispiel sind die Wirkungswellen Ebenen parallel zur x-y-Ebene, welche in z-Richtung fortschreiten. Dies erkennt man leicht aus Gleichung (5) für $z_0 = \text{const} \neq 0$. Jeder senkrechte Wurf bis zur Höhe

z_0 gehört damit zu ein und demselben S-Feld bzw. zur gleichen Wirkungswelle. Hierbei spielt es keine Rolle, an welchem Raumpunkt die Wurfbewegung beginnt.

Als weiteres Bewegungsbündel betrachten wir

$$\beta_x = 0, \qquad z_0 = 0, \qquad \beta_y = \frac{2m\sqrt{2g}}{3} \tag{7}$$

so daß sich aus Gleichung (5) ergibt:

$$S_0 = \frac{2m\sqrt{2g}}{3}\{y - (-z)^{3/2}\} \tag{8}$$

$$\Leftrightarrow \quad y = \frac{3}{2m\sqrt{2g}}S_0 + (-z)^{3/2}. \tag{9}$$

Gleichung (9) ist die Darstellung einer Neilschen oder auch semikubischen Parabel ($y = ax^{3/2}$) in der y-z-Ebene. Die Flächen mit $S_0 = \text{const}$ sind daher Flächen parallel zur x-Achse: $F(y, z) = 0$, d. h. Zylinderflächen, welche die y-z-Ebene in einer Schar Neilscher Parabeln schneiden, deren Spitzen auf der y-Achse liegen.

Mit zunehmendem S_0 wandern die Spitzen der Neilschen Parabeln in y-Richtung. Die zugehörigen Bahnkurven sind Wurfparabeln in der y-z-Ebene, die keine Geschwindigkeitskomponente in x-Richtung haben und bei $z = 0$ ihren höchsten Punkt erreichen (gestrichelte Kurven in der folgenden Abbildung).

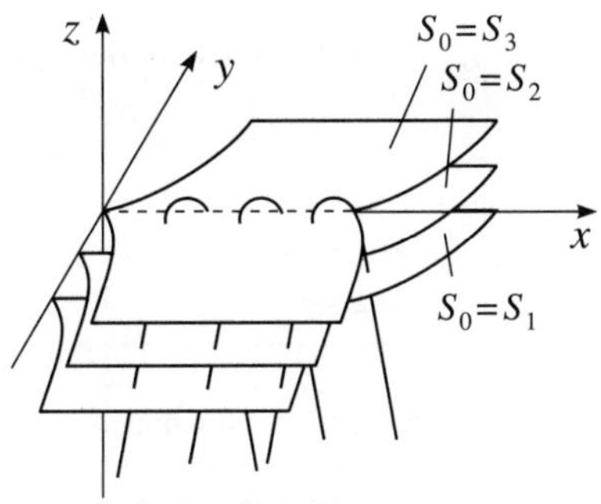

Semikubische Parabeln zu verschiedenen S_0.

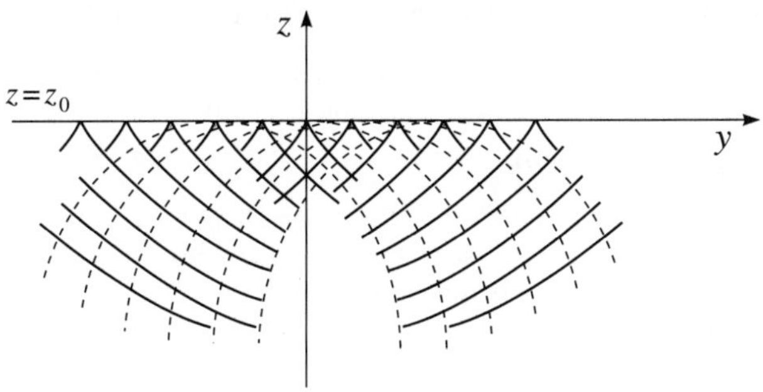

Schnitt in der y-z-Ebene der vorherigen Figur.

Die Geschwindigkeitskomponente in y-Richtung ist bei allen Würfen die gleiche:

$$v_y = \frac{2}{3}\sqrt{2g}.$$

Die Wirkungswellen bestehen in diesem Fall aus Zylinderflächen parallel zur x-Achse, die mit wachsender Zeit in z-Richtung fortschreiten.

Auch hier ist der Startpunkt der Bewegung in der x-y-Ebene beliebig; die Umkehrpunkte der Bahnen liegen bei $z = 0$. Alle Wurfparabeln parallel zur x-Achse gehören zu ein und derselben Wirkungswelle, d. h., jeder durch die Gleichung (8) beschriebene Wurf läßt sich durch eine Schar in z-Richtung fortschreitender und zur x-Achse parallel verlaufender Wirkungswellen darstellen.

Wir sehen an diesem Beispiel, daß der einfache Wurf im Gravitationsfeld zwar einwandfrei im Hamilton-Jacobi-Formalismus dargestellt werden kann, aber doch unangemessen kompliziert ist. Dies bestätigt unsere These, daß die Hamilton-Jacobische Methode zwar schöne formale Gedanken enthält, aber wenig praktikabel ist; für Physiker zu unhandlich und auch zu unanschaulich.

▲ Beispiel 20.3

Periodische und mehrfach periodische Bewegungen

▼ Beispiel 20.4

In diesem Beispiel sollen die Besonderheiten periodischer Bewegungen noch einmal zusammengestellt und auf mehrfach periodische Bewegungen erweitert werden. [1)]

1. Periodische Bewegungen

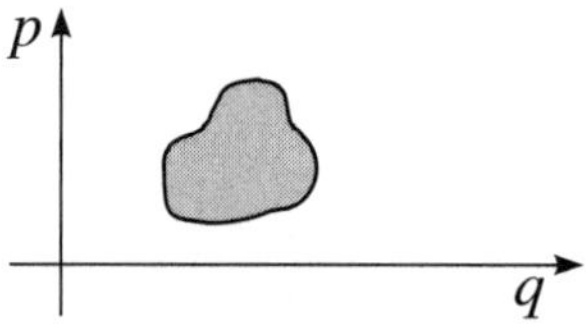

Zweidimensionales Phasendiagramm einer echt periodischen Bewegung. Eine geschlossenen Phasenbahn liegt z. B. bei einem ungedämpft hin- und herschwingenden Pendel vor.

Hier unterscheidet man zwei Arten, nämlich die *echt periodische Bewegung* oder Libration, bei welcher

$$q_i(t+\tau) = q_i(t),$$
$$p_i(t+\tau) = p_i(t), \tag{1}$$

ist, also sowohl Koordinaten als auch Impulse *dieselbe Periode* τ besitzen. Man nennt diese Bewegung auch *Libration*. Zweidimensionale Beispiele hierfür sind der (ungedämpfte) harmonische Oszillator oder auch das (ungedämpfte) hin- und herschwingende Pendel. Das Phasenraumdiagramm (die *Phasenbahn*) ist eine geschlossene Kurve (siehe Abbildung).

Der andere Typ von periodischer Bewegung ist die *Rotation*. Hierbei gilt (z. B. im zweidimensionalen Fall)

$$p(q+q_0) = p(q), \tag{2}$$

d. h., der Impuls nimmt für $q+q_0$ denselben Wert an wie für q. Die Koordinate q ist dabei meistens eine Winkelvariable und $q_0 = 2\pi$. Man denke beispielsweise an ein umlaufendes Pendel; q ist in diesem Fall der Pendelwinkel. Die Phasenraumbahn ist dann nicht geschlossen, aber periodisch mit der Periode q_0 (siehe Figur).

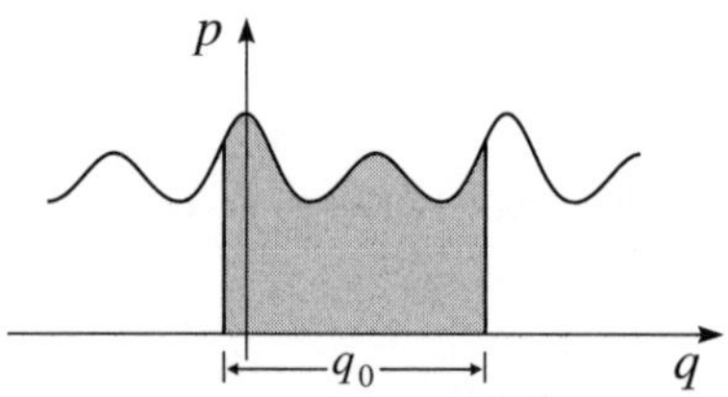

Phasendiagramm der Rotation als periodische Bewegung. Die Bahn ist offen, besitzt jedoch die Periode q_0. Mit anderen Worten: Der Impuls p ist eine periodische Funktion der Koordinate q mit der Periode q_0.

Im Grenzfall zwischen Rotation und Libration spricht man von *Limitationsbewegung*. Das gerade nicht umlaufende Pendel ist hierfür ein Beispiel. Die Koordinatenperiode q_0 ist dann nach wie vor $q_0 = 2\pi$, die Zeitperiode jedoch $\tau = \infty$. (Das Pendel steht dann in vertikaler Position (instabiler Punkt) still, d. h., der Funktionsgraph bricht an der Stelle q_0 ab.) Falls das System konservativ ist und durch die Hamiltonfunktion $H(p,q)$ beschrieben wird, gelten die Gleichungen

[1)] Wir lassen uns hierbei von A. Budo, Theoretische Mechanik, Deutscher Verlag der Wissenschaften, Berlin (1956) leiten.

$$
\begin{aligned}
H(p,q) &= E,\\
H\left(q, \frac{\partial S}{\partial q}\right) &= E.
\end{aligned}
\tag{3}
$$

Die erste Gleichung liefert $p = p(q, E)$, also bei gegebener Energie E die Phasenbahn. Die zweite Gleichung (3) ist die (verkürzte) Hamilton-Jacobische Gleichung, aus welcher die Wirkungsfunktion (erzeugende Funktion) $F_2(q, P) = S(q, E)$ berechnet werden kann. Nehmen wir an, das sei geschehen, dann läßt sich das *Phasenraumintegral*

$$
J = \oint p \, \mathrm{d}q = \oint \frac{\partial S}{\partial q} \, \mathrm{d}q \tag{4}
$$

berechnen. Dabei bedeutet $\oint$ die Integration über eine geschlossene Bahn im Fall der Libration bzw. über eine volle Periode $q_1 \leq q \leq q_1 + q_0$ im Fall der Rotation. Das Phasenintegral J entspricht also genau den schraffierten Flächen in den obigen Figuren.

Das Phasenintegral $J = J(E)$ hängt nur von E ab und ist zeitlich konstant, weil die Gesamtenergie zeitlich konstant ist. Aus Gleichung (4) folgen also die Beziehungen

$$
J = J(E) \qquad \text{bzw.} \qquad E = E(J). \tag{5}
$$

Infolgedessen geht die Funktion $S(q, E)$ über in

$$
S(q,E) \qquad \Rightarrow \qquad S(q, E(J)) \equiv S'(q, J). \tag{6}
$$

Die Funktion $S'(q, J)$ kann als Erzeugende einer kanonischen Transformation dienen. Der neue Impuls wird jetzt mit J identifiziert, d. h.

$$
P = J. \tag{7}
$$

Die zu $P = J$ gehörige kanonisch konjugierte Variable nennen wir $Q = \varphi$. Sie wird auch Winkelvariable genannt und berechnet sich gemäß Gleichung (20.4) als

$$
\varphi = \frac{\partial S'(q, J)}{\partial J}. \tag{8}
$$

Die Hamiltonfunktion schreibt sich nach Gleichung (3)

$$
\mathcal{H}(\varphi, J) = E(J). \tag{9}
$$

Die Hamiltonschen Gleichungen in den neuen Koordinaten lauten dann

$$
\begin{aligned}
\dot{Q} &= \frac{\partial \mathcal{H}}{\partial P} \quad \text{oder } \dot{\varphi} = \frac{\partial E(J)}{\partial J} = \text{const},\\
\dot{P} &= -\frac{\partial \mathcal{H}}{\partial Q} \quad \text{oder } \dot{J} = 0.
\end{aligned}
\tag{10}
$$

$\partial E(J)/\partial J$ hängt nur von J ab, welches zeitlich konstant ist. Also ist auch $\dot{\varphi}$ zeitlich konstant, und es folgt

$$
\varphi = \left(\frac{\partial E}{\partial J}\right) t + \delta. \tag{11}
$$

Hier tritt die Phasenkonstante δ auf. Hätten wir als erzeugende Funktion nicht $S'(q, J)$, sondern die vollständige, zeitabhängige Wirkungsfunktion

$$
W(q, J, t) = S'(q, J) - E(J)t \tag{12}
$$

◆ Beispiel 20.4

gewählt, so wäre die zu J konjugierte Koordinate gemäß (8)

$$\begin{aligned}\frac{\partial W(q,J)}{\partial J} &= \frac{\partial S'(q,J)}{\partial J} - \frac{\partial E(J)}{\partial J}t \\ &= \varphi - \frac{\partial E(J)}{\partial J}t = \delta,\end{aligned} \tag{13}$$

also gerade die Phasenkonstante aus (11). Gleichung (11) sagt aus, daß die Winkelvariable φ linear mit der Zeit anwächst. Sie ist eine zyklische Koordinate, wie aus (9) ersichtlich ist. Die Hamiltonfunktion $\mathcal{H}(\varphi,J) = E(J)$ hängt nämlich nicht von φ ab. Die Änderung von φ während einer Periode τ ergibt sich aus (11) zu

$$\Delta\varphi = \left(\frac{\partial E}{\partial J}\right)\tau, \tag{14}$$

die man mit Hilfe von (8) noch genauer spezifizieren kann. Es ist nämlich

$$\begin{aligned}\Delta\varphi &= \oint \frac{\partial\varphi}{\partial q}\,\mathrm{d}q = \oint \frac{\partial^2 S'(q,J)}{\partial q\partial J}\,\mathrm{d}q \\ &= \frac{\partial}{\partial J}\oint \frac{\partial S'(q,J)}{\partial q}\,\mathrm{d}q = \frac{\partial J}{\partial J} = 1.\end{aligned} \tag{15}$$

Demnach wächst die Winkelkoordinate während einer Periode, in welcher das System in seine Anfangskonfiguration übergeht, genau um 1. Wir können daher sagen: Die Bewegung des Systems ist periodisch in φ mit der Periode 1. Die Kombination von (14) und (15) ergibt

$$\tau\frac{\partial E}{\partial J} = 1, \qquad \Leftrightarrow \qquad \frac{\partial E}{\partial J} = \frac{1}{\tau} = \nu. \tag{16}$$

Hier ist ν die *Frequenz* der periodischen Bewegung. Offensichtlich braucht man zur Berechnung von ν nicht die vollständige Lösung der Bewegungsgleichungen zu kennen. Es genügt, E als Funktion von J auszudrücken und nach J zu differenzieren. Das ist der Vorteil der Einführung der Wirkungs (J)- und Winkelvariablen (φ). In Beispiel 20.2 ist dieses Verfahren für den harmonischen Oszillator illustriert.

2. Separierbare mehrfach periodische Systeme

Gegeben sei ein konservatives System mit f Freiheitsgraden, beschrieben durch die f Koordinaten $q_1, \ldots, q_f$, und es sei separierbar. Das bedeutet, daß die Lösung der verkürzten Hamilton-Jacobi-Gleichung

$$H\left(q_1, \ldots, q_f; \frac{\partial S}{\partial q_1}, \ldots, \frac{\partial S}{\partial q_f}\right) = E \tag{17}$$

in der Form

$$\begin{aligned}S(q_1, \ldots, q_f; E, \beta_2, \ldots, \beta_f) = S_1(q_1; E, \beta_2, \ldots, \beta_f) + \cdots \\ + S_f(q_f; E, \beta_2, \ldots, \beta_f)\end{aligned} \tag{18}$$

geschrieben werden kann. Die f Integrationskonstanten

$$E, \beta_2, \beta_3, \ldots, \beta_f \tag{19}$$

charakterisieren die konstanten Impulse $P_1, \ldots, P_f$. Im Fall, daß die Hamiltonfunktion in eine Summe von Termen $H(q_i, p_i)$ zerfällt, tritt in den Funktionen $S_k(q_k; E, \beta_2, \ldots, \beta_f)$ in (18) nur eine Konstante auf; die Funktionen haben dann also die Gestalt $S_k(q_k, \beta_k)$ – siehe (20.10). Wann sprechen wir von einer periodischen Bewegung? Die Antwort ist denkbar einfach: Wenn immer *jedes* Paar zueinander konjugierter Variablen (q_i, p_i) sich so verhält wie im 1. Teil dieses Beispiels besprochen. Präziser (gelehrt) ausgedrückt heißt das: Die Projektion der Phasenbahn auf *jede* (q_i, p_i)-Ebene des Phasenraumes muß entweder eine Libration oder eine Rotation sein, damit die gesamte Bewegung des Systems periodisch ist.

Alles läuft analog zu dem im 1. Abschnitt Ausgeführten. Zunächst werden die Wirkungsvariablen

$$\begin{aligned} J_i &= \oint p_i \, \mathrm{d}q_i = \oint \frac{\partial S_i(q_i;\; E, \beta_2, \ldots, \beta_f)}{\partial q_i} \, \mathrm{d}q_i \\ &= J_i(E, \beta_2, \ldots, \beta_f), \qquad i = 1, \ldots, f \end{aligned} \tag{20}$$

definiert. Sie sind zeitlich konstant, weil es $E, \beta_2, \ldots, \beta_f$ sind. Die f Gleichungen (20) lassen sich nach $E, \beta_2, \ldots, \beta_f$ auflösen und ergeben

$$\begin{aligned} E &= E(J_1, \ldots, J_f), \\ \beta_2 &= \beta_2(J_1, \ldots, J_f), \\ &\vdots \\ \beta_f &= \beta_f(J_1, \ldots, J_f). \end{aligned} \tag{21}$$

Wird (21) in (18) eingesetzt, so ergibt sich

$$S_i(q_i, E(J_k), \beta_2(J_k), \ldots, \beta_f(J_k)) = S'(q_i, J_1, \ldots, J_f). \tag{22}$$

Das ist eine erzeugende Funktion mit den konstanten Impulsen

$$P_i = J_i. \tag{23}$$

Die Relation (22) ist vollkommen analog zur Beziehung (6) und (23) entspricht (7). Die kanonisch konjugierten Winkelvariablen ergeben sich – ähnlich wie (8) – aus

$$\varphi_i = \frac{\partial S'}{\partial J_i} = \sum_{k=1}^{f} \frac{\partial S'_k(q_k, J_1, \ldots, J_f)}{\partial J_i}, \qquad i = 1, \ldots, f. \tag{24}$$

Zu den kanonischen Variablen $(Q_i, P_i) = (\varphi_i, J_i)$ gehört die Hamiltonfunktion

$$\mathcal{H}(\varphi_i, J_i) = E(J_i), \tag{25}$$

weil die Hamiltonfunktion zeitunabhängig ist (siehe Gleichung (3)). Daraus folgen die Hamiltonschen Gleichungen

$$\begin{aligned} \dot{\varphi}_i &= \frac{\partial \mathcal{H}}{\partial P_i} = \frac{\partial E(J_k)}{\partial J_i} = \text{const} \equiv \nu_i, \\ \dot{J}_i &= -\frac{\partial \mathcal{H}}{\partial \varphi_i} = 0, \end{aligned} \tag{26}$$

also

$$\begin{aligned} \varphi_i &= \nu_i t + \delta_i, \\ J_i &= \text{const.} \end{aligned} \tag{27}$$

♦ Beispiel 20.4

Nun interessiert die Änderung der Winkelvariablen φ_i während einer Periode (voller Umlauf bzw. Hin- und Hergang einer Koordinate q_i bei festgehaltenen übrigen Koordinaten). Sie ist

$$\Delta_k \varphi_i = \oint \frac{\partial \varphi_i}{\partial q_k}\,\mathrm{d}q_k = \oint \frac{\partial^2 S'}{\partial J_i \partial q_k}\,\mathrm{d}q_k$$
$$= \frac{\partial}{\partial J_i} \oint \frac{\partial S'}{\partial q_k}\,\mathrm{d}q_k = \frac{\partial J_k}{\partial J_i} = \delta_{ki}. \tag{28}$$

Gemäß (27) ist

$$\Delta_k \varphi_k = \nu_k \tau_\kappa, \tag{29}$$

wenn τ_k die „Schwingungszeit" (zeitliches Intervall der Periode) von q_k ist. Der Vergleich von (29) mit (28) liefert

$$\nu_k \tau_k = 1. \tag{30}$$

Also sind

$$\nu_k = \frac{1}{\tau_k} \tag{31}$$

offensichtlich die Frequenzen der q_k-Bewegung. Mit anderen Worten: Gemäß (26) ergibt sich die zur Koordinate q_k gehörige (Grund-)Frequenz ν_k als $\nu_k = \partial E(J_1, \ldots, J_f)/\partial J_k$.

Die Gleichungen (24) können auch umgekehrt werden. Das liefert dann die ursprünglichen Koordinaten q_n mit

$$q_k = q_k(\varphi_1, \ldots, \varphi_f), \qquad k = 1, \ldots, f \tag{32}$$

als Funktion der neuen Winkelvariablen φ_i. Bei Vergrößerung von φ_i um $\Delta\varphi_i = 1$ (unter Beibehaltung der Werte aller anderen φ_k mit $k \neq i$) muß q_i (und nur dieses!) durch eine Periode laufen. Dies folgt aus Gleichung (28): Würde nämlich auch q_k (mit $k \neq i$) bei der Änderung von φ_i nach $\varphi_i + \Delta\varphi_i = \varphi_i + 1$ eine Periode durchlaufen, so müßte gemäß (28) auch φ_k um $\Delta\varphi_k = 1$ wachsen. Das soll aber nach Voraussetzung nicht so sein. Daher gilt: Wächst φ_i nach $\varphi_i + 1$, so ändert sich q_i, und zwar:

$$\begin{aligned} \varphi_i &\to \varphi_i + 1, \\ q_i &\to q_i \qquad \text{im Fall der Libration,} \\ q_i &\to q_i + q_{i0} \quad \text{im Fall der Rotation.} \end{aligned} \tag{33}$$

Bei der Libration ist also q_i periodisch; bei der Rotation ist

$$q_i - \varphi_i q_{i0} \tag{34}$$

eine periodische Funktion von φ_i. In der Tat ändert sich

$$\begin{aligned} \varphi_i &\to \varphi_i + 1 \\ q_i - \varphi_i q_{i0} &\to q_i + q_{i0} - (\varphi_i + 1) q_{i0} = q_i - \varphi_i q_{i0}. \end{aligned} \tag{35}$$

Daher können wir die Separationskoordinaten q_i (bei Libration) bzw. $q_i - \varphi_i q_{i0}$ (bei Rotationen) in eine Fourierreihe entwickeln und schreiben

$$\left.\begin{aligned} &q_i(\varphi_1(t), \ldots, \varphi_f(t)) \\ &q_i - \varphi_i q_{i0}(\varphi_1(t), \ldots, \varphi_f(t)) \end{aligned}\right\} = \sum_{n=-\infty}^{+\infty} a_n^{(i)}\, \mathrm{e}^{i2\pi\varphi_i n}$$
$$= \sum_{n=-\infty}^{+\infty} a_n^{(i)}\, \mathrm{e}^{i2\pi n(\nu_i t + \delta_i)}, \tag{36}$$

wobei

$$a_n^{(i)}(\varphi_1, \ldots, \varphi_{i-1}, \varphi_{i+1}, \ldots, \varphi_f) = \int_0^1 q_i(\varphi_1, \ldots, \varphi_f)\, \mathrm{e}^{-i2\pi n\varphi_i}\, \mathrm{d}\varphi_i. \tag{37}$$

Die Fourier-Koeffizienten $a_n^{(i)}(\varphi_1, \ldots, \varphi_{i-1}, \varphi_{i+1}, \ldots, \varphi_f)$ hängen im allgemeinen noch von allen Winkelvariablen außer φ_i ab.

Denken wir uns jetzt andere Variable x_l, die das System beschreiben und bei gewissen Aufgaben nützlich sind. Sie sollen eindeutig von den $q_i(t)$ abhängen und sind daher auch Funktionen der Zeit. Dann können wir schreiben

$$\begin{aligned} x_l(q_1(t), \ldots, q_f(t)) &= \sum_{n_1=-\infty}^{+\infty} \cdots \sum_{n_f=-\infty}^{+\infty} A_{n_1,\ldots,n_f}^{(l)}\, \mathrm{e}^{i2\pi(n_1\varphi_1+\cdots+n_f\varphi_f)} \\ &= \sum_{n_1,\ldots,n_f=-\infty}^{\infty} A_{n_1,\ldots,n_f}^{(l)}\, \mathrm{e}^{i2\pi[(n_1\nu_1+\cdots+n_f\nu_f)t+(\delta_{n_1}+\ldots+\delta_{n_f})]}, \\ & l = 1, \ldots, f. \end{aligned} \tag{38}$$

Im zweiten Schritt haben wir $\varphi_i = \nu_i t + \delta_i$ benutzt. Die Koordinaten x_l sind nur durch eine mehrfache Fourierreihe darstellbar. Gleichung (38) macht nun verständlich, daß die Bewegung $x_l(t)$ in der Zeit *im allgemeinen nicht periodisch* ist. Wenn nämlich t um z. B. $\Delta t = 1/\nu_1$ wächst, so ändert sich zwar der erste Exponentialfaktor in (38) wegen $\mathrm{e}^{i2\pi n_1\nu_1\Delta t} = \mathrm{e}^{i2\pi n_1\nu_1(1/\nu_1)} = \mathrm{e}^{i2\pi n_1} = 1$ nicht, die anderen Exponentialfaktoren in (38) aber ändern sich. In den Koordinaten x_l des Systems heißt daher das System *mehrfach periodisch*. Damit es *einfach periodisch* ist, müssen zwischen den Frequenzen $\nu_1, \ldots, \nu_f$ $f-1$ Beziehungen der Art

$$C_{i1}\nu_1 + C_{i2}\nu_2 + \cdots + C_{if}\nu_f = 0, \qquad (i = 1, \ldots, f-1), \tag{39}$$

gelten. Das sind $f-1$ Gleichungen für die f Unbekannten $\nu_1, \ldots, \nu_f$. Es ist klar, daß mit ν_i auch $\nu\nu_i$ (ν beliebiger Faktor) eine Lösung von (39) ist. Sei nun $\nu_i = n_i/m_i$; die ν_i seien also darstellbar durch den Bruch n_i/m_i. Dann sind

$$\nu_i' = (m_1 m_2 \cdots m_f)\nu_i = (m_1 \cdots m_f)\frac{n_i}{m_i} \tag{40}$$

auch Lösungen von (39). Die ν_i' sind demnach ganze Zahlen. Da die Lösungen von (39) nur bis auf einen gemeinsamen Faktor ν bestimmbar sind, lautet die allgemeine Lösung

$$\nu_i = a_i \nu, \tag{41}$$

wobei die $a_i = (m_1 m_2 \cdots m_f)n_i/m_i$ ganze Zahlen und ν ein gemeinsamer Faktor sind. Das System ist demnach dann und nur dann einfach periodisch, wenn alle Frequenzen kommensurabel sind. Die Grundfrequenz ν_0 ist dann der größte gemeinsame Teiler aller Frequenzen $\nu_1, \ldots, \nu_f$. Falls es nur s (mit $s \le f-1$) Beziehungen der Form (39) gibt, können s Frequenzen rational durch die übrigen ausgedrückt werden. Das System (die Bewegung) heißt dann *s-fach entartet oder $(f-s)$-fach periodisch.* Spezialfälle davon sind

$s = 0$:	die Bewegung ist f-fach periodisch oder auch nicht entartet
$s = f-1$:	die Bewegung ist einfach periodisch oder auch völlig entartet.

Beispiel 20.4 ▲

Übergang zur Quantenmechanik

In den letzten Kapiteln haben wir die formalen Aspekte der Mechanik hervorgehoben. Obwohl zur Lösung praktischer Probleme manchmal keine Vorteile erreicht wurden, so haben doch die Einsichten in die Struktur der Mechanik, die der Hamiltonsche Formalismus liefert, wesentlich zur Weiterentwicklung der klassischen Mechanik beigetragen. So ist beispielsweise der Begriff des Phasenintegrals von grundlegender Bedeutung für den Übergang zur Quantenmechanik gewesen. Die erste klare Formulierung der *Quantenhypothese* bestand in der Forderung, daß das *Phasenintegral nur diskrete Werte annehmen* kann, also

$$J = \oint p \, \mathrm{d}q = nh, \qquad n = 1, 2, 3, \ldots, \tag{20.22}$$

wobei h das Plancksche Wirkungsquantum ist, dessen Wert $h = 6{,}6 \cdot 10^{-34}$ J · s beträgt.

Betrachten wir wiederum den Fall des harmonischen Oszillators. In Beispiel 20.2 haben wir das Phasenintegral berechnet:

$$J = 2\pi E \sqrt{\frac{m}{k}}. \tag{20.23}$$

Dabei war $\nu = (1/2\pi)\sqrt{k/m}$ die Frequenz. Mit der Quantenhypothese erhalten wir dann

$$E_n = nh\nu. \tag{20.24}$$

Die Quantenhypothese führt somit zu dem Schluß, daß der schwingende Massenpunkt nur diskrete Energiewerte E_n annehmen kann. Für die Bewegung bedeutet das, daß im Phasenraum nur bestimmte Bahnen erlaubt sind. Wir erhalten also (vgl. Beispiel 20.2) für die Phasenraumbahnen Ellipsen, deren Flächen (das Phasenintegral) sich jeweils um den Betrag h unterscheiden. Der Phasenraum erhält auf diese Art eine Gitterstruktur, die durch die erlaubten Bahnen gegeben wird.

Jede Bahn entspricht einer Energie E_n. Beim Übergang des Massenpunktes zwischen zwei Bahnen nimmt er die Energie $E_n - E_m = (n - m)h\nu$ auf (oder gibt sie ab). Die kleinste übertragene Energiemenge ist durch $h\nu$ gegeben.

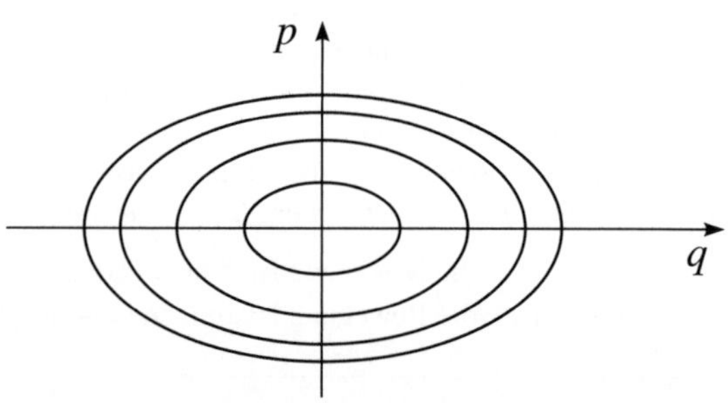

In der Quantenmechanik sind die Phasenraumbahnen des harmonischen Oszillators Ellipsen, die sich um einen Flächeninhalt von jeweils h unterscheiden.

Da das Wirkungsquantum h so klein ist, ist die diskrete Struktur des Phasenraumes nur für atomare Prozesse von Bedeutung. Für makroskopische Vorgänge liegen die Bahnen im Phasenraum so dicht, daß wir den Phasenraum als Kontinuum ansehen können. Die Energiequanten $h\nu$ sind so klein, daß sie bei makroskopischen Prozessen keine Rolle spielen. Zum Beispiel beträgt die bei einem Übergang im Wasserstoffatom emittierte Energie $h\nu = 13{,}6$ eV (Elektronenvolt). Ausgedrückt in der (makroskopischen) Einheit von Wattsekunden ist $h\nu = 2 \cdot 10^{-18}$ W · s. Ihre Bestätigung fand die Quantenhypothese in der Erklärung der Spektren strahlender Atome.

Das Bohr-Sommerfeldsche Wasserstoffatom

Aufgabe 20.5

Zu Beginn der Entwicklung der modernen Quantenmechanik wurde von N. Bohr und A. Sommerfeld eine „Quantisierungsvorschrift" für periodische Bewegungen angegeben. Danach sind nur solche Bahnen im Phasenraum zugelassen, für welche das Phasenintegral

$$\oint p_\alpha \, \mathrm{d}q_\alpha = n_\alpha h, \qquad n_\alpha = 0, 1, 2, \dots \tag{1}$$

ein Vielfaches des Planckschen Wirkungsquantum $h = 6{,}626 \cdot 10^{-34}$ J · s annimmt. Das Integral erstreckt sich über eine Periode der Bewegung. q_α und p_α sind die generalisierten Koordinaten und die kanonisch konjugierten Impulse.

a) Geben Sie für ein Teilchen im Potential $v(r) = -e^2/r$ die Lagrangefunktion, Hamiltonfunktion, Hamiltongleichungen und die Konstanten der Bewegung an.
b) Berechnen Sie aus der Bedingung (1) die gebundenen Energiezustände des Wasserstoffatoms.

Lösung:

a) Die Lagrangefunktion ist $L = T - V = (1/2)mv^2 + e^2/r$. Die Hamiltonfunktion folgt dann zu

$$H = \sum_\alpha \dot{x}_\alpha \frac{\partial L}{\partial \dot{x}_\alpha} - L = \frac{1}{2}mv^2 - \frac{e^2}{r} = \frac{1}{2}m\dot{r}^2 + \frac{1}{2}mr^2\dot{\varphi}^2 - \frac{e^2}{r} \tag{2}$$

in Polarkoordinaten. Die kanonischen Impulse sind

$$p_\varphi = \frac{\partial L}{\partial \dot{\varphi}} = mr^2\dot{\varphi} = \mathcal{L} \qquad \text{und} \qquad p_r = \frac{\partial L}{\partial \dot{r}} = m\dot{r}. \tag{3}$$

$\mathcal{L}$ ist dabei der Drehimpuls des Teilchens.

Dann ist

$$H(p, q) = \frac{p_r^2}{2m} + \frac{p_\varphi^2}{2mr^2} - \frac{e^2}{r}. \tag{4}$$

Konstanten der Bewegung sind:
i) $H = E$, da $H(q, p)$ nicht explizit von der Zeit abhängt und
ii) $p_\varphi = \mathcal{L}$, da φ eine zyklische Variable ist.

♦ Aufgabe 20.5

$\mathcal{L}$ bedeutet den konstanten Drehimpuls. Die Hamiltonschen Gleichungen lauten:

$$\dot{p}_\varphi = -\frac{\partial H}{\partial \varphi} = 0, \qquad \dot{\varphi} = \frac{\partial H}{\partial p_\varphi} = \frac{p_\varphi}{mr^2}$$

$$\dot{p}_r = -\frac{\partial H}{\partial r} = -\frac{e^2}{r} + \frac{p_\varphi^2}{mr^3} \qquad \dot{r} = \frac{\partial H}{\partial p_r} = \frac{p_r}{m}. \tag{5}$$

b) Die Quantisierungsbedingungen für die *Winkelbewegung*

$$lh = \oint p_\varphi \, \mathrm{d}\varphi = \int_0^{2\pi} \mathcal{L} \, \mathrm{d}\varphi = 2\pi \mathcal{L}$$

$$\Rightarrow \quad \mathcal{L} = l\hbar, \qquad \hbar = \frac{h}{2\pi}, \qquad l = 0, 1, 2, \ldots \tag{6}$$

d. h., der Bahndrehimpuls kann nur ganzzahlige Vielfache von $\hbar$ annehmen. Für die *Radialbewegung* ist das Phasenintegral gleich

$$kh = \oint p_r \, \mathrm{d}r = 2 \int_{r_{\min}}^{r_{\max}} \sqrt{2m\left(E + \frac{e^2}{r}\right) - \frac{\mathcal{L}^2}{r^2}} \, \mathrm{d}r, \qquad k = 0, 1, 2, \ldots \tag{7}$$

Die Integralgrenzen bestimmen sich aus der Bedingung

$$p_r = 0, \tag{8}$$

also

$$r_m^2 + \frac{e^2}{E} r_m - \frac{\mathcal{L}^2}{2mE} = 0,$$

$$r_m = -\frac{e^2}{2E} \mp \frac{\sqrt{-\Delta}}{4mE} \quad \text{mit} \quad \Delta = -4m(2E\mathcal{L}^2 + me^4). \tag{9}$$

Das Integral in (7) ist vom Typ

$$\int \frac{\sqrt{ar^2 + br + c}}{r} \, \mathrm{d}r \equiv \int \frac{\sqrt{X(r)}}{r} \, \mathrm{d}r, \tag{10}$$

und man verifiziert leicht durch Differentiation, daß

$$\int \frac{\sqrt{X(r)}}{r} \, \mathrm{d}r = \sqrt{X(r)} + \frac{b}{2} \int \frac{\mathrm{d}r}{\sqrt{X(r)}} + c \int \frac{\mathrm{d}r}{r\sqrt{X(r)}} \tag{11}$$

gilt. Dabei ist $X(r) = ar^2 + br + c$. Weiterhin ist

$$\int \frac{\mathrm{d}r}{\sqrt{X(r)}} = -\frac{1}{\sqrt{-a}} \arcsin \frac{2ar + b}{\sqrt{-\Delta}} \qquad \text{für } a < 0 \text{ (weil } E < 0)$$

$$\text{und} \quad \int \frac{\mathrm{d}r}{r\sqrt{X(r)}} = \frac{1}{\sqrt{-c}} \arcsin \frac{br + 2c}{r\sqrt{-\Delta}} \qquad \text{für} \quad c < 0 \text{ und } \Delta < 0. \tag{12}$$

Dabei ist

$$\Delta = 4ac - b^2. \tag{13}$$

Damit folgt

$$\int \frac{\sqrt{X(r)}}{r} \, \mathrm{d}r = \sqrt{ar^2 + br + c} \tag{14}$$

$$- \frac{b}{2\sqrt{-a}} \arcsin \frac{2ar + 2b}{\sqrt{-\Delta}} + \frac{c}{\sqrt{-c}} \arcsin \frac{br + 2c}{r\sqrt{-\Delta}}$$

für $a < 0, c < 0, \Delta < 0$. In unserem Fall ist (siehe (7))

$$\begin{aligned} a &= 2mE, \quad b = mc^2, \quad c = -\mathcal{L}^2 \\ \Delta &= -4m(2E\mathcal{L}^2 + me^4). \end{aligned} \tag{15}$$

Für das Integral findet man (mit $E < 0$):

$$\begin{aligned} &\int \frac{\sqrt{2mEr^2 + 2me^2 r - \mathcal{L}^2}}{r} \, \mathrm{d}r \\ &= \sqrt{2mEr^2 + 2me^2 r - \mathcal{L}^2} \\ &\quad + \frac{me^2}{\sqrt{-2mE}} \arcsin \frac{4mEr + 2me^2}{\sqrt{-\Delta}} - \mathcal{L} \arcsin \frac{2me^2 r - 2\mathcal{L}^2}{r\sqrt{-\Delta}}. \end{aligned} \tag{16}$$

Einsetzen der Integrationsgrenzen liefert

$$\sqrt{\frac{2\pi^2 me^4}{-E}} - 2\pi\mathcal{L} = kh. \tag{17}$$

Definiert man die „Hauptquantenzahl" $n = l + k = 0, 1, 2, \ldots$, so lautet die Formel für die Bindungsenergie

$$E_n = -\frac{me^4}{2\hbar^2 n^2}. \tag{18}$$

Diese Formel für die diskreten Energieniveaus im Wasserstoffatom stimmt mit dem quantenmechanischen Ergebnis genau überein. Lediglich der Wert $n = 0$, der nach dieser Betrachtung erlaubt wäre, ist in der quantenmechanischen Behandlung ausgeschlossen. Das zugrundeliegende klassische Bild (Elektron bewegt sich auf Ellipsenbahn mit der Exzentrizität $\varepsilon = \sqrt{1 - (l/n)^2}$) führt jedoch zu Widersprüchen und muß in der Quantenmechanik abgewandelt werden. Wegen $n = l + k$ sind die Energieniveaus mit $n = 1, 2, \ldots$ zweifach, dreifach, ... entartet.

Aufgabe 20.5 ▲

Über die Poisson-Klammern

Aufgabe 20.6 ▼

Wenn die Funktionen F und G von den Koordinaten q_α, den Impulsen p_α und der Zeit t abhängen, ist die *Poisson-Klammer* von F und G wie folgt definiert:

$$[F,G] = \sum_\alpha \left(\frac{\partial F}{\partial q_\alpha} \cdot \frac{\partial G}{\partial p_\alpha} - \frac{\partial F}{\partial p_\alpha} \cdot \frac{\partial G}{\partial q_\alpha} \right).$$

Zeigen Sie die nachstehenden Eigenschaften dieser Poisson-Klammer:

a) $[F, G] = -[G, F]$,
b) $[F_1 + F_2, G] = [F_1, G] + [F_2, G]$,
c) $[F, q_r] = -\dfrac{\partial F}{\partial p_r}$,
d) $[F, p_r] = \dfrac{\partial F}{\partial q_r}$.

♦ Aufgabe 20.6

Lösung:

a)

$$[F,G] = \sum_\alpha \left(\frac{\partial F}{\partial q_\alpha} \frac{\partial G}{\partial p_\alpha} - \frac{\partial F}{\partial p_\alpha} \frac{\partial G}{\partial q_\alpha} \right) = -\sum_\alpha \left(\frac{\partial G}{\partial q_\alpha} \frac{\partial F}{\partial p_\alpha} - \frac{\partial G}{\partial p_\alpha} \frac{\partial F}{\partial q_\alpha} \right)$$
$$= -[G,F].$$

Wir sehen daran, daß die *Poisson-Klammer nicht kommutativ ist.*

b)

$$[F_1 + F_2, G] = \sum_\alpha \left(\frac{\partial (F_1 + F_2)}{\partial q_\alpha} \frac{\partial G}{\partial p_\alpha} - \frac{\partial (F_1 + F_2)}{\partial p_\alpha} \frac{\partial G}{\partial q_\alpha} \right)$$
$$= \sum_\alpha \left(\frac{\partial F_1}{\partial q_\alpha} \frac{\partial G}{\partial p_\alpha} - \frac{\partial F_1}{\partial p_\alpha} \frac{\partial G}{\partial q_\alpha} \right) + \sum_\alpha \left(\frac{\partial F_2}{\partial q_\alpha} \frac{\partial G}{\partial p_\alpha} - \frac{\partial F_2}{\partial p_\alpha} \frac{\partial G}{\partial q_\alpha} \right)$$
$$= [F_1, G] + [F_2, G].$$

Damit gilt die *Distributivität für die Poisson-Klammer.*

c)

$$[F, q_r] = \sum_\alpha \left(\frac{\partial F}{\partial q_\alpha} \frac{\partial q_r}{\partial p_\alpha} - \frac{\partial F}{\partial p_\alpha} \frac{\partial q_r}{\partial q_\alpha} \right)$$

$$\frac{\partial q_r}{\partial p_\alpha} = 0 \qquad \Rightarrow \qquad [F, q_r] = \sum_\alpha \left(-\frac{\partial F}{\partial p_\alpha} \delta_{r\alpha} \right) = -\frac{\partial F}{\partial p_r}.$$

Hierbei ist $\delta_{r\alpha}$ das Kronecker-Symbol:

$$\delta_{r\alpha} = 1 \quad \text{für} \quad r = \alpha,$$
$$\delta_{r\alpha} = 0 \quad \text{für} \quad r \neq \alpha.$$

d) Ganz analog finden wir

$$[F, p_r] = \sum_\alpha \left(\frac{\partial F}{\partial q_\alpha} \frac{\partial p_r}{\partial p_\alpha} - \frac{\partial F}{\partial p_\alpha} \frac{\partial p_r}{\partial q_\alpha} \right) = \sum_\alpha \left(\frac{\partial F}{\partial q_\alpha} \delta_{r\alpha} \right) = \frac{\partial F}{\partial q_r},$$

da $\partial p_r / \partial q_\alpha = 0$:

Der Gebrauch der Regeln über Poisson-Klammern wird uns wieder in der Quantenmechanik begegnen, denn der Übergang zur Quantenmechanik (die sogenannte Kanonische Quantisierung) erfolgt durch den Übergang zu Operatoren und das Ersetzen der Poisson-Klammer [,] durch den Kommutator $(1/i\hbar)\{\,,\}$, wobei

$$\{A, B\}_- = AB - BA$$

bedeutet. Bilden wir z. B. $[q_i, p_j]$, so finden wir

$$[q_i, p_j] = \sum_\alpha \left(\frac{\partial q_i}{\partial q_\alpha} \frac{\partial p_j}{\partial p_\alpha} - \frac{\partial q_i}{\partial p_\alpha} \frac{\partial p_j}{\partial q_\alpha} \right) = \delta_{ij}. \tag{1}$$

Bei der kanonischen Quantisierung geht man von den klassischen Impulsen p_j zu Operator-Impulsen $\widehat{p}_j$ über und von der klassischen Poisson-Klammer [,] zur quantenmechanischen Poisson-Klammer $(1/i\hbar)\{\,,\}_-$. Man ersetzt also bei der kanonischen Quantisierung die Beziehung (1) durch

$$\{q_i, \widehat{p}_j\}_- = i\hbar\delta_{ij}. \tag{2}$$

Gleichung (2) ist erfüllt, wenn $\widehat{p}_j = -i\hbar\partial/\partial q_j$ ist:

$$\{q_i, \widehat{p}_j\}_- = -i\hbar\left\{q_i, \frac{\partial}{\partial q_j}\right\}_-,$$

wobei der Kommutator auf eine Funktion $f(q_1, \ldots, q_\alpha)$ wirkt. So ist zum Beispiel

$$\begin{aligned} -i\hbar&\left\{\frac{\partial}{\partial q_j}, q_i\right\}_- f(q_1, \ldots, q_\alpha] \\ &= -i\hbar\left[\frac{\partial}{\partial q_j}(q_i f(q_1, \ldots, q_\alpha)) - q_i\frac{\partial}{\partial q_j}f(q_1, \ldots, q_\alpha)\right] \\ &= -i\hbar\delta_{ij}\cdot f(q_1, \ldots, q_\alpha), \end{aligned}$$

wobei die Produktregel benutzt wurde und somit Gleichung (2) verifiziert ist. Die Regeln für die quantenmechanischen Kommutatoren sind identisch mit denen für die Poisson-Klammern. Man könnte sagen, die Quantenmechanik ist eine andere algebraische Realisierung der Poisson-Klammern. Wie sich in der Quantenmechanik zeigen wird, ist dieser Schluß zu voreilig und in dieser Form nicht richtig.

Aufgabe 20.6

Totale zeitliche Ableitung einer beliebigen von *q*, *p* und *t* abhängenden Funktion

Aufgabe 20.7

Bezeichne H die Hamiltonfunktion. Zeigen Sie, daß für eine beliebige von q_i, p_i und t abhängende Funktion gilt:

$$\frac{\mathrm{d}f}{\mathrm{d}t} = \frac{\partial f}{\partial t} + [f, H].$$

Lösung:

Das totale Differential der Funktion $f(p_i, q_i, t)$ lautet:

$$\mathrm{d}f = \frac{\partial f}{\partial t}\,\mathrm{d}t + \sum_\alpha\left(\frac{\partial f}{\partial q_\alpha}\,\mathrm{d}q_\alpha + \frac{\partial f}{\partial p_\alpha}\,\mathrm{d}p_\alpha\right) \quad (1)$$

$$\Rightarrow \quad \frac{\mathrm{d}f}{\mathrm{d}t} = \frac{\partial f}{\partial t} + \sum_\alpha\left(\frac{\partial f}{\partial q_\alpha}\dot{q}_\alpha + \frac{\partial f}{\partial p_\alpha}\dot{p}_\alpha\right). \quad (2)$$

Mit Hilfe der Hamiltonschen Gleichungen

$$\frac{\partial H}{\partial p_\alpha} = \dot{q}_\alpha, \qquad \frac{\partial H}{\partial q_\alpha} = -\dot{p}_\alpha$$

können wir Gleichung (2) umschreiben in

$$\frac{\mathrm{d}f}{\mathrm{d}t} = \frac{\partial f}{\partial t} + \sum_\alpha\left(\frac{\partial f}{\partial q_\alpha}\frac{\partial H}{\partial p_\alpha} - \frac{\partial f}{\partial p_\alpha}\frac{\partial H}{\partial q_\alpha}\right) = \frac{\partial f}{\partial t} + [f, H]. \quad (3)$$

Es treten also hier automatisch die Poisson-Klammern auf. Gleichung (3) erinnert in noch stärkerem Maße als die Analogien der letzten Aufgabe an die Ergebnisse der Quantenmechanik. Dort werden wir nämlich für die zeitliche Ableitung eines Operators $\widehat{F}$ folgenden Ausdruck finden:

$$\frac{\mathrm{d}\widehat{F}}{\mathrm{d}t} = \frac{\partial\widehat{F}}{\partial t} + \frac{1}{i\hbar}\{\widehat{F}, \widehat{H}\}_-, \quad (4)$$

wobei $\widehat{H}$ den Hamilton-Operator des quantenmechanischen Problems darstellt. Er ist z. B. von der Form

$$\widehat{H} = \widehat{H}(x, \widehat{p}) \qquad \text{mit} \qquad \widehat{p} = -i\hbar \frac{\partial}{\partial x}$$

und hängt im allgemeinen von den Koordinaten, Impulsoperatoren und möglicherweise noch anderen Größen, wie z. B. Spin etc., ab.

▲ Aufgabe 20.7

21 Verallgemeinerte kanonische Transformationen

Verallgemeinerte Darstellung des Hamiltonschen Prinzips

Bei näherer Betrachtung des Hamiltonschen Prinzips [1)]

$$\delta \int_{t_1}^{t_2} L\left(q_j, \dot{q}_j, t\right) \, \mathrm{d}t = \delta \int_{t_1}^{t_2} \left[\sum_{i=1}^{n} p_i(t) \frac{\mathrm{d}q_i(t)}{\mathrm{d}t} - H\big(q_j(t), p_j(t), t\big) \right] \mathrm{d}t$$
$$\stackrel{!}{=} 0 \tag{21.1}$$

zeigt sich, daß dieses nicht in voller Allgemeinheit formuliert wurde: Die Zeit t erscheint in *zweifachem* Zusammenhang, nämlich einerseits als unabhängige Variable im Argument der Hamilton-Funktion H, sowie andererseits als formale Integrationsvariable. Infolgedessen wird die Zeit t bei Ausführung der Variation *nicht* mitvariiert. Diese Formulierung des Prinzips der kleinsten Wirkung steht somit noch ganz in der Tradition des Newtonschen Weltbildes einer *absoluten Zeit* – welche unberührt und unabhängig von Naturerscheinungen gleichförmig dahinfließt – als dem natürlichen Evolutionsparameter eines jeden physikalischen Systems. Die auf der Grundlage von (21.1) im Kapitel 19 entwickelte kanonische Transformationstheorie liefert mit der Bedingung (19.4)

$$\delta \int \mathcal{L} \, \mathrm{d}t = \delta \int L \, \mathrm{d}t = 0 \tag{21.2}$$

infolgedessen nur eine *Untermenge* aller möglichen kanonischen Transformationen, nämlich genau solche, welche die Zeit t unberührt lassen. Um nun kanonische Transformationen zu erlauben, welche auch die Zeit t abbilden, müssen wir zunächst eine verallgemeinerte Darstellung des Hamiltonschen Prinzips von (21.1) finden.

Die Verallgemeinerung von (21.1) geschieht nun ganz einfach, indem wir die Zeit t im Argument der Hamilton-Funktion von der formalen Integrationsvariablen

[1)] Wir folgen in diesem und dem nächsten Abschnitt der Darstellung von J. Struckmeier, „Hamiltonian dynamics on the symplectic extended phase space for autonomous and non-autonomous systems“, J. Phys. A: Math. Gen. **38** (2005) 1257.

trennen. Bezeichnen wir die neue Integrationsvariable mit s, so ergibt sich nach der Substitutionsregel der Integralrechnung unmittelbar aus (21.1)

$$\delta \int_{s_1}^{s_2} \left[\sum_{i=1}^{n} p_i(s) \frac{\mathrm{d}q_i(s)}{\mathrm{d}s} - H\big(q_j(s), p_j(s), t(s)\big) \frac{\mathrm{d}t(s)}{\mathrm{d}s} \right] \mathrm{d}s \stackrel{!}{=} 0. \tag{21.3}$$

Mit $t = t(s)$ definieren wir somit eine – zunächst noch nicht festgelegte – *Parametrisierung der Zeit*. In dieser Beschreibung hängen nun alle kanonischen Variablen $q_i(s)$, $p_i(s)$, sowie die Zeit $t(s)$, von s als dem *neuen Evolutionsparameter* des Systems ab.

Die symmetrische Form der Summanden des Integranden von (21.3) legt es nun nahe, die Zeit $t(s)$ in gleicher Weise wie alle $q_i(s)$ als kanonische Koordinate zu betrachten. Dementsprechend muß dann der negative *Funktionswert* $e(s)$ der Hamilton-Funktion H

$$e(s) = H\big(q_j(s), p_j(s), t(s)\big) \tag{21.4}$$

als die zur Zeit $t(s)$ *konjugierte* Koordinate behandelt werden. Formal erhalten wir so ein zusätzliches Paar (q_0, p_0) kanonisch konjugierter Variabler

$$q_0(s) \equiv t(s), \qquad p_0(s) \equiv -e(s). \tag{21.5}$$

Zusammengenommen bilden diese Variablen dann die neuen Koordinaten eines um *zwei* Dimensionen erweiterten Phasenraums. An dieser Stelle sei betont, daß es sich bei der Beziehung (21.4) um eine *Gleichung*, aber nicht um eine *Identität* handelt. Die Funktion $e(s)$ bezeichnet nämlich nur den *Funktionswert* der Hamilton-Funktion H, nicht aber die Hamilton-Funktion $H(q_j(s), p_j(s), t(s))$ selbst! Beide Funktionen müssen sorgfältig voneinander unterschieden werden: $e(s)$ ist nur eine Funktion des Evolutionsparameters s und besitzt folglich nur eine Ableitung nach s, während H die vollständige Information über das vorliegende dynamische System enthält – als die Abhängigkeit des Wertes von H von allen einzelnen p_i, q_i und von t.

Um nun das Variationsintegral (21.3) in die ursprüngliche Form von (21.1) zu überführen, müssen wir schließlich noch die „erweiterte Hamilton-Funktion" H_1 definieren:

$$H_1(q_j, p_j, t, e) \equiv \Big[H(q_j, p_j, t) - e \Big] \frac{\mathrm{d}t}{\mathrm{d}s}. \tag{21.6}$$

Mit den Indizes $\mu, \nu = 0, \ldots, n$ für den erweiterten Satz der kanonischen Variablen q_μ und p_μ, sowie mit H_1 wie in (21.6) definiert, schreibt sich das Variationsintegral (21.3) nun wieder in der kanonischen Form von (21.1), wobei der Index μ nun alle Koordinaten des *erweiterten* Phasenraums durchläuft

$$\delta \int_{s_1}^{s_2} \left[\sum_{\mu=0}^{n} p_\mu(s) \frac{\mathrm{d}q_\mu(s)}{\mathrm{d}s} - H_1\big(q_\nu(s), p_\nu(s)\big) \right] \mathrm{d}s \stackrel{!}{=} 0. \tag{21.7}$$

Da die in (21.6) enthaltene Größe e für den *Wert* der Hamilton-Funktion H steht, ergibt sich diese erweiterte Hamilton-Funktion H_1 als die *implizite Funktion*

$$H_1(q_\nu, p_\nu) \equiv H_1(q_j, p_j, t, e) = 0. \tag{21.8}$$

Die erweiterte Hamilton-Funktion definiert folglich eine $(2n+1)$-dimensionale Hyperfläche im $(2n+2)$-dimensionalen erweiterten Phasenraum, auf welcher die Systembewegung stattfindet – ganz analog zur $(2n-1)$-dimensionalen Hyperfläche des gewöhnlichen $2n$-Phasenraums, welche im Falle eines autonomen (nicht explizit zeitabhängigen) Hamilton-Systems durch die Funktion $H(q_j, p_j) = e(0)$ die konstante (Energie-)Oberfläche darstellt, auf der sich der Punkt $(q_j(t), p_j(t))$ bewegt. Mit der Einführung der Energie $e(s)$ als zusätzlicher kanonischer Variabler haben wir die *skleronome Zwangsbedingung* $H_1(q_\nu, p_\nu) = 0 = \text{const.}$ erhalten. Die Zahl der Freiheitsgrade eines gegebenen Systems bleibt somit in der Beschreibung des erweiterten Phasenraums *unverändert*. Hierbei müssen wir wiederum sorgfältig beachten, daß die erweiterte Hamilton-Funktion $H_1(q_\nu, p_\nu)$ entlang des Systempfads $(q_\nu(s), p_\nu(s))$ zwar immer den *Funktionswert* Null besitzt, aber nicht *identisch* verschwindet. Die partiellen Ableitungen von H_1 sind nämlich i. allg. ungleich Null. Da die partiellen Ableitungen von H_1 aber in die Berechnung der Variation (21.7) eingehen (siehe hierzu Kapitel 18), darf die implizite Funktion $H_1(q_\nu, p_\nu) = 0$ im Integranden des Variationsintegrals (21.7) *nicht* eliminiert werden!

Genau wie im Falle der gewöhnlichen kanonischen Gleichungen (siehe hierzu Aufgabe 18.3) verschwindet das Variationsintegral (21.7) wieder genau dann, wenn die $q_\mu(s)$ und die $p_\mu(s)$ den Satz der „erweiterten kanonischen Gleichungen" erfüllen

$$\frac{\mathrm{d}q_\mu}{\mathrm{d}s} = \frac{\partial H_1}{\partial p_\mu}, \qquad \frac{\mathrm{d}p_\mu}{\mathrm{d}s} = -\frac{\partial H_1}{\partial q_\mu}, \qquad \mu = 0, \ldots, n. \tag{21.9}$$

Im Gegensatz zur totalen Zeitableitung der Hamilton-Funktion $H(q_j, p_j, t)$, verschwindet die totale s-Ableitung der erweiterten Hamilton-Funktion $H_1(q_\nu, p_\nu)$ *immer*. Bilden wir nämlich die s-Ableitung von H_1 und setzen anschließend die erweiterten kanonischen Gleichungen (21.9) ein, so folgt

$$\frac{\mathrm{d}H_1}{\mathrm{d}s} = \sum_\mu \left[\frac{\partial H_1}{\partial q_\mu}\frac{\mathrm{d}q_\mu}{\mathrm{d}s} + \frac{\partial H_1}{\partial p_\mu}\frac{\mathrm{d}p_\mu}{\mathrm{d}s}\right] = \sum_\mu \left[\frac{\partial H_1}{\partial q_\mu}\frac{\partial H_1}{\partial p_\mu} - \frac{\partial H_1}{\partial p_\mu}\frac{\partial H_1}{\partial q_\mu}\right] \equiv 0.$$

Formal beschreibt somit eine erweiterte Hamilton-Funktion $H_1(p_\nu, q_\nu) = \text{const.}$ im erweiterten Phasenraum immer ein *autonomes* Hamilton-System, d. h. ein System, welches nicht explizit von der unabhängigen Variablen abhängt.

In den Variablen q_i und p_i, sowie t und e ausgedrückt, schreibt sich der Satz (21.9) von $2n+2$ Gleichungen erster Ordnung (mit dem Laufindex $i = 1, \ldots, n$)

$$\frac{\mathrm{d}q_i}{\mathrm{d}s} = \frac{\partial H_1}{\partial p_i}, \quad \frac{\mathrm{d}p_i}{\mathrm{d}s} = -\frac{\partial H_1}{\partial q_i}, \quad \frac{\mathrm{d}t}{\mathrm{d}s} = -\frac{\partial H_1}{\partial e}, \quad \frac{\mathrm{d}e}{\mathrm{d}s} = \frac{\partial H_1}{\partial t}. \tag{21.10}$$

Für die spezielle erweiterte Hamilton-Funktion H_1 von Gl. (21.6) erhalten wir dann den erweiterten Satz von kanonischen Gleichungen als

$$\frac{\mathrm{d}q_i}{\mathrm{d}s} = \frac{\mathrm{d}t}{\mathrm{d}s}\frac{\partial H}{\partial p_i}, \qquad \frac{\mathrm{d}p_i}{\mathrm{d}s} = -\frac{\mathrm{d}t}{\mathrm{d}s}\frac{\partial H}{\partial q_i}, \qquad \frac{\mathrm{d}t}{\mathrm{d}s} = \frac{\mathrm{d}t}{\mathrm{d}s}, \qquad \frac{\mathrm{d}e}{\mathrm{d}s} = \frac{\mathrm{d}t}{\mathrm{d}s}\frac{\partial H}{\partial t}.$$

Die beiden ersten Gleichungen sind äquivalent zu den konventionellen kanonischen Gleichungen. Ersetzen wir nämlich die unabhängige Variable s durch $t = t(s)$, so erhalten wir

$$\frac{\mathrm{d}q_i}{\mathrm{d}t}\frac{\mathrm{d}t}{\mathrm{d}s} = \frac{\mathrm{d}t}{\mathrm{d}s}\frac{\partial H}{\partial p_i}, \qquad \frac{\mathrm{d}p_i}{\mathrm{d}t}\frac{\mathrm{d}t}{\mathrm{d}s} = -\frac{\mathrm{d}t}{\mathrm{d}s}\frac{\partial H}{\partial q_i}.$$

Der Faktor $\mathrm{d}t/\,\mathrm{d}s$ kürzt sich heraus. Die *erweiterte* Hamilton-Funktion H_1 und die *konventionelle* Hamilton-Funktion H beschreiben somit die *identische Dynamik*, wenn beide Funktionen gemäß Gl. (21.6) korreliert sind.

Die Definitionsgleichung (21.6) erlaubt zwei Interpretationen, je nachdem ob ursprünglich die konventionelle Hamilton-Funktion H oder die erweiterte Hamilton-Funktion H_1 gegeben sind. Im ersten Fall wird die Information über das vorliegende dynamische System durch eine *konventionelle* Hamilton-Funktion $H(q_j, p_j, t)$ geliefert, und die zugehörige erweiterte Hamilton-Funktion $H_1(q_j, p_j, t, e)$ wird nach Gl. (21.6) konstruiert. Der *erweiterte* Satz von kanonischen Gleichungen (21.10) ergibt dann nur eine *Identität* als Bewegungsgleichung für $t(s)$. In diesem Fall entsteht aus der erweiterten Hamilton-Funktion nur ein *formales*, aber *kein substantielles* neues Paar von kanonischen Gleichungen – die Parametrisierung der Zeit $t = t(s)$ bleibt unbestimmt. Im Hinblick auf die Integration der Bewegungsgleichungen liefert die erweiterte Beschreibung durch die Hamilton-Funktion H_1 von Gl. (21.6) somit die Aussage, daß wir die Zeit t als *beliebige* differenzierbare Funktion $t = t(s)$ parametrisieren dürfen, ohne das Hamiltonsche Prinzip von Gl. (21.1) zu verletzen.

Diese Tatsache wurde bereits von H. Poincaré entdeckt und ist deshalb unter dem Begriff der „Poincaréschen (symplektischen) Zeitskalierung“ bekannt. Wichtige Anwendungen liefert diese Methode auf dem Gebiet der numerischen Integration von Bewegungsgleichungen dynamischer Systeme mit Singularitäten. Durch geschickte Parametrisierung der Zeit können Singularitäten bisweilen eliminiert werden. Hierfür wird als Beispiel 21.5 L. Eulers Regularisierung der Bewegungsgleichung des Kepler-Systems behandelt.

In diesem Zusammenhang wird gezeigt, daß die Zeitskalierung als eine verallgemeinerte kanonische Transformation aufgefasst werden kann. Die *Freiheit*, die Parametrisierung der Zeit $t = t(s)$ zu wählen, gestattet es nämlich, *verallgemeinerte* kanonische Transformationen zu definieren, welche neben den kanonischen Variablen q^i und p_i auch die Zeit t transformieren. Und genau diese Verallgemeinerung benötigen wir, wenn die Physik der beteiligten Systeme auch eine Transformation der Zeitskalen *erfordert*. Im Beispiel 21.8 werden wir sehen, daß sich dann auch die Lorentz-Transformation als kanonische Transformation formulieren lässt. Aber auch die Abbildung eines explizit zeitabhängigen Hamilton-Systems in ein zeitunabhängiges erfordert eine allgemeinere Fassung der kanonischen Transformationstheorie. Zur Erläuterung wird im Beispiel 21.6 die Transformation des zeitabhängigen harmonischen Oszillators in den gewöhnlichen, zeitunabhängigen harmonischen Oszillator ausgeführt.

Im zweiten Fall liegt zur Beschreibung des vorliegenden dynamischen Systems dagegen eine *erweiterte* Hamilton-Funktion $H_1(q_j, p_j, t, e) = 0$ vor. Die Parametrisierung der Zeit $t = t(s)$ wird dann durch die e-Abhängigkeit der erweiterten Hamilton-Funktion H_1 *festgelegt*. In diesem Fall entsteht also mit der dritten und vierten Differentialgleichung von (21.10) ein nicht-triviales Paar von kanonischen Gleichungen für $t(s)$ und $e(s)$. Die zugehörige *konventionelle* Hamilton-Funktion H, welche die gleiche Dynamik beschreibt, wird dann durch Gl. (21.4) festgelegt. Dies geschieht, indem wir $H_1(q_j, p_j, t, e) = 0$ nach e auflösen und dann $H(q_j, p_j, t)$ der rechten Seite der Gleichung (21.4) entnehmen.

Der Trivialfall ist gegeben durch die erweiterte Hamilton-Funktion

$$H_1(q_j, p_j, t, e) = H(q_j, p_j, t) - e = 0, \quad \Longrightarrow \quad H(q_j, p_j, t) = e. \qquad (21.11)$$

Die kanonische Gleichung für $\mathrm{d}t/\,\mathrm{d}s$ ergibt, daß die unabhängige Variable s in diesem Fall mit t *identifiziert* wird – bis auf Verschiebungen des Zeitursprungs t_0:

$$\frac{\mathrm{d}t}{\mathrm{d}s} = -\frac{\partial H_1}{\partial e} = 1 \qquad \Longrightarrow \qquad t = s + t_0.$$

Da alle anderen partiellen Ableitungen von H_1 mit denen von H übereinstimmen, wird durch die spezielle erweiterte Hamilton-Funktion (21.11) die erweiterte Beschreibung vollständig auf die konventionelle zurückgeführt.

Wir können nun durch Definition von erweiterten Hamilton-Funktionen $H_{1,\mathrm{L}} = 0$, die unter Lorentz-Transformationen *in der Form* invariant bleiben, die gegenüber der Newton-Mechanik *modifizierte* Kinematik beschreiben, wie sie aus der Forderung nach Lorentz-Invarianz folgt. Gleichung (21.4) liefert wieder die physikalisch äquivalente *konventionelle* Hamilton-Funktion H_L, welche dann ihrerseits Lorentz-invariant ist. Dies wird in den Beispielen 21.9 und 21.10 vorgeführt für die Beschreibung der Kinematik eines *freien Teilchens*, sowie der Kinematik eines Teilchens in einem Potential $V(q, t)$.

Transformationsregeln verallgemeinerter kanonischer Transformationen

In der auf Grundlage des speziellen Variationsintegrals (21.1) definierten Bedingung (21.2) für kanonische Transformationen spielt die Zeit t die Rolle des *gemeinsamen unabhängigen Parameters* von Ausgangs- und Zielsystem. Der tatsächliche Vorteil, das Variationsintegral (21.1) in der erweiterten Formulierung von Gl. (21.7) zu verwenden, besteht nun darin, das letzteres die Grundlage allgemeinerer kanonischer Transformationen liefert, die es erlauben, zwei Hamilton-Systeme H und $\mathcal{H}$ mit *unterschiedlichen* Zeitskalen $t(s)$ und $T(s)$ miteinander zu verknüpfen

$$H(q_j, p_j, t) \xrightarrow{\text{verallg. kan. Transf.}} \mathcal{H}(Q_j, P_j, T). \qquad (21.12)$$

Beide Systeme dürfen sich demnach über die Transformation der generalisierten Koordinaten p_i und q_i hinaus, durch *endliche Differenzen ihrer jeweiligen Zeiten t* und T unterscheiden. Der in (21.3) eingeführte Evolutionsparameter s bildet dann – anstelle der Zeit t – die beiden Systemen gemeinsame unabhängige Variable.

Analog zur konventionellen kanonischen Transformationstheorie bezeichnen wir auch in der „erweiterten" Formulierung eine Abbildung (21.12) der abhängigen Variablen $Q_\mu = Q_\mu(q_\nu, p_\nu)$, $P_\mu = P_\mu(q_\nu, p_\nu)$ des Systems als „kanonisch", wenn diese das Variationsprinzip (21.7) in der Form erhält

$$\delta \int\limits_{s_1}^{s_2} \left[\sum_{\mu=0}^{n} p_\mu \frac{\mathrm{d}q_\mu}{\mathrm{d}s} - H_1\big(q_\nu,p_\nu\big) \right] \mathrm{d}s$$

$$= \delta \int\limits_{s_1}^{s_2} \left[\sum_{\mu=0}^{n} P_\mu \frac{\mathrm{d}Q_\mu}{\mathrm{d}s} - \mathcal{H}_1\big(Q_\nu,P_\nu\big) \right] \mathrm{d}s. \tag{21.13}$$

Diese Bedingung besagt wiederum, daß sich die *Integranden* beider Integrale um die totale Ableitung $\mathrm{d}\mathcal{F}_1/\,\mathrm{d}s$ einer Funktion $\mathcal{F}_1(q_\nu,Q_\nu)$ unterscheiden dürfen. (Zur Erinnerung: ein additiver Zusatzterm $\mathrm{d}\mathcal{F}_1/\,\mathrm{d}s$ zum Integranden kann unmittelbar über s integriert werden. Seine Variation an den festen Grenzen s_1 und s_2 verschwindet und trägt somit nichts zum Variationsintegral bei.) Die Funktion $\mathcal{F}_1$ wird wie bisher als „Erzeugende" der – nunmehr verallgemeinerten – kanonischen Transformation bezeichnet. Mit dieser Funktion ergibt die Transformationsbedingung (21.13), also die Forderung nach Erhaltung des Variationsprinzips

$$\sum_\mu p_\mu \frac{\mathrm{d}q_\mu}{\mathrm{d}s} - H_1 = \sum_\mu P_\mu \frac{\mathrm{d}Q_\mu}{\mathrm{d}s} - \mathcal{H}_1 + \frac{\mathrm{d}\mathcal{F}_1}{\mathrm{d}s}. \tag{21.14}$$

Andererseits ist die totale Ableitung $\mathrm{d}\mathcal{F}_1/\,\mathrm{d}s$ einer Funktion $\mathcal{F}_1(q_\mu,Q_\mu)$ gegeben durch

$$\frac{\mathrm{d}\mathcal{F}_1}{\mathrm{d}s} = \sum_\mu \left[\frac{\partial \mathcal{F}_1}{\partial q_\mu}\frac{\mathrm{d}q_\mu}{\mathrm{d}s} + \frac{\partial \mathcal{F}_1}{\partial Q_\mu}\frac{\mathrm{d}Q_\mu}{\mathrm{d}s} \right]. \tag{21.15}$$

Der Koeffizientenvergleich von Gln. (21.14) und (21.15) liefert dann den Satz der $2n+2$ Transformationsregeln für die kanonischen Koordinaten p_μ und P_μ, sowie die Transformationsregel für die erweiterte Hamilton-Funktion H_1

$$p_\mu = \frac{\partial \mathcal{F}_1}{\partial q_\mu}, \qquad P_\mu = -\frac{\partial \mathcal{F}_1}{\partial Q_\mu}, \qquad \mathcal{H}_1 = H_1.$$

Wir sehen, daß die erweiterte Hamilton-Funktion H_1 immer invariant bleibt. $\mathcal{H}_1$ ergibt sich somit einfach, indem wir H_1 in den neuen Koordinaten Q_μ,P_μ ausdrücken. Wie der erweiterte Satz von kanonischen Gleichungen (21.10), so lassen sich die Transformationsregeln für p_μ und P_μ wieder in den Koordinaten p_i und e, sowie P_i und E ausdrücken

$$p_i = \frac{\partial \mathcal{F}_1}{\partial q_i}, \quad P_i = -\frac{\partial \mathcal{F}_1}{\partial Q_i}, \quad e = -\frac{\partial \mathcal{F}_1}{\partial t}, \quad E = \frac{\partial \mathcal{F}_1}{\partial T}, \quad \mathcal{H}_1 = H_1, \tag{21.16}$$

wobei $E(s) \equiv -P_0(s)$ in übereinstimmender Notation mit (21.4) den *Wert* der transformierten Hamilton-Funktion $\mathcal{H}(Q_j, P_j, T)$ bezeichnet

$$E(s) = \mathcal{H}\big(Q_j(s), P_j(s), T(s)\big).$$

Mit Hilfe der „erweiterten" Legendre-Transformation

$$\mathcal{F}_2(q_j,P_j,t,E) = \mathcal{F}_1(q_j,Q_j,t,T) + \sum_{i=1}^{n} Q_i P_i - TE \tag{21.17}$$

kann die Erzeugende einer kanonischen Transformation auch in Abhängigkeit von den ursprünglichen „Orten" q_i, t und den neuen „Impulsen" P_i, $-E$ dargestellt werden. Der Koeffizientenvergleich der totalen Ableitung $\mathrm{d}\mathcal{F}_2/\mathrm{d}s$ liefert nach Einsetzen von (21.16) den äquivalenten Satz von Transformationsregeln

$$p_i = \frac{\partial \mathcal{F}_2}{\partial q_i}, \quad Q_i = \frac{\partial \mathcal{F}_2}{\partial P_i}, \quad e = -\frac{\partial \mathcal{F}_2}{\partial t}, \quad T = -\frac{\partial \mathcal{F}_2}{\partial E}, \quad \mathcal{H}_1 = H_1. \tag{21.18}$$

In Analogie zu den Betrachtungen des Kapitels 19, ergeben sich auch für die verallgemeinerten kanonischen Transformationen zwei weitere Möglichkeiten einer Erzeugenden. Mit der Legendre-Transformation

$$\mathcal{F}_3(p_j,Q_j,e,T) = \mathcal{F}_1(q_j,Q_j,t,T) - \sum_{i=1}^{n} q_i p_i + te \tag{21.19}$$

erhalten wir die Transformationsregeln

$$P_i = -\frac{\partial \mathcal{F}_3}{\partial Q_i}, \quad q_i = -\frac{\partial \mathcal{F}_3}{\partial p_i}, \quad E = \frac{\partial \mathcal{F}_3}{\partial T}, \quad t = \frac{\partial \mathcal{F}_3}{\partial e}, \quad \mathcal{H}_1 = H_1. \tag{21.20}$$

Mit

$$\mathcal{F}_4(p_j,P_j,e,E) = \mathcal{F}_3(p_j,Q_j,e,T) + \sum_{i=1}^{n} Q_i P_i - TE \tag{21.21}$$

ergeben sich schließlich die Regeln

$$q_i = -\frac{\partial \mathcal{F}_4}{\partial p_i}, \quad Q_i = \frac{\partial \mathcal{F}_4}{\partial P_i}, \quad t = \frac{\partial \mathcal{F}_4}{\partial e}, \quad T = -\frac{\partial \mathcal{F}_4}{\partial E}, \quad \mathcal{H}_1 = H_1. \tag{21.22}$$

Analog zu den Gln. (19.15) gelten unter verallgemeinerten kanonischen Transformationen für die Ableitungen von neuen zu alten Koordinaten die Beziehungen

$$\frac{\partial Q_\mu}{\partial q_\nu} = \frac{\partial p_\nu}{\partial P_\mu}, \quad \frac{\partial Q_\mu}{\partial p_\nu} = -\frac{\partial q_\nu}{\partial P_\mu}, \quad \frac{\partial P_\mu}{\partial q_\nu} = -\frac{\partial p_\nu}{\partial Q_\mu}, \quad \frac{\partial P_\mu}{\partial p_\nu} = \frac{\partial q_\nu}{\partial Q_\mu}, \tag{21.23}$$

und zwar für den gesamten Satz $\mu, \nu = 0, \ldots, n$ von Koordinaten des erweiterten Phasenraums. Auch bei den verallgemeinerten kanonischen Transformationen sind es genau diese wechselseitigen Beziehungen zwischen alten und neuen Koordinaten, durch welche sich eine *kanonische* von einer *allgemeinen* Koordinatentransformation $Q_\mu = Q_\mu(q_\nu, p_\nu)$, $P_\mu = P_\mu(q_\nu, p_\nu)$ unterscheidet.

Allen erweiterten Erzeugenden $\mathcal{F}_{1,2,3,4}$ gemeinsam ist die Transformationsregel für die erweiterten Hamilton-Funktionen $H_1(q_\nu, p_\nu)$ und $\mathcal{H}_1(Q_\nu, P_\nu)$:

$$\mathcal{H}_1 = H_1. \tag{21.24}$$

Wir erhalten die transformierte erweiterte Hamilton-Funktion $\mathcal{H}_1$ somit einfach, indem wir die ursprüngliche erweiterte Hamilton-Funktion H_1 in den neuen kanonischen Koordinaten Q_ν, P_ν ausdrücken. Die Transformationsregel für die *gewöhnlichen* Hamilton-Funktionen $H(q_j, p_j, t)$ und $\mathcal{H}(Q_j, P_j, T)$ folgt hieraus, indem wir die Definition (21.6) der erweiterten Hamilton-Funktion H_1 einsetzen:

$$\left[\mathcal{H}(Q_j,P_j,T) - E\right]\frac{\mathrm{d}T}{\mathrm{d}s} = \left[H(q_j,p_j,t) - e\right]\frac{\mathrm{d}t}{\mathrm{d}s}. \tag{21.25}$$

Eliminieren wir noch den Evolutionsparameter s, so erhalten wir die beiden äquivalenten Transformationsregeln für die gewöhnliche Hamilton-Funktion H unter verallgemeinerten kanonischen Transformationen

$$\left[\mathcal{H}(Q_j,P_j,T) - E\right]\frac{\partial T}{\partial t} = H(q_j,p_j,t) - e \tag{21.26}$$

und

$$\mathcal{H}(Q_j,P_j,T) - E = \left[H(q_j,p_j,t) - e\right]\frac{\partial t}{\partial T}. \tag{21.27}$$

Die Transformationsregeln (21.26) und (21.27) sind *Verallgemeinerungen* der konventionellen Regel von Gl. (19.10), da nun auch die Fälle $T \neq t$ eingeschlossen sind. Wie wir in Beispiel 21.2 sehen werden, gehen die Regeln (21.26), (21.27) für alle Transformationen mit $T = t$ in die von Gl. (19.10) über. Anhand einiger weiterer Beispiele werden wir anschließend die erweiterten Möglichkeiten der verallgemeinerten kanonischen Transformationstheorie näher beleuchten.

Identische kanonische Transformation

Beispiel 21.1

Als erstes Beispiel einer verallgemeinerten Erzeugenden $\mathcal{F}_2(q_j, P_j, t, E)$ betrachten wir die Erzeugende der *identischen* Transformation

$$\mathcal{F}_2(q_j,P_j,t,E) = \sum_{\mu=0}^{n} q_\mu P_\mu = \sum_{i=1}^{n} q_i P_i - tE.$$

Die Transformationsregeln ergeben sich unmittelbar aus (21.18) als

$$p_i = P_i, \qquad Q_i = q_i, \qquad e = E, \qquad T = t, \qquad \mathcal{H}_1 = H_1.$$

Gemäß Gl. (21.26) schreibt sich die Transformationsregel $\mathcal{H}_1 = H_1$ für die gewöhnlichen Hamilton-Funktionen $\mathcal{H}$ und H

$$\left(\mathcal{H} - E\right)\frac{\partial T}{\partial t} = H - e,$$

welche nach Einsetzen der Koordinatenregeln sofort

$$\mathcal{H}(Q_j,P_j,T) = H(q_j,p_j,t)$$

liefert. Die Existenz des Neutralelements ist eine Voraussetzung dafür, daß auch die Gesamtheit aller verallgemeinerten kanonischen Transformationen einer Hamilton-Funktion $H(p_j, q_j, t)$ eine Gruppe bildet.

Beispiel 21.1

Identische Zeittransformation: konventionelle kanonische Transformationen

Beispiel 21.2

Die allgemeine Form einer verallgemeinerten *Erzeugenden* $\mathcal{F}_2$, welche die Zeit *identisch* transformiert ist gegeben durch

$$\mathcal{F}_2(q_j,P_j,t,E) = F_2(q_j,P_j,t) - t\,E, \tag{1}$$

mit F_2 als einer beliebigen differenzierbaren Funktion ihrer Argumente. Für dieses $\mathcal{F}_2$ erhalten die Transformationsregeln (21.18) die spezielle Form

$$p_i = \frac{\partial F_2}{\partial q_i}, \qquad Q_i = \frac{\partial F_2}{\partial P_i}, \qquad e = E - \frac{\partial F_2}{\partial t}, \qquad T = t, \qquad \mathcal{H}_1 = H_1. \tag{2}$$

Wegen $\partial T/\partial t = 1$ vereinfacht sich die Transformationsregel (21.26) für die gewöhnlichen Hamilton-Funktionen zu

$$\mathcal{H} - E = H - e.$$

Mit den Gln. (2) erhält die Transformationsregel für die konventionellen Hamilton-Funktionen H und $\mathcal{H}$ somit die aus Gl. (19.12) bekannte Form

$$\mathcal{H}(Q_j,P_j,t) = H(q_j,p_j,t) + \frac{\partial F_2(q_j,P_j,t)}{\partial t}.$$

Die in der Erzeugenden (1) definierte Funktion $F_2(q_j,P_j,t)$ ist also nichts anderes als die konventionelle Erzeugende F_2 des Kapitels 19. Wir sehen somit, daß die Gruppe der *konventionellen* kanonischen Transformationen genau der *Untergruppe* der allgemeineren kanonischen Transformationen im erweiterten Phasenraum entspricht, für die $T = t$ gilt. In diesem Falle ist also die Zeit t der *gemeinsame* unabhängige Parameter von Ausgangs- und Zielsystem – so wie es die auf der Bedingung (21.2) beruhende konventionelle kanonische Transformationstheorie von vornherein voraussetzt. Kanonische Transformationen mit $T \neq t$ fallen nicht in die von (1) definierte Klasse von Erzeugenden, wie die folgenden Beispiele zeigen.

Beispiel 21.2

Reine Zeit-Energie-Transformation

Beispiel 21.3

Die allgemeine Form einer Erzeugenden $\mathcal{F}_3$, die eine verallgemeinerte kanonische Transformation definiert, welche Orts- und Impulskoordinaten invariant läßt und nur die Zeit t und die Energie e transformiert, ist gegeben durch

$$\mathcal{F}_3(p_j,Q_j,e,T) = -\sum_{i=1}^{n} p_i Q_i + f(e,T),$$

worin $f(e,T)$ eine beliebige differenzierbare Funktion ihrer Argumente definiert. Die Transformationsregeln gemäß Gln. (21.20) sind dann

$$P_i = p_i, \qquad q_i = Q_i, \qquad E = \frac{\partial f}{\partial T}, \qquad t = \frac{\partial f}{\partial e}, \qquad \mathcal{H}_1 = H_1. \tag{1}$$

Die transformierte gewöhnliche Hamilton-Funktion $\mathcal{H}$ folgt somit gemäß Gl. (21.27) als

$$\mathcal{H}(P_j,P_j,T) = \Big[H(q_j,p_j,t) - e\Big]\frac{\partial^2 f}{\partial e \partial T} + \frac{\partial f}{\partial T}.$$

Der Spezialfall $f(e,T) = eT$ liefert wieder die *identische* Transformation. Wir sehen, daß die transformierte Hamilton-Funktion $\mathcal{H}$ aus der ursprünglichen Hamilton-Funktion H durch *Multiplikation* mit dem Faktor $\partial^2 f/\partial e \partial T$ hervorgeht. Dies ist ein wichtiger Unterschied zu konventionellen kanonischen Transformationen (siehe Beispiel 21.2), bei welchen $\mathcal{H}$ aus H durch *Addition* der partiellen Zeitableitung der Erzeugenden F_i entsteht.

Beispiel 21.3

Der Liouvillesche Satz im erweiterten Phasenraum

Beispiel 21.4

Für *verallgemeinerte kanonische Transformation* gilt der zugehörige *verallgemeinerte Liouvillesche Satz* in Analogie zum konventionellen des Beispiels 19.6:

$$\mathrm{d}Q_0 \ldots \mathrm{d}Q_n\, \mathrm{d}P_0 \ldots \mathrm{d}P_n \overset{\text{verallg. kan. Transf.}}{=} \mathrm{d}q_0 \ldots \mathrm{d}q_n\, \mathrm{d}p_0 \ldots \mathrm{d}p_n,$$

was äquivalent geschrieben werden kann als

$$\mathrm{d}Q_1 \ldots \mathrm{d}Q_n\, \mathrm{d}P_1 \ldots \mathrm{d}P_n\, \mathrm{d}T\, \mathrm{d}E \overset{\text{verallg. kan. Transf.}}{=} \mathrm{d}q_1 \ldots \mathrm{d}q_n\, \mathrm{d}p_1 \ldots \mathrm{d}p_n\, \mathrm{d}t\, \mathrm{d}e.$$

Der verallgemeinerte Liouvillesche Satz besagt somit, daß für *verallgemeinerte kanonische Transformationen* die zugehörige Funktionaldeterminante D der *erweiterten Volumenform* $\mathrm{d}V_1 = \mathrm{d}q_1 \ldots \mathrm{d}q_n\, \mathrm{d}p_1 \ldots \mathrm{d}p_n\, \mathrm{d}t\, \mathrm{d}e$ ebenfalls immer den Wert Eins besitzt. Da die Anzahl der kanonischen Variablen durch die Ergänzung $q_0 \equiv t$, $p_0 \equiv -e$ wiederum *geradzahlig* ist, können wir zum Beweis des verallgemeinerten Satzes die Funktionaldeterminante D wieder darstellen als

$$D = \frac{\partial(Q_0,\ldots,Q_n)}{\partial(q_0,\ldots,q_n)} \left[\frac{\partial(p_0,\ldots,p_n)}{\partial(P_0,\ldots,P_n)}\right]^{-1}.$$

Folgen die Transformationsregeln gemäß (21.18) aus einer erweiterten Erzeugende $\mathcal{F}_2(q_\mu, P_\mu)$, so liegt der Spezialfall einer erweiterten kanonischen Transformation vor. Einsetzen von Q_ν und p_ν ergibt dann:

$$D = \left|\left(\frac{\partial^2 \mathcal{F}_2}{\partial q_\mu \partial P_\nu}\right)\right| \left|\left(\frac{\partial^2 \mathcal{F}_2}{\partial P_\mu \partial q_\nu}\right)\right|^{-1} = 1.$$

Diese Gleichung gilt wiederum aufgrund der Vertauschbarkeit der partiellen Ableitungen und der Tatsache, daß transponierte Matrizen die gleiche Determinante besitzen. Wir werden in Beispiel 21.8 sehen, daß unter verallgemeinerten, also *nicht-zeiterhaltenden* kanonischen Transformationen i. allg. nur der verallgemeinerte Liouvillesche Satz gilt – hingegen *nicht notwendigerweise* der Satz in seiner Formulierung von Beispiel 19.6!

Beispiel 21.4

Regularisierung der Kepler-Bewegung

Beispiel 21.5

Eine Transformation der Zeitskala eines dynamischen Systems, formuliert als eine erweiterte kanonische Transformation, soll im folgenden am Beispiel von L. Eulers Regularisierung der Keplerbewegung dargestellt werden. Für den einfachsten Fall einer eindimensionalen Bewegung ergibt sich die Hamilton-Funktion in normierter Form

$$H(q,p) = \frac{1}{2}p^2 - \frac{K^2}{q}, \qquad K^2 = \gamma(M+m).$$

◆ Beispiel 21.5

Hierin bezeichnet γ die Gravitationskonstante, M, m die Massen und q den linearen Abstand der Himmelskörper. Da H nicht explizit zeitabhängig ist, erhalten wir $\mathrm{d}e/\,\mathrm{d}t = \partial H/\partial t = 0$, und somit

$$e = \frac{1}{2}p^2 - \frac{K^2}{q} = \text{const.} \tag{1}$$

Die Bewegungsgleichung für $q(t)$ ist am Ort des Zusammenstoßes $q = 0$ offensichtlich singulär

$$\frac{\mathrm{d}^2 q}{\mathrm{d}t^2} + \frac{K^2}{q^2} = 0.$$

Leonhard Euler entwickelte als erster die Idee, diese Bewegungsgleichung durch eine Transformation der Zeitskala zu regularisieren. Diese Regularisierung kann als eine erweiterte kanonische Transformation aufgefaßt werden, die nur die Zeit transformiert und Ort q und kanonischen Impuls p unberührt läßt. Ihre Erzeugende $\mathcal{F}_3$ enthält eine mit $\xi(t)$ bezeichnete, zunächst unbestimmte Zeitfunktion

$$\mathcal{F}_3\big(p,Q,e,T\big) = -pQ + e\int\limits_0^T \xi(\tau)\,\mathrm{d}\tau. \tag{2}$$

Für dieses $\mathcal{F}_3$ erhält man die Transformationsregeln gemäß (21.20) als

$$P = p, \qquad q = Q, \qquad E = \xi(T)\,e, \qquad t = \int\limits_0^T \xi(\tau)\,\mathrm{d}\tau, \qquad \mathcal{H}_1 = H_1. \tag{3}$$

Wegen $\mathcal{H}_1 = H_1$ folgt die Transformationsregel für die gewöhnlichen Hamilton-Funktionen H und $\mathcal{H}$ gemäß Gl. (21.26) als

$$\mathcal{H} - E = \xi(T)\big(H - e\big) \qquad \Rightarrow \qquad \mathcal{H} = \xi(T)\,H.$$

Einsetzen der alten Hamilton-Funktion H liefert somit die transformierte Hamilton-Funktion $\mathcal{H}$:

$$\mathcal{H}(Q,P,T) = \xi(T)\left(\frac{1}{2}P^2 - \frac{K^2}{Q}\right). \tag{4}$$

Da die Transformation kanonisch ist, bleibt die Form der kanonischen Gleichungen im transformierten System erhalten

$$\frac{\mathrm{d}Q}{\mathrm{d}T} = \frac{\partial\mathcal{H}}{\partial P} = \xi(T)\,P, \qquad \frac{\mathrm{d}P}{\mathrm{d}T} = -\frac{\partial\mathcal{H}}{\partial Q} = -\xi(T)\frac{K^2}{Q^2}.$$

Die Bewegungsgleichung für $Q(T)$ und die Gleichung ((1)) für die Energieerhaltung ergeben sich nun als

$$\frac{\mathrm{d}^2 Q}{\mathrm{d}T^2} - \frac{1}{\xi}\frac{\mathrm{d}\xi}{\mathrm{d}T}\frac{\mathrm{d}Q}{\mathrm{d}T} + \frac{K^2\xi^2}{Q^2} = 0, \qquad 2\xi^2\left(e + \frac{K^2}{Q}\right) = \left(\frac{\mathrm{d}Q}{\mathrm{d}T}\right)^2. \tag{5}$$

Nachdem nun die transformierte Bewegungsgleichung herausgearbeitet worden ist, steht es uns frei, die noch unbestimmte Zeitfunktion $\xi(T)$ mit einer Funktion der kanonischen Variablen $Q(T)$ und $P(T)$ zu identifizieren, wenn wir letztere als Funktionen der Zeit T auffassen. Durch die Festlegung von $\xi(T)$ wird dann die Relation der „skalierten" Zeit T mit der physikalischen Zeit t eindeutig bestimmt. Im hier vorliegenden Fall definieren wir einfach

$$\xi(T) \equiv Q(T) \quad \Longrightarrow \quad t(T) = \int\limits_0^T Q(\tau)\,\mathrm{d}\tau.$$

Bewegungsgleichung und Energieerhaltungsgleichung (5) vereinfachen sich nun zu

$$\frac{\mathrm{d}^2 Q}{\mathrm{d}T^2} - \frac{1}{Q}\left(\frac{\mathrm{d}Q}{\mathrm{d}T}\right)^2 + K^2 = 0, \qquad 2eQ^2 + 2K^2 Q = \left(\frac{\mathrm{d}Q}{\mathrm{d}T}\right)^2.$$

Einsetzen der Energieerhaltungsgleichung in die Bewegungsgleichung ergibt nun die regularisierte Bewegungsgleichung

$$\frac{\mathrm{d}^2 Q}{\mathrm{d}T^2} - 2eQ = K^2.$$

Für ein numerisches Beispiel betrachten wir den Spezialfall

$$e = 0, \qquad K = \frac{1}{3}\sqrt{2}.$$

Die Lösungen der kanonischen Gleichungen sind dann

$$q(t) = t^{2/3}, \qquad Q(T) = \left(\frac{1}{3}T\right)^2, \qquad t(T) = \left(\frac{1}{3}T\right)^3.$$

Die graphische Darstellung zeigt, daß die Singularität der Funktion $q(t)$ im Punkt $t = 0$ (linkes Bild) in der zeitskalierten Darstellung $Q(T)$ (rechtes Bild) verschwunden ist. Wie wir sehen, hat die Funktion $t(T)$ dort im Augenblick der Kollision eine horizontale Tangente. Das heißt, als Funktion der skalierten Zeit T bleibt die physikalische Zeit t an diesem Zeitpunkt stehen.

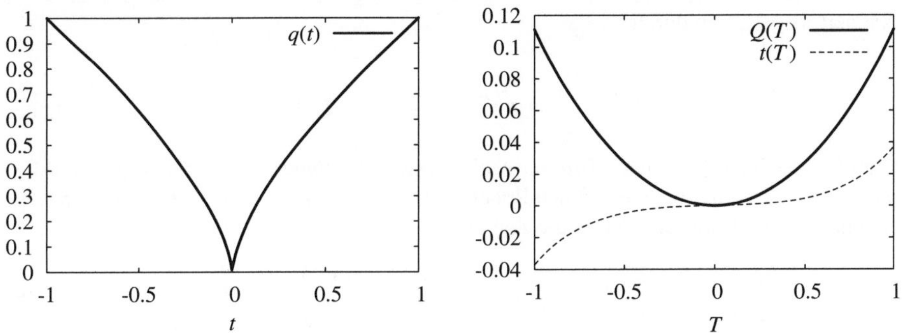

$q = Q$ als Funktion der physikalischen Zeit t und als Funktion der skalierten Zeit T.

Zusammenfassend können wir nun feststellen, daß die Zeitskalierungstransformation (3) als eine erweiterte kanonische Transformation aufgefaßt werden kann. Es ist jedoch zu beachten, daß die Identifikation der frei wählbaren Zeitfunktion $\xi(T)$ mit einer geeigneten Kombination der Zeitfunktionen $Q(T)$ und $P(T)$ nur *nach* Ausarbeitung der transformierten kanonischen Gleichungen erfolgen darf. Die gewählte Identifikation (hier: $\xi(T) \equiv Q(T)$) darf dann nicht rückwärts in die Hamilton-Funktion $\mathcal{H}$ von Gl. (4) eingesetzt werden, da $\xi(T)$ weiterhin eine reine Zeitfunktion bleibt und nicht als eine Funktion der kanonischen Variablen Q, P behandelt werden darf!

Beispiel 21.5 ▲

Der zeitabhängige gedämpfte harmonische Oszillator

Beispiel 21.6

Als ein weiteres Beispiel einer kanonischen Transformation im erweiterten Phasenraum werden wir nun zeigen, daß der zeitabhängige harmonische Oszillator mit zeitabhängiger Dämpfung *direkt* in einen zeitunabhängigen ungedämpften harmonischen Oszillator überführt werden kann. Formuliert für n Freiheitsgrade, ist die Hamilton-Funktion des Ausgangssystems gegeben durch

$$H(q_j, p_j, t) = \frac{1}{2} e^{-F(t)} \sum_{i=1}^{n} p_i^2 + \frac{1}{2} e^{F(t)} \omega^2(t) \sum_{i=1}^{n} q_i^2, \tag{1}$$

mit $\omega^2(t)$ und $F(t)$ als *beliebigen*, nicht notwendigerweise periodischen, differenzierbaren Zeitfunktionen. Die resultierenden Bewegungsgleichungen ergeben sich zu

$$p_i = e^{F(t)} \dot{q}_i, \quad \ddot{q}_i + f(t)\,\dot{q}_i + \omega^2(t)\,q_i = 0, \quad f(t) = \dot{F}(t), \qquad i = 1, \ldots, n. \tag{2}$$

Das Zielsystem $\mathcal{H}$ – mit T als unabhängiger Variabler – soll die des gewöhnlichen zeitunabhängigen und ungedämpften harmonischen Oszillators sein:

$$\mathcal{H}(Q_j, P_j) = \frac{1}{2} \sum_{i=1}^{n} P_i^2 + \frac{1}{2} \Omega^2 \sum_{i=1}^{n} Q_i^2. \tag{3}$$

Im Verständnis der verallgemeinerten kanonischen Transformationstheorie heißt dies, daß die transformierte Zeit T eine *zyklische* Koordinate wird – und somit deren konjugierte Koordinate Energie E eine Konstante der Bewegung.

Die Erzeugende $\mathcal{F}_2(q_j, P_j, t, E)$, welche die Abbildung der Hamilton-Funktion (1) auf (3) definiert, ist gegeben durch

$$\mathcal{F}_2(q_j, P_j, t, E) = \sqrt{\frac{e^{F(t)}}{\xi(t)}} \sum_i q_i P_i + \frac{1}{4} e^{F(t)} \left[\frac{\dot{\xi}(t)}{\xi(t)} - f(t) \right] \sum_i q_i^2 - E \int_0^t \frac{\mathrm{d}\tau}{\xi(\tau)}.$$

Hierin bezeichnet $\xi(t)$ eine *an dieser Stelle noch unbestimmte*, also frei wählbare differenzierbare Zeitfunktion. Gemäß den Regeln (21.18) ergeben sich die Transformationsgleichungen für die Koordinaten und die Zeit als

$$\begin{pmatrix} q_i \\ p_i \end{pmatrix} = \begin{pmatrix} \sqrt{\xi / e^F} & 0 \\ \frac{1}{2}(\dot{\xi} - \xi f)\sqrt{e^F/\xi} & \sqrt{e^F/\xi} \end{pmatrix} \begin{pmatrix} Q_i \\ P_i \end{pmatrix}, \qquad T = \int_0^t \frac{\mathrm{d}\tau}{\xi(\tau)}. \tag{4}$$

Wir sehen, daß es sich hierbei um eine Punkttransformation handelt: die neuen Koordinaten Q_i und die neue Zeit T hängen nur jeweils von den alten Koordinaten q_i und der alten Zeit t ab. Die Zeitverschiebung zwischen beiden Systemen wird nur vom Verlauf der noch unbestimmten Zeitfunktion $\xi(t)$ festgelegt. Die noch fehlende Transformationsregel für die Energie $e = -\partial \mathcal{F}_2 / \partial t$ lautet für unser $\mathcal{F}_2$ nach Einsetzen von q_i:

$$E = \xi\, e + \frac{1}{2} \left(f\xi - \dot{\xi} \right) \sum_i Q_i P_i + \frac{1}{4} \left(\xi \ddot{\xi} - \dot{\xi}^2 + f \xi \dot{\xi} - \dot{f} \xi^2 - f^2 \xi^2 \right) \sum_i Q_i^2. \tag{5}$$

Da unser $\mathcal{F}_2$ nicht explizit s-abhängig ist, folgt der Zusammenhang der Hamilton-Funktionen H und $\mathcal{H}$ aus der Transformationsregel (21.26) wegen $\partial T / \partial t = 1/\xi(t)$ als:

$$\mathcal{H} - E = \xi(t)\big(H - e\big).$$

Einsetzen der alten Hamilton-Funktion (1) und Eliminieren der alten Variablen entsprechend (4) und (5) ergibt die neue Hamilton-Funktion $\mathcal{H}(Q_j, P_j, T)$

$$\mathcal{H} = \frac{1}{2}\sum_{i=1}^{n} P_i^2 + \frac{1}{2}\sum_{i=1}^{n} Q_i^2 \left[\frac{1}{2}\xi\ddot{\xi} - \frac{1}{4}\dot{\xi}^2 + \xi^2\omega^2 - \frac{1}{4}\xi^2 f^2 - \frac{1}{2}\xi^2\dot{f}\right]. \tag{6}$$

Dies ist aber genau die geforderte Hamilton-Funktion $\mathcal{H}$ des gewöhnlichen harmonischen Oszillators (3), sofern dessen konstanter Koeffizient Ω^2 mit den Termen in der eckigen Klammer identifiziert wird:

$$\Omega^2 = \frac{1}{2}\xi\ddot{\xi} - \frac{1}{4}\dot{\xi}^2 + \xi^2\left(\omega^2 - \frac{1}{4}f^2 - \frac{1}{2}\dot{f}\right) = \text{const.} \tag{7}$$

Die transformierte Hamilton-Funktion $\mathcal{H}$ ist demnach genau dann nicht explizit zeitabhängig, wenn $\mathrm{d}\Omega^2/\,\mathrm{d}t = 0$ ist, wenn also

$$\dddot{\xi} + \dot{\xi}\left(4\omega^2 - 2\dot{f} - f^2\right) + \xi\left(4\omega\dot{\omega} - \ddot{f} - f\dot{f}\right) = 0 \tag{8}$$

erfüllt ist. *Als Folge dieser Forderung* ist die Funktion $\xi(t)$ für die gegebenen Funktionen $\omega^2(t)$ und $f(t)$ nunmehr bestimmt – und somit die konkrete Korrelation (4), (5) der Systeme (1) und (3). Ist $\xi(t)$ eine Lösung der linearen, homogenen Gleichung dritter Ordnung (8), so ist $\Omega^2 = \text{const.}$, der Funktionswert $E = E(0)$ von $\mathcal{H}$ also eine Konstante der Bewegung. Wir sehen somit, daß erst die Freiheit der erweiterten kanonischen Transformationen, die Zeitkorrelation beider Systeme nach Belieben festzulegen, es uns ermöglicht, das Zielsystem $\mathcal{H}$ seiner expliziten Zeitabhängigkeit zu entledigen.

Drücken wir nun die neue Hamilton-Funktion $\mathcal{H}(Q_j, P_j) = E = \text{const.}$ in den ursprünglichen Koordinaten p_i und q_i aus, so entsteht eine Invariante des Ausgangssystems (1)

$$\begin{aligned} E = {} & \frac{1}{2}e^{-F}\xi\sum_{i=1}^{n} p_i^2 - \frac{1}{2}\left(\dot{\xi} - \xi f\right)\sum_{i=1}^{n} q_i p_i \\ & + \frac{1}{4}e^{F(t)}\left(\ddot{\xi} - \dot{\xi}f - \xi\dot{f} + 2\xi\omega^2(t)\right)\sum_{i=1}^{n} q_i^2 . \end{aligned} \tag{9}$$

Der Zeitfunktion $\xi(t)$ kann eine physikalische Bedeutung zugeordnet werden. Wir überzeugen uns nämlich leicht, daß

$$\xi(t) = e^{F(t)}\sum_{i=1}^{n} q_i^2(t) \tag{10}$$

eine Lösung von Gl. (8) darstellt, vorausgesetzt natürlich, daß die $q_i(t)$ Lösungen der Bewegungsgleichung (2) des zeitabhängigen gedämpften harmonischen Oszillators sind. Setzen wir Gl. (10) in die Darstellung (9) der Invarianten E ein, so erhält letztere die äquivalente Form

$$E = \sum_i q_i^2 \sum_i p_i^2 - \left(\sum_i q_i p_i\right)^2 = \frac{1}{2}\sum_{i,j}\left(p_i q_j - q_i p_j\right)^2, \tag{11}$$

deren Invarianz wir durch Berechnung der Zeitableitung leicht nachrechnen. Wie wir sehen, besitzt die Invariante (11) des zeitabhängigen gedämpften harmonischen Oszillators (2) genau die Form eines Drehimpulserhaltungssatzes in Zentralkraftfeldern. Die Größe $\varepsilon_{\text{rms}} = \sqrt{E}/n$ ist auf dem Gebiet der Beschleunigerphysik unter dem Namen „RMS-Emittanz" geläufig. Die RMS-Emittanz ist somit invariant, solange die Teilchenbewegung durch die *lineare* Bewegungsgleichung (2) approximiert werden darf und die Teilchenzahl erhalten bleibt.

♦ Beispiel 21.6

Durch Einsetzen von Gl. (10) in Gl. (7) finden wir schließlich, daß die Invariante E für den Fall (10) mit dem Koeffizienten Ω^2 der transformierten Hamilton-Funktion (3) übereinstimmt:

$$\Omega^2 = E. \tag{12}$$

Nachdem nun der zeitabhängige gedämpfte harmonische Oszillator (1) durch eine kanonische Transformation auf den gewöhnlichen (zeitunabhängigen) harmonischen Oszillator (3) zurückgeführt worden ist, läßt sich die explizite Darstellung der Lösungsfunktionen $q_i(t)$ und $p_i(t)$ der Bewegungsgleichung (2) leicht finden. Die expliziten Lösungen $Q_i(T)$ und $P_i(T)$ des gewöhnlichen harmonischen Oszillators sind nämlich (siehe hierzu Beispiel 19.3):

$$\begin{pmatrix} Q_i(T) \\ P_i(T) \end{pmatrix} = \begin{pmatrix} \cos\Omega T & \Omega^{-1}\sin\Omega T \\ -\Omega\sin\Omega T & \cos\Omega T \end{pmatrix} \begin{pmatrix} Q_i(0) \\ P_i(0) \end{pmatrix}. \tag{13}$$

Die Lösungsfunktionen $q_i(t)$ und $p_i(t)$ des zeitabhängigen gedämpften harmonischen Oszillators folgt somit als das *Produkt* der Lösung (13) mit der Transformation (4):

$$\begin{aligned} \begin{pmatrix} q_i(t) \\ p_i(t) \end{pmatrix} &= \begin{pmatrix} \sqrt{\xi/e^F} & 0 \\ \frac{1}{2}(\dot\xi - \xi f)\sqrt{e^F/\xi} & \sqrt{e^F/\xi} \end{pmatrix} \\ &\times \begin{pmatrix} \cos\Omega T & \Omega^{-1}\sin\Omega T \\ -\Omega\sin\Omega T & \cos\Omega T \end{pmatrix} \begin{pmatrix} Q_i(0) \\ P_i(0) \end{pmatrix}. \end{aligned} \tag{14}$$

Die Anfangsbedingungen $Q_i(0)$ und $P_i(0)$ können noch durch die $q_i(0)$ und die $p_i(0)$ mit Hilfe der zu (4) inversen Transformation zum Zeitpunkt $t = 0$ ausgedrückt werden:

$$\begin{pmatrix} Q_i(0) \\ P_i(0) \end{pmatrix} = \begin{pmatrix} \sqrt{e^{F(0)}/\xi(0)} & 0 \\ -\frac{1}{2}(\dot\xi(0) - \xi(0)f(0))\sqrt{e^{F(0)}/\xi(0)} & \sqrt{\xi(0)/e^{F(0)}} \end{pmatrix} \begin{pmatrix} q_i(0) \\ p_i(0) \end{pmatrix}. \tag{15}$$

Die Lösung des zeitabhängigen gedämpften harmonischen Oszillators von Gl. (2) ist damit gegeben durch:

$$\begin{pmatrix} q_i(t) \\ p_i(t) \end{pmatrix} = R(t) \begin{pmatrix} q_i(0) \\ p_i(0) \end{pmatrix}, \qquad T(t) = \int_0^t \frac{d\tau}{\xi(\tau)}, \tag{16}$$

wobei $\xi(t)$ die eindeutig bestimmte Lösung von Gl. (7) für gegebene Anfangsbedingungen $\xi(0)$, $\dot\xi(0)$ und ein *beliebiges* $\Omega^2 = \text{const.}$ ist. Die Elemente der Lösungsmatrix $R(t)$ ergeben sich durch Ausmultiplizieren der drei Matrizen zu:

$$\begin{aligned} r_{11}(t) &= \sqrt{\frac{\xi(t)\,e^{F(0)}}{\xi(0)\,e^{F(t)}}} \left[\cos\Omega T(t) - \frac{1}{2}\left(\dot\xi(0) - f(0)\,\xi(0)\right)\frac{\sin\Omega T(t)}{\Omega}\right] \\ r_{12}(t) &= \sqrt{\frac{\xi(0)\,\xi(t)}{e^{F(0)}\,e^{F(t)}}}\,\frac{\sin\Omega T(t)}{\Omega} \\ r_{21}(t) &= \sqrt{\frac{e^{F(0)}\,e^{F(t)}}{\xi(0)\,\xi(t)}} \left[\frac{1}{2}\left(\dot\xi(t) - f(t)\,\xi(t) - \dot\xi(0) + f(0)\,\xi(0)\right)\cos\Omega T(t)\right. \\ &\qquad \left. - \left\{\frac{1}{4}\left(\dot\xi(0) - f(0)\,\xi(0)\right)\left(\dot\xi(t) - f(t)\,\xi(t)\right) + \Omega^2\right\}\frac{\sin\Omega T(t)}{\Omega}\right] \\ r_{22}(t) &= \sqrt{\frac{\xi(0)\,e^{F(t)}}{\xi(t)\,e^{F(0)}}} \left[\cos\Omega T(t) + \frac{1}{2}\left(\dot\xi(t) - f(t)\,\xi(t)\right)\frac{\sin\Omega T(t)}{\Omega}\right]. \end{aligned} \tag{17}$$

Die Determinante $D = r_{11}r_{22} - r_{12}r_{21}$ der Matrix $R(t)$ besitzt für alle t den Wert $D = 1$. Die lineare Abbildung $(q(0), p(0)) \mapsto (q(t), p(t))$ ist somit flächentreu, in Übereinstimmung mit der Forderung des Liouvilleschen Satzes. Für den Spezialfall $\Omega \to 0$ folgt $(\sin \Omega T)/\Omega \to T$. In diesem Fall werden die Teilchen des zeitabhängigen gedämpften harmonischen Oszillators in *freie* Teilchen abgebildet.

Die aus der Erzeugenden folgende Regel für die Zeittransformation $t \to T$ hat die spezielle Eigenschaft, daß die transformierte Zeit T nicht von den Koordinaten der einzelnen Teilchen abhängt. Aus diesem Grund hat die Zeit T – ebenso wie die ursprüngliche Zeit t – den Charakter eines globalen Parameters für alle Teilchen auch im transformierten System. Diese Eigenschaft besitzt T aufgrund des additiven Charakters der (P_i, q_i)- und der (E, t)-Terme in der Erzeugenden $\mathcal{F}_2$ dieses Beispiels. Infolgedessen kann diese Transformation in eine konventionelle kanonische Transformation und in eine reine Zeittransformation zerlegt werden. Daß dies nicht notwendigerweise der Fall sein muß, zeigt das folgende Beispiel der Lorentz-Transformation.

Beispiel 21.6 ▲

Die Galilei-Transformation

Beispiel 21.7 ▼

Gemäß dem Relativitätsprinzip stellen sich die Gesetze der Physik in allen gleichförmig gegeneinander bewegten Bezugssystemen – den sogenannten Inertialsystemen – gleichartig dar. Das „Galileische Relativitätsprinzip“, welches bis zu seiner Korrektur durch Einstein im Jahre 1905 die scheinbar unumstößliche Grundlage der klassischen Dynamik bildete, besagt, daß die Zeit t allen Inertialsystemen *gemeinsam* ist. Richten wir die Koordinatensysteme so aus, daß die Relativbewegung entlang einer Koordinatenachse q verläuft – was aufgrund der vorausgesetzten Gleichförmigkeit der Bewegung immer möglich ist – so folgt

$$q = Q + vt, \qquad t = T.$$

Im Kontext der verallgemeinerten kanonischen Transformationstheorie wird die Galilei-Transformation durch die Erzeugende

$$\mathcal{F}_2(q, P, t, E) = Pq - Et - v\big(Pt - m_0 q\big) \tag{1}$$

definiert. Der vollständige Satz der Transformationsregeln der kanonischen Koordinaten ist somit:

$$\begin{aligned} p &= \frac{\partial \mathcal{F}_2}{\partial q} = P + m_0 v, \qquad & e &= -\frac{\partial \mathcal{F}_2}{\partial t} = E + vP, \\ Q &= \frac{\partial \mathcal{F}_2}{\partial P} = q - vt, \qquad & T &= -\frac{\partial \mathcal{F}_2}{\partial E} = t, \qquad \mathcal{H}_1 = H_1 . \end{aligned} \tag{2}$$

Aus der Transformationsregel $\mathcal{H}_1 = H_1$ für die erweiterten Hamilton-Funktionen folgt somit nach Gl. (21.26) als Regel für die gewöhnlichen Hamilton-Funktionen $\mathcal{H}$ und H wegen $\partial T/\partial t = 1$

$$H = \mathcal{H} + vP, \tag{3}$$

welche wie erwartet mir der Regel für die Transformation der Energien übereinstimmt.

Beispiel 21.7 ▲

Die Lorentz-Transformation

Beispiel 21.8

Die von Einstein entdeckten richtigen Koordinatentransformationsregeln zwischen zwei Inertialsystemen, („Lorentz-Transformation") berücksichtigen die Endlichkeit der Lichtgeschwindigkeit c. Hierdurch war es aber erforderlich, die Vorstellung von einer „absoluten Zeit", welche allen Inertialsystemen gemein ist, aufzugeben. Stattdessen zeigt sich, daß auch die Zeit t beim Übergang zwischen Inertialsystemen transformiert werden muß (siehe hierzu Band „Klassische Mechanik I", Kapitel 29).

Wenn wir nun eine Hamilton-Funktion von einem Inertialsystem in ein anderes transformieren, so sind die Regeln durch die Lorentz-Transformation bestimmt. Aus den vorangegangenen Kapiteln 19 und 21 wissen wir andererseits, daß die Beziehung zwischen Hamilton-Systemen immer durch eine kanonische Transformation hergestellt wird. Folglich muß die Lorentz-Transformation eine spezielle kanonische Transformation darstellen. Das Relativitätsprinzip fordert dann, daß die *Form* der Hamilton-Funktion beim Übergang von einem Inertialsystem zu einem anderen erhalten bleibt. Nur dann ist nämlich sichergestellt, daß die kanonischen Gleichungen, also die Beschreibung der Dynamik des Systems, in allen Inertialsystemen gleichartig ist. Da die Lorentz-Transformation *notwendigerweise* mit einer Zeittransformation $t \mapsto T$ verbunden ist, kann aber nur eine kanonische Transformation im erweiterten Phasenraum diese Abbildung beschreiben. Ihre Erzeugende $\mathcal{F}_2$ ist gegeben durch

$$\mathcal{F}_2(q, P, t, E) = \gamma \left[Pq - Et - v \left(Pt - \frac{E}{c^2} q \right) \right] , \tag{1}$$

mit v als der konstanten Relativgeschwindigkeit beider Inertialsysteme. In dieser Formulierung sind die Koordinatensysteme wieder so ausgerichtet, daß die Relativbewegung entlang der q-Achse erfolgt. Wie üblich bezeichnet γ hier den dimensionslosen Längen- und Zeitfaktor $\gamma = 1/\sqrt{1-\beta^2}$ und $\beta = v/c$ die auf die Lichtgeschwindigkeit c normierte Relativgeschwindigkeit. Wir sehen, daß die Erzeugende der Lorentz-Transformation für $v \ll c$, also für $\beta \to 0$, $\gamma \to 1$, $E/c^2 = m \to m_0$ in die Erzeugende (1) aus Beispiel 21.7 der Galilei-Transformation übergeht. Es zeigt sich, daß die Gesamtmasse $m = E/c^2$ in Gl. (1) in der Näherung der Galilei-Transformation durch die konstante Ruhemasse m_0 ersetzt wird. Genau diese Ersetzung des zweiten E-abhängigen Terms bewirkt in den Transformationsregeln, die aus der Erzeugenden (1) aus Beispiel 21.7 der Galilei-Transformation folgen, die Identität der Zeiten $t = T$ in den Inertialsystemen.

Die allgemeinen Transformationsregeln (21.18) für verallgemeinerte kanonische Transformationen liefern für die Erzeugende (1):

$$\begin{aligned} p &= \frac{\partial \mathcal{F}_2}{\partial q} = \gamma \left(P + \frac{E}{c^2} v \right), & e &= -\frac{\partial \mathcal{F}_2}{\partial t} = \gamma (E + vP) , \\ Q &= \frac{\partial \mathcal{F}_2}{\partial P} = \gamma (q - vt) , & T &= -\frac{\partial \mathcal{F}_2}{\partial E} = \gamma \left(t - \frac{v}{c^2} q \right), \quad \mathcal{H}_1 = H_1 . \end{aligned} \tag{2}$$

Die Transformationsgleichungen für die Variablen Q und T sind somit:

$$\begin{pmatrix} Q \\ cT \end{pmatrix} = \begin{pmatrix} \gamma & -\beta\gamma \\ -\beta\gamma & \gamma \end{pmatrix} \begin{pmatrix} q \\ ct \end{pmatrix} . \tag{3}$$

Für die kanonisch konjugierten Koordinaten P und E ergibt sich die lineare Beziehung

$$\begin{pmatrix} p \\ e/c \end{pmatrix} = \begin{pmatrix} \gamma & \beta\gamma \\ \beta\gamma & \gamma \end{pmatrix} \begin{pmatrix} P \\ E/c \end{pmatrix} \quad \Leftrightarrow \quad \begin{pmatrix} P \\ E/c \end{pmatrix} = \begin{pmatrix} \gamma & -\beta\gamma \\ -\beta\gamma & \gamma \end{pmatrix} \begin{pmatrix} p \\ e/c \end{pmatrix}. \tag{4}$$

Da eine kanonische Transformation immer gewährleistet, daß das transformierte System auch wieder ein Hamilton-Systeme darstellt, ist klar, daß mit den Abbildungsregeln für Orte q und Zeit t auch gleich die Regeln für die konjugierten Größen Impuls p und Energie e bestimmt sind.

Mit dem reellen Winkel $\alpha = \operatorname{arcosh}\gamma = \operatorname{arsinh}\beta\gamma$, können die linearen Transformationen (3) und (4) als orthogonale Abbildungen dargestellt werden, nämlich als die imaginären Drehungen

$$\begin{aligned} \begin{pmatrix} Q \\ \mathrm{Im}cT \end{pmatrix} &= \begin{pmatrix} \cos\mathrm{Im}\alpha & \sin\mathrm{Im}\alpha \\ -\sin\mathrm{Im}\alpha & \cos\mathrm{Im}\alpha \end{pmatrix} \begin{pmatrix} q \\ \mathrm{Im}ct \end{pmatrix}, \\ \begin{pmatrix} P \\ \mathrm{Im}E/c \end{pmatrix} &= \begin{pmatrix} \cos\mathrm{Im}\alpha & \sin\mathrm{Im}\alpha \\ -\sin\mathrm{Im}\alpha & \cos\mathrm{Im}\alpha \end{pmatrix} \begin{pmatrix} p \\ \mathrm{Im}e/c \end{pmatrix}, \end{aligned} \tag{5}$$

die offensichtlich die „Abstände"

$$Q^2 - c^2T^2 = q^2 - c^2t^2, \qquad P^2 - E^2/c^2 = p^2 - e^2/c^2 \tag{6}$$

erhalten. Aus der Transformationsregel $\mathcal{H}_1 = H_1$ für die erweiterten Hamilton-Funktionen

$$H_1 = (H - e)\frac{\mathrm{d}t}{\mathrm{d}s}, \qquad \mathcal{H}_1 = (\mathcal{H} - E)\frac{\mathrm{d}T}{\mathrm{d}s} \tag{7}$$

folgt nach (21.26) als Transformationsregel für die gewöhnlichen Hamilton-Funktionen $\mathcal{H}$ und H wegen $\partial T/\partial t = \gamma$

$$\big(\mathcal{H} - E\big)\gamma = H - e. \tag{8}$$

Zusammen mit der Regel (4) für die Transformation der Energien e, E

$$e = \gamma E + \beta\gamma P c \tag{9}$$

folgt aus (8) die Transformationsregel für die Hamilton-Funktion H unter der Lorentz-Transformation

$$H(p) = \gamma\mathcal{H}(P) + \beta\gamma P c. \tag{10}$$

Wie erwartet transformieren sich also die Hamilton-Funktionen H, $\mathcal{H}$ genau so wie ihre jeweiligen Werte e, E.

Für den Fall der Lorentz-Transformation fordert der verallgemeinerte Liouvillesche Satz (siehe Beispiel 21.4):

$$\frac{\partial(Q,P,T,E)}{\partial(q,p,t,e)} \overset{!}{=} 1. \tag{11}$$

Diese Forderung ist, wie wir mit den Transformationsgleichungen (3) und (4) leicht nachrechnen, in der Tat erfüllt:

$$\begin{aligned} \frac{\partial(Q,P,T,E)}{\partial(q,p,t,e)} &= \frac{\partial(Q,T)}{\partial(q,t)} \frac{\partial(P,E)}{\partial(p,e)} \\ &= \begin{vmatrix} \gamma & -c\beta\gamma \\ \frac{-\beta\gamma}{c} & \gamma \end{vmatrix} \begin{vmatrix} \gamma & \frac{-\beta\gamma}{c} \\ -c\beta\gamma & \gamma \end{vmatrix} = \left[\gamma^2\left(1-\beta^2\right)\right]^2 = 1. \end{aligned} \tag{12}$$

Wir müssen jedoch beachten, daß die 2-Formen $dq\,dp$ und $dt\,de$ der Projektionsebenen (q,p) und (t,e) unter der Lorentz-Transformation *nicht* invariant bleiben:

$$\frac{\partial(Q,P)}{\partial(q,p)} = \gamma^2, \qquad \frac{\partial(T,E)}{\partial(t,e)} = \gamma^2. \tag{13}$$

Unter Lorentz-Transformationen ist somit die konventionelle Form des Liouvilleschen Satzes, wie in Beispiel 19.6 dargestellt, nicht gültig!

Die Größen e und E bezeichnen im Kontext der Lorentz-Transformation die Summen aus kinetischer Energie und Ruheenergie m_0c^2. Andererseits stellen e und E gemäß (21.4) jeweils den *Wert* der Hamilton-Funktionen H und $\mathcal{H}$ dar. Wir sind deshalb mit den Hamilton-Funktionen H und $\mathcal{H}$, sowie mit deren Erweiterungen H_1 und $\mathcal{H}_1$, zunächst auf die einer *kräftefreien Bewegung* festgelegt. Die Hamilton-Funktion H beschreibt somit die kräftefreie Bewegung eines Teilchens in seinem Bezugssystems, während $\mathcal{H}$ dieses Teilchen aus der Sicht eines *anderen*, sich seinerseits gleichförmig – also kräftefrei – mit der Geschwindigkeit βc bewegenden Bezugssystems beschreibt.

Für eine Hamilton-Funktion $H(q,p,t)$, die additiv eine Potentialfunktion $V(q,t)$ enthält, können wir durch die Definition

$$H'(p) \equiv H(q,p,t) - V(q,t) \tag{14}$$

die Transformation von $H(q,p,t)$ auf die eines freien Teilchens $H'(p)$ von (10) zurückführen:

$$H(q,p,t) - V(q,t) = \gamma\big[\mathcal{H}(Q,P,T) - \mathcal{V}(Q,T)\big] + \beta\gamma Pc. \tag{15}$$

Die Funktion $H - V$ beschreibt den kräftefreien Anteil der Dynamik eines Teilchens bezüglich seines Bezugssystems – und dieser transformiert sich gemäß (10). Wir beschreiben dann die beschleunigte Bewegung eines Teilchens in seinem Bezugssystem *nicht-relativistisch*. Diese Beschreibung gilt offensichtlich nur, wenn die Geschwindigkeit der beschleunigten Bewegung *in seinem Bezugssystem* klein ist gegenüber der Lichtgeschwindigkeit.

Wir werden im folgenden Beispiel die explizite Form der Hamilton-Funktion $H(p)$ eines freien Teilchens ableiten, welche die geforderte Transformationseigenschaft von (10) besitzt. Die Verallgemeinerung auf Hamilton-Funktionen mit Potentialfunktionen werden wir schließlich am Beispiel des relativistischen harmonischen Oszillators erläutern.

▲ Beispiel 21.8

Die Lorentz-invariante Form der Hamilton-Funktion eines freien Teilchens

▼ Beispiel 21.9

Wir führen nun die Methode vor, wie zu der nicht Lorentz-invarianten Hamilton-Funktion H_{NL} der kräftefreien Bewegung die zugehörige Lorentz-invariante Form H_{L} gefunden werden kann. Die konventionelle, nicht Lorentz-invariante Hamilton-Funktion eines freien Teilchens der Ruhemasse m_0 ist:

$$H_{\mathrm{NL}}(p) = \frac{p^2}{2m_0}. \tag{1}$$

Die entsprechende erweiterte Hamilton-Funktion (21.8), welche gemäß dem erweiterten Satz von kanonischen Gleichungen (21.10) zur identischen Bewegungsgleichung führt – also die gleiche Dynamik beschreibt – ist dann gegeben durch die implizite Funktion

$$H_{1,\mathrm{NL}}(p,e) = \frac{p^2}{2m_0} - e + m_0c^2 = 0. \tag{2}$$

Der konstante Summand m_0c^2 in (2) entsteht durch die Forderung, daß $e = m_0c^2$ für $p = 0$. Da nur Ausdrücke der Form $q^2 - c^2t^2$ und $p^2 - e^2/c^2$ unter den Lorentz-Transformationen (3), (4) aus Beispiel 21.8 invariant bleiben, sind die Hamilton-Funktionen (1) und (2) offensichtlich nicht Lorentz-invariant. Jedoch können wir im *erweiterten Phasenraum* die zugehörige Lorentz-invariante Form von (2) leicht konstruieren, indem wir den zur Lorentz-Invarianz von H_1 erforderlichen e-Term verwenden

$$H_{1,\mathrm{L}}(p,e) = \frac{1}{2m_0}\left[p^2 - \frac{e^2}{c^2}\right] + h_0 = 0. \tag{3}$$

Hierin steht h_0 für eine noch zu bestimmende Konstante, die gewährleistet, daß der *Funktionswert* von $H_{1,\mathrm{L}}(p,e)$ immer den Wert Null ergibt. Die aus (3) folgenden kanonischen Gleichungen beschreiben dann natürlich eine *andere Dynamik* des Teilchens, in der sich die Unterschiede von relativistischer und nicht-relativistischer Dynamik widerspiegeln. Der erweiterte Satz von kanonischen Gleichungen (21.10) ist nämlich

$$-\frac{\partial H_{1,\mathrm{L}}}{\partial q} = \frac{\mathrm{d}p}{\mathrm{d}s} = 0, \qquad \frac{\partial H_{1,\mathrm{L}}}{\partial p} = \frac{\mathrm{d}q}{\mathrm{d}s} = \frac{p}{m_0},$$
$$\frac{\partial H_{1,\mathrm{L}}}{\partial t} = \frac{\mathrm{d}e}{\mathrm{d}s} = 0, \qquad -\frac{\partial H_{1,\mathrm{L}}}{\partial e} = \frac{\mathrm{d}t}{\mathrm{d}s} = \frac{e}{m_0c^2}.$$

Da die totale s-Ableitung einer erweiterten Hamilton-Funktion H_1 *immer* verschwindet, erhalten wir durch die implizite Funktion $H_1 = 0 = \text{const.}$ eine Nebenbedingung. Für $p = 0$ soll wieder $e = m_0c^2$ gelten. Hiermit ergibt sich für die in der erweiterten Hamilton-Funktion (3) enthaltene Konstante h_0

$$h_0 = \frac{1}{2}m_0c^2. \tag{4}$$

Einsetzen von (4) in (3) liefert somit die Nebenbedingung

$$e^2 = p^2c^2 + m_0^2c^4. \tag{5}$$

Obwohl p und e unabhängige kanonische Variable darstellen, haben nur diejenigen Werte von p und e physikalische Bedeutung, die Gl. (5) erfüllen. Die nicht-verschwindenden kanonischen Gleichungen der erweiterten Hamilton-Funktion (3) erhalten hiermit die endgültige Form

$$\frac{\mathrm{d}q}{\mathrm{d}s} = \frac{p}{m_0}, \qquad \frac{\mathrm{d}t}{\mathrm{d}s} = \frac{e}{m_0c^2} = \frac{\sqrt{p^2c^2 + m_0^2c^4}}{m_0c^2}. \tag{6}$$

Wir können die Bewegungsgleichung für q noch in der üblichen Form mit der Zeit t als unabhängiger Variabler ausdrücken

$$\frac{\mathrm{d}q}{\mathrm{d}t} = \frac{\mathrm{d}q}{\mathrm{d}s}\frac{\mathrm{d}s}{\mathrm{d}t} = \frac{p}{m_0}\frac{m_0c^2}{e} = \frac{pc^2}{e} = \frac{pc^2}{\sqrt{p^2c^2 + m_0^2c^4}} = \frac{\partial H_\mathrm{L}(p)}{\partial p}. \tag{7}$$

Dies ist aber nichts anderes als die nicht-triviale kanonische Gleichung der konventionellen Hamilton-Funktion

$$H_\mathrm{L}(p) = e = \sqrt{p^2c^2 + m_0^2c^4}. \tag{8}$$

Wir erhalten somit als Resultat die Lorentz-invariante Form der konventionellen Hamilton-Funktion eines freien Teilchens. Im Gegensatz zur erweiterten Hamilton-Funktion (3), sieht man der physikalisch äquivalenten konventionellen Hamilton-Funktion (8) ihre Lorentz-Invarianz nicht mehr unmittelbar an.

Beispiel 21.9 ▲

Die relativistische Hamilton-Funktion eines Teilchens im Potential $V(q, t)$

Beispiel 21.10

Die nicht-relativistische Dynamik eines Teilchens in einem Potential $V(q,t)$ wird beschrieben durch die Hamilton-Funktion:

$$H_{\mathrm{NL}}(q,p,t) = \frac{p^2}{2m_0} + V(q,t). \tag{1}$$

Analog zum freien Teilchen des Beispiels 21.9 wird die *relativistische Dynamik* eines Teilchens in einem Potential $V(q,t)$ beschrieben durch die *erweiterte* Hamilton-Funktion

$$H_{1,\mathrm{L}}(q,p,t,e) = \frac{1}{2m_0}\left[p^2 - \left(\frac{e - V(q,t)}{c}\right)^2\right] + \frac{1}{2}m_0c^2 = 0. \tag{2}$$

Für $p = 0$ und $V(q,t) = 0$ wird wieder $e = m_0c^2$. Somit entsteht aus $H_{1,\mathrm{L}} = 0 = \mathrm{const.}$ die Nebenbedingung

$$\big(e - V(q,t)\big)^2 = p^2c^2 + m_0^2c^4. \tag{3}$$

Auch hier gilt, daß q,p,t und e zwar unabhängige kanonische Variable darstellen, aber nur diejenigen Werte von q,p,t und e physikalische Bedeutung besitzen, welche Gl. (3) erfüllen.

Als erweiterten Satz von kanonischen Gleichungen (21.10) erhalten wir aus (2)

$$-\frac{\partial H_{1,\mathrm{L}}}{\partial q} = \frac{\mathrm{d}p}{\mathrm{d}s} = -\frac{e - V(q,t)}{m_0c^2}\frac{\partial V}{\partial q}, \qquad \frac{\partial H_{1,\mathrm{L}}}{\partial p} = \frac{\mathrm{d}q}{\mathrm{d}s} = \frac{p}{m_0},$$

$$\frac{\partial H_{1,\mathrm{L}}}{\partial t} = \frac{\mathrm{d}e}{\mathrm{d}s} = \frac{e - V(q,t)}{m_0c^2}\frac{\partial V}{\partial t}, \qquad -\frac{\partial H_{1,\mathrm{L}}}{\partial e} = \frac{\mathrm{d}t}{\mathrm{d}s} = \frac{e - V(q,t)}{m_0c^2}.$$

Wir können die Bewegungsgleichungen alternativ mit der Zeit t als unabhängiger Variabler ausdrücken und mit Hilfe von Gl. (3) die kanonische Energie-Variable e eliminieren

$$\frac{\mathrm{d}p}{\mathrm{d}t} = \frac{\mathrm{d}p}{\mathrm{d}s}\frac{\mathrm{d}s}{\mathrm{d}t} = -\frac{e - V(q,t)}{m_0c^2}\frac{\partial V}{\partial q}\frac{m_0c^2}{e - V(q,t)} = -\frac{\partial V}{\partial q} = -\frac{\partial H_{\mathrm{L}}}{\partial q}$$

$$\frac{\mathrm{d}q}{\mathrm{d}t} = \frac{\mathrm{d}q}{\mathrm{d}s}\frac{\mathrm{d}s}{\mathrm{d}t} = \frac{p}{m_0}\frac{m_0c^2}{e - V(q,t)} = \frac{pc^2}{e - V(q,t)} = \frac{pc^2}{\sqrt{p^2c^2 + m_0^2c^4}} = \frac{\partial H_{\mathrm{L}}}{\partial p}$$

$$\frac{\mathrm{d}e}{\mathrm{d}t} = \frac{\mathrm{d}e}{\mathrm{d}s}\frac{\mathrm{d}s}{\mathrm{d}t} = \frac{e - V(q,t)}{m_0c^2}\frac{\partial V}{\partial t}\frac{m_0c^2}{e - V(q,t)} = \frac{\partial V}{\partial t} = \frac{\partial H_{\mathrm{L}}}{\partial t}.$$

Diese Gleichungen können nun aufgefaßt werden als die kanonischen Gleichungen der konventionellen Hamilton-Funktion

$$H_{\mathrm{L}}(q,p,t) = e = \sqrt{p^2c^2 + m_0^2c^4} + V(q,t). \tag{4}$$

Wir erhalten somit als Resultat die Lorentz-invariante Form der konventionellen Hamilton-Funktion eines Teilchens im Potential $V(q,t)$. Die Hamilton-Funktionen $H_{1,\mathrm{L}}$ von Gl. (2) und H_{L} von Gl. (4) sind *physikalisch äquivalent*, d. h., sie beschreiben die gleiche Dynamik.

Analog ist die *erweiterte* Hamilton-Funktion $H_{1,\mathrm{L}}$ für die *relativistische* Bewegung eines geladenen Teilchens der Masse m_0 und der Ladung ζ in einem elektromagnetischen Feld, welches durch das skalare Potential $\phi(\vec{q},t)$ und das Vektorpotential $\vec{A}(\vec{q},t)$ bestimmt ist, gegeben durch die implizite Funktion

$$H_{1,\mathrm{L}}(\vec{q},\vec{P},t,e) = \frac{1}{2m_0}\left[\left(\vec{P} - \frac{\zeta}{c}\vec{A}(\vec{q},t)\right)^2 - \left(\frac{e - \zeta\,\phi(\vec{q},t)}{c}\right)^2\right] + \frac{1}{2}m_0c^2 = 0. \tag{5}$$

In diesem Fall müssen wir zwischen dem *kanonischen* Impuls $\vec{P}$ und dem *kinetischen* Impuls $\vec{p}$ unterscheiden

$$\vec{P} = \vec{p} + \frac{\zeta}{c}\vec{A}, \tag{6}$$

da hier $\vec{P}$ die zu $\vec{q}$ konjugierte Variable ist. Die aus $H_{1,\mathrm{L}} = 0$ folgende (skleronome) Zwangsbedingung ist dann

$$\left(c\vec{P} - \zeta\vec{A}(\vec{q},t)\right)^2 - \left(e - \zeta\,\phi(\vec{q},t)\right)^2 + m_0^2c^4 = 0. \tag{7}$$

Die zugehörige *konventionelle* Hamilton-Funktion H_L, welche die identische Dynamik erzeugt, finden wir wieder, indem wir $H_{1,\mathrm{L}} = 0$ nach e auflösen und H_L der linken Seite der Gleichung $H_\mathrm{L} = e$ entnehmen:

$$H_\mathrm{L}(\vec{q},\vec{P},t) = \sqrt{c^2\left(\vec{P} - \frac{\zeta}{c}\vec{A}(\vec{q},t)\right)^2 + m_0^2c^4} + \zeta\,\phi(\vec{q},t). \tag{8}$$

Beispiel 21.10

Der relativistische harmonische Oszillator

Beispiel 21.11

Als relativistisch korrekte Form der konventionellen Hamilton-Funktion H_L, welche die Dynamik eines Teilchens in einem nicht-zeitabhängigen quadratischen Potential beschreibt, müssen wir somit ansetzen:

$$H_\mathrm{L}(q,p) = \sqrt{p^2c^2 + m_0^2c^4} + \frac{1}{2}kq^2. \tag{1}$$

Die hieraus folgenden kanonischen Gleichungen sind dann

$$\dot{q}(t) = \frac{\partial H_\mathrm{L}}{\partial p} = \frac{pc^2}{\sqrt{p^2c^2 + m_0^2c^4}}, \qquad \dot{p}(t) = -\frac{\partial H_\mathrm{L}}{\partial q} = -kq. \tag{2}$$

Diese zwei Gleichungen erster Ordnung können wir zu einer Gleichung zweiter Ordnung für $q(t)$ zusammenfassen

$$\ddot{q}(t) + \frac{k}{m_0}\left[1 - \frac{\dot{q}^2(t)}{c^2}\right]^{\frac{3}{2}} q(t) = 0. \tag{3}$$

Für $\dot{q}(t) \to c$ geht somit $\ddot{q}(t) \to 0$. Wie von den Postulaten der Relativitätstheorie gefordert, bildet demnach die Lichtgeschwindigkeit c die absolute Grenze für $\dot{q}(t)$. Der Term in der eckigen Klammer ist nichts anderes als eine Potenz des relativistischen Korrekturfaktors γ:

$$\gamma^{-2} = 1 - \left(\frac{\dot{q}}{c}\right)^2, \tag{4}$$

so daß die Bewegungsgleichung (3) kürzer geschrieben werden kann als

$$\ddot{q}(t) + \frac{k}{m_0\gamma^3}q = 0. \tag{5}$$

In dieser Form stimmt die Bewegungsgleichung scheinbar mit der nicht-relativistischen überein – nur die Masse erhält den relativistischen Korrekturfaktor γ^3. Für $\dot{q} \ll c$, also $\gamma \to 1$, erhalten wir dann in der Tat die Bewegungsgleichung des gewöhnlichen harmonischen Oszillators.

In der Beschleunigerphysik ist die Größe $m_0\gamma^3$ unter dem Namen „longitudinale Masse" geläufig. Die longitudinale Schwingungsfrequenz der Bewegung eines Teilchens in einem Beschleuniger skaliert im Laborsystem so, als wäre dessen Masse um den Faktor γ^3 erhöht. Die ausführliche Form der Bewegungsgleichung (3) des relativistischen harmonischen Oszillators zeigt aber, daß das System nunmehr nichtlinear ist – seine Lösungen stellen somit „anharmonische" Schwingungen dar.

▲Beispiel 21.11

Erweiterte Poisson-Klammern

▼Beispiel 21.12

In Beispiel 19.7 wurde Invarianz der Poisson-Klammern unter konventionellen kanonischen Transformationen bewiesen. Offensichtlich gilt unter verallgemeinerten kanonischen Transformationen diese Invarianzeigenschaft für *erweiterte Poisson-Klammern* $[F,G]^{\mathrm{e}}$, welche in Analogie zu den gewöhnlichen $[F,G]$ definiert werden als:

$$[F,G]^{\mathrm{e}} = \sum_{\mu=0}^{n}\left(\frac{\partial F}{\partial q_\mu}\frac{\partial G}{\partial p_\mu} - \frac{\partial F}{\partial p_\mu}\frac{\partial G}{\partial q_\mu}\right) = [F,G] - \frac{\partial F}{\partial t}\frac{\partial G}{\partial e} + \frac{\partial F}{\partial e}\frac{\partial G}{\partial t}. \qquad (1)$$

Hierin werden $F = F(q_\mu, p_\mu) = F(q_i, p_i, t, e)$ und $G = G(q_\mu, p_\mu) = G(q_i, p_i, t, e)$ als differenzierbare Funktionen ihrer Argumente verstanden. Aufgrund der Analogie der Formalismen der erweiterten und der konventionellen kanonischen Transformationstheorie stimmt der Beweis der Invarianz der erweiterten Poisson-Klammern mit dem in Beispiel 19.7 gelieferten Beweis der Form nach überein. Somit gilt unter verallgemeinerten kanonischen Transformationen

$$[F,G]^{\mathrm{e}}_{q,p,t,e} = [F,G]^{\mathrm{e}}_{Q,P,T,E}. \qquad (2)$$

Da die Lorentz-Transformation als erweiterte kanonische Transformation verstanden werden kann, sind erweiterte Poisson-Klammern somit immer Lorentz-invariant.

Für die s-Ableitung einer Funktion $f = f(q_i, p_i, t)$ erhalten wir:

$$\begin{aligned}\frac{\mathrm{d}f}{\mathrm{d}s} &= \sum_{i=1}^{n}\left(\frac{\partial f}{\partial q_i}\frac{\mathrm{d}q_i}{\mathrm{d}s} + \frac{\partial f}{\partial p_i}\frac{\mathrm{d}p_i}{\mathrm{d}s}\right) + \frac{\partial f}{\partial t}\frac{\mathrm{d}t}{\mathrm{d}s}\\ &= \sum_{\mu=0}^{n}\left(\frac{\partial f}{\partial q_\mu}\frac{\mathrm{d}q_\mu}{\mathrm{d}s} + \frac{\partial f}{\partial p_\mu}\frac{\mathrm{d}p_\mu}{\mathrm{d}s}\right)\\ &= \sum_{\mu=0}^{n}\left(\frac{\partial f}{\partial q_\mu}\frac{\partial H_1}{\partial p_\mu} - \frac{\partial f}{\partial p_\mu}\frac{\partial H_1}{\partial q_\mu}\right) = [f, H_1]^{\mathrm{e}}. \qquad (3)\end{aligned}$$

Im erweiterten Hamilton-Formalismus liefert somit die Poisson-Klammer einer explizit zeitabhängigen Funktion $f(q_i, p_i, t)$ mit der erweiterten Hamilton-Funktion H_1 direkt die totale Ableitung von f nach der unabhängigen Variablen s. Der Form nach stimmt dies überein mit der totalen t-Ableitung einer nicht explizit zeitabhängigen Funktion $f(q_i, p_i)$ im konventionellen Hamilton-Formalismus.

▲Beispiel 21.12

Kanonische Quantisierung im erweiterten Hamilton-Formalismus

Beispiel 21.13

Auch im erweiterten Formalismus geht man bei der *kanonischen Quantisierung* von den klassischen Impulsen p_i zu Operator-Impulsen $\hat{p}_i$ über, sowie von der klassischen erweiterten Poisson-Klammer $[\ ,\ ]^e$ zum quantenmechanischen Kommutator $\{\ ,\ \}_-$. Der quantenmechanische Kommutator $\{\ ,\ \}_-$ zweier Operatoren $\hat{A}$ und $\hat{B}$ ist definiert als

$$\{\hat{A}, \hat{B}\}_- = \hat{A}\hat{B} - \hat{B}\hat{A}. \qquad (1)$$

In Analogie zu den fundamentalen Poisson-Klammern (2) aus Beispiel 19.7 muß dann als erweiterter Satz fundamentaler Kommutatoren gelten:

$$\{\hat{q}_\mu, \hat{q}_\nu\}_- = 0, \quad \{\hat{p}_\mu, \hat{p}_\nu\}_- = 0, \quad \{\hat{q}_\mu, \hat{p}_\nu\}_- = \mathrm{Im}\hbar\delta_{\mu\nu}, \quad \mu, \nu = 0, \ldots, n. \qquad (2)$$

Gleichungen (2) sind offenbar erfüllt, wenn

$$\hat{q}_\mu = q_\mu, \qquad \hat{p}_\nu = -\mathrm{Im}\hbar\frac{\partial}{\partial q_\nu}. \qquad (3)$$

Läßt man den Kommutator $\{\hat{q}_\mu, \hat{p}_\nu\}_-$ nämlich mit diesen Operatoren $\hat{q}_\mu$ und $\hat{p}_\nu$ auf eine explizit zeitabhängige Funktion $\psi(q_\lambda) \equiv \psi(q_1, \ldots, q_n, t)$ wirken, so folgt:

$$\begin{aligned}\{\hat{q}_\mu, \hat{p}_\nu\}_-\, \psi(q_\lambda) = \mathrm{Im}\hbar\left\{\frac{\partial}{\partial q_\nu}, q_\mu\right\}_- \psi &= \mathrm{Im}\hbar\left(\frac{\partial}{\partial q_\nu}(q_\mu\psi) - q_\mu\frac{\partial}{\partial q_\nu}\psi\right)\\ &= \mathrm{Im}\hbar\delta_{\mu\nu}\psi(q_\lambda).\end{aligned} \qquad (4)$$

Für den Index $\nu = 0$ kann der Operator $\hat{p}_0 \equiv -\hat{e}$ wegen $q_0 \equiv t$ auch geschrieben werden als

$$\hat{e} = \mathrm{Im}\hbar\frac{\partial}{\partial t}. \qquad (5)$$

Man erhält somit neben den üblichen Impulsoperatoren $\hat{p}_i = -\mathrm{Im}\hbar\partial/\partial q_i$ auch gleich den Operator $\hat{e}$ für den *Wert* der Energie.

Im erweiterten Formalismus wird bei der kanonischen Quantisierung die erweiterte Hamilton-Funktion $H_1 = 0$ der Gl. 21.8 durch den erweiterten Hamilton-Operator $\hat{H}_1 = \hat{0}$ ersetzt:

$$\hat{H}_1 = \frac{\mathrm{d}t}{\mathrm{d}s}\left(\hat{H} - \hat{e}\right) = \frac{\mathrm{d}t}{\mathrm{d}s}\left(\hat{H} - \mathrm{Im}\hbar\frac{\partial}{\partial t}\right) = \hat{0}, \qquad (6)$$

mit $\hat{H}$ als dem gewöhnlichen Hamilton-Operator des gegebenen quantenmechanischen Problems. Solange wir $\hat{H}_1 = \hat{0}$ nicht einer erweiterten kanonischen Transformation unterwerfen wollen, dürfen wir die Zeit t mit dem übergeordneten Evolutionsparameter s identifizieren ($t \equiv s$) und erhalten so die nun nicht mehr Lorentz-invariante Operatorgleichung

$$\hat{H} - \mathrm{Im}\hbar\frac{\partial}{\partial t} = \hat{0}. \qquad (7)$$

Wirkt dieser Operator auf eine explizit zeitabhängige Funktion $\psi(q_i, t)$, finden wir die partielle Differentialgleichung

$$\hat{H}\psi(q_i, t) = \mathrm{Im}\hbar\frac{\partial\psi(q_i, t)}{\partial t}, \qquad (8)$$

welche uns in der Quantenmechanik unter dem Namen *Schrödinger-Gleichung* begegnen wird.

Beispiel 21.13

Infinitesimale kanonische Transformationen, verallgemeinertes Noether-Theorem

Beispiel 21.14

In Verallgemeinerung der Transformation entlang einem infinitesimalen Zeitschritt (siehe Beispiel 19.5) definieren wir die *infinitesimale* kanonische Transformation im erweiterten Phasenraum durch

$$\mathcal{F}_2(q_\nu, P_\nu) = \sum_{\mu=0}^{n} q_\mu P_\mu + \epsilon\, g(q_\nu, p_\nu). \tag{1}$$

Hierin bezeichnet ϵ den infinitesimalen Parameter und g eine differenzierbare Funktion der Variablen des erweiterten Phasenraums. Die Transformationsregeln folgen als

$$\begin{aligned} p_\mu &= \frac{\partial \mathcal{F}_2}{\partial q_\mu} = P_\mu + \epsilon \frac{\partial g}{\partial q_\mu} \\ Q_\mu &= \frac{\partial \mathcal{F}_2}{\partial P_\mu} = q_\mu + \epsilon \frac{\partial g}{\partial P_\mu} \\ \mathcal{H}_1 &= H_1 . \end{aligned} \tag{2}$$

Als Variationen δp_μ, δq_μ und δH_1 erhalten wir aus diesen Transformationsregeln in erster Ordnung in ε:

$$\delta p_\mu \equiv P_\mu - p_\mu = -\epsilon \frac{\partial g}{\partial q_\mu}, \quad \delta q_\mu \equiv Q_\mu - q_\mu = \epsilon \frac{\partial g}{\partial p_\mu}, \quad \delta H_1 \equiv \mathcal{H}_1 - H_1 = 0. \tag{3}$$

Mit Hilfe der kanonischen Gleichungen (21.9) und der Transformationsregeln (3) überzeugen wir uns davon, daß die bestimmende Funktion $g(q_\nu, p_\nu)$ in der Erzeugenden (1) eine Invariante ist:

$$\begin{aligned} \epsilon \frac{\mathrm{d}g}{\mathrm{d}s} &= \epsilon \sum_\mu \left(\frac{\partial g}{\partial q_\mu} \frac{\mathrm{d}q_\mu}{\mathrm{d}s} + \frac{\partial g}{\partial p_\mu} \frac{\mathrm{d}p_\mu}{\mathrm{d}s} \right) \\ &= -\sum_\mu \left(\delta p_\mu \frac{\partial H_1}{\partial p_\mu} + \delta q_\mu \frac{\partial H_1}{\partial q_\mu} \right) \\ &= -\delta H_1 = 0. \end{aligned} \tag{4}$$

E. A. Noether (1882–1935) → S. 411

Zur Ableitung des Noether-Theorems bestimmen wir nun die durch die infinitesimale kanonische Transformation (1) induzierte Änderung der Integranden des Variationsintegrals (21.13). Da die Transformation (3) kanonisch ist, müssen die Koordinaten wiederum die Integrandenbedingung von Gl. (21.14) erfüllen

$$\sum_\mu p_\mu \frac{\mathrm{d}q_\mu}{\mathrm{d}s} - H_1 = \sum_\mu P_\mu \frac{\mathrm{d}Q_\mu}{\mathrm{d}s} - \mathcal{H}_1 - \epsilon \frac{\mathrm{d}f}{\mathrm{d}s},$$

mit $f = f(q_\nu, p_\nu)$ als „Eichfunktion", um deren totale s-Ableitung $\mathrm{d}f/\,\mathrm{d}s$ sich die Integranden unterscheiden dürfen. Natürlich ist $\mathrm{d}f/\,\mathrm{d}s$ abhängig von der in der Erzeugenden (1) enthaltenen Funktion $g(q_\nu, p_\nu)$. Durch $g(q_\nu, p_\nu)$ werden die kanonischen Transformationsregeln (3) festgelegt, während $f(q_\nu, p_\nu)$ die durch die Transformation induzierte Änderung der Integranden des Variationsintegrals (21.13) beschreibt. Der funktionale Zusammenhang beider Funktionen bildet die Substanz des Noether-Theorems.

Einsetzen der Regeln (3) und Ausmultiplizieren liefert:

$$\epsilon \sum_\mu \left[-p_\mu \frac{\mathrm{d}}{\mathrm{d}s} \left(\frac{\partial g}{\partial p_\mu} \right) + \frac{\partial g}{\partial q_\mu} \frac{\mathrm{d}q_\mu}{\mathrm{d}s} \right] + \epsilon \frac{\mathrm{d}f}{\mathrm{d}s} + O(\epsilon^2) = 0. \tag{5}$$

Für die Terme in erster Ordnung in ϵ heißt das

$$\sum_{\mu}\left[\frac{\mathrm{d}}{\mathrm{d}s}\left(-p_{\mu}\frac{\partial g}{\partial p_{\mu}}\right)\right]+\frac{\mathrm{d}g}{\mathrm{d}s}+\frac{\mathrm{d}f}{\mathrm{d}s}=0. \tag{6}$$

Nach Gl. (4) ist $\mathrm{d}g/\,\mathrm{d}s=0$. Wir erhalten somit die totale s-Ableitung

$$\frac{\mathrm{d}}{\mathrm{d}s}\left[-\sum_{\mu}p_{\mu}\frac{\partial g}{\partial p_{\mu}}+f(q_{\nu},p_{\nu})\right]=0. \tag{7}$$

Offensichtlich ist somit der Ausdruck

$$I=-\sum_{\mu}p_{\mu}\frac{\partial g}{\partial p_{\mu}}+f(q_{\nu},p_{\nu}) \tag{8}$$

eine Konstante der Bewegung. Dies ist das verallgemeinerte Noether-Theorem der Punktmechanik. Mit diesem Theorem werden die Invarianten (8) eines Hamilton-Systems mit einer zugehörigen infinitesimalen Symmetrietransformation des Systems korreliert, welche die Form des verallgemeinerten Variationsintegrals von Gl. (21.7) invariant lassen. Die durch die Funktion $g(q_{\nu},p_{\nu})$ bestimmte infinitesimale kanonischen Transformation (1) ist verknüpft mit einer durch $\mathrm{d}f/\,\mathrm{d}s$ gegebenen Änderung der Integranden des Variationsintegrals (21.13). Gibt es nun eine analytische Funktion $f(q_{\nu},p_{\nu})\neq\sum_{\mu}p_{\mu}\partial g/\partial p_{\mu}$, welche Gl. (7) erfüllt, so ist durch Gl. (8) gegebene Funktion eine Konstante der Bewegung. Die durch die Invariante I ihrerseits bestimmte Erzeugende

$$\mathcal{F}_2^{\mathrm{symm}}(q_{\nu},P_{\nu})=\sum_{\mu=0}^{n}q_{\mu}P_{\mu}+\epsilon I(q_{\nu},p_{\nu}), \tag{9}$$

also die infinitesimale kanonische Transformation

$$\begin{aligned}\delta p_{\mu}&=P_{\mu}-p_{\mu}=-\epsilon\frac{\partial I}{\partial q_{\mu}}\\ \delta q_{\mu}&=Q_{\mu}-q_{\mu}=\epsilon\frac{\partial I}{\partial p_{\mu}}\end{aligned} \tag{10}$$

EMMY AMALIE NOETHER

Noether, „Emmy" Amalie, deutsche Mathematikerin, geb. 23.3.1882 in Erlangen, gest. 14.4.1935 in Bryn Mawr, Pennsylvania, USA. – Emmy Noether wuchs in Erlangen in einer Mathematikerfamilie auf und legte eine Staatsprüfung als Lehrerin für Fremdsprachen ab. Als es 1903 Frauen erstmals erlaubt wurde, sich an bayrischen Hochschulen einzuschreiben, immatrikulierte sie sich in Erlangen für des Fach Mathematik und promovierte 1907. Anschließend ging sie auf Einladung von Felix Klein und David Hilbert nach Göttingen. Die Möglichkeit zur Habilitation bleib ihr aus formalen Gründen bis 1919 verwehrt. Erst 1922 erhielt sie eine außerordentliche Professur und 1923 ihren ersten bezahlten Lehrauftrag. 1928/29 war sie Gastprofessorin in Moskau, 1930 in Frankfurt am Main. 1933 wurde ihr aufgrund ihrer politischen Ansichten und ihrer jüdischen Abstammung die Lehrerlaubnis entzogen, und sie emigrierte in die USA, wo sie eine Anstellung als Gastprofessorin am Women's College Bryn Mawr fand.

Mit ihren Arbeiten zur Invariantentheorie, zur Idealtheorie und Ring- und Modultheorie trug Emmy Noether ganz wesentlich zur Formulierung der modernen Algebra bei. Ihr Theorem, das eine Verknüpfung von kontinuierlichen Symmetrien zu Erhaltungsgrößen herstellt, gehört heute zu einer der wichtigsten konzeptionellen Grundlagen der Physik.

stellt dann eine Symmetrietransformation des Systems dar. Die Variation einer beliebigen Funktion $u(q_\nu, p_\nu)$ der Variablen des erweiterten Phasenraums unter der durch $I(q_\nu, p_\nu)$ bestimmten infinitesimalen kanonischen Transformation (10) ist dann:

$$\begin{aligned} \delta u(q_\nu, p_\nu) &= \sum_\mu \left(\frac{\partial u}{\partial q_\mu} \delta q_\mu + \frac{\partial u}{\partial p_\mu} \delta p_\mu \right) \\ &= \epsilon \sum_\mu \left(\frac{\partial u}{\partial q_\mu} \frac{\partial I}{\partial p_\mu} - \frac{\partial u}{\partial p_\mu} \frac{\partial I}{\partial q_\mu} \right). \end{aligned} \tag{11}$$

In der Notation der erweiterten Poisson-Klammern (1) aus Beispiel 21.9 schreibt sich dies kurz

$$\delta u = \epsilon\, [u, I]^{\mathrm{e}}. \tag{12}$$

Da die Gleichung (12) für beliebige differenzierbare Funktionen $u = u(q_\nu, p_\nu)$ gilt, können wir sie auch als Operatorgleichung schreiben:

$$\delta u = \epsilon\, \hat{U}\, u.$$

Der Operator $\hat{U}$ ist somit gegeben durch

$$\hat{U} = [\,.\,, I]^{\mathrm{e}} = \sum_\mu \left(\frac{\partial I}{\partial p_\mu} \frac{\partial}{\partial q_\mu} - \frac{\partial I}{\partial q_\mu} \frac{\partial}{\partial p_\mu} \right). \tag{13}$$

Der Punkt in der Poisson-Klammer steht hier als Platzhalter für die Funktion, auf die der Operator $\hat{U}$ wirkt. Wir bezeichnen $\hat{U}$ als den *Generator* der zur Invarianten I gehörigen infinitesimalen Symmetrietransformation (10). Offensichtlich ist Größe I invariant unter der von ihr erzeugten Symmetrietransformation (10):

$$\delta I = \epsilon \hat{U} I = \epsilon [I, I]^{\mathrm{e}} = 0. \tag{14}$$

Zwei Invarianten I_1 und I_2 eines gegebenen Hamilton-Systems H definieren dann die Symmetrieoperatoren

$$\hat{U}_1 = [\,.\,, I_1]^{\mathrm{e}}, \qquad \hat{U}_2 = [\,.\,, I_2]^{\mathrm{e}}. \tag{15}$$

Die zwei Verkettungen der Operatoren $\hat{U}_1$ und $\hat{U}_2$ können wir dann als geschachtelte Poisson-Klammern ausdrücken, wobei wir den Superskript ^{e} als Bezeichner der *erweiterten* Poisson-Klammern fortan weglassen:

$$\hat{U}_1 \hat{U}_2 = \hat{U}_1 [\,.\,, I_2] = \big[[\,.\,, I_2], I_1 \big], \qquad \hat{U}_2 \hat{U}_1 = \hat{U}_2 [\,.\,, I_1] = \big[[\,.\,, I_1], I_2 \big]. \tag{16}$$

Der Kommutator $\{\hat{U}_1, \hat{U}_2\}_-$ der Operatoren $\hat{U}_1$ und $\hat{U}_2$ definiert dann einen im allgemeinen nicht verschwindenden Operator $\hat{U}_3$. Dessen Darstellung durch die erweiterten Poisson-Klammern ist:

$$\begin{aligned} \hat{U}_3 = \big\{ \hat{U}_1, \hat{U}_2 \big\}_- &= \hat{U}_1 \hat{U}_2 - \hat{U}_2 \hat{U}_1 \\ &= \big[[\,.\,, I_2], I_1 \big] - \big[[\,.\,, I_1], I_2 \big] = -\big[I_1, [\,.\,, I_2] \big] - \big[I_2, [I_1, .\,] \big] \\ &= \big[\,.\,, [I_2, I_1] \big] \\ &= \big[\,.\,, I_3 \big], \quad \text{mit} \quad I_3 = [I_2, I_1]. \end{aligned} \tag{17}$$

Da nach dem Poissonschen Satz (Gl. (1) des Beispiels 19.8) die Funktion $I_3 = [I_2, I_1]$ ebenfalls eine Invariante des Systems ist, generiert der Operator $\hat{U}_3$ ebenfalls eine Symmetrietransformation des Systems. Der Kommutator zweier Generatoren von Symmetrietransformationen ist somit wieder ein Generator einer Symmetrietransformation. Die

Gruppe der Generatoren von Symmetrietransformationen eines Hamilton-Systems bildet somit zusammen mit der Kommutator-Operation eine Lie-Poisson Algebra. Die Menge der möglichen Ansatzfunktionen $g(q_\nu, p_\nu)$, welche in die Erzeugende $\mathcal{F}_2$ von Gl. (1) eingehen, ist offensichtlich nicht begrenzt. Es ist für ein gegebenes Hamilton-System somit nicht ohne weiteres möglich festzustellen, ob alle Invarianten dieses Systems bereits gefunden wurden – und somit, ob die Lie-Poisson Algebra der Symmetrieoperatoren vollständig ist. Durch Anwendung des Poissonschen Satzes auf alle Paare der *bekannten* Invarianten ist es aber immer möglich, eine bezüglich ihrer Poisson-Klammern abgeschlossene Untermenge von Invarianten I_j zu konstruieren – und damit eine Subalgebra der zugehörigen Symmetrieoperatoren $\hat{U}_j$.

Beispiel 21.14 ▲

Infinitesimale Punkttransformationen, konventionelles Noether-Theorem

Beispiel 21.15 ▼

Beschränken wir uns auf die Erzeugende einer infinitesimalen *Punkttransformation* (siehe hierzu Beispiel 19.2) anstelle der allgemeinen Erzeugenden (1) aus Beispiel 21.14, so erhalten wir das Noether-Theorem in seiner konventionellen Form. Hierzu definieren wir $g = g(q_\nu, p_\nu)$ als eine Funktion, die *linear* in den p_ν ist:

$$g(q_\nu, p_\nu) = \sum_{\mu=0}^{n} p_\mu \eta_\mu(q_\nu). \tag{1}$$

Hierin dürfen die Funktionen $\eta_\mu(q_\nu)$ nur von den kanonischen Ortsvariablen q_ν des erweiterten Phasenraums abhängen – also von den q_j und von der Zeit t in der Darstellung des gewöhnlichen Phasenraums. Mit der durch $g(q_\nu, p_\nu)$ aus (1) definierten infinitesimalen kanonischen Transformation erhält das Noether-Theorem von Gl. (8) die spezielle Form

$$I = -\sum_{\mu=0}^{n} p_\mu \eta_\mu(q_\nu) + f(q_\nu). \tag{2}$$

Dementsprechend muß die Funktion $f = f(q_\nu)$ nun auch als nur von den q_μ abhängig definiert werden. Als Bedingung dafür, daß die Größe I von (2) *invariant* ist, haben wir nun

$$\frac{\mathrm{d}}{\mathrm{d}s}\left[-\sum_{\mu=0}^{n} p_\mu \eta_\mu(q_\nu) + f(q_\nu)\right] = 0. \tag{3}$$

Wir können die Invariante (2) und die Bedingungsgleichung (3) äquivalent in den Variablen des konventionellen Phasenraums ausdrücken. Hierzu muß die kanonische Variable $p_0 \equiv -e$ gemäß Gl. (21.4) durch die Hamilton-Funktion $H(q_j, p_j, t)$ ausgedrückt werden. Darüber hinaus können wir dann auch den Evolutionsparameter s des Systems durch die Zeit t als unabhängige Variable ersetzen. Die Noether-Invariante (2) und die Bedingungsgleichung (3) schreiben sich dann

$$I = \eta_0(q_j, t) H - \sum_{i=1}^{n} p_i \eta_i(q_j, t) + f(q_j, t) \tag{4}$$

$$\frac{\mathrm{d}}{\mathrm{d}t}\left[\eta_0(q_j, t) H - \sum_{i=1}^{n} p_i \eta_i(q_j, t) + f(q_j, t)\right] = 0. \tag{5}$$

(4) und (5) definieren das konventionelle Noether-Theorem der Punktmechanik, ausgedrückt im Hamilton-Formalismus [1]. Lassen sich zu einer gegebenen Hamilton-Funktion $H(q_j, p_j, t)$ Funktionen $\eta_0(q_j, t)$, $\eta_i(q_j, t)$ und $f(q_j, t)$ bestimmen, die die Bedingungsgleichung (5) erfüllen, so ist die durch Gl. (4) definierte Größe I eine Konstante der Bewegung des Systems. Wir sehen aber sofort, daß aufgrund der Beschränkung auf die spezielle „Erzeugende" von Gl. (1) nicht notwendigerweise alle Invarianten eines Systems durch Gl. (4) erfaßt werden. Der Ausdruck (4) liefert nämlich nur genau diejenigen Invarianten, die *linear* sowohl in der Energie $e = H$ als auch in den generalisierten Impulsen p_j ausgedrückt werden können. Die anderen Invarianten eines Systems werden in der Literatur als „nicht-Noether Invarianten" bezeichnet. Diese Bezeichnung ist allerdings mißverständlich, da diese Invarianten durch die verallgemeinerte Form des Noether-Theorems von Gln. (7) und (8) aus Beispiel 21.14 immer konstruiert werden können (siehe hierzu Beispiel 21.16). Die Tatsache, daß „nicht-Noether Invarianten" für Hamilton-Lagrange-Systeme existieren, gründet somit darin, daß die durch (1) definierte Punkttransformation nicht die allgemeinste Transformation ist, welche das Variationsprinzip gemäß (21.13) invariant läßt.

▲ Beispiel 21.15

Der Runge-Lenz-Vektor des Kepler-Systems als verallgemeinerte Noether-Invariante

▼ Beispiel 21.16

Das klassische Kepler-System ist ein zwei-Körper Problem, deren Wechselwirkung aus einer anziehenden Kraft besteht, die quadratisch zum Abstand der Körper abnimmt. In normierten Größen ist dessen Hamilton-Funktion gegeben durch:

$$H = \frac{1}{2}p_1^2 + \frac{1}{2}p_2^2 - \frac{\mu_0}{\sqrt{q_1^2 + q_2^2}}. \tag{1}$$

Die Konstante $\mu_0 = G(m_1 + m_2)$ beschreibt die Stärke der Gravitationskopplung beider Massen m_1 und m_2, mit G als der Gravitationskonstanten. Die kanonischen Gleichungen folgen als

$$\dot{q}_i = p_i, \qquad \dot{p}_i = -\mu_0 \frac{q_i}{\sqrt{\left(q_1^2 + q_2^2\right)^3}}, \qquad i = 1, 2. \tag{2}$$

Als Ansatzfunktion $g = g(q_1, q_2, p_1, p_2, t)$ für die Bestimmende einer infinitesimalen kanonischen Symmetrietransformation (1) definieren wir

$$g = \frac{1}{2}p_1 p_2\, \eta_1(q_1, q_2, t) + \frac{1}{2}p_2^2\, \eta_2(q_1, q_2, t).$$

Die zugehörige Form der Invarianten (8) aus Beispiel 21.14 ist dann:

$$I = -p_1 p_2\, \eta_1(q_1, q_2, t) - p_2^2\, \eta_2(q_1, q_2, t) + f(q_1, q_2, t). \tag{3}$$

Die hierin enthaltenen noch unbekannten Koeffizientenfunktionen $\eta_1(q_1, q_2, t)$, $\eta_2(q_1, q_2, t)$ und $f(q_1, q_2, t)$ bestimmen wir nun aus der zugehörigen speziellen Form der Bedingungsgleichung (7) aus Beispiel 21.14. Diese schreibt sich mit der Zeit t als dem unabhängigen Evolutionsparameter des Systems:

$$\frac{d}{dt}\left[-p_1 p_2\, \eta_1(q_1, q_2, t) - p_2^2\, \eta_2(q_1, q_2, t) + f(q_1, q_2, t)\right] = 0. \tag{4}$$

[1] In der ursprünglichen Veröffentlichung von Emmy Noether („Invariante Variationsprobleme", Nachr. Kgl. Ges. Wiss. Göttingen, Math.-Phys. Kl. **1918**, 235) wurde das Theorem für *kontinuierliche* Systeme im Lagrange-Formalismus präsentiert.

Ausführlich ergibt dies nach Einsetzen der kanonischen Gleichungen:

$$\frac{\mu_0}{\sqrt{(q_1^2+q_2^2)}^3}\Big(q_1p_2\eta_1+q_2p_1\eta_1+2q_2p_2\eta_2\Big)$$
$$-\,p_1p_2\left(\frac{\partial\eta_1}{\partial t}+\frac{\partial\eta_1}{\partial q_1}p_1+\frac{\partial\eta_1}{\partial q_2}p_2\right)$$
$$-\,p_2^2\left(\frac{\partial\eta_2}{\partial t}+\frac{\partial\eta_2}{\partial q_1}p_1+\frac{\partial\eta_2}{\partial q_2}p_2\right)+\frac{\partial f}{\partial t}+\frac{\partial f}{\partial q_1}p_1+\frac{\partial f}{\partial q_2}p_2=0. \tag{5}$$

Da dieses Polynom in den p_j nicht nur an einem Zeitpunkt t_0, sondern für alle Zeiten t erfüllt sein soll, können wir schließen, daß die Koeffizienten von allen Potenzen $p_1^n p_2^m$, $n,m=0,\ldots,3$ separat verschwinden müssen. Wir erhalten hier somit acht separate Gleichungen:

$$\frac{\partial\eta_1}{\partial q_1}=0,\quad \frac{\partial\eta_2}{\partial q_2}=0,\quad \frac{\partial\eta_1}{\partial q_2}+\frac{\partial\eta_2}{\partial q_1}=0,\quad \frac{\partial\eta_1}{\partial t}=0,\quad \frac{\partial\eta_2}{\partial t}=0,\quad \frac{\partial f}{\partial t}=0,$$
$$\frac{\mu_0}{\sqrt{(q_1^2+q_2^2)}^3}\,q_2\eta_1+\frac{\partial f}{\partial q_1}=0,$$
$$\frac{\mu_0}{\sqrt{(q_1^2+q_2^2)}^3}\Big(q_1\eta_1+2q_2\eta_2\Big)+\frac{\partial f}{\partial q_2}=0. \tag{6}$$

Aus den Gleichungen der ersten Zeile folgen die speziellen Lösungen

$$\eta_1=q_2,\qquad \eta_2=-q_1,\qquad f=f(q_1,q_2). \tag{7}$$

Hiermit können wir uns leicht davon überzeugen, daß die Funktion

$$f(q_1,q_2)=-\mu_0\frac{q_1}{\sqrt{q_1^2+q_2^2}} \tag{8}$$

Lösung der beiden Gleichungen der zweiten Zeile ist. Erst hierdurch ist gewährleistet, daß eine Invariante der Form (3) überhaupt existiert. Einsetzen der Lösungsfunktionen η_1, η_2 und f in (3) ergibt schließlich:

$$I_{\mathrm{RL}_1}=-p_1p_2q_2+p_2^2q_1-\mu_0\frac{q_1}{\sqrt{q_1^2+q_2^2}}. \tag{9}$$

Dies ist eine Komponente des Runge-Lenz-Vektors, welcher in der Literatur oftmals als nicht-Noether Invariante klassifiziert wird. Wie wir sehen folgt diese Invariante aber direkt aus dem verallgemeinerten Noether-Theorem. Dieses Theorem stellt sich somit als ein *konstruktives Verfahren* zur Bestimmung der Invarianten der Bewegung dynamischer Systeme dar. Durch systematisches Ansetzen von Polynomfunktionen $g(q_\nu,p_\nu)$ in den p_ν lassen sich die Invarianten eines Hamilton-Systems aus den Lösungen des zugehörigen Systems von gekoppelten partiellen Differentialgleichungen konstruieren.

Wir notieren noch den Generator $\hat{U}_{\mathrm{RL}_1}=[\,.\,,I_{\mathrm{RL}_1}]$ der zugehörigen Symmetrietransformation des Systems:

$$\hat{U}_{\mathrm{RL}_1}=-p_2q_2\frac{\partial}{\partial q_1}-\big(p_1q_2-2p_2q_1\big)\frac{\partial}{\partial q_2}$$
$$+\mu_0\frac{q_2^2}{\sqrt{(q_1^2+q_2^2)}^3}\frac{\partial}{\partial p_1}-\mu_0\frac{q_1q_2}{\sqrt{(q_1^2+q_2^2)}^3}\frac{\partial}{\partial p_2}. \tag{10}$$

Beispiel 21.16 ▲

22 Die verallgemeinerte Fassung der Hamilton-Jacobi-Gleichung

Im Rahmen der verallgemeinerten kanonischen Transformationstheorie können wir die Grundlage der Hamilton-Jacobi-Gleichung wie folgt formulieren: gesucht ist die Erzeugende $\mathcal{F}_2(q_\mu,P_\mu)$ einer verallgemeinerten kanonischen Transformation, die eine gegebene erweiterte Hamilton-Funktion $H_1 = 0$ in eine *identisch verschwindende* Hamilton-Funktion $\mathcal{H}_1 \equiv 0$ überführt. Analog zum Fall der konventionellen Hamilton-Jacobi-Theorie verschwinden dann alle partiellen Ableitungen von $\mathcal{H}_1$ – und somit die Ableitungen aller kanonischen Variablen $Q_\mu(s),P_\mu(s)$ hinsichtlich des Evolutionsparameters s des Systems:

$$\frac{\partial \mathcal{H}_1}{\partial P_\mu} = 0 = \frac{\mathrm{d}Q_\mu}{\mathrm{d}s}, \qquad -\frac{\partial \mathcal{H}_1}{\partial q_\mu} = 0 = \frac{\mathrm{d}P_\mu}{\mathrm{d}s}, \qquad \mu = 0, \ldots, n. \quad (22.1)$$

Offensichtlich sind dann *alle* transformierten kanonischen Variablen Q_μ,P_μ Konstanten der Bewegung. In der Notation der Variablen Q_i, T, P_i, E, $i = 1, \ldots, n$, heißt das:

$$\begin{aligned} T &= \alpha_0 = \text{const.}, \qquad & Q_i &= \alpha_i = \text{const.}, \\ E &= -\beta_0 = \text{const.}, \qquad & P_i &= \beta_i = \text{const.} \end{aligned} \quad (22.2)$$

Im erweiterten Formalismus ist somit auch die transformierte Zeit T eine Konstante. Dies bedeutet nichts anderes, als daß wir mit der durch $\mathcal{F}_2$ erzeugten kanonischen Transformation ein gegebenes dynamisches System H_1 in ein System mit *fester Zeit* T, also in einen *Zeitpunkt* transformieren. Da aber auch alle anderen transformierten kanonischen Variablen Q_μ, P_μ Konstanten der Bewegung sind, beschreibt die durch die gesuchte Erzeugende $\mathcal{F}_2(q_\mu, p_\mu)$ definierte kanonische Transformation die Abbildung des gesamten dynamischen Systems in seinen Zustand zu einem Zeitpunkt $T = \text{const.}$, also z. B. in seinen Anfangszustand zum Zeitpunkt $T = t_0$:

$$T = t_0, \quad Q_i = q_i(t_0), \quad P_i = p_i(t_0), \quad E = H(q_j(t_0), p_j(t_0), t_0).$$

Die spezielle Erzeugende $\mathcal{F}_2$ einer kanonischen Transformation, die eine gegebene erweiterte Hamilton-Funktion $H_1 = 0$ in eine identisch verschwindende Hamilton-Funktion $\mathcal{H}_1 \equiv 0$ transformiert, bezeichnen wir als *erweiterte Hamiltonsche Wirkungsfunktion* $\mathcal{F}_2 \equiv S_1(q_\mu,P_\mu)$. Gemäß der Transformationsregel $\mathcal{H}_1 = H_1$ für erweiterte Hamilton-Funktionen von (21.24) müssen wir nur die ursprüngliche erweiterte Hamilton-Funktion $H_1 = 0$ in den neuen Koordinaten ausdrücken, um die transformierte erweiterte Hamilton-Funktion $\mathcal{H}_1 \equiv 0$ zu erhalten. Mit der Definition (21.6) der erweiterten Hamilton-Funktion und den Transformationsregeln der Gln. (21.18) heißt das für die gewöhnliche Hamilton-Funktion H:

$$\mathcal{H}_1(Q_\mu, P_\mu) \equiv 0 \quad \Longleftrightarrow \quad \left[H\left(q_i, \frac{\partial S_1}{\partial q_i}, t\right) + \frac{\partial S_1}{\partial t} \right] \frac{\mathrm{d}t}{\mathrm{d}s} \equiv 0. \quad (22.3)$$

Da im allgemeinen $\mathrm{d}s/\,\mathrm{d}t \neq 0$, erhalten wir die verallgemeinerte Hamilton-Jacobi-Gleichung als:

$$H\left(q_1, \ldots, q_n, \frac{\partial S_1}{\partial q_1}, \ldots, \frac{\partial S_1}{\partial q_n}, t\right) + \frac{\partial S_1}{\partial t} \equiv 0. \tag{22.4}$$

Diese Gleichung hat exakt die *Form* der konventionellen Hamilton-Jacobi-Gleichung. Sie ist insofern aber eine *Verallgemeinerung* der konventionellen Hamilton-Jacobi-Gleichung, als es sich mit der erweiterten Wirkungsfunktion S_1 um eine *erweiterte* Erzeugende $\mathcal{F}_2$ handelt, wie sie in Kapitel 21 eingeführt wurde. Dies bedeutet, daß S_1 nun auch von der (konstanten) transformierten Energie $E \equiv -P_0 = -\beta_0$ abhängen darf. Wie wir am Beispiel 22.1 des zeitabhängigen harmonischen Oszillators sehen werden, ist diese E-Abhängigkeit von S_1 erforderlich, um auch erweiterte Hamilton-Funktionen $H_1 \equiv (H-e)\,\mathrm{d}t/\,\mathrm{d}s = 0$ mit *explizit zeitanhängigem* H in eine erweiterte Hamilton-Funktion $\mathcal{H}_1 \equiv 0$ transformieren zu können.

Der zeitabhängige harmonische Oszillator

Beispiel 22.1

Als einfaches Beispiel zur Untersuchung eines explizit zeitabhängigen Hamilton-Systems mit Hilfe der verallgemeinerten Hamilton-Jacobi-Gleichung wählen wir den zeitabhängigen harmonischen Oszillator:

$$H(q_j, p_j, t) = \frac{1}{2}\sum_{i=1}^{n} p_i^2 + \frac{1}{2}\omega^2(t)\sum_{i=1}^{n} q_i^2. \tag{1}$$

Mit $S_1 = S_1(q_1, \ldots, q_n, t, P_1, \ldots, P_n, E)$ als *erweiterter Wirkungsfunktion* erhalten wir als Hamilton-Jacobi-Gleichung (22.4) für dieses System:

$$\frac{\partial S_1}{\partial t} + \frac{1}{2}\sum_i \left(\frac{\partial S_1}{\partial q_i}\right)^2 + \frac{1}{2}\omega^2(t)\sum_i q_i^2 = 0. \tag{2}$$

Unser Ziel ist es nun, eine Lösungsfunktion S_1 für diese nichtlineare partielle Differentialgleichung zu finden. Wir versuchen es mit der Erzeugenden der verallgemeinerten kanonischen Transformation aus Beispiel 21.6, wobei wir uns hier auf den Fall verschwindender Dämpfung ($F(t) \equiv 0$) beschränken können:

$$S_1\big(q_j, t, P_j, E\big) = \frac{1}{\sqrt{\xi(t)}}\sum_i q_i P_i + \frac{1}{4}\frac{\dot{\xi}(t)}{\xi(t)}\sum_i q_i^2 - E\int_0^t \frac{\mathrm{d}\tau}{\xi(\tau)}. \tag{3}$$

Wir fordern zunächst nur, daß die hierin enthaltene transformierte Energie $E \equiv -P_0 \equiv -\beta_0$ eine Konstante sein soll. Wir bilden die partiellen Ableitungen von S_1 hinsichtlich P_i, q_i und der Zeit t:

$$\begin{aligned}
Q_i &= \frac{\partial S_1}{\partial P_i} = \frac{q_i}{\sqrt{\xi}} \\
p_i &= \frac{\partial S_1}{\partial q_i} = \frac{P_i}{\sqrt{\xi}} + \frac{1}{2}\frac{\dot{\xi}}{\xi}q_i \\
-e &= \frac{\partial S_1}{\partial t} = -\frac{1}{2}\frac{\dot{\xi}}{\sqrt{\xi^3}}\sum_i q_i P_i + \frac{1}{4}\left(\frac{\ddot{\xi}}{\xi} - \frac{\dot{\xi}^2}{\xi^2}\right)\sum_i q_i^2 - \frac{E}{\xi}
\end{aligned} \tag{4}$$

◆ Beispiel 22.1

und setzen diese in die Hamilton-Jacobi-Gleichung (2) ein. Dies ergibt in den neuen Koordinaten:

$$E - \frac{1}{2}\sum_i P_i^2 - \frac{1}{2}\Omega^2 \sum_i Q_i^2 = 0. \tag{5}$$

Die Summe aller Terme, die zu $\sum_i Q_i^2$ proportional sind, haben wir hierin mit Ω^2 bezeichnet:

$$\Omega^2(t) = \frac{1}{2}\xi\ddot{\xi} - \frac{1}{4}\dot{\xi}^2 + \xi^2\omega^2(t).$$

Gleichung (5) kann für eine *konstante* Energie E dann und nur dann wie gefordert für alle t erfüllt werden, wenn Ω^2 ebenfalls eine Konstante darstellt, wenn also

$$\frac{1}{2}\xi\ddot{\xi} - \frac{1}{4}\dot{\xi}^2 + \xi^2\omega^2(t) = \Omega^2 = \text{const.} \tag{6}$$

Mit $\xi(t)$ als Lösungsfunktion von Gl. (6) sind die Transformationsgleichungen für die Koordinaten nun eindeutig festgelegt

$$Q_i = \frac{q_i}{\sqrt{\xi}}, \qquad P_i = \sqrt{\xi}\,p_i - \frac{1}{2}\frac{\dot{\xi}}{\sqrt{\xi}}\,q_i. \tag{7}$$

Da es sich mit der Wirkungsfunktion $S_1 = S_1(q_j, t, P_j, E)$ um eine *erweiterte* Erzeugende handelt, geht auch der Zeitpunkt T, an dem die neuen Koordinaten $Q_j(T), P_j(T)$ betrachtet werden, durch eine Transformation aus der ursprünglichen Zeit t hervor. Diese Zeit T können wir bestimmen, sobald die Lösungsfunktion $\xi(t)$ bekannt ist:

$$T = -\frac{\partial S_1}{\partial E} = \int\limits_0^t \frac{\mathrm{d}\tau}{\xi(\tau)}. \tag{8}$$

Die transformierte Hamilton-Funktion $\mathcal{H}(Q_j, P_j, T)$ erhalten wir aus der allgemeinen Transformationsregel (21.26) für erweiterte Erzeugende $\mathcal{F}$ mit $\partial T/\partial t = 1/\xi$:

$$\mathcal{H} - E = \xi(t)\big(H - e\big) \tag{9}$$

und somit in den neuen Koordinaten Q_i, P_i:

$$\mathcal{H}(Q_j, P_j) = \frac{1}{2}\sum_{i=1}^{n} P_i^2 + \frac{1}{2}\Omega^2 \sum_{i=1}^{n} Q_i^2. \tag{10}$$

Diese Hamilton-Funktion $\mathcal{H}$ ist genau dann nicht mehr explizit T-abhängig, wenn $\xi(t)$ eine Lösung von Gl. (6) mit konstantem Ω^2 darstellt. In diesem Fall entspricht $\mathcal{H}$ der Hamilton-Funktion des gewöhnlichen (zeitunabhängigen) harmonischen Oszillators. Wie gefordert ist $\beta_0 \equiv -E$ als *Funktionswert* von $\mathcal{H}$ dann eine Konstante. Die kanonischen Koordinaten (Q_i, P_i) dieses Systems sind hingegen *keine* Konstanten. Die Aufgabe, das System des zeitabhängigen harmonischen Oszillators (1) in ein System zu überführen, bei dem *alle* transformierten kanonischen Koordinaten α_μ, β_μ Konstanten sind, ist demnach zunächst nur für β_0 erfüllt. Wir können aber in einem zweiten Schritt nun die Hamilton-Funktion (10) in eine identisch verschwindende Hamilton-Funktion $\mathcal{H}' \equiv 0$ transformieren. Hierzu stellen wir zunächst wieder die zugehörige Hamilton-Jacobi-Gleichung auf:

$$\frac{\partial S}{\partial T} + \frac{1}{2}\sum_i \left(\frac{\partial S}{\partial Q_i}\right)^2 + \frac{1}{2}\Omega^2 \sum_i Q_i^2 = 0, \tag{11}$$

und suchen eine Lösungsfunktion $S = S(Q_j, T, \beta_j)$ mit den konstanten transformierten Impulsen $\beta_j = \text{const.}$ Wir können uns hier auf eine konventionelle Wirkungsfunktion

S beschränken, da Hamilton-Funktion (10) nicht explizit zeitabhängig ist. Aufgrund der quadratischen Abhängigkeit von den Q_i und den P_i versuchen wir, die Lösungsfunktion $S(Q_j, T, \beta_j)$ von Gl. (11) zu bestimmen über den Ansatz

$$S = \frac{1}{2}a(T)\sum_i Q_i^2 + b(T)\sum_i Q_i\beta_i + \frac{1}{2}c(T)\sum_i \beta_i^2. \tag{12}$$

Einsetzen der partiellen Ableitungen

$$\frac{\partial S}{\partial Q_i} = aQ_i + b\beta_i, \qquad \frac{\partial S}{\partial T} = \frac{1}{2}\dot{a}\sum_i Q_i^2 + \dot{b}\sum_i Q_i\beta_i + \frac{1}{2}\dot{c}\sum_i \beta_i^2 \tag{13}$$

in die vorliegende Hamilton-Jacobi-Gleichung (11) ergibt:

$$\frac{1}{2}\left(\dot{a} + a^2 + \Omega^2\right)\sum_i Q_i^2 + \left(\dot{b} + ab\right)\sum_i Q_i\beta_i + \frac{1}{2}\left(\dot{c} + b^2\right)\sum_i \beta_i^2 = 0. \tag{14}$$

Diese Gleichung kann dann und nur dann für beliebige Q_i für alle Zeiten T erfüllt werden, wenn die Koeffizientenfunktionen einzeln verschwinden:

$$\dot{a} + a^2 + \Omega^2 = 0, \qquad \dot{b} + ab = 0, \qquad \dot{c} + b^2 = 0. \tag{15}$$

Beginnend mit der linken nichtlinearen Differentialgleichung erster Ordnung für $a(T)$ können wir diesen Satz sukzessive unmittelbar lösen:

$$a(T) = -\Omega\tan\Omega T, \qquad b(T) = \frac{1}{\cos\Omega T}, \qquad c(T) = -\frac{\tan\Omega T}{\Omega}, \tag{16}$$

und erhalten somit die folgende Wirkungsfunktion $S(Q_j, T, \beta_j)$ als Lösung der Hamilton-Jacobi-Gleichung (11):

$$S = -\frac{1}{2}\Omega\tan\Omega T\sum_i Q_i^2 + \frac{1}{\cos\Omega T}\sum_i Q_i\beta_i - \frac{1}{2}\frac{\tan\Omega T}{\Omega}\sum_i \beta_i^2. \tag{17}$$

Mit Hilfe dieser Wirkungsfunktion können wir nun den funktionalen Zusammenhang der Koordinaten $Q_i(T)$ und $P_i(T)$ mit den Integrationskonstanten α_i und β_i herausarbeiten und zeigen, daß die Wirkungsfunktion $S \equiv F_2$ genau diejenige Erzeugende einer kanonischen Transformation darstellt, welche die ursprüngliche Hamilton-Funktion $\mathcal{H}$ von (10) in eine identisch verschwindende Hamilton-Funktion $\mathcal{H}' \equiv 0$ transformiert. Gemäß den Gln. (19.12) ergeben sich für (17) die Transformationsregeln:

$$\begin{aligned}
\alpha_j &= \frac{\partial S}{\partial \beta_j} = \frac{Q_j}{\cos\Omega T} - \beta_j\frac{\tan\Omega T}{\Omega}, \\
P_j &= \frac{\partial S}{\partial Q_j} = -Q_j\,\Omega\tan\Omega T + \frac{\beta_j}{\cos\Omega T}, \\
\mathcal{H}' &= \mathcal{H} + \frac{\partial S}{\partial T} \\
&= \mathcal{H} - \frac{1}{2}\frac{\Omega^2}{\cos^2\Omega T}\sum_i Q_i^2 + \frac{\Omega\sin\Omega T}{\cos^2\Omega T}\sum_i Q_i\beta_i - \frac{1}{2}\frac{1}{\cos\Omega T}\sum_i \beta_i^2.
\end{aligned} \tag{18}$$

Auflösen nach den Koordinaten Q_j und P_j und Vereinfachen liefert:

$$\begin{aligned}
Q_j &= \alpha_j\cos\Omega T + \beta_j\frac{\sin\Omega T}{\Omega}, \\
P_j &= -\alpha_j\Omega\sin\Omega T + \beta_j\cos\Omega T, \\
\mathcal{H}' &= \mathcal{H} - \frac{1}{2}\sum_i P_i^2 - \frac{1}{2}\Omega^2\sum_i Q_i^2 \equiv 0.
\end{aligned} \tag{19}$$

Mit $\mathcal{H}' \equiv 0$ ist die Aufgabenstellung erfüllt. Die Darstellung der Q_j und der P_j als Funktionen der Integrationskonstanten α_j und β_j bedeutet die vollständige Lösung des Systems. Wir können noch die Transformationregeln des ersten und des zweiten Schritts zusammenfassen:

$$\begin{pmatrix} q_j \\ p_j \end{pmatrix} = \begin{pmatrix} \sqrt{\xi(t)} & 0 \\ \frac{1}{2}\frac{\dot{\xi}(t)}{\sqrt{\xi(t)}} & \frac{1}{\sqrt{\xi(t)}} \end{pmatrix} \begin{pmatrix} \cos\Omega T & \frac{\sin\Omega T}{\Omega} \\ -\Omega\sin\Omega T & \cos\Omega T \end{pmatrix} \begin{pmatrix} \alpha_j \\ \beta_j \end{pmatrix}, \tag{20}$$

worin $0 \neq \Omega = \text{const.}$ und $\xi(t)$ eine Lösung ist von

$$\frac{1}{2}\xi\ddot{\xi} - \frac{1}{4}\dot{\xi}^2 + \xi^2\omega^2(t) = \Omega^2. \tag{21}$$

Die Zeit T folgt dann aus

$$T = \int_0^t \frac{\mathrm{d}\tau}{\xi(\tau)}. \tag{22}$$

Mit den speziellen Anfangsbedingungen $\xi(0) = 1$ und $\dot{\xi}(0) = 0$ stellen die Konstanten α_j, β_j offensichtlich die Werte der Koordinaten q_j, p_j zum Zeitpunkt $t = 0$ dar.

Die erweiterte Wirkungsfunktion $S_1(q_j, t, P_j, \beta_0)$ von (3), sowie die konventionelle Wirkungsfunktion $S(Q_j, T, \beta_j)$ von (17) definieren kanonische Transformationen. Die *Verkettung* dieser Transformationen definiert dann wiederum eine kanonische Transformation. Im Prinzip ist es somit möglich, eine erweiterte Wirkungsfunktion $S_1'(q_j, t, \beta_j, \beta_0) \equiv S_1'(q_\mu, \beta_\mu)$ zu finden, die Lösung von Gl. (2) für konstante β_μ ist – und somit das Problem in *einem* Schritt löst.

▲ Beispiel 22.1

VII Nichtlineare Dynamik

Die Behandlung der Mechanik in diesen Vorlesungen wäre nicht komplett, wenn wir nicht wenigstens kurz auch auf ein Themengebiet eingingen, das sich gerade in jüngerer Zeit großer Aufmerksamkeit erfreut, nämlich die Nichtlineare Dynamik und darin als Spezialgebiet die „Chaostheorie".

Ausgangspunkt ist die Beobachtung, daß geordnete und regelmäßige Bewegungen, wie sie etwa beim harmonischen Oszillator, dem Pendel oder dem Keplerproblem der Planetenbewegung auftreten, in der Natur eher die Ausnahme als die Regel sind. Erratischen und häufig bei aller Anstrengung im Detail nicht vorhersehbaren Phänomenen begegnet man häufig (ein besonders markantes Beispiel ist das Auftreten von Turbulenz bei Flüssigkeitsströmungen).

J.-H. Poincaré (1854–1912) → unten

Gegen Ende des 19. Jahrunderts hat der „Vater der nichtlinearen Dynamik" Henri Poincaré erstmals darauf hingewiesen, daß irreguläres Verhalten in der Mechanik durchaus nichts Ungewöhnliches ist, sobald das untersuchte System eine *nichtlineare Wechselwirkung* aufweist. Damit verbunden ist die zunächst verblüffende Erkenntnis, daß auch sehr einfache Systeme eine höchst komplexe Dynamik aufweisen können. Eine simple deterministische Differentialgleichung mit Nichtlinearitäten kann Lösungen besitzen, deren Verhalten sich über längere Zeiträume hinweg ganz unregelmäßig entwickelt und praktisch nicht vorhersagen läßt. Dies ist eine der charakteristischen Eigenschaften *chaotischer* Systeme. Die Bedeutung dieses Begriffs, der im Rahmen der nichtlinearen Dynamik präzise

---

JULES-HENRI POINCARÉ

Poincaré, Jules-Henri, französischer Mathematiker und Physiker, geb. 29.4.1854 in Nancy, gest. 17.7.1912 in Paris. Poincaré studierte an der École Polytechnique und der École des Mines und war Schüler von Ch. Hermite. Bald nach der Promotion erhielt er 1881 einen Lehrstuhl an der Sorbonne, den er bis zu seinem Lebensende einnahm. In der reinen Mathematik machte er sich einen Namen u. a. als Begründer der algebraischen Topologie und der Theorie der analytischen Funktionen mehrerer komplexer Variablen. Weitere wesentliche Arbeitsgebiete waren die algebraische Geometrie und die Zahlentheorie. Poincaré befaßte sich aber auch mit Anwendungen der Mathematik auf zahlreiche physikalische Fragestellungen, etwa in der Optik, Elektrodynamik, Telegrafie, Thermodynamik. Mit Einstein und Lorentz war er einer der Begründer der Speziellen Relativitätstheorie. Poincarés Arbeiten zur Himmelsmechanik, insbesondere zum Dreikörperproblem, mündeten in einer dreibändigen Monographie (1892–1899). Hierbei entdeckte er als erster das Auftreten chaotischer Bahnen bei der Planetenbewegung. Wegen seiner ungewöhnlich breit gefaßten Interessen wurde Poincaré als der letzte Universalist in der Mathematik bezeichnet.

definiert werden kann, weist weit über die Mechanik hinaus, da Chaos in vielen Bereichen nicht nur in der Physik, sondern auch der Chemie, Biologie etc. auftritt.

In den folgenden Abschnitten werden wir einiges über allgemeine Eigenschaften nichtlinearer dynamischer Systeme lernen. Die Zeitabhängigkeit und Stabilität ihrer Lösungen wird diskutiert, und Begriffe wie Attraktoren, Bifurkationen und Chaos werden eingeführt. Eine ins Einzelne gehende Behandlung der nichtlinearen Dynamik, ihrer vielfältigen Fragestellungen und interdisziplinären Anwendungen überschreitet aber den hier gesteckten Rahmen. [1] Insbesondere werden wir auch nicht näher auf das wichtige Thema des Chaos in Hamiltonschen Systemen eingehen können.

23 Dynamische Systeme

Für viele der hier interessierenden Systeme läßt sich eine einheitliche theoretische Beschreibung geben. Ein System wird durch einen Satz von endlich vielen dynamischen Variablen beschrieben, die wir in einem Spaltenvektor $\vec{x} = (x_1, \ldots, x_N)^{\mathrm{T}} \in \mathbb{R}^N$ zusammenfassen. Zu einem gegebenen Zeitpunkt t wird der Zustand des Systems eindeutig durch einen solchen Punkt $\vec{x}$ im Phasenraum beschrieben. Die x_i sind generalisierte Koordinaten, hinter denen sich die verschiedensten Größen verbergen können. Wichtig ist, daß der Vektor $\vec{x}$ auch die Geschwindigkeiten (bzw. die Impulse) umfassen soll. Wir nehmen nun an, daß sich das System *deterministisch* verhält. Die gesamte Zeitentwicklung $\vec{x}(t)$ ist also bestimmt, wenn ein Anfangswert $\vec{x}(t_0)$ vorgegeben wird. Die zeitliche Entwicklung soll durch eine Differentialgleichung erster Ordnung in der Zeit beschrieben werden:

$$\frac{\mathrm{d}}{\mathrm{d}t}\vec{x}(t) = \vec{F}\big(\vec{x}(t), t;\ \lambda\big). \tag{23.1}$$

Hier ist $\vec{F}$ eine im allgemeinen *nichtlineare* Funktion der Koordinaten $\vec{x}$ (auch als Geschwindigkeitsfeld oder *Vektorfeld* bezeichnet). Darüber hinaus kann $\vec{F}$ auch noch explizit von der Zeit t abhängen, etwa wenn von außen veränderliche Kräfte auf das System einwirken. Besteht keine solche Abhängigkeit, dann spricht man von einem *autonomen* System. Schließlich soll das dritte Argument in (23.1) andeuten, daß möglicherweise ein oder mehrere *Kontrollparameter* λ existieren. Es handelt sich dabei um fest vorgegebene Konstanten, deren Werte die Dynamik des Systems beeinflussen und diese unter Umständen in ihrem Charakter verändern können. Typische Kontrollparameter sind zum Beispiel die Kopplungsstärke einer

---

[1] Einige Lehrbücher aus der sehr umfangreichen Literatur zur nichtlinearen Dynamik:
H. Schuster, *Deterministic Chaos*, VCH Verlag (1989)
J. Argyris, G. Faust, M. Haase, *Die Erforschung des Chaos*, Vieweg (1995)
H.-O. Peitgen, H. Jürgens, D. Saupe: *Chaos and Fractals – New Frontiers of Science*, Springer (1992)
R. C. Hilborn, *Chaos and nonlinear dynamics*, Oxford University Press (1994)
G. Jetschke, *Mathematik der Selbstorganisation*, Deutscher Verlag der Wiss., Berlin (1989)

Wechselwirkung oder die Amplitude oder Frequenz einer dem System aufgeprägten äußeren Störung.

Anmerkung: Mit einem kleinen Trick läßt sich eine mögliche explizite Zeitabhängigkeit in (23.1) eliminieren. Dazu betrachtet man ein System mit einem Freiheitsgrad mehr,

$$\tilde{\vec{x}} = (x_1, \ldots, x_N, x_{N+1})^{\mathrm{T}} \in \mathbb{R}^{N+1},$$

und postuliert für die hinzugekommene Vektorkomponente die Differentialgleichung

$$\frac{\mathrm{d}}{\mathrm{d}t} x_{N+1} = 1.$$

Mit der Anfangsbedingung $\vec{x}_{N+1}(0) = 0$ heißt dies einfach $x_{N+1}(t) = t$. Die Zeit auf der rechten Seite von t kann also durch x_{N+1} ersetzt werden, und wir haben ein *autonomes* System mit einer Dimension mehr vorliegen.

Die Bewegungsgleichung (23.1) ist trotz ihrer scheinbar einfachen Gestalt sehr umfassend. Insbesonders ist darin die *Hamiltonsche Mechanik* als Spezialfall enthalten: Für ein System mit N Freiheitsgraden, beschrieben durch die generalisierten Koordinaten $q_1, \ldots, q_N$ und die zugehörigen kanonischen Impulse $p_1, \ldots, p_N$, lauten die Hamilton-Bewegungsgleichungen (siehe Kapitel 18)

$$\dot{q}_i = \frac{\partial H}{\partial p_i}, \qquad \dot{p}_i = -\frac{\partial H}{\partial q_i}. \tag{23.2}$$

Fassen wir Koordinaten und Impulse gemäß $\vec{x} = (q_1, \ldots, q_N;\ p_1, \ldots, p_N)^{\mathrm{T}}$ zu einem $2N$-dimensionalen Vektor zusammen, dann läßt sich (23.2) als eine kombinierte Matrixgleichung der Form (23.1) schreiben:

$$\frac{\mathrm{d}}{\mathrm{d}t}\vec{x} = \boldsymbol{J}\vec{\nabla}_{\vec{x}} H. \tag{23.3}$$

Dabei steht $\vec{\nabla}_{\vec{x}} H$ für den Gradientenvektor der Hamiltonfunktion:

$$\vec{\nabla}_{\vec{x}} H = \left(\frac{\partial H}{\partial q_1}, \ldots, \frac{\partial H}{\partial q_N}; \frac{\partial H}{\partial p_1}, \ldots, \frac{\partial H}{\partial p_N} \right)^{\mathrm{T}} \tag{23.4}$$

und die $2N \times 2N$-Matrix $\boldsymbol{J}$ sorgt für die Vertauschung der Komponenten sowie für die richtigen Vorzeichen:

$$\boldsymbol{J} = \begin{pmatrix} 0 & +\boldsymbol{I} \\ -\boldsymbol{I} & 0 \end{pmatrix}, \tag{23.5}$$

wobei $\boldsymbol{I}$ die $N \times N$ Einheitsmatrix bezeichnet. Nebenbei bemerkt hat $\boldsymbol{J}$ folgende nützliche Eigenschaften:

$$\boldsymbol{J}^{-1} = \boldsymbol{J}^{\mathrm{T}} = -\boldsymbol{J}, \qquad \boldsymbol{J}^2 = -\boldsymbol{I}, \qquad \det \boldsymbol{J} = 1. \tag{23.6}$$

Darüber hinaus lassen sich auch *dissipative Systeme* durch die Gleichung (23.1) beschreiben, indem man geschwindigkeitsabhängige Reibungsterme einführt, siehe etwa Aufgabe 23.1.

Es ist klar, daß die Lösungen von (23.1) äußerst vielgestaltig sein können. Für einen vorgegebenen Startvektor $\vec{x}(t=0)=\vec{x}_0$ läßt sich eine Bahnkurve, auch *Trajektorie* oder *Orbit* genannt, $\vec{x}(t)$ berechnen (was in nichtlinearen Systemen natürlich in der Regel nicht analytisch möglich ist), deren mathematische Existenz und Eindeutigkeit unter sehr allgemeinen Bedingungen durch die Theorie der Differentialgleichungen sichergestellt wird. Besonders interessant ist das asymptotische Verhalten der Trajektorie für große Zeiten: Erreicht sie einen stationären Zustand (einen *Fixpunkt*) oder eine periodische Schwingung (einen *Grenzzyklus*), oder verhält sie sich irregulär?

Der Zusammenhang zwischen $\vec{x}(t)$ und $\vec{x}_0$ stellt mathematisch betrachtet eine Abbildung $\boldsymbol{\Phi}_t\colon \mathbb{R}^N \to \mathbb{R}^N$ dar, nämlich

$$\boldsymbol{\Phi}_t(\vec{x}_0)=\vec{x}(t). \tag{23.7}$$

Diese Abbildung, die von der Zeit t als Parameter abhängt, wird als *Phasenfluß* oder einfach *Fluß* des Vektorfelds $\vec{F}(\vec{x})$ bezeichnet. Der Fluß reduziert sich für $t=0$ offensichtlich auf die identische Abbildung

$$\boldsymbol{\Phi}_{t=0}=\mathbb{I}. \tag{23.8}$$

Für autonome (nicht explizit zeitabhängige) Systeme gilt außerdem bei Hintereinanderschaltung zweier zeitlicher Verschiebungen

$$\boldsymbol{\Phi}_{t_1}\boldsymbol{\Phi}_{t_2}=\boldsymbol{\Phi}_{t_1+t_2}. \tag{23.9}$$

Um das dynamische System gründlich zu verstehen, genügt es nicht, sich einzelne Trajektorien anzuschauen. Von Interesse ist vielmehr auch das Verhalten der Gesamtheit aller Bahnen im Phasenraum. Dies läßt sich auch als Frage nach den globalen Eigenschaften der Abbildung $\boldsymbol{\Phi}_t$ interpretieren. Wichtige Fragestellungen sind hier: Läßt sich der Fluß „im Großen" allgemeingültig charakterisieren? Gibt es Bereiche mit qualitativ unterschiedlichem Verhalten (geordnete vs. ungeordnete Bewegung)? Wie verändert sich der Fluß mit dem Wert eines etwa vorhandenen Kontrollparameters λ (gibt es etwa kritische Schwellenwerte, wo neuartiges Verhalten auftritt?).

Die Antwort auf diese Fragen hängt natürlich vom jeweils betrachteten System ab. Dennoch lassen sich im Rahmen der nichtlinearen Dynamik allgemeine Kriterien finden, und es zeigt sich, daß scheinbar sehr unterschiedliche Systeme verblüffende Ähnlichkeiten in ihrer Dynamik aufweisen.

Dissipative Systeme: Kontraktion des Phasenraumvolumens

Konservative Systeme sind dadurch gekennzeichnet, daß der dynamische Fluß *volumenerhaltend* ist. Der in Kapitel 18 bewiesene *Satz von Liouville* besagte ja, daß sich das Volumen einer Zelle im $2N$-dimensionalen Phasenraum $(q_1,\ldots,q_N;\ p_1,\ldots,p_N)$ zeitlich nicht ändert, wenn sich die darin befindlichen Punkte gemäß den Hamiltonschen Gleichungen bewegen. In *dissipativen Systemen* hingegen schrumpfen die Zellen im Phasenraum mit der Zeit zusammen. Wir werden jetzt ein quantitatives Maß dafür ableiten, und zwar für ein allgemeines autonomes dynamisches System, dessen Trajektorien der Bewegungsgleichung

$$\frac{\mathrm{d}}{\mathrm{d}t}\,\vec{x}(t) = \vec{F}\big(\vec{x}(t)\big) \tag{23.10}$$

in einem N-dimensionalen Phasenraum genügen. Dazu betrachten wir ein kleines Volumenelement $\Delta V(\vec{x})$, das sich zur Zeit $t = t_0$ an der Stelle $\vec{x} = \vec{x}_0$ befinden und mit dem Fluß mitbewegen soll. Das Volumen ist, in cartesischen Koordinaten, gerade durch das Produkt der Seitenlängen gegeben

$$\Delta V(\vec{x}) = \prod_{i=1}^{N} \Delta x_i(\vec{x}). \tag{23.11}$$

Für die Zeitableitung dieser Größe gilt gemäß der Kettenregel

$$\begin{aligned}\frac{\mathrm{d}}{\mathrm{d}t}\Delta V(\vec{x}) &= \sum_{i=1}^{N} \frac{\mathrm{d}\Delta x_i(\vec{x})}{\mathrm{d}t} \prod_{j\neq i}^{N} \Delta x_j(\vec{x}) \\ &= \underbrace{\prod_{j=1}^{N} \Delta x_j(\vec{x})}_{=\Delta V(\vec{x})} \sum_{i=1}^{N} \frac{1}{\Delta x_i(\vec{x})} \cdot \frac{\mathrm{d}\Delta x_i(\vec{x})}{\mathrm{d}t},\end{aligned} \tag{23.12}$$

wobei mit $\Delta x_i / \Delta x_i$ erweitert wurde. Die relative Veränderung (= logarithmische Zeitableitung) des Volumens ist also

$$\frac{1}{\Delta V(\vec{x})} \cdot \frac{\mathrm{d}}{\mathrm{d}t}\Delta V(\vec{x}) = \sum_{i=1}^{N} \frac{1}{\Delta x_i(\vec{x})} \cdot \frac{\mathrm{d}\Delta x_i(\vec{x})}{\mathrm{d}t}. \tag{23.13}$$

Die Änderung der Seitenlängen des Volumens [1)] läßt sich aus der Bewegungsgleichung (23.10) berechnen. Betrachten wir den Abstand von zwei Ecken des Würfels in i-Richtung, die durch die Trajektorien $\vec{x}_0(t)$ mit $\vec{x}_0(t_0) = \vec{x}_0$ sowie $\vec{x}(t)$ mit $\vec{x}(t_0) = \vec{x}_0 + \vec{e}_i \Delta x_i$ bestimmt sind

$$\begin{aligned}\left.\frac{\mathrm{d}\Delta x_i}{\mathrm{d}t}\right|_{t_0} &= \left.\frac{\mathrm{d}}{\mathrm{d}t}\Big(x_i(t) - x_{0i}(t)\Big)\right|_{t_0} \\ &= F_i(\vec{x}(t_0)) - F_i(\vec{x}_0(t_0)) \\ &= F_i(\vec{x}_0 + \vec{e}_i \Delta x_i) - F_i(\vec{x}_0).\end{aligned} \tag{23.14}$$

Für kleine Abweichungen Δx_i liefert die Taylorentwicklung von $\vec{F}(\vec{x})$ in erster Ordnung

$$\left.\frac{\mathrm{d}\Delta x_i}{\mathrm{d}t}\right|_{t_0} = \left.\frac{\partial F_i}{\partial x_i}\right|_{\vec{x}_0} \Delta x_i. \tag{23.15}$$

[1)] Genau genommen verzerrt sich auch die Form von ΔV, und die Seiten bleiben nicht orthogonal aufeinander. Dies macht sich aber bei der Berechnung des Volumens in niedrigster Ordnung nicht bemerkbar.

An der Stelle $t_0 = t$, $\vec{x}_0 = \vec{x}$ liefert (23.13) demnach

$$\Lambda(\vec{x}) := \frac{1}{\Delta V(\vec{x})} \cdot \frac{\mathrm{d}}{\mathrm{d}t} \Delta V(\vec{x}) = \sum_{i=1}^{N} \frac{\partial F_i}{\partial x_i} = \vec{\nabla} \cdot \vec{F}. \tag{23.16}$$

Die Änderungsrate Λ des Phasenraumvolumens ist daher durch die *Divergenz des Geschwindigkeitsfelds* $\vec{F}$ bestimmt.

Der Satz von Liouville ist als Spezialfall in (23.16) enthalten. Gemäß (23.3)–(23.5) lautet das Geschwindigkeitsfeld für ein Hamiltonsches System mit den Koordinaten $\vec{x} = (q_1, \ldots, q_N;\ p_1, \ldots, p_N)^{\mathrm{T}}$ nämlich

$$\vec{F}(\vec{x}) = \left(\frac{\partial H}{\partial p_1}, \ldots, \frac{\partial H}{\partial p_N};\ -\frac{\partial H}{\partial q_1}, \ldots, -\frac{\partial H}{\partial q_N} \right)^{\mathrm{T}}. \tag{23.17}$$

Dies führt auf die Volumenänderung

$$\begin{aligned} \Lambda &= \vec{\nabla} \cdot \vec{F} = \sum_{i=1}^{N} \frac{\partial}{\partial q_i} F_i + \sum_{i=1}^{N} \frac{\partial}{\partial p_i} F_{N+i} \\ &= \sum_{i=1}^{N} \frac{\partial}{\partial q_i} \cdot \frac{\partial H}{\partial p_i} - \sum_{i=1}^{N} \frac{\partial}{\partial p_i} \cdot \frac{\partial H}{\partial q_i} = 0, \end{aligned} \tag{23.18}$$

wodurch sich bestätigt, daß konservative Systeme volumenerhaltend sind.

Wenn der Fluß im Phasenraum *kontrahierend* ist, d. h., wenn $\Lambda = \vec{\nabla} \cdot \vec{F} < 0$ gilt, dann nennen wir das System *dissipativ*. Dies ist zunächst eine lokale Aussage, die an einem Punkt $\vec{x}$ im Phasenraum gilt. Um zu einer globalen Einschätzung der Dynamik zu kommen, muß $\Lambda(\vec{x})$ über eine Trajektorie $\vec{x}(t)$ gemittelt werden. Wechselt Λ dabei sein Vorzeichen, dann gibt es keine einfache Methode um zu erkennen, ob ein System dissipativ ist; man muß tatsächlich den Mittelwert ausrechnen.

In dissipativen Systemen schrumpft das Volumen, das von benachbarten Trajektorien ausgefüllt wird, mit der Zeit zusammen, asymptotisch wird es sogar Null. Dies *kann* auf triviale Weise geschehen, indem die Trajektorien zusammenlaufen. Im einfachsten Fall laufen sie in einen Gleichgewichtspunkt, und die Bewegung kommt zur Ruhe (siehe Abschnitt Grenzzyklen). Es gibt aber auch die Möglichkeit, daß das Volumen schrumpft, indem der Abstand der Trajektorien nur in gewissen Richtungen kleiner wird, während sie in anderen Richtungen aber auseinanderlaufen. In diesem Fall wächst der resultierende Abstand sogar mit der Zeit an. Ein ursprünglich lokalisierter Bereich im Phasenraum wird also durch den dynamischen Fluß gewissermaßen „ausgewalzt“ und weit verteilt. Das Schrumpfen des Volumens zu Null bedeutet dann, daß aus einem ursprünglich N-dimensionalen Hyperwürfel im Phasenraum ein geometrisches Gebilde mit *niedrigerer Dimension* $D < N$ entsteht. Wie in Kapitel 26 (Abschnitt Fraktale Geometrie) erläutert wird, kann D sogar einen nicht-ganzzahligen Wert annehmen.

Attraktoren

Die Dynamik eines nichtlinearen Systems kann sehr komplex sein. Um Ordnung in die auftretenden Phänomene zu bringen, empfiehlt es sich, zunächst zwischen *transientem* und *asymptotischem* Verhalten zu unterscheiden. Als Transiente oder Einschwingvorgang bezeichnet man das anfängliche Verhalten eines Systems, nachdem es von einem vorgegebenen Punkt $\vec{x}_0$ im Phasenraum gestartet ist. Naturgemäß ist es hier besonders schwierig, allgemeine Aussagen zu machen, da die Transienten von der speziellen Anfangsbedingung abhängen. Der Theoretiker ist daher geneigt, diesen Teil der Trajektorie zu ignorieren, auch wenn er in der Praxis, abhängig von den vorherrschenden Zeitskalen, eine wichtige Rolle spielen kann. Erst in jüngerer Zeit widmet die Forschung den Transienten mehr Aufmerksamkeit.

Etwas einfacher systematisch zu behandeln ist das asymptotische oder stationäre Verhalten eines Systems. „Stationär" soll hier nicht bedeuten, daß das System in Ruhe ist, sondern nur, daß etwaige Einschwingvorgänge abgeklungen sind. In dissipativen Systemen, die wir hier vornehmlich behandeln wollen, werden sich die Trajektorien asymptotisch zu einer Teilmenge des Phasenraums von niedrigerer Dimension hinbewegen, einem sogenannten *Attraktor*.

Die Definition und saubere mathematische Klassifikation von Attraktoren ist nicht ganz einfach. Tatsächlich finden sich in der Literatur verschiedene Begriffsbildungen, die im Detail voneinander abweichen. Wir geben hier zunächst eine mathematische Definition [1)], werden den Begriff des Attraktors im Laufe der nachfolgenden Kapitel aber auch an verschiedenen Beispielen veranschaulichen.

Betrachtet werde ein Vektorfeld $\vec{F}(\vec{x})$ auf einem Raum M (z. B. $M = \mathbb{R}^N$) mit zugehörigem Phasenfluß Φ_t.

Eine Teilmenge $A \subset M$ heißt *Attraktor*, wenn sie folgende Kriterien erfüllt:
1) A ist *kompakt*.
2) A ist *invariant* unter dem Phasenfluß Φ_t.
3) A hat eine offene Umgebung U, die sich unter dem Fluß *auf A zusammenzieht*.

Dies bedarf einiger Erläuterungen.

Zu 1): Eine Menge heißt kompakt wenn sie *abgeschlossen* und *beschränkt* ist. Das heißt, jeder Grenzwert einer unendlichen Folge von Punkten gehört selbst zur Menge, und die Menge kann sich nicht ins Unendliche erstrecken. „Explodierende" Lösungen, bei denen z. B. Teilchen ins Unendliche entweichen, können also keine Attraktoren sein.

Zu 2): Invarianz unter dem Phasenfluß bedeutet

$$\Phi_t(A) = A \qquad \text{für alle} \quad t. \tag{23.19}$$

Ein Punkt auf dem Attraktor kann diesen also niemals verlassen.

---

1) F. Scheck: *Mechanik*, Springer (1992)

Zu 3): Dies läßt sich in zwei Schritten formulieren.

Zunächst ist die Umgebung $U \supset A$ größer als der Attraktor selbst, da es sich um einen offenen Bereich handelt, der das kompakte A umfaßt. U soll *positiv invariant* sein, d. h., es soll gelten

$$\Phi_t(U) \subseteq U \qquad \text{für alle} \quad t \geq 0. \tag{23.20}$$

Liegt ein Punkt also erst einmal in U, dann kann er sich nicht mehr herausbewegen. Vielmehr wird er sogar zu A hingezogen, was sich wie folgt formulieren läßt.

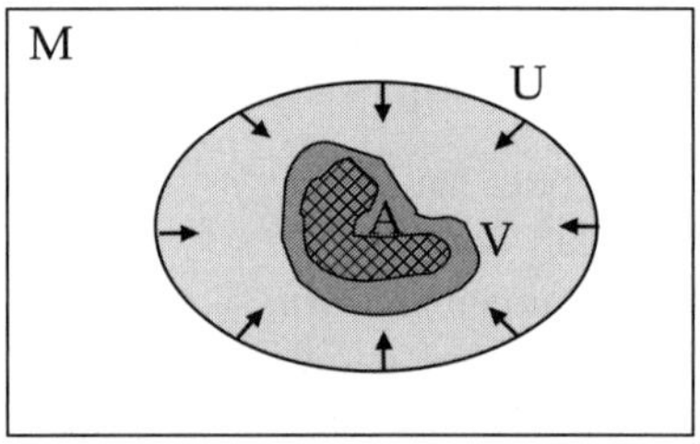

Veranschaulichung der Definition eines Attraktors A (schraffiert). Die Umgebung U schrumpft im Verlauf der Zeitentwicklung zusammen, so daß sie für $t > t_V$ in jeder beliebigen kleineren Umgebung V enthalten ist.

Zu jeder offenen Umgebung V von A, die ganz in U liegt, also $A \subset V \subset U$, kann man eine Zeit t_V finden, nach deren Überschreitung das Bild von U ganz in V liegt:

$$\Phi_t(U) \subset V \qquad \text{für alle} \quad t > t_V. \tag{23.21}$$

Da V beliebig „eng“ um A gewählt werden kann, bedeutet dies, daß U für große Zeiten auf den Attraktor A zusammenschrumpft.

Häufig wird die Definition eines Attraktors noch um die Forderung erweitert, daß er aus einem Stück bestehen soll.

4) A kann nicht in mehrere abgeschlossene nichtüberlappende invariante Teilmengen zerlegt werden.

Eine wichtige Eigenschaft eines Attraktors ist sein Einzugsbereich. Als *Attraktorbecken* B wird die maximale Umgebung U bezeichnet, die sich auf A zusammenzieht. Mathematisch korrekt formuliert: B ist die Vereinigung aller offenen Umgebungen von A, die die Bedingungen (23.20) und (23.21) erfüllen.

Die hier gegebene Einführung des Begriffs Attraktor ist recht aufwendig. Dies wird aber dadurch gerechtfertigt, daß Attraktoren sehr komplexe Eigenschaften haben können. Von zentraler Bedeutung für die nichtlineare Dynamik sind die Begriffe *seltsamer* bzw. *chaotischer* Attraktor, die manchmal – nicht ganz korrekt – synonym verwendet werden. Diese Begriffe werden erst in den folgenden Kapiteln und anhand von Beispielen richtig klar werden. Wir geben jedoch hier schon die Definitionen:

Chaotischer Attraktor: Die Bewegung ist extrem sensitiv auf die Anfangsbedingungen. Der Abstand zwischen zwei anfangs nahe benachbarten Trajektorien wächst exponentiell mit der Zeit an. Näheres hierzu siehe Kapitel 26.

Seltsamer Attraktor: Der Attraktor hat eine eine stark zerklüftete geometrische Gestalt, die durch ein Fraktal beschrieben wird. Näheres hierzu siehe Kapitel 26 (Abschnitt Fraktale Geometrie).

Beide Eigenschaften treten in der Regel gemeinsam auf. Es wurden jedoch auch Beispiele gefunden [1], bei denen ein Attraktor chaotisch, aber nicht seltsam, oder seltsam, aber nicht chaotisch ist.

Gleichgewichtslösungen

Ein besonders einfacher Fall liegt vor, wenn sich das System im stationären Gleichgewicht befindet, also

$$\vec{F}(\vec{x}_0) = 0, \quad \text{so daß} \quad \vec{x}(t) = \vec{x}_0 = \text{const.} \tag{23.22}$$

Ein solches $\vec{x}_0$ wird auch als *kritischer Punkt* oder *Fixpunkt* bezeichnet. Besonders interessant ist die Frage, ob sich das System zu einen solchen Fixpunkt hinbewegt und – falls mehrere vorhanden sind – zu welchem. Ein Fixpunkt, der die Trajektorien zu sich hinzieht, ist das einfachste Beispiel eines Attraktors. Die im Abschnitt Attraktoren definierte Menge A ist in diesem Fall trivial und besteht aus einem einzigen Punkt.

Wir interessieren uns daher für die *Stabilität* von Gleichgewichtslösungen. Dazu werden die Bahnen $\vec{x}(t)$ in der Umgebung eines kritischen Punkts $\vec{x}_0$ untersucht. Wir fordern also, daß der Abstand

$$\vec{\xi}(t) = \vec{x}(t) - \vec{x}_0 \tag{23.23}$$

eine kleine Größe ist. Unter dieser Bedingung läßt sich das Problem sehr vereinfachen, denn es genügt gewöhnlich, den niedrigsten Term der Taylorentwicklung von $\vec{F}(\vec{x})$ mitzunehmen. Die *linearisierte Bewegungsgleichung* lautet dann

$$\frac{\mathrm{d}}{\mathrm{d}t}\vec{\xi}(t) = \boldsymbol{M}\vec{\xi}(t), \tag{23.24}$$

wobei Terme von quadratischer oder höherer Ordnung in $\vec{\xi}$ vernachlässigt wurden. Bei $\boldsymbol{M}$ handelt es sich um die *Jacobimatrix* (Funktionalmatrix) der Funktion $\vec{F}(\vec{x})$, ausgewertet an der Stelle $\vec{x}_0$. Diese Matrix hat die Elemente

$$M_{ik} = \left.\frac{\partial F_i}{\partial x_k}\right|_{\vec{x}_0} . \tag{23.25}$$

Im Gegensatz zur ursprünglichen nichtlinearen Bewegungsgleichung (23.1) ist die Lösung des linearisierten Problems (23.24) im Prinzip einfach, nämlich analytisch angebbar. Betrachten wir zunächst den wirklich trivialen Spezialfall eines eindimensionalen Systems ($N = 1$). Dann hat die Jacobimatrix nur ein einziges Element, nennen wir es μ, und (23.24) wird gelöst durch

$$\xi(t) = \mathrm{e}^{\mu t}\,\xi(0). \tag{23.26}$$

Der Charakter der Lösung wird vom *Vorzeichen* von μ bestimmt. $\mu < 0$: x_0 ist ein *stabiler* Gleichgewichtspunkt, denn kleine Störungen klingen exponentiell ab.

[1] C. Grebogi, E. Ott, S. Pelikan, J.A. Yorke: *Physica 13D*, 261 (1984)

$\mu > 0$: Das Gleichgewicht ist *instabil*, da schon kleinste Auslenkungen exponentiall „explodieren". Ist $\mu = 0$, dann liegt der Grenzfall des *labilen* oder auch *neutralen* Gleichgewichts vor. Das Verhalten bei Störungen wird dann durch die höheren Ableitungen der Funktion $F(x)$ im Punkt x_0 bestimmt.

Den allgemeinen Fall ($N > 1$) kann man wie in Kapitel 8 mit der Methode der Normalschwingungen behandeln. Es werden auf 1 normierte Lösungsvektoren $\vec{u}(t)$ konstruiert, bei denen alle Komponenten die gleiche (exponentielle) Zeitabhängigkeit aufweisen:

$$\vec{u}(t) = \mathrm{e}^{\mu t}\vec{u}. \tag{23.27}$$

Mit (23.24) führt dies auf das Eigenwertproblem

$$\boldsymbol{M}\,\vec{u} = \mu\vec{u}. \tag{23.28}$$

Dieses N-dimensionale lineare Gleichungssystem hat nur dann nichttriviale Lösungen, wenn die Determinante

$$\det\Big(M_{ij} - \mu\,\delta_{ij}\Big) = 0 \tag{23.29}$$

verschwindet. Diese *charakteristische Gleichung* (Säkulargleichung) hat als Polynom N-ter Ordnung im allgemeinen N *Eigenwerte* μ_n mit den zugehörigen *Eigenvektoren* $\vec{u}_n$. Die allgemeine Lösung von (23.24) läßt sich dann als eine Überlagerung

$$\vec{\xi}(t) = \sum_{n=1}^{N} c_n\,\mathrm{e}^{\mu_n t}\vec{u}_n \tag{23.30}$$

schreiben, wobei sich die Entwicklungskoeffizienten c_n aus der Anfangsbedingung bei $t = 0$ bestimmen lassen. Die Eigenwerte μ_n können reell oder auch komplex sein. Komplexe Eigenwerte treten dabei immer *paarweise* auf: Wenn μ_n die Gleichung (23.29) löst, dann tut dies offensichtlich auch das komplex konjugierte μ_n^*, da die Jacobimatrix M_{ij} reell ist.

Entscheidend für die Charakterisierung eines Gleichgewichtspunkts $\vec{x}_0$ sind die Realteile der Eigenwerte der charakteristischen Gleichung. Wir definieren nun eine verschärfte Form der Stabilitätsbedingung:

Ein Gleichgewichtspunkt $\vec{x}_0$ mit $\vec{F}(\vec{x}_0) = 0$ heißt *asymptotisch stabil*, wenn es eine Umgebung $U \ni \vec{x}_0$ gibt, innerhalb derer sämtliche Bahnen für große Zeiten nach $\vec{x}_0$ laufen:

$$\lim_{t\to\infty} \vec{x}(t) = \vec{x}_0 \quad \text{für} \quad \vec{x}(0) \in U. \tag{23.31}$$

Wenn die Funktion (das Vektorfeld) $\vec{F}$ genügend glatt ist, um durch die lineare Näherung beschrieben werden zu können, dann läßt sich sofort eine hinreichende *Bedingung für asymptotische Stabilität* angeben:

Der Punkt $\vec{x}_0$ ist asymptotisch stabil, wenn alle Eigenwerte der Jacobimatrix einen negativen Realteil besitzen, wenn also

$$\operatorname{Re}\mu_n \leq c < 0 \quad \text{für alle} \quad n = 1, \dots, N \tag{23.32}$$

mit einer positiven Konstante c.

Ein Blick auf (23.30) zeigt, daß unter dieser Bedingung sämtliche Beiträge zur Abweichung $\xi(t)$ exponentiell gegen Null gehen, so daß asymptotisch gilt

$$||\vec{x}(t) - \vec{x}_0|| < \text{const}\, \mathrm{e}^{-(\min_n |\operatorname{Re}\mu_n|)t}. \tag{23.33}$$

Umgekehrt gilt auch: Wenn wenigstens einer der Eigenwerte einen positiven Realteil besitzt, $\operatorname{Re}\mu_n > 0$, dann ist x_0 ein *instabiler* Fixpunkt, denn Auslenkungen in Richtung $\vec{u}_n$ wachsen exponentiell an.

Unter Kenntnis der Eigenvektoren $\vec{u}_n$ läßt sich der gesamte Phasenraum in *Teilräume* aufspannen. Der stabile (bzw. instabile) Teilraum wird von allen Vektoren $\vec{u}_n$ aufgespannt, für die $\operatorname{Re}\mu_n < 0$ (bzw. > 0) ist. Zusätzlich kann noch ein Teilraum auftreten mit dem speziellen Wert $\operatorname{Re}\mu_n = 0$. Ist dies der Fall, dann spricht man von einem *degenerierten* Fixpunkt. (Der zugehörige Teilraum wird auch als das *Zentrum* bezeichnet; auf die damit verbundenen Fragen wollen wir hier nicht näher eingehen.) Betrachtet man eine allgemeine Störung einer Trajektorie, so wird diese Komponenten in allen Teilräumen besitzen. Nach hinreichend langer Zeit wird sich dann immer derjenige Beitrag mit dem maximalen $\operatorname{Re}\mu_n$ durchsetzen.

Abschließend ist zu bemerken, daß die lineare Stabilitätsanalyse nur in der Umgebung eines kritischen Punkts $\vec{x}_0$ gilt. Mathematisch läßt sich zeigen, daß sich dort das topologische Verhalten des Flusses im allgemeinen unter dem Einfluß der Nichtlinearität nicht ändert. Die Umgebung kann allerdings sehr klein sein, so daß sich über das globale Verhalten des Flusses auf diese Weise keine Aussage machen läßt.

Lineare Stabilität in zwei Dimensionen

Beispiel 23.1

Besonders übersichtlich wird die Stabilitätsanalyse für den Fall $N = 2$, was einem dynamischen System mit einem Freiheitsgrad $x_1 = q$ und dem dazugehörigen Impuls $x_2 = p$ entspricht. In der der Nähe eines Fixpunkts $\dot{\vec{x}} = \vec{F}(\vec{x}_0) = 0$ wird die Bewegung in linearer Näherung durch die vier Elemente der Jacobimatrix M_{ij} bestimmt. Die charakteristische Gleichung (23.29)

$$\begin{vmatrix} M_{11} - \mu & M_{12} \\ M_{21} & M_{22} - \mu \end{vmatrix} = 0 \tag{1}$$

ist ein quadratisches Polynom

$$\mu^2 - (M_{11} + M_{22})\mu + M_{11}M_{22} - M_{12}M_{21} = 0 \tag{2}$$

oder

$$\mu^2 - 2s\mu + d = 0 \tag{3}$$

♦ Beispiel 23.1

mit

$$s = \frac{1}{2}(M_{11} + M_{22}) = \frac{1}{2}\mathrm{Sp}M, \qquad d = M_{11}M_{22} - M_{12}M_{21} = \det M. \tag{4}$$

Die beiden Lösungen von (3) lassen sich explizit angeben:

$$\mu_{1/2} = s \pm \sqrt{s^2 - d}. \tag{5}$$

In Abhängigkeit von Größe und Vorzeichen der beiden Konstanten s und d gibt es etliche verschiedene Möglichkeiten für die Eigenwerte μ_1, μ_2:

a) μ_1,μ_2 reell und beide negativ (wenn $s < 0$ und $0 < d < s^2$) *Stabiler Knoten*
b) μ_1,μ_2 reell und beide positiv (wenn $s > 0$ und $0 < d < s^2$) *Instabiler Knoten*
c) μ_1,μ_2 reell mit unterschiedlichen Vorzeichen (wenn $d < 0$) *Sattel*
d) $\mu_1 = \mu_2^*$, negativer Realteil (wenn $s < 0$ und $d > s^2$) *Stabiler Strudel*
e) $\mu_1 = \mu_2^*$, positiver Realteil (wenn $s > 0$ und $d > s^2$) *Instabiler Strudel*
f) $\mu_1 = \mu_2^*$, rein imaginär (wenn $s = 0$ und $d > 0$) *Wirbel*

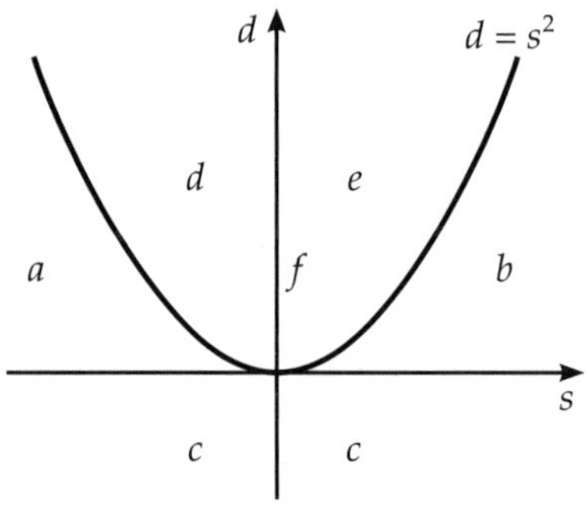

Bereiche unterschiedlicher Stabilität in Abhängigkeit von den Parametern s und d.

Die Bereiche sind in der Figur in der s-d-Ebene dargestellt. Diesen Alternativen entprechen jeweils unterschiedliche Typen von Trajektorien $\vec{\xi}(t) = \vec{x}(t) - \vec{x}_0$ gemäß Gleichung (23.30).

Die nächste Figur zeigt, wie die Trajektorien in der Nähe eines *stabilen Knotens* in den Fixpunkt hineinlaufen:

$$\vec{\xi}(t) = c_1\, \mathrm{e}^{-|\mu_1|t}\vec{u}_1 + c_2\, \mathrm{e}^{-|\mu_2|t}\vec{u}_2, \tag{6}$$

wobei $\vec{u}_1$ und $\vec{u}_2$ die (nicht notwendig orthogonalen) Eigenvektoren sind. Die Krümmung der Trajektorien entsteht, wenn $\mu_1 \neq \mu_2$. Es handelt sich um parabelartige Kurven, die im Ursprung eine gemeinsame Tangente aufweisen (in $\vec{u}_1$- oder $\vec{u}_2$-Richtung, je nachdem, ob μ_2 oder μ_1 größer ist).

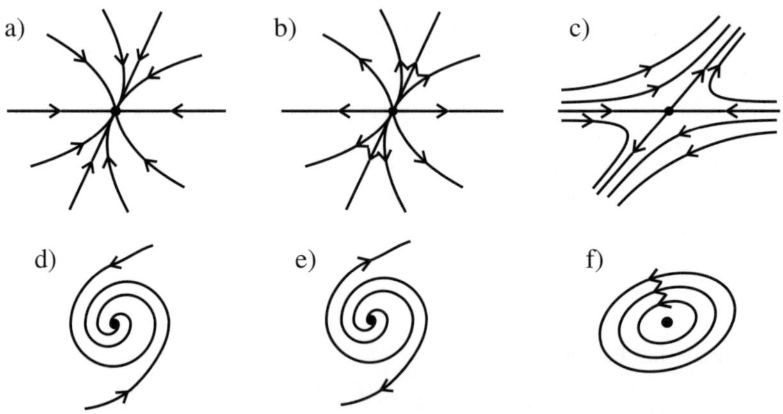

Verschiedene Stabilitätstypen eines Fixpunkts in zwei Dimensionen. Obere Reihe: Stabiler und instabiler Knoten, Sattel. Untere Reihe: Stabiler und instabiler Strudel, Wirbel.

Die Bahnen für den *instabilen Knoten*, Figur b), sehen genauso aus, werden aber in umgekehrter Richtung durchlaufen (Exponentielle „Explosion"). Im Fall des *Sattels* laufen die Bahnen zwar in der $\vec{u}_1$-Richtung (sei o.B.d.A. $\mu_1 < \mu_2$) auf den Fixpunkt zu, werden jedoch in der $\vec{u}_2$-Richtung fortgetrieben, so daß sich die hyperbelartigen Trajektorien aus der Figur c) ergeben.

Wenn die Eigenwerte *komplex* sind,

$$\mu_1 = \mu_r + \mathrm{i}\mu_i, \qquad \mu_2 = \mu_r - \mathrm{i}\mu_i, \tag{7}$$

wird dies wegen (23.28) auch für die Eigenvektoren gelten:

$$\vec{u}_1 = \vec{u}_r + \mathrm{i}\vec{u}_i, \qquad \vec{u}_2 = \vec{u}_r - \mathrm{i}\vec{u}_i. \tag{8}$$

Die allgemeine Lösung (23.30) hat dann die Form

$$\begin{aligned}\vec{\xi}(t) &= c_1\,\mathrm{e}^{\mu_1 t}\vec{u}_1 + c_2\,\mathrm{e}^{\mu_2 t}\vec{u}_2 \\ &= c_1\,\mathrm{e}^{\mu_1 t}\vec{u}_1 + c_1^*\,\mathrm{e}^{\mu_1^* t}\vec{u}_1^* \\ &= 2\,\mathrm{e}^{\mu_r t}\,\mathrm{Re}\big(c_1\,\mathrm{e}^{\mathrm{i}\mu_i t}\vec{u}_1\big),\end{aligned} \tag{9}$$

wobei $c_2 = c_1^*$, damit $\vec{\xi}$ reell wird. Wenn wir die Konstante c_1, deren Wert durch die Anfangsbedingung $\vec{\xi}(0)$ festgelegt ist, in Betrag und Phase aufspalten und dies ebenso für die cartesischen Komponenten des komplexen Eigenvektors $\vec{u}_1$ tun,

$$c_1 = \rho\,\mathrm{e}^{\mathrm{i}\phi}, \qquad \vec{u}_1 = a\,\mathrm{e}^{\mathrm{i}\alpha}\vec{e}_x + b\,\mathrm{e}^{\mathrm{i}\beta}\vec{e}_y \quad \text{mit} \quad a^2 + b^2 = 1, \tag{10}$$

dann läßt sich (9) wie folgt umschreiben:

$$\vec{\xi}(t) = 2\rho\,\mathrm{e}^{\mu_r t}\Big[a\cos(\mu_i t + \phi + \alpha)\vec{e}_x + b\cos(\mu_i t + \phi + \beta)\vec{e}_y\Big]. \tag{11}$$

Der Faktor in Klammern beschreibt gegeneinander phasenverschobene (wenn $\alpha \neq \beta$) harmonische Schwingungen, es handelt sich also um die Parameterdarstellung einer *Ellipse*. Die Größe der Ellipse hängt wegen des Vorfaktors exponentiell von der Zeit ab. Die Trajektorien sind also *logarithmische Spiralen*, die je nach dem Vorzeichen des Realteils von μ zum Fixpunkt hin oder von ihm weg streben, siehe Figur d) und e), daher auch der Name *Strudel*. Der Fall des Wirbels mit $\mathrm{Re}\,\mu = 0$ spielt eine Sonderrolle, da hier die Bahnen in der Umgebung von $\vec{x}_0$ periodische Funktionen (konzentrische Ellipsen) sind. Das bedeutet, daß der Gleichgewichtspunkt zwar *stabil* (kleine Abweichungen werden nicht verstärkt), aber *nicht asymptotisch stabil* (die Trajektorie läuft nicht in den Fixpunkt hinein) ist, dieser ist also kein Attraktor.

Beispiel 23.1 ▲

Nichtlinearer Oszillator mit Reibung

Aufgabe 23.1 ▼

Ein eindimensionales System werde durch folgende Bewegungsgleichung beschrieben:

$$\ddot{x} + \alpha\dot{x} + \beta x + \gamma x^3 = 0. \tag{1}$$

Zeigen Sie, daß es sich um ein dissipatives System handelt. Man interpretiere die einzelnen Terme und diskutiere die möglichen Fixpunkte und deren Stabilität.

Lösung:

Es handelt sich um einen harmonischen Oszillator mit Reibung und Nichtlinearität. Neben der linearen rücktreibenden Kraft des harmonischen Oszillators (3. Term) wirkt hier eine

♦ Aufgabe 23.1

zur Geschwindigkeit proportionale Reibung (2. Term). Außerdem macht sich bei großen Auslenkungen eine kubische Nichtlinearität bemerkbar (4. Term). Zu diesem Kraftgesetz gehört das Potential

$$V(x) = \frac{m}{2}\beta x^2 + \frac{m}{4}\gamma x^4, \tag{2}$$

wenn m die Masse bezeichnet. Je nach Größe und Vorzeichen der Konstanten in (1) ergeben sich unterschiedliche Bewegungstypen. Zunächst bringen wir die Bewegungsgleichung (1) in die Standardform. Dazu führen wir die Geschwindigkeit als zweite Koordinate ein, $\vec{x} = (x, y) = (x, \dot{x})$, was zu den gekoppelten Differentialgleichungen erster Ordnung

$$\dot{\vec{x}} = \frac{\mathrm{d}}{\mathrm{d}t}\begin{pmatrix} x \\ y \end{pmatrix} = \begin{pmatrix} y \\ \alpha y - \beta x - \gamma x^3 \end{pmatrix} \equiv \vec{F}(\vec{x}) \tag{3}$$

führt. Für $\alpha > 0$ ist das System dissipativ, denn die Divergenz des Geschwindigkeitsfelds ist

$$\Lambda = \vec{\nabla} \cdot \vec{F} = \frac{\partial}{\partial x}y + \frac{\partial}{\partial y}(-\alpha y - \beta x - \gamma x^3) = -\alpha < 0. \tag{4}$$

Die Gleichgewichtsbedingung $\vec{F}(\vec{x}_0)$ lautet

$$y = 0, \qquad x(\beta + \gamma x^2) = 0. \tag{5}$$

Neben der Gleichgewichtslage $\vec{x}_0 = (0, 0)$ ohne Auslenkung gibt es also noch zwei weitere symmetrisch gelegene Fixpunkte $\vec{x}_0 = \left(\pm\sqrt{-\beta/\gamma}, 0\right)$, vorausgesetzt, die Konstanten β und γ haben unterschiedliches Vorzeichen. In der Figur sind die zugehörigen Potentialfunktionen $V(x)$ für alle vier Vorzeichenkombinationen dargestellt.

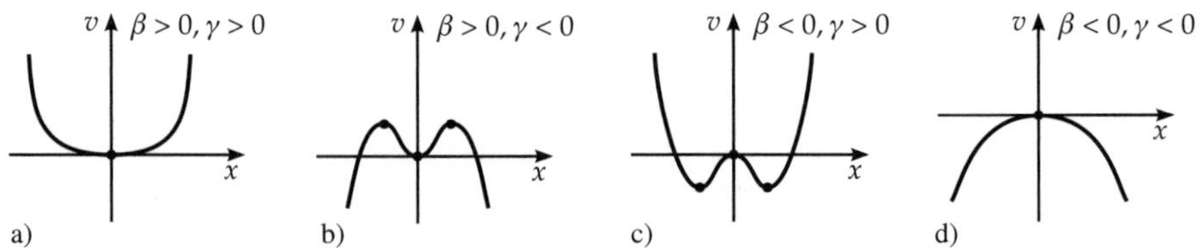

Das Potential des quartischen Oszillators für verschiedene Vorzeichen der Parameter β und γ.

Zur Diskussion der linearen Stabilität wird die Jacobimatrix benötigt:

$$\boldsymbol{M} = \begin{pmatrix} \partial F_1/\partial x & \partial F_1/\partial y \\ \partial F_2/\partial x & \partial F_2/\partial y \end{pmatrix} = \begin{pmatrix} 0 & 1 \\ -\beta - 3\gamma x^2 & -\alpha \end{pmatrix}. \tag{6}$$

Die charakteristische Gleichung (3) in Beispiel 23.1 für die Eigenwerte enthält die folgenden Koeffizienten:

$$\text{Für } \vec{x}_0 = (0, 0) \qquad : s = -\frac{1}{2}\alpha,\ d = \beta,$$

$$\text{für } \vec{x}_0 = (0, \pm\sqrt{-\beta/\gamma}) : s = -\frac{1}{2}\alpha,\ d = -2\beta.$$

Asymptotische Stabilität ist offenbar nur bei positivem Vorzeichen der Konstanten $\alpha > 0$ möglich. Nur dann handelt es sich physikalisch um einen dämpfenden Reibungsterm. Für den Fixpunkt in der Ruhelage $x_0 = (0,0)$ finden wir die Alternativen

1. $\beta > \frac{1}{4}\alpha^2$: stabiler Strudel
2. $0 < \beta < \frac{1}{4}\alpha^2$: stabiler Knoten
3. $\beta < 0$: Sattel

Im ersten Fall liegen schwach gedämpfte Schwingungen vor, im zweiten Fall ist der Oszillator überdämpft, und die Auslenkung geht monoton gegen Null. Für $\beta < 0$ ist die Gleichgewichtslage labil, wie den Potentialbildern c) und d) zu entnehmen ist.

Die analogen Überlegungen für die Fixpunkte $\vec{x}_0 = \left(\pm\sqrt{-\beta/\gamma}, 0\right)$ führen auf (wir setzen $\alpha > 0$ voraus)

1. $-2\beta > \frac{1}{4}\alpha^2$: stabiler Strudel
2. $0 < -2\beta < \frac{1}{4}\alpha^2$: stabiler Knoten
3. $\beta > 0$: Sattel

Der Faktor zwei rührt daher, daß die Krümmung des Potentials (2) in den ausgelenkten Gleichgewichtslagen doppelt so groß ist wie in der Ruhelage. Nur das Doppeloszillator-Potential (vorige Figur c)) erlaubt stabile ausgelenkte Fixpunkte ($\beta < 0$ und $\gamma > 0$).

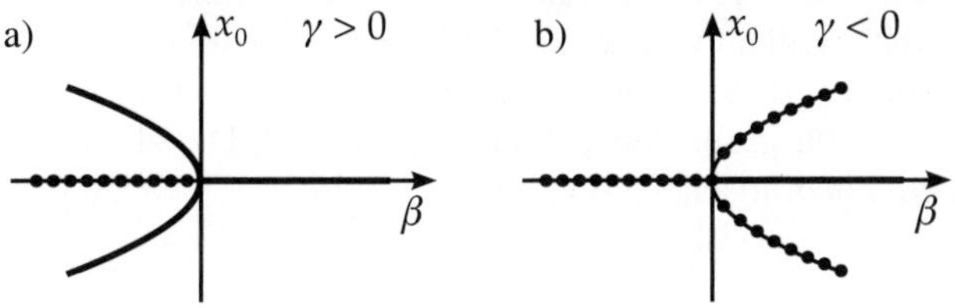

Die Lage der stabilen (durchgezogen) und instabilen (gepunktet) Fixpunkte in Abhängigkeit der Parameter β und γ.

Interessant ist es, die Lage der Fixpunkte als Funktion des Parameters β aufzutragen. Wie die Figur zeigt, liegt bei $\beta = 0$ eine Quadratwurzel-Verzweigung vor. Im Fall $\gamma > 0$ gabelt sich eine stabile Gleichgewichtslage in zwei neue stabile Lösungen. Derartige *Bifurkationen* (lat. *furca* = Gabel) treten in nichtlinearen Systemen sehr häufig auf, siehe auch Kapitel 25.

Aufgabe 23.1

Grenzzyklen

Neben den simplen stationären Gleichgewichtspunkten, die wir in Abschnitt Attraktoren ausführlich untersucht haben, kann ein dynamisches System auch noch andere Arten stabiler Lösungen aufweisen. Dies sind die sogenannten *Grenzzyklen*, die durch periodisch oszillierende, in sich geschlossene Trajektorien charakterisiert sind. Ähnlich wie die schon diskutierten Fixpunkte können auch Grenzzyklen als *Attraktoren* der Bewegung wirken, vgl. Abschnitt Attraktoren. Es gibt dann einen mehr oder weniger großen Bereich im Phasenraum (das „Einzugsbecken" des Attraktors), von dem aus die Trajektorien zu dem Grenzzyklus hinlaufen, dem sie sich für $t \to \infty$ immer mehr anschmiegen. Auch für Grenzzyklen läßt sich wie für Fixpunkte eine mathematische Stabilitätsanalyse durchführen, die naturgemäß etwas schwieriger ist.

Wir werden uns hier auf ein spezielles, aber typisches Beispiel konzentrieren, nämlich einen *harmonischen Oszillator mit nichtlinearem Reibungsterm*. Die zugehörige Differentialgleichung lautet, zunächst noch in allgemeiner Form,

$$\frac{d^2x}{dt^2} + f(x)\frac{dx}{dt} + \omega^2 x = 0. \tag{23.34}$$

Ohne den mittleren Term handelt es sich um einen harmonischen Oszillator mit der Kreisfrequenz ω. Der Fall eines konstanten Koeffizienten, $f(x) = \alpha = \text{const}$, führt auf eine leicht zu lösende lineare Differentialgleichung. Der Charakter der Lösung wird durch einen Exponentialfaktor $\exp(-\alpha t/2)$ bestimmt. Sie fällt also exponentiell ab gegen den Fixpunkt bei $x = \dot{x} = 0$, wenn α positiv ist. Ein negativer Wert von α bedeutet, daß eine Kraft in gleicher Richtung wie die augenblickliche Geschwindigkeit wirkt, was zu einem unbeschränkten Aufschaukeln der Lösung führt („negative Dämpfung"). Physikalisch handelt es sich in diesem Fall natürlich nicht mehr um eine Reibung, sondern es muß eine äußere Quelle vorhanden sein, die Energie in das System pumpt.

Läßt man allgemeinere Funktionen $f(x)$ zu, dann kann es vorkommen, daß der Dämpfungskoeffizient in Abhängigkeit von der Auslenkung teils positive, teils negative Werte annimmt. Besonders interessant wird es, wenn $f(x)$ für betragsmäßig kleine Werte von x negativ und für große Auslenkungen positiv ist. Der einfachste Ansatz der dies leistet ist ein quadratisches Polynom

$$f(x) = \alpha(x^2 - x_0^2), \tag{23.35}$$

wobei α die Stärke der Dämpfung/Anfachung bestimmt und zwei Nullstellen bei $x = \pm x_0$ liegen. Durch Umskalierung der Variablen auf $x' = x/x_0$ mit $\alpha' = \alpha x_0^2$ können wir die Nullstellen ohne Beschränkung der Allgemeinheit auf den Wert 1 legen. Der Bequemlichkeit halber läßt sich auch für die Frequenz der Wert 1 wählen, indem man die Zeit umskaliert: $t' = \omega_0 t$ mit $\alpha'' = \alpha'/\omega$. Die Standardform der Bewegungsgleichung lautet dann (die Striche werden wieder weggelassen)

$$\frac{d^2x}{dt^2} + \alpha(x^2 - 1)\frac{dx}{dt} + x = 0. \tag{23.36}$$

Diese Differentialgleichung wurde im Jahr 1926 von dem niederländischen Ingenieur *B. van der Pol* aufgestellt und diskutiert. Sie diente zunächst zur Beschreibung einer rückgekoppelten elektronischen Oszillatorschaltung (damals noch mit Röhren), jedoch war schon dem Autor klar, daß seine Gleichung auf eine Vielzahl von Schwingungsprozessen anwendbar ist. Tatsächlich reichen die Wurzeln der Gleichung noch weiter zurück, denn schon um 1880 studierte *Lord Rayleigh* folgende Differentialgleichung im Zusammenhang mit der Beschreibung nichtlinearer Vibrationen

$$\frac{d^2v}{dt^2} + \alpha\left[\frac{1}{3}\left(\frac{dv}{dt}\right)^3 - \frac{dv}{dt}\right] + v = 0. \tag{23.37}$$

Es ist nicht schwer zu erkennen, wie (23.36) und (23.37) zusammenhängen. Wir müssen nur die Rayleigh-Gleichung (23.37) nach der Zeit differenzieren und dann

$$\frac{dv}{dt} = x \tag{23.38}$$

ersetzen, um die Van-der-Pol-Gleichung (23.36) zu erhalten. Beide Gleichungen sind also im wesentlichen zueinander äquivalent.

Wir diskutieren nun die Lösungen der Van-der-Pol-Gleichung (23.36). Sie läßt sich wie üblich in die Standardform (23.1) zweier gekoppelter Differentialgleichungen erster Ordnung für den Vektor $\vec{x}(t) = (x, y)^{\mathrm{T}}$ bringen:

$$\begin{aligned} \frac{dx}{dt} &= y, \\ \frac{dy}{dt} &= -x - \alpha(x^2 - 1)y. \end{aligned} \tag{23.39}$$

Es ist nun vorteilhaft, auf Polarkoordinaten im (x, y)-Phasenraum umzutransformieren:

$$x = r\cos\theta, \qquad y = r\sin\theta. \tag{23.40}$$

Die Zeitableitungen von r und θ lassen sich durch diejenigen von x und y ausdrücken. Für die Radiuskoordinate folgt der Zusammenhang sofort aus der Differentiation von $r^2 = x^2 + y^2$:

$$r\frac{dr}{dt} = x\frac{dx}{dt} + y\frac{dy}{dt}. \tag{23.41}$$

Eine analoge Beziehung für den Winkel läßt sich aus den Zeitableitungen von (23.40) gewinnen:

$$\begin{aligned} \frac{dx}{dt} &= \frac{dr}{dt}\cos\theta - r\frac{d\theta}{dt}\sin\theta, \\ \frac{dy}{dt} &= \frac{dr}{dt}\sin\theta + r\frac{d\theta}{dt}\cos\theta, \end{aligned} \tag{23.42}$$

Multipliziert man die erste dieser Gleichungen mit y, die zweite mit x und subtrahiert beide, dann folgt

$$r^2\frac{d\theta}{dt} = x\frac{dy}{dt} - y\frac{dx}{dt}. \tag{23.43}$$

Mit (23.41) und (23.43) lautet daher das Van-der-Pol-Gleichungssystem in Polarkoordinaten

$$\begin{aligned} \frac{dr}{dt} &= -\alpha(r^2\cos^2\theta - 1)r\sin^2\theta, \\ \frac{d\theta}{dt} &= -1 - \alpha(r^2\cos^2\theta - 1)\sin\theta\cos\theta. \end{aligned} \tag{23.44}$$

Die nichtlinearen Terme auf der rechten Seite haben eine recht komplizierte Gestalt, jedoch läßt sich qualitativ einiges über die zu erwartenden Lösungen aussagen. Im Grenzfall $\alpha = 0$ liegt natürlich ein normaler harmonischer Oszillator vor. Die Bahnen im Phasenraum sind Kreise, die mit der Frequenz 1 gleichmäßig durchlaufen werden, so daß

$$x(t) = \rho \sin(t - t_0) \tag{23.45}$$

mit beliebigem ρ und t_0. Durch die Nichtlinearität in (23.44) ändert sich das Verhalten der Lösung. Solange $\alpha \ll 1$ ist, bleibt der Einfluß auf die Umlauffrequenz nur gering: Da die Funktion $\sin\theta\cos\theta$ in jeder Periode zweimal ihr Vorzeichen wechselt, hebt sich der Einfluß des nichtlinearen Terms in (23.44b) im Mittel weg. Ganz anders hingegen für die Radialbewegung: Hier ist $\sin^2\theta$ positiv definit, und kleine Änderungen des Radius können sich von Periode zu Periode akkumulieren. In welcher Richtung dieser Effekt geht wird durch das Vorzeichen von $-\alpha(r^2\cos^2\theta - 1)$ bestimmt. Wir diskutieren im folgenden den (interessanteren) Fall $\alpha > 0$ (die Lösungsschar für $\alpha < 0$ kann durch Invertieren der Zeitkoordinate $t \to -t$ gewonnen werden).

Für *kleine Auslenkungen* $r < 1$ ist dann der Faktor $-\alpha(r^2\cos^2\theta - 1)$ immer *positiv*, und der Radius wächst langsam, aber monoton an. Für *große Auslenkungen* $r \gg 1$ ist der Faktor hingegen überwiegend *negativ* (außer in der Nähe der Nullstellen von $\cos\theta$), und der mittlere Radius schrumpft von Umlauf zu Umlauf. Eine genauere Untersuchung, wie sie in Aufgabe 23.2 durchgeführt wird, zeigt, daß sich die Trajektorie mit der Zeit unabhängig von den Anfangsbedingungen einer periodischen Bahn annähert, die bei gegebenem α eindeutig bestimmt ist. Dies ist der *Grenzzyklus* des Systems.

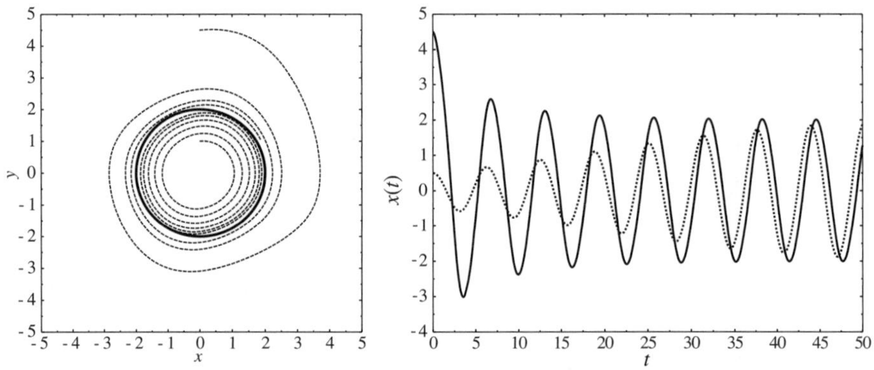

a) Die Lösungen des Differentialgleichungssystems (23.39) in der x-y-Ebene nähern sich unabhängig von der Anfangsbedingung dem Grenzzyklus (fette Kurve), einem leicht deformierten Kreis. Der Nichtlinearitätsparameter ist $\alpha = 0{,}1$.
b) Die Lösungen $x(t)$ des Van-der-Pol-Oszillators gleichen nach einem Einschwingvorgang einer annähernd harmonischen Schwingung.

Solange α sehr klein ist, ähnelt der Grenzzyklus einer harmonischen Schwingung wie in (23.45). Der entscheidende Unterschied ist aber, daß die Amplitude ρ

jetzt einen fest bestimmten Wert hat, nämlich $\rho = 2$. Startet man von einem kleineren oder größerem Wert, dann ist die Trajektorie eine Spirale, die zum Grenzzyklus hinführt. Das Ergebnis einer numerischen Rechnung für den Wert $\alpha = 0{,}1$ ist in der vorigen Abbildung dargestellt. Man sieht das Spiralisieren hin zum Grenzzyklus. Außerdem zeigen sich erste Abweichungen von der rein harmonischen Schwingung, die von der Nichtlinearität herrühren.

Noch interessanter verhält sich die Lösung im entgegengesetzten Grenzfall $\alpha \gg 1$, in dem die Nichtlinearität eine dominierende Rolle spielt. Auch hier bildet sich aus den gleichen Gründen wieder ein Grenzzyklus aus, dessen Form aber stark von einer harmonischen Schwingung abweicht. Die nächste Abbildung zeigt das Phasenraumportrait und den Amplitudenverlauf des Grenzzyklus für den Fall $\alpha = 10$. Es fällt auf, daß die Auslenkung im Bereich der maximalen Amplitude $x = 2$ verharrt und langsam nach $x = 1$ absinkt. Anschließend setzt ein plötzliches „Umkippen" ein und die Auslenkung fällt bis zum Wert $x = -2$. Dann wiederholt sich das Spiel mit umgekehrtem Vorzeichen. Die Periodenlänge dieser Art Schwingung ist nicht mehr durch die Oszillatorfrequenz (hier $\omega = 1$) bestimmt, sondern hat einen viel größeren Wert. Eine analytische Untersuchung (siehe Aufgabe 23.3) zeigt, daß sie proportional zum „Reibungs"parameter α anwächst:

$$T \simeq (3 - 2 \ln 2)\alpha. \tag{23.46}$$

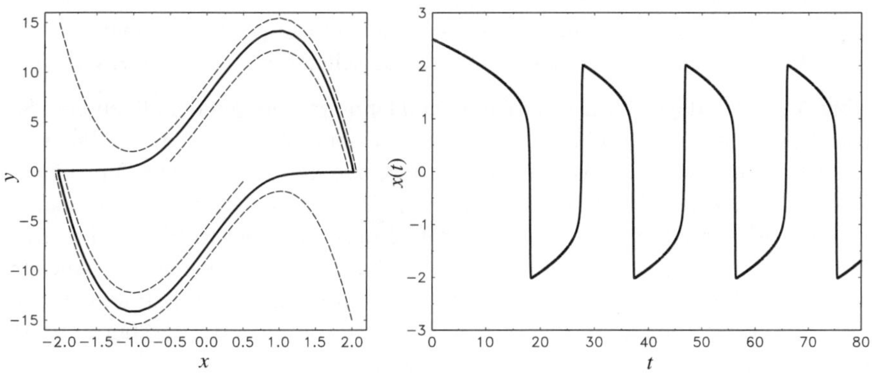

Lösungen des Van-der-Pol-Oszillators mit starker Nichtlinearität, $\alpha = 10$. Bedeutung der Kurven wie in der vorhergehenden Abbildung.

Eine Bewegung wie sie der Van-der-Pol- bzw. Rayleigh-Oszillator bei großem α ausführt, wird auch als *Relaxationsschwingung* bezeichnet. Der Name soll andeuten, daß sich langsam „eine Spannung aufbaut", die dann durch einen plötzlichen Relaxationsvorgang ausgeglichen wird. Derartige Relaxationsschwingungen sind in der Natur sehr verbreitet. So lassen sich etwa die Schwingung einer vom Bogen angestrichenen Saite, das Quietschen einer Bremse, und sogar der Rhythmus des Herzschlags und das zeitliche Schwanken von Tierpopulationen in diesen Rahmen einordnen.

Eine wichtige und auch praktisch nützliche Eigenschaft nichtlinearer Oszillatoren mit einem Grenzzyklus besteht darin, daß *selbsterregte* Schwingungen auftreten, die wohldefiniert und von den Anfangsbedingungen unabhängig sind. Als ein etwas nostalgisches Beispiel läßt sich hier die Unruhe einer mechanischen Uhr anführen, deren Schwingungen von der Stärke der Antriebskraft weitgehend unabhängig sind.

Zum Abschluß führen wir ohne Beweis einen mathematischen Satz an [1)], aus dem hervorgeht, daß die möglichen Bewegungstypen eines zweidimensionalen Systems (entsprechend einem mechanischen System mit einem Freiheitsgrad: eine Koordinate plus eine Geschwindigkeit) durch Fixpunkte und Grenzzyklen vollständig erfaßt werden.

Der Satz von Poincaré und Bendixson

Ein zweidimensionales dynamisches System $\vec{x}(t) = \big(x(t), y(t)\big)^{\mathrm{T}}$ werde durch die Differentialgleichung

$$\frac{\mathrm{d}\vec{x}}{\mathrm{d}t} = \vec{F}(\vec{x})$$

mit einer stetigen Funktion $\vec{F}$ beschrieben. Sei B ein abgeschlossener und beschränkter Bereich der (x, y)-Ebene. Wenn eine Trajektorie für alle Zeiten $t > 0$ in B liegt, $\vec{x}(t) \in B$, dann gibt es drei Möglichkeiten:

(i) $\vec{x}(t)$ ist eine periodische Funktion;
(ii) $\vec{x}(t)$ nähert sich asymptotisch einem stationären Gleichgewichtspunkt;
(iii) $\vec{x}(t)$ nähert sich asymptotisch einer periodischen Funktion (Grenzzyklus).

Über Anzahl und Gestalt der Fixpunkte und Grenzzyklen sagt der allgemeine Satz natürlich nichts aus. Er schließt jedoch die Existenz komplizierterer nichtperiodischer Lösungstypen aus! Wichtig ist hierbei, daß dies *nur für zweidimensionale Systeme* gilt. Zwei Trajektorien dürfen sich ja im Phasenraum nicht schneiden, und das führt in der zweidimensionalen Ebene zu erheblichen Einschränkungen. In mehr als zwei Dimensionen können die Bahnen jedoch „einander ausweichen", und es sind komplexere Bewegungsmuster möglich. In diesem Fall können auch die schon erwähnten *seltsamen Attraktoren* mit komplizierter Gestalt auftreten. Dies wird in den nächsten Kapiteln behandelt.

Van-der-Pol-Oszillator mit schwacher Nichtlinearität

▼ Aufgabe 23.2

Zeigen Sie, daß die Lösungen des van der Pol-Oszillators für kleine Werte von α Spiralen sind, die sich einem Kreis (dem Grenzzyklus) mit Radius 2 annähern. *Hinweis:* Es empfiehlt sich, neue Variablen einzuführen, die über eine Oszillationsperiode gemittelt sind.

Lösung:

Wir gehen von der plausiblen Annahme aus, daß sich im Fall $\alpha \ll 1$ die Lösung des Differentialgleichungssystems (23.44) nur geringfügig von der des harmonischen Oszillators

[1)] Siehe hierzu etwa J. Guckenheimer and P. Holmes, *Nonlinear Oscillations, Dynamical Systems and Bifurcations of Vector Fields*, Springer (1983)

unterscheidet, wenn man sie für kurze Zeitintervalle betrachtet. Um eine langfristige Drift der Variablen zu berechnen, ist es dann sinnvoll, über jeweils eine Schwingungsperiode zu mitteln. Wir definieren die *gemittelte Amplitude* $\bar{r}(t)$ als

$$\bar{r}(t) := \frac{\oint \mathrm{d}\tau\, r(t+\tau)}{\oint \mathrm{d}t}. \tag{1}$$

Die Integration erstreckt sich dabei über einen vollen Umlauf des Winkels, also von θ nach $\theta - 2\pi$ (das Minuszeichen tritt auf wegen $\mathrm{d}\theta / \mathrm{d}t \simeq -1$). Das zugehörige Zeitintervall läuft von t bis näherungsweise (für $\alpha = 0$ wäre das exakt) zum Wert $t + 2\pi$.

Von Interesse ist die zeitliche Änderung der gemittelten Amplitude, für die gemäß (23.44a) folgt

$$\begin{aligned}\frac{\mathrm{d}\bar{r}}{\mathrm{d}t} &= -\alpha \frac{1}{2\pi} \oint \mathrm{d}\theta\, r \sin^2\theta (r^2 \cos^2\theta - 1) \\ &= -\alpha \int_0^{2\pi} \frac{\mathrm{d}\theta}{2\pi}\, r \Big(r^2 \frac{1}{4} \sin^2 2\theta - \sin^2\theta \Big). \end{aligned} \tag{2}$$

Für kleine α variiert $r(t)$ über eine Periode betrachtet nur langsam, kann also vor das Integral gezogen und durch $\bar{r}(t)$ ersetzt werden. Die verbleibende Winkelintegration ist trivial, denn der Mittelwert von $\sin^2\theta$ wie auch von $\sin^2 2\theta$ ist natürlich gerade $1/2$. Also genügt die gemittelte Amplitude der Differentialgleichung

$$\frac{\mathrm{d}\bar{r}}{\mathrm{d}t} = \frac{1}{2}\,\alpha\,\bar{r}\Big(1 - \frac{1}{4}\bar{r}^2\Big), \tag{3}$$

die bis zur Ordnung $O(\alpha^2)$ genau ist. Die Umlauffrequenz ändert sich in erster Ordnung hingegen nicht:

$$\frac{\mathrm{d}\bar{\theta}}{\mathrm{d}t} = \int_0^{2\pi} \frac{\mathrm{d}\theta}{2\pi} \Big[-1 - \alpha(r^2\cos^2\theta - 1)\sin\theta\cos\theta \Big] = -1. \tag{4}$$

Das Winkelintegral verschwindet hier, da der Integrand eine bezüglich $\theta = \pi$ ungerade Funktion ist. Die Differentialgleichung (3) für die gemittelte Amplitude läßt sich geschlossen lösen. Wir schreiben abkürzend

$$\frac{\mathrm{d}\bar{r}}{\mathrm{d}t} = a\bar{r} - b\bar{r}^3 \tag{5}$$

und transformieren auf die neue Variable

$$u = \frac{1}{\bar{r}^2}, \qquad \text{so daß} \qquad \mathrm{d}u = -2\frac{\mathrm{d}\bar{r}}{\bar{r}^3}. \tag{6}$$

Offensichtlich wird dann (5) zu der einfachen linearen Differentialgleichung

$$-\frac{1}{2} \cdot \frac{\mathrm{d}u}{\mathrm{d}t} = au - b, \tag{7}$$

als deren Lösung man sofort eine verschobene Exponentialfunktion erkennt:

$$u(t) = \frac{b}{a} + c\,\mathrm{e}^{-2at}, \tag{8}$$

wobei die freie Konstante c aus der Anfangsbedingung zu bestimmen ist: $c = u(0) - b/a$. Einsetzen von $a = \alpha/2$ und $b = \alpha/8$ liefert schließlich

$$\bar{r}(t) = \frac{2r(0)}{\sqrt{r^2(0) + (4 - r^2(0))\,\mathrm{e}^{-at}}}. \tag{9}$$

Damit ist bewiesen, daß die Trajektorien Spiralen sind, die sich von innen ($r(0) < 2$) oder außen ($r(0) > 2$) einem Kreis mit dem Radius 2 annähern. Dies ist der Grenzzyklus des Van-der-Pol-Oszillators für kleine Werte von α.

▲ Aufgabe 23.2

Relaxationsschwingungen

▼ Aufgabe 23.3

Diskutieren Sie qualitativ die Lösungen des Rayleigh-Oszillators (23.37) für große Werte des Parameters $\alpha \gg 1$. Finden Sie eine Näherungslösung für die Periodenlänge der resultierenden Relaxationsschwingung.

Lösung:

In Standardform geschrieben lautet die Differentialgleichung (23.37) des Rayleigh-Oszillators

$$\frac{\mathrm{d}v}{\mathrm{d}t} = x,$$
$$\frac{\mathrm{d}x}{\mathrm{d}t} = -v - \alpha\Big(\frac{1}{3}x^3 - x\Big). \tag{1}$$

Will man das Verhalten für große Werte von α diskutieren, erweist es sich als günstig, die Amplitude auf eine neue Variable $z = v/\alpha$ umzuskalieren:

$$\frac{\mathrm{d}z}{\mathrm{d}t} = \frac{1}{\alpha}x,$$
$$\frac{\mathrm{d}x}{\mathrm{d}t} = -\alpha\big[z + f(x)\big] \tag{2}$$

mit der Abkürzung $f(x) = (1/3)x^3 - x$. Für jeden Punkt der (z, x)-Ebene läßt sich daraus die Richtung der Trajektorie ablesen:

$$\frac{\mathrm{d}x}{\mathrm{d}z} = \frac{\mathrm{d}x/\,\mathrm{d}t}{\mathrm{d}z/\,\mathrm{d}t} = -\alpha^2\frac{z + f(x)}{x}. \tag{3}$$

Das bedeutet, daß im Fall $\alpha \gg 1$ die Trajektorien beinahe senkrecht verlaufen. Nur in der Nähe der Kurve $z(x) = -f(x)$ ist eine andere Richtung möglich. Diese kubische Grenzkurve teilt die (z, x)-Ebene in zwei Hälften (siehe die Abbildung). In der rechten Hälfte ist gemäß (2) die Ableitung $\mathrm{d}x/\,\mathrm{d}t$ negativ, und die Trajektorien verlaufen (nahezu) senkrecht nach unten. In der linken Hälfte weisen sie entsprechend nach oben.

Mit diesen Kenntnissen läßt sich der Bewegungsablauf für große α graphisch konstruieren. Beginnend von einem beliebigen Anfangspunkt, etwa dem Punkt O in der Abbildung, „stürzt" die Trajektorie zunächst beinahe senkrecht ab bis zur Kurve $z(x) = -f(x)$. Die weitere Bewegung verläuft mit wesentlich kleinerer Geschwindigkeit in der Nähe dieser Kurve (direkt auf der Kurve wäre $\mathrm{d}x/\,\mathrm{d}t = 0$). Schließlich wird jedoch der Umkehrpunkt B bei $(z, x) = (2/3, 1)$ erreicht.

Wegen $\mathrm{d}z/\mathrm{d}t > 0$ kann die Trajektorie dem zurücklaufenden Ast der Kurve nicht folgen, sondern „stürzt ab“ bis zum Punkt C bei $(2/3, -2)$. Nun wiederholt sich das Spiel mit umgekehrtem Vorzeichen. Der Kurvenverlauf ABCD bildet den *Grenzzyklus* des Rayleigh-Oszillators. Er besteht aus zwei langsam durchlaufenen Teilen ($x = 2 \ldots 1$ bzw. $-2 \ldots -1$) und zwei schnellen Sprüngen ($x = 1 \ldots -2$ bzw. $-1 \ldots 2$).

Diese Diskussion überträgt sich natürlich sofort auch auf den Van-der-Pol-Oszillator, denn gemäß (23.38) entspricht dessen Auslenkung ja gerade der in 1a eingeführten Geschwindigkeit x des Rayleigh-Oszillators.

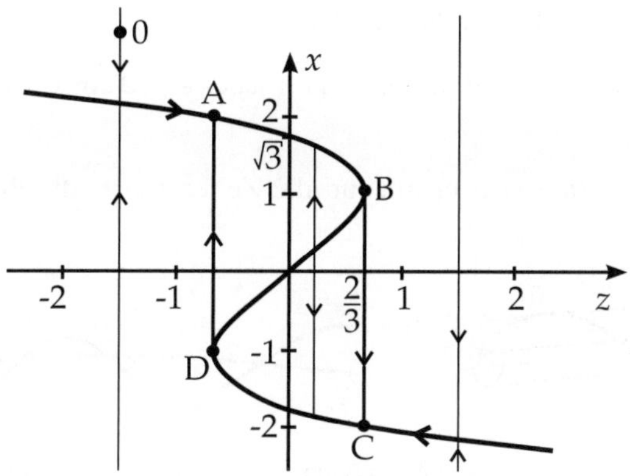

Die kubische Grenzkurve $z(x)$ bestimmt das asymptotische Verhalten der Relaxationsschwingungen des Van-der-Pol-Oszillators.

Die *Periodenlänge* T der Relaxationsschwingung läßt sich leicht ausrechnen:

$$T = \oint \mathrm{d}t = \alpha \oint \frac{\mathrm{d}z}{x}, \tag{4}$$

wobei sich das Integral über eine volle Periode erstreckt. Da die Bewegung auf den Teilstücken BC und DA sehr schnell erfolgt, genügt es, den Beitrag von AB zu berechnen:

$$\begin{aligned} T &\simeq \alpha \int\limits_{AB} \frac{\mathrm{d}z}{x} + \alpha \int\limits_{CD} \frac{\mathrm{d}z}{x} \\ &= 2\alpha \int\limits_{AB} \frac{\mathrm{d}z}{x} = 2\alpha \int\limits_{2}^{1} \mathrm{d}x\, \frac{\mathrm{d}z/\,\mathrm{d}x}{x}. \end{aligned} \tag{5}$$

Die Ableitung $\mathrm{d}z/\,\mathrm{d}x$ ist dabei auf der Kurve AB zu bilden, also $\mathrm{d}z/\,\mathrm{d}x = -\,\mathrm{d}f/\,\mathrm{d}x$:

$$\begin{aligned} T &\simeq 2\alpha \int\limits_{2}^{1} \mathrm{d}x\, \frac{-\,\mathrm{d}f/\,\mathrm{d}x}{x} = 2\alpha \int\limits_{1}^{2} \mathrm{d}x\, \frac{x^2-1}{x} = 2\alpha \Big(\frac{1}{2}x^2 - \ln x\Big)\Big|_1^2 \\ &= \big(3 - 2\ln 2\big)\,\alpha \simeq 1{,}614\,\alpha. \end{aligned} \tag{6}$$

Die in der Abbildung von S. 439 numerisch berechnete Periodenlänge für $\alpha = 10$ beträgt etwa 19, der asymptotische Bereich ist also noch nicht ganz erreicht.

Aufgabe 23.3 ▲

24 Stabilität zeitabhängiger Bahnen

Hatten wir im Abschnitt „Dissipative Systeme“ die Stabilität eines Gleichgewichtspunkts $\vec{x}_0$ betrachtet, indem wir das Verhalten der Trajektorien in seiner Nähe untersuchten, so interessieren wir uns nun für die Umgebung einer *zeitabhängigen* Referenztrajektorie $\vec{x}_r(t)$. Natürlich ist der frühere Fall eines stationären Fixpunkts $\vec{x}_r(t) = \vec{x}_0 = \text{const}$ mit eingeschlossen. Man kann wieder verschiedene Arten der Stabilität unterscheiden. *Stabilität im Sinne von Lyapunov* liegt vor, wenn ein Punkt auf einer benachbarten Trajektorie $\vec{x}(t)$ für alle Zeiten in der Nähe von $\vec{x}_r(t)$ bleibt. Die formale Umsetzung dieses Konzepts lautet:

Eine Bahn $\vec{x}_r(t)$ heißt *Lyapunov-stabil*, wenn sich für jedes $\epsilon > 0$ ein Wert $\delta(\epsilon) > 0$ finden läßt, so daß gilt:

Jede Lösung mit $|\vec{x}(t_0) - \vec{x}_r(t_0)| < \delta$ erfüllt für alle Zeiten $t > t_0$ die Bedingung $|\vec{x}(t) - \vec{x}_r(t)| < \epsilon$.

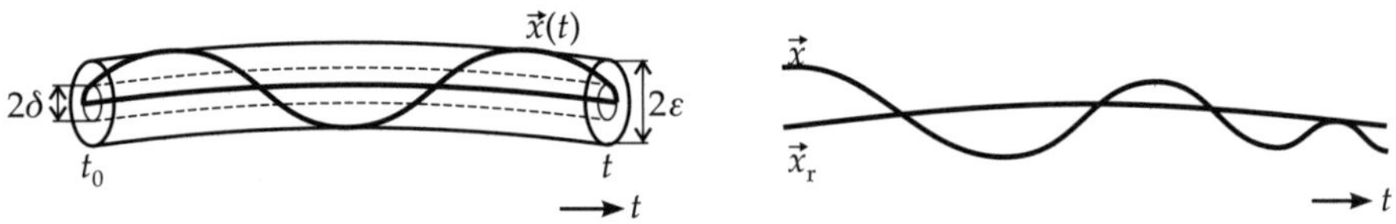

a) Die Nachbarbahnen $\vec{x}(t)$ einer Lyapunov-stabilen Bahn $\vec{x}_r(t)$ bleiben in deren Nähe.
b) Im Fall asymptotischer Stabilität werden Nachbarbahnen angezogen, so daß der Abstand mit der Zeit gegen Null geht.

Figur a) zeigt, daß sich die „gestörten“ Bahnen im Inneren einer $N + 1$-dimensionalen Röhre vom Radius ϵ um die Referenztrajektorie bewegen. Damit ist noch nicht gesagt, daß sich die Trajektorien mit der Zeit einander annähern. Wenn dies der Fall ist, spricht man wie früher (siehe Gl. (23.31)) von asymptotischer Stabilität, siehe Figur b).

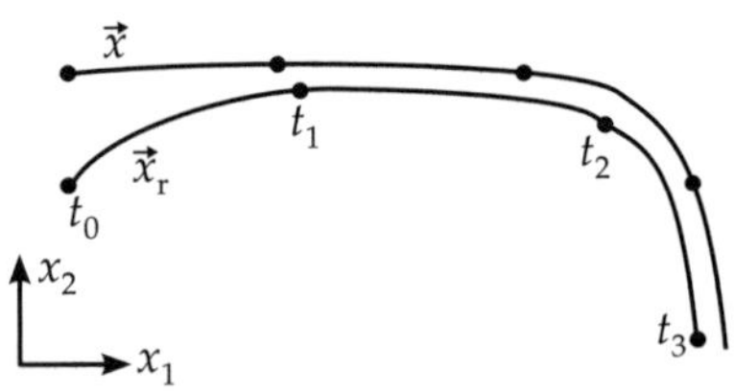

Beispiel für eine Bahn, die asymptotisch stabil, aber nicht orbital stabil ist. Benachbarte Bahnen werden unterschiedlich schnell durchlaufen.

Eine Bahn $\vec{x}_r(t)$ heißt *asymptotisch stabil* , wenn sie Lyapunov-stabil ist und wenn für die Nachbartrajektorien zusätzlich gilt

$$\lim_{t\to\infty} |\vec{x}(t) - \vec{x}_r(t)| = 0.$$

Interessanterweise gibt es für zeitabhängige Trajektorien $\vec{x}_r(t)$ noch einen weiteren Stabilitätsbegriff, der für stationäre Fixpunkte $\vec{x}_0$ nicht benötigt wurde. Es kann nämlich geschehen, daß die Form zweier Bahnen im Phasenraum zwar sehr ähnlich ist, daß diese aber unterschiedlich schnell durchlaufen werden, siehe Figur. Dadurch kann sich eine Zeitverschiebung entwickeln, $|\vec{x}(t) - \vec{x}_r(t)|$ wächst an, und die bisherigen Stabilitätsdefinitionen greifen nicht. Man führt daher eine abgeschwächte Variante ein:

Eine Bahn $\vec{x}_r(t)$ heißt *orbital stabil*, wenn sich für jedes $\epsilon > 0$ ein Wert $\delta(\epsilon) > 0$ finden läßt, so daß gilt:

Jede Lösung mit $|\vec{x}(t_0) - \vec{x}_r(t_0)| < \delta$ liegt für alle Zeiten $t > t_0$ innerhalb einer Röhre vom Radius ϵ um die Bahn $\vec{x}_r(t)$.

Bei dieser Definition wird also der geometrische Ort $\vec{x}(t)$ betrachtet, die Zeit als Parameter dieser Kurve spielt hingegen keine Rolle.

Periodische Lösungen

Die Untersuchung der Stabilität zeitabhängiger Lösungen ist naturgemäß schwieriger als im Fall stationärer Fixpunkte. Wir wollen hier auf den wichtigen Spezialfall *periodischer Lösungen* eingehen. Dabei läßt sich ein Formalismus anwenden, der auf den französischen Mathematiker Floquet (1883) zurückgeht. Wir setzen also voraus, daß sich die Referenztrajektorie $\vec{x}_r(t)$ nach einer Periodendauer T wiederholt

$$\vec{x}_r(t + T) = \vec{x}_r(t). \tag{24.1}$$

Dies kann auf zwei verschiedene Arten zustande kommen. Zum einen können in einem *autonomen System* von selbst Schwingungen auftreten, wie etwa beim harmonischen Oszillator. Hier ist die rechte Seite der Bewegungsgleichung nicht explizit von der Zeit abhängig, $\dot{\vec{x}} = \vec{F}(\vec{x})$. Andererseits gibt es auch *periodisch fremderregte Systeme* bei denen ein zeitabhängiger äußerer Antrieb wirksam ist, dessen Periodizität $\vec{F}(\vec{x}, t + T) = \vec{F}(\vec{x}, t)$ sich in der Trajektorie niederschlägt. Ein Vorteil ist hier, daß die Periodendauer T von außen vorgegeben ist, während man die Schwingungsfrequenz eines autonomen Systems nicht von vornherein kennt und sie, außer in simplen Spezialfällen, durch numerische Lösung der Bewegungsgleichung ermitteln muß.

Zur Diskussion der Stabilität von $\vec{x}_r(t)$ untersucht man wie in Kap. 23, Gl. (23.23) Nachbartrajektorien

$$\vec{x}(t) = \vec{x}_r(t) + \vec{\xi}(t), \tag{24.2}$$

wobei die Abweichung $\vec{\xi}(t)$ als klein angenommen wird. Aus den Bewegungsgleichungen

$$\dot{\vec{x}}(t) = \vec{F}(\vec{x}, t) \qquad \text{und} \qquad \dot{\vec{x}}_r(t) = \vec{F}(\vec{x}_r, t) \tag{24.3}$$

folgt

$$\dot{\vec{x}}_r + \dot{\vec{\xi}} = \vec{F}(\vec{x}_r + \vec{\xi}, t) = \vec{F}(\vec{x}_r, t) + \dot{\vec{\xi}} \tag{24.4}$$

oder

$$\dot{\vec{\xi}} = \vec{F}(\vec{x}_r + \vec{\xi}, t) - \vec{F}(\vec{x}_r, t) \equiv \vec{G}(\vec{\xi}, t). \tag{24.5}$$

Diese Gleichung kann man *linearisieren*, indem man die rechte Seite Taylor-entwickelt und höhere Terme vernachlässigt:

$$\dot{\vec{\xi}}(t) = \boldsymbol{M}(t)\vec{\xi}(t) \tag{24.6}$$

mit der Jacobimatrix (hier abstrakt geschrieben, ohne Angabe der Indizes)

$$\boldsymbol{M}(t) = \left.\frac{\partial \vec{G}}{\partial \vec{\xi}}\right|_{\vec{\xi}=0} = \left.\frac{\partial \vec{F}}{\partial \vec{x}}\right|_{\vec{x}_r(t)} . \tag{24.7}$$

Gleichung (24.6) ist wie früher, Gl. (23.24) in Kap. 23, ein lineares System von Differentialgleichungen, jedoch ist nunmehr die Koeffizientenmatrix *periodisch zeitabhängig*, $\boldsymbol{M}(t+T) = \boldsymbol{M}(t)$, während sie früher konstant war. Diese Periodizität gilt auch für autonome Systeme: Wenn auch die Funktion $\vec{F}(\vec{x})$ die Zeit nicht explizit enthält, so induziert doch die Referenztrajektorie $\vec{x}_r(t)$ selbst eine periodische Zeitabhängigkeit.

Diskretisierung und Poincaré-Schnitte

Es gibt ein mathematisches Hilfsmittel, das bei der Stabilitätsanalyse zeitabhängiger Bahnen wie auch allgemein für das qualitative Verständnis dynamischer Systeme gute Dienste leistet. Die Grundidee besteht darin, eine *Diskretisierung der Zeitabhängigkeit* einer Trajektorie vorzunehmen. Dies kann auf zwei etwas unterschiedlichen Wegen erfolgen.

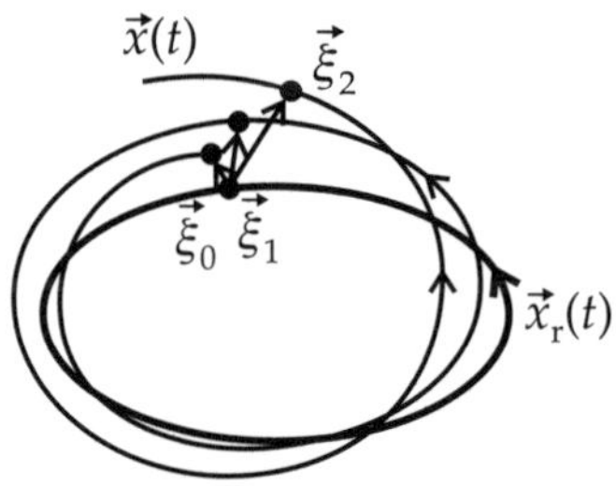

Die stroboskopische Abtastung des Abstands $\vec{\xi}(t) = \vec{x}(t) - \vec{x}_r(t)$ gibt Auskunft über die Stabilität einer Bahn.

Eine naheliegende Möglichkeit ist die *stroboskopische Abbildung*. Anstelle der kontinuierlichen Funktion $\vec{x}(t)$ wird eine diskrete Folge von „Momentaufnahmen" $\vec{x}_n = \vec{x}(t_n)$, $n = 0, 1, 2, \ldots$ betrachtet. Die zeitlichen Stützpunkte wählt man bei der stroboskopischen Methode äquidistant, also $t_n = t_0 + nT$ mit einem Abtastintervall T. Natürlich sollte man einen dem Problem angemessenen Wert von T wählen. Wirkt eine oszillierende Antriebskraft, dann wird man deren Periodenlänge für T verwenden. Besonders einfach wird die stroboskopische Abbildung, wenn die Trajektorie $\vec{x}(t)$ selbst *periodisch* ist und T mit der Periodenlänge übereinstimmt, denn dann sind natürlich alle $\vec{x}_n$ identisch. Die stroboskopische Abbildung der Bahn besteht aus einem *einzigen Punkt* $\vec{x}_n = \vec{x}_0$ im Phasenraum. Man beachte, daß die Lage des Punkts $\vec{x}_0$ natürlich vom gewählten Referenzzeitpunkt t_0 abhängt und dadurch beliebig auf dem Orbit verschoben werden kann.

Für die Stabilitätsanalyse wird man, wie im letzten Abschnitt beschrieben, Nachbartrajektorien $\vec{x}(t)$ untersuchen, die im allgemeinen nicht mehr streng periodisch sind. Die dünne Linie in der Abbildung zeigt ein solches Beispiel. Die ersten drei Stroboskopaufnahmen $\vec{x}_0$, $\vec{x}_1$, $\vec{x}_2$ sind durch Punkte markiert, außerdem sind die Abstandsvektoren $\vec{\xi}_n = \vec{x}_n - \vec{x}_{r0}$ eingetragen.

Eine alternative Methode der Diskretisierung von Trajektorien, die sich nicht an der Periodizität orientiert und insbesondere für autonome Systeme ohne feste

Eigenfrequenz Vorteile aufweist, ist der *Poincaré-Schnitt*. Beim Übergang zur diskretisierten Folge $\vec{x}_n$ wählt man wieder Momentaufnahmen des kontinuierlichen Orbits $\vec{x}(t)$. Als Kriterium dienen jetzt jedoch nicht fest vorgegebene äquidistante Zeitabstände, sondern eine geometrische Eigenschaft des Orbits selbst, nämlich das *Durchstoßen einer vorgegebenen Hyperfläche* Σ. Man wählt also eine $N-1$-dimensionale Hyperfläche im Phasenraum und markiert alle Punkte x_n, an denen die Trajektorie die Hyperfläche schneidet. Dabei fordert man noch, daß Σ nicht nur berührt, sondern echt durchstoßen wird. Mathematisch heißt das, daß die Fläche transversal zum dynamischen Fluß stehen soll, $\vec{n}(\vec{x}) \cdot \vec{F}(\vec{x}) \neq 0$ überall auf Σ, wobei $\vec{n}$ die Flächennormale ist. Man spricht daher auch von einem *Transversalschnitt*. Üblicherweise markiert man beim Transversalschnitt nur Punkte mit einem bestimmten Vorzeichen von $\vec{F} \cdot \vec{n}$, also Durchstoßungen von Σ, die in gleicher Richtung erfolgen.

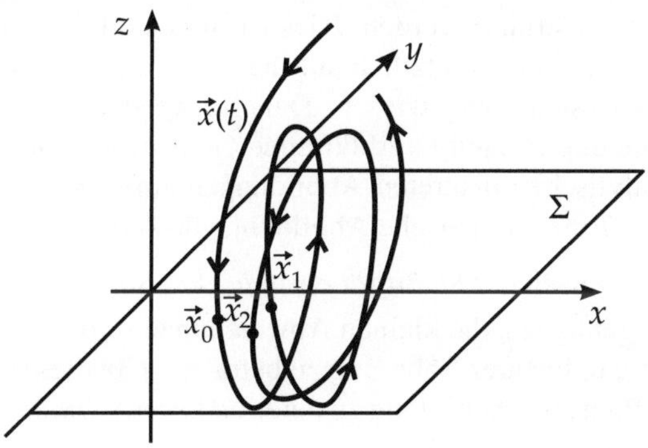

Die Durchstoßungspunkte einer Trajektorie durch eine vorgegebene Fläche bilden den Poincaré-Schnitt.

Dieses Verfahren zur Diskretisierung von Trajektorien wurde von Henri Poincaré eingeführt und wird als *Poincaré-Schnitt* bezeichnet. Die Abbildung zeigt als Beispiel eine Trajektorie in einem $N=3$-dimensionalen Raum, wobei als Schnittfläche Σ die x-y-Ebene gewählt wurde. Drei Durchstoßungen in negativer z-Richtung sind als $\vec{x}_0, \vec{x}_1, \vec{x}_2$ markiert. Die Benutzung von Poincaré-Schnitten ist nur sinnvoll, wenn sich die Trajektorie großenteils oder gänzlich in einem beschränkten Bereich des Phasenraums bewegt, so daß die Schnittfläche immer wieder durchstoßen wird. Sehr viele Systeme mit annähernd periodischer oder auch chaotischer Bewegung erfüllen diese Bedingung. Beispiele für nichttriviale Poincaré-Schnitte werden wir in Kap. 27 sehen.

Ein Vorteil des Poincaré-Schnitts ist zunächst die *Reduktion der Dimension* des Phasenraums von N auf $N-1$, was für die qualitative Diskussion sehr hilfreich sein kann. Für detaillierte Studien möchte man nicht nur die Gesamtheit der Punkte $\vec{x}_n$ kennen, sondern auch deren detaillierte Abfolge. Mathematisch wird dieser Zusammenhang durch eine Abbildung

$$P : \vec{x}_n \longrightarrow \vec{x}_{n+1} \qquad \text{mit} \qquad \vec{x}_n, \vec{x}_{n+1} \in \Sigma \tag{24.8}$$

vermittelt. Diese *Poincaré-Abbildung* verknüpft also jeden Punkt der Folge $\vec{x}_0, \vec{x}_1, \vec{x}_2, \ldots$ mit seinem Nachfolger. Man beachte, daß P keinen Index trägt. Es handelt sich um eine einzige Abbildung der Ebene Σ auf sich selbst, die gemäß (24.8) an einzelnen Punkten „abgetastet“ wird. Die einzelnen Punkte des Poincaré-Schnitts entstehen durch sukzessive *Iteration der Poincaré-Abbildung*

$$\vec{x}_1 = P(\vec{x}_0), \quad \vec{x}_2 = P(\vec{x}_1) = P^2(\vec{x}_0) \quad , \ldots, \quad \vec{x}_n = P^n(\vec{x}_0). \tag{24.9}$$

Das Langzeitverhalten einer Trajektorie läßt sich daher aus den Eigenschaften der iterierten Poincaré-Abbildung P^n, $n \longrightarrow \infty$ erschließen. Wenn die Zeitentwicklung des dynamischen Systems durch eine Differentialgleichung $\dot{\vec{x}} = \vec{F}(\vec{x}, t)$ bestimmt wird, dann ist die Poincaré-Abbildung *eindeutig* und auch *umkehrbar* (ggf. bis auf singuäre Punkte), da sich Trajektorien nicht schneiden dürfen.

Mit der Definition der Poincaré-Abbildung ist das Problem der Beschreibung eines dynamischen Systems natürlich noch nicht gelöst, sondern nur verschoben, denn P muß auch explizit konstruiert werden. Dies ist in den allermeisten Fällen nicht analytisch möglich, und man ist letztlich auf die numerische Integration der Differentialgleichung des Systems angewiesen. Dabei erweist es sich aber, daß die exakte Poincaré-Abbildung P häufig verblüffende Gemeinsamkeiten mit sehr einfach konstruierten analytischen diskreten Abbildungen aufweist. Als Beispiel dafür werden wir in Kap. 27 die „logistische Abbildung“ diskutieren.

Kehren wir zurück zur Frage nach der *Stabilität periodischer Bahnen*. Wie im letzten Abschnitt dargestellt, genügt es, die kleinen Abweichungen $\vec{\xi}(t) = \vec{x}(t) - \vec{x}_r(t)$ von der Referenztrajektorie in linearer Näherung zu betrachten. In dieser Näherung vereinfacht sich auch die Poincaré-Abbildung zu einer *linearen Abbildung*, also der Multiplikation mit einer Matrix $\boldsymbol{C}$:

$$\vec{\xi}_{n+1} = \boldsymbol{C}\vec{\xi}_n \quad \text{also} \quad \vec{x}_n = \boldsymbol{C}^n \vec{\xi}_0. \tag{24.10}$$

Entscheidend für das Langzeitverhalten der Abweichung $\vec{\xi}(t)$ sind die Eigenwerte $\lambda_1, \ldots, \lambda_N$ der Matrix $\boldsymbol{C}$. Wenn alle Eigenwerte die Bedingung $|\lambda_i| < 1$ erfüllen, dann handelt es sich um eine kontrahierende Abbildung, und die Folge konvergiert gegen Null. In diesem Fall ist die periodische Lösung $\vec{x}_r(t)$ also asymptotisch stabil. Ist mindestens einer der Eigenwerte $|\lambda| > 1$, dann wachsen Störungen in Richtung des zugehörigen Eigenvektors an, und die Bahn ist instabil.

Im nachfolgenden Beispiel wird die mathematische Theorie der Stabilität periodischer Lösungen, die, wie schon erwähnt, von Floquet entwickelt wurde, etwas genauer vorgestellt.

Die Stabilitätstheorie von Floquet

▼ Beispiel 24.1

Wie am Anfang dieses Kapitels beschrieben, interessieren wir uns für das Langzeitverhalten der Bahnabweichungen $\vec{\xi}(t) = \vec{x}(t) - \vec{x}_r(t)$, die näherungsweise einer linearen Differentialgleichung

$$\frac{\mathrm{d}}{\mathrm{d}t}\vec{\xi}(t) = \boldsymbol{M}\,\vec{\xi}(t) \tag{1}$$

mit periodischer Koeffizientenmatrix $\boldsymbol{M}(t+T) = \boldsymbol{M}(t)$ genügen. Da es sich um ein lineares Problem handelt, kann man jede Lösung in ein Fundamentalsystem von linear unabhängigen Basislösungen $\vec{\phi}_1(t), \ldots, \vec{\phi}_N(t)$ entwickeln. Die Basislösungen sind nicht eindeutig bestimmt, und wir wählen sie der Übersichtlichkeit halber so, daß sie zum Zeitpunkt $t = 0$ (wir könnten auch $t = t_0$ wählen) gerade mit den Einheitsvektoren im N-dimensionalen Raum übereinstimmen:

$$\vec{\phi}_1(0) = (1, 0, \cdots, 0)^{\mathrm{T}} \quad \text{bis} \quad \vec{\phi}_N(0) = (0, 0, \cdots, 1)^{\mathrm{T}}, \tag{2}$$

wobei das Transpositionszeichen T andeutet, daß es sich um Spaltenvektoren handeln soll. Geometrisch liegen diese Vektoren also alle auf einer (Hyper-)Kugeloberfläche vom Radius eins. Die Superposition einer allgemeinen Lösung $\vec{\xi}(t)$ lautet

$$\vec{\xi}(t) = \sum_{i=1}^{N} c_i \vec{\phi}_i(t), \tag{3}$$

was sich auch in Matrixform schreiben läßt:

$$\vec{\xi}(t) = \boldsymbol{\Phi}(t)\vec{c}. \tag{4}$$

Dabei ist $\vec{c}$ ein Spaltenvektor, der aus den Entwicklungskoeffizienten gebildet wird, und $\boldsymbol{\Phi}$ eine $N \times N$-Matrix, die in jeder Spalte einen der Basisvektoren enthält

$$\boldsymbol{\Phi}(t) = \Big[\phi_1(t), \cdots, \phi_N(t)\Big] \quad \text{und} \quad \vec{c} = (c_1, \cdots, c_N)^{\mathrm{T}}. \tag{5}$$

Wegen (2) erfüllt die Matrix $\boldsymbol{\Phi}$ die Anfangsbedingung

$$\boldsymbol{\Phi}(0) = \boldsymbol{I}. \tag{6}$$

Wie schlägt sich nun die Periodizität der Differentialgleichung (1) in der Matrix $\boldsymbol{\Phi}$ nieder? Dazu muß man sich klarmachen, daß jede Lösung $\vec{\xi}$ von (1) zum Zeitpunkt $t + T$ dieselbe Differentialgleichung wie zum Zeitpunkt t erfüllt. Das heißt natürlich nicht, daß die Lösung periodisch wäre, im allgemeinen wird $\vec{\xi}(t+T) \neq \vec{\xi}(t)$ sein. Sie kann aber sowohl nach den Basislösungen $\vec{\phi}_i(t+T)$ wie auch $\vec{\phi}_i(t)$ entwickelt werden

$$\vec{\xi}(t+T) = \boldsymbol{\Phi}(t+T)\vec{c} \quad \text{und auch} \quad \vec{\xi}(t+T) = \boldsymbol{\Phi}(t)\vec{c}\,'. \tag{7}$$

Dies impliziert einen linearen Zusammenhang

$$\boldsymbol{\Phi}(t+T) = \boldsymbol{\Phi}(t)\boldsymbol{C}. \tag{8}$$

Die konstante $N \times N$-Matrix $\boldsymbol{C}$ wird *Monodromiematrix* genannt. Sie ist es, die darüber bestimmt, wie sich die Lösungen von einer Periode zur nächsten entwickeln. Unter Benutzung der Anfangsbedingung (6) liest man aus (8) sofort den Wert der Monodromiematrix ab:

$$\boldsymbol{C} = \boldsymbol{\Phi}(T). \tag{9}$$

Die Monodromiematrix läßt sich also berechnen, indem man N mal die Differentialgleichung (1) mit unterschiedlichen Anfangsbedingungen über eine Periode von 0 bis T aufintegriert und die resultierenden Lösungsvektoren $\phi_i(T)$ in die Spalten einträgt. Die Entwicklung der Matrix $\boldsymbol{\Phi}(t)$ für beliebig große Zeiten erhält man einfach durch Iteration von (8). Insbesondere gilt für volle Perioden

$$\boldsymbol{\Phi}(2T) = \boldsymbol{\Phi}(T)\boldsymbol{C} = \boldsymbol{\Phi}(0)\boldsymbol{C}\boldsymbol{C} = \boldsymbol{C}^2 \tag{10}$$

und allgemein

$$\boldsymbol{\Phi}(nT) = \boldsymbol{\Phi}^n(T) = \boldsymbol{C}^n. \tag{11}$$

◆ Beispiel 24.1

Gemäß (4) und (11) wird also die Entwicklung der Lösungen $\vec{\xi}(t)$ für große Zeiten durch die Potenzen der Monodromiematrix $\boldsymbol{C}$ bestimmt. Was dabei geschieht, kann man an den N *Eigenwerten* λ_i dieser Matrix ablesen, die als charakteristische Multiplikatoren oder auch als *Floquet-Multiplikatoren* bezeichnet werden

$$\boldsymbol{\Phi}(T)\vec{u}_i = \lambda_i(T)\vec{u}_i. \tag{12}$$

Ist $\vec{u}_i$ ein Eigenvektor der Matrix $\boldsymbol{\Phi}(T)$, so behält er diese Eigenschaft auch für die iterierte Abbildung, z. B.

$$\begin{aligned}\boldsymbol{\Phi}(2T)\vec{u}_i &= \boldsymbol{\Phi}(T)\boldsymbol{\Phi}(T)\vec{u}_i = \boldsymbol{\Phi}\lambda_i(T)\vec{u}_i = \lambda_i^2(T)\vec{u}_i\\ &= \lambda_i(2T)\vec{u}_i \quad \text{usw.}\end{aligned} \tag{13}$$

Dies führt auf folgende Funktionalgleichung für die Eigenwerte der iterierten Abbildung

$$\lambda_i(nT) = \lambda_i^n(T). \tag{14}$$

Dieses Verhalten ist charakteristisch für die Exponentialfunktion, d. h., Gl. (14) wird gelöst durch

$$\lambda_i(T) = \mathrm{e}^{\sigma_i T} \tag{15}$$

mit einer (im allgemeinen komplexen) Konstanten σ_i, die als *Floquet-Exponent* bezeichnet wird. Wir bemerken noch, daß auch (11) als Funktionalgleichung wie (14) betrachtet werden kann, mit der gleichen Art Lösung

$$\boldsymbol{\Phi}(T) = \mathrm{e}^{\boldsymbol{S}T}. \tag{16}$$

Hier steht jetzt eine Matrix $\boldsymbol{S}$ im Argument der Exponentialfunktion, und der resultierende Funktionswert ist auch wieder eine Matrix. Mathematisch ist eine derartige Matrixfunktion einfach über ihre Potenzreihenentwicklung definiert. Man kann zeigen, daß die Eigenwerte der durch (16) eingeführten Matrix $\boldsymbol{S}$ gerade die Floquet-Exponenten σ_i aus (15) sind. Interessiert man sich für die Entwicklungsmatrix zu beliebigen Zeiten (nicht nur Vielfache der Periode T), dann muß (16) noch verallgemeinert werden:

$$\boldsymbol{\Phi}(t) = \boldsymbol{U}(t)\,\mathrm{e}^{\boldsymbol{S}t} \quad \text{mit} \quad \boldsymbol{U}(0) = \boldsymbol{I}. \tag{17}$$

Die Matrix $\boldsymbol{U}(t)$ kann eine komplizierte Zeitabhängigkeit aufweisen, muß aber periodisch sein. Wegen (8) gilt nämlich

$$\boldsymbol{U}(t+T)\,\mathrm{e}^{\boldsymbol{S}(t+T)} = \boldsymbol{\Phi}(t)\boldsymbol{\Phi}(T) = \boldsymbol{U}(t)\,\mathrm{e}^{\boldsymbol{S}t}\,\mathrm{e}^{\boldsymbol{S}T}. \tag{18}$$

Das Produkt der Exponentialfunktionen auf der rechten Seite kann kombiniert werden zu $\exp \boldsymbol{S}t \, \exp \boldsymbol{S}T = \exp \boldsymbol{S}(t+T)$ (für nichtkommutierende Matrizen im Exponenten wäre dies im allgemeinen nicht richtig), und wir finden

$$\boldsymbol{U}(t+T) = \boldsymbol{U}(t). \tag{19}$$

Für das Langzeitverhalten der Lösungen $\vec{\xi}(t)$ spielt $\boldsymbol{U}$ demnach keine Rolle. Dieses wird allein durch die Größe der Floquet-Multiplikatoren λ_i bestimmt. Beginnt man mit einem Eigenvektor $\vec{\xi}(0) = \vec{u}_i$, so wird diese Lösung gemäß (14) wie $\vec{\xi}(nT) = \vec{u}_i \exp(\sigma_i nT)$ anwachsen. Daraus schließen wir:

Die Trajektorie $\vec{x}_r(t)$ ist *asymptotisch stabil*, wenn für alle Floquet-Multiplikatoren gilt $|\lambda_i| < 1$, d. h. Re $\sigma_i < 0$.

Sie ist *instabil*, wenn für mindestens einen Eigenwert gilt $|\lambda_i| > 1$, d. h. Re $\sigma_i > 0$.

Diese Aussagen, die durch Linearisierung der Bewegungsgleichung gewonnen wurden, übertragen sich auch auf das Stabilitätsverhalten des nichtlinearen Systems. Der Grenzfall marginaler Stabilität $|\lambda_i| = 1$ läßt sich nur durch zusätzliche Untersuchungen klären.

Wenn ein *autonomes* periodisch schwingendes System vorliegt, tritt eine Besonderheit auf: Einer der Eigenwerte hat in diesem Fall immer den Wert $\lambda = 1$ und braucht bei der Stabilitätsanalyse nicht berücksichtigt zu werden. Zum Beweis dieser Behauptung betrachten wir die Funktion $\dot{\vec{x}}_r(t)$. Die in Frage stehende Mode ist nämlich die Bewegung *tangential* zur Referenzbahn. Im Fall eines autonomen Systems findet man durch Differenzieren der nichtlinearen Bewegungsgleichung

$$\dot{\vec{x}}_r(t) = \vec{F}(\vec{x}_r) \quad \longrightarrow \quad \ddot{\vec{x}}_r(t) = \left.\frac{\partial \vec{F}}{\partial \vec{x}}\right|_{\vec{x}_r} \dot{\vec{x}}_r = \boldsymbol{M}(t)\dot{\vec{x}}_r, \tag{20}$$

was mit der linearisierten Bewegungsgleichung (6) übereinstimmt. Wir wissen, daß die Zeitentwicklung der Lösungen dieser Differentialgleichung durch die Matrix $\boldsymbol{\Phi}(t)$ bestimmt wird, also

$$\dot{\vec{x}}_r(t) = \boldsymbol{\Phi}(t)\dot{\vec{x}}_r(0). \tag{21}$$

Die Referenzbahn $\vec{x}_r(t)$ und damit auch deren Ableitung $\dot{\vec{x}}_r(t)$ sind aber (im Gegensatz zu allgemeinen Störungen $\vec{\xi}(t)$) periodisch, also

$$\dot{\vec{x}}_r(T) = \boldsymbol{\Phi}(T)\dot{\vec{x}}_r(0) = \dot{\vec{x}}_r(0), \tag{22}$$

was beweist, daß die Monodromiematrix einen Eigenvektor, nämlich $\dot{\vec{x}}_r(0)$, mit dem Eigenwert $\lambda = 1$ aufweist. Anschaulich ist das ganz klar: Eine in tangentialer Richtung verschobene Vergleichsbahn entspricht einfach einer Verschiebung der Zeitkoordinate $t \to t + \delta t$. Da der Absolutwert der Zeit bei autonomen Systemen keine Rolle spielt, laufen $\vec{x}_r(t)$ und $\vec{x}(t) = \vec{x}_r(t + \delta t)$ immer in unverändertem Abstand hintereinander her. Also muß der zugehörige Floquet-Multiplikator den Wert eins haben.

Beispiel 24.1 ▲

Stabilität eines Grenzzyklus

Aufgabe 24.1 ▼

Ein nichtlineares System werde durch folgende Bewegungsgleichungen beschrieben

$$\begin{aligned} \dot{x} &= -y + x\big(\rho - (x^2 + y^2)\big), \\ \dot{y} &= x + y\big(\rho - (x^2 + y^2)\big). \end{aligned} \tag{1}$$

Untersuchen Sie die stabilen Lösungen, und bestimmen Sie die Floquet-Multiplikatoren des Grenzzyklus.

Lösung:

Es existiert ein stationärer *Fixpunkt* bei $\vec{x}_0 = (0,0)^{\mathrm{T}}$. Über dessen Stabilität entscheidet die Jacobimatrix (24.7)

$$\boldsymbol{M}(\vec{x}) = \frac{\partial \vec{F}}{\partial \vec{x}} = \begin{pmatrix} \rho - 3x^2 - y^2 & -1 - 2xy \\ 1 - 2xy & \rho - 3y^2 - x^2 \end{pmatrix}, \tag{2}$$

♦ Aufgabe 24.1

die am Fixpunkt $\vec{x}_0$ die Form

$$M(\vec{x}_0) = \begin{pmatrix} \rho & -1 \\ 1 & \rho \end{pmatrix} \tag{3}$$

annimmt. Die beiden Eigenwerte sind nach Beispiel 23.1

$$\mu_{1/2} = s \pm \sqrt{s^2 - d} = \rho \pm \sqrt{\rho^2 - (\rho^2 + 1)} = \rho \pm \mathrm{i}. \tag{4}$$

Es handelt sich also für $\rho < 0$ um einen stabilen und für $\rho > 0$ um einen instabilen Strudel; $\rho = 0$ bildet den Spezialfall eines Wirbels.

Durch Inspektion von (1) findet man für $\rho > 0$ sofort eine periodische Lösung, da sich das System für konstantes $x^2 + y^2 = \rho$ auf einen harmonischen Oszillator reduziert:

$$\vec{x}_r(t) = (\sqrt{\rho}\cos t, \sqrt{\rho}\sin t)^{\mathrm{T}}. \tag{5}$$

Die Jacobimatrix (2), ausgewertet am Grenzzyklus (5), lautet

$$M(t) = M(\vec{x}_r) = \begin{pmatrix} -2\rho\cos^2 t & -1 - 2\rho\sin t\cos t \\ 1 - 2\rho\sin t\cos t & -2\rho\sin^2 t \end{pmatrix} \tag{6}$$

Für das linearisierte Gleichungssystem (1) mit dieser Matrix $M(t)$ lassen sich die normierten Fundamentallösungen (2) aus Beispiel 24.1 explizit angeben. Man findet

$$\vec{\phi}_1(t) = \mathrm{e}^{-2\rho t}\begin{pmatrix} \cos t \\ \sin t \end{pmatrix} \quad \text{und} \quad \vec{\phi}_2(t) = \begin{pmatrix} -\sin t \\ \cos t \end{pmatrix}. \tag{7}$$

Zusammenfassung dieser Vektoren zur Matrix $\boldsymbol{\Phi}(t)$ und Auswertung bei $T = 2\pi$ führt auf die Monodromiematrix

$$C = \boldsymbol{\Phi}(T) = \begin{pmatrix} \mathrm{e}^{-4\pi\rho} & 0 \\ 0 & 1 \end{pmatrix}. \tag{8}$$

Also sind die Basislösungen (7) auch schon Eigenvektoren der Monodromiematrix, mit den Eigenvektoren

$$\lambda_1 = \mathrm{e}^{-4\pi\rho} \quad \text{und} \quad \lambda_2 = 1. \tag{9}$$

Wie erwartet, hat einer der Floquet-Multiplikatoren den Wert eins (die zugehörige Eigenlösung $\vec{\phi}_2(t)$ ist tangential zu $\vec{x}_r(t)$). Der Wert λ_1 entscheidet über die Stabilität des Grenzzyklus: Er ist asymptotisch stabil, denn $\lambda_1 < 1$ für $\rho > 0$. Im Fall $\rho < 0$ gibt es keinen Grenzzyklus.

Das nichtlineare System (1) ist so einfach, daß es auch eine geschlossene analytische Lösung erlaubt. Dazu gehen wir zu Polarkoordinaten $x = r\cos\varphi$, $y = r\sin\varphi$ über. Die Differentialgleichungen (1) führen auf das entkoppelte System

$$\dot{r} = r(\rho - r^2), \qquad \dot{\varphi} = 0. \tag{10}$$

Der Winkel wächst also einfach linear mit der Zeit an, $\varphi(t) = t + \varphi_0$. Die Radialgleichung kann wie folgt integriert werden:

$$\int_{r_0}^{r} \frac{\mathrm{d}r}{r(\rho - r^2)} = \int_0^t \mathrm{d}t \quad \longrightarrow \quad \frac{1}{2\rho}\ln\frac{r^2}{\rho - r^2}\bigg|_{r_0}^{r} = t, \tag{11}$$

oder nach r aufgelöst

$$r(t) = \frac{\sqrt{\rho}}{\sqrt{\left(\frac{\rho}{r_0^2} - 1\right) e^{-2\rho t} + 1}}. \tag{12}$$

Für $\rho > 0$ geht die Lösung also asymptotisch gegen den Grenzzyklus $r(t) \to \sqrt{\rho}$. Im Fall $\rho < 0$,

$$r(t) = \frac{\sqrt{|\rho|}}{\sqrt{\left(\frac{|\rho|}{r_0^2} + 1\right) e^{2|\rho|t} - 1}}, \tag{13}$$

spiralisiert jede Trajektorie asymptotisch zum stabilen Fixpunkt $r_0 = 0$.

Aufgabe 24.1 ▲

25 Bifurkationen

Das Verhalten dynamischer Systeme wird in der Regel durch den Wert eines oder mehrerer Kontrollparameter μ beeinflußt. Dabei kann es sich um die Stärke einer Wechselwirkung, die Größe der Reibung, um Amplitude und Frequenz einer periodischen Störung oder um vieles mehr handeln. Häufig beobachtet man dann, daß sich beim Überschreiten eines kritischen Werts $\mu > \mu_c$ das Langzeitverhalten der Trajektorien qualitativ ändert. Zum Beispiel können statt einer stabilen Gleichgewichtslage plötzlich deren zwei auftreten, oder ein vorher in Ruhe befindliches System kann anfangen zu oszillieren. Das Phänomen neu auftretender oder plötzlich ihren Charakter ändernder Lösungen nennt man *Verzweigung* oder *Bifurkation*, der Wert μ_c heißt *Verzweigungswert.*

Die allgemeine Theorie der Bifurkationen ist schwierig und zum Teil noch nicht vollständig mathematisch erschlossen. Wir wollen uns hier auf einfach zu behandelnde, aber wichtige Fälle beschränken. Das heißt zunächst, daß wir nur *lokale* Bifurkationen betrachten, bei denen sich das Verhalten des Systems in der Umgebung einer Gleichgewichtslösung verändert. Es gibt auch *globale* Bifurkationen; hier wird die topologische Struktur der Lösungen „im Großen" modifiziert, z. B. die Gestalt der Einzugsbereiche von Attraktoren. Weiterhin betrachten wir nur den *eindimensionalen* Fall, das heißt, die Bifurkation soll bei Variation eines einzelnen Kontrollparameters auftreten. (Der Phasenraum des dynamischen Systems hingegen darf mehrdimensional sein.) Auch unter diesen einschränkenden Bedingungen sind noch eine Reihe verschiedenartiger Bifurkationen möglich. Diese sollen im folgenden klassifiziert und anhand von einfachen Beispielen illustriert werden.

Statische Bifurkationen

Zunächst konzentrieren wir uns auf die Stabilität von stationären Fixpunkten $\vec{x}_0$, gekennzeichnet durch

$$\dot{\vec{x}} = \vec{F}(\vec{x}_0, \mu) = 0. \tag{25.1}$$

Dies kann man als eine implizite Gleichung für die Lage des Fixpunkts in Abhängigkeit vom Parameter μ interpretieren, $\vec{x}_0 = \vec{x}_0(\mu)$. Voraussetzung für die Existenz und Stetigkeit dieser Funktion ist nach dem Satz über implizite Funktionen aus der Analysis eine nichtsinguläre Jacobimatrix $\boldsymbol{M} = \partial\vec{F}/\partial\vec{x}\big|_{\vec{x}_0}$. Unstetiges Verhalten, also Bifurkationen, kann man daher erwarten, wenn die Determinante von $\boldsymbol{M}$ verschwindet, das heißt, wenn einer der Eigenwerte dieser Matrix in Abhängigkeit von μ den Wert Null annimmt. Die Bedeutung der Eigenwerte der Jacobimatrix für die Stabilität haben wir bereits in Kapitel 24 kennengelernt.

Betrachten wir nun die typischen Fälle in der einfachst möglichen Form, nämlich für ein eindimensionales System. Ohne Beschränkung der Allgemeinheit wird der Fixpunkt auf $x_0 = 0$ gelegt, und auch der Verzweigungswert soll $\mu_c = 0$ sein. Durch geeignete Koordinatentransformationen läßt sich dies immer erreichen. Auch ist es möglich, die eindimensionale Bifurkation in einen höherdimensionalen Raum einzubetten.

a) Die Sattelknoten-Verzweigung

Sie tritt auf bei dem dynamischen System

$$\dot{x} = F(x, \mu) = \mu - x^2. \tag{25.2}$$

Diese System hat Fixpunkte bei

$$x_{01} = +\sqrt{\mu}, \qquad x_{02} = -\sqrt{\mu}. \tag{25.3}$$

Da x aber reell sein soll, gibt es für negative μ keinen Fixpunkt. Durchläuft μ den kritischen Wert $\mu_c = 0$, dann springt die Zahl der Fixpunkte von 0 auf 2. Der untere Fixpunkt ist jedoch *instabil*, wie man der linearen Stabilitätsanalyse gemäß Kapitel 23 entnimmt. Der Eigenwert γ der Jacobi-„Matrix“

$$M = \frac{\partial F}{\partial x}\bigg|_{x_0} = -2x_0, \quad \text{also} \quad \gamma = -2x_0, \tag{25.4}$$

ist nämlich für die Lösung $x_{02} = -\sqrt{\mu}$ positiv. Die Abbildung zeigt die beiden stabilen (durchgezogen) und instabilen (gestrichelt) Fixpunkte als Funktion des Kontrollparameters μ. Die Pfeile zeigen die Bewegungsrichtung an, die man sofort aus (25.2) abliest. Man kann sagen, daß am kritischen Punkt eine stabile und eine instabile Lösung zusammentreffen und sich vernichten.

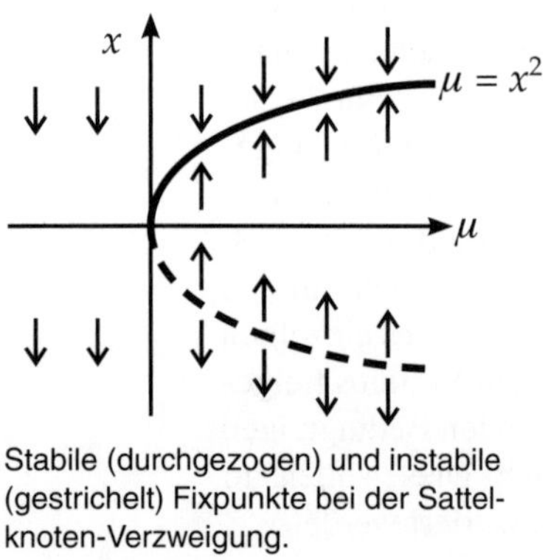

Stabile (durchgezogen) und instabile (gestrichelt) Fixpunkte bei der Sattelknoten-Verzweigung.

Zu klären ist noch der Ursprung des Namens Sattelknoten-Verzweigung. Dazu bettet man die Verzweigung in einen zweidimensionalen Raum ein, was zum Beispiel durch

$$\dot{x} = \mu - x^2,$$
$$\dot{y} = -y \tag{25.5}$$

geschehen kann. Die Variablen x und y sind entkoppelt, und die Lösungen $y(t)$ streben asymptotisch gegen Null. Die Fixpunkte sind $\vec{x}_{01} = (+\sqrt{\mu}, 0)$ und $\vec{x}_{02} = (-\sqrt{\mu}, 0)$. Die Jacobimatrix hat die Form

$$\boldsymbol{M} = \begin{pmatrix} \partial F_1/\partial x & \partial F_1/\partial y \\ \partial F_2/\partial x & \partial F_2/\partial y \end{pmatrix}\bigg|_{\vec{x}_0} = \begin{pmatrix} -2x & 0 \\ 0 & -1 \end{pmatrix}\bigg|_{\vec{x}_0} \tag{25.6}$$

und ist natürlich diagonal, mit den Eigenwerten $\gamma_1 = -2x_0$, $\gamma_2 = -1$. Die beiden Eigenwerte für die Lösung $\vec{x}_{02}$ sind $2\sqrt{\mu}$ und -1, haben also unterschiedliche Vorzeichen, was nach der Nomenklatur aus Beispiel 23.1 einem *Sattelpunkt* entspricht. Für $x_0 = +\sqrt{\mu}$ sind beide Eigenwerte negativ, und es liegt ein *stabiler Knoten* vor. Sattel und Knoten verschmelzen am kritischen Punkt. Die unterschiedlichen dynamischen Flüsse bei $\mu < 0$, $\mu = 0$, $\mu > 0$ sind in der folgenden Abbildung dargestellt. Man erkennt deutlich, daß nach Verschmelzen von Sattel und Knoten kein Fixpunkt mehr besteht und der Fluß ins Unendliche läuft (linkes Bild).

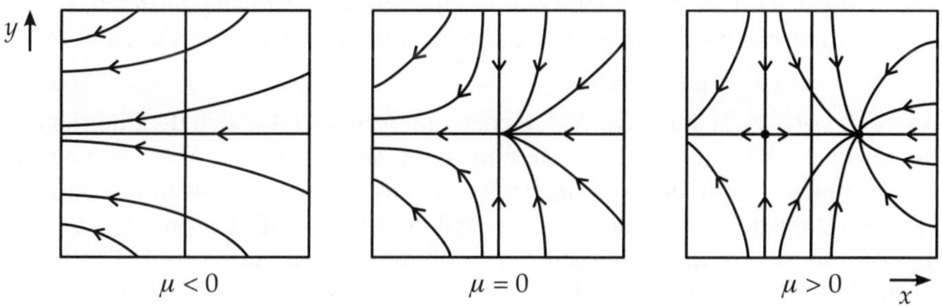

Der dynamische Fluß bei einer Sattelknoten-Verzweigung, eingebettet im zweidimensionalen Raum.

b) Die Heugabel-Verzweigung

Das einfachste Beispiel dieser Art Verzweigung entsteht, wenn man für $F(x, \mu)$ ein kubisches Polynom verwendet:

$$\dot{x} = F(x, \mu) = \mu x - x^3. \tag{25.7}$$

Da dieses Polynom aus (25.2) durch Multiplikation mit dem Faktor x hervorgeht, kommt zu den bisherigen Fixpunkten einfach noch Null als Lösung hinzu

$$x_{01} = +\sqrt{\mu}, \qquad x_{02} = -\sqrt{\mu}, \qquad x_{03} = 0. \tag{25.8}$$

Am kritischen Punkt $\mu_c = 0$ springt die Zahl der Fixpunkte daher von 1 auf 3, wobei sich von den letzteren Lösungen eine als instabil erweist. Die Jacobimatrix

$$M = \frac{\partial F}{\partial x}\bigg|_{x_0} = \mu - 3x_0^2 \tag{25.9}$$

hat für die drei Fixpunkte die Eigenwerte

$$\gamma_1 = \gamma_2 = -2\mu^2, \qquad \gamma_3 = \mu. \tag{25.10}$$

Also ist unterhalb von μ_c die Lösung x_{03} stabil, verliert diese Eigenschaft aber am kritischen Punkt an die beiden Zweige x_{01} und x_{02} der „Gabel", wie in der folgenden Abbildung dargestellt. Verglichen mit der Abbildung von S. 454 haben sich die Pfeile, also die Flußrichtung, in der unteren Halbebene $x < 0$ umgekehrt. Das ist offensichtlich, weil $F(x, \mu)$ den zusätzlichen Faktor x enthält.

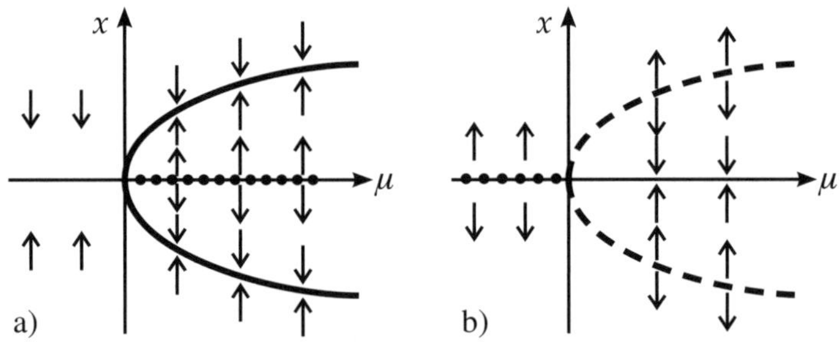

Stabile (durchgezogen) und instabile (gestrichelt) Fixpunkte bei der Heugabel-Verzweigung. Links eine superkritische und rechts eine subkritische Verzweigung.

Die Heugabel-Bifurkation kann noch in einer zweiten Variante auftreten, bei der die Stabilitätseigenschaften genau vertauscht sind. Ein Beispiel dafür ist

$$\dot{x} = F(x, \mu) = \mu x + x^3, \tag{25.11}$$

was sich von (25.7) durch das Vorzeichen unterscheidet. Da sich die Flußrichtung und die Vorzeichen der Eigenwerte umkehren, ändert sich das Verzweigungsbild wie in obiger Abbildung b) dargestellt. Es gibt in diesem Fall nur noch einen einzigen stabilen Zweig. Man bezeichnet die Heugabel-Bifurkation aus der Abbildung a) als *superkritisch* und jene aus Abbildung b) als *subkritisch*. Die beiden verbleibenden Vorzeichenkombinationen des linearen und kubischen Terms in $F(x, \mu)$ bringen nichts qualitativ Neues, sie entsprechen der Spiegelung $\mu \to -\mu$.

c) Die transkritische Verzweigung

In diesem Fall betrachten wir ein Polynom mit linearem und quadratischen Term

$$\dot{x} = F(x, \mu) = \mu x - x^2 \tag{25.12}$$

mit den Fixpunkten

$$x_{01} = \mu, \qquad x_{02} = 0. \tag{25.13}$$

Also liegen im gesamten Parameterraum immer zwei Fixpunkte vor. Die Eigenwerte der Stabilitätsmatrix sind

$$\gamma_1 = -\mu, \qquad \gamma_2 = \mu. \tag{25.14}$$

Jeweils eine der Lösungen ist stabil, die andere instabil. Am Verzweigungspunkt vertauschen die beiden Lösungen ihre Rolle, siehe Abbildung.

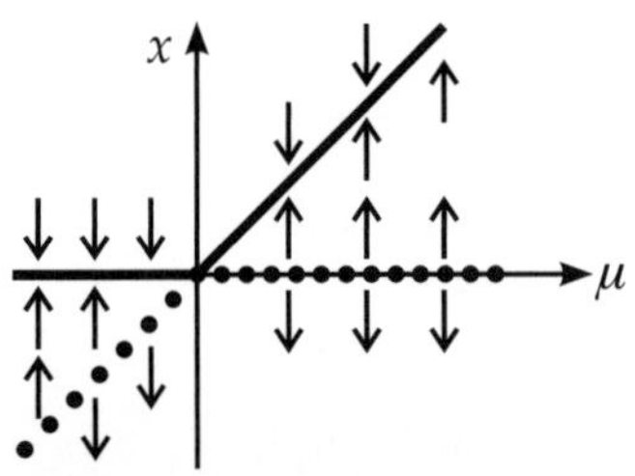

Stabile (durchgezogen) und instabile (gestrichelt) Fixpunkte bei der transkritischen Verzweigung.

d) Die Hopfsche Verzweigung

Die bisher betrachteten Verzweigungen waren dadurch gekennzeichnet, daß ein *reeller Eigenwert* der Jacobimatrix bei Variation des Kontrollparameters den Wert Null annimmt. Verzweigungen sind aber auch bei *komplexen Eigenwerten* möglich. Da die Eigenwerte immer in Form zueinander komplex konjugierter Paare auftreten, muß das System mindestens die Dimension 2 besitzen. Als Beispiel betrachten wir das Gleichungssystem

$$\begin{aligned} \dot{x} &= -y + x\big(\mu - (x^2 + y^2)\big), \\ \dot{y} &= x + y\big(\mu - (x^2 + y^2)\big). \end{aligned} \tag{25.15}$$

Dieses System wurde schon in Aufgabe 24.1 in Zusammenhang mit der Stabilität von Grenzzyklen betrachtet. Für alle Werte von μ ist der Ursprung ein Fixpunkt, $\vec{x}_0 = (0,0)$. Die Jacobimatrix hat an dieser Stelle den Wert

$$\boldsymbol{M}(\vec{x}_0) = \begin{pmatrix} \mu & -1 \\ 1 & \mu \end{pmatrix} \tag{25.16}$$

mit den Eigenwerten $\gamma_1 = \mu + \mathrm{i}$, $\gamma_2 = \mu - \mathrm{i}$. Das bedeutet, daß der Fixpunkt für $\mu < 0$ ein stabiler und für $\mu > 0$ ein instabiler Strudel ist. Das Schicksal der stabilen Lösung am kritischen Punkt ist anders als in den bisher betrachteten Fällen. Aus dem stationären Attraktor $\vec{x}_0$ entwickelt sich nämlich für $\mu > 0$ eine periodisch oszillierende Lösung $\vec{x}_r(t) = (\sqrt{\mu}\cos t, \sqrt{\mu}\sin t)$, die sich als ein stabiler Grenzzyklus erweist.

Wie die Abbildung zeigt, hat das Bifurkationsdiagramm Ähnlichkeiten mit der Heugabel-Verzweigung, Abbildung S. 456. Tatsächlich läßt sich das Gleichungssystem (25.15) entkoppeln, indem man zu Polarkoordinaten $x = r\cos\phi$, $y = r\sin\phi$ übergeht. Die Bewegungsgleichung für den Radius $r(t)$ stimmt dann genau mit (25.7) überein, siehe Gl. (10) in Aufgabe 24.1. Der neue Zustand ist aber nur in einem „mitrotierenden" Koordinatensystem zeitunabhängig, denn der Phasenwinkel wächst linear, $\phi(t) = t$. Im ursprünglichen Phasenraum ändert sich daher das Verhalten des Attraktors qualitativ:

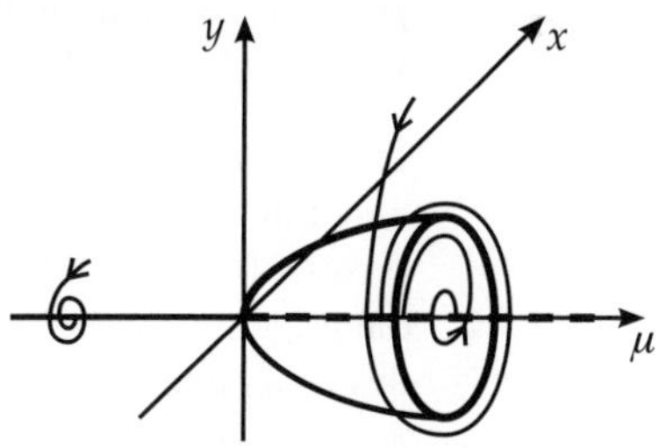

Bei der Hopfschen Verzweigung wandelt sich ein Fixpunkt in einen Grenzzyklus.

Aus einer *statischen* wird eine *dynamische* Lösung. Derartige Verzweigungen wurden erstmals 1942 von dem Mathematiker Eberhard Hopf systematisch untersucht.[1)]

E. F. F. Hopf (1902–1983) → S. 458

Wie bei der Heugabel-Verzweigung gibt es auch die Hopf-Verzweigung in zwei Varianten. Zusätzlich zu dem hier dargestellten *superkritischen* Fall gibt es auch eine *subkritische Hopf-Bifurkation* mit umgekehrten Stabilitätseigenschaften. In der Praxis ist diese Variante dadurch weniger interessant, daß kein stabiler Grenzzyklus als Attraktor entsteht.

[1)] E. Hopf, *Abh. der Sächs. Akad. der Wiss., Math. Naturwiss. Klasse* **94**, 1 (1942)

Man könnte die in a) bis d) vorgestellten Verzweigungen für besonders einfach gewählte spezielle Beispiele halten. Unter recht allgemeinen Voraussetzungen ist jedoch gezeigt worden, daß der Stabilitätswechsel (gekennzeichnet durch den Nulldurchgang von Eigenwerten der Jacobi-Matrix) bei Variation eines einzelnen Kontrollparameters immer nach einem dieser vier Szenarien erfolgt. Auf die genauere mathematische Begründung können wir hier nicht eingehen und verweisen zur Einführung z. B. auf J. Argyris, G. Faust, M. Haase: *Die Erforschung des Chaos*, Vieweg, 1995, Kapitel 6.

Bifurkationen zeitabhängiger Lösungen

Auch bei periodischen Trajektorien kann es geschehen, daß sich ihr Charakter bei Variation eines Parameters μ sprunghaft ändert. Wir wollen die Bifurkationstheorie periodischer Lösungen hier nur kurz streifen und einige interessante Aspekte anschaulich erläutern. Mathematisches Hilfsmittel ist dabei die in Kap. 22 eingeführte Poincaré-Abbildung. Eine periodische Bahn $\vec{x}_r(t)$ wird durch einen festen Punkt $\vec{x}_{r0}$ im Poincaré-Schnitt gekennzeichnet. Die Diskretisierung der Nachbarbahn $\vec{x}(t)$ besteht aus einer Folge von Punkten $\vec{x}_0, \vec{x}_1, \vec{x}_2, \ldots$. Für den Abstand der beiden Orbits gilt gemäß Gl. (24.10) in Kapitel 24

$$\vec{x}_n - \vec{x}_{r0} = \boldsymbol{C}^n(\vec{x}_0 - \vec{x}_{r0}), \tag{25.17}$$

wobei die Matrix $\boldsymbol{C}$ die linearisierte Näherung der Poincaré-Abbildung P darstellt. Solange alle Eigenwerte λ_i von $\boldsymbol{C}$ innerhalb des komplexen Einheitskreises liegen, $|\lambda_i| < 1$, werden die benachbarten Bahnen angezogen und die Lösung $\vec{x}_r(t)$ ist ein *stabiler Grenzzyklus*.

Die Annäherung $\vec{x}_n \rightarrow \vec{x}_{r0}$ kann auf verschiedene Weise geschehen, wie wir für einen ausgewählten Eigenwert, etwa λ_1, illustrieren. Ist der Eigenwert reell und positiv, $0 < \lambda_1 < 1$, dann nähern sich die $\vec{x}_n$ dem Fixpunkt $\vec{x}_{r0}$ monoton an, wie die folgende Abbildung a) zeigt. Die Achse in diesem Bild entspricht der Richtung des zu λ_1 gehörigen Eigenvektors von $\boldsymbol{C}$. Ist der Eigenwert reell und negativ, $-1 < \lambda_1 < 0$, so bilden die $\vec{x}_n$ eine alternierende Folge, siehe Abbildung b). Im Fall eines Paars komplexer Eigenwerte schließlich, $\lambda_1 = \lambda_2^*$, $|\lambda_1| < 1$, liegen die $\vec{x}_n$ auf einer gegen $\vec{x}_{r0}$ konvergierenden Spirale, siehe c).

Verzweigungen treten auf, wenn bei einem kritischen Wert des Kontrollparameters μ_c ein Eigenwert λ den Einheitskreis verläßt. Wir unterscheiden dabei drei mögliche Fälle.

EBERHARD FRIEDRICH FERDINAND HOPF

Hopf, Eberhard Friedrich Ferdinand, geb. 17.4.1902 in Salzburg, gest. 24.7.1983 in Bloomington, Indiana. Hopf studierte Mathematik in Berlin und lehrte am MIT (1932–1936), an den Universitäten von Leipzig (1936–1944) und München (1944–1948) sowie an der Indiana University, Bloomington (seit 1948). Hauptarbeitsgebiete: Differential- und Integralgleichungen, Variationsrechnung, Ergodentheorie, Himmelsmechanik.

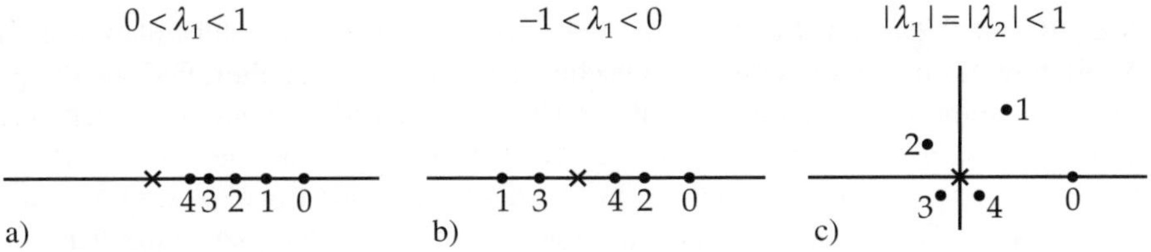

Verschiedene Arten der Annäherung an einen Fixpunkt.

a) $\lambda_1 = +1$

Gemäß (25.17) ändert sich in diesem Fall der Abstand einer Nachbartrajektorie von der Referenztrajektorie nicht. (Eine Abweichung in Richtung des Eigenvektors ξ_1 der Matrix $\boldsymbol{C}$ wird ja bei jedem Umlauf mit $\lambda_1 = 1$ multipliziert.) Dies deutet darauf hin, daß für $\mu > \mu_c$ neue Grenzzyklen entstehen können, die die gleiche Periodenlänge T wie die Referenzbahn $\vec{x}_r$ aufweisen. Ähnlich wie bei der Bifurkation eines stabilen Fixpunkts kann auch eine periodische Lösung eine Heugabel-Bifurkation durchmachen und sich in zwei getrennte Lösungen aufspalten. Dies ist in der folgenden Abbildung a) skizziert. Auch die anderen Bifurkations aus dem letzten Abschnitt sind möglich. Welcher der Fälle vorliegt, kann man aus dem Kriterium $\lambda_1 = +1$ allein nicht ablesen.

b) $|\lambda_1| = |\lambda_2^*| = 1$

Auch hier bleibt die Folge der Punkte $\vec{x}_n$ der Poincaré-Abbildung in konstantem Abstand von $\vec{x}_{r0}$, dreht sich nun aber auf einem Kreis. Im Poincaré-Schnitt selbst bildet sich dabei ein Grenzzyklus aus. Geometrisch bedeutet dies, daß sich die Topologie der periodischen Bahn ändert: Sie liegt nun auf einem *Torus*, der die ursprüngliche geschlossene Bahn umhüllt, wie in der Abbildung b) gezeigt. Sind die beiden Umlauffrequenzen auf dem Torusmantel inkommensurabel, d. h. bilden sie kein rationales Verhältnis p/q, $p,q \in N$, dann spricht man von einer *quasiperiodischen Bewegung*, da sich die Bahn auch für beliebig große Zeiten niemals schließt. Sie kommt dabei jedem Punkt auf der Torusoberfläche beliebig nahe.

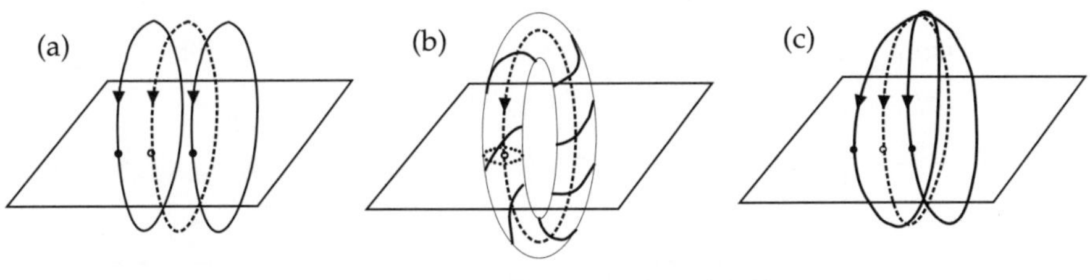

Typische Verzweigungen einer periodischen Trajektorie (gestrichelt).

c) $\lambda_1 = -1$

Dieser Fall ist besonders interessant, da der Abstand der Punkte $\vec{x}_n$ konstant bleibt, die Richtung jedoch alterniert. Dies bedeutet, daß die Nachbarbahn $\vec{x}$ *nach jedem zweiten Durchlauf* zu ihrem alten Punkt zurückkehrt. Es entsteht also wie in Abbildung c) angedeutet eine periodische Bahn mit der doppelten Periodenlänge $2T$! Man nennt dieses Phänomen daher eine *periodenverdoppelnde* oder auch eine *subharmonische Bifurkation*. Derartige Bifurkationen spielen eine wichtige Rolle beim Übergang von periodischer zu chaotischer Bewegung. Ein explizites Beispiel werden wir in Beispiel 27.1 anhand der logistischen Abbildung kennenlernen.

26 Lyapunov-Exponenten und Chaos

A. M. Lyapunov (1857–1918) → unten

In Kapitel 24 wurde der Begriff der Stabilität zeitabhängiger Bahnen diskutiert, und in Beispiel 24.1 haben wir die Stabilitätstheorie von Floquet näher besprochen, die auf *periodische* Bahnen anwendbar ist. Basierend auf den Arbeiten von Floquet und Poincaré veröffentlichte der russische Mathematiker Lyapunov im Jahr 1892 eine noch allgemeinere Studie des Stabilitätsproblems, in der beliebige, auch nichtperiodische Bewegungen zugelassen wurden. Die von Lyapunov eingeführten charakteristischen Exponenten spielen seitdem eine zentrale Rolle in der Theorie nichtlinearer Systeme.

Eindimensionale Systeme

Wir betrachten zunächst den Fall einer *eindimensionalen diskreten Abbildung*

$$x_{n+1} = f(x_n). \tag{26.1}$$

Physikalisch kann es sich dabei z. B. um die Poincaré-Abbildung eines dynamischen Systems handeln. Wir fragen nun: Wie unterscheidet sich die Punktfolge $x_0, x_1, x_2, \ldots$ von der Punktfolge $\tilde{x}_0, \tilde{x}_1, \tilde{x}_2, \ldots$, die sich aus einer leicht veränderten Anfangsbedingung $\tilde{x}_0 = x_0 + \delta x_0$ entwickelt. Wir haben allgemein

$$\begin{aligned} \tilde{x}_n &= x_n + \delta x_n = f(x_{n-1} + \delta x_{n-1}) \\ &= f(x_{n-1}) + f'(x_{n-1})\delta x_{n-1} + \ldots, \end{aligned} \tag{26.2}$$

also ist die Abweichung im n-ten Schritt in linearer Näherung

$$\delta x_n = f'(x_{n-1})\delta x_{n-1}. \tag{26.3}$$

Diese Gleichung läßt sich n mal rekursiv anwenden, mit dem Resultat

$$\begin{aligned} \delta x_n &= f'(x_{n-1}) f'(x_{n-2}) \cdots f'(x_0)\, \delta x_0 \\ &= \prod_{l=0}^{n-1} f'(x_l) \delta x_0. \end{aligned} \tag{26.4}$$

ALEXANDER MIKHAILOVICH LYAPUNOV

Lyapunov, Alexander Mikhailovich, russischer Mathematiker, geb. 6.6.1857 in Yaroslavl, gest. 3.11.1918 in Odessa. Lyapunov war Schüler von Chebyshev. Er befaßte sich mit der Stabilität von Gleichgewicht und Bewegung mechanischer Systeme und der Stabilität rotierender Flüssigkeiten. Außerdem arbeitete Lyapunov auf dem Gebiet der Potentialtheorie und der Wahrscheinlichkeitstheorie.

Offenbar sind die Werte $f'(x_l)$ ein Maß dafür, wie schnell sich die benachbarten Lösungen x_n und $\tilde{x}_n$ voneinander entfernen (oder aufeinander zulaufen). Im Spezialfall einer periodischen Bewegung, wie sie von Floquet studiert wurde, ist die Punktfolge x_l (als Poincaré-Abbildung interpretiert) konstant, und alle Faktoren in (26.4) haben den gleichen Wert. Dies führt auf die exponentielle Abhängigkeit

$$|\delta x_n| = |f'(x_0)|^n\,|\delta x_0| = \mathrm{e}^{n\sigma}|\delta x_0| \quad \text{mit} \quad \sigma = \ln|f'(x_0)|, \tag{26.5}$$

vergleiche (15) in Beispiel 24.1. (Ein Unterschied in der Definition von σ besteht darin, daß in (26.5) Beträge betrachtet werden. Das führt dazu, daß σ hier immer reell ist.) Der charakteristische Exponent σ bestimmt die „Wachstumsgeschwindigkeit" einer Störung. Auch wenn die Punkte x_l voneinander verschieden sind (nichtperiodische Bahn), läßt sich der Exponent σ weiterhin verwenden, indem man einen *Mittelwert* bildet. Die mathematische Definition des *Lyapunov-Exponenten* einer Punktfolge x_n lautet

$$\sigma = \lim_{n\to\infty}\,\lim_{\delta x_0\to 0}\,\frac{1}{n}\ln\left|\frac{\delta x_n}{\delta x_0}\right|. \tag{26.6}$$

Mit (26.4) und der Multiplikationsregel für den Logarithmus läßt sich dies auch schreiben als

$$\sigma = \lim_{n\to\infty}\,\frac{1}{n}\sum_{l=0}^{n-1}\ln|f'(x_l)|. \tag{26.7}$$

Wenn alle x_l gleich sind, reduziert sich die Größe σ aus (26.6) bzw. (26.7) offensichtlich auf den Spezialfall (26.5).

Der Lyapunov-Exponent ist ein logarithmisches Maß für die mittlere Ausdehnungsrate pro Iteration (d. h. pro Zeiteinheit) des Abstands zweier infinitesimal benachbarter Trajektorien.

Besonders interessant ist der Fall $\sigma > 0$. Ein dynamisches System mit *positivem Lyapunov-Exponenten* wird als *chaotisch* bezeichnet. Die Bahnen eines solchen Systems sind extrem *sensitiv auf Änderungen der Anfangsbedingungen*. Wegen der exponentiellen Abhängigkeit muß man nicht lange warten, und eine anfangs kleine Abweichung δx_0 explodiert zu beliebiger Größe. Genauer gesagt genügt es, wenn das Produkt $n\sigma$ eine Zahl nicht allzuviel größer als eins ist, vgl. (26.5).

Diese Eigenschaft chaotischer Systeme ist von großer Bedeutung, sowohl in praktischer wie in konzeptueller Hinsicht. Das Verhalten eines chaotischen Systems ist *nicht vorhersagbar*, zumindest nicht auf lange Sicht. Da physikalische Größen immer nur mit einer begrenzten Genauigkeit bestimmbar sind, hat δx_0 zwangsläufig einen von Null verschiedenen Wert. Daher ist es hoffnungslos, den Zustand eines chaotischen Systems für Zeiten deutlich größer als $1/\sigma$ vorhersagen zu wollen. Der Versuch, dies durch immer genauere Festlegung der Anfangsbedingung zu erreichen, ist zum Scheitern verurteilt. Letztlich gewinnt immer der exponentielle Anstieg der Abweichung.

Das Faszinierende daran ist, daß dieser Effekt in einem vollständig *deterministischen* System auftritt. Die Dynamik eines solchen Systems wird durch die zugrunde liegende Bewegungsgleichung – sei es eine Differentialgleichung oder eine diskrete Abbildung wie in (26.1) – „im Prinzip" mathematisch eindeutig festgelegt. Dennoch hilft uns auch eine exakte Kenntnis der Bewegungsgleichung nicht weiter beim Versuch, die Lösungen zu ermitteln. Auf diese Weise wird eine neue Art von Unbestimmtheit in die Physik hineingetragen, zusätzlich zu den vertrauteren Quellen der statistischen Fluktuationen (Rauschen) und der Quantenfluktuationen (Unschärferelation). Der erste, der dies klar erkannt und ausgesprochen hat, war Henri Poincaré gegen Ende des 19. Jahrhunderts. In Anbetracht der stürmischen Entwicklung anderer Gebiete der Physik hat die nichtlineare Dynamik lange Zeit ein Schattendasein geführt. Das gegenwärtige starke Interesse an der „Chaostheorie" wurde wesentlich beflügelt durch die Verbreitung elektronischer Rechenanlagen, die es ermöglichen, durch Computerexperimente die Dynamik von Systemen zu erkunden, die sich der analytischen Behandlung widersetzen.

Ein wichtiger Anstoß für die Beschäftigung mit chaotischen Systemen wurde von dem Meteorologen Edward Lorenz gegeben, dessen Arbeit[1)] allerdings lange Zeit wenig beachtet wurde. Im Jahr 1963 leitete er aus den Grundgleichungen der Hydrodynamik unter stark vereinfachenden Annahmen ein System von drei gekoppelten nichtlinearen Differentialgleichungen zur Beschreibung eines meteorologischen Systems her. Bei deren numerischer Lösung stieß er auf das Kennzeichen des deterministischen Chaos: Nichtvorhersagbarkeit aufgrund sensitiver Abhängigkeit von den Anfangsbedingungen. Daß die Meteorologie hierfür ein geeignetes Beispiel liefert, wird niemanden verwundern. Schließlich läßt sich das Wetter auch mit massivem Computereinsatz verläßlich höchstens für wenige Tage vorhersagen. Der Versuch, diese Spanne zu verlängern, fordert einen exponentiell wachsenden Aufwand.

E. Lorenz hat in diesem Zusammenhang auch den Begriff des „Schmetterlingseffekts" geprägt, der ins öffentliche Bewußtsein eingegangen ist: Das Flügelschlagen eines Schmetterlings in Brasilien entscheidet darüber, ob Texas einige Tage später von einem Tornado getroffen wird. Natürlich sollte man dieses Bild auch nicht überstrapazieren. Auch alle Schmetterlinge zusammen können mit ihrem Flattern nicht die Struktur des „Klimaattraktors" ändern. Zur Ausbildung tropischer Wirbelstürme wird es immer kommen, zumindest solange kein globaler Klimaumschwung eintritt. Zu welcher Zeit und an welchem Ort ein Unwetter eintritt, hängt aber so sensitiv von subtilen Details ab, daß auch der Schmetterling darauf Einfluß hat.

Mehrdimensionale Systeme

Die hier für eindimensionale Systeme mit diskreter Dynamik gegebene Definition des Lyapunov-Exponenten läß sich auch auf mehrere Dimensionen und kontinuierliche Zeitentwicklung verallgemeinern. Als Ausgangspunkt kann die Diskussion

---

[1)] E.N. Lorenz, *J. Atmos. Sci.* **20**, 130 (1963)

der Stabilität periodischer Bahnen in Kapitel 24 dienen. Dort wurden Trajektorien $\vec{x}(t) = \vec{x}_t(t) + \vec{\xi}(t)$ diskutiert, die sich von einer Referenzbahn $\vec{x}_r(t)$ durch eine kleine Störung $\vec{\xi}(t)$ unterscheiden. In erster Näherung genügt die Störung einer linearen Differentialgleichung, vgl. Gl. (24.6) in Kapitel 24,

$$\dot{\vec{\xi}}(t) = \boldsymbol{M}(t)\vec{\xi}(t) \tag{26.8}$$

mit der Jacobi-Determinante $\boldsymbol{M} = \partial\vec{F}/\partial\vec{x}|_{\vec{x}_r(t)}$. In Übereinstimmung mit (26.6) kann man als Maß für die zeitliche Entwicklung der Störung definieren

$$\sigma_{\vec{x}_r,\vec{\xi}_0} = \lim_{t\to\infty} \ln \frac{|\vec{\xi}(t)|}{|\vec{\xi}(t_0)|}. \tag{26.9}$$

Diese Definition des Lyapunov-Exponenten wirft einige mathematische Probleme auf, die wir hier nur streifen können. Zunächst hängt $\sigma_{\vec{x}_r,\vec{\xi}_0}$ von der Referenztrajektorie $\vec{x}_r(t)$ ab und damit von der Lage des Startpunkts. Besitzt das System aber einen Attraktor, dann ist der Wert von σ im Einzugsbereich des Attraktors von der Referenzbahn unabhängig. Darüber hinaus gibt es die wichtige Klasse der *ergodischen Systeme*, bei denen zeitliche Mittelwerte (entlang einer Bahn genommen) durch Mittelwerte im Phasenraum ersetzt werden können. Auch für ergodische Systeme kann man zeigen, daß die gemäß (26.9) definierten Lyapunov-Exponenten existieren und von der speziellen Referenztrajektorie unabhängig sind. (Genauer gesagt kann es „pathologische" Bahnen mit abweichendem σ geben, diese bilden aber eine Menge vom Maß Null). [1)]

Weiterhin hängt der Wert von $\sigma_{\vec{x}_r,\vec{\xi}_0}$ auch von der Richtung der Störung $\vec{\xi}_0 = \vec{\xi}(t_0)$ ab. In einem N-dimensionalen Raum kann man N linear unabhängige Vektoren $\vec{e}_i$ konstruieren, die zu einem Satz von N Lyapunov-Exponenten

$$\sigma_i = \sigma_{\vec{x}_r,\vec{e}_i} \tag{26.10}$$

führen. Die Indizies sollen so gewählt werden, daß die σ_i in absteigender Reihenfolge geordnet sind

$$\sigma_1 \geq \sigma_2 \geq \ldots \geq \sigma_N, \tag{26.11}$$

wobei Entartungen (Gleichheit mehrerer Werte) möglich sind.

Der Wert des *größten Lyapunov-Exponenten* σ_1 ist am leichtesten zu bestimmen. Dazu integriert man die linearisierte Bewegungsgleichung (26.8) mit einer zufällig gewählten Anfangsstörung $\vec{\xi}(t_0)$. Ein solcher Vektor kann zerlegt werden gemäß

$$\vec{\xi}(t_0) = \sum_{i=1}^{N} c_i\vec{e}_i \tag{26.12}$$

und wird immer auch einen Anteil in Richtung des Vektors $\vec{e}_1$ aufweisen. Verfolgt man die Lösung über einen hinreichend langen Zeitraum, dann wird die am

---

1) Nähere Informationen zu diesen Fragen findet man z. B. in D. Ruelle: *Chaotic evolution and strange attractors*, Cambridge University Press, Cambridge (1989)

schnellsten wachsende Komponente der Störung (oder, wenn alle σ_i negativ sind, die am langsamsten fallende) dominieren. Die Limesbildung in (26.9) sorgt dann dafür, daß die Rechnung den *maximalen Lyapunov-Exponenten* liefert.

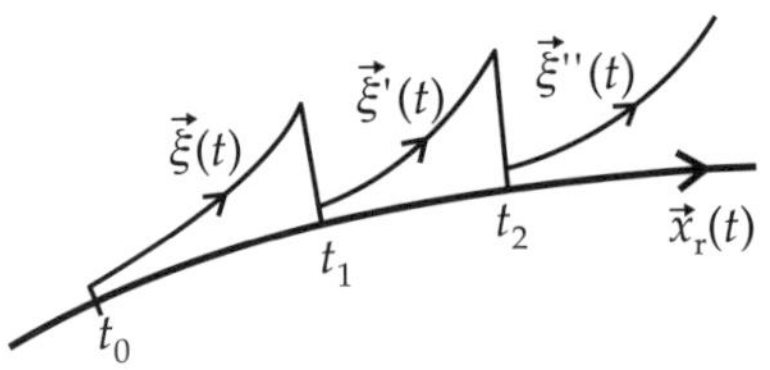

Bei der numerischen Berechnung von Lyapunov-Exponenten nimmt man wegen des Auseinanderlaufens der Trajektorien in regelmäßigen Abständen eine Reskalierung vor.

In der Praxis muß man bei einer solchen Rechnung darauf achten, daß sich die Trajektorie $\vec{x}(t)$ bei chaotischen Systemen sehr schnell von der Referenztrajektorie $\vec{x}_r(t)$ entfernt. Deshalb empfiehlt es sich, in regelmäßigen Zeitabständen eine *Reskalierung* der Störung $\vec{\xi}\,'(t_n) = c\vec{\xi}\,(t_n)$ mit einer Konstanten $c \ll 1$ vorzunehmen, siehe Figur. Der Wert von σ wird dann durch Mittelung über viele solcher Intervalle gebildet.

Der volle Satz der N Lyapunov-Exponenten läßt sich berechnen, indem man die zeitliche Entwicklung aller N linear unabhängigen Störungen $\vec{\xi}_i$ mit $\vec{\xi}_i(t_0) = \vec{e}_i$ verfolgt. Aus den N Volumina $V^{(p)}$ der von $\vec{\xi}_1, \vec{\xi}_2, \ldots, \vec{\xi}_p$ aufgespannten Parallelepipeda (dies muß für alle Werte $p = 1, 2, \ldots, N$ berechnet werden) lassen sich dann sukzessive alle σ_i gewinnen. [1)]

Wir bemerken noch, daß im Falle *periodischer* Bahnen $\vec{x}_r(t + T) = \vec{x}_r(t)$ die Lyapunov-Koeffizienten mit dem Realteil der in Beispiel 24.1 eingeführten Floquet-Exponenten übereinstimmen. Es handelt sich also um eine Verallgemeinerung dieses Begriffs.

Die Lyapunov-Exponenten sind entscheidend für die Langzeitentwicklung eines dynamischen Systems. Wie schon diskutiert, haben positive σ schnelles Auseinanderlaufen benachbarter Trajektorien und Unvorhersagbarkeit zur Folge. Besonders interessant sind Trajektorien, die benachbarte Lösungen anziehen und (mindestens) einen positiven Lyapunov-Exponenten aufweisen. Sie werden als *chaotische Attraktoren* bezeichnet.

Betrachten wir zur Illustration ein autonomes System mit *drei Freiheitsgraden.* Je nach der Vorzeichenkombination von $(\sigma_1, \sigma_2, \sigma_3)$ sind verschiedene Arten von Attraktoren möglich:

$$(\sigma_1, \sigma_2, \sigma_3) = \begin{cases} (-, -, -) & \text{Fixpunkt} \\ (0, -, -) & \text{Grenzzyklus} \\ (0, 0, -) & \text{Torus} \\ (+, 0, -) & \text{Chaotischer Attraktor} \end{cases} \tag{26.13}$$

Diese Fälle sind in der folgenden Abbildung illustriert.

[1)] G. Bennettin, C. Froeschle, J. P. Scheidecker: *Phys. Rev.* **A19**, 2454 (1979);
T. S. Parker, L. O. Chua: *Practical Numerical Algorithms for Chaotic Systems*, Springer-Verlag, New York (1989)

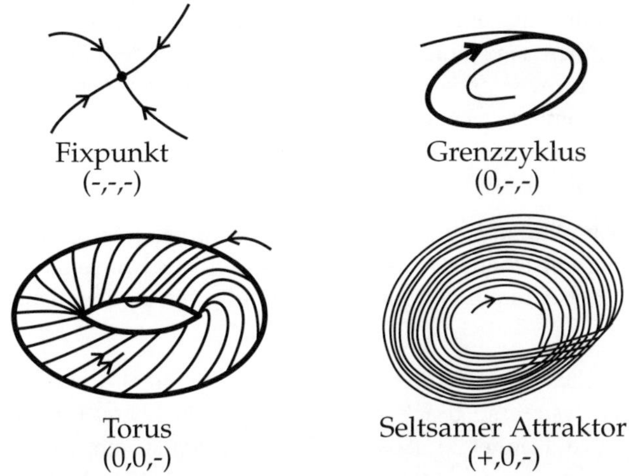

Verschiedene Attraktortypen in einem dynamischen System mit drei Freiheitsgraden. Die Bilder unterscheiden sich durch die Vorzeichen der Lyapunov-Exponenten.

a) Sind alle Lyapunov-Exponenten negativ, dann liegt ein stabiler Fixpunkt vor, in den Nachbartrajektorien aus allen Richtungen hineinlaufen.

b) Das Verschwinden eines Lyapunov-Exponenten, $\sigma_1 = 0$, weist darauf hin, daß eine *periodische Bewegung* vorliegt. In Kapitel 24 wurde dies anhand der Bewegungsgleichung explizit demonstriert. Der zu σ_1 gehörende Vektor $\vec{e}_1$ zeigt in die Tangentialrichtung der Bahn. Der Attraktor ist ein *Grenzzyklus*, also ein eindimensionales Gebilde mit der Topologie (aber nicht notwendig der geometrischen Form) eines Kreises.

c) Verschwinden zwei der Lyapunov-Exponenten, $\sigma_1 = \sigma_2 = 0$, dann liegt eine periodische Bewegung in zwei Richtungen vor. Deshalb ist der entstehende Attraktor zweidimensional und hat die Topologie eines *Torus*, um den sich die Trajektorie herumwindet. Von den Umlaufsfrequenzen ω_1 und ω_2 für die beiden Freiheitsgrade des Torus hängt es ab, ob die Bahn im Ganzen periodisch ist. Sind die Werte ω_1 und ω_2 inkommensurabel, ist also das Verhältnis ω_1/ω_2 kein Bruch aus ganzen Zahlen, sondern eine irrationale Zahl, dann wird sich die Bahn nie schließen. Eine solche Bahn, die im Lauf der Zeit den Torus immer dichter überdeckt, wird als *quasiperiodisch* bezeichnet.

d) Ist der größte Lyapunov-Exponent positiv, $\sigma_1 > 0$, dann liegt ein *chaotischer Attraktor* vor, mit den schon besprochenen Eigenschaften der irregulären, stark von den Anfangsbedingungen abhängigen Bewegung. Die typische Kombination ist $\sigma_1 > 0$, $\sigma_2 = 0$, $\sigma_3 < 0$, es sind aber auch chaotische Attraktoren mit mehreren positiven Lyapunov-Exponenten möglich. Geometrisch sind chaotische in den meisten Fällen auch *seltsame Attraktoren*, wie schon in Kapitel 23 angesprochen wurde. Sie haben die eigenartige Eigenschaft, Gebilde mit einer *gebrochenen Dimension* zu sein. Es handelt sich also weder um Linien noch um Flächen (oder höherdimensionale Hyperflächen), sondern um „etwas dazwischen". Daß solche Objekte nicht reine mathematische Gespinste sind,

B. B. Mandelbrot (geb. 1924) → S. 466

sondern auch in der Natur auftreten, wurde erst spät bemerkt, insbesondere von B. Mandelbrot, der ihnen den Namen *Fraktale* gab. [1] Ein schönes Beispiel für einen fraktalen Attraktor werden wir in Beispiel 27.3 bei einem periodisch angetriebenen Pendel kennenlernen (vgl. Abbildung auf S. 502).

Strecken und Falten im Phasenraum

Wie kann ein seltsamer Attraktor mit unendlich verästelter innerer Struktur in einem dynamischen System entstehen? Die Antwort liegt im Mechanismus des *Streckens* und *Faltens* im Phasenraum, den man sich wie folgt veranschaulichen kann.

Wir betrachten ein dynamisches System mit einem positiven Lyapunov-Exponenten σ_1. Außerdem sei das System so beschaffen, daß der erreichbare Teil des Phasenraums beschränkt ist (in Kapitel 23, Abschn. Gleichgewichtslösungen, war diese Eigenschaft in die Definition von Attraktoren eingeflossen). Man betrachtet nun einen kleinen zusammenhängenden Bereich ΔV im Phasenraum, z. B. einen Würfel, und verfolgt dessen Verformung unter dem Phasenfluß Φ_t. In der zum Lyapunov-Exponenten σ_1 gehörenden Richtung werden benachbarte Punkte schnell auseinanderstreben. Da das Phasenraumvolumen in konservativen Systemen erhalten bleibt oder in dissipativen Systemen sogar schrumpft (siehe Kapilel 23, Abschn. Attraktoren), muß in den anderen Richtungen eine Kontraktion stattfinden. Da andererseits der zur Verfügung stehende Phasenraumbereich beschränkt ist, müssen sich die Trajektorien wieder zurückbiegen. Das zunächst gestreckte Probevolumen ΔV wird also zurückgefaltet, wie in der folgenden Abbildung schematisch dargestellt.

Verfolgt man das Schicksal von ΔV noch länger, wird sich dieses Spiel von Strecken und Falten immer weiter fortsetzen. Man kann sich vorstellen, daß auf diese Weise eine unendlich fein unterteilte blätterteigartige Stuktur entsteht, mit

---

[1] Näheres hierzu siehe beispielsweise
B. Mandelbrot, *The Fractal Geometry of Nature*, Freeman (1982);
H.-O. Peitgen, H. Jürgens, D. Saupe: *Chaos and Fractals – New Frontiers of Science*, Springer (1992)

BENOIT B. MANDELBROT

Mandelbrot, Benoit B., geb. 20.10.1924 in Warschau. Nach der Emigration seiner Familie nach Frankreich (1936) studierte Mandelbrot in Lyon, am California Institute of Technology und in Paris, wo er 1952 promovierte. Er arbeitete am CRNS, in Genf und an der École Polytechnique, bevor er im Jahr 1958 in die USA ans IBM Watson Research Center ging, wo er zum Research Fellow berufen wurde. Gastprofessor war er unter anderem an den Universitäten Harvard und Yale. Mandelbrots Interessen sind ungewöhnlich breitgefaßt und interdisziplinär orientiert. Basierend auf der Arbeit von G. M. Julia (1893-1978) über iterierte rationale Funktionen demonstrierte Mandelbrot unter Benutzung von Computergrafik die Eigenschaften von Fraktalen und wies auf deren vielfältiges Auftreten in der Natur hin. Neben vielen anderen Ehrungen erhielt Mandelbrot 1993 den Wolf-Preis in Physik.

den geometrischen Eigenschaften eines Fraktals. Zwei anfänglich eng benachbarte Punkte landen nach einer Weile auf zwei verschiedenen Schichten des „Teigs", danach geht jede erkennbare Korrelation zwischen ihren Positionen verloren. Ein simples mathematisches Modell für den hier beschriebenen Mechanismus ist die *Bäckertransformation* (so genannt nach der Analogie zum Teigkneten), siehe Aufgabe 26.1.

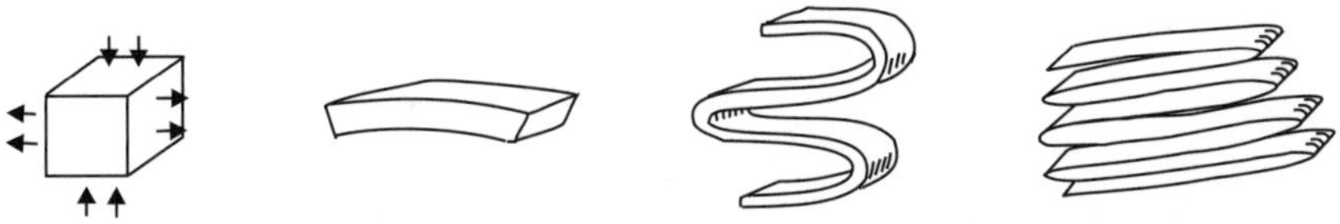

Ein seltsamer Attraktor kann entstehen, wenn der dynamische Fluß einen Bereich im Phasenraum fortgesetzt streckt und wieder zurückfaltet.

Fraktale Geometrie

Das Langzeitverhalten der Trajektorien dissipativer Systeme ist durch die Annäherung an Attraktoren gekennzeichnet, die als geometrische Gebilde niedrigerer Dimension in den Phasenraum eingebettet sind. Die einfachsten Fälle umfassen Fixpunkte (Dimension $D = 0$), Grenzzyklen ($D = 1$) und Tori ($D = 2$) bei quasiperiodischer Bewegung mit zwei inkommensurablen Frequenzen. Als neuartiger Typus können in nichtlinearen Systemen aber auch *seltsame Attraktoren* mit komplizierter geometrischer Struktur auftreten, die durch eine *gebrochene Dimension* gekennzeichnet sind. Die ersten derartigen *Fraktale* wurden, noch ohne diesen Namen, von Mathematikern als abstrakte Konstruktionen eingeführt. Lange schienen sie ins mathematische Kuriositätenkabinett zu gehören, bis man entdeckte, daß fraktale Strukturen tatsächlich in der Natur häufig anzutreffen sind.

Der geometrischen Konstruktion eines Fraktals liegt gewöhnlich eine (meist einfache) *Iterationsvorschrift* zugrunde, die wiederholt angewandt wird. Im Grenzfall unendlich vieler Iterationsschritte entsteht das Fraktal, das also eine unendlich fein aufgelöste innere Struktur besitzt. Wir wollen kurz einige bekannte Beispiele betrachten.

1. Die Cantor-Menge

Die Konstruktion beginnt mit einer Linie, nämlich der Menge aller reellen Zahlen im Einheitsintervall $I_0 = [0, 1]$. Die Iterationsvorschrift lautet: Entferne bei jedem Intervall das mittlere (offene) Drittel. Im ersten Iterationsschritt entstehen also zwei disjunkte Teilintervalle $I_1 = \left[0,\frac{1}{3}\right] \cup \left[\frac{2}{3},1\right]$, die sich anschließend weiter aufspalten in $I_2 = \left[0,\frac{1}{9}\right] \cup \left[\frac{2}{9},\frac{1}{3}\right] \cup \left[\frac{2}{3},\frac{7}{9}\right] \cup \left[\frac{7}{9},1\right]$ und so weiter. Die ersten Iterationsschritte sind in der folgenden Abbildung a) dargestellt. Im Limes $n \to \infty$ entsteht aus den I_n die Cantor-Mengeals eine Art von fein verteiltem Staub von Punkten im Einheitsintervall.

G. Cantor (1845–1918) → S. 468

Um ein Maß für die Ausdehnung der Cantor-Menge zu erhalten, betrachten wir die Größe ihres Komplements, also die Gesamtlänge aller herausgeschnittenen Teile.

Dies führt auf eine geometrische Reihe:

$$L = 1 \cdot \frac{1}{3} + 2 \cdot \frac{1}{9} + 4 \cdot \frac{1}{27} + \ldots = \frac{1}{3} \sum_{n=0}^{\infty} \left(\frac{2}{3}\right)^n \tag{26.14}$$

$$= \frac{1}{3} \left(\frac{1}{1 - 2/3} \right) = 1.$$

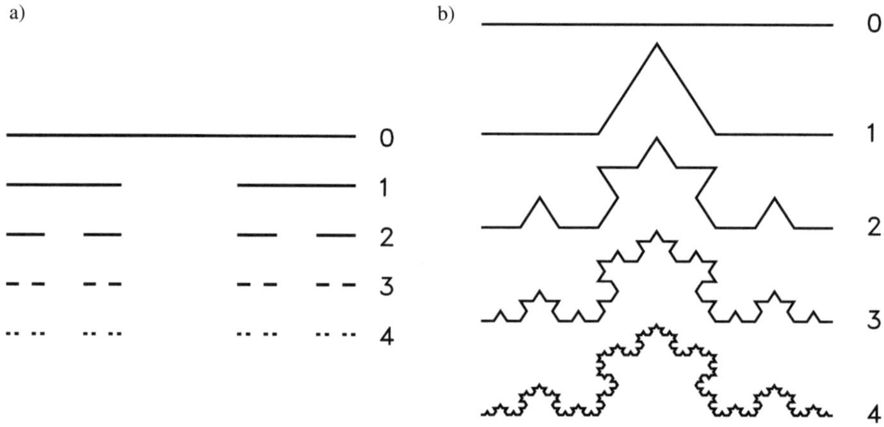

a) Iterative Konstruktion der Cantor Menge: In jedem Schritt wird das mittlere Drittel eines Intervalls herausgeschnitten.
b) Iterative Konstruktion der Kochschen Kurve. Sie entsteht durch fortgesetztes Anstückeln von Dreiecken.

Die herausgeschnittenen Teile addieren sich also zur Gesamtlänge des Einheitsintervalls, die Länge der Cantor-Menge beträgt daher Null! Sie besteht aber aus unendlich vielen Punkten, und man kann zeigen, daß ihre Kardinalzahl (Mächtigkeit) dieselbe ist wie die der reellen Zahlen. [1)]

---

1) Dies kann man recht einfach verstehen: Jeder Punkt der Cantor-Menge läßt sich durch eine unendliche Folge von „Links-Rechts-Entscheidungen“ charakterisieren, d. h., bei jedem Iterationsschritt in obiger Abbildung muß angegeben werden, in welchem der beiden Teilintervalle der Punkt liegt. Diese Folge kann man aber auch als die Binärdarstellung einer reellen Zahl im Einheitsintervall [0, 1] interpretieren, wodurch die Behauptung klar wird.

GEORG CANTOR

Cantor, Georg, deutscher Mathematiker, geb. 3.3.1845 in St. Petersburg, Russland, gest. 6.1.1918 in Halle. Cantor studierte an den Universitäten von Zürich und Berlin bei Weierstraß, Kummer und Kronecker. Von 1869 bis 1913 war er Professor an der Universität Halle. Cantor ist der Begründer der Mengenlehre. Er führte den Begriff der Kardinalzahl und das Konzept unendlicher (transfiniter) Zahlen ein und befaßte sich mit der Definition des Kontinuums. Er bewies die Nichtabzählbarkeit der reellen Zahlen. Weiterhin lieferte er Beiträge zur Theorie der geometrischen Reihen.

2. Die Kochsche Kurve

Diese Konstruktion beginnt wieder mit einer Geraden der Länge Eins. Anstatt Teile herauszuschneiden, wird nun aber etwas hinzugefügt und die Gerade zu einer gezackten Kurve in der zweidimensionalen Ebene aufgebläht. Die Iterationsvorschrift lautet: Entferne in jedem geraden Teilstück das mittlere Drittel und ersetze es durch die Schenkel eines gleichseitigen Dreiecks. Die ersten Schritte der Iteration sind in voriger Abbildung b) dargestellt (sie erinnern an die Bastionen alter Festungsbauwerke).

Das Besondere an der Kochschen Kurve und ihren Verwandten ist, daß sie zwar überall stetig, aber *nirgends differenzierbar* ist. Man kann wegen der unendlich vielen Knickstellen keine Tangente an die Kurve legen. Auch die Berechnung der Länge der Kochschen Kurve führt zu einem bemerkenswerten Ergebnis: In jedem Teilschritt werden jeweils 3 Teilstücke durch 4 gleich lange ersetzt. Die Gesamtlänge L ist daher

N. F. H. von Koch (1870–1924) → unten

$$L = \lim_{n\to\infty} L_n = \lim_{n\to\infty} \left(\frac{4}{3}\right)^n = \infty, \tag{26.15}$$

divergiert also. Dies ist dem Graphen der Kurve nicht ohne weiteres anzusehen, liegt es doch an der „Verkrumpelung“ auf immer kleineren Längenskalen. Hier macht sich die *Selbstähnlichkeit* bemerkbar, die ein typisches Merkmal von Fraktalen ist: Auf jeder Längenskala ähnelt eine Ausschnittsvergrößerung des Objekts wieder dem Ganzen [1].

3. Das Sierpinski-Dreieck

W. Sierpinski (1882–1969) → S. 470

Beim Sierpinski-Dreieck (engl.: S. gasket = Dichtung) ist der Grundbaustein eine zweidimensionale Fläche, nämlich ein gleichseitiges Dreieck. Iterationsvorschrift: Zerlege jedes Dreieck in 4 kongruente Teile und entferne das mittlere Dreieck. Die folgende Abbildung zeigt die ersten Schritte dieser Iteration. Das entstehende Objekt ist ein Mittelding zwischen Fläche und Kurve. Es besitzt wieder die Eigenschaft der Selbstähnlichkeit.

Selbstähnlichen fraktalen Objekten begegnet man in der Natur vielerorts. Beispiele in der organischen Welt sind die Verästelungen von Pflanzen (Bäume, Blumenkohl, besonders schön auch Farne) oder Blutgefäßen. Anorganische fraktale Formen findet man bei Wolken, Gebirgen, Schneeflocken, Blitzentladungen usw.

[1] Selbstähnlichkeit allein ist aber kein hinreichendes Kriterium für Fraktale. So ist z. B. auch eine gerade Linie auf triviale Weise selbstähnlich.

NIELS FABIAN HELGE VON KOCH

von Koch, Niels Fabian Helge, schwedischer Mathematiker, geb. 25.1.1870 in Stockholm, gest. ebd. 11.3.1924. Koch war Schüler und Nachfolger von Mittag-Leffler an der Universität von Stockholm. Sein Hauptarbeitsgebiet waren lineare Gleichungssysteme von unendlicher Dimension und mit unendlich vielen Unbekannten. Sein Name ist hauptsächlich bekannt durch die nach ihm benannte Kurve.

Iterative Konstruktion des Sierpinski-Dreiecks. Es wird jeweils das mittlere von vier Teildreiecken entfernt.

Ein klassisches von Mandelbrot studiertes Beispiel, das an die Kochsche Kurve erinnert, sind Küstenlinien. Für die Länge ein und derselben Küste können von den Geographen ganz unterschiedliche Werte angegeben werden. Dies hängt davon ab, auf welcher Längenskala die Messung vorgenommen wird. Je kleiner der Maßstab, desto besser können die Buchten und Windungen der Küste abgetastet werden, entsprechend den höheren Iterationen L_n der Kochschen Kurve. Konsequent verfolgt müßte sich die Küstenlinie um jedes einzelne Sandkorn am Strand schlängeln, was die Länge enorm aufblähen würde. Hier zeigt sich aber auch, daß die Anwendung der fraktalen Geometrie auf natürliche Objekte nur in einem bestimmten Bereich sinnvoll ist. Allerspätestens auf der atomaren Skala, wenn sich die Granularität der Materie bemerkbar macht, verliert der mathematische Limes $n \to \infty$ seinen Sinn. Dennoch kann man fraktales Skalenverhalten (siehe unten) häufig über viele Größenordnungen verfolgen.

Die fraktale Dimension

Ein wichtiges Werkzeug zur Charakterisierung geometrischer Objekte ist deren Dimension. Bei herkömmlichen Objekten (glatte Kurven, Flächen, Kugeln, ...) ist die Dimension klar und stimmt mit der Anschauung überein. Fraktale jedoch verhalten sich anders. Um sie zu charakterisieren, wurde der Begriff der *fraktalen Dimension* geprägt, den wir hier kurz skizzieren wollen. Wir beschränken uns dabei hauptsächlich auf die sogenannte *Kapazitätsdimension* (engl. auch: box counting dimension). [1)]

Die Dimension soll ein Maß dafür sein, wie dicht eine Punktmenge den Raum, in den sie eingebettet ist, ausfüllt. Wir gehen davon aus, daß dies ein metrischer (im Normalfall euklidischer) Raum ist, in dem man Abstände messen kann. Dieser Raum wird nun, wie in der Abbildung illustriert, von einem Gitternetz

[1)] Die Situation wird dadurch kompliziert, daß es eine Vielzahl unterschiedlicher mathematischer Dimensionsbegriffe gibt. Die errechneten Dimensionswerte stimmen, abhängig vom betrachteten Objekt, teils überein, teils aber auch nicht. Für Details siehe K. Falconer: *Fractal Geometry, Mathematical Foundations and Applications*, Wiley, New York (1990)

WACLAW SIERPINSKI

Sierpinski, Waclaw, polnischer Mathematiker, geb. 20.8.1882 in Warschau, gest. ebd. 14.5.1969. Sierpinski war Professor der Mathematik in Lwow (heute Ukraine, 1908–1914), Moskau (1915–1918) und danach in Warschau. Seine Hauptarbeitsgebiete waren die Mengenlehre (hier insbesondere das Auswahlaxiom und die Kontinuumshypothese), die Topologie von Punktmengen und die Zahlentheorie.

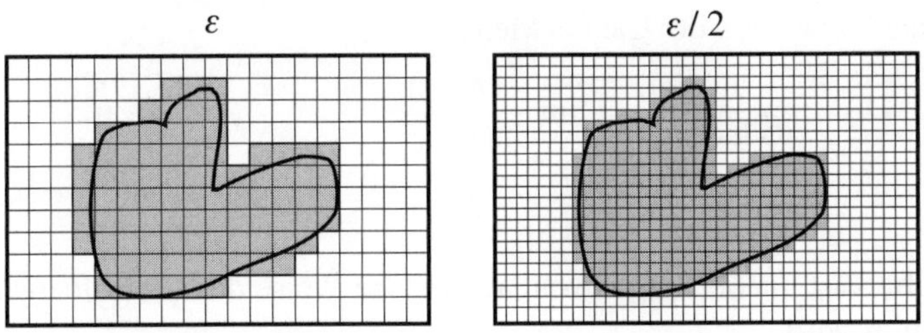

Zur Bestimmung der Kapazitätsdimension eines Objekts wird abgezählt, wieviel Kästchen eines Gitternetzes es berührt. Die Abhängigkeit der Anzahl $N(\epsilon)$ von Kästchengröße ϵ bestimmt die Dimension D_f. Dies ist hier für ein „normales" zweidimensionales Objekt illustriert.

der Seitenlänge ϵ überzogen (also Teilstrecken für $n = 1$, Kästchen für $n = 2$, Würfel für $n = 3$, Hyperwürfel für $n > 3$), und man zählt ab, wieviel der Kästchen einen oder mehrere Punkte aus der zu untersuchenden Punktmenge enthalten. Diese Zahl $N(\epsilon)$ wird im allgemeinen von der Kästchengröße ϵ abhängen. Bei verfeinerter Auflösung verteilt sich das Objekt sicher auf mehr Kästchen, doch die Frage ist, wie schnell das geschieht. Findet man im Grenzfall $\epsilon \to \infty$ ein Skalierungsverhalten mit einem Potenzgesetz

$$N(\epsilon) = V(\epsilon)\,\epsilon^{-D_f} \qquad \text{mit} \qquad V(\epsilon) \to \text{const} \quad \text{für} \quad \epsilon \to 0, \tag{26.16}$$

dann definiert der Wert des Exponenten die *fraktale Dimension* oder *Kapazitätsdimension* D_f. Aufgelöst ergibt sich

$$D_f = \lim_{\epsilon\to 0} \frac{\ln N(\epsilon) - \ln V(\epsilon)}{\ln(1/\epsilon)} = \lim_{\epsilon\to 0} \frac{\ln N(\epsilon)}{\ln(1/\epsilon)}, \tag{26.17}$$

weil $V(\epsilon)$ im Grenzfall endlich bleibt und daher nicht beiträgt.

Für nicht-fraktale geometrische Objekte stimmt die so ermittelte Dimension mit der normalen euklidischen Dimension überein, und $V(0)$ entspricht dem euklidischen Volumen. So überlappt eine Kreisscheibe vom Radius R bei hinreichend feiner Auflösung $N(\epsilon) \simeq \pi R^2/\epsilon^2$ Kästchen, und jede weitere Verdopplung der Auflösung führt zu einer Vervierfachung der Kästchenzahl. Entsprechend findet man für den Kreis $N(\epsilon) \simeq 2\pi R/\epsilon$, und so weiter.

Bei Fraktalen hingegen unterscheidet sich die Potenz des Skalierungsgesetzes (26.16) vom naiv erwarteten Wert und ist im allgemeinen eine nicht-ganze Zahl. Besonders einfach ist D_f für die Cantor-Menge zu ermitteln. Hier genügt als Einbettungsraum das Einheitsintervall ($n = 1$). Am bequemsten betrachtet man eine Folge von Unterteilungen der Länge ϵ_i, die sich jeweils um einen Faktor 3 unterscheiden, also $\epsilon_0 = 1$, $\epsilon_1 = 1/3$, $\epsilon_2 = 1/9$, etc. Die Cantor-Menge ist so konstruiert, daß sich dann die Zahl der „belegten" Kästchen (Teilintervalle) jeweils verdoppelt, also $N(\epsilon_0) = 1$, $N(\epsilon_1) = 2$, $N(\epsilon_2) = 4$ etc. Daher ist nach Gl. (26.17) die fraktale Dimension der Cantor-Menge

$$D_{\mathrm{f}} = \lim_{\epsilon \to 0} \frac{\ln N(\epsilon)}{\ln(1/\epsilon)} = \lim_{n \to \infty} \frac{\ln N(\epsilon_n)}{\ln(1/\epsilon_n)}$$
$$= \lim_{n \to \infty} \frac{\ln 2^n}{\ln 3^n} = \frac{\ln 2}{\ln 3} \simeq 0{,}6309. \tag{26.18}$$

Das Ergebnis ist unabhängig davon, auf welche Weise der Grenzübergang $\epsilon \to 0$ durchgeführt wird.

Ähnlich erhält man die Dimension der Kochschen Kurve. Um sie zu überdecken, braucht man im ersten Schritt $N(\epsilon_1) = 4$ Intervalle der Länge $\epsilon_1 = 1/3$, anschließend $N(\epsilon_2) = 16$ Intervalle der Länge $\epsilon_1 = 1/9$ usw. Analog zu (26.18) impliziert dies

$$D_{\mathrm{f}} = \lim_{n \to \infty} \frac{\ln 4^n}{\ln 3^n} = \frac{\ln 4}{\ln 3} \simeq 1{,}2618. \tag{26.19}$$

Schließlich folgt für das Sierpinski-Dreieck

$$D_{\mathrm{f}} = \frac{\ln 3}{\ln 2} \simeq 1{,}5850, \tag{26.20}$$

da sich hier bei jeder Halbierung der Kästchengröße die Zahl der Teilobjekte verdreifacht.

Die Ergebnisse (26.18) bis (26.20) sind nicht unplausibel. Sie quantifizieren, daß die betrachteten Fraktale mit ihren Eigenschaften zwischen den vertrauten Objekten Punkt, Linie, Fläche, ... stehen. Der Vergleich von (26.19) und (26.20) zeigt, daß das Sierpinski-Dreieck „raumfüllender" als die Kochsche Kurve ist, aber nicht an eine normale Fläche heranreicht. Ein extremes Beispiel in dieser Hinsicht ist die 1890 von G. Peano entdeckte und in modifizierter Form von D. Hilbert untersuchte flächenfüllende Kurve. Die Peano-Kurve kann man ebenfalls iterativ erhalten, wobei bei einer Drittelung der Skalenlänge neun gleich große Teilstrecken entstehen, siehe folgende Abbildung. Demgemäß ist die Dimension

G. Peano (1858–1932) → unten

$$D_{\mathrm{f}} = \frac{\ln 9}{\ln 3} = 2. \tag{26.21}$$

GIUSEPPE PEANO

Peano, Giuseppe, italienischer Mathematiker, geb. 27.8.1858 in Cuneo (Provinz Piemont), gest. 20.4.1932 in Turin. P. studierte Mathematik an der Universität Turin, wo er ab 1880 als Dozent und ab 1890 als Professor lehrte. Seine frühen Arbeiten befaßten sich mit Analysis, dem Anfangswertproblem bei Differentialgleichungen und mit rekursiven Funktionen. Bekannt wurde P. vor allem als Begründer der mathematischen Logik (neben G. Frege). Die Peano-Axiome (1889) definieren die natürlichen Zahlen über die Eigenschaften von Mengen. Sein Ziel war die Axiomatisierung der gesamten Mathematik. Später überschritt P. den Rahmen der Mathematik und entwickelte eine universale Weltsprache (Interlingua), die sich jedoch nicht durchsetzen konnte.

Dies ist die Dimension $n = 2$ des einbettenden Raums und damit der größte Wert, den die Kapazitätsdimension D_f annehmen kann ($N(\epsilon)$ ist maximal, da sämtliche Kästchen Teile des Objekts enthalten).

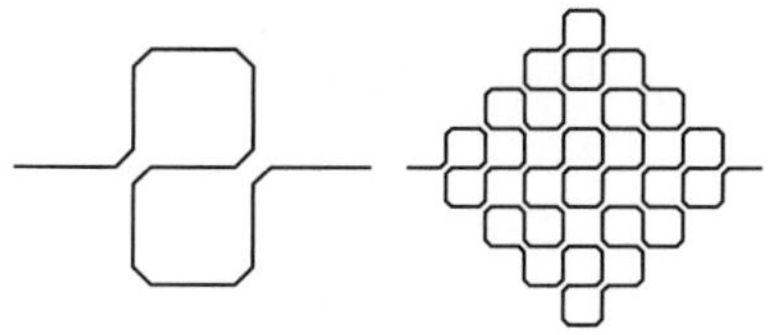

Die ersten beiden Iterationsschritte zur Konstruktion der flächenfüllenden Kurve von Peano. Im Grenzfall ergibt sich eine stetige Abbildung des Einheitsquadrats auf das Intervall [0, 1]. Um die Konstruktion zu verdeutlichen, wurden in der Zeichnung die rechtwinkligen Ecken abgeschnitten.

Die Definition der Kapazitätsdimension ist sehr anschaulich und hat den Vorteil, daß sie sofort eine operative Rechenvorschrift liefert. Man muß nur Gitternetze aufspannen und die Kästchen abzählen, was sich leicht auf dem Computer realisieren läßt. Wenn die Funktion $N(\epsilon)$ in doppeltlogarithmischer Darstellung eine Gerade liefert (zumindest in einem größeren Skalenbereich), kann man an deren Steigung sofort D_f ablesen.

Eine verwandte subtilere Definition der Dimension, die auf das äquidistante Gitternetz verzichtet und mit Überdeckungen variabler Größe arbeitet, wurde 1918 von dem Bonner Mathematiker Felix Hausdorff entwickelt. Wir wollen hier auf die Details nicht eingehen und erwähnen nur, daß die Hausdorff-Dimension D_H in den meisten Fällen mit D_f übereinstimmt[1)], es gibt aber auch Ausnahmefälle. Allgemein gilt $D_H \leq D_f$.

F. Hausdorff (1869–1942) → unten

Gerade zur Klassifizierung seltsamer Attraktoren können auch noch andere Dimensionsmaße sinnvoll sein. Die Poincaré-Abbildung liefert eine womöglich sehr *inhomogen verteilte Punktwolke* im Phasenraum. Bei der Berechnung der Kapazitätsdimension fällt die Information über die Häufigkeitsverteilung der Punkte unter den Tisch. Es spielt keine Rolle, ob in einem Kästchen ein einzelner Punkt sitzt oder Tausende. Um dies zu berücksichtigen, definiert man eine *Informationsdimension*, bei der die Dichteverteilung der Punkte Verwendung findet.

Die Konstruktion ist ähnlich wie bei der Kapazitätsdimension D_f. Der Einbettungsraum wird wieder in Kästchen eingeteilt, aber nun wird der Beitrag jeder Zelle mit der Wahrscheinlichkeit p_i gewichtet, dort Punkte anzutreffen. Praktisch wird dieser Wert bestimmt, indem man eine sehr große Anzahl N von Punkten generiert und nachzählt, wie viele davon in Zelle Nummer i liegen, also $p_i = N_i/N$

1) J. D. Farmer, E. Ott, J. A. Yorke: *Physica* **7D**, 153 (1983)

FELIX HAUSDORFF

Hausdorff, Felix, deutscher Mathematiker, geb. 8.11.1869 in Breslau, gest. 26.1.1942 in Bonn. Hausdorff studierte und lehrte Mathematik in Leipzig und ab 1910 in Bonn, bis zu seiner Zwangspensionierung im Jahr 1935. Er wurde wegen seiner jüdischen Abstammung verfolgt und wählte 1942 kurz vor der bevorstehenden Deportation ins Konzentrationslager gemeinsam mit seiner Frau den Freitod. Die Hauptarbeitsgebiete von Hausdorff waren Topologie und Gruppentheorie. Er führte das Konzept teilgeordneter Mengen ein und befaßte sich mit Cantors Kontinuumshypothese. Hausdorff begründete eine Theorie topologischer und metrischer Räume und definierte um 1919 die nach im benannten Begriffe von Dimension und Maß.

mit $\sum_i N_i = N$. Die Gewichtung erfolgt mit einem logarithmischen Maß. Die Informationsdimension D_I ist definiert als

$$D_\mathrm{I} = \lim_{\epsilon\to 0} \frac{\sum_i p_i \ln(1/p_i)}{\ln(1/\epsilon)}. \tag{26.22}$$

Der Faktor $f(p) = p\ln(1/p)$ hat dabei folgende Bedeutung: Man nehme einen beliebigen Punkt aus der Verteilung und stelle die Frage „Liegt der Punkt in Zelle i?“. Die Beantwortung auf diese Frage liefert die Informationsmenge $f(p_i)$. Diese Funktion verschwindet für $p_i \to 0$ und $p_i \to 1$, denn in diesen Fällen ist die Antwort trivial (immer „nein“ oder immer „ja“). Der Informationsgewinn ist maximal für $p_i = 1/2$, dann ist die Antwort auf jeden Fall eine Überraschung.

Die genaue Begründung für die Funktion $f(p)$ wird in der statistischen Mechanik geliefert, bzw. in der Informationstheorie (Shannons Informationsmaß [1]). Wir können uns aber zumindest leicht klarmachen, daß (26.22) in die Formel (26.17) übergeht, wenn die Punktverteilung homogen ist, wenn also alle Wahrscheinlichkeiten in den insgesamt $N(\epsilon)$ überdeckten Zellen den gleichen Wert $p_i = p = 1/N(\epsilon)$ haben. Für die restlichen Zellen ist $p_i = 0$. Damit reduziert sich (26.22) auf

$$D_\mathrm{I} = \lim_{\epsilon\to 0} \frac{N(\epsilon)p\ln(1/p)}{\ln(1/\epsilon)} = \lim_{\epsilon\to 0} \frac{\ln N(\epsilon)}{\ln(1/\epsilon)} = D_\mathrm{f}. \tag{26.23}$$

Bei einer weniger gleichmäßigen Punktverteilung ist der Informationsgehalt geringer, und man kann zeigen, daß dann $D_\mathrm{I} < D_\mathrm{f}$ gilt. [2]

Die Bäckertransformation

Aufgabe 26.1

Der für den Phasenfluß in chaotischen Systemen charakteristische Prozeß des Streckens und Faltens kann durch eine einfache zweidimensionale diskrete Abbildung illustriert werden. Der Phasenraum sei das Einheitsquadrat $[0, 1] \times [0, 1]$. Die Bewegung eines Punkts erfolgt gemäß der Transformation

$$x_{n+1} = 2\,x_n \mod 1$$

$$y_{n+1} = \begin{cases} a y_n \\ \frac{1}{2} + a y_n \end{cases} \quad \text{für} \quad \begin{cases} 0 \le x_n < \frac{1}{2} \\ \frac{1}{2} \le x_n \le 1 \end{cases} \tag{1}$$

mit einem Parameter $0 < a \le 1/2$. Interpretieren sie diese Transformation und berechnen sie die fraktale Dimension der durch Anwendung von (1) auf das Einheitsquadrat entstehenden Menge.

Lösung:

Die Wirkung der Transformation kann man sich geometrisch leicht veranschaulichen. Alle Längen in x-Richtung werden um den Faktor 2 gestreckt. Läuft ein Punkt dabei über den rechten Rand des Einheitsintervalls hinaus, dann wird er um eine Längeneinheit nach links

[1] C. E. Shannon, W. Weaver, *The mathematical theory of communication*, Univ. of Ill. Press, Urbana (1949)

[2] Siehe z. B. Peitgen, Jürgens, Richter, op. cit. S. 735.

zurückgeschoben. Diese Abbildung wird auch als Bernoulli-Shift bezeichnet, vgl. Aufgabe 27.1. Gleichzeitig werden alle Längen in y-Richtung um den Faktor a gestaucht. Punkte aus der rechten Hälfte des Einheitsintervalls werden zusätzlich um $1/2$ in y-Richtung nach oben geschoben. Dies erinnert an die Arbeit eines Bäckers: Der Teig wird auf die doppelte Länge ausgewalzt. Dann wird der überstehende Teil abgeschnitten und als zweite Schicht auf den Teig gelegt. (Wenn $a < 1/2$ ist, liegt noch ein „Luftpolster" der Dicke $1/2 - a$ zwischen den Schichten.)

Die Volumenänderung eines Phasenraumbereichs ΔV unter (1) setzt sich aus dem Produkt der Streckungs- und Stauchungsfaktoren in x- bzw. y-Richtung zusammen, also

$$\Delta V_{n+1} = 2\,a\,\Delta V_n. \tag{2}$$

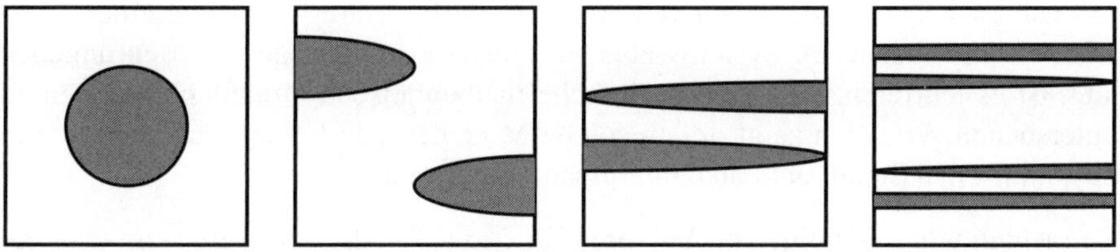

Illustration der Bäckertransformation.

Für $a = 1/2$ gilt Volumenerhaltung. Allerdings wird ein zusammenhängender Bereich im Phasenraum durch das wiederholte „Zurückfalten" (hier ist es eher ein Zurückschieben) sehr schnell zerrissen und bis zur Unkenntlichkeit verzerrt. Dies ist in der Abbildung für die ersten Schritte der Transformation eines Kreises vom Radius $1/2$ dargestellt.

Im Fall $a < 1/2$ schrumpft das Volumenelement bei jedem Iterationsschritt und geht asymptotisch gegen Null. Im Sinne von Kapitel 23, „Dissipative Systeme", spricht man auch von der *dissipativen* Bäckertransformation. Das entstehende geometrische Gebilde ist ein Fraktal, das in y-Richtung die Struktur einer Cantor-Menge aufweist. Genau wie bei dieser kann man gemäß Gl. (26.17) die fraktale Dimension ausrechnen. In y-Richtung entstehen beim ersten Transformationsschritt aus dem Einheitsintervall 2 Teile der Länge a, dann 4 Teile der Länge a^2, allgemein 2^n Teile der Länge a^n. Wählen wir eine Folge von Überdeckungen der Seitenlänge $\epsilon_n = a^n$, dann ist $N(\epsilon_n) = 2^n(1/\epsilon^n)$, wobei der zweite Faktor von der Überdeckung der x-Achse herrührt. Die fraktale Dimension ist demnach

$$\begin{aligned} D_\mathrm{f} &= \lim_{n\to\infty} \frac{\ln N(\epsilon_n)}{\ln(1/\epsilon_n)} = \lim_{n\to\infty} \frac{\ln(2^n/\epsilon_n)}{\ln(1/\epsilon_n)} = \lim_{n\to\infty} \frac{n\ln(2/a)}{n\ln(1/a)} = \frac{\ln 2 - \ln a}{-\ln a} \\ &= 1 + \frac{\ln 2}{|\ln a|}. \end{aligned} \tag{3}$$

Aufgabe 26.1

27 Systeme mit chaotischer Dynamik

In diesem Kapitel werden wir verschiedene dynamische Systeme kennenlernen, bei denen trotz ihrer sehr einfachen, ja teilweise trivialen Struktur höchst komplexe Bewegungsformen auftreten können. Wir werden dabei anhand einer Reihe von konkreten Beispielen schon diskutierten Begriffen wie Bifurkationen, periodischen und seltsamen Attraktoren (Grenzzyklen und chaotische Trajektorien) begegnen. Der Einfachheit halber beginnen wir mit der Untersuchung von Systemen mit diskreter Dynamik. Die betrachteten Beispiele werden zunehmend physikalisch realistischer werden.

Dynamik diskreter Systeme

Bisher haben wir uns für dynamische Systeme interessiert, die durch kontinuierliche Differentialgleichungen in der Zeit beschrieben werden. In der Poincaré-Abbildung haben wir eine Möglichkeit kennengelernt, ein kontinuierliches auf ein zeitdiskretes System zu reduzieren. Da sich die Poincaré-Abbildung eines realistischen physikalischen Systems aber normalerweise nicht geschlossen angeben läßt, ist es lehrreich, statt dessen einfache mathematische Modellabbildungen zu untersuchen. Wie sich zeigt, teilen solche Modelle viele Eigenschaften mit, vom physikalischen Standpunkt aus, interessanteren Systemen.

Betrachten wir eine Folge von Vektoren $\vec{x}_0, \vec{x}_1, \vec{x}_2, \ldots$, die durch eine einfache *iterative Abbildung*, das heißt durch wiederholte Anwendung einer stetigen Funktion $\vec{f}(\vec{x})$ erzeugt wird

$$\vec{x}_{n+1} = \vec{f}(\vec{x}_n). \tag{27.1}$$

Das asymptotische Verhalten der Folge der $\vec{x}_n$ kann, wie schon in Kap. 22, durch das Auftreten von *Fixpunkten* oder *periodischen Grenzzyklen* gekennzeichnet sein. Über die Stabilität eines Fixpunktes $\vec{x}^p$ geben wieder die Eigenwerte der Jacobi-Matrix $\boldsymbol{D} = \partial \vec{f}/\partial \vec{x}|_{\vec{x}^p}$ Auskunft. Wir wollen darauf nicht noch einmal detailliert eingehen, bemerken aber noch einen interessanten Zusammenhang zwischen stationären und periodischen Lösungen. Betrachten wir zum Beispiel eine periodische Lösung, die zwischen zwei Werten alterniert: $\vec{x}_1, \vec{x}_2, \vec{x}_1, \vec{x}_2, \ldots$. Dann gilt offenbar $\vec{x}_2 = \vec{f}(\vec{x}_1)$ und $\vec{x}_1 = \vec{f}(\vec{x}_2)$, woraus folgt $\vec{x}_1 = \vec{f}\big(\vec{f}(\vec{x}_1)\big) \equiv \vec{f}^2(\vec{x}_1)$ und auch $\vec{x}_2 = \vec{f}^2(\vec{x}_2)$. Hier darf $\vec{f}^2(\vec{x})$ nicht mit der Potenz $(\vec{f}(\vec{x}))^2$ verwechselt werden. Dieses Vorgehen läßt sich natürlich auch auf periodische Lösungen der Länge m übertragen, $\vec{x}_1, \vec{x}_2, \ldots, \vec{x}_m, \vec{x}_1, \vec{x}_2, \ldots$. Dementsprechend reduziert sich eine periodische Lösung der Iterationsfunktion $\vec{f}$ auf einen Satz von m konstanten *Fixpunkten der m-fach iterierten Funktion* $\vec{f}^m$. Für kontinuierliche (nicht zeitdiskretisierte) Lösungen $\vec{x}(t)$ gibt es keinen solchen Zusammenhang.

Eindimensionale Abbildungen

Zur weiteren Vereinfachung konzentrieren wir uns jetzt auf eindimensionale Abbildungen $x_{n+1} = f(x_n)$. Die Folge der x_n läßt sich dann ganz einfach graphisch konstruieren. Die Funktion $f(x)$ wird in ein zweidimensionales Koordinatensystem mit x_n als Abszisse und x_{n+1} als Ordinate eingezeichnet, zusammen mit der Winkelhalbierenden $x_{n+1} = x_n$. Startend mit dem ersten Punkt $x_n = x_1$ wird der zugehörige Funktionswert $x_{n+1} = f(x_1) = x_2$ markiert. Da dieser als Ausgangwert für den nächsten Iterationsschritt dienen soll, muß er auf die x_n-Achse übertragen werden. Das geschieht, indem man eine horizontale Linie zur Winkelhalbierenden zieht. Der Schnittpunkt $x_n = x_2$ dient als Grundlage, nun wieder den Funktionswert $x_{n+1} = f(x_2) = x_3$ zu markieren, und immer so weiter.

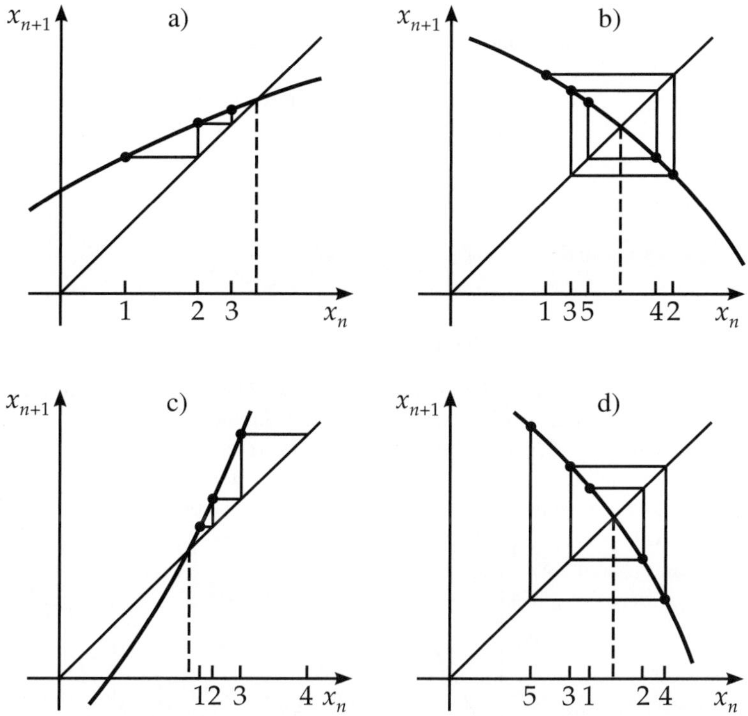

Verschiedenartige Fixpunkte einer eindimensionalen Abbildung. In Abhängigkeit von der Steigung der Funktion $f(x)$ ist der Fixpunkt stabil (a) und (b) oder instabil (c) und (d).

Diese geometrische Konstruktion ist in der Figur dargestellt, wobei gleichzeitig auch noch die verschiedenen Möglichkeiten der Stabilität eines Fixpunkts $x_s = f(x_s)$ der Abbildung illustriert werden. Wie wir wissen, gibt darüber die Ableitung der Funktion am Fixpunkt, $\lambda = f'(x_s)$, Auskunft (Eigenwert der Jacobi-Matrix). Für $|\lambda| < 1$ handelt es sich um einen *stabilen* Fixpunkt (Punktattraktor). Dabei nähert sich die Punktfolge entweder *monoton* (für $0 < \lambda < 1$, (a)) oder *alternierend* (für $-1 < \lambda < 0$, (b)) dem Fixpunkt an. Ein Wert $|\lambda| > 1$ hingegen führt auf einen *instabilen* Fixpunkt, wobei die Punktfolge wieder monoton (für $\lambda > 1$, (c) oder alternierend (für $\lambda < -1$, (d)) entweichen kann. Im Grenzfall $\lambda = -1$ ergibt sich eine periodische Folge der Länge 2, während bei $\lambda = +1$ auch jeder Punkt ein Fixpunkt in der Umgebung von x_s ist. Um bei $|\lambda| = 1$ über die Stabilität zu entscheiden, reicht die erste Ableitung (lineare Näherung) nicht aus.

In den Beispielen 27.1 bis 27.2 werden verschiedene diskrete eindimensionale Abbildungen vorgestellt und ihre Dynamik im Detail studiert.

Die logistische Abbildung

Beispiel 27.1

Eines der einfachsten, aber darum nicht weniger eindrucksvollen Beispiele einer iterativen Abbildung wird durch die *logistische Funktion* erzeugt. [1] Diese ist als invertierte Parabel

$$f(x) = \alpha x(1 - x), \qquad x \in [0, 1] \tag{1}$$

definiert, mit Nullstellen am Rand des Einheitsintervalls und einem Maximum bei $f(1/2) = (1/4)\alpha$. Die logistische Funktion hängt von einem reellen Parameter α ab, dessen Wert im Bereich $1 < \alpha \leq 4$ liegen soll, da andernfalls die Abbildung aus dem Einheitsintervall $[0, 1]$ herausführen ($\alpha < 0$, $\alpha > 4$) oder trivial würde ($0 < \alpha < 1$, alle Lösungen konvergieren nach $x = 0$).

Die Abbildung (1) hat die zwei Fixpunkte

$$x_{s1} = 0 \quad \text{und} \quad x_{s2} = 1 - \frac{1}{\alpha} \tag{2}$$

mit den Ableitungen

$$f'(x_{s1}) = \alpha \quad \text{und} \quad f'(x_{s2}) = 2 - \alpha. \tag{3}$$

Da $\alpha > 1$ sein soll, ist der erste Fixpunkt immer *instabil*. Der zweite ist *stabil* (Punktattraktor), falls $1 < \alpha < 3$. In diesem Parameterbereich sehen alle Lösungen so aus wie in der folgenden Figur für $\alpha = 2{,}8$ dargestellt, d. h., x_n konvergiert gegen den Fixpunkt x_{s2}, bei kleinem Startwert anfangs monoton anwachsend, später alternierend. Überschreitet α den Wert $\alpha_1 = 3$, dann wird gemäß (3) auch der Fixpunkt x_{s2} instabil.

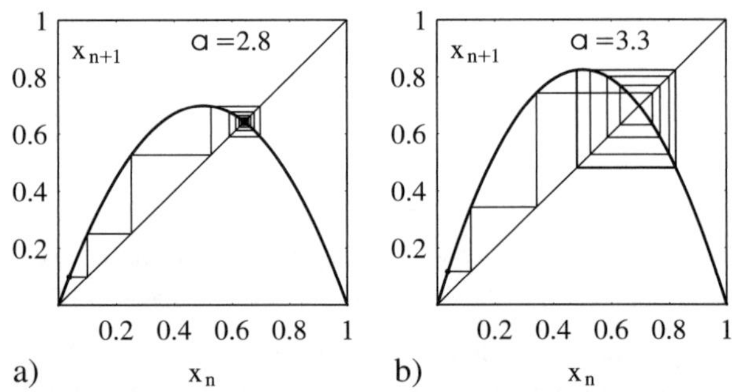

Typische Trajektorien der logistischen Abbildung. Für $\alpha = 2{,}8$ ist der Attraktor ein Fixpunkt und bei $\alpha = 3{,}3$ ein Grenzzyklus der Periode 2.

Die geometrische oder numerische Konstruktion der Lösung zeigt, daß sich stattdessen ein stabiler Grenzzyklus der Periode 2 ausbildet, wie in Abbildung b) für den Fall $\alpha = 3{,}3$ illustriert. Bei $\alpha = \alpha_1$ kommt es also zu einer *Periodenverdopplung* der Lösung. Es liegt eine Heugabel-Bifurkation vor, wie sie in der Abbildung b) auf S. 456 in Kapitel 25 dargestellt

[1] Die logistische Abbildung läßt sich mit einiger Mühe als Modellgleichung eines speziellen physikalischen Systems interpretieren, siehe die Bemerkung am Ende von Beispiel 27.2, hat aber auch Bezug zu anderen Wissenschaftsgebieten. Zuerst eingeführt wurde die logistische Abbildung im Jahr 1845 in der biologischen Populationsdynamik von dem belgischen Biomathematiker P. F. Verhulst. Sie beschreibt dort die Entwicklung einer Tier- oder Pflanzenpopulation in einer beschränkten Umwelt, wobei jede Iteration einer neuen Generation entspricht (die alte stirbt dabei ab). Bei kleiner Populationsdichte ist die Vermehrungsrate positiv (wenn $\alpha > 1$). Nähert man sich jedoch der Sättigungsdichte $x = 1$, dann sinkt durch Überbevölkerung die Reproduktionsrate, so daß $x_{n+1} < x_n$. Der simple Parabelansatz reicht aus, um eine komplexe Dynamik zu erzeugen.

Beispiel 27.1 ♦

wurde: Die alte Lösung wird instabil, und es entsteht eine Paar neuer stabiler Lösungsäste. (Allerdings gehören hier beide Äste gleichzeitig zur Lösung, da diese zwischen den beiden periodisch hin- und herspringen. Dies unterscheidet sich von dem in Kapitel 25 untersuchten Fall, wo beide Lösungsäste voneinander unabhängig waren.)

Die Periodenverdopplung läßt sich auch verstehen, wenn man die iterierte Abbildung $f^2(x) = f(f(x))$ betrachtet, denn für diese reduziert sich ja, wie schon besprochen, eine periodische Lösung auf zwei getrennte stationäre Fixpunkte. Die iterierte Funktion

$$f^2(x) = \alpha^2 x(1-x)(1-\alpha x+\alpha x^2) \tag{4}$$

ist ein Polynom vierter Ordnung mit Nullstellen bei $x = 0$ und $x = 1$. Die nebenstehende Abbildung zeigt diese Funktion für verschiedene Werte des Parameters α. Für $\alpha < \alpha_1$ schneidet die Funktion f^2 die Winkelhalbierende x genauso wie f nur an den zwei Stellen x_{s1} und x_{s2}, die in (2) angegeben wurden. Als Polynom vierter Ordnung erlaubt (4) aber vier Schnittstellen mit einer Geraden, und genau dies geschieht im Fall $\alpha > \alpha_1$. Wie in der Figur gezeigt, hat f^2 für $\alpha > 2$ ein Minimum bei $x = 1/2$ und zwei Maxima bei $x = 1/2 \pm \sqrt{1/4 - 1/(2\alpha)}$. Ohne größere Rechnung sieht man das anhand von

$$f^{2\prime}(x) = f'(f(x))\, f'(x). \tag{5}$$

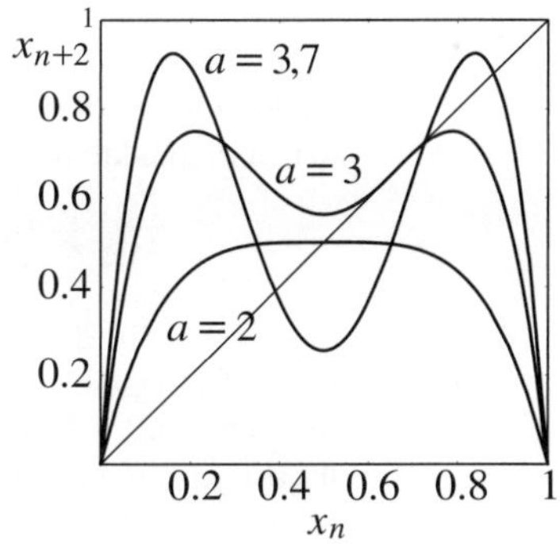

Die iterierte logistische Funktion $f(f(x))$ weist für $\alpha > 0$ zwei Maxima auf.

Eine Nullstelle der Ableitung (Extremum von f^2) folgt aus $f'(x) = 0$, also $x = 1/2$. Für die beiden anderen findet man

$$x = f^{-1}\left(\frac{1}{2}\right), \quad \text{denn} \tag{6}$$

$$f'\big(f(x)\big) = f'\left(f\left(f^{-1}\left(\frac{1}{2}\right)\right)\right) = f'\left(\frac{1}{2}\right) = 0,$$

was als quadratische Gleichung die beiden oben genannten Wurzeln liefert. Die Steigung von $f^2(x)$ an der Position des Fixpunkts x_{s2} ergibt sich zu

$$f^{2\prime}(x_{s2}) = (\alpha - 2)^2. \tag{7}$$

Für $\alpha < \alpha_1 = 3$ ist diese Steigung kleiner als 1, also ist x_{s2} ein stabiler Fixpunkt auch von f^2. Das muß natürlich so sein, denn f^2 greift sich ja einfach jeden zweiten Wert aus der Reihe der x_n heraus, erbt also von der Lösung der Abbildung f die Stabilität. Bei $\alpha = \alpha_1$ berührt $f^2(x)$ die Winkelhalbierende, und für $\alpha > \alpha_1$ bilden sich zwei neue Schnittpunkte x_1, x_2 aus. Es handelt sich um zwei stabile Fixpunkte der iterierten Abbildung f^2, also $f^2(x_1) = x_1$, $f^2(x_2) = x_2$, die durch $x_2 = f(x_1)$ und $x_1 = f(x_2)$ miteinander zusammenhängen.

Wächst der Parameter α weiter an, dann werden auch diese Fixpunkte bei einem kritischen Wert $\alpha = \alpha_2$ wieder instabil, und das Spiel wiederholt sich für die Abbildung $f^2(x)$. Es tritt eine weitere Bifurkation mit Periodenverdopplung auf, und die neue stabile Lösung hat eine *Periodenlänge von 4*. Die folgende Abbildung zeigt diese Lösung für das Beispiel $\alpha = 3{,}48$.

Der kritische Wert α_2 läßt sich mit einiger Mühe noch analytisch angeben. Dazu muß man zunächst die Position der Fixpunkte x_1 und x_2 herausfinden. Die Bedingung $f^2(x) = x$ führt mit (4) auf eine quartische Gleichung. Allerdings kennen wir zwei der Nullstellen schon, nämlich die Fixpunkte x_{s1} und x_{s2} aus (2), die wir durch Polynomdivision abspalten können:

$$f^2(x) - x = x\big(x - 1 + 1/\alpha\big)\big(\alpha^3 x^2 - \alpha(1+\alpha)x + \alpha + 1\big) = 0. \tag{8}$$

♦ Beispiel 27.1

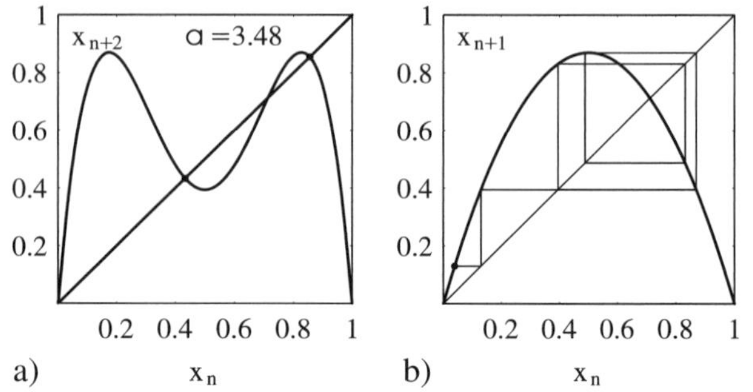

a) Bei $\alpha = 3.48$ besitzt die iterierte logistische Funktion $f(f(x))$ einen instabilen und zwei stabile Fixpunkte bei $x \simeq 0{,}432\,98$ und $x \simeq 0{,}854\,37$.
b) Die Trajektorie zeigt eine Periode der Länge 4.

Nullsetzen der letzten Klammer liefert eine quadratische Gleichung, aus der sich die beiden neuen Fixpunkte bestimmen, nämlich

$$x_{1,2} = \frac{1}{2}\Big(1 + \frac{1}{\alpha}\Big) \pm \frac{1}{2}\sqrt{\Big(1 + \frac{1}{\alpha}\Big)\Big(1 - \frac{3}{\alpha}\Big)}. \tag{9}$$

Die zweite Bifurkation tritt ein, wenn diese Fixpunkte instabil werden. Entscheidend dafür ist der Betrag der Steigung der Funktion $f^2(x)$ an den Punkten $x_{1,2}$. Die Steigung beginnt mit dem Wert $+1$ bei $\alpha = \alpha_1$ und sinkt dann stetig auf -1 ab. An dieser Stelle tritt die nächste Bifurkation auf. Also ist die Gleichung

$$f^{2\prime}(x_{1,2},\alpha_2) = -1 \tag{10}$$

zu lösen. Unter Berücksichtigung von (5) und (9) scheint (10) eine sehr komplizierte Abhängigkeit von α aufzuweisen. Nach einigen elementaren Umformungen reduziert sich (10) aber auf eine einfache quadratische Gleichung, und zwar für beide Fixpunkte gemeinsam

$$\alpha_2^2 - 2\alpha_2 - 5 = 0. \tag{11}$$

Also ist der kritische Bifurkationsparameter, an dem der 2-Zyklus in den 4-Zyklus übergeht,

$$\alpha_2 = 1 + \sqrt{6} = 3{,}4495\ldots. \tag{12}$$

Daß beide Fixpunkte gleichzeitig instabil werden, ist plausibel und folgt auch sofort aus (5), denn die Steigung von $f^2(x)$ ist an beiden Punkten gleich groß:

$$f^{2\prime}(x_1) = f'\big(f(x_1)\big)f'(x_1) = f'(x_2)f'\big(f(x_2)\big) = f^{2\prime}(x_2). \tag{13}$$

Es ist nicht überraschend, daß bei wachsendem α auch der Zyklus der Periode 4 instabil wird. Es tritt eine ganze *Kaskade von Periodenverdopplungen* bei α_1, α_2, α_3, ... auf. Im Intervall $\alpha_k < \alpha < \alpha_{k+1}$ existiert dabei ein stabiler Grenzzyklus der Periode 2^k. Mathematisch kann man statt des Grenzzyklus die iterierte Funktion $f^{2^k}(x)$ betrachten, die einen Satz von 2^k verschiedenen stationären Fixpunkten aufweist.

Interessant ist, daß die kritischen Punkte α_k immer dichter beieinander liegen. Wie zunächst empirisch festgestellt wurde und dann auch analytisch begründet werden konnte, genügen die α_k dem Gesetz einer geometrischen Folge, die zu einem Häufungspunkt α_∞ konvergiert:

$$\alpha_k \simeq \alpha_\infty - \frac{1}{\delta^k}. \tag{14}$$

Die Zahl δ ist eine Konstante, die sich aus dem Verhältnis

$$\delta = \lim_{k\to\infty} \frac{\alpha_k - \alpha_{k-1}}{\alpha_{k+1} - \alpha_k} \tag{15}$$

Beispiel 27.1 ♦

bestimmen läßt. Für ihren Zahlenwert findet man numerisch

$$\delta = 4{,}669\,201\ldots, \tag{16}$$

und der Häufungspunkt liegt bei

$$\alpha_\infty = 3{,}569\,944\ldots. \tag{17}$$

Die Kaskade von Periodenverdopplungen wurde erstmals von Großmann und Thomae untersucht. [1)] Mitchell Feigenbaum konnte zeigen, daß das Verhalten (14) nicht auf die logistische Abbildung beschränkt ist, sondern *universelle Gültigkeit* hat für eine große Klasse iterativer Abbildungen [2)] .

M. Feigenbaum (geb. 1945) → unten

Überraschenderweise gilt auch der Zahlenwert (16) universell, δ wird daher als die *Feigenbaum-Konstante* bezeichnet. Im wesentlichen genügt es, daß die iterierte Funktion glatt ist und ein quadratisches Maximum aufweist. Die mathematischen Eigenschaften der Bifurkationskaskade wurden ausführlich studiert, für einen Überblick siehe z. B. H. Schuster, *Deterministic Chaos*, VCH Verlag, 1989.

Besonders interessant ist die Frage, was jenseits von α_∞ geschieht. Bei $\alpha = \alpha_\infty$ liegt offenbar ein Zyklus mit „Periode unendlich" vor, also eine aperiodische, sich niemals wiederholende Lösung. $\alpha > \alpha_\infty$ ist der Bereich des *Chaos*, der gekennzeichnet ist durch irregulär und ungeordnet erscheinende Trajektorien. Die Figur zeigt exemplarisch einen Ausschnitt aus einer solchen chaotischen Lösung, berechnet für $\alpha = 3{,}9$.

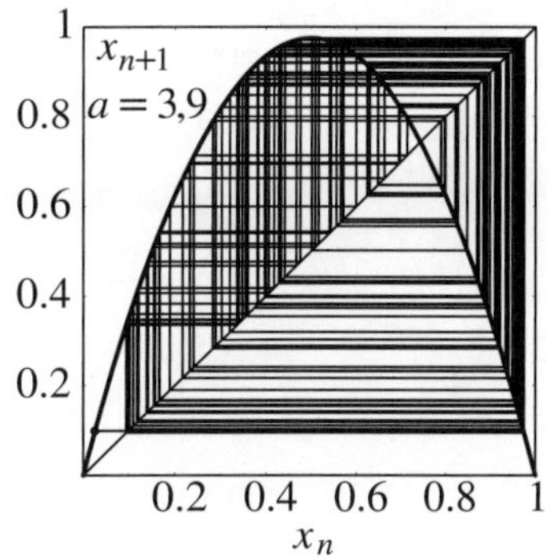

Eine chaotische Trajektorie der logistischen Abbildung für $\alpha = 3{,}9$.

Das Attraktordiagramm der logistischen Abbildung

Sehr aufschlußreich und von beeindruckender Komplexität ist das in der folgenden Figur dargestellte Attraktordiagramm der logistischen Abbildung. Zu jedem Wert von α auf der Abszisse werden die von einer Trajektorie besuchten Werte in Ordinatenrichtung als Punktwolke eingetragen. Dabei werden die ersten Iterationsschritte (hier 500) weggelassen, um „Einschwingvorgänge" (Transienten) auszublenden und den asymptotischen Attraktor selbst darzustellen. Die nachfolgenden jeweils 200 Iterationen sind dann in das Bild eingetragen.

[1)] S. Großmann und S. Thomae, Z. Naturforsch. **32a**, 1353 (1977)

[2)] M.J. Feigenbaum, *J. Stat. Phys.* **19**, 25 (1978)

MITCHELL FEIGENBAUM

Feigenbaum, Mitchell, amerik. Physiker und Mathematiker, geb. 19.12.1945 in Philadelphia. Feigenbaum studierte Elektrotechnik am City College of New York und Physik am MIT, wo er 1970 mit einer Arbeit aus der Hochenergiephysik promovierte. 1974 ging er zum Los Alamos National Laboratory, wo er sich mit Fragen der Turbulenz und der nichtlinearen Dynamik befaßte. Feigenbaum wurde 1982 Professor an der Cornell Universität und leitet heute das Laboratorium für Mathematische Physik an der Rockefeller University in New York. Um 1976 entdeckte Feigenbaum, zunächst in numerischen Experimenten zur logistischen Abbildung, die Universalität der Periodenverdopplungs-Kaskade und die heute nach ihm benannte Konstante. 1986 wurde Feigenbaum (gemeinsam mit Albert Libchaber, der die Periodenverdopplungen bei Flüssigkeitsströmungen experimentell nachwies) der Wolf-Preis in Physik verliehen.

♦ Beispiel 27.1

Im linken Teil des Bildes erkennt man die ersten Segmente der Bifurkationskaskade: Bei α_1, α_2, α_3 spaltet der Attraktor in 2, 4, 8 Äste auf. Die weiteren kritischen Punkte α_k folgen gemäß (14) so dicht aufeinander, daß sie in der Abbildung nicht mehr aufgelöst werden. Jenseits von α_∞ sieht man kontinuierliche Bänder, die mehr oder minder gleichmäßig grau gefärbt sind. Die grauen Bereiche werden von einer Art „Narben" durchzogen. Offenbar werden diese Stellen häufiger von der Trajektorie aufgesucht, die Aufenthaltswahrscheinlichkeit $P(x)$ des Attraktors ist also hier erhöht.

Man findet, daß im chaotischen Bereich $\alpha > \alpha_\infty$ die Bahnen auf ein Teilintervall von $[0, 1]$ beschränkt sind. Dessen Grenzen erhält man als $x_{\max}(\alpha) = f(1/2) = 1/4\alpha$ und $x_{\min}(\alpha) = f^2(1/2) = 1/16\alpha^2(4 - \alpha)$. Im Grenzfall $\alpha = 4$ wird demnach das volle Einheitsintervall durchlaufen. Der Attraktor hat dabei die Eigenschaft, daß er das Intervall vollständig überdeckt. Genauer: Zu jedem Punkt $x \in [0, 1]$ und jedem $\epsilon > 0$ läßt sich ein $n(\epsilon)$ finden so daß gilt $|x_n - x| < \epsilon$. Die Trajektorie kommt also jedem Punkt beliebig nahe, wenn man lange genug wartet.

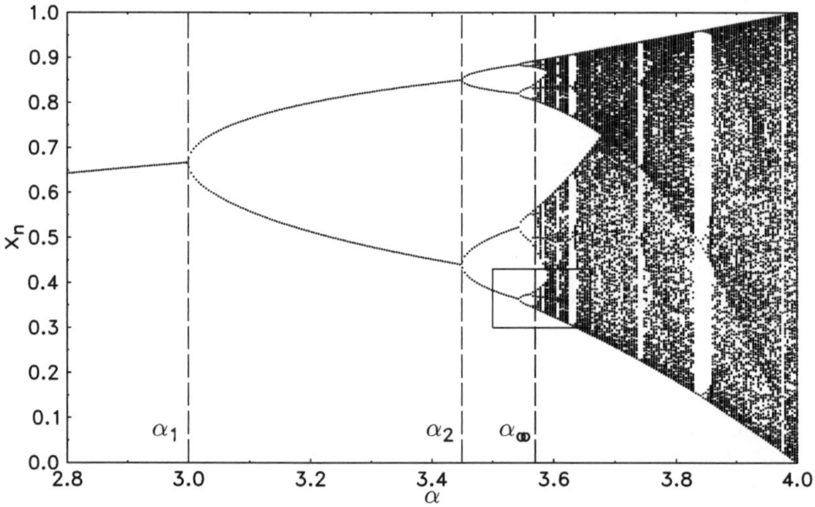

Das Attraktordiagramm der logistischen Abbildung (Feigenbaum-Diagramm) zeigt die iterierten Werte x_n in Abhängigkeit vom Parameter α. Zu sehen ist eine Kaskade von Periodenverdopplungen und oberhalb von $\alpha_\infty \simeq 3{,}569\,944$ ein chaotischer Bereich, der aber wieder von Fenstern mit regulären Lösungen durchsetzt ist. Der Bereich des Kästchens ist in der nächsten Abbildung vergrößert dargestellt.

Reduziert man, von $\alpha = 4$ kommend, den Parameter, so treten verschiedene interessante Phänomene auf. So findet man bei Unterschreitung von $\alpha_1' \simeq 3{,}6785$ eine *Bandaufspaltung*. Hatte der chaotische Attraktor vorher ein zusammenhängendes Intervall ausgefüllt, so spaltet dieses bei $\alpha = \alpha_1'$ in zwei disjunkte Bereiche auf, wie in der letzten Abbildung deutlich zu sehen ist. Die Trajektorie springt dabei alternierend zwischen den beiden „Teilbändern" hin und her. Bei weiterer Reduktion von α spalten auch die Teilbänder ihrerseits wieder auf, in 4 Teile bei $\alpha_2' \simeq 3{,}5926$, und so weiter. Ähnlich der Bifurkationskaskade $\alpha_1, \alpha_2, \ldots, \alpha_\infty$ des regulären Attraktors gibt es also auch eine Art von gegenläufiger Bifurkationskaskade $\alpha_1', \alpha_2', \ldots, \alpha_\infty'$ des chaotischen Attraktors. Beide Kaskaden treffen sich in einem gemeinsamen Grenzpunkt $\alpha_\infty = \alpha_\infty'$.

Weiter fällt beim Betrachten des Attraktordiagramms in der vorigen Abbildung auf, daß, eingebettet in den chaotischen Bereich, auch *Fenster periodischer Lösungen* auftreten. Besonders markant ist der Bereich mit Lösungen der Periode 3, die oberhalb von $\alpha \simeq 3{,}8283$ auftreten. Dies hängt zusammen mit einem Fixpunkt der dreifach iterierten Abbildung, der an der Stelle des Maximums von $f(x)$, also bei $x = 1/2$ auftritt:

$$f^3\left(\frac{1}{2}\right) = \frac{1}{2}. \tag{18}$$

Man bestätigt leicht, daß dies bei $\alpha_{s3} = 1 + \sqrt{8} \simeq 3{,}8284$ geschieht. Der Punkt $x = 1/2$ hat deshalb eine besondere Bedeutung, weil hier die Ableitung verschwindet, $f'(1/2) = 0$. Wegen

$$\frac{\mathrm{d}}{\mathrm{d}x} f^3(x) = f'(f^2(x)) f'(f(x)) f'(x) \tag{19}$$

überträgt sich diese Eigenschaft auch auf alle iterierten Abbildungen. Damit ist sichergestellt, daß der Fixpunkt (18) stabil ist. Man spricht hier sogar von einem *superstabilen Zyklus*, da der Betrag der Ableitung von $f^n(x)$, die über die Stabilität entscheidet, den kleinstmöglichen Wert, nämlich Null annimmt. Wegen der Stetigkeit der Abbildung als Funktion des Parameters ist der Periode-3-Zyklus auch in einer endlichen Umgebung von α_{s3} noch stabil. Nach unten hin grenzt das Stabilitätsfenster an den chaotischen Bereich.

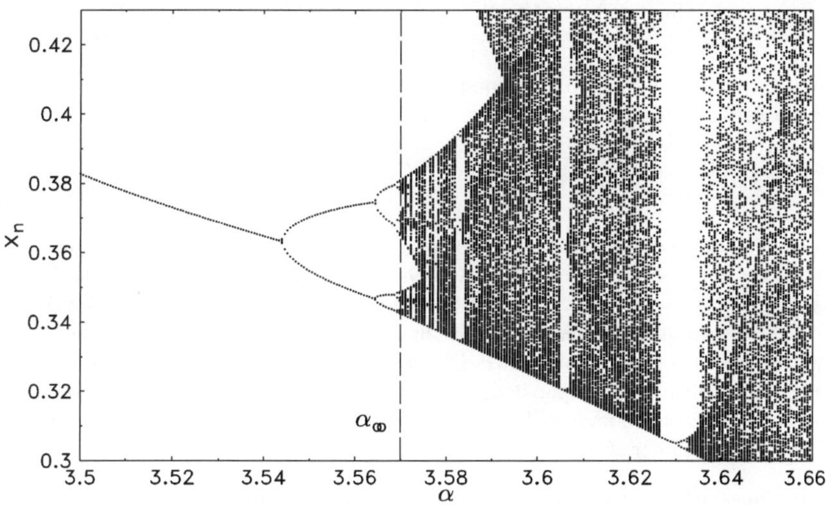

Ein kleiner Ausschnitt des Attraktordiagramms der logistischen Abbildung zeigt eine ganz ähnliche Struktur wie in der vorigen Figur.

Bei Anwachsen von α über α_{s3} hinaus findet man auch hier wieder eine Kaskade von Bifurkationen mit Periodenverdopplung, d. h., aus dem 3-Zyklus wird ein 6-Zyklus usw. Die Verdopplungen folgen immer dichter aufeinander bis wieder chaotische Lösungen entstehen.

Diese Betrachtung ist nicht auf den Zyklus der Periode 3 beschränkt, sondern gilt genauso auch für beliebige höhere Periodenlängen. Zu jeder natürlichen Zahl m gibt es superstabile Zyklen (deren Anzahl mit m sogar exponentiell anwächst) der Periodenlänge m, definiert durch

$$f^m\left(\frac{1}{2}\right) = \frac{1}{2}. \tag{20}$$

♦ Beispiel 27.1

Sie sind jeweils von einem kleinen Fenster regulärer zyklischer Bahnen in der ansonsten chaotischen Region umgeben.

Sehr interessant ist es, sich das Attraktordiagramm im Detail anzuschauen. Die vorige Abbildung zeigt einen kleinen Teilausschnitt $\alpha = 3{,}52$ bis $\alpha = 3{,}65$ am Rand des 3-Zyklus-Fensters. Die Übereinstimmung mit dem vollständigen Attraktordiagramm in der vorletzten Abbildung ist verblüffend. Zwar gibt es kleine Unterschiede in der Form beider geometrischer Gebilde, deren Struktur ist aber sehr ähnlich. Diese Eigenschaft – ein Teilausschnitt sieht genauso aus wie das ganze Bild – wird als *Selbstähnlichkeit* (im Parameterraum) bezeichnet. Beim Attraktordiagramm der logistischen Abbildung läßt sich der Prozeß sukzessiver Ausschnittvergrößerungen ad infinitum fortsetzen: Auch in der vorigen Abbildung findet man wieder Teilbereiche, die dem Ganzen ähneln, und so weiter, ohne Ende.

Der Lyapunov-Exponent der logistischen Abbildung

Im nichtchaotischen Bereich läßt sich der Lyapunov-Exponent recht einfach analytisch berechnen. Betrachten wir zunächst den Parameterbereich $\alpha < \alpha_1 = 3$. Hier besteht ein stabiler Fixpunkt bei $x_{s2} = 1 - 1/\alpha$, siehe (2). Zu berechnen ist

$$\sigma = \lim_{n\to\infty} \frac{1}{n} \sum_{l=0}^{n-1} \ln |f'(x_l)|. \tag{21}$$

Durch den Grenzprozeß wird der Einfluß von Transienten ausgeschaltet. Wegen $x_l \longrightarrow x_{s2}$ trägt nur der Fixpunkt bei, also reduziert sich die Summe auf einen einzigen Term:

$$\begin{aligned}\sigma &= \ln |f'(x_{s2})| = \ln |\alpha(1 - 2x_{s2})| = \ln |\alpha(1 - 2 + 2/\alpha)| \\ &= \ln |2 - \alpha|.\end{aligned} \tag{22}$$

Diesem Resultat ist zu entnehmen, daß der Lyapunov-Exponent bei $\alpha \longrightarrow 2$ logarithmisch divergiert, $\sigma \longrightarrow -\infty$. Dies geschieht natürlich gerade dort, wo die Ableitung der Funktion f am Fixpunkt verschwindet, was einer besonders schnellen Annäherung an den Attraktor entspricht. Diese Situation haben wir als superstabil bezeichnet. Bei Annäherung an den Parameterwert $\alpha \longrightarrow \alpha_1 = 3$ *verschwindet der Lyapunov-Exponent.* Dies ist eine generelle Eigenschaft von Bifurkationspunkten, da hier der alte Attraktor seine Stabilität verliert und der neue noch nicht geboren ist. Jenseits von α_1 wird der Periode-2-Zyklus zum Attraktor, deshalb sinkt σ wieder ab zu negativen Werten.

Es ist nicht schwierig, den Lyapunov-Exponenten im Intervall $\alpha_1 < \alpha < \alpha_2$ zu berechnen. Da nun ein periodischer Attraktor vorliegt, der abwechselnd zwischen den Punkten x_1 und x_2 aus Gl. (9) springt, reduziert sich (21) auf eine Summe aus zwei Termen:

$$\sigma = \frac{1}{2} \ln |f'(x_1)| + \frac{1}{2} \ln |f'(x_2)| = \frac{1}{2} \ln |f'(x_1) f'(x_2)|. \tag{23}$$

Für die Ableitungen finden wir

$$f'(x_{1,2}) = \alpha(1 - 2x_{1,2}) = -1 \mp \sqrt{(\alpha + 1)(\alpha - 3)}, \tag{24}$$

und der Lyapunov-Exponent ist

$$\sigma = \frac{1}{2} \ln |(1 - (\alpha + 1)(\alpha - 3)|. \tag{25}$$

Diese Funktion beginnt mit dem Wert $\sigma = 0$ bei $\alpha = \alpha_1$, fällt dann monoton ab und divergiert bei $\alpha = 1 + \sqrt{5}$. Dies ist wieder der superstabile Punkt des 2-Zyklus, denn man bestätigt leicht, daß

$$f^2\left(\frac{1}{2}\right) = \frac{1}{2} \qquad \text{bei} \qquad \alpha = 1 + \sqrt{5}. \tag{26}$$

Danach wächst σ wieder an und erreicht schließlich den Wert $\sigma = 0$. Dies geschieht, wenn das Argument des Logarithmus in (26) den Wert -1 annimmt, also $1-(\alpha+1)(\alpha-3) = -1$, was auf die quadratische Gleichung (11) führt. Deren Lösung $\alpha = \alpha_2 = 1 + \sqrt{6}$ ist der Bifurkationspunkt, an dem der 2-Zyklus instabil wird. Im weiteren Verlauf der Bifurkationskaskade $\alpha_2 < \alpha < \alpha_\infty$ wiederholt sich das Spiel, und der Lyapunov-Exponent pendelt im Intervall $0 \geq \sigma > -\infty$.

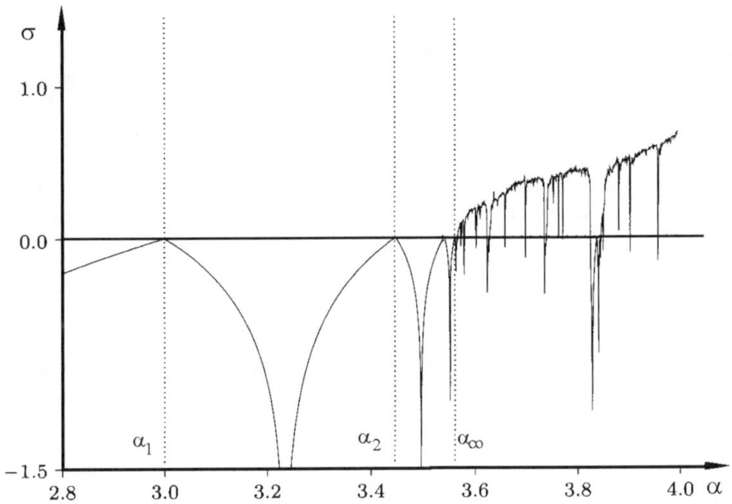

Numerisch berechnete Werte des Lyapunov-Exponenten σ der logistischen Abbildung. Für $\sigma > 0$ ergeben sich chaotische Trajektorien.

Etwas qualitativ Neues geschieht im chaotischen Bereich, $\alpha > \alpha_\infty$, denn hier nimmt σ *positive* Werte an. Dies ist inm Bild dargestellt, für das der Lyapunov-Exponent numerisch ermittelt wurde. Links von $\alpha = \alpha_\infty$ sieht man den schon beschriebenen Bereich mit negativen σ. Für $\alpha > \alpha_\infty$ wird σ positiv und steigt, im Mittel betrachtet, mit wachsendem α an. Im Grenzfall $\alpha = 4$ ergibt sich der maximale Wert $\sigma = \ln 2 \simeq 0{,}6931$, wie in Aufgabe 27.1 gezeigt wird.

Der chaotische Bereich wird aber immer wieder von Fenstern mit reguären Lösungen durchbrochen, in denen σ negativ wird. Die Abbildung kann der Komplexität der Funktion $\sigma(\alpha)$ nur unzureichend gerecht werden. Wegen der beschränkten Auflösung sind die Fenster nur zum Teil zu erkennen. Die im Bild nur andeutungsweise sichtbaren, nach unten gerichteten Spitzen sind in Wirklichkeit Pole, die sich bis $\sigma \to -\infty$ erstrecken.

Eine realistische Abbildung von $\sigma(\alpha)$ würde, mit endlicher Strichdicke gemalt, einen weitgehend homogen schwarz gefärbten Block zeigen, der sich bis $-\infty$ erstreckt. Es gibt unendlich viele Fenster mit stabilen Zyklen, und man kann sogar zeigen, daß sie im gesamten reellen Intervall $0 < \alpha < 4$ *dicht liegen*: In jeder noch so kleinen Umgebung eines jeden Punktes α liegen stabile Zyklen!

Auch die Funktion $\sigma(\alpha)$ hat die Eigenschaft der *Selbstähnlichkeit* wie schon das Attraktordiagramm auf S. 482. Auf jeder Vergrößerungsstufe sehen die Teilausschnitte wieder so aus wie das ganze Bild.

▲ Beispiel 27.1

Logistische Abbildung und Bernoulli-Shift

▼ Aufgabe 27.1

Die Abbildung

$$y_{n+1} = 2\,y_n \bmod 1 \quad \text{mit} \quad y_n \in [0, 1] \tag{1}$$

wird als Sägezahnabbildung oder auch *Bernoulli-Shift* bezeichnet.

a) Diskutieren Sie die durch die Bernoulli-Shift erzeugten Trajektorien y_n in Abhängigkeit vom Startwert y_0.

b) Zeigen Sie, daß für den Parameter $\alpha = 4$, also im Bereich des voll entwickelten Chaos, die logistische Abbildung und die Bernoulli-Shift zueinander äquivalent sind.

Hinweis: Benutzen Sie die Variablentransformation

$$x_n = \frac{1}{2}\big(1 - \cos(2\pi y_n)\big) = \sin^2(\pi y_n) \tag{2}$$

c) Ermitteln Sie die Häufigkeitsverteilung $P(x)$, mit der eine „typische" Trajektorie x_n der logistischen Abbildung die verschiedenen Punkte im Intervall $0 < x < 1$ aufsucht, und berechnen Sie damit den Lyapunov-Exponenten σ.

Lösung:

a) Der Graph der Funktion $f(y) = 2\,y \bmod 1$ besteht aus zwei gegeneinander versetzten Geradenstücken der Steigung 2 und ist in der Figur dargestellt. Da überall $f'(y) = 2 > 1$ gilt, kann es keine stabilen Fixpunkte geben. Die iterierte Lösung von (1) ist einfach.

$$y_n = 2^n y_0 \bmod 1. \tag{3}$$

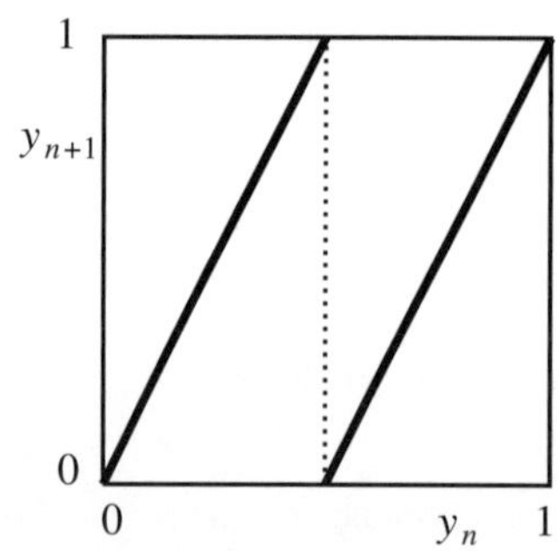

Die Abbildungsfunktion der Bernoulli-Shift.

Damit sind also alle Iterierten eines Startwerts y_0 explizit bekannt, dennoch ist die Abbildung chaotisch! Verantwortlich dafür ist der Faktor 2^n, der dafür sorgt, daß kleinste Abweichungen im Startwert y_0 exponentiell verstärkt werden. Wie in der Figur dargestellt, wird ein Intervall Δy durch die Bernoulli-Shift um einen Faktor 2 auf die Länge $2\Delta y$ gedehnt. Werte, die dabei in den Bereich $y > 1$ geraten, werden durch die Modulo-Bildung auf das Einheitsintervall zurückgefaltet. Diese wiederholte *Abfolge von Streckung und Faltung* ist charakteristisch für chaotische Abbildungen. Auf diese Weise kommt es zu einer gründlichen Durchmischung der Trajektorien und zu einer sensitiven Abhängigkeit von den Anfangsbedingungen.

Die Bernoulli-Shift-Abbildung läßt sich gut veranschaulichen, wenn man y als Zahl in *Binärdarstellung* hinschreibt:

$$y = \sum_{k=1}^{\infty} b_k \, 2^{-k}, \qquad \text{also} \qquad y = 0.\, b_1\, b_2\, b_3\, b_4 \ldots \ \text{mit} \quad b_k = 0 \text{ oder } 1 \tag{4}$$

Eine Verdopplung von y entspricht der *Linksverschiebung* (daher der Name) der Binärziffern b_k, und die Modulobildung sorgt dafür, daß die Stelle vor dem Komma abgeschnitten wird:

$$\begin{aligned} f(y) &= b_1 .\, b_2\, b_3\, b_4 \ldots \ \bmod 1 \\ &= 0.\, b_2\, b_3\, b_4\, b_5 \ldots \end{aligned} \tag{5}$$

Nun wird die Wirkung der Bernoulli-Shift klar: Mit jeder Iteration werden die „hinteren Stellen" in der binären Entwicklung verstärkt. Ist der Startwert y_0 mit einer Genauigkeit von 2^{-m} bekannt, dann ist diese Information nach m Iterationsschritten aufgebraucht. Danach bleibt nur noch „numerisches Rauschen" übrig, die Trajektorie irrt unvorhersagbar durch das Einheitsintervall.

Mathematisch betrachtet besteht noch ein subtiler Unterschied zwischen rationalen und irrationalen Werten der Anfangsbedingung. Eine *rationale* Zahl (ein Bruch p/q) y_0 hat eine Binärdarstellung, die (nach einer endlichen Anzahl von Schritten) *periodisch* wird. Demzufolge wird auch die gemäß (1) mit (5) gebildete Trajektorie y_n periodisch. Ein einfaches Beispiel liefert der Zyklus $2/3$, $1/3$, $2/3$, …, denn

$$\begin{aligned} y_0 &= 0.\,1\,0\,1\,0\,1\,0 \ldots = \frac{1}{2}\Big(1 + \frac{1}{2^2} + \frac{1}{2^4} + \ldots\Big) = \frac{1}{2}\frac{1}{1-1/4} = \frac{2}{3} \\ y_1 &= 0.\,0\,1\,0\,1\,0\,1 \ldots = \frac{1}{4}\Big(1 + \frac{1}{2^2} + \frac{1}{2^4} + \ldots\Big) = \frac{1}{4}\frac{1}{1-1/4} = \frac{1}{3} \\ y_2 &= 0.\,1\,0\,1\,0\,1\,0 \ldots \\ &\ \ \vdots \end{aligned}$$

Die rationalen Zahlen liegen *dicht* auf der reellen Achse. Es gibt also unendlich viele Startlösungen, die zu periodischen Trajektorien führen, und in jeder noch so kleinen Umgebung ϵ eines Punktes y findet man solche Lösungen. Andererseits aber hat die Menge der rationalen Zahlen das *Maß Null*, es sind also „untypische" Zahlen. Nimmt man einen „typischen" Startwert y_0, etwa eine Zufallszahl im Intervall $[0, 1]$, dann ist die Wahrscheinlichkeit, daß y_0 rational ist und somit zu einer periodischen Trajektorie führt, beliebig klein. Für den Physiker spielen rationale Anfangswerte wegen der endlichen Meßgenauigkeiten keine Rolle. Anders ist es bei numerischen Simulationen: Wenn der benutzte Rechner die Zahlen mit m Bits Genauigkeit abspeichert, wird spätestens nach m Schritten die Simulation der Bernoulli-Shift sinnlos. Glücklicherweise spielt es für viele Zwecke keine Rolle, ob eine zyklische Lösung mit sehr langer Periode oder eine echt nichtperiodische Lösung vorliegt.

b) Man transformiert die logistische Gleichung

$$x_{n+1} = 4\, x_n\, (1 - x_n) \tag{6}$$

♦ Aufgabe 27.1

auf die neue Variable y_n. Die rechte Seite wird zu

$$4\frac{1}{2}\big(1-\cos(2\pi y_n)\big)\big(1-\frac{1}{2}+\frac{1}{2}\cos(2\pi y_n)\big)$$
$$= 1-\cos^2(2\pi y_n) = 1-\frac{1}{2}\big(1+\cos(4\pi y_n)\big)$$
$$= \frac{1}{2}\big(1-\cos(4\pi y_n)\big), \tag{7}$$

also lautet (6)

$$\frac{1}{2}\big(1-\cos(2\pi y_{n+1})\big) = \frac{1}{2}\big(1-\cos(4\pi y_n)\big) \tag{8}$$

oder

$$\cos(2\pi y_{n+1}) = \cos(4\pi y_n). \tag{9}$$

Diese Gleichung wird gelöst durch

$$y_{n+1} = 2y_n \bmod 1, \tag{10}$$

also die Bernoulli-Shift-Abbildung. Zurücktransformiert auf die Variable x lautet die Lösung (10)

$$x_n = \frac{1}{2}\big(1-\cos(2\pi 2^n y_0)\big) = \sin^2(\pi 2^n x_0)$$
$$= \sin^2\big(2^n \arcsin\sqrt{x}\big). \tag{11}$$

Wie unter a) diskutiert, führt dies für fast alle Anfangswerte x_0 zu chaotischen Trajektorien, die sich auch numerisch nicht berechnen lassen, wenn n groß wird.

c) Im Definitionsbereich der Bernoulli-Shift-Abbildung (1) ist kein Punkt besonders ausgezeichnet. Die Lösung (3) wird für typische, also irrational gewählte Anfangsbedingungen alle Zahlen im Intervall (0,1) mit gleicher Wahrscheinlichkeit aufsuchen, also $P(y)=1$. Für die entsprechende Wahrscheinlichkeit der logistischen Abbildung impliziert dies

$$P(x) = 2P(y)\frac{\mathrm{d}y}{\mathrm{d}x} = 2\frac{1}{2\pi}\frac{1}{\sin(\pi y)\cos(\pi y)}$$
$$= \frac{1}{\pi\sqrt{x(1-x)}}. \tag{12}$$

Der Faktor 2 tritt auf, da die Transformationsgleichung zu jedem Wert x zwei Lösungen y symmetrisch um $y = 1/2$ hat. Die Aufenthaltswahrscheinlichkeit $P(x)$ ist minimal bei $x = 1/2$ und steigt an den Rändern des Einheitsintervalls an. Bei $x \to 0$ und $x \to 1$ divergiert die Funktion, bleibt aber integrierbar. Sie ist auf Eins normiert.

Zur Berechnung des Lyapunov-Exponenten (26.7) ersetzen wir den Mittelwert über die Zeitreihe durch einen Mittelwert über die Wahrscheinlichkeitsverteilung $P(x)$:

$$\sigma = \lim_{n\to\infty}\frac{1}{n}\sum_{l=0}^{n-1}\ln|f'(x_l)|$$
$$= \int_0^1 \mathrm{d}x\, P(x)\,\ln|f'(x)|. \tag{13}$$

Systeme, bei denen diese Ersetzung *Zeitmittel* ↔ *Phasenraummittel* zulässig ist, werden als *ergodisch* bezeichnet. Der Nachweis der Ergodizität eines Systems ist im allgemeinen nicht einfach. Da $f'(x) = 2$ für alle x, und da die Wahrscheinlichkeitsverteilung $P(x)$ auf Eins normiert ist, ergibt sich für den Lyapunov-Exponenten der logistischen Abbildung bei $\alpha = 4$

$$\sigma = \ln 2 = 0{,}6931\ldots, \tag{14}$$

in Übereinstimmung mit dem numerischen Resultat aus der Figur von S. 485.

Aufgabe 27.1

Der periodisch angestoßene Rotator

Beispiel 27.2

In diesem Abschnitt werden wir ein weiteres Beispiel einer diskreten Abbildung kennenlernen, die trotz ihrer einfachen Form zu komplexen Lösungen und chaotischem Verhalten führt. Dabei treten einige neue Begriffe auf, und es wird ein Weg beschrieben, der von quasiperiodischer zu chaotischer Bewegung führt.

Im Gegensatz zur logistischen Abbildung, die als ein rein mathematisches Beispiel eingeführt wurde, betrachten wir nun die Bewegung eines konkreten mechanischen Systems, nämlich eines unter dem Einfluß einer äußeren Kraft stehenden gedämpften Rotators. Die zugehörige Bewegungsgleichung für den Drehwinkel θ lautet

$$\ddot{\theta} + \beta\,\dot{\theta} = M(\theta, t). \tag{1}$$

Hier ist β ein Reibungsparameter, und $M(\theta, t)$ beschreibt das vorgegebene zeitabhängige Drehmoment, dividiert durch das Trägheitsmoment des Rotators. Die äußere Kraft soll *periodisch* von der Zeit abhängen. Das Problem vereinfacht sich, wenn die Kraft in kurzen impulsartigen Stößen einwirkt, die im Abstand der Periode T aufeinander folgen:

$$M(\theta, t) = M(\theta) \sum_{n=0}^{\infty} \delta(t - nT). \tag{2}$$

Die nicht-autonome Differentialgleichung zweiter Ordnung

$$\ddot{\theta} + \beta\,\dot{\theta} - M(\theta) \sum_{n=0}^{\infty} \delta(t - nT) = 0 \tag{3}$$

läßt sich wie üblich umschreiben in ein autonomes System von *drei* gekoppelten Differentialgleichungen erster Ordnung. Mit $x = \theta$, $y = \dot{\theta}$ und $z = t$ ergibt sich

$$\begin{aligned} \dot{x} &= y, \\ \dot{y} &= -\beta\,\dot{\theta} + M(\theta) \sum_{n=0}^{\infty} \delta(z - nT), \\ \dot{z} &= 1. \end{aligned} \tag{4}$$

Wegen der speziellen Form der Kraft (2) wird der Rotator immer wieder ruckartig beschleunigt, bewegt sich ansonsten aber frei, nur der Reibung unterworfen. Dadurch wird es möglich, die Bewegungsgleichungen exakt aufzuintegrieren. Zu diesem Zweck führen wir die diskretisierten Variablen

$$x_n = \lim_{\epsilon \to 0} x(nT - \epsilon), \qquad y_n = \lim_{\epsilon \to 0} y(nT - \epsilon) \tag{5}$$

ein. Position und Geschwindigkeit werden also kurz vor jedem der Impulse abgetastet. Nun betrachten wir den Impuls Nummer n und integrieren die Bewegungsgleichung über das

♦ Beispiel 27.2

n-te Zeitintervall $nT - \epsilon < t < (n+1)T - \epsilon$. Da in diesem Intervall nur ein Impuls beiträgt, lautet die Bewegungsgleichung für y

$$\dot{y} = -\beta y + M(x)\delta(t - nT). \tag{6}$$

Die Lösung der homogenen Differentialgleichung, gültig zwischen den Impulsen, läßt sich sofort angeben:

$$y(t) = a\,\mathrm{e}^{-\beta t} \quad \text{für} \quad t \neq nT. \tag{7}$$

Der Kraftstoß führt zu einem sprunghaften Anstieg der Geschwindigkeit gemäß

$$\begin{aligned} y(nT+\epsilon) - y(nT-\epsilon) &= \int_{nT-\epsilon}^{nT+\epsilon} \mathrm{d}t\; \big(-\beta y + M(x)\,\delta(t-nT)\big) \\ &= -2\epsilon\beta\; y(nT) + M(x(nT)) \\ &\simeq M(x(nT)) \end{aligned} \tag{8}$$

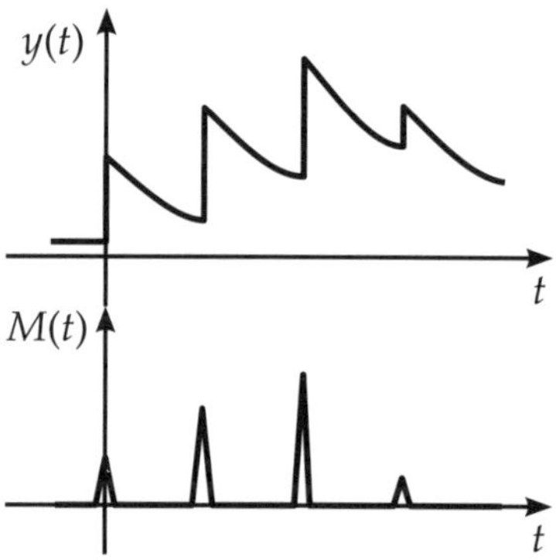

Periodische Kraftstöße (unten) bewirken sprunghafte Geschwindigkeitsänderungen (oben). Zwischen den Stößen ist die Wirkung der Reibung zu erkennen.

wie schematisch in der Figur dargestellt. Mit (7) und (8) ergibt sich

$$y(t) = \big(y_n + M(x_n)\big)\,\mathrm{e}^{-\beta(t-nT)} \quad \text{für} \quad nT < t < (n+1)T. \tag{9}$$

Die Winkelkoordinate $x(t)$ ergibt sich daraus durch Integration:

$$\begin{aligned} x(t) &= x_n + \int_{nT}^{t} \mathrm{d}t'\, y(t') \\ &= x_n - \frac{1}{\beta}\big(\mathrm{e}^{-\beta(t-nT)} - 1\big)\big(y_n + M(x_n)\big). \end{aligned} \tag{10}$$

Bei $t = (n+1)T - \epsilon$ genommen liefern die Gleichungen (9) und (10) also eine *zweidimensionale diskrete Abbildung*

$$\begin{aligned} x_{n+1} &= x_n + \frac{1}{\beta}\big(1 - \mathrm{e}^{-\beta T}\big)\big(y_n + M(x_n)\big) \mod 2\pi, \\ y_{n+1} &= \mathrm{e}^{-\beta T}\big(y_n + M(x_n)\big). \end{aligned} \tag{11}$$

Durch die Modulobildung wird berücksichtigt, daß es sich bei x um eine periodische Winkelkoordinate handelt. Das System (11) beschreibt eine Poincaré-Abbildung des periodisch angestoßenen Rotators.

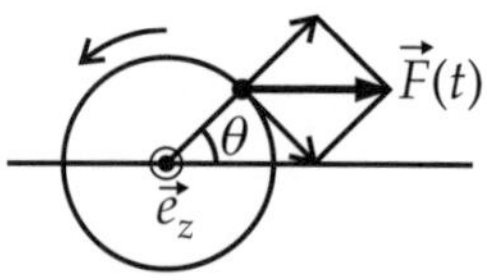

Die Kraft $\vec{F}(t)$ soll unabhängig vom Auslenkungswinkel θ des Rotators immer in die gleiche Richtung weisen.

Die Winkelabhängigkeit des Drehmoments $M(x)$ wird durch das spezielle physikalische System bestimmt. Läuft ein Körper auf einer Kreisbahn um und wirkt auf ihn eine Kraft, die immer in die gleiche Richtung weist, vgl. nebenstehende Abbildung, dann ist das Drehmoment proportional zum Sinus des Winkels, $\vec{M} = \vec{r} \times \vec{F} = -rF\,\sin\theta\,\vec{e}_z$. Zusätzlich berücksichtigen wir noch ein vom Winkel unabhängiges Drehmoment M_0, also mit $K_0 = rF$:

$$M(x) = M_0 + K_0\,\sin x. \tag{12}$$

Das System (11) mit dem nichtlinearen Kraftgesetz (12) wird als die *dissipative Kreisabbildung* bezeichnet („dissipativ", da es sich um den Grenzfall starker Dämpfung handelt) und besitzt sehr interessante dynamische Eigenschaften.

Beispiel 27.2 ♦

Die Gleichungen lassen sich noch etwas übersichtlicher schreiben, indem man folgende Abkürzungen einführt:

$$\begin{aligned} b &= \mathrm{e}^{-\beta T}, \qquad \Omega = \frac{1}{\beta} M_0, \\ K &= \frac{1}{\beta}\left(1 - \mathrm{e}^{-\beta T}\right) K_0, \\ r_n &= \frac{1}{b\beta}\left(1 - \mathrm{e}^{-\beta T}\right) y_n - \Omega. \end{aligned} \tag{13}$$

Bei r_n handelt es sich um eine umskalierte Geschwindigkeitskoordinate. Einsetzen in (11) führt auf die folgende Form der dissipativen Kreisabbildung:

$$\begin{aligned} x_{n+1} &= x_n + b r_n + \Omega - K \sin x_n \bmod 2\pi, \\ y_{n+1} &= \mathrm{e}^{-\beta T}\left(y_n + M(x_n)\right). \end{aligned} \tag{14}$$

Diese Gleichungen kann man numerisch iterieren und ihre Lösungen für verschiedene Werte der Parameter b, K, und Ω studieren. Eine weitere Vereinfachung ergibt sich im *Grenzfall starker Dämpfung*, also $\beta T \gg 1$ oder $b \ll 1$. (Um die Reibung zu überwinden, muß K_0 dabei gemäß (13) linear mit c anwachsen.) In diesem Fall wird die Geschwindigkeit y_n nach jedem „Kick" sofort wieder auf Null gebremst. Demzufolge entkoppelt die Gleichung für den Winkel zu

$$\begin{aligned} x_{n+1} &= f(x_n) \bmod 2\pi \\ &= x_n + \Omega - K \sin x_n \bmod 2\pi. \end{aligned} \tag{15}$$

Diese Gleichung wird als die *eindimensionale Kreisabbildung* oder auch als *Standardabbildung* bezeichnet. Ihre mathematischen Eigenschaften wurden intensiv studiert, insbesondere von dem russischen Mathematiker V. I. Arnold [1)]. Sie erhält ihre interessanten Eigenschaften durch die Nichtlinearität der Sinusfunktion.

Betrachten wir für einen Moment den trivialen Grenzfall $K = 0$, also die *lineare Kreisabbildung*

$$x_{n+1} = x_n + \Omega \bmod 2\pi. \tag{16}$$

Der Rotator bewegt sich in äquidistanten Schritten Ω vorwärts. Wird nach einer endlichen Zahl von Schritten wieder die alte Position erreicht, dann handelt es sich um eine *periodische Bewegung*. Das geschieht offenbar genau dann, wenn $\Omega/2\pi$ eine *rationale Zahl* ist,

$$\Omega = 2\pi \frac{p}{q} \qquad p \text{ und } q \in , \quad \text{teilerfremd.} \tag{17}$$

Dies bedeutet: Nach q Zeitschritten hat der Rotator p volle Umläufe gemacht, steht also (modulo 2π) wieder in der Ursprungsposition. Es liegt also eine Lösung mit der Periode q vor. Ist $\Omega/2\pi$ hingegen eine *irrationale Zahl*, wird der Ausgangspunkt x_0 auch nach beliebig langer Zeit nicht wieder getroffen. Allerdings treten Werte x_n in jeder beliebig kleinen Umgebung von x_0 auf. In solch einem Fall spricht man von *quasiperiodischer Bewegung*.

Um die Bewegung zu charakterisieren, kann man eine *Windungszahl* definieren:

$$W = \frac{1}{2\pi} \lim_{n\to\infty} \frac{f^n(x_0) - x_0}{n}. \tag{18}$$

---

1) V.I. Arnold, *Trans. of the Am. Math. Soc.* **42**, 213 (1965)

♦ Beispiel 27.2

Hier ist $f^n(x_0)$ die n-fach iterierte Abbildungsfunktion (ohne Modulobildung) aus Gleichung (15). Die Windungszahl gibt also die mittlere Verschiebung pro Taktintervall an. $W = W(\Omega, K)$ hängt von beiden Parametern der Kreisabbildung ab. Im linearen Fall, $K = 0$, stimmt W gerade mit dem in (17) definierten Bruch p/q überein. Da die rationalen Zahlen zwar auf der reellen Achse dicht liegen, sie aber nur eine Menge vom Maß Null bilden, sind die „typischen" Trajektorien quasiperiodisch.

Was geschieht nun, wenn die Nichtlinearität wirksam wird, also für $K \neq 0$ in der Kreisabbildung (16)? Betrachten wir eine *periodische Lösung* mit rationaler Windungszahl $W = p/q$. Die Winkelkoordinate durchläuft einen Zyklus $x_1, x_2, \ldots, x_q$ der Länge q, der zu einer Endverschiebung von $x_q = x_1 + 2\pi p \mod 2\pi = x_1$ führt, also

$$f^q(x_1) = x_1 + 2\pi\, p. \tag{19}$$

Am Anfang dieses Kapitels haben wir das Kriterium für die *Stabilität* einer diskreten Abbildung, im vorliegenden Fall der q-fach iterierten Funktion $f^q(x)$, kennengelernt: Die Ableitung der Funktion muß betragsmäßig kleiner als Eins sein, also

$$\begin{aligned} |f^{q\prime}(x_1)| &= \left| \frac{\mathrm{d}}{\mathrm{d}x_1} f\big(f(\cdots f(x_1))\big) \right| = \left| \prod_{i=1}^{q} f'(x_i) \right| \\ &= \left| \prod_{i=1}^{q} \big(1 - K \cos x_i\big) \right| < 1. \end{aligned} \tag{20}$$

Ist diese Bedingung erfüllt, dann gehört x_1 (und da alle Punkte im Zyklus gleichberechtigt sind auch alle anderen x_i) zu einem stabilen periodischen Attraktor. Im linearen Fall, $K = 0$, hat die Ableitung immer den Wert $f^{q\prime}(x) = 1$. Es liegt marginale Stabilität vor, wo benachbarte Bahnen weder angezogen noch abgestoßen werden. Ist hingegen $0 < K < 1$, dann wird jede der Lösungen $\Omega_{p,q} = 2\pi\, p/q$ zu einem *periodischen Attraktor* mit einem Einzugsbereich endlicher Breite $\Delta\Omega_{p,q}$. Dies ist ein Beispiel für ein sehr interessantes Phänomen, das in vielen Bereichen der Physik auftritt. Schwingende Systeme, die durch zwei verschiedene Frequenzen gekennzeichnet sind, stellen sich – eine entsprechende Wechselwirkung vorausgesetzt – so ein, daß die Frequenzen *synchronisiert* sind, also in einem ganzzahligen Verhältnis zueinander stehen. Man spricht auch vom *Frequenzeinfang* (englisch: mode locking). Die beiden Frequenzen des hier betrachteten Systems sind zum einen durch die Taktlänge T und zum anderen durch die Stärke des Drehmoments M_0 bestimmt.

Der vielleicht früheste experimentelle Beleg für das Phänomen des Frequenzeinfangs wird dem holländischen Physiker Christian Huygens zugeschrieben. Er beobachtete, daß eine Reihe nebeneinander aufgehängter Pendeluhren (an deren Erfindung Huygens maßgeblich beteiligt war) anfingen, im gleichen Rhythmus zu schwingen, obwohl deren beschränkte Ganggenauigkeit ein Auseinanderdriften hätte erwarten lassen. Schon Huygens erkannte, daß die schwache Kopplung der Uhren über ihre gemeinsame Rückwand für die Synchronisierung verantwortlich sein mußte.

Die Größe der Frequenz-Einfangbereiche läßt sich aus (19) berechnen. Da dies für größere Periodenlängen q nur numerisch möglich ist, beschränken wir uns hier auf den einfachsten Fall $q = 1$. Wenn vollständige Synchronisation mit Windungszahl $W = 1$ vorliegt, wird (19) zu

$$f(x_1) = x_1 + 2\pi \qquad \text{oder} \qquad \Omega = K \sin x_1 + 2\pi. \tag{21}$$

Die Stabilitätsbedingung (20) lautet

$$|1 - K \cos x_1| < 1, \tag{22}$$

was für Winkel $0 < x_1 < \pi/2$ oder $3\pi/2 < x_1 < 2\pi$ erfüllt ist. Aus (21) kann man die zugehörigen Werte von Ω ablesen:

$$2\pi - K < \Omega_{1,1} < 2\pi + K. \tag{23}$$

Der Bereich des Frequenzeinfangs mit genau einer Umdrehung des Rotors pro Taktintervall hat also die Gestalt eines sich mit wachsendem K öffnenden Dreiecks. Genau die gleiche Überlegung führt auf den Einzugsbereich des Attraktors mit Windungszahl $W = 0$, also $p = 0, q = 1$:

$$-K < \Omega_{0,1} < K. \tag{24}$$

Wegen der Periodizität der Winkelkoordinate genügt es, das Intervall $0 \leq \Omega \leq 2\pi$ zu untersuchen. Werte außerhalb dieses Bereichs bedeuten nur, daß der Rotator bei jedem Impuls zusätzliche volle Umdrehungen ausführt, was an der Dynamik nichts Wesentliches ändert. In der folgenden Abbildung sind die Grenzen der Bereiche (23) und (24) als Geraden eingezeichnet. Parameterwerte, für die eine periodische synchronisierte Bewegung auftritt, sind schraffiert eingezeichnet.

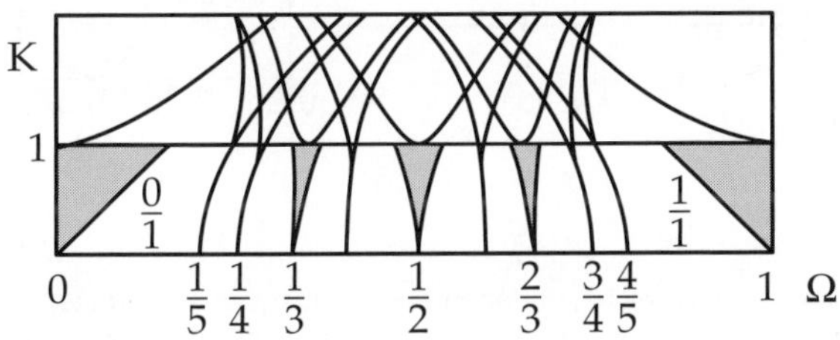

Einige der Stabilitätsbereiche für die eindimensionale Kreisabbildung in Abhängigkeit von den Parametern Ω und K. Die schraffierten Bereiche werden als „Arnold-Zungen" bezeichnet. Auf den Linien in der oberen Hälfte ist die Bedingung der Superstabilität erfüllt.

Analoge Betrachtungen kann man für jede rationale Windungszahl $W = p/q$ anstellen. Einige der Stabilitätsbereiche (es gibt natürlich abzählbar unendlich viele) sind in der Abbildung dargestellt. Die Breite dieser Bereiche, die auch als *Arnold-Zungen* bezeichnet werden, wächst mit K monoton an. Die aufsummierte Gesamtbreite aller Arnold-Zungen ist im linearen Grenzfall ($K = 0$) wie schon erwähnt gleich Null (Maß der rationalen Zahlen). Es kann gezeigt werden [1], daß die Arnold-Zungen bei $K = 1$ den gesamten Ω-Bereich überdecken:

$$\sum_{p,q} \Delta\Omega_{p,q} = 2\pi \quad \text{für} \quad K = 1. \tag{25}$$

Die Situation ist also genau komplementär zum Fall $K = 0$, die „typischen" Lösungen sind jetzt periodisch (Frequenzeinfang), während die quasiperiodischen Lösungen das Maß Null haben.

Die Funktion $W(\Omega)$, also die Windungszahl in Abhängigkeit vom Frequenzparameter Ω bei $K = 1$, wird als *Teufelstreppe* bezeichnet, siehe nachfolgende Abbildung. Es handelt sich um eine Funktion, die überall stetig aber, nirgends differenzierbar ist. Zu jeder rationalen Zahl p/q gehört eine Treppenstufe; die Breite der Stufen nimmt mit wachsender Periodenlänge

[1] M. H. Jensen, P. Bak, T. Bohr: *Phys. Rev.* **A30**, 1960 (1984)

q ab, ihre Gesamtbreite umfaßt gemäß (25) das gesamte Intervall. Die Teufelstreppe hat die Eigenschaft der *Selbstähnlichkeit*, d. h., jede Ausschnittsvergrößerung ähnelt wieder dem Ganzen.

Überschreitet der Parameter der nichtlinearen Kopplung den Wert $K = 1$, dann verschmelzen die Arnold-Zungen. Damit ist verbunden, daß die quasiperiodischen Lösungen *chaotisch* werden, was sich am Auftreten positiver Lyapunov-Exponenten ablesen läßt. Gleichzeitig gibt es aber auch für $K > 1$ noch Bereiche periodischer Lösungen mit negativem Lyapunov-Exponenten. Beide Lösungstypen sind auf komplexe Weise miteinander verwoben.

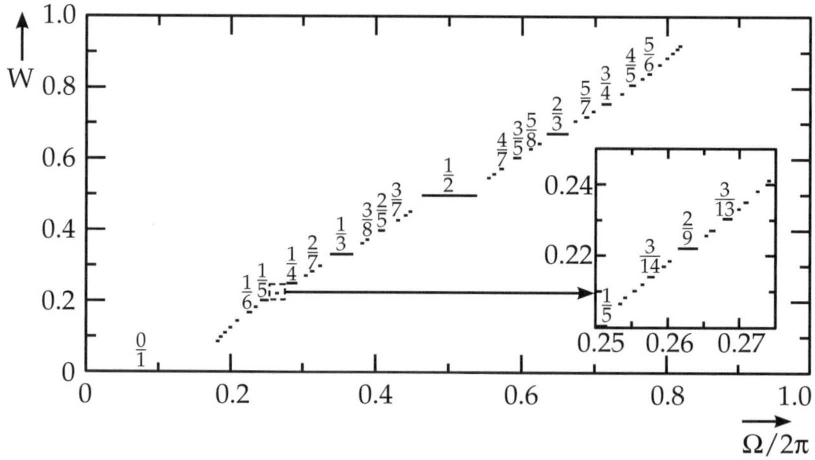

Die Stufen der „Teufelstreppe“ sind Bereiche, in denen die Windungszahl „einrastet“, d. h. vom Frequenzparameter Ω unabhängig ist. Die Ausschnittsvergrößerung rechts deutet die selbstähnliche Struktur der Teufelstreppe an.

Auch bei der logistischen Abbildung hatten wir ja eine Vermischung regulärer und chaotischer Bewegung beobachtet, jetzt sind die Verhältnisse aber noch komplizierter, da nun *zwei* Parameter, Ω und K, unabhängig variiert werden können. Eine interessante Eigenschaft der chaotischen Lösungen ist, daß sie keine wohldefinierte Windungszahl aufweisen. Die Lösung bewegt sich derart ungeordnet, daß der Grenzwert in (18) nicht existiert.

In der oberen Hälfte der Abbildung von S. 493 sind für $K > 1$ die Mittelpunkte einiger periodischer Bereiche als Linien eingetragen. Hier ist die schon auf Seite 483 eingeführte Bedingung der *Superstabilität* erfüllt, d. h., die Ableitung der iterierten Abbildungsfunktion eines q-Zyklus verschwindet, $f^{q\prime}(x) = 0$. Für die Periode $q = 1$ kann man diese Bedingung leicht auswerten. Die Lösung mit Windungszahl $W = 0$ hat als Fixpunkt-Bedingung

$$f(x_1) = x_1 \qquad \text{also} \qquad \Omega - K \sin x_1 = 0. \tag{26}$$

Dieser 1-Zyklus ist superstabil, wenn gilt (siehe hierzu auch (15))

$$f'(x_1) = 0 \qquad \text{also} \qquad 1 - K \cos x_1 = 0. \tag{27}$$

Mit dem aus (26) folgenden Wert x_1 liefert (27) die Bedingung für Superstabilität

$$K = \sqrt{1 + \Omega^2} \tag{28}$$

wie in Abbildung von S. 493 eingezeichnet. Die Bedingung für einen superstabilen Fixpunkt mit Windungszahl $W = 1$ folgt analog als

$$K = \sqrt{1 + (2\pi - \Omega)^2}. \tag{29}$$

Das Überschneiden der Kurven deutet darauf hin, daß bei gleichen Werten von Ω und K verschiedene stabile Lösungen miteinander koexistieren können. Es gibt im Bereich $K > 1$ keinen eindeutigen Zusammenhang mehr zwischen den Parametern K, Ω und der Windungszahl W. Welche der Lösungen realisiert ist, hängt dann von der Anfangsbedingung für x ab.

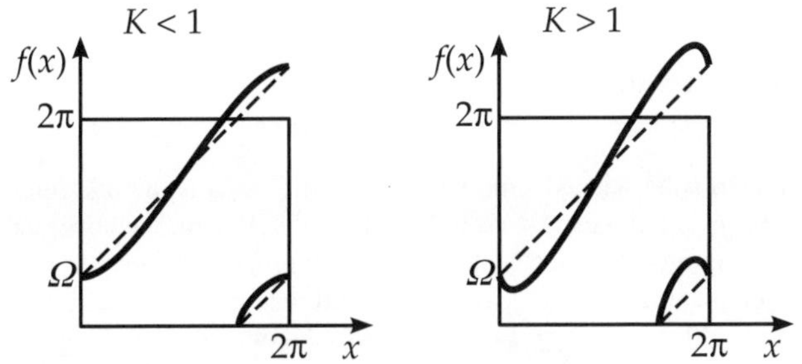

a) Die Abbildungsfunktion der Kreisfunktion ist für $K < 1$ monoton anwachsend. b) Für $K > 1$ bildet sich ein Maximum aus, und $f(x)$ ist nicht mehr invertierbar. Gestrichelt eingezeichnet ist die Funktion $f(x) = x + \Omega \bmod 2\pi$.

Das Auftreten chaotischer Lösungen ist mit einer qualitativen Veränderung der Abbildungsfunktion $f(x)$ verbunden. Wie die Figur zeigt, ist $f(x)$ für $K < 1$ eine monoton anwachsende Funktion. Im Fall $K > 1$ ist die nichtlineare Kopplung aber so stark, daß $f(x)$ die Form der Sinusfunktion wiederspiegelt, d. h., es entstehen (quadratische) Maxima und Minima. Ganz ähnlich wie bei der früher behandelten logistischen Abbildung ist $f(x)$ für $K > 1$ *nicht invertierbar*. Dies ist eine notwendige (aber nicht hinreichende) Voraussetzung für das Auftreten von Chaos in eindimensionalen Abbildungen.

Das in der Teufelstreppe zum Ausdruck kommende komplexe Verhalten beim Frequenzeinfang ist experimentell gut bestätigt worden. Einfacher noch als mechanische Oszillatoren lassen sich nichtlineare elektrische Schwingkreise studieren. So wurde etwa der Frequenzeinfang in einem extern periodisch angetriebenen Schaltkreis aus einem supraleitenden Josephson-Übergang und einer Induktivität untersucht, der sich mathematisch durch die Kreisabbildung beschreiben läßt [1)].

Ergänzung: Es sei noch erwähnt, daß sich auch die logistische Abbildung aus Beispiel 27.1 als Bewegung eines periodisch angestoßenen Rotators interpretieren läßt. Dazu wird für die Winkelabhängigkeit des Drehmoments anstelle von (12) die (etwas künstlich konstruierte) Funktion

$$M(x) = K_0\Big((\alpha - 1)x - \frac{\alpha}{2\pi}x^2\Big) \tag{30}$$

angesetzt. Betrachten wir die dissipative Poincaré-Abbildung (11) im Grenzfall starker Dämpfung, $\beta T \gg 1$, dann entkoppelt wieder die Gleichung für x_n

$$x_{n+1} = x_n + \frac{K_0}{\beta}\Big((\alpha - 1)x_n - \frac{\alpha}{2\pi}x_n^2\Big) \bmod 2\pi. \tag{31}$$

[1)] M. Bauer, U. Krüger, W. Martienssen, *Europhys. Lett.* **9**, 191 (1989)

Die Wahl $K_0 = \beta$ führt auf

$$x_{n+1} = \alpha x_n \left(1 - \frac{1}{2\pi} x_n\right) \mod 2\pi, \tag{32}$$

was nach Umskalieren der Winkelvariablen auf das Einheitsintervall durch $x'_n = x_n/2\pi$ auf die logistische Abbildung

$$x'_{n+1} = \alpha x'_n (1 - x'_n) \mod 2\pi \tag{33}$$

führt. Für Parameterwerte $\alpha \leq 4$ bleiben die Werte von x_n automatisch im Einheitsintervall, so daß die Modulobildung weggelassen werden kann.

▲ Beispiel 27.2

Das periodisch angetriebene Pendel

▼ Beispiel 27.3

In den vorhergehenden Beispielen habe wir Systeme kennengelernt, deren Dynamik durch die Iteration einfacher analytisch bekannter diskreter Abbildungen beschrieben werden konnte. Die logistische Abbildung aus Beispiel 27.1 mit ihrer extrem einfachen Struktur diente als „Testlabor" zur Untersuchung vieler Aspekte der nichtlinearen Dynamik, hat allerdings keinen plausiblen physikalischen Bezug. Beim „periodisch gekickten" gedämpften Rotator aus Beispiel 27.2 ließ sich die Dynamik wegen der impulsartig einwirkenden Kraft ebenfalls auf die Iteration diskreter Bewegungsgleichungen (im Grenzfall starker Dämpfung auf die eindimensionale Kreisabbildung (14)) zurückführen. Ein anderes Musterbeispiel, das vielleicht noch realistischer ist, und an dem sich die charakteristischen Phänomene der nichtlinearen Dynamik klar illustrieren lassen, ist das *periodisch angetriebene Pendel.* [1]

Auf das Pendel, einen nichtlinearen Oszillator mit zum Sinus des Auslenkungswinkels θ proportionaler Rückstellkraft, wirke zusätzlich eine äußere Kraft mit harmonischer Zeitabhängigkeit. Außerdem soll das System durch eine zur Geschwindigkeit proportionale Reibung gedämpft sein. Mathematisch werden diese Systemeigenschaften durch folgende Bewegungsgleichung beschrieben:

$$\frac{\mathrm{d}^2\theta}{\mathrm{d}t^2} + \beta \frac{\mathrm{d}\theta}{\mathrm{d}t} + \sin\theta = f\cos(\Omega t) \tag{1}$$

Hier ist β der Reibungsparameter, f und Ω bezeichnen Stärke und Frequenz der Antriebskraft. Die Eigenfrequenz des Pendels wurde auf den Wert $\omega_0 = 1$ gesetzt, was sich durch Umskalieren der Zeit und der Parameter β und f immer erreichen läßt. Wie in Kapitel 23 beschrieben läßt sich diese explizit zeitabhängige Differentialgleichung zweiter Ordnung in ein System von drei gekoppelten autonomen (d. h. nicht zeitabhängigen) Differentialgleichungen erster Ordnung umschreiben:

$$\begin{aligned} \frac{\mathrm{d}\omega}{\mathrm{d}t} &= -\beta\,\omega - \sin\theta + f\cos\phi \\ \frac{\mathrm{d}\theta}{\mathrm{d}t} &= \omega \\ \frac{\mathrm{d}\phi}{\mathrm{d}t} &= \Omega\,. \end{aligned} \tag{2}$$

[1] Siehe z. B. G. L. Baker, J. P. Gollub: *Chaotic Dynamics*, Cambridge University Press, Cambridge (1996). In diesem Buch wird vom Beispiel des getriebenen Pendels ausgiebig Gebrauch gemacht. Weiterhin verweisen wir auf H. Heng, R. Doerner, B. Huebinger, W. Martienssen: *Int. Journ. of Bif. and Chaos* **4**, 751, 761, 773 (1994)

Dies ist für $\beta > 0$ offenbar ein dissipatives System, denn die Divergenz des Geschwindigkeitsfelds $\vec{F}$ (vgl. Gl. (23.16) in Kapitel 23) ist dann negativ:

$$\Lambda = \vec{\nabla} \cdot \vec{F} = -\beta \,. \tag{3}$$

Die Bewegungsgleichungen des getriebenen Pendels sind zu kompliziert, um noch analytische Lösungen zu erlauben. Ihre numerische Integration mit dem Computer bietet aber keine Schwierigkeiten. [1)]

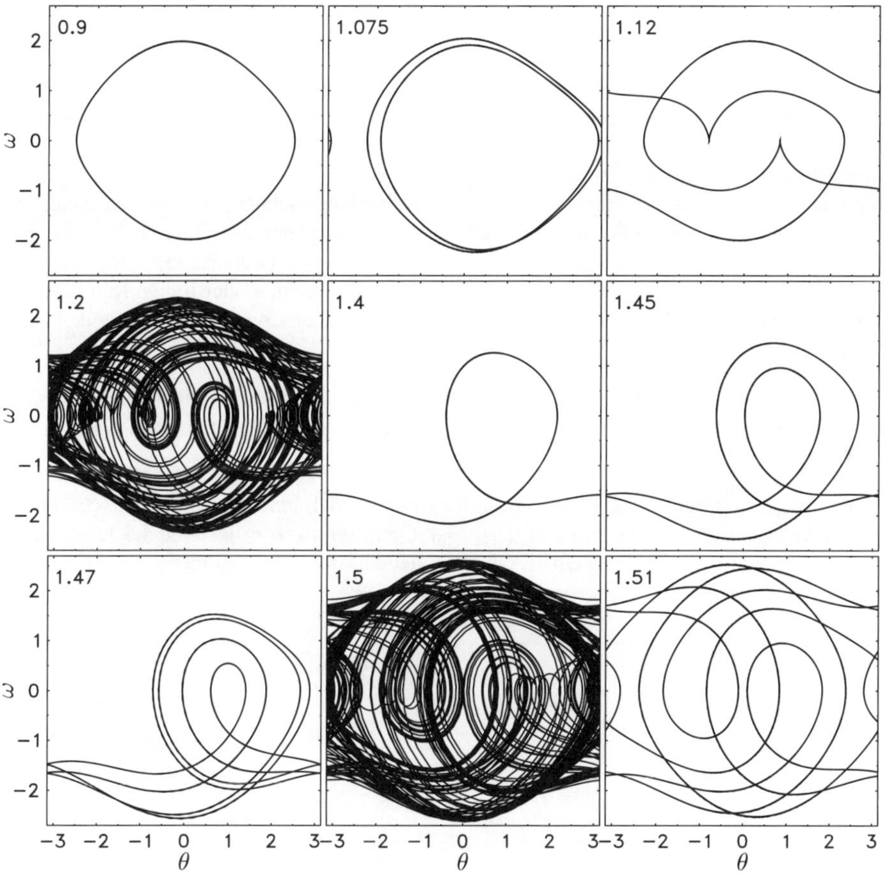

Typische Phasenraumtrajektorien des periodisch angetriebenen gedämpften Pendels für verschiedene Werte des Parameters f. Die Parameter $\Omega = 2/3$ und $\beta = 0{,}5$ sind festgehalten.

Das getriebene Pendel weist, abhängig von den Parametern Ω, β, f, eine Vielzahl unterschiedlicher Bewegungsformen auf. Wir wollen hier nur einen kleinen Ausschnitt aus dem Parameterraum untersuchen, nämlich die Abhängigkeit von der Antriebsstärke f bei festgehaltener Frequenz Ω und Reibungskonstante β. Als Beispiel *wählen wir für alle*

[1)] Dem Leser wird empfohlen, die Dynamik des getriebenen Pendels selbst durch Computerexperimente zu erforschen. Zur Integration der Differentialgleichungen bietet sich ein Runge-Kutta-Verfahren an; siehe hierzu etwa W. H. Press et al: *Numerical Recipes*, Cambridge University Press (1989).

♦ Beispiel 27.3

folgenden Untersuchungen $\Omega = 2/3$, also einen Wert etwas unterhalb der natürlichen Schwingungsfrequenz des Pendels *und den Reibungsparameter* $\beta = 0{,}5$.

Für verschiedene Werte des Parameters f wird das Differentialgleichungssystem (2) numerisch aufintegriert, beginnend mit vorgewählten Anfangsbedingungen $\theta(0)$ und $\omega(0)$. Um die Untersuchung nicht unnötig zu komplizieren, ignorieren wir Einschwingvorgänge, das heißt die anfänglichen Lösungen, z. B. die ersten 20 Schwingungsperioden, werden nicht betrachtet.

Die Wirkung der Dissipation im System sorgt dafür, daß nach endlicher Zeit ein Attraktor erreicht wird. Die Gestalt dieses Attraktors läßt sich auf verschiedene Weise analysieren. Man kann die Zeitabhängigkeit des Auslenkungswinkels $\theta(t)$ direkt betrachten oder die Trajektorie im dreidimensionalen Phasenraum θ, ω, ϕ auftragen, wobei die dritte Koordinate wegen $\phi = \Omega t$ gerade der Zeit entspricht. Übersichtlicher als diese dreidimensionale Darstellung sind reduzierte zweidimensionale Phasenraumbilder, bei denen die Zeit als Parameter betrachtet und die Trajektorie in der θ-ω-Ebene gezeichnet wird. Im Gegensatz zum vollen dreidimensionalen Phasenraum können sich die projizierten Bahnen hier schneiden. Da θ eine periodische Winkelvariable ist, beschränken wir sie durch Modulobildung auf das Intervall $-\pi < \theta \leq \pi$. Eine Trajektorie, die das Bild am rechten oder linken Rand verläßt, entsprechend einem Überschlagen des Pendels, taucht daher am gegenüberliegenden Rand wieder auf.

Die vorige Abbildung zeigt eine Galerie ausgewählter Phasenraumbilder, geordnet nach aufsteigendem Wert der Antriebskraft f. Der Wert von f ist jeweils links oben in den Teilbildern eingetragen.

Für schwache Störungen, z. B. $f = 0{,}9$, führt das Pendel annähernd *harmonische Librationsschwingungen* um die Nullage aus. Der Grenzzyklus $\theta(t)$ ist eine leicht verzerrte Sinusschwingung mit der Frequenz Ω, entsprechend ist die Bahn im Phasenraum annähernd eine Ellipse.

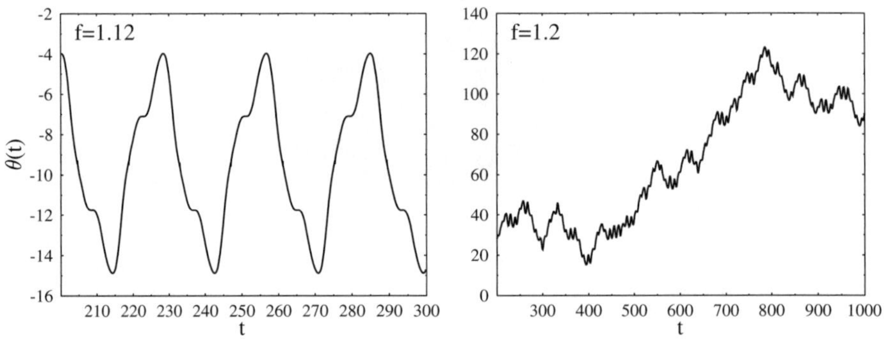

Zwei Trajektorien $\theta(t)$ für unterschiedliche Werte des Parameters f. Bei $f = 1{,}12$ (links) liegt eine periodische und bei $f = 1{,}2$ (rechts) eine chaotische Bewegung vor. Man beachte die unterschiedlichen Skalen.

Mit wachsender Störung tritt bei etwa $f = 1{,}07$ eine Bifurkation mit *Periodenverdopplung* auf, wie in Abbildung von S. 497 für $f = 1{,}075$ dargestellt. Es wechseln sich zwei leicht voneinander abweichende Schwingungszüge ab. Nach weiteren Periodenverdopplungen findet man dann eine *Libration mit doppelter Amplitude* (dargestellt für $f = 1{,}12$), bei

Beispiel 27.3 ♦

der das Pendel sich überschägt, dann aber wieder zurückschwingt. Die Frequenz dieser Oszillation ist $\Omega/3$.

Im Bereich $f \simeq 1{,}15 \ldots 1{,}3$ finden sich *chaotische Lösungen*. Die Trajektorie für $f = 1{,}2$ in Abbildung von S. 497 schwankt erratisch zwischen Librationen und Rotationen in beide Richtungen, demgemäß füllt die Bahn einen Bereich im Phasenraum dicht aus. Die vorige Abbildung zeigt zum Vergleich eine reguläre ($f = 1{,}12$) und eine chaotische ($f = 1{,}2$) Trajektorie, entsprechend dem dritten und vierten Teilbild in Abbildung von S. 497.

Für noch größere Kopplung f wird der chaotische Bereich wieder verlassen, und es treten *rotierende periodische* Lösungen auf, wie für $f = 1{,}4$ dargestellt. Der Winkel wächst linear an gemäß $\theta(t) \propto \pm\Omega\, t$ an, überlagert von lokalen Schwankungen. Bei $f = 1{,}45$ tritt eine Bifurkation mit *Periodenverdopplung der rotierenden Lösung* auf. Im Mittel ist der Winkel unverändert, jedoch alternieren jetzt die lokalen Abweichungen von Periode zu Periode. Für $f = 1{,}47$ sehen wir eine *zweite Periodenverdopplung*.

Nach einer Bifurkationskaskade ergibt sich dann wieder ein Bereich mit *chaotischen Lösungen*, dargestellt am Beispiel $f = 1{,}5$. Das Chaos wird aber bald wieder abgelöst durch reguläre Bewegung, wie als letztes gezeigtes Beispiel die hübsche Phasenraumtrajektorie für $f = 1{,}51$ belegt. Hier handelt es sich um eine periodische Librationsschwingung mit zwei Überschägen (Winkelbereich $3 \cdot 2\pi$) und der Periode 5 (also der Frequenz $\Omega/5$).

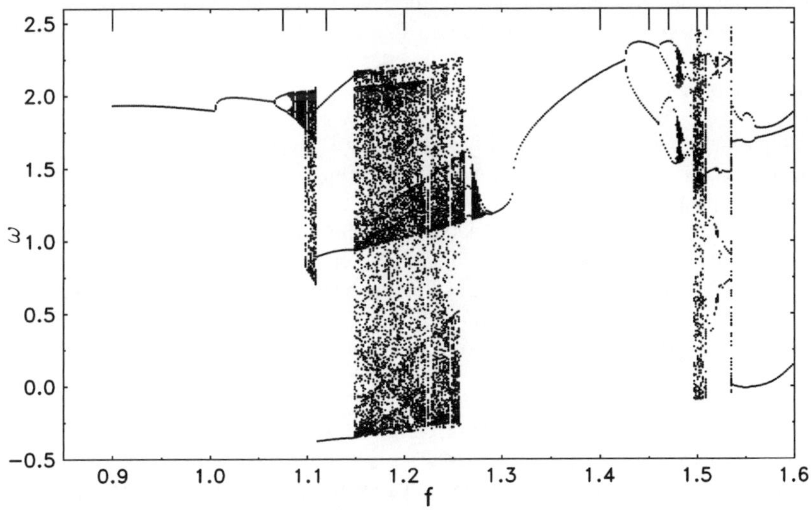

Das Attraktordiagramm des getriebenen Pendels läßt die Abfolge regulärer und chaotischer Bereiche als Funktion des Parameters f erkennen. Zu dem am oberen Rand markierten Werten zeigt die Abbildung von S. 497 die Phasenraumtrajektorien.

Einen globalen Überblick über das Verhalten des Systems erhält man aus dem *Attraktordiagramm*. In Abhängigkeit eines Systemparameters wird eine der Koordinaten in regelmäßigen Zeitabständen abgetastet und das Resultat auf der Ordinate aufgetragen. In obiger Abbildung zeigen wir die Winkelgeschwindigkeit $\omega(t_n)$, abgetastet zu den Zeitpunkten $t_n = t_0 + n\,2\pi/\Omega$, als Funktion des Antriebsstärke f. Zu jedem Wert auf der Abszisse wurden 150 ω-Werte aufgetragen. Am oberen Rand der Abbildung sind die neun Werte von f markiert, zu denen in der Abbildung von S. 497 Phasenraumtrajektorien gezeigt wurden.

♦ Beispiel 27.3

Sehr schön erkennbar sind im Attraktordiagramm die schon diskutierten sich abwechselnden Bereiche regulärer und chaotischer Bewegung. Das chaotische Fenster bei $f = 1{,}15\ldots 1{,}28$ wird von einem breiten Bereich periodischer (rotierender) Lösungen bei $f = 1{,}28\ldots 1{,}48$ gefolgt, mit mehreren ausgeprägten periodenverdoppelnden Bifurkationen (eine „subharmonische Kaskade"). In den Bereichen $f = 1{,}11\ldots 1{,}15$ und $f > 1{,}54$ sind Lösungen der Periode 3 zu finden. Die strukturelle Ähnlichkeit des Attraktordiagramms für das getriebene Pendel mit seinem Gegenstück für die logistische Abbildung, Figur von S. 482, ist offensichtlich.

Es verdient Erwähnung, daß das in voriger Abbildung dargestellte Attraktordiagramm nicht vollständig ist. Dies liegt daran, daß unser Differentialgleichungssystem (2) *invariant unter Spiegelung* ist, denn das Pendel hat keine bevorzugte Schwingungsrichtung. Zu jeder Lösung gehört eine gespiegelte Trajektorie

$$\theta \to -\theta \bmod 2\pi, \qquad \omega \to -\omega, \qquad \phi \to \phi + \pi \bmod 2\pi, \tag{4}$$

die ebenfalls die Bewegungsgleichung erfüllt. Winkel und Geschwindigkeit sind dabei invertiert, und die Phase ist um eine halbe Periode verschoben. Im allgemeinen treten die Lösungen also immer paarweise auf, was bei Rotationslösungen offensichtlich ist, da das Pendel „links herum"oder „rechts herum" laufen kann. Welcher der beiden Attraktoren erreicht wird, hängt in komplizierter Weise von den Anfangsbedingungen $\theta(0)$, $\omega(0)$ ab. Beim Zeichnen der vorigen Abbildung wurde jeweils nur eine Bahn berechnet, es fehlen daher die „gespiegelten" Äste. (Die Punkte sind nicht wirklich um $\theta = 0$ gespiegelt, da bei der stroboskopischen Abtastung die Phase des Abtastzeitpunkts festgehalten und nicht gemäß (4) verschoben wird.)

Allerdings kann bei periodischen Trajektorien der Periodenlänge $n\,2\pi/\Omega$ auch der Fall auftreten, daß $\theta(t + n\pi/\Omega) = -\theta(t) \bmod 2\pi$ gilt. Eine solche symmetrische Trajektorie ist mit ihrem gespiegelten Partner identisch, und es gibt nur eine Lösung. Dies ist z. B. der Fall für die in der Abbildung von S. 498 (links) dargestellte $n = 3$-Schwingung und insbesondere auch für die $(n = 1)$-Librationen bei kleinen f. Bei etwa $f = 1{,}01$ tritt der interessante Fall einer *symmetriebrechenden Bifurkation* auf, erkennbar am Knick im Attraktordiagramm der vorigen Abbildung. Der Attraktor bleibt weiterhin periodisch mit $n = 1$, verliert aber seine Symmetrie und spaltet deshalb auf in ein Paar unterschiedlicher zueinander gespiegelter Lösungen. In der Abbildung ist nur der obere Ast dieser Gabel erfaßt.

Das Attraktordiagramm gibt einen guten Überblick über die die verschiedenen Bewegungsformen eines dynamischen Systems. Als weitergehendes quantitatives Maß der Stabilität von Trajektorien haben wir in Kapitel 26 die Lyapunov-Exponenten σ_i kennengelernt. Das getriebene Pendel besitzt als dreidimensionales System drei Lyapunov-Exponenten. Einer von diesen, wir wollen ihn σ_3 nennen, hat immer den Wert $\sigma_3 = 0$. Er gehört zu dem Freiheitsgrad ϕ, der gemäß (2) die triviale lineare Zeitabhängigkeit $\phi(t) = \Omega\, t$ besitzt, so daß Störungen in dieser Richtung weder exponentiell anwachsen noch schrumpfen.

Der *maximale Lyapunov-Exponent* σ_1 entscheidet über die Stabilität des Systems. Attraktoren mit $\sigma_1 < 0$ sind periodisch, solche mit $\sigma_1 > 0$ hingegen chaotisch. Die folgende Abbildung zeigt, gezeichnet für den gleichen Parameterbereich wie beim Attraktordiagramm aus der vorigen Abbildung, das Ergebnis einer numerischen Berechnung des maximalen Lyapunov-Koeffizienten. Deutlich läßt sich die Abfolge der regulären und chaotischen Bereiche verfolgen. Dort, wo Bifurkationen auftreten, berührt σ_1 die Nullinie von unten.

Auffällig ist noch, daß σ_1 nie den Wert $-0{,}25$ unterschreitet. Dies hängt damit zusammen, daß in dem vorliegenden dissipativen System die Summe aller Lyapunov-Exponenten durch das Negative des Reibungskoeffizienten β (hier $\beta = 0{,}5$) bestimmt ist:

$$\sum_{i=1}^{3} \sigma_i = -\beta . \tag{5}$$

Wegen $\sigma_3 = 0$ ist daher im Fall maximaler Stabilität $\sigma_1 = \sigma_2 = -\beta/2$.

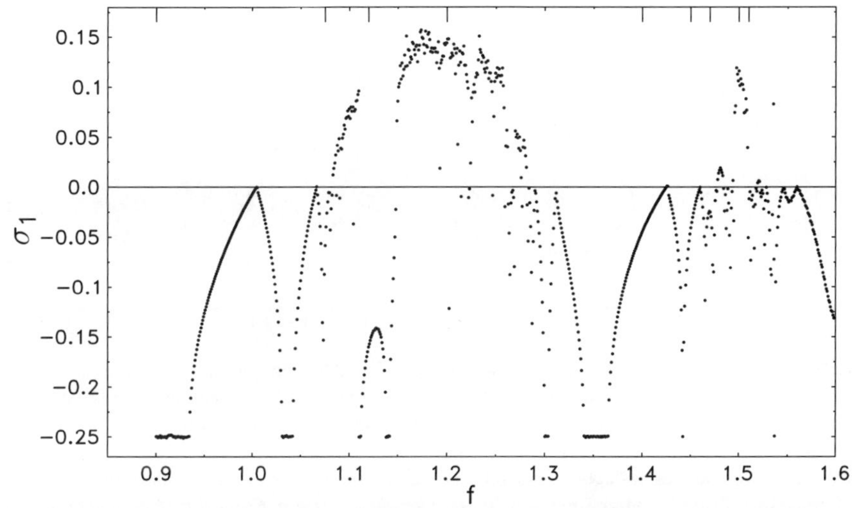

Der größte Lyapunov-Exponent σ_1 des getriebenen Pendels als Funktion des Parameters f. Werte $\sigma_1 > 0$ treten in den Bereichen mit chaotischer Bewegung auf, die schon im Attraktordiagramm in Abbildung von S. 499 sichtbar waren. Man vergleiche auch die analoge Darstellung des Lyapunov-Exponenten der logistischen Abbildung in der Figur von S. 485.

Zur weiteren Charakterisierung der Attraktoren dient der in Kap. 22 eingeführte Poincaré-Schnitt. Wählen wir als Schnittbedingung $\phi = \phi_0 \bmod 2\pi$, dann handelt es sich gerade um eine stroboskopische Abbildung zu äquidistanten Zeiten $t_n = t_0 + 2\pi/\Omega$. Der dreidimensionale Phasenraum wird auf zwei Dimensionen (θ,ω) reduziert, und die kontinuierliche Trajektorie verwandelt sich in eine Punktwolke. Die Poincaré-Schnitte *periodischer Attraktoren* bestehen einfach aus einem oder mehreren festen Punkten, an deren Anzahl sich die Periodenlänge der Schwingung ablesen läßt. Anders hingegen bei den nichtperiodischen *seltsamen Attraktoren*, die charakteristisch für das Auftreten chaotischer Bewegung sind. Hier bedeckt die Punktwolke des Poincaré-Schnitts ausgedehnte Teilbereiche des Phasenraum mehr oder minder gleichmäßig.

Die folgende Abbildung a) illustriert dies für den chaotischen Attraktor des Pendels mit Antriebsstärke $f = 1{,}2$. Die Punkte sind durch stroboskopische Abtastung der Trajektorie aus dem vierten Teilbild von Abbildung auf S. 497 über 2000 Schwingungsperioden entstanden. Die detaillierte Form des Poincaré-Schnitts hängt vom gewählten Phasenwinkel ϕ_0 ab.

Das länglich geschwungene Gebilde in der folgenden Abbildung erscheint zunächst wie eine seltsam verbogene eindimensionale Kurve. Bei näherem Hinsehen jedoch entpuppt

♦ Beispiel 27.3

sich der chaotische Attraktor als ein viel komplexeres geometrisches Objekt. Bei der Ausschnittvergroßerung eines kleinen Teilbereichs des Attraktors (siehe Abbildung b)) löst sich die scheinbar einfache Linie in mehrere dicht nebeneinander liegende Kurven auf. Dies ist aber erst der Anfang, denn eine Wiederholung dieses Vorgehens würde zeigen, daß in jeder Ausschnittvergößerung auch die neuen Linien wieder in mehrere Anteile zerfallen, was sich unendlich oft wiederholen läßt. (Dieser Prozeß ist nur durch Probleme bei der numerischen Integration der Bewegungsgleichung praktisch begrenzt. Zum Zeichnen des Bilds b) mußten übrigens schon 100 000 Perioden berechnet werden.)

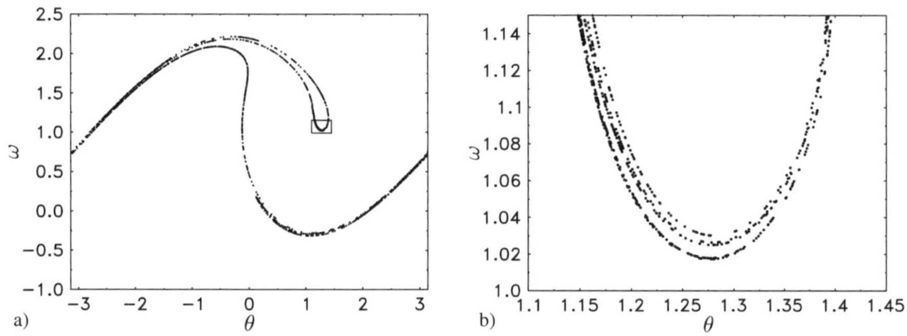

Der Poincaré-Schnitt einer chaotischen Trajektorie ($f = 1{,}2$) des getriebenen Pendels. Der im linken Bild durch ein Kästchen markierte Bereich ist rechts als Ausschnittvergrößerung dargestellt. Dies läßt die fraktale Struktur des seltsamen Attraktors erkennen.

Der Attraktor des chaotischen getriebenen Pendels hat also eine unendlich filigrane „Blätterteig"-Struktur. Mathematisch handelt es sich um ein *Fraktal* mit gebrochener Dimension (siehe Kapitel 26, Fraktale Geometrie), denn die Punkte des Poincaré-Schnitts nehmen, grob gesprochen, ein größeres Volumen im Phasenraum ein als eine eindimensionale Kurve, sind aber andererseits zu dünn gesät, um eine zweidimensionale Fläche zu füllen. Entsprechendes gilt auch für den vollen Attraktor im dreidimensionalen Phasenraum.

In Kapitel 26, Fraktale Geometrie, sind wir auf die Bestimmung der fraktalen Dimension eingegangen. Interessanterweise können auch die Lyapunov-Exponenten σ_i zur Bestimmung der Dimension eines seltsamen Attraktors herangezogen werden. Daß ein solcher Zusammenhang existiert, ist nicht unplausibel, denn die σ_i bestimmen ja darüber, wie „schnell" sich ein Bereich im Phasenraum unter dem dynamischen Fluß ausbreitet. Kaplan und Yorke [1)] haben aus dieser Überlegung eine Formel zur Berechnung einer *Lyapunov-Dimension* D_L abgeleitet. Für unseren speziellen Fall (ein positiver und ein negativer Lyapunov-Exponent) lautet die Kaplan-Yorke-Relation

$$D_\mathrm{L} = 1 + \frac{\sigma_1}{|\sigma_2|} \qquad \text{für} \qquad \sigma_1 > 0,\ \sigma_2 < 0. \tag{6}$$

Der Zusammenhang zwischen D_L und den anderen Dimensionsmaßen ist noch nicht völlig geklärt. Die ursprünglich versuchte Identifikation von Lyapunov- und Kapazitätsdimension D_f läßt sich nicht aufrecht erhalten, denn es wurden Gegenbeispiele gefunden. Man vermutet jetzt eher einen Zusammenhang mit der Informationsdimension $D_\mathrm{L} = D_\mathrm{I}$.

---

1) J. L. Kaplan, J. A. Yorke in *Functional differential equations and approximation of fixed points*, H.-O. Peitgen, H. O. Walter (eds.), Lecture Notes in Mathematics **730**, Springer, Berlin (1979)

Für den Poincaré-Schnitt (vgl. Figur) findet man mit $\sigma_1 \simeq 0{,}14$, $\sigma_2 \simeq -0{,}64$ aus (6) die Lyapunov-Dimension $D_L \simeq 1{,}2$. Dieser Wert hängt empfindlich von der Reibungskonstante β ab. Bei schwächerer Dämpfung wird der seltsame Attraktor „aufgebläht“, seine Dimension wächst an.

Beispiel 27.3 ▲

Chaos in der Himmelsmechanik: Das Taumeln von Hyperion

Beispiel 27.4 ▼

Hyperion ist einer der entfernteren Monde des Saturns. Er kreist mit einer Umlaufzeit von 21 Tagen auf einer Ellipse mit Exzentrizität $\varepsilon = 0{,}1$ und großer Halbachse $a = 1{,}5 \cdot 10^6$ km um den Saturn.

Seine Bewegung ist ein besonders eindrucksvolles Beispiel für chaotisches Torkeln innerhalb unseres Sonnensystems. Der Beschreibung dieses Verhaltens wollen wir uns in diesem Abschnitt in einem vereinfachten Modell zuwenden. Die Sonde Voyager 2 hat u. a. Bilder des Mondes Hyperion geliefert. Hyperion ist ein unsymmetrischer Kreisel, der ungefähr durch ein dreiachsiges Ellipsoid beschrieben werden kann mit den Abmessungen

$$190\ \text{km} \times 145\ \text{km} \times 114\ \text{km} \quad (\pm 15\ \text{km}). \tag{1}$$

Damit ergibt sich für die Hauptträgheitsmomente $\Theta_1 < \Theta_2 < \Theta_3$:

$$\frac{\Theta_2 - \Theta_1}{\Theta_3} \approx 0{,}3. \tag{2}$$

Die überraschende Vorhersage ist, daß Hyperion eine chaotische Torkelbewegung ausführt in dem Sinne, daß seine Drehgeschwindigkeit und die Orientierung seiner Drehachse innerhalb weniger Umlaufperioden starke Änderungen erfahren. Dieser chaotische Tanz, der auch bei anderen Planetensatelliten im Laufe ihrer Geschichte aufgetreten sein muß (z. B. Phobos und Deimos mit Mutterplanet Mars wurden berechnet), ist eine Folge der Unsymmetrie von Hyperion und der Exzentrizität der Bahn.

Zur Beschreibung der Änderung der Drehgeschwindigkeit verwenden wir folgendes Modell (siehe Abbildung S. 504):

Hyperion H umkreist Saturn S auf einer festen Ellipse mit der großen Halbachse a und der Exzentrizität ε. r ist der Abstand zwischen Saturn und Hyperion, φ der Polarwinkel der Bewegung, die Trajektorie von Hyperion ist also durch

$$r(\varphi) = \frac{k}{1 + \varepsilon \cos \varphi} \tag{3}$$

gegeben. Seine unsymmetrische Form simulieren wir durch vier Massenpunkte 1 bis 4 mit derselben Masse m, die in der Bahnebene angeordnet sind. Die Linie 2–1 (Abstand d) sei die (körperfeste) $\vec{e}_1$-Achse, die Linie 4–3 (Abstand $e < d$) sei die (körperfeste) $\vec{e}_2$-Achse. Die $\vec{e}_3$-Achse zeigt senkrecht aus der Abbildungsebene: $\vec{e}_3 = \vec{e}_1 \times \vec{e}_2$. Der Winkel ϑ gibt die Rotation von Hyperion um die $\vec{e}_3$-Achse an. Er ist definiert als Winkel zwischen der großen Halbachse a und der $\vec{e}_1$-Achse. Für die Trägheitsmomente gilt:

$$\Theta_1 = \frac{1}{2} m e^2 < \frac{1}{2} m d^2 = \Theta_2 < \frac{1}{2} m \left(d^2 + e^2\right) = \Theta_3 \tag{4}$$

In diesem Modell soll der Satellit nur um die $\vec{e}_3$-Achse, d. h. die senkrecht auf der Bahnebene stehende Achse mit dem größten Trägheitsmoment rotieren. Diese Einschränkung wird

♦ Beispiel 27.4

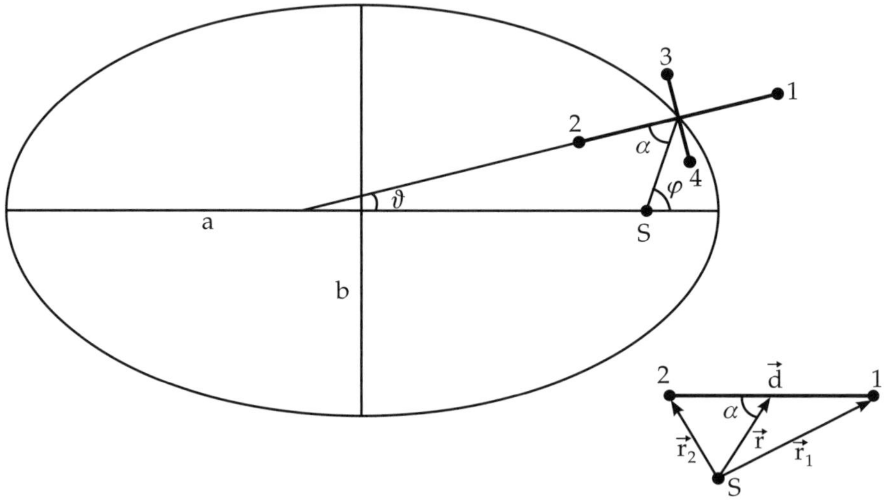

Ein einfaches Zweihantelmodell für den unsymmetrischen Saturnmond Hyperion.

motiviert, weil die Gezeitenreibung über sehr lange Zeiten dazu führt, daß die Drehachse eines Mondes sich in der Richtung des größten Trägheitsmoments ausrichtet und, daß diese Richtung sich senkrecht zur Bahnebene einstellt. Zudem wird der Bahndrehimpuls des Hyperion als konstant angenommen. Das ist eine sehr gute Näherung, da der Eigendrehimpuls $\vec{L}_E$ von Hyperion stets sehr klein gegenüber dem Bahndrehimpuls $\vec{L}_B$ ist, $|\vec{L}_E|/|\vec{L}_B| \approx (d^2 + e^2)/a^2 \approx 10^{-8}$. Das Gravitationsfeld am Ort von Hyperion ist nicht homogen und, da Θ_1 und Θ_2 verschieden sind, erfährt der Satellit ein von seinem Bahnpunkt und von seiner Orientierung ϑ abhängiges Drehmoment, das wir berechnen wollen. Die Gezeitenreibung soll dagegen vernachlässigt werden. Das Drehmoment für das Massenpaar $(1,2)$ ist:

$$\vec{D}^{(1,2)} = \frac{d\vec{e}_1}{2} \times \left(\vec{F}_1 - \vec{F}_2\right), \tag{5}$$

wobei

$$\vec{F}_i = -\frac{\gamma m M \vec{r}_i}{r_i^3}, \tag{6}$$

mit M als Saturnmasse die Kraft auf den Massenpunkt i ist. Die folgende Abbildung verdeutlicht nochmals das Drehmoment, das sich aus den Gravitationskräften $\vec{F}_1$ und $\vec{F}_2$ an den Orten $\vec{r}_1$ und $\vec{r}_2$ sowie der Fliehkraft $\vec{F} = -(\vec{F}_1 + \vec{F}_2)$ am Ort $\vec{r}$ ergibt.

Da die Länge $d \approx 200$ km klein gegen den Abstand $r \approx 10^6$ km ist, gilt nach dem Kosinussatz:

$$r_i = r\sqrt{1 \pm \frac{d}{r}\cos\alpha + \left(\frac{d}{2r}\right)^2} \approx r\sqrt{1 \pm \frac{d}{r}\cos\alpha}. \tag{7}$$

Das Pluszeichen gilt für r_1, das Minuszeichen für r_2. α ist der Winkel zwischen $\vec{r}_1 - \vec{r}_2$ und $\vec{r}$. Aus (7) folgt:

$$\frac{1}{r_i^3} \approx \frac{1}{r^3}\left(1 \mp \frac{3}{2}\frac{d}{r}\cos\alpha\right). \tag{8}$$

Beispiel 27.4 ♦

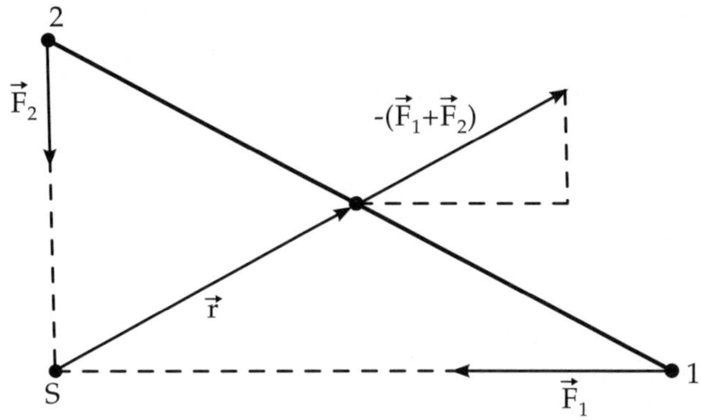

Die das Drehmoment $\vec{D}^{(1,2)}$ verursachenden Kräfte.

Damit ergibt sich für $\vec{D}^{(1,2)}$:

$$\begin{aligned}
\vec{D}^{(1,2)} &= \frac{d\vec{e}_1}{2} \times \left(\vec{F}_1 - \vec{F}_2\right) \\
&= \frac{d\vec{e}_1}{2} \times \frac{-\gamma m M}{r^3} \left[\left(1 - \frac{3}{2}\frac{d}{r}\cos\alpha\right)\left(\vec{r} + \frac{d}{2}\vec{e}_1\right)\right. \qquad (9) \\
&\qquad \left. - \left(1 + \frac{3}{2}\frac{d}{r}\cos\alpha\right)\left(\vec{r} - \frac{d}{2}\vec{e}_1\right)\right] \\
&= \frac{3\gamma m M d^2 \cos\alpha}{2r^4}\vec{e}_1 \times \vec{r} \\
&= \frac{3\gamma m M d^2}{2r^3} \sin\alpha\cos\alpha\,\vec{e}_3 \\
&= \frac{3\gamma m M d^2}{4r^3} \sin 2\alpha\,\vec{e}_3 \\
&= \frac{3\gamma M \Theta_2}{2r^3} \sin 2\alpha\,\vec{e}_3 \\
&= \frac{6\pi^2 a^3 \Theta_2}{r^3 T^2} \sin 2\alpha\,\vec{e}_3 . \qquad (10)
\end{aligned}$$

In der letzten Umformung wurde mit dem dritten Keplerschen Gesetz γM durch die Umlaufzeit T und die große Halbachse a ausgedrückt:

$$\gamma M = \left(\frac{2\pi}{T}\right)^2 a^3 . \qquad (11)$$

Dabei wurde die reduzierte Masse gleich der Masse des Saturns gesetzt.

Das Drehmoment für das Massenpaar (3, 4) ergibt sich analog zu:

$$\begin{aligned}
\vec{D}^{(3,4)} &= \frac{e\vec{e}_2}{2} \times \left(\vec{F}_3 - \vec{F}_4\right) \\
&= \frac{e\vec{e}_2}{2} \times \vec{r}\,\frac{\gamma m M}{r^3}\left[\left(1 + \frac{3e}{2r}\sin\alpha\right) - \left(1 - \frac{3e}{2r}\sin\alpha\right)\right] \\
&= \frac{-3\gamma m M e^2}{2r^3} \sin\alpha\cos\alpha\,\vec{e}_3
\end{aligned}$$

♦ Beispiel 27.4

$$\vec{D}^{(3,4)} = \frac{-3\gamma M \Theta_1}{2r^3} \sin 2\alpha \, \vec{e}_3$$
$$= \frac{-6\pi^2 a^3 \Theta_1 \sin 2\alpha}{r^3 T^2} \vec{e}_3. \tag{12}$$

Das gesamte Drehmoment $\vec{D} = \vec{D}^{(1,2)} + \vec{D}^{(3,4)}$ ist somit:

$$\vec{D} = \frac{3}{2}\left(\frac{2\pi}{T}\right)^2 (\Theta_2 - \Theta_1)\left(\frac{a}{r}\right)^3 \sin 2\alpha \, \vec{e}_3. \tag{13}$$

Das Drehmoment verschwindet also, wenn $\Theta_1 = \Theta_2$ ist. Zudem wirkt auf eine Konfiguration mit α dasselbe Drehmoment wie auf eine Konfiguration mit $180^0 + \alpha$. Das Drehmoment versucht Hyperion so zu drehen, daß in jedem Augenblick die $\vec{e}_1$-Achse auf Saturn zeigt. Der Ausdruck (13) für das Drehmoment bleibt richtig, auch wenn man eine realistischere Massenverteilung annimmt. Mit

$$\vec{D} = \frac{d\tilde{L}}{dt} = \Theta_3 \frac{d^2\vartheta}{dt^2} \tag{14}$$

lautet die Bewegungsgleichung für die Eigenrotation des Satelliten:

$$\Theta_3 \ddot{\vartheta} = -\frac{3}{2}\left(\frac{2\pi}{T}\right)^2 (\Theta_2 - \Theta_1)\left(\frac{a}{r(t)}\right)^3 \sin(2(\vartheta - \varphi(t))). \tag{15}$$

Dabei wurde $\alpha = \varphi - \vartheta$ gesetzt. Die Gleichung (15) enthält nur einen Freiheitsgrad, ϑ, ihre rechte Seite hängt aber über den Bahnradius $r(t)$ und den Polarwinkel $\varphi(t)$ von der Zeit ab und ist daher nicht integrierbar. Eine Ausnahme liegt dann vor, wenn die Bahn *kreisförmig* ist. Dann ist die mittlere Kreisfrequenz:

$$n = \frac{2\pi}{T} \tag{16}$$

gleich der Winkelgeschwindigkeit ω und $r = a$, $\varphi(t) = nt$. Mit $\vartheta' = 2(\vartheta - nt)$ vereinfacht sich die Differentialgleichung (15) deshalb für $\varepsilon = 0$ zu:

$$\Theta_3 \ddot{\vartheta}' = -3n^2 (\Theta_2 - \Theta_1) \sin \vartheta'. \tag{17}$$

Das ist die Differentialgleichung für das *Pendel*. Sie besitzt als Integral der Bewegung die Energie E. Um diese zu bestimmen, multiplizieren wir (17) mit $\dot{\vartheta}'$:

$$\Theta_3 \dot{\vartheta}' \ddot{\vartheta}' + 3n^2 (\Theta_2 - \Theta_1) \dot{\vartheta}' \sin \vartheta' = 0. \tag{18}$$

woraus folgt

$$\frac{d}{dt}\left(\frac{1}{2}\Theta_3 \dot{\vartheta}'^2 - 3n^2 (\Theta_2 - \Theta_1) \cos \vartheta'\right) = 0. \tag{19}$$

Also ist

$$E = \frac{1}{2}\Theta_3 \left(\frac{d\vartheta'}{dt}\right)^2 - 3n^2 (\Theta_2 - \Theta_1) \cos \vartheta' \tag{20}$$

eine Erhaltungsgröße. Genau wie beim Pendel, siehe etwa Beispiel 18.8, gilt auch hier: Für Energien E, die größer als $E_0 = 3n^2(\Theta_2 - \Theta_1)$ sind, rotiert der Satellit, für $E < E_0$ schwingt er. Aufgrund der (bisher vernachlässigten) Gezeitenreibung wird sich die Energie E immer weiter verringern, bis sie den Minimalwert $E_{\text{min}} = -E_0$ erreicht. Daraus folgt $\dot{\vartheta}'_{\text{min}} = 0$ und $\vartheta'_{\text{min}} = 0$. Im Endzustand von Satelliten auf einer Kreisbahn zeigt somit immer die $\vec{e}_1$-Achse auf den Planeten (gebundene Rotation), wie wir es vom Erdmond her kennen.

Wie bereits gesagt, läßt sich die Differentialgleichung (15) für $\varepsilon \neq 0$ nicht analytisch lösen. Man kann aber versuchen, für $\varepsilon \ll 1$ Näherungslösungen zu finden. Das wollen wir jetzt tun. Zunächst wird die dimensionslose Zeit $t' = nt = 2\pi t/T$ und $\omega_0^2 = 3(\Theta_2 - \Theta_1)/\Theta_3$ eingeführt.

Damit ergibt sich aus (15):

$$\frac{d^2\vartheta}{dt'^2} = -\frac{\omega_0^2 a^3}{2r^3(t')} \sin\left(2(\vartheta - \varphi(t'))\right). \tag{21}$$

Da $r(t')$ und $\varphi(t')$ periodisch in 2π sind, läßt sich die rechte Seite in eine fourierartige Poissonreihe entwickeln. Man erhält:

$$\frac{\mathrm{d}^2\vartheta}{\mathrm{d}t'^2} = -\frac{\omega_0^2}{2} \sum_{m=-\infty}^{\infty} H\left(\frac{m}{2}, \varepsilon\right) \sin\left(2\vartheta - mt'\right)). \tag{22}$$

Um die Koeffizienten $H(m/2,\varepsilon)$ zu bestimmen, muß man $r(t')$ und $\varphi(t')$ kennen. $\varphi(t)$ erhält man z. B. mit dem zweiten Keplerschen Gesetz als Lösung der folgenden Differentialgleichung:

$$\frac{\mathrm{d}\varphi}{\mathrm{d}t} = \frac{(1 + \varepsilon\cos\varphi)^2}{hk^2}. \tag{23}$$

Die Lösung dieser Differentialgleichung und damit das Bestimmen von $H(m/2,\varepsilon)$ sprengt den Rahmen dieses Beispiels. Wir geben nur an, daß die Koeffizienten H proportional zu $\varepsilon^{2|m/2-1|}$ sind und bereits von Cayley[1)] 1859 tabelliert wurden. Für kleines ε gilt $H(m/2, \varepsilon) \approx -\varepsilon/2, 1, 7\varepsilon/2$ für $p = m/2 = 1/2, 1, 3/2$. Dabei wurde die halbzahlige Variable p eingeführt. Wenn sich das Argument von einer der Sinusfunktionen zeitlich wenig ändert, also wenn

$$\left| 2\frac{\mathrm{d}\vartheta}{\mathrm{d}t'} - m \right| \ll 1 \tag{24}$$

ist, treten Resonanzen auf. Es ist dann nützlich, die Bewegungsgleichung (22) so umzuformen, daß sie von der sich nur langsam ändernden Variable $\gamma_p = \vartheta - pt'$ abhängt:

$$\frac{\mathrm{d}^2\gamma_p}{\mathrm{d}t'^2} = -\frac{\omega_0^2}{2} H(p, \varepsilon)\sin 2\gamma_p - \frac{\omega_0^2}{2}\sum_{n\neq 0} H(p + \frac{n}{2}, \varepsilon)\sin\left(2\gamma_p - nt'\right). \tag{25}$$

Es stellt sich heraus, daß die Terme in der Summe so schnell im Vergleich zur Variation von γ_p oszillieren, daß sich ihr Gesamtbeitrag zur Bewegungsgleichung weitestgehend herausmittelt, wenn ω_0^2 und ε klein genug sind. In erster Näherung für kleines ω_0^2 und ε können die hochfrequenten Terme aus der Bewegungsgleichung eliminiert werden, indem man γ_p festhält und Gleichung (25) über eine Periode mittelt. Man erhält dann

$$\frac{\mathrm{d}^2\gamma_p}{\mathrm{d}t'^2} = -\frac{\omega_0^2}{2} H(p, \varepsilon)\sin 2\gamma_p. \tag{26}$$

Das ist wieder die Pendelgleichung. Integration der Gleichung (26) analog zu den Gleichungen (18)–(20) ergibt wieder die Energie.

$$E_p = \frac{1}{2}\left(\frac{\mathrm{d}\gamma_p}{\mathrm{d}t'}\right)^2 - \frac{\omega_0^2}{4} H(p, \varepsilon)\cos 2\gamma_p. \tag{27}$$

[1)] Die Originalarbeit ist: A. Cayley, Tables of the developments of functions in the theory of elliptic motion. *Mem. Roy. Astron. Soc.* **29,** 191 (1859).

♦ Beispiel 27.4

Wieder schwingt γ_p, wenn E_p kleiner als $E_p^s = \mid H(p,\varepsilon) \mid \omega_0^2/4$ ist, und rotiert, wenn E_p größer ist. Für $H(p,\varepsilon) > 0$ schwingt γ_p um 0, für $H(p,\varepsilon) < 0$ schwingt γ_p um $\pi/2$. Der wesentliche Unterschied zur Pendelgleichung mit $\varepsilon = 0$ ist, daß es hier je nach Anfangsbedingung nicht nur die synchrone ($p = 1$) Lösung, sondern auch Resonanzen gibt. So kann es z. B. passieren, daß ein Satellit durch die Gezeitenreibung in einen $p = 3/2$ Zustand eingefangen wird. Dieser Fall ist im Sonnensystem beim Merkur realisiert: Auf zwei Umläufe um die Sonne kommen bei ihm genau drei Rotationen um die Achse.

Die Frage, inwieweit die Mittelung über die hochfrequenten Anteile berechtigt ist und diese tatsächlich nur kleine Störungen sind, ist kompliziert und soll hier nicht weiter verfolgt werden. Es ist anschaulich jedoch sofort klar, daß die hochfrequenten Terme dann nicht vernachlässigt werden dürfen, wenn die Energie in der Nähe des Grenzwerts $E_p = E_p^s$ liegt. Dann werden nämlich diese Terme den Auschlag geben, ob der Satellit eine volle Umrehung (in γ_p) macht, oder ob er zurückschwingt. Es gibt ein Band von Energien $w_p \cdot E_p^s$, die sehr nahe bei E_p^s liegen. Dabei wird w_p durch $w_p = (E_p - E_p^s)/E_p^s$ definiert. Für Energien innerhalb dieses Bandes können die hochfrequenten Störungen nicht vernachlässigt werden. Wir wollen ohne Herleitung nur angeben, daß von Chirikov ein analytisches Kriterum für die Breite w_p dieses Bandes gefunden wurde [1)]. Das Kriterium von Chirikov sagt vorher, daß für die Parameter von Hyperion $\omega_0^2 = 0{,}89$ und $\varepsilon = 0{,}1$ die Mittelung über die hochfrequenten Anteile nicht möglich ist, da die Breite des zu $p = 1$ und $p = 3/2$ gehörigen Bandes so groß ist, daß die beiden Bänder ineinander übergehen. Dagegen sollte die Mittelung über die hochfrequenten Anteile für $\omega_0^2 = 0{,}2$ und $\varepsilon = 0{,}1$ eine gute Näherung sein. Die folgenden Abbildungen sind Poincaré-Schnitte für diese beiden Fälle. Sie zeigen Punkte im Phasenraum, die immer bei $\varphi = 0$ genommen sind.

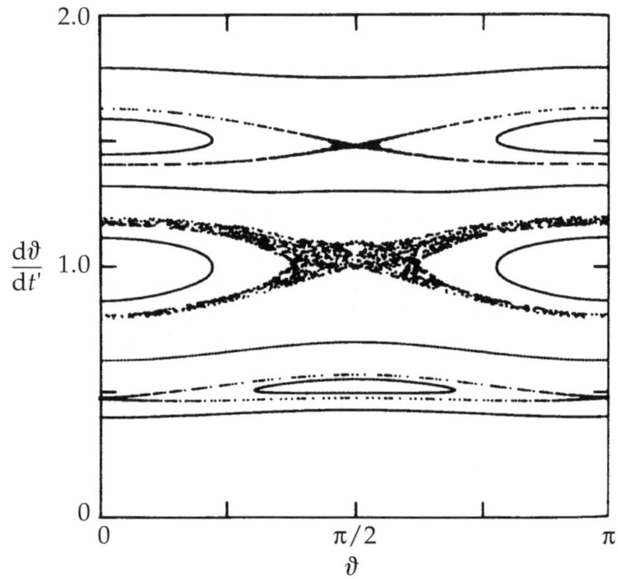

Transversalschnitt des Phasenraumes für $\omega_0^2 = 0{,}2$ und $\varepsilon = 0{,}1$.

[1)] B.V. Chirikov, A universal instability of many–dimensional oscillators systems. *Phys. Rep.* **52,** 262 (1979)

Beispiel 27.4 ♦

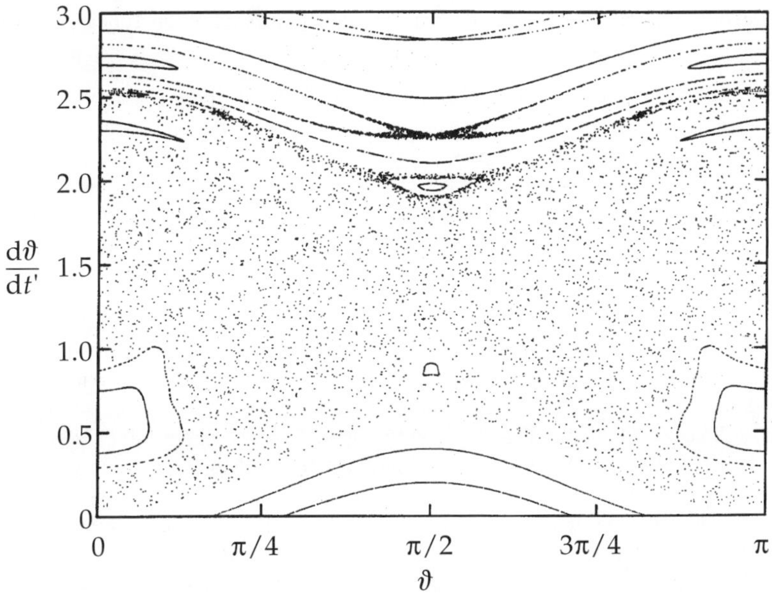

Transversalschnitt des Phasenraumes für die Parameter von Hyperion, $\omega_0^2 = 0{,}89$ und $\varepsilon = 0{,}1$.

Dabei sind die Differentialgleichungen numerisch gelöst worden [1]. Handelt es sich um eine quasiperiodische Bewegung, dann ergeben aufeinander folgende Punkte eine glatte Kurve; chaotische Trajektorien scheinen Flächen in zufälliger Weise auszufüllen.

Aufgrund der Symmetrie des Trägheitsellipsoids ist die Orientierung ϑ mit der bei $\vartheta + \pi$ identisch. Deshalb wird in den Bildern für ϑ nur der Bereich zwischen 0 und π gezeigt. Durch Mittelung über die hochfrequenten Anteile wurden Lösungen gefunden, bei denen $\gamma_p = \vartheta - pt'$ schwingt (für $E_p < E_p^s$). Für jede dieser Lösungen hat $\mathrm{d}\vartheta/\mathrm{d}t'$ einen Mittelwert von genau p, und ϑ nimmt alle Werte zwischen 0 und 2π an. Wenn man allerdings immer nur die Punkte mit $\varphi = 0$ betrachtet, d. h. Zeiten $t' = 2\pi n$, dann entspricht γ_p genau ϑ modulo π. Deshalb zeigt sich eine Schwingung in γ_p als Schwingung in ϑ. Die aufeinanderfolgenden Punkte von quasiperiodischen Schwingungen ergeben deshalb eine einfache Kurve in der Nähe von $\mathrm{d}\vartheta/\mathrm{d}t' = p$, die nur einen Teil der Winkel zwischen 0 und π enthält. Für nichtresonante quasiperiodische Trajektorien ($E_p > E_p^s$) rotieren alle γ_p's, und aufeinanderfolgende Punkte geben eine einfache Kurve, die alle Winkel ϑ enthält.

Wie man an der ersten Abbildung sieht sind für kleine Werte von ω_0 und ε die resonanten Zustände von den nichtresonanten durch eine schmale chaotische Zone getrennt. Dabei sind in der Abbildung zehn verschiedene Trajektorien gezeigt. Drei zeigen die quasiperiodischen Schwingungen in den $p = 1/2$, 1 und $3/2$ Zuständen. Wie mit der Näherung vorhergesagt, schwingt $\gamma_{1/2}$ um $\vartheta = \pi/2$, γ_1, und $\gamma_{3/2}$ schwingen um $\vartheta = 0$. Drei weitere, die resonanten Zustände jeweils umgebenden Trajektorien sind chaotisch. Sie füllen schmale Bänder scheinbar zufällig mit Punkten. Die letzten vier Trajektorien zeigen, daß jedes chaotische

[1] J. Wisdom, S. J. Peale, F. Mignard, The chaotic rotation of Hyperion. *Internat. journal of solar system studies* **58,** 137 (1984)

Band von den anderen Bändern durch nichtresonante quasiperiodische Trajektorien getrennt ist.

Die zweite Abbildung zeigt nun die Situation wie sie bei Hyperion vorliegt. Mindestens die chaotischen Zonen des $p = 1$ und des $p = 3/2$ Zustand sind nicht mehr voneinander getrennt. Es bleibt ein kleiner Überrest des $p = 1/2$ quasiperiodischen Zustandes, der $p = 3/2$ quasiperiodische Zustand ist ganz verschwunden. Dafür gibt es einen quasiperiodischen Zustand bei $p = 9/4$, $\vartheta = \pi/2$, der in der Näherung (26) nicht enthalten ist. Insgesamt sind in der Abbildung 17 Trajektorien zu sehen. Acht quasiperiodische Schwingungen der $p = 1/2, 1, 2, 9/4, 5/2, 3$ und $7/2$ Zustände, fünf nichtresonante quasiperiodische Rotationen und vier chaotische Trajektorien.

Eine weitergehende Untersuchung zeigt, daß die Ausrichtung der Drehachse senkrecht zur Bahnebene sowohl im chaotischen Bereich als auch im synchronen Zustand nicht stabil ist. Das bedeutet, daß eine kleine Abweichung der Drehachse von der Vertikalen exponentiell anwächst. Die Zeitskala für dies dann auftretende Torkeln ist von der Größenordnung einiger Umlaufperioden. Das Endstadium eines „normalen" Mondes ist für Hyperion völlig unstabil. Kippt er aber aus der Vertikalen zur Bahnebene heraus, so ist die Gleichung (15) nicht mehr ausreichend, und man muß die vollen, nichtlinearen Eulerschen Gleichungen lösen. Dabei findet man, daß der volle dreidimensionale Bewegungsablauf vollständig chaotisch ist. Alle drei Lyapunovschen charakteristischen Exponenten sind positiv (von der Größenordnung 0,1), was zu stark chaotischem Torkeln führt. Auch wenn man die räumliche Orientierung der Drehachse zum Zeitpunkt des Vorbeiflugs von Voyager 1 an Hyperion (im November 1980) auf zehn Stellen genau hätte messen können, so wäre es dennoch nicht möglich gewesen vorherzusagen, wo die Achse zur Zeit des Vorbeiflugs von Voyager 2 (im August 1981) stehen würde.

Bis zu diesem Punkt wurde die Gezeitenreibung vernachlässigt, die zu einer vergleichsweise sehr langsamen Änderung des ursprünglich Hamiltonschen Systems führt. Man kann aber die Geschichte Hyperions ungefähr angeben. Vermutlich war die Periode der Eigendrehung zu Anfang viel kürzer als die Bahnperiode, und Hyperion begann seine Entwicklung im Bereich hoch über dem in der Abbildung gezeigten. In einem Zeitraum von der Größenordnung des Alters des Sonnensystems (circa 10^{10} Jahre) wurde die Eigendrehung abgebremst und die Drehachse richtete sich senkrecht zur Bahnebene auf. Damit wurden die Voraussetzungen unseres vereinfachten Modells (15) näherungsweise berechtigt. Sobald aber der chaotische Bereich erreicht war, wurde „das Werk der Gezeiten während Äonen in wenigen Tagen zerstört"[1)], denn einmal im chaotischen Bereich angekommen, fing Hyperion in völlig erratischer Weise an zu torkeln (was er auch heute noch tut)[2)] Irgendwann wird er in einer der wenigen stabilen Inseln der Abbildung landen. Das kann allerdings nicht der synchrone Zustand sein, denn dieser ist instabil.

▲ Beispiel 27.4

[1)] J. Wisdom, Chaotic behaviour in the solar system. *Nucl. Phys.* ***B**, (Proc. Suppl.)* **2**, 391 (1987)

[2)] Die Beobachtungen von Voyager 2 sind konsistent mit dieser Aussage. Später ist das Torkeln von Hyperion auch von der Erde aus direkt beobachtet worden (s. J. Klavetter, *Science* **246,** 998 (1988), *Astron. J.* **98,** 1855 (1989)).

VIII Aus der Geschichte der Mechanik[1)]

Die Entstehung der abendländischen Physik im 17. Jahrhundert

Die Physik beschreibt die Natur durch theoretisch-physikalische, mathematische Theorien. Sie benutzt dabei allgemeine, aber scharfe Begriffe, baut auf gewissen Gesetzen („Axiomen") auf und macht mathematisch-folgerichtig präzise Aussagen über Naturerscheinungen. Eine wesentliche Rolle spielt dabei die Idealisierung der Wirklichkeit, d. h. die Annäherung der Wirklichkeit durch Idealfälle. Nur über diese Idealfälle können scharfe Aussagen gemacht werden. Dabei bedient sich die Physik des systematisch ausgedachten Experiments zur immer wiederkehrenden Prüfung (Reproduzierbarkeit) ihrer Aussagen. Die Anwendung der physikalischen Gesetze führte zu einer weitgehenden Beherrschung der Natur, die beständig zu wachsen scheint.

Die Physik ist in der abendländischen Kultur entstanden. Mehr noch: Sie charakterisiert als moderne Naturwissenschaft heute diesen Kulturkreis seit ungefähr 300 Jahren, also etwa seit dem 17. Jahrhundert. Man beachte hierbei, daß die Naturbetrachtung im griechischen Altertum sich wesentlich von der heutigen Naturwissenschaft in unserem Kulturkreis unterscheidet. Im alten Griechenland, etwa bei *Platon*[1] und *Aristoteles*[2], gab es nur wenig systematische Naturerkenntnis. Da, wo es sie gab, erscheint sie aus heutiger Sicht primitiv und wenig präzise. Ansätze zu letzter Verschärfung der physikalischen Gedanken waren kaum vorhanden, obwohl die klare Gedankenführung in der damals schon hoch entwickelten Mathematik durchaus hätte Vorbild sein können. Zum Beispiel war *Eudoxus*[3] (400 bis 347 v. Chr.) einer der bedeutendsten Mathematiker jener Zeit, der Platon nahestand. Der Philosoph *Platon* wiederum verehrte die innere Folgerichtigkeit in der Mathematik. Erst später sind Teildisziplinen der Physik, wie Astronomie, Statik, Musiklehre, mathematisiert worden. Jedoch ist keine Mechanik im eigentlichen

---

[1)] Wir folgen hier Friedrich Hund, Einführung in die Theoretische Physik Bd. 1, Mechanik, Bibliographisches Institut Leipzig 1951 und auch I. Szabó, Einführung in die Technische Mechanik, Springer-Verlag, Berlin, Göttingen, Heidelberg 1956. Zur Vertiefung des hier Gesagten, insbesondere zur Geschichte der Statik, verweisen wir auf die Werke von P. Duhem:
- Les origines de la statique, Paris 1905–1906
- Etudes sur Lionard de Vinci, Paris 1906
- Le système du monde, Paris 1913–1917

und auf P. Sternagel:
- Die artes mechanical im Mittelalter (1966)

sowie auf F. Krafft:
- Dynamische und statische Beobachtungsweise in der antiken Mechanik (1970).

Sinne entstanden. Die Analyse der Bewegungsvorgänge und die präzise Fassung der Kraftvorstellung blieben dem Altertum versagt, obwohl die Mathematik (z. B. bei *Archimedes*[4], 287 bis 212 v. Chr.) durchaus schon so weit entwickelt war wie später im 17. Jahrhundert, als die Bewegungslehre entstand. Es scheint eine Eigentümlichkeit der antiken Kultur zu sein, daß eine Mechanik im vollen Sinne und damit der Anfang einer umfassenden Physik im Altertum nicht entstehen konnte. Es ist auch bemerkenswert, daß die Naturwissenschaftler der Antike kaum das allgemeine Bewußtsein jener Zeit beeinflußten. Die Fachwissenschaften waren keine öffentliche Macht. Die Wissenschafler in Alexandria, Pergamon oder Rhodos blieben im wesentlichen unter sich.

Die Kulturen in Ostasien und Indien, heute noch existierend, haben große Leistungen in anderen Disziplinen und bestimmten Techniken (Keramik, Färben), aber keine Physik hervorgebracht. Das begrifflich-mathematische Denken über die Natur und das Befragen der Natur durch zielstrebige Experimente sind hier nicht entwickelt bzw. weiterentwickelt worden.

Die physikalische Wissenschaft entwickelte sich zum einen aus dem philosophischen Nachdenken über die Natur und zum anderen aus technischen Fragestellungen (z. B. Kriegswesen, Verkehr, Bauwesen, Bergbau) heraus. Vor allem die zuerst entstandene Mechanik, die zunächst nur Statik war, geht auf diese beiden Ursprünge zurück. Eine Vereinigung dieser beiden Einstellungen zur Natur kam aber im Altertum nicht so recht zustande. Archimedes (287 bis 212 v. Chr.) verkörperte den Höhepunkt der antiken Statik: Das Hebelprinzip, der Begriff des Schwerpunktes eines Körpers und der nach ihm benannte bekannte hydrostatische Satz waren ihm in voller Klarheit bekannt. Doch Archimedes geriet in Vergessenheit. Die Gründe hierfür sind nicht bekannt. Vielleicht war es einfach zu schwer verständlich. Wie auch immer, dem Mittelalter waren an antiker Physik im wesentlichen nur die Werke des Aristoteles bekannt, und diese bestimmten die Weiterentwicklung der Mechanik.

Im 14. Jahrhundert gab es in der Statik eine Blütezeit; vor allem getragen von bedeutenden Männern der Artistenfakultät der Universität in Paris. Die Methoden zur Zerlegung und Zusammensetzung von Kräften wurden dort entwickelt und bei der Lösung statischer Aufgaben benutzt. Auch der Begriff „Arbeit einer Kraft" wurde eingeführt und die „virtuelle Arbeit" bei virtuellen Verrückungen in einfachen Fällen richtig benutzt. *Leonardo da Vinci*[5] (1452 bis 1519) war ein in der Mechanik seiner Zeit führender Forscher. Die Zerlegung von Kräften bei der Betrachtung von Momenten (Hebelgesetz) wird von ihm im wesentlichen durchgeführt. In einzelnen Beispielen führt er den Satz vom Parallelogramm der Kräfte auf den Hebelsatz zurück. Diese Zusammenhänge werden aber erst im 17. Jahrhundert klar und präzise durch Varignon (1654 bis 1722) und *Newton*[6] (1643 bis 1727) formuliert.

Die Dynamik der Massenpunkte wurde im 17. Jahrhundert geschaffen. Weil dies ein so bedeutender Abschnitt in der Geschichte der Mechanik war, wollen wir ihn ausführlicher besprechen. Wir merken nur noch an, daß die formale Vollendung und mathematische Verarbeitung der Mechanik in das 18. Jahrhundert fiel und in der Mechanik von *Lagrange*[7] (1736 bis 1813) gipfelte.

Die Entstehung der abendländischen Physik im 17. Jahrhundert

Das 17. Jahrhundert war wohl der entscheidenste Zeitabschnitt in der Geschichte der Physik; wahrscheinlich die Geburt der Physik als strenge Wissenschaft überhaupt. In dieser Zeit wurde die Mechanik geschaffen und in ihren Grundzügen vollendet; monumental in ihrer wissenschaftlichen Klarheit und Schönheit und überzeugend in ihrer Vorhersagekraft und mathematischen Formulierung. Die Bewegungsvorgänge am Himmel und auf der Erde konnten einheitlich beschrieben werden. Vom Methodischen her gelang es in der Mechanik zum ersten Male, Erfahrungen (Experimente) begrifflich scharf zu erfassen. Dies wurde vor allem durch Benutzung der mathematischen Sprache zusammen mit der Einführung äußerst fruchtbarer Abstraktionen und idealer Fälle erreicht, über die präzise und unanfechtbare Aussagen gemacht werden konnten. Die Tragweite der neuen physikalischen Erkenntnisse wurde vom Zeitbewußtsein rasch erfaßt, wie es z. B. die Wissenschaftsmethodiken von *Bacon*[8] (1561 bis 1626), *Jungius*[9] (1587 bis 1657) und *Descartes*[10] (1596 bis 1650) aufzeigen.

Der neue wissenschaftliche Geist betraf nicht nur die Mechanik. In der Tat, das erste Physikbuch im Sinne der neuen Wissenschaften stammt von dem englischen Arzt *Gilbert*[11] (1540 bis 1603) über den Magneten. Er geht darin von wohl überlegten Experimenten aus, verallgemeinert sie und kommt so zu allgemeinen Aussagen über den Magnetismus und Erdmagnetismus. Dieses Buch hat die geistig-wissenschaftliche Entwicklung jener Zeit stark beeinflußt. Die großen Wissenschaftler jener Epoche kannten es (*Kepler*[12] rühmte, *Galilei*[13] benutzte es). Es war aber nicht der Magnetismus, in dem die neue Physik zum großen Durchbruch kam, sondern die Dynamik. Dabei waren folgende Etappen wichtig:

Kepler faßte die Vorgänge am Himmel als physikalische Phänomene auf;
Galilei gelang die richtige begriffliche Fassung einfacher Bewegungsvorgänge. Er führte die Abstraktion des „Idealfalles" ein;
Huygens[14] und Newton klärten und vollendeten die neuen Begriffe.

Wir stellen in der folgenden Tabelle die bedeutendsten Forscher und Denker jener Epoche zusammen:

1473–1543	Kopernikus
1530–1590	Benedetti
1540–1603	Gilbert (1600 De magnete)
1548–1603	Stevin
1561–1626	Bacon of Verulam
1562–1642	Galilei (1638 Unterredungen über die Fallgesetze)
1571–1630	Kepler (1609 astronomia nova)
1587–1657	Jungius

1592–1655	Gassendi
1596–1650	Descartes (1644 principia philosophieae)
1608–1680	Borelli
1629–1695	Huygens (1673 Pendeluhr)
1635–1703	Hooke
1643–1727	Newton (1686 principia).

Nach der im Altertum herrschenden – wohl auf Aristoteles zurückgehenden – Auffassung waren Himmel und Erde weit voneinander getrennt. Der Himmel verkörperte das Vollkommene, Unveränderliche, Göttliche. Das Irdische dagegen war veränderlich und chaotisch. Diese Auffassung sah man durch die kreisförmigen Bahnen der Himmelskörper und den im Idealfall geradlinigen irdischen Bewegungen bestätigt. Die Gestirne wurden als wesentlich verschieden von der Erde aufgefaßt, weshalb wohl das im Altertum schon aufgestellte heliozentrische Weltsystem sich nicht durchsetzen konnte. Erst *Kopernikus*[15] (1473 bis 1543) gelang dieser Durchbruch. Als Beweis seiner Lehre, wonach die Sonne im Mittelpunkt der Welt steht, hatte er nur die Einfachheit und Schönheit anzuführen. Eine „Physik des Himmels" war das noch nicht, vielmehr eine Art geometrische Ordnung der Welt.

Erst Kepler sah wohl die Verbindung der Himmelsbewegungen mit der Physik. Er stellte die Frage nach den Kräften, wenn er die nach außen abnehmende Umlaufgeschwindigkeit der Planeten ursächlich mit einer von der Sonne ausgehenden und mit der Entfernung von ihr abnehmenden Kraft in Zusammenhang brachte (1596). Er begründete die Gültigkeit des heliozentrischen Systems mit der Sonne als Sitz der Kraft, die die Planetenbewegungen hervorruft. In seiner „astronomia nova seu physica coelestis" zeigt er (1609) auch die ersten Planetengesetze auf. Jedoch ist seine Schlußfolgerung auf eine $1/r$-Abhängigkeit der Gravitationskraft falsch. Er schließt nämlich aus dem Flächensatz

$$r^2\dot{\varphi} = \text{const},$$

daß die Geschwindigkeit $r\dot{\varphi}$ senkrecht zum Fahrstrahl Sonne-Planet umgekehrt proportional dem Radius ist

$$r\dot{\varphi} = \frac{\text{const}}{r}$$

und daher auch die Kraft eine solche Abhängigkeit zeigen müsse, was – wie schon gesagt – falsch ist. Er bringt das noch mit der Ausbreitung der Kraft in der Planetenebene in Verbindung. Demnach erkannte Kepler die durch die Planetenbewegung gestellte Aufgabe recht klar, jedoch hatte er noch nicht die begrifflichen und mathematischen Mittel zur Beschreibung der krummlinigen Bewegung.

Kepler war einerseits der nüchterne Astronom und Physiker, der die Bewegungsgesetze der Planeten und die Ursache dafür erforschte, andererseits aber auch ein Ästhet, der die Welt als geordnetes Ganzes betrachtete. In den „harmonices mundi" schreibt er (1619) den fünf regulären Körpern im Aufbau der Welt eine besondere Rolle zu. Er benutzt sie als mathematische „Urbilder". Die Verwendung der Mathematik zur Beschreibung von Zusammenhängen, wie sie bald üblich wurde, blieb jedoch Kepler versagt.

Galilei kommt in der physikalischen Auffassung der Planetenbewegung nicht an Kepler heran. Ihm erscheint die Kreisbahn natürlich; die allgemeine Bedeutung der Trägheitsgesetze erkannte er noch nicht. Dagegen beschreibt *Borelli*[16] (1608 bis 1680) qualitativ die Bewegungen der Himmelskörper als Zusammenspiel von Anziehung durch die Sonne und Fliehkraft. Er erkennt die Planetenbewegung als ein Problem der theoretischen Mechanik. Doch zur Bewältigung dieser Aufgabe mußte noch Wesentliches entwickelt werden; vor allem der freie Fall und der Wurf mußten zunächst verstanden werden.

Die Erkenntnis von der Trägheit der Körper; ihre Beharrung im Zustand der gleichförmigen Bewegung bei Abwesenheit von Kräften war schwer verständlich. Die Abstraktion gelang nur mühevoll. Dagegen war es einfacher, natürlicher nach der Ursache der Ortsveränderung zu fragen und Beziehungen zwischen Kraft und Geschwindigkeit zu suchen, wie es schon Aristoteles in verschwommener Form getan hat. Er vertrat die Auffassung, daß der geworfene Körper ein gewisses unstoffliches Vermögen besäße, das aber allmählich abnimmt (vis impressa natura – liter deficiens). Im 14. Jahrhundert nennt man dieses Vermögen „impetus" (Buridan, 1295 bis 1336?). Der Impetus bleibt normalerweise konstant, jedoch können ihn Schwere und Luftwiderstand verändern. Ein fallender Körper wird deshalb beschleunigt, weil durch die Schwere immer neuer Impetus hinzukommt (*Benedetti*[17], 1530–1590). Auch Galilei ist dieser Auffassung, er versucht aber zunächst diese Einsicht mit der Lehre der Aristoteliker, daß Kraft und Geschwindigkeit einander proportional seien, in komplizierter, undurchsichtiger Weise zu vereinigen.

Erst im dritten Tag der „Unterredungen über Fallgesetze" wird Klarheit über den Ablauf der Fallbewegungen erzielt. Die Idealfälle der gleichförmigen Bewegung und der gleichförmig beschleunigten Bewegung werden dargestellt und mathematisch erfaßt. Die gleichförmig beschleunigte Bewegung wird mit den Erfahrungen beim freien Fall und dem Fall auf der schiefen Ebene verglichen. Schließlich wird am vierten Tag der Unterredungen der schiefe Wurf analysiert: Er wird richtig als Zusammensetzung einer (idealen) fortschreitenden Bewegung und einer (idealen) Fallbewegung erkannt.

Obwohl Galilei das Trägheitsgesetz (Beharrung der Körper in gleichförmiger Bewegung, falls keine Kräfte auf sie einwirken) und die Proportionalität zwischen Kraft und Beschleunigung beschreibt, hat er das allgemeine Bewegungsgesetz nicht ausgesprochen. Auch wendet er seine Erkenntnisse aus den Fallgesetzen nicht auf die Planetenbewegungen an. Man erkennt aus seinem ganzen Schaffen, wie schwer er sich tat, die alten Vorstellungen allmählich abzulegen.

Doch die neuen Gedanken setzten sich durch. Im Jahre 1644 machte Descartes den ersten Versuch einer Formulierung allgemeiner Bewegungsgesetze. Er sprach von der Beharrung der Körper im Zustand der Ruhe oder der Bewegung, von der gradlinigen Bewegung als natürlichster Bewegung (gemeint ist kräftefreie Bewegung) und von der „Erhaltung der Bewegung" im Stoß von Körpern. Das letztere ist offensichtlich schon die Erhaltung des Impulses (Bewegung genannt) $\sum_i m_i\vec{v}_i$. Doch den Vektorcharakter des Impulses (der „Bewegung") erkennt Descartes noch nicht; wohl auch deshalb sind seine Anwendungen dieses Satzes falsch.

Die begriffliche Vollendung der Mechanik gelang Huygens bei der Behandlung krummliniger Bewegungen. Er studierte die Bewegung eines Körpers auf gegebener Bahn im Schwerefeld der Erde (Tautochronenproblem) und läßt insbesondere bei der Behandlung der Pendeluhr (1673) klares Verständnis der Fliehkraft und Zentripetalkraft erkennen. Durch infinitesimale Betrachtungen erklärt er diese als gleichförmig beschleunigte Abweichung von der geradlinigen Bewegung. Er erkennt die Proportionalität zwischen Fliehkraft und (Zentrifugal-)Beschleunigung, wobei die Beschleunigung schon infinitesimal definiert wird. Huygens erkennt den Impuls als vektorielle Größe und begreift damit auch den Impulssatz richtig, was seine Anwendungen dieses Satzes auf Stöße zeigen.

Dann kam Newton mit seinem großartigen Werk „philosophiae naturalis principia mathematica" (1686/87) und zeigte systematisch die Verknüpfung zwischen Masse, Geschwindigkeit, Impuls und Kraft. Am Beispiel des Gravitationsgesetzes zeigte er, wie eine Kraft (die durch die Änderung des Impulses gemessen wird) durch die Konstellation der beteiligten Körper bestimmt ist. Schließlich wandte er die Gesetze der Mechanik bei der Behandlung der Planetenbewegung an und zeigte, wie induktiv aus den Keplerschen Gesetzen das Gravitationsgesetz und deduktiv aus dem Gravitationsgesetz die Keplerschen Gesetze folgen. Das war der endgültige Durchbruch und die Bewährung der neuen Mechanik; gewissermaßen die Vollendung des Keplerschen Anliegens.

Nach den vorangehenden Betrachtungen dürfte sich jedem die Frage aufdrängen, woran es lag, daß Kepler die Entdeckung des Beschleunigungsgesetzes – und damit der allgemeinen Schwere – versagt blieb, wo es doch scheinbar „so leicht" aus seinen eigenen Gesetzen folgt. Es steht uns aber nicht an, Kepler aus diesem Grunde einen Mangel an Genialität und Phantasie vorzuwerfen; daß er beides – das Genie im empirischen Forschen und die Phantasie in weitschweifenden, manchmal in Imaginationen[1)] übergehende Spekulationen – besaß, steht außer Zweifel. Die Erklärung liegt im folgenden: Kepler war ein Zeitgenosse Galileis, der ihn um zwölf Jahre überlebte, so daß die Galileische Mechanik, insbesondere der zentrale Begriff der Beschleunigung, das Trägheits- und Wurfgesetz, wenn auch durch Korrespondenz und Hörensagen bekannt, von ihm doch nicht zu einem tragenden Bau verarbeitet werden konnte. (Hierbei ist zu bemerken, daß Kepler 1630 starb, während Galileis „Discorsi", in dem seine Mechanik niedergelegt ist, erst 1638 erschien.) Noch entscheidender ist aber die Tatsache, daß die Theorie der

[1)] So z. B. in seinen Gedanken die mögliche Anzahl der Planeten betreffend, da er – wie die Pythagoräer – überzeugt war, daß Gott die Wahl in Anzahl und Proportionen nach einem bestimmten Zahlengesetz geschaffen habe.

krummlinigen Bewegung – von Huygens für den Kreis begonnen, von Newton für allgemeine Bahnen vollendet – Kepler nicht zur Verfügung stand, und ohne den Beschleunigungsbegriff für krummlinige Bewegungen ist es unmöglich, aus den Keplerschen Gesetzen durch einfache mathematische Operationen zur Form der Radialbeschleunigung zu gelangen.

Die aus dem dynamischen Grundgesetz und den Gegenwirkungsprinzip hervorgehende – Newtonsche – Gravitationsmechanik ist dem Wesen nach eine Weiterentwicklung der von Galilei entdeckten Wurfbewegung. Hierüber schreibt Newton selbst: „Daß durch die Zentralkräfte die Planeten in ihren Bahnen gehalten werden können, ersieht man aus der Bewegung der Wurfgeschosse. Ein (horizontal) geworfener Stein wird, da auf ihn die Schwere wirkt, vom geraden Weg abgelenkt und fällt, indem er eine krumme Linie beschreibt, zuletzt zur Erde. Wird er mit größerer Geschwindigkeit geworfen, so fliegt er weiter fort, und so könnte es geschehen, daß er zuletzt über die Grenzen der Erde hinausflöge und nicht mehr zurückfiele. So würden die von einer Bergspitze mit steigender Geschwindigkeit fortgeworfenen Steine immer weitere Parabelbögen beschreiben und zum Schluß – bei einer bestimmten Geschwindigkeit[1)] – zur Bergspitze zurückkehren und auf diese Weise sich um die Erde bewegen. Eine durch Anschauung und zwingende Logik überwältigende Begründung!

Auch der englische Physiker *Hooke*[18] (1635–1703), den wir als Begründer der Elastizitätstheorie kennen, war dem Gravitationsgesetz nahe. Dies zeigen folgende Ausführungen von ihm[2)]: „Ich werde ein Weltsystem entwickeln, das in jeder Beziehung mit den bekannten Regeln der Mechanik übereinstimmt. Dieses System beruht auf drei Annahmen: 1). Alle Himmelskörper besitzen eine gegen ihren Mittelpunkt gerichtete Anziehung (Schwerkraft); 2). alle Körper, die in eine geradlinige und gleichförmige Bewegung versetzt werden, bewegen sich so lange in

---

1) Deren Betrag gibt Newton aus $mv^2/R = mg$ beim horizontalen Abwurf richtig zu $v = \sqrt{gR} = 7\,900\ \mathrm{m \cdot s^{-1}}$ an; für den senkrechten Abschuß in den Weltraum ergibt sich die notwendige Geschwindigkeit aus dem Energiesatz

$$\frac{1}{2}mv^2 = \gamma \int_R^\infty \frac{mM}{r^2}\,\mathrm{d}r = \gamma \frac{mM}{R}$$

mit $g = \gamma M/R^2$ zu

$$v = \sqrt{2gR} = 11200\ \mathrm{m \cdot s^{-1}}.$$

Beide Resultate verstehen sich ohne die Berücksichtigung der Reibungsverluste in der Luft.

2) Für die vielseitige tätige Genialität Hookes noch zwei Hinweise: Im Jahre 1665 schreibt er die prophetischen Worte: „Ich habe oft daran gedacht, daß es möglich sein müßte, eine künstliche, (leimartige Masse zu finden), die jener Ausscheidung gleich oder gar überlegen ist, aus der die Seidenraupen ihren Kokon fertigen und die sich durch Düsen zu Fäden verspinnen läßt.“ Das ist der Grundgedanke der Chemiefasern, die – allerdings zweieinhalb Jahrhunderte später – die Textilindustrie so umwälzend beeinflußt haben! Im selben Jahr schreibt er, die mechanische Theorie der Wärme (also auch kinetische Gastheorie) vorwegnehmend: „Daß die Teilchen aller Körper, so fest sie auch sein mögen, doch vibrieren, dazu braucht es meines Erachtens keinen anderen Beweis als den, daß alle Körper einen Grad Wärme in sich haben und daß noch niemals ein absolut kalter Körper gefunden worden ist.“

gerader Linie, bis sie durch irgendeine Kraft abgelenkt und in eine krummlinige Bahn gezwungen werden; 3). die anziehenden Kräfte sind um so stärker, je näher ihnen der Körper ist, auf den sie wirken. Welches die verschiedenen Grade der Anziehung sind, habe ich durch Versuche noch nicht feststellen können. Aber es ist ein Gedanke, der die Astronomen instand setzen muß, alle Bewegungen der Himmelskörper nach einem Gesetz zu bestimmen.

Aus diesen Bemerkungen ist zu ersehen, daß Newton nicht etwa aus dem Nichts das Monument seiner „Prinzipia" schuf, aber es bedurfte einer gewaltigen geistigen Größe und kühner Gedanken, um all das, was Galilei, Kepler, Huygens und Hooke auf physikalischem, astronomischem und mathematischem Gebiet geschaffen hatten, in einem Brennpunkt zusammenzuziehen und insbesondere zu verkünden, daß die Kraft, die die Planeten in ihren Bahnen um die Sonne kreisen läßt, identisch ist mit der, die die Körper auf der Erde zum Boden treibt.

Zu dieser Erkenntnis benötigte die Menschheit anderthalb Jahrtausende, wenn man in Betracht zieht, daß in der „Moralia" (De facie quae in orbe lunae apparet) von *Plutarch*[19] (46–120) festgestellt wird, daß der Mond durch den Schwung seiner Drehung genau so daran gehindert wird, auf die Erde zu fallen, wie ein Körper, der in einer Schleuder „herumgewirbelt" wird; es bedurfte des Genies von Newton, um zu erkennen, was die „Schleuder" bei den Planeten ist!

Die neue Mechanik hatte einen ungeheuren Einfluß auf den Geist jener Zeit. Es gab nun neben der Mathematik eine zweite unanfechtbare Wissenschaft. Mehr noch: Die exakten Naturwissenschaften waren geboren: Die Mechanik wurde zu ihrem Vorbild.

Fassen wir die wichtigsten Stationen bei der Entstehung der Mechanik noch einmal aus heutiger Sicht zusammen: Der wesentliche Teil der Mechanik und ihrer Grundbegriffe wird im dynamischen Grundgesetz

$$\frac{\mathrm{d}\vec{p}}{\mathrm{d}t} = \frac{\mathrm{d}}{\mathrm{d}t}(m\vec{v}) = \vec{F}$$

ausgesprochen. Hierin taucht grundlegend die Beschleunigung als Kennzeichen einer wirkenden Kraft $\vec{F}$ auf; auch das Beharrungsgesetz, d. h., die Erhaltung des Impulses

$$\vec{p} = m\vec{v}$$

und damit der Geschwindigkeit $\vec{v} = \dot{\vec{r}}$, wenn keine äußeren Kräfte wirken, ist darin enthalten. Dieses Beharrungsgesetz wurde schon in der spätantiken und scholastischen Mechanik (Philoponos, Buridan) in den Erfahrungen gesehen. Die gleichförmige Bewegung als Idealfall einer Bewegung beschrieb Galilei; Descartes sprach das Beharrungsgesetz klar aus und richtig verwendet wurde es von Huygens. In der dynamischen Grundgleichung taucht, wie gesagt, die Beschleunigung als Differentialquotient der Geschwindigkeit auf. Dies hat Huygens klar erkannt; wie er auch die Beschleunigung als Maß für die Kraft und die Rolle der Masse im Impuls richtig bemerkte. Newton faßte alles souverän zusammen und wandte das Grundgesetz auf die Himmelsmechanik an. In diesem Sinne ist Newton der Endpunkt des Weges zur Mechanik, an dem neben ihm auch Galilei und Huygens wesentlich mitbauten; das allgemeine Konzept aber stammt wesentlich mit von Kepler.

Für die Geschichte der Mechanik sei im übrigen auf die Darstellungen der Geschichte der Physik verwiesen. Für die hier behandelten Abschnitte vgl. besonders auch:

E. J. Dijksterhuis, Val en worp. Groningen 1924.
E. Wohlwill, Galilei, Hamburg und Leipzig 1909 und 1926.

Die wichtigsten Originalabhandlungen sind in der Sammlung: Ostwalds Klassiker der exakten Wissenschaften übersetzt. Die Hauptwerke Keplers und Newtons sind zugänglich als:

J. Kepler, Neue Astronomie oder Physik des Himmels (1609).
Deutsche Übersetzung. München 1929.
I. Newton, Mathematische Principien der Naturlehre (1686/87).
Deutsche Übersetzung. Leipzig 1872.
E. Mach, Die Mechanik in ihrer Entwicklung historisch-kritisch dargestellt (1933).
R. Dugas, A history of mechanics
(Neuenburg/Schweiz) 1955.
P. Sternagel, Die artes mechanical im Mittelalter
(1966).
F. Krafft, Dynamische und statische Betrachtungweise in der antiken Mechanik
(1970).

Anmerkungen

1) *Platon*, griechischer Philosoph, geb. Athen 427 v. Chr. gest. das. 347, war der Sohn des Ariston und der Periktione, aus einem der vornehmsten Geschlechter Athens. In seinen jüngeren Jahren soll er Tragödien geschrieben haben. Für seine Wendung zur Philosophie wurde die Begegnung mit Sokrates entscheidend, dessen Schüler er 8 Jahre lang war. Nach Sokrates' Tod (399) begab er sich zunächst mit anderen sokratischen Schülern nach Megara zu Euklides, suchte dann auf großen Reisen (zunächst nach Kyrene und Ägypten) seinen Gesichtskreis zu erweitern, kehrte aber bald heim und eröffnete mit seinen ersten Werken den Kampf gegen das Erziehungsideal der Sophisten. Bald gewann er begeisterte Anhänger, mit denen er, zurückgezogen vom öffentlichen Leben, den Wissenschaften oblag. Wissenschaftliche Absichten führten ihn wohl auch um 390 nach Italien, wo er die pythagoräische Lehre und Schulorganisation kennenlernte. Er wurde am Hof des Tyrannen Dionys von Syrakus eingeführt; dieser nahm anfänglich viel Interesse an ihm, soll ihn später aber dem spartanischen Gesandten als Gefangenen ausgeliefert haben, der ihn als Sklaven verkaufen ließ. Losgekauft und nach Athen zurückgekehrt, gründete Platon 387 die Akademie. Seine Hoffnung auf eine umfassende Wirksamkeit setzte er jedoch trotz seiner schlimmen Erfahrungen auf Syrakus. 368 folgte er einer Einladung Dions, Oheim des jüngeren Dionys, der hofft den jungen Herrscher für Platons politische Grundsätze gewinnen zu können. Dionys zeigte sich aber nur für kurze Zeit Platons Gedanken geneigt. Auch eine dritte Reise (361–360) blieb erfolglos, da das leicht erregbare Mißtrauen des Dionys sich auch gegen ihn wandte. Die letzten Lebensjahre verbrachte Platon in Athen in ununterbrochener wissenschaftlicher Tätigkeit in einem Kreis z. T. hochbedeutender Schüler; er starb der Sage nach bei einem Hochzeitsmahl.

Platons Werke sind alle erhalten, mit Ausnahme der Altersvorlesung „Über das Gute“, die nur in groben und unsicheren Zügen rekonstruierbar ist. Jedoch ist nicht alles unter Platons Namen Überlieferte echt. Umstritten ist die Echtheit des 7. Briefes und der Gesetze.

Die wichtigsten und sicher echten Schriften aus der Frühzeit sind: Apologie, Protagoras, Staat I, Gorgias, Menon, Kratylos; aus der mittleren Schaffensperiode: Phaidon, Gastmahl, Staat II–X; aus den letzten Jahren: Phaidros, Parmenides, Theaithetos, Sophistes, Timaios, Philebos.

Fast alle Schriften sind Dialoge, die in Sprache und Aufbau von großer künstlerischer Schönheit sind; in den meisten tritt als der Hauptgesprächsführer Sokrates auf.

Die Philosophie Platons verwandelt die Dialektik, die bei seinem Lehrer Sokrates nur die negative Aufgabe hatte, das Scheinwissen über das Gute und die Tugend zu zerstören, in einen Weg der Erkenntnis des Guten und der Tugend, den Weg zu den „Ideen“. Platon unterscheidet vom immer Werdenden, sich niemals Gleichbleibenden, das wir mit den Sinnen erfassen, das sich niemals Ändernde sich immer gleichbleibende Seiende, das wir im Denken erfassen, die Ideen. Zwischen diesen Bereichen klafft ein Abgrund (choritmós), der aber dadurch überbrückt ist, daß das Sinnliche zu den Ideen im Verhältnis der Teilhabe (méthexis) steht. Auch die Ideen selbst stehen, nach Platons Spätlehre, im Teilhabeverhältnis zueinander. Die Ideenlehre ist eine Auslegung des Satzes (logos), der im Nennwert (ónoma) einen Gegenstand nennt und von ihm im Sagewort (rhema) aussagt, was er ist, d. h. ihn unter einem Begriff subsumiert. Platon entdeckte, daß dieses Subsumptionsverhältnis (Teilhabe) nicht das der Identität, sondern ganz eigener Art ist. Die Ideenlehre ist das Fundament der Logik, diese aber ist nicht etwas Subjektives, sondern die Strukturen des Seienden selbst als des Denkbaren. Die Ideen sind nicht Vorstellungsakte, sondern das in ihnen Vorgestellte, das unabhängig von uns an sich selbst ist. Durch diese Unterscheidung des Sinnlichen, das bei uns ist, vom Übersinnlichen (dem späteren „Transzendenten“), wurde Platon zum Bereiter der erst später so genannten Methaphysik.

Da das innerste Wesen der Liebe der Wille zur Verewigung ist, kommt sie nur als Liebe zu den ewigen Ideen zu ihrer Erfüllung. Alle andere Liebe ist Vorstufe dazu. Dem vergänglichen Sinnlichen abzusterben und sich den unvergänglichen Ideen zuzuwenden, ist das Streben des wahrhaft philosophischen Mannes. Der Weg dahin ist die Dialektik. Auch das Wesen dieser Methode der Ideenerkenntnis ist Logik.

Die Bedeutung der Idee schwankt bei Platon zwischen Allgemeinvorstellung und Vorstellung a priori. Sofern sie letzteres ist, kommt sie nicht von außen in den Menschen hinein, sondern er erinnert sich an sie als an etwas, was er schon besitzt, aber vergessen hat. Die Erkenntnis der Idee ist Wiedererinnerung (anámnesis). Das Verfahren des sich Wieder-Erinnerns ist das der Hypothesis. Platon versteht darunter den Beweis in der Form des satzlogischen Schlusses: Wenn das 1., so das 2., nun aber das 1., also das 2. Oder: Nun aber nicht das 2., also nicht das 1.: z. B. im Meno: Wenn die Tugend Wissen ist, ist sie lehrbar; nun aber ist sie Wissen, also ist sie lehrbar. Nun aber ist sie nicht lehrbar, denn es gibt de facto keine Tugendlehrer, also ist sie nicht Wissen, sondern nur richtige, von den Göttern inspirierte Meinung, die aber in sich rechtfertigen könnendes Wissen zu verwandeln, nach Platon die eigentliche Aufgabe der Philosophie ist.

Auch die spätere Gestalt der Dialektik, das Einteilungsverfahren (diairesis) der Gattung in Arten ist der Entwurf eines logischen Beweisverfahrens. Aristoteles deutet es mit Recht als ein Vorspiel des von ihm entdeckten klassenlogischen Schlusses. Alles Beweisen ist Beweisen aus Voraussetzungen. Diese können selbst bewiesen werden. Im Staat entwirft Platon die Idee einer Vollendung dieses Beweisens bis zum Wegfall aller Voraussetzungen (anyipódeton), d. h. die Idee eines Beweises durch das und aus dem rein Logischen. Das Unbedingte bestimmt er hier als das Gute. In seiner letzten Zeit deutet Platon die Ideen als Zahlen, d. h. als Einheiten, die eine Vielheit in sich schließen, und sieht ihr unbedingtes Prinzip in dem Einen und dem „Großundkleinen" (Deutung umstritten).

Platon bleibt sich den Schranken alles menschlichen Beweisens bewußt. Wo die Dialektik ihre Grenzen hat, bleibt die vermutungsweise Rede, die sich der Sprache des Mythos bedient. Alles Wissen des Sinnlichen, der Natur, kommt über wohlbegründetes Vermuten nicht hinaus, daher ist alle naturwissenschaftliche Rede notwendigerweise Mythos. Platon entwickelt diesen Gedanken in seinem bes. im MA, äußerst einflußreichen Dialog Timaios.

Die Frage, was für den Menschen das Gute und die Tugend als der Weg dahin sei, beantwortet Platon mit Hilfe seiner Ideendialektik zunächst im Staat durch seine Lehre von den vier Kardinaltugenden: Weisheit, Tapferkeit, Besonnenheit und Gerechtigkeit. Der Entwurf eines Idealstaates dient nur dem Beweis dieser Lehre und stellt keinen Plan auf, der verwirklicht werden soll. In der Folge wurde aber dieser „Idealstaat" mit seiner Gliederung in die drei Stände Lehrstand, Wehrstand und Nährstand, mit seiner Lehre von Güter- und Weibergemeinschaft und von der Notwendigkeit, daß die Könige Philosophen oder die Philosophen Könige werden müßten, als politisches Programm gedeutet und wirksam. Im späten Philebos sieht Platon das Gute des menschlichen Lebens darin, daß es ein aus Wissen (epistéme) und Freude (hedoné) gemischtes sei, wobei alles Wissen zugelassen ist, von den Freuden aber nur die mit Schmerz ungemischten, die das Wissen nicht zu beeinträchtigen vermögen. Im Sinne eines solchen Lebensideals müssen die Menschen erzogen werden, wenn ein wahrhafter und dauerhafter Staat möglich sein soll. Dieses Erneuerungsprogramm fordert eine radikale Einschränkung des

Einflusses, den die traditionelle Dichtung auf den Einzelnen und die Gemeinschaft hatte. Auch Platons Philosophie und Kritik der Kunst ist zu außerordentlicher geschichtlicher Wirkung gekommen.

Platons Lehre, der Platonismus, wurde zunächst in der Schule Platons, der Akademie, weiterentwickelt. Man unterscheidet die ältere, mittlere und jüngere Akademie. In der älteren, deren erste und bedeutendste Leiter Speusippos und Xenokrates waren, verstärkten sich die pythagoräischen Neigungen der Altersphilosophie Platons; das Verhältnis von Ideen und Zahlen stand im Mittelpunkt des Interesses; bald verbanden sich damit mythologische Elemente. Demgegenüber wollten die führenden Männer der mittleren Akademie, Arkesilaos (315–241 v. Chr.) und Karneades (214 bis 129), die kritisch-wissenschaftliche Haltung Platons wieder zur Geltung bringen, gelangten aber so zu einem, wenn auch gemäßigten Skeptizismus, der nur wahrscheinliche Erkenntnis für möglich hält. Die jüngere Akademie schätzt die Kraft der Vernunft wieder positiver ein und verbindet in eklektischer Weise Gedanken verschiedener Systeme, namentlich platonische und stoische Gedanken. Der jüngeren Akademie gehören an Philo von Larissa (160–79) und Antiochos von Askalon († 68 v. Chr.), den Cicero in Athen hörte. Den Platonismus der drei Akademien faßt man als älteren Platonismus zusammen. Der Übergang von diesem zum Neuplatonismus bildet der „mittlere" Platonismus, dessen Hauptvertreter Plutarch (50–125 n. Chr.) einen religiösen Platonismus mit starker Betonung der absoluten Transzendenz Gottes und Annahme einer Stufenreihe von Mittelwesen zwischen Gott und der Welt lehrte.

Im MA. kannte man von Platon bis zum 12. Jahrhundert nur den „Timäus", dessen Naturphilosophie von großem Einfluß war; im 12. Jahrhundert übersetzte Henricus Aristippus „Menon" und „Phaidon", im 13. Jahrhundert W. von Moerbeke des „Parmenides". Stärker als der echte Platon wirkte jedoch der Neuplatonismus, dessen Gedanken von denen Platons kaum unterschieden wurden. Die geschichtliche Entwicklung der Philosophie des MA. wurde weithin durch die Auseinandersetzung zwischen Platonismus und Aristotelismus bestimmt. In der Frühscholastik hatte Platon vor allem durch Augustinus die Führung; insbesondere war die Schule von Chartres platonisch gerichtet. In der Hochscholastik bildete der Platonismus auch in den Lehrgebäuden der Aristoteliker (Albert, Thomas) eine starke Unterströmung; als selbständige Bewegung trat er bei den mathematisch-naturwissenschaftlich ausgerichteten Denkern (Robert Grosseteste, Roger Bacon, Witelo, Dietrich von Freiberg) und den dt. Mystikern hervor. Letztere stellen die Verbindung mit dem Platonismus der Frührenaissance (Nikolaus von Kues) her.

Der Beginn des modernen Platonismus fällt in die italienische Renaissance. Aurispa brachte 1428 den vollständigen griechischen Text der Werke Platons aus Konstantinopel nach Venedig. Bald entstanden lateinische Übersetzungen; die bedeutendste stammt von Marsiglio Ficino, der sie 1453–83 vollendete. Platoniker sind ferner Lionardo Bruni und der ältere Pico Della Mirandola sowie nach Italien geflohene Byzantiner, u. a. die beiden Chrysoloras, Gemistos Plethon und Bessarion. Mittelpunkt war die 1459 von Cosimo von Medici gegründete und von

Ficino geleitete Platonische Akademie in Florenz. Von ihr aus verbreitete sich der Platonismus über ganz Europa. Eine eigentlich platonische Schule entstand freilich nur in England (Cambridger Schule). Doch auch in den rationalistischen Systemen „Descartes", „Spinozas", und „Leibniz" wirkten Gedanken Platons nach. Malbranche wurde geradezu der „christliche P". genannt. Eine Neubelebung der platonischen Denkrichtung brachte im 19. Jahrhundert der deutsche Idealismus. Hegel griff allerdings nicht nur auf Platon, sondern mehr noch auf Plotin und den Neuplatonismus zurück. In der jüngeren Vergangenheit zeigte sich ein tiefgreifender Einfluß Platons in der Phänomenologie Husserls und in der Weltphilosophie. A.N. Whitehead bekannte sich ausdrücklich zum Platonismus; wenn sein Wort, die ganze europäische Philosophie bestehe nur aus Fußnoten zu Platon, auch überspitzt ist, so weist es doch mit Recht auf die gewaltige, alle Jahrhunderte der abendländischen Philosophie durchdringende Fortwirkung des Geistes Platons hin. Noch beherrschender ist der Einfluß Platons in der Philosophie und Theologie des christlichen Ostens, in denen die platonische Tradition des Origenes und der griechischen Kirchenväter weiterlebt; so sind W. Solowjew und N. Berdjajew christliche Platoniker. [BR].

2) *Aristoteles,* griechischer Philosoph, geb. in Stagira in Makedonien 384 v. Chr., gest. Chalkis auf Euböa 322, kam mit 18 Jahren nach Athen und wurde Schüler Platons, in dessen Akademie er fast zwei Jahrzehnte verblieb, zuerst als Lernender, dann als Lehrender, zuletzt mit eigener Philosophie Platon entgentretend. Nach dem Tode Platons (347) weilte er drei Jahre in Kleinasien bei Hermias, beim Fürsten von Atarneus. 343 rief ihn Phillip von Makedonien als Erzieher seines Sohnes Alexander an seinen Hof. Als Alexander den Thron bestieg, ging Aristoteles in seine Vaterstadt, siedelte aber 334 nach Athen über, um dort dauernd zu bleiben. Hier gründete er die Peripataetische Schule, so genannt nach den Wandelgängen (peripatoi), die den Schauplatz seines Wirkens, das Lyzeum (lykeion), umgaben. Zwölf Jahre lang lehrte er dort in ständig wachsendem Schülerkreis, bis nach dem Tode Alexanders die Erhebung Athens ihm, dem Freunde des Königshauses, gefährlich wurde. Er ging auf sein Landgut bei Chalkis auf Euböa, wo er bald darauf starb. [BR]

3) *Eudoxus* von Cnidus (400–347 v. Chr.) griechischer Wissenschaftler, war gleichermaßen tätig als Mathematiker, Astronom und Geograph. Seine Biographie ist nicht sehr genau überliefert, aber es gilt als gesichert, daß er Mitglied der platonischen Schule war. Später leitete er eine eigene Schule in Cyzicus. Eudoxus gab eine neue Definition für Proportion. Er entwickelte die Exhaustionsmethode und wandte sie auf viele geometrische und stereometrische Probleme und Theoreme an, die er zum ersten Mal genau beweisen konnte. Möglicherweise ist der größte Teil von Euclid's XII. Buch die Arbeit Eudoxus'. Eudoxus erstellte ferner eine Sternenkarte, die für Jahrhunderte führend blieb. Er teilte den Himmel in Längen- und Breitengrade auf, gab einen besseren Wert für die Länge des Sonnenjahres an und verbesserte den Kalender. Er schätzte den Erdumfang zu 400 000 Stadien ab, gab eine neue Karte der bekannten Erdteile heraus und verfaßte eine Geographie in 7 Bänden.

4) *Archimedes*, überragender Mathematiker und Mechaniker der alexandrinischen Epoche, geb. Syrakus um 285, bei der Eroberung von Syrakus von einem römischen Soldaten getötet. Archimedes stand in naher Beziehung zum syrakusanischen Herrscherhause. Er schrieb bedeutende Abhandlungen zur Mathematik und mathematischen Physik, von denen 14 erhalten sind. Er berechnete Kreisfläche und Kreisumfang, Flächeninhalte und Rauminhalte des Parabelsegments, der Ellipse, Spirale, des Rotationsparaboloids, des einschaligen Hyperboloids u. a. und nahm Schwerpunktsbestimmungen dafür vor. Für π gab er einen Wert zwischen 3 1/7 und 3 10/71 an, entwickelte in seiner „Sandrechnung" ein Verfahren zur Exponentialschreibweise beliebig großer Zahlen und im „Ephodos" eine Art Integrationsverfahren. Bedeutender noch als seine Behandlung der Gleichgewichtsbedingungen des Hebels ist die Abhandlung über schwimmende Körper, in der das Archimedische Prinzip enthalten ist. Das Verhältnis der Rauminhalte des geraden Kreiskegels, der Halbkugel und des geraden Kreiszylinders von gleicher Grundfläche und Höhe bestimmte Archimedes als 1 : 2 : 3. Unsicher sind die Erfindung der nach ihm benannten Wasserschraube und des zusammengesetzten Flaschenzuges, legendär die Verbrennung der römischen Flotte durch Brennspiegel. [BR]

5) *Leonardo da Vinci,* italienischer Maler, Bildhauer, Architekt, Naturforscher, Techniker, geb. Vinci bei Empoli 15.4.1452, gest. Schloß Cloux bei Amboise 2.5.1519, unehelicher Sohn des Ser Piero, Notar in Florenz und eines Bauernmädchens, wurde im Vaterhaus aufgezogen und kam mit 15 Jahren nach Florenz in die Lehre von A. Verrocchio, bei dem er nicht nur in der Malerei und Plastik, sondern auch in den technischen Künsten eine vielseitige Ausbildung erhielt. 1472 wurde er in die Florentiner Malgilde aufgenommen, blieb aber noch etwa 4 Jahre in der Werkstatt Verrocchios. In dieser Zeit der Gemeinschaftsarbeit entstanden die frühesten von ihm erhaltenen Werke: ein Engel und die Landschaft auf Verrocchios Gemälde der Taufe Christi (Florenz, Uffizien), zwei Verkündigungen (Uffizien und Louvre) sowie die Madonna mit der Vase (München, Pinakothek). – Um 1478 machte er sich selbständig und wirkte noch etwa 5 Jahre in Florenz. Aus dieser Epoche besitzen wir das Bildnis der Ginevra Benci (Vaduz, Galerie Liechtenstein), das unfertige Bild des Hl. Hieronymus (Vatikan) und die gleichfalls unvollendete große Tafel der Anbetung der Könige (Uffizien), die Leonardo für den Hochaltar einer Klosterkirche in Auftrag erhalten hatte, aber halbfertig aufgab, als er Ende 1481 Florenz verließ, um in die Dienste des Herzogs Lodovico von Mailand zu treten.

Das Ende der Sforza-Herrschaft vertrieb Leonardo aus Mailand (1499). Über Mantua, wo er ein Bildnis der Markgräfin Isabella d'Este zeichnete (Louvre), und Venedig, wo er einen Verteidigungsplan gegen den drohenden Einfall der Türken entwarf, kehrte er April 1500 nach Florenz zurück, wo er das Gemälde der Hl. Anna Selbdritt begann (Louvre). Im Mai 1502 trat Leonardo als Erster Festungsbauinspizient in die Dienste Cesare Borgias, dessen Operationsgebiet als päpstlicher Heerführer er 10 Monate bereiste; die Romagna, Umbrien und Teile der Toskana. Aus dieser Tätigkeit entstand ein Großteil seiner Landkarten und Stadtpläne, die, Meisterwerke der Vermessung und Darstellung, zu den frühesten Zeugnissen der modernen Kartographie gehören. Auch von Florenz wurde er als Kriegsingenieur zu Rate gezogen; er arbeitete einen Plan aus, den Arno umzuleiten, um Pisa, mit dem Florenz im Kriege lag, seiner Hauptzufahrtsstraße zu berauben und entwarf das Projekt zu einem Kanal, der den Arno vom Meer bis Florenz schiffbar machen sollte. Beide Pläne sind nicht zur Ausführung gekommen, so auch der zur selben Zeit vom Sultan Bajasid II. eingereichte Entwurf, eine Brücke von 300 m Länge über den Bosporus zu schlagen. 1503 erhielt Leonardo den Auftrag, für den großen Ratssaal des Palazzo della Signoria in Florenz ein monumentales Wandgemälde zu schaffen; es entstanden die Entwürfe für die Schlacht von Anghiari, die in vielen Kopien u. a. von Rubens für das Reiterkampfbild der Renaissance und des Barocks, ja bis zu Delacroix zum klassischen Vorbild wurden. Um dieselbe Zeit malte Leonardo die Mona Lisa, wohl das berühmteste Bildnis der Welt, und die stehende Leda (nur in Kopien erhalten). In dieser Lebensphase stand Leonardo im Zenit seines künstlerischen Ruhms, von den aufkommenden Genies der jungen Generation neidlos bewundert (Raffael) oder eifersüchtig widerstrebend anerkannt (Michelangelo). Doch griff er nur noch zögernd zum Pinsel und wandte sich immer mehr wissenschaftlichen Aufgaben zu. Neben mathematischen Untersuchungen war es zunächst die Anatomie, die er erneut und umfassend betrieb; er sezierte Leichen und begann einen groß angelegten Traktat über den Bau des menschlichen Körpers, in dem er die anatomische Zeichnung zu einem dem Text gleichwertig zur Seite stehenden Lehrmittel ausbildete. Ebenso vertiefte er seine biologischen und physikalischen Studien; die schon in Mailand begonnenen Experimente über den Flug des Menschen führten ihn zu Untersuchungen über den Vogelflug, die er gleichfalls traktatartig zusammenfaßte. Wie die Strömungsgesetze der Luft suchte er auch die des Wassers zu erforschen; auch diese Studien, die Ansätze zu einer theoretischen und praktischen Hydrologie enthalten, schrieb er als Materialien zu einem Traktat über das Wasser nieder. Seine Aufzeichnungen suchte er in diesen Jahren nach den Hauptthemen seiner geplanten „Bücher“ zu ordnen, die zusammengefaßt eine Lehre von den mechanischen Urkräften in der Natur, also eine ganze Kosmologie, enthalten.

1506 brach Leonardo, den die Florentiner Signoria auf die Bitte des französischen Königs unter dem Druck der politischen Verhältnisse freigegeben hatte, die Arbeit an der Anghiari-Schlacht ab und ging nach Mailand zurück. Dort wirkte er bis 1513 vornehmlich als Berater des französischen Statthalters Charles d'Amboise, für den er einen großen Wohnpalast und die Pläne für eine Kapelle (S. Maria alla Fontana) entwarf. Aus dieser Zeit stammen auch die Zeichnungen für das Grabmal des Feldherrn Giangiacomo Trivulzio, das wie das Sforza-Monument als Reiterstandbild geplant, aber nicht ausgeführt wurde. Von „zwei fast fertigen Madonnenbildern für den allerchristlichen König“ fehlt jede Spur. – Auch in Mailand widmete sich Leonardo vor allem wissenschaftlichen Studien. Er führte seine große „Anatomie“ in Zusammenhang mit dem Anatomen Marc Antonio Della Torre aus Pavia fort und erweiterte in Praxis und Theorie seine hydrologischen und geophysikalischen Untersuchungen, wie sein Projekt zu einem Adda-Kanal zwischen Mailand und dem Comer See sowie seine erstaunlichen geologischen

Beobachtungen über die Entstehung der Fossilien bezeugen. Seine botanischen Studien griff er ebenfalls wieder auf und bildete auch bei diesen, wie auf allen Gebieten seiner Naturforschung, nach genau bestimmten Prinzipien der graphischen Darstellung die exakte Demonstrationszeichnung aus; er wurde damit zum Begründer der wissenschaftlichen Illustration.

Als Ende 1513 Leo X. den Papstthron bestiegen hatte, begab sich der jetzt Sechzigjährige nach Rom, wo er durch seinen Gönner, Kardinal Giuliano de Medici, Aufträge zu erhoffen mochte. Doch wurde ihm keiner der großen Aufträge zuteil, wie sie Raffael, Bramante und Michelangelo erhielten. Auch seine römischen Jahre waren ausgefüllt mit Forschungen, besonders zur Mechanik und Anatomie. Nur ein Bild, sein letztes, der rätselhafte Täufer Johannes (Paris, Louvre) mag in jenen Jahren entstanden sein.

Im Januar 1517 verließ Leonardo Rom, um der Einladung Franz' I. zu folgen. Er erhielt als Wohnung das Landschlößchen Cloux bei Amboise zugewiesen und den Titel „Premier peintre, architecte et mechanicien du Roi“. Doch malte er, da eine Lähmung der Hand ihn hinderte, nicht mehr, sondern arbeitete vor allem an der Ordnung seiner wissenschaftlichen Materialien, besonders am Abschluß seiner Anatomie. Von den wenigen Kunstschöpfungen dieser letzten Jahre ist zunächst das Projekt einer großen Schloß- und Parkanlage für die Residenz der Königinmutter in Romorantin bezeugt. Der Bau konnte nicht ausgeführt werden, seine Plan-Ideen wirken jedoch in dem großartigen Schloßbau nach, den Franz I. noch zu Lebzeiten Leonardos beginnen ließ, im Bau von Chambord. Das ergreifendste Dokument seines letzten Schaffens sind die Zeichnungen vom Untergang der Welt (Windsor), in denen er die Erfahrungen seines Lebens, das der Forschung der Natur gewidmet war, in einer einzigartigen Synthese von wissenschaftlicher und künstlerischer Vorstellungskraft zur Anschauung brachte; sie sind die Versinnbildlichung der die Welt durchwirkenden Urkräfte, die sie einst gestalteten und endlich auch zerstören, jedoch auch in ihrer Selbstauflösung noch den Gesetzen der Harmonie unterstehen.

Bestattet wurde Leonardo in Amboise, in der Kirche St. Florentin, die während der Französischen Revolution zerstört wurde. Erbe seines riesigen schriftlichen Nachlasses, der fast durchgehend in der ihm als Linkshänder geläufigen Spiegelschrift geschrieben ist, wurde sein Schüler und Freund Francesco Melzi.

Die Größe Leonardos und seine Bedeutung in der Geschichte der abendländischen Kultur beruhen darauf, daß er wie kein anderer Kunst und Wissenschaft als eine Einheit menschlichen Erkenntniswillens und -vermögens auffaßte. Als Maler ist er der erste Vollender des klassischen Stils, seine wenigen Kunstschöpfungen sind für alle nachfolgenden Zeiten und Stile Lehrbeispiele des Vollkommenen geblieben. Als Naturforscher und Philosoph steht er an der Grenze zwischen mittelalterlichem und neuzeitlichem Denken. Durch und durch Empiriker, suchte er ein enzyklopädisches Wissen mit den Mitteln der Erfahrung und des Experiments zu gewinnen. Durchaus an sein anschauendes Urteil gebunden und eines abstrahierenden, logischen Denkens weniger fähig, darf Leonardo nicht, wie dies oft versucht wurde, als der Begründer der modernen Naturwissenschaft schlechthin bezeichnet werden. Seine Leistungen auf dem Gebiet der Physik und reinen Mechanik sind gering, ja oft fragwürdig. Aber indem er seine allumfassenden Beobachtungen über die Phänomene der Natur mit letzter Objektivität anstellte und kraft seiner künstlerischen Begabung zeichnerisch darzustellen vermochte, wurde er zum Bahnbrecher einer systematisch beschreibenden Methode in den Naturwissenschaften. Ebenso kann er auf dem Gebiet der angewandten Mechanik als der Vorläufer einer elementaren Maschinenkunde gelten, für die er die graphischen Demonstrationsprinzipien entwickelt hat. [BR]

6) Isaak *Newton*, geb. 4.1.1643 Woolsthorpe (Lincolnshire), gest. 31.3.1727 London. – Newton studierte seit 1660 am Trinity-College in Cambridge, besonders bei dem bedeutenden Mathematiker und Theologen I. Barrow. Nach Erwerb verschiedener akademischer Grade und einer Reihe wesentlicher Entdeckungen wurde Newton 1669 Nachfolger seines Lehrers in Cambridge, war seit 1672 Mitglied der Royal Society und seit 1703 ihr Präsident. 1688/1705 war er auch Parlamentsmitglied, seit 1696 Aufseher und seit 1701 Münzmeister der königlichen Münze. – Newtons Lebenswerk umfaßt neben theologischen, alchemistischen und chronologisch-historischen Schriften vor allem Arbeiten zur Optik und zur reinen und angewandten Mathematik. In seinen optischen Untersuchungen stellt er das Licht als Strom von Korpuskeln dar und deutet damit das Spektrum und die Zusammensetzung des Lichts sowie die Newtonschen Farbenringe, Beugungserscheinungen und die Doppelbrechung. Sein Hauptwerk „Philosophiae naturalis principia mathematica“ (Druck 1687) ist grundlegend für die Entwicklung der exakten Wissenschaften. Es enthält z. B. die Definition der wichtigsten Grundbegriffe der Physik, die drei Axiome der Mechanik makroskopischer Körper, z. B. das Prinzip der „actio et reactio“, das Gravitationsgesetz, die Ableitung der Keplerschen Gesetze und die erste Veröffentlichung über Fluxionsrechnung. Auch Überlegungen zur Potentialtheorie und über die Gleichgewichtsfiguren rotierender Flüssigkeiten stellte Newton an. Die Ideen für das große Werk stammten vorwiegend aus den Jahren 1665/66, als Newton vor der Pest aus Cambridge geflohen war.

In der Mathematik befaßte sich Newton mit der Reihenlehre, z. B. 1669 mit der binomischen Reihe, mit der Interpolationstheorie, mit Näherungsverfahren und mit der Klassifizierung kubischer Kurven und der Kegelschnitte. Logische Schwierigkeiten konnte Newton allerdings auch mit seiner 1704 ausführlich dargestellten Fluxionsrechnung nicht überwinden. – Sein Einfluß auf die Weiterentwicklung der mathematischen Wissenschaften ist schwer zu beurteilen, da Newton außerordentlich ungern publizierte. Als Newton z. B. seine Fluxionsrechnung allgemein bekannt machte, war seine Art der Behandlung von Problemen der Analysis gegenüber dem Kalkül von Leibniz bereits veraltet. Bis ins 20. Jahrhundert zog sich der Streit hin, ob ihm oder Leibniz die Priorität für die Entwicklung der Infinitesimalrechnung gebührt. Detailuntersuchungen haben gezeigt, daß jeder auf diesem Gebiet unabhängig vom anderen zu seinen Ergebnissen kam. [BR]

7) *Lagrange* Joseph Louis, Mathematiker, geb. Turin 25.1.1736, gest. Paris 10.4.1812, mit 19 Jahren Professor der Mathematik in Turin. 1766 folgt er dem Ruf Friedrich des Großen an die Berliner Akademie der Wissenschaften. Nach dessen Tod übersiedelte er nach Paris als Professor an der Ecole Normale. Ihm verdankte die Variationsrechnung das nach ihm benannte Prinzip. Wichtig für die Funktionentheorie ist seine „Théorie des fonctions analytiques, contenant les principes du calcul différentiel" (1789) und für Algebra und Zahlentheorie sein „Traite de la résolution des équations numériques des tous degrés" (1798). In der „Mécanique analytique" (1788) faßte er verallgemeinernd die Prinzipien der Mechanik zu den nach ihm benannten Gleichungssystemen zusammen. [BR]

8) *Bacon*, Francis, englischer Philosoph und Staatsmann, geb. London 22.1.1561, gest. London 9.4.1626, Sohn von Nicholas Bacon, Neffe von Lord Burleigh; Advokat und Abgeordneter. Bacon erreichte in dem berüchtigten Prozeß gegen seinen Gönner Essex dessen Verurteilung wegen Hochverrats, wurde 1607 Solicitorgeneral, 1613 Attorney-general, 1617 Großsiegelbewahrer und 1618 Lordkanzler. Als Baron Verulam und Viscount of St. Albans geadelt, wurde Bacon 1621 vom Parlament wegen passiver Bestechung gestürzt und zu einer hohen Geld- und Gefängnisstrafe verurteilt, die ihm allerdings auf Betreiben des Königs erlassen wurde. Ein merkwürdig zwiespältiger Charakter: hervorragend begabt, unheimlich belesen, unmännlich eitel, maßlos ehrgeizig, von einer erschreckenden Gefühlskälte. Die Gründe für seinen Sturz liegen nicht nur in den nachgewiesenen und eingestandenen Verfehlungen, sondern ebensosehr in dem Unwillen des Parlaments über die eigensüchtige und eigenmächtige Politik des Königs, dessen gefügiges Werkzeug Bacon war.

Bacon hinterließ eine große Zahl von philosophischen, literarischen und juristischen Schriften. Sein philosophisches Lebenswerk, die Instauratio Magna (d. i. Große Erneuerung der Philosophie), ist Bruchstück geblieben; ein mit unzureichenden Mitteln unternommener Versuch eines umfassenden Neubaus der Wissenschaften auf dem Grund „unverfälschter Erfahrung". Das Hauptstück (Novum Organum; der Titel deutet den Gegensatz zu Aristoteles an, dessen logische Schriften seit alters unter dem Namen Organon zusammengefaßt waren) ist eine bis ins kleinste ausgeklügelte Methode der wissenschaftlichen Forschung, die dazu dienen soll, der Natur ihre Geheimnisse zu entreißen und sie zu beherrschen (Wissen ist für Bacon Mittel zum Zweck, „Wissen ist Macht"). Ausgangspunkt für jede Erkenntnis ist die Erfahrung. Zwischen dieser und dem Verstand muß statt der bisherigen Trennung ein festes Bündnis, eine „legitime Ehe", geschlossen werden. Auf dem Weg von der Erfahrung zur Erkenntnis gilt es mannigfache Trugbilder zu meiden. Bacon unterscheidet vier Arten solcher Trugbilder (Idole): die des Theaters, des Marktes, der Höhle und des Stammes. Darauf baut Bacon ein kompliziertes System der wissenschaftlichen Induktion auf; die Bedeutung der Mathematik verkannte er. – Diesem Hauptstück voraus geht eine Bestandsaufnahme aller Wissenschaften (De diguitate et augmentis), wobei nach den drei Seelenvermögen Gedächtnis, Einbildungskraft und Verstand drei Hauptwissenschaften unterschieden werden: Geschichte, Poesie und Philosophie. In diesem

Zusammenhang verzeichnet Bacon, was jede Wissenschaft geleistet hat und was ihr noch zu leisten übrigbleibt.

Von Bacons literarischen Werken sind die von Montaigne angeregten Essays unvergänglich: 10 in der ersten (1597), 58 in der letzten Ausgabe (1625). Bacon gibt in diesen „hingeworfenen Betrachtungen“ (dispersed meditations) eine Darstellung praktischer Lebensweisheit auf den verschiedensten Gebieten, allgemeine Leitsätze der Lebensführung, jenseits von Gut und Böse, in einem antithetischen Stil von epigrammatischer Kürze, nüchtern und trocken. Nova Atlantis ist die vollendete Schilderung eines philosophischen Idealstaats.

Die juristischen Schriften zeugen von überlegener Beherrschung der Materie. Den Plan, das englische Recht seiner Zeit zu kodifizieren, konnte Bacon nicht verwirklichen.

In der zweiten Hälfte des 19. Jahrhunderts galt Bacon auch als Verfasser der Dramen Shakespeares (Bacon-Theorie). [BR]

9) *Jungius* Joachim, Philosoph und Naturwissenschaftler, geb. Lübeck 22.10.1587, gest. Hamburg 17.9.1657, wurde 1609 Professor in Gießen. 1622 gründete er in Rostock die erste wissenschaftliche Gesellschaft Deutschlands zur Pflege der Mathematik und Naturwissenschaften. 1624 wurde er Professor in Rostock, 1625 in Helmstedt, 1628 Rektor des Johanneums und des Akademischen Gymnasiums in Hamburg. Er vertrat den Grundsatz: „Die Verbesserung der Philosophie hat von der Physik (= Naturwissenschaften) ihren Ursprung zu nehmen“. Jungius trug entscheidend zum Durchbruch der wissenschaftlichen Chemie und der Erneuerung der Atomlehre bei. Auch als Botaniker war er bedeutend. [BR]

10) René *Descartes*, geb. 31.3.1596 La Haye, gest. 11.2.1650 Stockholm. D. war Sohn eines Rates beim Parlament der Bretagne und wurde in einem Jesuitenkolleg erzogen. Er begann anschließend ein Jurastudium und nahm seit 1618 an verschiedenen Feldzügen teil. Seit 1622 unternahm D. Reisen in viele Länder Europas, ließ sich 1628 in den Niederlanden nieder und lebte seit 1649 als Lehrer der Philosophie in Schweden. Das mathematische Hauptverdienst von Descartes ist die Begründung der analytischen Geometrie in seiner „Géometrie“ (1637), die auch die Weiterentwicklung der Infinitesimalrechnung wesentlich beeinflußt hat. [BR]

11) William *Gilbert*, englischer Naturforscher und Arzt, geb. Colchester 24.5.1544, gest. London 30.11.1603, war von 1573 an praktischer Arzt in London, seit 1601 Leibarzt Elisabeth I. und nach ihrem Tode König Jacobs I. von England. In seinem grundlegenden Werk „De magnete, magneticisque corporibus et de magnode magnets Tellure physiologia nova“ (London 1600, Faksimileausgabe Berlin 1892, englische Übersetzung und Kommentar von S. P. Thompson, in: The collectors series in science, 1958) faßte Gilbert Erkenntnisse älterer Autoren zu einer eindrucksvollen Lehre vom Magnetismus und Erdmagnetismus zusammen und fügte eine Reihe neuer Beobachtungen und Erkenntnisse hinzu. Das Werk, in dessen 2. Buch sich auch ein besonderes Kapitel über „corpora electrica" befindet, über Stoffe, die ähnlich wie Bernstein (electrum) – nach dem Reiben leichte Körper anzuziehen vermögen, beeindruckte einige seiner Zeitgenossen, u. a. Kepler und Galilei. Posthum erschien seine Abhandlung „De monde nostro sublunari philosophia nova" (Amsterdam 1561). [BR]

12) *Kepler*, Johannes, geb. 27.12.1571 Weil der Stadt, gest. 15.11.1630 Regensburg. – Kepler war Sohn eines Handelsmannes, der oft auch in Kriegsdienste trat, besuchte erst die Schule in Leonberg und später die Klosterschulen in Adelberg und Maulbronn. Seit 1589 studierte Kepler in Tübingen, um Theologe zu werden, nahm aber 1599 die ihm angebotene Stellung eines Mathematikprofessors in Graz an. 1600 mußte Kepler im Zuge der Gegenreformation Graz verlassen und ging nach Prag. Nach dem Tode von Tycho Brahe am 24.10.1601 wurde Kepler als sein Nachfolger kaiserlicher Mathematiker. Nachdem Keplers Gönner, Kaiser Rudolf II., gestorben war, verließ Kepler Prag und wandte sich 1613 nach Linz als Landvermesser. Seit 1628 lebte Kepler in den Diensten des mächtigen Wallenstein vorwiegend in Sagan. Bei einem Besuch des Kurfürstentages in Regensburg verstarb Kepler völlig unerwartet.

Keplers Hauptarbeitsgebiete waren Astronomie und Optik. Er fand nach außerordentlich langwierigen Berechnungen die Grundgesetze der Planetenbewegung: das 1. und 2. Keplersche Gesetz veröffentlichte er 1609 in „Astronomia Nova", das 3. Keplersche Gesetz 1619 in „Harmonices Mundi". 1611 erfand er das astronomische Fernrohr. Seine Rudolphinischen Tafeln (1627) sind bis in die Neuzeit eines der wichtigsten Hilfsmittel der Astronomie gewesen. Auf mathematischem Gebiet entwickelte er heuristisch infinitesimale Betrachtungen. Seine bekannteste mathematische Schrift ist die „Stereometria Doliorum" (1615), in der sich z. B. die Keplersche Faßregel befindet.

13) *Galilei*, Galileo, italienischer Mathematiker, geb. Pisa 15.2.1564, gest. Arcetri bei Florenz 8.1.1642, studierte in Pisa, wurde an der Florentiner Accademia del Dissegno mit den Schriften des Archimedes bekannt und erhielt auf Empfehlung seines Gönners Guidobaldo del Monte 1589 die Professur der Mathematik in Pisa. Ob er dort am Schiefen Turm Fallversuche anstellte, ist nicht einwandfrei erwiesen; falls es zutrifft, sollten sie zur Bestätigung einer von ihm aufgestellten falschen Theorie dienen. Nicht infolge von Mißhelligkeiten mit seinen Kollegen, sondern der besseren Bezahlung halber trat Galilei 1592 die Professur der Mathematik in Padua an. Er erfand einen Proportionalzirkel, richtete sich in seinem Haus eine feinmechanische Werkstatt ein, fand die Gesetze für das Fadenpendel und leitete hypothetisch die Fallgesetze 1604 aus falschen, 1609 aus richtigen Annahmen ab. Galilei baute das ein Jahr früher in Holland erfundene Fernrohr nach, benutzte es zu astronomischen Beobachtungen und veröffentlichte deren erste Ergebnisse 1610 in seinem „Nuncius Siderus", der „Sternenbotschaft". Galilei entdeckte die bergige Natur des Mondes, den Sternenreichtum der Milchstraße, die Phasen der Venus, die Jupitermonde (7.1.1610) und 1611 die Sonnenflecken, doch war ihm darin Johannes Fabricius zuvorgekommen.

Erst seit 1610 trat Galilei, der als Hofmathematiker und Hofphilosoph des Großherzogs nach Florenz zurückgekehrt war, öffentlich für das kopernikanische System ein, führte durch seinen Übereifer in den folgenden Jahren aber 1614 das Verbot dieser Lehre durch den Papst herbei. Er wurde vermahnt, sie künftig nicht mehr in Wort oder Schrift zu vertreten. Im Rahmen eines Streites über das Wesen der Kometen von 1618, bei dem Galilei nicht in allen Punkten im Recht war, verfaßte er als eine seiner geistvollsten Abhandlungen den „Saggiatore" (Prüfer mit der Goldwaage, 1623), eine Schrift, die Papst Urban VIII. gewidmet war. Da der einstige Kardinal Maffeo Barberini ihm wohlgeneigt gewesen war, glaubte Galilei ihn jetzt als Papst für die Anerkennung der kopernikanischen Lehre gewinnen zu können. Er verfaßte seinen „Dialogo", das „Gespräch über die beiden Hauptweltsysteme", das ptolemäische und das kopernikanische, legte die Handschrift in Rom zur Prüfung vor und ließ sie 1632 in Florenz erscheinen. Da er offenbar die verabredeten Änderungen des Textes nicht gründlich genug vorgenommen und seine Parteinahme für Kopernikus zu deutlich gezeigt hatte, kam es zu einem Prozeß gegen Galilei, der mit seiner Abschwörung und Verurteilung am 22.6.1633 endete. Galilei befand sich im Gebäude der Inquisition wenige Tage in Haft. Legende ist der Ausspruch: „Und sie (die Erde) bewegt sich doch" (Eppur si mouve). Galilei wurde zu unbefristeter Haft verurteilt, die er mit kurzen Unterbrechungen in seinem Landhaus zu Arceti bei Florenz verbrachte. Dort verfaßte er auch sein für die weitere Entwicklung der Physik wichtigstes Werk, die „Discorsi e Dimonstrazioni mathematiche", die „Unterhaltungen und Beweisführungen über zwei neue Wissenszweige, die Mechanik (d. h. die Festigkeitslehre) und die Lehre von den örtlichen Bewegungen (die Lehre von Fall und Wurf) betreffende Wissenszweige" (Leiden 1638).

In älteren Darstellungen Galileis Leben finden sich manche Übertreibungen und Irrtümer. Galilei ist weder der Schöpfer der experimentellen Methode, von der er nicht mehr Gebrauch machte, als mancher andere seiner Zeitgenossen, gelegentlich allerdings kritischer als der tüchtige Athanasius Kircher. Galilei war nicht im eigentlichen Sinne Astronom, aber ein guter Beobachter, und hat als glänzender Redner und Schriftsteller einer sich anbahnenden neuen Naturwissenschaft und ihrer Methoden unter den Gebildeten seiner Zeit Freunde und Gönner geworben und zu weiteren Forschungen angeregt. Riccioli und Grimaldi in Bologna bestätigten durch direkte Fallversuche Galileis Fallgesetze, seine Schüler Torricelli und Viviani entwickelten aus einem seiner Versuche zur Widerlegung des horror vacui 1643 den barometrischen Versuch, und Chr. Huygens entwickelte auf Galileischer Grundlage seine Pendeluhr und gestaltete Galileis Kinematik zu einer wirklichen Dynamik um.

Galilei war einer der ersten Italiener, die sich für die Darstellung naturwissenschaftlicher Probleme in ihren Werken auch der Muttersprache bedienten. Diesen Standpunkt hat er in seinem Briefwechsel verteidigt. Seine Prosa nimmt im Rahmen der italienischen Literatur eine Sonderstellung ein, da sie sich durch ihre meisterhafte Klarheit und Schlichtheit von dem herrschenden barocken Schwulst abhebt, den Galilei auch in seinen literakritischen Aufsätzen über Taso u. a. getadelt hatte. In seinen Werken „Il Dialogo sopra i due massimi sistemi“ (Florenz 1632) und „Il Dialoghi delle nouve scienze“ (Leiden 1638) bediente er sich der von den italienischen Humanisten überkommenden Form des Dialogs, um gemeinverständlich zu sein. [BR]

14) Christian *Huygens*, niederländischer Physiker und Mathematiker, geb. Den Haag 14.4.1629, gest. ebd. 8.7.1695, wandte sich nach anfänglichem Studium der Rechtswissenschaft mathematischen Forschungen zu und veröffentlichte u. a. 1657 eine Abhandlung über Wahrscheinlichkeitsrechnung. Zur selben Zeit erfand er die Pendeluhr. Im März 1655 entdeckte er den ersten Saturnmond, 1656 den Orionnebel und die Gestalt des Saturnringes. Auch mit den Gesetzen des Stoßes und mit denen der Zentralbewegung war er bereits damals vertraut, machte sie – ohne Beweis – aber erst 1669 bekannt. 1663 wurde Huygens zum Mitglied der Royal Society gewählt, 1665 siedelte er als Mitglied der neugegründeten Französischen Akademie der Wissenschaften nach Paris über, von wo er 1681 nach Holland zurückkehrte. Nachdem er bereits 1657 die kleine Abhandlung „Horologium“ und 1659 sein „Systema Saturnium, sive de causis mirandorum Saturni phaenomenon“ veröffentlicht hatte, erschien 1673 sein Hauptwerk: „Horologium oscillatorium“ (Die Pendeluhr), das neben der Beschreibung einer verbesserten Uhrenkonstruktion eine Theorie des physikalischen Pendels enthält. Ferner finden sich darin Abhandlungen über die Zykloide als Isochrone und wichtige Sätze über die Zentralbewegung und Zentrifugalkraft. Aus dem Jahre 1675 datiert Huygenss Erfindung der Federuhr mit Unruh, aus dem Jahre 1690 stammt der „Tractatus de lumine“, die Abhandlung über das Licht, worin eine erste Art Wellentheorie (Stoßtheorie) des Lichtes und mit ihrer Hilfe die Theorie der Doppelbrechung des isländischen Kalkspates entwickelt wird; darin wird die kugelförmige Ausbreitung der Wirkung rings um die Lichtquelle mittels des Huygensschen Prinzips erklärt. [BR]

15) *Kopernikus*, Coppernicus, deutsch Koppernigk, polnisch Kopernik, Nikolaus, Astronom und Begründer des heliozentrischen, nach ihm kopernikanisch genannten Weltbildes, geb. Thorn 19.2.1473, gest. Frauenburg (Ostpreußen) 24.5.1543, trieb seit 1491 an der Universität Krakau humanistische, mathematische und astronomische Studien und studierte 1496–1500 in Bologna weltliches und geistliches Recht. Auf Betreiben seines Onkels, des Bischofs Lukas Watzelrode, wurde er 1497 in das ermländische Domkapitel zu Frauenburg aufgenommen, empfing aber nur die niederen Weihen. In Bologna setzte er mit dem Astronomieprofessor Dominico Maria Novarra seine astronomischen Arbeiten fort, hielt sich kurze Zeit in Rom auf und kehrte vorübergehend 1501 nach Ermland zurück. Vom Herbst 1501 an studierte er in Padua und Ferrara, wurde dort am 31.5.1503 zum Doktor des Kirchenrechts promoviert und studierte anschließend Medizin. Nach seiner Heimkehr 1506 lebte er als Sekretär seines Onkels von 1506 bis zu dessen Tod 1512 in Heilsberg, nahm an der Verwaltung des Bistums Ermland teil und begleitete seinen Onkel zu den preußischen Landtagen und den polnischen Reichstagen. Als Kanzler des Domkapitels hielt sich Kopernikus von 1512 an meist in Frauenburg auf, residierte als Statthalter des

Kapitels von 1512–21 in Mehlsack und Allenstein und war 1523 Bistumsverweser von Ermland. Als Deputierter vertrat er das Ordenskapitel 1522–29 auf den preußischen Landtagen und setzte sich dort besonders auch für eine Münzreform ein.

Gegenüber polnischen Ansprüchen auf Kopernikus ist seine deutsche Herkunft erwiesen (die väterliche Familie stammt aus dem Neißer Bistumsland in Schlesien). Gegenüber der Krone Polen vertrat er, ähnlich wie sein älterer Bruder Andreas, die ermländischen Belange; schriftlich und mündlich bediente er sich nur der deutschen und lateinischen Sprache. Neben seiner Verwaltungstätigkeit übte er auch die ärztliche Praxis aus. Gegen Ende seines Lebens hatte Kopernikus Mißhelligkeiten mit Johannes Dantiscus, dem 1537 gewählten neuen Bischof von Ermland.

Als Astronom vollendete Kopernikus das, was Regiomontan vorgeschwebt hatte, eine Revision der Lehre von der Planetenbewegung unter Anlehnung an eine Reihe kritisch gesichteter Beobachtungen. Erst auf solcher Grundlage konnte dann an eine Kalenderreform gedacht werden, deren Dringlichkeit zu Beginn des 16. Jahrhunderts allgemein erkannt wurde. Auch bei Kopernikus dürften solche Erwägungen eine Rolle gespielt haben. Im Laufe seiner Arbeit entschied er sich dann, angeregt durch antike Überlieferung, zur Annahme eines heliozentrischen Weltsystems. Einen kurzen vorläufigen Bericht darüber bildet der wohl vor 1514 verfaßte Commentariolus. Bereits hier werden die entscheidenden Annahmen ausgesprochen, daß die Sonne den Mittelpunkt der – noch als kreisförmig betrachteten – Planetenbahn bildet und daß auch die Erde um sie kreist, die sich täglich um ihre Achse dreht und ihrerseits vom Mond umkreist wird. Die weitere Öffentlichkeit erhielt von der kopernikanischen Lehre erst Kunde durch die Narratio prima des Georg Joachim Rheticus (1. Bericht über die 6 Bücher des Kopernikus von den Kreisbewegungen der Himmelsbahnen, 1540, deutsch von K. Zeller 1943).

Das Hauptwerk des Kopernikus, die „Sechs Bücher über die Umläufe der Himmelskörper“ (Die revolutionibus orbium coelestium libri VI, 1543, deutsch 1879, Neudruck 1939), erschien dort im Todesjahr des Verfassers. Es war Papst Paul III. gewidmet, wurde aber statt durch das originale Vorwort des Kopernikus durch eine, den Sinn des Ganzen verkehrende Vorrede des protestantischen Theologen Andreas Oslanden eingeleitet. Die Lehren des Kopernikus blieben bis zum Erlaß der Indexkongregation vom Jahre 1616 kirchlicherseits unbeanstandet. Die Unvollkommenheiten, die die kopernikanische Planetentheorie noch aufwies, wurden durch Johannes Kepler beseitigt. [BR]

16) Giovanni Alfonso *Borelli*, geb. 1608 in Neapel, gest. 31.12.1679 in Rom, Physiker und Physiologe. Borelli wurde 1649 zum Professor der Mathematik in Messina berufen und zog 1656 nach Pisa. Im Jahre 1667 kehrte er nach Messina zurück. 1674 zog er sich gezwungenermaßen nach Rom zurück, wo er bis zu seinem Tode unter der Schirmherrschaft Christinas, Königin von Schweden, lebte. Sein bekanntestes Werk „De motu animalium“ behandelt die Bewegungen des Tierkörpers, die er auf mechanische Prinzipien zurückführte. In einem Brief, der 1665 unter dem Pseudonym Pier Maria Mutoli veröffentlicht wurde, sprach Borelli als erster die Idee einer parabelförmigen Kometenbahn aus. Unter seinen zahlreichen astronomischen Arbeiten befand sich auch „Theoretica mediceorum planetarum ex causis physicis deducta" (Florenz 1666), die den Einfluß der Anziehungskraft der Jupitermonde auf die Bahnbewegung Jupiters behandelt.

17) Giovanni Battista *Benedetti*, geb. 14.8.1530, gest. 20.1.1590 in Turin, erkennt als erster die Auftriebswirkung des umgebenden Mediums beim freien Fall. Die Ideen Archimedes aufgreifend schreibt er in seinem Werk „De resolutione omnium Euclidis problematum" (Venedig 1553), die Fallgeschwindigkeit soll von der Differenz der spezifischen Gewichte des fallenden Körpers und des Mediums bestimmt werden.

18) *Hooke*, Robert, englischer Naturforscher, geb. Freshwater (Insel Wight) 18.7.1635, gest. London 3.3.1703, war zunächst Assistent bei R. Boyle, seit 1665 Professor der Geometrie am Gresham College in London, von 1677–82 Sekretär der Royal Society. Hooke verbesserte bereits bekannte Verfahren und Geräte, z. B. die Luftpumpe und das zusammengesetzte Mikroskop (beschrieben in seiner „Micrographia" 1664). Hooke war vielfach in Prioritätsstreitigkeiten verwickelt, z. B. mit Huygens, Hevelius und Newton, schlug u. a. den Eisschmelzpunkt als Nullpunkt der Thermometerskala vor (1664), erkannte die Konstanz des Schmelz- und Siedepunktes der Stoffe (1668) und beobachtete erstmals die schwarzen Flecken an Seifenblasen. Er gab eine begriffliche gute Definition der Elastizität und stellte 1679 das Hookesche Gesetz auf. [BR]

19) *Plutarch* – griechisch Plutarchos –, griechischer Philosoph und Historiker, geb. Chäronea um 50 n. Chr. aus altangesehener Bürgerfamilie, gest. um 125, wurde 66 in Athen bei dem Akademiker Ammonios zum Anhänger der Philosophie Platons erzogen. Auf Reisen besuchte er u. a. Alexandria und Rom, wo er Beziehungen zu vornehmen Römern hatte, lebte aber ständig in seiner kleinen Vaterstadt. Dort nahm er an der kommunalen Politik teil; in Delphi wurde er etwa 95 Priester. Von den Kaisern Trajan und Hadrian empfing Plutarch Ehrungen. Sein Lebenszentrum aber blieb der Umkreis seiner Heimat, wo er den Umgang und geistigen Austausch mit Familie und Freundeskreis innig pflegte. Aus dieser Umwelt nährt sich auch das erzieherische Ethos und das vaterländische Pathos seiner zahlreichen Schriften. Bei allem Reichtum der Themen und aller Fülle des Stoffes sind sie doch alle zu einer inneren Einheit verbunden durch die liebenswerte Lauterkeit einer philosophisch und religiös geformten Persönlichkeit.

Die Schriften Plutarchs bestehen aus zwei Gruppen: die Biographien (Vitae parallelae), 46 vergleichende Lebensbeschreibungen berühmter Griechen und Römer (z. B. Pyrrhos-Marius, Agesilaos-Pompeius, Alexander-Cäsar). Hier wurden den Griechen große Römer vorgeführt, in Parallele und Gegensatz zu ihrer eigenen Geschichte; damit wurde ein wichtiger Schritt auf dem Weg zum inneren Ausgleich der Doppelkultur der griechisch-römischen Kaiserzeit getan. Literarisch beruht der Reiz der Biographien hauptsächlich auf der lebendigen Darstellung und der durch einprägsame, anekdotenhafte Züge unterstützten Charakterzeichnung.

Die zweite Gruppe, Moralia; enthält populäre, ethisch-erzieherische Schriften, aber auch streng philosophische, metaphysische, religionsphilosophische Untersuchungen, gelehrte antiquarische Studien, politische Abhandlungen u. a. Getragen ist diese Schriftstellerei von der Tradition der platonischen Schule, ohne schulmäßige Enge, mit lebhaften religiösen Akzenten.

Während Plutarch im byzantinischen Reiche stets gelesen wurde, war er im Mittelalter dem Westen unbekannt. Seit dem frühen 15. Jahrhundert (Guarino und seine Schüler, dann Pier Decembrio, L. Bruni) wurden Plutarchs Schriften ins Lateinische, 1559–72 von J. Amyot in klassischer Form ins Französische (Befruchtung der dramatischen Kunst Frankreichs im 17. Jahrhundert), von North 1579 ins Englische übersetzt (Einfluß auf Shakespeare). In Deutschland war die Wertschätzung Plutarchs lange auf die Gelehrtenkreise beschränkt. Erst gegen Ende des 18. Jahrhunderts wandte man sich ihm wieder zu (Schiller, Goethe, Jean Paul, Beethoven, Nietzsche). [BR]

Literaturhinweise zur Theoretischen Mechanik

Die an dieser Stelle von uns aufgeführten, teilweise bereits als Klassiker zu bezeichnenden Lehrwerke zur Theoretischen Mechanik stellen nur einen Ausschnitt aus der Fülle ausgezeichneter Literatur zu diesem Thema dar.

H. Goldstein: Klassische Mechanik,
Akademische Verlagsgesellschaft, Wiesbaden.

A. Sommerfeld: Vorlesungen über Theoretische Physik, Bd I: Mechanik. Bd II: Mechanik der deformierbaren Medien,
Verlag Harri Deutsch, Thun – Frankfurt/Main.

A. Budó: Theoretische Mechanik,
Deutscher Verlag der Wissenschaften, Berlin.

L. D. Landau, E. M. Lifschitz: Theoretische Physik, Bd I: Klassische Mechanik,
Akademie Verlag, Berlin.

G. Joos: Lehrbuch der theoretischen Physik,
Aula-Verlag, Wiesbaden.

E. Schmutzer: Grundlagen der theoretischen Physik Teil I, II,
BI Wissenschaftsverlag, Mannheim – Wien – Zürich.

Besonders als Ergänzung geeignet halten wir das Werk von H. Goldstein. Ausgehend von den elementaren Prinzipien gelingt ihm in didaktisch brillanter Weise die Entwicklung der formalen Hamilton-Jakobi-Theorie. Dabei werden alle typischen Anwendungen (Zentralkraftproblem, Starrer Körper, Schwingungen usw.) diskutiert und in Übungen sowie durch spezielle Literaturhinweise vertieft.

Die Vorlesungen von A. Sommerfeld, in ähnlicher Weise konzipiert, stellen darüberhinaus aufgrund der Abhandlung einer Vielzahl von speziellen Problemen und des dabei bewiesenen Einfallsreichtums bei deren mathematischer Lösung eine Fundgrube dar.

Eine Würdigung der formalen Ästhetik des Bandes Klassische Mechanik aus dem Lehrwerk von Landau und Lifschitz bzw. desgleichen bei Budó mag den zahlreichen Lesern überlassen bleiben.

Für besonders gelungen halten wir das erst seit kurzem vorliegende, zweibändige Lehrbuch der Theoretischen Physik von E. Schmutzer. Hier mag ebenso wie bei dem klassischen Lehrwerk von Joos wohl als Leitanspruch gedient haben: So klar und deutlich wie möglich und so ausführlich wie nötig. Beginnend mit einer Darstellung des wichtigsten mathematischen Rüstzeugs des theoretischen Physikers wird in Bd I die Theoretische Mechanik entwickelt. Unserer Meinung nach empfiehlt sich dieses Werk als ein guter Begleiter durchs Grund- und Hauptstudium.

Sachwortverzeichnis

I

J

K

L

M

N

O

P

Q

R

S

Notizen

Notizen

Notizen

Notizen

Notizen

Notizen

Notizen

Notizen

Notizen

Notizen

Der Autor

Prof. Dr. Dr. h. c. mult. Walter Greiner

geboren Oktober 1935 im Thüringer Wald, Frühjahr 1956 externes Abitur in Wiesbaden und Facharbeiterprüfung bei der Hoechst AG, 1958 Vordiplom in Frankfurt am Main, Winter 1959/60 Diplom-Physiker an der TH Darmstadt, Promotion 1961 in Freiburg im Breisgau, 1962–1964 Assistant Professor an der University of Maryland, ab 1964/65 ordentlicher Professor für Theoretische Physik der Johann Wolfgang Goethe-Universität Frankfurt am Main und Direktor des Instituts für Theoretische Physik, emeritiert seit 2004, Gründungsdirektor des Frankfurt Institute for Advanced Studies (FIAS).

Gastprofessuren unter anderem an der Florida State University, University of Virginia, Los Alamos Scientific Laboratory, University of California Berkeley und Livermore, Oak Ridge National Laboratory, University of Melbourne, Yale University, Vanderbilt University, University of Cape Town, University of Arizona.

Hauptarbeitsgebiete sind die Struktur und Dynamik der elementaren Materie (Quarks, Gluonen, Mesonen, Baryonen, Atomkerne, superschwere Elemente), Schwerionenphysik, Feldtheorie (Quantenelektrodynamik, Eichtheorie der schwachen Wechselwirkung, Quantenchromodynamik, Theorie der Gravitation), Atomphysik. Am FIAS steht interdisziplinäre Forschung an den Schnittstellen Physik – Chemie – Biologie im Vordergrund.

1974 erster Empfänger des Max-Born-Preises und der Max-Born-Medaille des Institute of Physics (London) und der Deutschen Physikalischen Gesellschaft, 1982 des Otto-Hahn-Preises der Stadt Frankfurt am Main, 1998 der Alexander von Humboldt-Medaille, 1999 Officier dans l'Ordre des Palmes Académiques. 2008 Empfänger des Lise-Meitner-Preises für Kernphysik der Europäischen Physikalischen Gesellschaft.

Inhaber zahlreicher Ehrendoktorwürden (der University of Witwatersrand, Johannesburg, der University Tel Aviv, der Université Louis Pasteur Strasbourg, der UNAM Mexico, der Universitäten Bucharest, Nantes, St. Petersburg, Debrecen, Dubna, Moskau, Kiew und anderen) sowie Ehrenprofessuren (University of Bejing, China, und Jilin University, China) und Ehrenmitglied vieler Akademien.